U0235130

Modern Pet Doctor
Handbook

现代
宠物医生
手册

唐兆新　主编

化学工业出版社

·北京·

图书在版编目（CIP）数据

现代宠物医生手册/唐兆新主编. —北京：化学工业
出版社，2021.8
ISBN 978-7-122-39213-8

Ⅰ.①现… Ⅱ.①唐… Ⅲ.①宠物-动物疾病-诊疗-
手册 Ⅳ.①S858.93-62

中国版本图书馆 CIP 数据核字（2021）第 097074 号

责任编辑：邵桂林	文字编辑：郝芯缈 陈小滔	
责任校对：宋 玮	装帧设计：史利平	

出版发行：化学工业出版社（北京市东城区青年湖南街 13 号 邮政编码 100011）
印　　装：三河市航远印刷有限公司
787mm×1092mm 1/16 印张 55½ 字数 1436 千字 2022 年 1 月北京第 1 版第 1 次印刷

购书咨询：010-64518888 售后服务：010-64518899
网　　址：http://www.cip.com.cn

凡购买本书，如有缺损质量问题，本社销售中心负责调换。

定　　价：268.00 元

编写人员名单

主　　编　唐兆新

副 主 编　徐世文　曹华斌　李金龙　石达友　李建基　苏荣胜

编　　委　（按姓氏拼音为序）

曹华斌　江西农业大学　教授

陈晓明　广州市兴宠园贸易有限公司　兽医师

陈兴祥　南京农业大学　副教授

陈义洲　华南农业大学　高级兽医师

邓　尧　新瑞鹏宠物医疗集团有限公司　兽医师

董　健　广州长隆野生动物世界　兽医师

高进东　华中农业大学　博士生

葛曾旭　井冈山大学　兽医师

管迟瑜　浙江农林大学　副教授

郭剑英　华南农业大学　高级实验师

郭世宁　华南农业大学　教授

郭小权　江西农业大学　教授

韩庆月　华南农业大学　实验师

胡国良　江西农业大学　教授

胡莲美　华南农业大学　副教授

黄淑成　河南农业大学　讲师

黄云飞　佛山科学技术学院　博士

季艳菊　惠州工程职业学院　副教授

贾　坤　华南农业大学　讲师

雷振球　广州长隆野生动物世界　兽医师

李成梅　仲恺农业工程学院　副教授

李海琴　江西省农科院畜牧兽医研究所　助理研究员

李家奎　华中农业大学　教授

李建基　扬州大学　教授

李金龙　东北农业大学　教授

李开江　广州安宠宠物医院　兽医师

李荣芳　湖南农业大学　讲师

李韶清　瑞派上海果果动物医院内窥镜中心　兽医师
李少川　华南农业大学　兽医师
李心慰　吉林大学　教授
李　英　华南农业大学　副教授
廖建昭　华南农业大学　博士
廖新权　广州宠物星动物医院　兽医师
刘传敦　瑞派宠物医院中心医院　兽医师
刘　翠　华南农业大学　副教授
刘建柱　山东农业大学　教授
刘　平　江西农业大学　教授
刘玉清　佛山科学技术学院　副教授
罗倩怡　广州凯特喵百思猫专科医院　兽医师
潘家强　华南农业大学　副教授
乔　娜　华南农业大学　博士
邵春艳　浙江农林大学　副教授
沈瑶琴　华中农业大学　副教授
石达友　华南农业大学　教授
苏荣胜　华南农业大学　高级兽医师
苏永康　北京纳吉亚动物医院　兽医师
唐兆新　华南农业大学　教授
田　野　广州安宠宠物医院　兽医师
仝宗喜　河南农业大学　副教授
王　剑　上海市农业科学院　助理研究员
王希春　安徽农业大学　教授
王晓杜　浙江农林大学　教授
王旭贞　山西省畜牧兽医学校　副教授
王　志　内蒙古农业大学　副教授
吴海冲　浙江大学　副研究员
吴　熙　芭比堂动物医院　兽医师
吴玄光　华南农业大学　副教授
吴志文　华南农业大学　兽医师
向瑞平　河南牧业经济学院　教授
徐世文　东北农业大学　教授
杨　帆　江西农业大学　副教授
易金娥　湖南农业大学　教授
余文兰　华南农业大学　实验师
元冬娟　华南农业大学　副教授
袁子国　华南农业大学　教授
臧莹安　仲恺农业工程学院　教授

张彩英　江西农业大学　教授
张　辉　华南农业大学　副教授
张　琴　华南农业大学　馆员
张天佑　广州长隆野生动物世界　高级兽医师
张晓战　河南牧业经济学院　讲师
张秀香　华南农业大学　高级实验师
张卓炜　华南农业大学　博士
赵翠燕　韶关学院　副教授
赵洪杰　珠海市公安局警犬大队　兽医师
郑泽中　华南农业大学　副教授
周　彬　浙江农林大学　讲师
周东海　华中农业大学　副教授
周荣琼　西南大学　教授
朱学良　瑞派宠物医院中心医院　兽医师

前言

随着我国经济发展，人民生活水平提高，城市化进程加快，宠物逐渐走进家庭，成为家庭的新成员。饲养宠物的群体不断扩大，养宠数量的逐年增多，促进着宠物经济的发展。宠物作为人类的家庭伴侣，种类呈多元化趋势，宠物猫、宠物狗、鸟类、水族、爬行动物等占有不同比例。调查表明，我国目前至少有宠物2亿多只，其中有1.2亿只宠物犬，8000万只宠物猫，而宠物所带动的消费以千亿计算。由此可见，我国宠物行业正处于飞速发展期，存在巨大人力和财力需求，同时宠物医生也面临新的机遇和挑战。

宠物行业的快速发展，形式多样的宠物医院应运而生，同时全国80多所农业院校增设小动物医学专业，每年获得执业兽医师资格证书的人数不断增加，为宠物医院源源不断输送宠物医生。自2009年试点全国执业兽医资格考试开始，已有10多万人取得执业兽医执业资格，但综合考虑地域、人口、养殖等情况，目前我国的执业兽医数量还存在很大的缺口，远不能满足社会发展的需求。2009年1月1日我国颁布《执业兽医管理办法》《动物诊疗机构管理办法》，标志着国家将动物诊疗机构和执业兽医监管正式纳入法制化轨道。

宠物医生是从事宠物疾病诊断、治疗和防控问题，并为动物健康和公共卫生服务的职业。作为执业兽医师的核心职责是检查、诊断和防治各种动物疾病。现代科学技术的发展提供了全新的诊断和治疗技术，同时也赋予了新时代宠物医生的新使命。为了提高宠物医生的临床诊疗水平，特编写《现代宠物医生手册》以满足临床需求，为宠物医生提供全新的内容。

本书的编写内容囊括了临床需求的技术，从动物医院管理、宠物保定和兽医安全，到临床诊断技术、实验室诊断技术、临床治疗技术；宠物疾病包括犬猫人畜共患病、传染病、寄生虫病、消化系统疾病、呼吸系统疾病、泌尿系统疾病、生殖系统疾病、心血管系统疾病、血液与免疫性疾病、神经系统疾病、内分泌系统疾病、营养代谢性疾病、中毒性疾病、外科创伤与感染、运动系统疾病、皮肤病、眼病和耳病、肿瘤性疾病、行为异常以及鸟类和爬行类动物疾病。按照病因、症状、诊断、治疗等分别论述，在内容的编排上重点放在可行的诊断方法、治疗措施和护理等方面，同时以常见多发病为主要内容，便于临床工作者查找资料，应用于临床。本书编写内容突出临床实用的特点，满足各个层次动物医院的临床宠物医生需要。针对临床宠物医生从事临床诊疗需求，在每个系统器官疾病章节中，提供鉴别诊断思路和诊断方法。

编写本书需要来自全国高校、动物医院医生的通力合作，深深感谢参加编写的80位专家，他们为本书的出版作出了巨大努力，感谢他们精心策划每一个章节，感谢他们对我作为主编的支持！

如前所述，由于本书内容广泛且学科广泛交叉，加之编写时间较为急促、编者水平有限，疏漏之处在所难免，敬请读者批评指正。

唐兆新
2021 年 11 月

第一章　动物医院管理　// 001

　1.1　动物医院管理概论　// 001

　　1.1.1　动物医院组织架构　// 001

　　1.1.2　动物医院的服务质量管理　// 002

　　1.1.3　药事管理　// 002

　　1.1.4　动物医院经营管理　// 002

　　1.1.5　医学影像管理　// 003

　　1.1.6　信息管理和病案管理　// 003

　　1.1.7　后勤管理　// 003

　　1.1.8　动物医院文化及品牌管理　// 004

　　1.1.9　临床教学科研管理　// 004

　1.2　动物医院管理制度　// 004

　　1.2.1　总论　// 004

　　1.2.2　动物医院疫情报告制度　// 005

　　1.2.3　卫生消毒制度　// 005

　　1.2.4　医疗废物处置　// 006

　　1.2.5　药品管理　// 006

　　1.2.6　兽医处方管理　// 007

　　1.2.7　病历管理　// 007

　　1.2.8　病案管理制度　// 007

　　1.2.9　医疗事故管理制度　// 008

　　1.2.10　放射室工作制度　// 008

　　1.2.11　门诊工作制度　// 008

　　1.2.12　检验化验管理　// 009

　　1.2.13　手术管理　// 009

　　1.2.14　住院管理　// 009

　1.3　实验室日常管理　// 009

　　1.3.1　实验室管理关键环节　// 010

　　1.3.2　实验室的空间要求　// 010

　　1.3.3　实验室常用仪器设备　// 011

　　1.3.4　实验室环境条件控制　// 012

　　1.3.5　实验室人员安全管理　// 012

　　1.3.6　实验室生物安全管理　// 012

第二章　宠物的保定方法与兽医安全　// 013

2.1　心理保定　// 013

2.2　犬的保定　// 014

　　2.2.1　徒手保定法　// 014

　　2.2.2　扎口保定法　// 015

　　2.2.3　口套保定法　// 016

　　2.2.4　手术台保定法　// 016

　　2.2.5　犬夹保定法　// 016

　　2.2.6　棍套保定法　// 016

　　2.2.7　颈枷保定法　// 017

　　2.2.8　体壁支架保定法　// 017

　　2.2.9　静脉穿刺保定法　// 017

　　2.2.10　捆绑四肢保定　// 018

　　2.2.11　双耳握住保定　// 018

　　2.2.12　一后肢的保定　// 018

　　2.2.13　犬笼保定法　// 018

　　2.2.14　化学保定法　// 018

2.3　猫的保定　// 018

　　2.3.1　抓猫法　// 019

　　2.3.2　布卷裹保定法　// 019

　　2.3.3　猫袋保定法　// 019

　　2.3.4　扎口保定法　// 019

　　2.3.5　保定架保定法　// 019

　　2.3.6　绑腿保定法　// 019

　　2.3.7　横卧保定法　// 019

　　2.3.8　手术台和保定台保定法　// 019

　　2.3.9　头部保定法　// 019

　　2.3.10　化学保定法　// 020

2.4　其他动物的保定　// 020

　　2.4.1　鸟类的保定　// 020

　　2.4.2　兔子的保定　// 020

　　2.4.3　龟类的保定　// 020

2.5　兽医安全　// 020

　　2.5.1　兽医临床的危险因素　// 021

　　2.5.2　临床防护设备　// 022

　　2.5.3　防护措施　// 022

　　2.5.4　动物医院生物安全规程　// 023

　　2.5.5　预防人畜共患病的基本原则　// 024

　　2.5.6　宠物主人避免动物性传染病的基本原则　// 024

第三章　宠物疾病诊断技术　// 026

  3.1　临床诊断的基本方法与程序　// 026

    3.1.1　问诊　// 026

    3.1.2　视诊　// 027

    3.1.3　触诊　// 027

    3.1.4　叩诊　// 028

    3.1.5　听诊　// 028

    3.1.6　嗅诊　// 028

    3.1.7　临床检查的程序　// 028

  3.2　一般检查　// 031

    3.2.1　整体状态的观察　// 031

    3.2.2　被毛与皮肤的检查　// 032

    3.2.3　可视黏膜的检查　// 035

    3.2.4　浅表淋巴结的检查　// 036

    3.2.5　生命体征的检查　// 037

  3.3　系统和器官检查　// 039

    3.3.1　心血管系统检查　// 039

    3.3.2　呼吸系统检查　// 042

    3.3.3　消化系统检查　// 046

    3.3.4　泌尿与生殖系统检查　// 049

    3.3.5　神经系统检查　// 052

  3.4　X射线检查　// 056

    3.4.1　X射线的性质与成像原理　// 056

    3.4.2　X射线机的基本构造　// 056

    3.4.3　X射线检查技术　// 057

    3.4.4　呼吸系统的X射线检查　// 057

    3.4.5　循环系统的X射线检查　// 058

    3.4.6　消化系统的X射线检查　// 059

    3.4.7　泌尿生殖系统的X射线检查　// 060

    3.4.8　骨骼与关节的X射线检查　// 061

  3.5　超声波检查　// 063

    3.5.1　超声波检查的基本原理　// 063

    3.5.2　超声检查的类型　// 063

    3.5.3　小动物超声检查的特点　// 064

    3.5.4　超声检查的临床应用　// 064

    3.5.5　超声检查注意事项　// 065

  3.6　心电图检查　// 066

    3.6.1　心电图检查的导联和操作　// 066

    3.6.2　正常心电图　// 067

    3.6.3　心电检查的临床应用　// 069

3.7　内窥镜检查　// 070

　　3.7.1　食道镜　// 071

　　3.7.2　胃镜　// 071

　　3.7.3　十二指肠镜　// 072

　　3.7.4　大肠镜　// 072

　　3.7.5　喉镜与支气管镜　// 073

　　3.7.6　腹腔镜　// 073

　　3.7.7　胸腔镜　// 073

　　3.7.8　膀胱镜　// 074

　　3.7.9　阴道镜　// 074

　　3.7.10　鼻腔镜　// 075

　　3.7.11　耳道镜　// 075

　　3.7.12　关节镜　// 076

3.8　CT检查　// 076

　　3.8.1　CT检查方法选择　// 077

　　3.8.2　CT临床应用　// 077

3.9　核磁共振检查　// 078

　　3.9.1　核磁共振成像　// 078

　　3.9.2　MRI临床诊断应用　// 079

第四章　实验室检查方法　// 080

4.1　血液学检查准备　// 080

　　4.1.1　血液标本类型　// 080

　　4.1.2　血样的采集方法　// 080

　　4.1.3　血液的抗凝　// 082

　　4.1.4　血样的处理　// 083

　　4.1.5　血液标本保存　// 083

　　4.1.6　血样的送检　// 084

　　4.1.7　检验后血液标本的处理　// 084

4.2　血常规检查　// 084

　　4.2.1　红细胞计数　// 084

　　4.2.2　红细胞比容（Hct）　// 086

　　4.2.3　血红蛋白含量　// 086

　　4.2.4　红细胞沉降速度　// 086

　　4.2.5　红细胞指数　// 087

　　4.2.6　白细胞计数　// 088

　　4.2.7　白细胞分类计数　// 089

　　4.2.8　血小板计数　// 092

4.3　肝脏疾病实验室检查　// 093

　　4.3.1　蛋白质代谢检查　// 094

　　4.3.2　脂类代谢功能检查　// 095

4.3.3　胆红素代谢检查　// 096

4.3.4　胆汁酸代谢检查　// 096

4.3.5　血清酶及同工酶检查　// 097

4.4　肾功能指标　// 098

4.4.1　血清尿素氮检测　// 098

4.4.2　血清肌酐检测　// 099

4.5　心肌酶和心肌蛋白检测　// 099

4.5.1　肌酸激酶　// 099

4.5.2　天冬氨酸氨基转移酶　// 100

4.5.3　乳酸脱氢酶　// 100

4.6　血糖及其代谢产物检测　// 100

4.6.1　血糖　// 100

4.6.2　果糖胺　// 101

4.6.3　糖化血红蛋白检测　// 102

4.6.4　静脉注射葡萄糖耐量试验（IVGTT）　// 102

4.7　胰腺功能检测　// 102

4.7.1　淀粉酶　// 102

4.7.2　脂肪酶　// 103

4.7.3　血清胰岛素检测　// 103

4.7.4　糖原耐受检测　// 103

4.8　甲状腺功能检查　// 103

4.8.1　总T4　// 103

4.8.2　游离T4　// 104

4.8.3　检测T3　// 104

4.8.4　促甲状腺激素（TSH）　// 104

4.8.5　促甲状腺激素刺激试验　// 104

4.8.6　甲状腺球蛋白自身抗体　// 104

4.8.7　T4/T3自身抗体检测　// 104

4.8.8　甲状腺球蛋白自动抗体检测　// 104

4.9　垂体功能检查　// 105

4.9.1　生长激素刺激试验　// 105

4.9.2　血清类胰岛素生长因子-1　// 105

4.9.3　禁水试验　// 105

4.9.4　抗利尿激素（ADH）反应测试　// 105

4.10　肾上腺皮质功能检测　// 106

4.10.1　基础血浆或血清皮质醇　// 106

4.10.2　ACTH刺激试验　// 106

4.10.3　低剂量地塞米松抑制试验（LDDST）　// 106

4.10.4　高剂量地塞米松抑制试验　// 106

4.10.5　极高剂量地塞米松抑制　// 107

4.10.6　内源性血浆 ACTH 浓度　// 107

4.10.7　醛固酮　// 107

4.10.8　皮质醇间接分析　// 107

4.11　甲状旁腺功能检测　// 107

4.11.1　甲状旁腺激素（PTH）　// 107

4.11.2　甲状旁腺激素相关蛋白　// 108

4.12　血清电解质检测　// 108

4.12.1　血清钙检测　// 108

4.12.2　血清磷检测　// 109

4.12.3　血清钠离子检测　// 109

4.12.4　血清钾检测　// 109

4.12.5　血清氯离子检测　// 109

4.12.6　血清镁检测　// 110

4.13　血液寄生虫检查　// 110

4.13.1　犬巴贝斯虫检查　// 110

4.13.2　利什曼原虫检查　// 111

4.13.3　犬恶丝虫检查　// 112

4.13.4　血液原虫检查　// 112

4.14　尿液检验　// 113

4.14.1　尿液样本的收集和保存　// 113

4.14.2　尿液一般检查　// 114

4.14.3　尿沉渣检查　// 115

4.15　粪便检查　// 118

4.15.1　粪便的采集　// 118

4.15.2　物理学检查　// 118

4.15.3　化学检查　// 119

4.15.4　寄生虫学检查　// 121

4.16　细菌学检查　// 122

4.16.1　病料采集和运送　// 122

4.16.2　细菌的分离与接种　// 124

4.16.3　细菌的培养方法　// 125

4.16.4　细菌鉴定　// 126

4.16.5　药物敏感试验　// 130

4.17　常见病毒学检查　// 133

4.17.1　病毒分离用样品的采集与保存　// 133

4.17.2　病毒分离前样品的实验室处理方法　// 133

4.17.3　实验动物与病毒分离　// 134

4.17.4　病毒的鉴定　// 137

4.18　真菌学检查　// 138

4.18.1　真菌的分离与培养　// 138

4.18.2　真菌的鉴定　// 138

4.18.3　兽医临床常见的感染性病原真菌　// 139

4.19　血气分析　// 140

4.19.1　血液气体分析项目　// 141

4.19.2　体液酸碱平衡失调　// 143

4.19.3　血液样品的采集及注意事项　// 146

4.19.4　酸碱失常的处理　// 147

4.20　分子诊断学　// 147

4.20.1　分子诊断学的发展　// 148

4.20.2　分子诊断的临床应用　// 149

4.20.3　分子诊断的应用展望　// 150

第五章　宠物疾病诊疗技术　// 152

5.1　投药法　// 152

5.1.1　经口投药法　// 152

5.1.2　外部给药法　// 153

5.1.3　眼部给药法　// 153

5.1.4　耳部给药法　// 153

5.1.5　直肠投药法　// 153

5.2　注射法　// 154

5.2.1　皮下注射法　// 154

5.2.2　皮内注射法　// 154

5.2.3　肌内注射法　// 155

5.2.4　静脉注射法　// 156

5.2.5　腹腔注射法　// 157

5.2.6　胸腔内注射　// 157

5.2.7　气管注射法　// 158

5.2.8　关节内注射　// 158

5.2.9　眼球后注射　// 159

5.2.10　嗉囊内注射　// 159

5.2.11　骨髓腔注射法　// 159

5.3　穿刺法　// 160

5.3.1　腹膜腔穿刺术　// 160

5.3.2　胸膜腔穿刺　// 160

5.3.3　膀胱穿刺　// 161

5.3.4　肝脏穿刺　// 162

5.3.5　骨髓穿刺　// 163

5.3.6　心包腔穿刺　// 164

5.3.7　脑脊髓腔穿刺　// 165

5.3.8　蛛网膜下腔穿刺　// 167

5.3.9　淋巴结穿刺　// 167

5. 3. 10　皮下血肿、脓肿、淋巴外渗穿刺　// 168

5. 4　常用治疗技术　// 168

　5. 4. 1　洗胃法　// 168

　5. 4. 2　灌肠法　// 169

　5. 4. 3　导尿术　// 170

　5. 4. 4　输液疗法　// 172

　5. 4. 5　输血技术　// 174

　5. 4. 6　输氧疗法　// 175

　5. 4. 7　腹膜透析疗法　// 176

　5. 4. 8　麻醉术　// 179

　5. 4. 9　放射线疗法　// 182

　5. 4. 10　物理疗法　// 183

　5. 4. 11　光疗法　// 183

5. 5　临床急救技术　// 185

　5. 5. 1　宠物外伤的急救　// 186

　5. 5. 2　犬猫呼吸窘迫的抢救　// 187

　5. 5. 3　犬猫心脏病的抢救　// 188

　5. 5. 4　中毒急救法　// 189

5. 6　心肺复苏　// 191

　5. 6. 1　心肺骤停病因　// 191

　5. 6. 2　临床症状　// 192

　5. 6. 3　诊断程序　// 193

　5. 6. 4　治疗方案　// 193

　5. 6. 5　治疗措施　// 193

5. 7　安乐死术　// 194

　5. 7. 1　安乐死的适应证　// 195

　5. 7. 2　实施安乐死的准备　// 195

　5. 7. 3　实施安乐死的方法　// 195

5. 8　针灸疗法　// 196

　5. 8. 1　针刺疗法　// 196

　5. 8. 2　艾灸疗法　// 203

　5. 8. 3　犬常见病针灸处方　// 205

　5. 8. 4　犬常用针灸穴位　// 209

　5. 8. 5　猫常用针灸穴位　// 214

第六章　外科手术　// 217

6. 1　基本操作技术　// 217

　6. 1. 1　无菌技术基本操作　// 217

　6. 1. 2　清创缝合技术　// 217

　6. 1. 3　脓肿切开技术　// 218

　6. 1. 4　伤口拆线技术　// 219

6.1.5 换药技术 // 219

6.1.6 引流技术 // 220

6.2 外科手术的基本技术 // 221

6.2.1 手术室基本设备 // 221

6.2.2 常用手术器械及其使用 // 222

6.2.3 麻醉法 // 223

6.2.4 组织分离法 // 229

6.2.5 止血法 // 230

6.2.6 缝合法 // 231

6.2.7 打结法 // 235

6.2.8 拆线法 // 236

6.2.9 包扎技术 // 236

6.3 头颈部手术 // 237

6.3.1 犬、猫拔牙术 // 237

6.3.2 犬扁桃体切除术 // 240

6.3.3 犬耳血肿术 // 240

6.3.4 犬声带切除术 // 241

6.3.5 腮腺摘除术 // 242

6.3.6 气管切开术 // 242

6.3.7 食道切开术 // 244

6.3.8 眼角膜穿刺术 // 244

6.3.9 眼球摘除术 // 245

6.4 胸部手术 // 246

6.4.1 开胸术 // 246

6.4.2 胸腔引流术 // 247

6.5 腹部手术 // 247

6.5.1 犬膈疝手术 // 247

6.5.2 剖腹术 // 248

6.5.3 胃切开术 // 248

6.5.4 肠管部分切除术及吻合术 // 249

6.5.5 盲肠切除术 // 250

6.5.6 脾脏摘除术 // 250

6.5.7 脐疝手术 // 251

6.5.8 腹壁疝手术 // 252

6.5.9 腹股沟疝手术 // 252

6.5.10 会阴疝手术 // 253

6.6 直肠和肛门手术 // 254

6.6.1 直肠固定术 // 254

6.6.2 直肠脱出切除术 // 255

6.6.3 锁肛重造手术 // 256

6.6.4 犬的肛门囊切除术 // 256

6.7 泌尿器官手术 // 258

    6.7.1 膀胱切开术 // 258

    6.7.2 尿道切开术 // 258

    6.7.3 尿道造口术 // 259

    6.7.4 肾脏摘除术 // 261

    6.7.5 膀胱破裂修补术 // 261

6.8 生殖器官手术 // 262

    6.8.1 雄性犬猫去势术 // 262

    6.8.2 隐睾阴囊固定手术 // 263

    6.8.3 犬前列腺肥大手术 // 264

    6.8.4 犬的前列腺摘除术 // 264

    6.8.5 卵巢摘除术 // 265

    6.8.6 剖腹产手术 // 266

    6.8.7 卵巢子宫切除术 // 267

    6.8.8 雌性犬尿道造瘘术 // 268

    6.8.9 阴道脱出整复术 // 268

    6.8.10 阴道肿瘤切除术 // 269

    6.8.11 乳腺肿瘤切除术 // 269

6.9 四肢手术 // 271

    6.9.1 截肢术 // 271

    6.9.2 尾肌切断术 // 271

    6.9.3 膝盖骨脱位整复术 // 272

    6.9.4 犬椎间盘突出手术 // 272

    6.9.5 犬髋关节脱位整复术 // 273

    6.9.6 犬的狼爪切除术 // 273

    6.9.7 猫爪切除术 // 274

    6.9.8 犬股骨头切除术 // 274

    6.9.9 断尾术 // 275

第七章 犬猫传染病 // 276

7.1 人兽共患病 // 276

    7.1.1 狂犬病 // 276

    7.1.2 莱姆病 // 278

    7.1.3 猫抓病 // 279

    7.1.4 尼帕病毒脑炎 // 280

    7.1.5 结核病 // 281

    7.1.6 布鲁氏菌病 // 283

    7.1.7 沙门氏菌病 // 284

    7.1.8 鼠疫 // 285

    7.1.9 钩端螺旋体病 // 286

7.1.10　衣原体病　//　288

7.1.11　嗜吞噬细胞无浆体病　//　290

7.1.12　利什曼原虫病　//　292

7.1.13　弓形虫病　//　295

7.1.14　包虫病　//　297

7.2　犬病毒性疾病　//　299

7.2.1　犬瘟热　//　299

7.2.2　犬细小病毒病　//　301

7.2.3　犬传染性肝炎　//　302

7.2.4　犬冠状病毒病　//　304

7.2.5　犬轮状病毒病　//　305

7.2.6　犬副流感病毒病　//　305

7.2.7　犬疱疹病毒病　//　306

7.2.8　伪狂犬病　//　307

7.2.9　犬呼肠病毒病　//　308

7.2.10　犬传染性气管支气管炎　//　309

7.2.11　犬病毒性乳头状瘤　//　309

7.3　猫病毒性疾病　//　310

7.3.1　猫泛白细胞减少症　//　310

7.3.2　猫肠道冠状病毒病　//　312

7.3.3　猫传染性腹膜炎　//　312

7.3.4　猫传染性鼻气管炎　//　313

7.3.5　猫白血病　//　314

7.3.6　猫免疫缺陷病　//　316

7.3.7　猫杯状病毒病　//　317

7.3.8　猫星状病毒病　//　318

7.3.9　猫轮状病毒病　//　318

7.3.10　猫牛痘病毒病　//　319

7.3.11　鲍纳病毒病　//　319

7.3.12　猫副黏病毒病　//　320

7.3.13　猫乳头瘤病毒病　//　320

7.3.14　猫海绵状脑病　//　320

7.4　犬猫细菌性疾病　//　321

7.4.1　破伤风　//　321

7.4.2　大肠杆菌病　//　322

7.4.3　诺卡氏菌病　//　323

7.4.4　肉毒梭菌毒素中毒　//　323

7.4.5　放线菌病　//　324

7.4.6　巴氏杆菌病　//　325

7.4.7　坏死杆菌病　//　325

7.4.8　犬链球菌病　// 326

7.4.9　犬支气管败血博代氏菌病　// 327

7.4.10　弯曲菌病　// 328

7.4.11　耶尔森菌病　// 328

7.4.12　葡萄球菌病　// 329

7.4.13　犬埃利希体病　// 330

7.4.14　落基山斑点热　// 331

7.4.15　血巴尔通体病　// 332

7.4.16　支原体病　// 332

7.5　犬猫真菌性疾病　// 333

7.5.1　孢子菌病　// 333

7.5.2　念珠菌病　// 334

7.5.3　隐球菌病　// 335

7.5.4　芽生菌病　// 335

7.5.5　球孢子菌病　// 336

7.5.6　犬鼻孢子菌病　// 337

7.5.7　马拉色菌病　// 337

7.5.8　毛霉菌病　// 338

7.5.9　组织胞浆菌病　// 339

7.5.10　曲霉菌病　// 339

7.5.11　毛癣菌病　// 340

第八章　犬猫寄生虫病　// 342

8.1　原虫病　// 342

8.1.1　巴贝斯虫病　// 342

8.1.2　隐孢子虫病　// 344

8.1.3　球虫病　// 346

8.1.4　贾第虫病　// 347

8.1.5　阿米巴虫病　// 348

8.1.6　毛滴虫病　// 349

8.1.7　新孢子虫病　// 350

8.2　蠕虫病　// 352

8.2.1　蛔虫病　// 352

8.2.2　钩虫病　// 353

8.2.3　鞭虫病　// 354

8.2.4　犬食道虫病　// 354

8.2.5　犬恶丝虫病　// 355

8.2.6　旋毛虫病　// 356

8.2.7　肺毛细线虫病　// 356

8.2.8　膨结线虫病　// 357

8.2.9　麦地那龙线虫病　// 357

8.2.10　犬类丝虫病　// 357

8.2.11　犬猫类圆线虫病　// 358

8.2.12　广州管圆线虫病　// 358

8.2.13　绦虫病　// 359

8.2.14　华支睾吸虫病　// 360

8.2.15　并殖吸虫病　// 360

8.3　昆虫病　// 361

8.3.1　疥螨病　// 361

8.3.2　蠕形螨病　// 363

8.3.3　耳痒螨病　// 365

8.3.4　犬姬螯螨病　// 366

8.3.5　蚤病　// 366

8.3.6　蜱致麻痹　// 367

8.3.7　虱病　// 368

第九章　犬猫消化系统疾病　// 370

9.1　常见临床综合征鉴别诊断　// 370

9.1.1　厌食　// 370

9.1.2　腹泻　// 371

9.1.3　呕吐和返流　// 374

9.1.4　体重下降　// 377

9.1.5　便秘　// 379

9.1.6　流涎　// 381

9.1.7　腹痛　// 383

9.1.8　黄疸　// 384

9.1.9　腹腔积液　// 389

9.2　上消化道疾病　// 392

9.2.1　口炎　// 392

9.2.2　舌炎　// 393

9.2.3　齿石　// 394

9.2.4　口腔异物　// 394

9.2.5　齿龈炎　// 395

9.2.6　牙周炎　// 395

9.2.7　咽炎　// 396

9.2.8　咽麻痹　// 396

9.2.9　咽痉挛　// 397

9.2.10　咽喉水肿　// 397

9.2.11　多涎症　// 398

9.2.12　唾液腺及其导管损伤　// 398

9.2.13　口唇炎　// 399

9.2.14　唇裂和腭裂　// 399

9.2.15　扁桃体炎　// 400

9.2.16　特发性咀嚼肌炎　// 400

9.2.17　嗜酸性细胞性肌炎　// 401

9.2.18　食道炎　// 401

9.2.19　食道扩张　// 402

9.2.20　食道痉挛　// 403

9.2.21　食道麻痹　// 403

9.2.22　食道梗阻　// 403

9.2.23　食道狭窄　// 404

9.2.24　食道憩室　// 404

9.2.25　胃食道套叠　// 406

9.2.26　唾液腺炎　// 406

9.3　胃肠疾病　// 407

9.3.1　急性胃炎　// 407

9.3.2　慢性胃炎　// 408

9.3.3　胃内异物　// 409

9.3.4　胃扩张/扭转　// 409

9.3.5　胃出血　// 410

9.3.6　消化性溃疡　// 411

9.3.7　胃、十二指肠溃疡急性穿孔　// 411

9.3.8　幽门痉挛　// 412

9.3.9　幽门狭窄　// 413

9.3.10　肠炎　// 413

9.3.11　犬出血性胃肠炎综合征　// 414

9.3.12　蛋白漏出性胃肠炎　// 414

9.3.13　嗜酸细胞性胃肠炎　// 415

9.3.14　肠套叠　// 416

9.3.15　结肠炎　// 416

9.3.16　巨大结肠症　// 417

9.3.17　直肠憩室　// 417

9.3.18　直肠狭窄　// 418

9.3.19　直肠脱垂　// 418

9.3.20　锁肛　// 419

9.3.21　肛门囊病　// 420

9.3.22　直肠息肉　// 421

9.3.23　肛门周围炎　// 421

9.4　肝、脾、腹膜疾病　// 421

9.4.1　急性肝炎　// 421

9.4.2　慢性肝炎　// 422

9.4.3　肝硬化　// 423

9.4.4　肝脓肿　// 424

9.4.5　脂肪肝　// 426

9.4.6　胆管炎及胆囊炎　// 426

9.4.7　脾破裂　// 427

9.4.8　腹膜炎　// 428

9.4.9　腹壁疝　// 429

9.4.10　脐疝　// 429

9.4.11　腹股沟阴囊疝　// 430

9.4.12　会阴疝　// 431

第十章　犬猫呼吸系统疾病　// 433

10.1　呼吸系统常见临床综合征鉴别诊断　// 433

10.1.1　咳嗽　// 433

10.1.2　呼吸困难　// 436

10.1.3　发绀　// 440

10.1.4　喷嚏和流鼻液　// 443

10.1.5　窒息　// 445

10.2　上呼吸道疾病　// 446

10.2.1　感冒　// 446

10.2.2　鼻咽息肉　// 447

10.2.3　鼻出血　// 447

10.2.4　鼻炎　// 448

10.2.5　副鼻窦炎　// 450

10.2.6　软腭异常　// 450

10.2.7　短头品种气道综合征　// 452

10.2.8　喉炎　// 452

10.2.9　喉麻痹　// 453

10.2.10　气管麻痹　// 454

10.3　肺、支气管疾病　// 455

10.3.1　急性支气管炎　// 455

10.3.2　慢性支气管炎　// 456

10.3.3　猫支气管哮喘　// 457

10.3.4　支气管肺炎　// 457

10.3.5　异物性肺炎　// 459

10.3.6　肺气肿　// 460

10.3.7　肺水肿　// 461

10.3.8　肺出血　// 462

10.3.9　肺血栓性栓塞　// 462

10.4　胸腔疾病　// 463

10.4.1　胸膜炎　// 463

10.4.2　胸腔积液　// 464

10.4.3 胸腔积血 // 465

10.4.4 胸腔积脓 // 466

10.4.5 气胸 // 467

10.4.6 纵隔气肿 // 469

10.4.7 乳糜胸 // 470

10.4.8 膈疝 // 471

第十一章 泌尿器官疾病 // 472

11.1 泌尿器官常见临床综合征鉴别诊断 // 472

11.1.1 尿频和排尿困难 // 472

11.1.2 多饮和多尿 // 474

11.1.3 血尿 // 475

11.1.4 猫下泌尿道炎症 // 478

11.2 尿道疾病 // 479

11.2.1 尿道损伤 // 479

11.2.2 尿道炎 // 479

11.2.3 尿道狭窄 // 480

11.2.4 尿道阻塞 // 480

11.3 膀胱疾病 // 481

11.3.1 膀胱炎 // 481

11.3.2 膀胱痉挛 // 482

11.3.3 膀胱麻痹 // 482

11.3.4 膀胱破裂 // 482

11.4 肾脏疾病 // 483

11.4.1 急性肾功能衰竭 // 483

11.4.2 慢性肾功能衰竭 // 486

11.4.3 肾小球肾炎 // 489

11.4.4 肾盂肾炎 // 490

11.4.5 间质性肾炎 // 491

11.4.6 肾病综合征 // 491

11.4.7 肾盂积水 // 492

11.4.8 尿毒症 // 492

11.4.9 尿石症 // 493

11.4.10 原发性肾性糖尿病 // 494

11.4.11 肾淀粉样变性 // 494

11.4.12 中毒性肾病 // 495

第十二章 犬猫生殖系统疾病 // 497

12.1 生殖系统疾病常见综合鉴别诊断 // 497

12.1.1 雌性犬猫不孕症 // 497

12.1.2 雄性犬猫不育症 // 498

12.1.3 流产 // 501

12.1.4　难产　// 502

12.2　阴茎疾病　// 505

12.2.1　阴茎外伤　// 505

12.2.2　阴囊皮炎　// 506

12.2.3　包茎　// 506

12.2.4　嵌顿包茎　// 507

12.2.5　包皮龟头炎　// 508

12.2.6　阴茎异常勃起　// 508

12.2.7　阴茎持久性系带　// 509

12.2.8　阴茎发育不全　// 509

12.3　睾丸疾病　// 509

12.3.1　睾丸炎和附睾炎　// 509

12.3.2　睾丸变性和萎缩　// 510

12.3.3　隐睾　// 511

12.3.4　睾丸发育不全　// 512

12.3.5　睾丸扭转　// 513

12.3.6　附睾和输精管发育不全　// 513

12.3.7　两性畸形　// 514

12.3.8　阳痿　// 514

12.4　前列腺疾病　// 515

12.4.1　前列腺肥大　// 515

12.4.2　前列腺炎　// 516

12.4.3　前列腺囊肿　// 516

12.5　阴道及阴户疾病　// 517

12.5.1　外阴炎　// 517

12.5.2　阴道炎　// 518

12.5.3　阴道增生症　// 519

12.5.4　阴道水肿　// 520

12.5.5　阴道损伤　// 521

12.5.6　阴道脱出　// 522

12.5.7　阴道闭锁　// 523

12.6　卵巢疾病　// 524

12.6.1　输卵管炎　// 524

12.6.2　卵巢囊肿　// 524

12.6.3　卵巢炎　// 525

12.6.4　卵巢功能不全　// 525

12.6.5　永久黄体　// 526

12.6.6　母犬（猫）不孕症子宫内膜炎　// 526

12.7　子宫疾病　// 527

12.7.1　子宫炎　// 527

12.7.2 子宫蓄脓综合征 // 527

12.7.3 子宫脱出 // 528

12.7.4 子宫扭转 // 529

12.7.5 子宫破裂 // 529

12.7.6 假孕 // 530

12.7.7 子宫外孕 // 530

12.7.8 子宫复旧不全 // 531

12.8 防止与终止妊娠 // 531

12.8.1 防止妊娠的方法措施 // 531

12.8.2 终止妊娠的方法措施 // 533

12.8.3 抑制发情的措施 // 533

12.9 产后疾病 // 534

12.9.1 胎衣不下 // 534

12.9.2 产后感染 // 535

12.9.3 产褥败血症 // 535

12.9.4 产褥痉挛 // 536

12.10 乳腺疾病 // 537

12.10.1 乳腺炎 // 537

12.10.2 乳汁积滞 // 539

12.10.3 乳溢症 // 540

12.10.4 缺乳症 // 541

12.10.5 公犬（猫）雌性化综合征 // 543

12.10.6 泌尿生殖道瘘管 // 543

12.11 新生仔疾病 // 545

12.11.1 新生仔护理 // 545

12.11.2 新生弱仔死亡 // 547

12.11.3 新生仔窒息 // 548

12.11.4 脐炎 // 549

第十三章 心血管系统疾病 // 551

13.1 心血管系统常见综合征 // 551

13.1.1 犬猫高血压 // 551

13.1.2 心力衰竭 // 552

13.1.3 心律失常 // 553

13.1.4 虚弱与晕厥 // 555

13.2 心肌病 // 557

13.2.1 犬扩张性心肌病 // 557

13.2.2 犬肥大性心肌病 // 558

13.2.3 猫肥大性心肌病 // 558

13.2.4 猫限制性心肌病 // 559

13.3 先天性心血管疾病 // 559

13. 3. 1　动脉导管未闭　// 559

13. 3. 2　肺动脉狭窄　// 560

13. 3. 3　主动脉狭窄　// 561

13. 3. 4　室间隔缺损　// 561

13. 3. 5　房间隔缺损　// 561

13. 3. 6　法洛四联症　// 562

13. 3. 7　二尖瓣闭锁不全　// 562

13. 3. 8　三尖瓣闭锁不全　// 563

13. 4　后天性心血管疾病　// 563

13. 4. 1　心肌炎　// 563

13. 4. 2　心包炎　// 564

13. 4. 3　心内膜炎　// 565

13. 4. 4　心包积液　// 565

第十四章　血液和免疫性疾病　// 568

14. 1　贫血　// 568

14. 1. 1　失血性贫血　// 568

14. 1. 2　溶血性贫血　// 570

14. 1. 3　慢性疾病性贫血　// 571

14. 1. 4　缺铁性贫血　// 571

14. 1. 5　慢性肾病性贫血　// 572

14. 1. 6　低增生性贫血　// 572

14. 1. 7　内分泌疾病性贫血　// 572

14. 2　出血性疾病　// 573

14. 2. 1　血小板减少症　// 573

14. 2. 2　凝血因子缺乏症　// 573

14. 3　红细胞增多症　// 574

14. 4　白细胞减少症和白细胞增多症　// 575

14. 4. 1　嗜中性粒细胞增多症和减少症　// 575

14. 4. 2　嗜酸性粒细胞增多症和减少症　// 577

14. 4. 3　嗜碱性粒细胞增多症和减少症　// 578

14. 4. 4　淋巴细胞增多症和减少症　// 578

14. 4. 5　单核细胞增多症和减少症　// 579

14. 5　淋巴腺病和脾肿大　// 579

14. 6　高蛋白血症　// 580

14. 7　过敏反应性疾病　// 581

14. 7. 1　食物过敏　// 581

14. 7. 2　药物过敏　// 583

14. 7. 3　荨麻疹　// 584

14. 7. 4　特发性皮炎　// 585

14. 8　免疫介导性疾病　// 586

14.8.1 免疫介导性血小板减少症 // 587

14.8.2 寻常性天疱疮 // 588

14.8.3 落叶状天疱疮 // 589

14.8.4 类天疱疮 // 590

14.8.5 自身免疫性溶血性贫血 // 591

14.8.6 系统性红斑狼疮 // 593

14.8.7 免疫介导性脑膜炎 // 594

14.8.8 新生犬黄疸症 // 594

14.8.9 丙球蛋白病 // 595

14.8.10 特发性多发性肌炎 // 598

14.8.11 犬嗜酸性粒细胞性肌炎 // 598

14.9 免疫缺陷病 // 599

第十五章 犬猫神经系统疾病 // 602

15.1 神经系统常见临床症状鉴别诊断 // 602

15.1.1 癫痫 // 602

15.1.2 共济失调 // 605

15.2 中枢神经系统疾病 // 606

15.2.1 脑震荡及脑挫伤 // 606

15.2.2 晕车症 // 607

15.2.3 日射病和热射病 // 607

15.2.4 脑炎 // 608

15.2.5 脑积水 // 609

15.2.6 脊髓损伤及脊髓震荡 // 610

15.2.7 脊髓炎及脊髓膜炎 // 612

15.2.8 颈椎脊髓炎 // 613

15.2.9 椎间盘疾病 // 613

15.2.10 慢性变性性脊髓障碍 // 615

15.2.11 肝性脑病 // 615

15.2.12 精神性多尿病 // 617

15.3 外周神经疾病 // 617

15.3.1 创伤性神经疾病 // 617

15.3.2 重症肌无力 // 618

15.3.3 歪头 // 619

15.3.4 多发性神经病 // 620

15.3.5 多发性神经根神经炎 // 621

15.3.6 臂丛神经炎 // 622

15.3.7 面神经麻痹 // 622

15.3.8 三叉神经麻痹 // 623

15.3.9 坐骨神经损伤 // 624

第十六章　犬猫内分泌系统疾病　// 625

16.1　垂体疾病　// 625

　　16.1.1　幼犬脑垂体性侏儒症　// 625

　　16.1.2　肢端肥大症　// 625

　　16.1.3　尿崩症　// 626

16.2　甲状腺疾病　// 628

　　16.2.1　猫甲状腺功能亢进症　// 628

　　16.2.2　犬甲状腺功能减退症　// 630

　　16.2.3　甲状腺肿瘤　// 632

16.3　甲状旁腺疾病　// 633

　　16.3.1　甲状旁腺功能亢进症　// 633

　　16.3.2　甲状旁腺功能减退症　// 634

16.4　肾上腺疾病　// 635

　　16.4.1　肾上腺皮质功能亢进症　// 635

　　16.4.2　肾上腺皮质功能减退症　// 637

　　16.4.3　嗜铬细胞瘤　// 639

16.5　胰腺疾病　// 640

　　16.5.1　糖尿病　// 640

　　16.5.2　糖尿病酮性酸中毒　// 642

　　16.5.3　急性胰腺炎　// 644

　　16.5.4　慢性胰腺炎　// 645

　　16.5.5　胰腺变性萎缩　// 646

　　16.5.6　低血糖症　// 647

16.6　性腺疾病　// 647

　　16.6.1　雌性激素过多症　// 647

　　16.6.2　雌性激素缺乏症　// 648

　　16.6.3　雄性激素过多症　// 649

　　16.6.4　雄性激素缺乏症　// 649

第十七章　犬猫营养代谢性疾病　// 651

17.1　钙磷及微量元素代谢障碍　// 651

　　17.1.1　佝偻病　// 651

　　17.1.2　软骨病　// 652

　　17.1.3　产后癫痫　// 653

　　17.1.4　镁缺乏症　// 654

　　17.1.5　铜缺乏症　// 654

　　17.1.6　铁缺乏症　// 655

　　17.1.7　碘缺乏症　// 656

　　17.1.8　硒缺乏症　// 656

17.2　电解质紊乱性疾病　// 658

　　17.2.1　高钠血症　// 658

17.2.2　低钠血症　// 658

17.2.3　高钾血症　// 659

17.2.4　低钾血症　// 659

17.2.5　高钙血症　// 660

17.2.6　低钙血症　// 662

17.2.7　高磷血症　// 663

17.2.8　低磷血症　// 664

17.3　维生素代谢病　// 665

17.3.1　维生素 A 缺乏症　// 665

17.3.2　维生素 A 过多症　// 666

17.3.3　维生素 B_1 缺乏症　// 667

17.3.4　维生素 B_2 缺乏症　// 668

17.3.5　维生素 B_6 缺乏症　// 668

17.3.6　维生素 C 缺乏症　// 669

17.3.7　维生素 D 缺乏症　// 669

17.3.8　维生素 E 缺乏症　// 670

17.3.9　维生素 K 缺乏症　// 671

17.3.10　生物素缺乏症　// 671

17.3.11　叶酸缺乏症　// 672

17.3.12　烟酸缺乏症　// 673

17.3.13　胆碱缺乏症　// 674

17.4　其他代谢病　// 674

17.4.1　肥胖症　// 674

17.4.2　高脂血症　// 676

17.4.3　黏液水肿　// 677

17.4.4　脑积水　// 678

17.4.5　痛风　// 678

17.4.6　异食症　// 679

17.4.7　淀粉样变性　// 680

17.4.8　吸收不良综合征　// 681

17.4.9　巴洛氏病　// 682

17.4.10　抗利尿激素分泌失调　// 683

第十八章　犬猫中毒性疾病　// 685

18.1　灭鼠药中毒　// 685

18.1.1　灭鼠灵中毒　// 685

18.1.2　毒鼠磷中毒　// 685

18.1.3　磷化锌中毒　// 686

18.1.4　敌鼠钠中毒　// 686

18.1.5　氟乙酸钠中毒　// 687

18.1.6　氟乙酰胺中毒　// 688

18.1.7　马钱子中毒　// 688

18.1.8　溴化物中毒　// 689

18.2　有毒食物中毒　// 689

18.2.1　洋葱中毒　// 689

18.2.2　食物中毒　// 690

18.2.3　食盐中毒　// 691

18.2.4　黄曲霉毒素中毒　// 691

18.2.5　亚硝酸盐中毒　// 692

18.2.6　蘑菇中毒　// 693

18.2.7　青绿藻类中毒　// 695

18.3　药物中毒　// 696

18.3.1　阿托品类药物中毒　// 696

18.3.2　巴比妥类药物中毒　// 696

18.3.3　咪唑苯脲中毒　// 697

18.3.4　氨基糖苷类抗生素中毒　// 697

18.3.5　磺胺类药物中毒　// 699

18.3.6　硫化二苯胺中毒　// 699

18.3.7　阿司匹林中毒　// 699

18.3.8　氯丙嗪中毒　// 700

18.3.9　麻黄碱中毒　// 701

18.4　动物毒素中毒　// 701

18.4.1　蟾蜍中毒　// 701

18.4.2　蜘蛛中毒　// 702

18.4.3　蛇毒中毒　// 702

18.4.4　蜂毒中毒　// 703

18.5　杀虫剂和其他物质中毒　// 704

18.5.1　有机磷杀虫药中毒　// 704

18.5.2　除虫菊酯中毒　// 705

18.5.3　鱼藤酮中毒　// 706

18.5.4　砷中毒　// 707

18.5.5　甲醇中毒　// 708

18.5.6　乙醇（酒精）中毒　// 709

18.5.7　铅中毒　// 709

18.5.8　铜中毒　// 710

18.5.9　烟碱中毒　// 711

18.5.10　一氧化碳中毒　// 711

18.5.11　三硝基甲苯中毒　// 712

18.5.12　硼酸与硼酸盐中毒　// 713

18.5.13　除藻剂中毒　// 713

18.5.14　清洁洗涤剂中毒　// 714

第十九章　犬猫损伤和外科感染　// 716

19.1　创伤和挫伤　// 716

19.1.1　创伤　// 716

19.1.2　挫伤　// 719

19.1.3　血肿　// 719

19.1.4　淋巴外渗　// 720

19.2　物理化学损伤　// 720

19.2.1　烧伤　// 720

19.2.2　化学性烧伤　// 721

19.2.3　冻伤　// 722

19.2.4　蜂螫伤　// 722

19.2.5　毒蛇咬伤　// 723

19.3　损伤并发症　// 724

19.3.1　溃疡　// 724

19.3.2　窦道和瘘管　// 726

19.3.3　坏死与坏疽　// 727

19.4　休克　// 728

19.5　全身化脓性感染——败血症　// 728

19.6　局部感染　// 729

19.6.1　概述　// 729

19.6.2　脓肿　// 731

19.6.3　蜂窝织炎　// 732

19.6.4　厌氧性感染　// 733

19.6.5　腐败性感染　// 733

19.6.6　疝及疝病　// 733

19.6.7　痛　// 734

第二十章　犬猫运动系统疾病　// 735

20.1　骨骼、肌肉、腱等疾病　// 735

20.1.1　骨折　// 735

20.1.2　骨髓炎　// 736

20.1.3　全骨炎　// 738

20.1.4　肥大性骨营养不良　// 738

20.1.5　肥大性骨病　// 739

20.1.6　咀嚼肌炎　// 739

20.1.7　疲劳性肌病　// 739

20.1.8　风湿病　// 740

20.1.9　肌腱断裂　// 741

20.1.10　腱炎　// 742

20.1.11　腱鞘炎　// 742

20.2　关节疾病　// 743

20.2.1　退行性关节病　// 743

20.2.2　关节脱位　// 744

20.2.3　创伤性关节疾病　// 745

20.2.4　髋关节发育异常　// 746

20.2.5　肘关节发育异常　// 747

20.2.6　椎间盘突出　// 747

20.2.7　感染性炎性关节炎　// 748

20.2.8　犬类风湿性关节炎　// 749

20.2.9　猫慢性进行性多关节炎　// 750

20.2.10　自发性免疫介导性多关节炎　// 750

第二十一章　犬猫皮肤病　// 752

21.1　犬猫常见皮肤病的鉴别诊断　// 752

21.1.1　脱毛症　// 752

21.1.2　瘙痒症　// 753

21.2　犬猫常见皮肤病　// 754

21.2.1　毛囊炎　// 754

21.2.2　脂溢性皮炎　// 755

21.2.3　犬脓皮病　// 755

21.2.4　过敏性皮炎　// 756

21.2.5　湿疹　// 758

21.2.6　疖及疖病　// 758

21.2.7　犬指（趾）间囊肿　// 759

21.2.8　锌敏感性皮肤病　// 759

21.2.9　维生素A反应性皮肤病　// 760

21.2.10　黑色棘皮症　// 760

第二十二章　犬猫眼病和耳病　// 761

22.1　眼病　// 761

22.1.1　睫毛生长异常　// 761

22.1.2　眼睑内翻　// 761

22.1.3　眼睑外翻　// 762

22.1.4　睑腺炎　// 764

22.1.5　眼睑炎　// 764

22.1.6　第三眼睑腺脱出　// 765

22.1.7　眼吸吮线虫病　// 766

22.1.8　结膜炎　// 766

22.1.9　角膜炎　// 769

22.1.10　白内障　// 776

22.1.11　青光眼　// 779

22.1.12　鼻泪管阻塞　// 783

22.1.13　视神经炎　// 784

22. 1. 14　视网膜炎　// 784

22. 1. 15　前色素层炎　// 785

22. 1. 16　眼球脱出　// 785

22. 1. 17　眼球摘除术　// 786

22. 1. 18　晶状体脱位　// 787

22. 1. 19　玻璃体疾病　// 787

22. 2　耳病　// 788

22. 2. 1　耳壳血肿　// 788

22. 2. 2　耳撕裂创　// 789

22. 2. 3　外耳炎　// 790

22. 2. 4　中耳炎、内耳炎　// 791

22. 2. 5　犬耳整容成形术　// 792

第二十三章　犬猫肿瘤性疾病　// 795

23. 1　概述　// 795

23. 1. 1　肿瘤的分类与命名　// 795

23. 1. 2　肿瘤的诊断方法　// 796

23. 1. 3　肿瘤的治疗方法　// 798

23. 2　皮肤肿瘤　// 798

23. 2. 1　乳头状瘤　// 799

23. 2. 2　良性非病毒性乳头状瘤　// 799

23. 2. 3　基底细胞瘤　// 800

23. 2. 4　鳞状上皮细胞癌　// 800

23. 2. 5　皮脂腺瘤　// 800

23. 2. 6　良性纤维母细胞瘤　// 801

23. 2. 7　黑色素瘤　// 801

23. 2. 8　脂肪瘤和脂肪肉瘤　// 802

23. 2. 9　肥大细胞瘤　// 802

23. 2. 10　血管肿瘤　// 803

23. 3　消化系统肿瘤　// 803

23. 3. 1　口腔肿瘤　// 803

23. 3. 2　胃肠道腺瘤与腺癌　// 804

23. 3. 3　胆管癌　// 804

23. 3. 4　肝脏肿瘤　// 804

23. 3. 5　胰腺癌　// 804

23. 4　泌尿生殖系统肿瘤　// 804

23. 4. 1　乳腺肿瘤　// 804

23. 4. 2　肾脏肿瘤　// 806

23. 4. 3　卵巢肿瘤　// 807

23. 4. 4　子宫肿瘤　// 807

23. 4. 5　阴茎肿瘤　// 808

　　　23.4.6　睾丸肿瘤　// 808

　　　23.4.7　膀胱肿瘤　// 809

　　23.5　其他器官和组织肿瘤　// 809

　　　23.5.1　肺癌　// 809

　　　23.5.2　犬淋巴细胞白血病　// 810

　　　23.5.3　淋巴瘤样肉芽肿病　// 812

　　　23.5.4　淋巴肉瘤　// 812

　　　23.5.5　骨肉瘤　// 813

　　23.6　观赏鸟肿瘤　// 813

第二十四章　行为异常　// 814

　　24.1　犬的攻击行为　// 814

　　　24.1.1　优势性攻击行为　// 814

　　　24.1.2　领地性攻击行为　// 816

　　　24.1.3　保护性攻击行为　// 817

　　　24.1.4　犬间攻击行为　// 818

　　　24.1.5　掠夺性攻击行为　// 819

　　　24.1.6　其他攻击行为　// 819

　　24.2　犬的排泄异常　// 820

　　　24.2.1　不定点排便　// 820

　　　24.2.2　其他排泄异常　// 820

　　24.3　犬的恐惧与忧虑　// 821

　　　24.3.1　恐惧　// 821

　　　24.3.2　非噪声恐怖症　// 821

　　　24.3.3　噪声和闪电恐怖症　// 822

　　　24.3.4　分离焦虑　// 822

　　　24.3.5　全身性忧虑症　// 823

　　　24.3.6　强制-强迫性失调　// 823

　　　24.3.7　记忆功能紊乱　// 823

　　　24.3.8　破坏和自残行为　// 823

　　24.4　猫的异常行为　// 824

　　　24.4.1　猫的排泄异常　// 824

　　　24.4.2　猫的攻击行为　// 826

　　　24.4.3　猫的强迫症　// 827

　　　24.4.4　猫的其他行为异常　// 828

第二十五章　鸟类疾病　// 829

　　25.1　消化器官疾病　// 829

　　　25.1.1　嗉囊炎　// 829

　　　25.1.2　气囊炎　// 830

　　　25.1.3　胃肠炎　// 831

　　　25.1.4　肝炎　// 832

25.2 其他器官疾病 // 832

    25.2.1 鼻窦炎 // 832

    25.2.2 肺炎 // 833

    25.2.3 心肌炎 // 834

    25.2.4 痛风 // 834

    25.2.5 啄羽症 // 835

    25.2.6 卵黄性腹膜炎 // 836

    25.2.7 丹顶鹤关节炎 // 836

    25.2.8 猛禽脚垫炎 // 837

    25.2.9 眼疾 // 838

25.3 传染性疾病 // 839

    25.3.1 禽流感 // 839

    25.3.2 新城疫 // 840

    25.3.3 马立克氏病 // 841

    25.3.4 禽霍乱 // 842

    25.3.5 禽结核病 // 843

    25.3.6 禽痘 // 843

    25.3.7 禽衣原体病 // 844

    25.3.8 鹦鹉热衣原体感染 // 845

    25.3.9 体外寄生虫 // 846

第二十六章 爬行类动物疾病 // 847

25.1 白眼病 // 847

26.2 口腔炎 // 847

26.3 皮肤病 // 848

26.4 应激性胃肠炎 // 849

26.5 肝病 // 849

26.6 肺炎 // 850

26.7 腿肿 // 850

26.8 寄生虫感染 // 851

参考文献 // 852

第一章
动物医院管理

1.1 动物医院管理概论

我国动物医院的发展迅速，各大中小城市存在形式各样的动物医院，相比人的医院发展则刚刚起步。目前我国动物医院有几种类型同时存在：高等农业院校的教学动物医院、私营动物医院和集团化运作的动物医院。尽管各种动物医院按照企业运作模式，完善各种管理制度，但由于服务对象的特殊性，专业的管理团队难以满足蓬勃发展中动物医院的需求。

自 2009 年 1 月 1 日起实施的《动物诊疗机构管理办法》和《执业兽医管理办法》，针对动物医院设置提出了具体要求，对开展诊疗工作的动物医院管理提出了新的挑战。各个层次动物医院管理如何适应当前宠物行业的快速发展，是每个动物医院管理者面临的难题。

动物医院管理是指在一定的环境或条件下，运用一定的管理职能和手段，通过有效地分配组织资源，包括人、财、物、信息，对动物医院的运作过程进行指挥和控制，为达到医院计划的目标所实施的过程，其管理就是要有效地协调动物医院内部的各种关系并寻找运作效率的最大化，让医院始终处于一种良性循环之中，通过制定各种规章制度，建立一种良好秩序，保证医院完整、顺利地运转。动物医院的主要任务就是要确定切实可行的管理目标、各级职能、各项子目标的发展顺序，规范医院的行为过程，协调动物医院内部的人与人、人与动物的各种关系以达到和谐，保证各个运作系统平衡有效地运转。

动物医院管理的内容包括动物医院的组织架构、服务质量管理、经营管理、药事管理、实验室管理、影像学管理、信息管理和病案管理、后勤管理等，对高校教学动物医院来说还需增加临床教学科研管理。

目前，各个动物医院包括人员科室的管理、药品医疗器材的管理、财务的管理等，以人、物、财三个因素相互联系，共同组成了动物医院住院管理系统。动物医院目前存在的主要问题有，员工流动频繁、专业资质不高、医院没有明确的市场定位、后勤财务统计分析不够清晰、没有科学的薪酬与绩效激励制度等这些都有赖于科学的管理分析，动物医院管理软件应有灵活的人员管理方式和完善的统计分析功能。随着当今信息化的发展，管理系统已经应用到各个领域中。越来越多的技术开展开始依靠计算机和互联网的发展，而动物医院的信息量巨大、复杂，其管理和信息的处理成为动物医院发展尤为重要的因素。随着管理越来越职业化，动物医院管理信息化是动物医院未来的发展趋势，而一套完善的动物医院管理系统是信息管理自动化中很重要的一部分。随着动物医院的不断发展，管理制度的不断完善，建立标准化、规模化的动物医院管理必将提高动物医院的管理水平，为宠物的健康保健保驾护航。

1.1.1 动物医院组织架构

动物医院组织架构是医院能否实现战略目标和提高核心竞争力的载体，是医院人力资源管理中最基础的部分。因此，动物医院组织结构设计在医院管理中占举足轻重的地位。动物医院组织框架是医疗、护理、医技、药剂、管理、工程技术、后勤保障等各类人员的分工与协作组成的有机系统。组织结构主要涉及部门组成、岗位设置、权责关系、业务流程、管理流程及组织内部的协调管理。人力资源管理，涉及人力资源开发、培植、利用等过程，需要有战略性、前瞻性、全面性和创新性。其核心内容主要包括：人力资源规划、岗位管理、薪酬管理等方面。人力资源战略规划是动物医院发展规划战略中的重要一环，其创新性关系到医院的发展潜力。医生是动物医院赖以生存的基础，医生的个人成长决定着医院健康发展的水平。一方面，动物医院应该加大员工的职业规划及就业培训，帮助员工了解当前兽医行业的就业形势，增强职工就业的紧迫感，从而树立正确的就业观，设立清晰的职业发展目标，使其主动地参与到动物医院的日常工作和培训中。另一方面，动物医院应当把人才培养放在首位，持续优化人才政策，从而实现个人和动物医院的共同发展。

1.1.2　动物医院的服务质量管理

服务质量管理是动物医院管理的永恒主题，服务的质量关系到患病动物的生命安全，必须制定切实可行的服务质量管理方案，建立质量标准信息系统，开展质量检测和质量评价，加强服务质量教育，不断提高诊疗和护理技术，并在动物医院发展中不断完善。强化以患病动物为中心的观念，树立质量第一、服务第一、患病动物第一的理念，并把它真正落实到动物医院优质服务的过程中去。动物医院的服务质量主要取决于顾客所享受到的服务与预先的期望值的比较，医院为客户提供的服务越超出其期望值，则动物医院的服务质量就越高。然而，不同的客户对动物医院的服务有着不同的期望。因此，动物医院要满足所有顾客的需求，就必须不断完善自身的服务水平，不断提高医院的服务质量。其中医疗技术是医疗质量的核心。现代科学技术的突飞猛进带来了医疗技术的不断发展和进步，相应地产生了医疗质量的巨大飞跃，新设备和新药品的出现与应用使得诊断的准确性和治疗的有效性大大提高。这些科技发展确实为医疗技术水平的提高奠定了基础，但要真正达到服务质量的提高，还应做好以下工作：一是强化人才意识，注重跨世纪人才的选拔和培养。二是动物医院一切工作以顾客为中心，具体体现在：加强门诊工作，简化就医环节，增设服务窗口。三是提高患病动物诊治准确率，抓好危重抢救、疑难病症的会诊、大型手术的术前报告审批、诊疗操作的查对制度等质量控制点。四是坚持合理诊断、合理检查、合理收费等。

1.1.3　药事管理

药事管理内容涵盖了临床药学基础、临床学科和合理用药，药学的技术服务，药学管理等方面。药事管理包括对宠物医院及质量的管理，如药品采购、保管、自配制剂、药品供应、药物信息提供、用药咨询服务等。药品管理制度的提出，适合每个动物医院作为参考。动物医院药事管理主要涉及以下几点。组织管理，包括医院药剂科（部、处）的组织体制、人员配备和各类人员的职责等。药品供应管理，涉及药品采购、贮存、供应等。调剂业务管理，药品从动物医院转移给顾客是药品使用的重要环节。自配制剂管理，按制剂有关规定进行严格管理。药品质量和监督管理，包括药品检验、合理用药和特殊管理药品作用的监督管理。临床药学业务管理，药品安全性、有效性、合理性的评价和管理。药物信息管理，为医护人员和顾客提供用药咨询。同时，科研管理、经济管理、各类人员培训和继续教育管理等也在药事管理中占有重要位置。

1.1.4　动物医院经营管理

为适应市场经济需求，适应动物医疗的新环境，动物医院的经济和财务管理尤为重要，不管是非营利性的教学医院还是私营动物医院首先要把社会效益放在首位，其次才是经济效益，要最大限度地满足不断增加的宠物医疗保健需求。动物医院经营理念的内涵，一是指动物医院的使命和宗旨。它主要阐述医院为什么而生存，即医院生存的价值取向，是为患病动物服务，创造良好的社会效益与经济效益，这是医院全部经营理念的灵魂。二是指动物医院的目标，主要是指医院长期的根本性的价值目标，包括医院发展的各种指标体系，是医院使命和宗旨的具体化。医院经营活动的方向、性质、责任决定了其首先要体现社会性、服务性，应该具有强烈的社会责任感。它要求动物医院不仅应当考虑到自身的利益，而且能够承担起应有的社会责任。在社会主义市场经济背景下，动物医院必须树立珍惜信誉的思想，把自身的组织声誉、医疗声誉、服务声誉，看作是医院的生命，作为一种医院的观念性无形资产。其次是积极参与市场竞争，要有强烈的市场意识，通过市场获取医疗资源，使医院做大做强。同时，创新是动物医院生存发展之本，创新思想要求医院将追求卓越、追求风格、追求独创、追求新颖作为自身的奋斗目标；其中，人力资源、技术资源、管理资源、医疗产品及市场等领域的创新是动物医院管理的核心。

1.1.5　医学影像管理

各个动物医院的兽医影像诊断包括透视、放射线检查、CT、MRI、超声、造影技术也逐渐应用到介入疗法，为疾病的诊断提供了科学直观的依据，可以更好配合临床症状、实验室检验等，对最终准确诊断疾病起到不可替代的作用，同时也很好地应用在治疗方面。医学影像管理以追求设备的综合效率和设备周期费用的经济性为目标，通过技术和措施对设备寿命的全过程进行科学管理。设备管理有三种方式，即事后维修、定期维修和综合管理。定期维修是通过有计划的预防维修，保证设备能够较长期地在良好的状态运行，有效地降低了停机损失。通过技术措施使设备发挥最大的综合效能。另外，医学影像设备是一种高科技含量和附加值的设备，动物医院对设备投资的资金回报都非常重视，只有长期正常运行的设备才能够实现资金的最大限度投资回报。尤其是数字化影像系统的发展和使用，更需要对影像设备科学的管理和正确的使用，才能最大限度发挥设备的作用和潜能，从而更有效地服务于临床和医院的整体。

1.1.6　信息管理和病案管理

信息管理和病案管理不但作为动物医院进行全面组织管理的主要信息来源，而且贯穿于医院各方面的管理当中，也是评价医院管理水平的标准之一。现代化的诊断和治疗过程就是信息的收集加工与决策过程。随着时代的发展，计算机在动物医院管理的各个领域获得了广泛应用，计算机的信息系统尤为重要，主要包括动物健康情况、病情描述、各种检查、病情分析、诊断、治疗过程、治疗结果、相关的具有法律意义的文件等，可以使用纸质文字记录，或者通过胶片、图表、图像、光盘等形式。病历信息是动物医院管理信息系统中比重非常大的一个部分，是诊疗流程的具体表现，是动物患病历史情况，是由文字、图表、影像等组成的基本信息、临床体征表现、检查化验信息、诊断治疗信息、疾病转归信息等。可以给使用人员提供完整地药品信息，辅助临床治疗，并能科学、完整地记录患者的基本医疗信息。同时，动物医院的病案信息管理可以反映医院的医疗质量水平，而医疗质量水平体现了医疗管理、医疗安全管理、医院感染管理、护理管理等各方面的管理水平。因此病案信息作为医疗质量管理与质量持续改进的主要数据来源，在提高医疗质量方面起到监控作用。高质量的病案信息管理不但体现了高水平的医院管理，而且促进了医院管理水平的不断提高。

1.1.7　后勤管理

后勤管理在于承担医疗教学科研，预防的服务保障任务，包括动物医院的医院物资、总务、设备、财务、基本建设工作。它还包括衣、食、住、行、水、电、煤、气、冷、热等诸多方面。动物医院后勤管理工作主要分为财经管理与总务管理两部分。财经管理工作包括经济管理与财务管理。总务管理工作包括物资管理、基建房产管理、设备管理和生活服务管理等。随着宠物医疗行业的企业化、规模化以及管理的精细化，现阶段动物医院的后勤管理已经从以往的一项普通的业务工作逐步发展成为多职能部分的有机结合体，一所动物医院后勤管理水平的好坏可以直接影响到医院的医疗水平和医院的经济效益。对于动物医院来讲，想要更好地获取社会收益及经济收益，同时能够获得稳步发展，就需要多方面、多角度地实施合理的增收节支措施，降低成本投入，增加经济收益，从而提高自身的市场竞争能力。后勤部门的成本在整体动物医院运营成本中占较大的比例，所以，相关工作人员应重视后勤成本管理工作，缩减资金应用，推动医院更好发展。同时，随着经济的发展，动物医院后勤管理信息化建设将是与医院后勤社会化相辅相成的有效制度方法。信息是管理的依据与核心，没有现代信息技术支撑的现代医院后勤管理将面临许多难以逾越的困难。

1.1.8 动物医院文化及品牌管理

动物医院文化包括制度文化、物质文化和精神文化等，制度文化通过医院的规章制度、管理过程、医院工作人员的行为准则体现出来，物质文化通过医院的环境、医疗设备的完善程度、生活设施的齐全、各种档案资料保存情况体现，精神文化则包括医院工作人员的心理状况、精神面貌、价值观念、传统习惯、经营理念、工作状态和技术等。医院文化是一所医院品牌建设所必需。动物医院品牌是形成医院核心竞争力的平台，而医院核心竞争力是打造医院品牌的支撑点，正确认识和处理医院品牌与核心竞争力的辩证关系，对推动动物医院发展发挥积极的作用。动物医院品牌建设包括技术品牌建设、服务品牌建设和文化品牌建设，其最终目标是提高医院知名度、美誉度、诚实度。动物医院品牌是医院核心竞争力的体现，医院核心竞争力是医院长期形成的蕴含于医院内质中的、医院独具的、支撑医院过去和现在及未来的竞争优势，并使医院在竞争环境中能够长时间取得主动的能力。

1.1.9 临床教学科研管理

临床教学科研机构、教学医院开展教学工作，有利于提高医疗水平，提高服务治疗质量，并可以辅助教学，成为教育的重要组成部分。科研管理是促进动物医院科技发展的重要环节和手段，其管理水平的高低将在很大程度上影响着医院医学科技的发展和综合竞争力。动物医院科研管理人员作为科研管理的主体和执行者，其综合素质的高低直接决定着医院的整体科研管理水平。高校动物临床教学医院科研管理人员良好的综合素质，对提升科研管理水平，促进医学科技发展，提高医院综合实力起着举足轻重的作用。

1.2 动物医院管理制度

1.2.1 总论

（1）动物诊疗机构应符合《中华人民共和国动物防疫法》和农业部《动物诊疗机构管理办法》等规定的条件，依法申请并取得《动物诊疗许可证》，在所在地工商行政管理部门办理登记注册手续，并在规定的诊疗活动范围内依法从事动物诊疗活动，建立健全内部管理制度，每年定期向兽医主管部门和动物卫生监督机构报告动物诊疗活动开展情况。

（2）动物诊疗机构应当聘用注册或者备案的执业兽医师从事动物诊疗活动，并在显著位置公示动物诊疗许可证和执业兽医师资格证书、监督电话等。执业兽医师从事动物诊疗活动，应当佩戴载有本人姓名、照片、执业地点、执业等级等内容的标牌。执业兽医师须文明行医，合理科学用药，科学规范地记录诊疗情况，使用规范的病历、处方笺，病历、处方笺应当印有动物诊疗机构名称，病历档案应当保存、备案。

（3）按照国家《兽药管理条例》之规定，合理、合法、规范使用兽药，不得使用假劣兽药和农业部规定禁止使用的药品及其他化合物。因诊疗活动需要使用毒、麻药品的，应通过合法途径购入，有出入库管理制度和手续，毒性药品不得滥用。

（4）动物诊疗机构应当具有布局合理的诊疗室、手术室、药房等设施。动物诊疗机构兼营动物用品、动物食品、动物美容等项目的区域应当与上述诊疗区域合理分区，分别独立设置。

（5）动物诊疗机构应当确定专门部门或者人员承担诊疗活动中与动物疫病医源性感染有关的危险因素的监测、安全防护、消毒、隔离、动物疫情报告和医疗废物处置工作。动物诊疗机构发现动物染疫或者疑似染疫的，不得擅自进行治疗，应当按照国家规定立即向当地兽医行政主管部门、动物卫生监督机构或动物疫病预防控制机构报告，并采取隔离和消毒等控制措施，防止疫情扩散。按照农业农村部规定处理病死动物、动物病理组织和医疗废弃物，参照《医疗废弃物管理条例》的有关规定处理医疗废弃物，不得随意丢弃。

（6）安装、使用具有放射性的诊疗设备的，应按照国家有关规定执行。

1.2.2 动物医院疫情报告制度

（1）严格遵守《中华人民共和国动物防疫法》《重大动物疫情应急条例》《动物疫情报告管理办法》等法律法规，发现动物疫病或疑似动物疫病的，按规定向辖区内畜牧兽医站报告，维护公共卫生安全。

（2）单位责任人负责本单位动物疫情报告管理工作，建立健全疫情管理制度和疫情档案。设有门诊日志、传染病疫情登记簿，并设有传染病报告卡，住院部设有住院登记簿，传染病报告卡保留三年。

（3）配备专门人员，负责疫情信息记录和报告，定期向辖区动物防疫监督机构报告疫情。

（4）发现动物患有或者疑似患有国家规定的重大动物疫病，应做好记录并及时报告，不得擅自进行治疗和处置，防止动物疫情扩散。

（5）各类疫情报表要认真填写，不得瞒报、谎报、迟报、漏报或阻碍他人报告动物疫情。

1.2.3 卫生消毒制度

（1）医务人员工作时间应衣帽整洁，操作时必须戴工作帽和口罩，严格遵守无菌操作规程。同时，工作人员应当接受消毒技术培训，掌握消毒知识，按规定严格执行消毒制度。

（2）使用合格的消毒剂、消毒器械、卫生用品和一次性使用医疗用品，一次性使用医疗用品用后应当及时进行无害化处理。

（3）凡接触皮肤、黏膜的器械和用品必须达到消毒要求，各种注射、穿刺、采血器具应当一宠一用一消毒。

（4）无菌器械容器、敷料缸、持物钳等，要定期消毒、灭菌。消毒液定期更换；用过的物品与未用过的物品严格分开，并有明显标志。

（5）患传染病的宠物应进行预检分诊，按常规隔离；疑似患传染病的宠物应在观察室隔离，病宠物的排泄物和用过的物品要进行消毒处理。

（6）病房应定时通风换气，每日空气消毒，物品定期消毒；患传染病的宠物出院、转院、死亡后应对病宠、笼位单元进行终末消毒。

（7）患传染病的宠物要按病种分区隔离，工作人员进入污染区要穿隔离衣，接触不同病种时应更换隔离衣、洗手，离开污染区时脱去隔离衣。

（8）供应室必须将无菌与清洁、污染物品分开存放；严格按照消毒方法进行消毒，并定期开展消毒与灭菌效果检测工作。

（9）动物诊疗活动中产生的废弃物必须及时处置。使用后的一次性医疗用品、排放的污水、污物等应按有关规定及时进行无害化处理。

（10）动物诊疗机构需定期进行环境污染监测、灭菌效果监测、消毒污染监测、住院处监测、菌株抗药性监测、清洁卫生工作监测、传染源监测、规章制度执行监测等。监测工作应作为常规工作，定期、定点、定项目地进行。

1.2.4 医疗废物处置

（1）动物诊疗机构应当具备医疗废物处理及暂存设备条件，并参照《医疗废物管理条例》的有关规定对医疗废物进行分类包装、处理。不得随意抛弃病死动物、动物病理组织和医疗废弃物，不得排放未经无害化处理或者处理不达标的诊疗废水。

（2）动物死亡后，应对尸体进行无害化处理，不得随意遗弃动物尸体。不具备无害化处理能力的单位和个人，应当将动物尸体送交无害化处理场所处理。

（3）设置专人负责检查、督促、落实本单位医疗弃废物的管理工作。

（4）医疗废物的暂存设备应当设置明显的警示标识和防渗漏、防鼠、防蚊蝇等安全措施；医疗废弃物贮存设施、设备应当定期消毒和清洁。

（5）动物诊疗机构应当与医疗废物集中处置单位或无害化处理设施运营单位签订医疗废物无害化处理委托协议，并建立委托处理记录，记录内容应包括医疗废弃物的来源、种类、重量或者数量、交接时间、处置方法、最终去向以及经办人签名等项目。

（6）具有危害性的废物包括显影液、过期药物、消毒剂、杀虫剂、化疗药物、麻醉气体，应按照国家有关条例处置。

1.2.5 药品管理

（1）动物诊疗机构应当从合法供货单位采购药品，对供货单位的资质和产品批准证明文件进行审核，并留存首次购进药品加盖供货单位印章的前述证明文件的复印件以及每批药品的供货凭证。动物诊疗机构应当建立药品购进和用药记录。购进记录应当载明药品的通用名称、生产厂商、批号、有效期、供货单位、购入数量及日期等内容，用药记录应当可追溯药品的通用名称、生产厂商、批号。

（2）动物诊疗机构应当具有专用的场所和设施、设备储存药品，并按照品种、类别、用途以及温度、湿度等储存要求，分类存放。药房应指定专人管理，负责药品领取供应和保管工作；药房药品应定位存放，不得私自放置、截留。定期清点药品种类、数量是否相符，检查药品是否积压变质，如发现有沉淀、变质、变色、过期、标签模糊等药品时，须停止使用，并按有关规定进行处理。非药房人员不得进入药房，药房内禁止会客和带小孩。

（3）动物诊疗机构禁止使用未经审批的药物或者其他化合物，或者将人用药品用于动物。

（4）兽用处方药与非处方药应当分区或分柜摆放。

（5）过期、变质、被污染等药品应及时清理。

（6）生物制品的运输、贮存与使用须严格按照温度要求进行，保证质量；使用时必须严格按照规定的剂量、使用方法及时间使用，避免医疗事故的发生。

（7）兽用麻醉药品、毒性药品等特殊药品应当由专人保管，采取双人双锁专柜保存，凭单独处方领用。

（8）特殊药品只能用于诊疗正当需要，由执业兽医师单独开具处方，并直接使用于动物，严禁非执业兽医人员使用。

（9）废弃、过期的特殊药品应当由本单位负责人签字批准后按照规定销毁处理。

1.2.6　兽医处方管理

（1）处方书写应当符合《兽医处方书写规则》。

（2）执业兽医师具有处方权。执业兽医师应根据诊疗需要，按照诊疗规范、兽药使用说明书等开具处方，所有开具的处方必须严格遵守有关法律、法规和规章的规定。

（3）处方开具当日有效。特殊情况下需延长有效期的，由开具处方的执业兽医师注明有效期限，但有效期最长不得超过 3 天。

（4）处方一般不得超过 7 日用量；急诊处方一般不得超过 3 日用量；对于某些慢性病或特殊情况，处方用量可适当延长，但应当注明理由。

（5）药房人员要严格执行处方查对制度，认真核对宠物基本信息和药品的品名、剂型、规格、数量，查处方、查药品、查用药合理性及配伍禁忌等。药品名称应当使用规范的中文名称书写，没有中文名称的可以使用规范的英文名称书写；动物诊疗机构或者兽医师、药师不得自行编制药品缩写名称或者使用代号，药品用法可用规范的中文、英文、拉丁文或者缩写体书写。

（6）处方由药房人员每天收回，按日期装订整齐，并按有关规定妥善保存。

（7）字迹清楚，不得涂改；如需修改，应当在修改处签名并注明修改日期。

1.2.7　病历管理

（1）动物诊疗机构应当建立门诊病历和住院病历编号制度，为同一动物建立标识号码。门诊病历和住院病历应当标注页码或者电子页码。

（2）病历书写应当符合有关动物诊疗机构病历书写规范，一律用中文书写，无正式译名的病名以及药名等可以例外。病历记录要简明扼要，患病动物的名称、性别、年龄、品种，主人姓名、住址、联系电话等，主诉、现病史、既往史，诊断过程及治疗、处理意见等均需记载于病历上，并由相应执业兽医师签名。

（3）执业兽医师在诊疗活动中应当告知动物主人有权要求复制或者查阅病历。其他任何机构和个人不得擅自查阅该宠物的病历。

（4）动物诊疗机构应当采取必要措施严格管理病历，防止病历毁损和丢失，严禁任何人涂改、伪造、隐匿、销毁、抢夺、窃取病历。

（5）动物诊疗机构建立电子病历系统的，病历应当符合上述要求，系统应当显示实施诊疗的执业兽医师的签名，并可打印纸质版本。

1.2.8　病案管理制度

（1）许可材料：动物诊疗许可证申请表、动物诊疗场所地理方位图、室内平面图和各功能区布局图、动物诊疗场所使用权证明、各项规章制度文本、设施设备清单。人员档案：法定代表人（负责人）身份证明复印件、执业兽医师资格证书复印件、执业兽医师和服务人员的健康证明材料。

（2）动物诊疗机构建立病案室（柜），由专职人员负责病案收集、整理和统一保存、管理。

（3）对患病动物应建立完整的病案，按规定格式、次序、时间整理，装订成册，按月归档。

（4）严格病历管理，任何人不得随意涂改病历，严禁伪造、隐匿、销毁、抢夺、窃取病历。一般情况下病案不予外借，必要时借阅病案要办理手续，经负责人批准，阅后按期归还。

（5）动物诊疗病历、处方、检验报告、手术及麻醉记录等资料应当保存至少3年，兽用毒麻药品和精神药品处方应当保存至少5年，病害动物尸体无害化处理档案记录应当保存两年。

1.2.9 医疗事故管理制度

（1）发生医疗事故，执业兽医师应立即报告负责人，并将事故发生的经过如实进行书面报告。

（2）负责人及时组织执业兽医师等人员进行讨论和调查，找出发生原因并提出处理意见和做好善后安排。

（3）根据调查结果，结合动物主人意见决定是否请院外专家或相关机构进行医疗事故鉴定。

（4）根据鉴定结论确定对相关责任人作出处理或处罚决定。

（5）确因诊疗责任应及时采取对动物主人的损失给予适当经济补偿的措施。

1.2.10 放射室工作制度

（1）放射室应符合国家相关规定。各室机房设置位置要合理，应考虑到周围环境的安全。要有足够的面积和高度，周围墙壁、门窗均应达到防护标准。各类X线机透视及照片的最高照射条件应在安全使用范围内，对转让或修复的旧机器，必须要求达到防护标准才能使用。放射科候诊处应达到防护要求。

（2）必须配备受检防护用品。

（3）X射线检查须由执业兽医师详细填写申请单，急诊动物随到随检。

（4）X射线照片应由放射室存储、归档、统一保管。借阅片应签名负责。

（5）严格遵守操作规程，做好防护工作。工作人员要定期进行健康检查。

（6）X光机实行专人保管及保养，定期进行维修。如有故障应及时报告，查明原因，及时检修。

1.2.11 门诊工作制度

（1）门诊兽医师应文明行医，认真执行医院的规章制度，严守工作岗位，使门诊成为动物医院的文明窗口。

（2）门诊兽医师对患病动物要认真检查和及时诊治，规范书写门诊病历、处方。

（3）门诊治疗时处方、药品剂量、治疗单等要相符，科学诊治、合理用药、合理收费。

（4）急危重症动物应该优先就诊。

（5）门诊兽医师对疑难、重症动物不能确诊或复诊仍不能确诊的，可应动物主人要求组织会诊，提高门诊诊疗质量。

（6）门诊实行首诊负责制，首诊兽医师对患病动物负总责。对于转诊病例，应该认真查阅既往病历和诊断、治疗报告，认真评估、救治；对于转走病例，应该提出书面诊治意见。

（7）门诊的检查、报告，力求做到准确及时，换药、治疗、注射、输液过程中应严格遵守操作规程，做好审查核对工作。

（8）门诊应保持清洁整齐，改善就诊环境。

（9）严格执行消毒隔离制度，防止交叉感染。严格执行疫情报告制度。

（10）门诊工作人员要向动物主人宣传动物疫病预防和科学饲养动物等科普知识。

（11）门诊服务价格公示收费，公示范围为综合医疗服务类中的一般医疗服务，一般检查治疗，医疗诊疗类中的医学影像，超声检查、检验，临床诊疗类中的常见检查和手术；公示内容为医疗服务项目名称、内涵、计价单位、收费标准及收费依据。

1.2.12　检验化验管理

（1）送检单由执业兽医师填写、签名，要求字迹清楚，目的明确。

（2）样品按标准方法取样，取样后立即做样，防止样品发生变化。对不符合要求的标本，应重新采集。在检验过程中，样品由检验人员保管，保持样品不被污染直至检验结束。

（3）检验用的仪器设备要及时维护，使之处于良好状态，保证检验数据的准确性。检验人员要规范操作程序，认真核对检验结果，填写检验报告单，做好登记，签名后发出报告。

（4）除特殊样本外，一般样本在检验、化验后及时处理。被污染的用具、器皿消毒灭菌后方可清洗，对可疑病原微生物的样本应按照操作要求进行无害化处理。

（5）化验室中设立专门储存柜，对剧毒、易燃、易爆、强酸、强碱等化学试剂及贵重仪器应指定专人严格保管，定期检查。

1.2.13　手术管理

（1）手术室在空气质量控制、环境清洁管理、医疗设备和手术器械的清洗消毒灭菌、无菌技术操作等方面严格管理。进入手术室应穿戴专用的衣、帽、鞋及口罩。

（2）手术室的药品、器材、敷料应放在规定位置，有专人管理并经常检查。

（3）手术前后进行安全核查、安全用药、手术物品清点等，防止发生诊疗差错与事故。手术后应及时清理被污染的器械和敷料，按有关规定进行清洗、消毒和处理。

（4）手术中要注意观察患病动物的反应，规范操作，避免风险，保证手术安全。

（5）执业兽医师在术前应当向动物主人书面告知手术的重要性和可能存在的风险，取得动物主人的同意，并签订手术协议书；术后应告知动物主人护理注意事项。

1.2.14　住院管理

（1）对需要住院治疗的动物进行住院登记，并与动物主人签订住院协议。住院管理由专人负责，指定的相关人员协助做好住院室的管理工作。

（2）住院部独立设置传染病房（区），患有传染病的动物应当与其他住院治疗的动物隔离饲养。住院部不得寄养其他健康动物。

（3）住院室应配备必要的设施，笼具编号，物品摆放整齐，归类放置。

（4）保持住院部各室和笼具的卫生整洁、室内通风，做好病房地面、设备、空气及其他物品的清洁和消毒。

（5）做好住院治疗动物的治疗、巡查，并及时记录。

1.3　实验室日常管理

动物医院实验室管理过程中要做到临床资源的有效整合，包括实验室技术人员、检验设备、财力投入、检验信息的共享等，对临床实验室的工作进行评估改善和改进。实验室管理主要包括：提高人员思想素质，加强人员培训工作，形成合理的人才梯队，完善检验业务的质量控制管理系统，做好与各部门的沟通协调工作，保证检验专业良性快速发展，努力实现检验数据网络化，提高检验报告的及时性和准确性。

实验室检验在宠物临床诊疗过程中发挥重要作用，也是动物医院诊疗水平的重要体现。临床兽医根据化验结果确诊疾病、追踪疾病过程和判断预后。兽医临床化验也是动物医院的重要收入来源。如何管理好实验室，使其最大限度地发挥作用，是动物医院管理工作的一项重要内容，也是正确诊断疾病、改善客户体验的基本要求。一般化验室应该进行的化验项目包括：血常规检验、粪便化验、尿液化验、皮肤化验及一般细菌检查。有条件的化验室还应有血液生物化学检查、微生物分离鉴定、药敏试验、血清学检查、激素定量分析等。

1.3.1　实验室管理关键环节

（1）人员管理　有条件的实验室应设专职化验人员1～3人，每人都要有一定的专业理论知识，并应接受专门的培训，熟练掌握实验室的日常工作及常规的实验室检验操作技术，如血常规检验、尿常规检验、粪便检查、生化检验等。化验员负责给出化验结果，兽医师负责解读化验结果。

（2）方法管理　对各种检验方法，除考虑客观条件（仪器、试剂）外，重点应注意试验方法的准确度、灵敏度和精密度，同时对可能产生的干扰因素有较清楚的了解，并通过各自实验室的重复试验，使实验结果与临床实际情况相符合。

（3）设备管理　现代实验室检验工作更多地依赖于先进的仪器设备。所以，要通过科学管理使之始终处于最佳技术状态，提高设备利用率。实验室的仪器设备都应设专职人员负责，专人使用，特别是大型贵重的仪器，应设专职使用人员，每次使用前后应检查仪器的状态，如有问题，应及时与厂家或技术人员联系。在管理中要坚持仪器校正制度，凡新购入的仪器或量具，使用前也须经过校正。建立仪器使用保管责任制，实行专人保管，定时保养，定时检查，每次使用前后，均应做使用记录，包括日期、使用时间、仪器设备的状态、使用者姓名、单位等。新仪器设备购进后，都应建立档案系统，将该设备的使用说明书及图纸复印一份备份，放入档案柜保留。另一份放在外面，供人员使用。

（4）试剂管理　检验工作质量与试剂质量有直接关系，因此，要坚持原料药品的质量标准，坚持试剂配制的程序标准，新配试剂要核对鉴定，应用试剂要进行质量检查，试剂的配制、分装、保存使用都要进行登记。实验室的药品特别是有毒的和易燃易爆的药品应存放在安全的地方。实验药品和废弃液若有毒或含有放射性元素等应回收做无公害处理，不应随手倒入下水道里。

（5）标本管理　按照各种检验方法规定所要求的方法、部位采集标本。接受标本时，认真查对。标本标签与化验单各项目要相符，并按要求保管和处理各种标本。

（6）信息管理　检验科是为临床诊断治疗和科学研究提供准确数据的部门，因此，对信息管理的要求是及时、准确、严密。通常将化验结果记录在患病动物的病历中，有时还记录在有日期的实验室日志上，有条件的应建立电子化病历并存档。化验一结束，应立即记录结果，并转交主诊医生和告知动物主人。

（7）安全管理　严格按有关规定处理各种器材、标本，重视实验室环境消毒以及个人防护。对剧毒、易燃、易爆、强酸、强碱等危险药品要有专人按规定保管和使用。对毒性废弃物要按规定处理，防止发生各种意外。化验用的所有物品包括采血用的注射器、针头、试管、做标本用的玻片等应高压消毒处理后方能放入垃圾站，以免发生环境污染。

1.3.2　实验室的空间要求

兽医临床化验室必须与其他科室分开，拥有独立的空间。实验室应采光照明良好，并有足够的空间放置仪器和供检测人员操作。工作台面充足，从而使化学分析仪和血细胞计数仪等一些比较敏感的仪器可远离离心机和水池。室温应保持恒定，为质控提供最佳环境。房间内应拥有开放式窗户、空调或通风孔，保证空气自由流通。实验室内应设置自来水源、污水池，试剂、耗材和样品等的储存空间，能够提供电力供应和互联网接口。

1.3.3 实验室常用仪器设备

　　动物医院化验室的基本设备是根据临床诊疗需要而安排的，临床上常用的化验样本是血液样品、尿液样本、皮肤样本、粪便样本。根据动物医院的规模和诊疗水平的不同，动物医院的临床化验设备的多少和种类也有差别，常用的化验设备如下：

　　（1）通用仪器和设备

　　① 显微镜。

　　② 分光光度计。

　　③ 恒温培养箱。

　　④ 水浴锅。

　　⑤ 电热干燥箱。

　　⑥ 冰箱。

　　⑦ 消毒锅。

　　⑧ 厌氧菌培养箱。

　　⑨ 微型振荡器。

　　⑩ pH 计。

　　⑪ 高速、低速离心机。

　　⑫ 带有 15mL 容量离心管的标准临床离心机。

　　⑬ 折射仪（屈光计）：测定尿密度和估测沉渣（固体）总量、血浆蛋白浓度。

　　⑭ 手动划记器。

　　⑮ 间隔计时器（定时器）。

　　⑯ 血细胞计数器。

　　⑰ 离子活度计：测定溶液电解质浓度。

　　⑱ 火焰光度计：用于大量电解质的测定。

　　⑲ 电子天平。

　　⑳ 细菌接种环。

　　㉑ 用于分光光度计的小杯。

　　㉒ 50mL、100mL、500mL、1000mL 的容量瓶。

　　㉓ 0.3mL、1.0mL、2.0mL、5.0mL、10.0mL 的容量管。

　　㉔ 不同规格移液枪（$10\mu L$、$20\mu L$、$100\mu L$、$200\mu L$、$1000\mu L$、$5000\mu L$）及配套移液枪头。

　　㉕ 不同规格试管、塑料离心管。

　　㉖ 试管架、吸管、染色架、移液管（大小不一）、微量吸管等。

　　㉗ 用于自动细胞计数器的玻璃器。

　　㉘ 用于火焰光度计的特殊的玻璃器。

　　（2）专用仪器设备

　　① 血液常规分析仪：指一般的血球分析仪，分为半自动分析仪和全自动分析仪；白细胞分类有二分类、四分类等。

　　② 血液生化分析仪：分半自动和全自动分析仪。用于测量血液生化值。

　　③ 离子测定仪：测定血液、尿液离子含量，包括钾、钠、氯、离子钙、锂等元素。

　　④ 血气分析仪：测定血液酸碱度（pH）、二氧化碳分压（P_{CO_2}）、氧分压（P_{O_2}）、红细

胞比容（Hct）等指标。

⑤ 血气电解质分析仪：兼有离子测定仪和血气分析仪的功能。

⑥ 尿液分析仪：有 8 项、10 项和 12 项等多种尿分析仪。

⑦ 病理诊断设备：冰冻切片设备，石蜡切片设备。

⑧ PCR 仪：用于病原的分子诊断。

⑨ 酶标仪：即酶联免疫检测仪，用于基于 ELISA 原理建立的各种诊断试剂盒的检测。一般来说在使用过程中分为半自动和全自动两种。

⑩ 内分泌测定仪：用于检测 T4、TSH 等内分泌激素。

1.3.4　实验室环境条件控制

（1）实验室环境条件基本要求

① 实验室的标准温度为 25℃，一般检测间及试验间的温度应在（25±5）℃。

② 实验室内的相对湿度一般应保持在 50%～70%。

③ 实验室的防噪声、防震、防尘、防腐蚀、防磁等方面的环境条件应符合在室内开展的检定项目之检定规程的要求，室内采光应利于检测工作的进行。

（2）实验室异常环境条件的处理

实验室的环境条件出现异常，如温度和湿度超过规定范围且明显影响检定或检测结果时，应及时报告有关主管人员。当环境条件经常出现异常情况或不能满足检测检验工作时，应据实书面报告有关领导，采取适当措施给予解决。

（3）实验室环境条件的日常控制与管理

① 实验室应保持整齐洁净，每天工作结束后要进行必要的清理，定期擦拭仪器设备，仪器设备使用后应将器具及其附件摆放整齐，盖上仪器罩或防尘布。

② 实验室人员未经同意不得进入室内。经同意进入的人员在人数上应严格控制，以免引起室内温度、湿度的波动变化。

③ 实验室应有专人负责本室内温、湿度情况的记录。有空调和除湿设备的室内不应随便开启门窗，应指定专人负责操作空调设备或除湿机。

1.3.5　实验室人员安全管理

在临床实验室，为确保人员安全，应建立全面的实验室安全规范。实验室安全规范必须包含专业的实验室标准操作规范。实验室安全须知应包括仪器使用和维护程序、预防措施。临床实验室工作人员都应熟练掌握安全装置的使用，如洗眼装置、灭火器等。在实验室内明显的位置挂置实验室安全规范，张贴指示牌告知工作人员，禁止在实验室内抽烟、吃东西、喝水、存放食物、使用化妆品和调整隐形眼镜。

1.3.6　实验室生物安全管理

（1）具有确保实验室工作人员不与病原微生物直接接触的初级屏障。

（2）实验室必须配备相应级别的生物安全设备。所有可能使病原微生物逸出或产生气溶胶的操作，必须在相应等级的生物安全控制条件下进行。

（3）实验室工作人员必须配备个体防护用品（防护服、护目镜、口罩、工作服、手套等）。

（4）被污染的废弃物或各种器皿在废弃或清洗前必须进行生物安全处理，根据被处理物的性质选择适当的处理方法，如高压灭菌、化学消毒、熏蒸、γ 射线照射或焚烧等。

（5）对动物尸体应按规定做无害化处理。

第二章

宠物的保定方法与兽医安全

在动物医院内，为了保证工作人员的安全及减少动物应激，对动物实施最小限度且安全的保定措施是诊疗中重要的一环。要对动物实施最佳的保定方法，需从动物、环境及人三个因素综合考虑。

保定要从动物角度出发，根据动物的性格选择合适的保定方法。对具有攻击性的动物要选择确实可靠的保定方法来保障工作人员的安全。但是对于性格温顺的动物来说，过度保定反而会使动物感到不安而引发强烈的抵抗和攻击行为。同时，还需考虑动物的疼痛程度来选择合适的保定方法。

动物保定是否能顺利进行与保定者的实力有关。能否迅速选择合适的保定方法并对动物实施保定，减少动物应激与保定者的经验和实力密切相关。同时，还要判断宠物主人在场和不在场哪个更有利于动物的保定。

动物保定还与动物所处的环境有关。嘈杂的环境（如伴有其他动物的叫声，物品掉落的声音和吸尘器的声音等），会给大多数动物带来不安，有时会成为动物惊恐和暴躁的原因。保持环境的安静，同时让动物处于相对熟悉的环境中会更有利于动物保定的实施。

保定的目的在于正确的保定，可以保证临床各科检查能安全进行，使术者及助手不致遭受危险，同时，保定的好坏能给治疗操作带来很大影响。所以，保定是兽医临床诊疗的基本操作技术之一，每个临床兽医必须熟练掌握。保定有各种方法，不同种类动物的保定方法不同，内科病的治疗与外科手术时的保定也不同。内科治疗时的保定是尽量减少动物的痛苦。除了骚动不安以及恶癖或狂暴的患病宠物以外，要尽量通过安抚或抚摸，使其保持自然状态，然后再进行治疗最为理想。保定的目的就在于防止动物骚动，便于检查和处置，既保障宠物的安全，又保证兽医的安全。

心理保定的基础是动物与操作者的关系，受过训练的动物通过听到或看到操作者的命令做出反应，但在动物医院或诊所里，其环境的变化、气味不同或突然声音可使动物忘记口令，无论是否受过训练或温顺的动物需要确定保定的基本条件。

2.1 心理保定

心理保定是物理保定的一种辅助保定方法，声音和触摸在心理保定中起主要作用。柔和的声音可以消除许多患病动物的恐惧心理。柔和地抚摸耳后或者搔挠下颌可以使猫觉得很舒服。当将猫保定在检查台上时，稍稍分散其注意力十分必要。同样，大多数犬对抚摸下颌或颈前腹部都会表现出良好的反应，但之前要使动物熟悉手的气味。

每种动物都具有本能和行为特征，能够对周围的人、环境、心理和健康状况及其天性做出反应。当动物来到动物医院可能表现某些特征，来表明它们的高兴、恐惧或愤怒，这就要求兽医能够掌握所操作的动物的正常肢体语言相关的知识和经验。肢体语言是动物对其他动物、人或周围环境感受的表达，肢体语言有助于确定动物保定过程的难易程度。

（1）高兴的动物　是放松地、机警地或舒适地站立、坐下或躺卧，耳朵竖立向前。不同物种的动物会采取不同的肢体语言来表达高兴，高兴的动物更容易保定。

（2）恐惧的动物　恐惧的动物可能很难操作，如果不使用正确的保定方法，动物可能具有攻击性。恐惧的动物因为紧张而颤抖或震颤，避免直接的眼神接触，耳朵平放或转向后方，身体或尾巴低至地面，它们可能变得顺从，屈服于人，这是本能的反应，因为它们受到了威胁，也可能导致其乱咬或其他保护性本能。

（3）愤怒的动物　愤怒的动物具有攻击性，使动物难以掌控，具有危险性，动物可能由于多种不同的原因而具有攻击行为。攻击性动物表现出步态僵硬、呲牙、头垂到地面、凝视、尾巴上翘等肢体语言。恐惧性攻击是对伤害的防卫反应，是动物自我保护的本能。

每个动物由于品种不同、生活环境不同、训练程度不同，常常会使动物形成行为上的差异和习惯动作反应的不同，因此，检查前必须熟悉动物和操作流程，降低可能产生动物过度反应的刺激因素，如声音、语气、身体动作、主人的安抚等，时刻警惕动物任何表现可能发生的异常行为。

操作步骤：

（1）与患病动物说话，呼叫它的名字与其打招呼。

（2）用温和的声音与动物进行孩子式的交流。

（3）始终把你的牵引带系在动物身上，不可信任动物主人的项圈和牵引带。

（4）缓慢而平静地移动身体，保持身体接触，使动物始终知道你的位置。

（5）保持你的脸和患病动物的脸有一段距离。

（6）尽量使患病动物每次在动物医院的经历越舒服越好，以便下一次的接触不会产生抵触和消极的行为。

（7）操作结束时，及时呼叫动物名字以示鼓励。

（8）当把动物交到前台或准备离开动物医院时，可以协助安全离开并进行示意。

动物保定中的心理保定是动物进入临床检查或健康检查的第一步，培训工作人员的保定和处置动物技巧，兽医的声音、眼神、动作等肢体语言的表达有助于动物的保定。

2.2　犬的保定

犬的性格和行为表现一般可分为三种：友善型、胆怯型和攻击型。友善型犬性格温顺，易于与人亲近，因此也较容易保定和捕捉。胆怯型犬性格胆小，当陌生人接近时会表现自我防范行为。攻击型犬性格暴烈，具有强烈的攻击欲望，不易被人控制，临床上也难于接近和捕捉。临床上，根据犬的性格选择合适的保定方式是非常重要的。

因犬对其主人有较强的依恋性，保定时，若有主人配合，可使保定工作顺利进行。保定方法有多种，可根据动物个体的大小、行为及诊疗目的，选择不同的保定法。保定要做到方法简单、确实，确保人及动物的安全。在诊疗犬时要注意不被其咬伤。对于温顺的犬可以不必保定，一边安抚一边诊疗。

2.2.1　徒手保定法

（1）怀抱保定法　保定者站在犬的一侧，两只手臂分别放在犬的胸前部和股骨后将犬抱起，然后放在胸前部的手顺势移到犬的头颈部，让犬的头颈部紧贴于保定者的胸部。同时，另一只手抓住犬的前肢限制其活动。此法适用于小型犬和幼龄大、中型犬进行听诊等检查，并常用于皮下和肌内注射。

（2）站立保定法　在很多情况下，站立保定有助于体检和治疗。

① 地面站立保定法：犬站立于地面时，保定者蹲于犬右侧，左手抓住犬颈圈，右手持牵引带套住犬嘴，再将颈圈及牵引带移交右手，左手托住犬腹部。此法适用于大型品种犬的保定，也适用于性格温顺或经过训练的大中型犬的临床检查和皮下或肌内注射。

② 诊疗台站立保定法：犬一般应在诊疗台上诊疗，但有的犬因胆怯，不愿站立，影响操作。保定者可站在犬一侧，一手臂托住胸前部，另一手臂搂住臀部，使犬靠近保定者胸前（图2-1）。

为防止犬咬，可先做扎口保定。

（3）侧卧保定法　保定者站在犬的一侧，两只手经其外侧体壁向下绕至腹部，其中一只手抓住前肢腕部，另一只手抓住后肢小腿部，并用力向上抬起，使犬侧卧在地面。然后，保定者用两前臂压住犬的肩部和臀部限制其活动。此法适用于大中型犬腹部、臀部和会阴部的快速检查。

（4）倒提保定法　保定者提起犬的后肢，使犬的前肢着地。此法适用于犬的腹部注射、直肠脱和子宫脱的整复等。

（5）徒手犬头保定法　保定者站在犬一侧，一手托住犬下颌部，另一手固定犬头背部，控制头的摆动。为了防止犬回头咬人，保定者站在犬侧方，面向犬头，两手从犬头后部两侧伸向其面部。两拇指朝上贴于鼻背部，其余手指抵于下颌，合拢握紧犬嘴。此法适用于幼年犬和温顺的成年犬。

（6）徒手侧卧保定法　犬扎口保定后，将犬置于诊疗台按倒。保定者站于犬背侧，两手分别抓住下方前、后肢的前臂部和大腿部，其两手臂分别压住犬颈部和臀部，并将犬背紧贴保定者腹前部（图2-2）。此法适用于注射和较简单的治疗。

图2-1　犬的站立保定

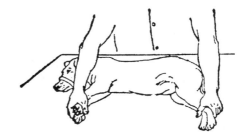

图2-2　犬徒手侧卧保定

2.2.2　扎口保定法

为防止人被犬咬伤，尤其对性情急躁、有损伤疼痛的犬只，应采用扎口保定。

（1）长嘴犬扎口保定法　用绷带或细的软绳，在其中间绕两次，打一活结圈，套在嘴后颜面部，在下颌间隙系紧。然后，将绷带两游离端沿下颌拉向耳后，在颈背侧枕部收紧打结（图2-3）。这种方法保定可靠，一般不易被自抓松脱。另一种扎口法是先打开口腔，将活结圈套在下颌犬齿后方勒紧，再将两游离端从下颌绕过鼻背侧，打结即可。

（2）短嘴犬扎口保定法　用绷带或细的软绳，在其1/3处打活结圈，套在嘴后颜面，于下颌间隙处收紧，其两游离端向后拉至耳后枕部打一结，并将其中一长的游离绷带经额部引至鼻背侧穿过绷带圈，再返转至耳后与另一游离端收紧打结。

2.2.3　口套保定法

犬口笼是用牛皮革或硬质塑料等制成的。可根据动物个体大小选用适宜的口笼给犬套上，将其连接绳绕过耳固定在犬的颈部扣牢。此法主要用于大型品种犬。此法保定效果与扎口保定效果基本相同（图2-4）。

图2-3　扎口保定

图2-4　犬口套保定

（1）拿住口套，窄边向上，宽边朝下，抓住口套的一侧。

（2）站在犬的一侧，把口套小心地罩在犬鼻子上，口套应紧密地贴合。

（3）将系带放在耳后，并像座椅安全带一样卡住到位，拉紧系带。

（4）通过捏住扣环，扎紧或松开。

（5）松开时，握住口套的一端，从犬鼻子上滑落取下。

对长嘴的动物，在动物表现温顺的条件下，可以采用纱布绷带口套。

（1）选择一块适合大小不同犬的足够长的纱布绷带。

（2）站在犬的一侧，将纱布绷带套圈在犬的鼻子上方，拉紧纱布绷带圈。

（3）将纱布两端绕到下颌，在下颌腹侧系一个方结。

（4）将两端拉到耳后，打蝴蝶结。

（5）解开蝴蝶结，口套从犬鼻子上滑落。

2.2.4　手术台保定法

犬手术保定有侧卧、仰卧和胸卧保定三种。保定前，动物应进行麻醉。根据手术需要，选择不同体位的保定方法。保定时，用保定带将四肢固定在手术台上。在做仰卧保定时，其颈、胸腹部两侧应垫以沙袋，以保持犬身平稳。

2.2.5　犬夹保定法

用犬夹夹持犬颈部，强行将犬按倒在地，并由助手按住犬四肢。本法多用于未驯服或凶猛犬的检查和简单治疗，也可用于捕犬。

2.2.6　棍套保定法

取一根直径4cm、长1m的铁管和一根长4m的绳子对折穿出管，形成一绳圈。或用棍套保定器。使用时，保定者握住铁管，对准犬头将绳圈套住颈部，然后收紧绳索固定在铁管后端。这样，保定者与犬保持一定距离。此法亦用于未驯服、凶猛犬的保定。

2.2.7 颈枷保定法

颈枷是一种防止自我损伤的保定装置，有圆盘形和圆筒形两种。可用硬质皮革或塑料特制的颈枷。也可根据犬头形及颈粗细，选用硬纸壳、塑料板、三合板和 X 线胶片自行制作。如制作圆筒形颈枷，其筒口一端粗、一端细。圆筒长度应超过鼻唇 2～3cm。常用废弃的塑料筒代替圆筒形颈枷。将筒底去掉，边缘磨光或粘贴胶布。在筒底周边距边缘 1～2cm 等距离钻 4个孔，每孔系上纱布条做一环形带。再将塑料筒套在犬头颈部，用皮革颈圈或绷带穿入筒上 4个环形带，收紧扣牢或打结。犬手术后或其他外伤时戴上颈枷，头不能回转舔咬身体受伤部位，也防止犬爪搔抓头部。此法不适用于性情暴躁和后肢瘫痪的犬。

2.2.8 体壁支架保定法

体壁支架是一种防止自我损伤的保定方法。按犬颈围和体长，取两根等长的铝棒，其一端在颈两侧环绕颈基部各弯曲一圈半，用绷带将两弯曲的部分缠卷在一起。另一端向后贴近两侧胸腹壁，用绷带围绕胸腹壁缠卷固定铝棒，其末端裹贴胶布，以免损伤腹壁。如需提起尾部，可在腹后部两侧各加一根铝棒，向上做 30°～45° 弯曲，将末端固定在尾根上方 10～15cm 处。此保定法可防止头回转舔咬胸腹壁、肛门及跗关节以上等部位，尤其对不愿戴颈枷的犬更适宜用此法保定。

2.2.9 静脉穿刺保定法

臂头静脉位于前肢腕关节与肘关节之间，对于较大的犬足够用于血液采集，对所有体型的犬猫都是静脉输液的首选部位。静脉穿刺主要用于静脉采血和注射，需正确地加以保定。

（1）前臂头静脉穿刺保定法　穿刺者可以使用任何一个前肢进行操作，保定动物时可以根据穿刺者的习惯，从无动物身体的任何一边去保定。站在患病动物需要保定的前肢对侧，将胳膊越过动物的背部抓住要用的前肢（图 2-5、图 2-6）。

图 2-5　犬臂头静脉穿刺的保定：食指技术

图 2-6　犬颈静脉穿刺的保定

头部保定方法依赖患病动物体型的大小，对大的动物，另一只胳膊从腹部下方环绕动物的颈部，使颈部紧紧地靠在保定者的胸部。如果患病动物小，可以将手滑到动物下颌将手指环绕在鼻部。

两种压迫方法用于臂头静脉，食指按压或拇指按压。食指技术要求操作者握拳且食指伸出，食指夹在肘关节内面深部，通过关节弯曲施加压力并向外侧转拳，皮肤及下面的血管也向外旋转，并且在皮下固定并绷紧，注意将手指放在肘后并伸展肘部。

拇指按压技术需要手环绕动物腿部，拇指放在前肢上远离肘关节，食指缠绕在肘后的腿部，用力使腿伸直，拇指按压在血管上引起血管扩张，使静脉穿刺者清晰地看见血管。

（2）颈静脉穿刺保定法　犬胸卧于诊疗台上，保定者站在诊疗台右（左）侧，面朝犬头部。右（左）臂搂住犬下颌或颈部，以固定头部。左（右）臂跨过犬右（左）侧，身体稍依犬背，肘部支撑在诊疗台上，利用前臂和肘部夹持犬身，控制犬移动。然后，手托住犬肘关节前移，使前肢伸直，再用食指和拇指横压近端前臂部背侧，使静脉怒张。必要时，应先做犬扎口保定，以防咬人。

颈静脉穿刺保定法。犬胸卧于诊疗台一端，两前肢位于诊疗台之前。保定者站于犬左（右）侧。右（左）臂跨过犬右（左）侧颈部，夹持于腋下，手托住犬下颌，并向上提起头颈。左（右）手握住两前肢腕部，拉直，使颈部充分显露（图2-6）。

（3）隐静脉穿刺保定　按照常用左侧位保定，即将保定后肢的手握住上方的腿膝关节或膝盖骨下方一点，在腿的外侧面持续地按压（图2-7）。注意用一只手固定静脉，另一只手固定动物的颈部和前肢，围绕跗关节外侧上方的静脉血管就会隆起，持续按压直至注射结束，当针头抽出后将戴有手套的拇指滑到穿刺点，持续按压直至出血停止或取走压力绷带。

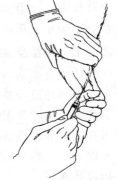

图2-7　犬隐静脉穿刺的保定：后肢外侧

2.2.10　捆绑四肢保定

分别握住犬的前后肢进行捆绑，将一侧前臂部和小腿部捆牢后，再将另侧前后肢合并在一起捆绑固定。本法应用于横卧保定。

2.2.11　双耳握住保定

对于性情不温顺或狂暴型犬，可以后部紧紧握住双耳，同时尽量防止后躯滑脱，如同时应用嵌口法则更为安全。

2.2.12　一后肢的保定

让助手确实保定头部，术者向犬相反的方向弯腰，并将左腿或右腿伸入犬的腹下，架起犬的两后肢进行保定。本法适用于后肢的静脉注射和测量体温。

2.2.13　犬笼保定法

将犬放进长方形的不锈钢犬笼内，推动活动板将其挤紧，然后扭紧固定的螺丝，以限制其活动。此法适用于性格暴烈或兴奋的犬只。

2.2.14　化学保定法

此法需要借助化学药品或麻醉剂使动物暂时失去反抗能力。此法达不到真正的麻醉要求，仅使犬的肌肉松弛、意识减退、消除反抗。常用的药物包括镇静剂、安定剂、催眠剂、分离麻醉剂等。

2.3　猫的保定

临诊时，对于性情温顺的猫，只要抚摸就能进行注射和投药。对猫要注意防止咬伤或搔抓，所以要特别留心。为防止猫逃离诊疗场，应把门窗关闭起来。其保定方法有以下几种：

2.3.1 抓猫法

在诊疗或其他日常管理需要抓猫时，不能抓其耳、尾或四肢。正确的抓猫方法是，先给猫以亲近的表示，轻轻拍其脑门或抚摸其背部，然后抓住颈部或靠近颈部的皮肤，迅速抓住猫的全身或托起臀部，再轻轻抚摸其背部，使其尽快安静下来。如果是小猫，则用一只手抓住颈部或背部的皮肤，轻轻托起即可。

2.3.2 布卷裹保定法

将帆布或人造革缝制的保定布铺在诊疗台上。保定者抓起猫肩背部皮肤放在保定布近端1/4处，按压猫体使之伏卧。随即提起近端帆布覆盖猫体，并顺势连布带猫向外翻滚，将猫卷裹系紧。由于猫四肢被紧紧地裹住不能伸展，猫呈直棒状，丧失了活动能力，便可根据需要拉出头颈或后躯进行诊疗。

2.3.3 猫袋保定法

用厚布、人造革或帆布缝制与猫身等长的圆筒形保定袋，两端开口均系上可以抽动的带子。将猫头从近端袋口装入，猫头便从远端袋口露出，此时将袋口带子抽紧（不影响呼吸），使头不能缩回袋内。再抽紧近端袋，使两后肢露在外面（图2-8）。这样，便可进行头部检查、测量直肠温度及灌肠等。

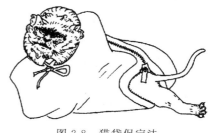

图 2-8　猫袋保定法

2.3.4 扎口保定法

尽管猫嘴短平，仍可用扎口保定法，以免被咬致伤。其方法与短嘴犬扎口保定相同。

2.3.5 保定架保定法

保定架支架用金属或木材制成，用金属或竹筒制成两瓣保定筒固定在支架上。将猫放在两瓣保定筒之间，合拢保定筒，使猫躯干固定在保定筒内，其余部位均露在筒外。适用于测量体温、注射及灌肠等。

2.3.6 绑腿保定法

为防止搔伤，可在其四肢装以特制的绑腿，也可用绷带将四肢包缚起来。

2.3.7 横卧保定法

通常用两手来保定四肢和头颈，就可投药和注射。也可在下面放一块铁丝网，将猫仰卧其上，然后将四肢绑在铁丝网上，以保定之。

2.3.8 手术台和保定台保定法

要进行外科处置，最好在手术台上进行保定。

此外，也可根据治疗目的，选择其他的适当的保定方法。对于狂暴的犬、猫，有必要考虑具体情况而进行适当的保定。

2.3.9 头部保定法

猫的头部保定是拇指压住其头骨，四指抓住其下颌，利用颈背部来保定厉害的猫。记住抓住靠近耳朵的皮肤可以有效地控制头部的活动，利用与保定动物牵制的手臂和肘部把猫的身体紧紧地挤向保定者的身体（图2-9）。

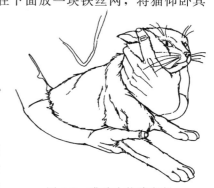

图 2-9　猫臂头静脉穿刺
的保定：拇指技术

2.3.10 化学保定法

与犬的化学保定法及适用性基本相同。

2.4 其他动物的保定

2.4.1 鸟类的保定

由于鸟类胆子较小，非常容易在保定的过程中因突发心脏病而死。因此，在对鸟类进行保定前要先对鸟类的状态进行评估。当鸟类的病情较为严重时，先预估鸟类所在位置，将头顶的灯关掉，再预估鸟类的位置进行保定以减少鸟类应激。在保定鸟类后，再开灯。小鸟（体重<120g）可以用一只手进行保定，将鸟的头部夹在食指和中指间，头保持在两翼之间，小鸟仰卧于手掌中。当保定大型鹦鹉的时候，需要借助毛巾进行包裹，对于较温顺或者没有被毛巾保定过的鹦鹉可以从前面对其进行保定，对于较难捕捉的鸟应当趁其在啃咬运输笼的时候使用毛巾迅速从后方固定其颈部。一旦捕捉鸟类成功，应将其固定在专用的禽类保定器上进行接下来的检查。

2.4.2 兔子的保定

兔子的后肢非常发达，因此在保定的过程中需要注意保定兔子的后肢。同时，兔子的耳朵非常脆弱，在保定的时候不能直接抓兔子的耳朵。将兔子从笼中取出时，一只手抓住兔子的颈部，另一只手扶在兔子的尾巴下支撑后腿。也可以使用毛巾将兔子包裹起来，但是这种方法仅适用于检查兔子的头部和测量体温。如果要移动兔子，将它的头放在一只胳膊肘的弯曲处，用胳膊支撑兔子的身体，另一只手放在兔子的臀部上。

2.4.3 龟类的保定

大多数的龟类都可以通过抓壳的中部来保定，而咬人的龟可以抓龟壳后部。进行体格检查时，可以稍微固定龟的头部。当想要固定龟的头部时，不要太用力，因为这样很容易损伤它们的颈椎。当龟难以保定时，可以适当使用镇静剂或麻醉剂。

2.5 兽医安全

宠物临床医生面对的是不同品种、大小各异的动物，同时面临来自多方面的伤害因素，兽医临床职业成为高风险的职业之一。兽医行业具有一定的危险性，存在各种各样的危险，如被患病动物咬伤、抓伤，通过直接身体接触或体液传播的疾病，通过间接接触患病动物或其体液接触过的表面而传播疾病，不正确保定动物导致人的肌肉和关节损伤，不断的高声犬吠导致听力受损。环境中也存在大范围的危险，从光滑地板到辐射接触，麻醉气体以及化学药品是另一个潜在的危害来源。药物，特别是化疗药品是导致危害的特殊来源。

为了避免职业性损害，在开始临床工作前必须按照停下来、仔细看、想一想三步原则，评估伤害的可能性，明确怎样做才能避免固有的危险。尽管规章制度确保工作环境的安全，但作为临床兽医必须谨慎行事并利用个人防护设施，确保职业危险的最小化。

特别值得提出的是，各种人兽共患病的复杂化，如布病、结核病、弓形虫病等感染人类事件不断发生，同时近年来发生且以前从未在人体中发现的冠状病毒新毒株，其传染源可能与临床兽医面对的各种野生动物有关，如新型冠状病毒（2019-nCoV）肺炎以及 2003 年出现的严重急性呼吸综合征（Severe Acute Respiratory Syndrome，SARS）、2012 年沙特等国家发生的中东呼吸综合征（Middle East Respiratory Syndrome，MERS）对人类健康和生命的威胁。因此，临床兽医人员的职业安全问题日渐突出。

宠物医生从事宠物的临床诊断、治疗、免疫、流行病学调查、监测采样、疫情处置、无害化处理等过程中，在与患病动物直接或间接接触时，不仅要考虑各种动物的直接伤害，如咬伤、抓伤，诊疗过程中的器械损害，如针头扎伤、刀剪刺伤等，而且要预防各种人兽共患病，同时要考虑到各种宠物主人可能感染人类传染病造成宠物医生的健康威胁，如乙型肝炎、结核病等。据统计，60％的人类传染病来源于动物，而 50％的动物传染病可以传染给人类。人兽共患病有 200 多种，占可感染人的传染病总数的 60％。

2.5.1 兽医临床的危险因素

（1）宠物伤害 宠物医生每天工作的主要对象是犬、猫以及其他小型动物，各种动物的行为特点不同，在检查和治疗过程中需要直接接触动物，由于动物品种不同、体形大小不同、生活习性不同，虽然诊疗过程中采取了检查要求的动物保定方式，难免出现动物保定失败或主动攻击等现象，造成人身的直接伤害，如咬伤、抓伤，甚至死亡。

（2）生物伤害 生物因素主要指人兽共患病病原，包括病毒、细菌、真菌、寄生虫等，病原体通过直接或间接接触在动物与人类之间传播，以动物为主要储存宿主的病原，如狂犬病病毒、布鲁氏菌等；以人为主要储存宿主的病原，如乙型肝炎病毒、艾滋病病毒、人型结核杆菌、人的 A 型流感病毒等；以动物和人为共同宿主的病原，如钩端螺旋体、沙门氏菌等。由于临床宠物医生每天面对的来自不同家庭和环境的各种动物，可能因不同宿主携带的生物因素造成临床医生的身体感染。兽医人员与患病动物直接接触时，微生物扩散或操作不当等均极易导致兽医人员的人身安全受到威胁，例如病死动物解剖、病样采集、患病动物治疗等都极易使兽医人员接触病原，从而感染发病。

值得注意的是，随着女性宠物兽医不断增加，怀孕期间的个人防护显得尤为重要，许多人兽共患病直接导致孕期女性兽医的病原感染，威胁母体和胎儿的安全。

（3）化学危害 宠物医生在临床诊断检查、治疗措施实施、检测样本采集过程中，不断接触化学消毒剂、化学药品、实验试剂等，而其中的某些挥发性消毒药物可引起人体黏膜损伤、呼吸道疾病等一系列危害兽医安全的疾病，有些化学药品或试剂可对人体直接造成损害，有些甚至可导致癌症或畸形，致使人体内部组织发生突变等。动物气体麻醉、疫苗注射过程中，麻醉气体的泄漏和疫苗中的化学物品也是造成化学危害的主要因素。

宠物诊疗和实验室检查过程中生产的废气、废水和废物。实验室由于使用的化学药品种类较多，成分也非常复杂，如果处理不当或不进行处理，废气直接排入空气中，则会造成大气污染；废水如果不进行无害化处理，各种有毒甚至剧毒的成分会混在其中，直接倒入下水道将破坏城市污水管道，影响城市对污染水处理，造成环境污染，直接或间接危害人体健康。

（4）器械危害 宠物医疗行业的工作人员，在日常工作中需要完成免疫注射、麻醉药注射、解剖、手术操作、打耳标，以及相关医用废弃物处理等工作。在此过程中，不可避免会与各种器械接触，如注射针头、剪刀、手术刀片、耳标钳等，容易刺伤、割伤、划伤。若伤口不及时处理，一旦被动物体液、皮（羽）毛、粪便等污染，各种细菌、病毒就会进入人体，造成感染性危险。

（5）射线辐射的危害 宠物医生在临床检查过程中，需要进行 X 射线检查、CT 检查，而接触 X 射线检查较多。X 射线是波长很短的电磁波，肉眼看不见，是一种电磁波辐射。X 射线具有电离作用，通过电离机体内广泛存在的水分子，形成一些自由基，通过这些自由基的间接作用来损伤机体。更严重的是电离产生的氧化剂、还原剂会影响机体的正常代谢，从而诱发人的白内障、生育功能减退、癌症等疾病。

（6）心理伤害　宠物医生在临床治疗工作中突发事件多，长期处于紧绷状态，情绪压抑，极易导致身心疲劳，抵抗力下降，出现各种症状，如头痛、失眠、抑郁等。同时，大多数宠物医院的医生们每天超长时间工作，造成身体疲劳，心力交瘁，极易引起抵抗力下降，感染某些疾病。此外，当患病动物病情严重，主人情绪不稳定，容易误解，引起争端，遭到辱骂，甚至受到殴打，导致严重的心理创伤，产生恐惧、焦虑等心理问题。因此从事这个行业必须具备良好的心理素质。

2.5.2　临床防护设备

（1）手套　在任何可能接触到动物、化学药品、有毒物质的情况下都应戴上检查手套，在处理腐蚀性物品时应戴上较厚的手套，每次脱下手套后都要洗手。

（2）护目镜　在任何传染性物质或有毒物质可能会喷溅到眼睛的情况下，以及在混合浓缩的化学药品时都要戴护目镜。

（3）围裙　在给动物洗澡、手术辅助、隔离病房以及任何身体可能接触到高度传染性物质或剧毒物质的情况下，都应在衣服外面穿上具有保护作用的外套或围裙。

（4）口罩或面罩　当进行刷牙、洗牙、使用大功率设备或存在飞溅物质落到面部风险时，以及可能吸入有毒物质或具有传染性的病原体时必须佩戴口罩或面罩。

（5）护耳装置　在嘈杂的环境工作时，如动物病房，应佩戴护耳装置以防止听力受损。

（6）靴子　在潮湿环境中，穿上橡胶靴子，特别是在冲洗病房地面和犬舍或者在泥泞区域行走时。

（7）专门设备　在特殊工作环境中穿戴特殊的防护设备，如 X 线诊断室的防护设备、铅手套、铅围裙等。

2.5.3　防护措施

宠物医生临床工作中存在生物、化学、器械、辐射、心理、废弃物等各种危害因素，必须采取各种防护措施，避免碰触病患而危害到自身健康。

（1）专业着装防护　宠物医生应穿戴专业服装，这不仅是遵守动物医院的规定，而且是动物医院的每位工作人员应承担的义务和责任。兽医、技术员和饲养人员进入动物医院第一时间要穿工作服，防止疫病的传播和危害物质损伤。

鞋类应包括一双覆盖整个足部的包头鞋，以防止尖锐物品和动物的伤害。避免佩戴宽松的首饰，因为它们容易挂住物品或动物，并对人或患病动物造成严重的伤害。同时不许留有长指甲或假指甲，避免造成动物伤害；女医生头发需要扎于脑后；有文身医生尽量掩藏。

所有宠物医院工作人员在处理动物或其体液时必须戴上完好无损的检查手套。处理新的患病动物时应更换手套，这样可预防疾病在患病动物间的传播。对同一动物做一系列检查时，包括体液检查，可佩戴同一副手套，但在工作完成后应立即更换。脱下手套后应立即洗手，手套戴在手上时，可能会形成很微小的洞，这样微生物就会与皮肤接触，在脱手套的过程中，尽管很小心，皮肤还是有可能接触到可导致疾病的微生物。完整的皮肤是预防疾病入侵机体最好的屏障。因此，手的清洁护理在疾病预防过程中很重要。洗完手后，彻底擦干，并使用护手霜加以保护。

（2）器械危害的防护　宠物医疗行业工作人员在进行治疗操作时，应严格遵守操作规程，小心谨慎。在抢救过程中，忙而不乱，防止被各种锐器伤害。特别是在接触患有经血液、体液等传播疾病的病患动物时，必须穿防护服和戴医用乳胶手套，对医疗废弃物不能乱丢乱放，应严格按要求销毁处理，一旦不慎被带血针头刺伤，应尽可能挤出损伤处的血液，再用肥皂液和流动水冲洗之后用75％乙醇或0.5％碘伏消毒，消毒后包扎伤口。

（3）动物伤害的防护　宠物医疗的工作人员，因服务对象比较特殊，工作中需直接接触动物，必须制定具体的防护措施。首先改善工作环境，更新防护设备、保定用品，加强防护教育，学习职业安全防护知识，提高自我防护意识。更重要的是工作人员在实际操作中，应正确穿戴防护服，预防皮肤、黏膜同患病动物血液及体液接触。当皮肤、黏膜表面被血液及体液污染时，应立即彻底冲洗，摘除手套后洗净双手，严格遵守操作规程，养成良好的操作规范。

（4）生物化学危害的防护　宠物医生的工作环境必须加强空气流通，定时开窗通风、换气。在配制和使用消毒液时，必须穿戴防护服，以尽量避免消毒液对眼睛、皮肤、黏膜的直接刺激，对于挥发性消毒液，要加盖密封保存。

值得提出的是，宠物医生必须掌握各种人兽共患传染病的传播途径，对有潜在接触动物体表、血液、体液的操作，必须穿戴防护服。同时，洗手是预防细菌感染最简单、最基本的方法。

（5）辐射危害的防护　宠物医院的工作人员在任何可能有放射性污染、电器较多或危险的场所，都必须穿防护服，还应格外小心谨慎，做到人走电关或轮流看管。

（6）心理危害的防护　宠物医疗行业的工作人员，应具备专业修养和职业道德，还应加强心理调控能力的锻炼，具有较强的判断、应急、沟通和解决问题的能力，不断学习专业知识，熟练掌握各种疾病的治疗及抢救技术，提高个人与宠物主人的沟通技巧，具备良好的服务态度，同时不断进行自我心理疏导，放松情绪，把自己的心理调节到最佳状态，适应不断变化的医疗环境，减少职业损伤的发生。

（7）注重实验室清洁与消毒　保持工作环境卫生，进行正确的清洁与消毒才能保证兽医临床工作人员在安全的环境下开展工作。首先应熟悉各种消毒药品的使用方法及适用范围，不同的对象要选择不同的消毒剂和消毒方法，以达到消毒效果，但要以不污染环境为前提，并遵守先消毒后清洁的原则。其次对需要消毒的物品要彻底消毒，不留死角。凡接触病原微生物的器材、环境、人员，均要采取相应的消毒处理措施。

（8）做好实验室废物垃圾的处理　首先要根据实验废物垃圾的种类和特点选用合适的收集容器，在实验室进行预消毒后集中进行处理，并对处理情况进行详细记录。其次在确保自身安全的同时要确保环境安全，避免感染的发生。比如试验过程中的废液大多数是有害或有毒的，可先用废液缸收集储存，然后再集中处理，一些能相互反应产生有毒物质的废液要分门别类存放与处理。最重要的是做好个人防护，正确穿戴防护服，保障实验室工作人员生命安全和健康。

宠物医生在临床一线为患病动物做管理及各种治疗工作，如饲喂、调教、配药、注射、输液、采血以及进行各种抢救，与患病动物密切接触。在这些环境中，存在多种危险因素，工作人员受到伤害的风险，现已成为严重的职业性健康问题，应引起社会的高度重视，提高防护意识，降低损伤程度，刻不容缓。

2.5.4　动物医院生物安全规程

在医院环境中，作为宠物的守护神必须遵守动物医院的生物安全规则，彻底切断因生物安全问题发生宠物医生感染、动物感染以及相互间的疫病传播途径，维护人和动物的安全。

（1）宠物医生和工作人员都必须熟悉基本的个人防护知识。

（2）接触患病动物时，一定要外穿罩衫或清洁服等防护外衣。

（3）每次接触动物前后都要清洗双手。

（4）当进行疑似人兽共患传染病的诊断时，应戴手套和口罩操作。

（5）若手或手套被污染，应尽量避免接触动物医院物品（仪器设备、病历、门把手等）。

（6）当防护外衣被粪便、分泌物或渗出物污染时应及时更换。

（7）可能患有传染病的动物使用过的设备（听诊器、温度计等）应立即进行彻底清洗和消毒。

（8）避免在动物护理场所饮水或食用液体食物。

（9）检查台、笼子和水槽使用后都应进行清洗和消毒。

（10）盛放垫料的盒子和盘子，每次用后都要清洗和消毒。

（11）疑似感染传染病的动物入院时应立即放入特殊检查室或转入隔离区，标明特别护理标志，其他人员不得随意进出房间。

（12）如果条件允许，疑似感染传染病的动物按特殊门诊病例进行诊断和治疗。

（13）外科设备和 X 光设备等诊疗设施的使用做到常规消毒管理。

2.5.5　预防人畜共患病的基本原则

宠物医生及相关的工作人员应熟悉人兽共患病方面的问题，并在与动物主人讨论饲养宠物在健康方面的风险与利益时起到积极的作用，以便在其能否饲养某一动物方面做出合理的决定。

（1）动物医院应该确保员工们清楚地了解与免疫缺陷相关的患病情况，审慎地并愿意去帮助患病动物，广泛使用标牌或海报进行宣传是有效的。

（2）应向宠物主人提供有关兽医或人兽共患病公共健康方面的信息，但是兽医不应该诊断人的疾病或是讨论具体的治疗方法。

（3）内科医生应及时告知患病动物主人相关保健的附加信息及治疗方法。

（4）兽医和内科医生在人兽共患病方面具有不同的经验；必要时，兽医应向宠物主人的内科医生主动讲清关于人兽共患病的问题。

（5）当给出公共健康的建议时，应当记录在医疗档案中。

（6）当诊断出有报告价值的动物传染病时，应该联系相应的公共卫生官员。

（7）应当提供有潜在的人兽共患病的生物体存在的评估诊断计划，特别是针对患病动物的主人。

（8）所有的犬和猫都应该注射狂犬病疫苗。

（9）犬和猫应当进行常规的药物驱虫，以驱除钩虫、蛔虫，有效控制跳蚤和蜱的感染。

2.5.6　宠物主人避免动物性传染病的基本原则

如果领养或购买了新的宠物，猫或犬虽然临床表现正常，但可能带有传染病的风险。

（1）一旦确定动物被领养或购买，应当隔离检疫，在兽医完成体检以及动物传染病风险评估前不能接触免疫力低下的人。

（2）为所有的患病动物寻求兽医治疗。

（3）每年对宠物至少进行一次或两次的体检及粪便检查。

（4）在家庭环境中的动物粪便应当每天清理，尽量不由免疫力低下的人来做。

（5）使用垃圾箱垫纸，并定期用开水或清洁消毒剂进行消毒。

（6）不要让犬或猫饮用马桶内的脏水。

（7）维护庭院时要戴手套，并在结束后彻底洗手。

（8）对来自于环境中的水过滤或煮沸。

（9）接触动物后要先洗手。不要接触不熟悉的动物。

（10）如有可能，免疫力低下的人尽量不接触临床诊断患病的动物。

（11）宠物在家庭的环境中，减少与其他可能携带传染病的动物及其他动物的粪便、跳蚤和蜱接触。

（12）用商品化的食品饲喂宠物，不要与宠物共用餐具。

（13）避免被动物舔。经常修剪猫爪，以减少其刺破皮肤的危险。为减少咬伤或是抓伤的危险，不要戏弄或束缚犬猫。

（14）如果被猫或犬抓伤或咬伤，请找医生。

（15）控制诸如苍蝇、蟑螂这些潜在的传播宿主，它们有可能将传染源携带到家里。

第三章

宠物疾病诊断技术

　　临床检查方法即问诊、视诊、触诊、叩诊、听诊、嗅诊，简单易行，在一般场合均可实施，并可直接、较为准确地发现和判断症状与病变，是诊断动物疾病最常用的基本方法。而实验室检验和特殊检查方法，通常是在临床检查的基础上，根据建立诊断的需要和实际条件，有选择地采用的辅助性诊断方法。

3.1 临床诊断的基本方法与程序

3.1.1 问诊

　　问诊及病史调查，就是以询问的方式，向宠主了解患病动物发病的有关情况。问诊是诊断疾病的钥匙，通常在做具体检查之前进行。问诊的主要内容包括患病动物的现病史、既往史和生活史。

　　（1）现病史　指本次发病的详细情况和全部经过，即现发疾病的可能原因，疾病发生、发展、诊断和治疗的过程。主要了解以下内容。

　　① 起病情况：例如发病时间是在饲喂前或后、产前或产后，有无出门、洗澡等应激、受凉、中毒、外伤等可能因素，最初的症状表现，借此了解病因、推断病性及病程。

　　② 主要表现：如精神、饮食欲、呼吸、粪便、尿液等情况，有无眼眦、咳嗽、呕吐及其他异常表现，据此推断病性与发病部位，为确定器官系统的检查重点提供依据。

　　③本病经过：与病初比较，病情是减轻或加重；主要症状的演变、曾否经过诊治；初诊、用药与疗效情况如何。借以推断预后，确定诊断方向，采取更合理的治疗措施。

　　④病因的初步估计：根据主诉人提供的线索，如饲喂不当、受凉、外伤等，以进一步判断和估计病因。

　　另外还应了解与其一起饲养的其他动物有无发病。

　　（2）既往史　即病宠过去的病史。调查动物以前患病的经过情况，过去是否有过与本次相类似的异常表现，借此了解过去患病与现症有无内在联系，为现症诊疗提供参考。

　　（3）生活史　对患病动物日常的饲养管理、保健防疫和个体习性等情况进行全面了解，从而分析饲养管理与发病的关系，为采取合理的诊治措施提供依据。

　　① 饲料和饲喂制度：调查饲料种类、饲喂方式等。如饲料品质不良或搭配不当，常是消化紊乱、营养不良与代谢病的主因，而饲喂的突然变更，往往是消化障碍、排粪异常的直接因素；饲料霉变、加工调制不当、误食则有可能导致食物中毒。

　　② 管理方式：了解宠物的日常管理、保健措施、外出运动、防疫与驱虫的计划与实施等。

　　③ 环卫条件：如生活场所通风、保暖、降温、排污等设施，是否接触过患病动物。

　　总之，问诊的内容相当广泛，可根据不同病例适当地加以取舍。提问应明确并突出重点，态度要热情诚恳。对问诊取得的材料，需持客观的态度进行评价，分析有无错漏之处，同时要与临床检查的结果加以联系。

3.1.2 视诊

视诊是用肉眼或借助器械观察病宠的整体和局部状态的方法。视诊法简便直观、应用范围广，常是发现机能紊乱和形态异常的有效方法。视诊分一般视诊和器械视诊。

（1）一般视诊　检查者站在稍远处观察动物的全貌；于近距离处检查体表各部位的细节状态。视诊时应先让病宠保持自然姿态，观察其相对静止的表现，然后让其适当走动以检查其运步状态。视诊的主要内容包括以下几方面。

① 整体状态：如精神状态、体格大小、发育程度、营养状况、体质强弱、躯体结构、姿势和行为表现。

② 体表局部情况：如被毛状态，皮肤与黏膜的特性，体表有无创伤、糜烂、溃疡、疱疹、肿物等，天然孔分泌物或排泄物的数量与性状。要特别注意观察容易被忽视的部位如五官、胸腹底部、指趾端、肉垫、肛周、尿道口、尾巴等。

③ 器官的生理活动：如采食、咀嚼、吞咽、呼吸、排粪、排尿等动作。

（2）器械视诊　借助开口器、压舌板、开张器等观察口腔、鼻腔、咽喉、直肠、阴道，或借助胃镜、鼻喉镜、膀胱镜等观察内部器官。注意检查其黏膜的颜色，有无出血斑点、损伤、肿胀、赘生物或异物等。

3.1.3 触诊

触诊是利用手或器械触感动物的一种方法。直接触诊是用检查者的手（指腹、掌面、手背）去触摸或触压被检部位，以感知其位置、大小、形状、轮廓、温度、湿度、硬度、移动性与敏感性等性状。间接触诊是借助器械进行，如使用胃导管、导尿管进行探诊。

直接触诊法主要用于感知患病动物的体表状态如皮肤温湿度、皮肤弹性、皮下性状、有无震颤，浅表淋巴结的位置、大小、形状、表面状况、硬度、温度、移动性与敏感性等，脉搏的性质、频率和节律，腹壁的紧张性和敏感性，腹内胃肠、肝、脾、肾、膀胱、子宫等器官状况，局部肿块或病灶的位置、大小、形状、轮廓、温度、内容物性状、硬度、移动性与敏感性等，关节的灵活性、敏感性和有无肿胀、畸形等。

直接触诊法分为浅表触诊和深部触诊，浅表触诊是手在被检部位表面轻轻滑动或轻压检查，主要感知体表温度、病灶硬度与性状、被检部敏感性；深部触诊是根据被检器官的不同部位与解剖特点，施加一定压力，采用按压式、切入式、冲击式触诊或双手触诊，以感知深部器官的状况。

触诊时应注意人宠安全，对烈性个体，须由宠主妥善保定好；检查时由健部逐渐移向患部，并与正常或对称部位作触感对比；先周围后中间、先浅后深、先轻后重地触诊。

触感的临床意义一般分以下几种。

① 捏粉样：稍柔软，指压时呈凹陷并形成压痕，除去压力后又渐平复，是组织间浆液弥漫性蓄积所致，见于皮下浮肿。

② 波动感：柔软稍有弹性，指压波及周围，有移动感，为组织中大量积液而周围组织弹力减退所致，见于血肿、脓肿与淋巴外渗等。

③ 坚实：病变硬如肝，见于组织间细胞浸润（如蜂窝织炎）、结缔组织增生、肿瘤等。

④ 硬固：病变致密、硬似骨骼，如膀胱结石。

⑤ 捻发感：柔软而有弹性，触压时气体向邻近组织逸散而发出捻发音，乃组织损伤时，空气窜入皮下组织引起，或因厌气性细菌感染，局部组织腐败分解所产生的气体积聚于皮下所致。

3.1.4 叩诊

叩诊是叩击动物体表的某一部位，根据振动所发出的音响（叩诊音）去推断被叩的器官、组织有无病变的一种方法。若叩诊与听诊结合应用，对某些器官，特别是消化与呼吸器官疾病的诊断具有重要意义。

叩诊主要应用于心区、肺野、头窦、腹腔等部位，以判断病变的性状（气体、固体或液体）、病变与周围组织的相互关系。

（1）叩诊法　小动物一般用直接叩诊法和指指叩诊法两种。

① 直接叩诊法：是用弯曲的手指或叩诊锤直接地轻轻叩击动物体表。因动物体表软组织振动与传导不良，故此法应用有限，一般用于检查头窦、脊柱或胃肠臌气时。

② 指指叩诊法：以左手的中指或食指紧贴于被检部位，而其余四指均稍离开体表，用弯曲的右手中指垂直地叩击左手中指或食指的第二指节，动作要短促，以腕节为轴，上下摆动匀力叩打，连叩 2～3 次。

叩诊时应注意：左手中指或食指须紧贴体表，不可留有空隙；右手以腕节为轴，垂直叩击，用力适宜；各部位复叩 2～3 次，并作对称性比较。

（2）动物体的叩诊音　基本的叩诊音有清音、鼓音和浊音三种。

① 清音：叩诊正常肺区所产生的声音。

② 鼓音：叩击含有多量气体而组织弹性较松弛的空腔（如充满气体的胃）则发此音。

③ 浊音：叩击不含气体、弹性也较差的组织如实质器官（心、肝）和肌肉，则呈此音。肺组织如果发生实变或有液体浸润时，叩之亦呈浊音。

3.1.5 听诊

听诊是借助听诊器听取动物内脏器官在活动过程中所发出的声音，借以判定其异常变化的一种检查方法。听诊法主要用于听取心音，喉、气管、支气管和肺泡呼吸音，胃肠蠕动音等。

听诊器由耳端、弹簧片、胶管、金属三通管及听头所组成。听头可分为钟型和膜型两种，前者宜于听取低音调的声音，后者宜于听取高调音。

听诊时要注意：听头须紧贴体表，不能留下空隙；避免听头与动物被毛、听诊器胶管与手臂或衣服等的摩擦；应在宁静的环境中听诊。

听诊时主要判断听诊音的强弱、节奏、频率及有无异常杂音等。

3.1.6 嗅诊

嗅诊是用嗅觉发现、辨别动物的呼出气体、口腔气味、分泌物与排泄物气味的一种检查方法。它对某些疾病具有诊断意义。如皮肤散发氨味，常提示有尿毒症的可能；呼出气及鼻液有特殊腐败臭味，提示呼吸道或肺脏有坏疽性病变的可能；粪便有腥臭味提示血便。

3.1.7 临床检查的程序

为了有效地发现和判断患病动物的症状与病变，进行临床检查时，应按照一定的程序和具体的方案，细致、客观地对机体的各个系统或部位进行有条不紊的检查，并养成习惯，只有这样才能获得系统的、完整的症状资料，以免误诊或漏诊。检查的步骤如下：

（1）病宠登记　病宠登记不但可以帮助识别病患的个体特征，而且有助于了解疾病的发生情况和性质，为临床诊断提供某些线索。主要登记以下项目：

① 动物种类：不同的动物种类，患病的病种及疾病的经过不完全一样。如犬的细小病毒病主要表现排血便，猫的细小病毒病主要是白细胞减少；犬较常见胃肠异物，猫较多见下泌尿

道感染。

② 品种：不同的品种，对疾病的易感性和耐受性有差异。如髌骨脱位较常见于贵宾犬，通常本地犬的抗病力强于外来品种。

③ 性别：性别关系到动物的解剖与生理特性，在疾病的发生上也有区别。如尿道阻塞常见于公犬，而难产、胎衣不下仅发生于母犬。

④ 年龄：宠物年龄不同，对疾病的抵抗力和感受性也不同。幼龄犬猫易发生消化道与呼吸道感染，如腹泻、支气管炎等，而心力衰竭、肾衰竭、肿瘤则多见于老龄犬猫。

⑤ 特征：记录病宠的特征，如毛色、五官等，以便识别。

⑥ 宠主：记录宠主的姓名、住址、电话等资料，以便复诊或跟踪疗效。

（2）病史调查　病宠登记后，根据具体情况接着进行询问，以了解病史和发病情况（见问诊）。

（3）现症检查　通常按照一般检查、系统或部位检查、实验室检验与特殊检查的程序进行。

① 一般检查：检查内容包括体格、发育、营养状况、精神状态、姿势与运动行为等的检查，被皮及皮下组织、可视黏膜、浅表淋巴结的检查，体温、脉搏、呼吸和血压的测定。

② 系统检查：根据病史调查及一般检查获得的线索和资料，可以确定某一器官系统作为检查的重点。系统检查有心血管系统、呼吸系统、消化系统、泌尿与生殖系统、神经系统等。

③ 实验室检验：如血常规检查，血液生化检测，粪便、尿液或穿刺液的检验，皮肤样品检查等。

④ 特殊检查法：包括 X 射线检查、超声探查、内窥镜检查、心电描记、磁共振等，可根据病情需要与实际可能来选用。

附一：病历记录

（1）病历填写的原则

① 全面而详细：病宠与宠主的信息资料，问诊、现症检查、实验室检验和特殊检查的所有结果以及治疗经过，均要详尽地记入，以求全面而完整。

② 系统而科学：为了记录规范化，便于归纳与整理，所有检查内容按系统或部位有次序地记载。各种症状、资料，应以通用名词或术语作客观的描述。

③ 具体而肯定：各种症状、病变，力求真实而具体，最好以数字、程度标明或用实物加以恰当的比喻，必要时附以图注。

④ 通俗而易懂：词语应通俗、简明，便于理解，有关主诉内容，可以用宠主的自述语言记录。

（2）病历内容

① 基本信息：宠物品种、性别、年龄、特征，宠主姓名、联系方式。

② 主诉及问诊材料：有关病史、病的经过与表现、饲养管理与环境条件等。

③ 临床检查所见：一般检查、系统或部位检查的结果。

④ 检验或特殊检查：如血、粪、尿的实验室检验，X 射线检查或 B 超检查等结果。

⑤ 病历日志：逐日记录体温、脉搏、呼吸数，各器官系统的症状变化、检验结果，治疗的原则、方法、处方，护理及饲养管理措施，会诊的意见及决定等。

⑥ 病历总结：治疗结束时，以总结的方式，概括诊断、治疗和预后的结果，并为今后的饲养管理、保健提出建议。最后，整理和归纳诊疗过程中的经验与教训。病历档案应保存 3 年以上。

病历记录的方式和内容可参考下表。

病 历 记 录 表

宠主		住址		联系电话		
昵称		品种		年龄	性别	
体重		特征		初诊日期	初诊意见	
最后诊断			转归		主诊医师	

病史：

现症检查：体温 ____（℃）　脉搏 ____（次/分）　呼吸 ____（次/分）

日期	病 程 经 过 及 治 疗 措 施	兽医签名

讨论及小结：

主治医师：

附二：处方撰写

中华人民共和国农业部公告第 2450 号《兽医处方格式及应用规范》自 2016 年 10 月 8 日发布之日起执行，凡与本规范不符的处方笺自 2017 年 1 月 1 日起禁用。

（1）处方的概念　处方是指由注册的执业兽医师在诊疗活动中为患病动物开具的、由专业人员调配、核对，并作为病患用药凭证的医疗文书。处方具有法律、技术、经济责任。处方笺应当保存 2 年以上。

（2）处方的样式

动物医院处方笺

宠物主人 _____　　　联系电话 _____　　　病 历 号 _____
宠物种类 _____　　　宠物昵称 _____　　　性　　别 _____
年　　龄 _____　　　体　　重 _____　　　开具日期 _____

诊断：	Rp:

执业兽医师 _____　注册号 _____　　发药人 _____

（3）处方的内容

① 前记：宠主的姓名、联系方式，宠物的种类、性别、体重、年龄等，病历号，开具日期。

② 正文：诊断，Rp 药物名称、规格、数量、用法、用量，处置方法。

③ 后记：执业兽医师签名（或盖章）和注册号，发药人签名（或盖章）。

（4）处方笺大小尺寸　纸质版或电子版小规格：210mm×148mm，大规格：296mm×210mm。

（5）处方笺一式三联　第一联由开具处方药的动物诊疗机构或执业兽医师保存，第二联由药房保存，第三联由宠主保存。

（6）其他规定

① 处方限于当次诊断结果用药，开具当日有效。

② 确需延长有效期，由开具处方的执业兽医师在处方底部空白处注明有效期、再次签名，且有效期最长不得超过 3 天。

③ 电脑开具处方的，必须同时打印出纸质处方、手写签名。麻醉药、精神药处方必须手写。

（7）处方书写规范

① 前后记必须填写完整，并与病历记载相一致。

② 药物剂量单位按兽药典规定书写，（半）固体药物以重量克、毫克、微克为单位，液体药物以容量升、毫升为单位。所有单位必须写明，不可省略。

③ 小数点前如无整数必须加零，如 0.3；整数后无小数，必须加小数点和零，如 3.0。

④ 药名应使用规范的中文或英文名称书写。

⑤ 药品用法可用规范的中、英或拉丁文或缩写书写。

⑥ 药名、剂量、规格、用法、用量要准确规范书写。

⑦ 每一种药品要另起一行。

⑧ 更改处要签名。

⑨ 超剂量使用要注明原因并签名。

⑩ 麻醉药、精神药的发药人务必签名。

⑪ 处方后的空白处划斜线以示完毕。

3.2　一般检查

临床现症检查过程中，首先要对患病动物的全身状态做整体性的检查，或称一般检查，以发现受损害的主要器官系统，并对损害的性质和严重程度做出初步估计，为进一步做系统检查、检验或特殊检查以及建立诊断提供线索指引。

3.2.1　整体状态的观察

观察病宠的整体状态，应着重观察其精神、体格、发育、营养的状态以及姿势与步态的变化等。

（1）精神状态　精神状态也即所谓气质、反应性，是中枢神经系统活动的反映。可根据动物对外界刺激的反应能力及行为表现而判定。检查时主要观察病患的神态，注意其眼神、面部表情、各种反应或举动以及耳朵活动、尾巴反应等。健康动物姿态自然，头耳灵活，眼睛明亮，动作敏捷而协调，反应灵活，被毛平顺并富有光泽。幼龄动物则显得活泼好动。

精神异常或意识障碍可表现为过度兴奋或抑制。兴奋时，动物容易惊恐，对轻微刺激也反应强烈，甚至狂躁不安、乱冲乱撞，见于狂犬病、某些中毒病。抑制按程度由轻至重可表现为沉郁、嗜睡和昏迷，大多数病患都会表现不同程度的精神抑制。

（2）体格与发育　体格与发育的检查，一般是根据动物骨骼、肌肉和皮下组织的发育程度及各部分的比例关系来判定。通常用视诊来衡量。

体格发育良好的动物，其体躯结构匀称，四肢粗壮，肌肉结实，胸廓宽深，给人以强壮有力的感觉。强壮的体格，不仅活力良好而且对疾病的抵抗力也强。

体格发育不良的动物，其躯体矮小，结构不匀称，四肢纤细，虚弱无力，发育迟缓或停滞。一般见于营养不良、慢性消耗性疾病等。

（3）营养状况　动物的营养状况主要反映机体物质代谢的功能与总水平。通常用视诊和触诊法，根据肌肉的丰满度、皮下脂肪的蓄积量和被毛状态来评价。在临床上，常将营养程度大致划分为良好、中等和不良三级，或以膘成来表示。

营养良好（八九成膘）的动物，表现肌肉丰满，皮下脂肪充盈，被毛光亮润泽，皮肤弹性良好，躯体圆满，骨骼棱角不显。

营养中等（六七成膘）的动物，介于营养良好与营养不良之间，而肋骨微微显现。

营养不良（五成膘以下）的动物，表现瘦弱，皮肤干燥而缺乏弹性，被毛蓬乱无光，精神不振，躯体乏力，骨棱明显，肋骨可数。急剧消瘦者，多见于急性热性病，或由于急性胃肠炎、频繁下痢等而致大量失水的结果，病程缓慢者，则多提示为慢性消耗性疾病（如慢性传染病、慢性胃肠炎、寄生虫病、肿瘤、长期消化紊乱或代谢障碍性疾病等）。

高度营养不良，并伴有严重贫血，称为恶病质，常是预后不良的指征。

营养过分良好，造成肥胖并影响内脏器官功能，则属于病态。

（4）姿势与运动行为　姿势是指动物在相对静止或运动过程中的空间位置和呈现的体态。各种动物都保持其特有的生理姿态。如犬喜坐、猫喜卧。在病理状态下，动物常会在站立、躺卧或运动时分别出现一些异常姿势，从而具有特异的诊断意义。

① 强迫站立：患某些疾病的动物，躯体被迫保持一定的站立姿势。如破伤风，病例表现出全身肌肉强直，四肢开张站立，头颈平伸，鼻孔开张，牙关紧闭，脊柱僵直，呈典型的"木马样"姿态；胸膜炎时，由于胸壁疼痛，再加上胸腔积液对心肺的压迫，导致呼吸困难，患病动物常持久站立。

② 站立不稳：病患站立的姿势不稳，一般见于疼痛性疾病和神经系统疾患。例如胃肠性腹痛时，表现前肢刨地，后肢踢腹，回头顾腹，起卧滚转。当动物四肢的骨骼、关节和肌肉有疾患时，站立亦呈不自然姿势，四肢或集于腹下、或频繁交替负重。某些中毒病也会表现站立不稳。

③ 强迫躺卧：躺卧不起往往提示神经系统受损，脊椎、四肢的骨关节损伤或肌肉的疼痛性疾患以及高度衰竭。如重度脑疾病、风湿症、重度衰竭症等。

对能走动的病患，应设法观察其步态。若运步有异，表现跛行、醉步、圆圈与盲目运动、暴进与暴退等，常提示神经系统和四肢的疾患或某些中毒病。

3.2.2　被毛与皮肤的检查

通过对被毛和皮肤的检查，不仅可以直观地发现体表病变，有时候还可以揭示内脏器官的机能状态（如由皮肤水肿的特点来判断心、肾机能）、发现某些疾病的早期症状、判定疾病性质或程度（如据皮肤弹性了解脱水程度），从而作出确诊。

对不同品系的动物，除注意其全身各部被毛及皮肤的病变外，还应仔细检查特定部位如鼻端、口缘、蹄缘、足枕或趾爪等。被毛与皮肤的检查常用视诊和触诊法。

（1）被毛的检查　检查被毛应注意其光泽、长度、纯洁度、分布状况，还应掌握季节性生理性脱毛的规律。健康动物的被毛整齐而洁净、平滑而有光泽，每年春秋季适时脱换新毛。

当动物发生营养代谢障碍、慢性消耗性疾病时，可见被毛蓬松、粗乱，干枯、易折，缺乏光泽，容易脱落，换毛季节推迟或在非换毛季节大量脱毛。动物的局限性脱毛，常提示外寄生虫病（如螨病）或皮肤病（如急性湿性皮炎、湿疹）。此外，尚应注意角质的构造变化，趾爪的形状、硬度、光泽有无异常。

（2）皮肤的检查

① 皮肤颜色：健康动物躯体无色素部位的皮肤多是粉红色的。皮肤苍白、潮红、发绀或黄疸均属病理性变化。

皮肤苍白：苍白是皮肤的血液量减少或血液性质发生改变的结果。可见于大出血或慢性传染病、寄生虫病、营养不良、慢性胃肠疾患等引起的贫血。

皮肤潮红：充血性潮红是由于皮肤血管扩张，血液大量积聚而引起，特点是指压褪色，可见于过敏；出血性潮红是皮下组织溢血所致，特点是指压不褪色，可见于血小板减少症、出血性败血症等。

皮肤发绀：是由于组织缺氧、瘀血或血红蛋白变性等原因而引起皮肤呈蓝紫色。轻则以耳尖、鼻端、口缘及四肢末端为明显，重则可遍及全身。可见于严重的呼吸器官疾病、心力衰竭、亚硝酸盐中毒、中暑等。

皮肤黄疸：是由于血液中游离或结合胆红素含量增多所致，常见于肝病、胆道阻塞或溶血性疾病。

② 皮肤温度：检查皮肤的温度，通常用感觉敏锐的手背触诊动物的躯干、股内侧等部位进行判定。动物的皮温，依其种类和部位或气候与季节的不同而有差异。对同一个体而言，皮温以股内侧为最高，头、颈、躯干次之，尾及四肢部最低。检查时应注意皮温的匀称性。一般触诊的部位为动物的耳根、鼻端、颈侧、腹侧、腹底、四肢系部。

皮温升高：是皮肤血管扩张及血流加速的结果。全身性皮温升高，见于热性病及心机能亢进等；局限性升高，多为局部组织炎症，如皮炎、蜂窝织炎、咽喉炎等。

皮温降低：由于血液循环障碍，皮肤血管中血流灌注不足所致。常见于心力衰竭、虚脱、大出血及重度贫血等；局限性降低，见于该部皮肤及皮下水肿、局部麻痹等。

皮温不整：即皮温分布不均，是皮肤血液循环不良或神经支配异常而引起局部血管痉挛所致。可表现为成对器官或身体对称部位的皮温冷热不匀，例如此耳冷彼耳热；或表现为末梢部的温度异常低于躯干部，见于心力衰竭、虚脱。

③ 皮肤湿度：皮肤湿度与汗腺的分泌机能有密切关系。动物种类不同，汗腺也有差异，马的汗腺很发达，禽、鸟类无汗腺。犬和猫的汗腺不发达，只在鼻端与足枕部出汗较明显，由于皮脂腺分泌的关系，触诊犬猫皮肤表面有黏腻感。

犬猫鼻端有腺体分泌，正常时保持湿润并带光泽。在热性病、脱水、重度消化障碍时，鼻部干燥甚至龟裂。

④ 皮肤弹性：皮肤的弹性与犬猫的品种、年龄、营养状况等有关。健康的皮肤具有一定的弹性。

检查犬猫的皮肤弹性，可用手将颈侧、肩前等部位的皮肤捏成皱褶并轻轻拉起，然后放开并观察其复原的快慢。弹性良好者可立即复原，弹性减退者则复原慢。

皮肤弹性减退，见于脱水、营养不良、皮肤病（如螨病、湿疹）及慢性消耗性疾病。

⑤ 皮肤气味：健康犬猫的皮肤气味，因品种或性别不同而有差异。在病理情况下，皮肤可发出特殊的气味，如膀胱破裂或尿毒症时，体表散发出尿臭；皮肤化脓时发出腥臭味；糖尿病酮血症时发出烂苹果味。

⑥ 皮肤及皮下组织肿胀：通常用视诊和触诊作初步检查，有时候可达到确诊的效果。常见的皮肤及皮下组织肿胀的类型有以下几种。

炎性肿胀：炎性肿胀多以局部出现，也可大面积出现，伴有病变部位的红、热、痛及机能障碍，界限明显，非对称性，严重者还有明显的全身反应，如蜂窝织炎。

皮下水肿：由于机体水代谢障碍，在皮下组织的细胞及组织间隙内液体潴留过多所致，多见于皮下组织疏松处如颌下、胸前、腹下与四肢下部，一般局部无热、痛反应。局限性肿胀常有波动感；弥散性肿胀触诊呈捏粉样，有指压痕。皮下水肿又分心性、肾性、肝性、营养性水肿等（表 3-1）。

表 3-1　水肿的鉴别诊断

水肿类型	水肿特点	其他症状
心性水肿	多见于距心远、回流困难的末梢部，对称	心脏病症状明显
肾性水肿	水肿不受重力影响，多发于眼睑、颜面及阴囊等皮下疏松部位	肾功能障碍，尿液异常
肝性水肿	水肿在躯体轻微而四肢明显，伴有腹水	肝功能障碍，贫血，后期腹围增大
营养性水肿	水肿先从四肢开始，后扩展至全身各部	体弱、消瘦、贫血
炎性水肿	水肿局部有红、肿、热、痛等炎症反应	严重时有机能障碍

皮下气肿：是由于空气或其他气体积聚于皮下组织内所致，其特点是，肿胀界限不明显，触压时柔软而容易变形，并可感觉到由于气泡破裂和移动所产生的捻发音。临床上又分为外生性气肿、内生性气肿，外生性气肿或称窜入性气肿，多发于皮肤疏松的部位如颈侧、肘后，由于附近皮肤损伤，空气窜入而致，特点是局部无热、痛反应；内生性气肿指内部感染产气细菌，多发于肥厚的臀、股部，局部有热、痛反应，往往有暗红色恶臭液体流出，甚至有全身反应。

脓肿、血肿与淋巴外渗：它们的共同特点是，在皮肤及皮下组织呈局限性、近圆形肿胀，触诊可有波动感，鉴别可做穿刺检查。

疝与肿瘤：疝系指腹内器官连同腹膜一起从腹腔脱垂至皮下、其他生理性或病理性腔穴内而形成凸出的肿物，常见于腹壁、脐部及阴囊部；皮肤肿瘤是在体表上发生异常生长的新生细胞群，形状多种多样，如脂肪瘤、肥大细胞瘤等。

淋巴结肿与骨瘤：前者可提示动物局部或全身的急性或慢性感染，对诊断某些传染病、寄生虫病、白血病和恶性淋巴瘤等有临床意义。骨瘤是局部骨膜受刺激，增生、钙化而形成多余的骨性组织，可用 X 线摄影确诊。

⑦ 皮肤损害：皮肤损害，简称皮损，是临床上的常见症状，传染病、寄生虫病、感染、内科病、皮肤病及过敏反应均可引起。皮损不仅影响宠物的观赏价值，而且对其健康与行为也带来一定的影响。某些内科病或全身疾患会在病的早期出现皮损，往往具有特殊的规律性，对疾病的早期诊断有一定意义，且常是鉴别诊断的依据。临床上常见的皮肤损害有以下这些表现。

斑疹：是皮肤充血或出血所致的颜色改变，局部变红但并不隆起。用手指压迫红色即褪者为充血引起，也称为红斑，如感光过敏、食物疹；密集的小点状红疹，指压红色不褪，是为出血所致，称之紫癜。

丘疹和结节：丘疹是皮肤乳头层组织渗出、浸润，形成界限分明的粟粒至豌豆大（直径通常小于1cm）的小隆起，呈圆形而突出于皮肤表面。其顶端含有浆液者称浆液性丘疹，不含浆液者称实性丘疹，许多小丘疹的融合则称为苔癣。结节是比丘疹大（直径在1cm以上）而位置深的皮损，呈半球状隆起，质地较硬。丘疹与结节均可被完全吸收、不留痕迹，亦可演变成水泡，甚至感染化脓，形成溃疡和瘢痕。

水泡：为内含透明浆液性液体的、豌豆大小的突起小泡，颜色依内容物而定，有淡黄色、淡红色或褐色，可见于烫伤。

脓疱：外伤感染化脓菌，或水泡内容物化脓，脓疱壁由于内容物性状不同，可变为白色、黄色、黄绿色、黄红色等，周围有红晕。见于外伤、犬瘟热、痘疮。

荨麻疹：是速发型过敏反应性疾病，由于皮肤的马氏层和乳头层发生浆液浸润，体表出现许多椭圆形、蚕豆至核桃大、表面平坦的隆起，俗称"风团"。特点是突发、此起彼伏、消退快，且常伴有皮肤瘙痒。荨麻疹的病因很多，吸血昆虫刺蜇、摄入有毒植物或霉菌、高蛋白饲料、过敏性体质、消化道疾病、某些传染病及寄生虫病均可引起。

糜烂和溃疡：皮肤表层的水泡或脓疱破裂，痂皮脱落或丘疹、结节因摩擦而失去表皮，所露出的浅表湿润面称为糜烂，愈后不留瘢痕；而深部脓疱或结节破溃后，露出真皮或深部组织的边界清楚的缺损称为溃疡，愈后有瘢痕。两者的病理过程相似，只是皮损的深度不同。

瘢痕：指皮肤的深层组织因创伤或炎症损害，经过结缔组织增生修复后留下的痕迹。其表面平滑，瘢痕面之覆盖上皮较薄，无乳头结构，缺乏被毛、皮脂腺与汗腺。

鳞屑：是已经剥离或已脱落的表皮组织。鳞屑过多提示表皮角质化过度或角化不全，其形状、大小、湿度和色泽可不一致。小的脱屑如糠麸样，称糠疹。见于维生素A缺乏、钱癣、皮脂溢性湿疹。

褥疮：骨棱突出的体表部位，因长期躺卧而受压迫，局部血液循环障碍，使这些部位的皮肤及皮下组织坏死溃烂，称为褥疮。

坏死：因严重的组织损害，使表皮、真皮和皮下组织细胞死亡，谓之皮肤坏死。

坏疽：亦是坏死的一种。由于局部供血障碍，组织坏死后，因受外界环境条件影响而发生复杂的变化，表层脱落，甚至组织腐败、湿润，此为坏疽。

3.2.3 可视黏膜的检查

凡是肉眼可直接看到或借助简单器械能观察到的黏膜，均称为可视黏膜，如眼结膜、鼻腔黏膜、口腔黏膜、阴道黏膜等。健康宠物的可视黏膜湿润、完整，有光泽，呈粉红色或淡红色。

检查可视黏膜时，除了应注意其温度、湿度、完整性、有无溃疡和出血以外，还要特别注意其颜色变化。

临床上常检查眼结膜，检查犬猫的眼结膜并无固定的方法，能将上下眼睑打开即可。检查时要注意眼睑有无肿胀或分泌物，一般老龄或衰弱的犬猫可有少量分泌物，如果从结膜囊中流出较多浆液、黏液或脓性分泌物，或眼睑肿胀，提示有侵害黏膜组织的热性病、局部炎症或过敏。眼结膜颜色除能反映其局部变化外，还可指示全身血液循环状态及血液某些成分的改变，在诊断和预后的判定上具有一定意义。

病理情况下，眼结膜颜色可有如下变化。

（1）苍白　结膜色淡，甚至呈灰白色，是各型贫血的特征。如苍白突然发生、发展迅速并伴有急性失血的全身症状，可考虑大创伤、内出血（如肝、脾破裂）。如慢性经过的逐渐苍白并有全身营养衰竭的体征，则多考虑慢性营养不良或消耗性疾病如慢性传染病、寄生虫病、肿瘤。如苍白的同时又伴有黄染，则应考虑大量红细胞被破坏的溶血性贫血，如巴贝斯虫病。苍白有时也见于末梢血管痉挛、虚脱等。

（2）潮红　指眼结膜下的毛细血管充血。单眼潮红，常为局部炎症，双侧均潮红，除了眼睛局部炎症外，多提示全身的循环状态。弥漫性潮红时，眼结膜呈均匀鲜红色，见于热性病。树枝状充血时，小血管高度扩张、充盈呈放射状，见于高度血循障碍的心脏病、脑炎。

（3）黄染　结膜呈不同程度的黄色，在巩膜及瞬膜处易于发现，是胆色素代谢障碍、血中胆红素过多的结果。导致黄染的常见原因有如下三个方面。

① 肝实质性病变：肝细胞炎症、变性、坏死，使肝脏处理间接胆红素的能力下降；同时出现毛细胆管的淤滞与破坏，使直接胆红素返回肝脏和血液，称为实质性黄疸。可见于实质性肝炎、肝变性、某些营养代谢病或中毒病。

② 胆道阻塞：胆管被结石、异物、寄生虫所阻塞，或被其周围的肿物压迫，引起胆汁的淤滞、胆管破裂，直接胆红素无法正常排出而返回肝脏和血液，称为阻塞性黄疸。可见于胆结石、胆道蛔虫、肝片吸虫病，偶见于引起十二指肠炎性肿胀的疾病。

③ 溶血性疾病：因红细胞被大量破坏，血液中游离胆红素过多，肝脏来不及处理而形成黄疸，称为溶血性黄疸。可见于犬巴贝斯虫病、自身免疫性溶血病等。

（4）发绀　可视黏膜呈紫蓝色，病因包括：

① 动脉血的氧饱和度不足，血液中氧合血红蛋白含量降低，见于上呼吸道狭窄或肺呼吸面积明显减少的疾病。

② 缺血性缺氧。全身性瘀血时，血流变得缓慢，血液流经组织中毛细血管时脱氧过多；心衰时，心输出量剧减，外周循环缺血缺氧。

③ 血液中出现多量的异常血红蛋白衍生物（高铁血红蛋白）。此外，结膜如有出血斑点，可见于出血性败血病、血斑病、出血性素质的疾病或眼部外伤。

3.2.4　浅表淋巴结的检查

检查淋巴结一般用视诊和触诊法，检查其位置、大小、形状、温度、硬度、敏感性与移动性以及有无瘘管和瘢痕等，对判断传染源的侵入途径、扩散经过及病性颇有价值。

（1）主要的浅表淋巴结的位置

① 下颌淋巴结：位于下颌间隙后部、下颌骨支后内侧，犬猫每侧有2～3个。

② 颈浅淋巴结：又称肩前淋巴结，位于肩关节前上方、冈上肌前缘。

③ 髂下淋巴结：又称股前淋巴结，位于阔筋膜张肌前缘的膝襞中、膝关节内上方。犬无此淋巴结。

④ 腹股沟浅淋巴结：雄性的又称阴囊淋巴结，公犬的位于阴茎外侧、腹股沟管皮下环的前方。雌性的又称乳房上淋巴结，母犬的位于最后乳房的后外侧或基部的后上方。

⑤ 腘淋巴结：位于臀股二头肌与半腱肌之间，腓肠肌外侧头起始部的脂肪中。

（2）淋巴结的病理变化　淋巴结的病变主要表现为急性肿胀、慢性肿胀及化脓。

① 急性肿胀：体积增大，表面光滑，触之发热并敏感，质地坚实，活动性受限，提示腺实质发炎，见于局部感染及某些传染病。如流感或上呼吸道感染时下颌淋巴结急性肿胀。

② 慢性肿胀：淋巴结变得坚硬，表面凹凸不平，无热痛，移动性差，多提示慢性传染病。如乳房结核、白血病。

③ 化脓：淋巴结在初期肿胀时，增温而敏感，明显隆起，皮肤紧张，继而有波动感。最后皮肤变薄，被毛脱落，破溃后排出脓液。

3.2.5　生命体征的检查

体温、呼吸、脉搏、血压是评价生命活动质量的重要指征，统称为生命体征，是体检必检项目之一。在诊断疾病和分析病情的变化上有重要的实际意义。

幼龄宠物因身体各系统器官发育尚未完全，其体温、呼吸数、脉搏数极易变动，在临床检查时需加甄别。

（1）体温测定　所有恒温动物均具有较为发达的体温调节中枢及产热散热装置，可在外界不同的温度条件下，经常保持较为恒定的体温，宠物的正常体温及其变动范围为：犬 37.5～39.0℃，猫 38.5～39.5℃，兔 38.0～39.5℃。

健康动物的体温受生理或环境因素的影响而会出现一定幅度的变动。这些因素包括年龄、性别、妊娠、营养、饮食、运动、气温等。此外，同一个体的体温在一日中也有变化，通常早晨最低、上午正常或较低、下午为一天中最高（每昼夜温差 0.5℃ 以内）。

通常测直肠温度。测温时，先将体温计充分甩动，使水银柱降至 35℃ 以下，用 75％ 酒精消毒并涂上润滑油，然后，左手将动物尾根部提高并推向对侧，右手拇指与食指持体温计以回旋动作稍斜向前上方缓慢插入直肠，经 3～5min 后取出，用棉花拭去体温计上黏附的粪便，即可读取其水银柱上端的度数。如测腋内温度，测温时间需延至 10～15min，温度较直肠温度约低 0.5℃。

测温应注意以下事项：

① 对门诊病例，应使其适当休息并安静后才测定。

② 对住院病例，应每日定时（上下午各 1 次）进行测温，并逐日记录绘成体温曲线表。

③ 体温计插入的深度要适宜（一般小动物可插入直肠 3～5cm，不宜过深）。

④ 对直肠发炎、频繁下痢或肛门松弛的，可测腋内温度，雌性的也可测阴道的温度。腋内、阴道温度均较直肠温稍低（约低 0.5℃）。

⑤ 一般先做呼吸数、脉搏数检查，后做体温检查。

体温升高或下降都是机体患病的征兆，疾病的性质不同，体温反应也有相应的规律。因此，测量体温对发现病宠、判断发病过程、早期诊断、推断预后及验证疗效都具有意义。

体温升高是由于热源性刺激物的作用，使体温调节中枢的机能发生紊乱，产热与散热的平衡受到破坏，产热增多而散热减少，从而引起体温升高。动物在 1d 内的体温波动超出 1.0℃ 时，即可谓之发热。

发热时除体温升高这一主症外，还伴有其他的临床症候群如全身违和、食欲不振、皮温不整、恶寒战栗、呼吸与脉搏加快、多汗、蛋白尿、泌乳减少等，称为热候。一般以体温升高的程度作为判断发热程度及病患反应能力的标准。体温升高 1.0℃ 称为微热，体温升高 2.0℃ 为中等热，体温升高 3.0℃ 为高热，体温升高 3.0℃ 以上为最高热或异常高热。

很多疾病在发病过程中的体温变化呈现一定的规律性，表现为不同的热型，如稽留热、弛张热、间歇热等。

低体温是机体散热过多或产热不足，导致体温低于常温的下界，谓之低体温。见于休克、心力衰竭、中枢神经系统抑制、高度营养不良、衰竭及濒死期。

（2）呼吸数检查　宠物的正常呼吸数及其变动范围为：犬、猫 10～30 次/min，兔 50～60 次/min。

影响动物呼吸数生理性变动的因素包括环境温度、湿度、品种、年龄、性别、体质、姿势与胃肠充盈度、运动等。

在宠物安静状态下检查，方法有：视诊胸腹部起伏次数，一起一伏为 1 次呼吸；将手背置于鼻孔前方感觉呼出气流，呼出一次气流为 1 次呼吸；听取气管或肺呼吸音；对鸟类可观察肛门下部的羽毛起伏动作。应在动物安静后才测定，通常计测 1 分钟的呼吸数。

呼吸数增多常伴随脉搏数增多，见于热性病、呼吸器官疾病、心脏病、贫血或失血性疾病、疼痛、胃扩张、腹膜炎、兴奋、呼吸运动受阻等。呼吸数减少在临床上较为少见，通常的原因是颅内压显著升高（脑炎、脑肿瘤、脑水肿）、某些中毒病、尿毒症、重度代谢紊乱及上呼吸道高度狭窄。

（3）脉搏数检查　宠物正常脉搏数及其变动范围为犬 70～120 次/min，猫 110～130 次/min，兔 80～140 次/min。

健康宠物的脉搏数可受一些生理或环境因素的影响而出现一定幅度的变动。这些影响因素包括气温、年龄、精神状态、性别、品种、采食、运动、妊娠及生产性能等。

检查脉搏时，一般是用食指、中指及无名指的末端指腹触诊后肢内侧股动脉的搏动。先轻触而后逐渐施压感知。应在动物安静时检查，如脉搏过于微弱而不感受于手时，可听取心音频率或检查心搏动次数代替之，通常计测 1min 的脉搏数或心音频率。

脉搏数增多见于热性病、心脏病、呼吸器官疾病、血压下降、剧烈疼痛性疾病、中毒病或药物作用。脉搏数减少见于颅内压升高、心脏传导机能障碍、胆血症和某些中毒病，如脉搏数明显减少则提示预后不良。

（4）血压测定　血压（Blood pressure，BP）是指心脏收缩时，进入动脉的血液对其血管壁的压力。测定动脉血压，可以阐明血液向毛细血管流动压力的大小。血压高低，不仅与心脏收缩力及泵出的血量有关，而且与血管腔的大小、血管的张力、血液黏稠度、血管与心脏距离等因素有关，并且受神经、体液、肾功能等的调节。故动脉压的测定，对于心血管系统疾病、血液病、肾脏病、发热、疼痛性疾病等诊断都有相当大的意义，尤其重危病宠的血压变动在预后判定上有很大参考价值。但在小动物临床上血压测定尚有一定局限性，不仅因器械和方法尚不够理想，而且小动物尾动脉很难测到血压，只能测股动脉血压。此外动物不易与检查者配合，易受各种外界因素影响。然而，血压测定目前毕竟有一定诊断价值，故兽医临床工作者尚应共同研究改进，使之更臻理想。

① 器械：临床上测定血压都是用间接法，即用袖带血压计，根据袖带充气后从外部压迫动脉所需的压力来判定血压。测定动物的血压所用血压计基本上与医学上所用者相同。血压计由袖带、打气球和压力显示装置 3 部分组成。根据压力显示装置的构造，可分为汞柱式血压计和弹簧式（表式）血压计 2 种。前者用汞柱的高度显示血压大小；后者根据压力计指针所示的刻度判定血压，对兽医临床尤为适用。袖带的宽度，应以小动物股部周长确定，为方便起见，可购买医用小儿血压计袖带代替。

② 部位：小动物多在股内动脉处测量。

③ 方法：有视诊法和听诊法 2 种。测定时先将橡皮气囊（袖带）缠于股部，在其下方检明脉搏后，打开血压计水银槽开关。用胶皮球向气囊里打气，打至约 200 刻度以上时停止打气。然后扭松打气球上的活塞缓缓放气，同时观察汞柱表面开始跳动或指针开始摆动处的压力值，即为收缩压。继续放气至汞柱停止跳动或指针摆动突然减弱处的压力值，即为舒张压。为

便于观察，放气速度以每秒钟下降 1 刻度为宜。我们认为上述用视觉观察的方法，在兽医临床上较为实用。此外，也可用听诊动脉搏动声的方法测定血压，即将膜状听诊器的胸端塞在袖带与动脉之间，放气过程中第 1 次听到血管搏动声时的压力值，为收缩压；继续放气至血管搏动声突然减弱或变调时的压力值，为舒张压。收缩压与舒张压之差，为脉压。

④ 正常值：不同动物和不同部位血压正常值不尽相同。因为在小动物临床上除了犬以外，猫及兔等小动物很少测定血压，下面是犬的正常血压参考值。

股动脉：收缩压 13.3～16.0kPa（100～120mmHg），舒张压 4.0～5.3kPa（30～40mmHg）。

颈动脉：收缩压 16.0～18.6kPa（120～140mmHg），舒张压 5.3～8.6kPa（40～65mmHg）。

⑤ 病理改变及诊断意义：动脉血压变化，可分为血压增高及血压降低 2 种。

血压增高：可见于高血压、剧烈疼痛性疾病、肾炎、肾萎缩、动脉硬化、发热、左心室肥大、颅内压升高、脑干损伤、甲状腺机能亢进、肺炎、红细胞增多症以及输液或输血过多等。

血压降低：见于心力衰竭、外周循环衰竭、大失血、虚脱、休克、慢性消耗性疾病等。收缩压增高而舒张压降低（脉压增大），见于主动脉瓣关闭不全；收缩压降低而舒张压增高（脉压减少），见于二尖瓣口狭窄。

3.3 系统和器官检查

3.3.1 心血管系统检查

本系统检查的主要内容是心脏和血管，检查方法可采用视诊、触诊、听诊等，或辅以血液检验与特殊检查（如超声心动图、X 射线摄影、血压测定、心电图等）。

（1）心搏动的检查　心室收缩时，由于心肌的急剧紧张，使心脏的横径增大而纵径缩短，并沿其长轴稍向左方旋转，心尖部碰击左侧心区的胸壁，从而引起胸壁的震动，即为心搏动。

① 检查法：动物心搏动的部位，一般在胸廓左侧下 1/3 处，犬猫的在第 4～6 肋间，以第 5 肋间最明显。

通常采用视诊和触诊法检查。对较瘦的动物视诊，可见相应心区的被毛或胸壁有节律性颤动，但一般情况下则难以看清楚。触诊时，应先使其左前肢向前方提举，然后单手触诊左心区或双手同时从两侧胸壁触诊可触感到心搏动，检查时注意其强度、位置、频率等方面的变化。心搏动的强度主要受心缩力、心脏大小与位置、胸壁厚度、胸壁与心脏之间的介质状态等因素的影响。

② 异常的心搏动

心搏动增强：触诊时感到心搏动强而有力及区域扩大。一般是由导致心机能亢进的疾病所致，主要见于心脏病（如心肌炎、心内膜炎）的代偿期、热性病的初期、贫血及伴有剧痛的疾病。心搏动过度增强并伴有整个体壁的震动，称为心悸。

心搏动减弱：触诊时感到心搏动力量微弱，且区域也缩小，甚至难以感知。一般是由于心肌收缩无力、胸壁与心脏之间的介质状态改变所引起，见于心力衰竭、胸腔与心包积液、慢性肺气肿等。

心搏动移位：是由于心脏受邻近器官、渗出液、肿瘤等的压迫而造成。表现形式有向前上方移位，见于胃扩张、胃肠臌气、腹水、膈疝等；向右移位，见于先天性心脏位移或左侧胸腔积液等。

心区压痛：触诊心区肋间部，若动物对触压呈敏感反应，强压时表现回顾、躲避、呻吟甚至反抗，提示存在胸膜炎、心包炎等。但要排除敏感动物的反抗表现，以免混淆。

（2）心脏的听诊　心脏听诊主要判断心音的频率、节律、强度、性质改变、有无心音分裂与心杂音等，借此可了解心脏机能及血液循环状态，进一步推测病情变化，为临床诊疗与判定预后提供有价值的依据。

① 方法与部位：将动物的左前肢向前牵引以充分暴露心区，便于检查。通常于左侧肘头后上方心区部听诊，必要时也可在右侧心区听取以作对比。临床上，常利用心音最强听取点来确定某一心音增强或减弱，并判断心杂音产生的部位。

犬、猫的心音最强听取点为：二尖瓣口在左侧第 4 肋间，三尖瓣口在右侧第 3 肋间，均为第一心音。主动脉瓣口和肺动脉瓣口都在左侧第 3 肋间，均为第二心音。

② 正常的心音：在每个心动周期中，可听到有节律地交替出现的"lub-tub"两个声音。前一个低而浊的长音，即第一心音，发生于心室收缩期，故亦称缩期心音，主要由房室瓣突然关闭、半月瓣开放、心室收缩等振动所引起；后一个稍高而清的短音，即第二心音，发生于心室舒张期，故亦称张期心音，主要由半月瓣突然关闭、房室瓣开放、心室舒张等振动所引起。健康动物的心音频率（次/min）同脉搏频率。

③ 异常的心音：包括心音强度与性质的改变、心律失常、心脏杂音等。

a. 心音强度的改变：心音强弱除本身的强度外，还与心音向外传导的介质状态有关。影响心音本身强度的因素包括心缩力、瓣膜紧张度、心室充盈度、循环血量及血液性状等；影响心音传导介质状态的因素包括胸壁厚度、肺心叶及其边缘状态、胸膜腔与心包腔状态、心脏位置等。心音强度的变化可表现为两个心音同时增强或减弱，亦可表现为某一心音的增强或减弱。

两心音同时增强：见于心脏病的代偿期或心肥大，非心脏病的代偿适应性反应（如热性病、剧痛病、轻度贫血）及心周围肺组织的实变（如肺萎陷）。但应排除运动、兴奋、清瘦等所造成的生理性增强。

第一心音增强：见于发热、贫血、甲状腺机能亢进；更多见于心动过速时，第二心音减弱、第一心音相对增强，如大失血、脱水等引起主动脉根部血压过低。

第二心音增强：见于肺瘀血、肺气肿、二尖瓣闭锁不全及高血压、左心肥大、肾炎等。

两心音同时减弱：一般见于能引起心肌收缩力减弱的病理过程，如心肌变性后期、心脏代偿障碍时；或心音传导阻滞的病理过程，如心包积液、缩窄性心包炎、胸壁增厚、胸腔积液、气胸等。

第一心音减弱：临床上单纯的第一心音减弱较少见，往往是第二心音增强的同时，第一心音相对减弱。见于心室收缩力减弱，如心肌炎、心功能不全等；房室瓣纤维化或钙化。

第二心音减弱：临床上常见。凡可导致血容量减少的疾病（如大失血、严重脱水、创伤性休克）、主动脉根部血压剧降的疾病（如主动脉瓣口狭窄或闭锁不全）、某些心脏病（如重度心力衰竭、心动过速）均可出现第二心音减弱甚至消失。

b. 心音性质的改变：有如下几种情形。

心音混浊：即心音不纯，低浊，含糊不清，两心音缺乏明显的界限。主要是由于心肌变性或心肌营养不良、瓣膜肥厚或硬化等，使心肌收缩无力或瓣膜活动不充分所致。见于热性病、严重贫血、高度衰竭症和某些传染病等。

心音分裂：指第一（或第二）心音分开变成两个声音，这两个音的性质与心音完全一致。第一心音分裂可见于因心肌损害而导致传导机能障碍时，常提示心肌的重度变性；第二心音分裂主要反映主动脉与肺动脉根部半月瓣关闭时间不一致，见于肺充血、肺水肿或肾炎。

奔马律：又称三音律，常见于心率较快时。听到的是一种低调而沉闷的"lē-dè-dà"三个音连读的联律，由于心率快，舒张期较短，三个音的时距听之大致相等，犹如马奔跑时的蹄声而称为奔马律。提示心肌功能衰竭或左房室口狭窄。

心律不齐：指心音的快慢、强弱和时间间隔不一致。心律不齐多为心肌的兴奋性改变或其传导机能障碍的结果，并与植物神经的兴奋性有关。轻度的、短期的、一时性的心律不齐及幼宠常见的呼吸性心律不齐，一般无重要的诊断意义。重度的、顽固性的心律不齐，多提示心肌的损害，常见于心肌炎症、心肌营养不良或变性的病理过程，见于营养代谢性疾病、贫血、长期发热、中毒、某些传染病等。病宠表现有心律不齐的同时，伴有心血管其他方面的明显改变与整体状态的变化，在临诊时应予重视。

心杂音：指伴随心脏的舒、缩活动而产生的正常心音以外的附加音响。

心杂音的分类如下：

$$心杂音 \begin{cases} 心内性杂音 \begin{cases} 器质性杂音：闭锁不全性杂音，瓣口狭窄性杂音 \\ 功能性杂音：相对闭锁不全性杂音，贫血性杂音 \end{cases} \\ 心外性杂音：心包拍水音，心包摩擦音，心胸摩擦音 \end{cases}$$

心内性器质性杂音在瓣膜和瓣膜口或心脏内部发生解剖形态学变化时产生。根据杂音的出现时期与瓣膜、瓣膜口最佳听取点的相互关系，综合其他症状，一般可以区分典型的几种心瓣膜病变。

在收缩期，若听到粗糙刺耳的嘈杂声往往提示肺动脉口或主动脉口狭窄，若听到全收缩期递减型吹风样杂音常提示二尖瓣或三尖瓣闭锁不全。

在舒张期，若听到呈递增型雷鸣样杂音往往提示二尖瓣口或三尖瓣口狭窄，若听到呈递减型但高调的吹风样杂音常提示主动脉瓣或肺动脉瓣闭锁不全。

心内性功能性杂音指心瓣膜和心脏内部并不存在解剖形态学改变，而是由心脏机能的变化所引起的杂音，一般反映如下现象：

相对闭锁不全性杂音：主要与心肌紧张性降低或心腔中血液淤滞有关。如心扩张时，心室腔增大，造成房室瓣相对性闭锁不全。

贫血性杂音：严重贫血时，因血液稀薄，血流加快，振动大动脉瓣和动脉壁而产生。

其他机能障碍：甲状腺机能亢进、发热、运动、兴奋、怀孕时，因心排血量增加，血流加快而产生杂音。

心包摩擦音是在心包腔的相对膜面因炎性渗出、增生等而变得粗糙时，随着心搏动引起两层粗糙面发生摩擦而出现的杂音。该杂音与呼吸运动无关，在心缩期与心舒期均可听到，在心尖部较明显。心包摩擦音是纤维素性心包炎的主要症状。但在渗出物过少、过多或渗出物已被磨平时则不易听到。

心包拍水音是在心包腔内蓄积液体时，随着心脏收缩而引起震荡所发生的拍击音，类似振动盛有半量液体的玻璃瓶时产生的音响，或如倾注液体声。见于心包炎渗出期即心包积液。

心包-胸膜摩擦音是靠近心区的胸膜发炎并有纤维素性渗出物时，伴随呼吸活动和心脏舒缩而产生的摩擦音，临床上尚有胸壁敏感、咳嗽等胸膜炎的症状。

（3）血管的检查　主要是检查动脉的脉搏，判定其频率、节律及性质的变化；检查浅表的静脉，判定其充盈状态。临床上常结合心功能检查以全面判断。

① 动脉脉搏性质的检查：应用触诊检查法，检查宠物的股动脉。

临诊上一般注意脉搏的大小与强弱。即大而强的脉搏，说明心缩力强，血容量充足，脉管较弛缓，一般表示心机能状态良好；小而弱的脉搏，多表示心缩力弱，血量不足，脉管紧张，通常意味着心力衰竭。

② 浅表静脉的检查：应用视诊和触诊，主要检查静脉充盈状态。

静脉萎陷：体表静脉不显露，即使压迫之，其远心端也不膨隆，这是由于大量血液瘀积在毛细血管床内的缘故，见于休克、严重毒血症。

静脉过度充盈：病理性全身性末梢静脉扩张（末梢静脉瘀血），体表静脉明显膨隆甚至似绳索状，可视黏膜发绀，常反映心功能不全、静脉血回流受阻或胸内压升高，见于心包炎、心肌炎、瓣膜病、胸水、渗出性胸膜炎、肺气肿等。局部性末梢静脉扩张，见于局部炎性肿胀、肿瘤等压迫静脉使之栓塞或狭窄所致。

3.3.2　呼吸系统检查

呼吸系统临床检查的内容主要包括呼吸运动、上呼吸道和胸廓的检查，方法为视诊、触诊、叩诊和听诊。X线检查对呼吸系统疾病的诊断具有重要意义，此外，尚可应用鼻喉镜、支气管镜。

（1）呼吸运动的检查　呼吸运动即在动物呼吸时，呼吸器官及参与呼吸的其他器官所表现的一种有节律的协调运动，检查呼吸运动时，应注意呼吸的类型、频率、节律、对称性和有无呼吸困难等。

① 呼吸类型：呼吸类型即呼吸的方式，检查时应注意动物呼吸过程中胸廓和腹壁起伏动作的协调性与强度。健康动物一般为混合式或称胸腹式呼吸，犬则以胸式呼吸占优势。动物病理性的呼吸式有胸式呼吸与腹式呼吸两种。

胸式呼吸：特征为呼吸时胸壁的起伏动作特别明显，而腹壁的运动极微弱，表明病变多在腹部，如腹膜炎、胃扩张、肠臌气、大量腹水等。

腹式呼吸：特征为呼吸时腹壁的起伏动作特别明显，而胸壁的活动极轻微，提示病变多在胸部，如胸膜炎、肺气肿、大量胸积液、肋骨骨折等。

② 呼吸的对称性：呼吸时两侧胸壁起伏运动的强度基本一致，称为对称性呼吸。不对称呼吸见于单侧的气胸、积液、肋骨骨折、胸膜炎、肺不张。

③ 呼吸节律：动物正常呼吸时，吸气短、呼气长，吸气后接着呼气，每次呼吸后有短暂的间歇，且间隔相等、深度一致，有规律，此乃节律性呼吸。呼吸节律可因兴奋、运动、恐惧、喷嚏等影响而发生暂时性改变。病理性的呼吸节律主要有以下几种。

吸气延长：特征为吸气时间显著延长，吸气异常费力，提示空气进入肺内发生障碍，主要见于上呼吸道狭窄的疾患，如鼻、喉或气管有炎性肿胀，气管受压迫或气管内有肿瘤、异物等。

呼气延长：特征为呼气时间明显拖长，呼气异常费力，提示肺内气体呼出不畅，常见于细支气管狭窄或肺弹性降低的疾患，如细支气管炎、慢性肺气肿等。

间断性呼吸：特征是在吸气或呼气过程中，出现多次短促的吸气或呼气动作。此乃患病动物先抑制呼吸，后补偿以短促的吸气或呼气所致。见于下呼吸道疾患、胸腹部痛性疾病等。

陈-施二氏呼吸：特征为呼吸开始逐渐加强、加深、加快直达高峰，然后又渐变弱、变浅、变慢，最后呼吸中断数秒甚至长达半分钟，此后又重复上述方式，表现波浪型的节律，又称潮式呼吸。这是呼吸中枢敏感性降低，呼吸机能衰竭的早期表现，预示病情较严重，见于脑炎、心力衰竭、尿毒症、药物中毒等。

间停呼吸：特征为数次连续的、深度大致相等的深呼吸与呼吸暂停交替出现，即间歇性深呼吸。提示呼吸中枢的敏感性极度降低，比潮式呼吸更为严重，表明病情危重。

深大呼吸：特征为吸气与呼气均显著延长，发生慢而深的大呼吸，并伴有明显的呼吸杂音如啰音或鼾声，呼吸次数虽少但不间断。表示呼吸中枢机能衰竭已达晚期，见于脑水肿、脑脊髓炎、大失血、尿毒症、濒死期等。

④ 呼吸困难：呼吸运动加强、伴有呼吸频率改变与节律异常，有时呼吸类型也改变，并且辅助呼吸肌参与活动的呼吸障碍称为呼吸困难，重度者称气喘。

呼吸困难按其发生原因与表现形式分为三种类型。

吸气性呼吸困难：特征为吸气费力、吸气时间延长、辅助吸气肌参与活动，伸颈张口，肘部外展，常伴有吸入性狭窄音。主要由上呼吸道狭窄引起，见于鼻腔狭窄、咽喉炎、喉水肿等。

呼气性呼吸困难：特征为呼气费力、呼气时间延长、腹肌参与活动，腹部起伏明显或呈二次呼气运动（二段呼吸），严重时出现喘沟或出现肛门抽缩运动。主要是因肺泡弹性降低、细支气管狭窄或肺泡排气困难所致。见于急性细支气管炎、慢性肺气肿、胸膜肺炎等。

混合性呼吸困难：这是临床上最多见的类型，表现为吸气与呼气均困难、呼吸频率增加。常由于肺的呼吸面积减少，气体交换不全，致使血中二氧化碳分压升高而氧分压降低，引起呼吸中枢兴奋的结果。其常见原因有以下几种。

肺原性：由呼吸系统病变引起，见于喉炎、气管炎、支气管炎、各型肺炎、肺水肿、肺脓肿、肺肿瘤、胸膜炎和主要侵害胸、肺器官的某些传染性疾病等。

心原性：此乃心功能不全时常见的症状。因小循环障碍，肺换气受到限制，导致缺氧与二氧化碳潴留。除表现混合性呼吸困难外，还伴有明显的心血管症状，运动后心搏与气喘的变化更为突出。见于心力衰竭、心内膜炎、心肌炎、创伤性心包炎等。

血源性：严重贫血时，因红细胞与血红蛋白减少，血氧不足而导致呼吸困难，运动后加剧，见于各型贫血、血原虫病等。

中毒性：内源性中毒，如代谢性酸中毒，可使血中二氧化碳增多或血液酸碱度降低，反射性或直接地兴奋呼吸中枢，表现深而大的呼吸，见于重度胃肠炎、尿毒症等；外源性中毒，如亚硝酸盐中毒，使二价铁血红蛋白变成高铁血红蛋白后，失去了携氧能力，从而造成组织缺氧，引起呼吸困难。又如有机磷中毒，因支气管痉挛、分泌增加、肺水肿而导致呼吸困难。

枢性：中枢神经系统发生器质性病变或机能障碍，呼吸中枢受刺激或过度兴奋所致。见于脑膜炎、脑出血、脑肿瘤以及某些侵害神经系统的传染病。

腹压增高性：急性胃扭转-扩张、肠臌气、严重腹腔积液、大肿瘤等，使腹压增高，直接压迫膈肌并限制腹壁的活动，从而导致呼吸困难。

另外，应激、过敏、中暑等也会导致呼吸困难。由此可见，引起呼吸困难的原因非常多，说明它是一个常见的症状。

（2）上呼吸道的检查

① 呼出气检查：注意呼出气的温度与气味有无异常，两侧鼻孔呼出气的强度是否相等，如强度不等，见于单侧鼻道狭窄或内有鼻液堵塞。

② 鼻液检查：检查鼻液要注意以下几方面。

流出状态：注意是单侧性或双侧性、断续性还是连续性。若单侧性鼻液，多表示该侧鼻腔病损；如双侧性鼻液，提示双侧鼻腔或喉以下部位的病损。

流出量：鼻液量的多少视疾病性质、病程进展及病变的范围而定。量少，提示为轻微炎症、急性炎症初期或慢性呼吸道疾病；量多，常为呼吸器官急性广泛性炎症；量不定，并且在低头、运动之后、咳嗽时变多，往往是副鼻窦炎。

性状：因炎症性质和病理过程的不同而异。浆液性水样鼻液，常为卡他性炎的初期，如流行性感冒等；黏液性鼻液，因混有脱落的上皮细胞和白细胞，多呈灰白色，提示为卡他性炎的中期或恢复期，见于急性上呼吸道感染、支气管炎等；脓性鼻液黏稠似凝乳状，呈黄色、灰黄色或黄绿色，具脓臭或恶臭味，见于化脓性鼻炎或副鼻窦炎、肺脓肿、犬瘟肺炎等；鼻液鲜红，呈滴流者，表示鼻出血；若其中带有小气泡，提示有肺水肿、肺充血或肺出血；腐败性鼻液，呈污秽、恶臭，是肺坏疽的特征。

混杂物：检查是否带有饲料残渣、伪膜、寄生虫（肺丝虫）等。

③ 咳嗽检查：咳嗽可以排出呼吸道异物或分泌物，是一种保护性反射动作，但剧烈或长期咳嗽则是病理过程。咳嗽乃是咽喉、（支）气管、肺与胸膜受到炎症、物理或化学性刺激后，呼吸中枢兴奋，在深吸气后肺内压升高且声门关闭，继而突然有力地呼气，使气流猛然冲开声门而发出的爆发声。引起咳嗽的体内因素通常为呼吸道内有炎症或异物，体外因素较复杂，寒冷、灰尘、刺激性气体、不适检查（诱咳）等均可引起程度不一的咳嗽。

咳嗽的临床表现如下。

根据咳嗽的性质不同，分为干咳和湿咳。

干咳：声音清脆，干而短，伴有疼痛，表示呼吸道内无分泌物或仅有少量的或黏稠的分泌物。见于喉或气管内异物、胸膜炎、急性喉炎初期、慢性支气管炎等。

湿咳：声音钝浊，湿而长，表示呼吸道内有大量稀薄的分泌物，常于咳后从鼻孔流出多量鼻液。见于咽喉炎、支气管炎、肺炎和肺坏疽等病的中期。

根据咳嗽的频度，可分为稀咳、频咳和发作性咳嗽。

稀咳：单发性，骤然发咳，每次仅出现一两声咳嗽。偶然发生者多为异物刺激；若反复出现则表示呼吸道内有分泌物，可见于感冒、肺结核、肺丝虫病等。

频咳：连续不断、频繁咳嗽，严重时呈痉挛性咳，见于急性喉炎、弥漫性支气管炎、支气管肺炎、犬窝咳等。

发作性咳嗽：具有突发性、暴发性与痉挛性，咳嗽剧烈而痛苦，提示呼吸道受到强烈刺激，见于呼吸道异物、肺坏疽等。

根据咳嗽的强度，又可分为强咳和弱咳。

强咳：表示肺组织弹性良好，仅上呼吸道异常，如喉炎、气管炎。

弱咳：咳嗽弱而无力，表示下呼吸道异常，肺组织和毛细支气管有炎症与浸润，或肺泡气肿而弹性降低，如细支气管炎、支气管肺炎、肺气肿、胸膜炎等。此外，弱咳也见于某些胸部疼痛性疾病，如胸膜炎、胸膜粘连等疾病以及全身极度衰弱的病例。

痛咳：咳嗽时呈痛苦状，表现头颈伸直、摇头不安、前肢刨地、呻吟，见于气管或肺内异物、急性喉炎、喉水肿和急性胸膜炎等。

④ 鼻检查

检查鼻外表部：注意鼻孔及其周围组织的表面有无肿胀、脓疱、溃疡、结节或痒感，鼻端干湿度。

检查鼻黏膜：注意有无潮红、苍白、黄染和发绀等颜色变化，其临诊意义同眼结膜检查；同时检查有无肿胀、结节、水泡、溃疡及瘢痕等病损。

检查鼻呼吸音：狭窄音又称鼻塞音，吸气时最清楚。干性狭窄音呈口哨声，提示鼻腔黏膜高度肿胀；湿性狭窄音呈呼噜声，提示鼻腔内有多量黏稠分泌物。

喷嚏：为保护性反射动作，提示鼻黏膜受到刺激，如鼻卡他。

喘息音：为特强的鼻呼吸音，但鼻腔并不狭窄，在呼气时最清楚，提示为严重呼吸困难，见于热性病、肺炎、胸膜肺炎、急性胃扩张等。

呻吟：深吸气后，作延长呼气而发出的一种异常声音，提示疼痛、不适。

⑤ 喉及气管检查：视诊喉部有无肿胀，触诊有无热、痛和咳嗽。若触之有热感、痛感、回避并发咳，多为急性喉炎；若气管触诊敏感、人工诱咳容易，常为气管炎。

（3）胸、肺的检查

① 胸部的视诊：着重观察胸廓的形状及其皮肤的变化。如胸部左右侧不对称，可见于肋骨或胸椎骨折、单侧性胸膜炎或气胸；如胸部膨大（桶状）可见于先天性疾病或慢性肺气肿，胸部扁平则表示瘦削、久病未愈；若胸下浮肿，可见于寄生虫病、心脏病、肾脏病；若脊椎下陷或肋骨变形等，宜多考虑软骨病、佝偻病或外伤等。同时，尚应注意皮肤有无创伤、皮疹等。

② 胸部的触诊：胸壁触诊对于判定某些病变的性质，确定其敏感性与胸膜摩擦感有一定意义。

胸壁温度：双侧胸壁增温，多提示为胸膜炎或热性病；局部增温，常为炎症。

胸壁疼痛：触之表现不安、回顾、闪避、反抗或呻吟，乃胸壁敏感的表现，是胸膜炎的特征，尤以病的初期较明显。亦见于胸壁皮肤、肌肉或肋骨的炎症与疼痛性疾病，若有肋骨骨折，则疼痛最显著。

胸膜摩擦感：胸膜炎时，由于胸膜表面沉积大量的纤维蛋白，使胸膜变得粗糙，在呼吸运动时，胸膜脏层与壁层相互摩擦，触诊该处可能有摩擦感。

肋骨局部变形：见于佝偻病、软骨病和肋骨骨折。

③ 胸部的叩诊：叩诊时主要注意叩诊音的音性、叩诊区的大小和胸壁的敏感性。

肺的正常叩诊音是清音，表现为持续时间较长、响度大（振幅大）、音调低（频率低）。如叩诊为浊音或半浊音，可见于肺炎实变，肺内有大的肿瘤、脓肿或囊肿，肺外原因如胸腔积液。如叩诊为过清音，表示肺弹性降低、气体过度充盈，如重度肺气肿。

犬猫由于体形不大，临床上一般难以区分肺叩诊区大小的变化。

如叩诊胸壁敏感，提示有胸膜炎或胸壁外伤。如怀疑胸腔积液，可以叩诊结合听诊，可能会听到拍水音。

④ 胸部的听诊：听诊可以确定呼吸音的性质、强度和病理呼吸音，进而判断呼吸系统的机能状态及有无病变。

正常的肺泡呼吸音类似"夫"音，较柔和，在吸气期与呼气初期可听到，且于吸气之末最清楚。其强度与性质，可因动物种类、品系、年龄、营养与代谢状况、胸壁厚度的不同而有所差异。犬猫的肺泡呼吸音强而高朗。

正常的支气管呼吸音类似"赫"音，较粗粝，在呼气时最清楚。通常在肺区的前部可听到与肺泡音混合的支气管音，但犬可以在整个肺区明显地听到纯粹的支气管呼吸音。

异常的呼吸音可有以下表现。

肺泡音增强：如重读"夫"音。见于大叶性及小叶性肺炎、渗出性胸膜炎及发热、代谢亢进及伴有一般性呼吸困难的疾病。因支气管黏膜轻度充血、肿胀而致支气管末梢的开口变得狭窄所致。

肺泡音减弱或消失：见于肺炎实变、喉水肿、肺不张、全身衰竭、肺气肿及气胸、液胸等病理过程。

病理性支气管音：在肺前部以外的其他部位出现支气管呼吸音，均为病理征象。支气管呼吸音越强，表明该部肺实变的范围越大，病变位置越浅表。常见于肺炎、肺结核等。

干啰音：当支气管狭窄或有黏稠分泌物时，空气通过狭窄的支气管腔或气流冲击支气管内壁上的黏稠分泌物时引起振动而产生的声音。其音调强、长而高朗，类似哨音，在吸气之末最清楚，但在咳嗽或深呼吸后可明显变动，如移位、增多或减少、时隐时现等，见于支气管炎、支气管肺炎、肺结核等。

湿啰音：又称水泡音，提示支气管内有稀薄液体，气流通过时引起液体移动或水泡破裂而产生的声音，犹如用细管吹气入水所发之音，存在时间较长、易变性较小。湿性啰音为支气管及肺部疾病常见的症状之一，如支气管炎及各型肺炎。

捻发音：为一种极细微而均匀的"噼啪"音，类似在耳边捻搓一束头发所产生的声音。其特点是音短、细碎、大小较均匀，在吸气之末最清楚，提示肺实质的病变。

胸膜摩擦音：音性干而粗糙、有如砂纸摩擦音，近体表，呈断续性。在肺移动性大的部位如肺区下 1/3 处较明显，是纤维素性胸膜炎的特征。

拍水音：胸腔多量积液时，随着呼吸运动、心搏动或改变体位，液体受振动与冲击而发音，见于渗出性胸膜炎、胸腔积液（血液、脓液、漏出液、乳糜）。

3.3.3 消化系统检查

消化系统临床检查的主要内容包括饮食状态、口、咽、食管、腹部及胃肠、肝脏和排粪动作等。一般应用视诊、触诊、听诊和叩诊法检查，或根据需要选用导管探诊、腹腔穿刺、X 线检查、超声探查、内窥镜检查和实验室检验等检查法。

（1）饮食欲检查　食欲系指动物采食饲料的欲望。可通过问诊或现场检查，根据采食的餐次、数量、采食的持续时间、咀嚼力及其速度、腹围大小等进行综合判定。食欲改变有以下几种情况。

① 食欲减退：指不愿采食或食量少、采食持续时间短，是临床常见的症状。见于消化器官本身的疾患如口炎、齿病、食道病、胃肠病，还可见于热性病、疼痛、代谢紊乱、脑病、维生素 B_1 缺乏等。

② 食欲废绝：表现完全不吃。见于各种高热性疾病、多种传染病、剧痛、中毒病、急性胃肠病、各种重症病例等。

③ 食欲亢进：表现食欲旺盛，采食量特别多。主要是由于机体能量需求增加，代谢加强，或者对营养物的吸收与利用障碍所致。见于怀孕初期、病后恢复期、长期饥饿或肠道寄生虫病、慢性消耗性疾病、代谢障碍性疾病、甲状腺机能亢进、机能性腹泻等。

④ 食欲不定：表现为食欲时好时坏，变化不定。常见于慢性消化系统疾病。

⑤ 异嗜：指患病宠物喜欢采食正常日粮成分以外的物质或异物，如泥土、被毛、布块、污物等，顽固者称恶癖，常见于幼龄宠物。多提示为日粮搭配不当，维生素、矿物质或微量元素缺乏，精神错乱（狂犬病），肠道寄生虫病，慢性胃卡他或遗传因素。

饮欲是指动物喝水的欲望，其病理异常可有如下表现。

① 饮欲增加：表现为口渴多饮，常见于热性病、大失水（如呕吐、腹泻、多尿）、食盐中毒、腹膜炎、胸膜炎、糖尿病等。

② 饮欲减少或无：表现为不喜欢饮水、饮水量少或完全不喝，见于各种重症、意识障碍的脑病、不伴有呕吐与腹泻的胃肠病、剧痛等。

（2）流涎和呕吐检查　流涎是口腔内的分泌物（正常或病理的）或唾液流出口的症状。可见于口炎、齿龈炎、口腔肿瘤、赘生物、颌下腺囊肿、食道阻塞、颌骨骨折、吞咽障碍性疾病、有机磷中毒、某些传染病等。

呕吐是胃内容物不由自主地经口或鼻腔反排出来的症状，犬猫易发生呕吐。呕吐是一种保护性反应，但亦有损食管、胃并造成日粮的浪费。分为以下两种。

反射性呕吐：主要是来自消化道（软腭、舌根、咽、食管、胃肠黏膜）、腹腔器官（肝、肾、子宫）、腹膜的各种刺激，反射性地引起呕吐中枢兴奋所致。见于咽内异物、食道阻塞、食道扩张或狭窄、过食、胃扩张、胃内异物、胃溃疡、胃或幽门痉挛，胃肠道线虫病、肠梗阻、肠炎、腹膜炎、急性肝炎、胰腺炎、肾炎、子宫蓄脓、磷化锌中毒以及犬瘟热、细小病毒病等传染病。

中枢性呕吐：指毒物（素）直接刺激呕吐中枢所致。见于脑炎、神经型犬瘟热、阿扑吗啡中毒、尿毒症、胆石症、氯仿中毒等。

检查呕吐时要注意其频度、发生时间以及呕吐物的数量、性状、混杂物。若采食后一次性吐出大量正常胃内容物，并于短时内不再出现，多为过食；频繁多次作呕，提示胃黏膜长期受刺激（如胃溃疡）或肠梗阻；胃虽已排空，但呕吐动作不止或仅呕出少量黏液或泡沫伴有意识障碍者，多系中枢性呕吐；呕出物带血，见于出血性胃肠炎；呕出物混有黄绿色胆汁见于十二指肠阻塞，犬、猫的呕吐物有时混杂毛团、寄生虫等异物。

（3）采食、咀嚼和吞咽动作检查

① 采食和咀嚼：犬猫在前肢协助下，主要用门齿、犬齿或舌来攫取食物，配合头与颈的运动将食物送入口内。咀嚼方式是用下颌作上下运动压碎食物，但犬的咀嚼较粗犷。

采食障碍可见于唇、舌、齿、下颌的直接损害，如口炎、齿龈炎、牙齿磨灭不整、过长齿、龋齿、牙周病、齿槽骨膜炎、口腔内异物、扁桃腺炎、下颌关节炎或脱臼、下颌骨骨折等；某些神经系统疾患如面神经或舌下神经麻痹、咬肌痉挛以及脑与脑膜病。

咀嚼障碍主要表现为咀嚼缓慢、困难、无力或漏口。病因与采食障碍的相似。此外，空嚼（扎齿、磨牙）可见于慢性消化道病、神经性痉挛病、胃肠疼痛等。

② 吞咽：吞咽是复杂的反射活动。舌、咽、喉、食管、贲门的结构或机能异常可致吞咽障碍，表现摇头伸颈、欲吞而不能或吞下诱咳、流涎或返流。见于咽炎、咽喉水肿以及食道的炎症、狭窄、阻塞等。这些疾病可通过视诊、触诊、食道探诊、X线摄影进行检查与判别。

（4）口腔检查

① 口唇：健康动物的上下唇闭合良好，病理状态下可表现为闭合不全或下垂（面神经麻痹、狂犬病、下颌骨骨折、口腔占位性病变）、口唇紧闭与口角向后（破伤风、脑膜炎）、肿胀、疱疹、结节、溃疡、瘢痕等，均可影响采食。

② 口腔气味：若出现甘臭味，可见于口炎、咽炎、食管疾病、胃肠炎或积滞；腐臭味则见于坏死性口腔炎、齿槽骨膜炎等。

③ 口腔黏膜：检查时应注意其温度、湿度、颜色及完整性。口腔温度与体温的临诊意义基本一致，若口温高而体温不高可能仅是口炎；口腔干燥见于热性病、腹泻、脱水；口色亦有潮红、苍白、发绀、黄染等变化，临诊意义同眼结膜、鼻黏膜、阴道黏膜的颜色变化，口色是中兽医学诊断与预后的重要依据。

④ 舌：舌苔是一层脱落不全的舌上皮细胞沉淀物，色淡苔薄示病势轻或病程短，色深苔厚示病势重或病程长，舌苔灰白或黄白色提示胃肠卡他、胃肠炎、便秘或热性病；舌色与口色相近，若舌色青紫表示病危重、血循高度障碍；舌麻痹是指舌垂于口角外并丧失活动能力，常伴有咀嚼与吞咽障碍，见于脑炎后期、霉菌或肉毒梭菌等食物中毒；舌损伤多见于打架、骨

头、鱼刺所伤，或中枢神经机能扰乱如狂犬病、脑炎等自残而引起。

⑤ 牙齿：齿病常为消化不良、消瘦的原因之一，当患病动物有流涎、口臭、采食与咀嚼紊乱时，应注意检查齿列是否整齐，有无松动齿、龋齿、锐齿、过长齿或赘生齿，牙齿的磨灭情况以及有无脱落或损坏。磨灭不整往往见于纤维性骨营养不良，并可成为口腔损伤、发炎的原因；切齿松动多为矿物质缺乏的症状；切齿过度磨损、齿列不整、珐琅质失去光泽，表面粗糙，有黄褐色或黑色斑点，常见于慢性氟中毒。

（5）咽和食管检查　咽的常见病是咽炎。咽炎时，内部视诊口腔后方的黏膜潮红与肿胀，外部视诊可见吞咽困难，头颈伸展，咽部隆起，外部触诊可有明显肿胀、增温并有敏感反应或咳嗽。

当表现咽下困难、大量流涎或疑有食管疾病时，应作食管检查。视诊左侧颈沟部（颈段食管）出现局限性膨隆，触诊有硬实感及前段波动，多为食管阻塞；触诊有疼痛性反应，提示食管炎症或损伤；于颈沟处触及呈索状的食管，常是食管痉挛。

食管与胃的探诊，可用于食管疾病和胃扩张的诊断，以诊查食管阻塞、狭窄或憩室，此法尚可治疗食管阻塞、胃扩张或胃积食，亦可用于清洗胃内毒物或抽取胃内容物化验。

（6）腹壁检查　腹壁可通过视诊、触诊和听诊检查，应注意腹围大小、腹部外形、局限肿胀、敏感性等。

腹围：健康个体的腹围大小及外形可因品种、性别、年龄、体格、妊娠、营养状态及饲养方式等不同而有较大差异。病态下，常有腹围增大与缩小的表现。增大可见于过食、胃扩张、肠积气、肠梗阻、胃肠道寄生虫、腹水、肝硬化、子宫蓄脓、膀胱积尿，缩小可见于废食、严重腹泻（如急性胃肠炎、细小病毒病）、后躯剧痛、慢性消耗性疾病和热性病。

腹壁局部隆起：常见于赫尼亚、血肿、腹壁或腹内肿块。

腹下浮肿：提示为心力衰竭、贫血。

腹壁震颤：可见于腹膜炎、膈痉挛、某些中毒病或传染病。

腹壁敏感：见于腹膜炎、腹内器官炎症或痛性疾病。

（7）胃肠检查　犬猫的胃位于腹腔前部偏左侧，前缘达横膈，后缘视充盈度而异，中度充盈可至12胸椎的横切面，充满时可达第2～3腰椎之横切面。

视诊若呈现精神萎靡、嗜睡、食欲紊乱、口臭、有舌苔、可视黏膜轻度黄染，可提示胃卡他；若突发剧烈的起卧不安，呼吸急促，作呕，腹围增大并以左侧隆起较明显，听诊胃蠕动音弱或无，叩诊呈鼓音，则提示急性胃扩张；呕吐常提示胃溃疡、胃内异物等，可通过X线或内窥镜检查确诊。

犬猫的肠管较短，分布于肝和胃的后方、占腹腔容积的大部分。十二指肠大部分在右腹偏背侧，空肠和回肠位于腰下部偏左侧，盲肠位于右腹部、十二指肠的腹面（猫的盲肠短小），右结肠短而深在、左结肠较长并偏左腹侧向后上方延接直肠。

肠的听诊主要是听取肠音的强度、频率、性质与持续时间，判断肠的运动机能及其内容物性状。

健康犬猫的小肠音较清脆，似流水音或含漱音，大肠音稍低沉混浊。病理性肠音包括以下几种。

肠音增强：表现洪亮、高而强，频繁，持续时间长，乃肠管受到各种刺激所致。见于各类肠炎、肠痉挛、肠臌气之初、急性腹膜炎、毒物中毒等。

肠音减弱：表现短促而微弱，次数稀少，乃肠管蠕动迟缓所致。见于重度胃肠炎、便秘、肠阻塞、巨结肠等。

肠音不整：表现次数不定，时快时慢，时强时弱，或蠕动波不完整，临床上便秘与腹泻交替发生。主要见于慢性胃肠卡他。

金属性音：是肠内充斥大量气体或肠壁过于紧张引起，提示肠臌气与肠痉挛。

肠的叩诊可叩打靠近腹壁的较大肠管如盲肠、左侧大结肠，根据音性和叩手的抵触感判断内容物性状。如呈鼓音表示肠腔积气，如呈浊鼓音为气体与液体混存，如呈连片浊音则可提示为肠阻塞。

犬猫由于个体不大、腹壁紧张性较低，其腹部触感充分。可触感肠内容物性状、有无套叠、异物等，还可手感腹腔内部分脏器的外形以及有无肿物。如弹性感觉明显，反映内容物以气体居多；如呈波动感，则以液体为主；若触之敏感，表示腹部有疼痛疾患如急性腹膜炎、胃肠炎、肠痉挛、肠变位、肠阻塞、急性胰腺炎等。

（8）肝脏检查　当临床上发现宠物长期消化障碍，粪便异常，并有黄疸、腹腔积液、精神高度沉郁甚至昏迷等，应考虑肝脏疾病的可能，需进行肝与肝功能检查。

犬的肝脏位于右侧 10～13 肋（右肋弓区），猫的肝脏在腹右侧前部。

临床上可采用切入法触诊肝区，判别肝脏有无肿大；并留意动物是否敏感，若有痛性反应，见于实质性肝炎。

B 超可形象地显示肝的大小、实质结构与密度，能可靠地判断肝有无肿大或肿块等。

同时可作肝功能检查，如转氨酶活性和胆色素含量测定，血清中蛋白、脂类和糖的含量检测等。

（9）排粪动作和粪便感观检查　常见的排粪动作障碍有以下几种表现。

① 便秘：表现排粪费力、次数减少或屡呈排粪姿势但排出量少，便干色深，表面有黏液，听诊肠蠕动减弱或停止。提示肠阻塞、巨结肠等。

② 腹泻：表现排粪次数频繁，粪便稀软乃至水样，听诊肠蠕动音亢进，是肠炎与中毒的特征。

③ 排粪失禁：临床特征是动物未采取固有的排粪姿势和动作、不由自主地排出粪便。提示肛门括约肌弛缓或麻痹，见于脊髓损伤、顽固性腹泻后期、直肠炎等。

④ 里急后重：屡呈排粪姿势并强力努责排粪，但只排出少量粪便或黏液，提示直肠不断地受到刺激，是直肠炎的特征。

⑤ 排粪痛苦：排粪时表现疼痛不安、嚎叫、弓腰努责，见于直肠炎、直肠损伤、腹膜炎等。

粪便感观检查主要注意以下几点。

① 形状和硬度：犬粪呈圆柱状，含水量 55％～75％。

② 颜色：一般为褐色、淡黄色，若粪色变暗，提示粪便在直肠内逗留时间过长，见于肠道弛缓；若变绿色，提示胆汁代谢障碍；若变黑色，提示前段肠出血或使用过某些药物；若变红褐色，往往是后段肠管出血；若变（黄）白色，可能是某些代谢病或细菌病。

③ 气味：粪臭味为蛋白质分解的（3-甲基氮杂茚）靛基质。正常肉食、杂食动物有特异的粪臭，若患胃肠炎或粪便长期积滞时，由于肠内容物腐败发酵，粪便呈恶臭。

④ 混杂物：检查粪便是否带有血液、黏液、脓液、黏膜、坏死组织、寄生虫等。

3.3.4　泌尿与生殖系统检查

泌尿系统检查包括排尿状态的检查，肾脏、膀胱和尿道等器官的检查以及尿液检验。主要应用视诊、触诊、叩诊法检查，根据病情需要与实际条件选用 X 线检查、超声探查、导尿管探诊或尿液与血液检验等。生殖器官主要用视诊与触诊检查。

（1）排尿状态检查　泌尿、贮尿、排尿的任何障碍，都可表现尿的质量、排尿次数、排尿状态异常，常见的排尿异常有以下表现。

① 频尿：表现排尿次数增多但24h的尿总量不多，每次尿量不多甚至减少。为膀胱或尿道黏膜受刺激所致。见于膀胱炎症或结石、尿路炎、前列腺炎或发情等。

② 多尿：表现排尿次数增多且24h的尿总量也多，每次尿量正常或者增多。为肾滤过增加、肾小管重吸收减少所致。见于高血压、肾炎、糖尿病等。

③ 少尿：是指24h内总排尿量减少，表现排尿次数减少，每次尿量亦减少，尿色深、比重大、沉渣多。

④ 无尿：表现排尿停止，是临床上令人担忧的。

少尿与无尿按病因可分为以下三种。

肾前性少尿或无尿（功能性肾衰竭）：是由于血浆渗透压增高和外周循环衰竭，肾血流量减少所致。表现尿量轻度或中度减少而一般不出现完全无尿。见于严重脱水或电解质紊乱（如严重的呕吐、腹泻、大失血、水肿或渗漏），心力衰竭致外周循环障碍、休克、肾动脉血栓，抗利尿激素与醛固酮过多等。

肾原性少尿或无尿（器质性肾衰竭）：是肾泌尿机能高度障碍的结果，提示肾小球与肾小管的严重病变。见于急性肾小球性肾炎（尿比重升高），慢性肾盂肾炎、肾结石等引起的慢性肾功能衰竭，肾缺血或中毒所致的急性肾功能衰竭。其特点是代谢产物不能排出，尿比重降低，体内积氮，水、电解质、酸碱代谢失衡，甚至出现尿毒症与自体中毒，严重时肾不能分泌，即无尿。

肾后性少尿或无尿（梗阻性肾衰竭）：主要由于尿路阻塞所致。见于肾盂结石、双侧输尿管梗阻、尿道阻塞（结石、炎性水肿狭窄），若膀胱破裂即成无尿。

⑤ 尿闭（尿潴留）：尿闭是指肾泌尿功能正常，尿在膀胱滞留、有尿意但不能排出或仅呈少量点滴状排出。见于尿道阻塞、膀胱麻痹、脊髓损伤等。特点是有尿意、腹痛、触诊膀胱胀痛。

⑥ 尿失禁：尿失禁是指未取一定排尿动作和姿势便不由自主地流出尿液。见于脊髓损伤、膀胱括约肌麻痹、脑病昏迷、中毒等。

⑦ 排尿困难：指排尿时弓腰努责，需用强烈的腹压，伴有呻吟等痛苦表现，排尿过程费时费力，屡试排尿但无尿或尿淋漓，见于膀胱炎、尿道炎、前列腺炎、尿道阻塞等。

（2）泌尿器官检查

① 肾脏检查：犬猫的右肾位于第1～3腰椎横突之下，左肾则位于第2～4腰椎横突下方。可通过以下方法检查。

问诊：通过问诊排尿的情况如排尿次数，尿的颜色、气味、黏稠度和透明度等了解肾的功能。

视诊：如表现腰背拱起、拘谨，运步谨慎，后肢前移迟缓和排尿异常，提示肾区疼痛，见于急性肾炎、化脓性肾炎；若眼睑、腹下部、四肢远端浮肿，常提示肾源性水肿。

触诊：触诊为检查肾脏的重要方法。外部触诊肾区有压痛，往往见于急性肾炎、化脓性肾炎；肾脏肿大、敏感、有波动，提示肾盂肾炎、肾盂积水、化脓性肾炎；肾脏肿大、硬实、表面不平，可能是肾肿瘤、肾硬变和肾结石等。

叩诊：若叩击肾区敏感，提示有急性炎症，但慢性病例则疼痛反应不明显。

特殊检查：可应用X线或超声检查，它们对肾的外形大小和肾内的液性、实性或石性病变有直观的确诊效果。

肾脏疾病还可通过肾功能试验、尿液或血液检验作进一步鉴别诊断。

② 膀胱检查：膀胱为贮尿器官，位于耻骨联合前方的腹腔底部，上接输尿管、下连尿道。因此膀胱疾病除原发性外，还可继发于肾脏、尿道及前列腺等器官的疾病。

常用的检查方法是触诊，有效的方法是X线、超声或膀胱镜检查。

膀胱疾患的主要临床表现有膀胱膨胀与压痛、尿频、尿痛、排尿困难和尿潴留等。

膀胱胀大时，可下垂至脐部，在腹壁外触诊可感觉到球形而有弹性的光滑物体，见于膀胱麻痹、膀胱括约肌痉挛、尿道结石或狭窄等。若为膀胱麻痹，在膀胱壁上施压，可有尿液被动地流出，去压后排尿即止。

膀胱空虚的原因除肾源性无尿外，临床上常见的为膀胱破裂。破裂前往往有腹痛不安的表现，破裂后则表现长时间无尿，腹下部逐渐胀大，腹腔穿刺可引出大量淡黄、微浊、有尿味的液体。

膀胱压痛主要见于急性膀胱炎，尿潴留或膀胱结石。

③ 尿道检查：雌性犬猫尿道较短，开口于阴道前庭的下壁，可使用开张器对尿道口进行视诊，亦可将手指伸入阴道，在其下壁直接触诊尿道外口。

雄性犬猫的尿道，对其位于骨盆腔内的部分不易作体外触诊。位于坐骨弯曲以下的部分则可进行外部触诊。或用导尿管作探诊（探查还可用于开通、冲洗、采尿与导尿等）。

尿道的异常变化主要有：尿道的结石、炎症、损伤、狭窄或阻塞以及前列腺炎肿。

（3）尿液感观检查　泌尿器官患病时，会导致尿液的数量、性质发生改变。此外，物质代谢障碍、神经体液调节机能障碍，中毒病等均可使尿液发生变化。因此，尿液感观检查对泌尿系统疾病与其他某些疾病的诊断、预后以及验证疗效具有意义。

① 尿色：新鲜尿液一般呈淡黄色，此黄色是因尿中含有尿黄素和尿胆原。

黄尿：尿色变棕黄或深黄色，多为饮水不足或脱水性疾病所致；阻塞性或肝实质性黄疸时，因尿中含有多量的胆色素，亦为黄尿且易起泡沫。

红尿：可能是血尿、血红蛋白尿、肌红蛋白尿或卟啉尿。若是血尿，呈淡红或棕红色，混浊而不透明，振摇时呈云雾状，放置后有沉淀，甚至可见血丝或血块。若观察排尿，初始段的尿色鲜红，多为尿道受损；终末段尿色变红，常为膀胱病损；排尿的全过程均属红尿，为肾脏或输尿管损害。

乳白尿：提示尿中含有脓汁或脂肪，见于肾盂或尿路化脓、犬脂肪尿病等。

药尿：使用某些药物后，尿色可发生改变。如内服呋喃唑酮后，尿呈深黄色；内服芦荟后则呈红黄色；注射亚甲蓝后尿变蓝色等。

② 透明度与黏稠度：检查透明度，可将尿液置于透光容器中对光观察；检查黏稠度，可肉眼检视有无丝缕状物而定性。

③ 气味：健康犬猫的鲜尿因存在挥发性脂肪酸而具有特殊的气味。如膀胱炎或尿液长久潴留，由于细菌的作用使尿素分解产生氨而有刺鼻的氨味；若膀胱与尿路有溃疡、坏死或化脓，由于蛋白质分解而使尿液带腐败臭味。

（4）生殖器官检查　主要用视诊与触诊检查。

① 雄性犬猫外生殖器检查

睾丸及阴囊：阴囊内有睾丸、副睾、精索和输精管等。应注意阴囊及睾丸的大小，形状，硬度，有无肿胀、发热和疼痛反应等。

阴囊一侧性显著膨大，触之无热感，柔软而呈波动，甚至内中似有管状物，有时可经腹股沟管还纳之，此乃腹股沟管阴囊疝的特征性表现。

阴囊整体性膨大，同时睾丸实质也肿胀，触之有热感与压痛，睾丸在阴囊中的移动性变小，见于睾丸炎或睾丸周围炎。如肿胀、特别敏感但无发热，可能是睾丸扭转。

阴茎及阴鞘：阴鞘和包皮发生肿胀时，应注意鉴别是由于全身性皮下水肿还是精索、睾丸、阴茎、腹下邻近组织器官的局部炎症浸润所致。

阴茎脱垂常见于支配阴茎肌肉的神经麻痹或中枢神经机能障碍的病程中。此外阴茎损伤、阴茎粘连、龟头局部肿胀及肿瘤等疾患亦颇为常见。

② 雌性犬猫生殖器的检查

阴门：阴门是尿生殖前庭的外口，由左右两阴唇构成。检查时如发现阴门红肿，应注意动物是处于发情期抑或阴道炎症。若阴门流出脓性分泌物或腐败坏死组织块，常提示患有阴道炎、子宫炎或胎衣不下。

阴道：若发现阴门红肿或有异常分泌物流出，应借助开张器，仔细观察阴道黏膜的颜色、湿度、损伤、炎症、肿物、溃疡及其分泌物的变化，并注意子宫颈的状态。

健康犬猫阴道黏膜呈粉红色，光滑而湿润。病态时阴道黏膜潮红、肿胀、糜烂或溃疡，分泌物增多，流出浆液性、黏性或黏脓性、污秽腥臭的液体，这是阴道炎的表现。阴道黏膜有出血斑，可见于败血症、血斑病、出血性素质等。

子宫颈口潮红、肿胀，或颈口松弛并有多量分泌物流出，为子宫炎的表现。

③ 乳房的检查：乳房检查时，应注意全身状态与生殖系统的变化。

视诊：观察乳房的大小、形状，乳房与乳头的皮肤颜色，表面有无发红、外伤、隆起、结节及脓疱等。

触诊：注意乳房皮肤的温度、厚度、硬度，有无肿胀、疼痛和硬结以及乳房淋巴结的状态。检查时应将手贴在相对称的部位感觉温度，将皮肤捏成皱襞或轻揉以判断厚薄与软硬，对诊断硬结与疼痛可稍施压力。

皮肤呈紫红色，有热痛反应甚至乳房淋巴结肿大，往往是乳腺炎；如乳房表面呈丘状突起，急性炎症反应明显，之后有波动感，则提示为乳房脓肿；如乳房肿大，硬实，触之无热无痛，常见于乳房肿瘤或结核。

此外，尚可对乳汁作感观检查，若挤出的乳汁浓稠，内含絮状物或纤维蛋白性凝块，或混有脓汁、血液，亦是乳腺炎的重要特征。

3.3.5 神经系统检查

神经系统临床检查不仅对该系统的疾病，而且对其他系统的许多疾病，如颅脑或椎管的占位性病变、外伤、中毒病、代谢病等的诊疗均具有一定的意义。

（1）精神状态的检查　意识或精神状态是指动物对外界刺激的反应性。它受大脑皮层的控制，皮层受损或机能异常时导致意识障碍。在临床上表现精神兴奋或抑制。

① 精神兴奋：兴奋是中枢神经系统机能亢进的结果。轻者表现骚动不安、易惊慌、害怕、竖耳；重者受轻微刺激即产生强烈反应，不顾障碍地前冲后退、上蹿下跳、狂奔乱跑甚至攻击人畜等。见于脑疾患如脑膜充血、炎症及颅内压升高，代谢障碍如酸中毒，中毒病如药物或植物中毒，传染病如狂犬病等。

② 精神抑制：抑制是大脑皮层抑制过程占优势的表现。对刺激反应表现低下或缺乏，可根据程度不同分为以下几种。

沉郁：为最轻度的抑制现象，宠物对周围事物注意力减弱，反应迟钝，闭眼假睡，头低耳眷，但对外界刺激尚有反应。由于一定程度的缺氧、血糖降低或毒素对脑的直接作用所致，是临床上最常见的症状。

昏睡：为中度的抑制现象，患病宠物重度萎靡，卷缩而呈沉睡状态，对外界刺激反应异常迟钝，给予强烈的刺激才有迟钝或短暂的反应，但很快又陷入原来的沉睡状态。见于脑炎、颅内压升高、病重等。

昏迷：为高度的抑制现象，宠物肌肉松弛，卧地不起，呼唤不应，躯体神经的感觉与运动机能丧失，心跳与呼吸变慢而节律不齐，甚至粪尿失禁，瞳孔散大，对强烈刺激亦无反应，重度昏迷常预后不良。见于颅内病变（脑的肿瘤、水肿、创伤等），营养与代谢性脑病（脑缺氧与缺血、低血糖、脱水、代谢产物潴留）以及其他感染性或中毒性脑病等。

精神兴奋与抑制，随病程的发展其症状轻重不一，有时可相互转化而交错出现。

（2）头和脊柱的检查　动物的脑和脊髓位于颅腔和椎管内，直接检查存在困难。临床上只有通过视诊、触诊及头颅局部叩诊的方法，以推断脑和脊髓可能发生的病变以及病变的部位。对形态上的变化，采用 DR、CT 或 MRI 检查会更为确切。

① 头颅检查：注意其外形与大小、表面温度、硬度、有无变形或压痛等变化。头颅异常增大见于先天性脑室积水；头颅局限性隆起，有压痛，见于局部创伤、脑或颅壁肿瘤；头颅部骨质变形，见于骨软病、佝偻病等。较常见的脑部疾病还有脑震荡、挫伤、出血和骨折等。

② 脊柱检查：注意观察脊柱是否变形（上弯、下弯、侧弯），脊柱弯曲可因其周围肌肉的紧张性不协调（如脑脊炎或破伤风）、骨质代谢障碍性疾病（如骨软病）所致。但应区别于创伤、骨折、药物中毒、风湿病等引起的脊柱弯曲、局部肿痛及僵硬等异常。

（3）运动机能的检查　动物的运动包括两种类型，一种是不随意运动，通常是反射性活动；另一种是随意运动，为依靠大脑并通过传导系统支配肌肉来完成的一种有目的的运动，受意志所控制。健康宠物的运动表现协调、准确而有序。对运动机能的检查有助于神经系统疾病的定位诊断。

① 强迫运动：是指由于脑的病变引起的不受意识支配和环境影响的强制性有规律的运动。

盲目运动：患病宠物不顾周围事物而无目的地漫游或直行，遇障碍物时则头顶障碍物而静止不动，若人为地令其转头则又再游走。见于脑炎。

转圈运动：患病宠物按左转或右转的方向作游走运动。若颞叶听觉区、前庭核、迷路一侧性受损时，转圈多朝向患侧。见于脑炎、脑脓肿等。

滚转运动：患病宠物不由自主地向一侧倾倒或强制卧于一侧，或以躯体的长轴为中心向患侧滚转，犬猫易发。见于延脑、小脑脚、前庭神经的疾病。如一侧迷路紧张性消失而致单侧肌松，患宠向该侧倾倒、地上打滚、头部扭转、脊柱卷曲。但应注意区别于犬猫的正常打滚、嬉戏性打滚、腹痛性打滚及共济失调性跌倒。

暴进及暴退：患病宠物举头或低头，不顾障碍、不知闪避地向前狂奔称暴进，提示皮层运动区、丘脑受损；若宠物头颈后仰、连续后退甚至倒地谓之暴退，提示小脑损害或颈肌痉挛等。

② 共济失调：共济失调是指肌张力虽然正常，但运动时肌群之间动作相互不协调，导致运动的协调性障碍，表现体位和各种运动异常。检查时应注意宠物的姿势、步态、头部与眼睛的特征变化。必要时可行颅部影像检查和脑脊液检验。

静止性失调：宠物在站立时出现的体位失衡。全身摇摆不稳，偏斜，四肢软弱而广踏如醉态，提示小脑、前庭神经或迷路受损害。

运动性失调：宠物于运动时出现的平衡失调。动作缺乏节奏性、准确性和协调性，表现为运步时全身晃动，步态笨拙，举肢甚高，用力踏地如"涉水样"，提示深部感觉障碍。见于皮层（颞叶或额叶）、小脑、脊髓背根、前庭核或前庭神经等受损害。

③ 痉挛

阵发性痉挛：指单条肌肉或单个肌群发生快速、短暂的一阵阵有节奏的不随意收缩，突发骤止，收缩与弛缓反复交替。见于感染性脑炎、中毒（如有机磷、某些植物中毒）、代谢障碍（如低血钙）等。

纤维性颤动：指单个肌纤维束自发性短暂的轻微收缩，不扩及整条肌肉、仅见皮肤抖动但不产生运动效应。见于热性传染病（如犬瘟热时的面部颤动）、疼痛性疾病等。

震颤：指两组拮抗肌交替收缩引起肢体不自主的摆动动作。快速而有节奏、动感不太强但可见、可触及，加以刺激会增强而持久。常为小脑受损伤的特征，也见于衰竭、氯盐丢失过多、脱水、缺氧、濒死期等。但某些胆怯、神经质的个体在恐惧与紧张时，或遇寒冷，亦可出现震颤，应予区别。

搐搦：指局部或全身肌肉强烈的阵发性痉挛。可见于胃肠破裂、尿毒症等。

抽搐：指一组协同肌互相协调的快速的重复震动（大面积阵发性痉挛）。

强直性痉挛：指肌肉以均等力量、长时间地持续收缩而无弛缓的一种不随意运动，提示大脑皮层机能受抑制或脑干与脊髓的低级运动中枢受刺激，见于破伤风、有机磷中毒、士的宁中毒、酮血症、生产瘫痪等。

④ 瘫痪：肌肉的随意运动功能减弱或丧失，谓之瘫痪或麻痹，是临床上常见的症状之一。

临床上按损害的解剖部位，可分为中枢性与外周性（或上与下运动神经元性）瘫痪；按致瘫的原因，可分为器质性与机能性瘫痪；按瘫痪时肌肉张力的状态，可分为痉挛性与弛缓性瘫痪；按瘫痪症状的程度，可分为完全瘫痪与不完全瘫痪（或全瘫与轻瘫）；按表现的部位，可分为单瘫、偏瘫、截瘫和四肢瘫。

中枢性瘫痪：是因脑、脊髓的上运动神经元的任何一部分发生病变所致，其特征是肌肉的紧张性升高，肌肉较坚实而带有痉挛性，又称痉挛性瘫痪。肌肉一般不萎缩；肢体的活动范围受到限制，被动运动开始时有抵抗，继而突然降低；腱反射亢进；皮肤反射减弱或消失；症状范围广泛。提示脑或脊髓的损害，见于脑炎、脑出血、脑积水、脑软化、脑肿瘤及脑寄生虫病等。

外周性瘫痪：是因下运动神经元发生病变所致。其特征是肌肉的紧张性降低，软弱松弛，又称弛缓性瘫痪。肌肉常出现萎缩；肢体的活动范围增大，对外来力量的被动运动无抵抗；腱反射减弱或消失。见于脊髓及外周神经受损，如面神经、三叉神经、桡神经、坐骨神经麻痹等。

诊断时，首先应确定是否瘫痪，注意与可引起运动功能障碍的其他有关病症加以鉴别；再进一步明确瘫痪的范围与程度，判断是轻瘫还是全瘫；最后确定瘫痪的类型与定位。

（4）感觉、反射机能的检查

① 一般感觉

浅感觉：指皮肤、黏膜的触觉、痛觉、温觉和电觉，对宠物主要检查其痛觉与触觉。应在宠物安静时、确切保定后进行检查，为避免视觉的干扰，应将其眼睛遮盖后针刺其体表，从臀后开始，沿脊柱两侧往前刺激至颈部、头部，四肢则从远端开始直至脊柱，注意观察其反应。健康宠物在针刺时，出现相应部位的被毛颤动，皮肤或肌肉收缩，竖耳、回头，四肢蹴踢等。感觉异常可有以下几种表现。

感觉性增高：给予轻度刺激，引起强烈反应。见于脊髓膜炎、脊髓背根损伤、末梢神经发炎或受压、局部组织的炎症。

感觉性减弱或消失：对各种刺激的反应减弱或感觉消失，甚至在意识清醒下感觉能力完全消失。局限性感觉迟钝或消失，是支配该区域内的末梢感觉神经受损害；体躯两侧对称性感觉迟钝或消失，多因脊髓的横断性损伤所致；体躯一侧性感觉消失，见于延脑和大脑皮层传导路径受损伤；体躯多发性感觉消失，见于多发性神经炎和某些传染病。

感觉异常：没有外界刺激而由传导路径上本身存在异常刺激所致的一种自发性异样感觉，病宠在异样感觉的部位不断啃咬、搔抓或摩擦，致使局部皮肤严重损伤。见于狂犬病、神经性皮炎、荨麻疹、瘙痒症等。

深感觉或本体感觉：指皮下深处的肌肉、肌腱、关节、韧带、骨膜等的感觉。检查时应人为地将宠物肢体自然姿势改变以观察其反应。健康宠物在除去外力后，会立即恢复原状。如深部感觉障碍时，则较长时间保持人为姿势而不变。提示大脑或脊髓受损害，如脑炎、脊髓损伤、严重肝病等。

② 感觉器官

视觉器官：检查时应注意眼睑肿胀、眼睑内外翻、角膜完整性、眼球突出或凹陷等变化。对神经系统疾病诊断有意义的项目如下。

斜视：指眼球不正，由于一侧眼肌麻痹或过度牵张所致。当支配患侧眼球运动的动眼、滑车、外展或前庭神经受损时，即发生斜视。

眼球震颤：指眼球发生一系列有节奏的快速往返运动，其运动形式有水平、垂直与回转方向。见于半规管、前庭神经、小脑及脑干的疾患。

瞳孔：检查时应注意其大小、形状、两侧的对称性及瞳孔对光的反应。对光反应是了解瞳孔机能活动之有效的测验方法。用检眼镜或手电光从侧方迅速照射瞳孔以观察其动态反应。正常宠物在强光照射时，瞳孔很快缩小，除去照射又随即复原。瞳孔对光反应障碍，可表现瞳孔扩大，此乃交感神经兴奋（剧痛、使用抗胆碱药）或动眼神经麻痹使瞳孔辐射肌收缩的结果；也可表现瞳孔缩小，是由于交感神经麻痹或动眼神经兴奋使瞳孔括约肌收缩的结果，见于脑病、虹膜炎与使用抗胆碱药等；或表现两侧瞳孔大小不等且变化不定，伴有对光反应迟钝或消失，提示脑干受害。

视力：当宠物前进通过障碍物时，冲撞于物体上；或用手在其眼前晃动时，不表现闪避亦无闭眼反应，这表明视力障碍，提示视网膜、视神经纤维、丘脑或皮层的枕叶受损。伴有昏迷状态及眼病时，可导致失明。

此外，还可作眼底检查，观察视神经乳头的位置、大小、形状、颜色、血管状态与视网膜的清晰度、血管分布、有无斑点等。

听觉器官：内耳损害所引起的听觉障碍，在内科病诊断上具有一定意义。听觉增强是患病宠物听到轻微声音即将耳转向声源，或两耳前后来回移动，同时惊恐不安甚至肌肉痉挛，见于脑与脑膜疾病；听觉减弱或消失，与皮层颞叶、延脑受损有关。

嗅觉器官：犬、猫的嗅觉高度发达，而禽类的嗅觉不灵敏。用带有熟悉气味或有芳香味的物件，遮眼后让宠物闻嗅，以观察其反应。正常则寻食，出现咀嚼动作，唾液分泌增加。对犬还可检查其对一定气味的辨识方向。当嗅神经、嗅球、嗅传导径和大脑皮层受损时，则嗅觉减弱或消失。但应排除鼻黏膜疾病引起的嗅觉障碍。

③ 神经反射的检查：反射是神经活动的基本形式，各反射弧均通过一定的神经节段，故对反射的检查有助于神经系统疾病的定位诊断。

角膜反射：用纸片等轻触角膜，正常时宠物立即闭眼，反射中枢在桥脑。

耳反射：用纸卷、毛束等轻触耳内侧被毛，正常时宠物摇耳或转头，反射中枢在延脑及第1～2颈髓段。

腹壁反射：用针轻刺腹部皮肤，正常时相应部位的腹肌收缩、抖动，反射中枢在胸、腰髓段。

会阴反射：轻刺激会阴或尾根下方皮肤，引起向会阴部缩尾的动作，反射中枢在腰-荐髓段。

肛门反射：刺激肛门周围皮肤，正常时肛门括约肌迅速收缩，反射中枢在第4～5荐髓段。

膝反射：检查时使宠物侧卧位，让被检肢保持松弛，用叩诊锤背等突然叩击膝韧带直下方，正常时后下肢呈伸展动作，反射中枢在第4～5腰髓段。

跟腱反射：又称飞节反射，检查方法同膝反射。叩击跟腱，正常时跗关节伸展而球关节屈曲，反射中枢在荐髓段。

反射增强：是反射弧、反射中枢兴奋性增高或刺激过强所致。大脑对低级反射弧的抑制作用弱或无时，也引起反射亢进。提示脊髓背根、腹根或外周神经的炎症，受压和脊髓炎等。在破伤风、有机磷中毒、狂犬病时，常见全身反射亢进。

当脊髓全横断损伤时，由于失去大脑对损伤以下脊髓节段的控制，使脊髓反射活动加强，则出现腱反射增强。

反射减弱：由于反射弧的径路受损所致。若反射弧的感觉神经纤维、反射中枢或运动神经纤维的任何一部分受损，或反射弧的兴奋性降低时，均可导致反射弱或无。提示有关传入或传出神经、脊髓背根或腹根、脑及脊髓灰白质受损伤。此外，在宠物处于意识丧失、麻醉或昏迷状态下，亦会引起反射减弱或丧失。

3.4　X射线检查

X射线检查在宠物临床上是一项常用、实用的检查手段，它可透过宠物体壁检查到体内组织器官的形态变化，能特异地确诊一些疾病如骨折、脱位、结石、气胸、胃扭转-扩张、消化道异物等，但其影像在某些情况下没有特异性，所以在诊断疾病时，要密切结合临床和其他检查结果进行综合分析。

3.4.1　X射线的性质与成像原理

（1）X射线的产生　X射线是由高速运行的电子群，突然被某种物质阻挡而产生。因此，X射线的产生必须具备自由运动的电子群、电子群高速单向运行、电子群在高速运行时突然受阻这三个基本条件，X射线机的核心部件——X射线管的构造就是根据这些要求来设计的。

（2）X射线的特性　X射线是一种肉眼看不见的电磁辐射波，其波长很短，介于γ射线与紫外线之间，波长范围为0.0006～50nm，用于医学诊断的X射线波长为0.008～0.031nm。X射线与可见光有许多相同的性质，如直线传播、反射、折射和散射等，但它还具有与医学有关的以下几个重要特性，即穿透作用、感光作用、电离作用、生物学作用、荧光作用。

（3）X射线成像的基本原理　X射线用于诊断主要依赖于X射线的特性（穿透作用、荧光作用和感光作用）、动物体组织器官的密度差和人工造影技术。

3.4.2　X射线机的基本构造

X射线机是由X射线管、变压器、控制器等三个基本部分和辅助设备组成。普通X射线摄影的主要器材，除了 X 射线机，还有 X 射线胶片、暗盒、增感屏、滤线器、铅号码、测厚尺等。

CR 是计算机 X 射线摄影的一种数字成像技术，它的面世标志着 X 射射线成像技术走向数字化。CR 与常规 X 射线摄影使用 X 射线胶片不同，它使用可记录并由激光读出 X 射线成像信息的影像板作为载体，经 X 射线曝光和激光扫描后读出影像信息，约半分钟便可在计算机上形成数字平面影像。实际上，许多 CR 影像无须处理就已非常优良，其影像质量明显优于传统 X 射线摄影的质量。

DR 是指在具有图像处理功能的计算机控制下，采用 X 射线探测器直接把 X 射线影像信息转化为数字信号的技术。在计算机控制下，图像采集和处理完全自动化，包括图像的选择、图像校正、噪声处理、动态范围、灰阶重建、输出匹配等过程。上述过程完成后，扫描控制器自动对采集板内的感应介质进行恢复，整个过程约十秒。现在越来越多的宠物医院在使用 DR。

3.4.3　X 射线检查技术

（1）透视检查　是利用 X 射线的穿透性和荧光作用，观察透过动物体的 X 射线在荧光屏（有影像增强器 X 射线机的显示屏）上的影像进行诊断的方法。特点是能实时看到内部器官的动态影像如心搏动、膈肌运动和胃肠蠕动等，可作较大范畴和改变方法的检查，是一种经济、方便、快捷的诊断技术。透视检查主要用于胸腹部的侦察性检查，也用于骨折或脱位的辅助复位、异物定位等。但一般不用于骨和关节疾病的诊断。

（2）摄影检查　是利用 X 射线的穿透性和感光作用，通过观察透过动物体的 X 射线在 X 射线胶片（或 IP 板、X 射线探测器）上的影像进行诊断的方法。特点是影像的对比度和清晰度均较好，能分辨较细微的变化；对密度与厚度较大的部位或密度差异较小的部位也可较好地显影；可长久地保留影像。但不能对器官的动态进行观察，每张照片只显示某一瞬间的影像，且每张照片只能显示一个方位，所以常需作互呈 90°的两个方位摄影。其优缺点正好与透视互补。摄影检查广泛用于全身各系统器官、特别是骨骼和关节的检查。

（3）造影检查　是将 X 射线造影剂（对比剂）引入被检器官的内腔或周围，人为造成密度明显增高或降低，使缺乏天然对比的组织器官或结构（如腹部）的内腔或外形清楚地显现，以便进行诊断的一种检查法。X 射线造影剂可经直接注入、生理排泄和生理沉积途径而引入机体，临床上最常用直接注入，如消化道造影、膀胱造影等。

X 射线造影剂应具有良好的造影效果，无毒、无危险副作用。可分为低密度和高密度造影剂两种，低密度造影剂又称阴性造影剂，如空气、氧气、二氧化碳和氧化亚氮等，常用于腹腔造影、膀胱充气造影、消化道双重造影等。高密度造影剂又称阳性造影剂，如钡剂和碘剂等，医用硫酸钡是最常用的钡剂，多用于消化道造影；碘剂类造影剂有碘化钾、碘油和有机碘等。

3.4.4　呼吸系统的 X 射线检查

（1）检查方法　胸部的 X 线检查主要是摄影，有右侧位、左侧位、腹背位或背腹位。侧位投照时，患犬左或右侧卧，前肢前拉，后肢后拉，头颈自然伸展，垫高胸骨。投照范围从肩前到第一腰椎，投照中心在第 4～5 肋间（肩胛骨后缘 1～2 指），胸廓的厚度以第 13 肋骨处的厚度为准。

① 犬胸部右侧位投照：腹背位投照时，患犬仰卧，前肢前拉，肘头外展，后肢自然摆放，脊柱拉直，胸椎与胸骨上下在同一垂直平面（左右对称），投照范围从肩前到第一腰椎，投照中心在第 5～6 肋间，胸廓的厚度以第 13 肋骨处的厚度为准。

② 犬胸部腹背位投照：采用高千伏、低毫安秒技术，可获得层次较丰富的影像，高毫安与短时间可减少由呼吸运动带来的模糊，从而保证 X 线影像的清晰度。胸部摄影最佳曝光时间是吸气顶点。

（2）正常 X 射线表现　胸椎、肋骨、胸骨和气管均可较清楚显示，侧位片两侧的肋骨重叠、左肺和右肺重叠，正位片胸椎和胸骨重叠。贴近胶片（IP 板、探测器）的组织结构较清晰，远离胶片的较模糊。

侧位片上，前至第一对肋骨，后至向前倾斜隆凸的横膈，胸椎和胸骨之间的广大透明区域为肺野。肺野中部呈斜置的类圆锥形软组织密度的阴暗为心脏。心基部向前的一条带状透明阴影为气管。胸主动脉是从心基部上方升起、弯向背、向后并与胸椎平行的一条较粗宽的带状软组织阴暗。心基部后方有一向后的较窄短的带状软组织阴暗为后腔静脉。在主动脉与后腔静脉之间的肺野（膈叶），由心基部向后上方发出的树枝状分支的阴影为肺门和肺纹理影像。心脏后缘与膈肌前下方构成的锐角区域为心膈三角区。

（3）常见疾病的 X 射线诊断

① 小叶性肺炎：又称卡他性肺炎，X 射线表现为肺野中出现多发的密度不均匀、边缘模糊、大小不一的点状、片状或云絮状渗出性阴影，多见于肺心叶和膈叶，呈弥漫性分布，或沿肺纹理的走向散在于肺野，肺纹理增多、增粗和模糊，病变可侵犯一个或多个肺叶，并以肺的腹侧部最为严重。

② 大叶性肺炎：又称纤维素性肺炎，是肺泡内以纤维蛋白渗出为主的急性炎症。大叶性肺炎充血期无明显的 X 射线特征，仅可见病变部肺纹理增粗；肝变期比较典型，肺野中下部呈大片均匀致密的阴影。消散期表现为原来的大片致密阴影逐渐稀疏、变淡，肺透亮度逐渐增加，病变呈散在的、不规则的、模糊的、大小不一的斑点或斑片阴影。

③ 胸腔积液：液体的类型可能是漏出液、渗出液、淋巴液、血液、脓液、血脓等，视胸腔积液量和病情，患宠表现不同程度的呼吸困难。游离性胸腔积液的积液量很少时，X 射线检查不易发现；积液量较多时，站立侧位水平投照显示胸腔中下部均匀致密的阴影，其上界水平，该区域的心脏、大血管和膈影消失。

④ 膈疝：指腹腔器官因横膈破裂而进入胸腔中，犬猫多见。常因外伤而使横膈在肋弓的附着处撕裂引起。X 射线表现为肺野中下部密度增加，特征是膈肌的部分或大部分不能显示，胸、腹界限不清。因常并发血胸或胸腔积液而使肺野中下部出现广泛性密影，胸腔内的正常器官影像不能辨认。

3.4.5　循环系统的 X 射线检查

（1）检查方法　循环系统的 X 线检查主要指心脏的 X 射线检查和心血管造影检查。可拍摄任一侧位和背腹位，背腹位的优点是能较好表现血管及实质组织、心脏能以正常解剖位置的方式表现，缺点是肺脏中叶及前叶可能不太清楚。

（2）正常 X 射线表现　心脏的形态大小和轮廓因宠物品种、年龄的不同而异。犬胸部侧位 X 射线片，心脏影像的前上部为右心房，前下部为右心室。在近背侧处，有前腔静脉和主动脉弓影像。前纵隔的腹侧缘与右心边界相交形成的凹陷，称为心前腰。心脏影像的后上部为左心房，后下部为左心室。左心房与左心室在背侧相交形成一浅的凹陷，称为心后腰。后腔静脉的背侧缘位于心后腰处，心后腰与房室沟的位置对应。心后缘靠近背侧有肺静脉的影像。心脏的背侧由于有肺动脉、肺静脉、淋巴结和纵隔影像的重叠而模糊。主动脉与气管分叉清晰可见。

背腹位 X 射线片，心脏形如囊状。以"时钟表面"定位心脏：11～1 点处为主动脉弓，1～2 点处为肺动脉段，2～3 点处为左心耳，3～5 点处为左心室，5 点处为心尖，5～9 点处为右心室，9～11 点处为右心房，4 点和 8 点处是左、右肺膈叶的肺动静脉，肺静脉位于其肺动脉内侧。后腔静脉自心脏右缘尾侧近背中线处伸出，正常时左心房不参与组成心脏边界。

（3）常见疾病的 X 射线诊断

① 心脏增大：指整个心脏体积的普遍性增大，包括心扩张和心肥大。

侧位片显示心脏轮廓圆，前腰和后腰消失，心脏前后径增大，右心边缘变圆，与胸骨接触范围加大；左心边缘变直；气管和主支气管被抬高，气管与脊柱的夹角变小，末端气管弯曲消失；后腔静脉朝向前背侧。

背腹位片表现为心脏横径变大，两边的肺野变小；心尖向后移位、朝向左侧；膈可能受到抵压；心脏外形轮廓可能不规则。

② 心包疝：腹腔内器官疝入心包腔内，X 射线表现膈肌的部分或大部分不能显示，肺野中下部密度增加，胸、腹界限不清。心影整体增大、密度均匀、边界清晰，或可同时显示疝入肝脏的块状影像或疝入肠管的气影。

3.4.6 消化系统的 X 射线检查

（1）检查方法 消化系统的 X 射线检查包括普通摄影检查（X 射线平片）和消化道造影检查。

腹部投照常规摆位包括腹背位和侧位。右侧位更常用，但左侧位时，胃内气体在幽门处聚积，使幽门显示为较规则的圆形低密度区。

① 右侧位投照：宠物右侧卧，用可透射线的垫物将胸骨垫高至与腰椎等高水平，将后肢向后牵拉使之与脊柱约呈 120°角，X 射线束中心对准腹中部（最后肋骨后缘），照射范围包括前界含膈，后界达髋关节水平，上界含脊柱，下界达腹底壁，见图 3-1。

② 腹背位投照：宠物仰卧，前肢前拉，后肢自然摆放屈曲呈"蛙腿"样，X 射线束中心对准脐部，投照范围包含剑状软骨至耻骨的区域，见图 3-2。

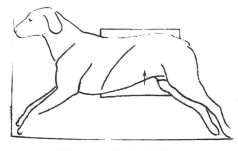

图 3-1 腹部右侧位投照

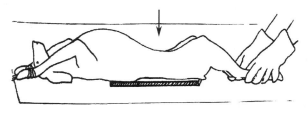

图 3-2 腹部腹背位投照

（2）正常 X 射线表现

① 食管：正常食管在普通摄影检查时，一般不显影。

② 胃：普通摄影检查时仅可辨别胃的部分轮廓。胃位于前腹部，前接肝脏，胃底位于体中线左侧并直接与左侧横膈相接触。腹部右侧位 X 射线片，显示存留气体的胃底和胃体轮廓。腹部左侧位 X 射线片，左膈脚和胃位于右膈脚之前，胃内气体停留在幽门，显示为较规则的圆形低密区。胃造影可清楚显示胃的轮廓、位置、黏膜状态和蠕动情况。胃在空虚时一般处于最后肋弓以内，胃充盈时则有小部分露出肋弓之外。胃的初始排空时间为采食后 15min，完全

排空时间为 1～4h。

③ 小肠：小肠内通常含有一定量的气体和液体，在 X 射线平片上显示为平滑、连续、弯曲盘旋的管状阴影。犬小肠直径相当于两肋骨的宽度，猫小肠直径不超过 12mm。十二指肠的位置相对固定：十二指肠前曲位于肝右叶后面；降十二指肠沿右侧腹壁向后延续；十二指肠后曲位于腹中部，由此转换为升十二指肠直抵胃的后部。造影检查可显示出小肠黏膜的影像，正常小肠黏膜平滑一致，但降十二指肠的肠系膜侧黏膜为规则的假溃疡征。造影剂通过小肠的时间，犬 2～3h，猫 1～2h。

④ 大肠：犬盲肠呈半圆形或"C"形，内含少量气体，位于腹中部右侧。猫盲肠短锥形憩室内无气体，X 射线平片难以辨认。结肠是大肠最长的一段，呈问号形：升结肠和肝曲位于腹中线右侧；横结肠在肠系膜根前由腹腔右侧横向左侧；脾曲和降结肠前段位于腹中线左侧；降结肠后段位于腹中线，后行进入骨盆腔延续为直肠。直肠起始于骨盆腔入口止于肛管。

（3）常见疾病的 X 射线诊断

① 食管异物与阻塞：食管异物是指滞留在食管内的金属、骨头、木块、布片、塑料、果核、块根等，可引起食管不全或完全阻塞，临床表现突发流涎、吞咽困难、作呕或食物返流，或颈部膨隆等。

金属、骨头、石块呈高度致密阴影，边缘锐利清楚，在常规 X 射线平片上即可确诊其位置、大小、数量、形状。低密度异物如布片、塑料、块根等，因与软组织密度缺乏差异，在常规 X 线检查中不易辨认，可灌肠少量钡剂造影，借助残钡的充盈缺损而显示。

② 胃内异物：与食管异物类似，金属、骨头、石块等高密度异物，在常规 X 射线平片上即可确诊其位置、大小、数量、形状。低密度异物如布片、塑料、小毛球等，在常规 X 射线检查中不易辨认，可灌肠少量钡剂造影，通过钡剂黏附于异物表面而将其显示出来。

③ 胃扩张-扭转：是胃的急性膨胀，常并发胃扭转，属于急腹症。X 射线摄影显示胃高度膨胀、充盈气体和食物，可看到胃的大部分轮廓；脾增大并移至右腹侧；小肠受推压后移；膈肌前移，心影狭长，后腔静脉狭窄。如胃内出现一条细长的软组织密度样阴影将胃一分为二，这是胃扭转的特征，以右胃扭转多见。

④ 肠梗阻：又称肠阻塞，犬猫很常见。最好能作站立侧位水平投照。因为阻塞部前段肠管积气、积液，X 射线特征性表现为多发性半圆形或拱形透明气影，在其下部均有致密的、同方向的液平面，这些液平面大小、长短不一、高低不等、重重叠叠，如阶梯样。如是肠套叠引起，钡剂灌肠可见套入部侧面呈杯口状的影像；如是异物引起，平片或造影检查可见异物外形。

⑤ 巨结肠：指结肠的异常伸展和扩张，分先天性和继发性两种。先天性是由于结肠壁的肌层间神经节缺乏或变性，引起痉挛性狭窄而导致前段结肠扩张；继发性是由于赘生物、直肠狭窄或前列腺肥大压迫等引起慢性便秘造成。腹部触诊可感知，X 射线平片可见膨大的结肠内充满粪球的密影。

3.4.7　泌尿生殖系统的 X 射线检查

（1）检查方法　泌尿生殖系统的 X 射线检查包括普通摄影检查（X 射线平片）和泌尿道造影检查。

（2）正常 X 射线表现　X 射线平片仅可显示肾脏和膀胱轮廓。犬右肾位于第 13 胸椎至第 1 腰椎下，猫右肾位于第 1～4 腰椎下；犬左肾位于第 2～4 腰椎下，猫左肾位于第 2～5 腰椎下。正常犬、猫肾脏的长度分别为第 2 腰椎长度的 2.5～3.5 倍、2.5～3 倍。膀胱位于耻骨前腹侧，呈卵圆形或长椭圆形均质液性密影。前列腺位于膀胱后、直肠腹侧的骨盆腔内，正常时不易显示。未妊娠子宫呈管状，难与小肠区别。正常卵巢不易显影。

（3）常见疾病的 X 射线诊断

① 尿石症：指泌尿系统的结石，按部位分为肾结石、输尿管结石、膀胱结石、尿道结石。临床上以膀胱结石和雄性犬、猫尿道结石多见。多数为 X 射线不透性结石如磷酸盐、碳酸盐和草酸钙等，普通 X 射线摄影检查即可显示其高密度阴影。但尿酸盐结石密度低，与软组织和尿液密度相近，普通 X 射线摄影难以显示，为 X 射线可透性结石。犬、猫最常见的尿结石是磷酸铵镁结石。尿结石可长期存在而不被察觉，仅在出现尿频、血尿、排尿困难或尿闭时才检查发现。

肾结石可发生于一侧或双侧肾盂或肾盏内。X 射线表现为单个或多个大小不一、形状不定但边界清楚的致密阴影。对于尿酸盐 X 射线可透性结石，可作肾盂造影使其呈现透明的充盈缺损。

膀胱结石多数为 X 射线不透性结石，X 射线表现为单个或多个圆形、椭圆形密影。阴影分层者多为磷酸钙结石，桑葚形者多为草酸钙结石。若怀疑有 X 射线可透性结石，可作膀胱充气造影检查。

尿道结石常见于雄性犬、猫，临床触诊一般不易检查出来，X 射线摄影可见尿道路径上有数量不等、大小不一的小结石密影，严重时呈串珠状。

② 妊娠与死胎：犬妊娠 41～45d（猫 35～39d）后，胎儿的脊椎骨、肋骨、颅骨和四肢骨开始骨化，X 射线可以显示，并可根据胎儿颅骨或脊柱数来确定胎儿数目。但在此前，妊娠子宫仅显示与子宫蓄脓不易区分的密影，因此，X 射线不能作早期妊娠诊断，应以超声诊断为主。

难产时，X 射线可显示胎位、胎势和胎向，明确难产原因，判断是否死胎。胎儿死亡 2～3 周后，胎儿或子宫内出现透明气影，颅骨重叠或塌陷，脊柱过度弯曲或成角，胎儿骨质溶解。如出现木乃伊胎，X 射线显示胎儿骨骼集拢、骨骼浓密细小和胎儿体积缩小。

③ 子宫蓄脓：子宫化脓性炎症时脓液积聚于子宫腔内，可发生于每次发情后各种年龄的母犬，6 岁以上多发，猫不常见。排空粪尿后作腹部 X 射线摄影，在后腹底部或骨盆前下方可见密度均匀、盘旋曲管状、团块状或袋状密影，含气的肠管被挤向前方。

3.4.8 骨骼与关节的 X 射线检查

（1）检查方法　骨关节 X 射线摄影检查，有常规前后位（正位）和侧位，长骨 X 射线摄影应包括骨两端的关节。

（2）正常 X 射线表现　X 射线摄影时，可清楚显示出管状长骨的密质骨、松质骨、骨髓腔、骨干、干骺端、骨骺线、骨骺；单关节由两相对的关节骨端组成，因为两骨端的关节软骨为 X 射线可透，所以 X 线显示的关节间隙宽于解剖学上的关节间隙。

（3）常见病变的 X 射线表现

① 骨质疏松：指因骨吸收增加而引起的单位体积内骨量减少，X 射线表现为骨的密度降低，骨小梁数目明显减少、变细，骨小梁间隙增宽。严重者骨小梁几乎消失，骨密度明显降低，密质骨变薄，骨髓腔增宽。

② 骨质软化：指单位重量骨的含钙量减少，X 射线表现为骨的密度均匀降低，骨小梁模糊变细，密质骨变薄，负重骨弯曲变形。

③ 骨质破坏：正常骨组织发生吸收、溶解，或被肉芽组织、囊肿、肿瘤及坏死组织所代替，X 射线表现为骨质出现密度降低的透明区，密质骨缺损。透明区的大小、形状和边缘可有

差异。边缘模糊不规则，一般为恶性或病变发展的表现；边缘清楚锐利，多提示为良性或病变好转。破坏区内可出现孤立的、高密度的、边缘清晰的块状或条状的死骨密影。

④ 骨质增生硬化：与骨质疏松相反，即单位体积内骨量增加，是由于新骨增生或钙盐沉着过多所致。X 射线表现为骨的密度增高，密质骨增厚，骨髓腔变窄或消失，骨小梁增多、增粗甚至失去海绵状结构而变成致密骨质。

⑤ 关节肿胀：即关节周围软组织肿胀。X 射线表现为软组织层阴影肿大增厚，密度稍增浓，组织层次模糊不清。

⑥ 关节间隙改变：主要指关节间隙增宽或变窄。

⑦ 关节破坏：为关节的骨质破坏。轻症 X 射线表现为关节面骨质变薄、模糊和粗糙，重症显示关节面和附近骨质大小不等的不规则破坏性缺损，甚至骨关节面全部消失。

⑧ 关节强直：分骨性强直和纤维性强直。骨性强直有关节软骨的全层破坏，关节骨端由骨组织所连接。X 射线表现为关节间隙明显狭窄或完全消失，且可见骨小梁贯通关节间隙将两骨端连接融合。纤维性强直 X 射线仍可显示狭窄的关节间隙，并无骨小梁贯穿，关节面完整或略不规则，但边界都较清晰。

（4）常见疾病的 X 射线诊断

① 骨折：指骨的连续性中断。可分为开放性骨折、闭合性骨折、不完全骨折、撕脱性骨折、压缩性骨折、粉碎性骨折、骨干骨折、骨骺分离、病理性骨折等，X 射线可以确诊。特征是 X 射线摄影可见黑色、透明的骨折线。常规检查时需拍摄包括上下两个关节在内的、2 张互呈 90°角的正侧位片。骨折部两断端可发生成角、移位和重叠等。确定移位的状况时，以骨折近端为准来描述远端。

骨折的愈合可表现为骨折断端及其周围有骨痂形成的致密阴影，骨折线模糊和消失。骨折后局部先形成纤维性骨痂，数周后骨痂开始硬化，其密度增加，骨小梁在局部形成，软组织肿胀消退。

骨折愈合延迟，则骨折后超过骨痂硬化所需的时间，骨折线仍迟迟不见消失，骨折断端不见硬化骨痂出现。常见于骨折固定不良、局部供血障碍或局部感染。

骨折不愈合，可见原骨折线增宽、断端光滑、骨髓腔闭塞且密度增高硬化，可形成假关节。多见于骨折固定不良、断端分开、断端经常摩擦、骨痂生长不良以至骨折停止愈合。

② 脱位：指关节内两骨端失去正常的位置对应关系，可分为全脱位、半脱位、先天性脱位、习惯性脱位与病理性脱位。贵宾犬容易发生髌骨脱位。全脱位的 X 射线表现为关节内两骨端的关节面对应关系完全脱离。半脱位的 X 射线表现为相对应的关节面部分脱离，失去正常相互平行的弧度和间隙。先天性脱位多见于膝关节，X 射线显示股内踝关节面平坦，外滑车发育不良等。

③ 全骨炎：又称嗜酸性全骨炎，是一种长骨疼痛性炎症，多见于 5～18 月龄大型犬，德国牧羊犬多发。X 射线表现为在骨干或干骺端的骨髓腔内出现斑块状致密阴影，骨小梁结构模糊不清，骨内膜增厚，骨膜新生骨反应。

④ 髋关节发育不良：是一种以遗传性为基础的后天发育畸形。两后肢向后伸直，拍摄骨盆部腹背位照片。X 射线表现为关节间隙增宽，髋臼与股骨头的关节面不对应。髋臼变浅，股骨头变平、变形、半脱位或脱位。以股骨头圆心为起点，向对侧股骨头圆心作一连线并向同侧髋臼前外侧缘作另一连线，所形成的 Norberg 夹角小于 105°（正常≥105°）。在髋臼缘尤其是髋臼前缘出现软骨下硬化或合并外生骨疣。股骨颈关节囊附着处有骨膜增生反应。髋关节内翻或外翻。

3.5 超声波检查

运用超声波的物理特性及动物体的声学特性，对动物体的组织器官形态结构与功能状态作出判断，是一种非创伤性检查法即超声波检查。具有操作简便、可多次重复、能及时获得结论、无特殊禁忌等优点。主要用于测定实质性脏器的体积、形态及物理特性；判定囊性器官的大小、形态及其走向；检测心脏、大血管及外周血管的结构、功能与血流的动力学状态；鉴定脏器内占位性病灶的物理性质；检测体腔积液的存在与否，并对其数量作出初步估计；引导穿刺、活检或导管植入等辅助诊断。

3.5.1 超声波检查的基本原理

（1）超声的物理特性　声波，是物体的机械振动产生的，振动的次数（频率）超过20000次/s称为超声波（简称超声）。超声的定向性、反射性、吸收和衰减性等超声波在机体内传播的物理特性是超声影像诊断的基础。

（2）动物体的声学特性　超声在动物体内传播时，具有反射、折射、绕射、干涉、速度、声压、吸收等物理特性。由于动物体的各种器官组织（液性、实质性、含气性）对超声的吸收（衰减）、声阻抗、反射界面的状态以及血流速度和脉管搏动振幅的不同，超声在其中传播时，就会产生不同的反射规律。分析、研究反射规律的变化特点，是超声影像诊断的重要理论基础。

3.5.2 超声检查的类型

超声检查的类型较多，目前最常用的是按显示回声的方式进行分类。主要有A、B、M、D和C型5种。

（1）A型探查法（Amplitude mode）　即幅度调制型。此法以波幅的高低代表界面反射讯号的强弱，可探知界面距离，测量脏器径线及鉴别病变的物理特性。可用于对组织结构的定位。该型检查法由于其结果粗略，目前基本上已被淘汰。

（2）B型探查法（Brightness mode）　即辉度调制型。此法是以不同辉度光点表示界面反射讯号的强弱，反射强则亮，反射弱则暗，称灰阶成像。因其采用多声束连续扫描，故可显示脏器的二维图像。当扫描速度超过每秒24帧时，则能显示脏器的活动状态，称为实时显像。根据探头和扫描方式的不同，又可分为线型扫描、扇型扫描及凸弧扫描等。高灰阶的实时B超扫描仪，可清晰显示脏器的外形与毗邻关系，以及软组织的内部回声、内部结构、血管与其他管道的分布情况等。因此本法是目前临床使用最为广泛的超声诊断法。

（3）M型探查法（Motion mode）　此法是在单声束B型扫描中加入慢扫描锯齿波，使反射光点自左向右移动显示。纵坐标为扫描空间位置线，代表被探测结构所在位置的深度变化；横坐标为光点慢扫描时间。探查时，以连续方式进行扫描，从光点移动可观察被测物在不同时相的深度和移动情况。所显示出的扫描线称为时间的运动曲线。此法主要用于探查心脏，临床称其为M型超声心动图描记术。本法与B型扫描心脏实时成像结合，诊断效果更佳。

（4）D型探查法（Doppler mode）　是利用超声波的多普勒效应，以多种方式显示多普勒频移，从而对疾病作出诊断。本法多与B型探查法结合，在B型图像上进行多普勒采样。临床多用于检测心脏及血管的血液动力学状态，尤其是先天性心脏病和瓣膜病的分流及返流情况，有较大的诊断价值。目前已广泛用于其他脏器病变的诊断与鉴别诊断，有较好的应用前景。多普勒彩色血液显像，系在多普勒二维显像的基础上，以实时彩色编码显示血液的方法，即在显示屏上以不同的彩色显示不同的血液方向和速度，从而增强对血液的直观感。

（5）C 型探查法（Constant depth mode） 即等深显示技术。使用多晶体探头进行 B 型扫描，其讯号经门电路处理后，显示与扫描方向垂直的前后位多层平面断层像。目前主要用于乳腺疾病的诊断。

3.5.3 小动物超声检查的特点

（1）动物种类繁多 由于各种动物解剖生理的差异，其检查体位、姿势均各有不同，尤其是要准确了解有关脏器在体表上的投影位置及其深度变化，由此才能识别不同动物、不同探测部位的正常超声影像。

（2）动物皮肤有被毛 由于各种动物体表均有被毛覆盖，毛丛中存在有大量空气，致使超声难以透过。为此，在超声实践检查中，除体表被毛生长稀少部位（软腹壁处）外，均须剪毛或剃毛。

（3）动物需要保定 人为的保定措施，是动物超声诊断不可缺少的辅助条件。由于动物种类、个体情况、探测部位和方式的不同，其繁简程度不一。

（4）超声诊断仪的要求 要求超声诊断仪功率较大、检测深度长、分辨率高、体积小、重量轻、便于携带及配有直流或交直流两用电源。

3.5.4 超声检查的临床应用

超声诊断在体外检查，观察体内脏器的结构及其活动规律为一种无痛、无损、非侵入性的检查方法，且操作简便、安全。但由于超声频率高、不能穿透空气与骨骼（除颅骨外），因此，含气多的脏器或被含气脏器（肺、胃肠胀气）所遮盖的部位、骨骼深部的脏器超声无法显示。

（1）腹部脏器疾病的超声诊断 主要采用 B 型超声，可动态观察各脏器活动的情况。胆囊、胆道、胰腺、胃肠道的检查需禁食在空腹进行。脾脏检查不需任何准备。B 超已成为肝硬化、脂肪肝、肝囊肿、多囊肝、肝脓疡、肝血管瘤等的首选检查方法。各种类型胆囊结石、胆囊息肉、阻塞性黄疸等经 B 超检查可了解胆道扩张范围，找到阻塞原因。对各种胰腺疾病，B 超检查可明确胰腺和周围众多血管的关系。胃肠道超声检查通过饮水或服胃显影剂，灌肠显示消化道形态，胃肠壁的各层次、结构和厚度，了解与周围脏器的关系。

（2）早期妊娠诊断和产科疾病的 B 超检查 B 超在产科起着非常重要的作用。尤其小动物早期妊娠诊断是临床最多见的，也是宠主最为关心的问题。在产科疾病方面，如流产、前置胎盘、异位妊娠、子宫和卵巢肿瘤均需膀胱充盈后检查，才能作出正确诊断。中晚期妊娠、胎儿畸形、葡萄胎不需膀胱充盈。

（3）泌尿系统疾病的诊断 经腹部检查膀胱或前列腺需充盈膀胱。而肾脏、肾上腺不需任何准备。阴囊疾病检查应用高频探头 7.5 或 10MHz。B 超检查肾囊肿很多、囊肿很大压迫周围脏器才产生症状。B 超能对肾癌作出早期诊断。肾积水、肾结石、肾萎缩、先天性肾畸形，B 超也有其优越性。

（4）心脏和血管疾病诊断 现在应用于心脏疾病的检查有 M 形、扇形二维实时超声和彩色多普勒血流录像，包括脉冲波和连续波。在二维图像基础上调节取样线获得所需 M 型图像，统称超声心动图。对风湿性心脏病、先天性心脏病、心脏肿瘤、各种类型心肌病、心包疾病，有明显的超声表现，特异性强。通过彩色多普勒血流显像可了解瓣膜狭窄情况，测量瓣口面积，了解心腔内瓣膜关闭不全所致返流情况。先天性心脏畸形可作心内分流测定，可测量瓣口流速，并作心功能测定。心脏声学造影是心脏疾病检查的一种非损伤性新技术，通过声学造影剂显示心腔内血流情况有无分流与返流。声学造影剂使用双氧水、维生素 C 与碳酸氢钠，或醋酸与碳酸氢钠混合均可产生良好造影效果。二维实时显像和彩色多普勒可观察血管内血流方向，测定血流速度，计算血流量。

（5）B超对浅表部位检查　应用探头可以 5MHz、7.5MHz、10MHz、20MHz、有直接法和间接法。间接法即探头和被检部位间加一水囊或水槽。检查不需任何准备。可对眼球和眼眶疾病、甲状腺、唾液腺、乳腺疾病进行诊断。

（6）介入性超声　介入性超声是一门新学科。应用特制探头在 B 超监视和引导下清晰显示穿刺针途径和针尖位置，正确进入预选部位，达到诊断和治疗目的。包括不明原因肿块做细针细胞学检查、体腔内抽取囊液或脓液、原因不明阻塞性黄疸或肾盂积水、经皮穿刺造影以明确梗阻部位和原因、经穿刺引流胆汁或尿液以减轻症状、经直肠做膀胱和前列腺检查，同时可行前列腺穿刺和治疗。

经腹对孕畜行超声引导下宫内抽取羊水进行化验。同时可对胎儿做宫内诊断和治疗。经阴道探头可更直接观察子宫和卵巢。在超声引导下抽取成熟卵母细胞行体外授精，培育试管婴儿。

介入性超声也要掌握适应证，如有出血倾向，心肺功能衰竭，急性感染期后禁忌证。在术前应做凝血时间测定、血小板计数。探头按规定消毒，穿刺针和器械应严格消毒。超声引导下穿刺术是一种安全简便的方法，对动物体损伤小，很少见有严重并发症的报道。

3.5.5　超声检查注意事项

在超声探查中，有许多影响超声透过和反射的因素，致使示波屏的影像失真，反射波数减少或波幅降低，难以做出准确的分析和判断，故其注意事项如下。

（1）耦合剂的选择　为使探头紧密地接触皮肤，消除探头与皮肤之间的空气夹层所使用的一种介质称为耦合剂。临床上多选择与机体组织声阻抗率相接近，而且必须是对人畜无害、价格便宜、来源方便的物质。常用的耦合剂有蓖麻油、液体石蜡、凡士林或其他无刺激性的中性油类。有时由于耦合剂量少或流失，探头与皮肤间出现空气层，致使超声透过困难或反射回声显著减少。

耦合剂种类繁多，兽医临床上多用液体石蜡与凡士林的合剂。然而在小动物临床上，最好选用随仪器携带的耦合剂，以保证检查效果。

（2）皮下脂肪组织的衰减　各种动物或同种动物不同个体，皮下脂肪的厚度不等，因此对超声的吸收衰减不同。在检查时应注意动物的品种、类型、肥胖程度等，这些因素均对超声反射有不同影响。

（3）界面与探查角度　脉冲反射式超声，在相同的介质中，反射的强弱与探头面和被测界面是否垂直有密切关系。实验证明，当探头以 5°角入射时，反回探头的声能只为垂直时的10%；12°角时，只有 1%。实际上，体内脏器有时并非处处与皮肤平行，因此在具体探查时要不断摆动探头，以便与被测脏器界面垂直。

（4）频率的选择　超声频率高，波束的方向性好，分辨力强，但穿透力反而变弱，即组织吸收系数高；反之，频率低，方向性差，但穿透力较强。因此，当选择频率时，既要考虑穿透力，又要注意分辨率。一般在声波衰减不大的情况下，既要满足探测深度，又要尽可能选用较高的频率。

（5）探测灵敏度　探测灵敏度的确定与反射回波的多少及高低有密切关系。灵敏度过高致使所有反射波和一些杂波都被放大，于是波型密集，波幅饱和，无法分辨组织结构，易误诊；

灵敏度过低时，有些界面反射回波信号均被抑制，于是波稀少，波幅小，波型简单，同样不能完全反映组织结构的变化而造成遗漏。

3.6 心电图检查

心电图检查是一项重要的特殊检查方法。它对心律失常、心脏肥大、心肌梗塞和电解质紊乱等的诊断具有重要的意义。

心脏机械性收缩之前，心肌首先发生电激动，产生心脏动作电流。机体中含有大量的体液和电解质，具有一定的导电性能，因而是一个容积导体。根据容积导电的原理，可以从体表上间接地测出心肌的电位变化。利用心电图机（又称心电描记器）将机体表面的心电变化，描记于心电图纸上所得到的曲线图，称为心电图。心电图的描记方法也称为心动电流描记法。研究正常及病理情况下的心电图变化及其临床应用的学科，称为心电图学。

本节主要叙述心电描记法的导联和操作、正常心电图的特征和心电图的临床应用。

3.6.1 心电图检查的导联和操作

心电图描记的导联就是指将电极放在机体的哪个部位，以及电极如何与心电图机正负极相连接。按电极与心脏电位变化的关系来分类，大致可分为单极导联（即形成电路的负极或称无干电极，几乎不受心脏电位的影响）及双极导联（两电极均受心电的影响）2类；按电极与心脏的关系来分类，可分为直接导联（探查电极与心肌直接接触）、半直接导联（电极靠近心脏，如胸导联）及间接导联（电极远离心脏，如肢体导联）3类。

目前，在介绍心电图的导联时，一般只说明电极在动物体表的放置部位，至于如何与心电图机的正负极连接，国内外生产的心电图机都附有统一规定的带色的导线。

红色（R）——连接右前肢。

黄色（L）——连接左前肢。

蓝或绿色（LF）——连接左后肢。

黑色（RF）——连接右后肢。

白色（C）——连接胸导联。

在具体操作时，只要按上述颜色的导线连在四肢的电极板上，将心电图机上的导联选择开关拨到相应的导联处，即描出该导联的心电图。下面以犬为例介绍小动物的心电图导联。

（1）双极肢导联 又称标准导联。这里的"标准"，并不意味着它比其他导联更科学、更准确，只是因为它是 Einthoven 1903 年首创心电图时采用的导联，而目前仍然在应用，故习惯上称之为标准导联，见表 3-2。

表 3-2 标准导联的连接

名称	符号	阳极	阴极
标准第一导联	Ⅰ 或 L$_I$	左前肢大掌骨中部或桡骨上部（黄线）	右前肢大掌骨中部或桡骨上部（红线）
标准第二导联	Ⅱ 或 L$_{II}$	左后肢跖骨中部或膝盖骨下部（蓝线或绿线）	右前肢大掌骨中部或桡骨上部（红线）
标准第三导联	Ⅲ 或 L$_{III}$	左后肢跖骨中部或膝盖骨下部（蓝线或绿线）	左前肢大掌骨中部或桡骨上部（黄线）

（2）加压单极肢导联 由于标准导联只能反映体表两个电极之间的电位差，不能测得某一点的电位变化，威尔逊（Wilson）提出了单极导联的概念。即创立了一个"无干电极"，即将左前肢、右前肢和左后肢 3 个电极的导线接在一起，称为"中心电端"。为了清楚 3 个电极所

在处皮肤电阻的差异所造成的影响，在每个电极通向中心电端的导线中加上一个 5000Ω 的电阻。用数学演算推导说明中心电端的电位为零，因此可以看作是一无干电极。把心电图机的负极连接中心电端，正极分别连接左前肢、右前肢和左后肢称为"单极肢导联"。由于中心电端在整个心动周期中的电位等于零，故所得图形即反映探查电极（正极）所在部位的电位变化。这种导联记录的心电图波形振幅较小，不便观测。戈德伯格（Goldberger）氏对单极肢导联加以改进，即在描记某一肢体的单极导联心电图时，将该肢体与中心电端的连线断开。所描记的波形与单极肢导联的波形相同，但可使波幅增大 50%，称为"加压单极肢导联"。

连接导线时，因为心电图机内已设计了固定的连接线路，故只需将心电图机的红、黄、蓝、黑 4 根导线，分别按规定连接于四肢与躯干交界处即可。描记时将心电图机的导联选择开关扭至 aVR、aVL 和 aVF，即可描得相应导联的心电图，见表 3-3。

表 3-3　加压单极肢导联的连接

名称	符号	探查电极之部位	无干电极（负电极）的连接法
右前肢加压单极肢导联	aVR	右前肢	左前肢与左后肢电极各通过 5000Ω 电阻后相互连接而成
左前肢加压单极肢导联	aVL	左前肢	右前肢与左后肢电极各通过 5000Ω 电阻后相互连接而成
右后肢加压单极肢导联	aVF	右后肢	右前肢与左前肢电极各通过 5000Ω 电阻后相互连接而成

（3）单极胸导联　又称单极心前导联。将探查电极放于胸部的一定部位，连接于心电图机的正极，无干电极与中心电端连接，称为单极胸导联。采用这种导联方式，探查电极与心脏很接近，因此这种导联的心电图波形振幅很大。

连接红、黄、蓝、黑 4 根导线的部位与加压单极肢导联一样，只有白色导线（胸导联）连接于胸部的一定部位。描记时，导联选择开关扭至"V"处，即可描出相应的心电图。在一般情况下，只描记 V_1、V_2 和 V_6 3 个部位即可反映整个心脏的动作电位。

（4）A—B 导联　黄色导线连接于左侧第 5 肋间的肋骨与肋软骨结合部，红色导线连接于右肩胛嵴上方 1/3 处，蓝色导线连接胸骨柄处，黑色导线连接右后肢，导线选择开关扭到 I、II 处，即可描出 A—B$_I$、A—B$_{II}$ 导联的心电图。

（5）A—B 加压单极肢导联　连接方向和 A—B 导联一样，只要更换选择开关为 aVR、aVL 描记就可以了。

（6）单极胸部辅助导联　采用这一导联的主要目的是观察 P 波和 T 波的变化。

3.6.2　正常心电图

（1）心电图各组成部分的名称

① 心电图各波的名称

P 波：代表心房肌除极过程的电位变化，也称心房除极波。

QRS 波群：代表心室肌除极过程的电位变化，也称心室除极波。这一波群是由几个部分组成的，每个部分的命名常采用下列规定。Q 波：第一个负向波，它前面无正向波。R 波：第一个正向波，它前面可有可无负向波。S 波：R 波后的负向波。R′波：S 波后的正向波。S′波：R′波后又出现的负向波。QS 波：波群仅有的负向波。R 波粗钝（切迹）：R 波上出现负向的小波或错折，但未达到等电线。

QRS 波群有多种不同的形态，通常以英文大、小写的字母，分别表示大小。波形不超过波群中最大波的一半者称为小波，用 q、r、s 表示。

T 波：反映心室肌复极过程的电位变化，也称心室复极波。

② 心电图各间期及段的名称

P—R（Q）间期：自 P 波开始至 R（Q）波开始的时间。它代表自心房开始除极到心室开始除极的时间。

P—R（Q）段：自 P 波终了到 R（Q）波开始的时间。代表激动通过房室结及房室束的时间。

QRS 间期：自 R（Q）波开始到 S 波终了的时间。代表两侧心室肌（包括心室间隔肌）的电激动过程。

S—T 段：自 S 波终了至 T 波开始。反映心室除极结束以后到心室复极开始前的一段时间。

J 点（结合点）：S 波终了与 S—T 段衔接处。

Q—T 间期：自 R（Q）波开始至 T 波终了的时间。代表在一次心动周期中，心室除极和复极过程所需的全部时间。

（2）心电图记录纸　心电图记录纸是有粗细 2 种纵线和横线。横线代表时间，纵线代表电压。细线的间距为 1mm，粗线的间距为 5mm，纵横交错组成许多大小方格。通常记录纸的走纸速度为 25mm/s，故每一小格代表 0.04s，每一大格（5 小格）代表 0.20s。一般采用的定准电压是，输入 1mV 电压时，描记笔上下摆动 10mm（10 小格），故每一小格代表 0.1mV。如 1mV 标准电压，使描记笔摆动 8mm，则每 1mm 的电压就等于 $1 \div 8 = 0.125mV$。

（3）心电图的测量方法　测量心电图时，首先应检查定准电压曲线是否合乎标准，每小格代表多大电压。测量正向波的振幅，应从等位线的上缘量至波顶；测量负向波时应从等位线的下缘量至波底。等位线应以 T—P 段为标准，因为这段时间内，整个心脏无心电活动，电位相当于 0。在测量各间期时，应选择波幅最大、波形清楚的导联。因为波幅低小时，其起始及终了部分常不清晰，易造成误差。测量各波的时间应自该波起始部的内缘至终了部的内缘。

（4）正常心电图以犬的正常心电图为例：

P 波　持续时间为 0.04s，振幅为 0.4mV。心房增大时，P 波增宽、增大。

P—R 间期　为 0.06～0.13s，P—R 间期延长，见于房室传导阻滞，迷走神经紧张性增高。

QRS 波群　小犬 0.05s，大犬为 0.06s，QRS 时限延长，见于心室内传导障碍；振幅增大，持续时间延长，见于心室肥大。

S—T 段　S—T 段是 QRS 波群终了到 T 波开始的线段，位于等电线上，无明显移位。QRS 波群终了与 S—T 段开始的一点，称为 S—T 段结合点，即 J 点。测量 S—T 段上升或下降，应在 J 点后 0.04s 处。S—T 段上升，见于心肌梗死；S—T 段下降，见于心肌供血不足。

Q—T 间期　为 0.14～0.22s，低血钾和低血钙时，Q—T 间期延长。

（5）平均心电轴　在心室除极向量环的不同时间内顺序出现一系列瞬间综合向量，它代表一系列不同时期内出现的诸瞬间综合向量在力学上的综合大小和方向，习惯上称为平均心电向量。这个平均心电向量在额面上的方向称为平均心电轴，一般以平均心电向量与 L_I 导联（正侧）夹角的度数来表示。通常所谓"电轴"实际上是额面 QRS 环平均电轴的简称。正常心电轴在 +30°～+90°，平均为 +60°。+90°～+180° 为电轴右偏，见于右心室肥大和肺气肿。+30°～-90° 为电轴左偏，见于左心室肥大。

平均心电轴常常与心脏的解剖位置有关，心脏垂悬位时常伴有电轴偏右，横位时常伴有电轴偏左。

心电轴的测定方法较多，其中以目测法最简单，即以 L_I 和 L_{III} 导联 QRS 波群的主波方向大致估计电轴偏移情况。L$_I$、L$_{II}$ 导联主波一致向上，电轴正常；L$_I$ 主波向下、L$_{II}$ 主波向上，电轴右偏；L$_I$ 主波向上、L$_{II}$ 主波向下，电轴左偏。

平均心电轴的测定是早年在应用标准导联的心电图学中提出的一个临床心电图指标，对临床心电图的诊断有相当大的价值。它的测定符合心电向量的原理，所以有人说它从普通心电图波形上取得了向量心电图上的内容，所以心电轴至今仍然在心电图学中受到重视。

（6）心电图的分析步骤和报告方法 初学心电图者，在分析心电图时，往往不知从何着手。如能遵循一定的步骤，依次阅读分析，形成常规，就不致顾此失彼，发生遗漏。为便于观察微细的波形变化并准确地测定各波的时间、电压和间期等，应准备一个双脚规和一个放大镜。通常可采取下列步骤依次测量观察。

① 将各导联心电图剪好，按 Ⅰ、Ⅱ、Ⅲ、aVR、aVL、aVF、V$_1$、V$_2$……的顺序贴好，注意各导联的 P 波要上下对齐。检查心电图的导联标志是否准确，导联有无错误，定准电压是否准确，有无干扰波。

② 找出 P 波，确定心律，尤其要注意 aVR 和 aVF 导联。窦性心律时，aVR 为阴性 P 波，aVF 为阳性 P 波。同时观察有无额外节律如期前收缩等。仔细观察 QRS 或 T 波中有无微小隆起或凹陷，以发现隐没于其中的 P 波。利用双脚规精确测定 P—P 间距以确定 P 波的位置，以及 P 波与 QRS 波群之间的关系。

③ 测量 P—P 或 R—R 间距以计算心率，一般要测 5 个以上间距求平均数（s）。如有心房纤颤等心律紊乱时，应连续测量 10 个 P—P 间距，取其平均值以计算心室搏动率，计算公式如下。

$$每分钟心率 = \frac{60(s)}{平均\ P—P\ 或\ R—R\ 间距(s)}$$

④ 测量 P—R 间期、Q—T 间期、V$_1$ 及 V$_6$ 室壁激动时间、心电轴等。

⑤ 观察各导联中 P、QRS 波的形态、时间及电压，注意各波之间的关系和比例。

⑥ 注意 S—T 段有无移位，移位的程度及形态，T 波的形态及电压。

心电图报告是对所描记的心电图的分析意见和结论。一般可按上列的分析内容或心电图报告单的项目逐项填写。在心电图诊断栏内要写明心律类别、心电图是否正常等。在进行心电图诊断时，必须结合临床检查和血液检查等结果综合分析。心电图是否正常，可分为如下 3 种情况。正常心电图：心电图的波形、间期等在正常范围内。大致正常心电图：如个别导联中，有 S—T 段轻微下降，或个别的期前收缩等，而无其他明显改变的，可定为大致正常心电图。不正常心电图：如多数导联的心电图发生改变，能综合判定为某种心电图诊断，或形成某种特异心律的，都属于不正常心电图。

3.6.3 心电检查的临床应用

（1）P 波

① P 波电压增高：见于交感神经兴奋、心房肥大和房室瓣口狭窄等。P 波增高但时间延长，波形呈高尖型，是右心房肥大的特征，多见于肺原性心脏病，故称为"肺型 P 波"。P 波增高且时间延长时，波形有明显切迹呈双峰型，是左心房肥大的特征，多见于二尖瓣狭窄，故称"二尖瓣 P 波"。

② P 波消失：表示心脏节律上的失常。心房颤动时 P 波消失，代之以许多颤动的小波（f 波）。

③ P 波倒置：在 P 波本身应为阳性波的 aVF 导联中变为阴性波，表示有异位兴奋灶存在。

如激动来自左心房或房室结附近，因其在心房中的传导方向自上而下，故形成阴性波。

④ P波低平：可属正常，但电压过低则属异常。

（2）P—R间期　P—R间期延长，见于房室传导障碍、迷走神经紧张度增高。P—R间期缩短，见于交感神经紧张、预激综合征。预激综合征是指房室间激动的传导，除经正常的传导途径外，同时经由另一附加的房室传导径。此附加的传导路径，由于绕过房室结，故传导速度明显快于正常房室传导系统的速度，使一部分心室肌预先受激。心电图除P—R间期缩短外，还有QRS波群时间增宽，而且形态有改变。其开始部分多呈明显粗钝，但P—J时间（P—R间期加QRS波群时间的总时间）正常，仍在0.26s以内。预激综合征是1930年由Wolff、Parkison和White 3人描述的，故又称"W—P—W"综合征。多见于非器质性心脏病，一般预后较良好。

（3）QRS波群　QRS间期增宽，波形模糊、分裂，见于心肌泛发性损伤并有房室束传导障碍。也有人认为QRS间期延长是心室内传导障碍的结果。

QRS波群电压增高主要见于心室肥大、扩张、心脏与胸腔距离缩短。电压降低，在标准导联和加压单极导联中，每个导联的R及S波电压绝对值之和均在5mm以下时，称为QRS低电压。见于心肌损害、心肌退行性变化和心包积液时。Q波增大或加深，多见于L_I、L_{II}导联，与心肌梗死有关。

（4）S—T段　S—T段的移位在心电图诊断中，常具有重要的参考价值。在S—T段偏移的同时，多伴有T波改变，二者都说明心肌的异常变化。ST段上移，见于心肌梗死。ST段下移，见于冠状动脉供血不足、心肌炎和严重贫血。

（5）T波　T波是心室复极波。它与传导组织没有密切关系，但与心肌代谢有密切关系。一切可以影响心肌代谢的因素，都可能在不同程度上影响T波。T波的正常形态是由基线慢慢上升达顶点，随即迅速下降，故上下两枝不对称。T波形态变化常是病理性的，如高钾血症时，T波不仅高尖且升枝与降枝对称，急性心肌缺血常呈现深尖的倒置T波。T波减低或显著增高多属异常变化，尤其是在同时伴有ST段偏移时更具有诊断意义。

（6）Q—T间期　Q—T间期延长可见于心肌损害、低血钾、低血钙时。Q—T间期缩短见于洋地黄作用、高血钾、高血钙时。

3.7　内窥镜检查

人类医学和外科手术应用内窥镜仪器，设计出适用于不同器官的内窥镜类型，兽医必须仔细选择最通用的产品，提供一个有效的解决方案，以应对医疗和外科手术的挑战。

内窥镜成像系统包括光源、光传输电缆、内窥镜、摄像机和监视器。在许多可弯曲的内窥镜上，透光电缆永久地连接在内窥镜上，并且有一个接口，可以直接插入光源。许多附件和辅助仪器可以添加到基本的内窥镜系统。还有一些内窥镜设备增加了诊断和治疗功能。附件包括用于活检、抓取、抽吸、注射、细胞学取样的器械，还有电刀手术和激光手术的仪器，用于吸入、注入、灌溉的泵，用于记录、储存及打印照片和保存视频资料的数字管理系统。

（1）软质内镜　软性内窥镜可以沿弯曲的路径向前伸，因此它通常被应用于具有弯角或弯曲的管道或带有管腔的解剖部位（胃肠道、呼吸道、雄性泌尿道等）。软质内镜比硬质内镜昂贵，需要更多的维护和保养。

软性内窥镜有两种，一种是纤维镜，一种是电子镜。两者之间的区别是传感图像的原理不同。纤维内窥镜，图像来自远端镜头，通过一束束光学纤维进入目镜。而电子镜是通过电荷耦合装置（CCD）芯片，通过电子方式，将图像从远端传送到视频监视器。视频成像也使内窥镜工作更有效地为一旁的助理提供帮助，共同协调进行整个内窥镜操作。

软式内镜的直径从14mm到小于1mm不等。工作通道是内窥镜的一部分，诸如活检钳等辅助器械被推送到病患体内。由于它们的通用性，在小动物实践中最流行的内窥镜是胃镜，它有四个方向可以偏转（上、下、左、右）。影像对于胃肠道导航的成功是至关重要的，特别是通过幽门和回肠口，是最具挑战性的操作。一个直径小于9mm，长度至少为130cm的胃镜适合于大多数猫和狗的上消化道和下消化道内窥镜，同时，这也适用于中、大型犬气管支气管镜检查。

软式内窥镜适合对管状结构器官的纵深进行彻底的检查（如肠、犬尿道），而硬式内窥镜更适合检查非管状结构，如腹腔、胸腔或关节腔。在设计上它也比软式内窥镜简单得多，而且更便宜。

（2）硬质内镜　硬式内窥镜是高质量的医疗级内镜，不能弯曲；但有不同的视角和视野，术者可通过不同型号的内镜从不同方向进行观察。硬式内镜用来检查没有孔道或管腔的体腔（腹腔、胸腔、关节腔）。硬质内镜具有优质的光学效果和较低的成本，兽医中的耳镜、雌性膀胱镜、鼻镜、结肠镜、食管镜和胃镜等应用的多为硬质内镜。硬质内镜棱镜光学系统成像效果要优于软质内镜纤维光学系统或者数字图像成像系统。

硬式内窥镜设备主要由光源、气腹机、视频成像系统、摄像头、视频监视器和记录设备组成。刚性和半刚性内窥镜镜头外径从1mm到10mm不等。范围越大承载光的能力和产生的图像也越大。小内窥镜的侵入性较小，适用范围较小（如鼻腔、雌性动物尿道、关节腔）。硬质内窥镜在小动物中的常见医学应用包括腹腔镜、胸腔镜、尿道膀胱镜、鼻镜、喉镜、关节镜、阴道镜、耳镜检查，鸟类和异宠的内窥镜检查。

3.7.1 食道镜

食管镜检查是指利用内窥镜设备对食管内腔和黏膜进行检查。在大多数情况下，食道镜检查是基于临床病史、X光影像或者造影的提示后进行的。X光和造影是记录食道异常、运动功能障碍、血管环异常和食道裂孔疝的首选方法。食管镜检查是对黏膜损伤或管腔阻塞的最好诊断，如食管炎、食道狭窄、食道异物、食管肿瘤。食道镜不仅是一种有价值的检查诊断方法，而且也可以作为一种治疗手段，例如移除食道异物，食道狭窄时进行球囊扩张，辅助激光治疗食管肿瘤等。

3.7.2 胃镜

胃镜检查主要是发现胃黏膜的异常，但同时也可能发现由于周围器官的肿块或增大而使胃的正常解剖关系被移位或挤压变形。胃镜引导的活检为许多疾病提供了快速和可靠的评估。胃镜检查显著提高了对胃的诊断能力，突出了胃黏膜病变的多发性。

胃镜检查的适应证包括胃病的临床体征，包括恶心、流涎、呕吐、呕血、黑便、不明原因的呼吸异常改变和厌食症。

胃镜检查一般不会在钡造影检查后12~24h内进行，除非发现胃异物。这通常有足够的时间来完全清除钡，并进行彻底的黏膜检查。内窥镜的通道不应该用来吸引未稀释的钡，因为残渣可能会附着在通道壁上。

胃部检查的六个基本区域：贲门、胃底部、胃体部、胃角、胃窦部、幽门部。

3.7.3　十二指肠镜

当幽门放松并允许内窥镜进入十二指肠时，常能有明显的感觉。意识到这种感觉是很重要的，由于幽门与十二指肠之间的夹角较大，一旦通过幽门就需要进行方向改变，使内镜头落入十二指肠管。如果不改变方向，内窥镜头可能会卡在十二指肠近端。顺时针旋转两个控制旋钮，使内窥镜尖端向下和向右偏转，有利于进入大多数犬和猫的十二指肠近端。一旦到了那里，通过逆时针方向转动内部控制旋钮就可以看到十二指肠管。当穿过幽门，绕过十二指肠前曲后，就可以看见十二指肠降部的肠腔。

仔细检查十二指肠上部可以发现十二指肠乳头（犬有 2 个，猫有 1 个）。由于乳头位于十二指肠前曲后方，常常会被忽略。它们通常是较小、白色、相对扁平的隆起物。内镜沿着十二指肠降部缓慢向下推进，直到使用了内镜的大部分的工作长度，这时可能达到十二指肠后曲。对于有些患病动物，在此弯曲处可检查较短的十二指肠降部和空肠近端。由于胃内插入管的旋转降低了内镜端部在十二指肠中的活动性，因此需要采用侧滑技术才能穿过十二指肠和空肠弯曲部。

正常十二指肠黏膜比胃黏膜红，也可能是淡黄色的。黏膜下血管不明显。由于存在十二指肠绒毛，黏膜呈颗粒样外观。十二指肠黏膜比胃黏膜更脆弱，因此，当内镜通过弯曲时常在正常黏膜中留下线性黏膜损伤。异常的十二指肠黏膜常表现为明显的颗粒性和脆弱性。这些异常常与肠道炎性疾病有关。在评估十二指肠颗粒性时必须仔细，因为肠管膨胀的程度对十二指肠的形态影响非常大。

3.7.4　大肠镜

大肠镜在许多小动物大肠疾病诊疗中应用广泛，它是犬、猫大肠疾病中最常用的手段。对于大多数病例，为了获得准确的诊断结果，大肠镜检查是一种安全、微创、高度动态的检查方法。由于犬、猫大肠解剖结构简单，大肠镜检查相对容易。临床医生需要了解正常和异常的内镜解剖学，对结肠镜检查技术有良好的理解。

大肠镜检查是犬和猫许多疾病诊断和治疗的重要手段，常见疾病有：急慢性结肠炎、大肠肿瘤和息肉、寄生虫感染和大肠溃疡，如慢性大肠腹泻、里急后重、大便黏液过多或者便血。此外，结肠镜检查可用于炎症性和肿瘤性结肠疾病的治疗性监测。结肠镜检查最常见的指征是对犬、猫慢性大肠腹泻的结肠黏膜进行肉眼和放大检查。大肠腹泻的临床症状包括小体积大便频繁排出、里急后重、便血及大便黏液过多。因为引起慢性腹泻的原因很多，所以应该遵循一个全面而合理的诊断计划。初步诊断计划，犬猫慢性大肠腹泻应该包括完整的病史，彻底的临床身体检查，包括直肠指诊、粪便检查、贾第鞭毛虫检查、直肠细胞学分析和消化饮食试验等。

另外，大肠镜是对大肠肿瘤检查和诊断最好的方法，如直肠癌、腺癌、淋巴瘤等。

大肠镜检查可评估整个直肠、结肠、盲肠的黏膜表面，在一些中型犬中可评估回肠远端。外径小于 10mm、工作长度为 100cm 的软式内窥镜是在犬猫结肠镜检查时的首选内窥镜。对于大型或巨型犬，可能用上 140cm 工作长度的大肠镜，以确保能达到盲肠。内窥镜尖端的四向控制可以让镜头从横结肠转入到升结肠。获取足够大小的组织样本以进行组织学诊断，这将通过至少 2.8mm 的活检通道来实现。

大肠镜检查的主要并发症是穿孔。在插入肠镜、充气、采样的过程中都有穿孔的危险。若发生穿孔，继续充气，动物的腹部会立即膨胀，可通过腹壁的触诊或气腹 X 线检查等方法判断是否发生穿孔。穿孔后需要立即进行外科治疗。若未及时治疗，会引发腹膜炎，动物会出现发热、腹痛、呕吐等症状。X线检查可进行确诊（在腹部有游离的气体和渗出物），此外还可以采用腹部穿刺及灌洗等方式进行诊断（往往有化脓性腹膜炎及细菌的存在）。其他的并发症还有过多出血及检查后腹泻。这些情况一般会自愈，不需要特殊的治疗。检查后很少发生感染，当然每次检查前后不及时对器械进行清洗消毒会造成医源性感染。

3.7.5　喉镜与支气管镜

喉镜检查是为了评估犬猫喉部结构和功能而进行的视觉检查。喉部疾病最常见的症状是犬猫上呼吸道的呼吸音异常或加重（喘鸣），可能导致喉结构或功能障碍的症状包括运动不耐受、气道狭窄、呼吸窘迫、吸气困难、吸气延长、发绀、呼噜声加重、饮食后咳嗽等。在任何支气管镜检查前都应先进行喉镜检查。

支气管镜在人类医学临床中应用广泛，在过去的30年里，在兽医领域，支气管镜也成为临床中一项重要的诊断技术。通过支气管镜，我们可以更好地了解气道壁结构和功能的许多病理变化的性质、血管范围和分布。利用支气管肺泡灌洗技术可以从原发或后发肿瘤病变中分离出脱落的细胞，从而更有效地分期和治疗癌症。

适应证：支气管镜使用最常见的适应证是急性或慢性咳嗽，常规药物治疗无反应，或不明原因的肺部影像学浸润。支气管镜检查可用于区分咳嗽原因，心脏、呼吸系统疾病、肺部肿瘤疾病，在肿瘤的分期方面也具有非常重要的价值。当支气管镜检查和喉镜检查未能直接眼观确认原因时，需要进一步病灶采样进行实验室检测，例如微生物培养、菌种鉴定及药敏测试、细胞学和组织病理学分析。取样刷可以直接进入感兴趣的特定区域，因此呼吸道分支内受感染区域的微生物取样在很大程度上得到了支气管镜的引导。

支气管镜检查本身无特异性禁忌证。然而，所有标准支气管镜的直径都比用于猫的气管内插管大，因此，对猫科动物进行支气管镜检查时必须快速、熟练地进行，以避免可预见的低氧血症和呼吸道损害。

3.7.6　腹腔镜

腹腔镜是一种微创手术技术，与传统的开腹手术有许多相同的操作。腹腔镜是利用二氧化碳气体注入产生的光学空间进行的。初始注入是使用导管，通过小切口放置，或使用套管针，使用Hasson技术放置。一旦腹膜腔膨胀，腹腔镜通过套管进入腹腔，并放置额外的套管。通过这些额外的套管，手术设备和探查活检器械也进入腹部。与胸腔镜相比，腹腔镜插管部位必须保持气密性，以防止二氧化碳和光学空间的损失。与其他微创技术相比，腹腔镜技术具有创伤小、诊断准确和恢复快速等特点，是一种优先选择的技术。最初在小动物临床诊疗中，腹腔镜技术仅仅作为一种诊断工具，但是现在更多关注于腹腔镜微创手术技术。

腹腔镜技术的适应证主要是两大方面：腹腔镜检查采样和腹腔镜手术。腹腔镜检查的适应证包括肝脏、胆囊、肾脏、肾上腺、前列腺、胰腺、淋巴结、脾脏活组织、腹腔不明肿块、胃肠道、腹膜等器官组织的检查与活检。

腹腔镜手术的常见适应证：卵巢摘除/卵巢子宫摘除、腹腔内隐睾、胆囊摘除、胃固定、肾上腺摘除、辅助膀胱镜膀胱结石取出、辅助小肠肿瘤切除等。

禁忌证：常见的禁忌证与传统开腹手术类似，主要涉及到动物本身的麻醉风险和各器官的功能是否健全。在探查活检方面，腹腔镜手术通常比传统的开腹手术更安全，如果需要大量切除器官组织时，通常选择开腹手术。

3.7.7　胸腔镜

胸腔镜为探索和治疗提供了机会。胸部内的介入手术，仅通过5mm或10mm的多个切口进行，极大地扩展了超声和先进的成像技术的诊断和治疗技术的范围。避免了肋骨和胸骨的明显扩张，显著降低了传统开胸手术的围手术期发病率。内镜高亮度的照明和放大效果不仅使胸腔镜对胸内结构和病变的观察远优于传统开胸手术，同时还能使手术延伸到传统手术不能到达的区域。胸腔镜检查技术可以克服传统开胸外科手术所带来的亚宏观损伤的难题。胸腔镜可以完成对胸膜壁层、纵隔、肺、淋巴结、膈膜和心包的评估，之后可采集标本进行病理检查和需氧、厌氧、真菌培养。与腹腔镜不同，胸腔镜操作过程中需要建立气胸，不需要像腹腔镜那样打气。胸腔穿刺器的头不需要尖锐，以免损伤肺实质。带螺纹孔的套管是有帮助的，因为在进行胸腔镜评估的器械更换期间，它们仍然保持在原位。

胸腔镜在手术方面包括：心包积液、限制性心包炎、动脉导管未闭（PDA）、气胸、自发性气胸、肺叶瘤变、伴有持续性右主动脉弓（PRAA）的巨食管、乳糜胸、脓胸等。

胸腔镜检查用于诊断或治疗胸腔积液，心包积液、肺部疾病、纵隔病变、淋巴结病、乳糜胸、肺肿块病变动脉导管未闭（PDA）、自发性气胸等疾病。胸腔镜的优点是不仅可以看到胸腔的所有区域，还可以大大增强放大和照明，从而增加了发现小病变的可能性。组织病理学检查可获得多个异常标本，小的或早期的病变很容易通过胸腔镜发现。

在检查诊断方面，胸腔镜和腹腔镜的手术器械是可互换的。与腹腔镜一样，手术器械的使用取决于病患的大小，5mm器械是最通用的，然而，较小的病患可能适合使用2.7mm器械，大的病患可能使用10mm器械。随着胸腔镜技术和训练的进步，将需要更多的器械。器官和病变的观察、测量和采样尤其重要。在每一次胸腔镜检查中都要考虑细胞学评价、细菌培养和敏感性试验、真菌培养和组织病理学检查。

胸腔镜并发症与开胸手术类似，术后出血或气胸，可能需要治疗。胸腔镜手术仍有扩散肿瘤的可能性报道，包括人类与犬猫。应注意避免这种并发症，但在胸腔镜检查前并不总是知道胸腔内是否已经有广泛的瘤变，如间皮瘤，可影响套管位置。活检或肿块切除后，用内镜下取袋取走标本，尽量避免污染转移。

3.7.8 膀胱镜

膀胱镜是泌尿生殖系统的微创诊断和治疗工具，在过去10年的应用越来越广泛。膀胱镜检查的优点和效率使它成为一种临床必要的实用技术。

膀胱镜可用于检查泌尿系统的各种病变，可用其观察起源于或穿透黏膜的肿瘤、测量肿瘤的范围和采集活体样本，用其确定慢性炎症的界限并且可以采集活体组织样本，做病理切片和组织培养研究；可用于确定炎性涉及的范围和评估膀胱扩张力、收缩力。尿道膀胱镜可用于检查泌尿道的损伤，并能快速检查整个尿路。用膀胱镜可以有效地检查膀胱憩室。

膀胱镜可以用于异位输尿管诊断治疗和息肉、肿瘤及癌症的诊断。膀胱镜检查的适应证包括慢性或反复泌尿道感染、血尿、排尿困难、尿频、尿路结石、尿失禁、尿沉底形态异常、腹部X线片和超声异常。经尿道硬式膀胱镜检查常用于母犬和母猫。小直径的半硬式内窥镜用于公猫，常规尺寸是1.9mm。而公犬常需要小直径的软式内窥镜进行检查。

3.7.9 阴道镜

目前，阴道镜对阴道的检查诊断提供了极大的便利。阴道镜和外鞘配合，可以对阴道进行细胞学、组织病理学和微生物培养等样本采集操作，大大提高了临床中对阴道的检查与诊断。相比之下，X光影像对雌性动物生殖道提供的信息极少，而造影可能需要麻醉，同时仅对管腔进行评估；超声检查提供了关于生殖道的良好信息，但对盆腔内阴道的穿透性有限；通过腹腔镜或开腹手术对雌性生殖道进行取样是创伤较大的，而且盆腔内阴道段也难以检查仔细。阴道镜检查（常与膀胱镜检查结合使用）可用于诊断阴道异常分泌物、外阴过度舔舐/剥离、外阴皮炎、排尿困难、漏尿、尿失禁、发情异常、生殖困难或泌尿生殖发育异常等。

对临床兽医来说，阴道内镜检查在犬生殖领域的应用有良好前景。精液冷冻和应用冷冻精液进行人工授精技术已经有很长历史了，而在犬繁殖领域，直到最近十年，使用阴道镜判断发情阶段和进行人工授精，也是比较常见的操作。阴道镜引导下，把解冻好的精液通过导管进行宫内授精，然而，授精技术仍具挑战性。

3.7.10　鼻腔镜

鼻腔镜检查是鼻腔疾病检查诊断的重要组成部分。有效的鼻腔镜可以轻易进入鼻腔，对鼻腔进行详细的检查、录像和诊断。鼻腔镜检查常与血检、胸片、头颅片、CT 或 MRI 等诊断学结合使用。它提供了对鼻腔、鼻咽和一些病患额窦的可视化检查。慢性、顽固的鼻疾病是犬和猫的一个令人沮丧的问题，主要的疾病往往很难诊断。

鼻腔镜检查适应证包括慢性间歇到阵发性打喷嚏，流鼻涕、鼻塞，鼻出血和鼻气流阻塞。鼻镜检查是诊断和缓解鼻肿瘤、鼻异物、细菌性和真菌性鼻炎以及获得性和先天性鼻解剖异常（如鼻和鼻部狭窄）的有效工具。

常见鼻腔镜检查诊断的鼻腔疾病包括：淋巴浆细胞性鼻炎、嗜酸性鼻炎、真菌性鼻炎、肿瘤、异物、牙病（口鼻漏）、寄生性鼻炎、鼻咽狭窄、腭裂、中耳炎、病毒感染。

禁忌证：有原发性或继发性凝血异常的动物禁用鼻腔镜检查；出现延长或过度鼻出血的高血压病患禁用；当疾病进展已渗入筛状板或有颅内压增高的情况时，应非常谨慎地进行鼻腔镜检查。

可供选择的鼻腔镜设备有许多。最有效的工具是具有可冲洗外鞘的硬式内窥镜，并具有下器械的通道。软式内窥镜在鼻腔部分很少需要用到，但鼻后孔检查时是必不可少的。硬式内窥镜是鼻腔镜检查的主要工具。两种硬质内窥镜尺寸通常用于小动物鼻腔镜检查，1.9mm 和 2.7mm 的 30°视野内窥镜，用于充分评估大多数猫和犬鼻腔检查和操作。对于体重小于 10kg 的猫和犬，首选 1.9mm 30°内窥镜。对于体重超过 10kg 的病患，最好使用直径 2.7mm 的多用途内窥镜，鼻腔镜外鞘带有三孔，方便注水、吸引和下器械。硬式内窥镜的主要优点是能够提供可靠的空间定位、高流量冲洗和物理杠杆用于不同的鼻腔镜技术，便于诊断活检。

鼻腔镜并发症可能诱发的鼻出血一般持续 1～7d，在鼻刮治术后出血最长可达 2 周。宠主应该提前知道这一点，以便在家里做出适当的安排，以适应这种暂时的副作用。

3.7.11　耳道镜

耳部疾病是犬猫最常见的情况之一，宠主寻求兽医服务，而兽医师经常在耳病的临床诊断和治疗方面遇到难题。这些疾病经常给兽医的诊断和治疗带来挑战。耳镜检查彻底改变了兽医耳科的实践，它允许更好的耳道内的可视化，这有助于耳部疾病的诊断和管理，使耳部疾病的图片和录像保存成为可能，并有助于宠主沟通关于耳部疾病的预防和治疗。

当宠主的宠物有耳疾时，他们最常抱怨的是摇头、抓耳、耳分泌物、耳臭，以及操纵耳朵时的疼痛。在某些情况下，可能会出现神经体征，如面神经麻痹、霍纳氏综合征、前庭紊乱或耳聋，这可能表明需要评估患宠的中耳或内耳疾病。

急性外耳炎的初始诊断计划除了耳道检查外，还应包括耳道分泌物的细胞学分析，以便确定耳道内是否存在感染源，如果存在，应推荐对应的初始治疗。对于慢性复发性外耳炎，除了对耳道分泌物进行细胞学分析和耳道检查外，还需要诊断以确定复发性外耳炎的原因，并对患宠并发中耳炎进行评估。

一旦决定进行深耳冲洗，患宠的耳朵需要为冲洗过程做好准备。要进行适当的冲洗，需要使垂直和水平的耳道尽可能打开，以便能看到鼓膜。要做到这一点，动物应该开始外用和全身应用糖皮质激素2～3周之后再深度冲洗耳道。

3.7.12 关节镜

关节镜手术是兽医外科中较新的一门学科。关节镜最初进展缓慢。关节镜检查具有侵袭小、创伤轻、手术时间短和恢复快等优点。小型关节镜可以放置到关节的深部，加上观察角度（大多都是30°），这样就比直视手术观察到更大的区域。关节镜可以放大关节内的结构，比X线检查、CT和MRI观察到的解剖构造和病理变化更清晰。在关节镜下可以见到被直视手术忽视的次级损伤。

关节镜手术是目前犬许多常见关节疾病的治疗方法，在许多病例中已经取代了传统手术。宠物临床使用这项技术仍然处于初级阶段。关节镜手术的适应证因关节而异。

（1）肘关节　最常见的适应证包括破裂的内侧冠状突、肘关节骨软骨炎。较少见的适应证包括免疫介导性关节炎或关节囊瘤变的关节囊活检，髁突骨折的评估，或肘关节骨折复位和关节清创。

（2）肩关节　最常见的适应证包括肱骨头骨软骨炎、肱二头肌腱鞘炎、肩关节内侧不稳定性评估。较少见的适应证包括关节囊活检、关节骨折的评估或感染性关节炎的清创。

（3）膝关节　最常见的损伤包括膝关节骨软骨炎、半月板切除术或前十字韧带断裂和前十字韧带残端清创术。较少见的适应证包括髁突或髌骨骨折的评估或化脓性关节的清创。

（4）跗关节、腕关节和髋关节　髋关节可以在关节镜下评估软骨状况和完整性。跗关节可以评估骨软骨炎病变，这些可以使用关节镜的方法。很少检查腕关节。

关节镜手术没有明显针对的禁忌证。最常见的禁忌证可能是动物或关节太小而不能检查。当使用1.9mm的关节镜时，即使是体重在12～13kg的犬也可以进行关节镜检查，但是对于非常小的犬和猫来说，关节镜检查可能是困难或不可能的。患有严重关节炎和关节活动度差的动物可能会给宠物医生带来挑战。

3.8 CT检查

CT是X射线计算机断层摄影（Computed tomography）的简称，CT不是X射线直接摄影，而是利用X线对动物机体某一层面进行扫描，就像机体被切成一系列薄片，由探测器接收透过该层面的X线，通过光电转换和数模转换等计算机处理技术获得重建图像。CT的应用，明显提高了病患病灶的检出率和诊断的准确率，显著扩大了兽医临床影像诊断的应用领域，从而极大地促进了医疗诊断的发展。广义上，CT成像也属于X线数字化成像。

（1）CT成像包括三个连续过程

① 获取扫描层面的数字化信息：用高度准直的X线束环绕病患对动物机体一定厚度的横断层面进行扫描，就像机体被切成一系列薄片，由探测器接收透过该层面的X线，并转化为数字信息。

② 获取扫描层面各个体素的X线吸收系数：将扫描层面分为若干个体积相同的立方体或长方体，称之为体素；各个扫描方向上的这些体素X线吸收系数的叠加量会转化为数字信息，然后输入计算机中，经过计算机处理，运用不同算法将其分开，即可获得该扫描层面各个体素

的 X 线吸收系数，并依照原来的位置排列为数字矩阵。

③ 获取 CT 灰阶图像：将扫描层面的数字矩阵依照数值的高低赋予不同的灰阶，进而转化为黑白不同灰度的方形图像单元，称之为像素，即可重建为 CT 灰阶图像。

（2）CT 图像的主要优点

① 普通 X 射线照片是动物机体结构的重叠影像，而 CT 则一般是与动物体长轴相垂直的一组横断面连续图像。即将所检查的部位，分别重建成一层一层的横断面像，每层的厚度一般为 10cm，根据需要可以更薄，如 2～5cm。因而检查精密，很少受组织或器官重叠的干扰。按顺序观察各层面图像，便可了解某器官或病变的总体影像。

② CT 最大的优点是密度分辨力高，相当于传统 X 线成像的 10～20 倍。因此，能够清晰显示密度差别小的软组织结构和器官还有病变的部位。普通 X 线平片密度差别在 10% 以上时，才能形成影像；而 CT 可以分辨 0.1%～0.5% 的密度差别。例如腹部平片对肝、脾、肾、胃肠道等，均不能清晰地显示，而 CT 扫描，它们的横断面像则十分清楚。颅骨干片看不到脑室、脑池、脑沟和基底节等结构，而头部 CT 则可一目了然。

③ 灵敏度高，能以数字形式做定量分析，能充分有效地利用 X 射线信息。如器官、组织和病变的密度，能以 CT 值检测出来。

3.8.1 CT 检查方法选择

（1）平扫检查　平扫是指不用对比剂（不包括应用了胃肠道对比剂）的扫描，针对一些病变，常规一般先平扫，例如支气管扩张、肾结石、肝囊肿和胃肠道异物。

（2）对比增强检查　即由静脉注射碘造影剂后，立即进行扫描，这样可以提高正常组织和病变组织的对比度和分辨力，从而提高诊断的精确度。

（3）三维图像显示　利用不同组织数字信息的不同，三维显示出复杂结构的全貌，立体感增强。主要用于立体显示心血管系统、呼吸系统和骨骼系统以及与毗邻结构的关系。目前 CT 主要运用于脑脊髓、纵隔与肺、肝脏、胆道、胰腺、脾脏、肾脏与肾上腺及盆腔器官的检查。在国外对小动物的一些五官科疾病，如眶内占位、鼻窦癌、中耳病变、内听道肿瘤也具有较高的诊断能力。近几年来，还发展了动态 CT 检查、CT 造影检查等新技术。CT 诊断的能力和范围正在逐步扩大。

CT 与核素显像、超声图像相比，CT 图像更清晰，解剖关系更明确，病变检出率和诊断率也较高，几乎可以用于动物体各部的检查。但 CT 仪器价格昂贵，检查室要求条件高，检查费用高，有些疾病能用其他方法作出诊断者，不宜首先采用。同时我国目前的动物医院，甚至高等院校兽医院，限于经济条件，还很少能够配备该设备。然而随着伴侣动物、小动物在人们生活中地位的改变，宠物爱好者的增多，城乡人民生活水平的不断提高，宠物保健和疾病治疗的需要，CT 在不远的将来也会像医学界一样，成为临床诊断常规的医疗设备之一。

3.8.2 CT 临床应用

（1）骨骼肌肉 CT 检查

关节异常的检查：分离性骨软骨病（OCD）、关节发育异常、关节骨折、继发性关节疾病（关节炎）等。

复杂骨科手术的预判：粉碎性骨折、骨盆骨折、头部骨折、脊柱骨折和成角肢体畸形矫正手术等、骨肿瘤的确定和评估。

（2）脊柱 CT 检查　对外伤性、退行性、炎性、肿瘤性和先天性椎管骨性病变有良好敏感性，可鉴别椎管内钙化或非钙化椎间盘物质，确定脊髓受压程度和方向。局限性在于软组织对比能力较弱，限制了对脊髓细微病变的鉴别，在这方面 CT 不如 MRI 敏感。

（3）腹部 CT 检查　肝脏、脾脏和肾脏等实质器官的检查如肿瘤、囊肿，胃肠道疾病的检查如胃肠道肿物、胃壁肠壁增厚、肿瘤等，胰腺炎及胰腺肿瘤的检查，泌尿道疾病的检查如膀胱肿瘤（移行上皮癌），肾上腺疾病的检查如肾上腺肿瘤。

（4）胸部 CT 检查　气管支气管的检查如支气管扩张、支气管癌；肺部的检查如肺部癌症、肿瘤、肺塌陷、创伤、肺叶扭转；纵隔肿物的检查如胸腺瘤、纵隔囊肿、纵隔脂肪瘤等；胸膜腔的检查如气胸、胸腔积液、乳糜胸、脓胸。

（5）头部 CT 检查　中枢神经系统（颅神经）的肿瘤或炎性疾病的检查如脑和垂体；颅骨异常（创伤、先天异常、肿瘤）的检查；鼻腔、鼻窦、额窦疾病（炎性疾病、肿瘤、创伤）的检查；耳道疾病（外耳、中耳、内耳）的检查。

近几年来，还发展了动态 CT 检查、CT 造影检查等新技术。CT 诊断的能力和范围正在逐步扩大。CT 成像的前沿领域如灌注成像技术、动态造影技术、CT 引导脑活检、CT-超声融合、正电子发射断层造影术（评估新陈代谢活性）、双能量 CT 的不断发展，逐步显示 CT 图像系统带给宠物临床诊断和治疗的巨大潜力。

CT 仪器价格昂贵，检查室要求条件高，检查费用高，有些疾病能用其他方法作出诊断者，不宜首先采用。但我国目前的动物医院，如各个高等院校兽医院，逐步添加不同类型的 CT 系统，将对宠物的健康保健和疾病诊断治疗方面产生积极影响。

3.9　核磁共振检查

核磁共振成像（MRI）是利用强外磁场内机体中的氢原子核在特定射频脉冲作用下产生磁共振现象，所进行的一种崭新的医学成像技术。MRI 技术是当代医学影像学中的一项重大变革。MRI 的成像基础与传统放射影像技术有本质的不同，它是利用原子核在磁场内共振而产生影像的一种全新的影像诊断方法。核磁共振现象原先被用于化学分析领域，1973 年 Lauterbus 和 Damdlm 率先进行核磁共振人体成像实验。1978 年 MRI 的图像质量已达到早期 X 射线 CT 的水平，1981 年完成了 MRI 全身扫描图像。后来 MRI 被逐渐用于医学临床，近年来国外一些高校和高档次的动物医院也开始用核磁共振技术诊断动物疾病。

3.9.1　核磁共振成像

核磁共振成像的主要结构有 3 大部分：磁体、磁共振波谱仪、图像重建显示系统。

（1）磁体系统包括主磁体、梯度线圈磁场和射频磁场，它们负责激发原子核产生共振信号，并为共振核进行空间定位提供三维空间信息。

（2）核磁共振波谱仪是射频发射和信号采集装置，在磁共振成像中起"承上启下"的作用。它采集的信号，通过适当接口，传送给电子计算机进行分析处理。

（3）图像重建和显示系统负责信号数据采集、处理和显示。从波谱仪传来的信号，经计算机处理后成为数字信号，再经数模转换后由显示装置产生各种断层图像。由于各种组织的 MRI 信号强度不同，它们之间的信号图像便形成了鲜明对比。MRI 检查可获得动物体横断面、矢状面和冠状面三种图像。它提供的图像信息大于其他许多影像技术，并且没有辐射危害。

进行 MRI 时，患病动物被送入一个具有强磁场的长管型装置，强磁场使得体内所有的氢原子有序排列，而仪器发出的射频脉冲则打乱这种有序排列。这些放出的能量被一个称为接收线圈（receive coil）的装置所测量并转成电信号送至 MRI 扫描仪计算机，电信号在那里数字化后成像，与 CT 一样，MRI 图像也可以合成三维图像并以各种方式表现和储存。

MRI 设备产生强磁场，需特别注意病患身上是否有金属性物体，例如是否有骨科植入物、心脏起搏器、注射芯片等，另外检查室内严禁携带任何铁磁性物体，否则这些因素都可能影响图像质量，甚至可能对病患产生伤害。

3.9.2 MRI 临床诊断应用

（1）脑部

① 先天性异常：脑积水、水脑畸形和脑穿通畸形、颅内蛛网膜憩室、颅内表皮样囊肿（珠光瘤）和皮痒囊肿、无脑回畸形、多小脑回畸形、先天性小脑不发育或发育不全等。

② 老年动物认知障碍：丘脑间黏合太小、海马大小变化（仍有争议）、白质异常、血管损伤相关的病灶、大脑萎缩伴脑室增大和沟回增宽、代谢性脑病等。

③ 炎性脑病：感染性：病毒、细菌、真菌、寄生虫感染引起的脑膜炎、脑炎和脑膜脑炎；非感染性：免疫介导性、肉芽肿性、坏死性脑膜脑炎；肿瘤性：脑膜瘤、胶质瘤、脉络丛肿瘤、室管膜瘤。

④ 中枢神经系统相关的肿瘤：垂体肿瘤、三叉神经鞘瘤。

（2）脊髓

① 先天性脊柱异常：骨化异常、神经管缺损/未闭、脊髓蛛网膜憩室、颅颈接合异常等。

② 获得性脊柱异常：脊髓空洞症、椎间盘疾病、炎性疾病、脉管疾病、颈椎型脊椎病、代谢性/营养性/中毒性/退行性脊髓病、创伤（骨折、脱位等）、肿瘤。

目前 MRI 在神经系统应用较为成熟和成功，主要用于诊断脑部和脊髓疾病。尤其对于脑干、枕大孔区、脊髓与椎间盘的显示明显优于 CT。核磁共振对软组织检查也相当敏感，在显示关节病变及软组织方面显示了优越性。随着 MRI 技术的不断成熟和完善，它已开始应用于全身各系统检查，包括心血管、呼吸、消化等脏器以及五官等。MRI 已成为影像诊断学方面不可缺少的具有很大潜力的一种手段。

第四章

实验室检查方法

4.1 血液学检查准备

4.1.1 血液标本类型

（1）全血

① 静脉全血：来自静脉的全血，血液标本应用最多，采血的部位依据动物种类而定，犬猫常用部位有颈静脉、前臂头静脉、后肢隐外静脉、隐内静脉等。

② 动脉全血：主要用于血气分析，采血部位主要为股动脉。

③ 毛细血管全血：少量采血时可在耳、唇、足垫等处针刺取数滴，适用于仅需微量血液的检验。

（2）血浆

全血抗凝离心后除去血细胞成分即为血浆，用于血浆化学成分的测定和凝血试验等。

（3）血清

血清是血液离体自然凝固分离出来的液体。血清与血浆相比较，主要缺乏纤维蛋白原。血清主要用于兽医临床化学和免疫学等检测。

（4）分离或浓缩的血细胞成分

有些特殊的检验项目需要特定的细胞作为标本，如浓集的粒细胞、淋巴细胞、分离的单个核细胞等。

4.1.2 血样的采集方法

血液标本的采集按部位分为静脉采血、动脉采血和心脏采血，按采血方式又可分为普通采血法和真空采血法。一般采用静脉采血法。

（1）静脉采血法 犬猫静脉采血部位常取头静脉、颈外静脉和外侧隐静脉。中大型犬最好是头静脉，小型犬和猫常取颈外静脉（图 4-1）。

准备器材：主要是试管、注射器、消毒器材等。

动物保定：动物适当保定，小型犬和猫俯卧保定于桌子上；中型犬可以俯卧或坐在桌子上；大型犬可坐在地上，保定人员跨在犬身上。暴露穿刺部位，触摸选择容易固定、明显可见的静脉，如颈静脉、前肢静脉、后肢静脉。

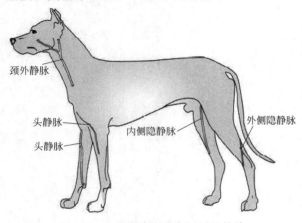

颈外静脉

头静脉

头静脉

内侧隐静脉

外侧隐静脉

图 4-1 犬猫静脉血采集可选的静脉

① 颈外静脉采血：在头颈充分伸展的情况下，于颈中下方颈静脉处剪毛消毒，术者一手压迫胸腔入口处的颈静脉沟，使颈静脉怒张，另一手持注射器采血（图 4-2、图 4-3）。

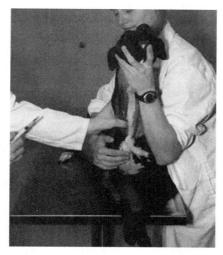 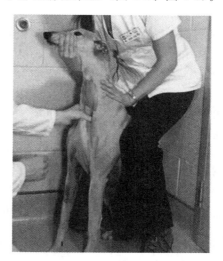

图 4-2　中型犬颈静脉穿刺的保定　　　　　图 4-3　大型犬颈静脉穿刺的保定

② 头静脉采血：如果抽取右前肢的头静脉血，助手站在犬的左边，将左臂置于犬的下颌下方以固定头颈，右手托住右前肢肘部，使前肢向前伸展，并用拇指按压头静脉使其怒张（图 4-4）。

③ 外侧隐静脉采血：侧卧保定，采血肢在上，助手一手握住后肢小腿上方，在跗关节上方外侧剪毛消毒，可看清位于皮下怒张的静脉。但该静脉在皮下游离性大，血管短，常造成采血困难（图 4-5）。

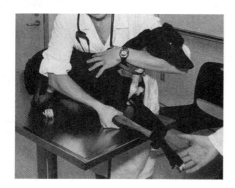 

图 4-4　犬进行头静脉穿刺的保定　　　　　图 4-5　猫进行内侧隐静脉穿刺的保定

以头静脉采血为例，操作步骤如下：在采血部位近心端扎压脉带（松紧适宜），使静脉充盈暴露。消毒静脉穿刺处；左手拇指绷紧皮肤并固定静脉穿刺部位，沿静脉走向呈 30°角使针头刺入静脉腔，见有回血后，将针头沿血管方向探入少许，以免采血针头滑出，但不可用力深刺，以免造成血肿；同时松解压脉带。右手固定注射器，缓缓抽动注射器内芯至所需血量后，用消毒干棉球按压穿刺点，迅速拔出针头，继续按压穿刺点数分钟。

采血注意事项：根据检查项目、所需采血量选择试管；严格执行无菌操作，严禁在输液、输血的针头或皮管内抽取血液标本。抽血时切忌将针栓回推，以免注射器中气泡进入血管形成气栓；抽血不宜过于用力，以免产生泡沫而溶血。处理血液要轻柔，转动血液采集管使之与抗凝剂混匀，但不能左右摇晃采集管。

（2）动脉血采集　为检测呼吸功能，进行血气分析，需采集动脉血液。通常于股动脉处采集。该动脉解剖位置浅，易触摸采集。在近端股内侧中线附近可触摸到股动脉，紧贴耻骨肌的头侧。该动脉的走向从近端到远端，与股静脉伴行并在其前方。

准备器材：消毒器材，肝素钠，动脉血气注射器等。

动物保定：侧卧保定，外展并蜷曲上方的后肢，以便暴露出下侧肢。通过对爪部的牵引伸展下侧的肢体。需要一个助手拉平皮肤褶、后部乳腺或包皮，以方便暴露腹股沟区域。如有必要，对股动脉上方剃毛，酒精消毒（图4-6）。

采血操作：尽可能用辅助手的食指和中指触诊腹股沟处股动脉跳动最强的点（图4-7）。轻轻地将指尖放在动脉上，使两个指头都可以触到动脉脉搏。在两指间跳动的动脉处刺入肝素化注射器的针头。当穿透动脉时，血流会出现在针座中。控制稳针头，并抽吸血液。一旦采集到血样，拔出针头并迅速直接压迫穿刺部位。按压3min，以防止出现血肿。推出针头和注射器中所有的气泡，盖帽密封样本。尽快分析样本，如果不能立即分析，要将样本保存在冰中。

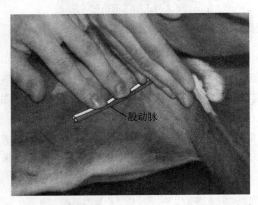

图4-6　在近端股内侧中线附近可触摸到股动脉

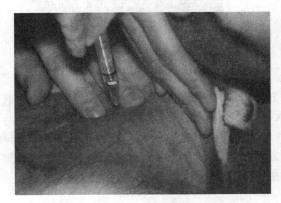

图4-7　犬股动脉采血

（3）心脏采血　必要时，可在胸右侧第4或第5肋间的胸骨之上，肘突水平线上，进行心脏穿刺。采血时用长约5cm的乳胶管连接在注射器上，手持针头，垂直进针，边刺边回抽注射器活塞，将血采出。

（4）真空采血法　真空采血法又称为负压采血法，具有计量准确、传送方便、封闭无菌、标识醒目、刻度清晰、容易保存等优点。主要原理是将有胶塞头盖的采血管抽成不同的真空度，利用针头、针筒和试管组合成全封闭的真空采血系统，实现自动定量采血。

主要器材：真空采血系统由持针器、双向采血针、采血管构成。可进行一次进针，多管采血。静脉选择和消毒：同普通静脉采血法。

（5）采血注意事项

① 避免空气：用于血气分析的标本，采集后立即封闭针头斜面，再混匀。

② 立即送检：标本采集后立即送检，若不能立即送检，则应置于2～6℃保存，但不应超过2h。

③ 防止血肿：采血完毕，拔出针头后，用消毒干棉球按压采血处止血。

4.1.3　血液的抗凝

自静脉或心脏采出的血液，一般可装在小试管中或带橡皮塞的抗生素小瓶中。不需要血清检验项目，如血常规检验及全血分析，应事先加入一定比例的抗凝剂。所谓抗凝剂就是采用物理或化学方法除去或抑制某种凝血因子的活性，以阻止血液凝固。这种阻止血液凝固的物质称为抗凝剂或抗凝物质。常用的抗凝剂有下列几种：

（1）乙二胺四乙酸二钠（EDTA二钠）　为常用抗凝剂之一，其优点是对血细胞形态影响很小，可防止血小板聚集，在室温下数小时内，对血红蛋白、血小板记数、血片染色均无不良影响。通常配成10%溶液，每2滴可使5mL血液不凝固。但不能用于输血。另外，还有EDTA二钾抗凝剂。

（2）草酸钾　优点为溶解度大，抗凝作用强。缺点为能使红细胞缩小，不适用于红细胞比容的测定。用量：取草酸钾结晶少许（约10mg）置于试管或小瓶中，采血5mL，轻轻混匀即可。或用10%草酸钾液0.1mL，分装于小瓶中，置烘箱（温度控制在45℃左右，不得超过80℃）干燥后备用，可使5mL血液不凝固。

（3）草酸铵　也可作抗凝剂，但它可使红细胞膨胀，故常常将其与草酸钾配合成合剂使用。配方为：草酸铵6g、草酸钾4g、蒸馏水1000mL，每5mL血液用2滴即可抗凝。也可取此液0.1mL，分装于小瓶内，在45℃烘箱中烘干备用，可使5mL血液不凝固。但草酸盐抗凝血，不能用于输血。

（4）枸橼酸钠（又称柠檬酸钠）　常在血沉测定和输血时用，不适用于血液化学检验。配成3.8%溶液，与要采血量1∶10比例加入。

（5）肝素　优点在于抗凝作用强，不影响红细胞的大小，对血液化学分析干扰少。但不宜做纤维蛋白原测定，其抗凝血涂片染色时，白细胞的着染性较差。常配成0.5%～1%溶液，2滴可使3～5mL血液不凝固。

4.1.4　血样的处理

（1）分离血清或血浆　标本采集后就应及时采用离心法分离血清或血浆。需用血清的，采血时不加抗凝剂，采血后血液置于室温或37℃恒温箱中，血液凝固后，将析出的血清移至容器内冷藏或冷冻保存。需用血浆者，采抗凝血，将其及时离心（2000～3000r/min）5～10min，吸取血浆于密封小瓶等容器中冷冻保存。注意，进行血液电解质检测的血清或血浆不应混入血细胞或溶血。

（2）分离细胞　分离细胞原则上先是根据各类细胞的大小、沉降率、黏附和吞噬能力加以粗分，然后依据不同的检验目的，加以选择性分离。

（3）制作血涂片　根据检验目的，血液采集后，立即将血片涂好并固定。

处理血液标本时应特别注意：把每一份标本都看作是无法重新获得、唯一的标本，必须小心地采集、保存、运送、检测和报告；

要视所有的标本都有传染性，有可能对人体造成损害或具有扩毒性，应注明标识；

严禁直接用口吸取标本，避免标本与皮肤接触或污染器皿的外部和实验台；

检验完毕，标本必须消毒处理，标本容器要高压消毒、销毁、焚烧等。

4.1.5　血液标本保存

血样保存最长期限，白细胞计数为2～3h，红细胞计数为24h，血红蛋白测定为1d，红细胞沉降率为2～3h，血细胞压积容量测定为24h，血小板记数为1h。

血液标本保存应当在规定的时间内、确保标本特性稳定的条件下，按要求分为室温保存、冷藏保存、冷冻保存。

（1）分离后标本若不能及时检测或需保留以备复查时，一般应置于4℃冰箱。

（2）立即送检标本如血氨（密封送检）、红细胞沉降率、血气分析（密封送检）、酸性磷酸酶、乳酸及各种细菌培养，特别是厌氧菌培养等。

（3）检测后标本　检测后标本不能立即处理掉，应根据标本性质和要求按照规定时间保存，以备复查需要。在需要重新测定时，确保标本检索快速有效。保存的原则是在有效的保存期内被检测物质不会发生明显改变。

（4）标本信息的保存　保存检验标本时应包括标本信息的保存，且与分离的血浆或血清标本相对应。

4.1.6　血样的送检

不能当场进行检验的样品，要装在保温瓶中，内垫好泡沫或棉花。送样时尽量减少震动，以免引起破损和溶血。送检样品根据需要，分别送抗凝全血、血清或血浆。如果需要进行白细胞分类记数或血孢子虫检查，还应附送固定好的血液涂片。送检的样本应具唯一标识，除编号之外，还包括宠主姓名、动物种类、地址等基本信息。最好采用电子化条形码系统进行标识。

4.1.7　检验后血液标本的处理

根据《实验室生物安全通用要求》，实验室废弃物管理的目的如下：将操作、收集、运输及处理废弃物的危险减至最小，将其对环境的有害作用减至最小。因此，检验后废弃的血液标本应由专人负责处理，根据《医疗废物管理条例》，用专用的容器或袋子包装，由专人送到指定的消毒地点集中，一般由专门机构采用焚烧的办法处理。

4.2　血常规检查

血液检查常检的项目包括：红细胞计数（RBC）、血红蛋白（HGB，Hb）、红细胞比容（Hct，PCV）、平均红细胞体积（MCV）、平均红细胞血红蛋白量（MCH）、平均红细胞血红蛋白浓度（MCHC）、红细胞体积分布宽度（RDW-CV，RDM-SD）、白细胞计数（WBC）、白细胞三分类或五分类、血小板计数（PLT）、血小板比容（PCT）、平均血小板体积（MPV）、血小板体积分布宽度（PDW-CV，PDW-SD）、大血小板比率（P-LCR），还有红细胞体积分布直方图、白细胞体积分布直方图和血小板体积分布直方图等。

血液常规检验可通过人工计数或血细胞自动分析仪完成。过去是手工操作，随着兽医诊疗行业的发展，血细胞自动分析仪已经越来越广泛地应用在各个动物医院和诊所，既方便又准确。人工计数由于其繁琐性，已逐步淡出历史舞台。血液检验仪器种类颇多，不同种类的血液检验仪器，操作方法不完全相同，使用时按说明书操作即可。一般血液检验仪都附有检验项目的参考值，兽医可根据仪器检验值和参考值的对照，进行疾病诊断。

血液自动检验仪主要分四大类：光学型、电学型、激光型和干式细胞检验型。其中电学型中的电阻法和激光型两种检验法是比较成功的方法。

血液检验当前较先进的仪器，能够检验38个项目和3个细胞体积分布直方图。常用的自动血液分析仪多是检验血液18项和3个直方图，其中白细胞分类为三分类法，即淋巴细胞类、中间细胞类和颗粒细胞类。

4.2.1　红细胞计数

红细胞（RBC）计数用于诊断贫血和对贫血进行形态学分类。常用的标本为末梢血或ED-TA抗凝静脉血，方法为显微镜计数法或血液分析仪法。

哺乳类动物外周血液里的红细胞基本上无细胞核，禽类都有细胞核。犬的血液量为

84mL/kg（78～88mL/kg），猫为 64mL/kg（62～66mL/kg）。红细胞存活时间，犬为 100～120d，猫为 66～78d。采血检验用抗凝剂，最多的是 EDTA 二钠或 EDTA 二钾，其次是肝素锂和枸橼酸钠。正常参考值：犬 $5.5×10^{12}$～$8.5×10^{12}$ 个/L，猫 $5×10^{12}$～$10×10^{12}$ 个/L。

（1）红细胞增多

相对性红细胞增多：指血浆量减少，血液浓缩，动物机体内红细胞绝对数不变。见于：

① 脱水：水丢失（呕吐、腹泻、大出汗和多饮多尿）、水的摄取减少、子宫蓄脓。

② 休克：外伤性的、过敏性的和急腹症性的休克等。

③ 兴奋性脾脏收缩：释放脾内的贮藏血细胞，能使红细胞比容增加 10%～15%。

④ 大面积烧伤。

绝对性红细胞增多：是红细胞增生所致，血浆量不变。

① 原发性：红细胞增多症（骨髓增殖性紊乱或肿瘤）、慢性肺心病、家族性和不明原因性异常增多等。

② 继发性：红细胞生成素的水平增加，是非造血系统疾病。

红细胞生成素代偿性增多：如慢性氧不足（高海拔、慢性心脏或肺脏疾病）、心血管分路问题（如永久性动脉导管、法乐氏四联症等）。

红细胞生成素非代偿性增多：见于肾肿瘤、肾盂积水、肾囊肿、一些内分泌紊乱如肾上腺皮质机能亢进。

③ 异常血红蛋白病：因血红蛋白携氧量少而造成。

（2）红细胞减少

正常减少见于：正常幼年犬猫红细胞数较成年犬猫少（减少 10%～20%），其血红蛋白和红细胞比容相对也少。妊娠、蛋白血症、老年犬猫也减少。

红细胞丢失过速：一般为红细胞再生性贫血，通常是增加了红细胞丢失或增加了红细胞的破坏。临床上见于：

① 出血或失血：分急性和慢性出血，内出血和外出血。

② 溶血

血管内溶血：细菌感染、红细胞内外寄生虫，如猫或犬血液支原体（巴尔通氏体）、犬巴贝斯虫；化学和植物毒物损伤、代谢紊乱、免疫介导性疾病（不相称的输血、新生幼犬溶血和自身免疫溶血性贫血）、腔静脉（红细胞碎裂）综合征、低渗透压、铜和锌中毒、洋葱和大葱中毒、低磷血症、遗传性溶血性贫血（如丙酮酸激酶缺乏、果糖磷酸激酶缺乏）。

血管外溶血：脾功能亢进、球蛋白合成异常。

红细胞再生性贫血外周血管里网织红细胞增多，血液检验时，其网织红细胞可达 $0.8×10^{12}$～$2×10^{12}$/L。

③ 红细胞生成减少：一般为非再生性贫血或骨髓机能不全性贫血。

细细胞生成减少（降低增殖）、红细胞生成素缺乏（肾疾患引起）、慢性炎症（如肝脏）、恶性肿瘤、多种感染（如埃里克体病、猫泛白细胞减少症、猫白血病病毒感染、猫免疫缺陷病病毒感染、犬细小病毒病等）、细胞毒素性骨髓损伤、骨髓痨（Myelophthisis，骨髓被其他非造血组织替代、全骨髓萎缩、白血病或骨髓肿瘤）、骨髓纤维化；营养不良，如缺乏铁、铜和维生素 B_{12} 及叶酸；甲状腺机能降低和肾上腺皮质机能降低。

红细胞分化和成熟障碍：核酸合成障碍、血红素和珠蛋白合成缺陷综合征。

④ 药物引起的减少：雌激素、氯霉素、保泰松、磺胺嘧啶及苯基丁氮酮中毒。

⑤ 相对减少：见于肝硬化、脾肿大、体内滞钠保水，血浆量增多。

4.2.2 红细胞比容（Hct）

所用标本：温氏法用肝素或 EDTA 抗凝静脉血 2mL，血液分析仪法与全血细胞计数同时测定，不需另备标本。

温氏法原理：将抗凝血装入 100 刻度的玻璃管中，经离心一定时间后，红细胞下沉并压紧，读取红细胞所占的百分比。Hct 是抗凝血在离心管内离心后获得的，其从上层向下依次是空管部分（E）、血浆（D）、淡黄层（C）、红细胞层（B）、废物层（A）或叫黏土层，见图 4-8。健康犬的 PCV 为 37％～55％，健康猫的 PCV 为 30％～45％。

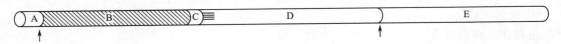

图 4-8　离心管里抗凝血离心后

温氏法操作：用长针头抽取抗凝血，注入温氏管底部，由下至上挤入血液到刻度 10 处，3000r/min，离心 30～40min。当沉淀的红细胞稳定时，读取红细胞柱的刻度数，即为红细胞比容，常以百分率表示。为提高准确性，一般应再离心 10min 后再读结果，如与第一次读数相同，即可报告。

临床意义：基本上与红细胞计数相同。红细胞比容增高见于各种原因引起的脱水，造成血液黏稠、红细胞相对增加的结果。如急性胃肠炎、液胀性胃扩张、肠阻塞、胃肠破裂、渗出性腹膜炎等，通常可从 PCV 增高的程度估计患病宠物的脱水程度并粗略地估计输液量的多少。红细胞比容降低，见于各种原因引起的贫血。血浆颜色改变，有助于判断某些疾病。如颜色深黄，为血浆中直接胆红素或间接胆红素增加，见于肝脏疾病、胆道阻塞、溶血性疾病等；颜色呈淡红或暗红色，为溶血性疾病的特征。

4.2.3 血红蛋白含量

测定血红蛋白（HGB）的方法很多，有比色法、比重法、血氧法、测铁法、全自动血液分析仪法等。所用标本同红细胞计数。临床意义基本上相同于红细胞计数。但动物贫血时，血红蛋白和红细胞减少程度不一样。如严重低色素性贫血时，血红蛋白减少比红细胞更明显。而大红细胞性贫血时，红细胞减少比血红蛋白明显。在脂血症时，常引起血红蛋白值增加。犬猫吃洋葱或大葱引起的溶血，病初血红蛋白增多，几天后就减少了。临床上同时检验红细胞和血红蛋白，对贫血类型鉴别较有意义。

正常参考值：犬 120～180g/L，猫 80～150g/L。

4.2.4 红细胞沉降速度

红细胞沉降速度简称为血沉（ESR），是指抗凝血加入特制的血沉管中，在一定时间内观察红细胞下沉的毫米数。ESR 广泛应用在狗血液检验，猫用得较少。测定血沉的方法很多，有魏氏法、温氏法、潘氏法、倾斜法、微量法等。常用的为魏氏法，健康犬 30min 为 1mm，60min 为 2mm。

（1）血沉加快

① 一般情况下的增加：见于钱串状红细胞、白细胞、球蛋白、纤维蛋白原或胆固醇增多，白蛋白和血细胞比容减少、X 射线照射、高温、妊娠等。疾病见于：

a.感染：见于急性全身感染、急性局部浆膜感染（腹膜炎、胸膜炎和心外膜炎）、慢性局部感染（如局部化脓等）。

b.炎症性疾病，因血液中多种蛋白增多引起。

c.甲状腺机能降低，肾上腺皮质机能亢进。

d.组织损伤或坏死，包括外科手术和各种损伤。

e.恶性肿瘤导致周围组织破坏时增加，良性肿瘤血沉正常。

② 特殊情况下增加：见于狗的犬瘟热、犬传染性肝炎、钩端螺旋体病、子宫蓄脓、慢性间质性肾炎、放射损伤、犬恶丝虫病、急性细菌性心内膜炎、心肌炎和心肌变性、肺炎、腹膜炎、沙门氏菌病、骨折、锥虫病等。

（2）血沉减慢　一般见于严重脱水（大出汗、腹泻、呕吐和多尿）、肠变位、肠阻塞、白蛋白增多、气温低、抗凝剂多、应用磺胺和糖皮质激素、异常红细胞等。

4.2.5　红细胞指数

红细胞指数（Erythrocyte indices）也叫红细胞平均值，常用于鉴别贫血的性质（表 4-1）。测定方法常用血液分析仪法。

（1）平均红细胞容积（MCV）　每个红细胞的平均体积。单位：10^{-15} L（fL）。

① 增大：见于大红细胞性贫血。正常幼犬猫比成年犬猫相对较大，平均红细胞血红蛋白量（MCH）也相对较多。

a.再生性贫血时，骨髓活性增加，外周血液中未成熟红细胞增多，见于急性出血和溶血性贫血。

b.维生素 B_{12} 和叶酸缺乏，引起巨红细胞性贫血。

c.某些肝脏疾病、骨髓痨（全骨髓萎缩），一些骨髓增殖性疾病，以及猫白血病病毒引起的非再生性贫血。

d.某些观赏犬品种（如小型贵妇犬）。

e.人为因素（如凝血）。

② 减少：见于小红细胞性贫血。

a.铁缺乏和一些动物的铜缺乏。慢性失血引起的小红细胞低色素性贫血。

b.尿毒症、慢性炎症或疾病（轻度减少）引起单纯性小红细胞性贫血。

c.门腔静脉分流（Portosystemic shunts）

d.正常日本秋田犬和柴犬，其红细胞较其他品种犬小很多。

（2）平均红细胞血红蛋白量（MCH）　每个红细胞内所含血红蛋白的平均量。单位：10^{-12} g（pg）。

① 增多：见于一些巨红细胞性贫血（维生素 B_{12}、叶酸缺乏）和一些溶血，溶血性增多为假性增多。

② 减少：小红细胞性贫血，见于铁、铜和维生素 B_6 缺乏，慢性失血、慢性炎症和尿毒症。

（3）平均红细胞血红蛋白浓度（MCHC）　每升或每分升红细胞中所含血红蛋白克数。单位：克/升（g/L）或克/分升（g/dL）。

① 增多：免疫介导性贫血（球形红细胞增多）和一些溶血，由于增加了细胞外血红蛋白，产生假性增多。脂血症和海恩茨小体增多时，以及人为溶血。

② 减少：铁缺乏和网织红细胞增多，见于慢性失血性贫血。

（4）犬猫 MCV、MCH 和 MCHC 参考值见表 4-1。

表 4-1　犬猫 MCV、MCH 和 MCHC 参考值

项目	犬	猫
MCV/fL	60～77	39～55
MCH/Pg	19.5～24.5	13～17
MCHC/(g/dL)	32～36	30～36

4.2.6　白细胞计数

白细胞包括中性粒细胞、淋巴细胞、单核细胞、嗜酸性粒细胞和嗜碱性粒细胞 5 种。炎症、感染、组织损伤和白血病时，引起白细胞（WBC）数量变化。因此，白细胞计数是临床上最常用的检验项目之一，计数方法有显微镜计数法和自动血液分析仪法。

用血液仪检验白细胞时，先用血液溶解剂溶解无核红细胞，再检验白细胞。但溶血剂不能溶解有核红细胞，因此血液检验仪就把它们作为白细胞计入白细胞总数内。此时应手工涂片染色，显微镜下计数 100 个有核细胞，并检查出 100 个有核细胞中的有核红细胞有多少个，并计算出占有核细胞的百分数（%），然后进行真正白细胞数的计算校正，其方法如下：

$$校正白细胞数＝有核细胞数×（1－有核红细胞的百分率）$$

另外，巨大血小板、血小板凝块和带海恩茨小体的红细胞，也可能引起白细胞增多。

正常参考值：犬 $6×10^9$～$17×10^9$ 个/L，猫 $5.5×10^9$～$19.5×10^9$ 个/L。

（1）生理性增多　有时可达 $20.0×10^9$～$30.0×10^9$ 个/L，但以中性粒细胞增多为主，核不左移或稍左移。有时淋巴细胞也稍增多。

① 恐惧、强烈运动和劳动（引起肾上腺素增多）、采食后、妊娠和分娩。

② 酷热、严寒、兴奋和疼痛等。

（2）病理性变化

① 白细胞总数增多：主要受中性粒细胞数增多的影响。一般白细胞总数超过 $15.0×10^9$ 个/L，便可认为是增多了。

a.病原菌引起的局部或全身急性或慢性炎症和化脓性疾病，如肾炎、子宫炎、子宫蓄脓（可达 $100×10^9$ 个/L）、胸膜炎、肺炎、心内膜炎、钩端螺旋体病、严重脓皮病等。

b.中毒：代谢性中毒、尿毒症、酸中毒、癫痫、化学性中毒、昆虫毒汁、外来蛋白的反应。

c.任何原因引起的组织坏死：梗死、烧伤、坏疽、新生瘤（尤其是恶性肿瘤）。

d.急性出血和急性溶血。

e.肾上腺皮质类固醇作用，包括过量分泌或注射。属于应激性增多的，其特点为叶状中性粒细胞增多（血糖也增多），淋巴细胞和嗜酸性粒细胞减少，有时单核细胞也增多。

f.骨髓增殖性疾病，如淋巴白血病、颗粒细胞白血病、红白血病、红细胞增多性骨组织瘤。

② 白细胞总数减少

a.感染

病毒感染，一般发病开始白细胞减少，有的一直减少。有的有细菌继发感染时，白细胞又增多，如猫泛白细胞减少症、猫白血病、犬细小病毒病、犬瘟热、犬传染性肝炎、猫淋巴肉瘤、猫传染性腹膜炎、鹦鹉热等。

细菌感染，细菌感染或严重局部感染的早期。一般为一时性的，等骨髓产生大量白细胞后又上升。另外，还有急性感染（如严重腹膜炎、急性化脓性子宫炎）、严重细菌感染（蜂窝织炎）、急性沙门氏菌病或细菌内毒素血症。

立克次体病、犬埃立克体病。

原生动物感染，弓形虫病、罗得西亚热。

真菌的组织胞浆菌病。

b.休克：内毒素性的、败血性的和过敏性的休克，这时白细胞停留在肺、肝和脾的毛细血管里。

c.骨髓异常和淋巴肉瘤

减少生成：骨髓萎缩，见于代谢性紊乱的慢性肾炎和继发性营养性甲状旁腺机能亢进，离子辐射和 X 射线照射；骨发育不良如骨髓痨、骨髓增殖性紊乱、骨髓纤维变性、系统性红斑狼疮。

白细胞成熟有缺陷：维生素 B_{12} 和叶酸缺乏，此时中性粒细胞个体变大。

d.药物和化学因素作用

抗生素和磺胺，如头孢菌素、四环素、链霉素、青霉素、磺胺类以及治疗癌症药物。

抗真菌药物：灰黄霉素。

止痛药：阿司匹林、非纳西丁、安替比林、保泰松。

金属毒物：铅、铊、汞和砷等。

e.脾机能亢进或肿大，增加了血细胞的破坏和潴留。

4.2.7 白细胞分类计数

计数方法有血片染色显微镜计数法和自动血液分析仪法。白细胞分为嗜碱性粒细胞（正常时少见）、嗜酸性粒细胞（2%～10%）、嗜中性粒细胞（66%～77%）、淋巴细胞（12%～30%）和单核细胞（3%～10%）。

（1）嗜中性粒细胞（NEU）　嗜中性粒细胞是严重感染和炎症初期最活跃的细胞，通过吞噬作用来消灭入侵的细菌。

① 嗜中性粒细胞增多：嗜中性粒细胞正常生活周期平均 8h（6～12h），全部中性粒细胞更新需要 2～2.5d。犬超过 11.50×10^9 个/L，猫超过 12.50×10^9 个/L 为增多。

a.生理性反应（肾上腺素导致），如害怕、疼痛、奔跑、打架等。是暂时从边缘池释放出来的细胞。不存在核左移，只维持 10～20min，淋巴细胞也增多，一般不超过 1.5×10^9 个/L。

b.应激（内源性皮质类固醇的释放），以分叶核中性粒细胞增多为主，单核细胞也增多；淋巴细胞和嗜酸性粒细胞减少。

c.组织损伤或坏死（需要中性粒细胞吞噬损伤组织）：烧伤、梗死、栓塞、感染细菌、个别病毒（如乙型脑炎病毒、狂犬病病毒）、真菌和寄生虫、恶性肿瘤、免疫复合物疾病、内毒素血症、外来物体、尿毒症、雌激素中毒（早期阶段）、急性昆虫毒和蛇毒中毒。

d.急性或慢性溶血反应和失血性疾病。

e.骨髓增殖性病，如红细胞真性增多症、骨髓纤维化症初期等。

f.颗粒细胞白血病时，一般中性粒细胞超过 50.0×10^9 个/L。

g.杆状核中性粒细胞增多：见于肝胆炎、出血性胃肠炎、急性大出血、脓胸、急性子宫炎、胆汁性腹膜炎和子宫蓄脓。炎症时，由于导致年幼的中性粒细胞从骨髓里释放出来，就出现了"核左移"。炎症严重程度不同，引起外周血液里杆状核中性粒细胞、晚幼中性粒细胞或中幼中性粒细胞增多的程度也不同。白细胞总数不增多，严重核左移（杆状核中性粒细胞多于叶状核中性粒细胞），表明疾病严重，可能预后不良。

h. 铁缺乏虽能引起非再生性贫血，但可引起红细胞生成素分泌增多，使血小板生成增多，出现大血小板。同时也使中性粒细胞生成增多，还可能出现"核左移"。

② 嗜中性粒细胞减少：犬少于 3.00×10^9 个/L、猫少于 2.50×10^9 个/L 为减少，减少到 1.00×10^9 个/L 时，可引发皮肤、黏膜，甚至肺脏、尿路等感染。

a. 中性粒细胞丢失加速或过量使用。

利用和死亡：

（a）过量使用，急性制止细菌感染或严重炎症。

（b）隐居在边缘中性粒细胞池中（伪中性粒细胞减少症），过敏反应、内毒素血症、病毒血症。

（c）脾机能亢进和门脉性肝硬化。自身免疫性疾病，如系统性红斑狼疮。

b. 中性粒细胞的生成减少或再生障碍性贫血。中性粒细胞的生活周期约 8h，由于生命短，故易减少。

感染：

（a）病毒：见于猫白血病、猫免疫缺陷病、犬细小病毒病、猫泛白细胞减少症。

（b）细菌：沙门氏菌严重感染、埃立克体病、脓毒血症、年老体弱动物的感染。

（c）原生动物：弓形虫感染。

化学损伤。欧洲蕨中毒、雌激素中毒（后阶段），细胞毒素药物癌症化学治疗，氯霉素、灰黄霉素、头孢菌素、苯巴比妥、保泰松和磺胺类慢性中毒（引起杜宾犬的各种细胞减少）。

放射性损伤。

骨髓疾病。发育不全性贫血、骨髓痨、骨髓增殖和反应性疾病（见于其他白血病）、骨髓中形成细胞机能减弱（骨纤维化）。

遗传因素。柯利犬的中性粒细胞减少症和维生素 B_{12} 吸收不足。

③ 中性粒细胞有四个不同年龄的池子

a. 增殖池：在骨中心，包括原粒细胞、早幼粒细胞和中幼粒细胞。

b. 成熟池：在骨髓中，包括晚幼中性粒细胞、杆状核中性粒细胞和分叶核中性粒细胞。

c. 边缘中性粒细胞池：即毛细血管。主要是分叶核中性粒细胞，还有杆状核中性粒细胞。

d. 循环池：主要包括分叶核中性粒细胞和杆状核中性粒细胞。犬猫偶尔可见晚幼中性粒细胞。犬的边缘池和循环池的大小几乎相等，但猫的边缘池是循环池的 2～4 倍大。

④ 中性粒细胞的核右移和核左移：分叶核中性粒细胞所占百分数增多或核的分叶细胞增多，称为"核右移"；杆状核中性粒细胞所占百分数增多，称为"核左移"。核左移根据幼稚中性粒细胞种类，分为轻度（杆状核中性粒细胞增多）、中度（杆状核和晚幼中性粒细胞增多）和重度（杆状核、晚幼和中幼中性粒细胞增多）。中性粒细胞的严重"核右移"或"核左移"，都反映动物病情的危重或机体的高度衰竭。中性粒细胞的"核右移"或"核左移"的临床意义如下。

a. 白细胞数和中性粒细胞数增多的同时"核左移"，表示机体造血机能增强，动物机体在积极防病抗病，也是免疫介导性溶血性贫血的一个特征。

b. 中性粒细胞减少的同时"核左移"，表示骨髓造血机能在降低，动物抗病能力在减弱。

c. 中性粒细胞增多的同时"核右移"，表示骨髓造血机能经过调整，能满足患病机体的需要，是预后良好的表现。

d.中性粒细胞减少的同时"核右移"，见于严重性疾病，一般预后不良。

（2）淋巴细胞（LYM） 在外周血液里循环的淋巴细胞，一部分来源于骨髓（占30％，B淋巴细胞），大部分来源于胸腺、脾和外周淋巴组织（占70％，T淋巴细胞）。牛正常淋巴细胞胞浆里，常见有红黑色溶菌体颗粒，犬猫和马罕见。淋巴细胞在血液停留8～12h。

① 淋巴细胞增多：犬超过5.0×10^9个/L为增多，猫超过7.0×10^9个/L为增多。

a.生理性淋巴细胞增生，见于正常的幼犬猫（可达$5.7 \times 10^9 \sim 6.1 \times 10^9$个/L，比成年犬猫多）和疫苗免疫注射后或病愈后（如细小病毒感染愈后），以及恐惧活动、兴奋等释放肾上腺素引起。猫此时淋巴细胞增多可达$6.0 \times 10^9 \sim 20.0 \times 10^9$个/L。

b.慢性感染，见于结核病、埃立克体病、布鲁氏菌病、过敏、自体免疫性疾病（自身免疫性贫血、系统性红斑狼疮等）。慢性炎症时，中性粒细胞增多和核左移，淋巴细胞增生，单核细胞也增多，并有球蛋白和血纤维蛋白原增多。

c.肾上腺皮质功能不足，但此时嗜酸性粒细胞增多。

d.淋巴内皮系统瘤，如淋巴白血病、淋巴肉瘤。此时淋巴细胞增多，个体也大。

e.某些血液寄生虫感染，如巴贝斯虫病、泰勒氏原虫病、锥虫病。

② 淋巴细胞减少：犬少于1.00×10^9个/L、猫少于1.50×10^9个/L为减少。

a.内源性的皮质类固醇释放：见于应激（如衰弱性疾病、外伤、外科手术、疼痛、捕捉、休克），此时淋巴细胞为$0.75 \times 10^9 \sim 1.50 \times 10^9$个/L。也见于肾上腺皮质功能亢进。

b.外源性的皮质类固醇或促肾上腺皮质激素治疗。

c.淋巴丢失，反复排出乳糜、蛋白质丢失性肠病、肠淋巴管扩张、营养不良。

d.淋巴细胞生成受损，免疫抑制性细胞毒药物（包括皮质类固醇应用）、化学疗法、X射线照射和幼猫白血病时胸腺丧失功能，淋巴肉瘤。

e.先天性缺陷，T细胞免疫缺乏。

f.感染因素，病毒（犬瘟热、细小病毒病、猫传染性腹膜炎、猫白血病、免疫缺陷病毒病、狗传染性肝炎）、埃立克体、立克次体、原生动物病（弓形虫病）感染等。

（3）单核细胞（MONO）

① 单核细胞增多：生理性增多，一般幼犬猫稍多些。犬超过1.35×10^9个/L、猫超过0.85×10^9个/L为增多。

a.内源性的皮质类固醇释放：见于各种应激和肾上腺皮质功能亢进。

b.急性和慢性炎症（子宫蓄脓、关节炎、膀胱炎、骨髓炎、前列腺炎）、慢性脓肿、贫血。尤其是急性感染后期增多明显。

c.体腔化脓性炎症。

d.坏死和恶性疾病、单核细胞白血病、免疫疾病。

e.内出血或溶血性疾病（网状内皮增殖）和免疫过程紊乱，如自身免疫溶血性贫血。

f.肉芽肿疾病（结核病）、真菌感染（组织胞浆菌病、隐球菌病等）、埃立克体病、布鲁氏菌病、绿脓杆菌感染、原生动物感染（巴尔通氏体病）和犬恶丝虫病。

② 单核细胞减少：无临床意义。

（4）嗜酸性粒细胞（EOS） 嗜酸性粒细胞具有调整迟发型和速发型过敏反应，杀灭寄生虫和有可能的吞噬细菌、支原体和酵母菌等作用。EOS在血液中游走时间为24～35h。

① 嗜酸性粒细胞增多：犬超过1.00×10^9个/L、猫超过1.50×10^9个/L为增多。但不同地区也有差别，在北美洲正常犬猫的参考范围，南部比北部大些。

a.过敏性疾病，包括皮肤、呼吸道、消化道或雌性生殖道过敏等，表现为轻度或中度增多。如双香豆素类灭鼠药中毒，也可能增多。

b.体内外寄生虫病引起的反应，尤其是内寄生虫表现明显，可增多10%以上，如肺吸虫等。

c.嗜酸性粒细胞的肉芽肿复合物（天疱疮、湿疹）、嗜酸性粒细胞性肌炎、嗜酸性粒细胞肉芽肿、嗜酸性粒细胞性胃肠炎（德国牧羊犬多见）、犬嗜酸性粒细胞性肺炎、猫嗜酸性粒细胞性气管炎。

d.肾上腺皮质功能减退、动情前期。

e.血液病、坏死、转移性新生瘤，尤其是弥散性肥大细胞瘤，有时可达 20.00×10^9 个/L以上。

f.细菌毒素、组胺释放、蛇毒、白细胞溶菌体、物理因素（热、紫外线和 X 射线）。

② 嗜酸性粒细胞减少：犬少于 0.10×10^9 个/L 为减少，正常猫也缺少此细胞。完全消失，表示病情严重。

a.内源性皮质类固醇的释放

应激、疾病、衰弱、中毒、外伤、外科手术、疼痛、捕捉、休克等。应激时只下降4～8h，24h 后恢复正常。

肾上腺皮质功能亢进。

b.外源性皮质类固醇或促肾上腺皮质激素治疗。

c.淋巴肉瘤

（5）嗜碱性粒细胞（BASO） 嗜碱性粒细胞具有调整迟发型和速发型过敏反应、释放肝素和组织胺（血浆脂蛋白酶的激活质）等作用。进入组织（包括血液）的 BASO 能生存10～12d。

① 嗜碱性粒细胞增加：

犬猫超过 0.20×10^9 个/L 为增多。

a.心丝虫病（犬恶丝虫病）、骨髓增殖或纤维化、高血脂症。

b.慢性呼吸道疾病、胃肠疾病、变态反应。

c.肾上腺皮质功能亢进有时增多。

d.甲状腺机能降低、黏液性水肿。

② 嗜碱性粒细胞减少：无意义。

4.2.8 血小板计数

血小板是由骨髓巨核细胞成熟后，细胞质解离而成。血小板计数是诊断出血性疾病必做的检验项目。检验标本为抗凝血，检验方法为人工目视计数法或血细胞分析仪法。

猫血小板大小变化较大，大的和红细胞一样大小，形状有的拉长或呈纸烟状。犬猫血小板无核。禽类或鸟类血小板个体大，有胞核，一般称为"凝血细胞"。格雷猎犬和其他视觉猎犬的血小板数少于其他品种犬约50%。犬猫血小板生活周期3～8d。采血后尽快进行血小板检验，以获得最好结果。

正常参考值：犬 $2 \times 10^9 \sim 9 \times 10^9$ 个/L，猫 $3 \times 10^9 \sim 7 \times 10^9$ 个/L。

（1）血小板增多

① 生理性因素（由于脾脏收缩），见于犬猫兴奋或运动后。

② 血小板的生成增加。

a.反应性或继发性的血小板增多：各种原因的急性大出血、溶血或再生性贫血、外伤、炎症、铁缺乏、脾切除后、吸血性寄生虫寄生。肿瘤（血源性或实质性），骨髓细胞增殖性疾病、猫白血病。但在慢性肾病和甲状腺机能降低时，虽有贫血，血小板也不增多。

b.原发性的血小板增多：见于血小板白血病、红细胞增多症、骨髓增殖和淋巴增多疾病等。

③ 血小板从组织贮藏处的释放（从脾脏中释放），见于急性炎症、急性溶血等。

（2）血小板减少 多见于猫。一般血小板低于 $50×10^9$ 个/L 时，为血小板减少症。少于 $20×10^9$ 个/L 时就有了出血表现，少于 $5×10^9$ 个/L 时开始出血。有时血小板减少，可能是血小板凝集成堆引起，检验时注意区别。抗凝剂 EDTA 二钠，有时也不能防止血小板凝集。正常格雷猎犬的血小板一般比其他品种犬少。有人认为，血小板为 $90×10^9$ ～$150×10^9$ 个/L 为轻度减少，$50×10^9$ ～$90×10^9$ 个/L 为中度减少，少于 $50×10^9$ 个/L 为重度减少。

① 血小板丢失加速或疾病

a.利用和破坏增多、输血不当、出血、败血症、猫白血病、犬瘟热、犬细小病毒病、猫泛白细胞减少症、尿毒症、血管炎、弥散性血管内凝血、巴贝斯虫病、蜱热、立克次体病（埃立克体病）。

b.血小板过量破坏。自体免疫（溶血性贫血、系统性红斑狼疮）、异体免疫和半抗原药物诱导破坏，脾功能亢进，血管肉瘤。在弥漫性血管内凝血或免疫介导性破坏时，由于血小板过量破坏或利用引起的血小板减少症，可能在血片上看到大血小板，或叫变更血小板（Shift platelets），这是骨髓反应性地增多了血小板的生成。在猫白血病病毒感染、弥散性血管内凝血、免疫溶血性贫血时，血小板减少的同时，还可看到变更血小板内颗粒减少和出现空泡。在猫骨髓增殖性病时，也可看到大血小板。在缺铁性贫血时，可看到小血小板增多。

② 血小板的生成障碍

a.生成器官萎缩，如骨髓萎缩、淋巴网状内皮细胞增生瘤、骨髓淀粉样变、淋巴肉瘤、骨髓纤维化（在纤维化发展中，血小板也可能增多）。

b.血小板生成机能减退，如辐射性损伤，再生障碍性贫血。

③ 药物引发血小板减少见于：

a.原发的由药物直接引起，多见于瑞斯托菌素。

b.继发的见于激素，如塞尔托利细胞瘤引发的雌激素过多；抗肿瘤药物，如环磷酰胺、苯丁酸氮芥等；抗菌药，如氯霉素、磺胺嘧啶、灰黄霉素、利巴韦林等。

④ 血小板的异常分布：见于脾肿大、肝病或肝硬化。

⑤ 稀释时血小板的丢失。

4.3 肝脏疾病实验室检查

生化参数用来评估肝脏疾病可以分成两类：反映肝损伤与胆汁淤积的肝酶和肝脏功能指标。在犬和猫，肝细胞损伤最有用的指示酶是丙氨酸氨基转氨酶，但不应该单独使用作为肝脏疾病的筛检试验。其他酶，如碱性磷酸酶和谷氨酰胺转移酶的产生是由肝内和肝外胆汁淤积引起的，是胆汁淤积症的标志。胆红素、血清白蛋白和血清胆汁酸是肝功能的指标。非肝脏疾病（如胰腺炎、糖尿病、肾上腺皮质亢进和炎症性肠病）也会导致这些生化参数的异常。

4.3.1 蛋白质代谢检查

(1) 总蛋白（Total protein，TP）和白蛋白（Albumin，ALB）

① 参考值：总蛋白犬 50～70g/L，猫 60～82g/L。白蛋白犬 22～35g/L，猫 25～39g/L。

血清蛋白主要在肝脏中生成，浆细胞也参与蛋白合成。其中，白蛋白占比最大，约是血清总蛋白浓度的 35％～50％。其他蛋白称为球蛋白。蛋白质的功能多种多样，包括维持血浆渗透压、体内转运物质（如铁蛋白、铜蓝蛋白）、体液免疫、缓冲和酶调节等。

② 检测适应症：蛋白质的测定通常包括在所有动物的初步健康筛查中，但特别是在怀疑肠道、肾脏或肝脏疾病或出血的情况下。

③ 高白蛋白血症：脱水和循环液减少的血液浓缩均可提高血清白蛋白浓度。

④ 低白蛋白血症：肾小球蛋白丢失、肠病和肝功能不全是血清白蛋白浓度低于 20g/L 的最常见原因（表 4-2）。因为白蛋白分子量小，因此在肾脏和肠道疾病中可以选择性丢失。在肠道病变严重时，球蛋白浓度可能同时下降。肝脏是白蛋白合成的唯一场所，血浆蛋白浓度是肝功能的初步指标。然而，蛋白质合成是肝功能衰竭最后阶段的指示指标之一。在临床检查、病史和实验室检查的基础上，可将肾脏、肠道或肝脏疾病作为明显低蛋白血症的病因进行鉴别。肾小球蛋白丢失由正常的球蛋白浓度、无炎症性尿沉渣时的蛋白尿以及尿蛋白/肌酐值的增加来确定。当低蛋白血症与肝病相关时，球蛋白含量可能正常或升高，肝酶变化和肝功能检查异常。很难确定蛋白丢失性肠病是低蛋白血症的原因，但是临床症状（包括腹泻和体重减轻）和血清球蛋白浓度的同时下降可提供支持证据。鉴别诊断包括肠肿瘤（弥漫性和局限性）、严重炎症性肠病和淋巴管扩张。

表 4-2　丢失蛋白的原因

丢失增加	生成减少	体腔积液
肾小球蛋白丢失	肝功能不全	腹水
蛋白丢失性肠病	营养不良	组织水肿
皮肤损伤如烧伤	消化不良	
外出血	吸收不良	

与营养变化相关的血浆蛋白的改变通常很细微，但严格的蛋白限制会导致低白蛋白血症和低蛋白血症。在将饮食影响或消化/吸收不良作为低蛋白血症的主要原因之前，应排除低蛋白血症的其他原因。

(2) 球蛋白（Globulin，GLO）

① 参考值：犬 22～45g/L，猫 26～50g/L。

② 低球蛋白血症：最常见的病理原因是出血和蛋白丢失性肠病。

③ 高球蛋白血症：血浆球蛋白常通过血浆总蛋白和白蛋白测算。球蛋白升高说明存在慢性炎症或免疫球蛋白病。显著的球蛋白升高由于血浆黏性增加导致严重后果。

犬血浆球蛋白显著升高最常见于多发性骨髓瘤，猫传染性腹膜炎（FIP）是高球蛋白血症（球蛋白>60g/L）的常见原因（表 4-3）。然而，高球蛋白血症（总蛋白>78g/L）仅在 55％ 的渗出型 FIP 和 75％ 的干性 FIP 中被发现。FIP 的确诊需要组织样本的组织学评价，腹腔液、血清蛋白电泳和冠状病毒滴定度的分析通常提供支持证据。血清蛋白电泳显示出的最常见多克隆免疫球蛋白病，但在 FIP 上不是特异病征。有人认为，腹腔液中白蛋白/球蛋白值有助于确定或排除诊断 FIP。多发性骨髓瘤是犬单克隆性免疫球蛋白病最常见的病因。猫的单克隆免疫球蛋白病在兽医文献中很少被描述。

表 4-3　犬猫高球蛋白血症的原因

多克隆免疫球蛋白病	单克隆免疫球蛋白病
感染：	肿瘤：
细菌性疾病	巨球蛋白血症
病毒性疾病（如 FIP）	多发性骨髓瘤
免疫介导性疾病：	淋巴肉瘤
系统性红斑狼疮	猫传染性腹膜炎（罕见）
风湿关节炎	
免疫介导性溶血性贫血	
免疫介导性血小板减少症	
肿瘤，尤其是淋巴肉瘤	

4.3.2　脂类代谢功能检查

（1）胆固醇 （Total Cholesterol，TC）

① 参考值：犬 2.7～9.5mmol/L，猫 1.5～6.0mmol/L。

胆固醇是机体组织中最常见的类固醇，是类固醇激素和胆盐合成的前体化合物。它也是细胞膜和髓鞘的主要结构成分。机体大部分的胆固醇是由肝脏合成的，但其余的胆固醇来自于饮食。多余的胆固醇通过胆汁排泄出来。

② 检测适应证：内分泌疾病往往会出现高胆固醇血。在体检时经常做胆固醇检测。血浆胆固醇升高本身并不是导致犬猫临床疾病的主要原因。继发于甲状腺功能减退的犬表现明显的高胆固醇和高甘油三酯，可能会有外周血管疾病和角膜损伤的出现。

③ 低胆固醇的原因：消化不良/吸收不良、蛋白丢失性肠病尤其是犬肠内淋巴管扩张症（肠内淋巴管引流受损，淋巴管渗漏至肠内）、严重的肝功能不全（伴有血清胆汁酸的显著增加），在肝硬化门静脉血管畸形的犬中也很常见。咪唑硫嘌呤、口服氨基糖苷类、静脉注射安乃近也会引起低胆固醇。

④ 高胆固醇的原因：食后增加，但不会超出正常范围。内分泌疾病（糖尿病、甲状腺功能减退、肾上腺皮质功能亢进）一般并发甘油三酯的升高，另外胆汁郁积疾病、肾病综合征时也出现高胆固醇血。还有先天性高脂血症、伯瑞犬的高胆固醇血症。如果出现明显持续的高胆固醇，必须做进一步特殊检查（脂蛋白电泳），区分脂蛋白类型。药物（皮质类固醇、苯妥英、噻嗪类利尿药）的使用也会引起胆固醇升高。

（2）甘油三酯 （Triglyceride，TG）

① 参考值：犬 0.3～1.2mmol/L，猫 0.3～1.2mmol/L。

甘油三酯是机体中最主要的脂类物质，存于脂肪组织，为机体组织提供能量。可从食物中获得，也可被肝脏合成。

② 检测适应证：禁食后出现高甘油三酯血症，一般与疾病发生相关。高甘油三酯会使血清或血浆混浊，所以禁食是必须的。临床表现复发性腹痛，消化道症状，癫痫。

③ 低甘油三酯血症的原因：虽然在一些急性和慢性肝脏疾病的病例中有报道，但甘油三酸酯低血症一般不与任何特殊的疾病保持持续的相关性。

④ 高甘油三酯血症的原因：最常见的原因是食后高脂血症。样品为禁食 12h 后收集的，且出现高甘油三酯血症，可见于继发性高脂血症（如甲状腺机能减退、糖尿病、肾上腺皮质机能亢进、急性胰腺炎）或者原发性的高脂血症（如小型雪纳瑞犬自发性高脂血症、猫家族乳糜微粒血症、自发性高甘油三酯血症）。

（3）乳糜微粒（Chylomicron Test）　可清除表明餐后脂血症。脂血症由乳糜微粒状甘油三酯或极低密度脂肪引起。此检测可区分脂血是因餐后还是代谢产生的极低密度脂肪。收集血样入冰箱 6h，乳糜微粒在上层，而极低密度脂肪保持悬浮而不透明。

（4）脂蛋白电泳（Lipoprotein Electrophoresis）　电泳很少用于分类脂蛋白。不明原因的禁饲后持续高脂血症可进行脂质载体蛋白电泳分离，电泳虽可以分离脂蛋白但却不能说明高脂血症背后的原因。乳糜微粒，包含来源于脂肪摄入和肠黏膜合成的甘油三酯。

极低密度脂蛋白（VLDLs），含大量甘油三酯，由肝脏合成。

低密度脂蛋白（LDLs），含大量胆固醇，经脂蛋白脂酶降解 VLDLs 中的甘油三酯后形成。

高密度脂蛋白（HLDLs），是胆固醇的主要载体，由肝脏合成。

4.3.3　胆红素代谢检查

血清总胆红素（Total Bilirubin，TBIL）

① 参考值：犬 0～6.8μmol/L，猫 0～6.8μmol/L。

胆红素是血液循环中衰老红细胞在肝、脾及骨髓的单核-吞噬细胞系统中分解和破坏的产物，红细胞破坏释放出血红蛋白，然后代谢生成游离珠蛋白和血红素，血红素经微粒体血红素氧化酶的作用，生成胆绿素，进一步被催化还原为胆红素。新形成的脂溶性胆红素（未结合胆红素或间接胆红素，IBIL）随后与白蛋白结合，从而促进其通过血浆水相转移到肝脏。在肝细胞中，胆红素与葡萄糖醛酸结合，形成水溶性分子（结合胆红素或直接胆红素，DBIL）。

② 检测适应证：临床检查发现黄疸、血清或血浆可见黄疸或疑似肝脏疾病时，应测量胆红素。当血清胆红素为 25～35μmol/L 时，可检测到犬的临床黄疸表现。

③ 高血胆红素的原因：黄疸可根据其潜在的病理过程进行分类：肝前黄疸（胆红素分泌增加，如溶血性贫血和内出血），肝性黄疸（胆红素摄取或结合障碍），肝后黄疸（胆道系统梗阻）。所有黄疸动物需完整的血液学特征评价以排除肝前病因的可能性。溶血性贫血的特征性表现包括明显的网织红细胞增多（红细胞再生的指标）、红细胞的自身凝集和球形细胞的形成。血小板计数和血清蛋白通常在参考范围内。以前认为测量直接胆红素和间接胆红素有助于确定黄疸的原因。然而，在现在看来，犬和猫的情况并非如此，肝脏、溶血性和胆道疾病在这些部分中均可产生不同程度的增加。肝前、肝性和肝后黄疸的鉴别需要进行全面的血液学和生化检查（包括红细胞总量的测定、血液涂片检查和肝功能检查），可能还需要检查胆道。在某些情况下，肝活检也是必要的。

4.3.4　胆汁酸代谢检查

参考值：犬 0～15μmol/L，猫 0～15μmol/L。

初级胆汁酸（Bile Acids，BA）（胆酸和去氧胆酸）由胆固醇在肝脏中产生，然后与牛磺酸或甘氨酸结合，分泌到胆道里，储存在胆囊里。胆囊收缩（摄入食物刺激）释放胆汁酸进入肠道，促进消化和吸收膳食脂肪。胆汁酸被回肠有效地重新吸收，其中很少量的胆汁酸通过粪便排泄。总胆汁酸可能在一餐中经历 2～5 次肠肝循环。

（1）检测适应证　当怀疑存在肝脏疾病时，生化检验时应包含胆汁酸。这些动物的临床症状可能包括肝肿大、小肝和中枢神经系统症状异常。

（2）胆汁酸增加的原因　禁食后血清胆汁酸浓度升高可能与原发性或继发性肝动脉疾病有关。该方法有助于诊断肝功能障碍，但不提示肝脏病变的性质或是否可恢复。胆汁酸浓度超过30μmol/L 通常与组织学病变有关，在这些病例中活检可能有帮助。重要的是要记住，即使禁食时胆汁酸浓度大于30μmol/L，组织学改变仍然可能与肝外疾病相关，例如肾上腺皮质亢进。胆汁酸刺激实验能增加检测灵敏性，方法是检测禁食 12h 后胆汁酸浓度及喂食脂肪后 2h 的胆汁酸浓度。

4.3.5　血清酶及同工酶检查

（1）血清丙氨酸氨基转移酶（Alanine aminotransferase，ALT）

参考值：犬＜100IU/L，猫＜75IU/L。

ALT 存在于犬和猫的肝细胞胞浆和肌肉组织中。随着肝细胞膜通透性的增加或细胞坏死，血清中的酶活性升高。前者可能只是缺氧的结果不能反映细胞死亡。急性肝损伤后 12h 内可观察到血清 ALT 升高，但实验性胆汁淤积后 3～4d 可达到峰值。ALT 升高程度与肝细胞损伤数量有关，但并不表示损伤的严重程度或是否可恢复。ALT 活性不是肝功能的指标。

① 检测适应证：血清 ALT 可作为肝脏疾病的辅助诊断指标，当临床症状可能提示肝病时，如体重下降、厌食症、多饮、呕吐、腹泻、腹水和黄疸，也测定血清 ALT。

② ALT 活性升高：影响肝脏的大多数疾病可能会导致血清 ALT 活性升高，但实质疾病/损伤、胆管炎、胆管肝炎、慢性肝炎、缺氧、肝硬化和弥漫性瘤变，例如淋巴瘤（淋巴肉瘤）可能导致 ALT 活性显著升高。然而，在某些情况下，这些疾病可能伴随着 ALT 活性轻微的升高或不变。

③ ALT 活性降低：血清酶活性的人为降低可能是底物耗竭的结果。为了排除这种现象，需要对样品进行稀释和重复测定。ALT 活性降低（低于参考范围）一般认为不具有临床意义，但应考虑慢性肝病和营养不良（锌或维生素 B_6 缺乏）的可能性。

（2）天门冬氨酸氨基转移酶（Aspartate aminotransferase，AST）

参考值：犬 7～50IU/L，猫 7～60IU/L。

AST 位于细胞的线粒体中，在肝细胞、红细胞和肌肉中大量存在。因此，AST 不是肝脏的特征酶，但与 ALT 一样，它在血清中的活性会因细胞中酶的泄漏而升高。

① 检测适应证：疑似肝病或肌肉疾病的情况可以测定。

② AST 升高的原因：AST 增加最常见的原因是肝脏疾病、肌肉疾病（创伤、炎症）和溶血。同时测量其他肝脏酶（ALT、ALP、GGT）和肝脏功能指标（白蛋白、尿素、胆红素、胆汁酸）以确定血清 AST 升高的来源并提供有关肝脏损伤和功能的进一步信息。在肝损伤方面，AST 的血清活性与 ALT 相似，即 AST 和 ALT 在肝脏疾病时会同时升高。

（3）碱性磷酸酶（Alkaline phosphatase，ALP）

参考值：犬＜200IU/L，猫＜100IU/L。

在犬和猫的肝脏、胎盘、肠、肾和骨细胞的刷状缘有 ALP 的亚型。犬体内还存在类固醇诱导同工酶（SIALP），其来源尚未完全确定。在投服糖皮质激素或内源性糖皮质激素过度产生（肾上腺皮质亢进）或肾脏、肝脏的慢性疾病时，可增加 SIALP 的产生，ALP 也可能升高。正常成年犬和猫的血清 ALP 活性主要来源于肝脏。

① 检测适应证：当临床症状提示肝脏疾病（胆汁淤积）和肾上腺皮质亢进时，如：体重减轻、厌食、多饮、呕吐、腹泻、腹水和黄疸。

② ALP 升高的原因：犬猫体内最重要 ALP 同工酶是骨、肝和类固醇诱导来源的同工酶。骨 ALP 的增加导致幼龄生长动物的血清活性升高，但是值很少超过成年参考范围上限的两倍。在解释幼龄动物的结果时，应考虑血清 ALP 的这种生理升高。

肝 ALP 同工酶的增加通常与胆汁淤积症有关，可能是肝内的，也可能是肝外的，是慢性胰腺炎、胰腺瘤变、胆石症的病因。犬的胆石症非常罕见。ALP 活性升高与肝功能无关。该

酶通常有助于诊断肝脏疾病。在筛选动物的肝脏疾病证据时，不能使用 ALP 作为唯一的筛检方法。

在犬中，与类固醇给药（如扑米酮、苯巴比妥及内源性或外源性糖皮质激素等）相关的 ALP 的增加取决于动物、使用的药物和给药途径。在一些个体中，给药（口服、非口服或口服）可引起酶升高，至少持续 6 周。虽然 SIALP 增多可能是肾上腺皮质机能亢进的结果，但对 SIALP 的检测并不能区分这种内分泌疾病和其他疾病。对于肾上腺皮质亢进，不推荐使用 SIALP 作为唯一的筛检方法。

猫 ALP 的半衰期非常短，肝脏疾病中 ALP 的增加幅度通常小于犬。对猫而言，ALP 的任何增高都是有临床意义的。

（4）γ-谷氨酰转移酶（GGT）

参考值：犬 0～8.0IU/L，猫 0～8.0IU/L。

GGT 是一种胞质和膜质结合的酶，在肾和胆管上皮细胞的刷状缘中浓度最高。糖皮质激素治疗引起的胆汁淤积酶诱导使血清活性增加。

① 检测适应证：GGT 与 ALP 和其他肝脏检查一起用于诊断和监测肝脏疾病。一般认为 GGT 比 ALP 更具有临床代表性。其在犬的血清活性似乎不受抗惊厥药物的影响。

② GGT 增加：血清 GGT 是犬和猫胆汁淤积症的标志物。在猫胆汁淤积肝脏疾病的诊断中，血清 GGT 可能比 ALP 更有用。

（5）乳酸脱氢酶（lactate dehydrogenase，LDH）

参考值：犬 21.0～217.0IU/L，猫 60～270IU/L。

LDH 几乎存在于所有组织中，其有五种形式同功酶（LDH1，LDH2，LDH3，LDH4，LDH5），血清中以 LDH5 为主，占 LDH 半数以上。同功酶的分布有明显的组织特异性，所以可以根据其组织特异性来协助诊断疾病，用于诊断心、肝和骨骼肌的疾病。肝炎、急性肝细胞损伤及骨骼肌损伤时 LDH5 都会升高。

（6）谷胱甘肽 S-转移酶（Alpha Glutathione S-Transferase，GST） GST 升高表明早期肝细胞损伤。GST 是肝细胞损伤包括中毒、缺血和其他肝损伤最早的指标，它只存在于肝细胞，在肝细胞损伤时释放，占肝细胞的可溶性蛋白的 5%，它的快速进入和从血液循环中清除可提供有关肝脏现状的即时信息。GST 是评价肝损伤的有意义指标。

（7）氨

参考值：犬 0～60μmol/L，猫 0～60μmol/L。

食物中的蛋白质在肠道中水解为氨基酸，而氨基酸又可能被肠道细菌降解，产生氨。氨被输送到肝脏，在那里它被用作合成尿素的前体。弥漫性肝病动物（尿素合成能力降低）和门静脉分流动物血氨浓度升高。

① 检测适应证：用氨评价肝功能；测量的适应证与胆汁酸相同（见上）。

② 氨增加：升高的氨浓度与高蛋白饮食和肠源性出血有关（由于向肠道细菌输送氨基酸的增加）。弥漫性肝病，导致氨转化为尿素失败，门静脉分流（先天性和后天性）也会导致血清氨浓度升高。

4.4 肾功能指标

4.4.1 血清尿素氮检测

血清尿素氮（Blood Urea Nitrogen，BUN）参考值：犬 3.0～9.0mmol/L，猫 5.0～

10.0mmol/L。

食物中的蛋白质在肠道中被水解成氨基酸，而这些氨基酸又可能在肠道细菌的作用下被分解成氨。氨和氨基酸通过门脉循环输送到肝脏，在尿素循环中被利用。在肝细胞中形成的尿素通过肾小管排出。尿素在尿液浓缩中起重要作用，肾髓质间隙存在高浓度的尿素和氯化钠，为水的再吸收创造了一个渗透梯度。

（1）检测适应证　尿素氮浓度是肾功能筛查的检测指标之一。当临床症状包括呕吐、厌食、体重减轻、多饮和脱水时，通常会进行测量。

（2）尿素氮减少　饮食中蛋白质摄入量的减少与低血液尿素有关。此外，弥漫性肝病动物合成尿素的能力受损，门静脉分流犬的肝脏产量减少。当怀疑肝脏疾病时，应进行完整的生化分析和胆汁刺激试验。在明显多尿的疾病中，特别是肾上腺皮质亢进和尿崩症，会导致尿素流失增加，进而导致血尿素减少。

（3）尿素氮增加　增加饮食中的蛋白质摄入会在血液中产生高水平的尿素。饮食中蛋白质含量的适度增加通常不会导致尿素含量显著高于参考范围，但高蛋白饮食会导致显著增加，采样前建议禁食12h。肠出血也会导致浓度增加，与失血的严重程度相关。尿素在肾小球被自由过滤，再被肾小管吸收。尿液流速较慢时，再吸收率较高，如脱水动物的血液尿素不能作为肾小球滤过率（GFR）的可靠估计值。尿素浓度升高与实质肾病以外的疾病有关。这些疾病可分为肾前病变（如脱水、心力衰竭）和肾后病变（如尿道梗阻、尿道破裂）。肾前性氮血症时可取到浓缩尿液样本（犬尿 SG＞1.030，猫尿 SG＞1.035）。然而，当其他疾病过程，如高钙血症和肾上腺皮质机能减退，干扰肾小管浓缩尿液的能力，可能会发生肾前性氮血症，但不会产生最大浓度的尿液。

4.4.2　血清肌酐检测

血清肌酐（Creatinine，Cre）参考值：犬 $20\sim110\mu mol/L$，猫 $40\sim150\mu mol/L$。

肌酐有两大来源，外源性肌酐（食物中动物瘦肉的肌酸分解）和内生性肌酐（体内肌肉中的肌酸分解）。肌酐的量取决于饮食（少量来源）和肌肉量。影响肌肉量的疾病可能会影响肌酐日常生成量。尿素和肌酐在肾小管肾小球中被自由过滤，但尿素易被肾小管再吸收，因此肌酐被认为是 GFR 的更好指标。

（1）检测适应证　肌酐检测适应症与尿素氮相同，是肾功能筛查的检测指标之一。当临床症状包括呕吐、厌食、体重减轻、多饮和脱水时，通常会进行检测。

（2）血清肌酐偏低　由于肌酐的日常生成取决于动物的肌肉量，在解释血清肌酐浓度时应考虑身体状况。较差的身体状况可能与较低的浓度有关，而这些病例中浓度的轻微升高可能比其他个体更有临床意义。

（3）血清肌酐升高　肾小球滤过降低是血清肌酐升高的主要原因。然而，在血清肌酐（和尿素）增加之前，大约75％的肾功能单位受损。因为影响肌酐浓度的因素较少，因此肌酐被认为是比尿素氮更可靠的 GFR 指标。

4.5　心肌酶和心肌蛋白检测

4.5.1　肌酸激酶

肌酸激酶（CK）参考值：犬 $0\sim500IU/L$，猫 $0\sim600IU/L$。

CK 有四种同工酶。它们是由肌肉（M）或大脑（B）亚基组成的二聚体，即 CK1（CK-BB）、CK2（CK-MB）、CK3（CK-MM）、CK4（CK-Mt）。在犬类中，CK3 是在心脏和骨骼肌中发现的主要形态。CK4 存在于线粒体膜中。CK 在大脑中有很高的活性，但在正常的脑脊液中很少发现。脑脊液中酶浓度升高可能是中枢神经系统疾病的一个非特异性但敏感性高的指标。

（1）检测适应证　当怀疑有肌肉疾病或动物的临床症状包括全身无力时，应测量血清 CK 活性。CK 是肌肉损伤的敏感指标，但对个别疾病过程的特异性较差。

（2）肌酸激酶升高　只有酶活性的大量增加（＞10000units/L）或持续增加（＞2000units/L）具有临床意义。轻度增加与体力活动、肌肉紧张和肌内注射有关，而中度增加可能与抽搐、创伤和某些神经病有关。虽然猫的下尿路梗阻也与 CK 的大量增加有关（这种酶存在于猫的膀胱中），但肌炎的发生率还是最大的。肌炎的病因包括感染性疾病（刚地弓形虫病、犬新孢子虫病）、免疫介导性疾病（咀嚼性肌炎）和内分泌紊乱（甲状腺功能减退、肾上腺皮质机能亢进）。临床症状明显的肌肉疾病伴随着 CK 增加。

4.5.2　天冬氨酸氨基转移酶

（见 4.3.5）。

4.5.3　乳酸脱氢酶

参考值：犬，21.0～217.0IU/L；猫，60～270IU/L。

LDH 几乎存在于所有组织中，其有五种形式同功酶（LDH1，LDH2，LDH3，LDH4，LDH5），血清中以 LDH5 为主，占 LDH 半数以上。同功酶的分布有明显的组织特异性，所以可以根据其组织特异性来协助诊断疾病，用于诊断心、肝和骨骼肌的疾病。肝炎、急性肝细胞损伤及骨骼肌损伤时 LDH5 都会升高。

4.6　血糖及其代谢产物检测

4.6.1　血糖

血糖（Glucose，GLU）参考值：犬 3.719～8.16mmol/L，猫 4.16～11.04mmol/L。

葡萄糖是组织能量的主要来源，来源于饮食和肝脏的糖异生。血糖的浓度是由激素控制，如胰岛素、胰高血糖素、肾上腺素、皮质醇，在犬和猫，葡萄糖被肾小球滤过后被肾小管重新吸收。然而，当血糖浓度大于 10～12mmol/L 时，超过肾重吸收葡萄糖阈值，会导致葡萄糖尿。

（1）检测适应证　当临床症状提示糖尿病（多饮、多尿、体重减轻、白内障）酮血症（呕吐、腹泻、厌食）或低血糖症（虚弱、虚脱、癫痫、定向性差、抑郁、失明）时，需要测量血糖。此外，在一般健康筛查中监测血糖，为其他疾病过程（肾上腺皮质亢进、肝脏疾病）提供参考。测量血糖浓度是监测糖尿病动物胰岛素治疗稳定性的理想方法，可以优化治疗方案。在这种情况下，每隔 2h 采集一次样品来测量葡萄糖和计算给药胰岛素的作用时间和峰值作用时间。

（2）低血糖的原因　有明显的低血糖（葡萄糖＜2mmol/L），通常是由于胰岛素分泌过多或肿瘤细胞对葡萄糖的过度利用。分泌胰岛素的胰腺肿瘤（胰岛素瘤）产生生物活性激素，增加机体组织对葡萄糖的吸收，破坏肝脏糖异生，导致低血糖。在一项关于犬胰岛素瘤的研究中，平均（±SD）血糖浓度为（2.14±0.82）mmol/L。胰腺外肿瘤（如肝细胞癌、肝平滑肌肉瘤、血管肉瘤）有时可通过分泌胰岛素样物质或增加对血糖的利用而引起低血糖。饥饿、肾上腺皮质功能减退、垂体功能减退、惊恐和严重疲劳可引起低血糖症。

其他导致低血糖的原因包括糖异生作用受损（肝脏疾病：先天性血管分流，获得性血管分流，慢性肝纤维化，因毒素、细菌感染、外伤导致的肝坏死）、从饮食中摄入糖异生所必需的物质减少或者是这些机制的结合，如败血症。犬肾上腺皮质功能减退引起的低血糖是肝脏葡萄糖生成减少和组织细胞对胰岛素敏感性增加的结果。此外还包括基底物缺乏：幼龄犬和狩猎犬低血糖、糖元贮存疾病。

（3）高血糖的原因　高血糖通常是由于相对或绝对缺乏胰岛素引起的。这导致组织对血糖的利用不足，并增加糖异生。

犬轻度高血糖（6.7～10mmol/L）的原因可以是肾上腺素应激反应、继发于过度分泌或服用糖皮质激素，尤其是糖皮质激素和黄体酮。轻度高血糖是由于激素和胰岛素的作用所致。此外，轻度的高血糖也可能出现在喂食高糖食物后的犬。肾上腺机能亢进（犬类和少数猫类）、肢端肥大症（猫类）、急性胰腺炎（犬、猫）、肾功能不全也可以出现高血糖症。

持续的、中度到明显的高血糖同糖尿病。当机体血糖浓度超过肾脏葡萄糖阈值，才出现临床症状（多尿和多饮），从而导致渗透性利尿。

在猫体内，肾上腺素引起的应激反应可能导致葡萄糖浓度中度或显著升高。猫糖尿病的诊断通常是困难的，确诊需要持续高血糖状态和相符的临床症状。猫糖尿病、肾上腺释放和系统性疾病会引起持续性高血糖症，外源性肾上腺皮质激素和孕激素可导致微弱的高血糖症，并延缓葡萄糖消耗，肌肉活动（痉挛或颤抖）也可引起短暂性高血糖症。

4.6.2　果糖胺

参考值：犬 258～343μmol/L，猫 175～400μmol/L。

果糖胺是一种糖化血清蛋白，由糖和氨基酸之间的非酶反应形成。所形成的果糖胺总量与血清葡萄糖浓度成正比，可稳定可靠地反映出检测前2～3周平均血糖水平，并且抽血时动物是否禁食或是否用过降糖药等对其检测值影响不大。在犬和猫中，果糖胺可作为糖尿病的诊断和管理的一个数据。

（1）检测适应证　血清果糖胺浓度对糖尿病的诊断和治疗期间的持续性高血糖有帮助。测定果糖胺也可能有助于确认是否存在持续性低血糖。

（2）血清果糖胺降低　分泌胰岛素的胰腺肿瘤，果糖胺、葡萄糖和胰岛素可能有助于胰岛素瘤的存在。

（3）血清果糖胺升高

果糖胺为监控糖尿病：犬糖尿病时血清果糖胺浓度比其他疾病表现得高得多。果糖胺也用于验证猫的糖尿病，并有助于帮助判断胰岛素治疗稳定后的持续性高血糖症。果糖胺浓度可以用来估测个体的平均血糖浓度，用于监控患糖尿病犬猫的血糖。与偶尔的血糖测定相比，果糖胺浓度能更加客观地反应新陈代谢中血糖的调控。在监测尿糖时，正常果糖胺水平，即使出现高血糖症也可以排除糖尿病的可能性。

果糖胺为监控低蛋白血症：低蛋白血症时，若果糖胺浓度正常则说明蛋白的急性丢失。果糖胺是通过糖基化作用生成葡萄糖的主要蛋白质。果糖胺的浓度取决于血糖的平均浓度和蛋白质分子的年龄（寿命1～2周）。低蛋白血症伴随正常血浆果糖浓度说明持续一周以内的低蛋白血症，低蛋白血症伴随低血浆果糖浓度说明持续一周以上的低蛋白血症，正常血浆蛋白和低血浆果糖浓度说明正在从低蛋白血症或低血糖症中恢复。

4.6.3 糖化血红蛋白检测

参考值：犬<4%，猫<2.6%。

糖化血红蛋白是指红细胞中血红蛋白和葡萄糖结合的那部分，它的半衰期比果糖胺长，可以稳定可靠地反映出检测前 2~3 月平均血糖水平。其应用同果糖胺。需注意的是，当动物存在影响红细胞数量或质量的疾病时，其检测值不能反映真实血糖水平。

4.6.4 静脉注射葡萄糖耐量试验(IVGTT)

使用 50% 葡萄糖溶液，将葡萄糖 0.5g/kg 缓慢注射入头静脉 30s。在 0（注射前）、5、10、15、25、30、45 和 60min 收集静脉血液样本（2mL）进行葡萄糖测定，有时也可在 75min 和 90min 进行葡萄糖测定。

可能会使用静脉导管，特别是在猫身上（猫可能难以采集多个血液样本）。每个样品的第 1mL 应丢弃，以达到准确的测量。

葡萄糖耐量正常的动物，静脉注射葡萄糖后 60min 血糖浓度应恢复正常。

持续高血糖（>7mmol/L）超过 60min 提示碳水化合物耐受不良和可能的糖尿病的潜伏期。对于胰岛素瘤，血糖浓度可能会更快地恢复正常（<30min），并可能进一步降至低血糖水平（<3mmol/L）。

IVGTT 的结果可用于计算葡萄糖半衰期和葡萄糖清除率。

正常动物的 IVGTT 结果存在相当大的个体性差异。此外，禁食时间、最后一次进食的碳水化合物含量、压力以及镇静剂或麻醉剂等药物都会影响检测结果。为了获得最佳的结果，试验必须在严格的标准条件下进行，而这在实际应用中是很难做到的。

4.7 胰腺功能检测

4.7.1 淀粉酶

淀粉酶（Amylase，AMY）参考值：犬 400~2000IU/L，猫 400~2000IU/L。

淀粉酶是一种钙依赖的酶，由胰腺腺泡细胞产生。胰腺腺泡细胞也水解复杂的碳水化合物。淀粉酶直接从胰腺进入血液循环，然后被肾小管过滤；灭活酶被管状上皮细胞重新吸收。在犬和猫的胰腺中，淀粉酶活性最高，在肠道和肝脏中也可发现淀粉酶。

（1）检测适应证　淀粉酶的测定应在出现可能提示胰腺炎的迹象时，如呕吐、腹痛或黄疸，或当有游离的腹腔积液时进行。

（2）淀粉酶升高　淀粉酶的组织分布并不局限于胰腺，因此升高的血清活性并不是胰腺炎特有的。血清淀粉酶活性增加常与肾小球滤过率下降有关，但根据经验，这通常小于参考范围上限的 2~3 倍，若氮质血症动物的淀粉酶活性升高，而且超出参考范围上限的 2~3 倍，那么必须考虑胰腺疾病的存在。血清活性高于此水平提示胰腺炎，但升高的程度与胰腺炎的严重程度不相关。在可疑的胰腺炎病例中，淀粉酶和脂肪酶可以同时检测，而附加的肾功能和肝功能的检测也应包括在生化指标中。淀粉酶并不是判断猫胰腺炎的可靠指标。

在存在游离腹腔积液的情况下，需要充分分析液体（蛋白浓度、细胞计数和细胞学检查）和测量血清及液体淀粉酶的活性。非感染性渗出液的淀粉酶活性高于血清，可能与胰腺炎或肠破裂有关。

4.7.2 脂肪酶

脂肪酶（Lipase）参考值：犬 0～500IU/L，猫 0～700IU/L。

脂肪酶是一种由胰腺腺泡细胞产生的消化酶，可水解甘油三酯。该酶通过肾排泄。与淀粉酶一样，脂肪酶也可能来源于胰腺或胰腺外组织。胰腺损伤和炎症导致脂肪酶向周围腺体和腹膜组织释放，可能导致胰腺周围脂肪坏死。

（1）检测适应证　测定脂肪酶的适应证与测定淀粉酶相同。在怀疑是胰腺炎的病例中，淀粉酶和脂肪酶检测应同时进行，但酶活性往往不是同水平地增加（一种酶的显著增加可能与另一种酶的极小增加有关）。但是如果血清淀粉酶和脂肪酶正常，也不能排除机体存在自发性疾病。

（2）血清脂肪酶增加的原因　因为脂肪酶来源于胰腺或者胰腺外组织，所以血清活性增加不能诊断胰腺炎。在氮质血症动物中，也可见血清脂肪酶活性的增加，尽管这些值通常不超过参考范围上限的 2～3 倍。此外，在没有胰腺组织学改变的证据的情况下，脂肪酶的适度升高（最高 5 倍的增加）与使用右美沙酮有关。正常的脂肪酶活性并不排除胰腺疾病。据报道，脂肪酶在患有实验性胰腺炎的猫体内持续升高，在自然发病的猫中情况并不是如此。

4.7.3 血清胰岛素检测

采集禁食的动物血清样本，测定血清胰岛素浓度，同时测定血糖浓度，以评价血清胰岛素（Insulin）浓度的作用。

（1）正常范围　正常空腹犬血清胰岛素浓度为 5～20mIU/L，正常血糖为 3.5～5.0mmol/L。

（2）结果判读　胰岛素水平常与血糖水平保持平衡。糖升高、胰岛素减少，表明胰岛素依赖的糖尿病。糖升高、胰岛素升高，表明非胰岛素依赖的糖尿病。糖减少、胰岛素增加，表明胰岛瘤。

胰岛素（Mu/mol）：糖比值（mg/dL）（Insulin：Glucose Ratio）：胰岛素升高，但糖减少表明胰岛瘤或胰岛素用量过大。胰岛素：糖比值表明胰岛素与血糖值是否相适应。胰岛素：糖比值升高表明过高的胰岛素和低血糖，往往出现于胰岛瘤或外源胰岛素增加。

4.7.4 糖原耐受检测

糖原耐受检测（Glucagon Tolerance Test）时，胰岛瘤引起胰岛素和葡萄糖比例升高，糖原储备过多或糖尿病前期引起持续性高血糖，糖原储备过低引起血糖不升高。

胰高血糖素使糖原转化为葡萄糖，可以检测胰岛素过量或不足引起的糖原储备性疾病或异常的葡萄糖代谢。糖原耐受检测探测胰岛素过量和不足导致的糖原储备和消耗过高或过低。患胰岛瘤的动物对糖原注射表现为高血糖症，然后很快降低至测之前血糖浓度以下（反弹性低血糖症）。糖原耐受检测可间接显示动物的肾上腺皮质功能亢进或肝肿大，在糖原过量储备的动物（肾上腺皮质功能亢进）导致显著的高血糖症。

4.8 甲状腺功能检查

4.8.1 总 T4

T4（Tetraiodothyronine）升高明显表明甲亢。但 T4 减少就不能确定是甲减。串甲亢猫的 T4 水平往往高于正常的 2～10 倍。原发性甲状腺疾病（先天性甲状腺发育不全、甲状腺炎、瘘和肿瘤）时 T4 降低，但因 TSH 缺乏或非甲状腺疾病时 T4 也低，所以需检测 TSH 或游离 T4 来鉴别诊断，T4 浓度正常或轻微增加的甲亢疑似病例也需做其他检测来辅助判断。

4.8.2 游离 T4

游离 T4 分析（Free T4 Dialysis，fT4d）：T4 减少可精确诊断甲状腺机能减退，但价格昂贵且耗时长，所以常只在总 T4 较低时作为最终的确诊手段。

4.8.3 检测 T3

（1）正常范围 犬 1.5～3nmol/L，猫 1.2～3.3nmol/L。

（2）结果判读 分析 T3（Triiodothyronine）对诊断甲状腺功能障碍很少有帮助。犬有高水平的 T3（>250ng/dL），很有可能有抗甲状腺的抗体，临床上表现为甲状腺机能减退。对治疗进行监测，在给 T3（Cytobin）后 3h 或给 T4（甲状腺素，Soloxine）后 4～8h 获取血液样本，然后通过增加或减少剂量来获得甲状腺功能的状态。

4.8.4 促甲状腺激素（TSH）

TSH 分析为区别原发性甲状腺疾病和继发性（垂体）甲状腺疾病提供了一个好标准。这个测试对疑似甲减或 T4 总量低的病例有用。原发性甲减，游离 T4 低，TSH 高。继发性甲减则两者都低。甲减动物用药，合适的药量可维持 T4 正常水平，抑制 TSH 分泌。

4.8.5 促甲状腺激素刺激试验

（1）操作 采集静脉注射 0.1～1IU/kg TSH 前和后 6h 血样，分析 T4。

（2）结果判读 促甲状腺激素刺激试验（Thyroid-Stimulating Hormone Response Test）是诊断甲状腺机能减退可靠的方法。注射后正常 T4 值（IU）：犬 19～51nmol/L，猫 13～39nmol/L，若低于 19nmol/L 可诊断为甲状腺机能减退。

4.8.6 甲状腺球蛋白自身抗体

抗甲状腺素抗体包括抗甲状腺球蛋白自身抗体、T3 自身抗体和 T4 自身抗体。抗甲状腺球蛋白自身抗体在 13% 甲状腺机能正常犬中可能出现，更多出现在患甲状腺机能减退的犬中（30%～60%），也是自身免疫甲状腺炎的指示。不是所有有抗甲状腺球蛋白自身抗体的犬都有抗 T3 和/或 T4 自身抗体。这些抗体能引起总 T4 和游离 T4（放免法）假性升高，从而影响甲状腺机能减退的诊断。

4.8.7 T4/T3 自身抗体检测

T4/T3 自身抗体检测（T4/T3 Autoantibody Test）：抗甲状腺抗体可以形成甲状腺球蛋白、T3 和 T4。抗甲状腺球蛋白抗体见于 50% 甲减的犬，也指示免疫调节性甲状腺疾病。T3 和 T4 的抗体是很少检测到的。

如果 T3 和 T4 的抗体检测到甲减，表明有高水平的 T4。所有有抵抗 T3 和/或 T4 自身抗体的犬都有抵抗甲状腺球蛋白自身抗体，但是有抵抗甲状腺球蛋白自身抗体的犬并不一定有抵抗 T3 和/或 T4 自身抗体。抗 T3 自身抗体普遍比抗 T4 自身抗体高。自身抗体能引起总 T4 和自由 T4 试验的提高，掩饰甲减。它们掩饰了自身免疫甲状腺炎。

4.8.8 甲状腺球蛋白自动抗体检测

甲状腺球蛋白自动抗体（Thyroglobulin Autoantibody）增加是甲状腺疾病早期诊断的标志。

抗甲状腺球蛋白自身抗体出现于 30%～60% 患甲减的犬中，也是自身免疫甲状腺炎的指示。不是所有有抗甲状腺球蛋白自身抗体的犬都有抗 T3 和/或 T4 自身抗体。尽管 13% 甲状腺机能正常的犬有抗甲状腺球蛋白自身抗体，这些抗体在甲状腺腺细胞损伤到足以引起临床甲减症状前掩饰早期的自身免疫的甲状腺疾病。这种早期掩饰物有助于兽医和饲养人员通过遗传咨询减少甲减的发生。

4.9 垂体功能检查

4.9.1 生长激素刺激试验

生长激素刺激（Growth Hormone Stimulation）：生长激素分泌减少引起生长异常和皮炎。诊断侏儒、幼宠的巨大畸形、成年动物肢端肥大症及皮肤增厚、皮炎。

（1）操作 采集静注 $10\mu g/kg$ 可乐定（最大剂量 $300\mu g$）前和 20min 后的血浆样本，检测生长激素（GH）浓度。

（2）结果判读

正常基础值：$1\sim4\mu g/L$，刺激后值：$10\sim58\mu g/L$。

侏儒基础值：$<1\mu g/L$，刺激后无多大变化。

肢端肥大症时基础值：$>100\mu g/L$，刺激后无多大变化。

4.9.2 血清类胰岛素生长因子-1

胰岛素样生长因子-1（Insulin-Like Growth Factor-1，IGF-1，Somatomedin C）又叫生长调节素，是多肽类激素，是评价犬生长激素过多的一种间接方法。由垂体分泌 GH 后，刺激肝脏产生 IGF-1。GH 促生长作用主要是它能促进肝脏产生 IGF-1，然后 IGF-1 作用于不同组织来促进生长。糖尿病猫 IGF-1 升高但 GH 不升高。所以糖尿病猫 IGF-1 在诊断肢端肥大症上不确定。对于糖尿病猫，用 IGF-1 评价 GH 分泌过多不可信。

结果判读：正常 $>200ng/mL$，侏儒 $<50ng/mL$，肢端肥大症 $>1000ng/mL$。

4.9.3 禁水试验

正常尿液比重 >1.025，尿崩症、肾性尿崩症或骨髓冲刷则 <1.012。

（1）操作 禁水试验（Water Deprivation Test）禁水，排空膀胱，并且每小时检测尿液比重。结束试验，供水，看是否出现尿液比重大于 1.025，BUN 上升，实验动物体重减少 5%以上、出现脱水（PV 上升、血浆蛋白水平上升），皮肤弹性减退（尿液比重上升大于 1.025排除尿崩症）。动物禁水后，每小时检测尿液比重。

（2）结果判读 肾性或中枢神经性尿崩症时尿比重仍低（SG<1.012），但不能将两者区分开。

禁水后尿比重增加，可排除尿崩症。

禁水试验可区分生理性多尿还是尿崩症。如果尿崩症持续数小时而禁水会使动物处于危险。浓缩尿液失败暗示中枢性尿崩症、肾性尿崩症或消退肾髓。

4.9.4 抗利尿激素（ADH）反应测试

（1）操作 肌内注射去氨加压素（体重 $<15kg$ 注射 $2\mu g$，体重 $>15kg$ 注射 $4\mu g$），检测注射前、2h 后的尿液比重。

（2）结果判读 垂体依赖性尿崩症的动物，2h 后尿比重 >1.015；肾性尿崩症动物对外源的抗利尿激素反应很小，尿比重仍很低（<1.015）。

4.10 肾上腺皮质功能检测

4.10.1 基础血浆或血清皮质醇

（1）操作　采血分离血清后检测。血清皮质醇（Cortisol，Serum）正常范围：犬 20～250nmol/L。

（2）结果判读　ACTH 刺激后皮质醇升高不明显，表明肾减。

应激、慢性疾病或肾亢均可引起皮质醇升高。皮质醇的检测用于评价肾亢或肾减。但因正常值范围与异常相重叠，故一般需刺激试验或抑制试验来补充。因医源性或应激也会升高皮质醇水平，ACTH 刺激试验或地塞米松抑制试验能更好评价功能状态。

4.10.2 ACTH 刺激试验

（1）操作　采集肌内或静脉注射人工合成 ACTH 和 2h 后的血清样本，检测皮质醇浓度。ACTH 刺激试验能可靠地鉴别出 50% 以上的肾上腺依赖性肾上腺皮质亢进和 85% 左右的垂体依赖性肾上腺皮质亢进。但慢性疾病，如糖尿病，会加强促肾上腺皮质激素的反应。

（2）结果判读　正常犬猫，刺激试验前：20～250nmol/L，刺激试验后：200～450nmol/L。

肾上腺皮质机能亢进的犬猫 ACTH 刺激后有明显的变化，皮质醇浓度超过 600nmol/L。

ACTH 刺激试验是区分自发性肾上腺皮质机能亢进与医源性库欣病的最佳筛查试验，在库欣病中，由于长期或高剂量糖皮质激素的使用导致肾上腺皮质抑制，ACTH 反应降低。原发性肾上腺皮质机能减退症（阿狄森氏病）动物对 ACTH 的反应也较轻。通常 ACTH 刺激试验前后的皮质醇浓度均<15nmol/L。

盐皮质激素缺乏通常会导致低钠血症、高钾血症和低氯血症。钠钾比的绝对值可能是更可靠的指标。钠和钾的正常比例在 27：1 和 40：1 之间变化，而在肾上腺皮质功能减退的动物中，这一比例通常低于 25：1，可能低于 20：1。然而，10% 的肾上腺机能减退症动物在出现时可能有正常的电解质水平。

ACTH 刺激试验的缺点是，它不能很好地区分肾上腺依赖性与垂体依赖性肾上腺皮质亢进，正常的 ACTH 反应也不能排除肾上腺机能亢进。如果临床症状与肾上腺皮质机能亢进反应相一致，则建议进行低剂量地塞米松抑制试验。

4.10.3 低剂量地塞米松抑制试验(LDDST)

（1）操作　采集静脉注射 0.01mg/kg 地塞米松前和后 4h 和 8h 的血清样本，检测地塞米松注射前后的三个血清样本，以 RIA 法测定血清中氢化可的松量。

（2）结果判读　低剂量地塞米松抑制用于区分应激或慢性疾病和肾上腺皮质机能亢进引起的皮质醇增加。应激或慢性疾病可被低剂量的地塞米松抑制而垂体或肾上腺肿瘤引起的不能被抑制。

4.10.4 高剂量地塞米松抑制试验

（1）操作　采集静脉注射 0.1mg/kg 地塞米松前和后 4h 和 8h 的血清样本，检测地塞米松注射前后的三个血清样本中皮质醇的量。

（2）结果判读　本试验可区分垂体依赖或肾上腺皮质依赖的机能亢进，不用于诊断肾皮质功能亢进。垂体依赖的肾上腺皮质机能亢进病例在注射后 4h 或 8h，其血浆中皮质醇的量下降

50%以上，而肾上腺依赖的机能亢进时，其值下降不会超过 50%。

4.10.5 极高剂量地塞米松抑制

（1）操作　收集治疗前的血液样本。注射 1mg/kg 磷酸地塞米松 IV，收集注射后 6～8h 的血液样本。

（2）结果判读　血浆皮质醇下降见于垂体-肾上腺皮质机能亢进。

本试验可以清楚地辨别垂体肿瘤和肾上腺肿瘤。但是，极高剂量地塞米松会导致血栓栓塞、胰腺炎、心衰或高血压。垂体依赖性的，血浆皮质醇低于 $1.5\mu g/dL$。

垂体肿瘤，皮质醇是 $1.5\mu g/dL$ 或 $<50\%$ 治疗前的量。肾上腺肿瘤，皮质醇 $>1.5\mu g/dL$ 或 $>50\%$ 治疗前的量。在一些垂体肿瘤的犬当中，即使非常大剂量的地塞米松也不能抑制皮质醇的水平。

4.10.6 内源性血浆 ACTH 浓度

用于区分垂体依赖型或肾上腺依赖型的肾上腺皮质机能亢进，另外可区分是原发的还是继发的肾上腺皮质机能减退。正常值为 10～70pg/mL，垂体依赖肾上腺皮质机能亢进时 >40pg/mL，肾上腺依赖肾上腺皮质机能亢进时 <20pg/mL，原发性肾上腺皮质机能减退时 >500pg/mL。

4.10.7 醛固酮

醛固酮（Aldosterone）减少表明肾减。

血管紧张素和 ACTH 刺激醛固酮分泌，醛固酮是肾上腺皮质分泌的主要盐皮质激素。大多数病例，醛固酮缺乏导致低血钠、高血钾和钠钾比 <23。醛固酮水平在 ACTH 刺激后能被测定。ACTH 注射后醛固酮水平应该至少 2 倍于静息电位时的值。

4.10.8 皮质醇间接分析

ACTH 刺激后嗜酸性粒细胞减少表明正常的肾功能。

嗜中性粒细胞减少症、淋巴细胞增多症和嗜酸性粒细胞增多症表明皮质醇不足。为了证明这一点，肾上腺对 ACTH 的应答可以通过计算静脉注射或肌内注射 0.25mg 的 ACTH 之前和之后 1～4h 的嗜中性粒细胞、淋巴细胞和嗜酸性粒细胞的绝对数来间接评价。如果服用 ACTH 增加了嗜中性粒细胞数和减少了淋巴细胞与嗜酸性粒细胞数，肾上腺功能通常是正常的。持续的淋巴细胞增多和嗜酸性粒细胞增多表明肾上腺皮质机能不全，可以分析血浆皮质醇水平来证明。正常应答时，中性粒细胞与淋巴细胞的比率上升超过 30%，同时嗜酸性粒细胞的数目减少 50%。

4.11 甲状旁腺功能检测

4.11.1 甲状旁腺激素（PTH）

参考值：犬 2～13pmol/L，猫 2～13pmol/L。

PTH 主要靶器官是骨骼和肾，但在钙的平衡、肌肉、心脏、免疫系统和胰岛上也有一定作用。它通过骨骼、肾和肠来升高血钙，增加肾对磷的排泄。在尿毒症病例，PTH 引起肌肉功能障碍、心脏肥大、白细胞和 T 细胞功能障碍及胰岛素分泌。在尿毒症病例，为控制肾衰进一步发展，抑制 PTH 分泌是非常重要的。过多的 PTH 引起高钙血和 Cl：P>33。继发于恶性肿瘤的假性甲状旁腺机能亢进有正常至减少的 PTH。甲状旁腺瘤和肾衰时，PTH 升高。

手术引起的甲状旁腺损伤，PTH 分泌减少。

PTH 升高表明甲状旁腺功能亢进。

4.11.2 甲状旁腺激素相关蛋白

甲状旁腺激素相关蛋白（Parathyroid Hormone-Related Protein，PTHrP）可由多种肿瘤，特别是淋巴肉瘤和肛门囊腺瘤分泌。高水平的甲状旁腺激素相关蛋白和高钙血症可表明肿瘤。而在高钙血症时，甲状旁腺激素相关蛋白低或检测不到时，表明高钙血不是由于肿瘤引起。若在肿瘤的治疗过程中不能降低 PTHrP 的量，说明治疗效果差。过多的 PTHrP 可引起高钙血和氯磷比小于 33。

4.12 血清电解质检测

4.12.1 血清钙检测

1. 血清钙（Calcium）

（1）参考值　正常：犬 2.2～2.9mmol/L；猫 2.2～2.9mmol/L。

（2）结果判读　淋巴肉瘤是引起高钙血症的常见病因，低白蛋白是低钙血症极常见的原因。甲状旁腺素（PTH）、降钙素（CT）和 VitD 调节细胞外液和骨骼中的钙。高钙血症可见于溶骨性骨损伤（坏死性骨炎、骨肿瘤）、假性甲状旁腺功能亢进（主要为淋巴瘤）、维生素 D 过多症、骨骼的溶骨性转移性骨瘤、肾减、肾衰和高蛋白血。酸血症、胰腺坏死、低蛋白血、甲状旁腺功能减退等，血清钙水平减少。

2. 离子钙（Calcium，Ionized）

酸中毒和碱中毒都会影响离子钙的水平，离子钙是血清钙的活跃形式。在正常动物和高血钙动物中，离子钙通常占血清总钙的 50%～60%。发生肾衰竭时，离子的价值标准会因为磷的反作用而被降低，或者会因为酸中毒升高。通常只出现低钙血症但没有同时出现低蛋白血症时，离子钙都处于低水平。精确的化验要求离子明确电极和从非血清分离管仔细采集的血清。样品必须要在 72h 内用密封的容器递交给实验室。任何二氧化碳的损失都会引起 pH 值的改变和通过自由方式转化成结合形式的方法降低离子钙的水平。

（1）参考值　正常：犬 55%，猫 60%。

（2）高钙血症　肾衰竭通常同时引起正常水平以下的离子钙和高甲状旁腺素。然而，有一些严重肾的继发性甲状旁腺功能亢进的犬却有着高水平的离子钙。原发性甲状旁腺机能亢进引起高离子钙和高水平甲状旁腺素。

低钙血症

如果总血清钙低于 6.5mg/dL 并且离子钙降低，低钙血症的临床症状会显现出来。低蛋白血症和总血清钙低通常离子钙正常，但是一些低蛋白血症的病例也会出现低离子钙。

3. 钙-白蛋白调整（Calcium-Albumin Adjustment）

参考值：犬 2～3mmol/L，猫 2～3mmol/L。

标准钙必须要折算成白蛋白水平。

在低白蛋白血症和高白蛋白血症的动物中，血清标准钙必须要校正，对于低白蛋白血症和高白蛋白血症的动物，必须要校正血清标准钙。下面的公式用于调整白蛋白异常犬的标准钙

（该公式不适用于猫，猫只能粗略估量，低白蛋白引起低钙，高白蛋白引起高钙）。

$$Adjust\ Ca=(Ca-albumin)+4$$

4. 钙×磷乘积 （Calcium×Phosphorus Product）

正常＜60。

钙×磷乘积升高增加软组织钙化的可能性，如肾钙化。

4.12.2　血清磷检测

（1）参考值　正常血清磷（Phosphorus，P）：犬 0.5～2.6mmol/L，猫 1.1～2.8mmol/L。

（2）结果判读　磷升高常见于溶血、肾脏疾病、甲状旁腺机能减退和成长中的动物。降低常见于甲状旁腺机能亢进、碱中毒和肿瘤。

饮食、激素和肾上腺功能可影响血清磷水平，由于红细胞含大量磷，所以血样的溶血或不能及时从凝血血样中分离出血清，会导致所测磷含量偏高。磷升高常见于猫的肾衰、甲状旁腺机能减退和继发的营养性甲状旁腺机能亢进、维生素 D 过多和甲状腺机能亢进。尿毒症是高磷酸血症的最常见原因。渗透压度可以通过冰点或蒸汽压渗透计测量，或用以下等式计算：渗透压度＝2(Na＋K)＋（葡萄糖/18)＋(BUN/2.8)。

如果渗透压度被测量和计算，这两个值不一样见于暴露于有毒物质，例如乙二醇。

4.12.3　血清钠离子检测

（1）参考值　正常：犬 140～158mmol/L，猫 146～165mmol/L。

（2）结果判读　血钠（Sodium，Na）降低但不明显可能说明醛固酮不足，升高常说明脱水。

细胞外液和骨骼中含钠较多，血钠由醛固酮调控，其功能是促进肾脏保留钠。痢疾、呕吐、肾脏疾病、糖尿病以及肾上腺皮质功能不全可引发低血钠，呼吸、泌尿和肠道引起的严重脱水时常导致血钠升高，盐皮质激素、渗透性利尿药或含钠药物可引起医源性钠潴留。

钠钾比（Sodium：Potassium Ratio，Na：K）：

（1）参考值　正常时＞30，可能减退时 24～27，减退时＜23。

（2）结果判读　钠钾比降低表明肾上腺皮质机能减退。如果钠钾比＜23，要检查稀释血清的物质（高脂血，高血糖症）或者导致钠丢失的原因（呕吐，腹泻）。也要检查钾滞留或者迁移的原因（肾衰，酸中毒，休克，尿腹）。如果都不是这些原因，很有可能是肾上腺机能减退（Addison's 综合征），可以通过 ACTH 刺激实验检测血浆中的糖皮质激素的水平以确诊。

4.12.4　血清钾检测

（1）参考值　正常血清钾（Potassium，K）：犬 3.8～5.8mmol/L，猫 3.7～5.8mmol/L。

（2）结果判读　碱中毒时的转移或损失过多会导致血钾降低；其血钾升高的原因很多，比如肾衰、脱水和酸中毒。钾主要存在于细胞质中，在醛固酮调节下通过肾脏排泄。在急性碱中毒、胰岛素介导细胞葡萄糖的摄取和体温过低时，钾从血浆被转移至体细胞内，呕吐、痢疾或多尿也可导致钾丢失。

肾衰、尿道阻塞、脱水和肾上腺皮质功能不全可导致高血钾，严重时可引发心脏骤停。酸中毒时，通过转移可使细胞内钾含量降低，而血浆钾含量升高。

4.12.5　血清氯离子检测

（1）参考值　犬 105～122mmol/L，猫 112～129mmol/L。氯一般不单独用于诊断测试，往往补充其他检测。

（2）结果判读　低氯见于呕吐和肾上腺皮质机能减退。高氯见于氯化物的投服、脱水和血（内）氯过多的代谢性酸中毒。氯磷比被用于区别低氯血症的起因。氯也被用于计算阴离子间隙。

（3）氯磷比（Chloride∶Phosphorus Ratio）　氯磷比用于区分甲状旁腺机能亢进和假性甲状旁腺机能亢进（肿瘤时的高钙血）时的低磷血。氯磷比升高表明原发性甲状旁腺机能亢进。氯∶磷比降低表明恶性肿瘤等。

＞33∶1表明原发性甲状旁腺机能亢进同时发生高氯性酸中毒。

＜33∶1表明因恶性肿瘤引起的高钙血。

4.12.6　血清镁检测

（1）参考值　正常血清镁（Magnesium，Mg）：犬 0.7～1.19mmol/L，猫 0.82～1.23mmol/L。

（2）结果判读　Mg 降低是危急患病犬猫一种常见的电解质紊乱。大多数镁存在于细胞内，其中 50% 在骨中。K、Mg 和 Ca 是密切相关的。当其中一个阳离子降低时，其他阳离子将进入细胞内，从而导致细胞外阳离子降低。严重低镁血减少 PTH 的分泌导致低血钙。吸收减少或肾脏丢失增加导致镁缺乏。在危急患病犬猫中这是一种常见的电解质紊乱，这会导致各种心血管、神经肌肉和新陈代谢问题。低血钾常常相伴随，是可能发生低血镁的一个标志。低血镁可以作为机体镁缺乏的诊断，但正常水平的镁离子并不能排除镁缺乏。除了动物服用了含有镁的药物，高血镁很少见。

4.13　血液寄生虫检查

血液寄生虫是一种寄生于动物体血液或血细胞中的寄生虫。一般可能会造成血黏稠度增高，造成血栓，脑供血不足，贫血性营养不良，对动物健康危害极大。

下面将阐述几种主要的血液寄生虫检查。

4.13.1　犬巴贝斯虫检查

犬巴贝斯虫病是一种经硬蜱传播的血液原虫病，临床上以严重贫血和高热为特征。本病的病原体为犬巴贝斯焦虫。犬巴贝斯虫病在我国报道很少，一般只在有蜱滋生的地区呈地方性流行。

病原主要有犬巴贝斯虫和吉氏巴贝斯虫两种。

犬巴贝斯虫：虫体较大，一般长 4～5μm，最长可达 7μm。典型虫体为梨籽形，两虫尖端以锐角相连，每个红细胞内的虫体数目为 1～16 个。

吉氏巴贝斯虫：虫体很小，多呈环形，呈梨籽形的很少，每个红细胞内最多可寄生 15 个虫体。

（1）血涂片检查　采集外周血液制成薄血涂片，血液涂片作瑞氏染色，油镜镜检，在红细胞内发现染成淡蓝色的小梨籽形虫体，有圆形、环形和逗点形等，虫体的染色质团呈紫红色，清晰可见。一个红细胞内寄生虫体 1～3 个不等。红细胞染虫率为 5% 左右；涂片见较多幼稚的有核红细胞；红细胞大小不均，呈多染性和异形性，网织红细胞增多，且有较多的红细胞碎片（图 4-9、图 4-10）。

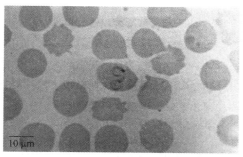

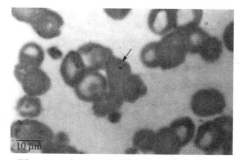

图 4-9　红细胞中分布有梨籽形的巴贝斯虫梨形体。犬巴贝斯虫常成对分布，一个红细胞中可包含多达 8 个梨形体

图 4-10　吉氏巴贝斯虫体（箭头所示）较犬巴贝斯虫小

（2）血清学检查　用于巴贝斯虫病诊断的血清学方法很多，其中以补体结合试验、间接荧光抗体实验、酶联免疫吸附试验、间接血凝试验和乳胶凝集试验等方法显示出较强的特异性和敏感性而得到广泛的应用。血清学诊断方法多用来检测自然感染或人工感染巴贝斯虫的体液免疫状况，即检测血清内特异性抗体来判断动物是否感染犬巴贝斯虫。

（3）分子生物学诊断　随着分子生物学技术的发展，近年来，核酸探针技术和 PCR 技术均已成功地运用于犬巴贝斯虫的诊断。

4.13.2　利什曼原虫检查

犬利什曼原虫病是人、犬以及多种野生动物的重要人兽共患病，主要寄生在人和脊椎动物的单核吞噬细胞内，引起内脏利什曼原虫病，又称黑热病。

（1）穿刺检查　以骨髓穿刺涂片法最常见，也可进行淋巴结穿刺或脾脏穿刺。将穿刺物作涂片，进行染色镜检。也可以将穿刺物无菌接种于 NNN 培养基，置 22～25℃温箱内。约 1 周后在培养基中观察到运动活泼的前鞭毛体即可判为阳性。或将穿刺物接种到易感动物体内 1～2 个月后取肝、脾作印片涂片，瑞氏染色镜检（图 4-11、图 4-12）。

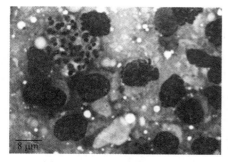

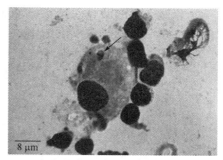

图 4-11　在淋巴结触片中的利什曼原虫的无鞭毛体

图 4-12　来自犬淋巴结巨噬细胞中的利什曼原虫无鞭毛体（箭头所示）。可以观察到邻近无鞭毛体细胞核的小的圆形动基体

（2）皮肤活组织检查　用消毒针刺破病变处皮肤，取少量组织液，或用手术刀刮取少量的组织作涂片，染色镜检。

（3）免疫学诊断　多种免疫学方法可用于该病的诊断，如 ELISA、间接血凝实验、间接荧光实验等。国外已有达到商业化应用的以纯化虫体蛋白作为诊断抗原的间接凝集实验，有很高的特异性和敏感性。

（4）分子生物学方法　PCR 检测黑热病效果好，敏感性、特异性高。采用 PCR 扩增种特异性 DNA 片段用于诊断黑热病，阳性率为 95.4%，与骨髓涂片镜检符合率为 96.2%，全部对照均为阴性。PCR 方法也将成为犬等动物利什曼原虫病的常规诊断方法。

4.13.3 犬恶丝虫检查

犬恶丝虫是寄生于犬的右心室及肺动脉引起循环障碍、呼吸困难及贫血等症状的一种丝虫病。除犬外，猫和其他野生食肉动物也可作为终末宿主。

（1）根据临床症状进行诊断，本病的主要临床表现为心血管功能下降，多发生于 2 岁以上的犬，少见于 1 岁内的犬。

（2）检查血液中的微丝蚴，用血涂片在显微镜下检查，但是要注意其与隐匿双瓣线虫微丝蚴的鉴别诊断。前者一般长于 $300\mu m$，尾端尖而直；后者多短于 $300\mu m$，尾端钝并呈钩状（图 4-13、图 4-14）。

（3）目前可以进行血清学诊断，ELISA 试剂盒已经用于临床诊断。

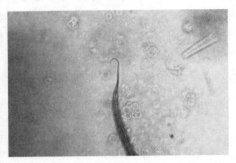
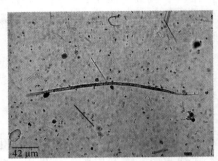

图 4-13　犬恶丝虫微丝蚴的尾部会形成纽钩　　图 4-14　犬恶丝虫微丝蚴

4.13.4 血液原虫检查

寄生于血液中的伊氏锥虫、梨形虫和住白细胞虫，一般可采血检查。犬猫的采血部位为前肢静脉或者后肢隐静脉。常见的检查方法有以下三种：

（1）鲜血压滴标本检查法　将采出的血液滴于载玻片上，加等量的生理盐水，混合均匀后，加盖玻片，立即放显微镜下用显微镜检查，发现有运动的可移动的虫体时，可换高倍镜检查。冬天室温过低，应先将玻片在酒精灯上稍微加温，以保持虫体的活力。由于虫体未染色，检查时应使视野中的光线弱一些。本方法适用于检查伊氏锥虫（图 4-15、图 4-16）。

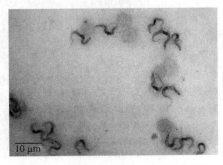
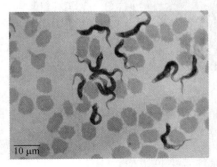

图 4-15　寄生在犬血液中的伊氏锥虫　　图 4-16　猪血液中的伊氏锥虫

（2）涂片染色标本检查法　采血，滴于载玻片的一端，按照常规推制成血片，并晾干（图 4-17）。滴甲醇 2、3 滴于血膜上，使其固定，之后用姬氏或瑞氏液染色。染后用油浸镜头检查。本方法适用于各种血液原虫。

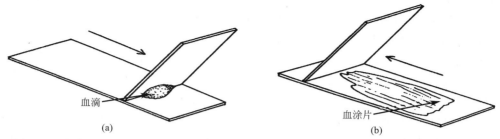

图 4-17　制作血涂片技术　(a) 在一张载玻片上滴一滴新鲜血液，使用另一张载玻片以一定的角度接触到血液，待血液充分流到载玻片的两侧；(b) 维持一定的角度拉动载玻片，血液便会随着载玻片的拉动形成一层光滑的薄膜

① 姬氏染色法：取市售姬氏染色粉 0.5g，中性纯甘油 25.0mL，无水中性甲醇 25.0mL。先将姬氏染色粉置研钵中，加少量甘油充分研磨，再加再磨，直到甘油全部加完为止。将其倒入 60～100mL 容量的棕色小口试剂瓶中。在研钵中加入少量的甲醇以冲洗甘油染液，冲洗液仍倒入上述瓶中，再加再洗再倾入，直到 25mL 的甲醇用完为止。塞进瓶塞，充分摇匀，之后将瓶置于 65℃温箱中 24h 或者室温内 3～5d，并不断摇动，即为原液。

染色时将原液 2.0mL 加到中性蒸馏水 100mL 中，即为染液。染液加于血膜上染色 30min，后用水洗 2～5min，晾干，镜检。

② 瑞氏染色法：以市售的瑞氏染色粉 0.2g，置棕色小口试剂瓶中，加入无水中性甲醇 100mL，加塞，置室温内，每日摇 4～5min，一周后可用。如需急用，可将染色粉 0.2g，置研钵中，加入中性甘油 3mL，充分碾匀，然后以 100mL 甲醇，充分冲洗研钵，冲洗液均倒入瓶内，摇匀即成。本法染色时，血片不必预先固定，可将染液 5～8 滴直接加到未固定的血膜上，静止 2min（此时的作用是固定），其后加等量的蒸馏水于染液上，摇匀，过 3～5min（此时为染色）后，流水冲洗，晾干，镜检。

（3）虫体浓集检查法　当血液中虫体较少时，可先进行离心集虫，再进行制片检查。

操作方法是在离心管中加入 2% 的柠檬酸钠生理盐水 3～4mL，再加病宠血液 6～7mL，混匀后，以 500r/min 离心 5min，使其中大部分红细胞沉降。然后将含有少量红细胞、白细胞和虫体的上层血浆，用吸管移入另一个离心管中，并在血浆中补加一些生理盐水，以 2500r/min 离心 10min，取其沉淀物制成抹片，按上述染色法染色检查。此法适用于伊氏锥虫和梨形虫。其原理是锥虫和感染有梨形虫的红细胞的比重较轻，所以在第一次沉淀时，正常红细胞下降，而锥虫和感染有梨形虫的红细胞尚悬浮在血浆中，第二次离心时，则将其浓集于管底。

4.14　尿液检验

4.14.1　尿液样本的收集和保存

尿液分析结果受很多检前因素的影响，其中尿样采集最关键。降低这些检前因素的影响能够保证尿液检查结果的一致性和可靠性。

（1）原则和方法

① 自然排尿或自由采集法：自然排尿是最不具有侵袭性的采集方法，中尿段为最佳。这

是因为初尿段中可能含有来自阴门、尿道或包皮的细菌、细胞或其他碎片。采集尿液样本之前应对动物的泌尿生殖道部位进行消毒。饲养环境（笼子或地面上）采集到的尿液质量较差，不适合用于尿液细菌培养，但能够进行物理和化学检查。

② 压迫膀胱排尿：大动物（马和牛）可以通过直肠按压膀胱采尿，小动物可直接通过体外压迫膀胱采尿。但此种方法可能因为诱导排尿的压力使生殖道内潜在的细菌进入尿道、肾盂、肾脏及雄性动物前列腺，且尿路梗阻或近期接受过膀胱切开术的动物禁用此方法。

③ 导尿：导尿法是适用于犬、猫的尿样采集方法，需在无菌情况下进行，对操作者有较高的技术要求。公犬可以在完全清醒的情况下进行导尿，大部分的母犬、公猫和母猫导尿前需要镇静或麻醉。

④ 膀胱穿刺法：膀胱穿刺采集的尿样最适合进行尿液细菌培养，采集过程中要注意无菌操作。穿刺法可以避免损伤尿道口、阴道等，同时也能避免污染物进入尿液，但若操作造成不必要的创伤，可能会引起轻度至中度血尿。

（2）尿液样本的保存　尿液存放过久导致尿液中细菌过度增殖和葡萄糖代谢都会导致尿糖呈假阴性。因此样品采集后如不能马上送检，则需置于冰箱内保存，在 4℃条件下可保存 6～8h。若样品放置时间较长时（12～24h），长期冷藏的尿液样品会导致尿液相对密度增高，无定形结晶析出，此时应添加适量防腐剂延迟内容物分解，常用防腐剂有以下四种。

① 甲醛：对镜检物质如细胞、管型等可以起到固定形态的作用，但因为含有还原性醛基，不适用于尿糖等化学成分的检测，一般用量为每 100mL 尿液中添加 0.2～0.5mL 甲醛。

② 甲苯：每 100mL 尿液中添加 0.2～0.5mL，在尿液面形成薄膜，防止细菌发育，可以用于尿糖尿蛋白的定量测定。

③ 浓盐酸：用量为 100mL 尿液中添加 0.5～1.0mL，适用于肾上腺素、儿茶酚胺、苦杏仁酸、17-羟类固醇与 17-酮类固醇等的定量检测。

④ 氟化钠：能够抑制糖酵解，阻止尿液内细菌的增殖，但可能干扰尿液内葡萄糖、潜血、白细胞酯酶项目的检测。

（3）注意事项　应采集新鲜的尿液作为样本，采集应使用清洁、无菌、干燥的一次性容器，容器应该有一定的强度，可抗挤压、防破裂，采集时注意贴上标签予以分辨。采集过程中，避免尘土、粪便等异物混入标本中。采集后应该及时送检，避免强光直射导致样品内某些化学物质（如尿胆原等）因光分解或氧化。

4.14.2　尿液一般检查

（1）尿液物理性质检查　尿液的物理性质检查包括颜色、透明度、相对密度、气味。

① 尿量：尿量也是尿液的一种物理性质，使用代谢笼时可以准确评价。

② 尿相对密度：即溶液与等体积的水的质量比。临床一般使用折射法测量尿相对密度，根据尿液的折射率进行测量。这种方法操作简单，价格相对便宜，测量结果也比较准确。健康犬的尿相对密度＞1.030，健康猫的尿相对密度＞1.035。

③ 渗透压：渗透压反映了溶液中的溶质浓度，测量渗透压能衡量尿液浓度，一般在实验室内进行检测。

④ 尿色：正常尿液呈黄色，变化范围从淡黄至深黄、琥珀色不等。深黄色尿液提示尿液浓缩。其余提示可能病变的尿色包括黄绿色、红色、红棕色、棕色至黑色。

⑤ 透明度：透明度是指尿样的清亮或混浊度。常见描述有絮状、云雾状、牛奶状。

⑥ 尿味：尿液检查中，气味并不是一项常规检查项目，但是某些特殊疾病和一些药物代

谢产物会改变尿液的气味，如丙酮味（烂苹果味）提示酮血症。

（2）尿液化学性质分析　随着实验室检查方法的发展进步，尿液分析的方法出现了革命性的飞跃，干化学试纸条法在临床中被广泛使用，此法准确高效，操作便捷，是快速检测尿液化学性质的首选方法。接下来介绍干化学试纸条法检测的指标及其临床意义。

① pH 值：尿液 pH 值反映机体总酸碱平衡情况，受到饮食、昼夜变化、疾病状态等因素的影响。犬、猫尿液 pH 的参考范围为 6.0～7.5。酸性尿提示高蛋白饮食、代谢性酸中毒、低钾血症或细菌感染。碱性尿提示尿样陈旧、代谢性碱中毒等。

② 蛋白质：正常尿液中含有少量或微量蛋白，干化学试纸条容易检测出浓缩尿样中的蛋白质。蛋白尿的病因可根据蛋白质的来源进行分类，包括肾前性蛋白尿、肾性蛋白尿、肾小球损伤、肾小管损伤、肾后性蛋白尿和肾小管分泌 6 种。

③ 葡萄糖：正常动物尿中只含有微量的糖，尿糖增多有两种可能，生理性增高提示动物高度兴奋或高糖饮食，病理性增高是由于高血糖症，提示可能患有糖尿病、肾上腺皮质功能亢进、甲状腺机能亢进、胰腺炎等。尿糖含量参考范围为 0～110mmol/L。

④ 酮体：酮体是脂类代谢的中间产物，试纸条法检测尿液中的丙酮和乙酰乙酸的浓度。酮体阳性常见于糖尿病酮症、饥饿、反复呕吐、甲状腺功能亢进、尿毒症等。

⑤ 潜血：血尿、血红蛋白尿、肌红蛋白尿时，潜血反应为阳性。血尿指血液中出现了完整的红细胞，泌尿系统任何部位出血均可引起血尿，常见于肾脏疾病和尿道炎症、损伤。血红蛋白尿源自血管内溶血，常见于寄生虫感染、自身免疫性疾病或中毒性疾病。肌红蛋白尿是由于横纹肌大量溶解释放出肌红蛋白，提示幼宠的白肌病、蛇毒中毒等。

⑥ 胆红素：红细胞正常崩解产物，动物正常尿液中胆红素为阴性。非结合胆红素（间接胆红素）被转运到肝脏后变成结合胆红素（直接胆红素），经由胆管排入肠道。高胆红素症（直接或间接的）和胆红素尿的原因包括溶血、梗阻性或功能性胆汁淤积。

⑦ 尿胆原：结合胆红素进入肠道后，大部分被肠道微生物转化为尿胆原，然后排出。少量尿胆原被重吸收入门静脉，经肝细胞转运后排泄入尿液。尿胆原正常为无色，当超过正常值时会呈现不同程度的颜色反应。尿胆原增高常见于溶血性黄疸和肝实质性病变，发热和便秘时亦可见增高。

⑧ 亚硝酸盐：正常尿液成分。对亚硝酸盐的测定方法是利用某些致病菌具有硝酸盐还原反应特性而设计的一种菌尿症检测方法，当尿中细菌量大于 10 万个/mL 时呈阳性。兽医临床上这项检查一般会被忽略。

⑨ 白细胞：尿检中白细胞增多提示泌尿系统炎症，常用的检测方法为试纸条法。

⑩ 尿相对密度：不同动物的尿相对密度正常范围不同，尿相对密度增加常见于少尿、高热、脱水、急性肾炎、心功能不全等，尿相对密度减少见于慢性肾小球肾炎、肾功能不全、尿崩症等。

4.14.3　尿沉渣检查

尿液分析的最后一步是用显微镜进行尿沉渣检查，这一部分要求操作者具备较高的专业水平，以保证结果的准确性。以下介绍镜检尿沉渣成分及病理指征（图 4-18）。

① 红细胞（RBCs）：在酸性尿液中或尿液浓度高时，红细胞往往皱缩，在碱性或浓度较低的尿液中则红细胞常肿胀；当尿液在体内滞留或放置过久后，血红蛋白可逸出，而红细胞呈空壳阴影。一般认为尿液中红细胞多属病理现象，见于肾炎、肾盂肾炎、尿路感染、肾结石等疾病。

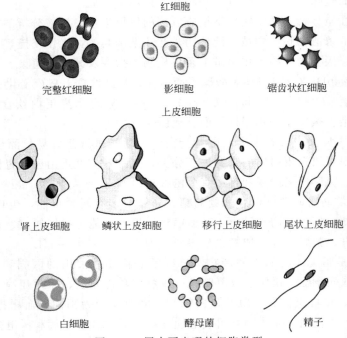

图 4-18　尿中可出现的细胞类型

② 白细胞（WBCs）：体积约为 RBCs 的 1.5 倍，核为圆状或分叶状。正常尿液中可见极少量白细胞，当出现大量白细胞时，提示泌尿道有炎症，如肾盂肾炎、膀胱炎、尿道炎等。

③ 上皮细胞：尿液中常见有少量尿路的上皮细胞混入，当明显的上皮细胞增多时表示该细胞的由来部位的组织有病理变化。包括肾小管上皮细胞、鳞状上皮细胞、移行上皮（泌尿道上皮）细胞。

④ 管型：沉渣中含有管型的尿液称为管型尿，管型两侧平行，宽度一致，反映了肾小管的管腔结构。尿内大量出现时，为肾脏病理变化指征。根据形态不同可以分为以下几种（图 4-19）：

a. 透明管型：为无色半透明、两侧钝圆的管型，是尿液中最常见的管型。

b. 颗粒管型：颗粒管型的质地多种多样，易与无定形聚合物或粪便残渣混淆。提示潜在的严重肾小管损伤。

c. 细胞管型：上皮细胞管型，提示坏死、中毒、重度炎症、灌注不良或缺氧导致的急性肾小管损伤；红细胞管型，提示肾小球、肾小管出血或血液流入小管内，以及不适合输血的溶血反应；脓细胞管型，表示肾脏有化脓情况。

d. 蜡样管型：颗粒管型在肾小管停留时间过长时，管型基质变为蜡样外观，呈灰色、黄色或无色。提示肾脏长期而严重的病变，见于慢性肾小球肾炎的晚期。

e. 脂肪管型：黏蛋白基质内含有圆形或卵圆形脂质小体的管型称为脂肪管型。提示肾小管损伤。

f. 类柱状管型：外观与透明管型相似，但两端或一端尖细，其临床意义类似于透明管型。

⑤ 结晶：尿中结晶物的形成与尿液的 pH 值、结晶物的溶解性和浓度有关。一般尿液中出现结晶物无临床意义，但有些结晶物的出现有一定意义。碱性尿液中出现的鸟粪石、无定形磷酸盐或磷酸钙，可能正常或与尿石生成有关；酸性尿液中出现的尿酸盐、胱氨酸盐、草酸钙等，可能与尿石生成或代谢缺陷有关（图 4-20）。

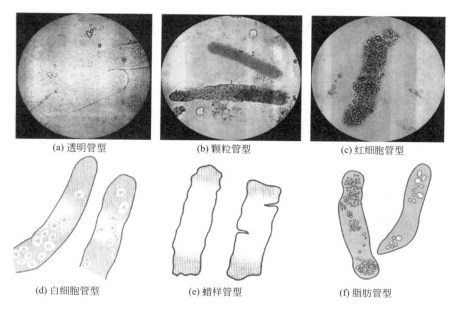

(a) 透明管型　　　　　(b) 颗粒管型　　　　　(c) 红细胞管型

(d) 白细胞管型　　　　(e) 蜡样管型　　　　　(f) 脂肪管型

图 4-19　尿液中各种类型管型

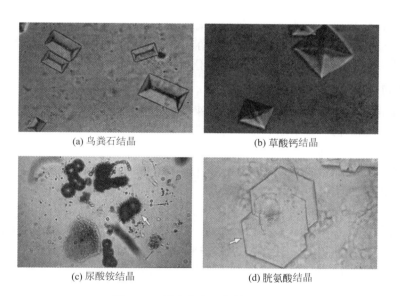

(a) 鸟粪石结晶　　　　　　　　　(b) 草酸钙结晶

(c) 尿酸铵结晶　　　　　　　　　(d) 胱氨酸结晶

图 4-20　尿液中出现的结晶类型

⑥ 微生物：尿液中可能有细菌、酵母菌或真菌。如果尿液中含有大量细菌，同时在尿沉渣中含有大量红细胞和白细胞，表明动物泌尿系统感染。

⑦ 黏液：为均质物质，常呈细长、弯曲、缠绕的线状。马尿液中出现黏液为正常，其他动物则表明尿液受刺激或生殖道分泌物进入尿液。

⑧ 精子：未去势公犬的尿液中有时能观察到精子，属于正常现象。

⑨ 污染物：包括粉尘、毛发、淀粉颗粒、玻璃碎屑、棉花和羊毛纤维以及花粉。

蛋白尿是由于多种蛋白排泄或丢失进入尿液中引起。尿液中出现白蛋白，是形成蛋白尿的主要原因。蛋白尿的临床评估包括判断其类型、来源、持续时间以及尿蛋白丢失的严重程度。

导致蛋白尿的基本原因包括：进入小管液的异常血浆蛋白增多并超过肾小管重吸收能力（溢出性蛋白尿），肾小球滤过屏障（GFB）发生改变或损伤，肾小管损伤或功能不全导致蛋白重吸收减少，肾小管排出。因此，根据尿蛋白的来源，蛋白尿分为肾前性（肾小球前性）、肾性、肾后性、肾小管分泌四种类型。

尿蛋白的检测方法包括常规检测方法和更高级的检测手段：

① 尿液试纸：可对蛋白尿进行半定量检测，但会受检前因素、患病动物及分析性因素的影响。应用该法时常结合尿相对密度共同诊断。

② 磺基水杨酸（SSA）沉淀法：通过磺基水杨酸时尿液中蛋白质变性，从而产生蛋白质沉淀，当蛋白含量达到 5mg/dL 即可引起可视混浊，根据混浊程度分为 0～4 级。

③ 尿蛋白肌酐比（UPC）：用于验证蛋白尿和/或对蛋白尿进行分级。通过测量尿（总）蛋白和尿肌酐，UPC 可对尿液蛋白丢失进行定量检测。

④ 微量蛋白尿试验：适用于尿液中出现了用标准尿液试纸无法检出的蛋白，蛋白含量通常低于 20mg/L。

4.15 粪便检查

粪便检验包括食物残渣、消化道分泌物、寄生虫和虫卵、微生物、无机盐和水分等，以便于诊断和治疗消化系统器官疾病。粪便标本要求新鲜，标本应在 1h 内完成检验，不然粪便中的消化酶等因素，能使类便中的细胞成分破坏分解掉。

4.15.1 粪便的采集

粪便的采集是粪便检查的必须手段，粪便采集的方法直接影响到结果的准确性。通常情况下，动物粪便标本采用自然排出的粪便。标本采集时应注意下列事项。

（1）粪便采集前要明确检查目的，如检查服用驱虫药后的排虫量，则需要收集全部粪便送检；粪便细菌学、病毒学检验时，应采集标本于消毒的洁净容器中；做化学或显微镜检查时，应采集新鲜未被污染的粪便以免影响实验结果。必要时可以从直肠采集粪便，其他家畜可以用50％甘油或生理盐水灌肠采集粪本。

（2）样本应新鲜，不得混有尿液、消毒剂、自来水等杂质，应在服用药物前留样，如需存放则应放置于阴凉处或冰箱中。还需根据检测项目选择合适的采样容器。

（3）采集粪便样本时应使用干净的棉签采集含有黏液、脓血或伪膜的粪便，粪便应从不同部位、深处以及粪端多处取材，放入专用的采样容器后注明采样日期。

4.15.2 物理学检查

粪便一般性状检查是利用肉眼和嗅闻来检查粪便标本。

（1）粪量　不同动物因食物种类、采食量和消化器官功能状态不同，其每天排粪次数和排粪量也不相同，即使是同一种动物，也有差别，平时应多注意观察。当胃肠道或胰腺发生炎症或功能紊乱时，因有不同量的炎症渗出、分泌增多、肠道蠕动亢进，以及消化吸收不良，使排粪量或次数增加。便秘和饥饿时，排粪量将减少。

（2）粪便颜色和性状　动物粪便的颜色和性状，因动物种类不同和采食不同各异。粪便久放后由于粪便胆色素氧化，其颜色将变深。正常粪便含 60％～70％水分，临床上病理性粪便有以下变化。

变稀或水样便：常由于肠道黏膜分泌物过多，使粪便水分增加 10%，或肠道蠕动亢进引起，见于肠道各种感染性或非感染性腹泻，多见于急性肠炎。

泡沫状便：多由于小肠细菌性感染引起。

油状便：可能由于小肠或胰腺有病变，造成吸收不良引起，或口服或灌服油类后发生。

胶状或黏液粪便：动物正常粪便中只含有少量黏液，因和粪便混合均匀难以看到。如果肉眼看到粪便中的黏液，说明黏液增多。小肠炎时多分泌的黏液，和粪便呈均匀混合。大肠炎时，因粪便已基本成形，黏液不易与粪便均匀混合。直肠炎时，黏膜附着于粪便表面。单纯的黏液便为无色透明的稀黏便。粪便中含有膜状或管状物时，见于伪膜性肠炎或黏液性肠炎，脓性液便呈不透明的黄白色。黏液便多见于各种肠炎、细菌性痢疾、应激综合征等。

鲜血便：动物患有肛裂、直肠息肉、直肠癌时，有时可见鲜血便，鲜血常附在粪便表面。

黑便：黑便多见于上消化道出血，粪便潜血检验阳性。服用活性炭或次硝酸铋等铋剂后，也可排黑便，但潜血检验阴性。动物采食肉类、肝脏、血液或口服铁制剂后，也能使粪便变黑，潜血检验也呈阳性，临床上应注意鉴别。

陶土样粪便：见于各种原因引起的胆管阻塞。因无胆红素排入肠道引发。消化道钡剂造影后，因粪便中含有钡剂，呈白色或黄白色。

灰色恶臭便：见于消化或吸收不良，常由小肠疾患引起。

凝乳块：吃乳幼年动物，粪便中见有黄白色凝乳块，或见鸡蛋白样便。表示乳中酪蛋白或脂肪消化不全，多见于幼年动物消化不良和腹泻。

（3）粪便气味　动物正常粪便中，因含有蛋白质分解产物如吲哚、粪臭素、硫醇、硫化氢等而有臭味，草食动物因食碳水化合物多而味轻，肉食动物因食蛋白质多而味重。食物中脂肪和碳水化合物消化吸收不良时，粪便呈酸臭味。肠炎，尤其是慢性肠炎、犬细小病毒病、大肠癌症、胰腺疾病等，由于蛋白质腐败，产生恶臭味。

4.15.3　化学检查

（1）粪便潜血试验（Fecal occult blood test）

标本：粪便 5～10g。

简介：潜血（OB）为肉眼或显微镜检查未能确切辨别的粪便中血液，但可用过氧化物酶法或免疫法确认血红蛋白组分。

检验方法：一般检验常用联苯胺法、愈创木酯法和匹拉米酮法。愈创木酯法敏感性低，受仪器或药物干扰因素较少，假阳性率低；联苯胺法或邻联苯胺法敏感性高，假阳性率亦高；匹拉米酮法介于两者之间；免疫法可对微量血红蛋白发生反应，敏感性最高，专一性亦最强。由于健康动物每日粪便中可有一定量的血液排出，故可根据检查目的选用不同方法。

① 潜血试验阳性：见于胃肠道各种炎症或出血、溃疡、钩虫病，以及消化道恶性肿瘤等。30kg 体重犬胃肠道出血 2mL，便可检验阳性。

② 潜血试验假阳性：凡采食动物血液、各种肉类和铁剂，以及采食大量未煮熟的绿色植物或蔬菜时，均可出现假阳性反应。因此，采食血液和肉类动物（犬猫），应素食 3d 以后才检验；采食植物或蔬菜的动物，其粪便应加入蒸馏水，经煮沸破坏植物中的过氧化氢酶之后，才进行检验。

③ 潜血检验假阴性：血液未与粪便混合均匀和添加维生素 C。

临床意义：阳性见于病畜的消化道出血，如胃及十二指肠溃疡、胃癌、钩虫病、结肠癌、出血性胃肠炎、马肠系膜动脉栓塞、牛创伤性网胃炎、真胃溃疡、羊血矛线虫病等。一般消化性溃疡治疗好转或稳定期，隐血转阴性；恶性肿瘤常呈持续阳性。

（2）粪便胰蛋白酶试验（Fecal proteases test）

标本：1～2g 新鲜粪便。

简介：正常犬猫粪便中都含有胰蛋白酶，所以用胶片法或明胶试管法检验粪便中胰蛋白酶都是阳性。当检验粪便中胰蛋白酶缺少或无，即阴性时，表示胰腺外分泌功能不足、胰管堵塞、肠激酶缺乏或肠道疾病等。

检验操作方法：试管内加入 5％碳酸氢钠溶液 9mL，加入 1～2g 新鲜粪便，混合。用曝过光未冲洗的 X 线片一条，放入试管，在 37℃放置 50min 左右或室温放置 1～2h。取出用水冲洗。X 线片变得透明为阳性，表示消化功能正常；X 线片未变化的，即是阴性。

（3）粪便酸碱度测定（determination of feces acidity or alkalinity）

标本：动物新鲜粪便。

简介：粪便的酸碱度取决于粪便中脂肪酸、乳酸或氨的含量。饲料中碳水化合物过度发酵则产生酸性物质，饲料中蛋白质腐败分解则产生碱性物质。借此可了解胃、肠、胰腺等的一些病理情况。

检验方法：

① pH 试纸法：一般用广泛 pH 试纸（或精密 pH 试纸）测定粪便的 pH 值。取 pH 试纸一条，用蒸馏水浸湿（若粪便稀软则不必浸湿），贴于粪便表面数秒钟，取下纸条与 pH 标准色板进行比较，即可得粪便的 pH 值。

② 溴麝香草酚蓝法：取粪 2～3g，置于试管内，加 4～5 倍中性蒸馏水，混匀，加入 0.04％溴麝香草酚蓝 1～2 滴，1min 后呈绿色为中性反应，呈黄色为酸性反应，呈蓝色为碱性反应。

正常动物过氧化物酶法阴性，免疫法阴性。

临床意义：粪便的酸碱度与饲料成分及肠内容物的发酵或腐败分解程度有关。草食动物的粪便为碱性，但马的粪球内部常为弱酸性；肉食及杂食动物的粪便一般为弱碱性，有的为中性或酸性。肠内发酵过程旺盛时，由于形成多量有机酸，粪便呈强酸反应。但当肠内蛋白质分解旺盛时，由于形成游离氨，而使粪便呈强碱性反应，见于胃肠炎等。

（4）粪便中有机酸测定（determination of organic acid in feces）

标本：动物新鲜粪便 5～10g。

简介：粪便中含有各种有机酸，如乙酸、丙酸、乳酸等，其总量可采用联合滴定法测定。

检验方法：联合滴定法。

粪便中的有机酸以及有机酸以外的其他酸或酸性盐都能使粪便呈酸性反应，用过量氧化钙中和，则有机酸与钙形成溶于水的有机酸钙，而其他酸或酸性盐虽也能与钙离子结合形成钙盐，但不溶于水，加入三氯化铁水溶液使之形成絮状物而沉淀，过滤分离，除掉有机酸以外的酸或酸性盐。加酚酞作指示剂，用 0.1mol/L 盐酸滴定，以中和过剩的氢氧化钙。再以二甲氨基偶氮苯为指示剂，仍以 0.1mol/L 盐酸滴定，当盐酸把有机酸钙中和的有机酸置换完毕后，多余的盐酸使指示剂变色，即为滴定终点。根据消耗 0.1mol/L 盐酸量，间接推算出有机酸的量。

参考值：健康马，每 10g 粪中有机酸为 5～14 滴定单位。其他动物粪便中的有机酸因饲料组成的不同而变动范围很大。

临床意义：粪中有机酸的含量，可作为小肠内发酵程度的指标。有机酸含量增高，表明肠内发酵过程旺盛。马消化不良时，粪中有机酸含量可高于 14 滴定单位。

（5）粪便中氨测定（determination of ammonia in feces）

标本：取新鲜粪 10g，加水 100mL，混合后过滤。

简介：粪便中含有一定量的氨，特别是当肠内蛋白质腐败分解时，其总量可显著升高。

检验方法：中和滴定法。

氨为一种弱碱，如用强酸直接中和，因无适当的指示剂，不能直接滴定。当加入甲醛后，放出盐酸，再用标准氢氧化钠液滴定，可间接推算出氨的含量。

参考值：健康马，每 10g 粪中含氨 0.5～2 滴定单位。

临床意义：粪中氨的含量，可作为肠内腐败分解强度的指标，氨含量增多，表明肠内蛋白质腐败旺盛，形成大量游离氨。胃肠炎时，粪便氨含量显著增多，可达 2～3 滴定单位。

（6）粪胆素测定（stercobilin determination）

标本：新鲜动物粪便 5～10g。

简介：正常情况下，胆红素随胆汁进入肠道，由肠道细菌作用转化为粪胆原，粪胆原可继续在肠管后段被氧化为棕黄色粪胆素。动物在正常情况下，粪便中仅有少量的粪胆素而没有未被还原的胆红素。病理情况下，粪便中粪胆素可能增加或缺乏，还可出现尚未还原的胆红素。

检测方法：氯化高汞试验。

参考值：正常情况下阳性。

临床意义：健康家畜，粪便中含有少量粪胆素，检查为阳性；当动物患溶血性黄疸时，粪便中粪胆素增加，呈强阳性，同时出现尚未还原的胆红素，这时为暗红色；实质性黄疸时，粪胆素为阳性，阻塞性黄疸时，因胆红素进入肠道受阻，粪胆素含量减少或缺乏，故反应呈阴性。由于胆红素在肠道中转化有赖于肠道细菌，故动物长期给予抗生素或磺胺类药物者，粪胆素阴性反应并不提示胆管阻塞。

（7）粪便脂肪定性测定（qualitative test of feces fat）

标本：粪便 1～5g。

简介：健康动物粪便显微镜检查时偶见脂肪球。小肠吸收不良者粪便中排出大量脂肪，一般利用苏丹Ⅲ染料可与脂肪结合的特性作染色检查，为脂肪吸收功能的筛检试验，也称为脂肪镜检试验。

检测方法：染色后显微镜检查法。

参考值：阴性至弱阳性，或脂肪滴密度平均 2.5 个/高视野。

临床意义：增加见于动物胰腺功能不全、乳糜泻等小肠吸收不良综合征。

4.15.4 寄生虫学检查

寄生于畜禽消化道的大部分蠕虫的虫卵、幼虫及某些成虫和虫体的节片，以及与消化道相通连的其他脏器，如肝脏、胰腺等处的寄生虫的虫卵，均可随粪便排出，甚至呼吸道的寄生虫虫卵，也可因痰液被咽下，随同粪便排出。因此，粪便检查是诊断各类蠕虫病的重要方法之一。

标本：动物新鲜无污染的粪便。可以是动物自然排出的粪便，也可以人工取粪。

简介：肠道寄生虫病的诊断多依靠在粪便中找到虫卵、原虫滋养体和包囊，找到这些直接证据就可以明确诊断为相应的寄生虫病和寄生虫感染。健康动物粪便一般没有寄生虫虫卵。

方法：眼观检查和显微镜检查。

眼观检查：在镜检之前进行，先检查粪便的颜色、气味、有无血液等其他病变，特别是要仔细检查有无虫体、幼虫、绦虫体节等。

显微镜检查：主要用来检查粪便中虫卵和进行虫卵记数。

（1）直接涂片检查　用甘油水或清洁的常水数滴，滴在载玻片上，取适量粪便与水滴混匀，然后将粪便内的粗渣尽量除去，涂成相应大小的粪膜，加盖玻片镜检，先用低倍镜后用高倍镜进行检查。此法简便易行，但在虫卵较少时检出率不高。

（2）集卵法　包括水洗沉淀法、饱和盐水浮集法和锦纶兜浮集法。

水洗沉淀法：本法适用于相对体积质量较大的吸虫卵和棘头虫卵的检查。取新鲜粪便 10g 左右置于烧杯中（若粪便干硬则先用研钵研碎），加水 40 倍，用玻璃棒充分搅拌，将稀释液用纱布过滤，除去粗渣，将滤液倒入试管中，沉淀 20～30min，倾去上层 2/3 液及底层类渣物，注满清水搅匀静置。沉淀后再倾去上层水，如此反复 2～3 次。缓缓将试管中上层水全部倒出，用吸管取少量的剩余沉淀物置于载玻片上，涂布均匀，加盖玻片，用低倍镜观察。

饱和盐水浮集法：本法适用于相对体积质量较小的线虫卵、某些绦虫卵和球虫卵的检查。取粪便 5～10g，加入 20 倍量的饱和食盐溶液，搅拌溶解后用纱布滤入另一烧杯中，去掉粪渣，静置 30～60min，使比重小于饱和食盐溶液的虫卵浮集于液面上，然后用直径 0.5～1cm 的铁丝圈平行接触液面，使铁圈中形成一个薄膜，将其抖落于载玻片上，加盖玻片后，先用低倍镜观察，再转到高倍镜检查。

锦纶兜浮集法：本法适用于相对体积质量较大的吸虫卵和棘头虫卵的检查。取粪便 5～10g，加水搅拌，先通过 40～60 目的铜丝筛，将滤液再通过 260 目锦纶兜过滤，并用水充分冲洗网兜，直到滤液透明为止。然后取兜内残渣加适量清水做成压滴粪膜标本镜检。

参考值：正常动物粪便中应无寄生虫卵、原虫、包囊、虫体。

临床意义：

（1）在粪便中查到的寄生虫虫卵有蛔虫卵、钩虫卵、鞭虫卵、蛲虫卵、曼氏血吸虫卵、日本血吸虫卵、东方毛圆形腺虫卵、粪类圆形腺虫卵、姜片虫卵、肝吸虫卵、绦虫卵等，说明动物被以上寄生虫感染。

（2）可在粪便中查到的各种滴虫和鞭毛虫有兰氏贾第鞭毛虫、肠鞭毛虫、肠内滴虫、华内滴虫、结肠小袋纤毛虫等，说明动物被以上寄生虫感染。

（3）可在粪便中查到的虫体和节片有蛔虫、蛲虫、钩虫、绦虫、阔头裂节绦虫等，说明动物被以上寄生虫感染。

4.16　细菌学检查

4.16.1　病料采集和运送

临床上对宠物进行病原菌检查，病料的采集时间、位置和方法对疾病的诊断具有至关重要的作用。在采集病料前必须对待检宠物可能患有何种疫病选择初步诊断，根据发病类型选择适当的病料采集方法。

（1）采集病料的基本原则

① 采集病料时，应是无菌采集的病原微生物含量高的血液、器官组织、分泌物或排泄物。因此要根据不同疾病来采集相应部位病料，如无法估计是何种疾病时，应根据临床症状和病理变化采集病料或全面采集病料。取病料时应注意病原微生物感染所致疾病的类型（如呼吸道感染疾病、胃肠道感染疾病、皮肤和黏膜性疾病、败血性疾病等）、病原微生物的侵入部位、病原微生物感染的靶器官等。细菌检验病料应当是采自未经抗菌药物治疗的患病动物，并且应多

做几张涂片。

② 采集病料的时间一般在疾病流行早期、典型病急性期，此时病原微生物的检出率高。内脏病料的采集，须于动物死后立即进行；夏季最长不超过 2h，冬季不超过 24h，否则时间过长，其他细菌会由肠内侵入，致使尸体腐败，有碍于病原菌的检出。

③ 病料采集过程都应该无菌操作，尽量避免杂菌污染。采集一种病料，使用一套器械，或用酒精擦拭器械，且火焰灭菌后再采集另一种病料；每一种病料都放入不同的容器中，不可混放。

④ 若有突然死亡或病因不明的尸体，须先采集末梢血液制成涂片，镜检，观察是否有法律规定的不得私自剖检的病原菌（如炭疽杆菌）存在，在排除后方能剖检取样。若发现上述疑似病原时，则立刻停止解剖；如需要剖检并获取病料时，应经上级有关部门同意，选择合适的场地，做好严格的防范工作，剖后要对动物尸体和所用器械及场地进行严格的消毒处理。

⑤ 认真填写好病料送检单和剖检病理变化记录。

（2）常见病料的采集方法

① 脓汁：先用流水冲洗表面，然后用灭菌注射器或吸管抽取深部的脓汁。若是开口化脓灶或皮肤、黏膜表面化脓，可用灭菌棉拭子浸蘸脓汁，并放入试管中。

② 内脏器官：应在尸体解剖后立即采集。在淋巴结、肺、肝、脾及肾等内脏器官的病变交界处各采取 $1\sim2cm^3$ 的小方块，分别置于灭菌容器中。

③ 血液：采集全血时，应无菌采集血液，采集后应立即注入含有 0.5％肝素溶液或 5％柠檬酸钠液的灭菌试管内，并立即混合均匀；要分离血清时，将无菌采集的血液直接注入灭菌试管，待血液自然凝固后分离血清。从尸体采集血液时，可用灭菌注射器或吸管从右心房抽取。

④ 皮肤和黏膜：采集病变交界处的皮肤和病变部位的黏膜及其所属淋巴结，放入 30％甘油盐水溶液中。

⑤ 脑和脊髓：无菌采集脑和脊髓，放入 30％甘油盐水溶液中。

⑥ 胆汁：先用烧红刀片或铁片烧烙胆囊表面，再用灭菌细管或注射器刺入胆囊内吸取胆汁，并注入灭菌试管中。

⑦ 肠、胃及内容物：应先将肠和胃两端用绳子扎紧，再将肠胃剪断并送检。采集内容物应用烧红的器具烧烙肠胃表面后穿一小孔，用灭菌棉拭子取其内容物，再将棉拭子放入无菌器皿或装有生理盐水或 PBS 的试管内。

⑧ 粪便：可用无菌棉拭子插入肛门蘸取并把棉拭子放入无菌器皿或装有生理盐水或 PBS 的试管内，或捕杀疫病动物后由肠管采集，立即放低温条件下保存。

⑨ 乳汁：乳房先用消毒药水洗净（取样人的手也应事先消毒），并把乳房附近的毛刷湿，先把最初所挤的 3～4 股乳汁弃去，然后再采集 10mL 左右乳汁于灭菌试管中。

⑩ 流产胎儿：将流产胎儿及小动物尸体用不透水塑料薄膜、油纸或油布包裹，装于木箱内并送检。

（3）病料的处理　采集的病料，在接种培养前，应对其性状进行观察，例如是否化脓带血或腐败，有何异味，并做记录。若条件允许的情况下，可事先对病料涂片、染色、镜检，以了解细菌的形态、染色特性，并大致估计其含菌种类及含菌量。如果病料是无菌方法采集的病变组织，在接种前一般无需做特别处理，即可对组织进行触片或涂片检查。但如果病料被杂菌污染，则需根据要分离的病原菌的特性，采用一些对病原菌无害，但对杂菌有杀灭或抑制作用的方法，以抑制杂菌生长。对于含菌量少的病料（如乳汁、尿、渗出液等），则应先做集菌处理，然后接种，以提高检出率。常见集菌方法有离心法和过滤法，离心法取沉淀物做培养物，过滤后取沉积于滤板上表面的病料做培养。

（4）病料的保存

① 常用甘油溶液的配制

30％甘油缓冲溶液：甘油30mL；NaCl 0.5g；碱性磷酸钠1.0g；0.02％酚红1.5mL；加蒸馏水至100mL；混合，高压灭菌。

50％甘油缓冲盐水溶液：甘油150mL；NaCl 2.5g；酸性磷酸钠0.46g；碱性磷酸钠10.74g；加蒸馏水至150mL；混合，高压灭菌。

② 常用保存方法

液体病料：供病原分离培养用的液体病料，4℃保存。

供细菌学检验的实质脏器：若1～2d内能送到实验室，可放在有冰的保温瓶或冰箱内，也可放入灭菌液体石蜡或30％甘油缓冲盐水内。

4.16.2 细菌的分离与接种

培养细菌时，需将标本或细菌培养物接种于培养基上，常用接种方法有以下几种。

（1）平板划线接种法　本法为最常用的分离培养细菌的方法，也可用于观察细菌的生长状况和观察某些生化反应。常用于分离单个菌落如沙门氏菌的各属，在亚硫酸铋琼脂平板上呈黑色，具有金属光泽；志贺氏菌属在HE琼脂平板、SS琼脂平板、麦康凯琼脂平板上呈现无色透明的菌落。通过平板划线后，可使细菌分散生长，形成单个菌落，有利于从含有多种细菌的标本中分离出目的菌。分离培养用的平板培养基应在临用前置37℃孵育箱内30min，使其表面干燥有利于分离培养，同时使培养基预温，有利于培养某些对培养条件要求较高的细菌。常用的平板划线接种法有以下几种。

① 分区划线法：此法多用于脓汁、粪便等含菌量较多的标本的分离。具体方法是先将接种环灭菌后，蘸取标本均匀涂布于平板培养基边缘一小部分（第一区），将接种环火焰灭菌，待冷却后只通过第一区3～4次后连续划线（为第二区），依次可供划线3～5区，每一区细菌数可逐渐减少，直到分离出单个菌落为止。

② 连续划线法：该法多用于含菌数量较少的标本。其方法是首先用接种环将标本均匀涂布于平板培养基边缘一小部分，然后由此开始，在培养基表面自左向右连续划线并逐渐向下移动，直到下边缘。划线接种时，尽可能做到直、密、匀，有效地利用培养基表面达到充分分离的目的。

（2）斜面接种法　常用于细菌的大量繁殖，保存菌种，或观察其某些生化特性。琼脂斜面、尿素培养基、双糖铁培养基、柠檬酸盐培养基等固体培养基均可用此法接种。其方法是从平板分离培养基上用接种环挑取单个菌落，移种至斜面培养基上，先从斜面底部自下而上划一条直线，再从底部开始向上划曲线接种，尽可能密而匀，或者直接自下而上划曲线接种。接种完毕，灭菌两试管的管口，塞好试管塞，并放至原来的位置上。重新烧灼接种环，灭菌后放回试管架上。接种好的试管放37℃温箱培养，18～24h后观察生长情况。

（3）倾注培养法　此法适用于乳汁和尿液等液体标本的细菌计数。其方法是取原标本或经适当稀释（一般是10^1～10^5倍稀释）的标本1mL，置于直径9cm无菌平皿内，倾入已溶化并冷却至50℃左右的培养基约15mL，立即混匀待凝固后倒置，于37℃培养18～24h，并进行菌落计数。

（4）穿刺接种法　常用于半固体琼脂培养基、醋酸铅培养基、双糖铁培养基等的接种，前者用于测定细菌的运动能力，后两者则用于观察细菌的生化反应。方法是用接种针挑取菌落或培养物，由培养基中央直刺到距管底约 0.3～0.5cm 处，然后沿穿刺线退出接种针。若为双糖等含高层斜面的培养基则只穿刺高层部分，退出接种针后直接曲线接种斜面部分。

（5）液体接种法　本法可用于观察细菌不同的生长状况，有的呈均匀混浊，有的呈沉淀生长，还有的在液体表面形成菌膜；另外还可以供测定细菌生化特性用。凡是肉汤、葡萄糖蛋白胨水以及各种单糖发酵管等液体培养基均用此法接种。其方法是用接种环蘸取菌种，倾斜液体培养基管，先在液面与管壁交界处研磨接种物（以试管直立后液体能淹没接种物为准），然后再在液体中摆动 2～3 次接种环，塞好棉塞后轻轻混合即可。

4.16.3　细菌的培养方法

根据培养细菌的目的和培养物的特性将培养方法分为一般培养法、二氧化碳培养法、微需氧培养法和厌氧培养法 4 种。

（1）一般培养法　将已接种过的培养基，置 37℃ 培养箱内 18～24h，需氧菌和兼性厌氧菌即可于培养基上生长。少数生长缓慢的细菌，需培养 3～7d 至 1 个月才能生长。为使培养箱内保持一定的湿度，可在其内放置一杯水。培养时间较长的培养基，接种后应将试管口塞棉塞后用石蜡凡士林封固，以防培养基干裂。

（2）二氧化碳培养法　某些细菌（脑膜炎双球菌、淋球双球菌、布鲁氏菌等少数细菌）的生长，需在孵育时加入 5%～10% 二氧化碳，尤其是初代分离培养要求更为严格。将已接种的培养基置于二氧化碳环境中进行培养的方法即二氧化碳培养法，常用方法有以下几种。

① 二氧化碳培养箱：设定好二氧化碳浓度后可将已接种病原菌的培养基直接放入箱内37℃ 培养。

② 烛缸法：将已接种的培养基，置于容量为 2000mL 的磨口标本缸或干燥器内。缸盖或缸口处均需涂以凡士林，然后点燃蜡烛直立置入缸中，密封缸盖，待火焰自行熄灭时，容器内约含 5%～10% 的二氧化碳，将其置 37℃ 培养。

③ 化学法（重碳酸钠-盐酸法）：按每升容积重碳酸钠 0.4g 与 1mol/L 盐酸 0.35mL 比例，分别将两种试剂置于容器内，将容器放置在标本缸中，密封后倾斜容器，使两种试剂接触混合产生 CO_2。

（3）微需氧培养法　先用真空泵将容器内的空气排尽，再注入 5% O_2、10% CO_2、85% N_2 的混合气体，然后置于 35℃ 培养箱孵育后观察结果。该法适用于空肠弯曲菌、幽门螺杆菌等微需氧菌的分离培养。

（4）厌氧培养法　目前常用的厌氧菌培养方法有厌氧罐法、厌氧袋法及厌氧箱法 3 种。

① 厌氧罐法

抽气换气法：将已接种的培养基放入真空干燥缸或厌氧罐中，再放入催化剂钯粒和指示剂亚甲蓝。先用真空泵将缸内抽成负压 99.99kPa（750mmHg），再充入无氧氮气，反复三次，最后充入 80% N_2、10% H_2 和 10% CO_2 混合气体，若缸内呈无氧状态，则指示剂亚甲蓝为无色。每次观察标本后需重新抽气换气，用过的钯粒经 160℃ 2h 干烤后可重复使用。

气体发生袋法（Gas-pak 法）：该法需以下两种容器，厌氧罐——由透明聚碳酸酯或不锈钢制成，盖内有金属网状容器，其内装有厌氧指示剂亚甲蓝和用铝箔包裹的催化剂钯粒；气体发生袋——一种铝箔袋，其内装有硼氢化钠-氯化钴合剂、碳酸氢钠-柠檬酸合剂各 1 丸和 1 张滤纸条，使用时剪去特定部位，注入 10mL 水，水沿滤纸渗入到两种试剂中，发生化学反应，产生 H_2 和 CO_2。立即将气体发生袋放入罐内，密封罐盖，使气体释放到罐中。

② 厌氧袋法：用无毒透明、不透气的复合塑料薄膜制成。袋中装有催化剂钯粒和 2 支安

瓶，分别装有 H_2、CO_2 发生器（化学药品，成分同上）、指示剂亚甲蓝。使用时将接种细菌的平板放入袋中，密封袋口，先将袋中装有化学药品的安瓿折断，几分钟后再折断装有亚甲蓝的安瓿，若亚甲蓝为无色则表示袋内已处于无氧状态，置 35℃温箱孵育。

4.16.4 细菌鉴定

通过分离培养获得的病原菌，必须达到不含有其他微生物的纯培养程度，才能进行系统鉴定。系统鉴定就是通过病原菌的形态结构、生化特性、抗原性和病原性等检测，并用已知标准免疫血清确定分离细菌的属、种和型。微生物鉴定的程序通常是根据其形态、生长、生化特性等定种，最后根据抗原的免疫血清学检查定型。

形态学检查

各种细菌的形态在适宜的环境下是相对稳定的。但环境的改变，如培养基条件的改变、抗生素和化学药品的作用等，均可使细菌产生不规则的形态，并可出现细胞壁的缺陷和多样性。为此，在做细菌形态鉴定时，必须按被检菌的生长要求，选择适宜的培养基和培养条件以及适宜的培养时间和检查方法，才能作出正确的形态学鉴定。形态学检查如下。

（1）肉眼观察 肉眼观察主要观察细菌在液体、半固体、固体及鉴别培养基上的生长情况。

① 液体培养基中的生长：混浊生长（如葡萄球菌）、沉淀生长（如链球菌）、菌膜生长（如枯草杆菌）。

观察要点：注意观察培养基的透明度、管底和液面上是否有细菌生长。

② 半固体培养基中的生长

a.无鞭毛的细菌：仅沿穿刺线生长，穿刺线清晰，周围培养基透明（如葡萄球菌）。

b.有鞭毛的细菌：沿穿刺线向四周扩散生长，穿刺线边缘呈羽毛状，周围培养基变混浊（如大肠埃希菌）。

观察要点：注意观察穿刺线是否清晰、周围的培养基是否混浊。

③ 固体培养基中的生长

菌落：由一个细菌生长繁殖而形成的一个肉眼可见的细菌集团。因来源相同，同一个菌落的细菌为纯种细菌。不同细菌菌落的形态学特征不同，可以鉴别细菌。

菌苔：由多个菌落融合而成，可能含有杂菌。

菌落性状的描述：大小、形状、颜色、凸扁、表面光滑度、湿润度、光泽、透明度、边缘、黏度、溶血（血平板）、气味等。

④ 在鉴别培养基上，应观察其生长情况是否与预期的相一致，在血琼脂培养基上还要观察是否溶血及溶血环的特点，在某些培养基上还要注意是否有臭味等。

（2）显微镜观察 在做细菌个体形态学检查时，要根据被检菌的种类和检查项目，选用相应的染色方法，同时要注意选择适合的培养基以及细菌培养的时间，才能达到预期的目的。一般以 18～24h（生长时间长的细菌除外）的幼嫩培养菌为宜。例如，做革兰氏染色检查时，培养时间长的陈旧细菌可能由阳性变为阴性。做细菌运动性检查时，液体培养基的幼嫩培养物（几小时到十几小时）最为适宜。做鞭毛染色时，以液体培养基为宜。芽孢的形成，因细菌种类不同，对培养条件（培养基、空气和培养时间）的要求不同，但一般均要求较长时间。镜检时除注意其基本形态结构和大小（要用测微计测量）外，还应注意其排列状态、菌端形状、有无两极染色、有无形成芽孢和荚膜等。必要时可用电镜观察其微细结构。

细菌的染色方法

涂片用的载玻片需用清洁液洗净、擦干、不留油质，否则，培养物不能均匀地推开。被检材料如果是肉汤培养物，用接种环取一滴，均匀涂抹于载玻片上，涂抹的范围约有手指甲大即可，随后，在酒精灯火焰上加热使之固定；被检材料如果是固体培养物，先滴一滴水（常用生理盐水）于载玻片上，用接种环取少许培养物，在水滴中混匀，培养物不宜太多，否则，菌体看不清楚。脓汁、淋巴液、乳汁也按同样方法制备抹片。血液和病变组织直接涂抹在载玻片上，组织抹片也不能太厚，否则，不易观察菌体。细菌培养物抹片用火焰固定，而组织抹片用甲醇或甲醛固定。

细菌的染色方法主要有革兰氏染色、抗酸染色法和特殊染色法（包括荚膜染色法、芽孢染色法、鞭毛染色法）。

（1）革兰氏染色法

① 草酸铵结晶紫染 1min，自来水冲洗。

② 加碘液覆盖涂面染约 1min，水洗、吸水纸吸去水分。

③ 加 95％酒精数滴，并轻轻摇动进行脱色，20s 后水洗，吸去水分。

④ 番红染色液（稀）染 2min 后，自来水冲洗，干燥，镜检。

（2）抗酸染色法

① 初染：用玻片夹夹持涂片标本，滴加石炭酸复红 2～3 滴，在火焰高处徐徐加热，切勿沸腾，出现蒸汽即暂时离开，若染液蒸发减少，应再加染液，以免干涸，加热 3～5min，待标本冷却后用水冲洗。

② 脱色：3％盐酸酒精脱色 0.5～1min，用水冲洗。

③ 复染：用碱性亚甲蓝溶液复染 1min，水洗，用吸水纸吸干后用油镜观察。

（3）芽孢染色法

① 加孔雀绿染液 2～3 滴于小试管中，并使其与菌液混合均匀，然后将试管置于沸水浴的烧杯中，加热染色 15min。

② 涂片、固定。

③ 水冲洗，至流出的水无绿色为止。

④ 用 0.5％沙黄液复染 2min，弃去多余的染液，吸水纸吸干镜检（此步骤不用水冲洗）。

（4）荚膜染色法

① 石炭酸复红染色 1min，水冲洗。

② 95％乙醇短暂脱色（几秒钟为宜），水冲洗。

③ 20％鞣酸溶液染色 10min，水冲洗。

④ 0.8％孔雀绿溶液染色 1min，水冲洗，吸水纸吸干后镜检。

（5）鞭毛染色法

① 硝酸银法：先滴 A 液（鞣酸 5g，50％氯化铁 2.0mL，1.5％甲醛 2.0mL，1％氢氧化钠 1.0mL，蒸馏水 100mL），染 4～6min 后用蒸馏水充分洗净，再滴 B 液（2％硝酸银溶液，少量氨水），在微火上加热 0.5～1min（使之不干涸），最后用蒸馏水洗后自然干燥、镜检。

② Leifson 氏法：配制染料 KAl（SO$_4$）$_2$ 饱和水溶液 20mL，20％鞣酸 10mL，蒸馏水 10mL，95％乙醇 15mL，碱性复红（95％乙醇饱和溶液）3mL。染色操作：制备良好的涂片；滴加染液，30℃ 左右放置 10min；自来水洗；在室温下用硼砂亚甲蓝（亚甲蓝 0.1g，硼砂 0.5g 加蒸馏水 100mL 配成）复染；自来水洗净、晾干、镜检。

细菌的生化鉴定：细菌在人工培养条件下，在其生长繁殖过程中，不同菌种所产生的新陈代谢各异，表现出不同的生长特性。通过观察细菌利用酶和降解糖类、醇类、脂类、蛋白质和氨基酸的能力可以了解其生化活性，从而识别和鉴定细菌。细菌的生化反应在种、型鉴别上具有重要价值，是细菌鉴定的重要依据之一。

（1）碳水化合物代谢

① 糖发酵实验：糖发酵实验是常用的鉴别微生物的生化反应，在肠道细菌的鉴定上尤为重要。绝大多数细菌都能利用糖类作为碳源和能源，但是它们在分解糖类物质的能力上有很大的差异。有些细菌能分解某种糖产生有机酸（如乳酸、醋酸、丙酸等）和气体（如氢气、甲烷、二氧化碳等）；有些细菌只产酸不产气。例如大肠杆菌能分解乳糖和葡萄糖产酸并产气；伤寒杆菌分解葡萄糖产酸不产气，不能分解乳糖；普通变形杆菌分解葡萄糖产酸产气，不能分解乳糖。发酵培养基含有蛋白胨、指示剂（溴甲酚紫）、倒置的德汉氏小管和不同的糖类。当发酵产酸时，溴甲酚紫指示剂可由紫色（pH 6.8）变为黄色（pH 5.2）。气体的产生可由倒置的德汉氏小管中有无气泡来证明。

② 甲基红实验（M-R 实验）：甲基红实验是根据肠杆菌科各菌属都能发酵葡萄糖，在分解葡萄糖过程中产生丙酮酸，进一步分解中，由于糖代谢的途径不同，可产生乳酸、琥珀酸、醋酸和甲酸等大量酸性产物，可使培养基 pH 值下降至 4.5 以下，使甲基红指示剂变红这个原理进行的测验。

方法：挑取新的待试纯培养物少许，接种于通用培养基，培养于（36±1）℃或 30℃（以30℃较好）下 3～5d，从第 2 天起，每日取培养液 1mL，加甲基红指示剂 1～2 滴，阳性呈鲜红色，弱阳性呈淡红色，阴性为黄色。迄至发现阳性或至第 5 天仍为阴性，即可判定结果。

③ V-P 实验：某些细菌在葡萄糖蛋白胨水培养基中能分解葡萄糖产生丙酮酸，丙酮酸缩合，脱羧成乙酰甲基甲醇，后者在强碱环境下被空气氧化为二乙酰，二乙酰与蛋白胨中的胍基生成红色化合物，称 V-P（＋）反应。大肠埃希菌 V-P 实验阴性，产气肠杆菌 V-P 实验阳性。

④ β-半乳糖苷酶实验（ONPG 实验）：ONPG 中文名称为邻硝基苯-β-D-吡喃半乳糖苷。ONPG 可被 β-半乳糖苷酶水解为半乳糖和黄色的邻-硝基苯酚（ONP），因此可以通过培养液颜色的变化测知 β-半乳糖苷酶的活性。

乳糖是大多数微生物需要检测的一种糖，它的代谢需要两种酶，一种是细胞通透酶，乳糖在渗透酶作用下进入细胞；一种是 β-半乳糖苷酶，水解乳糖成半乳糖和葡萄糖。β-半乳糖苷酶也可以直接作用于 ONPG，使之水解成为半乳糖和黄色的邻-硝基苯酚（ONP），这个作用不需要经过细胞通透酶作用进入细胞内，所以是快速的，在 24h 内可以完成的，甚至是乳糖迟缓发酵菌也是如此。因此解释了实验中自琼脂斜面上挑取培养物 1 满环接种于 36℃培养 1～3h 和 24h 的观察结果。如果 β-半乳糖苷酶产生，则于 1～3h 变黄，如无此酶则 24h 不变色。

⑤ 七叶苷水解实验：七叶苷可被细菌水解，生成葡萄糖和七叶素。七叶素与培养基中的枸橼酸铁的二价铁离子反应生成黑色的化合物，使培养基变黑，不变色者为阴性。

（2）蛋白质和氨基酸代谢

① 吲哚实验：有些细菌具有色氨酸酶，能分解蛋白胨中的色氨酸产生吲哚，与对二甲基氨基苯甲醛结合生成红色的玫瑰吲哚。本实验主要用于肠杆菌科细菌的鉴定。

柯凡克（Kovacs）试剂：将待检菌少量接种于培养基中，于（36±1）℃培养 24～48h 后，加入柯凡克试剂数滴，轻摇试管，呈红色者为阳性。

欧-波试剂：沿试管壁缓慢加入欧-波试剂约 0.5mL 覆盖液面，两液接触处呈现玫瑰红色者，为阳性反应，无红色者为阴性反应。

② 触酶实验：某些细菌具有接触酶（或过氧化氢酶），能催化过氧化氢产生水和初生态的

氧，继而形成氧分子出现气泡。

方法一：取干净的载玻片，在上面滴一滴 3％过氧化氢溶液，挑取一环斜面培养的实验菌，在过氧化氢溶液中混匀，若有气泡出现则为过氧化氢实验阳性，无气泡产生者为阴性。

方法二：取 2mL 3％过氧化氢溶液加入干净的小试管中，用细玻棒蘸取实验菌，插入过氧化氢液面下，若有气泡产生者为阳性。

方法三：将约 1mL 3％过氧化氢溶液滴加在生长物上（菌落或菌苔上），有气泡发生者为阳性。

（3）枸橼酸盐利用实验　在枸橼酸盐培养基中，细菌能利用的碳源只有枸橼酸盐，分解后生成碳酸钠，使培养基变碱性，pH 指示剂溴麝香草酚蓝由淡绿色变为深蓝色，此为枸橼酸盐利用实验阳性。不能利用枸橼酸盐作为碳源的细菌，在此培养基上不能生长，培养基则不变色，为阴性。

（4）硝酸盐还原实验　硝酸盐还原反应包括两个过程：细菌在合成代谢过程中，硝酸盐还原为亚硝酸盐和氨，由氨转化为氨基酸和细胞内其他含氮化合物；细菌在分解代谢过程中，硝酸盐或亚硝酸盐代替氧作为呼吸酶系统中的终末受氢体。硝酸盐还原的过程可因细菌不同而产物各异，有的细菌仅使硝酸盐还原为亚硝酸盐，有的细菌可使其还原为亚硝酸盐和离子态的铵，有的细菌还能使硝酸盐或亚硝酸盐还原为氮，有的细菌还可以将其还原产物在合成代谢中完全利用。硝酸盐或亚硝酸盐如果还原生成气体的终末产物，如氮和氧化氮，称为脱硝化作用。

（5）尿素酶实验　有些细菌能产生尿素酶，而分解尿素。实验时，将被检菌接种于培养基中，室温放置，分别于接种后的 5h 和 24h 观察结果，如培养基变红，表示尿素被分解（阳性）。

（6）硫化氢实验　有些细菌能分解含硫氨基酸，产生硫化氢，硫化氢遇重金属盐如铅盐、铁盐时则生成黑色硫化铅或硫化铁沉淀，从而可确定硫化氢的产生。实验时，将被检物接种于醋酸铅琼脂斜面上，并于底部穿刺，37℃培养 1～2d 后，培养基变黑色者为阳性。

（7）过氧化氢酶实验　过氧化氢酶实验又称触酶实验。部分细菌含有黄素蛋白，在代谢过程中与空气中的氧发生反应，形成过氧化氢，过氧化氢对细菌有毒害作用，会破坏细胞组分。因此，细菌为保护自己，通常具有过氧化氢酶，可以催化裂解过氧化氢，形成水和氧气。

（8）氨基酸脱羧酶实验　肠杆菌科细菌的鉴别实验，用以区分沙门氏菌（通常为阳性）和枸橼酸杆菌（通常为阴性）。若细菌具有脱羧酶，能使氨基酸脱羧基，生成氨和 CO_2，使培养基的 pH 升高，则指示剂溴香草酚蓝显示蓝色，实验结果为阳性。若细菌不脱羧，培养基不变则为黄色。最常用的氨基酸有赖氨酸、鸟氨酸和精氨酸。从琼脂斜面上挑取培养物少许接种于培养基，上面滴加一层无菌液或石蜡，于 32℃恒湿培养 4d，每天观察结果。结果判定：阳性者培养液先变为黄色，后变为蓝色；阴性者为黄色。

分子生物学鉴定：应用分子生物学方法从遗传进化角度阐明微生物种群之间的分类学关系，是微生物分类学研究普遍采用的鉴定方法。分子生物学实验室，配有 PCR 仪、高速冷冻离心机、电泳仪、HPLC、凝胶成像系统、紫外控温分析系统等先进仪器设备，数据库 BLAST 比对，以及 DNAMAN、BIOEDIT、CLUSTALX、TREEVIEW 等序列分析软件。采用核酸序列分析法分析细菌 16SrDNA/16S-23SrDNA 区间序列、酵母 18SrDNA/26SrDNA（D1/D2）序列，该方法可提供科学的鉴定结果。

4.16.5 药物敏感试验

用药敏试验进行药物敏感度的测定，以便准确有效地利用药物进行治疗。目前，临床微生物实验室进行药敏试验的方法主要有纸片扩散法、稀释法（包括琼脂稀释法和肉汤稀释法）、抗生素浓度梯度法（E-test 法）。

（1）纸片扩散法（K-B 法）　K-B 法是用含有一定抗生素的药物纸片，贴在已接种的待检菌的琼脂平板上，经过培养后，抗生素通过纸片弥散作用形成浓度梯度。在敏感抗生素的有效范围内细菌的生长受到抑制。在一定的范围内，细菌生长受到抑制，故形成一个明显的抑菌圈，可以通过抑菌圈直径的大小来判断待检菌对某一抗生素的敏感性。

操作方法：取某一待检菌种，接种于肉汤培养基中，置于 37℃培养约 4～6h。用灭菌的生理盐水或者营养肉汤对菌液进行稀释，使菌液浓度为 10^8 CFU/mL，用无菌的接种环/涂布器/棉签将菌液均匀涂满整个培养琼脂平皿表面。用无菌镊子将各种药物纸片分别贴于培养基表面，各片的距离要相等。37℃培养约 24h，测量抑菌圈直径。

结果判定：根据药物纸片周围有无抑菌圈及其直径大小，将待检菌对药物的敏感程度分为高度敏感、中度敏感、低度敏感和不敏感。

抗菌药物的抑菌圈与敏感标准如表 4-4。

表 4-4　抗菌药物的抑菌圈与敏感标准

抗菌药物	活性单位/每片含药量/μg	抑菌圈的直径/mm		
		耐药(R)	中等敏感(I)	敏感(S)
青霉素				
葡萄球菌	10IU	≤28	—	≥29
链球菌(非肺炎链球菌)	10IU	—	—	≥24
肠球菌				
氨苄西林	10IU	≤14	—	≥15
肠杆菌	10	≤13	14～16	≥17
葡萄球菌	10	≤28	—	≥29
链球菌	10	—	—	≥24
肠球菌				
阿莫西林	10	≤16	—	≥17
头孢噻呋	10	≤19	—	≥20
四环素类	30	≤17	18～20	≥21
葡萄球菌	30	≤14	15～18	≥19
链球菌	30	≤18	19～22	≥23
肠杆菌科	30	≤12	13～15	≥16
链霉素	10	≤11	12～14	≥15
卡那霉素	30	≤13	14～17	≥18
庆大霉素	10	≤12	13～15	≥16
大观霉素	100	≤10	11～13	≥14
红霉素	15	≤13	14～22	≥23
替米考星	15	≤10	11～13	≥14
恩诺沙星	5	≤16	17～22	≥23
环丙沙星	5	≤15	16～20	≥21

抗菌药物	活性单位/每片含药量/μg	抑菌圈的直径/mm		
		耐药(R)	中等敏感(I)	敏感(S)
氧氟沙星	5	≤13	14～16	≥17
林可霉素	2	≤14	15～20	≥21
氟苯尼考	30	≤18	19～21	≥22
泰妙菌素	30	≤8	-	≥9
多黏菌素 B 或 E	30	≤8	9～11	≥12
复方新诺明	1.25/23.75	≤10	11～15	≥16
磺胺异噁唑	300	≤12	13～16	≥17
甲氧苄嘧啶	5	≤10	11～15	≥16

注：除标注活性单位的药物之外，其余药物剂量均为质量单位，临床应用时应注意与效价单位的换算。该表格参考于《兽医微生物实验教程》。

（2）最低抑菌浓度实验　最低抑菌浓度（minimum inhibitory concentration）是指在体外培养细菌18～24h 后能抑制培养基内病原菌生长的最低药物浓度，是测量抗菌药物的抗菌活性大小的一个指标。

稀释法是将抗菌药物稀释为不同的浓度，作用于被检菌株，定量测定药物对细菌的最低抑菌浓度（minimal inhibition concentration，MIC）或最低杀菌浓度（minimal bacteriocidal concentration，MBC），可在液体培养基或固体培养基中进行。

① 操作方法：抗生素溶液的二倍连续稀释，取13mm×100mm 灭菌带胶塞试管13 支（管数多少可依具体需要而定）。除第1管加入稀释菌液1.8mL 外，其余各管均各加1.0mL。即于第1管加入抗生素原液0.2mL，混合后吸出1.0mL 加入第2管中，用同法依次稀释至第12管，弃去1.0mL 第13管作为生长对照。培养及结果观察：放置37℃培养16～24h，观察结果，凡药物最高稀释管中无细菌生长者，该管的浓度即为MIC。

② 结果判定：一般以 MIC 作为细菌对药物的敏感度，若第1～8 管无细菌生长，第9 管开始有细菌生长，则把第8 管抗生素的浓度报告为该菌对这种抗生素的敏感度；如全部试管均有细菌生长，则报告该菌对这种抗生素的敏感度大于第1 管中的浓度或对该药耐药；若除对照管外，全部都不生长时，则报告为细菌对该抗生素的敏感度等于或小于第12 管的浓度或高度敏感。可以用96 孔圆底微量反应板代替试管进行 MIC 和 MBC 的测定（按比例减少体积，一般每孔终体积为200μL）。

（3）耐药基因检测（PCR 法）

① 模板制备

a.煮沸法：取培养的细菌菌落4～5 个悬浮于100μL TE 缓冲液中（10mmol/L Tris. HCl，1mmol/L EDTA，pH 8.0），沸水加热10min，12000r/min 离心5min，取上清液作为 PCR 模板。

b.基因组 DNA 提取

（a）200mL 细菌过夜培养到对数生长末期，10000r/min 离心10min，弃去上清液。用无菌水或适当浓度 NaCl（阴性菌1%）溶液洗涤菌体1～2 次，用10mL TE 悬浮沉淀。

（b）革兰氏阳性菌加溶菌酶至终浓度为 0.5～1mg/mL，37℃水浴摇床30～60min，最好过夜（革兰氏阴性菌可以省略此步骤）。

（c）加入10% SDS 至终浓度2%，10mg/mL 蛋白酶 K 至终浓度0.1mg/mL，充分混匀后

55℃水浴 3h。

(d) 加入等体积苯酚/氯仿/异戊醇（25∶24∶1），反复缓慢颠倒混匀 10min 后（30～50次，动作一定要轻），12000r/min 离心 20min，用剪去尖头的大吸头将上清液移至干净离心管。

(e) 重复步骤（d），至有机相和水相之间无明显蛋白为止（一般重复 2 次，不超过 5 次）。

(f) 加入等体积氯仿/异戊醇（24∶1）抽提，12000r/min 离心 20min。

(g) 将上清液移至干净离心管，加入 2 倍体积的预冷无水乙醇，颠倒混合后，用玻璃棒将 DNA 卷出。

(h) 用预冷的 70%乙醇漂洗后，晾干，用 4～5mL 0.1×SSC 溶解 DNA。

(i) 加 10mg/mL RNaseA 至终浓度 50μg/mL，37℃保温 30min。

(j) 从第（d）步开始重复 1 次。

(k) 样品用于下一实验或贮存在 4℃冰箱中，若有必要长期保存（约 3 个月），则分装后贮存在−80℃冰箱（不要反复冻融样品）。

② 引物序列

a. 在 NCBI 上搜索到目的序列，找到该基因的 DNA，在 CDS 选项中，找到编码区所在位置，在下面的 origin 中，Copy 该编码序列作为软件查询序列的候选对象。

b. 用 Primer Premier5 搜索引物：打开 Primer Premier5，点击 File-New-DNA sequence，出现输入序列窗口，Copy 目的序列在输入框内（选择 As），此窗口内，序列也可以直接翻译成蛋白。点击 Primer，进入引物窗口。

此窗口可以链接到"引物搜索""引物编辑"以及"搜索结果"选项，点击 Search 按钮，进入引物搜索框，选择"PCR primers""Pairs"设定搜索区域、引物长度、产物长度。在 Search Parameters 里面，可以设定相应参数。一般若无特殊需要，参数选择默认即可，但产物长度可以适当变化，因为 100～200bp 的产物电泳跑得较散，所以可以选择 300～500bp。

点击 OK，软件即开始自动搜索引物，搜索完成后，会自动跳出结果窗口，搜索结果默认按照评分（Rating）排序，点击其中任一个搜索结果，可以在"引物窗口"中，显示出该引物的综合情况，包括上游引物和下游引物的序列和位置、引物的各种信息等。

对于引物的序列，可以简单查看一下，避免出现下列情况：$3'$ 不要出现连续的 3 个碱基相连的情况，比如 GGG 或 CCC，否则容易引起错配。此窗口中需要着重查看的包括：T_m 应该在 55～70℃，GC%应该在 45%～55%，上游引物和下游引物的 T_m 值最好不要相差太多，大概在 2℃以下较好。该窗口的最下面列出了两条引物的二级结构信息，包括发卡结构、二聚体、引物间交叉二聚体和错误引发位置。若按钮显示为红色，表示存在该二级结构，点击该红色按钮，即可看到相应二级结构位置图示。最理想的引物，应该都不存在这些二级结构，即这几个按钮都显示为"None"为好。但有时很难找到各个条件都满足的引物，所以要求可以适当放宽，比如引物存在错配的话，可以就具体情况考察该错配的效率如何，是否会明显影响产物。

③ PCR 扩增：根据扩增基因目的，选择引物 F 与引物 R，按 Ex-Taq DNA 聚合酶使用说明进行，步骤如下。

第一步，加样，操作如下：

双蒸灭菌水补至终体积 50μL，模板 DNA 4.0μL，引物 F（10μmol/μL）2.0μL，引物 R（10μmol/μL）2.0μL，10×PCR 缓冲液 5.0μL，2.5mmol dNTP 2.0μL，Taq 酶 0.5μL（5U/μL）。

第二步，混悬，瞬时离心。

第三步，在 PCR 扩增仪上执行反应程序：94℃ 3min，94℃ 30s，50～65℃ 30s，72℃ 50s，30 个循环，最后 72℃延伸 5min（可根据扩增目的基因的不同，选择合适的循环参数）。

④ 电泳：分别取 5μL PCR 产物用 1%～2%琼脂糖凝胶进行电泳鉴定（含 5～10μL Goldview/100mL 琼脂糖凝胶），以 1000～2000 bp DNA Marker 作为标准分子量观察扩增片段大小。

⑤ 结果判定：在测试样品孔出现条带大小应与阳性对照一致，且阴性对照孔无此条带时则可判定测试样品与阳性样品一致。

4.17　常见病毒学检查

4.17.1　病毒分离用样品的采集与保存

（1）应注意原则　对本身带有杂菌（如咽拭子、粪便）或易受污染的标本，要进行病毒分离培养时，应使用抗生素。因病毒在室温中易失去活性，标本应低温保存并尽快送检。

（2）样品的现场处理与保存

① 喉、鼻咽等分泌物样品：将其放入灭菌管中，加入 2mL Hank′s 平衡盐溶液（pH 7.2），其中含蛋白稳定剂（0.5%明胶或牛血清白蛋白）和复合抗生素（如青链霉素）。

② 粪便样品：取粪便于 Hank′s 平衡盐溶液中制成悬液，加二倍浓度的复合抗生素。

③ 尿、腹水、脊髓液、脱纤血液、水疱液等体液，直接收入灭菌瓶中。

④ 血液样品：每个病宠抽取 10～15mL 全血，使其自然凝固分离血清。将血清置于灭菌瓶中于低温冰箱中保存。待 2～3 周后再抽血一次分离血清。有时也用柠檬酸钠或肝素抗凝血或脱纤血进行病毒分离或血细胞分类。

⑤ 组织器官样品：动物在死后应当立即采集，直接放入灭菌瓶中（不加防腐剂）。若样品不能当天使用，可用 50%缓冲甘油（用 pH 7.2 Hank′s 平衡盐溶液或 PBS 配制，含复合抗生素）保存。绝大多数病毒是不稳定的，样品一经采集要尽快冷藏。现场采集的样品要尽快用冷藏瓶（加干冰或冰块）送到实验室检验或置低温冰箱保存。

4.17.2　病毒分离前样品的实验室处理方法

当确定是病毒含量较高的样品时，可对样本不进行病毒分离直接用于诊断鉴定。当病毒含量较少时，则需通过病毒的分离增殖或者浓缩来提高诊断的准确性和鉴定的可靠性。病毒分离首先要对样品进行适当的处理，然后接种实验动物或培养的组织细胞。

（1）组织器官样品的处理

① 用无菌操作取一小块样品，充分剪碎，置乳钵中加玻璃砂研磨或用组织捣碎机制成匀浆，随后加 1～2mL Hank′s 平衡盐溶液制成组织悬液，再加 1～2mL 继续研磨，逐渐制成 10%～20%的悬液。

② 加入复合抗生素。

③ 以 800r/min 离心 15min。

④ 取上清液用于病毒分离。必要时可用有机溶剂去除杂蛋白和进行浓缩。

（2）粪便样品的处理

① 加 4g 的粪便于 16mL Hank′s 平衡盐溶液中制成 20%的悬液。

② 于密闭的容器中强烈振荡 30min，如果可能则加入玻璃球。

③ 以 6000r/min 低温离心 30min，取上清液再次重复离心。

④ 用 450nm 的微孔滤膜过滤。

⑤ 加二倍浓度的复合抗生素，然后直接用于病毒分离或进行必要的浓缩后再行病毒分离。

（3）无菌的体液（腹水、脊髓液、脱纤血液、水疱液等）和鸡胚液样品可不做处理，直接用于病毒分离。

注：Hank's 平衡盐溶液和复合抗生素的配制见细胞培养溶液的配制。

（4）样品的特殊除菌处理　样品经过上述一般处理即可用于病毒分离，但对某些样品用一般方法难以去除的污染，则应考虑配合如下方法进行处理。

① 乙醚除菌：对有些病毒（如肠道病毒、鼻病毒、呼肠孤病毒、腺病毒、小 RNA 病毒等对乙醚有抵抗力）可用冷乙醚对半加入样品悬液中充分振荡，置 4℃ 过夜。取用下层水相分离病毒。

② 染料普鲁黄（Proflavin）除菌：由于其对肠道病毒和鼻病毒很少或没有影响，常用作粪或喉头样品中细菌的光动力灭活剂。将样品用 0.0001mol/L pH 9.0 的普鲁黄于 37℃ 作用 60min，随后用离子交换树脂除去染料，将样品暴露于白光下，即可使其中已经被光致敏的细菌或霉菌灭活。

③ 离心除菌：用低温高速离心机以 1800r/min（15.24cm）离心 20min，可沉淀除去细菌，而病毒（小于 100nm）保持在清液中。必要时转移离心管重复离心一次。

④ 过滤除菌：可用陶土滤器、瓷滤器、石棉滤器或者 200nm 孔径的混合纤维素酯微孔滤膜等除菌，但对病毒有损失。

（5）待检样品中病毒的浓缩　对病毒含量很少的病毒样品一般普通方法不易检测或分离出病毒，必须经过浓缩。常用浓缩方法如下：

① PEG-8000 浓缩法：将分子量 6000 的 PEG 逐步加入经一般处理的样品溶液中，使终浓度为 8%，置 4℃ 过夜。以 3000r/min 离心 15min，用少量含复合抗生素的 Hank's 平衡盐溶液重悬，必要时用 450nm 微孔滤器除去真菌孢子。

② 硫酸铵浓缩法：将等量饱和硫酸铵溶液缓慢加入经过上述一般处理的样品溶液中，边加边搅拌，置 4℃ 过夜。离心同①。

③ 超速离心浓缩法：转染后 44～48h，收集上清液到 50mL 离心管内，并加入 20mL Production 培养基以便第二轮病毒的收集。将收集的上清液 4℃、4000r/min 离心 10min，去除细胞碎片，然后 0.45μm 滤膜过滤到 40mL 超速离心管中。4℃ 离心，25000r/min 离心 2h。离心完毕后小心弃去上清液，留下管底沉淀，加入 100μL 不含钙和镁的冷 PBS 洗下沉淀，用 200μL 移液器轻柔吹打使沉淀重悬，分装 50μL/管，保存于成品管中，用碎干冰速冻后储存在 −80℃ 冻存。这种方法回收效率很高，但仅适用于小体积的样品。

④ 病毒纯化浓缩试剂盒：每 10mL 过滤后的病毒初始液，加入 Concen Solution 3mL，每 20～30min 混合一次，共进行 3～5 次。4℃ 放置过夜。4℃、3000r/min，离心 45min。去掉上清，静置管子 1～2min，吸走残余液体。加入无血清 DEME 充分溶解慢病毒沉淀。病毒悬液分装成每份 200μL，保存在离心管中，速冻后储存在 −80℃。

4.17.3　实验动物与病毒分离

（1）实验动物在病毒学中的应用

① 分离病毒，通过实验动物来扩增病毒，使其能够用普通方法鉴定病毒。

② 借助感染范围鉴定病毒。

③ 繁殖病毒制备诊断抗原或疫苗。

④ 病毒的免疫学和血清学实验。

⑤ 制备免疫血清。

⑥ 病毒感染实验研究。

（2）动物接种场地的选择　动物用来接种培养病毒时需在专门的实验动物室进行。实验动物室应远离宠物医院专供动物饲养、观察和实验（采血、接种及解剖）所用，并严格执行隔离及检疫措施。

实验动物根据微生物等级可分成5类：

① 无菌动物（germ-free animals，GF 动物）：无菌动物是指不能检出任何活的微生物和寄生虫的动物，即无外源菌动物。

② 悉生动物（gnotobiotic animals，GN 动物）：悉生动物也称已知菌动物或已知菌丛动物，即明确的物体内所给予的已知微生物的动物，即凡含有已知的单菌（Monoxenie）、双菌（Dixenie）、三菌（Trixenie）或多菌（Polyxenie）的动物。

③ 无特定病原动物（specific pathogen free animals，SPF 动物）：SPF 动物是指没有某些特定的病原微生物及其抗体或寄生虫的动物。根据控制疫病规定标准，各个国家对 SPF 动物有不同的要求。从微生物控制的程度讲，SPF 动物虽然是以上3类中最低的，但它无人兽共患病、无主要传染病、无对实验研究产生干扰的微生物，所以能满足病毒学一般实验的需要，比应用普通实验动物取得的结果更具有科学性和可靠性。

④ 清洁动物（clear animals）：清洁级动物在微生物控制方面，除要求必须不带有人兽共患病病原和烈性传染病病原及常见传染病病原之外，还要求排除对动物危害大和对研究干扰大的病原。

⑤ 普通动物（conventional animals）：普通动物是指在开放条件下饲养，其体内存在多种微生物和寄生虫，但不携带人兽共患病病原微生物的动物。

（3）实验动物选择的原则　选择动物的原则是动物对病毒易感性高。如果病毒对宿主的选择性很强，则应选用本源宿主；如果选择性不强，则可用实验用的小动物。一次实验使用的动物，在年龄、体重和营养状态等方面要尽可能一致，若相差悬殊，则易增加动物反应的个体差异，影响实验结果的正确性。应尽量使用遗传特性相似，生物学反应比较一致的动物，以使实验结果达到一致性、准确性和可比性。

（4）实验动物的接种方法　对接种部位先除毛。除毛的方法有剪毛法、拔毛法、剃毛法和化学脱毛法等。除毛后，再用 75% 酒精对接种部位消毒。实验动物常用的接种方法有下列几种：

① 划痕法：实验动物多用家兔，用剪毛剪剪去肋腹部长毛，再用剃刀或脱毛剂脱去被毛。以 75% 酒精消毒，待干，用无菌小刀在皮肤上划几条平行线，划痕口可略见出血，然后用刀将接种材料涂在划口上。

② 皮下接种：将局部皮肤提起，消毒，注射器针头斜向刺入皮下，缓缓注入接种材料。注射完毕，于针头处按一酒精棉球，然后拔出针头，以防接种物外溢。

③ 皮内接种：常以背部或腹部皮肤为注射部位，去毛消毒后，将皮肤绷紧，用 1mL 注射器的 4 号针头，平刺入皮肤，针尖向上，缓缓注入接种物，此时皮肤应出现小圆形隆起。

④ 肌肉接种：选择肌肉丰满或无大血管通过的肌肉群处进行注射。一般都选用动物的腿部和臀部，注射时，将注射部位去毛消毒后，将针头刺入深部肌肉内。

⑤ 腹腔内接种：接种时稍抬高后躯，使其内脏倾向前腔，在股后侧面插入针头。先刺入皮下，后进入腹腔，注射时应无阻力，皮肤也无泡隆起。

⑥ 静脉注射：不同动物静脉注射方法不同。

实验家兔静脉注射：将家兔保定，选取一侧耳边缘静脉，先用 75% 酒精涂擦兔耳或以手指轻弹耳朵，使静脉怒张。注射时，用左手拇指和食指拉紧兔耳，右手持注射器，使针头与静脉平行，向心脏方向刺入静脉内。注射时无阻力且有血向前流动即表示注入静脉，缓缓注射感染材料，注射完毕用消毒棉球紧压针孔，以免流血和注射物溢出。

实验小鼠静脉注射：其注射部位为尾侧静脉。注射前将尾部浸于约 50℃ 温水内 1～2min，使尾部血管扩张易于注射。用小号针头（4 号）刺入尾侧静脉，缓缓注入接种物。注射时应无阻力，皮肤不变白、不隆起，表示已注入静脉内。

⑦ 脑内接种法：注射部位常选耳根部与眼内角连接线的中点。小鼠接种时，先将其额部消毒，用左手拇指和食指抓住两耳和头皮，用 4 号针头的注射器，垂直刺入注射部位，以针尖斜面刚穿过颅盖为限，缓缓注入。注射完毕，在拔出针头的同时应将注射部皮肤稍向一边推动，以防液体向外溢出。凡作脑内注射后 1h 内出现神经症状的动物应作废，可认为是由于接种创伤所致。

⑧ 鸡胚培养：鸡胚对多种病毒敏感。一般采用孵化 9～14 日龄的鸡胚，根据病毒种类不同，将病毒标本接种于鸡胚的不同部位，最常用的鸡胚接种部位有：羊膜腔、尿囊腔、绒毛尿囊膜和卵黄囊等。

绒毛尿囊内接种：选用 9～11 日龄发育良好的鸡胚，气室朝上置于蛋架上，在暗室用照蛋器照视，在检卵灯下画出气室、胚胎位置及打孔部位。在所标记接种部位用经火焰消毒的钢锥钻个小孔，注意要恰好使蛋壳打通而又不伤及壳膜。用 1mL 注射器抽取接种物，与蛋壳呈 30° 角斜刺入小孔 3～5mm 达尿囊腔内，注入接种物。一般接种量为 0.1～0.2mL。注射后用熔好的石蜡或消毒胶布封闭注射小孔。气室朝上置于 37℃ 恒温箱中孵育。

绒毛尿囊膜接种：取 9～13 日龄鸡胚横放在暗室，用照蛋器照视，在检卵灯下画出气室、胚胎位置及打孔部位。在胚的中上部标记接种部位，用钝头锥子或磨平了尖端的螺丝钉轻轻钻开一个小孔，以刚刚钻破蛋壳而不伤及壳膜为佳，再用消毒针头小心挑开壳膜，但勿伤及壳膜下的绒毛尿囊膜。壳膜白色、韧、无血管，而绒毛尿囊膜薄而透明，有丰富血管，可以区别。另外在气室处钻一小孔，以针尖刺破壳膜后用洗耳球紧靠小孔，轻轻一吸，使第一个小孔处的绒毛尿囊膜陷下成一小凹，即形成人工气室。用注射器将接种物滴在人工气室中，然后用石蜡封住人工气室和天然气室小孔。孵化时人工气室始终朝上。

卵黄囊内接种：取 6～8 日龄鸡胚，在暗室用照蛋器照视，在检卵灯下画出气室、胚胎位置及打孔部位。从气室顶部或鸡胚侧面钻 1 个孔，将注射器针头插入卵黄囊接种。侧面接种不易伤鸡胚，但针头拔出后，接种液有时会外溢一点。接种时钻孔、接种量，接种后封闭均同绒毛尿囊内接种。

羊膜腔内接种：用 10 日龄左右鸡胚仿照绒毛尿囊内接种法开孔，然后在照蛋器下将注射器针头向鸡胚刺入，深度以接近但不刺到鸡胚为度，因为包围鸡胚外面的就是羊膜腔。用石蜡封闭接种口后，将鸡胚直立孵化，气室朝上。

鸡胚材料的收获：用碘酒、酒精消毒气室部蛋壳，去除蛋壳和壳膜，撕破绒毛尿囊膜而不破坏羊膜。用灭菌镊子轻轻按住胚胎，以灭菌吸管或注射器吸取尿囊液装入灭菌容器内，多时可收到 5～8mL。收集的液体应清亮，混浊则往往表示有细菌污染，需做菌检。如有少量血液混入，可 1500r/min 离心 10min，重新收获上清液。对于羊膜腔内接种者，应先按照上述方法收集完绒毛尿囊液后再用注射器插入羊膜腔内收集羊水，一般可获得 1mL 左右。对于卵黄囊内接种者则在收集完绒毛尿囊液和羊水的基础上，用吸管收集卵黄液。所有收集到的材料通过无菌检查后置－70℃贮存备用。

4.17.4　病毒的鉴定

目前最常用的病毒定量检测方法有以下三大类：用于病毒感染力检测的技术，如病毒空斑形成实验、半数组织培养感染剂量 TCID50 测定和免疫荧光等；病毒核酸和病毒蛋白检测技术，如 PCR、RT-PCR、RT-qPCR、免疫印迹、免疫沉淀、酶联免疫吸附测定（ELISA）和血凝实验等；还有就是那些直接对病毒颗粒进行计数的方法，如流式细胞分析或透射电镜技术。

（1）病毒理化特性鉴定　不同的病毒对各种理化因素的敏感性存在差异，例如，有囊膜的病毒对氯仿、乙醚的处理很敏感，有些病毒对强酸性条件较敏感，而蛋白变性剂以及高温和射线照射等对病毒也会产生强烈的损伤作用。病毒在受到外界异常的物理、化学因素作用后，通常会失去感染性（即灭活），但有可能继续保留其抗原性、细胞融合、红细胞吸附等特性。常见的病毒理化特性检查有耐热性、耐酸性、氯仿敏感性、乙醚敏感性。ELISA 实验步骤如下。

① 抗体包被：用 0.1mol/L pH 9.6 碳酸盐缓冲液将新城疫病毒鸡免疫球蛋白稀释至所需浓度，然后加入聚苯乙烯微量反应板孔中，每孔 200μL，4℃包被过夜。

② 洗涤、倾去孔内抗体溶液，甩干。用洗涤液加满各孔，室温放置 3min 弃去洗涤液，甩干；如此重复洗涤 3～5 次。

③ 封闭：每孔加入以 0.1mol/L pH 9.6 碳酸盐缓冲液稀释的 1% 牛血清白蛋白 200～400μL，37℃孵育 3h（或 4℃过夜），减少非特异性反应的发生。

④ 洗涤：同上述步骤②。

⑤ 加待检样品：每孔加入经稀释液稀释的待检病毒 200μL，同时设 2 孔阳性、2 孔阴性对照，37℃孵育 2h。

⑥ 洗涤：同上述步骤②。

⑦ 加入最佳工作浓度的抗新城疫病毒兔血清 200μL，37℃孵育 2h。

⑧ 洗涤：同上述步骤②。

⑨ 加入最佳工作浓度的酶标羊抗兔 IgG，每孔 200μL，37℃孵育 2h。

⑩ 洗涤：同上述步骤②。

⑪ 加底物溶液：每孔加入 200μL 新鲜配制的底物溶液，37℃避光反应 30min。

⑫ 终止反应：每孔加入 2mol/L H_2SO_4 50μL 终止反应。

⑬ 结果判定：在 490nm 波长下测定样品的 OD 值，计算 P/N 比值，若 P/N≥2 判为阳性。或用肉眼观察显色变化，如样本颜色比阴性对照深，即可判为阳性。

胶体金诊断试纸条：胶体金试纸条诊断是采用胶体金免疫层析技术研制而成，该技术是 20 世纪 90 年代初在免疫渗滤技术的基础上建立的一种简易快速的免疫学检测技术。胶体金试纸条以硝酸纤维素膜为载体，利用了微孔膜的毛细血管作用，滴加在膜条一端的液体慢慢向另一端渗移，通过抗原抗体结合，并利用胶体金呈现颜色反应，检测抗原/抗体。

由于不同生产厂家对试纸条的制作工艺稍有不同，诊断方法应严格按照生产厂家的操作说明书进行操作。

下面以市售的"犬瘟热病毒快速检测卡"操作指南为例：

① 采样：犬眼结膜分泌物或鼻液。

② 样品的保存：在 2～8℃可保存 24h，需要更长时间保存可以保存于－20℃甚至更低。使用前确保样品温度为 22～25℃。

③ 检测步骤：用棉签收集犬眼结膜分泌物或鼻液，然后将棉签放入含有样品稀释液的样品管中。旋转摇动含棉签的样品管，使棉签上的样品和样品稀释液充分混匀。将 100μL（3 滴）混合液缓慢地一滴一滴加入样品孔中。当反应进行时，会看到深红色的条带在试纸中间的结果窗中移动（若没看到液体在试纸结果窗流动，请用手按压卡壳"T"与"S"之间的位置，直至看到有样品流上去为止），15～20min 内读取结果（20min 后的结果为无效）。

④ 结果判定

质控线（C）：这条线的出现说明测试是正常的。如果这条线不出现，检测结果为无效。这可能是由于检测卡已坏或者滴加样品量不够引起的。应该重新检测。

检测线（T）：这条线的出现说明犬瘟热病毒抗原是存在的。

（2）病毒的分子生物学鉴定　用实时定量逆转录 PCR（quantitative real time PCR，qRT-PCR）来检测流感病毒比终点检测方法更为快捷，且敏感度与细胞培养法相当，甚至更佳，用分子技术从临床样本中直接对病毒基因组进行鉴定是 21 世纪的重大发现之一。核酸扩增技术包括 PCR、基于核酸序列的扩增（NASBA）和劳伦斯利弗莫尔微生物检测阵列（LMDA）等都无疑是快速检测和鉴定大多数已知病毒的领先技术。PCR 可以在体外将 DNA 序列的一段特定区域扩增，因此是一种极其敏感的检测手段。PCR 还可以用于病毒 RNA 的鉴定，只需先将 RNA 逆转录成 DNA，然后再进行 PCR 分析，这一方法被称为逆转录 PCR（RT-PCR）。

4.18　真菌学检查

真菌感染性疾病根据真菌侵犯部位分为 4 类：浅表真菌病、皮肤真菌病、皮下组织真菌病和系统性真菌病；前两者合称为浅部真菌病，后两者又称为深部真菌病。

4.18.1　真菌的分离与培养

（1）平板划线法　取待分离的材料，如组织、粪便、动物毛及皮屑等样本，投入无菌水的试管内，振荡，使分离菌悬浮于水中。将接种环经火焰灭菌冷却后，取上述悬液，按细菌的平板划线分离法进行平板划线。划线完毕后，置 28℃温箱培养 2～5d，待形成菌落后，取单个菌落的部分，制片镜检，若只有 1 种菌，即得纯培养物。如有杂菌可取培养物少许制成悬液，用作划线分离，有时需反复多次才得纯种。另外，也可在放大镜的观察下，用无菌镊子夹取一段分离的真菌菌丝，直接放在平板上作分离培养，即可得到该真菌的纯培养物。

（2）稀释分离法　取盛有 9mL 无菌水试管 5 支，编 1～5 号，取样品 1g 投入 1 号管内，振荡，使悬浮均匀。用 1mL 无菌吸管将样品作 10 倍连续稀释。用 2 支无菌吸管分别由第 4、5 号管中各取 1mL 悬液，分别注入两个灭菌培养皿中，再加入熔化后冷却至 45℃的琼脂培养基约 15mL，轻轻在桌面上摇转，静置，使凝成平板。然后倒置于温箱中培养 2～5d，从中挑选单个菌落，移植于斜面上制成纯培养物。

4.18.2　真菌的鉴定

（1）显微镜检查

① 抹片染色检查：取疑似真菌感染动物的脓汁、呼吸道分泌物或组织，进行姬姆萨或美

蓝（亚甲基蓝）染色，镜检是否有真菌细胞、菌丝、孢子等结构。尤其适用于诊断家禽卡氏肺孢菌病。

② 氢氧化钾片检查：取动物表皮脓汁、健康与患病组织交界处的毛发或皮屑等材料，置于洁净载玻片上，滴加1～2滴KOH溶液，在酒精灯火焰上面稍微加热片刻，铺上盖玻片，置显微镜下检查菌丝等结构，该法适于观察皮癣菌、假皮疽组织胞浆菌等病原真菌。若是假皮疽组织胞浆菌，则可从马属动物淋巴组织脓汁片子中观察到卵圆形细胞，细胞质内有2～4个呈回旋运动的小颗粒。

③ 乳酸石炭酸棉蓝染色液压片检查：在载玻片上滴一滴乳酸石炭酸棉蓝染色液，用无菌接种环取真菌培养物少许（也可先将待检材料放在载玻片上，再滴加染色液），必要时用解剖针将材料梳理开，铺上盖玻片，镜检。该法广泛用于检查霉菌。

④ 印度墨汁片检查：针对疑似新型隐球菌性脑膜炎或肺炎动物，取炎症部位组织或体液（如脑脊液，可离心收集沉淀备检），涂布于载玻片上，滴加印度墨汁（也可用国产普通墨汁或"一得阁"墨汁替代）进行负染，置显微镜下检查。阳性病例应可见大小不一、外周有一层明显荚膜的圆形细胞，中央有圆形细胞核，有的胞体正在出芽。

（2）分子生物学鉴定　应用分子生物学方法从遗传进化角度阐明微生物种群之间的分类学关系，是微生物分类学研究普遍采用的鉴定方法。分子生物学实验室，配有PCR仪、高速冷冻离心机、电泳仪、HPLC、凝胶成像系统、紫外控温分析系统等先进仪器设备，以及DNA-MAN、BIOEDIT、CLUSTALX、TREEVIEW等序列分析软件。采用核酸序列分析法分析酵母18SrDNA/26SrDNA（D1/D2）序列及丝状真菌的18SrDNA/ITS1-5.8S-ITS2序列，提供科学的鉴定结果。

4.18.3　兽医临床常见的感染性病原真菌

（1）常见感染性病原真菌种类

① 荚膜组织胞浆菌（*Histoplasma capsulatum*）：该菌为典型的双相型真菌，在组织中（37℃）呈酵母样细胞，但25℃培养后形成菌丝体。犬、猫等动物因吸入该菌孢子到肺部，孢子萌发后感染网状内皮细胞，并形成肉芽肿。

② 假皮疽组织胞浆菌（*Histoplasma farciminosus*）：引起马属动物流行性淋巴管炎。可以将该菌培养物皮内注射进行迟缓型变态反应诊断及感染史普查。

③ 白色念珠菌（*Candida albicans*）：即白色假丝酵母菌，为假丝酵母菌中的一种机会致病菌，定居在人及动物的口腔等处。

④ 新型隐球菌（*Cryptococcus neoformans*）：细胞形态类似酵母菌，但能产生黏多糖荚膜，可通过制成印度墨汁染色玻片镜检作为诊断依据。

⑤ 皮肤癣菌（*dermatophytes*）：对人、犬、猫等动物同时致病的皮肤癣菌主要有毛癣菌属（*Trichophyton*）和小孢子菌属（*Microsporum*），引起皮肤瘙痒、脱毛、鳞屑或脓疱。这些皮霉菌在沙堡弱培养基上生长非常缓慢。

（2）常见感染性病原真菌分离培养

① 皮癣霉菌的培养：从健康与患病组织交界处，刮取疑似真菌感染的动物皮毛少许，放入70%酒精浸泡10min，取出皮毛，置于预先配制的沙堡弱琼脂平板上，28℃培养4～7d，逐日观察是否有菌落形成以及菌落形态特征，并可进一步镜检。

② 白色念珠菌的培养：用无菌棉签擦拭口腔及舌头表面，接种至普通琼脂、沙堡弱琼脂或者血琼脂平板，室温或35～37℃条件下培养，直到菌落出现（可能需1～3d）。肉眼观察菌

落数量、形态特征，镜检观察细胞形态，以及是否有出芽现象，是否产生假菌丝。必要时可添加台盼蓝进行培养，镜检假菌丝顶端是否出现蓝色圆形泡泡。还可使用玉米粉琼脂培养，观察是否产生特征性的厚垣孢子。

③ 黄曲霉的培养：取霉变的谷粒，预先用 70％乙醇浸泡消毒几分钟，用灭菌镊子夹取谷粒，以胚体朝下插入沙堡弱培养基（或含 2％麦芽糖和 7.5％ NaCl 的琼脂），每块平板 5～10 粒。也可用霉变的种子，特别是发霉的花生仁，由于其内部通常是近似纯培养的黄曲霉，刮取少许黄曲霉霉斑直接划线接种或点样接种即可，随后在 28℃培养约 1 周。肉眼观察菌落的生长速度、颜色变化、质地、高度及大小等形态特征。再制成乳酸石炭酸棉蓝染色液压片，镜下观察菌丝、分生孢子及顶囊的形态结构，应可见分生孢子梗由下向上逐渐膨大形成倒烧瓶样的顶囊结构。

④ 烟曲霉的培养：从饲喂发霉饲料的家禽中，无菌采集其气囊等肺组织，用接种环蘸取少量气囊内液体，划线接种于沙堡弱培养基或察氏培养基，按类似黄曲霉的培养方法培养及观察，并注意两者是否有形态结构的区别。

4.19　血气分析

动物体内血液的气体和酸碱平衡正常，保持内环境稳定，是动物健康生存的一个重要方面。因此，血液气体分析和酸碱平衡检验是动物疾病诊断、治疗和愈后判断等必不可少的实验室检验项目。

我国宠物医院的建设设备仪器方面的投资力度加大，大多数规模化的宠物医院配备了血气分析仪。血气分析仪虽然厂家不一，功能各异，自动化程度也不尽相同，但其检测原理和基本参数是相同的。目前少数更为先进型的血气分析仪还装有血离子选择电极附加扩充装置，增加了其他功能。

血液气体分析的三个基本项目是 pH、氧分压（P_{O_2}）和二氧化碳分压（P_{CO_2}）。根据 3 个基本的数据，演算出下列参数：

（1）碳酸氢根（HCO_3^-，Bicarbonate）

（2）氧饱和度（O_2SAT，Oxygen Saturation）

（3）剩余碱（BE，Base Excess）

（4）缓冲碱（BB，Buffer Base）

（5）动脉血氧含量（CaO_2，Arterial Oxygen Content）

（6）总二氧化碳（TCO_2，Total Carbon Dioxide）

（7）标准碳酸氢（SBC，Standard Bicarbonate）

（8）实际剩余碱（BE，Actual Base Excess）

（9）标准剩余碱（SBE，Standard Base Excess）

（10）肺泡动脉氧梯度（$AaDO_2$，Alveolar arterial O_2 Gradient）

机体有许多缓冲对组成了完整的缓冲系统，遇到强酸可降低［H^+］的浓度，遇到强碱可降低［OH^-］的浓度，能使溶液的 pH 变化尽可能地减小，以保持生理所必要的条件，这种作用称级冲作用。机体重要的缓冲对包括：碳酸氢系统（HCO_3^-/H_2CO_3）、磷酸盐系统（$HPO_4^{2-}/H_2PO_4^-$）、氧合血红蛋白系统（$HbO_2^-/HHbO_2$）、还原血红蛋白系统（$Hb^-/$

HHb)、蛋白质系统（Prot⁻/HProt）。

血气分析对患严重疾病的犬猫尤其有用，如严重的脱水、呕吐、腹泻、少尿和无尿、高钾血症和呼吸急促等，对患呼吸系统疾病，检测换气和二氧化碳总量（TCO_2）也是必需的。血气分析能鉴别不同类型的酸碱平衡失调，以及评估呼吸系统机能。血气分析采血最好用专用血气分析采血针管，尤其是采动脉血时更应使用，其抗凝剂为肝素锂或平衡肝素（balanced heparin）锂。犬猫正常血气参考值见表4-5，但不同的血气分析仪，其参考值可能略有不同，临床上应以所购仪器的参考值为准。

血液pH小于7.10将有威胁生命的酸中毒，可能会损伤心肌，影响收缩力。pH大于7.60表示严重的碱中毒。动脉血氧严重不足（P_{O_2}<50mmHg）时，应进行吸氧治疗，每分钟吸氧0.1L/kg。严重的高碳酸血症，动脉二氧化碳分压升高（P_{CO_2}为50～60mmHg）。

血气分析检查肺机能时需用动脉血液。检验酸碱平衡时，可用静脉血液。正常犬猫动脉和静脉血液血气分析差别，可参考表4-5使用血气分析仪检验血气时，一定要严格按操作规范进行，否则将影响检验值的准确性。另外，乙酰唑胺、氯化铵和氯化钾口服，能引起酸中毒。解酸剂、碳酸氢钠、柠檬酸钾或葡萄糖酸盐，以及利尿药呋塞米能引起碱中毒。而水杨酸盐能引起代谢性酸中毒、呼吸性碱中毒或两者同时发生。

表 4-5 犬猫正常血气参考值

血液来源	pH	PaO₂/mmHg	PaCO₂/mmHg	HCO₃⁻/(mmol/L)
犬动脉血	7.36～7.44	100(80～110)	36～44	18～26
犬静脉血	7.32～7.40	40(35～45)	33～50	18～26
猫动脉血	7.36～7.44	≈100	28～32	17～22
猫静脉血	7.28～7.41	40(35～45)	33～45	18～23

4.19.1 血液气体分析项目

（1）pH 健康动物血液pH一般在7.35～7.45，高于7.60或低于6.80，动物将死亡。动脉血液pH比静脉高0.02～0.10，pH<7.24为失衡代偿性酸中毒，有酸血症存在；pH>7.54为失衡代偿性碱中毒，有碱血症存在；当pH在7.24～7.54时，可能有三种情况存在，酸碱正常或无失衡、代偿性酸碱失衡或复合性酸碱失衡。后两种的综合分析，须结合其他有关指标进行。因此，pH正常也不能排除酸碱失衡。

（2）动脉血氧分压（P_{O_2}） P_{O_2}是血液中物理溶解的氧分子产生的压力。犬猫P_{O_2}为10.66～14.66kPa（80～110mmHg），P_{O_2}检测主要是判断机体是否缺氧及其程度。P_{O_2}降到8.0kPa以下，机体已达失衡代偿边缘，P_{O_2}<5.33kPa为重度缺氧；P_{O_2}<2.6kPa，生命将难以维持。检验静脉氧分压（P_{O_2}），难以正确地反映动物机体缺氧及其程度。P_{O_2}增高见于吸入纯氧或含高浓度氧气的气体。P_{O_2}降低表示肺泡通气不足引起缺氧，见于高原生活动物、一氧化碳中毒、呼吸窘迫症、肺部疾病、心力衰竭或心肺病、休克等。一般P_{O_2}低于6.98kPa（55mmHg）可能有呼吸衰竭，低于3.99kPa（30mmHg）将有生命危险。

（3）肺泡动脉氧梯度（$AaDO_2$） $AaDO_2$是肺泡氧分压与动脉血氧分压之差。它是反映肺换气机能的指标，能够比较早地反映肺部摄取氧情况。一般人参考值0.7～2.0kPa，60～80岁的人可达3.2～4.0kPa。$AaDO_2$值增大，表示肺的氧合机能有障碍。$AaDO_2$值增大、同时P_{O_2}减少时，见于弥散性肺间质性疾病、肺炎、肺水肿、阻塞性肺气肿、肺不张、肺癌、胸腔积液、慢性支气管炎、支气管扩张、急性呼吸窘迫综合征等，此种低血氧症，靠吸纯氧不能纠正。只有 $AaDO_2$ 增大、而其他指标基本上不变时，见于肺泡通气量明显增大。

（4）动脉血氧饱和度（O_2SAT） O_2SAT 是指动脉血氧和血红蛋白结合的程度，以及血红蛋白系统缓冲能力的指标，受氧分压和 pH 的影响。单位是每克血红蛋白含氧百分数，犬猫和马都大于 90%。

（5）动脉血氧含量（CaO_2） CaO_2 是红细胞和血浆含氧量的总和，是判断机体缺氧程度的指标。CaO_2 指每升动脉全血含氧量（mmol）或每 100mL 动脉血含氧量（mL）。贫血时，血氧总量会降低，但可能不是呼吸衰竭。O_2SAT 和 CaO_2 检测的临床意义与 P_{O_2} 有些类似，它们还对指导吸氧或高压氧舱治疗有一定意义。减少见于贫血，缺少了血红蛋白。

（6）动脉血二氧化碳分压（P_{CO_2}） P_{CO_2} 是动脉血中物理溶解的 CO_2 分子产生的压力。犬为 4.80～5.87kPa（36～44mmHg），平均 5.1kPa（38mmHg），猫为 3.73～4.27kPa（28～32mmHg），平均 4.8kPa（36mmHg），动脉血和静脉血 P_{CO_2} 还是有些差别。检验 P_{CO_2} 的临床意义如下。

① 判断呼吸性酸碱平衡失调：$P_{CO_2}>6.67$kPa 为呼吸性酸中毒，表示肺泡通气不足，有原发性的和继发性的（或代偿性的）。$P_{CO_2}<4.67$kPa 为呼吸性碱中毒，表示肺泡通气过度，体内 CO_2 排出过多，同样也有原发性的和继发性的。多见于低氧血症、高热等引起的呼吸通气过度。

② 判断代谢性酸碱平衡的代偿反应：代谢性酸中毒经肺脏代偿后，P_{CO_2} 将降低，其最大代偿 P_{CO_2} 可降到 1.33kPa。代谢性碱中毒经肺代偿后，P_{CO_2} 将升高，其最大代偿 P_{CO_2} 可升高到 7.33kPa。

③ 肺泡通气状态的判断：一般 P_{CO_2} 与肺泡二氧化碳分压（P_{CO_2}）接近。所以 P_{CO_2} 增加，表明肺泡通气量不足；P_{CO_2} 减小，表示肺泡通气量过度。

（7）碳酸氢根或重碳酸盐（HCO_3^-） HCO_3^- 为反映动物机体内酸碱代谢状态的指标，包含实际碳酸氢根（AB）和标准碳酸氢根（SB）。AB 是指隔绝空气的动脉血，在实际条件下检测的血浆 HCO_3^- 含量。SB 是在 37℃，P_{CO_2} 5.33kPa，SaO_2 100% 条件下，动脉血浆的 HCO_3^- 含量。正常动物 AB 和 SB 值无差异。

SB 受肾脏调节，能较准确地反映代谢性酸碱平衡。AB 受呼吸性和代谢性双重因素影响，所以 AB 增大，可能是代谢性碱中毒，也可能是呼吸性酸中毒时，肾脏代偿的结果。

AB 减小，可能是代谢性酸中毒，也可能是呼吸性碱中毒时，肾脏代偿的结果。当慢性呼吸性酸中毒或慢性呼吸性碱中毒时，AB 代偿值可变得较大或变得较小。通常 AB 和 SB 之间差，反映了呼吸性代偿时，对 HCO_3^- 的影响程度。由于静脉血中 P_{CO_2} 较大些，所以静脉血中 HCO_3^- 含量比动脉血中 HCO_3^- 含量多些。

（8）缓冲碱（BB） BB（buffer base）是指血浆或全血中具有缓冲酸性物质（H^+）的一组阴离子（碱根）总称，包含血浆缓冲碱（BBp）、全血缓冲碱（BB）、细胞外液缓冲碱（BBecf）和正常缓冲碱（NBB）。NBB 是血液中一切具有缓冲作用碱（负离子）的总和，包括 HCO_3^-、血红蛋白、血浆蛋白和 HPO_4^{2-}，HCO_3^- 几乎占 BB 的一半，它反映问题较其他指标全面。BB 在代谢性酸中毒时减少，代谢性碱中毒时增多。若出现 BB 减少，HCO_3^- 正常时，补充 HCO_3^- 是不合适的。BB 在呼吸性酸中毒时，可能增多或正常。在呼吸性碱中毒时，可能减少或正常。

（9）剩余碱（BE） BE 含有全血 BE（BEb）、血浆 BE（BEp）和细胞外液 BE（BEecf）。BEb 是在 38℃，P_{CO_2} 5.33kPa（40mmHg）、SaO_2 100% 条件下，将 1L 血液滴定到 pH 7.40

时，所消耗酸或碱的量。BE 临床意义与 SB 大致相同，但较 SB 更全面。其正值增加表明缓冲碱增加，是代谢性碱中毒，负值增加表明缓冲碱减少，是代谢性酸中毒。BE 不易受代偿性呼吸因素影响，是酸碱平衡中反映代谢性酸碱变化的一个较客观指标。

（10）血浆二氧化碳总量（TCO_2） TCO_2 是指血浆中各种形式存在的 CO_2 总含量，其中 95% 以上是以 HCO_3^- 结合形式存在的。TCO_2（mmol/L）$= HCO_3^- + PCO_2 \times 0.03$，所以所测的 TCO_2 值，通常都比 HCO_3^- 值大些。犬猫正常 TCO_2 范围是 $17 \sim 23$mmol/L，低于 12mmol/L 时，可以用来诊断或难于确诊是严重的代谢性酸中毒。

TCO_2 减少原因：

① 代谢性酸中毒与代偿性呼吸性碱中毒。

② 呼吸急促，通风过度时，TCO_2 减少，一般患有代谢性酸中毒，但也可能有慢性呼吸性碱中毒，鉴别是哪一种中毒，需做血气分析。

③ 严重的 TCO_2 降低性代谢性酸中毒（如糖尿病酮酸中毒），需做血气分析来确诊，并检验血液 pH 有无大的变化。

④ 患有全身性未知疾病，TCO_2 等于或小于 12mmol/L 时，应做血气分析。如果血气分析也难以说明问题时，兽医必须根据临床上的情况，决定是否用碳酸氢钠治疗纠正。因为在血液 pH 不知道的情况下，随便治疗可能是危险的。

⑤ 酸碱平衡失调时，也常引起电解质异常。因此检验获得血清电解质浓度后，根据情况才能采用最适宜的液体治疗。

TCO_2 增多原因：代谢性碱中毒和代偿性呼吸性酸中毒。此时应检验血清钠、钾和氯浓度，因为代谢性碱中毒时，常常有低氯血和低钾血存在。如果有低氯血和低钾血存在，需用 0.9% 氯化钠和氯化钾来纠正。同时还要诊断潜在的病因，如幽门阻塞不通等。

（11）阴离子间隙（anion gap，AG） AG 计算式为：$AG = Na^+ - (Cl^- + HCO_3^-)$ 或 $AG = Na^+ + K^+ - (Cl^- + HCO_3^-)$。AG 增加表示代谢性酸中毒。

4.19.2 体液酸碱平衡失调

（1）代谢性酸中毒（Metabolic acidosis） pH 降低或正常，P_{CO_2} 正常或降低，HCO_3^- 降低，AB 下降值等于 SB 下降值，BE 负值增大，AG 值在肾功能衰竭、非挥发性酸（有机酸）增多时升高；AG 在 HCO_3^- 丢失等所致的高氯性酸中毒时正常。代谢性酸中毒时，尿液酸性增强，若呈反常碱性尿，表示有高钾血症。代谢性酸中毒常由于机体内酸增多，排除体内酸减少或 HCO_3^- 丢失增多引起，也可能是三者一起引起。

临床上对于代谢性酸中毒，或急性呼吸性酸中毒合并代谢性酸中毒病犬猫，如果需要补充碱性药物时，其计算公式如下：

HCO_3^-（mmol）缺乏 =（正常 HCO_3^- mmol/L－测得 HCO_3^- mmol/L）× 体重（kg）× 0.4

已知 5% $NaHCO_3$ 溶液 1.66mL = 1mmol，11.2% 乳酸钠溶液 1mL = 1mmol 的 HCO_3^-。

缺乏的 HCO_3^- 在半小时内补充一半量，或在 $4 \sim 6$h 全量给完。在不能检验 HCO_3^- 的情况下，严重代谢性酸中毒，可补充 $1 \sim 2$mmol/L HCO_3^-，以后需要不断地检验 HCO_3^-，以便决定是否继续补充 HCO_3^-。

代谢性酸中毒的原因如下。

① 肾功能不全：肾脏本身各种疾病及其他多种原因引起的急性肾功能衰竭，可导致酸性产物排出困难，肾小管排 H^+ 与保留 HCO_3^- 的功能低下，H^+ 蓄积，碱根丢失或消耗。

② 组织缺氧：机体消除酸性物质 H^+ 的一个重要途径是氧化，氧化障碍就引起乳酸堆积，造成缺氧代谢性酸中毒。

③ 乳酸性酸中毒：乳酸为醋类代谢的中间产物，组织缺氧导致氧化不全或肝功障碍不能使其转变成肝酶原时，会引起血乳酸浓度升高，发生酸中毒。但应注意：诊断乳酸酸中毒，应排除其他原因的酸中毒及剧烈运动引起的暂时性血液乳酸浓度升高。乳酸性酸中毒常见的临床情况有各种类型的休克（失血性、心原性、感染性等），都可引起循环衰竭-组织缺氧-乳酸氧化障碍而并发本症。心脏停搏与呼吸骤停主要是组织缺氧，常常是乳酸酸中毒合并呼吸性酸中毒。糖尿病发生乳酸产量较正常明显增高；酒精中毒时引起糖代谢紊乱和肝细胞损害，乳酸转变成肝酶原的通路障碍，乳酸在血中蓄积。

④ 酮症酸中毒：酮体为脂肪代谢中间产物。当禁食或长期饥饿、糖尿病、妊娠毒血症、水杨酸及乙醇中毒等情况下，或因肝酶原消耗殆尽或因组织利用糖的能力减低，迫使机体增强脂肪分解来代偿能量消耗，造成脂肪代谢产物酮体增加，引起酸中毒。

⑤ 失碱性酸中毒：重症腹泻时，消化、体液及电解质大量丢失，HCO_3^- 亦相伴丢失，血中碱储下降，发生酸中毒。

⑥ 医源性（药物性）酸中毒：氯化铵治疗和钾盐长期治疗；也常见于血液稀释性酸中毒，即体外循环血、大量快速输液，血液缓冲浓度降低，可引起所谓"稀释性酸中毒"。

（2）代谢性碱中毒（Metabolic alkalosis）　pH 正常或升高，P_{CO_2} 正常或升高，HCO_3^- 升高，AB 升高值＝SB 升高值，BE 正值增大。血钾和氯降低，钙和镁也降低。AG 升高或明显升高，但不可误认为是代谢性酸中毒，这是由于钾、钙和镁都减少。尿碱性，若呈反常酸性尿，表示有严重低钾血症、低氯血症和严重脱水。代谢性碱中毒常由于机体内酸丢失增多，碱贮存增加引起。临床上曾见一例犬因大量多次静脉输入葡萄糖，应用呋塞米利尿和应用地塞米松消炎，引起的严重代谢性碱中毒。

代谢性碱中毒的原因：凡引起 H^+ 丢失过多和 HCO_3^- 增加的任何因素，均可导致代谢性碱中毒。

① 胃酸丢失过多：幽门梗阻、高位肠梗阻、幽门痉挛等所致的剧烈呕吐，或持续性胃肠减压均可因胃酸（HCl）丢失而发生碱中毒。

② 医源性碱中毒：治疗代谢性酸中毒用碱性药物过量是常见的原因。口服碳酸氢钠或其他有机阴离子物质，如乳酸盐、柠檬酸盐、葡萄糖酸盐和乙酸盐。代偿后高碳酸血性代谢性碱中毒及原发性醛固酮分泌增多。

③ 缺钾性代谢性碱中毒：低钾与碱中毒常常是互为因果的。细胞外液缺钾时，细胞内钾向细胞外液转移，同时细胞外液的 Na^+ 和 H^+ 进入细胞与之交换，造成细胞内 H^+ 增加（酸中毒），细胞外液 HCO_3^- 浓度增加（碱中毒）。缺钾性碱中毒的特点是细胞内酸中毒，细胞外碱中毒，尿呈酸性。

④ 利尿药物治疗：利尿剂呋塞米和噻嗪类引起过度排尿，引起的低血容量、低血钾、低血钠和低血氯性碱血症，是低氯碱中毒常见的原因，此类药物排 Cl^- 作用强于排 Na^+，使血中 Na^+ 与 Cl^- 差值增大，也就是 BB 值增加。BB 中主要成分是 HCO_3^-，所以血中 HCO_3^- 增高，发生碱中毒。

⑤ 皮质激素类药物引起的碱中毒：此类药物有强烈的排 K^+ 留 Na^+ 作用，而留 Na^+ 又主要是 $NaHCO_3$ 的形式，于是出现高碳酸盐血症，pH 升高。

（3）呼吸性酸中毒（Respiratory acidosis）　呼吸性酸中毒的原因包括影响肺泡通气功能、气体弥散功能及肺循环的各种因素和疾病，如呼吸麻痹、呼吸道梗阻、肺气肿、肺水肿、肺纤维性变、肺不张、胸腔大量积液等均可导致血中 CO_2 潴留，引起呼吸性酸中毒。

呼吸性酸中毒有急慢性之分：急性者病程短，一般在 $6\sim18h$ 内发生，P_{CO_2} 上升速度快而显著，无明显代偿表现，HCO_3^- 上升不明显；慢性者多因肺部慢性疾病引起，P_{CO_2} 逐渐上升，同时有 HCO_3^- 升高。

呼吸性酸中毒原因：

① 通气道阻塞：见于吸入性的异物、呕吐物等。

② 呼吸中枢抑制：见于神经性疾病的脑干和颈高位脊髓损伤，药物如麻醉或镇静用的巴比妥和吸入麻醉药物，毒血症。

③ 肺脏疾病：见于肺炎、严重肺水肿、弥散转移性病、吸入烟气、肺栓塞、慢性阻塞性肺病、肺纤维化。

④ 神经肌肉缺陷：见于重症肌无力、破伤风、肉毒素中毒、有机磷中毒、多发性神经根神经炎、多肌炎、肠麻痹、猫低钾血周期性瘫痪、猫低钾血性肌病；药物诱导可见琥珀胆碱、泮库胺、氨鲁米特与麻醉药物一起使用时。

⑤ 限制性疾病：见于膈疝、气胸、胸腔渗漏液、血胸、脓胸、胸壁外伤。

（4）呼吸性碱中毒（Respiratory alkalosis） 引起肺泡通气过度、CO_2 排出过多、$PaCO_2$ 升高、pH 升高的任何原因均可致呼吸性碱中毒。

呼吸性碱中毒的原因：

① 精神神经因素及中枢神经疾病：如兴奋、精神紧张、焦虑、颅脑损伤等都可有换气过度，致 CO_2 排出过度。

② 多原因引发的低氧血：见于心房或心室间隔缺损、地势高处缺氧、充血性心衰竭、严重贫血。

③ 人工呼吸机使用不当：P_{CO_2} 下降过快，HCO_3^- 来不及排出而相对增加，pH 升高。

④ 高热：机体代偿散热，呼吸频数，CO_2 排出增加，血 H_2CO_3 下降，pH 升高。

⑤ 呼吸中枢受到直接刺激：见于中枢神经性疾病、肝病、革兰氏阴性菌败血症、中暑、惧怕、疼痛、甲状腺功能亢进，也可见于水杨酸盐中毒、氨茶碱等药物中毒。

（5）代谢性酸中毒合并呼吸性酸中毒 混合型酸碱紊乱常由肺和肾功能同时障碍、各种疾病过程、药物（利尿剂、激素、酸碱药）治疗等综合因素引起，是单纯型酸碱紊乱不同程度的混合。其临床情况错综复杂，特别是酸中毒合并碱中毒，即使酸碱紊乱十分严重，但由于酸、碱中毒的程度相当加上肺肾的相互代偿，pH 值仍然可以在正常范围，这就给诊断带来了很大困难。在这种情况下，需动态观测血气酸碱指标，结合病史及临床情况综合分析方能做出正确判断。

代谢性酸中毒合并呼吸性酸中毒实验室检验：P_{CO_2} 明显升高（呼酸），BE 低于正常值（代酸），由于两种因素叠加，使 pH 下降得非常显著，HCO_3^- 减少。电解质紊乱包括血清 K^+ 升高（酸中毒时，细胞内 K^+ 向细胞外转移），Cl^- 升高（酸中毒所消耗的 HCO_3^- 阴离子由 Cl^- 补偿平衡），Na^+ 下降（Na^+ 移入细胞内、肾排出也增加，尿中 H^+ 增加），尿呈酸性。

代谢性酸中毒合并呼吸性酸中毒的原因：在慢性支气管炎、肺气肿、肺心病等已有呼吸性酸中毒的基础上合并感染性休克，或在肾病等已有代谢性酸中毒的基础上合并肺部感染及其他肺部疾病，均可因体内 CO_2 及代谢的酸性产物排出障碍而发生本类型酸中毒。

（6）代谢性碱中毒合并呼吸性碱中毒 实验室检验 pH 明显升高，P_{CO_2} 降低，HCO_3^- 减少、正常或升高，BE 负值、增大或正常。血钾和血钙减少，血氯减少或增多，血钠正常、减少或轻度增多。尿液偏碱性。

临床上见于补碱过量，如代谢性酸中毒补碱过量是本症的主要原因。若单凭［HCO_3^-］降低的程度补给碱性药物，其量必然过多，此时患病动物原有的换气过度尚未及时恢复，于是在医源性碱中毒的基础上添加了呼吸性碱中毒。此外，心衰病患常因心脏问题气喘和换气过度，发生呼吸性碱中毒，此时多次用氯噻嗪类利尿剂可并发低 K^+ 低 Cl^- 性碱中毒。

（7）代谢性酸中毒合并呼吸性碱中毒　实验室检验 P_{CO_2} 降低（指示呼碱），BE 负值增大（指示代酸），pH 升高、接近正常或降低，HCO_3^- 明显减少，AG 增大。血钾正常，血氯增多或正常，血钠正常。

临床上见于腹泻、脓毒性休克、糖尿病、肾病、心肌梗死复苏后等原有代谢性酸中毒的患病动物，若同时合并有肺部感染，高热、缺氧，可致通气过度而发生本型酸碱紊乱。此外水杨酸中毒时可刺激呼吸中枢引起换气过度（呼碱），又能引起糖代谢紊乱，致血中残余阴离子增多而发生代酸。

（8）代谢性碱中毒合并呼吸性酸中毒　实验室检验 pH 正常、升高或降低，P_{CO_2} 升高，HCO_3^- 明显增多，BE 正值明显增大。血钾、血氯常明显减少，血钠和血镁也常减少。尿液常偏碱性。

临床上见于：

① 多次使用排 K^+、排 Cl^- 利尿剂：原发性呼吸性酸中毒患者（如肺心病），多伴有体内水潴留，当使用聚氯噻嗪、氯噻酮、速尿、利尿酸中的任何一种药物时，可引起 K^+ 和 Cl^- 大量丢失（Na^+ 丢失较少），使 Na^+ 与 Cl^- 差加大，BB 增加，结果发生代谢性碱中毒。碱性药物过量，如呼吸性酸中毒患者，用三羟甲基氨基甲烷或 $NaHCO_3$ 量过大。

② 皮质激素类药物：此类药物有排 K^+ 留 Na^+、促进 HCO_3^- 吸收的作用，使血中 $NaHCO_3$ 浓度升高。

③ 长时间麻醉产生的呼吸性酸中毒与组织缺氧，充血性心衰竭与严重肺水肿；低血容量性休克与胸壁外伤；胸腔积液与组织血液灌流减少。

（9）代谢性酸中毒合并代谢性碱中毒　实验室检验 pH 正常、升高或降低，P_{CO_2} 升高，HCO_3^- 增多、正常或降低，BE 正值正常、增大或减小，AG 增大。血钾减少，血氯正常或减少。

临床上见于动物同时发生的腹泻和呕吐疾病；严重呕吐、机体脱水、血液浓稠和产乳酸过多时；机体内有机酸，如乳酸、酮体或尿酸增多，同时又发生呕吐性疾病。

4.19.3　血液样品的采集及注意事项

做血气分析与酸检测定，血样的采集关乎结果的准确性，目前越来越强调用动脉血进行检测。临床采血人员务必注意：

（1）血液必须严格隔绝空气　因进入空气会使血中 CO_2 与 O_2 相互交换，使血液的酸碱与血气组成发生改变，导致 pH、P_{CO_2}、P_{O_2} 测量不准，由它们算出的一系列酸碱指标亦随之错误。

（2）血液采集后，应立即送检，不能在室温久置　实验证明，血液样品在 31℃ 下放置 20min，pH 将下降 0.02 单位。实验室接到血样后，应将其保存于 2～4℃ 冰箱中（冰水更佳），至多在 3h 内检测完毕。因为在室温下，血中进行酶酵解消耗 O_2 而产生 CO_2 和乳酸，其结果造成 pH 和 P_{O_2} 下降，P_{CO_2} 升高。

（3）防止血液凝固　凝固的血液不能吸入测量管道且不易与电极膜充分接触，以致测量难以进行。抗凝剂可用无菌肝素溶液（1mL＝1000单位）0.1mL浸润针管，然后排除多余的液体，用此针管采血并充分混匀，可完全使4mL血液不凝，且不影响pH等结果。

（4）采血时应测量病畜体温并在送检单上注明　因为温度变化与pH值有密切关系，即温度升高pH降低，温度降低pH值升高。实验室测量pH均在37℃条件下进行，故报告时要将结果校正到实际体温下的pH值。

血液样品采集方法：

（1）动脉血采集　备1mL或2mL灭菌空针一具，吸取无菌肝素0.1～0.2mL，浸润针管壁，然后排出全部空气及多余的肝素溶液，自股动脉采血1～2mL，防止空气进入，将针头插入橡皮塞中并搓转针管，使血液与管壁肝素充分接触，以达抗凝目的。

（2）静脉采血　采血步骤与动脉采血全同，但一般只做pH及酸碱指标检测，单测静脉血PaO_2的意义不大。

4.19.4　酸碱失常的处理

（1）首先依据血气、酸碱及电解质分析结果结合病史、发病诱因及临床表现判断有无酸碱紊乱，查明酸碱紊乱的性质、类型和严重程度，同时细查原发病，作为治疗处理的根据。

（2）对危及生命的酸碱失常（pH<7.2或>7.6）应作急症处理，同时积极治疗原发病。

（3）保护肺肾功能，促进体内酸碱物质的排泄。例如对呼吸性酸、碱中毒的患者，保持呼吸道通畅，促进排除潴留的CO_2或镇静呼吸以避免CO_2的过多丢失，往往比药物有效。对重症代谢性酸碱失常的病患，在改善肾肺功能促进酸性及碱性物质排除的同时，还须给予适当的抗酸药或抗碱药。

（4）对混合型酸碱失常的病患，要抓住主要矛盾的一方进行处理，并在处理和药物治疗过程，作酸碱动态分析，防止判断上的错误。

（5）纠正酸碱失常的同时必须重视纠正电解质的失常。电解质紊乱主要表现在血清钾离子改变，酸中毒高钾，碱中毒低钾，而过高钾或过低钾常危及生命。代谢性碱中毒合并呼吸性酸中毒的病患，在后期由于肾小管排H^+受限，影响到H^+与Na^+、K^+、Ca^{2+}的交换，使其大量丢失，而Ca^{2+}的下降常引起抽搐，故应适当地补充钙剂，但对同时已用洋地黄的病患应特别谨慎。

（6）给氧：缺氧所致的代谢性酸中毒患畜，给氧是必不可少的措施。但对慢性呼吸性酸中毒的病畜，给氧浓度不宜过高，因为高氧可抑制主动脉弓和颈动脉窦化学感受器对呼吸的调节作用，反而使血中CO_2更加蓄积，呼酸加重。对这样的病畜给氧时应注意以下几点。动脉血氧饱和度<85%时给氧比较适宜。慢性严重缺氧病畜的给氧，以低浓度持续性比较理想。根据病情决定给氧浓度，如昏迷者的给氧浓度是25%，清醒后的给氧浓度是28%，但最高浓度不应超40%。鼻管给氧浓度可按下式计算：吸氧浓度（%）＝21＋4×氧流量（L/min）。例如鼻管给氧流量为2L/min，其鼻管吸氧浓度（%）＝21＋4×2＝29%。同时，在给氧过程可做血气监护，检查pH、P_{O_2}、P_{CO_2}，随时调整给氧浓度及给氧方法。

4.20　分子诊断学

分子诊断学（Molecular Diagnostics）是以分子生物学理论为基础，以生物分子为靶标，利用分子生物学技术和方法，研究动物机体内源性或外源性生物分子和生物分子体系的存在、结构或表达调控变化的改变，从而为疾病的预测、预防、诊断、治疗和转归提供分子水平信息的学科。

分子诊断学是利用基础医学和生命科学的理论和方法，探讨疾病发生、发展及转归的分子机制，为整个疾病过程寻求准确、特异的分子诊断指标，利用分子生物学技术为这些分子诊断指标建立临床实用、可靠的检测方法。分子诊断的主要特点是直接以疾病基因为探索对象，属于病因学诊断，对基因的检测结果不仅具有描述性，更具有准确性，同时可准确诊断疾病的基因型变异、基因表型异常以及由外源性基因侵入引起的疾病。已在感染性疾病、遗传性疾病以及肿瘤的诊断方面凸显了其独特的优势和价值。基于分子诊断学早期和快速诊断、高特异性和高灵敏度等特点，它已成为临床检验诊断学的发展方向。随着生物技术的发展和日趋成熟，以及分析仪器和设备的自动化，分子诊断方法正朝着核酸定量检测和更特异、更自动化的方向发展，并在兽医临床诊断中得到更广泛的应用。

4.20.1 分子诊断学的发展

在分子生物学的发展过程中，DNA 重组、转基因、蛋白质组学、生物芯片、基因治疗等分子生物学技术不断渗透到医学领域，对现代医学产生深刻影响。医学科学的研究从整体和细胞水平汇集到分子水平，对许多疾病的诊断和对病情、治疗的判断亦逐渐进入分子水平。一种全新的分子诊断学开始从实验室研究走向临床应用。

第 1 阶段：1953 年，Watson 和 Crick 提出 DNA 双螺旋结构模型，成为现代分子生物学诞生的里程碑，研究生物大分子的结构与功能、遗传信息的复制、遗传信息的表达和基因表达的调控，使分子生物学作为一门学科初步形成了自己的理论体系。1978 年，美籍华裔科学家简悦威（Yuet Wai Kan）等应用液相 DNA 分子杂交进行镰形细胞贫血症的基因诊断，标志着分子诊断学的诞生。随着基因重组技术的建立和基因组研究的发展，分子诊断学进入初级阶段，即利用 DNA 分子杂交的方法进行遗传病的基因诊断。

第 2 阶段：1985 年聚合酶链式反应（PCR）技术的出现，使分子诊断学进入第 2 阶段。PCR 技术由于其操作简便、快捷、适用性强，已广泛应用于分子诊断学领域。以 PCR 技术为基础，还衍生出了很多分子诊断方法，如限制性酶切片段长度多态性分析（restriction fragment length polymorphism，RFLP）是检测与特异酶切位点相关突变的简便方法。同时发展了定量 PCR，实时 PCR（real-time PCR，RT-PCR）可检测病患细胞中 mRNA 的表达量及病患标本中特异的病原体 DNA 或 RNA 的滴度，实现了诊断从定性到定量的突破。

第 3 阶段：2001 年 2 月，随着首张人类基因组序列图谱以及随后其他物种基因组序列的公布，分子生物学研究进入了基因组学、蛋白质组学等方面技术的第 3 阶段，即生物芯片（biochip）技术。

生物芯片技术具有样品处理能力强、用途广泛、自动化程度高等优点，具有广阔的应用前景与商业价值，现已成为整个分子生物学技术领域的一大热点。根据芯片上固定的探针类型，生物芯片可分为基因芯片（DNA 芯片）、蛋白质芯片、组织芯片等。它将极大量的探针同时固定于支持物上，一次可以对大量的生物分子进行检测与分析；而且通过设计不同的探针阵列、使用特定的分析方法，可使该技术具有多种不同的应用价值，如基因多态性分析、表达谱测定、突变检测、基因组文库作图与杂交测序等。

蛋白质组学技术具有高灵敏度、高通量、样品量少的优点，成为寻找新的诊断标志物和药物靶标的强有力工具，大大促进了分子诊断学科的发展。蛋白质芯片可以实现对复杂样本中多种诊断标志物的小型化和平行化检测，可以作为肿瘤疾病、遗传性疾病等的筛查工具。突变检测技术的发展不仅对遗传性疾病的分子基因检测起到了巨大的推动作用，同时也为遗传药理学的发展提供了帮助。遗传药理学采用突变检测、基因组学、功能基因组学等高通量技术来检测不同个体对于药物的遗传差异性，预测个体对药物的反应等，从而建立个体化的药物治疗方案。

分子诊断在医学中的应用从生物中心法则来看，利用分子诊断技术可以判断疾病基因结构异常或基因表达异常。检测基因的存在和基因结构异常主要通过测定 DNA/RNA 来实现，其中核酸的分子杂交、PCR 和 DNA 测序三种基本技术及其联合应用仍然是分子诊断的主流技术，DNA 芯片技术也开始逐渐用于疾病的诊断中。基因表达是指基因的转录和翻译，而检测基因表达的异常，在转录水平主要是检测 mRNA 的表达的质和量，常用的方法有 Northern blot、荧光原位杂交、逆转录 PCR、实时荧光定量 PCR、转录组芯片等；在翻译水平则以检测蛋白质的质和量来反映核酸表达水平的变化，常用的方法有 Western blot、免疫组织化学染色、ELISA、酶分析方法、蛋白质芯片等。

分子诊断技术的不断发展，使分子诊断从传统的 DNA 诊断概念发展到更全面的核酸和蛋白质诊断的新概念；分子诊断的内容也从早期的单一疾病诊断发展到对疾病的易感性判断及提供临床用药指导等医学领域。

4.20.2　分子诊断的临床应用

（1）营养代谢性疾病分子诊断　分子诊断还有一个重要的应用方向是对多基因疾病的易感性判断和诊断，如糖尿病、心血管疾病、钙磷代谢障碍、乳腺癌、自身免疫性疾病等一些由遗传因素和环境因素共同作用所致的疾病，寻找代谢过程中的小分子代谢产物进行早期标记，为营养代谢性疾病的早预警、早诊断、早预防奠定基础。同时分子诊断还被运用到耐药性的分子诊断、疗效监控、卫生防疫等方面。

（2）感染性疾病分子诊断　病原微生物导致的感染性疾病仍然是严重威胁动物健康的重要问题。以前对这些病原体多采用微生物学、免疫学和血液学方法进行检测，但是这些方法不易早期诊断，灵敏度和特异性受到限制。随着各种细菌或病毒等病原体的基因组序列的公布，可以利用分子诊断技术早期、快速、敏感、特异地检测侵入体内的外源性基因（感染性病原体的 DNA 或 RNA），不仅对微生物感染进行准确的病因学诊断，而且对感染性病原体进行基因分型和耐药性监测，因此逐渐在感染性疾病的临床诊断、流行病学调查、微生物分类分型研究中显示出它独特的功能。

如布病传统的生物学分型方法是布鲁氏菌鉴定与生物分型的金标准，但是该方法操作烦琐、耗时长，难以满足临床、疾病诊断的需要。PCR 检测技术具有灵敏度高、快速易操作等优点，可用于布鲁氏菌快速检测。

（3）肿瘤分子诊断　肿瘤的发生是多因素、多步骤的过程，对肿瘤的诊断主要依靠病史、体征、影像学及病理学检查，实验室检查作为辅助诊断。肿瘤的分子诊断则是伴随细胞分子生物学理论和技术迅速发展而产生的一种新型诊断技术，尤其是 DNA 芯片技术、DNA 生物传感技术的研究。肿瘤标志在诊断肿瘤、检测肿瘤复发与转移、判断疗效和预后等方面都有较大的实用价值。基因型标志是指基因本身突变和表达异常，能反映癌前启动阶段的变化；基因表型标志是指基因表达产物异常，表现为其所编码的表达产物合成紊乱，产生胚胎性抗原、异位蛋白等，一般出现较晚。因此，寻找特异性肿瘤基因型标志进行肿瘤基因诊断，对于肿瘤的早期发现和诊断，以及肿瘤的预防和治疗具有至关重要的意义。

（4）遗传性疾病分子诊断　传统的遗传性疾病的诊断方法以疾病的表型病变为依据，而表型则易受外界环境的影响，在一定程度上影响了诊断的准确性和可靠性。遗传性疾病的分子诊断是通过分析病患的 DNA、RNA、染色体、蛋白质和某些代谢产物来揭示与该遗传病发生相关的基因、基因型、基因的突变、基因的单倍体型和染色体核型等生物学标记，与传统疾病诊断方法相比，具有更准确可靠和早期诊断的优势，有利于在临床上对遗传型疾病进行早期预防、早期诊断和早期治疗。

（5）个体化医疗　分子诊断学在个体化医疗中发挥了重要角色，包括药物基因组学、药物蛋白质组学以及药物代谢组学。药物基因组学是指利用系统性基因组学方法研究基因表达对药物代谢的影响，通过不同个体基因型来研究药物在细胞内代谢途径，从而在药物化学和基因组学间建立桥梁。药物蛋白质组学是分子诊断在个体化医疗方面的另外一个重要应用，它主要研究具有不同蛋白质谱的个体对药物的不同反应，从蛋白质组水平找到针对不同病患的最佳治疗方案。

4.20.3　分子诊断的应用展望

随着应用分子生物学技术开展对疾病发病的分子机制的研究，充分利用现有基因功能研究的结果，不断发现进行分子诊断的疾病种类或诊断指标，为分子诊断学带来了空前的机遇。对常见、多发疫病，特别是混合感染疫病，如犬猫高血压、糖尿病、恶性肿瘤、犬瘟热、犬细小病毒病、猫瘟热、猫传染性腹膜炎等感染疫病进行分子诊断。分子诊断学的发展历史已揭示了其内容从传统的 DNA 诊断发展到核酸及其表达产物（mRNA、蛋白质）的全面诊断。

分子诊断的策略从利用分子杂交、PCR 等单一技术的诊断发展到有机组合多项技术的联合诊断，从定性诊断发展到半定量和定量诊断，核酸标记技术，特别是荧光标记技术的发展，荧光定量 PCR 技术等方法日益成熟；从治疗性诊断发展到预防性分析评价，特别是针对高发常见病的基因筛选和标志，将促进分子诊断技术更好服务动物的健康水平，并逐步在相关领域取得突破。

（1）商业化的分子诊断产品　分子诊断学已成为世界范围内临床实验室的重要内容，为了使分子诊断能广泛应用于临床，必须使分子诊断产品商品化、简单化、易操作化。

（2）治疗诊断学　即诊断学和治疗学的整合，未来几十年健康护理的终极目标是分子诊断学与治疗学的有效整合，而促进二者整合的关键因素正是简便、快捷、精确的分子诊断技术的使用。

（3）纳米诊断学　使用纳米级的设备系统进行的分子诊断，可以大大提高分子诊断的灵敏度和检出限，从而成为未来分子诊断学的发展热点。

（4）个体化医疗　药物基因组学、药物蛋白质组学以及药物代谢组学的飞速发展使得个体化分子诊断将在不久后成为现实。

宠物疾病的临床分子诊断尚处于起步阶段，由于疾病发生的动物种类繁多，病因复杂，给研究分子诊断技术应用带来了挑战。一方面是操作人员的规范化培训，目前国内分子诊断还没有形成一定的规模，由于缺乏标准化，难以进行质控等问题，使得分子诊断的结果难以进行比较。因此，国内宠物临床急需开展分子诊断实验室认证和操作人员的规范化培训。另一方面是我国兽医教育环节中，增加兽医临床实验室诊断技术的培养，充分理解生物大分子物质与疾病的关系。分子诊断将在疾病的诊断、预防和治疗方面发挥日益重要的作用，推动现代诊断医学的发展。

本节介绍了有关分子诊断技术的发展历程和应用基本方向，其各种技术在诊断领域的应用尚需开展大量的研究，如生物大分子的分离纯化技术、分子克隆技术、DNA 测序技术、PCR 技术、核酸分子杂交技术、蛋白质组研究技术和生物芯片技术等，相信分子诊断技术将在动物营养代谢性疾病诊断、感染性疾病诊断、单基因疾病诊断、复杂基因疾病诊断以及生物信息学取得快速发展，使分子诊断技术成为兽医诊断学和治疗学领域的一大热点。

第五章

宠物疾病诊疗技术

5.1 投药法

5.1.1 经口投药法

口服药包括片剂、胶囊剂、膏剂、液体等，给药方式受多种因素影响，动物品种和大小决定开口方式和给药工具。小动物需要口腔打开，将药物放到口腔后部，然后吞下。膏剂药物常从管器挤出后，涂抹在动物上下齿之间即可。

（1）胶囊及片剂的投给方法　动物食欲较好时，可将药物直接混于动物喜爱的食物中投给。若动物不愿主动食入药物时，则需要人为手动进行辅助投喂。

犬猫给药：对性情温和的犬，以左手拇指通过犬的口角进入齿间隙，并向上推动硬腭打开口腔，以右手食指和中指的指端夹持药丸送入犬口腔的舌根部，然后快速地将手抽出；对性烈不安、具有攻击性的犬，用上述方法打开口腔后，最好用药匙或药丸钳将药置于动物舌根部。猫投药时，左手在猫头的后方，用拇指和食指在口角两侧保定猫头部，右手食指向下压迫切齿打开口腔，将药放于猫口腔深处的咽部，迅速合拢口腔。轻轻摩擦动物颈腹侧部或咽喉处，当动物舔食鼻面则证明已吞咽药物。

注意：经口投药法应避免患有吞咽困难、反胃和呕吐、食道及肠道阻塞、消化道损伤（含术后）等特殊情况。

（2）液体药物的投给方法　液体类药物一般可分溶剂型、煎剂型（如中药煎剂）、乳剂型等，绝大多数的液体类药物均可采用饮水给药。若动物存在饮水障碍，则可通过以下几种方式进行辅助投喂。

犬猫简易给药：

将药物置于一次性医用注射器中（拔除针头）。

将动物头稍向上仰，操作者一手将嘴角上下唇撑开形成袋状，另一手持注射器将药液注入袋状口角内，通过上下齿之间插入嘴里，推动注射器将适量药物推入咽喉后方，并将头部抬起，也可通过抚摸颈部促进吞咽，保持嘴的闭合状态，直至吞咽。注意一次灌入量不宜过多，待药液完全咽下再重复灌入，以防药物呛入呼吸道。

犬胃导管给药：

首先，根据动物个体大小选择适合的胃导管（幼犬选用直径 0.5～0.6cm、大犬选用 1.0～1.5cm 的医用橡胶管或塑料管）。用胃导管测量动物鼻端到其第 8～9 肋骨的距离，并于胃导管上做好记号。

胃导管前端需涂以润滑剂，在插入动物口腔后，从其舌面上缓缓地向咽部推进（如出现咳嗽、严重反呕等情况，则提示胃导管可能误入气管当中，应立即取出再重新插入）。当犬出现吞咽动作时，顺势将胃导管推入食管直至胃内（判定插入胃内的标志：从胃导管末端吸气呈负压，犬无咳嗽表现），然后连接漏斗或大注射器，将药液灌入。灌药完毕后，除去漏斗，压扁导管末端，最后缓缓拔出胃导管。

5.1.2 外部给药法

外部给药是将药物用于机体外表面的被毛或皮肤。外部给药包括应用防腐消毒药清洁皮肤表面，如预防跳蚤和蜱、伤口处理。

对跳蚤、蜱、虱的外用药，应根据标签说明使用，操作时必须戴手套，因其可能含有各种对人体有害的化学物质。使用时大多需要将被毛分开，直接将其涂抹或滴在皮肤一个或多个区域。

根据需要清洁伤口区域后，从伤口中心开始，由内而外用画圆圈的方式涂抹。为了防止动物舔食涂擦的药剂，可将患部用绷带包扎，必要时可带口笼。

对犬、猫因真菌感染或体表寄生虫感染而需要体外用药时，应先将体表被毛剪去，并向外扩大2~3cm，洗净后，用热毛巾进行热敷数分钟后，再涂擦所需的软膏或其他制剂，然后，在局部皮肤上反复涂擦，加强局部皮肤的血液循环，有助于药物的吸收。

5.1.3 眼部给药法

眼部给药是将软膏涂抹到眼内或将液体滴入眼内。眼部给药用于治疗眼部疾病如结膜炎、角膜炎及泪液分泌不足，或在洗澡或美容前使用，保护角膜避免损伤。

首先使用纱布块擦拭患病动物眼睛的任何分泌物，打开眼科药物的开口，握在手中，使用另一只手的食指和拇指分开上下眼睑，打开眼睛，拇指将下眼睑向下推，食指将上眼睑向上推，另一个手指靠在动物头上，轻微向上倾斜头部，将适量的滴剂或软膏轻轻滴入眼睛，计数药滴至适量。药物滴管或尖端不要触碰到眼睛表面，松开眼睑，使动物眨眼，将药物覆盖整个眼球。涂入眼膏类药物后，闭合动物的上下眼睑，轻揉动物眼部使药物充分扩散。

5.1.4 耳部给药法

耳部给药是将药物置入耳道内，用于治疗耳部炎症感染、清理耳道、杀灭耳螨等。

根据动物种属不同耳具有各自的特点，因此在执行耳部给药时要详细地认知动物的耳道结构。犬猫的耳道结构的开口是耳屏，长有长毛，位于耳翼的前端，耳郭靠后，没有被毛。内耳道是"L"形，开始或外侧的结构较宽，靠近耳膜处的耳道变短。耳道可以通过皮肤触及，在外耳郭开口的下方，延伸至下颌处。耳道由软骨构成，触摸感觉类似橡胶软管。

耳部用药通常是液体或滴剂或软膏，有些药物装在管状容器内或带有滴管的瓶内，可以重复使用。耳部给药前通常需要清洁耳朵，患有耳病前来就诊时，兽医助理负责保定动物检查，检查动物耳部情况（可视情况拔除耳道内毛），与兽医一起演示给客户，以便客户学习在家如何耳部用药。

动物保定后，捏住动物耳朵，将药物滴管或尖端伸入耳道深处，至"L"形耳道的垂直部分的起始端，按照药物剂量涂抹或滴入耳道中。从耳部移走给药器后，按摩外侧耳基部，药物在耳道内移动，出现"叽咕声"，使药物与耳道充分接触，并将流到耳外或被毛上的液体清理干净。

5.1.5 直肠投药法

直肠投药法又称"灌肠法"，是指将药物从动物肛门处灌注入直肠内，可用于治疗直肠、结肠便秘、炎症，食欲废绝时灌入营养剂，肠道补液，以及肠套叠和排出肠道内毒物等。偶尔后部肠道放射学造影时可以进行直肠给药。

犬猫给药：给药前，检查动物有无腹痛及肠道状况。

犬猫采取站立保定，灌肠管涂抹润滑油，术者右手持胶管插入肛门内，根据治疗目的插入不同深度。将液体（可加热至温热）灌入动物直肠内（若动物存在积粪则需先用灌肠剂进行清理），灌肠管的放置要高于动物肛门处。于给药后匀速取回灌肠管并压迫尾根片刻，以防因动物努责排出药液，然后松懈保定。必要时可以采取倒立保定，保持灌肠药液存留在肠道内的时间。

灌肠液的量根据动物大小和治疗目的与药物不同适当选择不同的剂量，如成年猫可灌注约150mL液体，中型及大型犬的灌注量不应超过1L。

注意：胃肠道破裂的患病动物应慎重考虑采用直肠投药法进行治疗。犬猫应尽量避免使用磷酸盐类灌肠剂，避免引发急性低钙血症。

5.2 注射法

5.2.1 皮下注射法

皮下注射（subdermal injection，H）法是将药液注入皮下结缔组织内的方法。

将药液注射于皮下结缔组织内，经毛细血管、淋巴管吸收进入血液，发挥药效作用，而达到防治疾病的目的。凡是易溶解、无强刺激性的药品及疫苗、菌苗、血清、抗蠕虫药（如伊维菌素）等、某些局部麻醉、不能口服或不宜口服药物要求在一定时间内发生药效时，均可作皮下注射。

（1）部位　多选在皮肤较薄、富有皮下组织、活动性较大的部位，犬、猫在背胸部、股内侧、颈部和肩胛后部，禽类在翼下。

（2）方法　注射时，术者左手中指和拇指捏起注射部位的皮肤，同时以食指尖下压呈皱褶陷窝，右手持连接针头的注射器，针头斜面向上，从皱褶基部陷窝处和皮肤呈30°～40°角，刺入针头的2/3（根据动物体型的大小，适当调整进针深度），此时如感觉针头无阻抗，且能自由活动针头时，左手把持针头连接部，右手抽吸无回血即可推压针筒活塞注射药液。如需注射大量药液时，应分点注射。注完后，左手持干棉签按住刺入点，右手拔出针头，局部消毒。必要时可对局部进行轻轻按摩，促进吸收。当要注射大量药液时，应利用深部皮下组织注射，这样可以延缓吸收并能辅助静脉注射。

（3）注意事项

① 刺激性强的药品不能作皮下注射，特别是对局部刺激较强的钙制剂、砷制剂、水合氯醛及高渗溶液等，易诱发炎症，甚至引起组织坏死。

② 多量注射补液时，需将药液加温后分点注射。注射后应轻轻按摩或进行温敷，以促进吸收。长期注射者应经常更换注射部位，建立轮流交替注射计划，达到在有限的注射部位吸收最大药量的效果。

5.2.2 皮内注射法

皮内注射（intradermal injection，ID）法是将药液注入表皮与真皮之间的方法，多用于诊断。

皮内注射与其他治疗注射相比，其药液的注入量少，所以不用于治疗，主要用于某些疾病的变态反应诊断如结核菌素试验、药物过敏试验及某些疫苗的预防接种。一般仅在皮内注射药液或疫（菌）苗 0.1～0.5mL。

（1）部位　根据不同动物可在颈侧中部或尾根内侧。

（2）方法　按常规消毒，排尽注射器内空气，左手绷紧注射部位，右手持注射器，针头斜面向上，与皮肤呈 30°～40°角刺入皮内（图 5-1）。待针头斜面全部进入皮内后，左手拇指固定针柱，右手推注射药液，局部可见一半球形隆起，俗称"皮丘"。注毕，迅速拔出针头，术部轻轻消毒，但应避免压挤局部。

注射正确时，可见注射局部形成一半球状隆起，推药时感到有一定的阻力，如误入皮下则无此现象。

（3）注意事项　注射部位一定要认真判定准确无误，否则将影响诊断和预防接种的效果。进针不可过深，以免刺入皮下，应将药物注入表皮和真皮之间。拔出针头后注射部位不可用棉球按压揉擦。

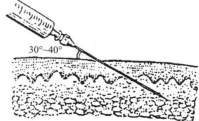

图 5-1　皮内注射的进针角度图

5.2.3　肌内注射法

肌内注射（intramuscular injection）：适用于刺激性较小以及较难吸收的药剂，如水剂、乳剂等均可用于肌注。刺激性较强的药物除非特殊需要，否则不建议进行肌内注射。

肌肉内血管丰富，药液注入肌肉内吸收较快。由于肌肉内的感觉神经较少，疼痛轻微，故一般适用于刺激性较强和较难吸收的药液；进行血管内注射而有副作用的药液；油剂、乳剂等不能进行血管内注射的药液；为了缓慢吸收，持续发挥作用的药液等，均可应用肌内注射。但由于肌肉组织致密，仅能注射较少量的药液。

（1）部位　犬猫等多在颈侧及臀部。但应避开大血管及神经径路的部位。

（2）方法　根据动物种类和注射部位不同，选择大小适当的注射针头，犬、猫一般选用 7 号。

① 动物适当保定，局部常规消毒处理。

② 手的拇指与食指轻压注射局部，右手持注射器，使针头与皮肤呈垂直，迅速刺入肌肉内。一般刺入 2～3cm（小动物酌减），然后用左手拇指与食指握住露出皮外的针头结合部分，以食指指节顶在皮上，再用右手抽动针管活塞，观察无回血后，即可缓慢注入药液。如有回血，可将针头拔出少许再行试抽，见无回血后方可注入药液。注射完毕，用左手持酒精棉球压迫针孔部，迅速拔出针头。

③ 为术者安全起见，也可以右手持注射针头，迅速用力直接刺入局部，然后以左手持针头，右手持注射器，使二者紧密接触好，再注射药液。

（3）注意事项

① 针体刺入深度，一般只刺入 2/3，切勿把针梗全部刺入，以防针梗从根部衔接处折断。

② 对强刺激性药物如水合氯醛、钙制剂、浓盐水等，不能肌内注射。

③ 注射针头如接触神经时，则动物感觉疼痛不安，此时应变换针头方向，再注射药液。

④ 万一针体折断，保持局部与肢体不动，迅速用止血钳夹住断端拔出。如不能拔出时，先将病畜保定好，防止骚动，行局部麻醉后迅速切开注射部位，用小镊子或持针钳或止血钳拔出折断的针体。

⑤ 长期作肌内注射的动物，注射部位应交替更换，以减少硬结的发生。

⑥ 两种以上药液同时注射时，要注意药物的配伍禁忌，必要时在不同部位注射。

⑦ 根据药液的量、黏稠度和刺激性的强弱，选择适当的注射器和针头。

⑧ 避免在瘢痕、硬结、发炎、皮肤病及有针眼的部位注射。淤血及血肿部位不宜进行注射。

5.2.4 静脉注射法

静脉注射（intravenous injection）：指将药液直接注入静脉血管内，使药物随血液分布全身，是药效发挥较快的方式。主要用于大量补液、补钙、输血急救等，输液时应注意输液泵状态，避免药物漏入血管外。

静脉内注射（intravenous injection，IV）又称血管内注射。静脉内注射是将药液注入静脉内，是治疗危重疾病的主要给药方法。

适用范围：大量的输液、输血；或用于以治疗为目的的急需速效的药物（如急救、强心等）；或注射药物有较强的刺激作用，又不能皮下、肌内注射，只能通过静脉内才能发挥药效的药物。

（1）部位　犬猫在前肢腕关节正前方偏内侧的前臂头静脉和后肢跗部背外侧的小隐静脉，也可在颈静脉。

（2）犬的静脉内注射方法

① 前臂头静脉（也称桡静脉）注射法：此静脉位于前肢腕关节正前方稍偏内侧。犬可侧卧、伏卧或站立保定，助手或犬主人从犬的后侧握住肘部，使皮肤向上牵拉和静脉怒张，也可用止血带（乳胶管）结扎使静脉怒张。操作者位于犬的前面，注射针由近腕关节 1/3 处刺入静脉，当确定针头在血管内后，针头连接管处见到回血时，再顺静脉管进针少许，以防犬猫骚动时针头滑出血管。松开止血带或乳胶管，即可注入药液，调整输液速度。静脉输液时，可用胶布缠绕固定针头。此部位为犬最常用最方便的静脉注射部位（图 5-2）。在输液过程中，必要时试抽回血，以检查针头是否在血管内。注射完毕，以干棉签或棉球按压穿刺点，迅速拔出针头，局部按压或嘱畜主按压片刻，防止出血。

图 5-2　犬的前臂头静脉注射

② 后肢外侧小隐静脉注射法：此静脉位于后肢胫部下 1/3 的外侧浅表皮下，由前斜向后上方，易于滑动。注射时，使犬侧卧保定，局部剪毛消毒。用乳胶带绑在犬股部，或由助手用手紧握股部，使静脉怒张。操作者位于犬的腹侧，左手从内侧握住下肢以固定静脉，右手持注射针由左手指端处刺入静脉。

③ 后肢内侧大隐静脉注射法：此静脉在后肢膝部内侧浅表的皮下。助手将犬背卧后固定，伸展后肢向外拉直，暴露腹股沟，在腹股沟三角区附近，先用左手中指、食指探摸股动脉跳动部位，在其下方剪毛消毒；然后右手持针头，针头由跳动的股动脉下方直接刺入大隐静脉管内。注射方法同前述的后肢小隐静脉注射法。

（3）注意事项

① 严格遵守无菌操作常规，对所有注射用具及注射局部，均应进行严密消毒。

② 注射时要注意检查针头是否畅通，当反复刺入针孔被组织块或血凝块堵塞时，应及时更换针头。

③ 注射时要看清脉管径路，明确注射部位，准确一针见血，防止乱刺，以免引起局部血肿或静脉炎。

④ 针头刺入静脉后，要再顺静脉方向进针 1～2cm，连结输液管后并使之固定。

⑤ 刺针前应排净注射器或输液乳胶管中的空气。

⑥ 要注意检查药品的质量，防止杂质、沉淀，混合注入多种药液时，应注意配伍禁忌，油类制剂不能作静脉注射。

⑦ 注射对组织有强烈刺激的药物，应先注射少量的生理盐水，证实针头确在血管内，再调换应注射的药液，以防止药液外溢而导致组织坏死。

⑧ 输液过程中，要经常注意观察动物的表现，如有骚动、出汗、气喘、肌肉震颤、犬发生皮肤丘疹、眼睑和唇部水肿等征象时，应及时停止注射。当发现输入液体突然过慢或停止以及注射局部明显肿胀时，应检查回血，放低输液瓶，或一手捏紧乳胶管上部，使药液停止下流，再用另手在乳胶管下部突然加压或拉长，并随即放开，利用产生的一时性负压，看其是否回血。也可用右手小指与手掌捏紧乳胶管，同时以拇指与食指捏紧远心端前段乳胶管拉长，造成负压，随即放开，看其是否回血。如针头已滑出血管外，则应重新刺入。

⑨ 犬猫静脉注射时，首先宜从末端血管开始，以防再次注射时发生困难。

⑩ 当注射速度过快或药液温度过低，可能引起副作用，同时有些药物可能发生过敏现象。

⑪ 对极其衰弱或心机能障碍的患畜静脉注射时，尤应注意输液反应，对心肺机能不全者，应防止肺水肿的发生。有肺水肿的患病动物不可给予大量补液。

（4）静脉注射时药液外漏的处理　静脉内注射时，常由于未刺入血管或刺入后，因病畜骚动而针头移位脱出血管外，致使药液漏于皮下。故当发现药液外漏时，应立即停止注射，根据不同的药液采取下列措施处理：

① 即用注射器抽出外漏的药液。

② 如系等渗溶液（如生理盐水或等渗葡萄糖），一般很快自然吸收。

③ 如系高渗盐溶液，则应向肿胀局部及其周围注入适量的灭菌注射用水，以稀释之。

④ 如系刺激性强或有腐蚀性的药液，则应向其周围组织内注入生理盐水；如系氯化钙液，可注入10%硫酸钠或10%硫代硫酸钠10～20mL，使氯化钙变为无刺激性的硫酸钙和氯化钠。

⑤ 局部可用5%～10%硫酸镁进行温敷，以缓解疼痛。

5.2.5　腹腔注射法

腹腔注射（peritoneal injection）：指将药液直接注入腹膜腔内。该方法适用于直接治疗腹腔器官类疾病。也是利用药物的局部作用和腹膜的吸收作用，将药液注入腹腔内的一种方法。经常应用于对小动物的治疗。在犬、猫也可注入麻醉剂。

本法还可用于腹水的治疗，利用穿刺排出腹腔内的积液，借以冲洗、治疗腹膜炎。

（1）部位　犬、猫宜在两侧后腹部。

（2）方法　为防止动物应激及脏器痉挛，药物注射前应加温至37～38℃。注射部位选择在耻骨前缘2～5cm腹白线的两侧，以避开腹腔内器官。将动物进行倒提或侧卧保定，注射区局部常规消毒。倒提时，将注射器针头垂直刺入腹膜腔2～3cm；侧卧时将针头以30°～45°角刺入。回抽不阻塞、无气泡及血后，即可缓慢注入药液。注入药物后，局部消毒处理。

（3）注意事项

① 腹腔内有各种内脏器官，在注射或穿刺时，容易受损伤，所以要特别注意。

② 小动物腹腔内注射宜在空腹时进行，防止腹压过大，而误伤其他脏器。

5.2.6　胸腔内注射

胸腔内注射（intrapleural injection）也称胸膜腔内注射，是将药液或气体注入胸膜腔内的方法。

胸膜腔内注射药液，适用于治疗胸膜的炎症。抽出胸膜腔内的渗出液或漏出液作实验室检验诊断，同时注入消炎药或洗涤药液。气胸疗法即向胸腔内注入空气以压缩肺脏。

（1）部位　犬、猫在右侧第 6 肋间或左侧第 7 肋间，在与肩关节水平线相交点下方 2～3cm，即胸外静脉上方沿肋骨前缘刺入。小动物以犬坐姿势为宜。

（2）方法

① 动物站立保定，术部剪毛消毒。

② 术者以左手于穿刺部位先将局部皮肤稍向前方移动 1～2cm，右手持连接针头的注射器，沿肋骨前缘垂直刺入，深度 3～5cm，可依据动物个体大小及营养程度确定。

③ 注入药液。刺入注射针时，一定要注意不要损伤胸腔内的脏器，注入的药液温度应与体温相近。在排除胸腔积液、注入药液或气体时，必须缓慢进行，并且要密切注意病畜的反应和变化。

④ 注入药液后，拔出针头，使局部皮肤复位，进行消毒处理。

5.2.7　气管注射法

气管内注射（intratracheal injection）：指将药液直接注入动物气管内，使药物直接作用于气管黏膜的方法。适用于治疗呼吸道类疾病。临床上常将抗生素注入气管内治疗支气管炎和肺炎，也可用于肺脏的驱虫，注入麻醉剂以治疗剧烈的咳嗽等。

（1）犬猫注射方法

① 将动物头部仰卧保定，注射部位于颈腹侧上 1/3 下界的正中线上，第 4、5 气管环间；注射区局部常规消毒。

② 将注射器针头与皮肤垂直，刺入 1～1.5cm，刺入气管后应感觉阻力消失，回抽有气体，再缓缓注入药液。

③ 若动物应激反应较大，也可将药物进行雾化后再由动物吸入呼吸道内。

（2）注意事项

① 注射前宜将药液加温至与畜体同温，以减轻刺激。

② 注射过程如遇动物咳嗽时，则应暂停，待安静后再注入。

③ 注射速度不宜过快，最好 1 滴 1 滴地注入，以免刺激气管黏膜，咳出药液。

④ 如病畜咳嗽剧烈，或为了防止注射诱发咳嗽，可先注射 2％盐酸普鲁卡因溶液 2～5mL（大动物），降低气管的敏感反应，再注入药液。

⑤ 注射药液量不宜过多，犬猫一般 3～5mL，量过大时，易发生气道阻塞而产生呼吸困难。

5.2.8　关节内注射

关节内注射（intra-articular injection）是将药液直接注入关节腔的方法。采用关节穿刺术，应用本法也可以收集骨膜液。本法主要应用于关节腔炎症、关节腔积液等疾病的治疗。

（1）部位　一般临床治疗的关节主要有膝关节、跗关节、肩关节及枕寰关节和腰荐结合部等。虽然各关节形态不一，但各关节都具有基本的解剖结构，即关节面、关节软骨、关节囊；关节腔内有关节液，并附有血管、神经，大多数关节还附有韧带。

（2）方法

① 局部常规消毒。局部剃毛，手术前准备。

② 将动物保定确实后，助手握住肢体，按照要求弯曲或伸展关节。

③ 触摸关节，鉴别关节腔和关节界标，如果需要熟悉解剖界标可检查骨骼。

④ 左手拇指与食指固定注射局部，右手持针头呈 $45°\sim90°$ 依次刺透皮肤和关节囊，到达关节腔后，轻轻抽动注射器内芯，若在关节腔内，即可见少量黏稠和有光滑感的液体，一般先抽部分关节液（视关节液多少而定），然后再注射药液。

⑤ 注射完毕，快速拔出针头，术部消毒。

穿刺器械及手术操作均需严格消毒，以防无菌的关节腔渗液发生继发感染。注射前，必须了解所注射关节形态、构造，以免损伤其他组织（血管、神经或韧带）。注射药液不宜过多，一般在 $5\sim10mL$。动作要轻柔，避免损伤关节软骨。关节内注射不宜频繁重复进行，必要时，间隔 $1\sim2d$ 为宜，最多连续 1 周。

5.2.9　眼球后注射

眼球后注射（postocular injection）是将药液直接注入眼球后部的肌圆锥内，以利于在局部发挥作用，或经巩膜渗透进入眼球内的一种注射方法。眼部手术做球后麻醉，眼后部炎症、玻璃体出血、视网膜血管病变则为局部给药。

（1）部位　注射部位于下眼睑眶缘中与外 1/3 交接处。

（2）方法　局部常规消毒。将头部保定确实后，左手食指放在上眼睑上方，在注射部位向眼眶后缘压迫眼球，使眼球与眼眶之间出现一凹陷，右手食指与拇指将针头贴向眼眶后缘垂直进针约 2cm，手下有突破感时，表明已穿过眶隔，此时应改变方向，即改以 30° 角斜向鼻侧，使针进至外直肌和视神经之间。入针约 3cm 后，返抽注射器，如无回血，即边注药边再略进针数毫米。注射完毕拔出注射针后，局部加压 $1\sim2min$，局部消毒。

（3）注意事项

① 保定一定要确实，否则可能由于骚动而伤及眼球或视神经。

② 眼球后注射药量不宜过大，一般以 $2\sim5mL$ 为宜（视不同的动物而定）。

③ 注射次数不宜过多，以免引起眼底出血。若发现眶内出血，应立即加压包扎。

④ 球后出血由注射时损伤眶内血管引起，表现为进行性突眼、眼压升高和皮下淤血等。处理方法是压迫眼球，静脉快速注射 20% 甘露醇 $100\sim500mL$。预防措施是进针不能太深太快，使用的针头不能太锐利。因为眼尖部有很多大血管，且被周围组织固定，不易移动，所以使用锐利的针头进针太快太深容易刺破血管引起出血。

5.2.10　嗉囊内注射

嗉囊内注射（intra-ingluvies injection）是禽类给药的方法之一。用于肌胃阻塞、禽类胃肠炎、嗉囊炎及中毒性疾病的治疗。

嗉囊是禽类暂时储存食物的器官，它位于胸腔的前部皮下，采食后明显突出于胸前；触诊，可明显感觉嗉囊的内容物。成年鸡的嗉囊如鸭蛋大小。鹅没有真正的嗉囊，仅在此处扩大成纺锤形。

方法：局部常规消毒。患禽侧卧保定。术者左手拇指及食指握住并固定嗉囊，右手持注射器，呈 45° 刺入嗉囊，将药液缓慢注入嗉囊即可。注射完毕，拔出针头，术部消毒。

嗉囊注射易操作、简便、有效，在某些急性中毒疾病疗效独特。嗉囊局部无大血管、神经，故此注射法不会引起局部出血或神经损伤。可多次重复注射。

5.2.11　骨髓腔注射法

骨髓腔是由纤维性基质组成，腔内存在大量的静脉窦，药物在注入骨髓腔后可很快地进入体循环，因此对药物的吸收具有高效性。但由于该注射方法具有较强的痛感，因此需要对动物进行麻醉后再进行骨髓穿刺。

犬猫注射法：

① 动物麻醉后采取俯卧保定。注射区一般可选择股骨或肱骨近端部位，剔除注射区毛发，局部常规消毒。

② 将穿刺针钻入骨髓腔内，取出针芯并连接注射器，缓缓注入药物。

5.3 穿刺法

穿刺术是使用特制的穿刺器具（如套管针、肝脏穿刺器、骨髓穿刺器等），刺入病畜体腔、脏器内，通过排除内容物或气体，或注入药液以达治疗目的。也可通过穿刺采集病畜某一特定组织的病理材料，提供实验室检验，有助于确诊。但是，穿刺术在实施中有组织损伤，并有引起局部感染的可能，故应用时必须慎重。应用穿刺器具均应严密消毒，干燥备用，在操作中要严格遵守无菌操作和安全措施，才能取得满意的结果。

5.3.1 腹膜腔穿刺术

腹膜腔穿刺术（abdominocentesis）是指用穿刺针经腹壁穿刺于腹膜腔的方法。

（1）适应证 腹腔内在系统性或者局部性病理状态下，可能会有渗出液或者血液等液体的异常积聚，在这些情况下，可采用腹腔穿刺术。此方法可以作为对症治疗的一种手段，试验穿刺抽液检查积液的性质以协助明确病因；排出腹腔的积液进行治疗；或采集腹腔积液，以助于胃肠破裂、肠变位、内脏出血、腹膜炎等疾病的鉴别诊断；腹腔内给药以达到治疗的目的或洗涤腹腔。

（2）部位 动物采取侧卧位或站立位保定。通常不需要镇静。犬猫在脐至耻骨前缘的连线上中央，白线两侧。

（3）方法 术部剪毛消毒后，术者左手固定穿刺部位的皮肤并稍向一侧移动皮肤，右手控制套管针（或针头）的深度，由下向上垂直刺入 3～4cm，待感到针头抵抗感消失时，表示腹壁层已穿过，即可回抽注射器，抽出腹水放入备好的试管中送检，如需要大量放液，可在针座接一橡皮管，将腹水引入容器，以备定量和检查。橡皮管可夹一输液夹以调整放液速度。小动物可应用注射器抽出。放液后拔出穿刺针，无菌棉球压迫片刻，覆盖无菌纱布，胶布固定。如果没有液体抽出，需轻轻将针头回撤一点，改变穿刺针的方向或变化动物的体位。

当洗涤腹腔时，小动物在肷窝或两侧后腹部。右手持针头垂直刺入腹腔，连结输液瓶胶管或注射器，注入药液，再由穿刺部排出，如此反复冲洗 2～3 次。

（4）注意事项

① 刺入深度不宜过深，必须小心避免穿破或划伤腹腔器官。

② 穿刺位置应准确，保定要安全。

③ 放或抽腹水的引流不畅，可将穿刺针稍做移动或稍变动体位，放或抽液不可过快、过多。穿刺过程中注意动物的反应，观察呼吸、脉搏和黏膜颜色的变化，有特殊变化者，停止后再进行适当处理。

④ 条件许可情况下，建议在腹腔穿刺前拍摄腹部 X 线片，因腹腔穿刺过程中可能会有空气进入腹膜腔，可能会被误认为自发性气腹。

5.3.2 胸膜腔穿刺

胸膜腔穿刺（thoracentesis）是指用穿刺针穿刺于胸膜腔的方法。胸腔穿刺术是使用穿刺设备，采集动物的胸腔积液，用于抽出胸腔内积液、胸腔内气体及肿物细胞学等。需要执行此操作的患病动物，常常因呼吸循环系统障碍就诊，主要表现为呼吸困难、张口呼吸、黏膜发绀、长久的慢性咳嗽病史。需要执行胸腔穿刺术的动物，特别是猫，临床上常出现应激性猝死，对此类患病动物进行操作过程中，保定动作应轻柔，必要时给予镇静药物辅助完成操作。

主要用于排出胸腔的积液、血液，或洗涤胸腔及注入药液进行治疗；也可用于检查胸腔有无积液，并采集胸腔积液，从而鉴别其性质，有助于诊断。临床上见于胸腔积液（血胸、脓胸、乳糜胸）、胸腔积气（气胸）、肿物细胞学组织采集（纵隔肿瘤、胸腔肿瘤）。

X线检查：胸腔积液时，影像学表现为胸腔细节丢失，密度升高；胸腔积气时，表现为心脏位置的抬高，心脏与胸骨之间，出现低密度气体影像。胸腔肿物时，胸腔中出现高密度团块及占位性表现。

超声检查：胸腔积液时，液体密度回声；心包积液时，心包内液体密度回声。

（1）部位 执行胸腔穿刺术时，动物应采取左侧卧或右侧卧或俯卧保定（根据疾病的实际情况来确定体位，减少保定带来的应激是关键点）。犬猫在右侧第 7 肋间。具体位置在与肩关节引水平线相交点的下方 2～3cm，胸外静脉上方约 2cm 处。

（2）方法 术者左手将术部皮肤稍向上方移动 1～2cm，右手持套管针用指头控制 3～5cm 处，在靠近肋骨前缘垂直刺入。穿刺肋间肌时有阻力感，当阻力消失而有空虚感时，表明已刺入胸腔内。

套管针刺入胸腔后，左手把持套管，右手拔去内针，即可流出积液或血液。放液时不宜过急，应用拇指不断堵住套管口，作间断性引流，预防胸腔减压过急，影响心肺功能。如针孔堵塞不流时，可用内针疏通，直至放完为止。

有时放完积液之后，需要洗涤胸腔时，可将装有清洗液的输液瓶乳胶管或输液器连接在套管口（或注射针）上，高举输液瓶，药液即可流入胸腔，然后将其放出。如此反复冲洗 2～3 次，最后注入治疗性药物。

操作完毕，插入内针，拔出套管针（或针头），使局部皮肤复位，术部涂碘酊，以碘仿火棉胶封闭穿刺孔。

（3）注意事项 穿刺或排液过程中，应注意无菌操作并防止空气进入胸腔。穿刺时须注意并防止损伤肋间血管与神经。

5.3.3 膀胱穿刺

膀胱穿刺（bladder puncture）是指用穿刺针经腹壁或直肠直接刺入膀胱的方法。

（1）适应证

① 当尿道完全阻塞发生尿闭时，其他导尿方法无效，为防止膀胱破裂或尿中毒，进行膀胱穿刺排出膀胱内的尿液，进行急救治疗。

② 经膀胱穿刺采集的尿液，可减少在动物排尿过程收集尿液的污染，使尿液的化验和细菌培养结果更准确，获取未被细菌、细胞、碎片污染的尿样。

③ 帮助确定血尿、脓尿、菌尿。

④ 急性尿潴留导尿失败，膀胱极度充盈，可缓解膀胱的内压，防止膀胱破裂。

（2）器械 根据动物的体型大小选择合适型号的注射器和长的皮下注射针、B超仪器。

（3）保定和麻醉 仰卧保定，不用麻醉（对于狂躁有攻击性的犬猫可先进行镇静处理）。

部位：中小动物在后腹部耻骨前缘，触摸有膨满及弹性感，即为术部。膀胱位于后下腹部，降结肠、主动脉和后腔静脉在膀胱的背侧，雌性动物的子宫位于膀胱和结肠之间。根据充

盈程度不同，膀胱的位置会发生一定变化。积尿充盈时位于腹腔底部，可到脐部；排空时位于骨盆腔内。小动物仰卧保定，触诊膀胱确定其大小和位置，不可过分挤压膀胱。

（4）方法　术部，雌性犬猫在耻骨前缘前方的白线上或者膨胀最明显的部位；雄性犬猫在耻骨前缘前方，阴茎侧方。术部剪毛、酒精消毒。稍微移动皮肤，拔出针头时，由于皮肤移位可覆盖针孔，防止感染。用注射针向膀胱垂直方向刺入即可排出尿液，排出尿液后拔出针头，用碘酊消毒术部。此外，一般操作法中犬四肢站立时，触诊膀胱确定其大小和位置，做到心中有数。犬仰卧保定，术部进行剃毛消毒。剃毛区域，母犬以耻骨前缘 2~3cm 与腹白线交界处为中心，公犬以阴茎中部为中心，剃出长约 12cm、宽约 5cm 的区域；然后术者站在犬的右侧，双手消毒，左手定位固定膀胱，尽量使膀胱壁紧贴腹壁。连接针头和注射器，执笔式拿着注射器和针头的结合部，在腹中线上与腹壁呈 45°~60°角进行穿刺操作（在膀胱壁上产生斜行通路，这将有利于在穿刺针拔出后膀胱壁针孔的闭合，减少尿液漏入腹腔），从头、腹侧向尾、背侧进针，无名指抵在针头上控制进针深度，一般 1~2cm。助手抽拉注射器，吸出尿液。若动物十分配合，可以不用执笔式，术者自己直接用注射器抽取即可。获取尿液后停止抽吸，将针头从腹壁拔出。进针处适当按压，防止皮下出血。而有些动物过度紧张或肥胖，无法触及膀胱，可采用盲穿法。此法适用于膀胱充盈的情况，盲穿法只与一般操作法有所区别，仰卧保定，术者左手适当挤压腹部将腹部脏器推向尾侧。母犬穿刺通常在消毒后集中的部位，公犬的穿刺点在阴茎旁侧，约在包皮头部与阴囊的中央。

当然 B 超引导下的膀胱穿刺是目前安全、准确的操作方法。首先 B 超确定动物膀胱的位置，选定好注射器后沿着探头进针。从影像中可以看见针头处于膀胱内，然后进行尿液采集。将左或右后肢向后牵引转位，充分暴露术部，于耻骨前缘触摸膨满、波动最明显处，左手压住局部，右手持针头向后下方刺入，并固定好针头，待排完尿液，拔出针头。术部消毒，涂火棉胶。获取尿样后停止抽吸，尽量避免污染尿样。

（5）注意事项

① 出血性疾病禁止使用该方法。

② 存在潜在的子宫蓄脓或前列腺脓肿时，进行膀胱穿刺可能会不小心造成子宫或前列腺的破裂。

③ 患有膀胱癌的动物，进行膀胱穿刺可能将肿瘤细胞植入腹膜。

④ 直肠穿刺膀胱时，应充分灌肠排出宿粪。

⑤ 针刺入膀胱后，应握住针头，防止滑脱。若进行多次穿刺时，易引起腹膜炎和膀胱炎，宜慎重。必要时给以镇静剂后再行穿刺。

5.3.4　肝脏穿刺

肝脏穿刺（liver puncture）是指用穿刺针穿入肝脏并取出一小块肝脏组织的方法。采集肝组织作病理组织学检查，以了解病变情况和作为特异性诊断的依据。

（1）适应证

① 肝脏功能障碍、肝脏增大、超声检查肝脏实质弥散性不均匀的动物，在不能进行开腹探查和腹腔镜检查获得肝脏组织块时，需要进行活组织检查。

② 个别或局灶性的肝脏肿块，疑为肝脏肿瘤、肝硬化、肝脓肿、脂肪肝及病因不明的肝肿大时，活组织检查也可尝试用超声引导进行。

（2）部位　犬猫在剑状软骨后白线的右侧。

（3）方法

① 术前应详细了解动物有无出血倾向，并测定出血时间、凝血时间、血小板计数、凝血

酶原时间。

② 动物站立保定，根据需要对动物进行镇定，操作过程中动物保持不动。将术部剪毛消毒后，用2%利多卡因在皮肤进行局部麻醉。

③ 先用采血针头刺破穿刺部位的皮肤，术者左手放于动物背部作支点，右手握穿刺器柄沿针孔向地面垂直刺入直至底部后，立即拔出穿刺器，送回针芯，通出肝组织块固定于10%甲醛溶液中。有条件时，最好在B超或腹腔镜监视下进行。

④ 拔针后立即用无菌纱布按压创面5～10min，再以胶布固定并可用多头腹带束紧。

如用长针头时，按前法刺入后，捻转针头或接上注射器轻轻抽吸后，立即拔出并推出针管内的肝组织待查。

目前常用无负压切割针即弹射式组织活检枪，进针速度极快（17m/s），最大限度避免切割组织的损伤，不仅用于肝脏，亦适用于肺、肾等部位活检。

（4）注意事项

① 动物保定确实，防止动物骚动，增加肝脏的损伤程度。

② 取得标本后应立即拔针，不得将针久留于肝内。

③ 注意某些禁忌证，如出血倾向、大量腹水、肝外阻塞性黄疸、严重贫血及怀疑肝血管瘤病畜，不能实施肝脏穿刺。应先积极纠正全身状况并慎重穿刺。

④ 应严密观察有无腹痛表现和内出血征象，有情况及时处理，并进行适当会诊。

5.3.5 骨髓穿刺

骨髓穿刺（bone marrow puncture）是指用穿刺针穿入骨髓腔并取出骨髓液的方法，是骨髓穿刺术时采取骨髓液的一种常见诊断技术。

（1）适应证

① 持续性或无法解释的全血细胞减少症、中性粒细胞减少症或血小板减少症。

② 非再生性贫血，诊断贫血的原因，鉴别诊断白血病等。

③ 外周血中出现非典型细胞。

④ 肿瘤疾病的诊断和分级，特别是淋巴瘤、浆细胞性骨髓瘤、组织细胞性肿瘤和肥大细胞瘤。

⑤ 对高钙血症或高球蛋白症的动物进行诊断。

⑥ 评价铁储存。

⑦ 诊断特殊的感染性疾病，如利什曼原虫病、埃里希体病、组织胞浆菌病和焦虫病。

⑧ 在形态学上还可用于骨髓的细胞学、生物化学的研究。

（2）部位　犬猫的胸骨位于胸廓底线正中，两侧肋窝与第8肋骨连接处。

（3）方法

① 左手确定术部，常规消毒局部皮肤，铺无菌洞巾，用2%利多卡因作局部皮肤、皮下及骨膜麻醉。

② 将骨髓穿刺针固定器固定在适当长度，用左手拇指和食指固定穿刺部位，右手持针垂直刺入骨面，当针尖接触骨面后则将穿刺针左右旋转，缓缓钻刺骨质。犬及幼畜约0.5cm，当针尖阻力变小，且穿刺针已固定在骨内时，表示已进入骨髓腔。若穿刺针未固定，应再钻入少许至固定为止。这时可拔出针芯，接上干燥的10mL或20mL注射器，用适当力度徐徐抽吸，即可抽出骨髓液，可见少量红色骨髓液进入注射器中。骨髓吸取量以0.1～0.2mL为宜。若作骨髓液细菌培养，需在留取骨髓液计数和涂片制标本后，再抽吸1～2mL。

将抽取的骨髓液滴于载玻片上，急速作有核细胞计数及涂片数张，备作形态学及细菌化学染色检查。如未能抽取骨髓液，可能是针腔被皮肤或皮下组织块堵塞，此时应重新插上针芯，稍加旋转或再钻入少许或退出少许，拔出针芯，如见针芯带有血迹时，再行抽吸即可取得骨髓液。

③ 抽吸完毕，将针芯重新插入，左手取无菌纱布置于针孔处，右手将穿刺针拔出，随即将纱布盖于针孔上，并按压 1~2min，再用胶布加压固定。

（4）注意事项

① 术前应做凝血时间检查，有出血倾向者操作要慎重。

② 骨髓穿刺时，如遇有坚硬部位不易刺入，或已刺入而无骨髓液吸出时，可改换位置重新穿刺。穿刺达骨膜后，针应与骨面垂直，缓慢旋转进针，持针应稳妥，切忌用力过猛或针头在骨膜上滑动，以防损伤邻近组织和折断针头。刺入骨髓腔后针头应固定不动，对骚动不安的动物更应注意保定。

③ 注射器与穿刺针必须干燥，以免发生溶血。

④ 抽取骨髓涂片检查时，应缓慢增加负压，当注射器内见血后，应立即停止抽吸，以免骨髓稀释。骨髓液抽出后应立即涂片，否则会很快发生凝固，使涂片失败。

⑤ 如作细胞形态学检查，抽吸液量不宜过多，以免骨髓液稀释，影响有核细胞增生程度判断、细胞计数及分类结果。

⑥ 本手术常因手术错误，而误刺入胸腔内损伤心脏，故宜特别谨慎。骨髓液富有脂肪，不能均匀涂于载玻片上。

5.3.6 心包腔穿刺

心包腔穿刺（pericardiocentesis）是指用穿刺针穿入心包腔的方法。

（1）适应证 严重的心包积液使心脏输出量下降，排除心包腔内的渗出液或脓液，并进行冲洗和治疗；或采取心包液供鉴别诊断及判断积液的性质与病原。

（2）部位 犬通常需要动物俯卧或左侧卧，在动物右侧进行穿刺。由于右侧肺脏有一个更为明显的心脏切迹，所以在左侧穿刺可减少刺伤或划破肺脏的可能性。主要的冠状血管大多位于心脏的左侧，所以在右侧穿刺也使划伤这些血管的风险降到最小。穿刺点定位在触诊心脏搏动最强的地方，通常在右侧第四到第六肋间低于肋骨肋软骨结合处进行心包穿刺术。

（3）方法

① 轻柔地将动物俯卧或侧卧位保定，如果动物呼吸困难则应提供氧气，建立静脉通路，补液改善心脏充盈状况。

② 通过触诊心脏搏动最强点确定心包穿刺点。如果触诊不到心搏动，在右侧第四到第六肋间低于肋骨肋软骨结合处进行。

③ 右侧胸壁在右侧第三到第七肋间腹侧剃毛，常规消毒局部皮肤，术者及助手均戴无菌手套，铺洞巾。必要时可用 2% 利多卡因从皮肤到胸膜作局部麻醉。

④ 从肋骨前缘穿过皮肤和肋间肌刺入套管针，以避免损伤肋间血管。将套管针轻轻向背侧倾斜，同时用另一只手贴着胸壁扶着穿刺针以增加稳定性。

⑤ 长期积液常常会增加首次穿刺心包膜的阻力，并有刮擦的感觉，当穿透心包膜时会有明显的"呼呼"音，紧接着液体随压力的作用会顺着套管针流出。

⑥ 心包积液和大量胸腔渗出液同时存在时，穿刺针进入胸膜腔针座就会出现胸腔积液。这种情况下应将导管和针头继续刺入，直接感觉到心脏搏动碰到穿刺针为止，此时进入了心包

腔内。

⑦ 套管针进入心包后，将套管顺着针推进，并将针撤去，导管连接到已经接好的三通头和注射器的静脉输液管装置上。

⑧ 推荐使用 ECG 监测针与心肌接触，通常室性早搏综合波提示针或导管接触到心脏。

⑨ 当心脏可触到穿刺针后，液体会从心包内缓慢地排出。液体排出的过程中，ECG 波形的振幅应增大，股动脉脉搏应变强，并且动物心动过速应消失。

⑩ 术毕拔出针后，盖消毒纱布，压迫数分钟，用胶布固定。

（4）注意事项

① 操作要细致认真，防止粗暴，否则易造成患畜死亡。

② 必要时可进行全身麻醉，确保安全。

③ 术前须进行心脏超声检查，确定液平段大小和穿刺部位。以免划伤心脏，或在超声显像指导下进行穿刺抽液更为准确安全。

④ 进针时，穿刺速度要缓慢，应仔细体会针尖感觉，穿刺针尖不可过锐，穿刺不可过深，以防损伤心肌。

⑤ 为防止发生气胸，抽液注药前后应将附在针头的胶管折曲压紧，闭合管腔；或在取下空针前夹闭橡皮管，以防空气进入。

⑥ 如抽出液体为血色，应立即停止抽吸，同时助手应注意观察脉搏的变化，发现异常及时处理。

5.3.7 脑脊髓腔穿刺

脑脊髓腔穿刺（medulla of encephalon and spinals puncture）是指用穿刺针刺入小脑池内或脊椎腔内的方法。

（1）适应证

① 中枢神经系统感染性疾病的诊断、降低颅内压，以及脑、脊髓疾病的治疗（如注射抗毒素、药液等）。

② 可用于脑、脊髓外伤或某些代谢疾病的诊断。

③ 发热和颈部疼痛的动物。

④ 脊髓造影的动物，在脊髓蛛网膜下腔注射 X 线造影剂之前。

（2）部位 颈部穿刺在颈背侧，寰椎与枢椎（第二颈椎）之间的寰枢孔进行。先沿颈背部正中线作一直线，再在寰椎翼两后角连结一横线，两线交点即为穿刺点；也可在枕骨与寰椎之间的枕寰孔进行（或自寰椎翼旁的椎间孔刺入）。其穿刺点在颈背部正中线与寰椎翼两前角连线的交点上。

腰部穿刺在腰椎与荐椎之间进行。先沿脊椎崤作一正中直线，再在两侧髂骨结节作一连接横线，二者交叉点即为穿刺点。此点即通常所谓的"十字部"或中兽医所称的"百会穴"，也就是最后腰椎和第一荐椎之间的凹窝处，各种动物部位基本上相同。

应确实保定后躯，防止跳动；小动物令其躺卧并使腰部稍向腹侧弯曲加以保定。颈部穿刺可腹卧保定或站立保定，但应特别注意牢固地保定其头。

一般应先将长约 15cm、内径约 2mm 的脑脊液穿刺针（或通常封闭用的长针头代替）消毒备用。

（3）方法一：小脑延髓池脑脊液采集

① 动物全身麻醉，放置不塌陷的气管插管，防止操作摆位时阻塞气道。

② 确定穿刺点后，局部剪毛、常规消毒皮肤，盖上洞巾。颈部背侧剃毛，以进针部位为中心矩形区域剃毛。剃毛区域从枕骨隆突外部向前 2cm 开始，至寰椎翼前部向后 2cm。两侧剃毛范围应包括寰椎翼侧面大部分。全部剃毛区域进行手术前准备。

③ 助手站在采样者对侧，扶住动物的头部。如果操作者右手持针，动物应右侧卧保定，颈椎放在桌子边缘。弯曲颈部，使头的中轴垂直脊柱。动物的鼻部轻微抬起，使鼻的正中线与桌面平行。

④ 操作者应跪在地上或坐着，平视进针点。

⑤ 操作者戴灭菌手套，触摸进针的部位，并确定摆位正确对称。有时需要在肩胛骨下垫高，以保证左右寰椎翼最前端的连线与桌面及脊柱垂直。花时间进行恰当的摆位是成功采集脑脊液的重要步骤。

⑥ 用左手拇指和中指触及两侧寰椎翼前缘，在最前端作假想连线。然后用左手食指触及外侧枕骨隆突，沿背中线向后作第二条假想线。在两条假想线相交处进针。

⑦ 左手触摸到界标后，右手持针刺入，在进针过程中，右手倚靠动物头部或桌边以增加稳定性。带针芯的针头垂直刺入皮肤和皮下组织。对患有脑类疾病的动物采集脑脊液时，针的斜面向前，对怀疑有脊髓疾病的动物斜面向后。

⑧ 针尖穿透皮肤后，缓慢刺入皮下组织。在穿透不同的筋膜和肌肉层时阻力不同。一次进针数毫米，然后拔出针芯查看是否有脑脊液。右手拔出针芯时，左手的拇指和食指握住并固定脊髓针。

⑨ 针头每次前进数毫米厚，都要固定针头，拔出针芯并查看脑脊液。如果没有液体出现，重新插入针芯，再将针头向内插入数毫米，然后查看有无脑脊髓液。

⑩ 穿透背侧寰枕膜时，会有刺破的感觉。但这并不是可靠的表现，达到蛛网膜下腔的程度因动物种类和个体差异有很大的不同。如果针头遇到骨骼，应退针，重新评价动物的体位和界标，用一根新的针头重新操作。如果深色静脉血进入骨髓针，应退针，另取一根针头重新操作。

⑪ 观察到脑脊液后，使液体直接从针头滴出，收集于试管中。

⑫ 采集脑脊液后，不用放回针芯，直接退出针头，针头内的脑脊液可滴入第二支试管中用于其他检验。

⑬ 术毕，插入针芯，拔出穿刺针，覆盖消毒纱布，用胶布固定。

（4）方法二：腰椎穿刺采集脊髓液

① 动物全身麻醉或深度镇静。

② 动物侧卧保定后，躯干弯曲。必要时在两前肢和两后肢之间，以及腰下垫上毛巾，以达到真正的侧卧保定，脊柱平行于桌面。

③ 后端腰椎和腰荐椎背侧皮肤大范围剃毛，手术前准备，戴手术手套。确定穿刺点后，局部剪毛、常规消毒皮肤，盖上洞巾。

④ 助手站在动物腹侧，将动物前后肢合拢以弯曲腰椎。

⑤ 选择部位，犬第 5～6 腰椎或第 4～5 腰椎，猫位于第 6～7 腰椎。

⑥ 穿刺时，紧贴背侧棘突前方中线刺入。垂直进针直至触及脊柱背侧，然后将针尖向前移至椎间隙的黄韧带。

⑦ 椎间隙的黄韧带很强韧，进针时有一定阻力。平滑入针，穿过神经组织到达椎管底壁。拔出针芯，如果没有脊髓液流出，小心将针回退 1～2cm 后采样。

⑧ 有脊髓液出现后，使其直接流出滴入试管中。

⑨ 采集脊髓液后不用放回针芯，直接拔出。针头内的脑脊液可滴入第二支试管中用于其他检验。

⑩ 术毕，插入针芯，拔出穿刺针，覆盖消毒纱布，用胶布固定。

（5）注意事项

① 针头不能过粗，穿刺不能过深，以免伤及脑组织或脊髓。

② 动物保定必须确实。

③ 所用器具必须消毒，以免引起脑、脊髓感染。

④ 作药液穿刺注射时，总量小于 3～5mL，以防止脑脊髓压突然增加过大。

⑤ 患有严重的凝血障碍性疾病的动物不能采集脑脊髓液。

5.3.8 蛛网膜下腔穿刺

在临床上常通过蛛网膜下腔穿刺把局部麻醉药注入蛛网膜下腔，被药物波及的脊神经根受阻滞后，使脊神经所支配的相应区域产生麻醉作用。临床上一般腰部进行脊髓穿刺给药，所以又称腰麻。主要用于后肢、尿道、直肠、后腹部及会阴部等手术。

（1）部位　犬的穿刺点位于两侧髂骨隆起连线与背中线相交处或最后腰棘突后方凹隙处。

（2）方法　用 10～14cm 带针芯的针头垂直刺入皮肤后，徐徐推进针头，在穿过棘上韧带与弓间韧带时，可感到突破初次阻力，再将针头小心向前推进，在穿过硬膜及蛛网膜时，可感到第二次阻力，当阻力突然减低后可试行抽出针芯，若针尖已进入蛛网膜下腔，一般即有脑脊髓液流出。有时不见脑脊髓液流出时，可稍调整针头位置或接上注射器轻轻抽取，直至抽出脑脊髓液，说明位置正确，即可注入麻醉药液。

应用麻醉的剂量，3%普鲁卡因溶液，马 20～30mL，牛 30～50mL；小动物可按 1mL/4.5kg 剂量注入 2%普鲁卡因或 2%利多卡因。

（3）注意事项　注射前，局麻药应加温，注射速度不宜过快，否则易产生一过性抽搐、呕吐等。动物保定时应保持前高后低的姿势，防止药液向前扩散。为防止血压下降，应麻醉前肌内注射麻黄碱或麻醉前开始静脉输液，经静脉及时给药。

5.3.9 淋巴结穿刺

淋巴结穿刺（lymph node puncture）是指用穿刺针穿刺某个淋巴结，抽取淋巴液的一种方法。淋巴结分布于全身各部。对于不明原因的淋巴结肿大，如感染、造血系统肿瘤等，可通过淋巴结组织穿刺取样，进行细胞学或细菌学检查。

（1）方法　选择供穿刺的淋巴结，确定穿刺部位，一般取肿大较明显的淋巴结。剪毛和常规消毒穿刺部位，左手拇指和食指及中指乙醇消毒后，固定欲穿刺的淋巴结。有时可用 2%利多卡因局部浸润麻醉。右手持 10mL 干燥注射器以垂直方向或 45°方向刺入淋巴中心，然后边拔针边用力抽吸，利用空针内负压吸取淋巴结内液体和细胞成分。固定注射器内栓，拔出针头后将注射器取下，充气后将针头内抽出液喷射到玻片上进行涂片染色。若抽出量较多，也可注入 10%甲醛溶液固定液内作浓缩切片病理检查。术后局部涂以碘酊，覆盖无菌纱布并按压 3min，用胶布固定。

（2）注意事项　淋巴结局部有明显炎症反应或即将溃烂者，不宜穿刺。轻度炎症反应而必须穿刺者，可从健康皮肤由侧面进针，以防瘘管形成。应选择易于固定的较大的淋巴结进行穿刺，且应远离大血管；刺入不宜过深，以免穿通淋巴结而损伤附近组织。若未能获得抽出物，可将针头再由原穿刺点刺入，并可在不同方向连续穿刺，抽吸数次，只要不发生出血，直到取得抽出物为止。

5.3.10 皮下血肿、脓肿、淋巴外渗穿刺

皮下血肿（hematoma）、脓肿（abscess）、淋巴外渗（lymphoextravasation）穿刺，是指用穿刺针穿入上述病灶的一种方法。主要用于疾病的诊断和上述病理产物的清除。

（1）部位　一般在肿胀部位下方或触诊松软部。

（2）方法　常规消毒术部。左手固定患处，右手持注射器使针头直接穿入患处，然后抽动注射器内芯，将病理产物吸入注射器内。初学者也可由一助手固定患部，术者将针头穿刺到患处后，左手将注射器固定，右手抽动注射器内芯。在穿刺液性质确定后再行相应处理措施。

血肿、脓肿、淋巴外渗穿刺液的鉴别诊断：血肿穿刺液为稀薄的血液，脓肿穿刺液为脓汁，淋巴外渗穿刺液为透明橙红色的液体。

（3）注意事项

① 穿刺部位必须固定确实，以免术中骚动或伤及其他组织。

② 在穿刺前需制定穿刺后的治疗处理方案，如血液的清除、脓肿的清创及淋巴外渗治疗用药品的选择等。

③ 确定穿刺液的性质后，再采取相应措施（如手术切开等），避免因诊断不明而采取不当措施。

5.4 常用治疗技术

5.4.1 洗胃法

洗胃是指将一定成分的液体灌入患畜胃腔内，混合胃内容物后抽出并反复多次，直至抽出液清澈无味，达到抢救患畜的目的。洗胃可以清除胃内未被机体吸收的毒物，对于急性中毒等来说是一项极其重要的抢救措施。或用于清洁胃腔，为胃部手术以及检查等做准备。

洗胃法的分类：洗胃分为催吐洗胃、胃管洗胃以及剖腹造口洗胃。本节主要介绍前两种洗胃方法。

（1）催吐洗胃法　催吐洗胃即呕吐，是动物机体排除胃内容物的本能自卫反应。催吐时，用压舌板刺激患畜的咽后壁，引起其反射性呕吐，排出胃内容物，并反复多次，直至排出的洗胃液清澈无味为止。催吐时要当心误吸，否则剧烈的呕吐可能会诱发急性上消化道出血。

适应证：

① 适用于中毒不久，2h 内效果最好。

② 意识清醒具有呕吐反射的中毒患畜。

③ 使药物、X 线造影或营养物质直接进入胃内。

（2）胃管洗胃法　胃管洗胃，即将胃管从鼻腔或者口腔插入经食管到达胃内，吸出毒物并注入洗胃液，反复多次，达到清除胃内毒物的目的。胃管洗胃又包括电动洗胃机洗胃和自动洗胃机洗胃等，其整个工作流程：准备工作→插胃管→清洗→拔管处理→整理消毒。

① 准备工作：参与洗胃的兽医应事先清洁并消毒双手，穿戴好口罩以及手术帽；准备齐洗胃用物，根据洗胃的要求选择合适的胃管和溶液；核对患畜的医疗信息。

动物采取站立姿势坐在地面或俯卧保定在桌面上，大型犬需坐在地上，由助手双腿夹住抵于墙角，保持头伸直状态。同时准备好犬专用开口器。

② 插胃管：选择合适长度和粗细的橡胶管，长度需要胃管到达胃的长度，大约从犬齿测

量到最后肋骨。并做好标记，当管头置于最后肋骨时，在张口处的管上用胶带或记号笔做标记。

用润滑凝胶湿润管头和全部管道。将开口器放入动物口内，并固定其颌骨咬住开口器。将胃管通过开口器插入胃，直到做好标记的位置。检查胃管放置是否正确，因为投胃的物质如果进入肺脏通常会致命，这一步十分关键。通过胃管给药或取出内容物。

判断可以采取颈部触诊胃管：在大型或中型犬能够触诊到胃管与气管相毗邻，所以能在颈部触到两个管状结构位置；在小型犬这种方法不可靠，因触诊困难。

通过胃管给予5mL生理盐水，观察动物是否咳嗽，这是最可靠的检查胃管放置是否正确的方法，也是对小型犬和猫唯一有效的方法。

先将洗胃液放入桶内，连接洗胃管路，调试流速，洗胃液的温度在35～38℃为宜，温度过高会造成患畜血管扩张，促使毒物吸收。并根据中毒物的性质准备洗胃液；将连接进液口以及接胃口的两根液管同时插入净水容器内，工作两次，以确保将管道内的空气排除干净。

③ 清洗：使用自动洗胃机时，需要将接胃口的液管连接，并检查管路连接状况，确保无误后，打开自动洗胃机开始自动洗胃过程，在洗胃过程中，注意进液量和出液量之间的平衡，如果进液量过多会引起急性胃扩张，升高胃内压，从而使得胃内毒物吸收更多；时刻关注患畜的生命体征、瞳孔大小、吞咽反射以及口鼻腔的黏膜状况。若用电动吸引法，即将胃管的末端与吸引器连接，测量插管长度并标记，胃管的前端使用润滑剂加以润滑，进行插管，吸出胃内容物。插管过程中如遇到患畜剧烈咳嗽，呼吸困难，应立即拔出胃管，休息片刻再进行再次插管；关闭吸引器，输入灌洗液；再次开启吸引器吸出胃内容液，反复灌洗，直至引出液清澈无味。

④ 拔管处理：使用电动吸引法时需要进行此步骤，即确认洗胃完成之后，反折胃管取出（防止管内液体误吸入气管），清洗患畜口腔内残留的污物。

⑤ 整理消毒：使用自动洗胃机法洗胃完毕后，需要对洗胃机进行清洗消毒。

禁忌证：

① 患畜有食管、贲门狭窄或者梗阻等症状。

② 近期有上消化道出血状况。

③ 误服腐蚀性中毒物或其他对消化道有明显腐蚀性作用的毒物。

④ 抽搐或惊厥且未受到控制。

⑤ 乙醇中毒（因乙醇中毒会造成呕吐反射亢进，插管时容易发生误吸）等。

⑥ 意识障碍者。

洗胃液的选择：

① 温水或者生理盐水：误食性质不明的中毒物者，应先抽出胃内容物送检，使用温水或生理盐水洗胃，待中毒物性质确定后，再采用对抗剂洗胃。

② 2%～4%的碳酸氢钠溶液：常用于有机磷中毒的洗胃。敌百虫中毒时禁止使用，因为敌百虫在碱性环境中能变成毒性更强的敌敌畏。

③ 高锰酸钾溶液：常用于急性巴比妥类药物、阿托品以及毒蕈中毒的洗胃。有机磷中毒不可使用高锰酸钾溶液，因其能使得有机磷氧化成毒性更强的对氧磷。

5.4.2 灌肠法

灌肠法是用导管自肛门经直肠插入结肠灌注液体，以达到通便排气、清洁肠道等的治疗方法。灌肠能够促进肠道蠕动，软化粪便，并有降温、催产、供给药物以及营养等作用。

（1）灌肠的分类　灌肠按照其目的可分为保留灌肠和不保留灌肠，其中不保留灌肠依照灌注液体的容量可分为大量不保留灌肠和小量不保留灌肠。

① 保留灌肠：保留灌肠通常是为了达到镇静、催眠以及治疗肠道感染等目的。常用10%的水合氯醛灌肠以达到镇静、催眠目的；用0.5%～1%的新霉素等灌肠以达到治疗肠道感染等目的。治疗肠道感染以患畜休息前为宜，保留药液至少1h，保证药液被充分吸收。

② 不保留灌肠：不保留灌肠是指将一定量的溶液由肛门经直肠灌入结肠，刺激结肠蠕动，清除肠腔粪便以及积气的方法。其中，大量不保留灌肠常常用于解除便秘和肠胀气、为患畜降温、检查分娩以及清除肠道毒物等。灌肠液常用0.1%～0.2%肥皂液、生理盐水等。小量不保留灌肠常用于软化粪便、解除便秘以及排出肠道气体等。50%硫酸镁、甘油等为常用灌肠液。

（2）注意事项

① 动物站立保定，灌肠时应当注意灌肠液的温度、流速、容量等。灌肠液流动过快会造成反向蠕动和呕吐。

② 做降温灌肠时，可用28～32℃的等渗盐水，保留30min后再排出，待通便后0.5h再次测体温并记录。

③ 灌肠过程中应密切注意患畜的生命体征，如有发现患畜心率过快、面色苍白、发冷汗等状况时应立即停止灌肠。

④ 灌肠液容器放置在高于患畜肛门的位置，使灌肠液在重力作用下流入直肠。

⑤ 磷酸盐灌肠剂会引起低血钙性虚脱，禁止用于猫和小型犬。

⑥ 使用钡制剂灌肠时，须麻醉动物，对动物进行侧卧保定。使用有袖口的直肠导管，防止动物因麻醉引起的肛门括约肌松弛而发生钡制剂泄漏。

（3）灌肠禁忌证

① 充血性心力衰竭和水潴留的患畜禁止使用生理盐水灌肠。

② 患畜如有消化道出血症状、溃疡性结肠炎或严重心血管疾病，不得灌肠。

③ 患畜处于妊娠期时或患有小肠穿孔、阻塞症时不可灌肠。

5.4.3　导尿术

导尿术是指在严格无菌的操作下，用导尿管经尿道插入膀胱引流尿液的方法。

适应证：

① 导尿可以用于解除尿液潴留，测量膀胱容量，收集尿液，检查尿液残余以及进行膀胱或尿道造影等。但导尿术容易对患畜造成尿道损伤、膀胱创伤以及尿路感染等并发症。

② 评估尿结石、肿块或狭窄。

③ 膀胱肿瘤史，采集尿样进行细胞学评估。

④ X线检查时注入造影剂。

⑤ 留置导尿管术即导尿后，将导尿管留置在膀胱内，引流尿液的方法。此法主要用于术前引流，尿失禁患畜引流尿液，或者患畜经泌尿系统疾病手术后，便于引流冲洗等。

（1）公犬导尿法操作步骤

① 对公犬采取侧卧体位，剃去包皮周围区域长毛，彻底清洁其包皮周围。

② 助手将公犬侧卧保定，将犬后腿上部外展。

③ 在包皮与腹部交界处用拇指施压，环握阴茎使公犬包皮回缩暴露远端龟头2.5～5cm。环握时应注意力度，以免压迫尿道。

④ 用中性肥皂或 0.1％新洁尔灭清洗远端龟头两次。

⑤ 铺孔巾，形成无菌区域。

⑥ 兽医师选择合适大小和型号的导尿管，预估导尿管插入公犬膀胱所需的长度。

⑦ 用石蜡油棉球反复充分润滑导尿管末端，减少插管过程中对公犬尿道黏膜的损伤，并由尿道外口（龟头远端）缓缓插入导尿管。

⑧ 导尿管向前进入膀胱，剩余部分仍留在无菌包装中，操作过程中应保持严格无菌。

⑨ 收集尿液标本。

⑩ 尿液收集完毕后，轻轻拉出导尿管，清洗公犬远端龟头及其周围区域。

注意事项：

① 导尿管途经坐骨弓时可能会有阻力，此时切忌蛮插，可稍稍后退，更换方向再缓缓前进。

② 确定导尿管进入膀胱但无尿液出现时可用注射器从导管中抽取尿液。

③ 插管时不可压迫膀胱让尿液流出，否则会增加病原性感染的可能。

④ 切忌反复抽动导尿管。

⑤ 疑似有尿道狭窄的患畜，应选择细的导尿管。

⑥ 留置导尿时，应密切注意导尿管的固定情况，防止脱出。定期冲洗膀胱，防止感染。

⑦ 对膀胱过度充盈的患畜，导尿速度不宜过快，应缓慢分次放出尿液。否则会导致患畜腹腔内压骤然降低，大量血液滞留在腹腔血管内，血压下降、休克或骤然减压造成的膀胱黏膜急剧充血引起尿血。

⑧ 操作过程中严格保持无菌。

（2）母犬导尿法操作步骤

① 母犬导尿时最理想的体位应是站立姿势。助手保定好母犬，将其尾巴拉向一侧，用 0.1％新洁尔灭清洁患畜外阴及其周围区域两次。

② 向阴道内注入麻醉剂，降低在操作过程中患畜的不适。

③ 充分润滑阴道扩张器以及导尿管末端。

④ 导尿管由阴道扩张器进入尿道并插入膀胱，也可用食指触及尿道乳头状突起，指引导尿管进入尿道。

⑤ 导尿管缓缓向前插入膀胱。

⑥ 收集尿液标本。

⑦ 尿液收集完毕后，轻轻拉出导尿管，清洗母犬外阴部位及其周围区域。

注意事项：

① 如犬尾巴竖直，会造成其在操作过程中精神紧张或者排便。

② 先朝向患畜背侧插入阴道扩张器，再将其朝向颅侧，避开阴蒂窝。阴蒂窝是一个盲囊，位于外阴腹侧开口内。而尿道口位于阴道腹侧，在外阴开口颅侧 4～5cm 处。

③ 母犬有尿道乳头状突起，是一种环绕尿道口的组织，为 0.6～1.3cm 大小的圆形团块，位于外阴开口处 4～5cm 处的阴道腹中线内。当食指第二指节插入阴道后，食指指尖可触摸到尿道乳头状突起。由食指腹侧插入导尿管，指引导尿管进入尿道口。如感觉导尿管末端越过食指指尖，可将导尿管轻轻回抽，并再次缓缓向患畜腹侧方向插入导尿口。母犬对此方法的耐受程度比对阴道扩张器的耐受程度要大。

④ 其他注意事项参照公犬导尿术。

（3）公猫导尿法操作步骤

① 猫侧卧或仰卧保定。必要时进行镇静。

② 将阴茎向后推，同时握住包皮向头侧推，使阴茎突出。

③ 一旦阴茎突出，保持突出状态，在阴茎基部紧捏住包皮，控制住阴茎。

④ 用抗菌液轻轻冲洗阴茎头，然后用生理盐水冲洗抗菌液。

⑤ 将阴茎向后拉直，使阴茎部尿道长轴与脊柱平行，以减少尿道的自然弯曲，有利于尿管的插入。

⑥ 用灭菌水溶性润滑剂润滑导管头。

⑦ 轻柔地将导管的头部插入尿道口，继续前进插入膀胱内。

⑧ 如果遇到阻力，可以用灭菌生理盐水冲洗导尿管。

5.4.4　输液疗法

输液有纠正电解质紊乱和脱水，维持正常渗透压、酸碱平衡以及体液平衡，补充营养和能量，维持正常的血液成分及血液循环等重要作用。可延缓病情，赢得更多的治疗时间，目前在小动物临床上输液的病例占临床总病例的70%以上，输液疗法的地位举足轻重。

（1）输液途径　临床上常用静脉输液、腹腔输液、皮下输液以及骨髓腔输液等方法。

① 静脉输液：目前宠物行业最常用的输液途径，选择位置固定、容易穿刺成功且容易止血的血管进行静脉穿刺。兽医常常选择动物前肢头静脉、颈静脉或者后肢外侧小隐静脉。

② 腹腔输液：静脉输液有困难时可选择腹腔输液，选择等张溶液，以免水分由于高渗透压而进入腹腔，造成细胞死亡。输液前将液体升温，防止被输液动物体温下降。原则上不允许输入葡萄糖溶液以及一些刺激性药品。

③ 皮下输液：选择在皮肤松弛、皮下组织发达的颈背部输液，此部位可以容纳相对较大的输液量且不会产生强烈的疼痛感。小型犬猫的维持性输液常用此输液途径。皮下输液不可输入葡萄糖以及刺激性药物，不适用于急性体液流失的情况。此种方法相对于静脉输液和腹腔输液来说，吸收慢、疗效差。

④ 骨髓腔输液：经由骨髓腔提供的血管通道以及髓质的静脉通道来使体液快速运送至全身各处。先在输液部位的骨膜处用1%利多卡因进行局部麻醉，然后穿刺入骨髓腔内输液。此方法相对复杂，操作手法和仪器设备要求相对较高。输液时选择长骨，要求严格无菌。

（2）输液速度　输液的速度视输液的途径、液体种类以及输液治疗的目的而定。如动物在休克状态下，最好在1h内给予将近全身血量的输液（猫的全身血量为60mL/kg，犬为90mL/kg。犬输液的最快速度不要超过90mL/(kg·h)，猫输液的最快速度不要超过60mL/(kg·h)。犬猫麻醉下正常输液速度为10~20mL/(kg·h)。输液内若有钾离子存在，应确保输液速度不超过0.5mEq/(kg·h)。现如今多数动物医院已普及输液泵的使用，在能克服输液阻塞的状态下设定好输入点滴管1mL的滴数，进而调整输液速度。

（3）输液监控　动物机体在输液过程中可能会因为药物的作用而发生各种各样的反应如体温、脉搏、心率、呼吸速度及黏膜颜色等体征变化，或者是输液时需要控制药物输入的顺序、滴速、浓度，输液管道的顺畅状况等。因而在动物输液过程中需要对输液密切监控。例如：厌食动物输液过程中发生体重增加，可能是有过度输液的情况发生；呼吸速度的加快可能是由于过度输液而造成的肺水肿指征；接受输液治疗的动物其尿量一般会比正常值稍微升高，但若尿量低于正常值，提示有可能输液不足。临床上常常通过监测红细胞比积（PCV）、血浆总蛋白（TP）以及中央静脉压来评估输液状况。

（4）输液种类　患畜由于所患疾病、脱水状况以及电解质、渗透压、酸碱度等的不同，对所输液体的组成、物理化学成分以及药物之间的相互作用、配伍禁忌等要求也不同。因此在对患畜输液时，应根据实际选择不同种类的液体。

输液种类分晶体溶液以及胶体溶液。前者包括林格液、乳酸林格液以及各种不同浓度的葡萄糖溶液与氯化钠溶液。有补液性输液、维持性输液和高渗性输液，小动物临床上比较常用；后者含有蛋白质或者聚合糖之类的大分子成分，如葡萄聚糖或羟乙基淀粉等。此类输液能升高血液渗透压，使血管外的水分渗入到血液循环中，被称为代用血浆。主要用于血清蛋白流失的疾病。补液性输液：此类溶液通常是多离子的等渗性溶液。维持性输液：与正常血浆成分相比，属于低渗性溶液，目的是维持患畜良好的水合状态。高渗性输液：临床上常用于特殊目的，如少尿性肾衰竭时的利尿作用以及低血糖的治疗。

（5）晶体溶液

① 林格液：又名复方盐水，含氯高，禁用于高血氯症。临床上主要用于因呕吐等原因引起的脱水，酸中毒时需要配合碳酸氢钠溶液使用。

② 乳酸林格液：人医临床上最常用，其 Na^+，K^+，Cl^- 的含量与细胞外液基本相同，用于各种脱水的治疗。含乳酸盐，通过肝脏转化，会增加肝脏负担。该溶液中所含能量不足以满足宠物需要，因此小动物临床上常用此作为维持性输液以及补液性输液。由于该溶液会造成过多乳酸蓄积而导致酸中毒，因此淋巴瘤患畜不能使用。

③ 不同浓度的葡萄糖溶液与氯化钠溶液

5％的葡萄糖溶液：虽是高渗性溶液，但无高渗作用。相对于细胞外液来说，本品属于低渗性溶液，不含任何离子，当脱水患畜无法耐受 Na^+ 时首选本品，如心脏病。

10％的葡萄糖溶液：本品渗透压高于正常血浆，使用时要非常谨慎。临床上以一种渗透压利尿剂用于少尿性肾衰，还可作为能量补充剂。

10％的葡萄糖酸钙溶液：本品为补钙剂，用于产后低血钙。

20％、50％的葡萄糖溶液：高渗性葡萄糖溶液，临床上常将其加入各种商品化的输液内以调制成适当的输液。临床上作为能量补充剂，还可用于组织脱水，并有利尿解毒作用。

0.9％氯化钠溶液：本品是一种等渗性溶液，适用于低血钠、高血钾或高血钙的患畜，如肾上腺皮质功能低下。在不适用乳酸林格液的情况下，可用本品作为补液性输液。

0.45％氯化钠溶液＋2.5％的葡萄糖溶液：符合维持性输液低渗透压和低 Na^+ 的双重标准。在使用时应当加入适量钾离子才能成为真正意义上的维持性输液。

0.45％氯化钠溶液：低渗性溶液，小动物临床上较少使用。主要用于严重高渗透压的患畜，临床上少见。

7.5％氯化钠溶液：主要用于低血容性休克，重建细胞外液与细胞内液间的平衡。注射少量本品入血液循环中，提升血浆渗透压，增加血容量，从而达到维持血压、增加心输出量、维持重要器官血液灌流的作用。

15％氯化钾溶液：本品为补钾剂，用于严重呕吐的低血钾症。

5％碳酸氢钠溶液：碱液，用于治疗酸中毒，常与其他药物有配伍禁忌，尽量单独使用。

（6）胶体溶液

① 右旋糖酐：主要经肾脏排泄，所提供的高渗透压作用可以持续数小时至数天。本品会干扰血小板以及凝血因子的功能，因而不可用于凝血功能障碍的患畜。且本品中 Na^+ 含量较高，对需要控制 Na^+ 摄取的患畜慎用。

② 羟乙基淀粉：用于治疗患畜低血容，但本品所提供的高渗透压可能会造成血容过载，因而有严重心衰、无尿或少尿的肾衰患畜禁用。本品会影响血小板的功能，因此有凝血障碍或严重出血的患畜禁用。

（7）输液的并发症

① 与输液选择相关的并发症：由于各种晶体溶液和胶体溶液中所含各种离子的不同、功能的差异，在输液过程中会造成血浆酸碱度、渗透压的变化，甚至患畜会产生不同的并发症。如：对凝血功能障碍的患畜输入羟乙基淀粉，有可能会造成患畜输液后出血；对高血氯的患畜输入 0.9％氯化钠溶液，会恶化其酸中毒的症状。

② 与输液量相关的并发症：过度输液会造成患畜水肿、电解质流失、渗液等情况发生。

③ 与输液途径相关的并发症：皮下输液过快过多时会造成患畜皮下液体聚集，骨髓腔输液易伤及神经，腹腔内输液容易误伤腹腔器官、引发腹膜炎等，静脉输液过多易诱发静脉炎。

5.4.5 输血技术

输血适用于患畜出血、血凝异常、溶血性输血反应、贫血或低蛋白血症、新生畜溶血等状况。可补充血容量，纠正贫血，供给各种凝血因子，排除有害物质，输入补体、抗体等。目前小动物临床输血多源于健康的、免疫健全的大型犬，暂无像人医那样健全的血库建设。国外多用灵缇，国内多用金毛或拉布拉多。采血时使捐血犬保持趴卧姿势，在颈静脉处采血。一只超过 27kg 的大型犬大约可以捐献全血 450mL。供血犬应当进行传染病、寄生虫病等的筛检，杜绝疾病传播的可能。临床上犬不会出现明显的自身抗体，因而在首次输血前一般不做血型检验以及配对试验。猫由于没有一种血型是可以通用的，因而输血前受血者与捐血者的血液兼容性实验很有必要。

血液储存期间红细胞的 ATP 含量会降低，或者由于溶血导致的钾离子过多释放，导致受血者高血钾。血液储存期间可能会产生血块或者气泡以至于在输血过程中造成栓塞。

（1）血液配对试验

① 采血：采集受血者以及供血者的血液，以 EDTA 抗凝。

② 离心：将上述血液离心，标识清楚受血者红细胞、受血者血浆、供血者红细胞、供血者血浆。

③ 清洗：吸取受血者红细胞加入 0.9％的生理盐水或者 PBS 溶液，混匀，离心，去除上清液，再次加入生理盐水或者 PBS，清洗红细胞至少三次。

④ 制作悬浊液：将上述红细胞液体离心后，除去上清液，制作 3％～5％的红细胞悬浮液。

⑤ 配对试验主试验：取一张干净的载玻片，滴上供血者的红细胞悬液，再滴上受血者的血浆，混匀静置后加入 1 滴 0.9％的生理盐水，于显微镜下观察是否有凝集反应。

⑥ 配对试验副试验：在受血者红细胞悬浮液上加入供血者的血浆，有免疫性疾病或者是严重发炎的受血者应做自体凝集试验。

（2）输血的原则

① 无论是输全血还是成分血，都应当输注同种血型的血。

② 首次输血时，应进行血细胞兼容性试验。

③ 患畜如需再次输血，必须重复做交叉配血实验，排除机体已经产生的抗体。

④ 输血过程中应保持严格无菌。

（3）输血的不良反应

① 溶血性不良反应：输血过程中或者是在输血完成后，输入的红细胞或者接受输血的患畜本身的红细胞被破坏。

② 患畜在输血过程中出现皮疹的皮肤反应。

③ 短时间内输入大量血液造成患畜血液循环负荷过重。

（4）输血不良反应的处理办法

① 使用抗组胺药物。如出现过敏反应，静注皮质类固醇药物，观察患畜临床症状有无改善。

② 如出现急性溶血性不良反应，应当立即停止输血，更换输血器，用生理盐水保持输注通路的通畅。

③ 保持患畜呼吸道通畅。

④ 输注生理盐水，保持患畜血容量以及收缩压。

（5）输血的注意事项

① 全血、成分血以及其他血液制品不可在室温环境下放置超过 30min。输血时检查血液的质量，正常血液分两层，上层黄色，下层暗红色，两层之间界限清楚，没有凝块；发生溶血的血液，上层变红，下层呈现暗紫色，上下层间界限不清楚。

② 取出的血应尽快使用，输血前反复颠倒血袋，混匀血液成分。必要时在输血过程中也不时地摇动血袋使红细胞悬浮起来以免输血速度变慢。血液内不得加入其他药物，如有需要可用生理盐水稀释。

③ 在开始输血后的 15min 内应密切关注输血患畜的生命体征，因此时期往往会发生出血不良反应，如呼吸困难、呕吐、血红蛋白尿等。出现输血反应时应立即停止输血，更换输血器，用生理盐水维持输血管道的通畅。

④ 如果在输血过程中需要连续输入不同供血者的血液制品时，前面一袋血输注完毕后，用生理盐水冲洗输血器，再继续下一袋血的输注。输血过程中如果发生堵塞，要及时更换输血器，不可强行挤压输血管，以免血凝块进入血管导致栓塞。

⑤ 输血时应注意先慢后快，输血开始时前 15min 要慢，老弱、婴幼患畜输血时速度宜慢。血小板的功能随着血液保存时间的延长而降低，一袋血必须在 4h 之内用完，防止血液变质。

⑥ 血液回温是利用干热、无线电波或者是电磁波等方式使冷冻血液温度适用于受血者。禁止使用不规范的加温方法加温血液，过度回温会伤害红细胞的细胞膜而造成溶血。

⑦ 输血结束后认真检查输血部位是否有血肿或者渗血现象。

5.4.6 输氧疗法

输氧疗法主要作用在于防止动物缺氧，增加动脉血氧的张力，使脑和其他组织氧张力恢复到正常水平，是一种常用的支持疗法。在小动物临床上，该项技术常用在对病危动物的抢救以及在手术过程中应付各种类型的缺氧。输氧治疗一般分为常压输氧治疗和高压输氧治疗两种，小动物临床多用常压输氧治疗。通常氧治疗使用 30%～40% 浓度的氧（循环衰竭时可用高浓度氧）。开始时的氧流量为 10L/min，3～5min 后，维持其流量在 5L/min。在输氧的同时需要加湿，氧湿度需保持在 40%～60%，CO_2 含量不少于 1.5%，室内温度控制在 18～21℃。给氧的方法有面罩、鼻导管、气管内插管、气管穿刺、氧帐给氧和静脉输氧等。

（1）适应证

① 中枢性急性呼吸衰竭：各种原因引起中枢、外周神经和神经肌肉接头处的抑制，如脊髓损伤、破伤风及麻醉药过量等，均可引起。

② 呼吸道和肺部病变：适用于肺充血、肺水肿、大叶性肺炎、异物性肺炎、气胸、上呼吸道堵塞。

③ 循环系统衰竭：如心力衰竭、心肥大、心脏瓣膜病、心脏丝虫病、急性失血、严重贫血、休克、高铁血红蛋白症等。

④ 胸部损伤或胸腔手术：可引起一侧性气胸，发生呼吸困难。

⑤ 组织中毒性缺氧：如亚硝酸盐、磺胺类药等氧化剂化合物中毒，虽然中毒的细胞不能利用氧，但应给氧治疗。

⑥ 贫血性缺氧，需输血治疗，但仅 Hb（碳氧 Hb）异常时，输氧仍是有用的。

（2）给氧方法

① 面罩输氧：面罩输氧为最常用的一种输氧方法，使用方便、安全。使用过程中注意面罩要大小适宜，套上之后可允许动物张口呼吸。面罩不宜过小，否则由于过紧引起动物不舒服，甚或挣扎，导致进一步缺氧。

② 鼻导管输氧：采用材质柔软的鼻导管，管端侧壁多孔，也可使用雄性犬猫导尿管。导管前端经鼻孔插至鼻咽部。本法适用于脾气温顺、易与医生合作的动物。

③ 气管插管输氧：将导管插入气管后，连接供氧装置或呼吸机给氧。本法耗氧少，易控制吸入浓度。适用于昏迷、已麻醉或已深镇静的动物。

④ 气管穿刺输氧：一粗的套管针经皮肤穿透环甲韧带或在两气管环间穿入气管，20～30cm 的柔软导管经套管针插入气管至气管中段，并拔出套管针。导管前端侧壁多孔，后端连接给氧装置，按 2～4L/min 输氧。本法适用于病情较重的动物。危急动物可行气管切开术，插入导管输氧。

⑤ 氧帐输氧：此法尤其适用于清醒的幼犬或猫、患慢性肺部疾病及其他原因所致的低氧血症需长期治疗的动物。此法可控制气体温度、湿度和浓度，但因动物呼出 CO_2 使氧浓度改变，故需随时调整氧浓度，排出 CO_2 以免 CO_2 蓄积。

⑥ 静脉输氧：静脉输注高氧溶液是采用高氧医用液体治疗仪，以临床常用液体为基液（如葡萄糖溶液、生理盐水溶液等），利用光化学溶氧技术使常规液体内的氧分压提高，直接输入静脉，迅速提高血浆中氧分压和氧饱和度，不依赖血红蛋白的携氧能力，通过血浆以溶解氧方式向组织细胞供氧的一种给氧方法，既迅速纠正血容量，也改善了机体缺氧状态。

⑦ 氧仓给氧法：此法尤其适用于清醒的幼犬或猫，患慢性肺部疾病或其他原因所引起的低氧血症需长期氧治疗的小动物也可用。将犬的头部或整体放入氧仓内。仓内氧气的浓度，可根据病情的需要进行调节，一般仓内氧气浓度应保持在 40％～60％。可同时混入 1.2％ 以上的二氧化碳，对兴奋呼吸中枢有明显作用。

（3）注意事项

① 氧气是一种干燥气体，吸氧时应进行湿化（35％～50％），如不经湿化直接进入呼吸道，可使呼吸道黏膜干燥和分泌物黏稠，有损纤毛运动。

② 输入纯氧的时间不能超过 12h，否则可引起氧中毒或"氧烧伤"，使肺泡膜受刺激和变厚，从而减弱氧和二氧化碳的正常弥散作用。

③ 输氧后如病情仍不能缓解，可能给氧不当。应仔细检查给氧导管有无阻塞，或氧流量过大、浓度过高而产生呼吸抑制。

5.4.7 腹膜透析疗法

腹膜透析疗法是指溶质通过半透膜从一种溶液扩散进入另一种溶液，一种溶液指动物的血浆或间隙液，另一种溶液指位于腹腔中的透析液。半透膜指腹膜。

（1）腹膜透析机制

① 扩散作用：大分子物质如蛋白质，通过腹膜时很慢或几乎不通过，小分子物质如尿素和葡萄糖，以及电解质如钠、钾，可以很容易地通过腹膜。

② 超滤作用和主动运输：水分子可以自由地从高渗透压到低渗透压穿过腹膜，直到膜两侧没有渗透压梯度为止。如小分子通过腹膜一样，溶质能通过超滤作用渠道穿过腹膜，各种溶质如同水一样可以通过改变透析液的成分和浓度，而在血浆和透析液间进行交换、扩散。

③ 影响腹膜透析的其他因素：腹膜上的血流情况，除非动物处于休克状态，一般情况水和溶质可以进行很好的扩散；注意透析液应比体温高 2~3℃，以提高腹膜血流的流动性。

透析液的扩散量：量大时，需要进行大面积扩散，并需要花很长的平衡时间，可以降低心脏输出量，使外周血液增加，提高腹内压和减少静脉回流。可能会导致腹部不适和由于降低了横膈膜的运动性而引起呼吸困难及障碍。量小则平衡时间短，心血管的并发症少，更多的液体交换，增加了操作时间和感染机会。

（2）适应证

① 急性肾衰竭：对进行液体疗法、利尿剂、血管扩张等治疗方法均失败，并且动物少尿或无尿的情况，可使用透析法；液体负荷过多/肺水肿危及生命时，电解质和/或以酸性为基础的紊乱危及生命时。

② 慢性肾衰竭：传统的食物或药物治疗对尿毒症不起作用，对不可逆性、后期的肾病，很少在动物上长应用腹膜透析。

③ 其他情况：用传统治疗方法难以控制肺水肿，或急性毒素/药物过量以及体温过低时应慎用。

（3）禁忌证

① 膈疝和严重的腹腔内粘连。

② 刚做完腹腔手术。由于透析液的体积和流动性可以使胃肠膀胱处的缝合线松脱，透析液使腹腔膨胀，会导致腹中线切口漏液和增加患腹膜炎的机会。

（4）腹膜透析前应考虑的因素

① 时间：兽医和技术人员需要大量的时间。

② 必须 24h 进行监护。

③ 畜主应认识到，对肾病后期的动物进行慢速腹膜透析，每天得花几个小时来完成。

④ 经济状况，导管、管理设备和透析液非常昂贵。

⑤ 专业人员和技术人员花费的时间费用。

⑥ 需要对患畜做全面的精确的记录。

⑦ 对患 ARF 的动物来讲，有严重的分泌机能不全使用传统疗法不见效果的，用腹膜透析比较好。

⑧ 组织学证明肾损伤具有可逆性的，一般预后良好。

（5）透析液的选择

① 葡萄糖液：必须至少含葡萄糖 1.5%，防止透析液迅速扩散进入血浆，标准商品透析液的葡萄糖浓度分别为 1.5%、2.5%、3.5%、4.25% 等。

② 紧急情况下可用含葡萄糖 1.5% 的乳酸林格液（将 30mL 50% 的葡萄糖加到 1L 的乳酸林格液中）。

③ 根据个体对透析交换的需要，而采用不同浓度葡萄糖的透析液，如常规透析使用 1.5% 的葡萄糖液，对水肿动物使用 4.25% 的葡萄糖液。

④ 根据需要可以改变透析液中的电解质成分。建议使用商品多离子透析液。商品透析液中缺少钾，因为少尿性 ARF 的动物常伴有高钾血症。如果出现低钾血应向透析液中加入钾离子。

（6）透析液停留时间和交换周期

① 急性肾衰竭：每一个周期大约 10min 的流入时间，30～40℃的透析停留时间，20～30min 的抽吸时间；对开始的 10～12 个周期中，在导管的留置处可能会漏出少量透析液（15～20mL/kg），一开始可在透析液中加入 100～500U/L 肝素，以防纤维蛋白阻塞导管。

② 腹膜透析的目的在于使 BUN 稳定在 60～100mg/dL，血清肌酐在 4～6mg/dL，血钾、血钠、血磷及碳酸氢盐稳定在正常范围内。

③ 最初透析时应持续 48h 以上，每 12～24h 检查血清电解质、尿素氮、肌酐，完成 10～12 次循环后透析用量可为 30～40mL/kg，在完成 24～48 次交换后，可将停留时间逐步高到 3～6h。

④ 连续流动的腹膜透析（CAPD），透析液可停留在腹腔内 3～6h。最好每天做 3～4 次透析交换。

（7）操作技术

① 腹膜透析导管：由于要重复做透析交换，所以最好留置导管。选择优良的导管，即具有以下特性：液体流入流出畅通；不会引起排斥反应；不会感染皮下通路和腹腔；与腹壁接触处液体漏出少。

常见的两种主要导管类型：

直线型导管：优点是相对便宜，插入时可用局部麻醉。缺点是管腔易被纤维蛋白、网膜堵塞，引起液体外流受阻和在导管的留置处容易漏出透析液。

柱盘状导管：优点是流出液体时不易被堵塞，导管留置处透析液漏出少。缺点是价格昂贵，但能消毒，重新使用；需要全身麻醉和外科手术来留置导管。

② 透析过程：称量体重，加热透析液比体温高 2～3℃为止。将适量的透析液注入腹腔。要求严格的无菌操作以防感染，戴好外科帽、口罩和消毒的手套。在断开和连通之前，要对导管连接系统用聚维酮碘彻底消毒。如果可能，在停留期间不要断开空袋，让透析液在腹腔内停留合适的时间，将腹腔内的液体再抽回到原来的袋中。测量回收液的体积，重新称量患畜后，再重复一个循环，坚持透析，直到动物能产生正常体积的尿液为止。

③ 问题和并发症：导管插入常见穿透肠和膀胱或刺破大血管；导管的侧漏；导液失败问题最为常见，多见于不能完全收回所有的输入液。纠正的方法可用 20mL 肝素化盐水迅速冲洗导管，以防血和/或纤维蛋白及大网膜堵塞，重新安置患畜，通过外部操作使导管在腹腔内更换位置。如有必要，换一新的导管。

腹膜炎中，非感染性和败血性腹膜炎最常见，动物表现全身性症状如发热、腹痛、呕吐等。从腹腔流出的透析液混浊不清，有絮状物质。分析化验回收的透析液，有大量的中性粒细胞，有时可见细菌存在。回收液做细菌培养和测定敏感性。

预防：每天用 1L 的盐水冲洗腹部。缓慢灌输钠-碘液（0.2mL 2‰碘酊 USP 加到 1L 生理盐水中），停留 4min 后抽出。

治疗：通常透析应持续进行。根据回收液的细菌培养和敏感性试验在全身和腹腔内进行抗生素治疗。将 1g/L 头孢菌素加到透析液中治疗，以后的支持剂量为 250mg/L。或氨苄西林 4mg/kg 肌内注射，以后可加到透析液中，其支持剂量为 6mg/L；将肝素钠（500U/L）加到透析液中以防止纤维蛋白阻塞导液管。治疗要持续 10～14d。如 96h 的积极治疗结束后，没有发生临床症状，可以移走腹部导管。

低白蛋白血症与白蛋白与腹膜内的渗透性有关，腹膜炎时，白蛋白丢失常增加。胸膜渗出的发生可能与体内水分过多和低白蛋白血症综合作用有关。偶尔有必要进行胸腔穿刺。

（8）监护

① 体内水分情况：每次透析前后称量动物体重。

② 电解质、酸碱、渗透压和肾功能：做急性透析时，对血清尿素氮、肌酐、钠、钾、氯、血气和渗透压等，每天至少测量 2 次。做慢性透析时，在开始的 3～4d 每天进行 1 次上述检测，当测定值稳定后，每隔 1 天测 1 次。

③ 交换体积：记录每次回收的透析液的体积，回收的透析液体积至少占输入透析液的 90％（最初几次交换例外，有时仅能回收 25％～50％的透析液），这些液体叫做起动液。若回收液体积始终达不到 90％，则应停止透析，以防呼吸问题和体内水过多等问题的出现。

附：血液透析

血液透析（Hemodialysis）：血液透析是使用人造肾，使血液和透析液在体外发生逆流，以除去血流中溶质的方法。

（1）应用

① 在慢性肾衰竭中作为一种间歇性的治疗方法，除去动物体内的尿毒素，恢复肾功能。

② 维持急性肾衰竭的动物 30～60d 的代偿机能，以使充足的肾功能得以恢复，挽救生命。除去毒素（如乙二醇）。

（2）优点

① 对某些溶质交换更为彻底。

② 对肾功能濒危的动物进行彻底的间歇性血液透析，可使动物正常生活超过 7d。

（3）缺点

① 需要血管通络、人造肾和先进的血液透析循环系统。

② 除非在专业性医院中，否则很少被用于兽医临床。

③ 透析期间的并发症比较多。

5.4.8 麻醉术

麻醉术（anesthestic technique）的目的在于安全有效地消除手术疼痛，确保人和动物安全，使动物失去反抗能力，为能顺利手术创造良好的条件。也是小动物疾病诊疗的重要环节。现今兽医临床麻醉大体分为 3 类，即全身麻醉、局部麻醉和电针麻醉。小动物临床上多用全身麻醉，犬猫手术多用局部麻醉。

（1）局部麻醉　局部麻醉（local anesthesia）是借助局部麻醉药的作用，选择性地作用于感觉神经纤维或感觉神经末梢，产生暂时的可逆性的感觉消失，从而达到无痛手术的目的。局部麻醉简便、安全，适用范围广，可在不少手术上应用。

① 表面麻醉：将药液滴、涂或喷洒于黏膜表面，让药液透过黏膜，使黏膜下感觉神经末梢感觉消失。一般选用穿透力较强的局麻药，如 1％～2％丁卡因（常用于眼部手术）、2％利多卡因（常用于猫气管插管前的咽喉表面麻醉）等。该方法广泛用于眼、鼻、口腔、阴道黏膜的麻醉。

② 浸润麻醉：将药液多点注射到皮下、黏膜下或深部组织内，使药液扩散麻醉周围组织中的神经纤维和末梢，使其失去感觉与传导刺激的作用。常用 0.25％～1％普鲁卡因或 0.5％～1％利多卡因溶液。为了减少药物吸收的毒副作用，延长麻醉时间，常在药物中加入适量的盐酸肾上腺素。

③ 传导麻醉：将药液注入神经干周围，使该神经干所支配的区域产生麻醉作用，又称神经干阻滞麻醉。其优点是用药量少，麻醉范围广。常用 2％～3％普鲁卡因或 1％～2％利多卡

因溶液。可用于眼睑神经、臂神经丛等的传导麻醉。

④ 椎管内麻醉：是将药液注入椎管内的麻醉方式。

硬膜外腔麻醉：即将局麻药注入硬膜外腔。本法可用于不适宜全身麻醉的腹后部、尿道、直肠或后肢的手术及断趾、断尾等，尤其适用于剖腹产。动物麻醉前用药镇静后，多施右侧卧保定（也有人习惯站立或背紧靠诊疗台缘，背充分屈曲，增大椎间间隙）。麻醉部位于最后腰椎与荐椎之间的正中凹陷处；大型犬的断尾可在第1～2尾椎间实施。选择髂骨突起连线和最后腰椎棘突的交叉点，局部剪毛、消毒，皮肤先小范围麻醉。用4～5cm长的注射针在交叉点上慢慢刺入，在皮下2～4cm深度刺通弓间韧带时，有"噗哧"的感觉。若无此感觉，则是刺到骨上，可拔出针改变方向重新刺入。如有脊髓液从针头流出，是刺入蛛网膜下腔所致，把针稍稍拔出至不流出脊髓液的深度即可，注入局麻药。2%普鲁卡因，每千克体重0.5mL，用于骨折的整复；每千克体重0.25mL，用于尾部、阴道、肛门的手术。

蛛网膜下腔麻醉：即将局麻药注入蛛网膜下腔，是麻醉脊髓背根和腹根的方法。腰椎穿刺点位于腰荐结合最凹陷处。腰椎穿刺时，针头经过皮肤、皮下组织、棘上韧带、棘间韧带和黄韧带时会出现第1阻力减退感觉。继续缓慢推进针头，待针头穿过硬脊膜和蛛网膜时，可出现穿刺过程中的第2个阻力减退感觉。拔下针栓，即见有脑脊液从针孔中流出。当判定穿刺正确后，接以吸有2%普鲁卡因的注射器，缓慢注入5～10mL，然后再回吸脑脊液，若能畅通抽出，针头可一起拔下。经3～10min，便可进行腹部、会阴、四肢及尾部所有手术。

(2) 全身麻醉　全身麻醉（general anesthesia）是指用药物使中枢神经系统产生广泛的抑制，暂时使动物机体的意识感觉、反射活动和肌肉张力减弱或完全消失，但仍保持延髓生命中枢的功能，主要用于外科手术。

根据麻醉药物种类和麻醉目的，给药途径有吸入、注射（皮下、肌内、静脉、腹腔内）、口服、直肠内注入等多种。全身麻醉时，单用一种麻醉药效果不理想，常2种以上药物合并麻醉。常用全身麻醉药有以下几种。

① 常用吸入麻醉药

乙醚：是液体挥发性麻醉药，其挥发的气体状态经呼吸道吸入体内产生麻醉。其优点是易于调节麻醉深度和较快地终止麻醉。但需要特制的空气麻醉机或密闭式循环麻醉机。该药物是最古老的吸入麻醉药之一。由于其易燃、易爆、麻醉性能低、诱导、苏醒期长等缺点，已被淘汰，但可用于啮齿类动物麻醉。

氟烷：为一种氟类液体挥发性麻醉药。本药有水果样香味，无刺激性，易被动物吸入，也不易燃易爆。该药麻醉性能强、诱导、苏醒均快，是兽医临床最常用的吸入麻醉药。该药因麻醉性能强，对心肺有抑制作用，故在麻醉中应严格控制麻醉深度。为减少麻醉用药量，吸入麻醉前，需要麻醉前用药和麻醉诱导（多用25%硫喷妥钠溶液）。临床上常与氧化亚氮或其他非吸入性麻醉药并用。

安氟醚：为一种氟类吸入麻醉药，无色、透明，具有愉快的乙醚样气味，动物乐于接受。麻醉性能强（其MAC值犬猫分别为2.2%和1.2%），但比氟烷、异氟醚弱。诱导和苏醒均迅速。南京农业大学动物医院在临床上应用已犬安氟醚麻醉多年，麻醉效果较好。如果没有精制安氟醚挥发器，也可用乙醚麻醉机挥发器替代。麻醉时，去除其挥发器内棉芯，注入5～10mL安氟醚。可通过调整挥发器档次，控制麻醉深度。

异氟醚：是一种新的氟类吸入麻醉药，有轻度刺激性气味，但不会引起动物屏息和咳嗽。麻醉性能强，其MAC值犬猫分别为1.28%、1.63%。血压下降与氟烷、安氟醚相同。不过心率增加、心输出量和心搏动减少低于氟烷。对心肌抑制作用较其他氟类吸入麻醉药为轻，不引起心律失常。本药对呼吸抑制明显，苏醒均比其他氟类吸入麻醉药快，更易控制麻醉深度。异氟醚在体内代谢很少，故对肝、肾影响更小。

② 非吸入麻醉药

盐酸氯胺酮：本药是一种较新的快速作用的麻醉剂。兽医临床广泛用于猫，但不适用于犬，因对犬中枢神经系统产生较强的兴奋作用。该药可选择性地抑制大脑联络系统，注射后对大脑皮质和丘脑具有抑制作用，受惊扰仍能醒觉，并表现有意识的反应。临床上主要用于保定和一些小手术，也可用于简单的开腹手术。

用药前 15～20min，每千克体重先用硫酸阿托品 0.04mg 皮下注射，可以防止流涎。每千克体重肌内注射盐酸氯胺酮 20～30mg，可维持 20～30min。盐酸氯胺酮单独使用有轻度抑制呼吸作用和肌肉松弛不充分的缺点，因此可配合应用 846 合剂或二甲苯胺噻嗪等，其麻醉效果更好。

硫喷妥钠：为超短时作用型的巴比妥类麻醉药，脂溶性高，易透过血脑屏障，注射后迅速产生麻醉作用，故本品多用于麻醉诱导。药物很快进入脂肪组织，使脑组织和血液浓度显著降低，麻醉作用时间短。但可用小剂量反复注射以延长所需的麻醉时间。常配成 2.5% 的硫喷妥钠溶液静脉注射。麻醉诱导剂量为每千克体重 8～10mg，手术剂量为每千克体重 20～30mg。先快速注入 1/3 剂量，然后停药 30～60s，余下的药量可在其后的 1～2min 内注完。用每千克体重 13～17mg 的剂量，可产生 7～10min 的短暂麻醉，适于作 X 射线摄影、小手术、各种检查。根据临床麻醉深度，可小剂量重复注射，可持续麻醉数小时，但苏醒期延长。

硫喷妥钠只能静注，皮下或肌注均具有刺激作用，并可引起组织腐蚀。若误入血管周围组织，应将等量的 1% 盐酸普鲁卡因注入该部，或注射加入透明质酸酶的生理盐水以稀释药物和促进吸收。

静注速度太快，可抑制血管运动中枢，导致血管扩张而使血压突然下降。对硫喷妥钠已恢复自主运动又快速静注葡萄糖时，有 11% 的犬可再现麻醉状态。乳酸钠和肾上腺素也可增加"睡眠时间"。

二甲苯胺噻嗪（龙朋）与盐酸氯胺酮合并：每千克体重预先皮下注射硫酸阿托品 0.03～0.05mg 和二甲苯胺噻嗪 1～2mg，10～15min 后，每千克体重肌内注射盐酸氯胺酮 5～15mg。

乙酰丙嗪与盐酸氯胺酮合并：每千克体重皮下注射硫酸阿托品 0.03～0.05mg 和肌内注射乙酰丙嗪 0.3～0.5mg。10～20min 后每千克体重注射盐酸氯胺酮 5～15mg 时，可维持 40～60min 的中度麻醉；每千克体重注射 16～20mg 时，可维持 60～120min 的深度麻醉。

（3）气管内插管法　气管内插管（eudotracheal intubation）主要用于动物全身麻醉，保证有足够的通气、吸入挥发性麻醉药、便于人工呼吸和防止唾液或胃内容物误入气管等。

① 气管插管：通常由橡胶或塑料制成，是一个弯曲的末端为斜面并与麻醉环路相结合的管子。要根据动物个体的大小，选择合适的气管插管。

② 套囊：是防止漏气的装置，附着在气管插管壁距开口斜面 2～5cm 处，长 4～5cm。套囊接有 30～40cm 长的细乳胶管。当气管插管插入气管后，用空注射器连接细乳胶管的另一端并注入空气，使套囊充气，其套囊与气管壁可紧密接触，而不漏气。

③ 牙垫：为一硬塑料管，管的内径略大于气管插管的外径。当气管插管经口腔插入后，将牙垫从气管插管的一端套入，送入口腔内达最后臼齿处，另一端在口腔外固定。

④ 喉镜：将喉镜叶片插入口腔，暴露声门裂，进行明视插管。

⑤ 麻醉机装置：氧气瓶，内装高压液化氧气，经减压器与高压胶管进入流量表。流量表，

气化氧经流量表进入呼吸囊内，每分钟放出的氧气流量可直接从流量表上读出。氧气快速阀门，是呼吸囊充气的快速阀门，开放后便有大量氧气不经流量表直接进入呼吸囊内。呼吸囊，可通过挤压该囊控制呼吸，也可贮存气体。呼吸囊随动物自发呼吸而起伏。呼吸囊的大小应与动物个体大小成正比。

⑥ 插管方法：插管前应进行麻醉前给药（阿托品、镇静药、镇痛药）和诱导麻醉（静脉注射硫喷妥钠），具体方法如下。

a. 明视插管：犬正常的头部位置为口腔轴与气管轴成90°，将嘴巴上举可使两轴的角度趋近180°。这时，把喉头下压，舌稍拉向前，易将气管插管插入气管。

犬气管内插管时，主要取胸卧位，如操作者熟练，也可取侧卧位或仰卧位。在助手帮助下，头仰起，头颈伸直，打开口腔，操作者一手拉出舌头，另一手持喉镜柄，并将喉镜叶片伸入口腔压住舌基部和会厌软骨，暴露声门。选择适宜气管插管，在其端涂润滑剂后，沿喉镜弧缘插入喉部，并经声门裂，将其插入气管。如咽喉部敏感妨碍插管，可喷雾2%利多卡因溶液或追加硫喷妥钠，再插入。轻压胸侧壁，如气流从气管插管喷出，或触摸颈部仅一个硬质索状物，提示气管插管已插入气管，否则应拔出重插。气管插管插至胸腔入口处为宜。其插管后端套入牙垫或用纱布绷带固定在上颌或下颌犬齿后方，以防滑脱。然后用注射器连接套囊的胶管端注入空气，使套囊充气，封闭套囊与气管壁的间隙，连接麻醉机及人工呼吸装置。每隔30～45min，将充气的套囊放气减压，稍等片刻后再充气，以防止气管黏膜的压迫性坏死。

b. 气管切开插管：如上、下颌骨折或口腔手术，不能经口腔气管插管时，可做气管切开插管。其优点是减少呼吸阻力，又能较顺利地排除气管内的分泌物。

5.4.9 放射线疗法

放射线疗法是应用放射线对病理组织的损伤作用来杀灭病理组织，达到治疗的目的。在尝试放射线疗法之前，应进行准确的诊断（包括病理组织学诊断）。如果可行，在治疗之前应对病灶进行其他方法的治疗。对于适合放射线疗法的病例，要充分权衡该疗法的利弊，应计划完全治愈的途径。

（1）β射线疗法　β射线的作用弱，适用锶90探头，可以用于以下病症：角膜血管新生，1次剂量2500～3000R（伦琴当量），每4天进行1次，总剂量为10000～12000R；蚕食性溃疡（猫的唇侧肉芽肿），1次剂量5000～10000R（伦琴当量），重复1次，总剂量为10000～20000R。

（2）低电压X射线疗法　低电压X射线疗法是应用80～120kV的X线机进行照射，其穿透力的半透层（HVL）为1～4mm的铝片。主要适于：蚕食性溃疡，1次500R，3个月后再用1次，总线量为5000～10000R；脓皮病、慢性皮炎、外耳炎，1次500R，每隔3d再进行2次，总线量为1000～1500R。如果病灶未愈，可以在6周后再反复治疗。对于急性炎症可以获得良好的效果。

（3）中等电压X射线疗法（中等厚度）　中等电压X射线疗法是应用X线机的120～240kV部分，适于HVL为4mm铝片、1mm铜片。主要适于：

良性病灶：依病灶大小照射1～3次，总剂量为500～1500R。

恶性肿瘤：总剂量为2000～4000R，400～500R的剂量每3d1次，照射4～8次。

（4）高电压X射线疗法　适于深部病灶的治疗。应用电压200～400kV的X线机。HVL为1.8～3.0mm铜片。主要适应证同中等电压X射线疗法。

（5）各种病灶的治疗方法　对于放射线疗法无反应的肿瘤，如神经纤维瘤，不要用放射线疗法。对放射线疗法敏感的肿瘤：汗腺腺肿及癌，T/D 3000～4000R，同时照射局部淋巴结；皮脂腺腺肿及癌，多为继发性病变，T/D 3000～4000R；基底细胞癌，T/D 3000～4000R；淋巴瘤及淋巴肉瘤，T/D 2500R，被侵害的淋巴结也要照射，总剂量不要过高；肥大细胞癌，T/D 2000～3000R；肛门周围腺肿，良性为 T/D 1000～2000R，恶性为 T/D 3000～4000R；复发性良性肿瘤，T/D 1000～2000R；唾液腺癌，T/D 3000～4000R；扁平上皮癌，T/D 3000～4000R；转移性器官肿瘤，T/D 1000～2000R（为最好的疗法）。

5.4.10 物理疗法

物理疗法是通过水、电、光、冷冻、超声波、按摩、针灸等各种物理因素作用于动物机体治疗各种疾病。不同的物理因素可有不同的治疗效果，如促进血液循环，改善局部组织营养，提高组织细胞活力，消除炎症，促使伤口愈合，抑制或者兴奋神经系统，起到镇静、解痉作用，提升体温和心血管系统的调节能力。

（1）电疗 包括静电疗法、直流电疗法、低频电疗法、离子导入疗法等。低电压直流电作用机体，通过机体内离子浓度变化而改变组织兴奋性，调节血液循环和神经反射，促进细胞再生和愈合。

（2）水疗 通过水的不同温度对机体的刺激来达到治疗目的，其方法有冷水浴、热水浴、温水浴、冷敷和热敷。冷水刺激可以在短时间内收缩血管，达到止血效果，抑制神经兴奋性，收缩平滑肌，起到镇痛作用。热水刺激可以扩张血管，活血化瘀，提高神经的兴奋性。也可在水中加入各种药物、溶质，达到不同的治疗目的。

（3）冷冻法 应用液态氮、干冰、液体氧等制冷物质产生的低温破坏局部病变组织细胞，导致坏死组织脱落，从而达到治疗目的的方法。冷冻疗法可以使动物的组织细胞温度骤降，体液结成冰晶，产生局部血液循环障碍。去除制冷源之后，受冷组织细胞水肿、坏死、脱落，最终形成瘢痕。主要适用于肿瘤、肉芽肿、瘘管以及血管瘤等外科疾病。有严重冻疮、糖尿病以及高龄体弱的患畜禁用冷冻疗法。

（4）超声波法 频率在 20000Hz 以上的声波为超声波，不能引起正常人听觉反应的机械振动。超声波可以将电能转化成震动的机械能通过探头传递至病变部位，能促进炎症渗出物的吸收和组织的修复。小剂量的超声波可以降低神经兴奋性，因而可用于神经炎、神经痛。适应证为椎间盘疾病、关节炎、神经性疾病等。超声波在气体中被吸收的量最大，因此在治疗时应最大力度减少探头下的空气泡。

物理疗法注意事项：

① 针对不同的疾病应选择不同的物理疗法。

② 严重的心脏病、动脉硬化、有出血倾向、肿瘤患畜禁用物理疗法。

③ 大剂量的超声波作用于末梢神经可引起组织细胞缺氧、坏死，影响心率，引起结膜充血，导致孕畜流产等问题，因而使用时注意使用剂量。

④ 应用超声治疗时应用石蜡油等作为接触剂，减少超声波的反射。

5.4.11 光疗法

光疗法是应用光能作用防治动物疾病的方法。在临床上常用红外线疗法、紫外线疗法和激光疗法。

（1）红外线疗法 红外线是不可见光线，其波长范围为 $0.76～400\mu m$。$0.76～1.5\mu m$ 为短波红外线，穿透组织深度可达 5～10mm；波长超过 $1.5\mu m$ 以上者为长波红外线，穿透组织深度仅达 $0.05～2mm$，绝大部分被反射和为浅层皮肤组织所吸收。红外线治疗作用的基础是温热效应，影响组织细胞内的代谢和神经系统功能。可增强细胞的吞噬功能和体液免疫力；改善血液循环，促进炎症消散和吸收；降低神经系统的兴奋性，有镇痛、解除肌肉痉挛、促进神经功能恢复等作用；改善组织营养，防治废用性肌萎缩，消除肉芽水肿，促进肉芽和上皮生长；加快血肿消散，减轻术后粘连，促进疤痕软化，减轻疤痕挛缩等。

临床上应用时，灯头与动物体表面照射部位的距离为40～80cm，但应根据热量和病畜对热的感觉调节距离，体表温度以达到45℃为宜。每次20～40min，每天进行1～2次。适用于治疗亚急性和慢性炎症，如慢性风湿性肌炎、挫伤、挫伤、溃疡、湿疹及慢性胃肠炎等。禁用于急性炎症、恶性肿瘤及高热等。

（2）紫外线疗法　紫外线是在紫光以外的不可见光线，波长范围为180～400mμm。长波紫外线波长为320～400mμm，其生物学作用较弱；中波紫外线波长为280～320mμm，有促进维生素D形成的作用；短波紫外线波长为180～280mμm，具有强烈杀菌作用。紫外线量子的能量比红外线和可见光高，能引起多种类型的光化学效应。紫外线生物学作用和治疗作用与波长有密切关系，照射剂量不同其治疗作用也不同。紫外线治疗作用的基础主要是光化学效应，具有显著的抗炎和镇痛作用，如杀菌、改善病灶血液循环、刺激增强机体防御功能和提高痛阈、抗佝偻、脱敏和促进再生等。

紫外线照射剂量测定多用生物剂量测定法。灯头在一定距离下照射动物体表，体表皮肤产生红斑时的最低照射时间即为生物剂量。对皮肤有色素的畜体不易观察红斑反应，可用肿胀反应代替红斑反应，称为肿胀剂量。紫外线照射方法分为全身照射与局部照射。为补充天然紫外线照射和秋冬季节紫外线照射不足，为刺激病畜防卫机能增强抵抗力，改善矿物质代谢等可选用全身照射法。在临床治疗中多用局部照射法，每天1次，每次1～2个肿胀剂量，最多可用至4个肿胀剂量。每次照射最长不宜超过30min。适用于治疗久不愈合的创伤、溃疡、疖、疖病、褥疮、挫伤、关节炎、皮肤炎、湿疹、风湿病、神经炎、胸膜炎、前胃弛缓、佝偻病及软骨症等。禁用于恶性肿瘤、恶病质、出血性疾患及心脏代偿机能减退等。

（3）激光疗法　激光是由受激辐射的光放大产生的光，按其波长的不同分为可见光和不可见光。激光与普通光相比，具有方向性强（发散角极小）、亮度高（能量密度集中）、单色性纯（光谱纯）和相干性好等四个物理特性，且互相关联，在应用中起作用。激光的生物学效应有：

① 热效应：激光照射动物体局部，其能量被组织吸收转为热能，引起组织局部温度上升（激温），使蛋白质变性，细胞受损伤。

② 压强效应：由大功率高能量激光本身的光压和激光的热能使组织急剧地热膨胀产生的冲击波所引起，可使组织破坏，蛋白质变性分解。

③ 光化效应：激光对组织的光化效应大小由透过系数和吸收系数的乘积决定，乘积愈大对核组织的光化效应愈大。光化效应的大小与激光的各种性能和组织的着色程度有重要关系。不同颜色的皮肤、脏器或组织对激光的吸收和反射有显著差异，深色组织对激光吸收多反射少，反之则吸收少反射多。对照射部位涂深色可限制和减少组织对激光的反射以增强吸收。

④ 电磁场效应：高功率的激光强度极大时才有较明显的电磁效应，它可使机体内原子、分子、分子集团等产生激励、振荡、热效应和电离，破坏细胞，改变组织的电化学特性。

激光是由激光器产生的，激光器由激活介质、激励装置（能源部分）、光学谐振腔（激光管）三个基本部分组成。有的激光器还配有导光系统和冷却系统。按激活介质可将激光器分为固体激光器（如红宝石激光器、掺钕钇铝石榴石激光器等）、气体激光器（如氦氖激光器、二氧化碳激光器、氢离子激光器等）、半导体激光器、液体激光器和化学激光器等五大类。氦氖激光小剂量具有刺激和调整作用，大剂量则起抑制作用。氦氖激光能改变局部血液循环，增强组织代谢，刺激组织再生和机体免疫机能增强，调整组织器官功能和生殖激素的失调，加强白细胞吞噬机能，使 γ-球蛋白及补体滴度增加、酶活性加强。因而具有明显的消炎、消肿、镇痛、脱敏、止痒和收敛等作用。能促进肉芽组织生长和上皮形成以加速创伤、溃疡、烧伤和骨折的愈合；促进断离外周神经再生和毛发生长等。二氧化碳激光的热效应，可对机体组织进行烧灼、凝固、焊接、止血、气化、切割、分离等，而散焦照射使组织血管扩张，加速血液循环，增强新陈代谢，改善局部营养，也具有消炎、镇痛作用。适于治疗各种创伤、溃疡、烧伤、骨折、各种炎症、大面积的赘生肉芽组织、黑色素瘤、皮肤疣、乳头状瘤以及切除纤维瘤等。

5.5 临床急救技术

急救是对所有对生命造成危害的症状和疾病所采取的紧急措施，包括在任何场合或环境下发生的危重症。其通常包含以下规则：紧急评估有无危及生命的情况以迅速去除；次评估病患的危重和次紧急情况并快速处理危重和次紧急情况；仔细评估病患的其他异常情况并处理这些非紧急的一般情况；完成病历记录；补充完善检查，满足动物主人愿望并完成该急诊医疗过程。

（1）急诊症状　动物在危及生命的急诊状态下的症状：心跳停止、呼吸停止、动物意识模糊或丧失、呼吸困难、体温过低（黏膜苍白）、体温过高、出血过多等。

（2）急诊常用设备　氧气袋（氧气瓶、氧气箱）、不同型号的气管插管、呼吸机、脉搏血氧仪、心电图监护系统、听诊器、血压计、手术器械包、急救药物包、喉镜、输液架、胃管、导尿管、静脉导管、注射器、缝针、麻醉剂、加热垫或毯子、电剪刀、绷带等。

（3）急救措施

第 1 步，紧急评估：

采用"ABBCS 方法"快速评估，利用 5～10s 快速判断宠物有无危及生命的最紧急情况。最紧急情况是：A. 气道是否通畅（airway）、B. 是否有呼吸（breathing）、B. 体表是否有可见大出血（blood）、C. 是否有脉搏（circulation）、S. 神志是否清醒（sensation）。

第 2 步，立即解除危及生命的情况：

内容包括立即开放气道、保持气道畅通、心肺复苏、控制大出血（结扎、压迫）等。

第 3 步，次级评估与救治：

判断是否有严重或其他紧急情况，结合了解病史、体格检查及其他生命体征进行再次评估。必要时采用 X 光、实验室检查、超声等特殊检查，并优先处理最为严重或其他的紧急问题。

为了节约时间，通常采用"crash plan"的顺序有目的地进行检查，进行必要的诊断和治疗。C（cardia，心脏）、R（respiratory，呼吸）、A（abdomen，腹部）、S（spinal，脊柱）、H（head，头颅）、P（pelvis，骨盆）、L（limbs，四肢）、A（arteries and vein，动脉和静脉）、N（nerves，神经）。

第 4 步，优先处理病患：

对最为严重的紧急问题优先处理，如骨折优先处理伤口并进行固定，建立静脉通道，输氧保持血氧饱和度，抗休克以及纠正严重的呼吸、循环、代谢等问题。

第 5 步，主要进行一般性的处理：

检测心电、血压、脉搏、呼吸和体温，外伤的动物处理软组织损伤，感染性疾病纠正临床症状的同时，对因治疗感染，力争动物保持理想的生命状态。

第 6 步，完善检测和补充处理：

寻求完善、全面的病史资料，并选择进一步诊断性治疗试验和辅助检查以明确诊断，修正或制定进一步的治疗或抢救方案，采取正确护理方式。最后完善诊治记录，充分反映宠物抢救、治疗和检查情况。

5.5.1　宠物外伤的急救

外伤是指由于外部机械力所致的机体损伤。严重的外伤威胁小动物的生命，必须采取急救措施。首先查明外伤病因、临床表现，必要时开展特殊检查，明确可能的致病因素，其次对可能产生的后果进行明确判断，若忽略异常表现或判断失误，可使患畜的临床状态迅速恶化，甚至死亡。

（1）病史调查　针对临床出现的明显外伤，及时开展止血、输液等实施抢救，同时开展外伤患畜的检查。检查时，以简短的提问询问病史，如外伤的病因及其强度、发生时间、最初症状、随后的排尿状况、出血及出血的种类、行为异常、运动异常、损伤后症状改善或恶化，是否已采取镇静、麻醉、输液、施药、伤口治疗、运送医院等措施。在发生意外事故时，可使用平板作为担架搬运犬、猫，以避免激烈振动和脊椎弯曲等。

（2）外伤诊断　外伤诊断根据询问病史，检查感觉中枢，评价呼吸、创伤范围、出血程度与种类，检查循环功能、体温变化等进行。可从意识清醒程度、精神沉郁、意识丧失、过度兴奋、抽搐、神经反射（如角膜反射、眼睑反射、疼痛反射等）、瞳孔大小、眼球运动（眼球震颤）以及运动能力损伤（瘫痪、肌肉无力）等评价中枢神经系统异常。患畜惊恐、可视黏膜发绀、呼吸频率改变、呼吸类型改变（坐式呼吸、肩肘外展、肋间塌陷、腹式呼气）、张口呼吸、鼻翼展开吸气，甚至体温升高等提示呼吸困难。从可视黏膜颜色改变、毛细血管再充盈时间、脉率等评价循环功能。

影像学检查时，如胸部或腹部 X 片的清晰度降低，提示胸腔积液、腹腔积液、胸膜炎、腹膜炎等。尚应注意有无气胸、膈破裂、肋骨骨折、肺水肿、肺挫伤、肺不张、心包积液、心脏与后腔静脉的形状与充盈状况，腹部有无肾区的占位性血肿，膀胱状态，肝脾肾影像等。如腹腔内出现游离气影，则提示胃肠道穿孔。必要时做胸腹腔穿刺鉴别。腹部 B 超检查，应注意有无肝脾肾破裂、肾区血肿及尿道病变等。

（3）外伤清创术　即对外伤创口周围皮肤剪毛、消毒，除去污物，切除创口内的坏死组织，扩大创口以清除创内异物、血凝块，消灭创囊、死腔，修整创缘，做必要的缝合，为创伤的尽早愈合创造条件。

① 创圈清洁：清理创围时，可用灭菌纱布覆盖伤口创面，以防异物落入创内。对伤口周围被毛做剪毛和清洁。可用 3% 过氧化氢除去被毛血液或分泌物，再用 75% 酒精和 2% 碘酊消毒创口周围皮肤。

② 创口清洁：揭去覆盖伤口纱布，可用生理盐水冲洗创面，清除创面上的异物、血凝块或脓痂。切除坏死、严重污染的皮下组织。切除坏死的皮肤创缘，形成平整的皮肤创缘，以便于缝合。对于创腔深、创底大和创道弯曲不便于从创口排液的创伤，可在创底最低处、靠近体表的健康部位做一适当切口，以利于排液。必要时做纱布条或橡皮管引流。随时止血。视创口污染情况，可用 3% 过氧化氢溶液、0.1% 新洁尔灭溶液冲洗创腔。

③ 创口缝合：创口缝合可保护创伤不受继发感染，有助于止血，消除创口裂开，为组织

再生创造良好条件。可根据创伤的受伤时间、创伤大小、创伤部位、伤后初期处理、污染程度而异，确定创口处理后是否缝合。适合于初期缝合的创伤条件是：创伤无严重污染，创缘及创壁完整，且具有生活力，创内无较大的出血和较大的血凝块，缝合时创缘不因牵引而过分紧张，不妨碍局部血液循环等。可按临床实际情况，做创伤初期密闭缝合、创伤部分缝合。甚至先用药物治疗 3～5d，待无创伤感染后再实施缝合，即延期缝合。

④ 创伤包扎：创伤包扎可保护创伤免于继发损伤与感染，保持创伤安静并保温，有利于创伤愈合。经外科处理后的新鲜创通常需进行包扎。如创内有大量脓液、厌氧性及腐败性感染创，则不必包扎。做创伤包扎时，先用灭菌纱布块覆盖创口，再用脱脂棉块包扎，最后用市售的卷轴绷带完成包扎。

⑤ 创伤换药：创伤绷带的更换时间视实际情况而定。换药时轻轻揭去敷料，如敷料与伤口粘连，可用生理盐水浸湿后再揭去敷料。检查伤口是否有肿胀、疼痛、波动、渗出。愈合良好的，一般不必再换药，术后 10d 拆除缝线。如切口局部肿胀、波动、渗出，可将伤口缝合线部分或全部拆除，继续做冲洗、引流等清创处理。

5.5.2 犬猫呼吸窘迫的抢救

呼吸窘迫（respiratory distress），即呼吸困难，是指呼吸异常费力，表现为呼吸费力、黏膜发绀、频率加快、呼吸过度。可分为吸气性、呼气性和混合性呼吸困难 3 种类型。

吸气性呼吸困难表现为吸气用力、吸气时间延长、头颈伸展、肘外展等，见于上呼吸道障碍时所致的上呼吸道狭窄。

呼气性呼吸困难则表现为呼气用力、呼气时间延长、背部弯曲、腹部缩小等，见于肺泡弹力减退或细支气管狭窄引起气体排出受阻的细支气管炎、慢性肺气肿等。

混合性呼吸困难则表现为吸气和呼气均发生困难，见于原发性心脏病、严重的贫血、血容量过低、酸中毒、体温过高、神经系统疾病、肺炎、肺水肿、胸腔积液、气胸等。

（1）病因

① 呼吸系统疾病：见于鼻、咽、喉、气管肿胀、肿瘤和异物等所致的上呼吸道阻塞或炎症，肺充血、肺水肿、肺气肿、肺炎等肺疾病，以及肋骨骨折、胸膜炎、胸积液、气胸、肠病等使胸腔活动受限的胸腔疾病。

② 心血管疾病：见于充血性心力衰竭、先天性心脏病以及贫血、大出血等。

③ 腹压升高：见于胃肠臌气、腹膜炎、大量腹水等。

④ 神经性疾病：见于颅脑损伤，或脑炎、脑水肿、脑肿瘤等使脑内压增高等。

⑤ 中毒性疾病及过敏反应：见于一氧化碳、亚硝酸盐中毒，麻醉药物过量及过敏反应。

（2）诊断

① 询问病史：了解患犬、猫的用药史，是否接触过毒物等。如果呼吸困难发生缓慢或长期反复发作，多见于心肺慢性疾病，如先天性心脏病、肺气肿等。如果突发严重的呼吸困难，多见于急性缺氧、呼吸道异物阻塞、急性肺水肿、肺气肿、膈破裂、急性气胸等。

② 临床检查：除呼吸困难外，如胸部活动受阻与疼痛，提示肋骨骨折、胸膜炎、气胸；可视黏膜发绀，提示呼吸道阻塞、肺水肿、先天性心脏病；可视黏膜苍白，提示贫血、休克；可视黏膜褐色，提示高铁血红蛋白血症（亚硝酸盐中毒）；体温升高者，提示急性感染、败血症、中暑；口腔深部检查可检出咽喉阻塞；鼻孔流出大量白色、浅黄色或粉红色的泡沫状鼻液，胸部听诊有广泛水泡音，提示肺水肿；心脏听诊有心律紊乱、心杂音，提示心脏疾病。

③ 特殊检查：X 线摄片、B 超检查有助于呼吸道异物、喉气管受压与狭窄、肺实质病变、

肋骨骨折、膈破裂、气胸、胸积液、大量腹水等的诊断。有条件者可做血气分析，显示低氧血症和高碳酸血症。

根据严重呼吸窘迫的犬猫体格检查结果定位呼吸道疾病见表5-1。

表 5-1　根据严重呼吸窘迫的犬猫体格检查结果定位呼吸道疾病

检查项目	大气道疾病		肺实质性疾病			胸膜腔疾病
	胸外	胸内	阻塞性	限制性	阻塞性和限制性	
呼吸频率	正常或轻度上升	正常或轻度上升	显著上升	显著上升	显著上升	显著上升
相对用力	吸气显著增加	呼气显著增加	呼气增加	吸气显著增加	无差别	吸气增加
可听音	吸气喘鸣，鼾声	呼气咳嗽、喘鸣	很少呼吸喘鸣	无	无	无
听诊音	上呼吸道音显著	上呼吸道音显著	呼气喘鸣或呼吸音显著	呼吸音显著或伴有捻发音	呼吸音显著，捻发音或喘鸣音	呼吸音增加

（3）抢救

① 病因治疗：治疗与消除犬、猫呼吸困难的原发病因。

② 保持呼吸道畅通：检查呼吸道，清除口咽部的异物、呕吐物、分泌物等，使呼吸道畅通。必要时可做气管吸引排除呕吐物、分泌物，甚至做气管插管以保证呼吸道畅通。

③ 吸氧：吸氧是治疗呼吸困难和纠正低氧血症的一种有效措施。可选用适宜的给氧方式，如呼吸面罩、氧帐等。普通诊所亦可使用市售的"氧立得"便携式制氧器。可利用普通一次性的塑料或纸质饮水杯，在杯底中央开一小孔，插入输氧胶管制成一简易吸氧面罩。为减少氧气流失，可将患犬、猫置于一合适笼内吸氧，并在笼的周围以塑料薄膜或报纸覆盖，制成一简易吸氧帐。

④ 人工通气：人工通气是防治呼吸功能不全的有效方法，可改善通气，纠正低氧血症，减轻患犬、猫的呼吸做功和氧耗，支持呼吸和循环功能。必须做气管内插管，以确保吹入气体不进入食道而进入肺中。为避免气道漏气，使用带套囊的气管导管。套囊的充气量以刚能阻止漏气为度，注意避免气管壁受压过度、时间过长导致坏死。然后使用呼吸囊进行人工呼吸。有条件者，接人工通气机。人工呼吸频率为 8～10 次/min，每分钟呼吸量约为每千克体重 150mL。

⑤ 抗感染：合理选用抗生素。如无感染的临床症状，则不宜使用抗生素。但危重患犬、猫，可适当选用抗生素以预防感染。原则上应根据对抗生素药物敏感试验结果来选择最有效的抗生素。尚应考虑患犬、猫的全身状况及肝、肾功能状态。除采用静脉注射、肌内注射给药途径外，还可做雾化吸入和经气管内滴入局部给药。

⑥ 维持循环功能稳定：呼吸困难时，低氧血症和二氧化碳潴留可影响心脏功能。如有条件，应给动物接上监护仪，做血压、心电图、脉率、外周氧饱和度和呼出二氧化碳的不间断监测，以便尽早发现心肺抑制和及时治疗。维持体液平衡、强心、利尿，改善微循环功能。

5.5.3　犬猫心脏病的抢救

犬、猫常见的心脏疾病有心肌病、心脏增大、犬心丝虫病、动脉导管未闭、肺动脉狭窄、主动脉狭窄、心室间隔缺损、心房间隔缺损、法乐氏四联症等。

（1）病史 在听取病史时，应留意与某些特定心脏病有关的年龄、品种和性别等因素。如幼龄犬的动脉导管未闭、大种犬的幼犬心脏增大；德国牧羊犬和拳师犬的主动脉狭窄，猎狐梗和吉娃娃犬的肺动脉狭窄，德国牧羊犬、柯利犬和贵妇犬的动脉导管未闭，德国大丹犬、圣伯纳犬、阿富汗犬的心脏增大，泰国猫的心肌病；大种犬的公犬心脏增大，可卡公犬的二尖瓣闭锁不全，母犬的动脉导管未闭等。犬的使用目的也不容忽视，因为猎犬、护卫犬和赛犬有时会超负荷。

（2）临床检查 临床检查时，除了可视黏膜颜色、脉搏、血压、呼吸类型、呼吸频率外，尚应注意是否有因积液等引起的胸腹外形改变。心脏病后期，也许在喉部、胸下部和四肢出现水肿。必要时可做穿刺检查，以鉴别胸腔积液和心包积液。为便于心杂音的确定，可在各心脏瓣膜的心音最佳听诊点听诊。必要时，可配合做 X 射线检查、超声检查、心音描记、心电图等特殊检查。

心律不齐多是心肌的兴奋性改变或其传导机能障碍的结果，常见窦性心律不齐（如与正常呼吸相关的犬心律不齐）、窦房结兴奋源紊乱（窦性心动过速、窦性心动过缓）、室上性兴奋源紊乱（过早搏动、房性心动过速、心房颤动）、室性兴奋源紊乱（过早搏动、窦性心动过速）、兴奋传导紊乱（第Ⅰ、Ⅱ、Ⅲ期房室传导阻滞）等。

心力衰竭则是指在适当的静脉回心血量下，心排血量仍不能满足机体代谢的需求。除了心脏病外，高血压、肺部疾病、输血输液过量等也可导致心力衰竭。

（3）抢救 首先限制机体活动，心脏病患犬、猫通常无须限制机体活动，但应避免运动过量。注意饮食，要少量多餐，减少盐分。推荐如土豆、新鲜肉、精米、水果等含钠少的食品，避免富含钠的食品如烤面包等烤制品。亦可使用市售的心脏病患犬、猫处方粮。

① 改善心脏的功能：可通过加强心肌收缩力、治疗心律失常、改善冠状血流量和有效作用于心脏的拟肾上腺素药，来改善心脏的功能。常用于加强心肌收缩力的药物有地高辛，初次剂量是每日每千克体重 0.02mg，维持剂量是每日每千克体重 0.01mg，每日分 2 次口服。心律失常时，可用抗心律失常药（普鲁卡因每日每千克体重 2～5mg 静脉注射）或 β-受体阻滞药（心得安每日每千克体重 0.5～1.0mg 静脉注射）治疗。冠状血管扩张药，如硝酸甘油（每日每千克体重 0.1～0.5mg 静脉注射）可改善冠状血流量。拟肾上腺素药（多巴胺每日每千克体重 10μg 静脉注射）亦可增强心肌收缩。

② 治疗与预防心跳停止：心跳停止分为心搏完全停止和心室纤维性颤动两类。前者多由迷走神经刺激、电击、心肌缺氧、中毒等引起，后者多由麻醉剂中毒、儿茶酚胺中毒所致。心跳停止的急救可见心肺复苏部分。

③ 消除代谢性酸中毒：当心脏每搏输出量减少和外周血管收缩，可诱发器官血流灌注量不足与缺氧。这可使糖原厌氧分解导致代谢性酸中毒。做酸碱平衡测定后，可用碳酸氢钠消除代谢性酸中毒。

④ 利尿：可使用甘露醇或山梨糖醇利尿剂，以增强肾脏功能与消除水肿。

⑤ 手术治疗：如动脉导管未闭、肺动脉狭窄、主动脉狭窄、心室间隔缺损、心房间隔缺损等。

5.5.4 中毒急救法

小动物中毒通常指毒性物质进入动物身体和器官内之后所发生的毒性发作的情况，可导致动物体内组织细胞的相关功能发生异常，并产生与之对应的病理过程。根据中毒源的不同，可以大体分为以下几种情况：饲料中毒、有毒植物中毒、农药中毒、药物中毒、动物毒素中毒、细菌毒素中毒、家庭用品中毒、有毒气体中毒等。

（1）与小动物主人进行沟通　如发现小动物中毒，需立即与主人沟通，及时有效地阻止毒物进一步进入动物体内，并适量让小动物饮用一些水，尽量让动物保持安静。主人应保留好呕吐物以及所涉及的可疑性毒性物质，以备用于做深入检查。

（2）阻止毒物的进一步吸收　阻止毒物继续被机体吸收是治疗中毒病的首要环节。根据毒物侵入体内的途径（皮肤、口或呼吸）不同，适当选择以下方法。

① 冲洗法：若中毒是由于毒物经皮肤吸收引起，则首先必须采用冲洗法。用清水反复冲洗患病动物体表皮肤和被毛，直至洗净为止。如有条件，可将动物放入盛满清水的浴盆中进行浴洗。

② 催吐法：催吐法是指用具有催吐作用的药物，引起中毒动物发生呕吐，使误食进入胃内的毒物排出体外的一种急救法。使用本法时，越早其疗效就越好，在动物摄入毒物 4h 后，由于毒物已基本吸收，其疗效就不明显。常用的催吐药有以下几种。

阿朴吗啡：这是犬、猫最有效且切实可行的催吐药。本品催吐作用强，可引起动物长时间呕吐。犬、猫按照每千克体重 0.04mg 静脉注射，或每千克体重 0.08mg 肌内注射或皮下注射。

吐根糖浆：本品也是常用的催吐药，其催吐机制是刺激胃壁和中枢神经。犬、猫按照每千克体重 1～2mL，口服，每次口服最大用量不得超过 15mL。如果服用本药液 20min 后，还不见呕吐，则应再服 1 次。如果连续 2 次使用吐根糖浆，还不能引起动物呕吐，则应改用导泻法。

食盐：将 1～3 小勺食盐溶于温水中，一次口服。

双氧水：5～25mL，一次口服。

胆矾（硫酸铜）：0.1～0.2g 溶于温水中，一次口服。

甲苯噻嗪：仅为猫用，按每千克体重 0.44mg，肌内注射。

瓜蒂、常山、藜芦等中药：这些中药有一定的涌吐作用。用法是，将 0.5～1g 中药压碎研成细末，一次口服。

③ 洗胃法：准备好一根胃管、开口器及洗胃液（洗胃液有温盐水、温开水、1%～2%食盐水、温肥皂水、浓茶水和 1%碳酸氢钠等）。将动物完全麻醉或不全麻醉，也可用夹犬（或猫）钳夹住动物，然后将开口器塞入口内，使动物头部和胸部稍低于腹部，将胃管沿中央小孔插入，经口咽部缓慢送入食道，然后将胃管送入胃内，并使胃管露出口腔外 5cm 左右。然后迅速用注射器向胃管注入液体，洗胃液用量是每千克体重 5～10mL。洗胃液进入胃内以后，应尽快用注射器回抽胃内液体，再注入洗胃液，反复数次，直到将胃内容物充分洗出为止。冲洗胃的洗胃液中加入 0.02%～0.05%的活性炭，可加强洗胃效果。此外，也可用肠胃灌洗法，即把灌肠和洗胃结合以加强胃内毒素排出的效果。

④ 吸附法：吸附法是指用活性炭等吸附剂吸附毒物，有效地防止毒物被机体吸收的一种办法。吸附剂主要是活性炭，治疗中毒应采用植物类活性炭。将活性炭溶于水中（1g 活性炭溶于 5～10mL 水中），小动物用量每千克体重 2～8g，用 50mL 注射器喂服，3～4 次/d，连续 2～3d。

⑤ 导泻法：为了清除胃肠内的毒物，应用具有泻下作用的药物，促进毒物的排除。常用以下药物导泻：a. 硫酸钠与硫酸镁，二者均是有效的盐类泻剂，治疗中毒病，都可应用。但硫酸钠的效果更强，且更安全。硫酸钠或硫酸镁用量为每千克体重 1g，口服。b. 液体石蜡，用

量为：狗 5～50mL，猫 2～16mL，口服。而植物油易被机体吸收，加之有些毒物可溶于油类液体，故治疗中毒症禁用植物油。

（3）加快体内毒物的排出

① 利尿：通过应用利尿剂，加强毒物从尿液中排除，只有在动物肾功能正常的情况下方可进行。甘露醇用量为每千克体重 2g，静脉注射。或速尿，每千克体重 5mg，每 6h 1 次，静脉注射或肌内注射。若注射上述利尿药后，不见尿液增加，禁止重复应用。应用利尿药后易引起脱水，故应配合输液。

② 改变尿液酸碱度：通过调整尿液 pH 可加速毒物或异物的排除。氯化铵：可使尿酸化，降低尿液 pH，可治疗弱碱性化合物（如苯丙胺、普鲁卡因酰胺、奎尼丁）中毒，剂量为每千克体重 200mg，口服。碳酸氢钠：可升高尿液 pH，使尿液呈碱性，可治疗弱酸性化合物（如阿司匹林和巴比妥类）中毒，剂量为每千克体重 420mg，口服或静脉注射。

（4）解毒治疗

① 中药解毒：常见解毒的中药有绿豆、甘草、滑石、金银花和蜂蜜等。使用时，将一味或数味中药煎汤去渣取汁，每千克体重 100～200mL，口服，2～3 次/d。还可口服生鸡蛋清、牛奶，用于重金属及有毒矿物质的解毒。

② 放血解毒：血针耳尖、尾尖和颈脉等穴，放出适量血液，既可去除血中之毒，又可祛瘀生新。

③ 使用特效解毒药：动物中毒之后，及时找到中毒原因，采用针对性强的特效解毒药，对于治疗动物中毒最为有效。及时应用特效解毒药和抗毒血清进行解毒治疗，能获得最佳疗效。

5.6 心肺复苏

心肺复苏（Cardiopulmonary Resuscitation，CPR）指针对骤停的心脏或呼吸所采取的一种急救措施，是为了恢复患病动物自主呼吸和自主循环，维持肺换气和组织供血供氧。

心脏骤停是指心脏机械活动突然停止，心脏有效收缩和泵血功能突然停止。导致循环中断，引起全身严重缺血缺氧。表现对刺激无反应、无脉搏、无自主呼吸或濒死叹息样呼吸。面对这样的患病动物，有效的心肺复苏极为重要。如果没有及时给予心肺复苏，患者就会死亡。心肺骤停动物的抢救措施见图 5-3。

5.6.1 心肺骤停病因

心脏功能和血液循环停止时可引发心室纤颤、心室停搏或电机械分离（electromechanical dissociation，EMD），主要发生于极度窦性心动过缓、低血压、休克、创伤、酸中毒、体液及电解质平衡失调、严重贫血、冠状动脉血栓栓塞和扩张型心肌病等原发性心脏疾病以及引起呼吸停止的一些因素，如严重的肺部疾病、窒息、气管阻塞、麻醉剂或药物过量或不适当使用，以及中枢神经系统疾病。呼吸停止的特征是呼吸暂停但存在持续的心跳，若不逆转，则很快导致致死性心律和心肺骤停。由于心肺疾病和心肺功能停止的病畜发生电机械分离，即使心电图（ECG）正常，也需要确认是否存在心跳和脉搏。

心室纤颤是犬最常见的致病性心律失常，猫主要发生 EMD，由于持续性心室纤颤的发生需要心肌达到一定的大小，而猫的心脏较小，其可清除持续性纤颤而自主恢复为窦性节律。通

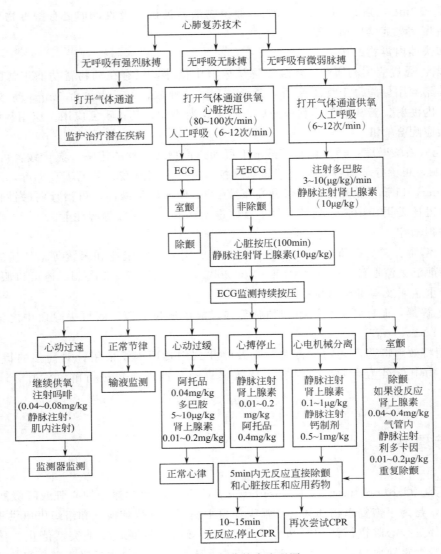

图 5-3　心肺复苏技术流程图

常猫和幼犬呼吸停止出现于心脏停搏之前，及时进行辅助通气供氧可以防止心脏停搏，尤其对于无严重潜在疾病患畜更为有效。4 岁以上的犬心肺功能停止较单独出现呼吸停止更为常见。

5.6.2　临床症状

在急诊时尽早观察到心肺功能恶化的症状有助于防止心脏停搏的发生和及时采取应对措施。

（1）心率或呼吸频率减慢、喘息、呼吸节律异常、意识不清、心电图（ECG）显示 T 波增大（提示心肌缺血）、S-T 段改变及心律失常。当出现上述任一表现时应及时采取措施，如供氧、放置气管插管、监测 ECG，给予控制心律失常的药物，停止吸入麻醉并通过增加通气，准备心肺停止时抢救的设备和药物。

（2）呼吸停止的动物，伴有听不到心音或摸不到脉搏，可出现濒死期喘息或呼吸动作停止，随即发生意识丧失、黏膜灰白或发绀、瞳孔散大、肌紧张消失。

（3）当收缩压低于50mgHg时，触诊脉搏和心搏消失，手术部位或创口出血也可能停止，必须立即进行有效的CPR。

（4）其他临床症状。毛细血管再充盈时间延长，手术部位的出血停止。

5.6.3 诊断程序

（1）出现临床症状，如果摸不到脉搏而且动物已停止呼吸，即可诊断为CPA，此时不需其他任何症状来佐证。

（2）在出现呼吸暂停，伴有或不伴有心脏停搏，出现濒死期喘息或呼吸动作消失，随即发生意识丧失，黏膜灰白或发绀、瞳孔散大和肌紧张消失，收缩压低于50mmHg时，立即进行CPA。如果在此时继续努力搜寻其他佐证可能会造成不必要的延误时间而错失抢救良机。

5.6.4 治疗方案

（1）治疗心肺骤停至少需要3个人：一人负责吸氧，一人负责人工呼吸，一人负责用药及监测动物的反应。

（2）如果没有现成的急救箱，可以将动物迅速移至指定地点进行CPR，这个指定地点应备有急救设备和药物。

（3）根据以往的经验，动物一旦进入需要采取CPR措施的阶段，存活率是极低的，在麻醉状态下，又有严密监护设备监护的病例生存的可能性略高一些，所以CPR的要求随着研究的深入经常改变。停止CPR过程或根本不采取CPR措施的条件如下：病情为不可治疗的且动物已处于死亡边缘，血液循环中断超过15min以上，动物主人拒绝做CPR。

5.6.5 治疗措施

明确诊断和应急预案是心肺复苏的保证，熟悉实施步骤的设备和药物，充分发挥团队的作用。CPR的直接目标是恢复通气和有效的心脑循环，之后进一步恢复正常的心律和心输出量，并纠正组织缺氧和酸中毒。

CPR的六要素是A（气道，Airway）、B（呼吸，Breathing）、C（循环，Circulation）、D（药物，Drug）、E（心电图，ECG）、F（跟踪观察，Follow up）。

（1）气道（Airway，A）　保障通气是成功复苏的关键，保证正确的放置并固定带气囊的气管插管，及时抽吸清除喉部和气管内的黏液、液体、呕吐物，必要时可以进行气管切开术。

打开气道：将颈部伸长，拉出舌头，清理口腔内的分泌物和呕吐物，然后进行气管插管。确保呼吸道畅通。可选择适当型号和长度的气管插管。气管插管必须加以固定，否则很容易脱落。观察胸壁起伏（在无人压迫胸壁时，向肺内通入正压），如果此时动物呼吸极为困难，说明有气道阻塞、气胸或严重的胸水存在等。经口腔插入气管插管失败时，可考虑气管切开术。

（2）呼吸（Breathing，B）　人工呼吸的速度为每分钟20～25次，规格，吸气和呼气各一半，潮气容量为每千克体重10～15mL，辅助工具有呼吸机、呼吸气囊。通入100%氧气，尽量使用足够的通气量以使肺扩张接近正常。若无法触诊到动脉脉搏，即应开始心脏按压，每次2～3次胸外按压同时进行1次通气，通过间歇性积聚较高的胸内压，促进血液向前流动。

（3）血液循环（Circulation，C）　心脏按压方法：体重小于7kg动物采用侧躺，按压第3～6肋间、胸腔下三分之一；体重大于7kg的采用背侧躺，按压胸骨后三分之一处（深胸犬或无法固定也可采用侧躺姿势按压）。按压的频率每分钟80～120次。（与人工呼吸速率配合约是3∶1）。

电击除颤：当心电图（ECG）发现患病动物有心室震颤时，可以使用除颤仪进行除颤。心室纤颤时，可用直流电的电力除颤，且在心脏停搏早期最为有效。通过一个短暂的高能量电流经过心肌使整个心脏发生去极化，从而使心脏重新恢复正常节律。最初使用较低能量，若不成功，渐渐增加能量再次电击或快速连击 2 次。通常动物室颤时间越长，除颤需要的能量就越高，且成功除颤的机会就越小。

按摩方式：采用快而短的按压，使胸腔直径缩小 25％～30％。

① 压迫频率至少 80 次/min，小型动物可 100～120 次/min，不能只图加快压迫速度而影响压迫的效果。

② 胸壁压迫可以将动物倒卧或背卧保定。最佳卧式尚无定论，而且据动物胸廓形状不同也不能一概而论。

③ 手式也因动物大小不同而异。通常用手掌来进行压迫。

④ 压迫和放松的时间比应为 1∶1。

⑤ 在两次压迫之间的放松应该是完全的（即允许胸壁回到正常位置）。

⑥ 压迫所达的深度应为胸宽的 1/4～1/3。

⑦ 压迫不能中断，不可频繁中止压迫而去检查动物是否有自主收缩反应。

⑧ 压迫的目的是人工产生血液由心脏向脑组织的灌流直至自主性活动的出现。

⑨ 压迫有效与否可以每一次压迫时脉搏的有无来判断。

（4）药物治疗（Drugs，D）　由于肾上腺素有刺激心脏和升高血压的作用，通常适用于心脏停搏时，推荐中心静脉给药途径，也可以气管内给药。

肾上腺素使用时间：心脏停止，每千克体重 0.2mg，静脉注射，每分钟补充一次。

多巴酚丁胺使用时间：休克、低血压、心跳缓慢，5～10μg/min 静脉注射。

阿托品使用时间：副交感神经引起的心率缓慢。每千克体重 0.04mg 静脉。

利多卡因使用时间：心室心搏过速、心室纤颤、每千克体重 1～4mg 静脉注射。阿托品、肾上腺素使用的剂量是利多卡因静脉注射的两倍，通过一个超出气管尖端的红色橡胶管注射，然后使用 4～8mL 的生理盐水通过红色橡胶管将药物冲到气管内，注射后进行 10min 的过度通气。

（5）心电图检测（ECG，E）　持续监测 ECG，通常推荐静脉补液以防止低血压，并可恢复缺血组织毛细血管床的灌注。插上导尿管，可继续检测尿量，必要时进行尿检，尿量的多少不仅反应肾脏的功能，而且间接的反应血容量及末梢循环状态。然后根据其潜在的疾病进行针对性的治疗。同时控制感染和吸氧及检测体温、血氧、心率、呼吸、血糖、血压、瞳孔反射等。

（6）跟踪观察（Follow up，F）　自主心跳和呼吸恢复后，要将抢救转移到脑缺血和缺氧性的防治工作上来，促进大脑功能的全面恢复。纠正酸中毒、电解质平衡，输注多巴胺或多巴酚丁胺可有助于抵消心脏停搏后常发的心室功能抑制。

持续监测 ECG，通常推荐静脉补液以防止低血压，并可恢复缺血组织毛细血管床的灌注。插上导尿管，可继续检测尿量，必要时进行尿检，尿量的多少不仅反映肾脏的功能，而且间接地反映血容量及末梢循环状态。然后根据其潜在的疾病进行针对性的治疗。同时控制感染和吸氧及检测体温、血氧、心率、呼吸、血糖、血压、瞳孔反射等。

5.7　安乐死术

所谓安乐死（enthanasia）意为快乐地死亡，通常是指患有不治之症的病畜在危重濒死状态时，为了免除其躯体上的极端痛苦，在畜主的要求下，经兽医师认可，用人为的方法使病畜在睡眠中无痛苦的情况下终结生命。

对各种动物探讨安乐死的方法，这些方法应具有科学根据，并建立在教育和人性之上。但目前尚无明确的方法和要求。对家庭饲养的宠物而言，人类的长期饲养已经与人类建立了感情，对发生某种疾病而无法挽救生命的时候，在得到畜主同意的情况下可考虑进行安乐死。

从广义的临床医学上讲，安乐死属于临终关怀的特殊形式。临终关怀（hospicecare），亦译为善终服务、安宁照顾等，意在为临终病人及其家属提供医疗、护理、心理、社会等全面照顾，使病人在较为舒适安逸的状态中走完人生的最后旅程，这与安乐死本质上是终止痛苦而不是终止生命在理念上是完全一致的。

5.7.1 安乐死的适应证

（1）动物因意外事故而受伤，且又不能治愈的情况。

（2）动物病重，没有治疗价值，又不能救助的情况。

（3）为防制动物传染病，根据传染病预防法，必须进行屠杀处理的情况。

（4）为医学和生物学研究的目的屠杀实验动物。

（5）在人的生活环境中屠杀危及人生命的狂暴动物。

以上所述，虽然多种多样，但归根到底应不给动物以痛苦而使其死亡，这才是根本问题。

5.7.2 实施安乐死的准备

安乐死操作的执行要在安静的区域，允许家庭成员在旁陪伴，要让动物及其家庭成员尽可能感觉到舒服。

（1）材料准备　毯子或毛巾、盒装纸巾、供家庭成员使用的椅子或座位、遗体袋、胶带、镇静剂、安乐死溶液、适当型号的注射器和针头等。

（2）签署文件　在实施安乐死前完成所有文件的签署，如免责同意书等，并放在病例中保存，确定宠物主人已经准备好，明确兽医的操作内容以及动物可能的反应。

（3）选择场地　准备实施安乐死的操作室或区域。

（4）选择药物　根据动物品种、大小选择合适的注射药物，实施前，确定是否需要先使用镇静剂。

（5）实施注射　兽医根据注射药物种类和剂量进行静脉穿刺执行安乐死。兽医助理需要保定好患病动物。注射完毕后，动物身体将会完全松弛，然后拔出针头。

（6）死亡确认　兽医使患病动物侧卧，检查心跳、脉搏、反射。此时可能处于濒死呼吸，出现呼吸停止时的喘息声、大小便失禁等常见现象。确定没有心跳、脉搏后，宣告动物死亡。

（7）清洁消毒　动物主人处理宠物后离开操作区域，进行清洁和消毒工作。根据医院材料和传染性物品的分类，逐一处理所用物品。

5.7.3 实施安乐死的方法

（1）饱和硫酸镁法　硫酸镁的使用浓度约为40g/100mL，以每千克体重1mL的剂量快速静脉注射，可不出现挣扎而迅速死亡。这是因为镁离子具有抑制中枢神经系统快速意识丧失和直接抑制延髓的呼吸及血管运动中枢的作用，同时还有阻断末梢神经与骨骼肌接合部的传导使骨骼肌弛缓的作用。

（2）戊巴比妥钠法　用5%戊巴比妥钠注射液以每千克体重1.5mL的剂量快速静脉注射即可。幼小动物静脉注射困难时，可用同等剂量施以腹腔内注射。国外，戊巴比妥钠的使用浓度为20%，建议剂量为体重在4.5kg以内用2mL，体重每增加4.5kg，再追加1mL。

本品投与上述剂量，因深麻醉而引起意识丧失，呼吸中枢抑制及呼吸停止，导致心脏立即停止跳动。这期间，动物由兴奋而变成嗜眠死亡，术者及主人无需紧张。

（3）氯化钾法　用10%氯化钾以每千克体重0.3～0.5mL剂量快速静脉注射，可使动物即刻死亡。钾离子在血中浓度增高，可导致心动过缓、传导阻滞及心肌收缩力减弱，最后抑制心肌使心脏突然停搏而致死。但动物在死前，常有剧烈痛苦、挣扎现象，国外一般不用氯化钾作安乐死术。

（4）T-61法　T-61也是一种国外常用于安乐死的药物。它属于一种箭毒样药物，既是麻醉药，又是呼吸抑制剂，能使中枢神经系统、循环系统衰竭，以致最后缺氧而死。静注和腹腔注射都能产生疼痛，心内、胸腔或其他注射途径均可。通常从头静脉注入，但颈静脉和隐静脉也可用。

（5）吸入法　处死箱——二氧化碳（钠瓶或干冰），二氧化碳浓度要高（至少40%，最好70%）。根据二氧化碳释放的方式和箱内的浓度，犬和猫可能出现某种程度的应激状态。在将动物置入箱内前先充气能改善效果。本法尤其适用于猫，当浓度大于60%时，猫于90s内丧失知觉，并于5min内死亡。处死箱或面罩——氟烷或甲氧氟烷。这些药物可用于幼犬、小猫或难于保定的猫。

5.8　针灸疗法

5.8.1　针刺疗法

（1）白针疗法　应用毫针、圆利针或小宽针在穴位上直接施针，因针刺后不出血，与刺血法相对而言，故称为白针疗法。针刺借以调整机体功能活动，是宠物临床上治疗各种疾病应用最广的一种针灸疗法。

① 术前准备：患宠妥善保定，温顺犬猫可自然躺卧，适当扶压肩部或头部，若动物较敏感可使用针灸架或针灸床保定，亦可佩戴伊丽莎白圈防止咬伤施针者。根据病情选好施针穴位，穴位处适当清洁消毒，然后根据针刺穴位选取适当长度的针具。检查并消毒针具。现宠物临床上使用的针具大多数是消毒一次性针灸毫针，有带或不带套管两种形式。

犬猫常用针灸针规格主要包括：1.5寸，ϕ0.25～0.30×40mm；1寸，ϕ0.22～25×25mm；0.5寸，ϕ0.13～0.25×13mm。

② 操作方法

a.毫针术：毫针针体细、对组织损伤小、不易感染，故可同一穴位反复多次施针，且可一针透数穴，行针可运用插、捻、搓、弹、刮、摇等补泻手法。进针有缓刺法、急刺法两种。

缓刺法：术者的刺手以拇指、食指夹持针柄，中指、无名指抵住针体。押手，根据穴位采取不同的方法。一般先将针刺至皮下，然后调整好针刺角度，捻转进针达所需深度，并施以补泻方法使之出现针感。或使用套管针，以刺手中指和拇指同时捏住一端套管和针柄，保持针尖不超出另一端套管，将套管抵住穴位位置，食指快速下压针柄末端，使针体刺入皮下，拔除套管，之后以同样的方法入针行针。使用套管针得当可增加针刺入皮肤的速度，减少疼痛感，适合敏感动物，也适合初学者使用。

急刺法：术者用执笔式或全握式持针，瞄准穴位按穴位要求的针刺角度迅速刺入或以飞针法刺入穴位至所需深度。该方法使用的针具宜较短和较粗，刺针方式宜较靠近针体，是较适用于极度敏感或有攻击性的动物的针刺方法。

退针：用左手拇指、食指夹持针体，同时按压穴位皮肤，右手捻转或抽拔针柄出针。

b.圆利针术：圆利针针尖锋利，针体较粗，不易弯针，对于不温顺的患宠或肌肉丰富的穴位，可用此法，针刺方法与毫针方法相似。

c.小宽针术：因针有锐利的针尖和针刃，易于快速进针，故又有"箭针法"之称。常左手按穴，右手持针，以拇指、食指固定入针深度，速刺速拔，不留针，不行针，出针后严格消毒针孔，防止感染。适用于肌肉丰满的穴位。

③ 注意事项

a.施针前严格检查针具，一次性针具则需选择品质合格产品，防止断针、折针等风险。

b.过于饥饿、饱腹、疲惫、虚弱的动物不适宜针灸，针灸后当天不能给宠物洗澡。

c.针灸过程中务必看好动物，防止舔舐、啃咬针刺部位，以防误吞针灸针，必要时戴好伊丽莎白圈。

d.出针后有少量出血无需过于担忧，立即止血后消毒，防止感染即可。

e.出针后可适当消毒针孔，防止感染。

f.针灸完成后务必仔细检查动物身上有无遗漏的毫针，可使用检针机辅助排查。

（2）血针疗法　一般使用三棱针、宽针等针具在动物血针穴位上施针，刺破穴部浅表静脉（丛）使之出血，从而达到泻热排毒、活血消肿、防治疾病的目的，称为血针疗法。若无法及时备好血针针具，可用注射器针头暂时替代使用，亦可达到部分的效果。宠物血针疗法相对比大动物（马、牛）使用少，操作方法也相对比较简单。

① 术前准备：为了快速准确地刺破穴部血管并达到适宜的出血量，动物的保定非常关键。所以应根据施针穴位采取不同的保定体位，以使血管怒张。如针三江、太阳等穴宜用低头保定法，针刺胸堂穴宜用昂头保定法，所谓"低头看三江，抬头看胸堂"。常用四肢远端施血针时，可用针灸架或针灸床保定。血针因针孔较大，容易感染，因此术前应严格消毒，穴位剪毛、涂以碘伏或洗必泰，针具和术者手指也应严格消毒。此外，还应备有止血器具和药品。

② 操作方法

a.三棱针术：多用于体表穴位，如三江、水沟/人中、山根、眼脉等穴；或口腔内穴位，如通关、玉堂穴等。根据不同穴位的针刺要求和持针方法，确定针刺深度，一般以刺破穴位血管出血为度。针刺出血后，多能自行止血，或待其达到适当的出血量后，用酒精棉球轻压穴位，即可止血。针刺方法包括以下的点刺法、散刺法：

点刺法：先在针刺部位周围推按，使局部充血，刺手持针对准所刺部位，迅速刺入 1～2mm，令其自然出血，或轻轻挤压针孔周围以助淤血排出。临床上常用于急刺山根、人中等穴，治疗中暑、中风；急刺太阳、三江等穴，治疗急性结膜炎。

散刺法：在肿胀等黏膜或者皮肤作较大面积等重刺，使炎性渗出液外流，如肛门外翻、结膜红肿以及胸下或腹下局部肿胀处。

b.宽针术：首先根据不同穴位，选取规格不同的针具，大型犬血管较粗、需出血量大，可用中宽针；血管细，需出血量小，可用小宽针，一般多垂直刺入，以出血为准。常用显露体表的静脉等穴位如颈脉、尾尖、耳尖、肾堂等穴，常用的针刺法为泻血法：

泻血法：入针时其针刃应平行于血管走向而刺破血管，一般不能横向切断血管（危急时可切断尾部耳部血管），入针 1mm 破皮见血即可。出血量视病体或病况不同而异，一般让流出的血由暗红变为鲜艳，由黏稠变为不粘手为宜。

c.注射器针头：可用 16 号针头，穿刺颈脉、胸堂、肾堂等穴，泻血法刺之。

③ 注意事项

a. 针刺出血后，一般可自行止血，如出血不止可压迫止血，必要时采用其他止血措施。

b. 三棱针的针尖较细，容易折断，使用时应谨防折针。

c. 血针穴位以刺破血管出血为度，不宜过深，以免刺穿血管，造成血肿。

d. 掌握泻血量。应根据患宠体质的强弱、病证的虚实、季节气候及针刺穴位来决定泻血量；膘肥体壮、热证、实证病宠在春、夏季天气炎热时放血量可大些，反之宜小些；体质衰弱、孕宠、久泻、大失血的病宠，禁用血针。

e. 血针后，针孔要防止水浸、雨淋等，血针当天不能给宠物洗澡，血针部位宜保持清洁，以防感染。

（3）水针疗法　也称穴位注射疗法，它是将某些药液注入穴位或患部痛点、肌肉起止点来防治疾病的一种治疗方法。这种疗法将针刺与药物疗法相结合，具有方法简便、提高疗效并节省药量的特点。适用于眼病、脾胃病、风湿病、跛行、神经麻痹、瘫痪等多种疾病的治疗。

① 术前准备：根据病情选取穴位，对穴位部位进行消毒，准备注射器和适当的药液。

a. 穴位选择：根据病情可以选择白针穴位，或选择疼痛明显处的阿是穴。对一些疼痛不明显的病例，可以选择患部肌肉的起止点作为注射点。

b. 药液选择：可供肌内注射的药物注射液均能用于穴位注射。临床上可根据病情选择，例如在治疗肌肉萎缩、功能减退的病证，可选用具有兴奋营养作用的药物，如生理盐水、维生素、葡萄糖等；治疗炎性疾病、风湿症，可选用抗生素、镇静止痛剂、抗风湿药等；治疗跛行、外伤性淤血水肿痛等，可选用红花注射液、复方当归注射液、川芎注射液与元胡注射液等，临床上使用较多的是复合维生素 B 和维生素 B_{12}。

② 操作方法：基本同于普通肌内注射，将注射针头刺入，行针出现针感后再注射药物。水针注射选用较细的针头可以减少应激和动物的不适感，一般用 1mL 的针头，这里推荐使用牙科冲洗针，针头细小，对于敏感部位、腹部、眼周等使用更方便。

一般是每个穴位 0.1～0.3mL，每日或者隔日注射 1 次，每 5～7 次为 1 个疗程，必要时隔 3d 后实行第 2 个疗程。

③ 注意事项

a. 穴位严格消毒，防止感染。

b. 关节腔及颅腔内不宜注射，孕宠一般慎用，脊背两侧的穴点不宜深刺，防止压迫神经。

c. 有毒副作用的药物不宜选用，刺激性强的药物，药量不宜过大；两种以上药物混合注射，要注意配伍禁忌。

d. 注药前一定要回抽注射器，见无回血时再推注药液，以防止将不宜作静脉注射用的药液误注血管内。葡萄糖（尤其是高渗葡萄糖）一定要注入深部，不要注入皮下。

e. 注射剂量通常依药物的性质、注射的部位、注射点的多少、患宠种类、体型的大小、体质的强弱以及病情而定，一般来说，每次注射的总量均小于该药的普通临床治疗用量。

f. 注射后若局部出现轻度肿胀、疼痛，或伴有发热，一般无需处理，可自行恢复。但为慎重起见，对原因不明的发热，应注意药物和穴位的选择，或停用水针。

（4）埋线疗法　埋植疗法是指将一定埋植物放入特定穴位或患部以防治疾病的一种治疗方法，临床上最常用的埋植物是医用羊肠线，因此又叫埋线疗法。埋线疗法比针灸的刺激量大，对于某些疑难病、慢性病、疼痛性疾病等的治疗效果比单纯针灸好，并且还具有操作简单、安全、省时等特点，因此在临床上推广应用也越来越广泛。

① 术前准备

a.基本材料：肠线、外科缝皮针或腰椎穿刺针、外科持针钳与常规外科消毒材料等。

b.穴位选择：根据临床治疗目的选取方便进行埋植手术的穴位。例如，眼病常用睛俞、睛明等，脾胃系统疾病可考虑脾俞、胃俞、大肠俞、后三里等穴位。

② 操作方法：主要是通过一般外科手术方法进行埋植。首先，选择经灭菌处理的合适尺寸肠线，并对施术部位常规外科消毒；其次，使用外科缝皮针或腰椎穿刺针，将肠线完全埋入皮下或肌肉组织等，注意线端不可露于皮肤外面。

③ 注意事项

a.在操作过程中应严格消毒，术后加强护理，防止埋植部位发生感染。

b.需注意掌握埋植深度，在手术过程中切忌损伤动物脏器、大血管和神经干等。

c.在埋线后局部如出现轻微炎症反应或有低热，可不用处理，继续观察即可；如埋植部位出现感染，则应做消毒处理。

d.对于患热性疾病的动物需忌用埋线疗法。

（5）电针疗法　电针是将毫针刺入穴位产生针感后，通过针体导入适量大小电流，利用电刺激来加强或代替手捻针刺激以治疗疾病的一种疗法。这种疗法的优点是：节省人力，可长时间持续通电刺激，不用间断行针以加强刺激强度；刺激强度可控，可通过调整电流、电压、频率、波形等选择不同强度的刺激；治疗范围广，对多种病症，如神经麻痹、肌肉萎缩、急性跛行、风湿症、消化不良、脱垂症、不孕症等，均有较好的疗效；无副作用，且方法简便，经济安全。

① 术前准备：准备毫针、电针仪及其附属用具（电线、金属夹子），根据病情选定穴位，小动物临床上一般不用剪毛消毒，直接快速进针刺入穴位。电针仪是电针疗法的主要工具，它具有体积小、便于携带、操作简单、输出线路多、连续可调等优点。

② 电针仪简单介绍：图 5-4、图 5-5 是宠物临床专用电针仪，它可以设置运行时间，可以调节频率，共有 7 个输出口。一般会先调节好时间（通常是 30min），先选择一个波形，如连续波（F1 30Hz），再根据各个输出口连接的穴位调节强度。电针仪的波形有三种：连续波（F1 30Hz）、疏密波（F1 30Hz，F2 80Hz）、间断波（F2 50Hz）。止痛一般选用低频 3Hz，肌肉萎缩选择用间断波，IVDD 一般先用连续波再用疏密波。每次使用完电针仪，表盘上的各项参数必须归零。以下是电针仪上各项参数的详细介绍。

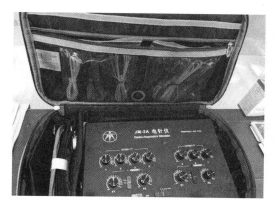

图 5-4　宠物临床专用电针仪（一）

图 5-5　宠物临床专用电针仪（二）

a.波形：脉冲电流的波形较多，有矩形波（方波）、尖形波、锯齿波等。多用方波治疗神经麻痹、肌肉萎缩。复合波形有疏波、密波、疏密波、间断波等。密波、疏密波可降低神经肌肉兴奋性，止痛作用明显；间断波可提高肌肉紧张度，对神经麻痹、肌肉萎缩有效。

b.频率：电针机的频率范围在 1～200Hz。一般治疗时频率不必太高，只在针麻时才应用较高的频率。治疗软组织损伤，频率可稍高；治疗结症则频率要低。

c.输出强度：电流输出强度的调节一般应由弱到强，逐渐进行，以患病动物能够安静接受治疗的最大耐受量为度。

各种参数调整妥当后，通电治疗，一般为 15～30min。也可根据病性和患宠体质适当调整，对体弱而敏感的患宠，治疗时间宜短些；对某些慢性且不易收效的疾病，时间可长些。在治疗过程中，为避免病宠对刺激的适应，应经常变换波形、频率和电流强度。治疗完毕，应先将各档旋钮调回"0"位，再关闭电源开关，除去导线夹，起针消毒。电针治疗一般每日或隔日 1 次，5～7 次为 1 个疗程，每个疗程间隔 3～5d。

③ 操作方法

a.穴位选择：根据选穴原则进行选穴，局部选穴、远端选穴、平衡配穴。

局部选穴：

结膜炎/葡萄膜炎：睛明，瞳子髎，承泣。

鼻塞/鼻涕：迎香，鼻通，龙会。

耳炎（分泌物）：听宫，耳门，听汇。

口腔疾病：地仓，颊车，承浆。

牙痛：颊车，上关，下关。

颈部僵硬/疼痛：天柱，天窗，翳风，颈夹脊。

肩部疼痛：肩井，肩髎，抢风。

肘部疼痛：天井，曲池。

腰部疼痛：腰百会，华佗夹脊。

髋部疼痛：居髎，环跳，秩边。

腹部疼痛：中脘，天枢。

远端选穴：

远离患病部位：如至阴可用来治疗颈部问题。

根据病灶经过的经络，选用该经络的远端穴位，如耳朵问题：内庭，鼻塞：合谷、迎香。

根据五行和脏腑学说选穴，如眼睛流泪通红：太冲。鼻塞：列缺。

远远原则：如头颈问题选用四肢的穴位。

近近原则：四肢穴位离腹部和脏腑很近，如阴陵泉、足三里可以治疗胃肠道问题。

平衡配穴：

对症治疗，发热：大椎，曲池，合谷。失去意识：人中，涌泉。

牙关紧闭：颊车，合谷。咳嗽和哮喘：天突，定喘。腹泻：长强。

平衡穴位，前后平衡，如后肢麻痹无力：前三里＋后三里。

左右平衡，左边面瘫：左侧地仓，颊车；合谷；右侧地仓，颊车，合谷。

阴阳平衡，肾气虚：涌泉，昆仑。

背＋腹，胃痛/腹痛：中脘，胃俞。

b.针刺穴位：将毫针刺入穴位，行针使之出现针感，然后将正负极导线分别夹在针柄上。连接前先将电针仪各种旋钮调至"0"位，连接后打开电源开关，选择治疗时间、波形，调节各个穴位的强度。

c.穴位连接：只要两个穴位形成一个回路就可以，可以同一条经络相连，或者阴脏和阳腑相连，如大椎＋腰百会、传统肾俞＋涌泉、足三里＋阳陵泉、同侧华佗夹脊或者对侧华佗夹脊相连。

d.注意事项：在治疗过程中，为避免病宠对刺激的适应，应经常变换波形、频率和电流强度。治疗完毕，应先将各档旋钮调回"0"位，再关闭电源开关，除去导线夹，起针消毒。

④ 注意事项

a.针刺靠近心脏或延脑的穴位时，必须掌握好深度和刺激强度，防止伤及心、脑导致猝死。动物也必须保定确实，防止因动物骚动而将针体刺入深部。

b.针柄若由经氧化处理的铝丝绕制，因氧化铝为电绝缘体，电疗机的导线夹应夹在针体上。

c.通电期间，注意金属夹与导线是否固定妥当，若因骚动而金属夹脱落，必须先将电流及频率调至零位或低档，再连接导线。

d.在通电过程中，有时针体会随着肌肉的震颤渐渐向外退出，需注意及时将针体复位。

e.有些穴位，在电针过程中，呈现渐进性出血或形成皮下血肿，不需处理，几日后即可自行消散。

f.空腹的情况下不能针灸过多穴位，以免耗气过多；运动出汗后30～60min才可以进行针灸治疗。

g.非常疲惫或者虚弱的动物针灸时要注意：选用较少的穴位；先用少量的针灸穴位针灸5min，状况好再逐渐加量；如果出现休克针灸人中。

h.怀孕动物注意：至阴有助于子宫收缩和生产，禁用于怀孕动物。以下穴位刺激子宫收缩，作用强，应禁用：合谷，三阴交，昆仑，委中，足三里，至阴。

i.背部的穴位不能进针太深，大型犬0.5英寸（1英寸＝2.54cm），中型犬1/3寸（1寸＝3.33厘米），小型犬猫1/4寸。

j.有溃疡和皮肤感染的地方不能针灸，有肿瘤的地方不可以针灸。

k.蹄部和眼周这些敏感的部位要用短针，留针时间也要短。

l.若出现弯针拔不出来，可以按摩穴位周围或者按摩对侧穴位有助于拔针。

m.针灸后不建议立刻洗澡，建议等到第二天细微的针孔愈合后再洗澡。

（6）激光针灸疗法 应用医用激光器发射的激光光束穿透动物组织并刺激穴位以防治疾病的方法，称为激光针灸疗法。一般应用低能量级激光直接聚焦或扩束照射穴位，对穴位及周围组织产生有效的光化学、光热、光压、光电磁、光生物刺激和调节等生物效应刺激来达到治疗效果，而适当的激光光热效应类似于热灸的作用，是激光针灸常见的两种治疗方法；高能量级激光可进行灸灼、灸熨疗法，但由于产生疼痛和伤口等原因在宠物临床上一般不被宠主接受，所以极少应用。

激光针灸已逐渐成为一种常见的传统医学应用方法，激光治疗在临床上已被证实有抗炎、镇痛以及促进伤口愈合等治疗效果。与传统激光治疗不同的是，激光针灸除了激光对穴位自己原有的生物效应外，对神经应答的影响与针刺相似，而激光针灸本身的无创性和无疼痛特点，引起了研究者和临床兽医们的注意，因为有些病宠非常敏感，特别是猫，不能忍受针刺，或者当白针留针时，它们无法静坐或静卧，也有一些宠主害怕针灸，因为宠主认为宠物会经历疼痛，所以不愿意选择传统的针刺疗法时，激光针灸就是一个合适的选择，因为它可以更加温和地作用于穴位上，避免了针刺引起的不适。

国内外研究结果已证实，激光针灸可以作为临床许多疾病的辅助治疗手段。但是，在激光针灸需要特别留意，就是有关每种疾病预期效果的最佳照射参数的数据不足，目前尚未有方便、统一的激光针灸治疗参数参考，即使不同的激光仪厂商提供了各自的治疗参数，这提示临床兽医参考不同研究数据和结果时，应留意其参数描述是否详细以及它们的合理性。

① 术前准备：医用激光仪，配合光束集中的激光治疗头，动物妥善保定或保持自然舒适状态，暴露针灸部位。

② 常用治疗参数

a. 波长：632.8nm、650nm、810nm、970nm。

b. 功率：小于等于500mW。

c. 剂量：4J/穴。

d. 脉冲频率：连续波、脉冲波

可根据穴位深度和皮肤色素沉着程度调整，较深穴位可相对使用功率较高的光束，将治疗剂量相对提高，使用连续波模式；若皮肤色素较深则反之，以避免灼伤。

③ 操作方法

a. 激光针术：打开激光仪，调节好参数后，找到穴位，并将穴位周围毛发拨开暴露皮肤，用激光治疗头末端发射出来的光束直接照射穴位，穴位较深或组织较厚的区域可对治疗头使用适当的压力促进激光穿透深层组织。该方法适用于各种动物多种疾病的治疗，如椎间盘突出、肢体扭挫、神经麻痹、便秘、腹泻、消化不良等。一般采用低功率氦氖激光器，波长为632.8nm，输出功率30mW，连续波。根据病情选配穴位，每穴照射5min；或使用半导体激光仪，选择808nm波长或者同时选择650nm/970nm波长，输出功率500mW，连续波与脉冲波结合模式，治疗时间8~20s，即可达到治疗剂量4~10J/穴，每日或隔日照射1次，5~10次为一疗程。

b. 激光灸术：根据灸烙的程度可分为激光灸灼（极少用）、激光灸熨。

激光灸灼：也称二氧化碳激光穴位照射，适应证与氦氖激光穴位照射相同。将动物适当镇静，选定穴位，打开激光器预热10min，使用聚焦照头，距离穴位5~15cm，用聚焦原光束直接灸灼穴位，每穴灸灼3~5s，以穴位皮肤烧灼至黄褐色为度。一般每隔3~5d灸灼1次，总计1~3次。

激光灸熨：选择输出功率较高（500mW），或者4级激光仪，以激光散焦照射穴区或患部。适用于大面积烧伤、创伤、肌肉风湿、肌肉萎缩、神经麻痹、肾虚腰胯痛、阴道脱、子宫脱和虚寒泄泻等病证。治疗时，装上散焦治疗头，打开激光器，治疗头接触穴区，并以适当的速度移动照射至穴区皮肤温度升高，以动物能够耐受为度。每区辐照5~10min，每次治疗总时间为20~30min，每日或隔日1次，5~7次为一疗程。

④ 注意事项

a. 所有参加治疗的人员和动物应佩戴激光防护眼镜，防止激光及其强反射光伤害眼睛。

b. 使用中严格按照操作规程，防止激光仪漏电、短路和意外事故的发生。

c. 随时注意患病动物的反应，及时调节激光刺激强度，灸熨范围一般要大于病变组织面积，在照射腔、道和瘘管等深部组织时应尽量均匀且充分。

d. 激光照射具有累积效应，应掌握好疗程和间隔时间。

e. 做好术后护理，防止动物摩擦或啃咬灸烙部位，预防水浸或冻伤。

5.8.2 艾灸疗法

点燃艾绒在患畜的一定穴位上进行熏灼，借火的热力通过经络的传导，温通气血、扶正祛邪，达到治疗疾病目的所采用的方法，称为艾灸疗法。

艾灸有补泻之别，《灵枢·背俞》篇说："以火补者，毋吹其火，须自灭也；以火泻者，疾吹其火，传其艾，须其火灭也。"由之说明凡灸时火力应由小到大，慢慢深入，待火燃尽，灼及皮肉者为补法，即有温阳补虚的作用；如用口吹其火，使之速燃，使患畜觉烫，不待烧及皮肉即除去艾炷者为泻法，有祛寒散结的作用，多用以治疗阴寒诸证。常用的艾灸疗法分为艾炷灸和艾卷灸两种。

（1）艾灸材料

① 艾叶：蕲艾，又称香艾、苦艾，为多年生草本，叶似菊，表面深绿色，背面灰色有茸毛。性温芳香，入肝、脾、肾经，五月采集，叶入药用，以湖北蕲州者为佳。艾叶为纯阳之品，"能回垂绝之阳，通十二经，走三阴，理气血，逐寒湿，暖子宫以之灸火，能透诸经而除百病"。

明代药物学家李时珍在《本草纲目》里说："凡用艾叶，须用陈久者，治令软细，谓之熟艾，若生艾，灸火则易伤人肌脉。"孟子说："七年之病，必求三年之艾。"因此，必须用陈久的艾叶，而且越陈越好，这也确有道理，因新艾含挥发油多，燃之不易熄灭，令人灼痛；陈艾则易燃易灭，可以减少灼痛之苦。中医认为，艾叶具有祛湿散寒、温经止血的功效。现代药理研究证明，艾叶对多种细菌和病毒有不同程度的抑制作用。

② 艾绒：艾灸材料主要是艾叶制成的艾绒。取陈艾叶经过反复晒杵，筛选干净，除去杂质，令软细如绵，即为艾绒，方可使用，如再精细加工，变为土黄色者，为细艾绒，效果更佳。另外，可选购机制艾绒成品用于直接灸法。

艾绒不仅易燃，且燃烧时热力均匀温和，能窜透肌肤，直达深部，有通经活络、祛除阴寒、回阳救逆的功效，可促进机能活动，也可治疗许多针药不能治愈的疾病，故千百年来，其一直广泛用于兽医临床。

③ 艾炷：艾炷是将艾绒揉为圆锥形的艾绒小团或以艾绒机制而成，为了加强治疗效果，还可根据需要在艾绒内掺入其他药物，制成有药艾炷。如清代兽医书《活兽慈舟》中记载有药物灸卷配制法："用三年陈艾，久者更佳，取叶捣极碎，去黑渣，入荆芥叶、苏荷叶再为捣碎，去细尖细末，用雄黄、川椒、芒硝共研极细，以菖蒲、苍术煎水浸润，将药和匀，用皂角、细辛，再加入麝香、冰片更佳。即无麝香、冰片亦可。配齐入瓷坛固封。临用时，以黄纸裹捻成条，如拇指大。"这是一种复方艾绒灸，所加药物可根据需要进行增减。

④ 艾卷：将适量艾绒用双手捏压成长条状，软硬要适中，将其置于桑皮纸或纯棉纸上，再卷成圆柱形，最后用面浆糊将纸边粘合，两端纸头压实，即制成艾卷，又称艾条。使用时可整条艾卷灸之，或按需折断使用。

⑤ 间隔物：在间隔灸时，需选用不同的间隔物，如鲜姜片、蒜片、蒜泥、药瓶等。在施灸前均应事先备齐。鲜姜、蒜洗净后切成 2～3mm 的薄片，并在姜片、蒜片中间用毫针或细针刺孔，以利灸治时导热通气。蒜泥、葱泥、蚯蚓泥等均应将其洗净后捣烂成泥。药瓶则应选出相应药物捣碎碾轧成粉末后，用黄酒、姜汁或蜂蜜等调和后塑成薄饼状，需在中间刺出筛孔后应用。

（2）艾灸方法

① 艾炷灸：艾炷是用艾绒制成的圆锥形上尖下圆的艾绒团，将艾炷直接或间接置于穴位

皮肤上点燃后进行治疗的方法称艾炷灸。由于患宠体质、病情以及施术的部位等不同，可分别采用小炷（黄豆大）、中炷（枣核大）、大炷（大枣大）施灸。每燃尽一个艾炷，称做"一炷"或"一壮"。治疗所需壮数即刺激量可视病宠体质、病性和穴位而定，并根据所用艾炷大小等情况灵活掌握。一般初病、体质强壮者艾炷宜大，壮数宜多；久病、体弱者宜小，宜少；腰背肌肉丰满处艾炷宜大，壮数多也无妨，但头面部或四肢末端、皮肤较薄处则不宜大炷多壮施灸。幼宠也不宜大炷多灸，直接灸时艾炷宜小，间接灸时艾炷宜大。

直接灸：施术时将艾炷直接放置在穴位上，点燃艾炷，待烧到接近底部时，再换一个艾炷，一般治疗以3～5炷为宜。

间接灸：又称隔物灸，即在艾炷与穴位皮肤之间放置隔灸物的一种灸法。常用的有以下几种：

a.隔姜灸：将生姜切片，在中间用毫针或细针刺出数孔，上置艾炷，放在穴位上施灸，直至局部皮肤温热潮红。在明·杨继洲的《针灸大成》即有记载"灸法用生姜切片如钱厚，搭于舌上穴中，然后灸之"。其利用生姜汁的药理作用，来加强艾叶祛风散寒的功效。

b.隔蒜灸：将鲜大蒜切片刺孔后，方法与隔姜灸相同。蒜液对穴位有刺激作用，可用于治疗痈疽肿毒症。

c.隔盐灸：一般多用于脐窝部。施灸时先用细盐末填充脐窝或薄薄撒在穴位表面，再加上姜片进行艾炷灸。多用于治疗腹痛、泄泻、虚脱等症。

d.隔附子灸：以附子片作隔灸物的一种艾炷灸法，也有将附子研末与药物混合做成附子药饼为隔灸物施灸的。附子辛温大热，有温补肾阳的作用，主要用于多种阳虚证。

② 艾卷灸：用艾卷代替艾炷熏灼穴位或病部的一种灸法，又称艾条灸。这一灸法不但简化了操作手续，而且便于掌握对穴位的烧灼刺激程度，且不受体位的限制，全身各部均可施术。具体操作方法可分下列三种。

a.温和灸：将艾卷的一端点燃后，在距穴位0.5～2cm处持续熏灼，给穴位一种温和的刺激，直至皮肤呈现潮红。适于风湿痹痛等症。

b.回旋灸：将燃着的艾卷在中部的皮肤上往返、回旋，用于病变范围较大的肌肉风湿等症。

c.雀啄灸：点燃艾卷，对准穴位处，像雀啄食状一上一下地移动而施灸，反复进行2～5min。此法温热感觉强，应随时注意，不要灼伤皮肤，多用于需较强火力施灸的慢性疾病。

（3）艾灸应用　艾灸具有温散寒邪、温通经络、活血逐痹、消瘀散结、回阳固脱、防病保健等功用。《灵枢·官能》记载："针所不为，灸之所宜。"实证、病在表、泄热、阳亢等适宜用时针法泄和解表；而由实转虚、病在里、寒症、阴阳皆虚就不能用针法泄，应用药剂治疗，药剂所不达，就用艾灸。临床上凡遇阳气衰弱、沉寒痼冷的一些病证，单纯使用针法，效果就不会像灸治那样显著。总的原则是，灸治的适应范围一般以虚证、寒证和阴证为主，如可用于风湿痹痛、癫痫、冷肠泄泻及气虚阳衰等。另针法与灸法也可并用。

（4）犬和猫常用穴位　神阙、天枢、中脘、足三里、涌泉等是治疗犬猫腹泻的常用穴位；百会、命门穴是治疗犬猫瘫痪的常用穴位，进行穴位艾灸既能起到对穴位刺激、激发经气、滋养经络的作用，又可以发挥药物本身作用，防止受损神经变性，从而加速神经功能的恢复。

（5）注意事项

① 对于阴虚阳亢的疾病和邪热内炽如疔、黄、火、暑、热毒等证的病畜，不宜施灸。

② 眼、鼻、唇、耳、喉间、阴部和有大血管的部位不宜施用直接灸。

③ 施艾炷灸时，应酌情掌握刺激量。一般来说，凡是初病、体质强壮者艾炷宜大、壮数宜多；久病、体质虚弱者艾炷宜小，壮数宜少。

5.8.3 犬常见病针灸处方

穴位，亦称"腧穴""经穴""穴道"，是脏腑经络之气输注于体表的部位，是施行针灸和防治疾病的刺激点。通过对穴位长期与大量的临床实践，积累了丰富的经验，并对穴位进行多次的整理、归纳，通过"由点连线，同类归经，经上布点"，使穴位同经络紧密联系在一起。

经络是机体气血运行、脏腑肢节联络的通路。经络系统由经脉、络脉、内属脏腑部分和外联体表四部分组成。经脉主要有十二经脉、十二经别和奇经八脉。十二经脉是体内经络的主体，又称为十二正经。十二正经加上奇经八脉的任脉和督脉，合称为十四经。动物体的穴位大多分布在十四经脉上，分布在十四经脉上的穴位称为经穴；有些穴位分布在十四经脉以外，经过实践验证，具有一定穴名、位置明确、功能可靠的经外奇穴；还有些穴位为病症反映在体表的压痛点或反应点，称为阿是穴；近年来还发现了对某些疾病有特殊治疗效能的新穴。

根据对经络学说理论的掌握与应用，并通过对针灸防治动物疾病不断深入的研究认识与发展应用，现代临床兽医也将很多人类的穴位转置到犬猫上用以防治疾病，因此近年来也在国内外涌现出越来越多的应用针灸防治宠物疾病的临床小动物医师。

本部分内容主要介绍临床上犬常见疾病的针灸处方与犬常用针灸穴位索引表及猫常用针灸穴位索引表，以供临床小动物医师学习交流与借鉴使用。

（1）中暑　治疗原则：清暑泄热，血针为主，其次白针，配合冷敷，并强心补液。

① 暑热较盛，但为轻症：症见头痛头晕，汗多，皮肤灼热，气粗，舌燥，口干烦渴，脉浮大而数。

血针：耳尖、尾尖、委中。

白针：大椎、合谷、内关、曲池。

② 暑病严重：症见先头痛，烦渴，呼吸喘息，继则突然昏倒，失去知觉，汗出，脉沉而无力。

血针：委中、涌泉。

白针：大椎、合谷、曲池、尺泽、人中。

暑热夹湿者，配合后三里、三阴交、阴陵泉、关元俞、气海俞、地机。

（2）休克　治疗原则：通过针刺和艾灸可行气活血，镇痛解痉，回阳固脱，调和阴阳，调节机体代谢，从而建立新的平衡，达到抗休克的目的。

白针：人中为主穴，后三里、内关、涌泉为配穴。

血针：耳尖、山根为主穴，尾尖为配穴。

艾灸：后三里、天枢、关元、气海。

配合用药：根据病因使用相应药物，如输液以补充血容量，使用肾上腺皮质激素、抗生素、强心剂等。

（3）肺炎　治疗原则：治疗以白针、血针为主，配合药物清热化痰止咳。

白针：常用穴为肺俞、尺泽、太渊、膈俞、内关，配用穴为大椎、合谷、曲池、三阴交。

血针：耳尖、尾尖为主穴，涌泉为配穴。

水针：天突，注射氨苄西林 0.15g，用 2% 普鲁卡因稀释。

（4）肚胀　治疗原则：治疗用白针或电针，配合药物消食、消气。

白针或电针：后海、后三里为主穴，腰百会、内关、外关、脾俞、胃俞、大肠俞为配穴。

艾灸：天枢、中脘、后海、后三里。

（5）呕吐　治疗原则：治疗用白针、水针，配合药物和胃止呕。

白针：后三里、内关、阳陵泉、脾俞、胃俞、前三里、脊中。

水针：后三里、后海，注射维生素 B_{12} 或复合维生素 B。

（6）便秘　治疗原则：便秘的中医辨证有四种，分别为肠胃积热、气机郁滞、气血津液亏虚、阴寒凝滞。根据病因病机选择适宜的穴位，采取一定的手法进行针灸治疗，可以起到通腑泄热、顺气导滞、益气养血、滋阴润肠及温阳开结等作用。治疗以电针、白针为主，配合泻下通肠类药物。

电针：双侧脾俞、胃俞、关元俞。

白针：关元俞、脾俞、大肠俞为主穴，腰百会、后海、后三里、外关为配穴。

根据中兽医证型不同配合增加的白针穴位：

肠胃积热者，大椎、合谷、曲池、后海、内庭。

气滞者，太冲、天枢、阳陵泉。

气血津液亏虚者，胃俞、膈俞、太溪、照海。

血针：四白为主穴，耳尖、尾尖为配穴。

艾灸：天枢穴。天枢穴是大肠的募穴，艾灸天枢穴主要针对寒虚便秘。

水针：后三里、天枢、关元俞、后海、腰百会，注射维生素 B_{12} 或复合维生素 B，每个穴位 0.2mL。

（7）腹泻　治疗原则：治疗以白针为主，配合燥湿止泻类药物。

白针：后三里、脾俞、后海、大肠俞、关元俞、三阴交、腰百会、上巨虚、阴陵泉。

根据中兽医证型不同配合增加的白针穴位：

湿热下注者，合谷、曲池、内庭。

寒湿困脾者，天枢、命门。

肝气犯脾者，太冲、阳陵泉、肝俞、期门。

脾气虚弱者，胃俞、章门。

肾阳虚者，关元、气海、肾俞、太溪、复溜。

艾灸：后三里、脾俞、天枢、中脘。

水针：腰百会、关元俞、后海、后三里，注射维生素 B_{12} 或复合维生素 B 或止泻药物。

血针：尾尖为主穴，耳尖、涌泉为配穴；血针放血主要治疗湿热腹泻。

（8）风湿症　治疗原则：祛风通络、温经祛湿，用白针或电针。

主要穴位：风池、太冲、阴陵泉、后三里、脾俞、胃俞、膈俞、三阴交、血海。

根据不同局部疼痛配合增加的局部穴位：

颈部风湿，选风池、大椎、天窗、翳风。

腰背部风湿，选中肾俞、腰百会、腰阳关、关元俞、后海、命门。

前肢风湿，选抢风、前三里、肩井、肩髎、外关、曲池、天井、肘俞。

后肢风湿，选后三里、环跳、秩边、昆仑、六缝、委中、阳陵泉、涌泉。

（9）椎间盘突出　治疗原则：治疗以电针、白针、水针为主，配合西药局部封闭。

① 颈椎椎间盘突出

白针：头百会、合谷、后溪、列缺、命门、肾俞、太冲、太溪。

电针：风池＋肩井，大杼＋外关，颈夹脊。

水针：后溪、颈夹脊、昆仑，注射维生素 B_{12}。

TDP：患部照射。

② 胸腰部椎间盘突出

白针：大椎、委中、环跳、后海、命门、太溪、昆仑、六缝、腰百会、腰阳关。

电针：华佗夹脊，太冲＋合谷，涌泉＋传统肾俞，足三里＋阳陵泉。

水针：合谷、华佗夹脊、六缝、太冲、涌泉，注射维生素 B_{12}。

TDP：患部照射。

（10）桡神经麻痹　治疗原则：治疗以白针、电针为主。

白针：抢风、前三里、外关为主穴，内关、肩井、肩髎、曲池、小海、肘俞等为配穴。

电针：以抢风为主穴，六缝、外关、阳池为配穴。

水针：抢风、前三里，注射维生素 B_1 或当归注射液。

以上穴位均是前肢的主要穴位，针刺可治疗前肢问题。

（11）膀胱麻痹　治疗原则：白针、电针为主，配合西药预防感染。

白针：膀胱俞、肾俞、腰百会、二眼、关元俞、命门、后海、尾尖。

电针：双侧膀胱俞、双侧肾俞、双侧二眼。

配合用药：给予抗生素预防膀胱炎症。

（12）犬瘟热后遗症/抽搐　治疗原则：中医认为是风邪入体引起抽搐的症状，一般会选择祛风的穴位再搭配局部穴位。治疗用白针，可以消除或缓解临床症状。

白针：风池、膈俞、血海、翳风。

根据不同局部症状配合增加的局部穴位。

口唇抽搐者，选上关、下关、地仓、颊车。

头顶部肌肉及双耳抽搐者，选听宫、翳风、耳门、上关、下关、天门。

前肢抽搐者，选抢风、前三里、外关、肩井、肩髎、六缝。

后肢抽搐者，选后三里、阳陵泉、涌泉、环跳、解溪、六缝、腰百会。

（13）面瘫　治疗原则：白针、电针为主，配合按摩。

白针：上关、下关、地仓、翳风、耳门、颊车、脑俞、丝竹空、听宫、天门。

电针：风池、合谷。

按摩：沿面神经走向进行按摩。

（14）癫痫　治疗原则：息风止痉、疏肝活血，白针、水针为主，癫痫动物不能用电针。

白针：风池、脑俞、安神、大风门、丰隆、后海、人中、神门、太冲、膈俞、肝俞、涌泉。

根据中兽医证型不同配合增加的穴位：

肝气瘀滞与痰火内蕴者，大椎、曲池、行间、丰隆。

肾精虚者，肾俞、太溪、三阴交。

肝肾阴虚者，肾俞、太溪、复溜、阴陵泉。

肝血不足者，血海、三阴交。

水针：脑俞、风池、膈俞、肝俞、后海。

（15）淋证　治疗原则：治疗以白针、水针为主。

白针：三阴交、阴陵泉、三焦俞、膀胱俞、委阳、中极。

根据中兽医证型不同配合增加的白针穴位：

热淋者，行间、中极、大椎、尾尖。

血淋者，血海、膈俞、少府、天平。

石淋者，太冲、会阴、大椎、尾尖。

劳淋者，后三里、前三里、关元、气海、肾俞、阳池（艾灸）。

气淋者，肝俞、行间、太冲、阳陵泉、大椎。

水针：阴陵泉、三焦俞、膀胱俞、委阳、中极。

艾灸：劳淋者可灸足三里、关元、气海、肾俞。

(16) 结膜炎和角膜炎　治疗原则：急性者以血针为主，慢性者以白针为主，配合眼药水点眼。

白针：承泣、睛明、丝竹空、瞳子髎、阳白、攒竹。

血针：耳尖、四白。

水针：承泣穴注射青霉素、普鲁卡因、地塞米松混合液。

(17) 骨关节炎　治疗原则：白针、电针为主。

根据不同局部症状选择的局部穴位：

肘部者，前三里、曲池、尺泽、外关、天井、肘俞、合谷。

腕部者，外关、阳池、合谷、腕骨、后溪。

髋部者，环跳、居髎、秩边、承扶、荐角、悬钟。

膝关节者，膝阳关、后三里、犊鼻、膝凹、血海。

脊柱者，大椎、大杼、风池、华佗夹脊、腰阳关、肾俞、人中。

根据中兽医证型不同配合增加的穴位：

肝肾亏虚者，肾俞、肝俞、关元、气海、太溪、复溜。

寒湿痹症者，命门、肾俞、关元、三阴交、阴陵泉、后三里。

湿热阻络者，大椎、曲池、尾尖、合谷、三阴交、阴陵泉。

(18) 心脏衰竭　治疗原则：白针为主，艾灸、水针为辅助，服用中药以养心安神。

① 心气虚与心阳虚

白针：心俞、神门、膻中、厥阴俞、巨阙、内关、气海、人中、涌泉、后三里。

艾灸：命门、关元、巨阙、腰百会、腰阳关。

② 心血虚与心阴虚

白针：心俞、厥阴俞、安神、神门、膈俞、血海、后三里、内关、肾俞、三阴交、太溪。

水针：厥阴俞、心俞、安神、神门。

(19) 肾脏衰竭　治疗原则：治疗以白针、水针为主。

白针：肾俞、三焦俞、关元、气海、委阳、阴谷、复溜、太溪、传统肾俞、肾棚、肾角。

根据中兽医证型不同配合增加的穴位：

肾阳虚者，膀胱俞、命门、腰阳关、室室。

肾阴虚者，三阴交、血海、照海。

肾精虚者，后三里、关元俞、脾俞、胃俞。

热阻三焦者，胆俞、三焦俞、阳陵泉、京门。

水针：肾俞、委阳、关元、气海、太溪。

艾灸：肾阳虚者可灸关元、气海、命门、腰阳关等穴。

(20) 糖尿病　治疗原则：白针为主，配合中药和西药治疗。

① 肾阴虚

白针：肾俞、三阴交、大椎、复溜、太溪、血海、阴谷、阴陵泉、章门。

② 气阴两虚

白针：膻中、关元、气海、关元俞、气海俞、章门、后三里、太溪、三阴交、肾俞（经外奇穴）、肾棚、肾角。

③ 血瘀、肾精不足、肾气虚或肾阴虚

白针：膀胱俞、气海俞、后三里、三焦俞、章门、大包、合谷、太冲。

（21）瘙痒　治疗原则：以白针、水针为主。

白针：风池、膈俞、血海、三阴交、太冲。

根据中兽医证型不同配合增加的穴位：

风热者，天柱、风门、耳尖、尾尖。

湿热者，丰隆、阴陵泉、耳尖、尾尖。

血热者，大椎、合谷、曲池、阳陵泉。

血虚者，足三里、神门、安神。

肝肾阴虚者，太溪、肾俞。

水针：风池、膈俞、血海、三阴交。

（22）行为问题/心神烦乱　治疗原则：以白针、水针为主。

白针：头百会、安神、大风门、膻中、神门、内关、列缺、心俞/（神堂）、厥阴俞/（膏肓）、太冲。

根据中兽医证型不同配合增加的白针穴位：

痰火上炎者，大椎、太阳、耳尖、尾尖、内庭、少冲、中冲、丰隆、后溪、行间。

阴虚火旺者，太溪、肾俞、三阴交。

心气虚者，前三里、足三里。

心气血不足者，膈俞、血海、三阴交。

水针：头百会、安神、大风门、膻中、心俞/（神堂）、厥阴俞/（膏肓）。

5.8.4　犬常用针灸穴位

犬常用针灸穴位索引见表5-2。

表5-2　犬常用针灸穴位索引

序号	名称	定位	主治
1	安神	位于耳基部背侧和腹侧边缘的中间的大凹陷处，也就是在翳风和风池中间	安神，外风，内风，颈部僵硬，头痛，流鼻血，鼻塞，面瘫，耳炎，耳聋
2	承扶	坐骨结节外侧边界的腹侧，在二头肌凹槽之中（在股二头肌和半腱肌之间）	背部疼痛，后肢麻痹（瘫痪）
3	承泣	正对瞳孔中央下方，在眼眶下脊之内。通过将眼球向背侧后退，针指向眼眶下脊之上，经过皮肤和眼球下方穿透此穴	葡萄膜炎，结膜炎，肝热
4	长强	背正中线上肛门和尾巴基部中间的凹陷处	腹泻，便秘，肛周问题，癫痫
5	传统肾俞	腰百会旁开1寸	元气、肾气阳虚，腹泻，便秘，椎间盘疾病，后肢轻瘫或麻痹（瘫痪）
6	尺泽	肘部弯曲，在肘弯的内侧，恰好在肱二头肌肌腱的外侧	肺病，肺热，发热，咳嗽，哮喘
7	大包	胸的外侧方，位于第7肋间，与肩部尖端同一水平	广泛的疼痛，胸痛，呼吸困难，消化机能障碍，前后肢无力，萎症
8	犊鼻	在膝盖骨远端的凹陷处，髌韧带的外侧。也指"膝盖的外侧眼睛"或外膝眼	后膝关节问题，后肢无力
9	地仓	嘴巴外侧的结合处，黏膜和皮肤边界的尾侧0.1寸	面瘫，牙疼
10	大肠俞	第5腰椎背侧棘突的尾侧缘，旁开1.5寸	腹部疼痛，腹泻，便秘，背部疼痛

续表

序号	名称	定位	主治
11	大风门	中线上，耳基部的头侧边缘	定神，内风，癫痫突然发作，颤动，头痛，眩晕，鼻塞
12	地机	后肢的内侧，阴陵泉远端3寸，胫骨尾侧边界上，深部趾屈肌的头侧	腹泻急性发作，腹部疼痛，腹泻，水肿，热循环无规律，排尿困难，腹部包块
13	胆俞	第11胸椎背侧棘突的尾侧缘，旁开1.5寸	黄疸，肝脏疾病，低潮汐热，肝气阻滞
14	大椎	背正中线上C7-T1椎骨背侧棘突之间的凹陷处	高热，咳嗽，哮喘，虚热，颈部僵硬，荨麻疹，癫痫
15	膻中	腹正中线上，第4肋间水平的凹陷中	排尿困难，咳嗽，呕吐，膈肌痉挛，乳汁缺乏，胸部疼痛
16	大杼	第1胸椎背侧棘突的尾侧缘，旁开1.5寸（此穴可能将针刺于棘突和肩胛骨内侧缘中间，将针稍指向外侧）	咳嗽，发热，颈椎僵硬，肩膀疼痛，退行性关节病，椎间盘疾病，背部疼痛
17	丰隆	外侧踝和胫骨平台（胫骨近端）之间距离的一半，肢体头侧区域旁开2寸，在胫骨前肌和长指伸肌之间的凹槽中	肥胖症，脂肪瘤，痰症，湿热皮肤瘙痒
18	耳尖	耳朵的凸面，在耳尖处的内眦静脉	发热，风热，热气，腹部疼痛
19	耳门	耳屏前切迹喙部，在听宫的正背侧，嘴巴张开时，在下颌骨尾侧边缘以及髁状突背侧	耳朵问题，牙病
20	二眼	在骶前孔中，两对两边的穴位	腰骶疼痛，后肢轻瘫，不孕不育，子宫炎
21	风池	颈部背侧，恰好在枕骨隆突尾侧外侧，寰椎翼的头侧边缘的内侧的大凹陷中	外风，内风，颈部僵硬，头疼，流鼻血，鼻涕/鼻塞，癫痫
22	复溜	内侧踝顶尖的近端2寸，在跟腱的头侧边缘	无汗症，腹泻，水肿，腹部胀满，后肢麻痹（瘫痪）
23	肺俞	第3胸椎背侧棘突尾侧边界旁开1.5寸	咳嗽，哮喘，低潮汐热，阴虚，鼻塞
24	肝俞	第10胸椎背侧棘突的尾侧缘，旁开1.5寸	黄疸，肝脏疾病，眼睛问题，高血压背部疼痛，癫痫，易怒（应激性）
25	膈俞	第7胸椎背侧棘突尾侧边界旁开1.5寸	血虚，阴虚，呕吐，反胃，咳嗽，呼吸困难
26	关元	腹正中线，肚脐尾侧3寸	补肾气或肾阳，肾衰，阳痿，疝气，急腹痛（疝痛），腹泻，体重减轻
27	关元俞	第6腰椎旁开1.5寸	肾阳/气虚，尿失禁或滴尿，阳痿，背部疼痛，腹泻
28	合谷	在第2和第3掌骨之间，第3掌骨中点内侧。猫：可供替代选择的位置为第2掌骨中点内侧	鼻涕/鼻塞，面瘫，牙痛
29	后三里	犊鼻远端3寸，胫骨嵴旁开0.5寸；在胫骨前肌腹，是一个长线型穴位	恶心，呕吐，胃痛，胃溃疡，积食，强壮全身
30	环跳	大转子和坐骨结节中间的大凹陷处。（股骨头周围的"保龄球三穴"的其中一穴）	臀肌酸痛，后肢疼痛，髋股关节关节炎，后肢麻痹（瘫痪）
31	华佗夹脊	T1-L7的椎体之间，背正中线旁开0.5寸，膀胱经穴位以内1寸（背部每侧各19个穴位）	椎间盘疾病，背部疼痛
32	后溪	恰好在掌指关节近端，第5掌骨尾侧外侧	颈部僵直，背部疼痛，红眼
33	会阴	在肛门和阴囊或者阴户中间，中线上的凹陷处	肛周问题，排尿困难，不孕不育，癫痫

序号	名称	定位	主治
34	颊车	咬肌中间的凹陷处，恰好在下颌角喙部	面瘫，牙疼
35	荐角	恰好在髂骨翼背侧缘的腹侧的凹陷中	髋的问题，后肢跛行、轻瘫和麻痹（瘫痪）
36	颈夹脊	恰好在上下椎骨侧突之间，在的 C1-C2，C2-C3，C3-C4，C4-C5，C5-C6，C6-C7 间的椎间盘水平（颈部每侧 6 个穴位）	颈部僵硬，摇摆疾病
37	肩髎/肩外俞	肩峰的尾侧和远端，在三角肌肩峰头的尾侧边缘	肩膀疼痛，前肢疼痛
38	京门	第 13 肋游离肋末端	不孕，内分泌紊乱，腰背痛，肠绞痛，肾虚
39	睛明	眼睛内眦背侧 0.1 寸	眼睛问题，头痛
40	巨阙	腹正中线上，中脘到剑状软骨突之间的中点（从肚脐到剑状软骨突的 3/4 的距离）	焦虑，心悸，精神烦乱，呕吐，癫痫
41	解溪	后肢背侧跗关节水平正中线上的凹陷处，在长趾伸肌和胫骨前肌的肌腱之间	痿症，后肢瘫痪/麻痹，脾虚
42	肩髃（肩井）	肩峰的尾侧和远端，在三角肌肩峰头的尾侧边缘	肩膀疼痛，颈部僵硬
43	厥阴俞	第 4 胸椎背侧棘突尾侧边界旁开 1.5 寸	咳嗽，胸痛，呕吐，焦虑
44	脊中	背中线上 T11-T12 之间	椎间盘问题，脾胃机能紊乱
45	昆仑	外侧踝和跟骨之间的薄肉组织，在外侧踝顶尖的水平（此穴在太溪的对侧稍近端）	流鼻血，难产，背部疼痛，跗部疼痛，头疼，颈椎僵硬，高血压，癫痫
46	六缝	在脚趾之间的皮肤褶皱中，每只脚有 3 个穴位（后肢 6 个，前肢 6 个），针经过脚蹼，刺入指掌关节或者距趾关节背侧	轻瘫，麻痹（瘫痪）
47	列缺	桡骨茎突的近端，桡腕关节以上 1.5 寸	咳嗽，气喘，头疼
48	命门	背正中线上，第 2 和第 3 腰椎背侧棘突之间	阳痿，不孕不育，腹泻，异常发情，背部疼痛，阳虚
49	内关	腕横纹近端的 3 寸，在桡侧腕屈肌和浅表指屈肌之间的凹槽中，也在前臂骨间的区域	呕吐，焦虑，失眠，头疼，胸痛，心悸，前肢麻痹（瘫痪），癫痫
50	脑枢	在颞肌上，耳基部头侧到外眦连线上 1/3 处	癫痫突然发作，精神烦乱
51	内庭	在第 3 和第 4 趾的肉蹼边缘，恰好在第 3 趾趾掌关节的外侧远端的凹陷中	胃热，胃溃疡
52	脾俞	第 12 胸椎背侧棘突的尾侧缘，旁开 1.5 寸	脾虚，湿气，腹部胀满，呕吐，水性或血性腹泻，水肿，黄疸，背部疼痛
53	曲池	肘弯的外侧末端，肘部弯曲时，二头肌肌腱到肱骨外侧踝之间的一半距离	风热，腹泻，便秘，肘部疼痛
54	抢风（肩贞）	肱骨尾侧，沿着三角肌尾侧缘与三头肌的连接处的一个大凹陷处（在三头肌的长外侧头之间，肩关节水平）	耳朵问题，肩膀疼痛，前肢跛行或麻痹
55	气海	腹正中线，肚脐尾侧 1.5 寸	补肾气或肾阳，肾衰，阳痿，疝气，急腹痛（疝痛），腹泻，体重减轻
56	气海俞	第 4 腰椎背侧棘突尾侧边界旁开 1.5 寸	气虚，背部疼痛，腹部疼痛，子宫疾病
57	期门	第 6 肋间肋骨软骨连接处的凹陷中	肝脏机能紊乱，乳腺炎，胸膜炎，胸部疼痛，肌肉疼痛

序号	名称	定位	主治
58	曲泉	膝盖内侧的腘横纹内侧方位，股骨内侧髁突的尾侧（阴谷的头侧）	雌雄生殖障碍，子宫下垂，外阴瘙痒，尿失禁，后膝关节疼痛
59	前三里	曲池远端2寸（1/6肘部到腕部的距离），桡侧伸腕肌和指总伸肌之间	免疫调节，强壮全身，皮肤瘙痒，腹泻，风热，肘部疼痛，前肢和后肢无力
60	人中	人中（上唇上的垂直线，两个鼻孔之间），鼻孔腹侧范围水平，在没有毛发的皮肤上	昏迷，面瘫，狂躁，背部疼痛，IVDD（椎间盘退行性病变）
61	山根	鼻子背正中线上，在无毛和有毛的连接处的区域	食欲刺激，休克，昏迷，风寒，风热
62	四白	眼眶下小孔中间的凹陷处	结膜炎，葡萄膜炎，腹部疼痛
63	少府	脚爪掌面上第4和第5掌骨之间，掌指连接处的近端，恰好在肉垫基部的近端	尿失禁，外阴瘙痒，心悸，脚痛
64	上关	颞下颌关节的尾侧末端的凹陷中（嘴巴张开时明显），咬肌的尾侧，颧弓和下关的背侧	牙痛，下颌疼痛，面瘫，头痛，摇头
65	肾角	传统肾俞尾侧1寸	阳虚，腹泻，便秘，椎间盘问题，后肢轻瘫或麻痹（瘫痪）
66	三焦俞	第1腰椎背侧棘突尾侧边界旁开1.5寸	水肿，呕吐，腹泻，背部疼痛
67	上巨虚	后三里远端3寸，胫骨嵴旁开0.5寸；在胫骨前肌中	腹泻，肠溃疡，便秘
68	神门	在腕关节横纹处，尺侧腕屈肌肌腱外侧的大凹陷处和尺骨外侧肌肌腱的尾侧	精神烦乱，焦虑，失眠，胸痛，记忆力差，坐立不安，癫痫
69	肾棚	传统肾俞头侧1寸	阳虚，腹泻，便秘，椎间盘问题，后肢轻瘫或麻痹（瘫痪）
70	肾俞	第2腰椎背侧棘突的尾侧缘，旁开1.5寸	肾阴/气虚，尿失禁，阳痿，耳聋，背部酸痛无力
71	三阴交	内侧踝顶尖近端3寸，在胫骨尾侧边缘的小凹陷中（此穴位在外侧穴位悬钟的对侧）	阴虚/血虚，湿气，水性腹泻，子宫问题
72	丝竹空	眉毛末端眼眶边缘上的凹陷中，它是外眦的延伸	眼睛问题，面瘫，牙病，脑炎，癫痫
73	头百会	背正中线上与两耳尖连线上的凹陷处，中央耳道的水平	镇静穴位，精神烦乱，头疼，癫痫，直肠脱垂
74	太冲	在第2和第3跖骨之间，跖趾关节的近端	肝气郁滞，循环异常，后肢麻痹（瘫痪）
75	天窗	在头臂肌肉中，C2-3椎间空间的水平，背中线向腹侧外侧旁开3寸（恰好在C2-3间的颈夹脊穴位的背侧）；用最后一根肋骨的宽度来作为寸的度量	颈部僵硬，耳朵问题，耳聋，咽炎
76	听宫	耳屏的喙侧（耳门的腹侧），在下颌骨尾侧缘，下颌骨髁突的稍背侧	耳炎，耳聋，甩头，牙疼，癫痫
77	天井	在三头肌肌腱上凹陷中，恰好在肘突近端	前肢麻痹（瘫痪），咽喉痛，耳聋，牙痛
78	天门	背正中线，耳基部尾侧缘	癫痫突然发作，失去声音，头晕
79	天平	背正中线上T13-L1之间	内出血，血尿，去势、卵巢切除出血
80	天枢	脐中心旁开2寸，于腹直肌中央	便秘，腹泻，腹部疼痛，呕吐

序号	名称	定位	主治
81	天突	腹正中线上胸骨柄顶尖	咳嗽，哮喘，排尿困难，咽喉痛，甲状腺问题，膈肌痉挛，胸部疼痛
82	太溪	在内侧踝和跟骨之间的薄肉组织中，内侧踝顶尖的水平（此穴在昆仑的对侧稍远端）	肾衰，糖尿病，呼吸困难，耳聋，耳朵问题，背部疼痛，阳痿，排尿困难
83	太渊	桡腕关节内侧区域，恰好在桡动脉的头侧，在神门所在的水平。这个穴位要从肢体的背侧进针	肺虚，咳嗽，哮喘，呼吸困难
84	瞳子髎	外眦旁开0.2寸，眼眶边缘之上凹陷中	眼睛问题，无汗症，感冒，头痛
85	外关	腕部以上3寸，在前肢头外侧的桡骨和尺骨骨间的地方（正对内侧区域的内关；要找到内关最好是先找到外关）	前肢麻痹（瘫痪），头疼，热性疾病，红眼，耳朵问题，颈部疼痛卫气虚
86	腕骨	前肢的外侧，腕关节远端，第5掌骨基部的尾外侧	前肢无力，颈部疼痛，椎间盘疾病，黄疸，发热，腕部疼痛，骨关节炎
87	尾尖	在尾巴的顶尖	尾巴麻痹，后肢无力
88	胃俞	第13胸椎背侧棘突的尾侧缘，旁开1.5寸	腹部疼痛，便秘，呕吐，胃溃疡，腹泻，腹部胀满
89	委中	膝后窝的中央，可通过将针指向头侧髌骨找到此穴	排尿困难，尿失禁，髋关节、背部问题，自身免疫疾病，呕吐，腹泻
90	膝凹	在膝盖骨远端的凹陷处，髌韧带的内侧。也指"膝盖的内侧眼睛"或内膝眼。和犊鼻一起指膝眼	后膝关节问题，后肢无力
91	下关	咬肌尾侧，颞下颌关节头侧	牙疼，下颌疼痛，面瘫，头痛，摇头
92	小海	肘部内侧，肱骨内侧上髁和鹰嘴（肘突）之间	癫痫，肘部疼痛
93	血海	后膝关节弯曲时，穴位在髌骨内侧和远端的2寸处（对角线上），在缝匠肌第2个肌腹头侧的凹陷处	血虚，血热，血滞，皮肤瘙痒，后肢麻痹或瘫痪
94	行间	第2趾外侧方，跖趾关节的远端，脚蹼中	肝阳上升，眼睛问题，趾骨癌，循环异常，头痛
95	心俞	第5胸椎背侧棘突尾侧边界旁开1.5寸	焦虑，精神烦乱，失眠，记忆力差，癫痫，胸痛，充血性心力衰竭
96	悬钟	外侧踝顶尖的近端3寸，腓骨尾侧边缘的凹陷处，即在外侧隐静脉交叉的附近（三阴交的对面）	颈部僵硬，后肢轻瘫或麻痹（瘫痪），肛门问题，胸痛，喉咙痛
97	阳白	在额骨的一个凹陷中，眉毛延伸中点背侧1寸处（在可见眉毛的末端）	角膜炎，结膜炎，葡萄膜炎
98	腰百会	背正中线上L7-S1之间	阳虚，腹泻，便秘，椎间盘疾病，后肢轻瘫或麻痹（瘫痪）
99	阳池	桡腕关节背外侧方的大凹陷中，恰好在指总伸肌肌腱的外侧	腕部损伤或疼痛，咽炎，糖尿病
100	翳风	耳朵腹侧，下颌骨和乳突之间的凹陷中	耳炎
101	阳关	可变的位置；在L4-L5，L5-L6或者L6-L7的背侧棘突之间最大凹陷处	阳虚，阳痿，不孕不育，后肢麻痹（瘫痪）

序号	名称	定位	主治
102	阳陵泉	恰好在腓骨头末端头侧的大凹陷中，后肢的外侧边	呕吐，胆病，后肢无力，韧带/肌腱无力
103	阴陵泉	胫骨内侧骨突的下边缘，在胫骨尾侧边缘和腓肠肌之间	阴虚，湿气，水样腹泻，皮肤瘙痒，萎症
104	涌泉	在后肢爪子的脚底面上，位于第3和第4跖骨之间，后脚中央肉垫下面	后肢无力，昏迷，咽喉痛，滴尿，失音
105	秩边	恰好在股骨大转子背侧，髋关节周围的"保龄球三穴"的其中一穴	后肢轻瘫/麻痹，髋部问题，肛周问题，腰部疼痛
106	照海	跗部弯曲时，此穴直接地位于内侧脚踝的远端和脚底侧的凹陷处	共济失调，外阴瘙痒，失眠，便秘，排尿困难，咽喉痛
107	中极	腹正中线，肚脐尾侧4寸	排尿困难，肾衰，阳痿，疝气，外阴瘙痒
108	章门	躯体外侧，恰好在第12肋骨游离末端之下	腹部胀满，急腹痛，腹泻，腹部团块，肌肉痛
109	置室	第2腰椎背侧棘突尾侧边界旁开3寸，在背最长肌的外侧边界，肾俞旁开1.5寸	肾阳/气虚，阳痿，水肿，滴尿，背部疼痛
110	肘俞	肱骨外侧骨髁和肘突之间（内侧小海对侧）	肘部残废，尺骨神经麻痹
111	中脘	腹正中线上，肚脐到剑状软骨突之间中点	胃痛/溃疡，呕吐，反胃，腹泻，黄疸
112	攒竹	眶上嵴内，眉毛内侧末端腹侧	头痛，眼睛问题，面瘫

5.8.5 猫常用针灸穴位

猫常用针灸穴位索引见表5-3。

表5-3 猫常用针灸穴位索引

序号	名称	定位	主治
1	百会	最后腰椎与第一荐椎棘突之间	腰胯疼痛、后躯瘫痪、脱肛、不孕症
2	承泣	正对瞳孔中央下方，在眼眶下脊之内	葡萄膜炎、结膜炎，肝热
3	大肠俞	第5腰椎背侧棘突的尾侧缘，旁开1.5寸	消化不良、肠炎、泄泻
4	大椎	第7颈椎与第1胸椎棘突之间	发热、咳嗽、前肢及肩部风湿症、扭伤
5	胆俞	第11胸椎背侧棘突的尾侧缘，旁开1.5寸	肝炎、黄疸、眼病
6	耳尖	耳郭背面尖端脉管上	发热、中暑、感冒、中毒
7	二眼	在骶前孔中，两对两边的穴位	腰骶疼痛、后肢轻瘫，不孕不育、子宫炎
8	肺俞	第3胸椎背侧棘突的尾侧缘，旁开1.5寸	咳嗽、气喘
9	风池	颈部背侧，恰好在枕骨隆突尾侧外侧，寰椎翼的头侧边缘的内侧的大凹陷中	感冒、颈部风湿
10	肝俞	第10胸椎背侧棘突的尾侧缘，旁开1.5寸	肝炎、黄疸、眼病
11	膈俞	第7胸椎背侧棘突的尾侧缘，旁开1.5寸	慢性出血性疾患、膈肌痉挛
12	关元俞	第6腰椎背侧棘突的尾侧缘，旁开1.5寸	消化不良、便秘、泄泻
13	合谷	前肢第一、二掌骨之间，第二掌骨外侧缘中点	感冒、前肢麻痹或疼痛
14	后海	尾根与肛门之间的凹陷中	腹泻、脱肛、公犬阳痿、母犬不发情
15	后六缝	跗趾关节缝中皮肤皱褶处，每肢3穴	后肢扭伤或麻痹、休克

序号	名称	定位	主治
16	后三里	犊鼻远端3寸,胫骨嵴旁开0.5寸;在胫骨前肌腹,这是一个长线型穴位	消化不良、腹泻腹痛、后肢麻痹和疼痛
17	环跳	股骨大转子和坐骨结节中间的大凹陷处	后肢麻痹、腰胯疼痛
18	会阴	肛门和阴囊或者阴户中间,中线上的凹陷处	肛周问题,排尿困难,不孕不育,癫痫
19	脊中	第十一、十二胸椎棘突之间	椎间盘问题,脾胃机能紊乱
20	华佗夹脊	第一胸椎至第七腰椎各棘突后,背正中线旁开0.5寸	椎间盘疾病,背部疼痛
21	肩井	肩峰前下方臂骨大结节上缘的凹陷中	肩部扭伤、前肢神经麻痹
22	解溪	跗关节前横纹中,胫、跗骨之间的静脉上,或避开血管取穴	萎症,后肢瘫痪/麻痹,脾虚
23	睛明	内眼角上、下眼睑交界处	结膜炎、角膜炎
24	开关	口角后上方咬肌前缘	牙关紧闭、面神经麻痹
25	廉泉	在喉的头侧,腹正中线上	多涎症,喉麻痹
26	命门	第二、三腰椎棘突之间	腰部风湿、泄泻、肾虚腰痿、腰椎病
27	内关	腕横纹近端的3寸,在桡侧腕屈肌和浅表指屈肌之间的凹槽中	呕吐,焦虑,头痛,胸痛,心悸,前肢麻痹(瘫痪),癫痫
28	膀胱俞	第1、2荐椎之间,背中线旁开1.5寸	膀胱炎、膀胱痉挛、尿潴留、血尿、腰痛
29	脾俞	第12胸椎背侧棘突的尾侧缘,旁开1.5寸	食欲不振、消化不良、腹泻、呕吐、贫血
30	气海俞	第4腰椎背侧棘突的尾侧缘,旁开1.5寸	便秘、气胀
31	前六缝	掌指关节缝中皮肤皱褶处,每肢3穴	前肢扭伤或麻痹、休克
32	曲池	肘关节前外侧,肘横纹外端凹陷中	前肢及肘部扭伤或疼痛、桡神经麻痹
33	前三里	前臂外侧上1/4处,桡骨外侧肌肉间	前肢肌肉扭伤或风湿症、前肢神经麻痹
34	抢风	肩关节后方的肌肉凹陷中	前肢麻痹、扭伤或风湿
35	人中	上唇唇沟上1/3与中1/3交界处	中暑、咳嗽、休克、昏迷、中风
36	三焦俞	第1腰椎背侧棘突的尾侧缘,旁开1.5寸	食欲不振、消化不良、腹泻、呕吐、贫血
37	山根	鼻背正中有毛与无毛交界处	中暑、休克、感冒、发热、中风
38	上关	颧弓上方与颞下颌关节突的关节囊内	颜面神经麻痹、耳聋
39	神阙	脐窝正中	呕吐、腹泻、脱肛
40	肾俞	第2腰椎背侧棘突的尾侧缘,旁开1.5寸	肾炎、多尿症、不孕症、腰部风湿、扭伤
41	太溪	跟骨内侧凹陷中	扭伤、后肢麻痹
42	太阳	外眼角后方凹陷处	头痛,面瘫,结膜炎,其他急性眼睛问题
43	天门	背正中线,耳基部尾侧缘	癫痫突然发作,失去声音,头晕
44	天枢	脐中心旁开2寸,于腹直肌中央	便秘,腹泻,腹部疼痛,呕吐
45	天突	胸骨上窝正中	咳嗽,气喘
46	外关	前臂外侧下1/4处,桡骨与尺骨间隙中	桡尺神经麻痹、前肢风湿、便秘、缺乳
47	腕骨	前肢尺骨远端和副腕骨间的凹陷中	前肢无力,颈部疼痛,椎间盘疾病,腕部疼痛,骨关节炎
48	尾根	最后荐椎与第一尾椎棘突之间	尾麻痹、脱肛、便秘、腹泻、后肢瘫痪

续表

序号	名称	定位	主治
49	尾尖	尾末端	中暑、感冒、发热、中毒、腹泻、中风
50	胃俞	第13胸椎背侧棘突的尾侧缘,旁开1.5寸	食欲不振、消化不良、腹泻、呕吐
51	膝凹	股骨与胫骨外髁的凹陷中	后膝关节问题,后肢无力
52	犊鼻	髌骨上缘外侧0.5cm	后膝关节问题,后肢无力
53	下关	颧弓下方与下颌切迹形成的凹陷中	颜面神经麻痹
54	小肠俞	第7腰椎背侧棘突的尾侧缘,旁开1.5寸	肠炎、肠痉挛、腰痛
55	心俞	第5胸椎背侧棘突的尾侧缘,旁开1.5寸	癫痫、心病
56	阳池	桡腕关节背外侧方的大凹陷中,恰好在指总伸肌肌腱的外侧	腕部损伤或疼痛、咽炎、糖尿病
57	阳关	第四、五腰椎棘突之间	阳虚,阳痿,不孕不育,后肢麻痹(瘫痪)
58	阳陵泉	在腓骨头末端头侧的大凹陷中,后肢外侧边	呕吐,胆病,后肢无力,韧带/肌腱无力
59	翳风	耳基部,下颌关节后下方的凹陷中	面神经麻痹,耳聋
60	印堂	两眼眶上突连线的中点处	感冒、意识不清、癫痫
61	涌泉	在后肢爪子的脚底面上,位于第3和第4跖骨之间,后脚中央肉垫下面	后肢无力,昏迷,咽喉痛,滴尿,失音
62	中脘	在剑状软骨后缘与脐眼之间的正中处	消化不良、呕吐、腹泻
63	肘俞	臂骨外上髁与肘突间的凹陷中	肘关节痛、前肢神经麻痹。

第六章
外科手术

6.1 基本操作技术

6.1.1 无菌技术基本操作

　　无菌技术是以预防伤口感染为目的，在手术、穿刺、注射、换药等操作过程中必须遵守的原则和技术方法，因而手术无菌技术是保证手术成功的必要条件，也是手术基本技术的重要组成部分。

　　手术无菌技术是指通过清洁、消毒和灭菌等综合技术与措施，使手术环境和手术区域的微生物尽量减少到最低限度，尽可能防止发生手术污染和手术感染。只有牢固树立无菌观念，严格遵守无菌原则，按无菌规章制度全面实施各项无菌技术和措施，才能发挥手术无菌技术的综合效能，达到手术无菌技术的总体要求。无菌技术操作的原则包括：

　　（1）无菌技术操作前30min，停止清扫地面，减少走动，防止空气中尘埃增多。治疗室每日用紫外线照射消毒一次。

　　（2）操作前，工作人员必须修剪指甲、洗手、戴口罩和帽子。必要时穿无菌衣，戴无菌手套。穿戴好无菌手术衣和手套的手术人员的脐部以下、颈部以上及肩背部，应视为有菌区，严防手部及器械触及上述区域。

　　（3）手术中器械和物品的传递均应从手术人员的胸前通过，不得在手术人员的脐部以下、颈部以上传递，手术台上如需添用物品，必须由台下人员用消毒钳夹取递到台上。

　　（4）无菌物品和非无菌物品分开放置。无菌物品必须存放在无菌容器中，一经取出，虽未使用，也不可放回无菌容器内。

　　（5）无菌包外应注明物品名称、灭菌日期。无菌包放置于清洁、干燥、固定的地方，保存期为7～14d。过期或包布受潮，均应重新灭菌。

　　（6）取无菌物品须用无菌持物钳。未经消毒的用物、手、臂不可触及无菌物品。无菌物品被污染或疑有污染不可使用，应予更换。

　　（7）手术室内的人员不宜过多，手术人员应严肃认真，严禁大声谈话、面对台面咳嗽。口罩潮湿后应予更换，手术人员有流汗，应及时由他人擦干，不可滴在手术台上。

　　（8）一份无菌物品，仅可一次使用。

6.1.2 清创缝合技术

　　清创缝合是指对污染伤口进行处理，使其转变为或接近于清洁伤口，争取一期愈合。如开放性伤口，6～8h内行清创缝合，8～12h以内的伤口如伤口较清洁，经彻底清创后也可缝合。

　　（1）术前准备

　　① 一般应用局部浸润麻醉或神经阻滞麻醉。

　　② 适当应用止痛、镇静和抗生素。

　　③ 病畜休克时应先予纠正，以后再行清创缝合术。

（2）手术步骤

① 清洗去污：用无菌纱布暂时覆盖伤口，剪去毛发，伤口周围先用肥皂水、清水清洗皮肤的血渍和污垢，然后取掉伤口的纱布，以无菌生理盐水冲洗伤口，取出表在的血凝块和异物，再覆盖以无菌纱布。用碘酒、乙醇消毒皮肤。

② 清理伤口：根据伤情、伤口部位和大小施行适当的麻醉，消毒伤口周围的皮肤，并铺盖手术单，戴手套（必要时穿无菌手术衣），仔细检查伤口，清除血凝块和异物，切除失去活力的组织和明显挫伤的创缘组织（皮肤、皮下组织等），随时用无菌盐水冲洗。如伤口较深，可适当扩大伤口和切开筋膜，以便处理深部创伤组织，直至伤口较清洁和显露血液循环较好的组织。伤口内彻底止血，再次用无菌生理盐水。伤口污染较重时，可用3%过氧化氢清洗伤口。

③ 缝合伤口：更换手术单、器械和手术者手套，重新消毒铺巾，按组织层次缝合创缘，污染严重或留有死腔时应置引流物如皮片，或延期缝合皮肤。伤口覆盖无菌纱布或棉垫以胶布固定。缝合完毕，敷料包扎。

（3）术后处理

① 酌情应用抗生素。

② 关节处术后固定于功能位或其他适当位置。

③ 术后3d换药，如有明显感染征象，部分拆线。

④ 伤口较深时，注射破伤风抗毒素。

（4）清创注意事项

① 切除伤口组织前，考虑形态和功能的恢复，尽可能保留和修复重要的血管、神经和肌腱，较大的骨折片，即使已与骨膜分离，仍应清洗后放回原位。

② 伤口内止血应彻底，以免再形成血肿。

③ 缝合时勿残留死腔，皮肤缺损时应及时植皮以保护组织，特别是神经、血管、骨关节。

④ 伤口内是否应用抗生素，应根据具体情况决定。但局部应用抗生素不能代替清创处理。

6.1.3 脓肿切开技术

脓肿是组织内发生的局限性化脓性炎症，主要表现为组织溶解液化，形成充满脓液的腔，脓液是由变性坏死的中性白细胞和坏死溶解的组织组成的液体，其内常含致病菌。脓肿主要由金黄色葡萄球菌引起，多发生于皮肤和内脏（肺、肾、肝）。脓肿切开主要是对浅表部脓肿。

（1）术前准备

① 清洗局部皮肤、剃毛。

② 局部浸润麻醉，注药时应从脓肿周围向中心注射，但不要注入脓腔。

（2）手术方法

① 碘酒、乙醇消毒局部皮肤，铺无菌巾。

② 切口应选择在脓肿隆起、波动明显和位置较低的部位，以利引流。深部脓肿应沿浅层肌肉纤维走行方向，关节处脓肿应横行切开，以防影响关节的屈伸。

③ 浅部脓肿，切开皮肤后脓液即可流出，然后根据脓腔的大小，再向两端延长切口，直达脓腔边缘。深部脓肿先用一粗针头穿刺定位后，将针头留在原处，作为引导，然后切开皮肤、皮下组织，用止血钳钝性分离肌层，直达脓腔，并将其充分扩张。以手指伸入脓腔，分开脓腔内的纤维间隔，使引流通畅。

④ 脓液及坏死组织排出后，脓腔内可放凡士林纱布。若伤面有渗血时，应用凡士林纱布稍加压填塞以止血，外用敷料包扎。

（3）术后处理

① 根据脓液渗出的多少及时更换敷料，引流物填塞不宜过紧，以免影响引流。伤口保持口大底小以保证引流通畅并使伤口从基底部逐渐愈合。

② 脓肿切开引流后创面经久不愈合时，应考虑下列情况：异物或坏死组织存留；脓腔壁硬化，死腔过大；换药技术不当或全身营养不良等。

6.1.4 伤口拆线技术

缝线拆除时间可根据伤口部位、局部血液供应情况、病畜年龄决定。皮肤缝合后，经过一段时间组织愈合，其牢固性已能阻止切口裂开时，应拆除缝线。拆线的时间，因部位不同而各异，头颈部、躯干部和背部 8～10d，胸腹侧上部 10～12d，下腹部要延至 14～16d。老龄体弱家畜、局部张力较大、组织恢复能力较差或天气寒冷时，可延期拆线。创口一经化脓，缝线便在创内变为感染源，应及早拆除。先拆除下部缝线，以利排脓引流，待局部创口二期愈合后，再拆除其余部分。

（1）拆线方法

① 常规用碘酊消毒创口、缝线及创口周围皮肤，蘸洗伤口血迹和缝线线头，使线头不粘在皮肤上。

② 用血管钳或镊子夹住，轻轻向上提起，拉向一侧露出对侧针孔内的未污染的缝线，将灭菌剪刀插入线结下，紧贴对侧针眼将未污染的缝线剪断，拉出缝线。

③ 全部缝线拆除后，用酒精棉球消毒一遍，盖无菌敷料，胶布固定。

（2）注意事项 下列情况应考虑延迟拆线、体弱伤口愈合不良者、严重失水或水电解质紊乱尚未纠正者，严重贫血、消瘦者，伴有呼吸道感染、咳嗽没有消除的胸腹部切口以及切口局部水肿明显且持续时间较长者。

6.1.5 换药技术

换药的目的是观察伤口，了解愈合情况，清除伤口分泌物，去除坏死组织和异物，充分引流伤口，控制感染，促进伤口愈合。

（1）换药前准备

① 洗净双手。

② 穿上工作服。

③ 准备好换药物品，包括换药碗两个，一个盛无菌纱布及凡士林纱布、干敷料等，一个盛酒精棉球、新洁尔灭棉球或湿敷料等；换药镊两把；无菌剪刀、引流条；绷带、胶布等。

（2）换药原则

① 严格无菌操作。

② 先换无菌伤口，后换感染伤口；先换简单伤口，后换复杂伤口；先换一般感染伤口，后换特殊感染伤口。

（3）技术要求

① 动作要轻巧，创面蘸而不擦。

② 持镊要稳，执住后 1/3 处，镊尖始终朝下。

③ 创口暴露时间要短。

④ 接触伤口的物品均需无菌，未接触伤口镊仅用作传递棉球、纱布等。

（4）换药步骤

① 准备好换药所需物品，做好动物的保定，保证人畜的安全。

② 取病畜较为舒适并利于操作的体位，暴露伤口。

③ 用手取下外层敷料，再用镊子取下内层敷料，与伤口粘住的最里层敷料，应先用生理盐水湿润后再揭去。

④ 用两把镊子操作，一把镊子接触伤口，另一把接触敷料，用酒精棉球清洁伤口周围的皮肤，用生理盐水棉球清洁创面，轻蘸吸去分泌物，清洗时由内向外。

⑤ 分泌物较多且创面较深时，宜用生理盐水冲洗，如坏死组织较多，可用过氧化氢溶液或其他消毒液冲洗，也可用生理盐水加适量抗生素冲洗。

⑥ 高出皮肤的或不健康的肉芽组织可用无菌剪刀剪平，肉芽组织水肿较明显时，可用3％～5％高渗盐水湿敷。

⑦ 一般浅表及分泌物较少的创面，可用凡士林纱布覆盖。创口较深及分泌物较多的创面宜用引流物。

⑧ 盖以纱布或棉垫，并用胶布固定，活动部位加用绷带包扎。

（5）注意事项

① 严格遵守无菌技术操作，换药前戴好帽子、口罩，并洗净手。

② 当天有无菌手术时，该天一般不给感染创口换药，以免交叉感染。

③ 先换清洁创口，再换轻度感染创口，最后换严重感染创口。

④ 换药时应取去伤口内的异物、线头、死骨等，并核对引流物的数目是否正确。

⑤ 各种无菌棉球及敷料一旦从容器中取出，不得再放回原容器。

⑥ 换药动作要轻柔，保护好健康组织。

⑦ 每次换药后应记录创面深浅、大小、分泌物性状和引流种类及量，所用物品放在指定位置。

⑧ 用胶布固定时，不能环绕四肢，以免造成组织缺血坏死。

6.1.6 引流技术

手术中有明确感染的切口，感染渗出物又不易清洗干净，或手术中切口污染程度较重，估计术后难以避免切口感染，或术中感染坏死组织未能彻底移除，凡遇上述情况，可于切口或体腔内放置引流物进行引流。

（1）引流物的种类 常用的引流物有橡皮片、橡皮筒、软胶管、粗胶管、特殊胶管、盐水纱布条、凡士林纱布条、卷烟式引流条等。应根据伤口深浅、渗出物多少和组织器官的特殊要求加以选择。

引流放置时间根据需要尽量缩短。橡皮片（筒）、纱布条、卷烟式引流条及剪开的软胶管等放置时间为24～48h，胶管引流物为48～72h。如引流量较多，可适当延长引流物放置时间，但需逐日转动引流物，拔出少许、剪除，再予固定。

（2）引流注意事项

① 排脓引流必须通畅。如引流不畅应扩大切口或作对位切口。化脓伤口应使其自深部向外愈合，故伤口浅部必须敞开，必要时将该处肉芽组织刮去或剪除，以利引流。

② 引流物放置应该宽松，否则妨碍脓液排出，并增大脓腔的压力。

③ 深部伤口及体腔内安置的引流管，应以安全别针别于外端，以免遗入伤口深部。对于伤口内橡皮片、纱布引流条等，应留出一部分在伤口外，并在手术记录上写明，换药时核对数目，以免遗留于伤口或脓腔内影响伤口愈合，甚至发生意外。

④ 住院病例的引流物以湿纱布条为宜，可每日更换2～3次，门诊病畜每日更换1次，故以油纱布条引流为宜，以免敷料干燥黏结不易取出。

6.2 外科手术的基本技术

尽管手术种类繁多，手术的范围大小和复杂程度也各不相同，但就手术操作本身来说都是由组织分离、止血、缝合等基本操作结合而成。这些基本操作是否熟练掌握，直接影响手术的效果。

6.2.1 手术室基本设备

（1）吊塔　吊塔的主要功能是固定和定位相关手术室医疗设备如监护仪、高频电刀等，提供相关医疗设备所需的医用气体（如氧气、笑气等）和弱电供应。可以有序地归放相关仪器设备的电源线、电缆及各种软管，还可以接收手术信息，整合临床基础设备，结合新兴的技术，优化工作流程，提高手术团队的效率。

（2）手术台　手术台是进行麻醉和开展外科手术治疗的平台，分为人工驱动和电驱动两种。有些手术台自带加温功能，在手术时可以保持恒温，预防术中低体温的发生，但在使用这类手术台时要预防动物发生热烧伤。还有一些手术台的台面采用 X 光可穿透的材料，这种手术台主要是与 C 型臂配合使用，在手术过程中不需要搬动动物就可以随时进行 X 光检查。

（3）无影灯　无影灯可为手术区域提供照明。目前常用的有孔式无影灯和整体反射无影灯，根据采用的光源分为普通光、卤素光和 LED 光无影灯。用于照明的 LED 为冷光源，具有温升低、使用效率高、更节能的优势，更适合手术室使用，是现阶段较为理想的无影灯光源。

（4）手术器械台　手术器械台主要是在手术过程中用来放置手术器械。可选用能自动调节高度及不锈钢材料做的器械台。在手术前应先用灭菌材料把整个器械台覆盖起来，然后再打开灭菌的手术器械并摆放整齐（图 6-1）。

（5）手术椅　普通外科手术椅要具有液压升降和灵活移动的功能。根据不同的手术选用合适的手术椅能更好缓解医生疲劳和方便手术操作，如眼科手术选用眼科手术椅，普通外科手术可以选用马鞍式手术椅（图 6-2）。

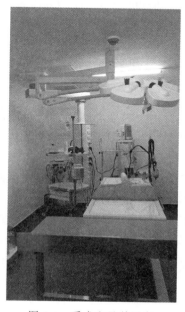

图 6-1　手术室及其设备

图 6-2　马鞍式手术椅

（6）监护仪　手术监护仪可以在手术过程中实时测量动物的生理参数，并与已知设定值进行比较，如果检测出现超标，可发出警报。监护仪可检测心电、心率、呼吸频率、血氧浓度、有创血压、无创血压、体温、脉搏、呼末二氧化碳浓度等生理指标。监护仪的种类繁多，能测量和监测的生理指标也不一样，应根据需要选用适合的监护仪。需要特别指出的是，人用的监护仪不适用于动物的监护，应选用专门的动物监护仪（图6-3）。

（7）吸入麻醉机　吸入麻醉机可将异氟烷等气体麻醉药送入动物的肺泡，弥散到血液后，对中枢神经系统直接发生抑制作用，从而产生全身麻醉的效果。吸入麻醉药在体内分解少，大部分以原型从肺排出，少量通过肝肾代谢排出，因此吸入麻醉易于控制、较安全、有效，是当今临床麻醉中常用的一种方法，但成本较高。吸入麻醉机主要由麻醉蒸发罐、流量计、折叠式风箱呼吸机、呼吸回路（含吸、呼气单向活瓣及手动气囊）、波纹管路等部件组成。目前动物医院大部分采用简易的麻醉机（图6-4），但越来越多的医院手术室开始采用带呼吸机功能的大型麻醉机（图6-3）。

（8）其他设备　高频电刀、负压吸引器、血压仪、术中保温垫、医疗废物桶等。

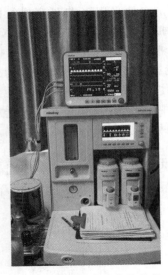

图6-3　大型麻醉机和监护仪

图6-4　简易麻醉机

6.2.2　常用手术器械及其使用

（1）手术刀　手术刀主要用于切开和解剖组织。有固定刀柄和活动刀柄两种，活动刀柄是将不同大小和外形的刀片装于较长刀柄上。刀片形状多为圆刃与尖圆刃；安装刀片时，宜用止血钳或持针钳夹持刀片安装，避免损伤手指。

根据手术的需要采用的执刀方法主要有指压式、执笔式、全握式和反挑式几种。

手术运刀时应稳定、精确，执刀的方法必须正确，动作的力度要适当。

（2）手术剪　手术剪的主要用途：一是沿组织间隙分离或剪开、剪断组织，二是剪断缝线和各种敷料。一般分为直、弯两种。剪刀尖端分钝头、锐钝头和锐头三种。正确的执剪法是以拇指和第四指插入剪柄的两环内，食指轻压在剪柄和剪刀交界的关节处，中指放在第四指环的前外方柄上，准确控制剪的方向和剪开的长度。

（3）手术镊　手术镊是用来夹持、固定或提起组织，以便剥离、切开或缝合。常用手术镊有两大类，一类远端有齿，另一类远端无齿。执镊方法是用拇指对食指和中指执拿。

（4）止血钳　止血钳主要用途为夹住出血部位的血管或组织，以便结扎止血，有时也用于剥离组织、拔出缝针、牵引缝线等。止血钳有直、弯，有齿或无齿等不同类型。执止血钳的姿势与执剪姿势相同。

（5）持针钳　主要用于夹持缝针或打结。执持针钳的姿势与执剪姿势相同。

（6）拉钩　拉钩（创钩、牵开器）用于牵开术部浅表组织以及加强深部组织显露，便于手术操作的顺利进行。拉钩有手持式和自行固定牵开器。

（7）巾钳　巾钳（创巾钳）用于固定手术巾，隔离术部与周围体躯，并防止创巾移动。

（8）缝合针　从外形区分，有直针和弯针两类，弯针又分为半弯针和全弯针。从缝针的尖端形状分为三棱形针和圆形针。针眼有两种，一种为闭环，缝线必须由环口穿过；另一种针眼后方有一裂开凹槽叫作弹机孔，缝线可从凹槽压入针眼内，穿线较快，但可能损坏缝线。此外，尚有一种在制作时缝线已包在缝针的尾部，针尾较细，且仅为单线，穿过组织后留下孔道最小的缝合针，称为无损伤缝针，多用于血管的吻合和缝合。

（9）缝线

① 可吸收缝线：最常用的是肠线，由羊的小肠黏膜下层制作而成。用化学方法灭菌，储藏于无菌玻璃管或塑料管内。按制作方法不同，肠线又可分为普通肠线与铬制肠线两种，前者吸收较快，在 4～5d 后即失去作用；后者可延长至 10～20d 尚保持其抗张力。

② 不可吸收缝线：有非金属线和金属线两种。非金属线又有丝线、棉线、麻线、尼龙线等，性质大致相同，目前最常用的是丝线。丝线的优点是耐高温灭菌，抗张力强度较大，操作方便，价格低廉，来源容易，对组织反应小；缺点是不能吸收，在组织内为永久性异物被机化。金属线也有多种，目前最多用者为合金制成，称为不锈钢丝。

6.2.3　麻醉法

麻醉学是研究消除病患手术疼痛，保证病患安全，为手术创造良好条件的一门科学。现在，麻醉学已远远超出单纯手术止痛的目的，工作范围也不再局限于手术室，它不仅包括麻醉镇痛，而且涉及麻醉前后整个手术期的准备和治疗。麻醉分为局部麻醉和全身麻醉。

（1）局部麻醉　局麻药分为两大类，酯类局麻药如普鲁卡因、氯普鲁卡因和丁卡因，酰胺类局麻药如利多卡因、布比卡因和依替卡因等。根据麻醉药起效时间分为短效局麻药如普鲁卡因、氯普鲁卡因，中效局麻药如利多卡因、甲哌卡因和丙胺卡因，长效局麻药如丁卡因、布比卡因和依替卡因等。局部麻醉药对任何神经都有阻滞作用，使其丧失兴奋性和传导性，神经末梢、神经节和中枢神经系统的突触部位对局麻药最为敏感，细神经纤维比粗神经纤维更容易被阻滞。对混合神经纤维的作用顺序是：痛觉先消失，随后是冷觉、温觉、触觉、压觉，最后出现运动麻痹。而在蛛网膜下腔麻醉时，自主神经首先受到阻滞，然后是感觉和运动神经受到阻滞。在进行局部麻醉时要具备三个条件才能获得满意的神经传导阻滞效果：有足够浓度的局部麻醉药，需要充分的起效时间，局麻药与足够多的神经突触直接接触。

普鲁卡因：性能稳定、毒性较小，可以持续起效 45～60min，是最为常用的浸润麻醉药，但其扩散与穿透力差，起效慢、作用时间短，因此不适合表面麻醉。小剂量 [0.2mg/（kg·min）] 静脉使用时对中枢神经系统具有镇静和止痛作用，可用于全身麻醉和急性疼痛的镇痛。此外，普鲁卡因还可用于神经阻滞和硬膜外麻醉。

利多卡因：是酰胺类中效局麻药，性质稳定。与普鲁卡因相比，利多卡因起效快，穿透作用强，弥散广，无明显的血管扩张作用和组织刺激作用，持续时间长，现已逐步取代普鲁卡因在局麻上的应用。利多卡因可用于表面麻醉、浸润麻醉、神经阻滞和硬膜外麻醉，静脉注射可用于全身麻醉，但其弥散范围广，脊神经阻滞范围不容易控制，因此一般少用或不用于蛛网膜下腔麻醉。利多卡因在组织和黏膜表面能迅速吸收，犬皮下或肌内注射 30min 后达到最大血药浓度，在注射液中加入肾上腺素可使其吸收时间延长 2 倍。

丁卡因：中效局麻药，其麻醉强度是普鲁卡因的 10～15 倍，但毒性反应率大于普鲁卡因，是普鲁卡因的 10～12 倍。丁卡因注射后 10～15min 起效，其穿透力强，表面麻醉效果好。临床上用于表面麻醉、神经阻滞和硬膜外麻醉。加入肾上腺素可延缓其吸收。1％丁卡因溶液点眼用于眼科检查，2％丁卡因溶液用于咽、喉、鼻、阴道和直肠的黏膜表面麻醉。

布比卡因：是酰胺类长效局麻药，性质稳定，反复高压灭菌对其也没有影响。注射后 3～5min 起效，药效强度是利多卡因的 4～5 倍，持续时间可达 5～10h。加入小剂量肾上腺素可延长起效时间和持续时间。在进行神经阻滞时，0.5％布比卡因约相当于 2％利多卡因的作用，且麻醉持续时间是利多卡因的 2 倍以上。0.125％～0.5％浓度对感觉神经阻滞良好，0.75％的浓度能较好对运动神经产生阻滞。布比卡因的毒性与丁卡因相对更弱，但比甲哌卡因大 3～4 倍，有较大的心脏毒性，但常用量对心血管功能无影响，血药浓度超过 1.2～5.0μg/mL 时出现中毒反应。常用局部麻醉药见表 6-1。

表 6-1 常用局部麻醉药

药物名称	麻醉强度	起效时间/min	持续时间/h	穿透力	毒性	临床应用
普鲁卡因	1	35～40	1	弱	1	表面麻醉除外
利多卡因	2	30	2～3	强	2	各种局麻
丁卡因	10	10～15	1～1.5	强	10	浸润麻醉除外
布比卡因	6.5	3～5	5～10	弱	6.5	表面麻醉除外

（2）局部麻醉法

① 表面麻醉：通过涂抹、滴入、喷洒和填塞的方法把穿透力强的局部麻醉药直接与黏膜、浆膜、滑膜表面接触以达到阻滞浅表的神经末梢的方法。可用于咽喉、气管、尿道、眼、鼻等部位的检查或手术，常用于表面麻醉的药液有 1％～2％丁卡因或 2％～4％利多卡因。

当进行眼结膜或角膜麻醉时可将丁卡因或利多卡因滴入结膜囊内，2～5min 后即开始起效，一般可维持 10～15min。

进行气管插管前可先用 2％～4％的利多卡因以喷雾的方式喷进咽喉部位后再进行插管，这有助于降低猫气管插管时的敏感性，从而更顺利地进行插管。给犬猫进行导尿时可先用 2％利多卡因凝胶润滑导尿管，这有利于进行尿道插管。

② 局部浸润麻醉：主要是通过将局部麻醉药注射到手术部位的各层组织中达到阻断神经末梢传导的作用。常用 0.25％～1％普鲁卡因和 0.25％～0.5％利多卡因进行浸润麻醉。

分层浸润麻醉：又叫直接浸润麻醉，麻醉时用 5～8cm 长针将局麻药沿手术通路的皮下组织浸润，然后逐渐深入到筋膜、筋膜下层、肌肉层和腹膜层。实施麻醉时采用边推进边注射药物或边后退边注射药物的方法进行，每次注射药物前应先抽吸注射器，以确保针头不在血管内（图 6-5）。注射后需等药物起效后再进行手术，一般需要等 4～5min，在等待过程中需反复测试局部麻醉的效果，确保达到预期效果后方可进行手术。

直线浸润麻醉：指用长 10cm 左右的针头沿预定线刺入皮下组织，如果预定的切口比针头长，可从预定线中间刺入进行浸润麻醉，先往一个方向刺入，然后朝相反方向运针，边刺入边注射药物。每 1cm 长度需要约 1mL 药物，应用较多低浓度的药物比用较少量的高浓度药物进行麻醉效果更好。

区域浸润麻醉：又叫外周浸润麻醉，指在手术部位周围和底部注入局部麻醉药从而阻滞手术区域的神经纤维，使手术区域组织暂时失去痛觉，这种方法能避免穿刺肿瘤组织、小脓肿。根据注射方法不同可分为菱形浸润、扇形浸润（图6-6）。

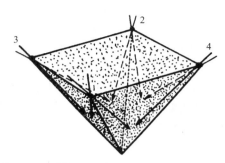 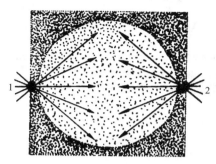

图6-5　分层浸润麻醉
［引自《宠物医师手册（第二版）》］

图6-6　区域浸润麻醉
［引自《宠物医师手册（第二版）》］

浸润麻醉的禁忌证：当手术部位存在蜂窝织炎、坏死性炎症或感染时不能进行浸润麻醉。

③ 神经传导麻醉：也称为区域麻醉或神经阻滞，通过把局麻药物注射到某一区域的神经干周围，使其支配区域暂时失去痛觉而产生麻醉的方法。临床上常用于头部的拔牙术、眼球摘除术、外耳道切除术，四肢的断趾术，断尾术以及肋间切开术。

④ 脊椎麻醉：包括蛛网膜下腔麻醉和硬膜外麻醉。

蛛网膜下腔麻醉时针头穿过硬脊膜、蛛网膜，将局麻药注入到蛛网膜下腔的脑脊液中；硬膜外麻醉是将针头进入椎管但不穿透硬膜，将药物注入硬膜外腔，药物顺着硬膜外腔扩散。进行脊椎麻醉后动物大脑保持清醒，注射部位以下丧失知觉和运动能力，可以获得较好的肌松效果，但牵拉内脏时仍有反应。脊椎麻醉主要是阻滞脊神经，脊神经由背侧根和腹侧根组成。感觉神经纤维和交感神经传入纤维组成背侧根，运动神经纤维和交感神经传出纤维组成腹侧根。当进行蛛网膜下腔麻醉时，局麻药主要是作用于脊神经根和脊髓表面；而进行硬膜外麻醉时，局麻药可能通过硬脊膜和蛛网膜渗透到蛛网膜下腔作用于神经根和脊髓表面，或通过椎间孔渗出作用于脊神经。阻滞感觉神经后该神经支配的皮肤和肌肉痛觉消失，运动神经阻滞后会产生肌松作用，而交感神经阻滞后可以减轻术中对内脏的牵拉反应。注射局麻药后最先发生阻滞的是交感神经，其次是感觉神经，最后是运动神经。感觉神经被阻滞后，用针刺法确定皮肤痛觉消失的范围，痛觉消失的范围或前后界限称为麻醉平面。测试麻醉范围的目的是确认麻醉范围是否达标。麻醉范围可分为完全麻醉区域、部分麻醉区域和未麻醉区域三个部分。测试麻醉平面应该从预期完全麻醉的区域开始逐个阶段向前测，针尖轻刺皮肤无痛为完全麻醉区域，有轻微感觉但疼痛减退为部分麻醉区域，痛觉明显则为未麻醉区域。

犬的硬膜外麻醉：将16号或18号的硬膜外穿刺针刺穿黄韧带进入硬膜外腔并注入局部麻醉药的方法。低位硬膜外麻醉用于断尾、肛门腺切除、会阴疝及阴道肿块切除等手术，高位硬膜外麻醉用于子宫卵巢切除术、乳腺切除术、脊柱手术、后肢骨折内固定及关节脱臼整复。麻醉成功的关键是不能刺穿硬脊膜，可用助力消失法进行判断。穿刺时注射器穿过皮肤、棘上韧带和棘间韧带时阻力较小，当抵达黄韧带时阻力明显增大并有弹性，此时取下穿刺针针芯，接上有生理盐水和小气泡的2.5mL或5mL注射器，轻轻推动注射器芯，可见气泡被压小，松开后注射器芯回弹，气泡恢复正常形状。此后边进针边继续推动注射器芯感觉阻力，当刺穿黄韧带时阻力消失，并有落空感，注射器内的小气泡也恢复正常形状，回抽注射器芯确定无脑脊液

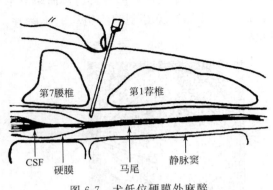

第7腰椎　　第1荐椎

CSF　硬膜　　马尾　　静脉窦

图 6-7　犬低位硬膜外麻醉
[引自《宠物医师手册（第二版）》]

流出，则表示针尖正确刺入硬膜外腔。针尖进入硬膜外腔后即可立即注射局麻药物，也可以通过穿刺针插入软导管，导管一般要超过针尖 2～5cm，退出穿刺针，留置软导管，通过软导管持续或随时给药。常用的穿刺点有腰荐硬膜外间隙、荐部硬膜外间隙（图 6-7）。常用的药物有 2%～3% 普鲁卡因、1.5%～2% 利多卡因、0.3%～0.5% 丁卡因和 0.5% 布比卡因。注射前应将药物加温到与体温相同，对于没有高血压的动物，可在局麻药中加入 1：20 的肾上腺素。

（3）全身麻醉

① 概述：是指利用药物对中枢神经系统产生广泛的抑制作用，从而暂时使机体部分或全部丧失意识、感觉、反射和肌肉张力的一种麻醉方法。全身麻醉可分为吸入麻醉、静脉麻醉和复合麻醉。理想的全身麻醉必须在不严重干扰机体生理功能的情况下进行，具备四要素：镇痛完善，意识消失，肌肉松弛，神经反射抑制。

吸入麻醉：是将挥发性麻醉药蒸汽或气体麻醉药吸入肺内，经肺泡进入体循环，再到达中枢神经系统发挥全身麻醉作用。吸入麻醉药在体内代谢，分解少，大部分以原型从肺排出，少量通过肝肾代谢排出，因此吸入麻醉易于控制、较安全、有效，是当今临床麻醉中常用的一种方法，但成本较高。

静脉麻醉：是使用液态麻醉药物直接注入静脉，经血液进入体循环系统，再到达中枢神经系统发挥全身麻醉作用。静脉麻醉药大部分通过肝、肾代谢排出体外，分解较多。由于直接从静脉注入，所以控制难度稍大。但成本较低，因此也是当今临床麻醉中常用的一种方法。

复合麻醉：顾名思义是将吸入麻醉与静脉麻醉两者结合起来，取它们两者的优点，相辅相成，是现在最为常用的一种麻醉方法。

全身麻醉经历诱导、维持和复苏三个阶段。病患由清醒进入意识消失的麻醉状态这一过程，称为诱导阶段。通过药物使病患始终处于所需要的某种程度的麻醉状态这一阶段，称为维持阶段。病患由意识消失的麻醉状态逐渐恢复意识清醒这一过程，称为复苏阶段。

② 麻醉机及其组成：麻醉机是实施呼吸麻醉的主要设备，可将麻醉气体（安氟醚、异氟醚、七氟醚或氧化亚氮等）与氧气混合后输入气体循环系统，完成麻醉，同时还能为病患提供辅助或控制通气。简易麻醉机由气路系统、麻醉药蒸发器组成，而大型麻醉机除气路系统、麻醉药蒸发器外还有麻醉呼吸机和监护系统。

低氧报警系统：氧气压力下降到 0.05MPa 时开始有大于 7s 的声音报警。

流量计：流量计是测定流动气体流量的工具，可精确控制气源减压后的气体流量，是麻醉机的重要部件之一。

CO_2 吸收回路：CO_2 吸收回路的主要作用是贮存麻醉气体及氧气，按需排出废气，吸收二氧化碳，它直接与呼吸道相通，协助完成呼吸过程。CO_2 吸收器为闭式麻醉机的必备装置，利用吸收器中的碱石灰（或钡石灰）与 CO_2 起化学反应，以清除呼出气中的 CO_2。

钠石灰：由 5% NaOH 或 KOH 和 95% $Ca(OH)_2$ 组成，制剂中含水 15%～19%，另有 0.2% 二氧化硅起融合作用。颗粒大小以 $\phi 5～\phi 6mm$ 的半圆形为最佳，这样吸收面积大，气流阻力小。在钠石灰中加入指示剂，根据指示剂的颜色变化可以判读钠石灰的使用寿命。正常情况下，钠石灰吸收上限一般为 8～12h，不同的麻醉机其吸收上限不同。即使麻醉时间尚未到达使用上限，钠石灰也必须每 30d 更换一次，以保证其具有良好的作用。

麻醉蒸发器：是一种能将液态的挥发性吸入麻醉药转变成蒸汽并按一定量输入麻醉回路的装置，其功能为：有效地蒸发挥发性吸入麻醉药，精确地控制挥发性吸入麻醉药的输出浓度。是麻醉机的重要组成部分，它的质量不但标志着麻醉机的水平，也关系到吸入麻醉的成败，直接涉及病患的安危。

麻醉监护系统：大型麻醉机还有完善的麻醉监护系统，主要由以下部件组成：心电监护、心率、血氧饱和度、脉率、无创血压、有创血压、呼吸频率、体温、呼末二氧化碳、肺泡麻醉气体浓度监测部件等。

③ 麻醉深度分期：1937 年 Guedel 首次将乙醚麻醉分为镇痛期、兴奋期、外科手术期和延髓麻痹期四期。镇痛期：从麻醉诱导至意识和睫毛反射消失。兴奋期：兴奋、躁动，呼吸、循环尚不稳定，反射活跃。外科手术期：眼球固定、瞳孔缩小，呼吸、循环稳定，反射抑制。延髓麻痹期：呼吸、循环严重抑制，瞳孔散大。将 Guedel 法改进后通用的现代麻醉深度判定标准（三期）更加适合现代麻醉的情况（表 6-2）。麻醉要达到合适的深度，麻醉过浅或麻醉过深都会出现并发症。麻醉过浅的主要危害有：显著的应激反应、循环系统兴奋、内分泌紊乱、代谢异常、术中苏醒和耗氧量增加等；麻醉过深的危害有：应激反应低下（不足）、中枢抑制、呼吸功能抑制（通气不足、呼吸停止）、循环功能抑制（血压显著下降、心搏停止）等。

表 6-2　麻醉深度分期

分期	呼吸	循环	眼征	其他
浅麻醉期	规律 气道阻力高 喉痉挛	血压升高 心率加快	瞬目反射（一） 眼睑反射（＋） 眼球运动（＋） 偏视、流泪	吞咽反射（＋） 分泌物多 刺激下体动（＋）
手术麻醉期	规律 气道阻力小	血压稍低，但稳定 刺激无改变	眼睑反射（一） 眼球固定中央	体动（一） 分泌物减少
深麻醉期	膈肌呼吸 频率加快	低血压	对光反射（一） 瞳孔散大	

④ 麻醉前的准备

麻醉呼吸气囊的选择：进行呼吸麻醉时需根据动物的体重选用合适的气囊（表 6-3）。

表 6-3　麻醉呼吸气囊的选择

深度分期	动物体重/kg	气囊型号
0～10lb	0～4.5	1/2L
10～20lb	5～10	1L
20～60lb	10～25	2L
60～120lb	25～50	3L
121～160lb	50～75	5L

气管插管的选择：进行气管插管时应遵循以下原则。

a. 在不损伤的情况下，尽可能使用最大的、最适宜的气管插管（表 6-4）。

b. 确保气管插管清洁。

c. 使用前检查套囊的完整性，套囊禁止过度充气。

d. 插管前用无菌润滑剂润滑。

e. 使用后用中性清洁剂清洗内外壁。

f. 用稀释的消毒液清洗后自然干燥，或使用一次性气管插管。

g. 犬套囊的最大压力为 25cm 水柱，猫为 20cm 水柱，超过时可能会漏气，压迫气管黏膜造成缺血或气管破裂。

表 6-4 犬猫气管插管的选择

项目	犬									猫		
体重/kg	2	4	7	9	12	14	20	30	40	1	2	5
插管型号	5	6	7	8	9	9	10	12	14	3	4	5

麻醉机泄漏测试：在进行呼吸麻醉之前应对麻醉机进行泄漏测试，以确保麻醉机的密闭性，可按以下步骤进行。

a. 关闭安全阀，堵住麻醉机的气体出口。

b. 按压快速充气阀或打开流量计至气囊充盈。

c. 关闭流量计，观察气道压力表的变化，如果压力表指针迅速下降或气囊迅速变小，或听到"嘶嘶"的漏气声，证明存在泄漏。此时应仔细检查管道、气囊、挥发罐的出入口、各连接头、所有的密封罐密封处，查找漏气的地方。

d. 如果压力表指针不变，则低压回路密闭性良好。

e. 用拇指堵住麻醉机气体出口，打开安全阀。

f. 挤压气囊以确定废气清除系统的通道畅通。

⑤ 常用麻醉前药物：麻醉前用药可以产生镇静和抗应激作用，降低诱导麻醉和维持麻醉的用药量，术前镇痛，预防麻醉期间诱发的并发症如心动过缓，使麻醉后的苏醒更加平稳。常用的麻醉前用药包括抗胆碱能药如阿托品、格隆溴，抗炎镇痛药如阿片类，非类固醇类抗炎镇静药如苯二氮卓类的安定和咪达唑仑、吩噻嗪类的乙酰丙嗪和 α_2-激动剂如美托咪定、右美托咪定等。各种麻醉前药物的作用见表 6-5。在进行麻醉前用药时需要考虑以下因素：动物的种类、品种、性别、年龄、体重、健康状态，是否存在失血、脱水、低血压、离子失衡等，动物的性情（应激与否）、体温、病史、目前用药情况，手术过程疼痛程度/手术种类，手术持续时间等。

表 6-5 各种麻醉前药物的作用

药物种类	常用药物	镇静及其他作用	对心血管的作用	镇痛作用
吩噻嗪类	乙酰丙嗪	轻度到中度肌松	舒张血管	无
苯二氮卓类	安定 咪达唑仑 唑拉西泮	无或轻度（年轻或健康动物） 显著肌松（老年或虚弱动物）	非常小	无
α_2-激动剂	美托咪定 右美托咪定 赛拉嗪	轻度至显著肌松	心动过缓 血管收缩	对躯体和内脏 有镇痛作用
抗胆碱能类	阿托品 格隆溴胺	无	心率升高 流涎减少	无
阿片类	曲马多 布托啡诺 美沙酮	无或轻度肌松	心率下降对心血管 无明显作用	对躯体和内脏 有镇痛作用

药物种类	常用药物	镇静及其他作用	对心血管的作用	镇痛作用
分离麻醉剂	氯胺酮替来他明	中度分离性 增加肌张力,增加气管及唾液分泌物	血压升高 心率升高	对躯体和内脏有轻度镇痛作用

⑥ 常用麻醉药

舒泰:是目前国内宠物医院较常用的一种全身麻醉药,用于犬猫及野生动物的保定、诱导麻醉或短期维持麻醉,促进肌松。是一种新型的分离麻醉剂,含有镇静剂替来他明和肌松剂盐酸唑拉西泮。静脉注射时能够保证诱导时间短、副作用小和安全性高。肌内注射:犬 7～15mg/kg,猫 10～15mg/kg;静脉注射:犬 5～10mg/kg,猫 5～7mg/kg。

丙泊酚:是一种短效麻醉剂,止痛作用很小或无,用于麻醉诱导和短期的麻醉维持,可在肝肾病患畜中安全使用。对心血管系统的作用包括低血压、心动过缓(特别是与其他麻醉剂配合使用时),大剂量快速注射会导致呼吸暂停、黏膜发绀、心动过缓及严重低血压,因此注射时间不应小于 30s。使用剂量为 5mg/kg,对体况较差的动物或使用麻醉前药物时应减量使用。

气体麻醉药:为让病患进入麻醉状态,通过麻醉系统输送到病患肺里的气体称为麻醉气体,常用的麻醉气体有安氟醚、异氟醚、七氟醚、地氟醚、氟烷、笑气等。不同的药物需要使用不同的挥发罐。

⑦ 常见麻醉并发症:有心律不齐、灌注不足、低血压、肺换气不足、低氧血、麻醉过度、低体温等,因此在整个麻醉过程中应对各种生命体征进行严密监护,及时发现问题,及早处理。

6.2.4 组织分离法

(1)软组织分离法 软组织包括皮肤、皮下组织、肌肉、黏膜、浆膜、肌腱及各内脏器官。通过分离软组织可以打开手术通路,显露发病器官或病灶,以方便进行下一步的手术操作。进行软组织分离时切开的长度和大小适当,位置接近病变或手术的部位,分离后可使病变部位或手术部位充分暴露。切开时应避开大的血管、神经和腺体等部位。切开边缘整齐以利于术后缝合和伤口愈合,二次手术时避免在疤痕上切开。分离过程中要遵守保护软组织原则,避免过度分离和形成潜在死腔,确保创口分泌物引流通畅。

软组织分离的种类:锐性分离法指用锐利的手术刀、手术剪等锋利的手术器械切开或剪开软组织的方法。钝性分离法指用不带刃的器械如手术刀柄、钝头手术剪或钝头止血钳等分离组织的方法,其目的在于避免损伤血管、神经或重要器官。

软组织分离方法:

① 皮肤切开:紧张切开是在预定切口的两侧用拇指和食指撑开固定皮肤后,在切口起点将圆刃刀的刀刃垂直地刺透皮肤,再将刀放斜呈 45°角,用力均匀地一刀切到切口止点即可。最好一次切开皮肤及皮下组织,多次切割会使切口边缘参差不齐;皱襞切开,即用于皮肤移动性较大而又能捏起的部位或离内脏器官和大血管较近的部位。术者和助手将预定切口两侧的皮肤捏起来,作成横皱襞,在皱襞中央自上而下切开至所需要的长度。

② 疏松结缔组织分离法:用刀柄剥开,然后将剩余的联系部分剪断或切开。

③ 筋膜分离法:为了预防筋膜下面的血管和神经的损伤,先用镊子将筋膜提起,在皱褶处用手术刀以反挑法切一个小口,再将有沟探针或止血钳插入筋膜或腹膜下,然后用手术剪剪开,扩大切开到适当的长度。

④ 肌肉分离法:通常采取分层分离法,按肌纤维方向切开或钝性分离肌肉层,尽量减少

对肌纤维横切，但对影响手术通路的肌肉也可斜切或横切，缝合时要将横切的肌肉对合缝合。

⑤ 腹膜切开法：切开腹膜时，为了避免损伤肠管和内脏，应先用镊子夹起腹膜作一小口，然后插入有沟探针或食指与中指，引导手术刀外向式切开腹膜或用钝头剪刀剪开腹膜。

（2）**硬组织分离法** 常用的骨组织分离器械：摆锯、圆锯、线锯、骨锯、骨刮、咬骨钳、骨钻、骨凿、骨钳、骨剪、骨锉、骨匙等。

分离骨组织的原则：

① 首先切开骨膜，然后用骨膜剥离器分离骨膜。

② 避免引起骨裂。

③ 骨屑或小骨片不可留在伤口内，但是保留有健康骨膜的大骨片不可除去，以帮助骨组织的修复。

④ 切除骨的残端，为避免其锐缘损伤软组织，需应用骨锉加以修整，使其光滑。

⑤ 骨组织手术时尽可能保留骨周围软组织和骨膜，保留血供，保留大块活的碎骨片，为骨组织的再生提供条件。

6.2.5 止血法

（1）**局部止血法** 主要是通过对出血部位的局部按压、纱布或明胶海绵填塞、止血钳钳夹、缝线结扎（图 6-8、图 6-9）、高频电刀电凝或烧烙、超声刀钳夹、压迫绷带压迫和止血带压迫的方法进行止血。对于毛细血管和小静脉出血，大部分通过压迫止血、高频电刀电凝的方法就能达到效果，而对于较大静脉或动脉出血，则需要进行缝线结扎或超声刀钳夹止血。在进行四肢、阴茎和尾部手术时，为减少术中出血，可用止血带止血法暂时阻断血流，使用这种方法止血时止血带的压力要适当，不能太紧，也不能太松，以止血带远端脉搏刚好消失为准。为防止长期使用止血带造成组织缺血坏死，或者静脉血栓形成等并发症，术中止血带放置的时间不能太长，一般不超过 3h，冬季不超过 1h，期间每隔 30～40min 松开一次，以暂时恢复远端肢体血液供应。

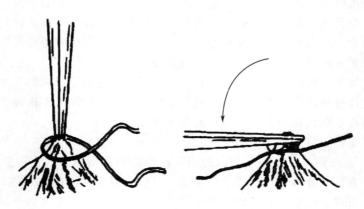

图 6-8 单纯结扎止血法（引自宠物医师手册第二版）

（2）**全身预防性止血** 指在术前对术中可能有明显出血的动物，或对有凝血功能障碍的动物提前注射止血药或输血，以提高动物自身的止血能力、减少术中出血的方法。常用的止血药有维生素 K_1（犬 10～30mg/kg，猫 1～5mg/kg）、肾上腺色腙（犬 5～10mg/kg，2～3 次/d）、止血敏（2～4mL/次，2～3 次/d）、凝血酶（0.5～1U/次，根据出血情况可反复使用，静脉或肌内注射）。对于有凝血功能障碍的动物，可在术前输血，以提高其自身凝血功能。

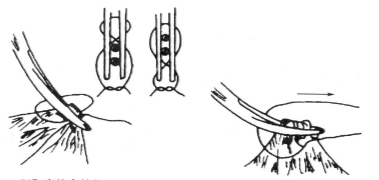

图 6-9　"8"字缝合结扎及贯穿结扎止血法［引自《宠物医师手册（第二版）》］

6.2.6　缝合法

缝合是将已切开、切断或因外伤而分离的组织、器官进行对合或重建其通道，从而促进创口愈合及恢复其功能的基本操作。

（1）缝合的目的与原则

① 缝合的目的：为手术或外伤性损伤而分离的组织或器官的创面对合予以安静的环境，将切开、切断或外伤所导致分离的组织、器官对合后重建其连续性，给组织的再生和愈合创造条件，保护无菌创免受感染，加速肉芽创的愈合和促进止血。

② 缝合的原则：为确保愈合顺利进行，缝合时要遵守下列各项原则。

a.严格遵守无菌操作。

b.缝合前必须彻底止血，可用生理盐水冲洗清除血凝块、异物及无用的组织碎片。

c.凡无菌手术创或非感染的新鲜创经外科处理后，可作密闭缝合，达到一期愈合，而感染创必须进行彻底清创后保持创口开放不缝合，必要时作部分缝合。

d.缝合时同层的组织创缘对齐，针距适当均匀，一般间距 0.5～1cm，打结时松紧适度，线结位于创缘的一侧均匀接近，在两针孔之间要有相当距离，以防拉穿组织。缝针刺入和穿出部位应彼此相对，否则易使创伤形成皱襞和裂隙。

e.缝合时垂直进针、垂直出针，进针边距和深度与出针一致，缝合深度＞缝合边距。

f.一般是同层组织相缝合，非同类组织不能缝在一起。打结时既要适当收紧，又要防止拉穿组织，松紧要适度。缝合线打的结应系于创口的一侧。

g.创缘、创壁应互相均匀对合，皮肤创缘不得内翻、外翻或互相重叠，创伤深部不应留有死腔、积血和积液。

h.尽量减少缝线的用量，因为缝线在组织内皆为异物。缝线的粗细选择，一般能胜任组织张力即可。对于术后不能拆线的部位应尽可能选用可吸收线。

（2）缝合的种类　缝合有多种方式，一般可分为单纯缝合、内翻缝合和外翻缝合三大类，每类缝合又有连续缝合和间断缝合。根据治疗目的和组织结构的不同选择不同的缝合方式。

① 单纯缝合

a.单纯间断缝合：单纯间断缝合是最为常用的缝合方法，一般用于皮肤、皮下组织、肌肉、筋膜、腹膜等多种组织的缝合，尤其适用于感染创口或有感染可能伤口的缝合，便于及时拆线、引流，不影响邻近缝线。缝合时缝针穿过皮肤，穿过表皮和真皮，经皮下组织跨切口至对侧皮肤出针，每缝一针单独打结。这种方法操作相对简单；缝合时可根据不同创缘的情况调整缝线的张力，对创缘的血液循环影响较小；术后个别缝线断裂不影响其他缝线；在创口感染时可灵活拆线排液。但缝合时间较长，缝线耗费较多（图6-10）。

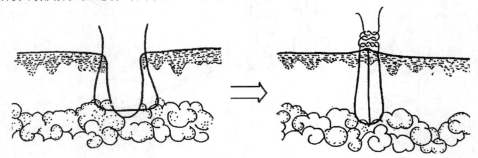

图6-10　单纯间断缝合（引自 Kudur MH）

b.单纯连续缝合：先在切口一端缝第一针后打结，然后连续缝合整个创口，在最后一针时留出线尾打结。常用于张力较小的创口，如皮下组织、筋膜、胸膜、腹膜的关闭缝合。连续缝合张力均等、缝合严密、快速省时，但一处断裂，整个创口都会崩开（图6-11）。

c.连续锁边缝合：又称毛毯式缝合，缝合过程中每次将线交错固定，形成锁边的效果。常用于胃肠道吻合时后壁全层缝合、胃肠道断端的关闭，整张游离植皮的边缘缝合、全子宫切除阴道残端的缝合等。连续锁边缝合对创口的闭合和止血效果好，创口对合更整齐、严密，但相对比较费时（图6-12）。

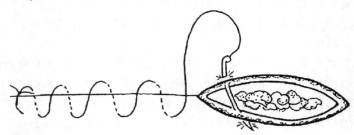

图6-11　单纯连续缝合（引自 Kudur MH）

d."8"字缝合：又称双间断缝合，由两个相连的间断缝合组成，缝合线打结后形似阿拉伯数字"8"，常用于肌腱、韧带的缝合或较大血管的结扎止血。缝扎效果牢靠，不易滑脱，但比单纯间断缝合操作繁琐（图6-13）。

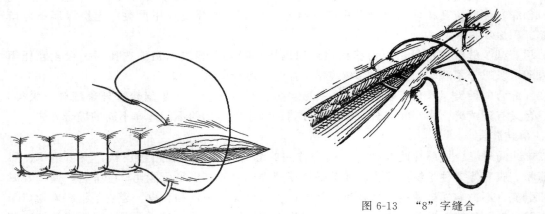

图6-12　连续锁边缝合

图6-13　"8"字缝合
（引自 https：//www.dxy.cn/bbs/newweb/pc/post/37687098）

e.皮下缝合：从切口的一端开始缝合，从真皮下进针，然后翻转缝针刺入另一侧真皮，在组织深处打结，可分为皮下间断缝合和皮下连续缝合。这种缝合方法可避免形成普通缝合针孔的小瘢痕，但切口张力大时不适用这种方法（图6-14）。

f.皮内缝合：从切口的一端进针，然后与切缘平行方向，交替穿过两侧切口边缘的真皮层，连续缝合到切口的另一端穿出，最后拉紧缝线。皮内缝合常用于皮肤切口的缝合，皮肤表面不留缝线、切口瘢痕小而整齐，因此又称为美容缝合，但张力大的切口不适用此法（图6-15）。

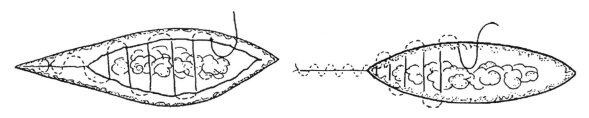

图 6-14　皮下缝合（引自 Kudur MH）　　　图 6-15　皮内缝合（引自 Kudur MH）

g.减张缝合：用粗丝线或钢丝线，从切口一侧距切缘 2cm 处皮肤进针，达腹直肌后鞘与腹膜之间出针，跨过切口，再于对侧同层次进针，达对侧皮肤相应对称点出针。为避免缝线割裂皮肤，在结扎前缝线上需上一套管作为垫护。常用于较大张力切口的加固缝合，可减少切口张力，避免术后可能发生裂开，但容易造成皮肤割裂伤（图6-16）。

h.贯穿缝扎：缝扎前先用止血钳钳夹出血部位或血管，然后将止血钳平放，从血管钳深面的组织穿过缝线，依次绕进进针点两侧的组织后收紧结扎。常用于钳夹组织较多、单纯结扎困难或缝线易滑脱导致严重并发症的组织结扎，如脾蒂的缝合结扎。贯穿缝扎效果牢靠，不易滑脱，止血彻底，常用于大血管或动脉的结扎止血（图6-17）。

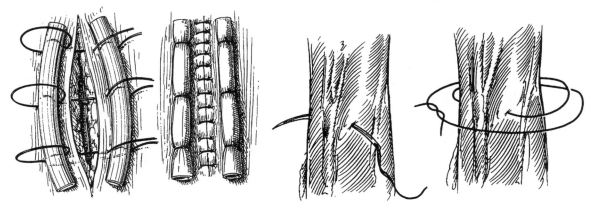

图 6-16　减张缝合　　　　　　　　　图 6-17　贯穿缝扎

② 外翻缝合：外翻缝合常用于血管端端吻合、腹膜缝合、减张缝合等，有时也用于松弛皮肤的缝合，可以防止皮肤边缘内翻影响伤口愈合，缝合后切口外翻。

a.间断垂直褥式外翻缝合：在距切缘 5mm 处进针，穿过表皮和真皮，经皮下组织跨切口至对侧于距切缘 5mm 的对称点穿出，接着再从出针侧距切缘 1～2mm 处进针，对侧距切缘 1～2mm 处穿出皮肤，缝线应与切口垂直，打结使两侧皮缘外翻。总结为"远进远出，近进近出"。这种缝合方法有较强的抗张力强度，对创缘的血液供应影响较小（图6-18）。

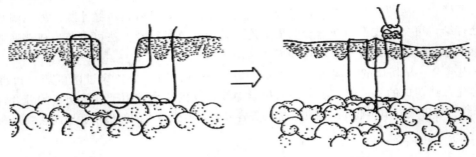

图 6-18　间断垂直褥式外翻缝合（引自 Kudur MH）

　　b. 间断水平褥式外翻缝合：距切缘 2～3mm 处皮肤进针，穿过表皮和真皮，经皮下组织跨切口至对侧相应部位穿出，然后缝线与切口平行向前约 8mm，再进针，穿过皮肤，跨越切口至对侧相应部位穿出，最后与另一端缝线打结。除用于皮肤缝合外，还常用于血管破裂孔的修补、血管吻合渗漏处的补针加固。缝合速度快，节省缝线，在缝线上放置胶管可增加抗张力强度（图 6-19）。

　　③ 内翻缝合：常用于胃肠道、子宫和膀胱的缝合。缝合后浆膜层紧密对合，有利于伤口粘连愈合，愈合后伤口表面光滑又减少了与邻近组织的粘连，防止因黏膜外翻所致的伤口不愈合或胃肠液、尿液外漏。缝合时缝线不穿透黏膜，仅穿行于浆肌层和黏膜层之间，使创缘部分组织内翻，外表面保持光滑，对合良好，减少粘连。

　　a. 间断垂直褥式内翻缝合：又称为伦伯特氏缝合法，是胃肠道手术最常用的浆肌层内翻缝合法，可在胃肠道全层吻合后加固吻合口、减少吻合口张力。缝线不穿透肠壁黏膜，与切缘垂直。在距一侧切缘 4～5mm 处浆膜层进针，缝线经浆肌层与黏膜层之间，自同侧浆膜层距切缘 2mm 处出针，跨越吻合口于对侧距切缘 2mm 处浆膜层进针，经浆肌层与黏膜层之间，自距切缘 4～5mm 处的浆膜层出针，打结后，吻合口肠壁内翻包埋（图 6-20）。

图 6-19　间断水平褥式外翻缝合　　　　　　图 6-20　间断垂直褥式内翻缝合

　　b. 连续全层平行褥式内翻缝合：又称为康乃尔氏缝合法，多用于胃肠道的全层缝合以及子宫壁的缝合。开始第一针作肠壁全层单纯缝合，即从一侧浆膜面进针穿过全层，再从对侧黏膜面进针，浆膜面出针，打结之后，距线结 3～4mm 的一侧浆膜面穿过肠壁全层，再从同侧肠壁黏膜面进针，浆膜面出针；缝线达对侧肠壁，同法进针和出针，收紧缝线使切缘内翻；注意同侧进、出针点距切缘 2mm，进、出针点连线应与切缘平行（图 6-21）。

　　c. 连续水平褥式浆肌层内翻缝合：又称库兴氏缝合法，可用于胃肠道前后壁浆肌层的吻合。缝合方法与康乃尔氏缝合法类似，不同的是，这种方法仅穿过浆肌层而不穿透黏膜层（图 6-22）。

图 6-21　连续全层平行褥式内翻缝合　　　　　图 6-22　连续水平褥式浆肌层内翻缝合

d. 单纯间断全层内翻缝合：常用于胃肠道吻合。从一侧黏膜进针，同侧浆膜出针，然后从对侧浆膜进针和黏膜出针，将线结打在腔内同时形成内翻。

e. 单纯连续全层内翻缝合：常用于胃肠道吻合。但很容易因缝合不当引起吻合口狭窄，特别是在体格小的犬或猫身上，因此目前已很少使用。缝合进出针的方法同单纯间断内翻缝合，只是一根缝线连线缝合完成吻合口前后壁的缝合。

f. 荷包缝合：多用于空腔器官残端的包埋、造瘘管的固定、胃肠壁小伤口或穿刺针眼的封闭。以拟包埋部位为圆心进行浆肌层环形连续缝合一周，结扎后中心内翻包埋，表面光滑，利于愈合，减少粘连（图 6-23）。

图 6-23　荷包缝合

6.2.7　打结法

打结是外科手术最基本的操作之一，正确而牢固地打结是结扎止血和缝合的重要环节，熟练地进行打结不仅可以防止结扎线的松脱而造成的创伤哆开和继发性出血，而且可以缩短手术时间。

（1）结的种类

① 方结：又称平结。用于结扎较小的血管和各种缝合时的打结，不易滑脱。

② 三叠结：又称加强结。是在方结的基础上再加一个结，此种结较牢固，但遗留于组织中的结扎线较多。三叠结常用于有张力的组织缝合。

③ 外科结：此结的作法是打第一个结时绕两次，使摩擦面增大，故打第二结时不易滑脱和松动。这种结牢固可靠，多用于大血管、张力较大的组织和皮肤缝合后的打结。

④ 假结：又称斜结，此结容易松脱。

⑤ 滑结：打方结时，两手用力不均，只拉紧一根线，虽则两手交叉打结，而非方结，容

易滑脱，实践中应尽量避免。

（2）打结方法　常用的打结方法有三种，即单手打结法、双手打结法和器械打结法。

① 单手打结法：常用的一种打结方法，左右手均可进行，简便迅速。

② 双手打结法：除用于一般结扎外，对深部或张力较大组织缝合与结扎较为方便可靠。

③ 器械打结法：适用于结扎线过短、狭窄的术部、创伤深处和某些精细手术的打结。

（3）打结注意事项

① 拉紧结扣时，两线的拉紧方向应顺着结扣的方向，并且要尽量放平，否则缝线容易在线结处折断。

② 结第二扣时，注意第一扣不要松开，如组织张力过大，可由助手用止血钳轻轻夹住第一扣，待第二扣拉紧至第一扣时，将止血钳抽出。

③ 结扎时用力要均匀，两手离线结处不能太远，否则易将线拉断或打不紧。

6.2.8　拆线法

缝合部位愈合后应尽早拆除缝线以避免缝线造成的继发感染。拆线时间一般为 7～14d，临床上应根据动物的实际情况、缝合部位以及伤口愈合情况决定。张力较小的部位、性格安静的动物、幼年或年轻的动物可较早拆线，而张力较大、性格活泼好动的动物、老年虚弱的动物需推迟拆线的时间。感染的创口也应及早拆线。

拆线时先用碘酊消毒创口、缝线及周围皮肤，用镊子或止血钳轻轻提起线结显露出一侧的缝线，然后用无菌线剪将一侧显露出来的缝线剪断并拉出缝线。全部缝线拆除后再次用碘酊消毒针孔（图 6-24）。

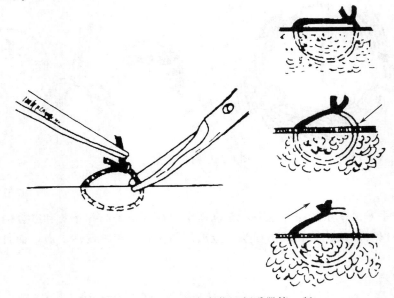

图 6-24　拆线法（引自宠物医师手册第二版）

6.2.9　包扎技术

（1）包扎的作用和原则　包扎是以绷带包扎患处，是外科治疗的一种常用技术。其主要作用是：帮助伤口恢复，通过绷带包扎可以控制出血和止血；吸收伤口的渗出液，保持伤口干爽，阻止细菌过度繁殖；降低动物自残或自我伤害的可能性；通过压迫消除死腔，达到降低口肿胀、水肿和血肿的可能性；同时还具有保温、促进创伤愈合的作用；固定敷料、夹板与受伤部位。使用绷带应遵循以下原则：每天检查，及早发现异常情况，如包扎部位肿胀、缺血等；渗出严重或感染的伤口绷带应每天进行更换；每次更换绷带时伤口必须进行清洁和干爽处理；松紧适合，当发现包扎附近肿胀，表明包扎过紧；自内而外，并自远心端向躯干的方向进行包扎。

（2）包扎常用的材料

① 全棉纱布绷带：主要用于外科及体外创口敷药后的包扎、固定。

② 弹性绷带：主要用于不同部位的加压包扎或一般创伤包扎。是一种弹性网状织品，质地柔软，包扎后有伸缩力，故常用于烧伤、关节损伤等的包扎。此绷带不与皮肤、被毛粘连，故拆除时动物无不适感。常用的弹性绷带有氨纶弹力绷带和自粘性弹性绷带，目前使用更广泛的是自粘性弹性绷带。

③ 医用脱脂棉花：常用的有棉垫、棉花绷带。可以吸收渗出液、保温、防止感染和缓冲绷带包扎的压力。

④ 纱布：可根据需要剪成适当大小不同形状，灭菌后用以覆盖伤口、止血、填充、吸液和包扎等。

⑤ 石膏绷带：用于骨科矫形，外科手术的固定，畸形矫正。具有固化后干燥速度快、强度高、透气性好、操作方便、价格低廉的特点，但包扎后较重且拆除相对困难。

⑥ 高分子绷带：由多层经医用聚氨酯浸透的特制基布构成。强度高，固化后的硬度是石膏的 20 倍，具有重量轻、硬化快、极佳的 X 线通透性、透气和防水的特点，目前已取代石膏绷带广泛应用于犬猫的外固定包扎。

6.3　头颈部手术

6.3.1　犬、猫拔牙术

随着老龄犬猫数量的增加，口腔疾病在宠物临床上越来越常见，常见问题有口腔炎症、牙结石、牙周炎等，其严重程度不一。据统计，3 岁以上犬猫中 85% 的猫和 91% 的犬有口腔问题，若不及时治疗会导致细菌感染，甚至通过血液传播损伤心、肝、肾等重要器官。但口腔问题目前仍未引起宠物主人甚至临床宠物医生的足够重视。

（1）适应证

① 无法修复的折断的牙齿，不可能修复的龋齿。

② 乳齿滞留。

③ 导致拥挤的多生牙。

④ 位于颌骨骨折线上的牙齿。

⑤ 牙周病变严重的牙齿（图 6-25）。

⑥ 严重慢性齿龈炎。

⑦ 导致龈炎和牙周病的畸形牙齿。

⑧ 脱位或半脱位的牙齿。

⑨ 未萌出的牙齿或受破骨细胞再吸收损伤的牙齿。

（2）术前检查　进行治疗前需对病患进行全面

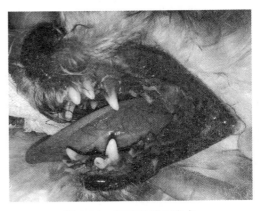

图 6-25　严重牙结石患犬

的体检，体检内容包括体格检查、血常规和生化等实验室检查、心肺等影像学检查、口腔检查、牙科 X 光检查。

① 犬猫口腔检查：口腔检查的内容包括对牙齿、口腔软组织和牙槽骨的情况进行检查和评分。可以借助专门的牙科口腔记录表进行系统的检查（图 6-26）。牙齿咬合是否正常、是否有结石、牙齿数量是否有改变等，牙龈、黏膜、舌、软硬腭和扁桃体等软组织是否异常，牙槽骨是否有骨折、脱位或肿瘤。为确定治疗方案，需要对牙龈炎和牙结石的程度进行评分（表 6-6、表 6-7）。

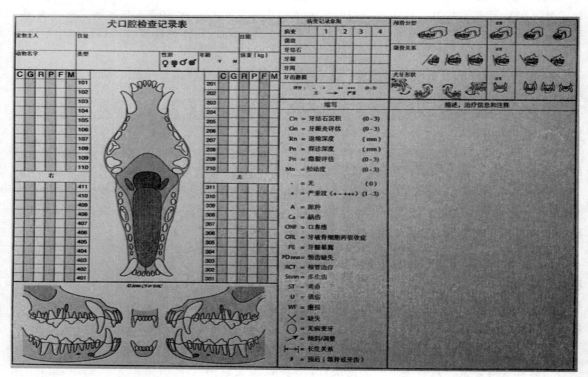

图 6-26　牙科口腔记录表（引自 Cedric Tutt）

表 6-6　牙龈评分指数

牙龈状况	得分	症状
健康的牙龈	0 分	
轻微炎症	1 分	特点是牙龈肿胀，边缘发红
中度炎症	2 分	特点是用探针探牙龈时会出血
重度炎症	3 分	稍微触动就会自发出血

表 6-7　牙结石评分指数

牙结石程度	得分	症状
轻度牙结石	1 分	牙龈边缘有少量的结石
中度牙结石	2 分	牙龈下和牙龈上都有结石
重度牙结石	3 分	大多数的牙齿表面都被结石所覆盖

② 牙科 X 光检查：牙科 X 光检查可以清楚显示牙根的健康状况，判断是否有牙槽骨溶解等异常。其适应证有：牙变色、骨折、牙缺失、牙形态或位置异常、牙磨损和松动，判断牙是

否有额外根、融合根或牙根折断吸收，口鼻瘘，猫疑似破骨细胞再吸收性病变，拔牙前的 X 光健康检查。

（3）麻醉　采用呼吸麻醉和局部阻滞麻醉相结合的方法能提供良好的麻醉和止痛效果。常用的局部阻滞方法有：下颌/下牙槽神经根部阻滞，适用于下颌骨、下唇及拔牙术；眶下神经阻滞，其麻醉的范围包括上颌口吻部皮肤、上颌骨及牙齿、上软腭及鼻腔；上颌神经阻滞，麻醉范围包括上颌骨、上颌齿、硬腭和软腭、鼻孔、上唇。

（4）拔牙方法

① 常用的拔牙器械：手术刀、骨膜剥离器、高速或低速机头、牙钻（用于切开牙齿和牙槽骨）、微创牙挺、普通牙挺、拔牙钳、敷料、外科剪、持针器、单股可吸收缝线等。术前需进行口腔 X 光检查，明确牙根及牙槽骨情况。

② 简单（封闭式）拔牙技术：主要用于切齿、第一臼齿等小的单根牙以及松动牙的拔除。方法如下：用手术刀片分离牙龈附着，将刀片放在牙龈沟/袋，向下分离牙龈附着到牙颈周围的牙槽骨，也可以用尖的微创牙挺分离上皮附着；当牙齿足够松动后，用牙挺使牙齿脱出，也可以用拔牙钳轻轻拔出牙齿；缝合有血凝块的牙龈，防止食物和其他碎屑的嵌入，促进一期愈合，如果不缝合，牙槽会受感染（图 6-27）。

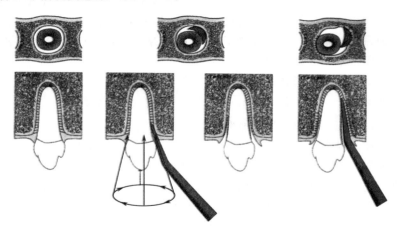

图 6-27　牙挺用于切断环绕牙齿周围的牙周韧带并下压牙槽骨产生间隙（引自塞德里克·塔特）

③ 外科（开放式）拔牙技术：用于多根牙、特殊形态或粗大牙根的单根牙（上颌侧切齿、犬齿）的拔除，手术时需要移除部分牙槽骨。

单根牙拔除：用手术刀在牙龈上做牙龈切开，然后用骨膜剥离器将牙龈从牙槽骨上分离，除牙根处的牙槽骨暴露牙周韧带，用微创牙挺切断牙周韧带，将牙齿从牙槽挺出，最后用合成单股可吸收缝线缝合皮瓣，在闭合牙龈皮瓣之前要对牙槽骨进行修整，确保皮瓣不被牙槽骨尖锐的边缘损伤。

双根牙的拔除：用手术刀在牙龈上做牙龈切开，暴露牙齿的根分叉部，用高速钻将牙齿的牙冠从分叉部切开，然后用骨膜剥离器将牙龈从牙槽骨上分离，显露牙根处的牙槽骨，切除牙根处的牙槽骨暴露牙周韧带，用微创牙挺对每个分开的牙冠/牙根进行脱位和挺出，将牙齿从牙槽挺出，修整牙槽骨，用单股的可吸收缝合线在没有张力的情况下闭合翻瓣。

三根牙的拔除：在要拔的三根牙唇侧牙龈处做一个外科翻瓣；用高速磨钻从牙颈部切开腭侧的冠-根；分开颊侧的冠-根；用磨钻去除分叉处的牙槽骨，到达牙周韧带处；去除颊侧根，然后去除颊侧至腭侧根分叉处的牙槽骨；切开腭侧尖周围的上皮附着，拔出腭侧根；用一个大的、圆形的钻头进行牙槽骨修整；闭合翻瓣。

6.3.2　犬扁桃体切除术

（1）适应证　扁桃体肿瘤、反复药物治疗无效的慢性扁桃体炎。慢性扁桃体炎在犬身上比在猫身上更常见，会引起扁桃体增大和硬化。扁桃体肿大可能导致吞咽障碍和吞咽时疼痛，甚至导致呼吸困难的发生。

（2）麻醉　首选呼吸麻醉。需要进行扁桃体切除手术的病患绝大部分是由于咽喉部肿瘤、扁桃体肿瘤或慢性扁桃体炎，扁桃体会出现明显的肿大，在麻醉时容易出现呼吸困难，同时扁桃体切除过程中出血量较大，容易导致血液通过气管进入肺，采用呼吸麻醉能较好地预防这些问题的发生。

（3）手术方法　犬扁桃体切除术是在麻醉和气管插管后进行的。侧卧位保定。助手坐在犬的背侧，靠近头和脖子处，用开口器打开口腔，伸长犬的脖子，用一只手抓住上颚，另一只手抓住下颚，把舌头压平。当犬保持这个姿势时，下侧的扁桃体皱褶后退显露出扁桃体，用组织钳抓住扁桃体，避免扁桃体较深的部分被黏膜覆盖。用锋利的剪刀切除扁桃体前段、舌边和后端附着物。当尾部连接被切断时，可能会发生一些出血，可以胶原蛋白或明胶海绵填塞扁桃体窝以止血。手术可能因出血而难度增大，但很少需要结扎动脉。扁桃体手术应避免使用电刀，因为呼吸麻醉的药物是可燃气体，电刀的火花容易引起致命性后果。在切除了较低一侧的扁桃体后，将犬翻身到另一侧，以同样的方法切除另一侧的扁桃体。当猫的扁桃体扩大时，应怀疑有猫白血病或淋巴瘤，术前应进行扁桃体活检确诊。

根据创口的大小，术后饲喂软食物3～5d。

6.3.3　犬耳血肿术

（1）适应证　任何原因导致的耳郭血肿。

耳血肿可发生在犬猫身上，血肿可累及整个或部分耳郭。通常是由外伤引起的，如狗狗在玩耍过程中啃咬耳部，或由于外耳炎、耳螨导致的剧烈的摇晃或搔耳。也有人提出耳血肿可能是自身免疫性或免疫介导的耳郭软骨损伤的结果，但这一观点尚无明显的证据支持。血肿在软骨内形成，因此是无菌的。临床可见耳郭肿胀，不愿被触碰，但并无发热的症状。

（2）麻醉　呼吸麻醉、静脉或肌肉注射全身麻醉。

（3）手术方法　术部剃毛，麻醉后患侧耳在上侧位保定，用棉花将患侧外耳道堵住，防止术中血液流入外耳道。清洁患部后消毒，血肿只有在无菌的手术条件下才能打开，以避免积血的污染和耳郭内脓。治疗包括清除耳郭血肿和施加压力以防止复发。单纯穿刺引流治疗耳血肿往往会容易复发，而且会引起血肿组织纤维化，从而导致耳郭变形。最有效的治疗方法是在耳郭内侧面"S"形切开一个切口，清除耳郭内的血液、凝结的血块和组织纤维，然后用人工合成尼龙线或可吸收单股线将两层缝合在一起。缝线的方向应与耳郭血管的走向平行，缝结打在外侧耳郭，且打结时松紧带要适当，太松时不能起到良好的压迫作用，容易导致复发，太紧时会导致耳郭变形影响血液循环，要在整个血肿范围上均匀、适度地施加压力，且连续2周不间断（图6-28）。手术后应将猫养在室内，犬应得到休息并限制其活动2周。给予10d广谱抗生素和止痛药，2周后应拆除缝合线。缝合线拆除后，应再让犬安静一周。治疗不当可导致血肿复发。更严重的并发症是未治疗或未充分治疗的血肿，导致纤维化并最终使耳郭卷曲变形，纤维组织的收缩导致软骨坏死和骨化，结果是耳郭持续疼痛和抓挠，最后只能通过切除耳郭来缓解。

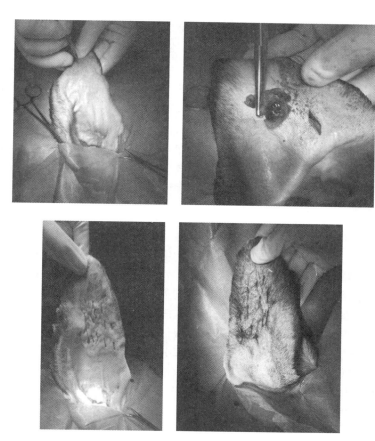

图 6-28　耳血肿的切口与缝合

6.3.4　犬声带切除术

（1）适应证　因经常吠叫，影响周围住户，且经过专门训练仍无法纠正的犬。

（2）声带解剖结构　声带位于声门裂两侧的喉室腔内，由声带韧带和声带肌肉组成，上端始于勺状软骨的最下部，下端终止于甲状软骨腹内侧面中部，呈"V"字形（图 6-29）。

（3）保定和麻醉　声带切除有经口切除和经腹侧喉室切除两种术式。经口声带切除时取俯卧位保定，并在下颌处垫适当高度的软垫以固定头部；经腹侧喉室切除时取仰卧位保定，在背侧颈部垫上软垫以使得颈部向上弯曲，可充分暴露声带。经口切除时采用静脉麻醉，以防止气管插管影响手术操作；经腹侧喉室切除可采用呼吸麻醉。

（4）手术方法

① 经口声带切除术：俯卧保定，在下颌处垫一高度适当的软垫，使颈部处于伸展状态，用开口器或绷带打开口腔，将舌头拉出，用压舌板或长的止血钳压住舌根显露声带，将长的带切割功能的鳄鱼式组织钳深入口腔，然后从声带背侧向下切除至腹侧 1/4 处，同样的方法切除另一侧声带。也可用高频电刀作为切割器械，切割时先调节好电刀的火力，然后进入口腔内切除声带，在切除过程中会产生烟，因此助手需要每隔 3～5s 按压一次胸廓，以帮助排出电刀切割时产生的烟。使用电刀时禁止使用呼吸麻醉的方法进行麻醉。术后可用碘甘油进行伤口消毒。可用

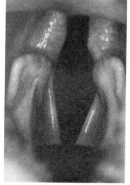

图 6-29　犬声带结构，呈"V"字形
（引自 Anjop J. Venker-van Haagen）

电刀烧灼止血，也可用稀释的肾上腺素生理盐水湿润纱布或棉签后按压止血。

② 腹侧喉室声带切除术：仰卧保定，在背侧颈部垫一高度适合的软垫以保证颈部稍微隆起。术部常规剃毛消毒，以甲状软骨突起处为中心，向前后切开皮肤 3～6cm，钝性分离胸骨舌骨肌，充分显露并纵向切开甲状软骨和环甲韧带，用开口器撑开软骨创缘显露位于喉室两侧的声带，用组织剪剪除两侧声带，仅保留少量声带腹侧组织，常规止血后清洁喉室，用可吸收线缝合软骨，缝合时不能穿透黏膜层，闭合肌肉层、皮下组织，结节缝合皮肤。

(5) 术后护理　密切观察和监护麻醉苏醒过程，一旦出现呼吸困难，应立刻检查术部是否有活动性出血或喉头水肿的情况。术后常规使用 2～3d 抗生素防止术部感染，如有喉头水肿，可使用地塞米松或泼尼松龙，直到水肿消退。动物应尽可能保持静养。

6.3.5　腮腺摘除术

(1) 适应证　腮腺囊肿、腮腺脓肿和腮腺肿瘤。

(2) 麻醉和保定　根据腮腺肿胀情况可采用侧位或仰卧位保定，全身麻醉。

(3) 手术方法　腮腺位于耳基部下方，腮腺管开口于口腔第四上臼齿附近。术前为准确定位腮腺位置，可从腮腺管开口处用套管针注入带颜色的 40～50℃ 融化的石蜡 4～5mL。术部常规剃毛消毒，从耳基部往肿胀部位切开皮肤，暴露腮腺和耳腹侧肌肉，小心分离腮腺及附近的组织并充分止血，沿着肿胀的组织逐步往腮腺体根部分离，避免损伤周围的神经和大血管，分离颈外动脉小分支，结扎后切断。将病变的腮腺部分或全部摘除，若创面较深较大，则放置引流管引流，常规关闭创口。

(4) 术后护理　术后常规使用抗生素和止痛药，可用绷带进行加压包扎，若放置引流管，则每天需要对引流管进行护理防止感染。

6.3.6　气管切开术

(1) 适应证　气管切开是指为便于空气进入气管腔的暂时或永久性开口，适用于上呼吸道梗阻造成的中度至重度的呼吸困难末期的治疗。其适应证包括由创伤、肿瘤、喉头异物、脓肿、血肿、炎症等引起的上呼吸道梗阻，短头犬喉功能异常（短头综合征），软腭过长、喉小囊外翻、喉塌陷、会厌翻转，喉麻痹，下颌关节僵硬等。

(2) 上呼吸道梗阻的症状　患犬表现为犬坐式呼吸，伴随头颈伸展、咳嗽、吸气性喘鸣、运动不耐受、发热、呼吸急促、呼吸困难、发绀、不安、声音改变等。

(3) 麻醉和保定　仰卧保定。全身麻醉，对于上呼吸道未完全梗阻的病患，诱导麻醉后选用较小号的气管插管；而对喉部肿胀、喉部肿块、喉头不可见的病患，诱导麻醉后用手指触诊定位两侧的杓状软骨，将硬导管从两侧杓状软骨中间插入，即可进入气管内，然后以硬导管为导向，将合适大小的气管插管插入气管内，然后连接呼吸麻醉机。所有的操作需要迅速准确完成，以防止诱导麻醉期间出现缺氧窒息。

而对于喉部肿块、血肿、异物等引起的上呼吸道完全梗阻不能进行气管插管时的病患，则需要进行环甲软骨穿刺术，将快速气管穿刺针（图 6-30）垂直刺入皮肤、胸骨舌骨肌和甲状软骨，进入气管内，然后连接高流量［150～200mL/(min·kg)］氧气供氧。

(4) 手术方法　术前气管导管的选择：导管长度为 6～7 个气管环；直径是气管直径的 50%；选用可高温高压消毒、对气管黏膜无刺激性的硅胶管；根据实际情况选用：单腔管、双腔管或带气囊管的导管（图 6-31）。

① 仰卧保定，颈部垫高，在甲状软骨后方 1cm 左右纵向切开 4cm 左右皮肤。

② 钝性分离皮下组织和胸骨舌骨肌，显露气管软骨。

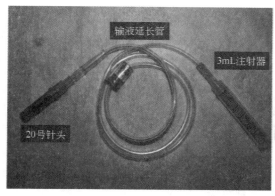

图 6-30 自制快速气管穿刺针。使用时将 20 号
针头刺入气管内，然后迅速将 3mL 注射器与麻醉机
连接供氧和麻醉（引自 Elisa M Mazzaferro）

图 6-31 带气囊管的气管导管

③ 在第 3～5 两个相邻的气管环处放置两根牵引线。

④ 横向切开气管环间隙，宽度不超过该部位气管周长的 50%。

⑤ 放置气管导管，注意后撤麻醉用的气管插管（图 6-32）。

⑥ 用无菌转接头和麻醉管连接麻醉机，并将气管导管固定在颈部。

⑦ 常规关闭切口：通常不需要缝合肌肉和皮下组织，仅需用缝线将皮肤缝合拉近。

（5）术后护理　术后常规使用抗生素和止痛药 3～5d，按以下方法对导管进行护理：

① 导管清洗：每天至少清洗导管 2 次，大部分病例需要 4 次以上，清洗时取出导管，用双氧水或 2% 洗必泰浸泡，然后用生理盐水清洗（图 6-33）。

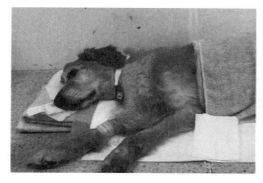

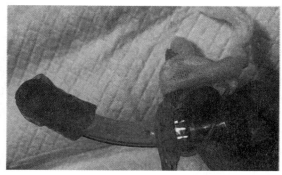

图 6-32 气管切开放置气管导管

图 6-33 气管导管上的大量黏性分泌物

② 用无菌软管如吸痰管或软的导尿管连接吸痰机吸取气管分泌物，每次抽吸时间不超过 12s，可重复进行。

③ 通过雾化或往导管中按 0.2mL/kg 注入生理盐水，每小时一次，可以保持气道湿度，同时在吸痰前有助于软化分泌物。

④ 气管开口处每天至少要检查一次，看看是否有感染的迹象，并用生理盐水或稀释的抗菌液进行清洗。

（6）术后并发症　术后 86% 的犬都有发生并发症的可能，常见的并发症有气管导管移位（占 13%～35%）和堵塞（占 18%～26%），其他并发症有吸入性肺炎、气管感染或坏死、气管狭窄、气管塌陷、纵隔气肿、气胸、皮下气肿、喉麻痹、恶心、呕吐以及喉返神经和迷走神经损伤等。

（7）术后拔管　根据病患恢复情况确定拔管时间（一般是在上呼吸道梗阻病因消除后3d），拔管后牵引线继续保留24h，气管开口不需缝合，7～10d后可二期愈合（图6-34）。

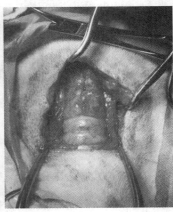

图6-34　气管切开后伤口愈合情况

6.3.7　食道切开术

（1）适应证　不能通过口腔和胃取出的食道异物，食道憩室，巨食道等。

（2）局部解剖　犬的食道分为颈段、胸段和腹段三段，颈段食道位于颈前1/3处的气管背侧与颈长肌之间，沿颈中部至胸腔入口处逐渐偏向气管左侧；胸段食道位于纵隔内，又转至气管背侧与颈长肌的胸部之间继续向后延伸，越过主动脉右侧和心脏的背侧，然后穿过膈的食管裂孔进入腹腔；腹段食道以贲门连接于胃。食道由黏膜层、黏膜下层、肌层和浆膜层组成，食道周围与主动脉弓、胸主动脉、左支气管、心脏和肺脏等重要器官相毗。

（3）麻醉和保定　全身麻醉，右侧卧保定。

（4）手术方法　术前通过X光等影像学方法确诊梗阻部位。若梗阻位于颈段食道，手术部位位于左颈侧；若梗阻位于胸腔内，则手术开口应尽量靠近胸腔入口处。术部常规剃毛消毒后，在梗阻处切开皮肤，钝性分离皮下组织、胸骨下颌肌，注意保护颈动脉、交感神经、迷走神经和舌返神经，暴露食道，继续将食道与周围组织钝性分离。如食道内有异物存在时可很快辨别出食道，若异物位于胸腔内，则需要依靠触摸感觉来辨识食道。用无菌纱布棉垫将食道与周围组织隔离后，纵向切开食道，在创缘留置两根缝线固定和牵引食道，防止食道内容物流出污染伤口。若梗阻位于食道颈侧，可用止血钳或异物钳将异物直接取出；若异物位于胸段食道，则需要用足够长的异物钳或止血钳从食道创口插入食道，然后钳住异物缓慢取出。用可吸收线间断缝合食道黏膜层，然后间断或连续缝合食道浆肌层，对于小型犬为防止术后食道狭窄，也可以单层间断缝合食道，缝合时不穿透黏膜层。用大量生理盐水彻底清洗食道创口及周围组织，放置引流管后常规关闭创口。

（5）术后护理　术后7～10d给予抗生素和止痛药治疗。术后24～48h禁食水，之后如无呕吐，则给予少量水，如仍没有呕吐，提供少量的软流质或软的食物。

6.3.8　眼角膜穿刺术

（1）适应证　眼角膜穿刺术又称眼前房穿刺术。前房出血超过瞳孔下缘，眼内压明显升高时；取房水进行微生物培养和细胞学检查；前房注射。

（2）麻醉　性格温顺的犬可行眼神经传导麻醉和表面麻醉，性格活泼不能充分保定的犬可用丙泊酚进行短效全身麻醉或深度镇静。

（3）术前准备　用生理盐水彻底冲洗眼球后，再用0.5％聚维酮碘溶液冲洗角膜和结膜表面，用开睑器撑开上下眼睑。

（4）穿刺方法　眼前房穿刺有两种方法，一种是角膜和角膜缘穿刺术（图6-35），另一种是角膜后缘球结膜下穿刺术（图6-36）。进入眼前房可以用25～30号针头连接1mL的注射器直接穿刺。前房房水量很少，因此进行房水检查时每次吸出的量为0.1～0.2mL，抽吸过多的房水会造成眼内压下降。穿刺时用眼科组织镊夹住球结膜固定眼球，然后用25～30号注射针头从角膜边缘进入前房，进针角度在前虹膜和后角膜之间。抽出前房积血或0.1～0.2mL的房水，取出穿刺针，如仍有少量房水从针孔流出，可用无菌棉签压迫。

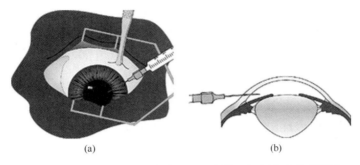

（a）　　　　　　　　　　（b）

图6-35　角膜和角膜缘穿刺术。（a）眼科组织镊夹住结膜固定眼球，将连接1mL注射器的针头通过角膜缘插入前房；（b）进针角度在前虹膜和后角膜之间（引自Kirk Gelatt）

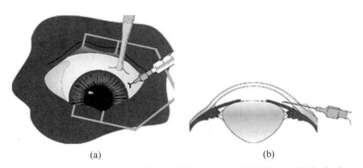

（a）　　　　　　　　　　（b）

图6-36　角膜后缘球结膜下穿刺术。（a）用眼科组织镊夹住球结膜固定眼球，将连接1mL注射器的针头通过角膜缘后2～4mm处插入球结膜，在结膜下向前穿过角膜边缘；（b）进针角度在前虹膜和后角膜之间（引自Kirk Gelatt）

（5）注意事项　穿刺时穿刺针要锋利，针的斜面朝向虹膜。穿刺后如果房水流出过多，可在抽出穿刺针前往前房内注射0.5mL林格液，以防止眼内压明显下降。术后用抗生素眼药水如左氧氟沙星滴眼液点眼。

6.3.9　眼球摘除术

（1）适应证　全眼球化脓性炎症或眼窝肿瘤并危及生命时。

（2）保定与麻醉　大动物柱栏内站立保定或侧卧保定，小动物手术台侧卧保定，采用眼球后麻醉，必要时配合全身麻醉。

（3）术式　切开上、下眼睑皮肤，以钝性的方法剥离皮下结缔组织和筋膜，直达眼窝底，将眼球及眼窝内容物全部分离，向外牵引，然后将视神经和眼肌分别剪断，清理剩余组织。用纱布止血，皮肤边缘行假缝合，包扎眼绷带。术后1~2d更换一次填塞纱布。

6.4 胸部手术

6.4.1 开胸术

开胸术（Thoracotomy）为胸部外科常见手术，根据不同的情况，常见三种不同的方式进行：肋骨间开胸术（intercostal thoracotomy）、正中胸骨切开术（median sternotomy）以及横膈切开术（transdiaphragmatic thoracotomy）。不同品种犬猫胸腔构造不同，但多为深且狭窄，肋骨间开胸术可为多数病例提供良好的视野。但前纵隔的手术与双侧胸腔的手术常需要正中胸骨切开术。

（1）适应证

① 漏斗胸：一种先天发育畸形，发生于多种动物，胸骨和后侧肋骨异常发育，造成后侧胸骨向内凹的异常。

② 感染：包括异物的移位、骨髓炎造成肉芽肿，手术的目的为清创、引流以及移除异常骨骼。

③ 创伤：对于能造成肋骨骨折的胸腔创伤，很可能伴随严重的胸内损伤，手术的目的为解决胸部创伤所出现的肺叶撕裂伤、进行性出血、气胸以及败血症等。

④ 肺叶扭转：临床较为少见，大型深胸犬易发，倾向于右中肺叶或左前肺叶，具体病因未知。

⑤ 肿瘤：包括肺脏肿瘤、胸壁肿瘤、纵隔肿瘤。原发的肺脏肿瘤常为恶性肿瘤，大部分来自支气管与肺泡上皮的恶性肿瘤，其他的肿瘤包括鳞状上皮细胞癌、肉瘤等。胸壁的肿瘤常见为恶性，包括软骨肉瘤、骨肉瘤、纤维肉瘤、血管外皮细胞瘤、周围神经鞘瘤等。

（2）手术步骤　根据不同的情况，常见三种不同的方式进行：肋骨间开胸术、正中胸骨切开术以及横膈切开术。

① 肋骨间开胸术：适用于肺叶切除、胸导管放置、右心手术、前后腔静脉手术、奇静脉手术、食道手术、心包膜手术以及纵隔手术。将病患左侧卧或者右侧卧，进行手术时，切开皮肤与皮下组织，分离并切开背阔肌，分离、牵引腹锯肌，确认打开的肋骨位置，进行外侧和内侧肋间肌肉的全切开，暴露胸膜。使用止血钳或者镊子进行刺穿胸膜，即可进行手术。关闭创口时，缝合胸膜后，使用不可吸收线进行肋骨的缝合，随后依次缝合肌肉、皮下组织以及皮肤。

② 正中胸骨切开术：常用于胸膜壁手术、纵隔手术或者未知原因的气胸动物。将患病动物仰卧姿势保定，正中切开皮肤与胸肌，结扎血管或使用电刀止血。暴露胸骨后，使用骨锯、骨刀或者特殊的胸骨锯切开胸骨。切开1~2节胸骨后，使用牵开器将胸骨牵开，暴露胸腔。闭合创口时，使用不锈钢钢丝以"8"字缝合法关闭胸骨切开处。每个胸骨至少进行一道缝合，随后缝合肌肉、皮肤。

③ 横膈切开术：在某些腹腔手术中必须使用，以治疗腹腔内疾病延伸至胸腔，观察后侧肺叶，定位和分离门脉、奇静脉，或肝内门脉大分流、结扎胸管、后段食道切开术等。从任意一隔角或从中央肌腱切开进入胸腔即可。缝合时采用连续缝合的方式，胸腔内的负压的回复可通过横膈呈现心脏搏动来进行确认。

6.4.2 胸腔引流术

胸腔引流术是放置胸部导管在胸腔内，以治疗胸腔疾病。胸腔引流管放置，可使胸腔内液体和气体不在胸膜腔内堆积，直至造成胸膜疾病的病因被完全解决。若有可能，重症动物在放置胸导管前，可以先进行胸腔的穿刺术，以稳定患病犬猫的病情。

（1）适应证　胸腔积液、乳糜胸、脓胸、血胸、气胸病患，或用于治疗数次穿刺后仍有气体积聚的气胸动物。

（2）保定　侧卧保定，需要时使用少量镇静剂镇定。

（3）术式

① 手术部位：穿刺点的选择与胸腔穿刺术相似。空气选择在脊背第7到第8肋间隙，液体在腹侧第6到第8肋间隙。

② 剪毛消毒后，在胸导管插入处的皮肤用手术刀切开。

③ 将带有套管针的胸导管从皮肤切口处插入，沿皮下向头侧伸到所需部位，用力插入肋间肌肉进入胸腔。

④ 将套管针移开，导管用夹子夹住，末端与三向管单向瓣膜或者连续抽吸泵相连。

⑤ 松开夹子，确保导管不闭合，并且对导管置留处的皮肤缝合，非水溶性涂膏涂抹在出口位置。

⑥ 通过碟状缝合将导管固定在胸部，轻轻包扎胸部防止导管移动。

6.5 腹部手术

6.5.1 犬膈疝手术

犬膈赫尔尼亚（膈疝）是由于动物先天性或者后天创伤性原因造成的膈肌出现缺口，腹腔器官进入胸腔的一种病理情况。一般可通过X光片或者B超等其他影像学手段进行确诊。该疾病一般需要进行手术修复治疗。

（1）麻醉及注意事项　该疾病状态下，由于膈肌的破损，动物的呼吸功能一般都会受到影响，所以麻醉前给药应该注意避免使用有呼吸抑制作用的药物。诱导麻醉前给动物吸氧可改善心肌供氧水平，提高麻醉的安全性。应该避免使用呼吸面罩诱导麻醉，一般使用丙泊酚注射诱导麻醉的效果较好。因为该疾病的特殊性，麻醉应该使用间断性正压通气，可较好地维持和控制麻醉状态和效果。

（2）术前准备　让动物采取仰卧姿势，腹中线切口。应该对动物的整个腹部和胸部后1/2～2/3都进行无菌擦洗。因为术前消毒准备时，动物呼吸通气功能可能会受到影响，所以需要严密监控动物的状态。

（3）手术方法　手术采用腹中线切口。需要暴露更大手术视野时，手术切口向前延长到胸骨部位。将移位的腹腔器官复位到腹腔中。如果出现器官粘连的状态，需要将器官小心剥离，避免损伤肺脏出现气胸或者出血的状况。如果膈疝的时间较久，可能需要在缝合切口前清除膈肌创口边缘的结缔组织。使用简单连续缝合的方法缝合膈肌。如果出现膈肌从肋骨上撕裂的情况，在缝合时，将临近的一条肋骨缝入创口，加强缝合的强度。膈肌缝合完成后，抽出胸腔中的空气，恢复负压状态，以保证动物能进行正常的呼吸。如果出现气胸或者胸腔积液，也可以在术后放置一个胸导管。胸腔关闭后，仔细检查腹腔和腹腔器官，观察并处理各种异常情况，最后缝合关闭腹腔。

（4）术后护理和注意事项　术后应该仔细监控动物，观察动物呼吸状态和血氧饱和度是否正常，必要时可为动物进行供氧治疗。术后也应限制动物，避免剧烈运动。

6.5.2　剖腹术

剖腹术是指切开腹壁进入腹腔的手术。此手术广泛应用于临床中各种腹腔相关疾病的治疗和诊断，比如腹腔消化器官的各种病理状态（胃肠道异物，胃扭转扩张，肠套叠等）的修复和治疗，或者腹腔其他器官的手术治疗（膀胱结石，腹腔内肿瘤等），以及组织器官的活检等。手术的决定应该根据动物的实际身体状况和治疗或者诊断的必要性进行综合考量，并和动物主人充分沟通说明情况。因为尤其在一些以诊断为目的的腹腔探查手术中，可能并不能立即找到动物疾病的原因，这种情况下如果事先沟通不足，可能会引起一些医患矛盾。对动物的手术前护理和治疗，应该根据不同动物的疾病情况来做具体的方案。

（1）麻醉及注意事项　具体的麻醉方案应该根据不同动物的个体差异和疾病状况进行制定。一般情况下，如果动物本身体况比较稳定，可以使用苯二氮䓬类或者α受体激动剂类药物配合吗啡类药物作为麻醉前给药。如果动物处于休克或者毒血症状态，应该注意先纠正动物机体的脱水和水盐电解质的紊乱状态，加强对动物心血管循环功能的支持以及手术中的镇痛。

（2）术前准备　动物采取仰卧姿势，应该对动物整个腹部和胸部大约后1/2位置进行剃毛和无菌擦洗消毒。

（3）手术方法

① 雌性动物：动物仰卧姿势，在腹中线上做手术切口，从剑状软骨部位延伸至耻骨部位。继续锐性分离皮下组织直到暴露出腹直肌的外层筋膜，处理完皮下小出血点后，识别出腹白线。用镊子提起一部分腹白线后，用手术刀采取反挑式方法切开腹壁。用手术刀或者剪刀分别向前后延伸手术切口。注意切口不可超过创巾保护的范围。注意用手指触摸到镰状韧带后，可移除此韧带以获得更好的视野。打开和关闭腹腔前都应进行纱布的清点计数，避免将其遗漏在腹腔内。手术后依次缝合腹壁、皮下组织和皮肤。腹壁可以采用简单间断缝合，皮下组织可以采用简单连续缝合，皮肤可以采用皮下缝合包埋缝线。

② 雄性动物：动物仰卧姿势，用一个创巾夹夹住动物的包皮并将其固定在一侧的腹壁皮肤上。将创巾铺在包皮之上，将其隔绝在手术区域之外。手术切口从剑状软骨到包皮后端，切口在包皮或阴茎位置做一个弧形避开相关器官，并且延伸到耻骨区域。需要在完全分离皮下组织后再对腹白线进行辨认。其他手术方法和雌性动物类似。

（4）术后护理和注意事项　术后应该至少一天两次检查动物的伤口是否有异常情况并且及时进行处理。应该给动物使用伊丽莎白项圈，避免动物舔舐伤口造成伤口破裂。伤口在术后第三天到第五天的时候最容易破裂，需要格外注意。

6.5.3　胃切开术

胃切开术经常在小动物外科中作为上消化道异物的治疗方案。总体而言，进行胃切开术会比食道切开术或者肠道切开术更加安全。如果采取了正确的手术措施和护理，一般发生腹膜炎的概率并不太高。

（1）麻醉及注意事项　胃切开术的麻醉方案和剖腹术比较类似。在手术之前，需要注意纠正动物由于上消化道异物造成的脱水或者酸碱电解质紊乱等情况。

（2）术前准备　动物采取仰卧姿势，应该对动物整个腹部和胸部大约后1/2位置进行剃毛和无菌擦洗消毒。

（3）手术方法　动物仰卧姿势，做腹中线切口，从剑状软骨到耻骨区域。打开腹腔后，使用巴佛（Balfour）牵张器扩张切口，充分暴露手术视野。切开胃之前，首先对腹腔器官做全面检查。之后使用浸湿的纱布将胃从周围组织器官中隔离处理，以减少手术过程中的污染。在胃上放置两根牵引缝线，方便手术时固定和处理器官。在胃大弯和胃小弯之间的胃腹侧部少血管的位置做切口。确保切口不要靠近幽门部位，否则缝合胃壁时造成的组织堆叠可能会引起胃内容物在此部位的堵塞。用手术刀刺入胃壁做一切口，再用剪刀延展切口。用吸引管吸出胃内容物防止撒漏至腹腔中。缝合时，用可吸收缝线以双层内翻的方法缝合胃壁。缝合胃壁之后，换一副无菌手套。缝合关闭腹腔之前，检查整个消化道，确保没有其他异物会造成阻塞。

（4）术后护理和注意事项　手术并发症可能包括呕吐、腹泻、胃溃疡或者腹膜炎等。术后应密切观察动物状态，如出现任何可能的消化道症状，应及时做进一步诊断和治疗。

6.5.4　肠管部分切除术及吻合术

肠管部分切除术及吻合术是切除一段肠管后再将切除两端重新缝合贯通的手术。通常用于肠道异物取出、肠套叠或者肠扭转造成的肠坏死或者肠道肿瘤等的治疗。

（1）麻醉及注意事项　对于肠梗阻、肠扭转或者肠穿孔等复杂情况的病例，手术麻醉需要一些特殊考虑。这些病例的动物可能处于脱水、低血压、心动过速或者电解质酸碱平衡紊乱的状态。扩张的腹腔器官可能会压迫后腔静脉影响血液循环，隔膜受腹腔器官影响可能也会造成呼吸功能的减弱。对于脱水和低容积性休克的动物，应该尽快补充体液，恢复电解质等的平衡。由于这些动物通常都处于比较虚弱的状态，所以通常不需要再进行麻醉前给药的镇静。另一方面，由于这些病例中动物的循环系统处于异常的状态，诱导麻醉时可能会产生一些不良反应。应该严密监控动物的体况。诱导麻醉可采用氯胺酮或者依托咪酯等对心血管循环系统影响较小的药物。维持麻醉时，气体麻醉可能需要调至较小浓度以减少对动物血压的影响。应该对动物手术过程中可能发生的低血压情况做好充足的准备，为动物充分补液。同时，注意维持动物的体温在 35℃ 以上。

（2）术前准备　动物采取仰卧姿势，应该对动物整个腹部和胸部大约后 1/2 位置进行剃毛和无菌擦洗消毒。

（3）手术方法　动物仰卧，在腹中线做切口。首先全面检查腹腔内的所有器官，观察是否有任何病理状态。然后用浸湿的纱布将异常状态的肠道部分隔离出来。检查这段肠管的活力并确定需要移除肠管的长度。结扎并切除供应此段肠管的动脉和静脉血管。将此段肠管的肠内容物挤出。用手指或者肠钳夹住要移除肠管部位的两端。用手术刀或者剪刀在肠钳外侧两端切除肠管，将切口垂直或者稍微倾斜于小肠的长轴。对于吻合两端肠管直径类似的情况，采取垂直切口的方法。对于吻合两端直径不同的，采取倾斜切口的术式。使用可吸收单纤维的缝线进行缝合。对于有腹膜炎存在的病例，采用吸收时间较长的缝线材料。采用简单间断缝合的方法，缝线穿过整个肠壁，打结在肠管外壁。缝合完毕后，检查断端吻合情况，在保持肠管两端被封闭的状态下，向此段肠道中注射无菌生理盐水，轻轻挤压肠管，观察吻合段的渗漏情况。如果有渗漏发生，需要额外再加缝线加强。缝合肠管后需要冲洗手术肠管部位和整个腹腔，换一副无菌手套，然后用大网膜盖住手术部位，帮助肠管愈合。最后正常缝合关闭腹腔。

（4）术后护理和注意事项　手术后应严密监控动物状态，观察是否有呕吐等并发症发生。除此之外，需要继续为动物进行补液治疗，纠正电解质酸碱紊乱状态。肠道在缺血状态下也会产生很多炎症因子，在手术后可能也会出现全身系统性的炎症反应。手术 8~12h 后，可以给动物喂食少量清水，如果动物没有出现呕吐的症状，12~24h 后，可以给动物提供少量食物。

如果动物出现腹水大量快速产生或者严重系统性炎症反应，应高度怀疑肠管缝线破裂以及腹膜炎，一定要及时果断处理此类情况，如有必要可能需要进行二次手术。

6.5.5　盲肠切除术

盲肠切除术，主要适用于盲肠阻塞、穿孔、癌变或者严重炎症等病理情况下的治疗。

（1）麻醉及注意事项　对进行此类手术的动物，也是需要注意麻醉前对动物进行补液治疗，纠正动物机体水盐电解质紊乱的状态。因为大肠手术中发生感染的概率相对较高，所以也可以考虑术后进行全身抗生素治疗。

（2）术前准备　动物采取仰卧姿势，应该对动物整个腹部进行剃毛和无菌擦洗消毒。

（3）手术方法　进行盲肠切除时，应该首先对盲肠回肠动脉的盲肠血管分支进行双层结扎。从回肠盲肠褶中将盲肠从回肠和结肠中分离出来。在盲肠基部夹一个手术钳。将肠内容物通过回肠结肠口挤入结肠中并封闭此段肠管。从盲肠和上行结肠的结合部进行切除。切除后，使用简单间断缝合的方法关闭切口。用无菌生理盐水冲洗手术部位，之后盖上大网膜。

（4）术后护理和注意事项　大肠的愈合和修复过程和小肠类似，不过愈合过程会更慢，所以发生手术伤口开裂的概率会更高。这主要是由于大肠的血液供应相对小肠更少，肠道内菌群的构成差异以及大肠承受的机械压力更高等原因造成的。出血和粪便污染腹腔是大肠手术常见的并发症。除此之外，腹膜炎、伤口开裂等情况也可能发生。术后恢复进食的时间和小肠手术类似，应该注意给动物喂食低纤维易消化的食物，减少坚硬粪便对大肠造成的压力。

6.5.6　脾脏摘除术

（1）适应证　需行脾切除的外科疗法。主要见于以下几种病因：特发性血小板减少性紫癜、遗传性球形红细胞增多症、溶血性贫血等，脾脏占位性病变，如巨脾症、脾囊肿、脾血管瘤、脾淋巴管瘤等，生命体征稳定的脾外伤、脾脏破裂，肝硬化伴门脉高压等。

（2）保定和麻醉　手术台仰卧保定或横卧保定。全身麻醉。

（3）术式

① 从剑状软骨至腹部尾侧作腹中线切口，用 Balfour 开张器拉开腹壁。如果存在血腹，先在腹白线上切一个小口，插入 Poole 吸引头，尽可能多地抽出液体后再扩大切口。

② 结扎脾血管（图 6-37）。

如果脾扭转：用 2-0 单股可吸收线多处贯穿扭转的血管蒂。为避免损伤血管，用带线缝合针的针尾穿过组织，使线穿过血管蒂。也可以将闭合的止血钳钝性穿过血管蒂。用止血钳夹住线尾并拉过组织，环绕血管蒂打结。

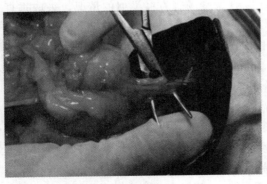

图 6-37　用止血钳平行血管
做一个小洞，结扎脾动脉

如果脾动静脉清晰可见：在胰腺左叶头部、邻近左胃网膜动脉起始处，确认脾动静脉。平行血管分离周围系膜，游离出脾动静脉。分别三重结扎每根血管，在末端的两个结扎线之间剪断。结扎并剪断胃短动静脉以及可能为切除组织提供回流的胃网膜血管吻合支。

如果无法显露脾动静脉：从脾尾开始，在距进入脾实质前 1~2cm 处结扎每根脾门血管。单独结扎大血管，分束结扎小血管。撕开中间的网膜以显露相邻的血管。根据血管蒂大小，对每个血管使用一个或两个环绕结扎。

③ 结扎并剪断相连的网膜，摘除脾。

④ 在关腹前检查肝脏是否存在转移性疾病。

6.5.7 脐疝手术

（1）适应证 脐疝的外科疗法。

（2）保定和麻醉 手术台仰卧保定。全身麻醉。

（3）术前管理 除非疝内容物发生嵌闭或绞窄，脐疝通常在进行子宫卵巢摘除术或去势术的同时进行手术修补。对于健康动物只需很少的术前诊断。应进行全面体格检查，因为存在脐疝时可能同时存在其他先天缺陷，如隐睾、室间隔缺损、腹股沟疝或腹膜心包横膈膜疝。对腹部腹侧进行常规剃毛及术前准备，同卵巢子宫摘除术一样。

一些医生会修剪疝环边缘几毫米的肌肉或筋膜以制造新鲜创缘。但在多数动物，不修剪疝环直接缝合，腹壁也能愈合。

（4）手术过程

① 作腹中线皮肤切口

a.如果脐疝很小且内容物仅为脂肪，在内容物正上方切开。

b.如果疝内容物嵌闭或者坏死，从脐疝尾侧开始切开皮肤。提起皮肤使之高于疝，小心地向头侧扩大切口，以避免损伤疝入的内脏。

c.如果脐疝的皮肤薄、存在炎症或坏死，环绕疝切开皮肤（图6-38）。

② 分离疝内容物上的皮下组织（图6-39）。

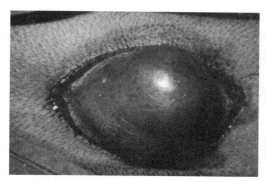

图6-38 环疝切开皮肤

图6-39 分离疝内容物上的皮下组织

③ 复位或切除疝内容物

a.如果疝内容物健康且易于复位，将其还纳入腹腔。

b.如果疝内容物为嵌闭且与腹外侧筋膜粘连有脂肪或网膜，切除突出的组织。有些动物需要对脂肪或网膜进行结扎。

c.如果疝内容物为嵌闭或失活的肠管，或者动物需同时进行子宫卵巢摘除术，扩大疝环。

d.在脐疝尾侧1～3cm处的腹白线切开腹壁。插入食指，由内侧确认疝环的位置。

e.小心地向头侧扩大腹白线切口直到剪开疝环。切除失活的疝内容物。

④ 用单股可吸收线简单间断或简单连续对合外侧直肌鞘

a.在动物进行子宫卵巢摘除术或开腹术时，对包括疝孔在内的腹壁进行常规缝合。

b.用烟包式缝合法或钮扣状缝合法闭锁疝轮，如肥胖或腹压大，则用减张缝合。最后以结节缝合法缝合皮肤创口，并使用压迫绷带。

⑤ 如果皮肤过多，在常规缝合皮下组织和皮肤前切除部分皮肤。

（5）术后治疗及注意事项　限制活动 1～2 周。全身投给抗生素药物或磺胺类药物，连用 7d，局部按创伤治疗。术后喂饲减量，进食八成左右，2～3d 后逐渐达到正常食量。脐疝修补术的并发症不常见。如果缝合（外侧）直肌时进针处距创缘太近、针距过大或未缝合直肌筋膜，脐疝可能复发。有时，有些动物的脐疝复发是由于形成了异常的纤维组织。这些动物可能需要使用合成网状材料覆盖疝孔以增加修补强度（图 6-40）。

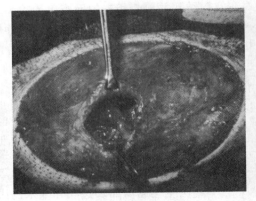

图 6-40　沿疝孔显露直肌边缘

6.5.8　腹壁疝手术

（1）适应证　先天性和后天性腹股沟疝的一般外科疗法。

（2）保定和麻醉　手术台上仰卧保定，后躯抬高。全身麻醉。

（3）手术　腹壁疝的修复手术与脐疝的修复手术基本相同，动物全身麻醉，疝囊朝上进行保定，术部按常规无菌准备。

由于疝内容物常与疝孔缘及疝囊皮下纤维组织发生粘连，所以在疝囊皮肤上作梭形切口有利于分离粘连，还纳疝内容物。疝孔闭合一般需采用减张缝合法，如水平褥式或垂直褥式缝合。陈旧性疝孔大多瘢痕化，肥厚而光滑，缝合后往往愈合困难，应削剪成新鲜创面再行缝合。当疝孔过大难以拉拢时，可自疝囊皮下分离出左右 2 块纤维组织瓣，分别拉紧重叠缝合在疝孔邻近组织上，以起到覆盖疝孔的作用。最后对疝囊皮肤作适当修整，采用减张缝合法闭合皮肤切口，装结系绷带。

术后适当控制动物食量，防止便秘和减少活动等，有利于手术成功。

6.5.9　腹股沟疝手术

（1）适应证　先天性和后天性腹股沟疝的一般外科疗法。

（2）保定和麻醉　手术台上仰卧保定，后躯抬高。全身麻醉。

（3）术前管理　根据临床症状的严重程度，需要检查患病动物是否存在败血症、弥散性血管内凝血、电解质和酸碱紊乱、低血糖以及肾功能不全。尽可能在术前稳定动物的体况。进行直肠检查，因为某些犬可能同时存在会阴疝。如果存在内脏梗阻或局部缺血，或疝出物为存在感染、死胎的妊娠子宫的动物或腹股沟疝内容物为嵌闭的膀胱（图 6-41），则需要进行紧急手术。肠管疝的犬在确诊前已经出现 2～6d 呕吐症状时，术中常见肠管坏死。

（4）手术　单侧腹股沟疝可以采用腹股沟外环正上方切口。双侧腹股沟疝可以采用两个单独切口或者一个较大的腹中线切口，在修补时将其向修补一侧拉开。当器官出现梗阻或坏死时，或者需要进行子宫卵巢摘除术时，还需要进行腹中线开腹术。扩张或坏死的内脏器官可能难以还纳腹腔。在这种情况下，需要向头侧扩大腹股沟管以利于脏器的复位。受损伤的脏器一旦还纳腹腔后应立即进行切除。建议对动物进行绝育，因为有些品种会遗传这种缺陷。在妊娠第 7 周时，将疝出的妊娠子宫还纳腹腔后，胎儿可以成功地生长至足月。

（5）手术过程

① 麻醉后检查双侧腹股沟环以确认腹股沟疝为单侧还是双侧。

② 作腹中线尾侧皮肤切口，或对于小的单侧腹股沟疝，直接在腹股沟疝或腹股沟外环的

正上方切开皮肤。

③ 用 Metzenbaum 剪钝性和锐性分离腹外筋膜上的皮下组织，使其从外侧直肌鞘和疝囊上分离。

④ 将疝内容物还纳腹腔

a. 如果疝内容物游离并且不肿胀，轻轻地将疝内容物挤回腹腔。

b. 如果疝内容物嵌闭但是仍然有活力，通过切开疝囊、腹外斜肌腱膜向头侧扩大腹股沟管。如果有必要，可以切开腹横肌和腹内斜肌。

c. 如果疝内容物肿胀或缺血，进行腹中线开腹术。同上所述剪开疝囊并扩大腹股沟管并根据需要切除失活的组织。

⑤ 在疝囊的筋膜附着处剪断疝囊。

⑥ 用 2-0 或 3-0 单股可吸收线间断闭合腹股沟肌肉切口。

⑦ 以同样方式缝合腹外斜肌腱膜，在切口尾侧留一个缝隙供血管和神经以及未去势公犬的精索通过（图 6-42）。

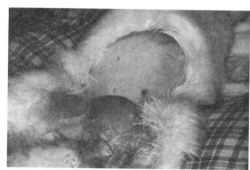
图 6-41　腹股沟疝-内容物为嵌闭的膀胱

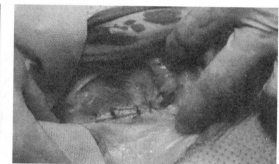
图 6-42　在腹股沟环的尾侧留一个缝隙，
防止压迫血管和神经

⑧ 用单股可吸收线分层缝合皮下组织闭合死腔，将最深的一层与腹外斜肌腱膜缝在一起。

⑨ 常规缝合皮肤。

（6）术后治疗及注意事项　术后恢复期要限制活动，且通常需要给几天的镇痛药。进行肠切除吻合的动物要监测是否出现肠泄漏。据报道有 17％的动物出现术后并发症，包括肿胀、切口感染、开裂、腹膜炎、败血症、呕吐及复发。腹股沟疝的复发不常见。全身投予抗生素或磺胺类药物，连用 7d；局部按创伤治疗。术后喂食减量，每日进食八成左右，2～3d 后逐渐达到正常食量。

6.5.10　会阴疝手术

（1）适应证　会阴疝的外科疗法。会阴疝是指腹膜及腹腔内脏器经骨盆腔后结缔组织凹陷脱出至会阴部皮下。本症多见于老龄犬，唯一疗法即是手术修补。

（2）局部解剖　犬的会阴部是在尾的下方，从肛门至股内侧下方。在会阴部的骨盆腔后部皮下有密集的会阴筋膜。会阴筋膜与臀部、后腹筋膜相连接，与荐结节韧带一并进入骨盆外底部。前部表面有肛门括约肌和尾骨肌，它们与会阴筋膜共同支持着骨盆腔外口。当老龄雄犬这些骨盆外口的支持组织老化，起不到应有的作用则发生会阴疝。

（3）保定和麻醉　俯卧保定，下腹部垫以沙袋，使后躯抬高呈 450°倾斜，后肢垂于手术台后端，尾巴向前转折固定。全身麻醉。

（4）术式

① 在肛门旁 2～4cm 处平行肛门做弧形皮肤切口。切口由肛门背侧直至坐骨结节腹侧至少 2cm。

② 用剪刀或手指穿过皮下层直至疝囊，并扩大皮下切口，可能会有液体流出。

③ 有必要的话，将膀胱推回腹腔前通过穿刺术清空膀胱。

④ 使用"海绵棍"（用 Allis 组织钳夹持两次折叠的纱布海绵），减少疝内容物。

⑤ 辨别会阴部的肌肉和血管。

⑥ 将食指和中指放在坐骨结节的内侧和外侧，以回推组织，并勾勒出肌肉切口的区域。沿坐骨背侧和尾侧边缘切开闭孔内肌的附着部，向下直至骨骼。

⑦ 在闭孔内肌下方紧贴骨骼插入骨膜剥离子。将肌肉从坐骨掀起，至闭孔尾侧缘头侧。

⑧ 将食指插入肌肉下方，触摸外侧和内侧，以确认尾侧坐骨附着已被切断，特别是沿肌肉的外侧缘。

⑨ 如果需要的话，在肌肉尾部边缘做牵引线以便确认。

⑩ 将弯的 Kelly 止血钳尖端向下，在闭孔内肌腱上、背侧肌纤维下插入。

⑪ 向前旋转止血钳，尖端向后垂直，暴露闭孔内肌腱的 3 个分支。

⑫ 用剪刀或手术刀在止血钳上方切开肌腱。这样做可防止对坐骨神经的损伤。

⑬ 用食指触诊肌肉瓣下方，确认肌肉瓣侧面和尾内侧附着处已游离。如果需要进一步向头侧分离，用食指轻轻地抬起肌肉。

⑭ 在肛门外括约肌和闭孔内肌之间预置 4～6 根 2-0 单股可吸收缝线。

a. 通过轻轻滑动弯止血钳确认肛门外括约肌，止血钳尖端向后，沿直肠壁从头侧至尾侧移动，直至尖端到达垂直方向的括约肌，括约肌肌纤维沿背腹侧方向分布。

b. 将全层闭孔内肌穿一针，包括背侧筋膜和肛门外括约肌。

c. 将第一根缝线置于闭孔内肌腹内侧边缘和肛门括约肌腹侧区域之间。肛门括约肌的腹侧区域通常很难辨别，比较肛门的部位和缝线，以确定是否在正确的部位。

d. 在缝线末端夹上止血钳。牵拉缝线以确认肛门向外侧移动，这样才能使对合成为一个整体。

⑮ 如果能分辨出提肛肌/尾骨肌，在其与肛门外括约肌背侧留置一根或多根缝线。可能的话，将其与闭孔外肌缝合在一起。

⑯ 缝线放置好之后，拉紧，使组织对合但不至于坏死。在收紧第一根或前两根缝线后，去掉海绵棍。

⑰ 使用间断缝合闭合皮下组织和皮肤。

⑱ 在未绝育公犬，暴露阴囊背侧区域，以实施尾侧去势术，或重新摆位，实施阴囊前去势术。

（5）术后治疗及注意事项　动物苏醒前，用手指进行直肠检查，以确认疝已修复。应感觉到像正常动物一样，直肠壁被牢固支撑。给镇痛剂数日。伤口愈合前可使用低残渣的日粮和粪便软化剂，以减轻术后努责。推荐术后 1 周佩戴伊丽莎白圈，以防自损。术后给予 1～2 周的抗生素或磺胺类药物，局部按创伤治疗。注意防止术部感染。有参考文献认为进行该手术时，同时进行去势术，可防止复发。

6.6　直肠和肛门手术

6.6.1　直肠固定术

直肠固定术即固定脱垂的肠管，恢复盆底重建，矫正异常解剖结构。一般适用于习惯性复发性直肠脱出，且脱出部位未达到坏死程度，不需要切除直肠时。

（1）适应证　习惯性直肠脱，脱出直肠未坏死。

（2）保定　仰卧或俯卧保定。

（3）麻醉　常规呼吸麻醉，配合局部浸润麻醉。

（4）术式　动物右侧卧保定，将脱出的直肠黏膜用冷生理盐水清洗干净，除去附着在黏膜上的异物和污物。如果水肿严重，可以用10%高糖溶液清洗或者将砂糖撒布于脱出的黏膜上，待水肿消退后，用生理盐水冲洗，再用0.1%高锰酸钾溶液或者洗必泰溶液对脱出的直肠部分进行消毒，涂布碘甘油，用手将脱出的直肠轻轻还纳回去，再用橡胶塞或者棉球将直肠塞住。以左侧肷部荐结节的前方2～3cm与荐结节下方2～3cm的交点处作为起点，向下垂直切开皮肤5～10cm，依次切开腹壁肌肉，打开腹腔。助手将脱出的直肠从肛门方向往前送至腹壁切口附近，术者将直肠牵引至腹腔，确认位置合适后，用2～3针结节缝合，将直肠固定在左侧腹壁上（腹膜和肌肉）。缝合时缝针只穿透浆膜肌肉层，不穿透黏膜层。之后依次连续缝合腹膜、腹壁肌肉。大型犬、猫肌肉层可以进行结节缝合，避免撕脱。

（5）术后护理　术后给予抗生素治疗，饲喂流质及易消化食物，防止便秘。局部创口按照创伤处置，术后10～12d拆除缝线。

（6）术后并发症　由于神经或者肛周肌肉损伤，术后可能会存在肠管蠕动减弱或者大便失禁、直肠再次脱出的风险。

6.6.2　直肠脱出切除术

直肠脱出，俗称脱肛，是指直肠组织从肛门突出形成一个伸展的圆柱形团块，无法自行复原。无品种倾向性，常见于幼龄犬猫。有许多因素都可诱发该病，包括肠道寄生虫、大肠的炎症、肿瘤、异物、便秘等，促使动物用力努责而导致直肠黏膜部分脱出，黏膜的暴露又加剧了刺激和直肠努责，从而导致直肠脱垂。

（1）适应证　犬猫直肠脱出整复无效时。

（2）麻醉　全身麻醉，配合局部浸润麻醉。

（3）术式　患病动物俯卧保定，经过膨胀肛门的黏膜皮肤连接放置3～4根预置线。使用预置线（3-0尼龙绳或其他的单丝线），牵拉直肠团块或损伤部位后的直肠黏膜，使直肠壁外翻。如果有必要，放置另外的预置线以进一步牵引团块和创口，使用电刀、激光或手术刀切除团块。依据脱出物的性质和边缘情况，做半层或全层的切除。间断缝合法缝合切口边缘（缝线可用3-0或4-0PGA）。拆除预置线，将直肠还纳回去。也可以使用一次性注射器针筒进行辅助固定（图6-43）。根据动物体型大小，选择直径合适的注射器，将针筒用生理盐水润滑后，置于脱出的肠管中，深度达到肛门以内。在距肛门1～2cm处，将脱出的肠管切除，使用3-0或4-0PGA缝线进行间断全层缝合（图6-44）。去除注射器，将外露的缝合部位肠管还纳回肛门，检查肛门部位是否通畅（图6-45）。

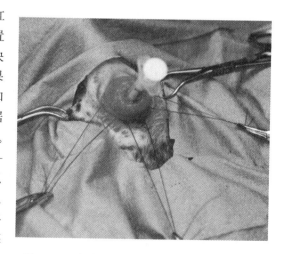

图6-43　不可还原的脱肛。将注射器放置在脱垂节段中，然后在四周安置三根牵引线，将缝合线穿过脱垂的两层，以防止随着脱垂而使近端节段缩回被切除

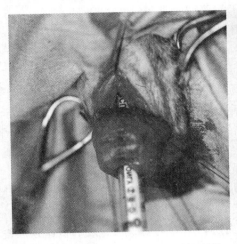 

图 6-44　切开所有层后，通过间断结节缝合在背中线上开始吻合缝线。确保每个层段的黏膜下层缝合完全

图 6-45　完成直肠吻合术。背侧和腹侧缝合线应保持较长的时间直至伤口愈合，以防止缩回进入盆腔

（4）术后护理　术后 24h 内禁饲，24～48h 限饲，给予软质流食或者湿粮。静脉补充营养。术后全身使用抗生素 5～7d。每天可以进行直肠清洗，使用 0.1% 高锰酸钾溶液，清洗后涂布碘甘油。

6.6.3　锁肛重造手术

犬猫肛门闭锁在临床上非常少见。肛门闭锁分为四种类型，分别为：先天性肛门狭窄（Ⅰ型）、单纯性肛门闭锁（Ⅱ型）、合并肛门前段直肠形成一盲端与肛门皮肤并不连接（Ⅲ型）以及肛门正常但近端直肠闭锁（Ⅳ型）。

（1）适应证　犬猫肛门闭锁。

（2）麻醉　全身麻醉或尾椎硬膜外腔麻醉。

（3）保定　侧卧保定，后躯抬高。

（4）术式　在正常的肛门部可触知膨隆部，剪毛、消毒。在膨隆部中心纵向切开皮肤，切口大小要求为肛门孔径大小，用钝性分离法分开皮肤与皮下组织，直达直肠盲端，在盲端的顶部有一膜状隔称为肛膜，用丝线将肛膜两侧固定，钝性分离肛膜及直肠末端的周围组织，将内部粪便向直肠内推送，用止血钳夹住肛膜，将其切开，切开后排除内部粪便，用生理盐水清洗直肠末端和肛膜切口部，将肛膜修整成圆形，皮肤创缘也修整成圆形，然后将肛膜的创缘与皮肤的创缘对应地缝合在一起，做成人造肛门。用 0.1% 新洁尔灭溶液消毒创部。

（5）术后护理　术后经常以消毒液清洗人造肛门，涂抹 1% 碘甘油溶液，防止感染。切口应适当，不应过大或过小。

6.6.4　犬的肛门囊切除术

肛门腺是一个腺体，一般提到肛门腺，多指犬类的肛门腺，又称肛门囊，是一对梨形状的腺体，位置在犬的肛门两侧约四点钟及八点钟的地方，左右各一个且各有一个开口。

（1）适应证　肛门囊的慢性炎症、肛周脓肿、肛周瘘、肿瘤等。

（2）麻醉　动物进行全身麻醉，配合局部浸润麻醉。

（3）保定　胸卧保定，后躯抬高，尾根向前折转固定。

（4）术式　术前禁食 12～24h，用温热生理盐水灌肠，直至清除肠内积粪。挤压囊内积液至排空，用消毒液清洗干净。肛周彻底消毒，直肠内填塞纱布，防止粪便泄漏污染术部。用探针从肛门囊开口处插入囊底，探明其深度和范围。沿探针方向从肛门口切开肛门外括约肌和肛门囊开口，并向下切开皮肤、肛门囊导管和肛门囊，直至肛门囊底部，暴露灰色的肛门囊黏膜。分离肛门囊与周围的纤维组织，切断排泄管。对于中、大型品种犬，术者可将手指插入已切开的肛门囊上端，在手指引导下从最底壁向上钝性分离肛门囊和肛门外括约肌。最后除去肛门囊及其导管和开口，仔细检查肛门囊，以确保其完整切除。分离时不要损伤肛门内括约肌，对直肠动脉分支需结扎止血。从创腔底部开始缝合，不得留有死腔。肛门外括约肌对齐结节缝合，皮肤行结节缝合。

（5）术后护理　术后连续 7d 给予抗生素防止感染，局部每日涂抗生素软膏或碘伏两次。如有感染，应及时拆除缝线开放创口，灌注药物进行治疗。为防动物舔咬术部，可给其佩戴伊丽莎白圈。

（6）术后并发症　部分犬或猫在术后 1～3 周内可能会出现粪便稀少或者肠蠕动减弱现象。这是因为控制肛门括约肌的神经穿过肛门囊附近的软组织，如果存在感染，手术过程中可能无法避免损伤神经。多数宠物可以自行恢复，严重的可能会引起神经永久性损伤，导致无法控制肠运动或大便失禁。

肛门囊摘除术见图 6-46。

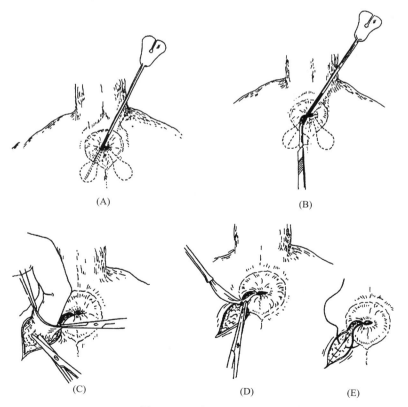

(A)　　　　　　　　　　　　　　(B)

(C)　　　　　　(D)　　　　　　(E)

图 6-46　肛门囊摘除术

（A）用探针探查肛门囊深度；（B）在探针指引下，切开肛门囊导管与肛门囊；（C）对于中大型犬，也可以用食指插入肛门囊，使其与肛门外括约肌分离；（D）牵引肛门囊，钝性分离其下层组织；（E）结节缝合肛门括约肌和皮下组织，结节缝合皮肤

6.7 泌尿器官手术

6.7.1 膀胱切开术

（1）**适应证** 用于切开膀胱和取出尿结石，鉴定损伤部位，并对其进行活组织检查，修复异位输尿管，或诊断抗治疗性尿路感染。

（2）**器械** 一般外科手术器械，导尿管。

（3）**保定和麻醉** 手术台仰卧保定，全身麻醉。

（4）**手术方法** 切口一般在膀胱背侧或腹侧，远离尿道；然而，如果进行鉴别和/或在必须将导尿管插入输尿管开口的情况下，需要暴露膀胱的腹侧。闭合膀胱的目的是密封膀胱不漏水，并且不会促进结石的形成。术部，雌性犬猫在耻骨前缘 3～5cm 的白线侧方，雄性犬猫在耻骨前缘 3～5cm 的阴茎侧方。术部剃毛、酒精、碘酊消毒。从耻骨前缘向脐部的方向切开皮肤 8～10cm，确实止血后，钝性分离皮下组织，按切皮方向切开腹直肌，直至腹膜。打开腹腔后用创钩拉开创缘。用手指伸入腹腔探查，膨满的膀胱一触便知；膀胱内容物空虚时，膀胱退至骨盆腔内，手指伸入骨盆腔内可触知膀胱。将膀胱拉至创口或创外。膨满膀胱可用注射器抽出尿液，或导尿管从尿道进入膀胱进行排尿。膀胱缩小，用钳子夹住膀胱顶固定，手术需要时则可将膀胱牵出创外。在膀胱下面垫上潮湿的纱布，以隔离膀胱。在膀胱顶上设置预置缝线以方便操作。

当膀胱结石时，用钳子或牵引线固定住膀胱顶，在膀胱顶附近避开血管，切开膀胱长 3～5cm，用麦粒钳子或是锐匙除去结石，除结石过程中切勿损伤膀胱黏膜。去除膀胱结石时，必须将导尿管插入尿道，然后冲洗尿道，直至尿道没有结石。将结石留在尿道内是一个比较常见的疏忽操作。

当膀胱肿瘤时，视肿瘤生长的部位，尽量将膀胱移至创口外，在肿瘤生长部位附近切开膀胱壁 5～8cm，将膀胱黏膜部翻转，在明视下切除肿瘤。

膀胱壁第一次全层连续缝合，第二次浆膜内翻缝合。用灭菌生理盐水清洗后还纳于腹腔。依次缝合腹膜、腹肌、皮肤，闭合腹腔，术部碘酊消毒。

（5）**术后治疗及注意事项** 术后全身给予抗生素药物治疗 1～2 周，如口服或皮下注射阿莫西林、氨苄青霉素、羟苄青霉素、头孢氨苄、喹诺酮类药物等。充分休息，不做剧烈运动，注意伤口护理。而对于尿路阻塞的患病犬猫，在诱导麻醉前应该纠正电解质代谢紊乱（如高钾血症）和酸碱平衡异常。静脉补液可恢复正常的水代谢。安他乐液可缓解阻塞，但如果使用不恰当，会导致动物血容量不足甚至死亡。在术前、术中、术后都应该使用心电监护仪监护，观察动物心律情况。如果发生高钾血症，用 0.9% 生理盐水进行输液治疗。如果患病动物的血清钾正常，给予电解质平衡液。

6.7.2 尿道切开术

（1）**适应证** 主要用于取出雄性犬不能移除、又可能被冲入膀胱内的尿道结石，而且此技术还有利于安置导尿管。有时，尿道切开术也用于对尿道阻塞病变（如狭窄、瘢痕组织、赘生物）的活组织检查。尿道切开术可分为阴囊前尿道切开术和会阴尿道切开术两种。为了避免发生术后尿道狭窄，在结石可以被推进膀胱的情况下，最好是采用膀胱切开术而不是使用尿道切开术。

（2）器械　一般外科手术器械，导尿管，小锐匙等。

（3）保定和麻醉　仰卧位保定犬猫，全身麻醉或局部浸润麻醉。

（4）阴囊前尿道切开术　阴囊前尿道切开术用于取出尿道海绵体远端结石，或当阻塞部位远离尿道切开术的欲切口而福利导管又够长时用来安置膀胱的福利导尿管。严重精神抑郁或是尿毒症患病动物应该在使用局部麻醉进行镇静的情况下，实施尿道切开术。阴囊前尿道切开术行二期愈合；但是，3～5d 内术部可能会出血尤其是排尿时。如果黏膜正常并且尿道黏膜对接良好，可以行一期愈合以减少出血。首先确定结石部位。用生理盐水清洗包皮及阴茎部，消毒。术者左手握住阴茎头部，右手将导尿管插入阴茎中至结石部。在阴茎腹侧部位剃毛、消毒。在阴茎腹侧正中线上切开皮肤 3～5cm，依次切开皮下组织、阴茎退缩肌、尿道海绵体、尿道黏膜。尿道创口 2～3cm。用小锐匙插入尿道内去除结石，然后导尿管向尿道深部插入，检查尿道是否通畅。闭合尿道，以细丝线连续缝合尿道黏膜，再以结节缝合法缝合尿道海绵体、阴茎退缩肌和皮肤，留置导尿管，以免发生尿道狭窄。

（5）会阴尿道切开术　会阴尿道切开术有时用于取出坐骨弓处的尿道结石，也可用于对大型雄性犬安置膀胱导管。会阴尿道切开术在尿道切开术中比较少见。术后缝合切口，防止潜在性皮下尿漏。在肛门处进行荷包缝合。将无菌导尿管插入尿道直至膀胱或阻塞部位。仰卧保定犬，四肢垂于手术台边缘。在阴囊和肛门中间的尿道上，做一正中线切口。探查、提起、牵拉阴茎退缩肌。分离脊部的成对球状海绵体肌，暴露尿道海绵体，然后切开尿道海绵体，进入尿道管腔。如阴囊前尿道切开术所述的方法，缝合切口。

（6）术后治疗及注意事项　由于感染会延后愈合的时间并导致管腔狭窄，因此发生尿路阻塞或尿液渗漏的动物在手术期间应该给予抗生素。膀胱和尿路结石的动物常常并发感染，因此应在尿液细菌学培养和药敏实验的基础上选择合适的抗生素进行治疗。另外，还需要在手术期间进行尿液细菌培养，根据培养结果选择合适的抗生素给药。如果通过膀胱穿刺得到的尿液培养物结果为阴性，应当进行膀胱黏膜活组织有氧培养。在一项研究中，18.5% 的尿结石犬的膀胱黏膜或尿结石培养物的结果显示为阴性。最常见的感染是大肠杆菌，尿路阻塞的患病动物应该避免使用肾毒性抗生素如氨基糖苷类、四环素。术后全身给予抗生素七天进行治疗，如口服或皮下注射阿莫西林、氨苄青霉素、羟苄青霉素、头孢氨苄、喹诺酮类药物等。留置导尿管 36～48h 后拔出。

术后注意排尿情况，若再出现排尿困难或尿闭时，马上拆除缝线，仔细探查尿道是否有结石嵌留。

6.7.3　尿道造口术

（1）适应证　常用于保守疗法不能去除的复发又引起阻塞的结石；尿道切开术无法去除的结石；尿道狭窄、尿道肿瘤、阴茎肿瘤或严重创伤；需要实施阴茎切断术切除包皮瘤由于损伤位置不同，实行的手术可分为阴囊前、阴囊、会阴或耻骨前尿道造口术。如果动物进行过去势并且损伤位置远离阴囊，优先选择阴囊尿道造口术。会阴尿道造口术常用于猫，耻骨前和耻骨后尿道造口术也在此进行了描述。

（2）器械　一般外科手术器械，导尿管等。

（3）保定和麻醉　仰卧保定，两后肢向前方固定，暴露出会阴部。

（4）手术方法　术前禁食 24h。术前用温肥皂水灌肠，除去直肠内宿便，防止手术中污染。术部在会阴部正中线上，距肛门下方 3～5cm 处，术部剃毛、消毒。用生理盐水清洗包皮及阴茎头部，将导尿管插入尿道内直至术部。

阴囊前尿道造口术：阴囊前尿道造口术与阴囊前尿道切开术相似，但阴囊前尿道造口术需要将尿道黏膜缝合在皮肤上。如上所述，在尿道黏膜上做一个 3～4cm 的切口。尿道切口的长度是尿道直径的 6～8 倍。用可吸收性缝线，单纯连续缝合尿道周围和皮下组织。从切口尾部开始，用可吸收性缝线（3-0 至 5-0），简单间断缝合剩余的尿道黏膜与皮肤。

阴囊尿道造口术：阴囊尿道造口术比会阴或耻骨前尿道造口术要好，因为阴囊尿道处的尿道更宽、更浅表，又被更少的海绵状组织包围。与其他处的尿道造口术相比，阴囊尿道造口术的术后出血少，且发生狭窄的可能性小。如果犬未被去势，要先进行去势并切除阴囊，也可以做部分切除。将无菌导尿管插入尿道，直至与坐骨弓平行或超过坐骨弓。经皮下组织，在尿道上做一正中线切口。辨认阴茎退缩肌，并向外侧牵拉，暴露尿道。用 15 号手术刀，在导尿管上方的尿道腔上作一个 3～4cm 的切口。

犬会阴尿道造口术：会阴尿道造口术常会引起严重的排尿痛，因此会阴尿道造口术只适用于不能采用阴囊尿道造口术或阴囊前尿道造口术治疗的尿道疾病。因为会阴部周围的海绵状组织丰富，出血比较多。并且由于尿道较深，尿道移动后会导致缝合线张力过大，容易引起伤口裂开。在尿道的覆盖组织和皮肤上，做一个 4～6cm 的切口，并且如会阴尿道切开术所述方法，切开会阴尿道。尿道切口长 1.5～2.0cm，然后如阴囊前尿道造口术所述方法缝合尿道黏膜及皮肤。

耻骨前尿道造口术：当尿道膜或尿道海绵体部的损伤不可修复或必须切除时，采用耻骨前尿道造口术进行治疗。大部分犬猫不采用该方法，除非发生神经损伤。在脐部和耻骨之间的腹正中线上做一切口，从盆骨底钝性分离盆骨内尿道，避免损伤尿道动脉及其分支。分离盆骨内尿道末端，从尿道上小心分离公犬猫的前列腺，保证预留一定长度的尿道可以外置于皮肤上。避免损伤支持膀胱颈的血管。对于公犬，在包皮旁边或包皮上做 2～3cm 的穿刺切口，处置尿道。而母犬，通过腹正中线切口或腹白线外侧做 2～3cm 切口，处置尿道。修剪尿道末端呈铲形，增加尿道腔的直径，然后使用可吸收缝线（聚葡糖酸酯、聚二噁烷酮或聚卡普隆 25 缝线）或不可吸收缝线（尼龙或聚丙烯）间断缝合尿道黏膜与皮肤。此外，必须确定尿道造口术缝合部位紧张度以及尿道没有急剧发生扭转。

耻骨后尿道造口术：与耻骨前尿道造口术基本类似，区别于前者是把尿道外置于耻骨后缘。猫实施该手术后，很少引起术后狭窄、复发性泌尿道感染。会阴尿道造口术后，若复发狭窄，则需要进行耻骨后尿道造口术。用类似于耻骨前尿道造口术的手术操作进行该手术，但需向后牵拉皮肤，超过耻骨缘。提起内收肌和耻骨膜前部的股薄肌，暴露闭孔的内界面。部分切开耻骨前韧带，并向外侧牵拉，分离耻骨支。截断耻骨联合外侧 1.5cm 处的耻骨支，经过耻骨联合横断切开耻骨体。向腹侧旋转耻骨瓣，可见骨盆内尿道。在损伤部位前面横断尿道，并将耻骨瓣置于此处。通过间断缝合或水平褥式缝合，重新缝合股薄肌和内收肌的肌腱。在腹侧切口前部 3cm 处，做一个 1cm 的穿刺切口。通过此通路，外置尿道。修整尿道末端，然后用 4-0 缝线，缝合腹腔。但在腹白线尾留 1cm 的切口，避免尿道经过耻骨瓣上方时发生蜷曲。在会阴尿道造口术部位，切除组织，然后进行缝合或者使其开放以行二期愈合。

（5）术后治疗及注意事项　尿道造口手术后，由于组织的膨胀、纤维化或坏死，应严密监视患病动物的排尿情况以检测是否有阻塞发生。消除尿道阻塞，应该持续静脉输液治疗直到去除阻塞后，停止利尿。高钾血症治疗或利尿后可能继发低钾血症，所以应监测动物体内的电解质平衡（特别是钾离子浓度）。同时还要注意患病动物的术后疼痛管理，在必要时给予止痛药（羟吗啡酮 0.05～0.1mg/kg 静脉注射或肌内注射，每 4h 一次；布托菲诺 0.2～0.4mg/kg 静脉注射、肌内注射或皮下注射，每 2～4h 一次；丁丙诺啡 5～15g/kg 静脉注射或肌内注射，每 4h 一次，视患病动物情况而定）。安置内置导管，实施尿道切开术或尿道造口术的患病动物应使用伊丽莎白项圈，防止导管初期移动或动物舔咬。对施行尿道切开术的患病动物监视是否有术后出血。在术后 3～5d 或排尿后，必须检查术部恢复情况。术后动物被镇静或给予麻醉性镇痛药后，在 12h 内可能发生膀胱弛缓，还有可能因为疼痛而不排出尿液。此时，应该用手持续压住膀胱，增加膀胱压力直至患病动物排尿正常。

对于尿道造口的猫，应该使用碎纸代替猫砂，直至伤口愈合，并且按常规进行尿液培养以检查是否有泌尿道感染。内置导管会促进形成尿道狭窄和泌尿道感染，因此，不建议使用内置导管。实施尿道造口术后犬猫出现食欲不振的情况，粪便减少，会引起尿液重吸收增加，所以在动物手术后应刺激多进食。术后创部以普鲁卡因青霉素做创围封闭治疗 5～7d，10d 左右拆线。必要时可进行适当的止痛，老龄动物容易发生心血管或肾脏疾病，因此应密切监视。青年动物会发生尿道狭窄，而且用手术治疗修复完全横断面比较困难。

6.7.4 肾脏摘除术

（1）适应证　化脓性肾炎、肾结石、肾肿瘤、肾寄生虫以及交通事故造成的肾脏损伤手术疗法。

（2）器械　一般外科手术器械以及可吸收缝合材料如 polyglactin 910、聚乙醇酸、二氧六环酮、聚葡糖酸酯、聚卡普隆 25 或不可吸收的心血管丝线，可用于肾管和输尿管的结扎。

（3）保定和麻醉　手术台横卧保定，全身麻醉。麻醉时注意贫血的动物在诱导麻醉之前和麻醉苏醒期应进行输氧。抗胆碱能药常用来防止心动过缓，在手术过程中应随时检查动物的动脉血压和产尿量。异氟烷或七氟烷是心律失常的患病动物可以使用的吸入剂。

（4）局部解剖　犬猫的肾脏位于第 2 至第 4 腰椎的腹侧面。肾脏呈蚕豆形，表面光滑。左肾的侧缘与脾脏和腹壁相接。两个肾脏的内侧缘向内形成很深的切痕，称为肾门。肾门是血管和输尿管出入的地方。肾动脉数支由此进入肾脏，肾小球输出的输出管变成毛细血管网缠绕着曲细尿管变成小叶间静脉，汇集成肾静脉从肾门出来，则移行为大静脉。输尿管起于肾门，沿尿生殖皱褶走向骨盆腔，至于膀胱。肾周围有疏松结缔组织包被与附近器官相接。肾脏表面被结缔组织的白膜包着。

（5）手术方法　术部在最后肋骨后缘 4～5cm，距离腰椎横突尖端 5cm 左右。按剖腹术的方法打开腹膜腔。术者用手将腹腔脏器分开，暴露出患病肾脏。用钝性分离方法分离腰椎下包着肾脏的腹膜，暴露出肾脏，用钳子在肾脏前缘或后端穿透肾的被膜及脂肪组织，沿着钳子用手指扩大被膜及脂肪组织，直至将肾脏完全剥离，注意勿伤及肾的实质部分，如有出血用纱布轻轻压迫止血。然后在肾门部剥离肾血管周围的脂肪及结缔组织，暴露出肾动脉、肾静脉以及输尿管，以丝线分别距肾 2～3cm 处结扎肾动脉、肾静脉和输尿管。然后切断肾动脉，再切断肾静脉，最后切断输尿管，用电烙铁烧烙其断端，将肾脏摘除。结扎确实无出血后，用灭菌生理盐水清洗术部，向腹腔内撒抗生素粉剂，以防止感染。按剖腹术方法闭合腹腔。碘酊消毒创部，整理创缘。

（6）术后治疗及注意事项　按剖腹术的治疗方法进行术后治疗。患有肾脏疾病的犬猫抗生素的选择：氨苄西林、阿莫西林、克拉维酸钾、恩诺沙星。

6.7.5 膀胱破裂修补术

（1）适应证　小动物膀胱破裂可因膀胱充满时受到过度外力的冲击，如车压伤、高处坠落、摔跌、打击及冲撞；异物刺伤，如骨盆骨折时骨断端或其他尖锐物体、猎枪枪弹等刺入，以及用质地较硬的导尿管导尿时，插入过深或导尿动作过于粗暴，引起膀胱穿孔性损伤；尿路炎症、尿道结石、肿瘤、前列腺炎等引起的尿路阻塞，尿液在膀胱内过度蓄积，膀胱内压力过大而导致膀胱的破裂。破裂部位常发生在膀胱体。

（2）器械　一般外科手术器械，首选的缝合材料是可吸收缝合线如 polyglactin 910、聚乙醇酸、聚二噁烷酮、聚葡糖酸酯、聚卡普隆 25。

（3）保定和麻醉　手术台仰卧保定或横卧保定，全身麻醉。

（4）手术方法　术部从耻骨前缘至脐部，雌性犬猫在腹白线侧方 1～2cm，距耻骨前缘 5cm 左右；雄性犬猫在阴茎侧方 2～3cm，距耻骨前缘 5cm 左右。术部剃毛，消毒。

打开腹腔，在术部耻骨前缘向脐部切开皮肤 8～10cm，依次切开腹壁筋膜、腹肌和腹膜。打开腹腔后，先将腹腔内的尿液和腹腔内液吸出，然后找到膀胱，检查其破裂部位，视破裂情况加以修整，剪去不整边缘。修补膀胱，先以连续缝合法缝合膀胱壁全层，再以包埋缝合法缝合膀胱的浆膜和肌层。在缝合部位涂以灭菌消毒的凡士林，以防止粘连，将膀胱还纳于腹腔。

处理腹腔，用大量无菌生理盐水冲洗腹腔及脏器，清洗后将其溶液全部吸出，反复冲洗几次；再以青霉素生理盐水清洗 1～2 次；最后用甲硝唑溶液清洗腹腔及脏器 1～2 次，将所有溶液全部吸出后，腹腔内撒布青霉素粉剂，以防止感染。用手轻轻整复腹腔各器官，使其复位。按剖腹术方法闭合腹腔，术后 10～12d 拆线。

（5）术后治疗及注意事项　术后全身给予抗生素药物 1～2 周，或腹腔注射抗生素药物。术后静脉注射 5％甲硝唑溶液 100～150mL，每日 1 次，连用 5～7d。局部按创伤处理。术中腹腔内尿液的排出和腹腔清洗是必要的，处理后可以防止发生腹膜炎或器官粘连。

6.8　生殖器官手术

6.8.1　雄性犬猫去势术

（1）适应证　去势术是指对雄性犬猫的睾丸切除的外科手术。能有效减少动物的过度繁殖、控制流浪犬猫的数量，降低雄性攻击性、徘徊和不受欢迎的撒尿习惯，预防犬猫生殖系统疾病（如前列腺疾病、肛周腺瘤和会阴疝等）。其他需要进行去势手术的情况有先天性睾丸或附睾异常、阴囊肿瘤、损伤、脓肿、腹股沟阴囊疝修补术、阴囊尿道造口术、癫痫的控制及内分泌异常的控制。

（2）保定和麻醉　仰卧保定，将后肢向外伸展保定。全身麻醉或局部麻醉。

（3）术前注意事项

① 建议术前犬猫的疫苗要免疫完全。

② 公犬绝育最佳时间为 7～8 月龄，公猫绝育最佳时间应在 6～7 月龄。

③ 犬猫术前应禁食 10h，禁水 4h 以上。

（4）手术方法　雄性犬猫的开放性阴囊前去势术——确保两侧睾丸在阴囊中。后腹部到大腿中部剪毛、消毒，避免剪毛、消毒时刺激阴囊。术部覆盖创巾，使阴囊与其他部位隔离。挤压阴囊使睾丸尽量位于阴囊前端位置。在睾丸所处的位置上，沿中轴切开皮肤和皮下组织，继续切开精索，取出睾丸。切开睾丸外的固有鞘膜（图 6-47），不要切开白膜，若不慎切开有可能暴露出睾丸实质。用止血钳夹住连接附睾的睾丸鞘膜。止血钳牵引鞘膜，用手指从鞘膜上分开附睾尾，向后、向外牵拉，进一步暴露睾丸。找到精索，分别用 2-0 或 3-0 可吸收缝线结扎血管和输精管，然后在其周围做一个环形结扎。止血钳夹在睾丸处的精索，在结扎线以上，用组织镊夹住输精管，在止血钳和结扎线间切断输精管和精索。检查出血情况，如果不出血则还纳到精膜，围绕提睾肌和鞘膜结扎。将另一侧睾丸放入切口，切开覆盖的筋膜，后续操作步骤同上所述。最后使用间断或连续缝合法，闭合切口、皮下组织和皮肤。

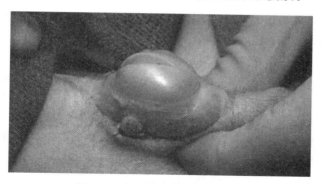

图 6-47　切开睾丸外的固有鞘膜

（5）术后治疗及注意事项　术后适当运动，便于创液排出。术后给予口服抗生素药物连续3～5d。术后阴囊严重肿胀或有出血不止，可能是结扎线不确实或松脱，排液不畅，应及时全身麻醉，重新结扎止血和排出创内堵塞物，清创。

6.8.2　隐睾阴囊固定手术

（1）适应证　睾丸固定术是治疗隐睾（亦称睾丸下降不全）的一种常见手术。即开腹腔寻找到睾丸后，松解精索，扩大阴囊后固定睾丸于阴囊内的手术。睾丸固定术对于低位隐睾（腹股沟管型和外环型）并无困难，而对于高位隐睾（腹膜后或腹腔内型）则并非易事。

（2）隐睾的处理方法

① 新生动物隐睾有自行下降的可能性：暂时观察，不必马上进行手术治疗。

② 内分泌治疗：适用于内分泌不足引起的隐睾。

③ 手术治疗：将隐睾之睾丸牵引至阴囊内的手术。

（3）保定和麻醉　手术台仰卧保定或半仰卧保定，椎管内麻醉，持续硬脊膜外腔阻滞麻醉或局部浸润麻醉。

（4）手术方法　术部在下腹部后方阴茎侧方 3～4cm 处，距耻骨前缘 10～15cm。按剖腹术的方法打开腹腔。单侧隐睾者则在隐睾侧切开腹腔，切口长约 10cm。打开腹腔后寻找隐睾，隐睾多在肾脏的后方或腹股沟内环处，也可在腹股沟管内。找到隐睾后，查看隐睾的精索长短。精索长者较好，可以牵引至阴囊内便于固定；精索短者，牵引至阴囊内固定有一定困难。现分述如下。

精索长者，在同侧腹壁后寻找腹股沟管的内环，待找到内环时，用导尿管从内环插入腹股管内，探查其底部位置。若直通至阴囊底部时，拔出导尿管，术者用手轻轻拉动隐睾从内环向腹股沟管内推送，直至阴囊底部。切开阴囊后，以 1～2 针穿过睾丸外膜，将睾丸缝合固定于阴囊底壁上。再以同样方法固定对侧隐睾。

精索短者或腹股沟管未达到阴囊内时，无法使隐睾达到阴囊内者，可将导尿管从腹股沟管内环插入，探至腹股沟管的最末端，将导尿管从腹股沟管内拔出，有时最末端在股内侧距阴囊有段距离，术者用手轻轻拉动隐睾从内环向腹股沟管的最末端推送。送至不能再送时，暂时将睾丸固定在此处。3～4 个月后，再次手术牵引睾丸至阴囊底部，加以固定。

固定后，按剖腹术的方法闭合腹腔。创部以碘酊消毒，整理创缘。

（5）术后治疗及注意事项　观察伤口有无渗血、渗液，注意保持手术部位清洁。术后给予抗生素或磺胺类药物治疗 1～2 周。术后宠物要饲养在干燥清洁的环境，防止污染。

6.8.3 犬前列腺肥大手术

（1）适应证　前列腺增生（prostatic hyperplasia）是指前列腺的良性肥大，是继发于雄性激素的刺激出现的前列腺细胞数量的增加。此手术用于危及生命的前列腺肥大。

（2）保定和麻醉　全身麻醉或高位硬膜外腔麻醉。

（3）手术方法　直肠检查，直肠和膀胱空虚，向尿道插入插管。如果直肠检查前列腺确定在骨盆内，前列腺的大部分能够摸到，可选择会阴部径路手术，而直肠检查只有前列腺后部位能摸到，应该选择腹腔径路。

会阴部径路。犬背侧卧，系住尾部，骨盆部冲洗，会阴部剪毛、消毒，直肠填塞纱布，肛门用荷包缝合，尿道插管，手术部位用创巾包裹。在肛门和坐骨弓之间做 10cm 长切口，平行或绕过肛门呈弯曲的皮肤切口。同时切开会阴部肌肉，创口用牵开器扩大，在直肠和尿道之间的肛门周围组织用手指拉向一侧，这样大约 10cm 达到前列腺，结扎出血血管，用手指做半圆形剥离，使前列腺游离，两个手指通过腺体将大约一半的腺体取出创内。

在这个位置进行前列腺纵沟两侧电凝。首先烧烙薄膜，然后烧烙肥大的组织，大约在膜下 1cm，电凝时要离开尿道至少 1cm。电凝完成后前列腺恢复正常位置，肛门周围部位用细肠线缝合，皮肤间断缝合。拆除肛门周围荷包缝合。注射青霉素溶液。

腹腔径路。犬背侧卧，包皮周围皮肤剪毛、消毒，进行尿道插管，创巾覆盖手术部位。摸到耻骨，从耻骨做 10cm 长、平行包皮 1～2 指宽的皮肤切口。皮下组织大的静脉用双重结扎止血。创伤的内边缘拉向一侧，暴露白线。切开腹壁，牵开器扩创，用钝性分离暴露前列腺。注意防止实质性出血，通常前列腺位于耻骨下，牵拉进入创口时腺体用纱布包裹固定。

突出的小叶用电凝烧烙，球形电极可以通过薄膜 1～2cm 进入实质和组织烧烙。根据叶的大小，反复电凝 2～5 次。一定要离开尿道，不能损伤尿道，电极不能接近尿道，至少离尿道 1～2cm。当电凝完成后除去纱布，前列腺回到正常位置，缝合腹壁。术后治疗重要的一点是冲洗膀胱，给予抗生素治疗。

（4）术后治疗及注意事项　对于术后出现的便秘、里急后重、尿潴留等症状，进行相应的对症治疗，直到症状减轻为止。术后可以通过超声波对前列腺状况进行检查。

6.8.4 犬的前列腺摘除术

（1）适应证　此手术适用于危及生命的前列腺肥大。因为常会导致尿失禁的后遗症，此手术不常用。

（2）局部解剖　犬的前列腺是主要的副性腺器官。前列腺位于膀胱颈和尿道起始部，呈环形卷曲的球状，为两个叶的小器官。其位置由膀胱膨满和直肠扩张状态不同而有差异。当膀胱空虚时，位于骨盆腔内；当膀胱膨满时，位于耻骨前缘附近。小型犬从直肠内容易触摸到；大型犬，前躯抬高，一手从腹后部向后方压迫膀胱，另一手指从直肠内可以触诊。

（3）保定和麻醉　仰卧保定方式。全身麻醉或高位硬膜外腔麻醉。

（4）手术方法　左手握住阴茎头部，右手将导尿管从尿道口插入，导出膀胱内的尿液，留置导尿管。

通过后部的腹中线剖腹手术和耻骨切开术，暴露前列腺。向前牵引膀胱，并使用固定线固定，从前列腺纤维囊上分离外侧蒂和前列腺周的脂肪，注意不要损伤背部血管神经丛，结扎和电凝止血法控制出血。

双重结扎和切断前列腺血管和输精管，从膀胱和骨盆外尿道上分离前列腺。在前列腺两端尽可能靠近前列腺的位置，横断尿道，避开膀胱三角和膀胱颈，摘除前列腺（图48）。把导尿管向前推至膀胱，尿道末端进行简单间断缝合，使用一次性圆尖形缝合针，带有4-0至6-0的人工合成的可吸收缝线，在12点和6点的位置上，设置2条预置线。留较长的末端，有助于翻转尿道。首先在背部缝合，缝线间距约2mm，距切口边缘1.5～2mm，使用膀胱造口术导管或者经尿道的福利氏导管，进行5～7d的导尿。冲洗手术部位和腹部。按剖腹术方法闭合腹腔，三层缝合腹壁（图6-48）。用碘酊消毒术部。

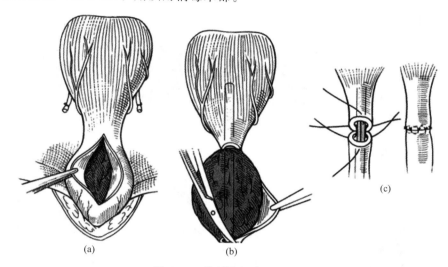

图 6-48　前列腺切除示意图
（a）前列腺全切除术，分离前列腺周围的脂肪、筋膜血管和神经；（b）分离尿道，
然后尽可能接近前列腺处横断尿道；（c）用导管固定尿道，然后两端做对接缝合

（5）术后治疗及注意事项　连续注射抗生素1周以上。将尿道内的导尿管再留置5～7d。术后按需要给予镇痛剂治疗术后疼痛。手术后使用伊丽莎白颈圈防止导管移位和手术部位的损伤。术后可以通过超声波对前列腺状况进行检查。

6.8.5　卵巢摘除术

（1）适应证　卵巢囊肿、卵巢肿瘤、重度卵巢炎等卵巢不治之症的外科手术疗法。雌性犬、猫的绝育手术。防止室外流浪犬猫的妊娠。

（2）局部解剖　犬的卵巢位于最后肋骨与髋结节的中间，第3～4腰椎下方，两侧肾脏的后方。卵巢被腹膜的一部分包围着构成卵巢囊，其内侧有一细长裂隙状小孔称为卵巢门，这个开口露出囊外。幼犬的卵巢囊为薄的膜，可以透视卵巢，大多数成犬则因脂肪沉积而不能透视卵巢。卵巢的一端由短的卵巢固有韧带与子宫角相连，另一端以卵巢系膜的皱襞与肾脏的侧方和腹壁相连。卵巢的动脉有卵巢动脉和子宫动脉的卵巢支。

（3）器械　一般外科手术器械，小钝钩一支。

（4）保定和麻醉　手术台上仰卧保定，四肢牵张保定，全身麻醉。

（5）手术方法　术前禁食12～24h。术部剪毛、消毒。在脐的尾侧1cm处沿正中线切开皮肤2～3cm，用镊子夹住并提起腹正中线。用手术刀以穿刺法切开腹腔。用直组织剪剪开延长线，扩大切口。将切开腹壁的创缘两侧分别用一把弯止血钳夹住，向外侧扩展固定。用手指或球头卵巢探钩，沿切开的腹壁内侧深入腹腔。在最底部，将手指或探钩经由尾侧向正中方向翻转，然后将子宫角和卵巢钩出腹腔。术者左手抓住子宫角、右手用止血钳穿刺捅开子宫系膜

（图 6-49）。在子宫角上间隔 1cm 夹上两把止血钳。再用两把止血钳夹住卵巢血管和卵巢系膜。在两把止血钳的近位，用 0 号合成可吸收性缝线分别进行结扎。在两把止血钳之间切断、除去子宫和子宫系膜，确认结扎确实。用同样方法摘除另一侧卵巢，充分止血。按剖腹术方法闭合腹腔。注意操作时不只是钩出子宫角和卵巢，有时连同肠管或大网膜一起被拉出来。此时应小心地用镊子整复这些器官。

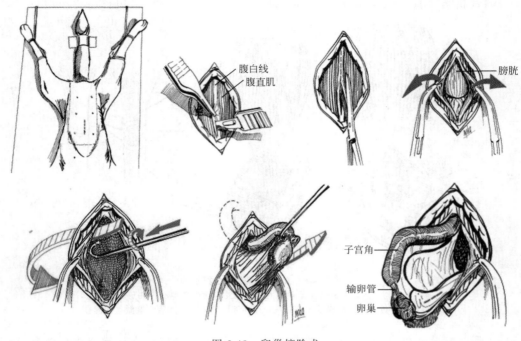

图 6-49　卵巢摘除术

（6）术后治疗及注意事项　术后给予抗生素或磺胺类药物 5～7d，以防感染。治疗卵巢腺瘤的有效方法是手术切除。卵巢腺癌因容易发生大范围转移扩散，手术不易彻底清除肿瘤细胞，反而导致动物死亡加快，所以最好实施安乐死术。

6.8.6　剖腹产手术

（1）适应证　治疗或预防难产的外科疗法。阵痛开始后 24h 以上产不出胎儿者为难产，剖腹产手术是对犬、猫难产最好的治疗方法。难产可以因母体因素，如宫缩乏力、骨盆腔狭窄或胎儿因素，如胎儿畸形或胎位不正所致。剖腹术在骨盆窄小的短头品种，如斗牛犬，以及有难产史的动物为一项选择性操作。

（2）保定和麻醉　手术台横卧保定或仰卧保定。全身麻醉，母体衰竭时应进行局部麻醉。

（3）手术方法　术前可以进行腹部 X 线或超声检查以确定胎儿的数量。B 超检查，胎心率小于 150 次/min 提示胎儿窘迫。通过直肠指检或阴道检查确定胎儿是否进入产道。血液学检查评价是否出现低钙血症、低血糖和毒血症。怀孕动物正常情况下红细胞比容为 30%～35%，因为母体外周血容量会增多。此时如果出现正常的红细胞比容则提示存在脱水。在诱导麻醉前，放置静脉导管并进行静脉输液。对存在毒血症、败血症或怀有死胎的动物给予抗生素注射剂，如第一代头孢菌素。尽量缩短麻醉时间来提高胎儿的存活率。

　　小型犬多在腹正中线的脐部至耻骨前缘之间，腹白线侧方 2～3cm 处，沿腹中线开腹，打开腹腔。切口应足够长，使整个子宫体充分显露。切开腹白线时需小心防止损伤妊娠的子宫。

如果施行常规剖腹产术，则从腹腔轻柔地牵拉出子宫，并在切开前用润湿的剖腹手术垫隔离。切开子宫，在胎儿数多的一侧子宫角，靠近子宫体近处切开子宫大弯部，避开血管纵行切开长5～8cm或与胎儿同等大小的切口。露出胎膜，切开胎膜取出胎儿，同时将胎膜取出，依次取出两侧子宫角的胎儿。

若胎儿数多时，也可同时切开两侧子宫角分别取出胎儿和胎膜。确切检查两侧子宫角内的胎儿和胎膜完全取出后，用温生理盐水冲洗子宫角内腔，排出冲洗液及其内容物，用消毒纱布擦干，注意防止污染腹腔及其器官。检查胎儿有无先天性畸形后再将胎儿放入32℃保育箱或温暖的容器内。向子宫角腔内撒布青霉素粉剂，以防感染。缝合子宫，以连续缝合法全层缝合子宫壁，再以包埋缝合法缝合浆膜和肌层。

对于难产同时进行卵巢子宫切除术的动物，可将子宫整个切除。将子宫和卵巢从腹腔取出后，断开阔韧带。若子宫有明显变化，呈暗紫色或者已达坏死程度，出现不可逆现象，应将子宫全部摘除。特别注意术中防止子宫内污物、液体流入腹腔，造成污染腹腔、腹膜及腹腔脏器等的炎症和腹腔器官的粘连。术中尽量减少肠管脱出于创口外的暴露时间。

（4）术后治疗及注意事项　术后全身给予抗生素或磺胺类药物7～10d。术后子宫收缩不全时，给予小剂量垂体后叶素或卵泡激素，促进子宫收缩。术后注意母畜幼畜的监护和保暖。术后应监测母犬是否出现体温过低、低血压、低血钙、排斥胎儿和泌乳缺乏。卵巢子宫切除术不会影响母性和泌乳。母犬的并发症可能包括：出血、腹膜炎、子宫内膜炎、乳腺炎或伤口感染。无臭的阴道分泌物可能会持续数周。

6.8.7　卵巢子宫切除术

（1）适应证　健康犬在5～6月龄是子宫切除术的适宜时期，成年犬在发情期、怀孕期不能进行手术，幼犬应在断奶后6～8周施术。

以下两种疾病诊治的情况手术不受时间的限制：由于某些原因胎儿已经腐烂，子宫扭转剖腹产时，发现子宫已经变成暗紫色或坏死时，为了保证母体安全可切除子宫；卵巢囊肿、肿瘤、子宫蓄脓经抗生素治疗无效，子宫肿瘤或伴有子宫壁坏死的难产，雌性激素过剩症（慕雄狂），子宫肿瘤等的治疗。

（2）器械　一般外科手术器械，肠钳子两把，子宫切除钩或米氏钳。

（3）保定和麻醉　手术台仰卧保定或横卧保定，全身麻醉，若母犬体弱衰竭时，可进行局部麻醉。

（4）手术方法　在剑突后部2～3cm处通过腹中线做手术切口，延伸切口至耻骨，暴露腹部。探测腹部，确定膨大的子宫的位置。观察有无腹膜炎的迹象（如浆膜炎、腹腔蓄液增多、出血点等），采取腹腔积液进行培养。如果之前没有采集尿样进行分析，通过排空膀胱的方法，收集尿液进行微生物培养分析。

术者持卵巢子宫切除钩或米氏钳等器械或手指，伸入切口内探查右侧子宫角。先探查右边子宫角，可避免探查左边子宫角时脾脏对卵巢的干扰。术者将器械的钩端对着腹腔内面，沿着腹壁将钩伸入腹腔背壁，当钩到达腹腔内脊背部时，将钩旋转180°角，钩端对着腹壁面，从脊背部沿着腹壁向切口处探查子宫角，将子宫角拉出切口外（注意：充满液体的子宫容易破裂，所以不要用力挤压或者过度牵引，小心将子宫提起，而不是将子宫拉出腹部。不要用组织钩探测子宫的位置和移出子宫，因为这样容易造成子宫破裂。如果出现子宫扭转，不要纠正，因为这样会将细菌和毒素释放出来）。用纱布或无菌创巾将子宫与腹部其他器官隔开。用生理盐水纱布覆盖在子宫角上，用手抓持固定，以防缩回到腹腔内。

摘除子宫，将子宫阔韧带上的子宫中动脉分别进行双重结扎并逐一从中切断，然后每隔4cm左右集束结扎子宫阔韧带，再在卵巢处双重结扎卵巢动脉，并从中切断，再切断子宫阔韧带，使一侧子宫角和卵巢分离于腹壁。再用同样方法将对侧的子宫角和卵巢分离。

将分离的子宫角和大部分的子宫体尽量拉出创口外。在子宫体与子宫颈外用肠钳子夹住子宫颈部，在其后方2～3cm处用另一肠钳子夹住子宫颈固定，在两肠钳子之间切断子宫。后取出子宫体和子宫角。将子宫颈断端用灭菌生理盐水清洗，除去内容物，用荷包缝合法缝合。

对幼犬可将子宫体及其子宫体两侧的子宫动脉一起进行集束结扎后切断。子宫体切断的部位：对健康犬可在子宫体稍前方经结扎后切断；当子宫内感染时，子宫体切断的部位尽量靠后，以便尽量除去感染的子宫内膜组织。

闭合腹腔，按剖腹术方法依次缝合腹膜、腹肌和皮肤。碘酊消毒，并整理创缘。

（5）术后治疗及注意事项　子宫蓄脓症的手术，连续注射抗生素5d以上。定期检测体温。万一发生子宫破裂污染腹腔的情况时，须彻底清洗腹腔，并设置腹腔引流管。术后10～12d内限制动物剧烈活动。局部按创伤处置，注意保暖。必要时对子宫积脓未受污染的手术区域的子宫内容物进行培养。

6.8.8　雌性犬尿道造瘘术

（1）适应证　尿道造瘘术是一组在骨盆部尿道制造一个永久性的与体外相通的管道的外科手术。通过这种手术方式，可以将尿流改道，绕开梗阻或狭窄的尿道排出体外。雌犬尿道炎、尿结石或尿道肿瘤等原因造成尿道狭窄、尿道梗阻或尿道闭锁，尿道堵塞的病情反复无常，急性尿潴留，无法插导尿管的病犬，以上情况下为了使尿液顺畅排出所选择的外科手术方法。

（2）器械　一般外科手术器械，导尿管、金属探针、钝钩等。

（3）保定和麻醉　仰卧保定，抬高骨盆，将两后肢向头侧牵引保定。全身麻醉。

（4）手术方法　在耻骨前方腹正中线消毒剪毛。将消毒过的导尿管从尿道外口插入尿道并固定，以便确认尿道位置。术部在耻骨前缘前方2～3cm处，沿腹正中线向后方切开皮肤4～5cm，钝性分离皮肤，切开耻骨前腱和骨盆内脂肪组织，暴露出膨隆部。

切开脂肪组织后，可以触及插入尿道深部的尿道探针。在尿道下方用创钩拉开创口并固定。在尿道的腹侧面切开尿道2cm左右，直至尿道黏膜。将切开尿道部的前方黏膜与皮肤切开创口的前方皮肤缝合在一起并固定。从此处向后方以连续缝合法缝合左侧尿道黏膜与左侧皮肤创缘，然后再以同样方法缝合右侧尿道黏膜和右侧皮肤创缘。闭合尿道，将导尿管撤出，后部尿道口用结节缝合方法闭合。用灭菌生理盐水冲洗创部，涂布碘酊消毒。只要最初的开口足够大，并且黏膜与皮肤被仔细对合，很少发生狭窄。

（5）术后治疗及注意事项　术后佩戴伊丽莎白圈，并保持至伤口复原。全身给予抗生素及磺胺类药物5～7d。由于尿道造瘘部位没有毛发的保护，尿道口会比较容易出现感染。要保持尿道口的干燥卫生，每个月都需要更换一次尿管，以免尿道口出现感染破裂的现象。建议术后狗狗食用泌尿道处方粮。通过增加饮水、增加运动等措施来防止尿道再次堵塞。如有排尿异常，及时和宠物医生沟通。

6.8.9　阴道脱出整复术

（1）适应证　顽固性和习惯性阴道脱出保守疗法无效时，可实施本手术。

（2）器械　一般外科手术器械，导尿管一支。

（3）保定和麻醉　手术台仰卧或横卧保定，后肢向两侧拉开，尾巴固定于患病动物的背部，充分暴露会阴处。全身麻醉。

（4）手术方法　脱出部的黏膜用热盐水或水进行冲洗，洗去残渣和坏死组织。抗生素和抗生素/类固醇软膏可应用于脱出的组织和阴道内及阴道前庭的脱出块。佩戴伊丽莎白项圈等器具防止动物在手术前的自我损伤。术前禁食12h，手术时用温肥皂水灌肠，排出直肠内宿粪。

将导尿管从尿道外口插入尿道内并固定，作为标志，以免手术时伤及尿道。用手将脱出的组织拉回阴道，润滑和复位脱出的组织。在两阴唇间，通过两到三次的水平褥式缝合来保持脱出组织的成功复位。

如果必须将坏死或严重损伤的组织进行切除，则需在会阴部实施外阴切开术，以完整暴露脱出部位。用绷带按压或电凝法防止出血。用间断或连续缝合模式来闭合相邻的黏膜边缘。后使阴道壁自然还纳，向阴道内塞入洗必泰栓剂。

（5）术后治疗及注意事项　术后全身给予抗生素或磺胺类药物1周左右。阴道内每日塞以洗必泰栓剂，每日2次，每次1～2粒。术后根据需要补液和使用镇痛药，行外阴切开术后，立即冷敷，术后前几天用热敷减轻炎症反应和肿胀。术后5～7d触诊阴道脱出部的恢复情况。一般建议使用卵巢子宫全切术防止本病的复发和对黏膜造成的损伤。出现此病的动物原则上不建议繁殖后代。

6.8.10　阴道肿瘤切除术

（1）适应证　阴道肿瘤的手术治疗。治疗犬阴道肿瘤的方法有放疗与化疗、免疫疗法等。但手术疗法是目前治疗犬阴道肿瘤的最常用及有效的方法。

（2）器械　一般外科手术器械，导尿管一支。

（3）保定和麻醉　手术台仰卧保定，用保定绳牵拉四肢，使四肢张开，充分暴露阴道。全身麻醉。

（4）手术方法　动物术前禁食24h，禁水2h。手术时先用温肥皂水灌肠，排出直肠内宿粪，肛门做荷包缝合以暂时封闭肛门，防止在术中排粪污染创口。插入导尿管，方便确认尿道位置，防止手术中损伤尿道。术部剃毛，用1%新洁尔灭溶液清洗和消毒阴门及阴道内。于肿瘤基部距离尿道外口至少1cm进行结扎，按"8"字贯穿结扎的线路缝合结扎止血，每穿针走线1圈进行1次结扎。最后再环绕整个结扎部进行1次单纯贯穿结扎止血。

结扎后用手固定肿块，缓缓用力向外牵引，使阴道壁外翻。然后沿肿瘤周围钝性剥离阴道黏膜，干净完整地切除肿瘤。手术过程中注意要把肿瘤物彻底清除，尽量保持肿瘤的完整性，不要误伤阴道。

阴道黏膜切口处做连续缝合，但应注意从基部开始缝合并闭合阴道壁，不留死腔。缝合时避开尿道口。切不可将尿道口缝合，否则引起排尿不畅。

（5）术后治疗及注意事项　考虑到减少子宫、卵巢肿瘤的风险，临床多经过宠主同意同时摘除子宫及卵巢。术后全身给予抗生素药物3～5d。阴道内每日塞以洗必泰栓剂，每日2次。

6.8.11　乳腺肿瘤切除术

（1）适应证　乳腺肿瘤的手术治疗。通常雌犬的乳腺为5对，雌猫的乳腺为4对。恶性肿瘤则应摘除相应淋巴结。第4对和第5对乳腺发生恶性肿瘤时，应摘除腹股沟浅淋巴结；侵害第1对至第3对乳腺时，则应摘除腋窝淋巴结。

（2）器械　一般外科手术器械，电凝止血刀。

（3）保定和麻醉　患病动物仰卧保定，并将患病动物的两前肢向头部牵拉固定，两后肢向尾部牵拉固定。整个腹部、胸腔后部和腹股沟部位剪毛，无菌手术准备。

（4）手术方法　局限性肿瘤，术前禁食 12h。术部用 1％新洁尔灭溶液清洗、消毒。切开皮肤，在发生疾病的乳腺周围切一个椭圆形切口，切开必须在肉眼上确认无肿瘤病变的组织上进行（图 6-50A）。切除皮下组织，暴露腹部筋膜。提起要切除的乳腺前缘，用剪刀沿着筋膜分离皮下组织（图 6-50B）。分离腹部腹股沟环附近的血管然后结扎（图 6-50C）。对于所有分布于乳腺的血管，均应小心结扎或者实施电凝血，必须进行彻底止血。切除后部乳房肿瘤时，应注意在腹股沟外环处有外阴动脉的分支，进行双重结扎并从中切断，充分止血。将整个肿瘤分离后切除。除净周围组织，必要时可摘除相应的淋巴结，以防转移。

摘除肿瘤后，剥离皮肤边缘并使用步履式缝合的方式将创缘皮肤推向切口中央进行皮下组织和皮肤的缝合（图 6-50D）。应防止出现死腔，皮肤做简单间断缝合（图 6-50E）。胸部皮肤的缝合较难，因为肋骨的存在使胸部的皮肤不如腹部皮肤那样有较大的可收缩性，且胸部的皮肤移动性比腹部皮肤差。用缝线减张缝合器闭合皮肤，然后使用腹带来压迫皮肤防止出现死腔，并可对伤口有一定的支持作用。为了防止渗出液潴留，应在创腔内插入引流管 2～3d。

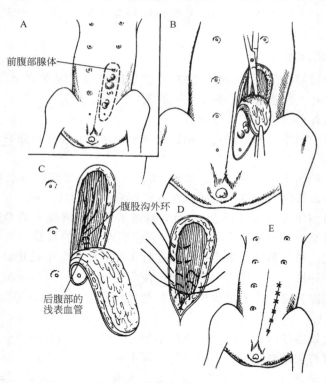

前腹部腺体

腹股沟外环

后腹部的浅表血管

图 6-50　乳腺肿瘤切除术

（5）术后治疗及注意事项　术后在乳腺周围进行普鲁卡因青霉素封闭疗法。根据需要给予镇痛药和支持疗法。可使用腹带支撑伤口、压迫死腔、吸收液体。术后前 2～3d 中，每 2d 更换一次绷带或保持绷带的清洁。注意检查伤口有无出现炎症、肿胀、分泌物、血肿、裂开和坏死情况。注意并发症包括疼痛、炎症、出血、血肿形成、感染、缺血性坏死、患病动物抓伤、开裂、后肢水肿和肿瘤复发。每隔 3、4 个月重新评估患有恶性肿瘤的患病动物有无出现局部复发和转移情况。对犬来讲，2 年内会出现局部的肿瘤复发，复发率从 20％至 73％不等。

6.9 四肢手术

6.9.1 截肢术

（1）适应证　截肢手术在小动物外科中非常常见，主要应用于：动物四肢相关肿瘤的治疗、动物四肢骨骼或者软组织不可修复的严重损伤的治疗、由于周围神经功能异常导致的四肢功能丧失的治疗、由于血栓导致的四肢器官坏死的治疗、四肢骨骼或者软组织严重感染的治疗、由于严重骨关节炎造成的四肢功能丧失的治疗。

一般来讲，截肢术都是作为治疗的最后手段，因为一旦截肢，通常就意味着相关运动器官功能的永久丧失，应该和主人进行充分沟通，谨慎选择。但是，为了动物福利的考虑，相关手术在某些情况下也是必需的。通常情况下，由于犬猫前肢会负担更大的身体重量，所以进行截肢术后，后肢截肢的动物会比前肢截肢的动物能更快适应和恢复。

（2）麻醉及注意事项　根据需要，如果手术动物的身体状态相对稳定，可以采取正常的麻醉流程。如果动物本身有其他疾病，需要根据动物个体情况制定相关麻醉方案。

（3）术前准备　根据动物手术部位的不同来确定动物保定的体位。需要对患肢进行整体剃毛和无菌消毒，术前可以用聚维酮碘手术薄膜包裹患肢，减少手术感染的概率。

（4）手术方法

① 前肢截肢：从肩胛骨背侧做切口，切口沿着肩胛骨脊向下延伸，到肱骨上 1/3 位置，在此位置，垂直前肢的纵轴做环形皮肤切口。切断斜方肌和肩胛横肌在肩胛骨脊上的附着点。切断菱形肌在肩胛骨背侧边缘的附着点。然后向外牵拉肩胛骨暴露出内侧面。将腹侧锯肌从肩胛骨内侧面提升出来。继续牵拉肩胛骨，暴露出臂神经丛和腋窝动静脉。结扎并切断动静脉，之后切断臂神经丛。切断臂头肌、深层和浅层胸肌和背阔肌在肱骨上的附着点。移除前肢。用残留的肌肉盖住臂神经丛和血管，之后缝合皮下组织和皮肤。

② 后肢截肢：在股骨中间 1/3 处做一环形切口。外侧的皮肤切口应该比内侧的切口向远端延伸更远。在内侧面，通过在耻骨肌和缝匠肌之间下刀打开股骨三角区域，暴露并结扎股动脉和静脉。在距离腹股沟褶大约 2cm 的位置切断缝匠肌、耻骨肌和内收肌。在髂腰肌上分离出旋股血管并结扎。切断髂腰肌在小转子上的附着点，并将其向前翻折，暴露出髋关节。切开关节囊并切断股骨头韧带。在外侧面，在股骨中间部位切断股二头肌和筋膜扩张肌。将这些肌肉向上翻折以暴露出大转子和坐骨神经。在坐骨神经通向半膜肌、半腱肌和股二头肌的肌肉分支远端将其切断。切断臀肌靠近大转子的附着点。在股骨上 1/3 处切断半膜肌和半腱肌。切断外回旋肌和股四头肌在转子窝上的附着点。提升股直肌在骨盆上的起点。围绕关节囊做环形切口并移除后肢。缝合创口时，将股二头肌向内侧翻折并将其和股薄肌及半腱肌缝合在一起。将筋膜扩张肌向后翻折并将其和缝匠肌缝合在一起，之后缝合皮下组织和皮肤。

（5）术后护理和注意事项　动物截肢后应当注意提供较好的镇痛药，在手术恢复初期，使用毛巾或者吊索等帮助动物运动，防止动物因为截肢后还未重新掌握平衡而摔伤。术后可进行冷敷和热敷，降低手术部位的炎症反应，帮助动物尽快恢复。

6.9.2 尾肌切断术

（1）适应证　尾肌切断术常用于纠正动物先天性尾肌发育不良导致的卷尾或者尾巴倾斜等症状。

（2）保定和麻醉　将动物采取侧卧姿势。在手术部位周围进行大面积剃毛和消毒。一般可采取全身麻醉或者硬膜外腔麻醉。

（3）手术方法

① 卷尾：在动物尾巴卷曲部位定点下刀做手术切口，切断该部位的左右两侧的背侧荐尾肌，切断后缝合皮肤切口。

② 斜尾：在尾巴基部远端腹侧面下刀做手术切口，切断弯曲定点位置腹侧荐尾肌，切断后缝合伤口。

（4）术后护理和注意事项　手术后注意包扎患部，并给动物使用伊丽莎白项圈，防止动物舔舐伤口。

6.9.3　膝盖骨脱位整复术

（1）适应证　膝盖骨脱位是指膝盖骨从滑车槽中脱出的一种病理状况，可能是向内侧或向外侧脱位。根据病理状态的严重程度可分为几个等级，一般低等级的脱位可进行保守治疗，高等级的疾病需要进行手术治疗。手术治疗有多种方法，此处简要介绍一种比较简单的手术整复方法——内侧韧带释放。在动物高等级的内侧膝盖骨脱出的疾病状态下，内侧的关节囊通常会比正常更厚而且处于收缩状态，在这种状态下，必须释放内侧的关节囊和支持韧带才能让膝盖骨回复正常位置。

（2）保定与麻醉　动物采取仰卧姿势，对动物膝关节部位进行大面积剃毛消毒。对于没有系统性疾病的动物，此项手术可以采用常规麻醉流程。

（3）手术方法　用手术刀在膝关节内侧做平行于膝盖骨的切口，手术刀划过内侧的筋膜组织和关节囊。从膝盖骨的近端点开始下刀，向远端延伸切口至胫骨嵴。在某些严重的病例中，近端的切口需要延伸至大腿内侧。如果前侧缝匠肌和股内肌的运动会造成膝盖骨的内侧移位，也需要在切断这些肌肉在膝盖骨近端的附着点。然后将这些肌肉的附着点缝合在股中间肌上。缝合切口时，使用简单间断十字缝合的方法，注意不要关闭筋膜组织上的切口，保证膝盖骨在正常的位置。缝线不能系得太紧，防止人为造成膝盖骨的外侧脱位。

（4）术后护理和注意事项　术后需要严格限制动物的活动并进行理疗复健，复健期可能长达 2～3 个月。之后可以让动物逐步恢复正常的运动状态。

6.9.4　犬椎间盘突出手术

（1）适应证　椎间盘可能在一些外力或者病理状态下发生肿胀或者破裂突出。椎间盘的突出会造成脊髓的压迫或者震荡。损伤发生后病理状态的严重程度主要由脊髓被压迫的程度和时间决定。软骨发育不良的犬，比如腊肠犬等很容易发生此类疾病。该病的诊断通常采用 CT 或者 MRI 等影像学手段。治疗通常包括保守治疗和手术治疗。手术治疗有多种方法，具体的术式主要由发生病变的部位决定。这里会介绍两种最常见的手术方法，颈椎部位的腹侧开窗法和腰椎胸椎背外侧开窗法。

（2）麻醉及注意事项　对于需要进行颈椎手术的病例，可能会出现低血压的状态。手术麻醉时，可以通过补液以及注射正性肌力的药物进行治疗。其他没有系统性异常的动物，参考常规的麻醉流程和方法。

（3）术前准备　对于颈部腹侧开窗的病例，动物采取仰卧姿势，用胶带固定住动物头部，在动物颈部腹侧和前胸部位进行大面积剃毛消毒。

对于胸椎腰椎手术的病例，动物采取俯卧姿势，身体两侧用沙袋固定。在手术区域附近的背部进行大面积剃毛消毒。

（4）手术方法

① 颈部腹侧开窗手术：在颈腹侧做一正中线切口，从喉部延伸到胸骨柄。用剪刀在胸骨柄位置分割胸头肌。在中线位置将成对的胸骨舌骨肌分开。用手指分离颈部深筋膜，辨认出气管和食道。继续分离出左右颈动脉鞘。之后分离出颈长肌，辨认出手术部位的椎间间隙后，在手术部位前后，在中线位置钝性分离颈长肌。将此肌肉和其他相关肌肉从需要手术部位的颈椎上分离。进行腹侧开窗时，首先在病变位置的椎间盘腹侧环下做一个矩形切口，取出这部分组织后，暴露出髓核的结构。移除手术部位前颈椎腹侧的腹隆起。将开口置于椎间盘的前侧，开口不要超过锥体长宽的 1/3。用高速钻头去除骨组织，进入椎管时注意不要损伤静脉血窦。用镊子和探针取出突出的椎间盘组织，清理干净手术部位后，缝合相关肌肉，之后缝合皮下组织和皮肤。

② 腰椎胸椎背外侧开窗手术：在背中线外侧 1～2cm 部位做皮肤切口。切入皮下组织和筋膜，暴露出胸腰部位的肌肉群。辨认并且钝性分离出腰髂肋肌，以暴露出肋骨头和脊椎横突。从手术部位钝性分离相关附着肌肉后，使用高速钻和骨钳去除手术部位前后椎体侧面，暴露出脊髓。清除完压迫脊髓的椎间盘组织后，用生理盐水清理手术部位的碎屑和骨组织。用一块皮下脂肪盖住手术部位，之后缝合肌肉，缝合皮下组织和皮肤。

（5）术后护理和注意事项　椎间盘突出的动物，根据病情的严重程度和病程的长短，恢复期可以短至一天、长达半年。不过大部分动物会在一个月内恢复一定功能。对于术后尚未恢复的动物，需要使用吊索或者毛巾悬吊支撑其运动功能，对于不能自主排尿的动物可能需要插尿管导尿。术后应该至少每天两次对动物做神经学检查，观察动物的恢复情况。

6.9.5　犬髋关节脱位整复术

（1）适应证　髋关节脱位整复术是在动物髋关节脱位时在手术治疗之前可以首先考虑使用的一种非手术治疗方法。除非 X 光片显示有明显的骨折或者髋关节发育不良的症状，在手术之前都应该先尝试进行封闭整复术。

（2）保定与麻醉　动物采取侧卧姿势进行整复。此术式动物需要进行全身麻醉。

（3）手术方法

① 股骨前背侧脱位：在患肢的腹股沟放置一条绳子，将绳子系在牢固的附着点上提供阻力。一只手在跗关节的部位抓住动物患肢，另一只手放在患肢的大转子上。向外侧旋转患肢，并同时向远端牵拉患肢到股骨头处于髋臼的位置。如果股骨头还是处于髋臼外侧，向内侧旋转患肢至髋臼窝内。在曲折和伸展关节时对大转子施加向内侧的压力帮助髋臼内部的杂质排出。需要在一个月内严格限制动物的活动。

② 股骨后腹侧脱位：动物采取侧卧姿势，将患肢置于和脊椎垂直的位置。一只手抓住患肢的跗关节，另一只手固定动物身体。牵拉患肢的同时将其外展，将股骨头拉到远离关节窝内侧环的位置。当股骨头离开关节窝后，给患肢施加来自外侧面的压力将股骨头置于关节窝的外侧。再在近端施加压力，让股骨头掉入关节窝内。整复完成后，需要在一个月内严格限制动物的活动。

（4）术后护理和注意事项　封闭整复后需要用吊索或绷带固定患肢一周左右，拆除绷带后两周内还需要继续限制动物活动，帮助动物恢复。如果封闭整复不能使动物康复，就需要对动物进行其他手术治疗。

6.9.6　犬的狼爪切除术

（1）适应证　附趾是犬后肢的第一趾。附趾在某些犬的品种中没有，在有些品种中有两个。对有些品种，比如大白熊犬，重复的附趾是品种的标准。而对另外一些品种来说，去除松散连接的附趾是为了防止动物在运动时发生意外损伤。

（2）保定与麻醉　动物采取侧卧保定，需要对后肢的整个内侧面进行剃毛和无菌消毒。对于小于一周龄的小狗，去除附趾时，可以只用局部麻醉和镇痛。但是超过这个年龄段的动物，由于出血问题会更加严重，就需要采用麻醉的方法。

（3）手术方法　手术助手一只手托住小狗身体，一只手固定住小狗要进行手术的后肢。可以使用一些镇静药物，或者局部阻滞麻醉帮助保定。将附趾外翻，手术刀切开连接的皮肤组织。使用剪刀、电刀或者激光手术刀切除附趾。用电刀或者按压止血。对齐皮肤后缝单个缝线结或使用组织胶水黏合，皮肤主要采取二期愈合的方式。

（4）术后护理和注意事项　手术并发症主要有出血、疼痛、感染和伤口开裂等。如果过早去除缝线，可能造成疤痕组织的形成。同时，如果术后绷带太紧，也可能导致局部的水肿甚至缺血性组织坏死。

6.9.7　猫爪切除术

（1）适应证　猫爪切除术是指去除猫爪的第三指节的手术。动物主人主动选择此手术时存在一定道德上的争议，不符合动物福利的原则。手术通常在猫3～12月龄的时候进行，而且通常只进行前爪的第三指节的切除。进行过此手术的猫，通常推荐终生养在室内，因为动物失去了一部分自卫的能力。对于以治疗为目的的指节切除术，主要是针对动物相关器官的严重感染、坏死或者肿瘤等情况。

（2）保定与麻醉　动物采取侧卧位，对动物手术的爪、指节和指甲进行全面的清洗消毒。进行此手术时，需要对动物进行全身麻醉配合多种镇痛药物。推荐手术24～48h后继续为动物提供镇痛药。除此之外，也可以使用布比卡因对相关的神经进行局部阻滞麻醉，可以提供4～6h的镇痛效果。

（3）手术方法　手术前先在动物肘部以下放置一个止血带来减少出血，改善手术中的视野。在猫中，如果将止血带放在肘部以上可能造成周围神经的损伤。后肢铺上创巾后，通过按压动物指垫伸展出爪和指甲。用手术钳夹住指甲的尖端。在动物第二和第三指节之间无毛角质化的皮肤上做环形切口。之后切断正中伸指肌腱和指节背侧韧带。沿着第三指节近端的轮廓切断深屈指肌腱并且将第三指节从指垫的软组织中分离出来，避免切到指垫。之后去除其他指上的第三指节。对齐皮肤后放置单个的十字缝线缝合皮肤。缝线不能穿过指垫。在动物爪到前肢远端部位施加绷带，之后去除止血带。

（4）术后护理和注意事项　去除绷带后的一天内可能会有少量的出血。如果出血持续，应该重新施加绷带2～3d。动物伤口痊愈前的两周内，猫砂应该使用碎纸等柔软材料。手术并发症主要包括疼痛、出血、跛行、伤口开裂等。如果指垫在手术中损伤，愈合时间会更久，并发症发生概率会更高，幼年动物的恢复通常会比老年和肥胖动物更快。

6.9.8　犬股骨头切除术

（1）适应证　股骨头切除术主要是为了治疗动物髋关节脱臼或者髋关节发育不良的情况。手术后会在股骨头和髋臼窝之间形成一个纤维化的假关节。一般会在保守治疗无效、动物不适用其他手术方法、动物处在极端痛苦的状态下或者动物主人财力有限等情况时采用此种手术方法。对于幼龄动物应该谨慎选择此项手术，因为很多幼年动物即使不做手术在成年后临床症状也会改善。因为手术后形成的纤维性的假关节是一个不稳定的关节结构，所以手术后的临床效果以及动物手术后的功能恢复都是不可预测的。因此很多情况下，此手术都是作为治疗髋关相关疾病的一个最终手段。

（2）保定与麻醉　动物采取侧卧姿势。动物从背中线到膝关节的区域都需要进行剃毛和无菌消毒。铺设创巾时应注意要方便术中移动患肢的位置。

手术需要对动物进行全身麻醉，对动物进行硬膜外腔麻醉会更有利于手术的顺利进行和术后恢复，减少呼吸麻醉的剂量。

（3）手术方法　在髋关节前外侧部做手术切口，并将股骨头从髋臼中脱出。将股二头肌向后牵拉，筋膜扩张肌向前牵拉。切断股外肌并将其向下翻折。如果圆韧带还是完整的状态，切开圆韧带。进行股骨头切割时，需要将患肢向外侧旋转，让膝关节的关节线平行于手术台。在股骨颈和股骨骨骺线连接位置确认股骨头切割线，此线垂直于手术台。为了保证切割的精确性，在切割线上打三个或更多的孔，之后用骨凿和锤子完成切割。在股骨头和股骨颈被移除后，用骨钳移除切割面尖锐的部分。关闭伤口时，尽量用残留的髋臼组织缝合关节腔，然后依次缝合肌肉、皮下组织和皮肤。

（4）术后护理和注意事项　进行此项手术后预后的效果由于动物体型和术后复健治疗的效果不同差别很大。在大型犬中，一般一半以上的动物有较好的效果，剩余的动物都存在着不同程度的跛行，但是临床症状会好于术前的情况。中型和小型犬一般都有较好的效果。

6.9.9　断尾术

（1）适应证　断尾术是为了美观或者品种要求而切除动物部分或者全部尾巴的手术，在道德上存在争议，不符合动物福利的原则。为了医疗目的的断尾术主要用于动物尾部外伤、感染以及肿瘤等的治疗。

（2）保定与麻醉　需要对动物尾巴及尾巴基部进行剃毛消毒，因为手术部位靠近动物肛门，应该注意手术中细菌污染的风险会升高。对于犬猫的断尾术通常需要采用全身麻醉或者硬膜外腔麻醉。

（3）手术方法　将尾巴远端用手术无菌创巾裹住或者将其塞进手术手套中，并用胶带粘贴固定好封口位置。对手术及周围位置进行大面积剃毛消毒。将动物采取俯卧姿势，后肢悬空于手术台后部暴露会阴部位，或者让动物采取侧卧姿势。首先在手术部位近端系上止血带。将尾巴皮肤推向尾巴头部，在手术部位远端做一个双"V"形切口。调整"V"形切口的方向，使尾巴背侧和腹侧的皮肤长于截断后尾巴的长度。在截断处前端分离并结扎内侧和外侧的尾动脉和尾静脉。在切断部位椎间间隙的稍远端下刀切入软组织，切断关节并移除后端的尾巴。如果发生出血，在残留尾巴的远端放置一个环形缝线并重新结扎尾部血管。采取简单间断缝合的方法将皮下组织和肌肉相互吻合盖住暴露的尾椎骨。根据缝合的需要适当修剪外层皮肤，确保缝合没有过量的张力。对齐皮肤后缝合关闭伤口。之后去除止血带。

（4）术后护理和注意事项　术后应该对手术部位进行包扎，给动物使用伊丽莎白项圈防止动物舔舐。常见的并发症包括术部的感染、手术伤口开裂或者肛周瘘道等。

第七章

犬猫传染病

7.1 人兽共患病

人兽共患病是发生在人类和动物之间具有感染性的疫病总称，由可以在人和脊椎动物之间引起疾病传播和感染的病原微生物和寄生虫引起。在已知的数百种脊椎动物感染性疫病中，约2/3 为人兽共患病，新发现的传染病中，75％属于人兽共患病。近 20 年来，许多疫病突然暴发，人兽共患病流行态势严峻而复杂，并严重威胁着人类健康、经济发展和社会进步。据统计，13 种较常见的人兽共患病每年导致 200 多万人死亡。进入 21 世纪，我国遭受了严重急性呼吸综合征（SARS）、猪Ⅱ型链球菌病和高致病性禽流感等重大疫病危害，特别是 2020 年导致全国流行的新型冠状病毒肺炎，造成巨大的损失，严重威胁人类的生存。人兽共患病在世界上分布广泛，既危害人类健康，又影响动物的健康和生产，可造成巨大的经济损失，同时影响社会稳定。随着经济全球化，国内外贸易日益频繁，人类活动地域越来越广，人兽共患病流行趋势逐渐扩大，对人和动物健康的威胁也在增长。

在现代社会中，人类饲养越来越多的宠物除了娱乐外也体现出人与环境的和谐相处。人类所饲养宠物的种类变得多样化，我国除犬（1.5 亿～2.0 亿只）、猫（0.5 亿～0.8 亿只）为主要宠物外，也出现其他种类的宠物（如鸟、兔、龟等），涵盖了多种动物种类。然而，宠物在带给人类欢乐的同时，也为人兽共患病的滋生和蔓延提供了温床，给饲养者带来威胁。

宠物源性人兽共患传染病的传染途径主要表现在宠物与饲养者的密切接触，包括玩耍、抚摸、喂养、洗澡、清理排泄物等，而大多数的病原体可通过病宠的唾液、排泄物、飞沫或寄生在宠物身上的媒介（如蜱）传播给人类。

宠物医生的工作环境和服务对象是来自社会各个阶层不同家庭饲养的种类不同大小不一的各种动物，包括犬、猫、鸟、爬行类等，宠物医生不仅要防控动物携带的各种传染性病原体，而且需要防控宠物饲养者携带的人类传染性疫病。因此，宠物医生必须全面了解各种人兽共患病的病原、流行规律、发病机制、临床症状、诊断方法和防制措施。

7.1.1 狂犬病

狂犬病（Rabies）是由狂犬病病毒（Rabies Virus，RV）引起的所有温血动物的一种急性致死性脑脊髓炎，以狂躁不安、行为反常、攻击行为、进行性麻痹和最终死亡为特征，特点是潜伏期长，致死率几乎 100％。

本病为人兽共患病，世界各地均存在。近年来有不少发达国家由于采取免疫接种和综合防制措施，已宣布消灭了此病。我国部分省市亦有本病的发生。

［病原］狂犬病病毒是一种单股负链 RNA 病毒。病毒粒子呈圆柱体，底部扁平，另一端钝圆。有些病毒粒子，在其底部有一尾状结构，系病毒由胞浆膜芽生脱出的最后部分。整个病毒粒子的外形呈炮弹或枪弹状。长 130～200nm，直径 75nm。表面有 1072～1900 个突起，排

列整齐，于负染标本中表现为六边形蜂房状结构。每个突起长 8～10nm，由糖蛋白组成。病毒内部为螺旋形的核衣壳，核衣壳由单股 RNA 及 5 种蛋白质（M、L、N、P、G）组成，其中糖蛋白是 RV 的主要保护性抗原。

狂犬病病毒不稳定，但能抵抗自溶及腐烂，在自溶的脑组织中可以保持活力 7～10d。冻干条件下长期存活。在 50％甘油中保存的感染脑组织中至少可以存活 1 个月，4℃数周，低温中数月，甚至几年。室温中不稳定。反复冻融可使病毒灭活，紫外线照射、蛋白酶、酸、胆盐、乙醚、升汞和季铵类化合物（如新洁尔灭）以及自然光、热等都可迅速破坏病毒活力。56℃ 15～30min 内、1％甲醛溶液和 3％来苏尔 15min 内可使病毒灭活。60％以上酒精也能很快杀死病毒。真空条件下冻干保存的病毒可于 4℃存活数年。

[流行病学] 所有温血动物对 RV 均易感，其中臭鼬、野生犬科动物、浣熊、蝙蝠及牛最易感，其次为犬、猫、马、绵羊、山羊及人等。自然界中野生动物是传播狂犬病病毒的储存宿主。但家畜则是感染人的主要传播源。犬猫等动物 RV 高度敏感，应及时进行有效的接种。

RV 主要存在于脑组织、唾液腺和唾液中，并随唾液排出体外。本病的传播主要通过动物咬伤、唾液沾染黏膜、伤口等造成，亦有报道通过气雾经呼吸道和误食患病动物的肉或动物间相互残食经消化道感染，或通过角膜移植感染。

[症状] 病毒具有亲神经性，无病毒血症，可抑制细胞凋亡。犬感染狂犬病病毒后，潜伏期一般为 2～8 周，长的可达数月至数年，短的仅有 1 周。这主要与被咬部位、暴露类型、病毒在暴露部位的数量和机体的免疫状态等有关。

犬的临床症状主要分为前驱期、兴奋期和麻痹期。

前驱期：犬患病时，表现精神沉郁，往往改变习性，病初常有逃跑或躲避趋势，故又将狂犬病称为"逃跑病"。一反常态，不愿接触人，病犬可能失踪数天后归来，此时体重减轻，满身污泥，皮毛上可能带有血迹。主人对其爱抚或为其洗涤血迹时，往往被咬。食欲反常，拒食或出现贪婪性狂食现象，如吞食木片、石子、煤块或金属，可能发生自咬，也常发生呕吐。吞咽障碍（喉肌麻痹），瞳孔散大。

兴奋期：由于病情发展，反射机能和性欲亢奋，轻度刺激即兴奋，唾液分泌增加，可兴奋和沉郁交替出现，坐卧不动或突然站起，表现出特殊的斜视和惶恐。狂躁发作时，疯犬到处奔走，远达 40～60km，沿途随时都可能扑咬人及所遇到的各种家畜。病犬行为凶猛，攻击人畜。

麻痹期：经过 2～4d 的狂暴期，进入麻痹期，出现意识障碍，加快消瘦，吠声嘶哑，瞳孔散大或缩小、下颌下垂、舌脱出口，严重流涎，见水惶恐（故名恐水症），后躯麻痹，行走摇摆，卧地不起。最后呼吸麻痹或衰竭而死。整个病程 1 周左右。

猫的症状与犬相似，但病程较短，出现症状 2～4d 就死亡。病猫喜隐于暗处，并发出粗粝叫声，病初常有逃跑或躲避趋势，狂躁发作时，到处奔走，间或神志清楚。最后进入麻痹期。

狂犬病的一个示证性病变，是在感染神经元内出现胞浆内嗜酸性包涵体，在海马回的锥体细胞以及小脑的浦肯野纤维细胞内最易发现这种包涵体，即 Negri 小体。

[诊断] 典型病例可根据临床症状、咬伤病史作出初步诊断。确诊须经实验室诊断。

（1）病理组织学检查　脑触片法为一种迅速、经济的方法，即取濒死期疯动物或死于狂犬病病患的延脑、海马回作触片，用含碱性复红加亚甲蓝 Seller 氏染液染色、镜检，检查特异包涵体，即 Negri 小体。Negri 小体位于神经细胞浆内，直径 3～20μm，呈梭形、圆形或椭圆形，呈嗜酸性着染（鲜红色），但在其中常可见到嗜碱性（蓝色）小颗粒。神经细胞染成蓝色，间质呈粉红色，红细胞呈橘红色。应注意与偶尔存在的犬瘟热病毒引起的包涵体区别。检出

Negri 小体，即可诊断为狂犬病。但是必须指出，并非所有发病动物脑内都能找到包涵体，犬脑的阳性检出率为 70%～90%。

（2）荧光抗体检查　是一种迅速而特异性很强的诊断方法。取可疑病脑组织或唾液腺制成冰冻切片或触片，用荧光抗体染色，在荧光显微镜下检查，胞浆内如有翠绿色颗粒或斑块荧光即可确诊。

（3）酶联免疫吸附试验　先用抗狂犬病病毒阳性血清或 IgG 包被 40 孔板，加待测脑悬液，再用标记 HRP 的阳性 IgG 进行反应；亦可采用特异性抗体作为一抗与被检样品反应，然后再与酶标二抗进行反应。同时，设阳性及阴性抗原对照，如被测样品出现特异性显色，即可诊断为狂犬病。

（4）病毒分离　取脑或唾液腺等材料用缓冲盐水或含 10% 灭活豚鼠血清的生理盐水研磨成 10% 乳剂，脑内接种 5～7 日龄乳鼠，3～4d 后如发现哺乳力减弱，痉挛，麻痹死亡，即可取脑检查其包涵体，并制成抗原。新分离的病毒可用电子显微镜直接观察，或者用抗狂犬病特异免疫血清进行中和试验或血凝抑制试验加以鉴定。

（5）分子生物学诊断　PCR 技术于 1990 年首次应用于鼠脑内狂犬病病毒的检测，后来用于狂犬病的诊断研究。

[防治]　预防接种是预防狂犬病的主要手段。所用的常规疫苗，分活疫苗和灭活疫苗 2 类，目前主要使用灭活疫苗。生产犬猫使用的狂犬病灭活疫苗种类繁多，采用不同的病毒毒株，如广州市华南农大生物药品有限公司，构建狂犬病病毒 dG 株，采用细胞悬浮培养技术生产狂犬病灭活疫苗（dG 株），具有携带双糖蛋白基因、免疫蛋白表达量高、免疫原性好、一针免疫、免疫期 24 个月等特点。中国食品药品检定研究院利用 CTN-181 毒株研制的 BHK-21 传代细胞活疫苗，免疫原性和 Flury LEP 相似，安全性比 Flury LEP 更好。长春生物制品研究所制备的 αG 株原代仓鼠肾弱毒佐剂疫苗给犬作免疫接种后，中和抗体至少可保持 1 年，加强免疫 1 次，免疫期可持续 2 年以上。

[公共健康]　狂犬病是一种人兽共患的烈性传染病。野生动物是狂犬病的自然宿主，如何控制野生动物狂犬病对人类的威胁，目前唯一可行的防制措施就是控制某些传染媒介动物的群体数量，防止这些动物与犬猫和人接触。

人被咬伤后，应立即冲洗伤口，如有可能，检测动物，及早就医，遵循医嘱，从未接种过狂犬病疫苗的人群需要多次接种抗狂犬病血清。高危行业从业人员应定期接种狂犬病疫苗，一般在 21～28d 内完成 3 针疫苗接种。

7.1.2　莱姆病

莱姆病（Lyme disease）是由疏螺旋体引起的多系统性疾病，也叫疏螺旋体病（Borreliosis），是一种由蜱传播的自然疫源性人兽共患病。该病与犬、猫、马、牛及人类的多发性关节炎有关，最早于 1975 年发现于美国康涅狄克州莱姆镇。我国于 1986 年、1987 年在黑龙江省和吉林省相继发现莱姆病，至今已证实 18 个省、区存在莱姆病自然疫源地。伯氏疏螺旋体的宿主范围很广，自然宿主包括人、牛、马、犬、猫、鹿、浣熊、狼、野兔、狐及多种小啮齿类动物。

疏螺旋体存在于未采食感染蜱的中肠，在采食过程中螺旋体进行细胞分裂并逐渐进入血淋巴中，几小时后侵入蜱的唾液腺并通过唾液进入叮咬部位。菌体在蜱体通常可发生经期传递，而经卵传递极少发生。犬和人进入有感染蜱的流行区即可能被感染。另外伯氏疏螺旋体也可能通过黏膜、结膜及皮肤伤口感染。动物血清学检验结果，犬感染率在 38%～60%。

［病原］本病病原为疏螺旋体。根据莱姆病病原体 DNA 同源性及外膜蛋白 OspA 不同表位血清学分析，发现引起莱姆病的疏螺旋体至少有 4 种：伯氏疏螺旋体、伽氏疏螺旋体、埃氏疏螺旋体、日本疏螺旋体。菌体形态似弯曲的螺旋，呈疏松的左手螺旋状，有数个大而疏的螺旋弯曲，末端渐尖，有多根鞭毛。长度 5～40μm，平均 30μm，直径为 0.18～0.25μm，能通过多种细菌滤器。革兰氏染色阴性，姬姆萨染色着色良好。微需氧，营养要求苛刻，但在一种增强型培养基——Barbour-Stoenner-Kelly Ⅱ（BSK-Ⅱ）培养基生长良好，最适的培养温度为 33～35℃，该菌生长缓慢，一般需培养 2～3 周才可观察到生长情况。从蜱中较易分离到螺旋体，而从患病动物和人中分离则较难。

［症状］人工感染犬在接种后 60～90d 表现临床症状，病犬体温升高，食欲减少，精神沉郁，出现急性关节僵硬和跛行，感染早期可能有疼痛表现。急性感染犬一般不出现关节肿大，所以难于确定疼痛部位。跛行常常表现为间歇性，并且从一条腿转到另一条腿。

慢性感染犬可能出现心肌功能障碍，病变表现为心肌坏死和赘疣状心内膜炎。在流行区，犬常出现脑膜炎和脑炎，与伯氏疏螺旋体的确切关系还未完全证实。

自然感染伯氏疏螺旋体犬可继发肾病-肾小球肾炎和肾小管损伤，出现氮血症、蛋白尿、血尿等。

猫人工感染伯氏疏螺旋体主要表现厌食、疲劳、跛行或关节异常，但尚未有自然感染的病例报道。

［诊断］莱姆病感染的症状一般只表现低热、关节炎和跛行等，常常容易与其他疾病相混淆，在诊断时应注意病史。本病的发病高峰与当地蜱类活动高峰季节一致，患病动物进入林区或被蜱叮咬过（特别是猎犬）。体检时可能发现一个或多个关节肿大，或者外表正常关节在触诊时有明显的疼痛表现。

免疫荧光抗体技术（IFA）和酶联免疫吸附试验（ELISA）是较为常用的诊断技术。分离伯氏疏螺旋体比较困难，但已有人成功地从野生动物、实验动物及血清学阳性犬的不同组织和体液中分离到该菌。应用 BSK-Ⅱ 培养基可以使病原分离工作进一步改善。

PCR 技术根据伯氏疏螺旋体独特的 5S-23S rRNA 基因结构设计引物检验蜱和动物样本（包括尿液），不仅能检测出伯氏疏螺旋体，而且同时可以测出感染菌株的基因种。

［预防和治疗］对有莱姆病症状或者血清学阳性犬应使用抗生素治疗 2～3 周。可选用四环素，按每千克体重 15～25mg，每 8h 给药 1 次；强力霉素，按每千克体重 10mg，每 12h 给药 1 次；头孢霉素，按每千克体重 22mg，每 8h 给药 1 次。氨苄青霉素、羧苄青霉素、红霉素等对伯氏疏螺旋体也有一定的疗效。感染动物用抗生素治疗后很快见效。如果治疗见效，应在 1～3 个月后再做 1 次血清学检验。如某种抗生素疗效不佳，应考虑选用另一种抗生素或做进一步诊断。

国外已研制成功犬莱姆病灭活菌苗，必须在被感染性蜱叮咬之前进行免疫接种。接种疫苗之后血清学转阳可能会给血清学诊断带来一定的困难，但可采用免疫印迹技术来区分疫苗接种和自然感染引起的免疫反应。

除接种疫苗外，还必须控制犬进入自然疫源地，应用驱蜱药物减少环境中蜱的数量；定期检验动物身上是否有蜱，如有蜱，应及时清除以减少感染机会。

7.1.3 猫抓病

猫抓病（Cat scratch disease，CSD）是由汉赛巴通体等引起的以局部皮肤出现丘疹或脓疱、继而发展为局部淋巴结肿大为特征的猫和人的共患性疾病。汉赛巴通体引起人的 CSD、杆菌性血管瘤、杆菌性紫癜等在美洲、欧洲、日本、澳大利亚等地区均有不少报道。猫是其主要储存宿主，传染来源主要为猫，尤其是幼猫。90%以上的患者与猫或犬有接触史。人被猫抓伤、咬伤或舔过，猫口腔和咽部的病原体经伤口或通过污染的毛皮、脚爪侵入而感染，个别病例可能是接触松鼠而引起。猫与猫之间可能主要通过节肢动物——猫蚤传播巴通体。

[病原] 汉赛巴通体（*Bartonella henselae*）为本病的主要病原体，属立克次体目、巴通体科、巴通体属，为革兰氏阴性，稍弯曲的小杆菌，大小为 $1\mu m \times 1.5\mu m$ 左右。巴通体对营养要求苛刻，对血红素具有高度的依赖性，生长缓慢，在大多数营养丰富的含血培养基上需要 $5\sim15d$，甚至 $45d$ 才能形成可见的菌落。培养巴通体的传统方法是采用含有新鲜兔血（也可用绵羊血或马血）的半固体培养基。初次分离培养可形成白色、干燥的粗糙型菌落，菌落常陷于培养基中。感染组织病理标本片经 Warthin-Starry 银染可见紧密排列成簇状的小杆菌。

[症状] 虽然实验感染可引起部分猫一过性发热和食欲减退，并引起多个脏器轻度组织学损伤，但猫自然感染汉赛巴通体一般无明显的临床表现。该菌感染引起的菌血症可持续数月，甚至数年，而且在产生高水平抗体反应的情况下，仍可维持菌血症。

人感染 CSD 大部分无症状表现，或者症状轻微而不被注意。一旦出现症状，则表现为感染部位附近的局部淋巴结肿大、低热、厌食、肌痛等。淋巴结有明显的疼痛，但一般不出现化脓。90%的病例出现轻度的症状后，自行康复，但症状可能持续 2 个月左右。对于免疫缺陷病人，汉赛巴通体可引起严重的感染，CSD 可引起败血症和多系统脏器的扩散性感染。

[诊断] 对于猫汉赛巴通体感染可采用免疫荧光抗体技术检测血清抗体，但不能判定猫是否具有菌血症。从血液中分离病原可以进行确诊，但要求具备一定的实验技术条件，而且需要数周时间才能观察到长出的菌落。实验研究表明，只能间歇性地从感染猫中分离出汉赛巴通体，这可能与感染脏器间歇性排出病菌有关。

人 CSD 主要根据临床表现和有与猫接触史进行诊断。实验诊断可采用敏感性和特异性较高的间接免疫荧光抗体技术检测血清抗体，抗体效价 $\geqslant 1:64$ 可判为阳性，大部分病人在出现淋巴结肿大后数周，抗体水平升高。也可采取血液或淋巴穿刺进行病原的分离培养，但所需时间偏长。

[预防和治疗] 猫应用抗生素治疗，如强力霉素、林可霉素、红霉素、恩诺沙星等可以抑制或减缓菌血症的形成。人的治疗按照医生要求完成，尽量避免与 CSD 阳性的宠物接触。

7.1.4 尼帕病毒脑炎

尼帕病毒脑炎是由尼帕病毒引起的人兽共患疾病，其病原与亨德拉病毒密切相关，两者均属亨德拉尼帕病毒属，是副黏病毒科的一种新病毒类别。尼帕病毒给感染者造成严重疾病，特征为脑部炎症（脑炎）或呼吸系统疾病。该病毒还可在猪等动物身上引起严重疾病，给养殖者造成重大经济损失。

[病原] 尼帕病毒属于单股负链 RNA 病毒目（*Mononegavirales*）、副黏病毒科（*Paramyxoviridea*）、副黏病毒亚科（*Paramyxovirinae*）、亨尼帕病毒（*Henipavirus*）。与副黏病毒科内其他成员相比，尼帕病毒和亨德拉病毒具有许多独特的生物学特性，如具有较大的基因组、有很宽的宿主动物范围、不具有血凝特性和缺乏神经氨酸酶活性等。

[症状] 大多数感染尼帕病毒的猪表现为亚临床症状，潜伏期 $7\sim14d$，少数猪表现为临床症状，虽然感染率可达 100%，但感染猪的死亡率较低，在 $5\%\sim15\%$。病猪的临床表现以高热（$40℃$ 以上）和呼吸道或神经症状为特征，呼吸道症状表现为张口呼吸、腹式呼吸和剧烈咳嗽，严重时有咯血现象。神经症状包括头颈强直、肌肉振颤、阵发性痉挛、麻痹、后躯无力、

步态不稳等。但不同日龄的猪临床表现不同，通常以发热和呼吸道症状为主，呼吸道和神经症状可同时出现。母猪在感染早期有流产现象。

在临床上人脑炎型尼帕病与日本乙型脑炎有相似之处，呼吸系统型尼帕病与SARS和流感等呼吸系统传染病有相似之处，因此应注意区别。

[诊断] 尼帕病毒感染可通过一系列不同的检测得到诊断。

病毒分离：最重要、最基本的诊断方法，对于一新型病例，分离病毒是最理想的。病毒分离株的进一步鉴定，还需做电镜或免疫电镜、特异性抗血清中和实验、PCR等严格的质量控制实验。但是生物安全等级要求比较高。

免疫组织化学：抗兔抗鼠多聚葡聚糖连接的碱性磷酸酶，取代了生物素-亲和素过氧化物酶的检测系统，经济、方便。

ELISA法检测：检测IgG抗体，主要是特异性的问题。利用杆状病毒表达系统合成的重组G和M蛋白抗原，可解决质量特异性问题。尽管ELISA的特异性大于95%，但也存在假阳性问题。ELISA可作为一个非常有效的筛选工具，用于日常监测。

[防治] 我国目前没有该病的流行，防止该病的传入是当前最重要的问题，按照《中华人民共和国动物防疫法》和《重大动物疫病应急条例》相关要求，人发生疫情则按照《中华人民共和国传染病防治法》相关要求进行处理。

7.1.5　结核病

结核病（Tuberculosis）是由结核分枝杆菌引起的人、畜和禽类共患的慢性传染性疾病，偶尔也可能出现急性型，病程发展很快，其特征是在机体多种组织器官形成肉芽肿和干酪样或钙化病灶。

犬猫对结核分枝杆菌及牛分枝杆菌敏感，可能因采食感染牛未经消毒的奶液、生肉或内脏而感染。猫还可能因捕食被感染的啮齿类动物而感染结核分枝杆菌牛变异株（*M.tuberculosis var.bovis*）。当猫犬的消化道或呼吸道有该菌定植时，可通过粪便和呼吸道分泌物排出细菌成为病原散播者。本病主要通过呼吸道和消化道感染。结核病患畜可通过痰液排出大量结核杆菌，咳嗽形成的气溶胶或被这种痰液污染的尘埃就成为主要的传播媒介。

[病原] 结核分枝杆菌群包括结核分枝杆菌（*Mycobacterium tuberculosis*）、牛分枝杆菌（*M.bovis*）及禽分枝杆菌（*M.avium*）。细长略弯曲，有时有分枝或出现丝状体。大小（1～4）$\mu m \times$（0.3～0.6）μm，牛型较人型短而粗，组织内菌体较体外培养物细而长。革兰氏染色阳性，但不易染色，常用Ziehl-Neelsen抗酸染色，以5%石炭酸复红加温染色后，再用3%盐酸乙醇不易脱色，若用亚甲蓝复染，则分枝杆菌呈红色，而其他细菌和背景中的物质为蓝色。结核分枝杆菌为专性需氧，生长缓慢，最适生长温度为37℃。初次分离需要营养丰富的培养基。常用Lowenstein-Jensen固体培养基，内含蛋黄、甘油、马铃薯、无机盐和孔雀绿等。一般2～4周可见菌落生长。菌落呈颗粒、结节或花菜状，乳白色或米黄色，不透明。

结核分枝杆菌对干燥抵抗力特别强。黏附在尘埃上保持传染性8～10d，在干燥痰内可存活6～8个月。对湿热敏感，在液体中加热62～63℃，15min或煮沸即被杀死。另外对乙醇和紫外线敏感。

[症状] 犬和猫结核病多为亚临床感染。有时则在病原侵入部位引起原发性病灶。犬常表现为支气管肺炎，胸膜上有结节形成和肺门淋巴结炎，并引起发热、食欲下降、体重下降、呼吸啰音和干咳。如果病理损伤发生于口咽部，犬猫表现为吞咽困难、干呕、流口水及扁桃体肿大等。猫的原发性肠道病灶比犬多见，主要表现为消瘦、贫血、呕吐、腹泻等消化道吸收不良

症状。肠系膜淋巴结常肿大，有时在腹部体表就能触摸到。某些病例腹腔渗出液增多。禽分枝杆菌感染主要表现全身淋巴结肿大、食欲减退、消瘦和发热。实质性脏器形成结节或肿大。

结核病灶蔓延至胸膜和心包膜时，可引起胸膜、心包膜渗出增多，临床上表现为呼吸困难、发绀和右心衰竭。猫的肝、脾等脏器和皮肤也常见结节及溃疡。骨结核时可见跛行及自发性骨折。有的还出现咯血、血尿及黄疸等症状。

剖检时可见患结核病的犬及猫极度消瘦，在许多器官出现多发性的灰白色至黄色有包囊的结节性病灶。犬常可在肺及气管、淋巴结，猫则常在回、盲肠淋巴结及肠系膜淋巴腺见到原发性病灶。犬的续发性病灶一般较猫常见，多分布于胸膜、心包膜、肝、心肌、肠壁和中枢神经系统。猫的续发性病灶则常见于肠系膜淋巴腺、脾脏和皮肤。一般来说，续发性结核结节较小（1～3mm），但在许多器官亦可见到较大的融合性病灶。有的结核病灶中心积有脓汁，外周由包囊围绕，包囊破溃后，脓汁排出，形成空洞。肺结核时，常以渗出性炎症为主，初期表现为小叶性支气管炎，进一步发展则可使局部干酪化，多个病灶相互融合后则出现较大范围病变，这种病变组织切面常见灰黄与灰白色交错，形成斑纹状结构。随着病程进一步发展，干酪样坏死组织还能够进一步钙化。

组织学上，可见到结核病灶中央发生坏死，并被炎性浆细胞及巨噬细胞浸润。病灶周围常有组织细胞及成纤维细胞形成的包膜，有时中央部分发生钙化。在包囊组织的组织细胞及上皮样细胞内常可见到短链状或串珠状具抗酸染色性的结核杆菌。

[诊断] 结核病的临床症状一般为非特征性，怀疑本病时可结合如下诊断方法进行确诊。

（1）血液、生化及X射线检查　患结核病动物常伴有中等程度的白细胞增多和贫血，血清白蛋白含量偏低及球蛋白血症，但无特异性。X射线检查胸腔可见气管支气管淋巴结炎、结节形成及肺钙化灶。腹腔触诊、放射检查或超声波检查可见脾、肝等实质性脏器肿大或有硬固性团块，肠系膜淋巴结钙化。腹腔可能有积液。

（2）皮肤试验　犬猫结核菌素皮肤试验结果不容易判定。据报道，对于犬，接种卡介苗试验更敏感可靠。皮内接种0.1～0.2mL卡介苗，阳性犬48～72h后出现红斑和硬结。因为被感染犬可能出现急性超敏反应，所以试验有一定的风险。由于猫对结核菌素反应微弱，故一般此法不应用于猫。

（3）血清学检验　包括血凝（HA）及补体结合反应（CF），常作为皮肤试验的补充，尤其补体结合反应的阳性检出符合率可达50%～80%，具较大的诊断价值。

（4）细菌分离　用以细菌分离的病料常用4% NaOH处理15min，用酸中和后再离心沉淀集菌，接种于Lowenstenin-Jensen氏培养基培养，需培养较长时间。根据细菌菌落生长状况及生化特性来鉴定分离物。也可将可疑病料，如淋巴结、脾脏和肉芽肿腹腔接种于豚鼠、兔、小鼠和仓鼠，以鉴定分枝杆菌的种别。

有时直接取病料，如痰液、尿液、乳汁、淋巴结及结核病灶做成抹片或涂片，抗酸染色后镜检，可直接检到细菌。近年来，用荧光抗体法检验病料中的结核杆菌，也收到了满意的效果。

[预防和治疗] 犬结核病已有治愈的报道，但对犬猫结核病而言，首先应考虑其对公共卫生构成威胁。在治疗过程中，患病犬猫（尤其开放性结核病患）可能将结核病传给人或其他动物，因此建议施以安乐死并进行消毒处理。确有治疗价值的，可选用下列药物：异烟肼，每千克体重4～8mg，2～3次/d；利福平，每千克体重10～20mg，分2～3次内服；链霉素，每千克体重10mg，每8h肌内注射1次（猫对链霉素较敏感，故不宜用）。应该提及的是，化学药物治疗结核病在于促进病灶愈合，停止向体外排菌，防止复发，而不能真正杀死体内的结

核杆菌。

治疗过程中，应给动物以营养丰富的食物，增强机体自身的抗病能力。冬季应注意保暖。

应对犬猫定期检疫，可疑及患病动物尽早隔离。对开放性结核患病犬或猫，无治疗价值者尽早扑杀，尸体焚烧或深埋。人或牛发生结核病时，与其经常接触的犬猫应及时检疫。平时，不用未消毒牛奶及生杂碎饲喂犬猫。

7.1.6　布鲁氏菌病

犬布鲁氏菌病（Brucellosis）是由犬布鲁氏菌引起的一种人兽共患性传染病，主要引起犬隐性菌血症和繁殖障碍，也可引起椎间盘炎、骨髓炎、脑膜脑炎和眼色素层炎等。近几年，流行病学监测发现我国犬布鲁氏菌病阳性率为 $1.99\%\sim8.76\%$。犬是犬布鲁氏菌的主要宿主，自然条件下，犬布鲁氏菌主要经患病及带菌动物传播。流产后母犬的阴道分泌物、流产胎儿及胎盘组织均带菌，流产后的母犬可排菌达 6 周以上。患病母犬的乳汁常成为新生犬的传染源，但这些新生幼犬大多数在胎盘内已发生垂直感染。感染犬的精液及尿液亦可成为犬布鲁氏菌病的传染来源，某些犬在感染后 2 年内仍可通过交配散播疾病。

本病主要传播途径是消化道，易感犬舔食流产病料、分泌物，摄食被病原体污染的饲料和饮水而感染。口腔黏膜、结膜和阴道黏膜为最常见的布鲁氏菌侵入门户。消化道黏膜、皮肤创伤亦可使病原侵入体内造成感染。

[病原]　布鲁氏菌属有 6 个种，有的种还分为不同的生物型。犬布鲁氏菌病主要由犬布鲁氏菌（Brucella canis）引起，但亦可感染流产布鲁氏菌（B.abortus）、马耳他布鲁氏菌（B.melitensis）、猪布鲁氏菌（B.suis）。我国从 1990 年以来从人、畜分离的 220 株菌中羊种菌占 79.1%、牛种菌占 12.27%、猪种菌占 0.45%、犬种菌占 2.21%、未定种菌占 5.51%。

本菌为革兰氏阴性小球杆菌或短杆菌，大小 $(0.5\sim0.7)\mu m\times(0.6\sim1.5)\mu m$。无运动性，不产生芽孢和荚膜。Macchiavello 和改良 Ziehl-Neelsen 染色呈红色。对培养基的营养要求比较高，初代分离时可能至少需要 $3\sim5d$ 才能形成肉眼可见的菌落，大多数需要 $10\sim15d$。在适当的环境条件下，布鲁氏菌在奶液、尿液、水和潮湿的土壤中可存活 4 个月。大多数对革兰氏阴性菌有效的消毒剂均可杀灭该菌，巴氏消毒也可将奶液中的布鲁氏菌杀死。

[症状]　成年犬感染布鲁氏菌很少表现严重的临床症状，或仅表现为淋巴结炎，亦可经 2 周至长达半年的潜伏期后表现全身症状。怀孕母犬常在怀孕 $40\sim60d$ 时发生流产，流产前 $1\sim6$ 周，病犬一般体温不高，阴唇和阴道黏膜红肿，阴道内流出淡褐色或灰绿色分泌物。流产胎儿常发生部分组织自溶、皮下水肿、淤血和腹部皮下出血。怀孕早期（配种后 $10\sim20d$）胚胎死亡并被母体吸收。流产母犬可能发生子宫炎，以后往往屡配不孕。公犬可能发生睾丸炎、副睾炎、阴囊肿大及阴囊皮炎和精子异常等。另外，患病犬除发生生殖系统症状外，还可能发生关节炎、腱鞘炎，有时出现跛行。部分感染犬并发眼色素层炎。

隐性感染病犬一般无明显的肉眼及病理组织学变化，或仅见淋巴结炎。临床症状较明显的患犬，剖检时可见关节炎、腱鞘炎、骨髓炎、乳腺炎、睾丸炎、淋巴结炎等变化。

怀孕母犬流产的胎盘及胎儿常发生部分溶解，由于纤维素性及化脓性炎症或坏死性炎症，常使流产物呈污秽的颜色。除定居于生殖道组织器官，布鲁氏菌还可随血流到达其他组织器官而引起相应的病变，如随血流达脊椎椎间盘而引起椎间盘炎，有时出现眼前房炎、脑脊髓炎的变化等。

[诊断]　怀孕母犬发生流产或母犬不育及公犬出现睾丸炎或副睾炎时即应怀疑本病。应结合流行病学、临床症状、细菌学检验及血清学反应进行综合诊断。

（1）临床症状　犬群中出现大批怀孕母犬流产及屡配不孕现象，公犬发生睾丸炎、副睾炎、阴囊肿大及配种能力降低时，应怀疑有本病存在。有时在公犬精液涂片中可见大量肿大的异形细胞出现。

（2）β-巯基乙醇快速平板凝集试验　用于本病的筛选，出现阳性反应时，再用试管凝集和琼扩试验进行跟踪检测。一般认为试管凝集效价在（1∶50）～（1∶100）为可疑，1∶200 或更高则具有诊断意义。国外有一种玻片凝集快速诊断盒出售。上述血清学方法检测感染的前几周可能会出现假阳性，对某些滴度不高的抗体反应难于解释，但这几种血清学方法可以用作对可疑病例进行初步筛选，以便做进一步的诊断。

[预防和治疗]　细菌通过黏膜进入机体后，被巨噬细胞和其他吞噬细胞吞噬并运送到淋巴结和生殖道。细菌在单核吞噬细胞内持续存在，因此临床治疗很难将其完全杀灭。

由于布鲁氏菌寄生于细胞内，抗生素对其较难发挥作用，对于雄性动物，药物难于通过血-睾屏障，因此治疗比较困难。必须反复进行血液培养以检验疗效，停药后几个月感染还可能反复。抗菌治疗费用较高。早期可口服米诺环素（每千克体重 25mg，2 次/d，持续 3 周以上）加肌注双氢链霉素（每千克体重 10mg，2 次/d，持续 1 周）。也可用庆大霉素替代双氢链霉素。抗生素治疗的同时应用维生素 C、维生素 B_1 等则效果更好。

应采取如下综合措施进行预防：

（1）对犬群（尤其种群）定期进行血清学检验，必要时抽血进行细菌培养，最好每年进行 2 次，检出的阳性犬严格隔离，仅以阴性者作为种用。

（2）尽量进行自繁自养。新购入的犬，应先隔离观察 1 个月，经检疫确认健康后方可入群。

（3）种公犬配种前进行检疫，确认健康后方可参加配种。

（4）犬舍及运动场应经常消毒，流产物污染的场地、栏舍及其他器具均应彻底消毒。

（5）经济价值不大的病犬，可以扑杀。有使用价值的病犬，可以隔离治疗，但一定要做好兽医卫生防护工作。

7.1.7　沙门氏菌病

沙门氏菌病（Salmonellosis）是由沙门氏菌属（*Salmonella*）细菌引起的人和动物共患性疾病的总称，临床上可表现为肠炎和败血症。犬和猫沙门氏菌病虽然不常见，但健康犬和猫却可以携带多种血清型的沙门氏菌，对公共卫生安全构成一定的威胁。

[病原]　沙门氏菌属是一大群寄生于人类和动物肠道中、生化反应和抗原结构相似的革兰氏阴性杆菌，大小（0.6～1）μm×（2～3）μm。营养要求不高，在普通琼脂平板上形成中等大小、无色半透明的"S"形菌落。不发酵乳糖或蔗糖，大多数产生 H_2S。生化反应对沙门氏菌属中各菌种的鉴定具有重要意义。

引起犬和猫发病的主要有鼠伤寒沙门氏菌、肠炎沙门氏菌、亚利桑那沙门氏菌及猪霍乱沙门氏菌，其中以鼠伤寒沙门氏菌最常见。

[症状]　沙门氏菌病的临床表现与感染细菌数量、动物的免疫状态以及是否有并发感染等有关，临床上可人为地分为胃肠炎、菌血症和内毒素血症、局部脏器感染以及无症状的持续性感染等几种类型。

多数胃肠炎型病例在感染后 3～5d 发病，往往以幼年及老年动物较为严重。开始表现为发热、食欲下降、然后出现呕吐、腹痛和剧烈腹泻等。腹泻开始时粪便稀薄如水，继之转为黏液性，严重者胃肠道出血而使粪便带有血迹，猫还可见流涎。几天内可见明显的消瘦、严重脱水，表现为黏膜苍白、虚弱。

大多数严重感染的病例形成菌血症和内毒素血症，这种类型一般为胃肠炎过程前期症状，有时表现不明显，但幼犬、幼猫及免疫力较低的动物，其症状较为明显。患病动物表现极度沉郁，虚弱，出现休克和中枢神经系统症状，甚至死亡。有神经症状者，表现为机体应激性增强，后肢瘫痪、失明、抽搐。有些病例前期不一定有胃肠炎症状。

细菌侵害肺脏时可出现肺炎症状，咳嗽、呼吸困难和鼻腔出血。出现菌血症后细菌可能转移侵害其他脏器而引起与该脏器病理有关的症状。病原也可定植于某些受损组织，并存活多年，一旦应激因素作用或机体抵抗力下降，即可出现明显的临床症状。子宫内发生感染的犬和猫，还可引起流产、死产或产弱仔。

[诊断] 根据临床症状怀疑为沙门氏菌感染时可进行如下检查。

（1）细菌分离与鉴定　这是确诊的最可靠方法。在疾病急性期，从分泌物、血、尿、滑液、脑脊液及骨髓中发现沙门氏菌可确定为全身感染。剖检时，应从肝、脾、肺、肠系膜淋巴结和肠道取病料，接种于普通培养基或麦康凯培养基上，获得纯培养后，再进一步鉴定。

（2）血清学检验　临床上可用凝集反应及间接血凝试验（IHA）诊断沙门氏菌感染。血清学试验与细菌分离鉴定诊断方法相比，后者便捷且准确。

（3）粪便细胞学检验　通过检验粪便中白细胞数量的多少，可以判断肠道病变情况。粪便中大量白细胞的出现，是沙门氏菌性肠炎及其他引起肠黏膜大面积损伤的特征。

[预防和治疗] 发现病猫或病犬，应立即隔离，加强管理，给予易消化的流质饲料。为了缓解脱水症状，可经非消化道途径补充等渗盐水。呕吐不太严重者，亦可经口灌服。抗菌药物是较常用的治疗方法。氯霉素剂量为每千克体重 20mg，内服，4 次/d，连用 4～6d，肌注量减半。恩诺沙星，每千克体重 5～10mg，分 2 次内服，连用 1 周。也可用磺胺类药物内服。

肠道出血症者，可内服安络血，5～10mg/次，2～3 次/d；清肠止酵，保护肠黏膜，亦可用 0.1% 高锰酸钾溶液或活性炭和次硝酸铋混悬液做深部灌肠。

由于慢性亚临床感染及潜伏感染的存在，预防犬猫沙门氏菌病较为困难。

（1）保持犬、猫房舍的卫生，其笼具、食盆等用品应经常清洗、消毒，注意灭蝇灭鼠。

（2）禁止饲喂不卫生的肉、蛋、乳类等食品，尽可能用煮熟的饲料（尤其是动物性饲料）喂犬猫，杜绝传染病。

（3）严禁耐过犬猫或其他可疑带菌畜禽（亦包括人）与健康犬猫接触。患病动物住院或治疗期间，应专人护理，防止病原人为扩散。

（4）病死尸要深埋或烧掉，严禁食用；病犬、病猫房舍清洗后，要用 5% 氨水或 2%～3% 烧碱溶液消毒。

7.1.8　鼠疫

鼠疫（Plague）是人、野生啮齿类动物、兔、猫和犬等多种动物共患的自然疫源性传染病，主要侵害淋巴系统和肺脏。人类历史上曾经发生过 3 次大流行。该病在非洲、亚洲、美洲的部分地区仍然有零星发生，全球人类每年约有 1000～3000 个感染病例，因此该病对人类仍然具有一定的威胁。

[病原] 本病的病原为鼠疫耶尔森菌（*Yersinia pestis*），为两极浓染的卵圆形的革兰氏阴性短杆菌。大小 (0.5～0.8)μm×(1～2)μm，单个散在，偶尔成双或短链。感染动物新鲜内脏组织触片中细菌形态比较典型。该菌为兼性厌氧，在普通培养基上可生长，但生长缓慢。在血液琼脂平板上生长良好，24～48h 可形成柔软、黏稠的粗糙型菌落。在肉汤培养基中开始呈

混浊，24h后形成絮状沉淀物，48h后逐渐形成菌膜，稍加摇动菌膜呈钟乳石状下沉，但肉汤仍透明，此特征具有一定的鉴别意义。

鼠疫耶尔森菌的抗原成分比较复杂，与其致病和免疫有关重要的有荚膜抗原（F1抗原）、V/W抗原、外膜蛋白抗原和鼠毒素等。该菌对理化因素的抵抗力较弱，但在环境中的痰液中可存活36d，在蚤粪和土壤中能存活1年左右。

[流行病学] 鼠疫为自然疫源性传染病，鼠等啮齿动物是鼠疫耶尔森菌的自然宿主和储存宿主，蚤是该菌的主要传播媒介。我国已基本查明有11种啮齿动物为该菌的储存宿主，并有11种节肢动物可作为其传播媒介。该病一般先在鼠类间发病和流行，通过鼠蚤的叮咬而传染人类，人被感染后，可通过人蚤或呼吸道途径在人群中传播。人与野生动物和感染家猫接触也可能感染本病。

随着人类居住和生活条件的改善，除极个别地区外，鼠疫由鼠群直接传播到人群的病例较少，但与感染家养猫有关的病例时有发生。吸入感染猫（肺型鼠疫）的呼吸道分泌物、黏膜或皮肤伤口被感染猫的分泌物或渗出液污染等均可能发生感染，因此兽医工作人员应加以注意。猫和犬最常见的感染途径为捕食带菌鼠、野兔或者被鼠蚤叮咬。

[症状] 猫鼠疫可表现为急性型（1～7d死亡或康复）和慢性型（病程2～4周）。猫和人均可发生淋巴结炎、败血症和肺型鼠疫。猫的肺型鼠疫较少见，临床上最常见的为颈部和下颌淋巴结出现化脓性淋巴腺炎，伴有发热、虚弱等。人工感染5只猫，在24～48h内引起急性发病，体温高达41℃，在第4d、6d和20d各死亡1只，而存活的2只在第6d体温恢复正常。美国报道的119例自然感染猫中，半数以上为淋巴结炎型，肺型和败血型不超过10例。人工感染的10只犬则出现一过性症状，体温40.5℃并持续72h，但7d后全部康复。

[诊断] 在鼠疫疫区，对患有淋巴结炎、败血型和肺型鼠疫的病猫应加以注意。对表现淋巴腺肿大或颈部肿大的病猫应先进行细胞学检查，然后再采取必要的治疗处理。

（1）直接涂片检查 取渗出液、淋巴结穿刺液、血液或死亡动物的脏器等涂片或印片，分别进行革兰氏染色和亚甲蓝染色，检查细菌的形态和染色特性。也可应用免疫荧光抗体技术进行快速诊断。

（2）细菌分离鉴定 可将穿刺液、尸体组织材料、心血等接种于血液琼脂培养基上，经约48h培养形成1～1.5mm灰白色黏稠的粗糙型菌落，挑取可疑菌落进行染色、血清凝集、噬菌体裂解及免疫荧光抗体染色等鉴定。

[治疗] 猫感染鼠疫后很容易死亡，应及时进行治疗。氨基糖苷类、氯霉素、四环素等药物对本病有效，治疗至少应持续到临床症状消失后21d。预防本病的关键是消灭传染源和寄生蚤。

[公共卫生] 据统计，美国约有5%的人鼠疫病例是由猫传染引起，因此猫鼠疫对人类健康的威胁应引起重视。怀疑猫感染鼠疫时应做到：及时与相关实验室或医疗机构联系，以便进行快速确诊，防止病原扩散和污染周围环境；对所有可疑猫进行严格隔离；对猫进行治疗和处理时应穿工作服、戴口罩和手套；对可能被污染之处进行严格的消毒并驱杀动物体表、家庭和动物医院的寄生蚤；一旦确诊为鼠疫，应上报主管部门并建议猫的主人到医院进行诊治。

7.1.9 钩端螺旋体病

钩端螺旋体病是犬和多种动物（包括人）共患的传染病和自然疫源性疾病。人感染后可引起螺旋体性黄疸，又称Weil氏病。猪、牛、马、羊感染后可引起妊娠动物流产、死胎以及泌乳牛的乳腺炎。犬感染后，根据所感染钩端螺旋体的不同，主要有2种病型，一种是急性、致死性黄疸；另一种为亚急性或慢性肾炎，大多数感染犬临床上通常表现与肾病有关的症状，其他器官系统也可受到侵害。本病在世界大多地区均有流行，尤其热带、亚热带地区多发。根据血清学调查，有些地区 20%～80% 犬曾感染过钩端螺旋体病。

[病原] 钩端螺旋体属（*Leptospira*）包括寄生性的问号钩端螺旋体（*L. interrogans*）和腐生性的双曲钩端螺旋体（*L. biflexa*）2 个种，后者主要存在于淡水，偶尔存在于盐水中。应用显微凝集试验和凝集素吸收试验，可将其分为不同的血清型，具有共同群特异性抗原的血清型归属为同一血清群。到目前为止，从人和动物中分离到的问号钩端螺旋体有 25 个血清群，270 多个血清型。我国是发现钩端螺旋体血清型最多的国家。

钩端螺旋体菌体纤细，螺旋紧密缠绕，一端或两端弯曲呈钩状，长 6～20μm，宽 0.1～0.2μm，革兰氏染色阴性，但很难着色。Fontana 镀银染色法着色较好，菌体呈褐色或棕褐色。

钩端螺旋体运动非常活泼，在暗视野显微镜下可见旋转、屈曲、前进、后退或围绕长轴做快速旋转。当其旋转活动时，两端较柔软，而中段较僵硬，有利于区别血液或组织内假螺旋体。

钩端螺旋体对干燥、次氯酸消毒剂和 pH 6.2～8.0 之外的酸碱度敏感，尤其是酸性尿液、缺氧的下脚料和污水等，50℃10min，60℃10s 可将其杀死，但致病性钩端螺旋体在 pH 6.8 以上湿润的体外环境中可存活数天，动物组织中的钩端螺旋体在低温条件下存活时间较长。

我国从犬分离的钩端螺旋体达 8 群之多，但主要是犬群（*L. canicola*）、黄疸出血群（*L. icterohemorrhagiae*），其他的如波摩那群（*L. pomona*）和流感伤寒群（*L. grippotyphosa*）及拜仑群（*L. ballum*）也可引起犬感染。猫钩端螺旋体病较少见。

[流行病学] 由于钩端螺旋体几乎遍布世界各地，尤其气候温暖、雨量充沛的热带亚热带地区，而且其动物宿主的范围非常广泛，几乎所有温血动物均可感染，给该病的传播提供了条件。我国广大地区钩端螺旋体的储存宿主也十分广泛，已从 80 多种动物中分离到，包括哺乳类、鸟类、爬虫类、两栖类及节肢动物，其中哺乳类的啮齿目、食肉目和有袋目以及家畜是我国的主要储存宿主。南方稻田型钩端螺旋体病的主要传染源是鼠类和食虫类。

钩端螺旋体主要通过动物的直接接触，可穿过完整的黏膜、经皮肤伤口和消化道传播。交配、咬伤、食入污染有钩端螺旋体的肉类等均可感染本病，有时亦可经胎盘垂直传播。直接方式只能引起个别发病。间接通过被污染的水感染可导致大批发病。某些吸血昆虫和其他非脊椎动物可作为传播媒介。

患病犬可以从尿液间歇性或连续性排出钩端螺旋体，污染周围环境，如饲料、饮水、圈舍和其他用具。甚至在临床症状消失后，体内有较高滴度抗体时，仍可通过尿液间歇性地排菌达数月至数年，使犬成为危险的带菌者。

[症状] 其急性型可引起严重的钩端螺旋体血症、休克和死亡。急性感染初期症状为发热（39.5～40℃），震颤和广泛性肌肉触痛，然后出现呕吐、迅速脱水和微循环障碍，并可出现呼吸迫促、心律快而紊乱、毛细血管充盈不良。由于凝血机能不良及血管壁受损，可出现呕血、鼻出血、便血、黑粪症和体内广泛性出血。病犬极度沉郁，体温下降，以至死亡。

亚急性感染以发热、厌食、呕吐、脱水和饮欲增加为主要特征。病犬黏膜充血、淤血，并有出血斑点。出现干性及自发性咳嗽和呼吸困难的同时，可出现结膜炎、鼻炎和扁桃体炎症状。由于肾功能障碍，可出现少尿或无尿。耐过亚急性感染病犬，肾功能障碍，通常于发病后 2～3 周恢复。有的肾功能严重破坏，亦可出现多尿或烦渴等症状。

由出血性黄疸钩端螺旋体引起的犬急性或亚急性感染，常出现黄疸。有的犬则表现明显的肝衰竭、体重减轻、腹水或肝脑病等症状。有的病犬由于肾大面积受损而表现出尿毒症症状，口腔恶臭，严重者发生昏迷。有的病例发生溃疡性胃炎和出血性肠炎等。

临床上，大部分感染钩端螺旋体犬仅表现亚临床感染或取慢性经过，症状不明显，但可能引起急性肾衰。

猫感染钩端螺旋体时，其体内有抗多种血清型钩端螺旋体的抗体，故临床症状较温和，剖检仅见肾和肝的炎症。

[诊断] 急性、亚急性病例，临床症状较明显，根据发热、黏膜黄疸及出血、尿液黏稠呈黄色等，结合剖检时肾及肝不同程度的损害和流行病学特点，可作初步诊断。慢性病例，由于症状不明显，病变亦不典型，诊断较为困难。确诊时，应结合下列检验进行综合诊断。

(1) 血液及生化检验　典型犬钩端螺旋体病可出现白细胞增多和血小板减少，有不同程度肾衰的患犬血清尿素氮、肌酐浓度升高。

(2) 微生物学检验　从临床标本中培养钩端螺旋体一般需要数天到数周，因此只能作出追溯性诊断。

(3) 血清学检验　常用微量凝集试验和补体结合试验。前者是诊断钩端螺旋体的标准方法。

(4) PCR 技术测定　近年来已有不少有关 PCR 技术应用于钩端螺旋体病早期诊断的报道。该方法具有很高的敏感性和特异性，在很大程度上可以弥补传统病原学诊断方法上的不足。

[治疗] 对犬的急性钩端螺旋体病主要应用抗生素和针对肾病的支持疗法。首选青霉素及其衍生物，但不能消除带菌状态。在应用青霉素治疗后可使用四环素、氨基糖苷类或氟喹诺酮类。强力霉素可用于急性病例或跟踪治疗。

对于肾病者主要采用输液疗法，也有个别病例可用血液透析。部分病犬因慢性肾衰竭或弥散性血管内凝血而死亡或施安乐死术。

[预防] 主要应包括 3 方面内容，即消除带菌排菌的各种动物（传染源），包括对犬群定期检疫，消灭犬舍中的啮齿动物等；其次是消毒和清理被污染的饮水、场地、用具，防止疾病传播；预防接种常用的有钩端螺旋体多联菌苗，用于犬的包括犬钩端螺旋体和出血性黄疸钩端螺旋体二价菌苗以及再加上流感伤寒钩端螺旋体和波摩那钩端螺旋体的四价菌苗，通过间隔 2～3 周进行 3～4 次注射，一般可保护 1 年。此外，做好灭鼠工作，减少该病的传播机会。

[公共卫生学] 本病对公共卫生安全构成一定的威胁，接触病犬的人员应采取适当的预防措施。污染的尿液具有高度的传染性，应尽量避免接触尿液，特别是黏膜、结膜和皮肤伤口不能接触尿液。

7.1.10　衣原体病

衣原体（Chlamydiosis）是引起猫结膜炎的重要病原之一，偶尔可引起上呼吸道感染，与其他细菌或病毒并发感染时可引起角膜溃疡。犬的衣原体感染的病例报道较少，但也可能引起结膜炎、肺炎及脑炎综合征。

禽衣原体病（鹦鹉热）是由鹦鹉热嗜性衣原体感染禽类引起的一种接触性传染病，同义名有鸟疫。该衣原体也可以使人通过呼吸道感染，造成人间质性肺炎和支气管炎等疾病。此病主要引起流产、肺炎、脑炎、肠炎、结膜炎、关节炎等多种临床症状。衣原体感染分布世界各地，应对衣原体感染是一个重要的公共卫生问题。

[病原] 衣原体为衣原体科衣原体属的微生物，目前有四种，即沙眼衣原体、鹦鹉热衣原

体、肺炎衣原体和兽类衣原体，其中沙眼衣原体主要引起人类发病，肺炎衣原体仅从人分离到，兽类衣原体与人的关系尚需进一步证明，因此，作为人兽共患病病原主要是鹦鹉热衣原体导致疾病。

衣原体是一类严格的细胞内寄生、具有特殊的发育周期、能通过细菌滤器的原核型微生物。具有感染性的原体（Elementary body，EB）小而致密，呈球形、椭圆形或梨形，是衣原体的感染形式，直径 0.2～0.4μm。姬姆萨染色呈紫色，Macchiavello 染色呈红色，对外界环境有一定的抵抗力，室温条件下，可存活近 1 周。EB 从感染破裂细胞释放后，通过内吞作用进入另一个细胞，形成膜包裹吞噬体并在其中发育形成直径 0.5～1.5μm、无细胞壁和代谢活跃的始体。始体以二分裂方式繁殖，发育成多个子代原体，最后，成熟的子代原体从细胞中释放，再感染新的易感细胞，开始新的发育周期。衣原体从感染细胞开始，其发育周期 40～48h。始体是衣原体发育周期中的繁殖型，不具有感染性。含有原体和繁殖型始体的膜包裹吞噬体或胞浆吞噬泡称为衣原体包涵体。

衣原体可在 6～8 日龄鸡胚卵黄囊中生长繁殖，并可使小鼠感染。另外 McCoy、BHK、HeLa 细胞等传代细胞系适合其生长。

引起猫感染的主要为鹦鹉热衣原体（*Chlamydia psittaci*），猫源鹦鹉热衣原体不同株之间的主要外膜蛋白高度保守，但与其他哺乳动物和禽源分离株明显不同。

[流行病学] 本病发病季节性不明显，但以秋冬季多发。本病呈世界广泛分布。通过人血清抗体检测结果同样表明本病感染广泛存在于欧、非、亚、澳及南北美洲。

人群普遍易感，尤以鸟饲养者、宠物店员工、兽医为高危人群。带菌或发病的鸟类、家禽及其含菌的分泌物或排泄物所污染的环境、羽毛及尘埃均可成为传染源。金丝鸟、鸽等禽鸟均可成为鹦鹉热衣原体的携带者。虽然外观健康但排菌的鹦鹉、金丝雀、猫头鹰等观赏鸟类则是重要的传染源。城乡常见的饲养鸽群更可能是具有广泛地区性的传染源。传播途径有吸入被衣原体污染的空气，直接接触到隐性感染的鸟、病鸟、死鸟或其羽毛、粪便、鼻腔分泌物，被隐性感染的禽类咬伤。

因为从表现正常的猫中可分离到鹦鹉热衣原体，所以有可能作为结膜和呼吸道上皮的栖生菌群。易感猫主要通过接触具有感染性的眼分泌物或污物而发生水平传播，也可能经鼻腔分泌物而发生气溶胶传播，但较少见。因为鹦鹉热衣原体很少引起上呼吸道症状，而且根据猫的生理结构特点不容易形成含有衣原体的感染性气溶胶，而打喷嚏时形成的含有感染性衣原体的大水滴传播距离往往不超过 1.2m。输卵管途径人工感染可引起慢性输卵管炎，而且带菌时间可持续 2 个月，因此可以推断，妊娠母猫泌尿生殖道感染时可将病原垂直传给小猫。

并发猫免疫缺陷病毒（FIV）病可促进和加重临床症状及病原体的排放。感染 FIV 的猫人工接种鹦鹉热衣原体后，病原排放可持续 270d，而 FIV 阴性猫则为 7d。

[症状] 最常表现为结膜炎。易感猫感染鹦鹉热衣原体后，经过 3～14d 的潜伏期后表现明显的临床症状，而人工感染发病较快，潜伏期为 3～5d。新生猫可能发生新生儿眼炎，即生理性睑缘粘连尚未消退之前出现渗出性结膜炎，结果引起闭合的眼睑突出及脓性坏死性结膜炎。推测可能是被感染母猫分娩时经产道将鹦鹉热衣原体传染给子猫，病原经鼻泪管上行至新生猫睑间隙附近的结膜基底层所致。

5 周龄以内的幼猫的感染率通常比 5 周龄以上猫低。急性感染初期，出现急性球结膜水肿、睑结膜充血和睑痉挛，眼部有大量浆液性分泌物。结膜起初暗粉色，表面闪光。单眼或双眼同时感染，如果先发生单眼感染，一般在 5～21d 后另一只眼也会感染。并发其他条件性病原菌感染时，随着多形核炎性细胞进入被感染组织，浆液性分泌物可转变为黏液脓性或脓性分泌物。急性感染猫可能表现轻度发热，但在自然感染病例中并不常见。

患衣原体结膜炎的猫很少表现上呼吸道症状，即使发生，也是多发生于 5 周龄到 9 月龄猫。患有结膜炎并打喷嚏者往往以疱疹病毒 1 型（FHV-1）阳性猫居多。对于猫来说，如果没有结膜炎症状，一般不考虑鹦鹉热衣原体感染。

[诊断] 虽然在急性感染阶段可出现球结膜水肿，慢性感染可形成淋巴滤泡等，但仅根据临床症状不能对猫衣原体感染进行确诊。有多种方法可用于鹦鹉热衣原体的诊断，但各有其优缺点。

衣原体感染的快速诊断是通过细胞学方法检查急性感染猫结膜上皮细胞胞浆内衣原体包涵体。在采样前，应使用眼冲洗液将结膜囊内的分泌物、黏液及碎屑冲洗干净，并在刮取细胞之前滴加表面麻醉药（如 0.5％丙氧苯卡因），然后用一个边缘钝圆的无菌平刮铲刮取细胞，将刮铲边缘的细胞转移到载玻片轻轻触片，干燥后立即进行姬姆萨或改良瑞-姬染色检查其胞浆内包涵体，一般在出现临床症状 2～9d 采集结膜刮片最有可能观察到包涵体。疾病的早期以多形核细胞为主，在眼结膜上皮细胞内发现嗜碱性核内包涵体可诊断为衣原体感染，衣原体多位于核附近。急性感染猫衣原体包涵体检出率往往低于 50％，慢性感染病例更低。

PCR 技术是检测衣原体比较敏感的方法，可用刮取或无菌棉拭子采集样本进行 PCR 扩增，检测其特异性的 DNA 片段。

病原分离培养和采用免疫荧光检测结膜刮片中的病原等也可用于猫衣原体感染的检测。可通过鸡胚卵黄囊接种和细胞培养等分离培养衣原体，但病料采集和保存过程中应注意避免其他杂菌污染或通过适当的处理除去污染菌，同时应注意病料运送和保存的条件和温度。

[治疗] 衣原体对四环素类和一些新的大环内酯类抗生素敏感。应用强力霉素治疗（每千克体重 5mg，隔 12h 口服 1 次），21d 可迅速改善临床症状，6d 消除排菌现象。对妊娠母猫和幼猫应避免使用四环素，因为该药物可使牙釉质变黄。

对猫鹦鹉热衣原体也可间隔 6h 外用四环素眼药膏，但猫外用含四环素的眼药膏制剂常发生过敏性反应，主要表现结膜充血和睑痉挛加重，有些发展为睑缘炎。一旦出现过敏反应，应立即停止使用该药。

[预防] 从以前感染过本病的母猫中发现，幼猫可以从初乳中获得抗鹦鹉热衣原体的母源抗体，母源抗体对幼猫的保护作用可持续 9～12 周龄。对无特定病原猫在人工感染鹦鹉热衣原体前 4 周接种疫苗可以明显降低结膜炎的严重程度，但不能防止和减少结膜病原的排出量。可能是由于诱发机体产生的细胞和体液免疫反应减少了病原体的繁殖。免疫接种不能阻止人工感染衣原体在黏膜表面定植和排菌。

由于本病的主要易感猫与感染猫直接接触传播，预防本病的重要措施是将感染猫隔离，并进行合理的治疗。控制传染源，一旦发现病鸟，要及时隔离治疗。

消除传播途径，注意饲养的环境卫生，喂养用具定期消毒；日常打扫清理鸟笼鸟舍卫生、清理粪便时，要防止扬尘和注意个人防护；避免与宠物鸟有过亲密的接触。

[免疫预防] 目前关于鹦鹉热衣原体的疫苗的应用主要集中在动物身上，不论是减毒活疫苗还是禽衣原体 DNA 疫苗，对免疫动物都能起到较好的免疫效果。

7.1.11 嗜吞噬细胞无浆体病

嗜吞噬细胞无浆体病又称为组织胞浆菌病（histoplasmosis），是由荚膜组织胞浆菌所致的一种人类和动物共患的进行性、全身性、深部真菌病。多经呼吸道传播，先侵犯肺部，后波及其他单核巨噬细胞系统，如肝、脾、淋巴结等，也可侵犯肾、中枢神经系统及其他脏器。感染虽普遍存在，但人和动物感染后只有少数表现临床症状，通常呈良性无症状的原发性感染。

[病原] 该病的致病菌为荚膜组织胞浆菌荚膜变种（*Histoplasma capsulatum Var. capsulatum*），一般称荚膜组织胞浆菌，属于真菌界、半知菌亚门、丝孢纲、丛梗孢目、丛梗孢科，是一种双相型真菌。

在巨噬细胞和网状细胞内寄生的荚膜组织胞浆菌呈细小的、有荚膜的圆球样细胞（酵母菌型细胞），直径 $1\sim3\mu m$。在陈旧的病灶内，菌体较大，胞浆浓缩于菌体中央，与细胞壁之间可出现一条空白带。$22\sim25℃$ 培养时，在培养基上缓慢形成丝状菌落，开始为白色，逐渐变为黄棕色，菌丝分支分隔，宽 $2.5\mu m$。

[症状] 动物组织胞浆菌病主要分为原发性（良性）和播散性（进行性、恶性）两种临床类型。前者主要见于马和牛，多无症状，常取良性经过。后者常见于犬和其他动物，表现为渐进性消瘦、顽固下痢、腹水、咳嗽、贫血、不规则发热和白细胞减少等症状，一般预后不良，多数死亡。如侵及网状内皮系统，还可见到肝、脾和淋巴结肿大。

动物通常是通过吸入带菌的空气而感染的。在疾病最早阶段，在肺和支气管淋巴结可形成一些原发性病灶。显微镜检查可见病灶是由增生的巨噬细胞、网状内皮细胞和上皮样细胞所组成的。这些细胞的胞浆中含有数量不等的组织胞浆菌。如病灶是局限性的，没有播散现象，则动物无明显可见症状。如疾病得到发展，病变可演变为播散性的，除见于肺和支气管淋巴结外，还较广泛地出现于肝、脾、肠黏膜等组织，显示网状内皮细胞大量增殖和病菌的多部位繁殖。动物有许多器官和组织的功能受到损害，呈现各种临床症状，最后常衰竭而死。

[诊断] 本病可以通过病原学检查、分离培养、血清学检测等技术进行诊断。

（1）直接涂片或切片　标本可取病患血液、痰、胃液、骨髓、皮肤及黏膜病变渗出液或脓液，肝、脾或淋巴结穿刺物，活组织或尸体解剖样本，用瑞氏或姬姆萨或过碘酸染色，油镜检查。镜下组织胞浆菌呈现一端尖、一端钝、芽颈细、$2\sim4\mu m$ 直径的圆形孢子。孢子内胞浆常呈半月形并集中于孢子的一端，孢子边缘可有不着色区，为细胞壁在染色过程中皱缩所致。孢子通常位于大单核细胞或多核白细胞内，簇集成群，充满于细胞浆中。孢子亦可在细胞外，形态较大。形态学观察有时难以与卡氏肺孢子虫包囊、利什曼小体、弓形体滋养体相鉴别，需进行免疫组化法检查，方能确诊。

（2）分离培养　在原发性肺型组织胞浆菌病中，以痰分离菌为宜，取病患痰液直接接种于血琼脂或沙堡氏琼脂平皿中，$25℃$ 培养，以取脓性或带血的痰且培养基内以不加抗生素为好，应仔细检查培养物，因常易污染其他杂菌。可用含氢氧化氨的酵母浸膏培养成 Smith 及 Goodman 氏改良培养基，以抑制多种细菌、酵母菌及腐生性真菌，并可中和酵母菌产生的酸。其他如活检标本、胸骨穿刺物等可接种于血琼脂或沙堡氏琼脂平皿上，再用胶布封起保存于塑料口袋内以防干涸。培养物应保存 $6\sim12$ 周，一旦长出菌丝即可鉴定。

组织胞浆菌的双相型菌落主要表现为：一是酶样型菌落，镜检有细长分隔的菌丝，有少数 $2\sim3\mu m$ 直径的圆形或梨形、光滑的小分子孢子；二是 $8\sim15\mu m$、卵圆形、有荚膜的芽生孢子，染色后很像洋葱的横切面，分层清晰。

（3）分子生物学技术　组织胞浆菌 rRNA 靶的 DNA 特异性探针在美国已商品化，培养几个小时即可准确鉴定。

（4）动物试验　所有实验动物对组织胞浆菌的菌丝体型和酵母型均敏感。常用动物为小白鼠及田鼠，可经脑内、腹腔内或静脉内注射感染。小鼠经腹腔感染后常于 2 周内死亡，可进行病理剖检及病原菌分离鉴定。

（5）血清学诊断　一些血清学试验可用于检查血清中组织胞浆菌的抗体，但可与其他真菌发生交叉反应。试验结果经常出现假阴性，因此，血清学试验阴性并不能排除对该病的诊断。

（6）变态反应检查　组织胞浆菌素皮肤试验是广泛应用的一种检查方法。与结核菌素皮肤试验相似，以稀释成（1∶100）～（1∶1000）的组织胞浆菌素 0.1mL 皮内注射做皮内试验，48～72h 后观察结果，红肿硬结≥5mm 为阳性。皮试阳性提示为既往感染或现症感染。

[预防和治疗] 荚膜组织胞浆菌是一种土壤传播性微生物，而且在大多场合该菌与畜、鸟或蝙蝠存在着相互联系。

药物治疗：两性霉素 B，该药抗菌作用最强，临床多用于致命性深部真菌感染，如组织胞浆菌病播散型或中枢神经系统感染，心内膜炎和心包炎等。该药常规为静脉途径给药，0.7～1.0mg/kg，总剂量至少达到 35mg/kg。但该药毒副反应较大，主要表现为局部血栓性静脉炎、寒战、发热、恶心、呕吐、头昏、头痛、低钾血、高尿素氮及肝损伤等，部分病畜出现视力障碍及外周神经炎等。

咪唑类抗真菌药：由于氟康唑口服毒副反应小且有效，现已广泛应用于临床。治疗播散型组织胞浆菌病剂量宜大，每日剂量 800mg，持续 12 周，而后再给以维持量，疗程一年。

伊曲康唑：由于该药较两性霉素 B 及氟康唑毒性低，副作用小，故认为是它们的替代药物，更适于疗程持久的维持治疗。据报道，每天口服 200mg 伊曲康唑持续一年，复发率不超过 5%。

7.1.12　利什曼原虫病

利什曼原虫病又称黑热病（Kala-azar），是由利什曼属的各种原虫所致人兽共患的一种以慢性经过为主的寄生虫疾病。新中国成立后，政府大力开展防治工作，在 20 世纪 50 年代末，已达到基本消灭。

利什曼原虫病（Leishmaniasis）是由利什曼原虫属（Leishmania）的各种原虫寄生于人和动物的细胞内而引起的疾病。寄生于皮肤的巨噬细胞内引起皮肤病变，称为皮肤利什曼病（Cutaneous Leishmaniasis），除可导致皮肤病变外，还可引起黏膜病变，称为皮肤黏膜利什曼病（Mucocutaneous Leishmaniasis）；寄生于内脏巨噬细胞内，引起内脏病变，称为内脏利什曼病（Visceral Leishmaniasis，VL）或黑热病。利什曼病广泛分布于亚、非、拉、美等洲的热带和亚热带地区，是严重威胁人类健康和生命的人兽共患寄生虫病。近 20 年来，世界各地不断发生利什曼病暴发或流行。

[病原] 寄生于人体和哺乳动物的利什曼病原虫一般认为有五种，即杜氏利什曼原虫、热带利什曼原虫、硕大利什曼原虫、巴西利什曼原虫和墨西哥利什曼原虫。我国仅有杜氏利什曼原虫（Leishmaniasis donovani）。生活史中有前鞭毛体及无鞭毛体两个时期，前鞭毛体寄生于白蛉消化道内，无鞭毛体寄生于人和哺乳动物的巨噬细胞内。白蛉是利什曼原虫病的传播媒介。

无鞭毛体，见于人和哺乳动物体内及组织培养中，通常称利杜体（Leishman-Donovan body，LD body），寄生于单核巨噬细胞内，呈椭圆形或圆形，大小在（2.9～5.7）μm×（1.8～4.0）μm，平均为 4.4μm×2.8μm，直径为 2.4～5.2μm。用姬氏染液或瑞氏染液染色，胞质呈淡蓝色，核 1 个，呈红色圆形团块，动基体 1 个，细小杆状，紫红色，近动基体处有一个红色粒状的基体，由基体发出鞭毛根，胞质内有时出现空泡。

[生活史] 利什曼原虫是一种专营寄生生活的单细胞低等真核生物。需要无脊椎动物和脊椎动物两个宿主。无脊椎动物白蛉是本病传播的最主要中间媒介。其生活史包括寄生于媒介昆虫白蛉消化道内的前鞭毛体期和寄生于脊椎动物单核吞噬细胞内的无鞭毛体期，能引起严重危

害人类健康的内脏利什曼病。

[症状]

（1）杜氏利什曼原虫病　又称黑热病，病原为杜氏利什曼原虫，简称利杜氏小体。虫体经白蛉侵入人、畜机体后，主要在富有巨噬细胞的脾、肝、骨髓和淋巴结的巨噬细胞内寄生繁殖，导致巨噬细胞大量破坏和增生，同时浆细胞也增生，引起所谓内脏型杜氏利什曼原虫病。脾脏常显著肿大，疾病后期肿大尤为明显。脾的硬度增加、被膜增厚。切面脾髓呈暗红色，往往出现梗死灶。镜检见巨噬细胞显著增生，胞浆内充满利杜氏小体。

（2）皮肤利什曼原虫病　病原为热带利什曼原虫。储存宿主为各种野生啮齿类动物，犬、鼠、海豚和猴等均易感。病变主要发生于少毛部皮肤，首先出现红色丘疹结节，以后丘疹结节增大，中心破溃形成溃疡。镜检溃疡处皮肤见有大量含原虫的巨噬细胞。

（3）皮肤黏膜利什曼原虫病　病原为巴西利什曼原虫，病变不仅发生于皮肤，而且还侵害鼻腔和咽喉黏膜，形成结节和溃疡病变。病灶处的巨噬细胞胞浆内充满原虫病原体。本病犬、猫和猴等虽易感，但自然发病者却极少。

（4）犬利什曼原虫病　由寄生于犬内脏的犬利什曼原虫引起皮肤和黏膜病变。犬患本病后，表现高热、贫血、麻痹和不全麻痹等症状。剖检见病尸消瘦，皮肤干燥，眼结膜、鼻黏膜发炎，阴茎包皮黏膜发生结节或溃疡病灶。头、鼻梁、眼眶、唇、耳和趾部出现结节及边缘不整的溃疡病灶。内脏器官表现肝、脾、淋巴结肿大。镜检，在各病变组织或器官的血管内皮和网状细胞内发现不同数量的原虫虫体。

世界各地发生的内脏利什曼原虫病临床表现非常相似。潜伏期通常为 3～8 个月，但也有短至 10d、长至 34 个月的报道。

大多逐渐起病，亦有骤然起病者。亚急性或慢性病例早期无特殊症状，主要是不规则发热，1/3 以上患者呈双峰或三峰热型，伴盗汗、咳嗽、腹部不适和消化不良等症状。

发病数周至数月后，临床症状逐渐明显，主要是不规则发热和脾肿大。稽留热、间歇热或弛张热型，部分病患伴寒战、出汗。病患常有鼻出血、牙龈出血和贫血。随着病程的进展，脾由轻度肿大逐渐变为重度肿大，达左下肋 10cm 左右，少数病患可超过脐部，甚至接近耻骨上方。病变早期脾比较柔软，晚期稍显硬，表面光滑，无触痛。有时可因脾梗死而突发腹痛，继而局限于脾区，数日后减轻。半数患者肝肿大，出现的时间较脾肿大晚，肝下缘一般很少超过右肋缘下 6cm。

病患病情在病程中可出现缓解，表现为短期体温正常，食欲增加，脾缩小，但隔一段时间，发热再现，脾又增大。反复发作，病情日益加重，后不再出现缓解期。

晚期病患大都消瘦，精神萎靡不振，头发稀少且无光泽。病患面部及四肢、躯干的皮肤逐渐变黑，色暗，故称黑热病。

一般情况下，原虫主要侵犯内脏，皮肤只有轻度感染，损伤不明显。但少数病例在机体免疫系统或药物等作用下，原虫仅侵犯皮肤及淋巴结，可形成特殊临床症状。主要包括五种类型：

（1）结节型　常见于头部、颈部，可累及四肢躯干及阴部肛周，呈对称分布。起初为红色斑疹和丘疹，逐渐形成结节，大小不等。结节表面光滑，有弹性。结节活检或组织液培养可查见虫体。

（2）脱色斑型　在印度常见，为色素减退的斑疹，先在面颈部，继而在前臂和大腿内侧，最后可蔓延全身。斑疹大小不一，可相互融合。活检皮肤的组织培养液中可见原虫。

（3）斑丘疹结节型　少见。皮肤出现丘疹和结节，分布于面部、四肢和躯干。最初由红色逐渐变为暗红色，病变部位瘙痒，但无破溃。病患皮肤及淋巴结、骨髓、肝、脾组织可查见原虫。

（4）皮下结节型 少见。皮下有无症状的结节，坚实可移动，结节活检可见网状内皮细胞增生，可见大量原虫。

（5）黏膜皮肤利什曼病型 少见。可自愈，肝、脾无肿大，但结节样病变覆盖整个面部、颈部和头皮，结节大小不等。唇、舌、腭、食管、肛门黏膜受侵犯。病变组织中有大量原虫。

病犬虫期没有明显症状，有时在其鼻镜、眼间、耳壳上、背部或尾部有类似疥疮或脂螨样的症状，但毛根处皮肤正常，不痒，脱毛也不严重。当疾病发展到晚期，食欲不振，逐渐消瘦，精神萎靡，鼻孔因黏膜肿胀而阻塞或因溃疡而引起鼻衄。眼部可能发生眼缘炎，以至睫毛脱落。病情严重，声音嘶哑，吠叫困难。

［诊断］结合流行病学资料、临床表现及实验室检查进行诊断。依据病患曾于白蛉季节（5～9月）在流行区居住过；临床表现为发热、肝脾肿大、贫血、消瘦、食欲不振、粒细胞减少症等；病原体检查阳性或抗原检测或分子生物学检测阳性；有典型的临床症状，病原学检查阴性、锑剂试验治疗有效者，可确诊为 VL。

该病鉴别诊断应与结核、伤寒、布鲁氏菌病等相区别。

（1）病原体检查 病原体检查是临床确诊最可靠的方法，通常采用病患的骨髓、淋巴结、脾、肝或皮肤的结节、丘疹等期损处进行检查。皮肤型病患可进行皮肤活检。检查动物体内的利什曼原虫，是诊断利什曼原虫病最可靠的方法，常用的有以下几种：

① 骨髓穿刺检查：犬的骨髓穿刺以髂骨和肋骨较为简便安全，髂骨的穿刺部位为髂骨正中或离髂骨约 1cm 处。肋骨的穿刺部位为第 6 或第 7 肋骨的腹面骨和软骨联合处。犬的淋巴结穿刺部位一般都选择肩部淋巴结，阳性率很高，对早期诊断尤有价值。

② 皮肤活体检查：检查部位可选择皮肤上的结节，用注射针头刺破皮肤，挑去少许组织，或用手术刀取一薄片皮肤，涂片染色镜检。

③ 培养法：用培养法可提高镜检率，病料接种于 NNN 培养基后置于 22～25℃温箱中孵育。如有阳性病料，7～10d 即有前鞭毛体生长，也有 2～3 周才生长的。

④ 动物接种：常用的易感动物有地鼠、鼢鼠、黄鼠、亚洲花鼠等。接种部位一般为腹腔，接种后 1～2 个月可获得结果。

（2）血清学检查 血清免疫学试验包括抗原和抗体检测。HIV 病患感染该病后，体液免疫低下，血清学试验常呈阴性，应联合采用多种血清学检测方法以提高敏感性。

（3）分子生物学方法 包括 DNA 探针、PCR 技术。

［防治］VL 是我国规定的乙类传染病，预防和控制主要采取控制传染源和切断传播途径相结合的综合性防治措施。

在人犬共患型流行区，病犬是主要的传染源，在治疗病患的同时必须加强犬类的管理。禁止养犬是控制和消灭犬源型 VL 最有效的措施，或通过定期检查发现病犬，及时捕杀。同时应注意对病家和病村的家犬进行检查和处理。对健康犬应进行有效的防护措施，如用杀虫剂处理等，使犬免受感染。这些措施对于降低 VL 的发病率有重要作用。

此外，在 VL 基本消灭的地区，应继续监测疫情动态。近年来，某些地区特别是西北地区出现新感染患者，应调查该村有无漏治的 VL 或皮肤型 VL 患者的存在，以及患者发病前几年的外出活动情况，追溯传染源，并采取相应的控制措施。

目前尚无疫苗供应，但疫苗研制已取得进展。灭活疫苗正在进行人体反应性、安全性的临床研究，以确定最适剂量和免疫程序，基因工程疫苗也取得可喜成绩，动物试验显示具有较强的保护作用。

病原治疗：患者应卧床休息，给予高蛋白饮食，加强营养，保持体液和电解质的平衡，预防和治疗继发感染，高热时对症处理，如物理降温等。轻度贫血给予铁剂、肝制剂，严重者可输血。治疗黑热病的特效药为五价锑剂，国产葡萄糖酸锑钠疗效好、毒性低，可做静脉或肌内注射，使用方便安全，6d 为 1 个疗程，可使 91.6% 的病患获得痊愈。如一个疗程尚未治愈或复发的病例给予第 2 或第 3 个疗程，多数仍能治愈，累计治愈率高达 99%。

如经葡萄糖酸锑钠治疗 3 个疗程，仍然无效者可采用芳香双脒剂进行治疗，如戊烷脒，用时将粉剂加蒸馏水配成 4% 的新鲜溶液，做肌内注射，每天 1 次，每次 4mg/kg，共 15 次为 1 个疗程，总剂量为 60mg/kg。治愈率约 70%。

此外，还可以用小檗碱、环氯胍、阿的平、两性霉素 B、利福平等。

7.1.13　弓形虫病

弓形虫病又称弓浆虫病或弓形体病，是由弓形虫属（*Toxoplasma*）的刚第弓形虫（*Toxoplasma gondii*）引起的一种世界性分布的人兽共患原虫病，在人、畜和野生动物中广泛传播。弓形虫病宿主种类十分广泛，人和动物的感染率都很高。因最初发现的弓形虫是滋养体期，呈弓形，故而得名。这一病原体是由 Nicolle 和 Manceaux 于 1908 年在北非突尼斯的啮齿类梳趾鼠体内发现的，并正式命名为 Toxoplasma gondii Nicolle et Manceauzx，1908。与此同时，Splendore 在巴西圣保罗的一个实验室的家兔体内也发现了弓形虫。

弓形虫可以感染 200 余种脊椎动物。据国外报道，人群的平均感染率为 25%～50%，有人推算全世界至少 5 亿人感染弓形虫。据统计，我国居民弓形虫的感染率为 0.1%～47.3%。我国猪弓形虫的感染率为 4.78%～85.7%，牛为 0.2%～43.4%，羊为 0.35%～37%。弓形虫病严重影响着人类健康和畜牧业的发展。

[病原] 弓形虫属于原生动物界，顶复门，孢子虫纲，真球虫目（Eucoccidiorida），弓形虫科（Toxoplasmatidae），弓形虫属（*Toxoplasma*）。目前，大多数学者认为发现于世界各地人和各种动物的弓形虫经过鉴定，在主要特征上未发现显著差别，是单一种、单一血清型，但有不同的虫株。

弓形虫根据其不同的发育阶段有不同的形态结构。在终末宿主（猫及猫科动物）体内为裂殖体、配子体和卵囊，在中间宿主（多种哺乳类动物和鸟类）体内为滋养体和包囊。

滋养体（trophozoite）又称速殖子（tachyzoite），根据其增殖迅速而命名。它在急性感染的机体内自行繁殖，有细胞内型及游离型。在光镜下看到游离的滋养体的典型形态呈新月形或弓形，也像根香蕉，一端尖，另一端钝圆。大小为 (2～4)μm×(4～7)μm。分裂前变为椭圆形或纺锤形，中央有一染色质核，略靠近钝端，核直径为 1.5～2μm，约占虫体的 1/4。核有核膜和核仁，胞浆内有时可见一个或几个空泡和或大或小的颗粒。经姬姆萨液或瑞氏液染色后，胞浆呈蓝色或淡蓝色，有颗粒；核呈深蓝色，核内有颗粒状或网状染色质聚集物，位于钝圆的一端，常看不到核膜。用铁苏木精液染色时，核中央染色质呈环状排列，核周围有密集的嗜铁颗粒，胞浆内还有大圆形、椭圆形颗粒及散在的小颗粒。在组织切片上，速殖子的形态呈圆形、椭圆形或典型的半月形，直径比涂片标本小，因虫体发育阶段及切片平面不同而有不同的形态。扫描电镜下可见虫体表面光滑，体侧缘近胞核处可见有 1～2 个由表膜内陷而形成的微孔（胞口）。

包囊（cyst）又称组织囊（tissue cyst）。在慢性感染的机体中，滋养体在脑、肌肉等细胞内繁殖积聚成球状体，数量由少到多，并有一层有弹性的坚韧的薄膜，呈嗜银性，希氏高碘酸染色（PAS）呈弱阳性。也有人观察到膜呈两层，包绕虫体。

急性感染机体的细胞内还有一种假囊，滋养体在细胞内繁殖使细胞膨胀，直到占据整个宿主细胞而形成圆形体。假囊的膜由宿主细胞的膜所构成，并非原虫分泌形成，所以叫作假囊。

卵囊（oocyst）见于终末宿主粪便内。弓形虫在猫科动物体内产生卵囊。除家猫、野猫外，在美洲豹、亚洲豹、猞猁等猫科动物体内也可产生卵囊，在非猫科动物体内则不产生卵囊。卵囊呈球形或卵圆形，大小为 $9\mu m \times 12\mu m$，有无色薄膜及 1 个 $8 \sim 9\mu m$ 的颗粒集块，其他与等孢球虫相似。

裂殖体（schizont）寄生于猫的上皮细胞中，成熟时变圆，直径 $12 \sim 15\mu m$，有内外两层膜，有丰富的内质网、核糖体、高尔基体及辅助器，也有糖原颗粒及空泡。

游离的裂殖子（merozoites）大小为 $(7 \sim 10)\mu m \times (2.5 \sim 3.5)\mu m$，前端尖，后端圆，核呈卵圆形，大小为 $2 \sim 3\mu m$，常靠后端。

配子体寄生于猫的肠上皮中，有大小两种。大配子体是雌性，呈卵形或类球形，直径为 $15 \sim 20\mu m$；核呈球形，直径为 $5 \sim 6\mu m$，其内有 1 个致密的 $1 \sim 2\mu m$ 的核仁，成熟后为大配子。小配子体是雄性，呈半月形，长 $4 \sim 6\mu m$，每个小配子体有 1 对鞭毛，从一端延伸，长 $2 \sim 14\mu m$，成熟后形成 $12 \sim 32$ 个小配子。

弓形虫的整个发育过程需两个宿主，在终末宿主（猫属和山猫属）肠内进行球虫型发育，在中间宿主（哺乳类、鸟类等）进行肠外期发育。

（1）在猫体内的发育　成熟的卵囊、包囊或假囊被终末宿主吞食后，囊壁被消化，其中的子孢子或滋养体释放出来，部分可穿入肠壁小血管，在组织细胞中与在中间宿主体内相似，进行内双芽生殖，但更主要的是侵入猫小肠上皮细胞内进行无性生殖和配子生殖。寄生部位可遍及整个小肠，但主要集中在回肠绒毛尖端的上皮细胞。虫体进入细胞后迅速生长，变成椭圆形。继而核反复分裂，至一定数目后即趋向于排列在虫体的边缘，随后胞质亦分裂并与每个核结合成为裂殖子，此时称为成熟的裂殖体。裂殖体破裂后，裂殖子散出又可侵入另一个上皮细胞，反复进行裂殖生殖。感染后 $3 \sim 15d$，部分裂殖子侵入上皮细胞并发育为配子体。配子体分雌雄两种。雄的数量较少，占全部配子体的 $2\% \sim 4\%$。雄配子体成熟后核即分裂并移向周围，最后形成雄配子而脱离母体。小配子借鞭毛自由运动，雌配子体发育过程中形态变化不大，成熟后成为雌配子。雄配子游近雌配子接合而受精为合子，合子发育为卵囊随猫粪便排出体外。在外界环境中，在适宜的温度、湿度和充足氧气条件下，$2 \sim 4d$ 发育为感染性卵囊。

（2）在中间宿主（其他动物）体内的发育　弓形虫的滋养体可以通过口、鼻、咽、呼吸道黏膜和伤口处侵入各种动物和人的体内，例如当动物吃到另一动物的肉或乳中的滋养体或包囊而感染。更为普遍的感染途径是动物食入了感染性卵囊污染的食物、饲草、饮水等。弓形虫卵囊中的子孢子主要是通过淋巴、血液循环带到全身各处，钻入各种类型的细胞内进行繁殖。在感染的急性阶段，尚可在腹腔渗出液中找到游离的滋养体。当感染进入慢性阶段时，在动物细胞内形成包囊。包囊有较强的抵抗力，在动物体内可存活数年之久。

［诊断］病原学检查

（1）脏器涂片检查　取肺、肝、淋巴结做涂片，干燥、固定，然后染色镜检；生前血涂片检查；淋巴结穿刺液涂片检查。

（2）集虫法检查　取肺及肺门淋巴结研碎加十倍生理盐水滤过，500r/min 离心 3min，取上清液再 1500r/min 离心 10min，取沉渣涂片，染色镜检。

（3）动物接种　将受检材料接种于试验动物后，再在试验动物体内找虫体的方法来诊断。以小白鼠做腹腔接种较为方便。常用如下三种方法：

小鼠接种法：小鼠是获得性弓形虫病最为满意的动物模型，小鼠一般在感染速殖子后 4d 左右因发病而死亡，此时速殖子大量繁殖并散布于腹腔液中。在其病死前处死，注入 1mL 灭菌生理盐水，吸出腹腔液，再用生理盐水洗涤 1～2 次。

细胞培养法：弓形虫有广泛的宿主细胞易感性，Sourander 等分别用猴、猪、牛和地鼠等动物的组织细胞培养弓形虫获得成功。利用地鼠肾细胞分离弓形虫，其成功率较小鼠接种法高 3.5 倍。Noriega 等用一种 T 淋巴细胞瘤细胞系 YAC-1 培养 RH 株速殖子获得成功，该法具有简单、有效、价廉的优点。

鸡胚接种法：弓形虫可在鸡胚中增殖，取含速殖子的腹水液 0.3mL 注入孵育 10d 左右的鸡胚绒毛尿囊膜中，置于 35℃ 孵育 6～7d 后，移入 4℃ 冰箱过夜，次晨取绒毛尿囊膜经研磨去渣，可获得大量弓形虫悬液。该法具有经济、简便等优点。

（4）血清学检查　Sabin-Fcldman 染色试验，间接血凝试验，间接荧光抗体试验，补体结合试验，酶联免疫吸附试验，放射免疫试验。

（5）分子生物学检查方法　弓形虫分子生物学诊断方法主要包括核酸分子杂交（核酸探针技术）和基因的 PCR 扩增技术（聚合酶链反应）两种。弓形虫 DNA 的检测及应用 DNA 诊断亦称核酸诊断，是采用分子生物学技术检测特定病原体的特异 DNA 序列或相关基因。

[预防和治疗]　对本病的治疗主要是采用磺胺类药物，大多数磺胺类药物对弓形虫病均有效。磺胺类药物和抗菌增效剂联合用药疗效最好，但应注意在发病初期及时用药，如果用药较晚虽可使临床症状消失，但不能抑制虫体进入组织形成包囊，结果使病畜成为带虫者。使用磺胺类药物首次剂量加倍，投药或注射后 1～3d 体温即可恢复正常，应连用 3～4d，阿奇霉素、双氢青蒿素、美浓霉素、蒿甲醚、螺旋霉素、罗红霉素、克拉霉素等药物抗弓形虫作用明显。

搞好预防，定期消毒，阻断猫及鼠粪便污染饲料及饮水。流产胎儿及其排泄物、场地均需要严格消毒处理，禁止用排泄物喂猫、狗及其他动物。

7.1.14　包虫病

包虫病又称棘球蚴病（enchinococcosis），是有棘球绦虫（Echinococcus）的幼虫棘球蚴（echinococcus cyst）寄生于人畜体内的人兽共患寄生虫病。目前公认的棘球属绦虫蚴共 4 个种：细粒棘球绦虫（E.granulosus），多房棘球绦虫（E.multilocularis），少节棘球绦虫（E.oligarthrus）和福氏棘球绦虫（E.cogeli）。终末宿主是犬、狼和狐狸等肉食动物；中间宿主是人，以及牛、羊、猪、骆驼和鹿等偶蹄类动物。该病的易感者是人、牛、羊、猪等。

[病原]　棘球绦虫属于扁形动物门（Platyhelminthes）、绦虫纲（Cestoidea）、圆叶目（Cyclophyllidea）、带科（Taenidae）、棘球属（Echinococcus）。细粒棘球绦虫成虫是带科绦虫中最小的一种，寄生于犬小肠的前段。虫体长 2～11mm，虫体由头节和链体组成，链体一共有 4～6 节，分为幼节、成节和孕节。

细粒棘球绦虫的成虫寄生于终末宿主犬小肠上端，以顶突上的小勾和吸盘固着在肠绒毛基部。成虫的妊娠体节被终末宿主排出后，具有独自移动的能力，可爬上植物茎或沿草爬行从而助长了虫卵的散播。虫卵排出后，常污染皮毛、牧场、畜舍、蔬菜、土壤和水源等。另外，蝇类、食粪甲虫、虫类和蚂蚁对虫卵的散播作用也不能忽视。羊、牛、猪、人或其他中间宿主吃了虫卵污染的水或食物后而感染。虫卵经胃液消化，在十二指肠孵化为六钩蚴，钻入肠壁静脉和淋巴系统，随血流入肝，发育成棘球蚴，引起棘球蚴病。少数六钩蚴经肝入肺，再经肺入体循环而到达较远器官，如脑、骨、眼、生殖系统等。但由于寄生的部位和器官的不同，形态有所变化，寄生的数量和大小也不一。

[症状]

动物（犬、羊等）轻度感染时无明显临床症状。犬严重感染时，表现为发育不良，被毛杂乱逆立、易脱落。肺部感染时，连续咳嗽而倒地，不能立即起立。牛严重感染时则见消瘦、衰弱症状，表现为慢性呼吸困难和轻度咳嗽，剧烈运动时咳嗽加重；肝感染时出现反刍无力、胀气和营养不良。各种感染动物可因遭到撞击或其他原因引起棘球蚴包囊破裂而产生严重过敏反应或突然死亡。值得重视的是，人感染后，临床常见肝包虫病、肺包虫病、脑包虫病、骨包虫病、眼包虫病以及生殖系统包虫病等。

[诊断] 本病可以通过病原学、血清学和分子生物学等技术开展诊断，主要包括：

（1）粪便检查　对犬类细粒棘球绦虫感染的定性定量调查依据剖检法，剖开犬小肠前段肠管，刮取肠黏膜收集肠内容物，进行反复冲洗沉淀检查虫卵。检查时应注意人身防护和防止污染环境。对生产用犬和家养犬无法用剖检法检查时，可采用氢溴酸槟榔碱驱虫监测法，该药具有驱虫和导泻作用，按每千克体重 2～3mg 加水灌服，一般服药后 0.5～2h 有稀便、黏液排出，即可做细粒棘球绦虫感染的定性检查。有的犬在服药后出现呕吐而影响驱虫效果，大约有10%的犬服药后出现腹泻，可重复投药一次。犬在服药期间应给予足量的水以防脱水，出现中毒症状时，用硫酸阿托品解救。

（2）血清学检查　主要有卡索尼（Casoni）试验、补体结合试验、间接血凝试验（IHA）、乳胶试验（LA）、酶联免疫吸附测定（ELISA）等。所使用的抗原有囊液抗原、原头节抗原、六钩蚴抗原等，其中囊液抗原使用最广泛。应用卡索尼皮内试验方法诊断家畜棘球蚴病感染时，与其他带科绦虫蚴有交叉反应，特异性较差。间接血凝试验和酶联免疫吸附测定对本病进行诊断时，多采用包囊液抗原，同样也存在特异性较差的问题。目前认为，棘球蚴病的免疫学诊断应联合使用多种方法。

（3）分子生物学方法检查　近年来由于分子生物学在寄生虫领域的应用，能够在基因水平进行棘球蚴病的诊断，特别是应用基因重组技术能够鉴定、分离并合成各种有诊断作用的抗原和抗原亚单位。另外，DNA 探针技术和 PCR 技术也可用于该病的诊断。

[预防和治疗] 依据传染病防控的基本原则，开展该病的防控措施。

（1）控制传染源　加强犬的管理与驱虫工作，每年定期对犬进行投药驱虫。另外要加强对屠宰场的管理，严格执行肉品检验制度，加强屠宰场管理与检疫，建立统一屠宰场，对有害脏器统一进行无害化处理，严禁用于喂犬。

（2）切断传播途径　加强环境卫生管理，避免环境、饲料和饮水被虫卵污染，防止人和家畜食入虫卵。禁止用生脏器或含棘球蚴的脏器喂犬。

（3）药物及免疫预防

① 治疗：一般对家畜棘球蚴病采用吡喹酮、丙硫苯咪唑、甲苯咪唑、阿苯达唑等进行驱虫治疗，但一般价值不大。

② 预防

a.限制养犬：加强犬的管理与驱虫工作，圈养家犬，捕杀野犬，每年定期对犬进行不少于8 次投药驱虫，或采用缓释剂进行驱虫。

b.药物驱虫：将吡喹酮研制成家犬专用剂型——药饵，可诱使家犬自动吞食。采用以家犬、牧犬无污染性驱虫为主的综合防治措施，无污染性驱虫也称成熟期前驱虫，即驱虫的犬粪中不含感染性虫卵，不污染人畜环境及草场，每 30d 或 45d 对家畜、牧犬用吡喹酮按每千克体重 4～5mg 进行一次驱虫（一年 8～12 次），实行"月月驱虫，犬犬投药"，此项措施可切断棘球绦虫病的流行环节，控制此病的流行。

7.2 犬病毒性疾病

7.2.1 犬瘟热

犬瘟热（Canine distemper，CD）是由犬瘟热病毒引起的犬科、鼬科和浣熊科等动物的一种急性、高度接触传染性疾病。临床上以双相体温升高、急性鼻卡他和随后的支气管炎、卡他性肺炎、严重胃肠炎和神经症状为特征。

犬瘟热最早发现于18世纪后叶，1905年卡尔（Carre）发现其病原为一种病毒，所以本病也曾称为Carre氏病。本病分布于全世界。1980年，我国首次分离获得本病毒。犬瘟热是当前养犬业和毛皮动物养殖业危害最大的疫病。

[病原] 犬瘟热病毒（Canine distemper virus，CDV）属于副黏病毒科（Paramyxoviridae），麻疹病毒属（*Morbillivirus*），病毒粒子多为球形，直径为110～550nm，多数在150～330nm，亦有畸形和长丝状的病毒粒子，带囊膜，囊膜表面密布纤突，具有吸附细胞的作用。本病毒在-10℃可生存几个月，在-70℃或冻干条件下可长期存活；在0℃以上感染力迅速丧失，干燥的病毒在室温中尚稳定，在32℃以上则易被灭活。病毒在pH 3.0时不稳定，在pH 4.5以上时尚稳定，pH 7.0有利于病毒的保存。可见光容易将病毒灭活，病毒对乙醚敏感。0.1%甲醛或1%煤酚皂溶液在几小时内灭活病毒，病毒经甲醛灭活后仍能保留其抗原性。

[症状] 潜伏期随机体的免疫状况和所感染病毒的毒力与数量而不同，一般为3～6d，多数于感染后的第4d体温升高，少数于第5d，极少数于第3d或第6d。多数病例首先表现为上呼吸道的感染症状，体温升高，食欲降低，倦怠，眼、鼻流出水样分泌物，并常在1～2d内转变为黏液性、脓性；血液检查则可见淋巴细胞减少，白细胞吞噬功能下降，偶尔可在淋巴细胞和单核细胞中检出CDV抗原和包涵体。此后可有2～3d的缓解期，病犬体温趋于正常，精神食欲有所好转，此时如不加强护理和防止继发感染等全身性治疗，就会很快发展为肺炎、肠炎、脑炎、肾炎和膀胱炎等全身性炎症。

以支气管肺炎和上呼吸道炎症症状为主的病犬，鼻镜干裂，呼出恶臭的气体，排出脓性鼻汁，严重时将鼻孔堵塞，病犬张口呼吸，并不时以爪搔鼻，眼因脓性结膜炎而分泌出大量脓性分泌物，严重时甚至将上下眼睑黏合到一起，角膜发生溃疡，甚至穿孔。病犬发生先干性后湿性的咳嗽，肺部听诊时，呼吸音粗粝，有湿性啰音或捻发音。

以消化道炎症为主的病犬，食欲降低或完全丧失，呕吐，排带黏液的稀便或干粪，严重时排高粱米汤样的血便。病犬迅速脱水、消瘦，与病毒性肠炎病犬症状十分相似。尤其是那些离乳不久的幼犬，有时仅表现为出血性肠炎症状，只有通过病原检验，才可发现为CDV感染。

以神经症状为主的病犬，有的开始就出现，有的先表现为呼吸道或消化道症状，7～10d后再呈现神经症状。病犬轻则口唇、眼睑局部抽动，重则流涎空嚼，或转圈、冲撞，或口吐白沫，牙关紧闭，倒地抽搐，呈癫痫样发作，持续时间数秒至数分钟不等，发作的次数也往往由每天几次发展到十几次，这样的病犬多半预后不良。也有的病犬表现为一肢、两肢或整个后躯抽搐麻痹和共济失调等神经症状，治愈后常留有肢体舞蹈、麻痹或后躯无力等后遗症。

呈现皮肤症状的病犬较为少见。少数患病的幼犬，可于体温升高的初期或病程末期于腹下、股内侧等皮肤薄、毛稀少的部位，出现米粒至豆粒大小的痘样疹，初为水泡样，后因细菌感染而发展为脓性，最后干涸脱落。也有少数病犬的足垫先表现为肿胀，最后表现过度增生、角化，形成所谓硬脚掌病。

[诊断] 根据流行病学资料和临床症状，可以作出初步诊断。确诊须通过病原学与血清学检查。

(1) 病原学检查　有病毒分离、电镜观察、荧光抗体染色等方法。CDV培养比较困难。

(2) 血清学诊断

① 中和试验：用标准的CDV与等量的被检血清，于室温作用1h后，接种6～8日龄鸡胚的绒毛尿囊膜，于35～37℃温箱中孵育6～7d，通过绒毛尿囊膜上的小"痘斑"出现情况，按统计学的方法，计算该血清的中和指数。

② 补体结合试验：多以CDV的Vero细胞或鸡胚成纤维细胞培养物为抗原，检测被检血清中的补体结合抗体。由于该抗体出现较晚，感染后2～3周才出现，维持的时间也较短，所以只能作为一种证明近期感染的方法。

③ 间接酶标或间接荧光抗体法：应用间接酶标或间接荧光抗体法检查血清中的CDV特异IgM抗体，有可能用于本病的早期诊断。试验发现，人工感染的CDV病犬，7d后即开始出现IgM特异抗体，14d后达到最高，此后逐渐下降，至28d基本消失，而疫苗接种与回忆反应仅出现IgG，故检出CDV特异性IgM抗体，即可作出CDV感染的诊断。

(3) 包涵体检查　在CDV诊断中有一定的意义。CDV感染犬常可在其眼结膜、膀胱、肾盂、支气管上皮等细胞的胞浆或胞核内检出包涵体。但由于与狂犬病病毒、犬传染性肝炎病毒等所形成的包涵体以及细胞本身某些反应产物难以区分，所以在判定时，应全面综合考虑。

(4) 分子生物学诊断技术　国内外均已应用RT-PCR和核酸探针技术诊断本病。该法简便快速，灵敏特异，有广阔应用前景。

[防治] 研究发现，只有完整的CDV才能使犬同时产生细胞免疫与体液免疫，而且只有同时具备这2种免疫力的犬，才能对CDV产生完全的免疫。体液免疫主要由中和抗体组成，可以中和细胞外游离的CDV，已经进入到细胞内的病毒则需依靠细胞免疫来清除。其中的体液免疫可以通过初乳和胎盘被动传递给新生幼犬，使其在一定时间内，免遭CDV感染，但也可干扰其对疫苗的主动免疫。另一个重要的现象是CDV能使犬的免疫力受到不同程度的抑制，表现为病犬的细胞吞噬功能下降，极易继发感染。为此，在进行CDV的预防与治疗时，一定要考虑这两个方面的因素。

影响CDV弱毒疫苗免疫效果的因素较多，首先是免疫的程序与时机，最理想的办法是根据母犬的血清CDV中和抗体水平与幼犬吃初乳的情况来决定该幼犬的首免日龄。母犬CDV抗体水平很低或生产后因某种原因未吃初乳的幼犬，2周龄时即可首次免疫接种。没有条件进行母犬抗体水平监测的，可根据具体情况而定。防疫条件好或非疫区可于8～12周龄起，每隔2周重复免疫1次，连续免疫2～3次比较理想（表7-1）。对疫区受CDV感染威胁的犬，有条件的可先注射一定剂量的CDV高免血清作紧急预防，7～10d后再接种疫苗。为防止在等待母源抗体下降期间感染发病，可提前于断奶时即进行首次免疫。为防止母源抗体对首次免疫作用的干扰，可适当增加以后的免疫剂量与次数。为防止免疫犬在产生免疫力之前感染发病，注射疫苗期间，一定要加强防疫措施，严防与病犬或可疑病犬接触。新引进的犬，一定要隔离检查；原有的犬，尤其是种犬和曾经感染过犬瘟热的犬，需定期进行抗体检查和CDV带毒检查。CDV中和抗体在1∶100以下的需及时加强免疫，对带有CDV和有散毒可疑的犬，则应作淘汰处理。

表 7-1　犬主要病毒性传染病的免疫程序

时间	注射疫苗
6 周	犬瘟热疫苗、传染性犬肝炎疫苗、细小病毒疫苗、冠状病毒疫苗、副流感疫苗
9 周	犬瘟热疫苗、传染性犬肝炎疫苗、细小病毒疫苗、冠状病毒疫苗、副流感疫苗
12 周	犬瘟热疫苗、传染性犬肝炎疫苗、细小病毒疫苗、冠状病毒疫苗、副流感疫苗、狂犬病疫苗
每年	犬瘟热疫苗、传染性犬肝炎疫苗、细小病毒疫苗、冠状病毒疫苗、副流感疫苗、狂犬病疫苗*

* 狂犬病预防根据所用疫苗不同，每年注射 1 次或每 2 年注射 1 次。15～16 周检测免疫水平。

上述疫苗的适宜接种时机是在母源抗体消失后数周。为了避免这段时间发生感染，可先用麻疹弱毒苗进行免疫。为获得最高的保护力，麻疹疫苗中病毒含量必须达到 $10^4 ID_{50}/mL$，并作肌肉接种。当幼犬达 4～6 月龄时，即可再行接种犬瘟热弱毒疫苗。必须强调的是，犬瘟热抗体的形成不受麻疹病毒抗体存在的影响，先接种麻疹疫苗的犬，再注射犬瘟热疫苗时，常可较快地产生免疫力。未曾接种麻疹疫苗的易感犬，在接种犬瘟热疫苗后需经 2～3 周才能产生免疫力。疫苗接种后 4 周左右，抗体滴度达高峰。抗体的持续期取决于一系列因素，例如年龄和动物的免疫状况、病毒的毒株、疫苗的浓度和接种途径等。近几年国内已研制出犬瘟热弱毒疫苗，经实际免疫应用，获得了较好的免疫效果。近年来，成犬接种犬瘟热弱毒疫苗时偶有发生接种性脑炎，母犬分娩后 3d 注射疫苗易使其仔犬发生脑炎，要引为鉴戒。

治疗 CD 时，一定在尽早大剂量使用 CDV 高效价免疫血清的同时，进行以防止继发感染为中心的对症治疗与增强机体免疫功能的治疗，有条件的最好通过对所感染病原的药敏试验，来选择所用的药物。在被动免疫制剂应用方面，除了高免血清，还可试用 CDV 特异转移因子与犬白细胞干扰素，在主动免疫预防方面，强毒与免疫血清联合接种的方法现在已不使用。还应注意可能随时出现的呼吸道和消化道的细菌继发感染，及时注射适当的抗生素。对于因出现腹泻而脱水的病犬，需要补充体液和电解质；对于表现出神经症状的病犬，治疗的意义不大，症状进一步恶化者，可以考虑进行安乐死术。

7.2.2　犬细小病毒病

犬细小病毒病（Canine parvovirus disease）是由犬细小病毒（Canine parvovirus，CPV）感染引起的，以严重肠炎综合征和心肌炎综合征为特征的犬科和鼬科动物的重要传染病。本病可发生于世界各地，幼犬发病率和死亡率很高。

本病于 1978 年同时在澳大利亚和加拿大证实以来，已在世界很多地区相继发现。我国于 1982 年证实此病之后，在东北、华东和西南等地区的警犬和良种犬中陆续发生和蔓延。

[病原] CPV 属于细小病毒科（Parvoviridae）细小病毒属（*Parvovirus*）。病毒粒子呈圆形，直径 20～24nm，呈二十面体对称，无囊膜，由 32 个壳粒组成。

CPV 对外界理化因素抵抗力非常强，这与其化学组成和结构特点有关，如病毒无囊膜、不含脂类和糖类、结构坚实紧密等。粪便中的病毒可存活数月至数年，4～10℃可存活半年以上。病毒对乙醚、氯仿、醇类和去氧胆酸盐有抵抗力，但对紫外线、福尔马林、β-丙内酯、次氯酸钠、氨水和氧化剂等消毒剂敏感。

[流行病学] CPV 主要感染犬，也可见于貂、狐、狼等其他犬科动物和鼬科动物。各种年龄、性别和品种的犬均易感。但纯种犬和 2～4 月龄幼犬易感性较高，病死率也最高。本病一年四季均可发生，以冬春季多发。病犬为主要传染源，早期可通过粪便向外界排毒，病毒粒子散在，传染性最强。后期由于肠黏膜分泌的 IgA 和随出血进入肠道中的血液 IgM 特异性抗体的增多，病毒被凝集在一起，感染性降低。康复犬仍可长期通过粪便排毒。健康犬主要通过饮

水等方式经消化道感染病毒，因此对病犬污染的饲具、用具、运输工具和饲养人员等进行严格消毒是防止本病传播的主要措施。

[症状] 潜伏期为 7～14d。多数呈现肠炎综合征，少数呈现心肌炎综合征。肠炎病犬表现为经 1～2d 的厌食、软便，间或体温升高之后，迅速发展成为频繁呕吐和剧烈腹泻，排出恶臭的酱油样或番茄汁样血便，并迅速出现眼球下陷、皮肤失去弹性等脱水症状，很快呈现耳鼻发凉、末梢循环障碍、精神高度沉郁等休克状态。血液检查可见红细胞比容增加，白细胞减少。常在 3～4d 内昏迷而死。

呈心肌炎综合征的病犬多见于流行初期，或缺少母源抗体的 4～6 周龄幼犬。常突发无先兆的心力衰竭，或在肠炎康复之后，突发充血性心力衰竭。表现为呻吟、干咳、黏膜发绀，呼吸极度困难。心有杂音，心跳加快，常在数小时内死亡。

[诊断] 在犬场中，离乳不久的仔犬几乎同时发生呕吐、腹泻、脱水等肠炎综合征，而且排出的稀粪恶臭带血，死亡率很高，就应怀疑为 CPV 感染。但由于肠炎型犬瘟热、犬冠状病毒和轮状病毒感染，以及某些细菌、寄生虫感染和急性胰腺炎，也常呈现肠炎综合征，所以诊断时一定要注意鉴别。

（1）血凝与血凝抑制试验　此法最为简便、经济、适用，既可迅速检出粪便提取物和细胞培养物中的 CPV 抗原，也可很快检出血清和粪液中存在的 CPV 抗体。

（2）电镜与免疫电镜观察　有条件的单位，可直接用粪便的上清液作电镜负染检查。

（3）病毒分离鉴定　将除菌的粪便提取物，于细胞分种的同时，接种猫肾原代或传代细胞，并采用接毒细胞传代的方法，常可迅速分离出 CPV。

（4）酶联免疫吸附试验　采用双抗体夹心法，应用特制的酶标反应小管、板或纤维素膜，国内外已研制出多种可供临床应用的试剂盒。CPV 单克隆酶标抗体制成 CPV 快速诊断盒，可在 2h 内检出粪样中的 CPV 抗原。

（5）其他　随着分子病毒学的发展，CPV 的核酸探针和 PCR 诊断技术得以应用，国内外已有多篇成功的报道。国内研究了 CPV 核酸探针和 PCR 诊断技术，已开始试用于临床与科研。

[治疗] 常用的方法是在早期大剂量注射高免血清（每千克体重 0.5～1.0mL）的同时，进行强心、补液、抗菌、消炎、抗休克等中西结合对症治疗，同时注意保暖、禁食等护理。

CPV 感染的特点是病程短急、恶化迅速，心肌炎综合征型病例常来不及救治即死亡；肠炎综合征型病犬及时合理治疗，可明显降低死亡率。实践证明，在腹泻期间，停喂牛奶、鸡蛋、肉类等高脂肪高蛋白食物，有利于减轻胃肠负担，提高治愈率。补液可根据犬的脱水程度与全身状况，决定所需添加的具体成分和静脉滴注量。通常在 5％ 的糖盐水中加维生素 C、ATP、抗生素等，分上下午 2 次静脉滴注。呕吐严重的可肌注爱茂尔、灭吐灵。休克症状明显的可肌注地塞米松或盐酸山莨菪碱注射液（654-2）。中国人民解放军军事医学科学院军事兽医研究所研制的纯中药制剂犬痢康胶囊，止泻作用特别明显。用口服补液盐（NaCl 3.5g、$NaHCO_3$ 2.5g、KCl 1.5g、葡萄糖 20g，加水至 1000mL）深部灌肠或任其自饮，对纠正酸中毒、电解质紊乱和脱水，也可收到明显的效果。

[预防] 根本措施在于免疫预防，国内外已研制成功多种 CPV 单苗与联苗。归纳起来有两大类，灭活苗和弱毒苗。基因工程疫苗尚在研究中。

7.2.3　犬传染性肝炎

犬传染性肝炎（Infectious canine hepatitis，ICH）是由犬 I 型腺病毒（Canine adenovirus type-1，CAV-1）引起的急性病毒性传染病。本病主要发生于犬，也见于其他犬科动物，以肝小叶中心坏死、肝实质细胞和上皮细胞出现核内包涵体、出血时间延长和肝炎为特征。

1925年，Creen首先发现CAV-1引起狐的脑炎，因此又称狐脑炎。1947年Rubarth又发现可引起犬肝炎症状，故曾称狐脑炎和犬传染性肝炎。

[病原] CAV-1属于腺病毒科（Adenoviridae）哺乳动物腺病毒属（*Mastadenorivus*）。病毒粒子呈圆形，无囊膜，直径70～80nm，为二十面体对称，有纤突，纤突顶端有一个直径4nm的球形物，具有吸附细胞和凝集红细胞的作用。基因组为双股线状DNA，长约31kb。根据DNA上各基因转录时间的先后顺序不同，区分为E_1～E_4和L_1～L_5等基因区段，分别编码病毒的早期转录蛋白和结构蛋白。

CAV-1的抵抗力较强。对温度和干燥有很强的耐受力。50℃ 150min或60℃ 3～5min才能将其杀死。在室温和4℃条件下，可分别存活90d和270d。对乙醚、氯仿和pH 3.0具有抵抗力。甲醛、碘仿和氢氧化钠可用于杀灭CAV-1。

[流行病学] CAV-1感染遍布世界各地，不仅可感染家养的犬、狐，而且广泛流行于狐、熊、狼、郊狼和浣熊等野生动物。

CAV-1感染一年四季均有发生，各种性别、年龄和品种的犬、狐对本病均易感，但其中以离乳至1岁的动物，发病率和死亡率为最高。如与犬瘟热混合感染，则死亡率更高。

本病主要经消化道传染。病犬和带毒犬通过眼泪、唾液、粪、尿等分泌物和排泄物排出病毒，污染周围环境、饲料和用具等。易感犬通过舔食、呼吸而感染。通过眼内、皮下、肌肉、静脉、口服和气雾等人工接种均可引起发病，康复后带毒的动物是本病最危险的传染来源，尿中排毒可达6～9个月。

[症状] 本病的潜伏期较短。自然感染6～9d。经消化道感染的病毒，首先在扁桃体进行初步增殖，接着很快进入血流，引起体温升高等病毒血症，然后定位于特别嗜好的肝细胞和肾、脑、眼等全身小血管内皮细胞，引起急性实质性肝炎、间质性肾炎、非化脓性脑炎和眼色素层炎等炎性症状。

临床上分甚急性型、急性型和慢性型3型。甚急性型见于流行的初期，病犬尚未呈现临床症状即突然死亡。急性型病犬则表现高热稽留、畏寒、不食、渴欲增强、眼鼻流水样液体，类似急性感冒症状。病犬高度沉郁，蜷缩一隅，时有呻吟，剑突处有压痛，胸腹下有时可见有皮下炎性水肿。也可出现呕吐和腹泻，吐出带血的胃液和排出果酱样的血便。血液检查可见白细胞减少和血凝时间延长。通常在2～3d内死亡，死亡率达25%～40%。恢复期的病犬，约有1/4出现单眼或双眼的一过性角膜混浊，其角膜常在1～2d内被淡蓝色膜覆盖，2～3d后可不治自愈，逐渐消退，即所谓"蓝眼"病变。慢性型病例见于流行后期，病犬仅见轻度发热，食欲时好时坏，便秘与下痢交替。此类病犬死亡率较低，但生长发育缓慢，有可能成为长期排毒的传染来源。

[诊断] 由CAV-1引起的犬传染性肝炎，除"蓝眼"症状外，其他症状均缺乏示病性。而且CAV-1感染又常易与犬瘟热病毒、副流感病毒等混合感染，增加了临床症状的复杂性。依靠临床症状只能作出初步诊断，最后确诊必须通过病原学检查与血清学试验。

（1）病原学检查　生前采用被检动物的血、尿、咽拭子滤液，死后采用肝或肺制成无菌乳剂，接种犬肾细胞作病毒分离或直接作电镜观察，如分离出或直接观察到腺病毒即可作出诊断。

（2）血清学试验　微量补体结合试验、微量血凝与血凝抑制试验、荧光抗体试验，可以明确诊断。

[治疗] 对于病程短急，且全身症状严重者，治疗效果均不理想。病程较长的病例，可在及时注射大剂量 CAV-1 高免血清的同时，进行保肝、镇咳、防止继发感染等对症治疗。

[预防] 控制本病的根本措施在于免疫预防。实际工作中，常将其与犬瘟热、副流感、细小病毒性肠炎等制成不同的弱毒联合疫苗。

7.2.4 犬冠状病毒病

犬冠状病毒（Canine cornavirus）是引起犬急性胃肠炎的重要病原之一。既可单独致病，也可与犬细小病毒、轮状病毒和魏氏梭菌等病原混合感染，呈现急性胃肠炎综合征，表现为剧烈呕吐、腹泻、精神沉郁及厌食。

1971 年首先由 Binn 从患有胃肠炎的犬中分离 CCV，以后在世界范围内流行。幼犬受害严重，死亡率随日龄增长而降低，成年犬几乎没有死亡。

[病原] CCV 属于冠状病毒科（Coronaviridae）冠状病毒属（*Coronavirus*），呈圆形或椭圆形，直径在 50～150nm，有囊膜，囊膜表面有长约 20nm 的纤突，病毒核酸为单股正链 RNA，衣壳由糖蛋白（S）、膜蛋白（M）、小膜蛋白（SM）和核蛋白（N）4 种结构蛋白组成。CCV 不耐热，对乙醚、氯仿、去氧胆酸盐敏感，易被福尔马林、紫外线等灭活；反复冻融和长期存放易导致纤突脱落，使病毒感染性丧失。但在 20～22℃ 的酸性环境（pH 3.0）中不被灭活。在冬季其传染性可维持数月。

CCV 主要存在于感染犬的粪便、肠内容物、肠上皮细胞和肠系膜淋巴结内。但在健康犬的心、肺、肝、脾、肾及淋巴结中也发现有冠状病毒样粒子。CCV 可在犬肾、胸腺、滑膜、胚胎或纤维细胞和成纤维瘤细胞（A-72）等多种原代和继代体外培养细胞中生长，也可在猫肾传代细胞和猫胚成纤维细胞上生长，并在接种 2～3d 后产生细胞病变。

[流行病学] 各种年龄、品种和性别的犬均对 CCV 易感，但以 2～4 月龄发病率最高；2～3 日龄仔犬常成窝死亡。CCV 感染一年四季均可产生，但冬季多发。犬科其他动物如狐、貉也可感染。有些毒株可感染猪和猫。其他非犬科动物未见感染 CCV 的报道。

CCV 感染的发病率较低，约 30%，其发生和严重程度常与断乳、运输、气温骤变、饲养条件恶化等应激因素和年龄及混合感染有关。病犬和带毒犬的粪便中含有大量 CCV，由此造成的环境污染是易感犬的主要传染来源。也有证据显示，CCV 存在垂直传播的可能性。

[症状] 早期病例可见小肠局部发炎臌气，后期病例出现整个小肠炎性坏死，肠系膜淋巴结出血水肿，肠系膜血管呈树枝样淤血，浆膜紫红；肠黏膜脱落，肠内容物呈果酱样，胃黏膜也见有出血；小肠常套叠，脾肿大。多数病犬不发热，白细胞数略有降低，通常可在 7～10d 内康复。有些犬，特别是幼犬在发病后 24～36h 死亡。国外报道的死亡率低，但国内报道的死亡率较高，某些病例死亡较快。

临床上通常突然出现腹泻，有时在腹泻前出现呕吐。粪便为橘黄色，有时出现血便；丧失食欲和嗜睡为常见症状。

CCV 人工感染的潜伏期为 24～48h。CCV 主要侵害小肠绒毛上端 2/3 的柱状上皮细胞，随着此处上皮细胞的坏死脱落，由其分泌的乳糖酶和蛋白酶明显减少，吸收水分和电解质的功能受到影响，使得这一部分物质不能被吸收而滞留在肠腔内。由于乳糖等营养成分的蓄积，造成渗透性的水潴留，最终导致临床上出现呕吐、腹泻、脱水等肠炎综合征，以及由此引起的微循环障碍、电解质紊乱、衰弱、厌食、末梢发凉等休克症状。

[诊断] CCV 感染引起的肠炎，很难和其他传染性肠炎区分，临床症状也不一致。通过电镜检查新鲜粪便中的病毒颗粒，可以尽快确定诊断。病毒分离较困难，主要是需时较长。但在

胚胎成纤维细胞、MDCK 和 A-72 细胞上都有分离成功的报道。

血清学诊断的方法包括血清-病毒中和试验和 ELISA。如果感染犬血清中有较高的抗 CCV 抗体滴度，则可确定为 CCV 感染。

[防治] 特异性治疗采用抗血清；应强调采用支持疗法以确保维持电解质和体液平衡。同时采用广谱抗生素以防止继发细菌性感染，并给予良好护理。市场上的 CCV 疫苗主要是弱毒苗，国外多用灭活苗。但无论灭活苗还是弱毒苗都不能对 CCV 的感染起到完全保护的作用，这主要是由于 CCV 感染局限于肠道表面的局部。同时，评价 CCV 疫苗对肠炎的保护作用也较难，因为 CCV 感染通常呈隐性感染或只引起轻微症状。

7.2.5　犬轮状病毒病

犬轮状病毒病（Canine rotavirus disease）是由犬轮状病毒（Canine rotavirus，CRV）引起的犬的一种急性胃肠道传染病，临床上以腹泻为特征。

[病原] 犬轮状病毒属于呼肠孤病毒科（Reoviridae）轮状病毒属（Rotavirus）。病毒粒子呈圆形，直径 65～75nm，有双层衣壳，内层衣壳呈圆柱状，向外呈辐射状排列，外层由厚约 20nm 的光滑薄膜构成外衣壳，系由内质网膜上芽生时获得，内外衣壳一起状如车轮，故名轮状病毒。

轮状病毒粒子抵抗力较强，粪便中的病毒可存活数个月，对碘伏和次氯酸盐有较强的抵抗力，能耐受乙醚、氯仿和去氧胆酸盐，对酸和胰蛋白酶稳定。95% 乙醇和 67% 的氯胺是有效的消毒剂。犬轮状病毒可在胎儿恒河猴肾细胞（MA104）上生长，产生可重复、大小不一和边缘锐利的蚀斑，并在多次传代后降低致病性，但仍保留良好的免疫原性。

[流行病学] 患病及隐性感染的带毒犬是主要的传染源，病毒存在于肠道，随粪便排出体外，经消化道传染给其他犬。轮状病毒具有交互感染性，可以从人或犬传给另一种动物，不同来源的病毒间还有重配现象。只要病毒在人或一种动物中持续存在，就有可能造成本病在自然界中长期传播。本病多发生于晚冬至早春的寒冷季节，幼犬多发。卫生条件不良、腺病毒等合并感染时，可使病情加剧，死亡率增高。

[症状] 病犬精神沉郁，食欲减退，不愿走动，一般先吐后泻，粪便呈黄色或褐色，有恶臭或呈无色水样便。脱水严重者，常以死亡告终。

[诊断] 犬发病时，突然发生单纯性腹泻，发病率高而死亡率低，主要病变一般在消化道的小肠，根据这些特点，可以作出初步诊断。确诊尚需做实验室检查。早期大多数采用电镜及免疫电镜，也有人采用补体结合、免疫荧光、反向免疫电泳、乳胶凝集等。近年主要采用 ELISA，此法可用来检测大量粪便标本，方法简便、精确、特异性强，可区分各种动物的轮状病毒。为确定病犬是否感染了犬轮状病毒，还可采取双份血清，利用已知犬轮状病毒进行蚀斑减少中和试验，进行回顾性诊断。

[防治] 发现病犬，立即隔离并对症施治，以经口补液为主，让病犬自由饮用葡萄糖氨基酸液或葡萄糖甘氨酸溶液（葡萄糖 43.2g、氯化钠 9.2g、甘氨酸 6.6g、柠檬酸 0.52g、柠檬酸钾 0.13g、无水磷酸钾 4.35g，溶于 2000mL 水中）。呕吐严重者可静脉注射葡萄糖盐水和碳酸氢钠溶液。有继发细菌感染时，应使用抗生素类药物。

目前尚无有效的犬轮状病毒病疫苗。因此应对犬加强饲养管理，提高犬体的抗病能力，认真执行综合性防疫措施，彻底消毒，消除病原。

7.2.6　犬副流感病毒病

犬副流感是由犬副流感病毒（Canine parainfluenza virus，CPIV）引起的犬的一种以咳嗽、流涕、发热为特征的呼吸道传染病。CPIV 是仔犬咳嗽的病原之一，主要感染幼犬，发病急，传播快。该病在世界各地均有发生。

[病原] CPIV 为副黏病毒科中 2 型副流感病毒亚群的成员之一，又称猴病毒 5 型（SV5）。病毒颗粒基本上为圆形，但大小不等，呈多态性，直径在 80～300nm，有的呈长丝状。病毒粒子有囊膜，表面有纤突，并具有血凝作用。基因组为单股负链 RNA。

病毒不稳定，4℃和室温条件下保存，感染性很快下降。pH 3.0 和 37℃可迅速灭活病毒。对氯仿和乙醚敏感，季铵盐类是有效的消毒剂。病毒能凝集人、绵羊、豚鼠、猪、鸡、狐和犬 O 型红细胞。血凝最适条件为 22℃、pH 7.4、0.5％绵羊或人红细胞。

病毒可在鸡胚、犬、猴、肾等细胞上增殖，产生多核合胞体病变，并出现核内嗜酸性包涵体。产毒细胞对豚鼠红细胞有吸附作用。

[流行病学] CPIV 感染见于所有养犬国家和地区，我国也有疑似疫情。各种年龄、品种和性别的犬均易感，但以幼犬较重。呼吸道分泌液通过空气尘埃感染其他犬为主要散毒方式，也可通过接触传染。感染期间可因犬抵抗力降低继发博代氏菌和霉形体感染。

[症状] 自然感染病例，常突然发病，出现频率和程度不同的咳嗽，以及不同程度的食欲降低和发热，随后出现浆液性、黏液性甚至脓性鼻液。单纯 CPIV 感染常可在 3～7d 自然康复，继发感染后咳嗽可持续数周，甚至死亡。

呼吸道除出现分泌物以外，扁桃体、气管、支气管有炎症病变，肺部有时可见出血点。组织学检查，在上述部位黏膜下有大量单核细胞和嗜中性粒细胞浸润。

近年来也有报道认为，犬 2 型副流感病毒也可感染脑组织和肠道，引起脑脊髓炎、脑室积水和肠炎。病犬呈现以后肢麻痹为特征的临床症状和肠炎症状。

[诊断] 由于犬副流感病毒感染和 CAV-2、疱疹病毒、呼吸型犬瘟热病毒、呼肠孤病毒感染十分相似，因此根据临床症状很难确诊。病毒分离和鉴定较为可靠。通常在发病早期，采取呼吸道分泌物，以除菌上清液接种犬肾或鸡胚成纤维细胞，若出现多核融合细胞，细胞具有吸附豚鼠红细胞特性，或培养物可凝集绵羊或人红细胞，并可被特异性抗体抑制，即可确诊。也可用荧光标记的特异性抗体，与气管、支气管上皮细胞进行反应，如出现特异荧光细胞，即可确诊。

取发病初期和恢复期双份血清，用特异性抗原测定中和抗体或血凝抑制抗体，血清滴度增高 2 倍以上者，即可判为副流感病毒感染。这可作为回顾性诊断和流行病学调查的一种方法。

[防治] 临床上采用化痰止咳剂，可减轻病情；注射抗生素，可防止博代氏菌继发感染；注射高免血清，具有紧急预防作用。犬副流感病毒感染的预防疫苗多数为致弱活疫苗，与犬瘟热、病毒性肠炎、传染性肝炎等弱毒苗制成联合疫苗。夏咸柱等研制的五联弱毒疫苗已通过国家批准生产，免疫效果可靠。

7.2.7 犬疱疹病毒病

犬疱疹病毒病（Canine hepesvirus disease）由犬疱疹病毒（Canine Herpesvirus，CHV）感染所致，一种仔犬（3 周龄以下）高度接触传染性、严重致死性疾病。临床上以呼吸道卡他性炎症、肺水肿、全身性淋巴结炎和体腔渗出液增多为特征，母犬以流产和繁殖障碍为特征，成年犬大多数为潜伏感染。

[病原] 犬疱疹病毒为一种有囊膜 DNA 病毒，其直径 120～200nm，呈二十面体，基因组为线状双股 DNA，约有 24 种以上的结构多肽。病毒遇热敏感，于 37℃ 5h 感染滴度下降 50％，22h 全部灭活；－70℃只能保存数月。病毒对酸敏感，但在 pH 6.5～7.0 时比较稳定。

CHV 能在犬源性组织细胞上良好增殖，其中以犬胎肾、新生犬肾细胞和肺细胞较易感。最适增殖温度为 35~37℃（仔犬体温低，这在一定程度上解释了为什么仔犬的易感性强）。其他种类动物的细胞不易感或轻微易感。

[症状] CHV 只感染犬，且主要引起 3 周龄以内幼犬的致死性感染，主要是上呼吸道感染，随后导致全身性感染，表现精神迟钝、食欲不良，或停止吮乳、呼吸困难、粪便呈黄绿色，压迫腹部时有痛感，病犬常连续嚎叫。少数发病仔犬外表健康，但吮乳后恶心、呕吐。病程一般为 24~72h，以死亡告终；个别耐过犬，常遗留中枢神经症状，如出现共济失调，向一侧作圆周运动，伴有失明。3~5 周龄仔犬一般不呈现全身感染症状，只引起轻度鼻炎和咽峡炎，随后很快康复，个别可致死亡。5 周龄以上幼犬和成年犬呈隐性感染，基本不表现临床症状，偶尔表现轻微的鼻炎、气管炎或阴道炎，成年母犬有时可引起流产或不孕症。

主要病理变化为仔犬实质脏器（如肾和肺）呈现大量散在性灰白色坏死灶（直径 2~3mm）和小出血点，脾肿大，肠黏膜呈点状出血，胸、腹腔内常有带血的浆液性液体积留。上呼吸道有卡他性炎症。组织学检查可见肝、肾、脾、小肠和脑组织内有轻度细胞浸润，血管周围有散在的坏死灶。坏死灶和出血部位周围可以看到嗜酸性核内包涵体。

[诊断] 根据临床症状、组织病理学及检查难以作出明确判断。肾等实质器官的坏死灶和出血点虽较为特征，但应注意与犬瘟热和犬传染性肝炎相区别。电镜观察可以在形态上进行确诊，特异性抗原检测时可采取仔犬的胃、脾、肺、肝等实质器官，或康复犬和成年犬的上呼吸道及阴道黏膜，制成切片或组织涂片，用荧光标记的兔抗犬疱疹病毒抗体进行染色，如发现大量病毒抗原即可确诊。

[防治] 自然感染康复犬和人工感染耐过犬均能产生低水平的中和性抗体，对感染具有足够的保护力。犬疱疹病毒感染的免疫力和免疫持续期都较难测定，因为 5 周龄以上犬感染该病毒后不呈现临床症状。

给妊娠母犬接种疫苗是防治本病的有效办法，即通过母源抗体保护仔犬。但目前尚无有效的弱毒苗；灭活苗制备复杂，成本较高，尚无推广报道。CHV 的治疗通常采用支持疗法，控制 CHV 感染传播的途径是不让已知受感染母犬繁殖子代。

7.2.8 伪狂犬病

伪狂犬病（Pseudorabies）是由伪狂犬病病毒（Pseudorabies virus，PRV）引起的，发生于多种家畜和野生动物。以发热、奇痒和脑脊髓炎为主要症状的一种疾病。最早于 1902 年由匈牙利学者 Aujesky 报道，故又叫 Aujesky 病，因其临床症状和狂犬病有类似之处，曾被误认为狂犬病，后来启用了伪狂犬病这一病名。

[病原] PRV 属于疱疹病毒科，病毒粒子呈椭圆形或圆形外观，成熟的病毒粒子直径 150~180nm，有囊膜，表面有呈放射状排列的长 8~10nm 的纤突。病毒基因组为线性双股 DNA，可编码 70~100 种病毒蛋白，其中有 50 种为结构蛋白。病毒抵抗力较强，在外界环境中可存活数周，在干燥的饲料中也可存活 3d 以上。但病毒对乙醚、氯仿等脂溶剂以及福尔马林和紫外线等敏感。

PRV 可以凝集小鼠红细胞，但不凝集其他动物的红细胞。PRV 具有泛嗜性，可以在多种组织培养细胞内增殖，但敏感程度不同。以兔和猪肾细胞最适于病毒繁殖，呈明显的圆缩、溶解、脱落病灶，并出现大量多核巨细胞，病变细胞经苏木精-伊红染色后，可见核内嗜酸性包涵体。

[流行病学] PRV 感染动物广泛，猪、牛、羊、犬、猫、鼠、兔以及貂、狐、熊等均有感

染发病的报道。研究证明，猪和鼠类是自然界中病毒的主要储存宿主，尤其是猪，它们既是原发感染动物，又是病毒的长期储存者和排毒者，是犬、猫和其他家畜发病的疫源动物。本病在世界各地、一年四季均有发生，但多发于冬春季，犬和猫伪狂犬病主要发生在猪伪狂犬病的流行区，是由于吃了死于本病的鼠、猪和牛的尸体或肉而感染。

[症状] 感染犬的典型表现为行为突然出现变化、肌肉痉挛、头部和四肢奇痒、疯狂啃咬痒部和嚎叫、下颚和咽部麻痹和流涎等。病势发展迅速，通常在症状出现后48h内死亡。死亡率100%。

感染PRV的猫潜伏期为1～9d。初期临床症状为不适、嗜睡、沉郁、不安、有攻击行为、抗拒触摸，以后症状迅速发展，唾液过多、过分吞食、恶心、呕吐、无目的乱叫，疾病后期发生较严重的神经症状如感觉过敏、摩擦脸部，奇痒并导致自咬。这种典型的形式取急性经过，并在36h内死亡。非典型的伪狂犬病约占被感染猫的40%，这些猫病程较长，缺乏比较典型的奇痒症状。沉郁、虚弱、吞咽和吞食为其主要症状。但节奏性摇尾、面部肌肉抽搐、瞳孔不均等症状在2种形式的病程中均可见到。

除体表局部外，可见到脑膜充血及脑脊液增量。主要的组织学变化是弥漫性非化脓性脑膜炎，在有病犬猫脑神经细胞和星形细胞内可见核内包涵体。

[诊断] 临床病理学检查一般没有价值。死前诊断通常依据接触史和临床症状。犬猫鉴别诊断主要与狂犬病病毒感染区分开，因为伪狂犬病的主要症状是流涎过多和攻击行为。死后确诊可通过神经细胞的核内包涵体或由神经组织分离病毒实现。

[防治] 本病的预防首要的是控制猪伪狂犬病的流行，同时不要用生猪肉或不适当加工过的感染猪肉饲喂犬猫。

由于本病常取急性经过，引起致死性感染，且病毒仅局限于神经组织，故通常在犬猫中不发生横向传播。人对伪狂犬病病毒不易感，因此犬猫感染对公共卫生不构成危险。

7.2.9 犬呼肠病毒病

犬呼肠病毒病（Canine Reovirus Disease）是由犬呼肠病毒（Canine Reovirus）引起的一种人兽共患直接接触性传染病。临床表现发热、咳嗽和上呼吸道炎症。多数情况下症状轻微，采取合理的对症治疗措施，病犬可以康复。

[病原] 犬呼肠病毒在分类上属呼肠病毒科，呼肠病毒属。含有双股RNA病毒，病毒粒子直径为60～75nm，外壳呈大致的六角形。应用血清中和试验及血凝抑制试验，可将哺乳动物犬呼肠病毒分为3个血清型。犬主要是呼肠-1病毒感染，犬呼肠-2病毒感染较少，血清流行病学调查证实犬群中存在犬呼肠-3病毒抗体。在4～37℃条件下，3个血清型都能凝集人的O型红细胞。56℃加热则可使呼肠病毒迅速丧失血凝特性。

犬呼肠病毒在pH 2.2～9.0条件下稳定，对热相对稳定，对脱氧胆酸盐、乙醚、氯仿具有很强抵抗力。在室温条件下，能耐1% H_2O_2、0.3%甲醛、5%来苏尔和1%石炭酸1h，过碘酸盐可迅速杀死犬呼肠病毒。

[流行病学] 犬呼肠病毒已从多种脊椎动物体内分离到，包括人、猩猩、猴、猪、牛、绵羊、马、犬、猫、貂、袋鼠和禽类。犬主要感染1型病毒。感染宠物的粪、尿、鼻分泌物中含有病毒，可污染周围环境，通过消化道、呼吸道等途径造成健康动物的感染。

纯种犬比杂种犬易感性高。呼肠病毒对成年宠物一般不引起明显的疾病，但在某些呼吸道及消化道疾病的发生上呈现一定的辅助或促进作用。

本病发生具有一定的季节性，冬春季发病率和死亡率较高。

［症状］犬呼肠病毒可引起犬发热、咳嗽、浆液性鼻漏、流涎等症状。感染犬病初可见持续性咳嗽，24h后表现脓性结膜炎、喉气管炎和肺炎，随后50%病犬表现腹泻症状。成年犬多呈隐性感染。实验感染时，发生间质性肺炎，抗体效价上升。

［诊断］

（1）病毒分离　病毒可在许多种类的细胞培养中增殖，包括原代猴肾细胞、KB细胞、人羊膜细胞及L细胞等。从粪便、呼吸道分泌物或其他组织中分离病毒，并于7～14d产生病变，形成胞浆内包涵体。

（2）血清学试验　以补体结合反应检测犬群特异性抗原，再用中和试验或血凝抑制试验来确定特异性抗原。采双份血清作抗体检测，根据特异性抗体的增高情况可诊断本病。

［防治］加强护理和适当的对症治疗，多数病犬可在7～14d内康复。目前尚无有效疫苗可供使用。应采取综合性预防措施。

7.2.10　犬传染性气管支气管炎

犬传染性气管支气管炎（Infectious tracheobronchitis）又叫仔犬咳嗽，指除犬瘟热以外的以咳嗽为特征的犬接触传染性呼吸道疾病。通过呼吸道分泌物散毒，经空气尘埃传播，引起呼吸道局部感染。

［病原］引起犬传染性气管支气管炎的病毒有犬2型腺病毒（Canine adenovirus type，CAV-2），犬副黏病毒（Canine Paramyxovirus，CPmV），犬1型腺病毒（Canine adenovirus type-1，CAV-1），呼肠孤病毒（Reovirus）1型、2型、3型和犬疱疹病毒（Canine Herpesvirus）。其中CAV-2和CPmV是仔犬咳嗽较常见的致病因子，它们可以破坏呼吸道上皮，导致各种细菌或霉形体入侵，引起严重的呼吸道疾病。CAV-2引起的仔犬咳嗽又叫"犬窝咳"。CAV-2和CAV-1相似，抵抗力中等，可在环境中存活数月。季铵盐类消毒剂可有效杀灭CAV-2。

［症状］CAV-2感染的主要症状是突然出现不同频率和强度的咳嗽，有的出现发热或食欲减退。咳嗽主要是由于呼吸道的气管支气管部分受到刺激所致。病犬一般在咳嗽出现后3～7d康复。用CAV-2进行实验感染显示，犬的发热程度与临床症状持续时间呈负相关。直肠温度高的病犬较低烧犬康复更快。一般认为不累及其他器官，但有报道发现CAV-2可感染肠道，引起腹泻。大多数CAV-2感染症状轻微或不显临床症状。

［诊断］可根据病史和临床症状进行初步诊断。确诊则依赖于病毒分离和鉴定。也可通过双份血清中特异性抗体升高的程度确定。

［防治］对CAV-2感染的治疗尚无特殊化学药物，但目前可用高免抗血清治疗。多数犬不表现临床症状，自然康复，在出现（或为防止）继发感染时，应注射广谱抗生素。预防可用CAV-2致弱苗。一窝仔犬咳嗽成为严重问题时，建议对2～4周龄犬使用滴鼻疫苗。

7.2.11　犬病毒性乳头状瘤

犬病毒性乳头状瘤（Canine viral papillomatosis）是由犬口腔乳头状瘤病毒（Canine oral papillomavirus，COPV）引起的，以口腔或皮肤出现乳头状瘤为特征的病毒性传染病。

［病原］COPV为乳多空病毒科（Papovariridae），乳头状瘤病毒属（*Papillomavirus*）。病毒粒子呈圆形，直径40～50nm，病毒粒子中央为一核心，外为衣壳，壳粒清晰可见。病毒基因组为双股环状DNA。病毒可在50%甘油盐水中长期存活，58℃加热30min可使其灭活。

［流行病学］乳头状瘤病毒具有高度的宿主、组织特异性，可转化磷状上皮或黏膜的基底层细胞，只能在其自然宿主体内的特定组织中引起肿瘤。犬病毒性乳头状瘤主要通过与感染犬

性接触而传播，如果进入感染犬待过的地方，如犬舍、犬笼，偶尔也会被传染。病毒在犬体内潜伏期为1~2个月。该病不会传染给其他动物，只有犬会被感染。该病主要通过生殖器传播，因为犬在交配时喜欢相互舔舐对方生殖器和脸部，交配时生殖器栓塞时间较长，阴茎和阴道黏膜在牵拉过程中容易损伤，病毒通过受损伤的黏膜而侵入组织感染。

犬病毒性乳头状瘤常见于两岁以下犬，与犬种无关，繁殖中的犬更易感染，特别是用于商业性交配的种公犬最易感染，因为只要有一只与之交配的母犬感染此病毒，公犬可将病毒迅速传播给其他与之交配的母犬。

[症状] 犬病毒性乳头状瘤常见于犬嘴唇、牙龈、上颚、舌、喉、鼻孔、眼睑、公犬阴茎包皮内基部、母犬尿道口、阴唇、子宫颈口等黏膜发达部位。乳头状瘤形状为"花椰菜样"斑块，颜色为粉红色，表面触诊光滑、易碎且易出血，病灶不对称、不规则，散布。瘤体大小为1~5cm。乳头状瘤如果生长在口腔舌部、牙龈处，则可引起犬流涎、口臭、口腔出血、吞咽困难。喉部瘤体较大时，可引起病犬呼吸和吞咽困难，但非常罕见。眼部乳头状瘤与结膜、角膜或眼睑组织紧密连接生长，不易分离。皮肤乳头状瘤多见于被毛较少处，如四肢末端、指（趾）间或肉垫缝隙。当瘤体生长在生殖道时，会导致患病公犬排尿不畅，尿道口有脓性分泌物，呈黄色、暗红色，腥臭，交配后出血，或拒绝交配；患病母犬阴道滴血，常误以为发情，瘤体露出阴道，分泌物呈暗红色，腥臭。

[诊断] 大多数病例通常不需要实验室诊断，年轻患犬在口部、阴部、眼部出现典型的乳头状瘤外观即可确诊；然而对于一部分病例，如瘤体生长于阴道深处，阴道不明原因经常出血的病例，还是推荐进一步诊断，手术活检对于确诊是必要的。

[防治] 从未感染口腔乳头状瘤病毒的犬应避免接触患犬乳头状瘤的犬，因为此病具有传染性。商业配种的种公犬要定期进行包皮内阴茎检查，母犬配种后要检查阴道，发现瘤体及早手术切除。康复犬通常可获得免疫，一般不会再次感染此病毒。可取病犬肿瘤组织研磨加入福尔马林溶液灭活后过滤，制成乳剂，给幼犬肌内注射，可达到一定的免疫效果。

康复犬具有免疫性，血清中出现中和抗体，但循环抗体不能使肿瘤消退，机体体液免疫机能下降也不能增加机体对乳头状瘤病毒感染的敏感性，肿瘤的自行消退主要是细胞介导免疫的作用。

7.3 猫病毒性疾病

7.3.1 猫泛白细胞减少症

猫泛白细胞减少症（Feline panleukopenia）由肉食动物1类细小病毒属病毒引起。该病以精神沉郁、食欲断绝、高热、呕吐、腹泻、白细胞严重减少为特征，主要感染猫科和野生犬科动物。本病又称猫瘟热（Feline distemper），其中90%~95%的临床病例由猫细小病毒（Feline parvovirus，FPV）感染引起，5%~10%的病例由某些犬细小病毒（CPV-2a，CPV-2b，CPV-2c）引起。1964年第一次成功分离到FPV。

[病原] FPV是细小病毒科（Parvoviridae）的成员之一，为单股线状DNA病毒，病毒粒子呈圆形，无囊膜。在形态学和抗原性上和犬细小病毒（CPV）同源性很高。FPV在4℃时对猪和猴的红细胞有凝集作用。

FPV能在幼猫肾、肺、睾丸、脾、心、膈肌、淋巴结等以及水貂和雪貂的组织细胞内增殖，细胞病变不易观察，需染色镜检，细胞核仁肿大，外围绕以清晰晕环，部分细胞内出现核内包涵体。

[流行病学] FPV 主要感染家养和野生猫科动物、某些浣熊科、鼬科和灵猫科动物，其中以幼猫和未接种疫苗的猫最易感。幼猫母源抗体一般可维持至 6～8 周龄。感染后，病毒粒子经分泌物和排泄物排毒达数周至数月。组织碎片中的病毒在环境中非常稳定，在室温可保持感染能力达 1 年以上。粪-口、污染物是该病毒主要的传播途径，吸入病毒粒子也有可能导致感染。此外，该病毒还存在胎盘传播。犬细小病毒 CPV-2a、CPV-2b、CPV-2c 在世界不同区域流行，但都保持了对猫的感染性。

[症状] FPV 具有高度接触传染性，潜伏期 2～10d。FPV 感染的临床症状与猫的年龄和免疫状态相关。怀孕母猫早期感染，可导致流产、死胎；后期感染，幼猫通常脑发育不全和/或眼部发育异常，比如小脑发育不全、脑积水、积水性无脑畸形、视网膜发育异常、视神经发育不全。母猫临床症状严重度不一。2 月龄以内的幼猫，可能由于败血症急性死亡。不同于犬的出血性肠炎，临床上仅有 3%～15% 的猫表现出血性腹泻。猫最常见的临床症状为精神沉郁、食欲废绝、高热、腹痛等。由于病程进展迅速，急性病例可能不出现典型的胃肠症状，可通过组织病理学检查作诊断。病程超过 6d 以上，猫存活的可能性更大。不同于幼犬感染 CPV 可能发生心肌炎，目前没有切实证据表明 FPV 导致猫的心肌炎。该病预后不佳，初诊时白细胞或血小板严重降低，且有低白蛋白血症、低血钾的存在，即使积极治疗，其死亡率仍可达 50%～80%。尿液排毒最长可持续至感染后第 21d，粪便排毒一般在感染 3 周后停止，少数可达 6 周。

[病变] 除急性死亡的病例外，病猫剖检可见脱水和消瘦变化、空肠和回肠局部充血、脾肿大、肠系膜淋巴结水肿、坏死。多数病例长骨的红髓变为液状或半液状，此点具有一定的诊断价值。组织学检查时，肠管上皮细胞可见嗜酸性和嗜碱性 2 种包涵体，但病程超过 4d 者，包涵体往往消失。

[诊断] 根据流行病学、病史、典型的临床症状可作初步诊断。65%～75% 的病例具有典型的白细胞降低，主要是嗜中性粒细胞和淋巴细胞的减少；55% 的病例血小板降低；50% 具有轻微贫血，但肠道大量出血可能导致严重贫血；45%～52% 的病例存在低白蛋白血症等。血清学无法区分疫苗免疫、野毒感染、母源抗体，因此不宜用于诊断。检测 FPV/CPV 抗原的商品化 ELISA SNAP TEST 可用于临床快速检测。弱毒苗 MLV（Modified Live Vaccine）免疫后 14d 内，抗原检测呈阳性，PCR 检测结果与此类似。此外可用病毒分离、血凝试验、电镜等方法作诊断。

由于健康猫也可从粪便排出 FPV 或 CPV 病毒，仅通过电镜观察病毒粒子，不能 100% 确定该病毒的感染。因此，最好采用急性病例的脏器或血液作为接种物，以幼猫原代或次代细胞进行分离培养。

用荧光标记的阳性抗体对组织脏器的冰冻切片或细胞分离培养物进行特异性染色，可以直接作出诊断。

病毒可在 4℃凝集猪的红细胞，可作为辅助诊断。

[防治] 严格遵循生物安全规范，隔离病猫。根据需求补液，矫正严重的贫血、脱水、酸碱和电解质失衡。幼猫应着重监测其血糖。静脉注射敏感抗生素，预防继发细菌感染及肠道细菌的入侵。排查、治疗肠道寄生虫病。使用止吐药，如止吐宁及盐酸分泌抑制剂，如奥美拉唑等缓解呕吐，保护胃肠道。动物不再呕吐后，可喂服易消化的食物。有研究表明静脉或腹腔注射抗病毒血清，能够提高病猫存活率。目前对猫/人重组粒细胞群刺激因子疗法是否有效尚无定论。

商品化的 FPV 疫苗有灭活苗和弱毒苗，其中弱毒苗免疫效果较好，但因其对脑部组织发育具有明显影响，故只能用于 4 周龄以上的猫，并且不宜接种怀孕母猫。FPV 接种后，免疫力持久，甚至可获得终生免疫。可每年或每 3 年免疫 1 次。FPV 疫苗常和猫疱疹病毒（FHV-1）、猫杯状病毒组成三联苗。推荐 6~8 周龄起接种，每 2~4 周加强免疫，直至 16 周龄。

该病毒对季铵盐类、碘酊和酚类消毒剂不敏感，对 4% 的福尔马林、1% 的戊二醛或 1:32 稀释的漂白粉敏感。

7.3.2　猫肠道冠状病毒病

猫肠道冠状病毒（Feline Enteric Coronavirus，FECV）是导致猫病毒性腹泻的病原。

[病原] 猫肠道冠状病毒是冠状病毒科，冠状病毒属的成员。与猪的传染性胃肠炎病毒、犬冠状病毒（CCV）等具有同源性，是种间交叉传染的变异株。猫肠道冠状病毒表现两种致病型，即猫传染性腹膜炎病毒（FIPV）和猫肠道冠状病毒（FECV），二者在生物学特性方面有所区别，但在形态和抗原性上则是相同的。FECV 感染肠上皮细胞，破坏肠绒毛，引起轻微肠炎，FIPV 引起猫传染性腹膜炎。

FECV 抵抗力较弱，但在外环境物体表面可保持感染性达 7 周以上。

[流行病学] FECV 在世界范围内传播，所有年龄猫均易感。有研究显示，75% 以上的猫呈 FECV 抗体阳性。

幼猫的母源抗体通常在 8 周龄时消失，至 10 周龄时即可被感染并呈现血清阳性变化。FECV 通过粪-口传播，在多猫饲养的环境中常见。30% 的猫在染病后可持续排毒几周至几月。感染后免疫保护期较短。本病可通过接触病猫传播，临床健康带毒猫也是重要的传染源之一，母猫可传染给幼猫。

[症状] FECV 感染导致的肠炎通常较轻，或为亚临床感染，主要发生在断奶后的仔猫。在某些病例可能发生 1 周左右的暂时性呕吐和轻度或较严重的腹泻。

[诊断] 本病难以确诊，主要是因为引起幼猫轻度腹泻的原因很多，并且健康猫或康复猫有一段时间的排毒期。市售有 ELISA 抗原检测板，也可采用 RT-PCR 技术检测 FECV 特异性 RNA。

[防治] 一般情况下不需治疗，严重病例应用抗菌药物防止继发感染和对症治疗，如止呕、止泻、补糖、补液。尚无疫苗免疫，通过加强猫舍卫生管理以减少发病率。

7.3.3　猫传染性腹膜炎

猫传染性腹膜炎（Feline infectious peritonitis，FIP）是由变异型猫冠状病毒（Feline Coronavirus，FCoV）引起的一种猫的进行性致死性疾病。本病有渗出型（湿型）和非渗出型（干型）2 种形式，前者以体腔（尤其是腹腔）内体液蓄积为特征，后者以各种脏器出现肉芽肿病变等为特征。1963 年报道首例 FIP。1981 年发现 FCoV 与猫传染性腹膜炎病毒（FIPV）间的关联。

[病原] FIPV 通常引起腹膜炎。FIPV 能在巨噬细胞内复制，抑制机体免疫系统，这样 FIPV 就可脱离肠道导致传染性腹膜炎的发生。

[流行病学] FIP 最常见于 4~16 周龄的猫。猫的白血病和猫免疫缺陷病等都可能促进 FIP 发病。不经粪-口途径传播。

[症状] FIP 渗出型病例占总病例的 75%，通常在诊断后几周内死亡。非渗出型占 25%，通常在诊断后几周至几个月内死亡。湿性腹膜炎和干性腹膜炎症状相似，包括发热、沉郁、食欲不振、嗜睡、有时腹泻，随后出现典型的症状。湿性腹膜炎较干性腹膜炎病程更短、病情恶

化更快。干性 FIP 病猫体内脏器可能出现肉芽肿，并根据受损的器官表现相应的临床症状。腹腔器官如肝、肠系膜淋巴结等受影响最严重，也可见肾病变，其他受影响部位包括中枢神经系统和眼，病猫呈现共济失调、轻度瘫痪、定向障碍、眼球震颤、癫痫、感觉异常过敏及外周神经炎等。眼部疾病可见眼色素层炎症（如虹膜炎、前眼色素层炎）、脉络膜及视网膜炎等，有时眼部病变是本病唯一的临床表现。眼部病变主要见于干性 FIP。30% 的患猫可能伴有神经症状，在干性型更为常见。

[病变] 肠、肝、肾、脾、网膜、胰、肠系膜淋巴结、眼、中枢神经系统、肺等器官可能出现脓性肉芽肿性病变。

[诊断] 根据动物年龄、临床症状和实验室诊断发现等综合判断。实验室诊断常见白蛋白与球蛋白比<0.8，非再生性贫血、中性粒细胞增高、渗出液细胞含量<5000/μL，总蛋白>3.5g/dL。湿性 FIP 出现典型的胸腔和腹腔积液，积液呈淡黄色，黏稠，蛋白含量高，摇晃时容易出现泡沫，静置可发生凝固，含有中等量的炎性细胞，包括巨噬细胞和中性粒细胞等。具有中枢神经系统和眼部病变的患猫，在脑脊髓液和眼房液中，蛋白含量增加。对于渗出型，可使用 PCR 检测渗出液中的病毒核酸。新的 RT-PCR 正不断成熟，以区分 FIPV 和 FCoV。FIP 的确诊也可通过组织病理学检查。

血清学诊断，当抗体水平>1:1600 可提示 FIP，但也有 10% 的 FIP 阳性猫抗体水平较低。

[防治] 目前没有有效的疫苗。临床主要采取对症治疗和使用皮质类固醇药物进行治疗。预防应注意猫舍卫生，严格隔离病猫，对猫舍及其环境消毒。

7.3.4 猫传染性鼻气管炎

猫 I 型疱疹病毒（Feline herpesvirus type-1，FHV-1）是引起猫急性上呼吸道感染的高度接触性传染性病原体。临床以角膜结膜炎、上呼吸道感染和流产为特征，但以上呼吸道症状为主，故又称猫鼻肺炎病毒（Feline rhinopneumonitis virus）。临床上发病率可达 100%，主要侵害幼猫。

[病原] FHV-1 为双股 DNA 病毒，有囊膜，具有疱疹病毒的一般形态特征，病毒粒子直径为 128～168nm，细胞外游离病毒的直径约 164nm，含 162 个壳粒。α 疱疹病毒的特点是可在哺乳动物上终生潜伏。

猫鼻肺炎病毒对外界抵抗力很弱，离开宿主后只能存活数天。对酸和脂溶剂敏感。56℃下经 4～5min 灭活。

[流行病学] FHV-1 全球皆有流行，猫科动物易感。主要是易感动物与病猫或其带毒分泌物、排泄物直接接触导致感染或潜伏病毒激活。因此，合理的管理、消毒和对病猫的适当隔离，都能很好地预防 FHV-1 的感染与传播。

[症状] 上呼吸道感染大部分可在 10～14d 后自愈，病毒再次进入潜伏期，少数因鼻甲形成瘢痕或眼部感染形成慢性病变。80% 的猫会在病愈后几周内持续排毒。角膜溃疡呈典型树枝状，慢性角膜溃疡形成新生血管和瘢痕组织。

在略低于正常体温时，FHV-1 复制增殖最快。因此，FHV-1 感染多局限于眼、口、上呼吸道等浅表组织。继发细菌感染时，可导致鼻甲坏疽变形；偶尔可见气管黏膜感染病例；极少有下呼吸道或肺感染的报道；个别病猫可发生病毒血症，导致全身组织感染。生殖系统感染 FHV-1 时，可致阴道炎和子宫颈炎，并发生短期不孕。孕猫感染 FHV-1 时，缺乏典型的上呼吸道症状，但可能造成死胎或流产。即使顺利生产，幼仔多伴有呼吸道症状，体格衰弱，极易死亡。

断乳仔猫或易感成年猫感染 FHV-1 后均表现出典型症状，如喷嚏、眼鼻分泌物增多、鼻炎、结膜炎、发热和厌食等。分泌物通常由浆液性变为黏液性，溃疡处易发生细菌感染。由于分泌物刺激，眼、鼻周围被毛脱落。舌及硬腭出现溃疡的猫，因口腔剧痛，可致过度流涎。由于感染猫免疫能力不同，病程长短不一，一般在数周内因自限得以控制和恢复。

疱疹性角膜炎为 FHV-1 感染的示病性症状。典型损害是出现普遍严重的树枝状溃疡。继发细菌感染时可致溃疡加深，甚至角膜穿孔。溃疡修复过程中，结缔组织形成，甚至可导致角膜和结膜粘连。感染进一步扩散，导致全眼球炎，造成永久性失明。局部使用皮质类固醇时，可致角膜剥离。

急性感染 FHV-1 临床治愈的猫大部分转为慢性带毒者，再次感染 FHV-1 时，表现为间歇性角膜结膜炎或轻微鼻炎。慢性带毒者一般不表现症状，难于甄别，在应激或使用皮质类固醇药物时发生间歇排毒。交配时可将 FHV-1 传播给同伴。

感染幼猫的鼻甲损害表现为鼻甲及黏膜充血、溃疡甚至扭曲变形。由于正常的解剖学改变及黏膜防御机制破坏，易引起慢性细菌感染，导致慢性鼻窦炎。

[诊断] 由于上呼吸道感染可由杯状病毒、衣原体、支原体、博代氏菌等多种病原引起，因此单凭上呼吸道症状很难对 FHV-1 感染确诊。但角膜炎和角膜溃疡具有一定的示病特征。

通过病毒分离进行诊断比较可靠，可采取急性感染猫的结膜拭子或咽拭子接种猫肾细胞，如出现典型细胞病变即可确诊。由于慢性带毒猫间歇排毒，分离 FHV-1 往往不成功，可通过多次采样，提高检出率。

对结膜、鼻黏膜刮片或活检组织片进行组织学或免疫荧光检测，可发现典型的核内疱疹病毒包涵体。应用 PCR 检测急性和慢性 FHV-1 感染，也有较高的特异性和敏感性。

[防治] FHV-1 具有高度传染性，对感染猫应及时严格隔离。一般采用广谱抗生素进行预防性治疗，防止继发感染。对患猫眼、鼻周围应经常擦拭，避免分泌物刺激。局部喷雾可软化分泌物，避免结痂，便于清除；鼻黏膜严重充血时，可短期使用收敛药物，以改善通气；保持环境温度高于平常温度，可有效抑制 FHV-1 的复制。注射强力霉素可有效防止衣原体、支原体和博代氏菌的继发感染。对不能饮食的猫，需及时静脉补液，以维持水代谢平衡，并使眼、鼻分泌物不致过于黏稠。应给病猫提供可口松软的食物。厌食 3d 以上的病猫，应强迫进食，给予营养支持。

对眼分泌物较多的猫，可使用氯霉素、氧四环素或氯四环素眼膏，但应避免使用皮质类固醇。当出现疱疹性角膜炎时，需使用抗疱疹的药物如疱疹净等，4～6 次/d。口服重组人 α-干扰素或猫干扰素可作为辅助的抗病毒治疗措施，有人推荐使用口服溶解素治疗疱疹性角膜溃疡。

继发的慢性鼻窦炎治疗比较困难，但在抗生素治疗后会有所缓解，停药后极易复发。症状严重时，可结合使用抗生素和收敛药物，减少充血，缓解症状。

目前美国已有 FHV-1 疫苗，猫 63～84 日龄首免，间隔 6 个月加强免疫 1 次。或与其他疫苗联合应用，均取得较好的免疫效果。

7.3.5 猫白血病

猫白血病病毒（Feline leukemia virus，FeLV）可引起猫的多种类型白血病和其他疾病，如淋巴细胞、成红细胞、骨髓细胞的增生或减少，以及肠炎、流产、神经失常等疾病。不同株病毒引起的疾病类型并不固定，并随不同的感染或接种条件以及不同的宿主而变化。1964 年首次在一群患有淋巴肉瘤的猫中发现该病毒。

[病原] FeLV 为逆转录病毒科 γ 逆转录病毒属。病毒粒子呈圆形，直径 80～120nm，有囊膜，囊膜表面有少量突起，核衣壳为二十面体对称，呈球状至棒状，病毒粒子中央为核心。

FeLV-A 型病毒只能在猫的细胞上生长。FeLV-B 型病毒的宿主细胞范围很广，可在猫、貂、仓鼠、犬、猪、牛、猴和人的细胞上生长。FeLV-C 型病毒的宿主范围较广，可在猫、犬、貂、豚鼠和人的细胞上培养。FeLV 可感染和转化多种哺乳动物细胞，包括貂、豚鼠、犬、猫、猪、绵羊、牛、灵长类和人类的细胞。

[流行病学] 世界各地流行率差异较大。传播途径包括接触分泌物，如唾液、鼻分泌物、尿液、粪便、胎盘和母乳。健康猫通过与带毒猫互相舔舐、啃咬导致唾液、鼻分泌物中的 FeLV 经眼、口和鼻黏膜进入猫体内，并在头、颈部的局部淋巴结中增殖，大部分猫可将病毒消灭并产生免疫力，但也有部分猫不能完全将病毒消灭而使其进入骨髓，在成髓细胞系和成红细胞系中大量增殖，产生很高滴度的病毒。病毒随白细胞、血小板和血浆扩散至全身，几周内病毒即可抵达唾液腺、口腔黏膜和呼吸道的上皮细胞，并从那里向外界排毒。FeLV 也可经感染母猫的子宫感染胎儿，还可经乳汁传播。猫白血病的潜伏期平均为 3 个月，但变化很大。83% 的感染猫会在 3.5 年内死亡。观察发现，FeLV 在 97% 的感染猫的骨髓中持续存在，终生带毒，只有 3% 的猫可完全清除病毒。

[症状] 6 周龄以内的猫尤为易感，幼龄猫症状更为严重。临床转归取决于宿主因素和毒株。大部分猫在短暂的病毒血症后，逐渐好转；在应激或免疫抑制的情况下，潜伏病毒可被激活，再次发病预后不良。30% 的猫在初次感染时会出现持续性病毒血症，预后不良。罕见情况下，FeLV 感染不引起全身症状，仅表现单一系统的临床症状。进入潜伏期的病毒，传染率非常低。病毒基因组潜藏在骨髓干细胞中，可通过 PCR 检测。在自然情况下，宠物猫死于 FeLV 感染的直接原因多是免疫缺陷，死于淋巴肉瘤和白血病的相对较少。FeLV 引起的疾病类型可分为两类：增生性（肿瘤性）和退化性（非肿瘤性）。

（1）增生性（肿瘤性）疾病

① 淋巴肉瘤：淋巴肉瘤是猫最常见的肿瘤，约占猫肿瘤的 1/3。虽然猫的淋巴肉瘤是由 FeLV 引起的，但 30% 的淋巴肉瘤中不能检查出 FeLV，为 FeLV 阴性淋巴肉瘤，说明其发生并不依赖 FeLV 进行复制。胸腺型一般发生于 2 岁以内的青年猫，主要是 T 细胞淋巴肉瘤，急速恶化，胸腔积液，临床表现呼吸困难、咳嗽、发绀；消化道型主要发生于老年的猫，肿瘤首先形成于消化道和/或中胚层淋巴结，为 B 细胞或 T 细胞源；多发型全身多处淋巴样组织器官发生淋巴肉瘤，可见于青年猫和中年猫，大部分是 T 细胞源淋巴肉瘤；未分类型：肿瘤仅发生于非淋巴组织，如皮肤、眼睛、中枢神经系统等，临床症状与肿瘤侵占的位置相关。这 4 种肿瘤的发生率依次降低，未分类型很少见。

② 白血病：FeLV 可在骨髓的所有有核细胞中增殖，引起多种类型的骨髓细胞增殖，导致骨髓增生病，如红细胞增生性骨髓病、红细胞白血病、粒细胞白血病、骨纤维瘤等。最常见的是淋巴细胞性白血病和巨核细胞性白血病。骨髓增生病的特征是血液和骨髓中大量出现异常细胞，发生非再生性贫血。

（2）退化性（非肿瘤性）疾病

① FeLV 对淋巴细胞的影响：B 细胞、T 细胞、中性粒细胞逐渐丧失，免疫细胞功能不全，免疫抑制导致继发感染频发，是 FeLV 致死感染动物的主要原因。50% 患有其他慢性疾病（如创伤经久不愈、慢性细菌性上呼吸道感染、口炎、牙龈炎等）的猫或 FIP 的猫，FeLV 呈

阳性。FeLV 可引起幼猫胸腺萎缩。幼猫患本病后，表现为生长障碍、复合感染、胸腺和淋巴结萎缩，一般死于 8～12 周龄。成猫患本病后，表现为淋巴组织的胸腺依赖区萎缩，引起免疫抑制，最后死于继发感染。

② FeLV 引起骨髓细胞减少综合征，其特点为全白细胞减少、贫血、出血性淋巴腺病、出血性肠炎等。2% 的纤维肉瘤，这种肿瘤生长迅速，在疾病末期开始转移，手术切除无法治愈。

[诊断] 通过临床观察可初步诊断猫白血病和猫肉瘤，但确诊必须依赖病理学、病毒学和免疫学方法，其中以免疫学方法最为常用。

ELISA：商业化 ELISA 检测板十分便捷，亦可使用 IFA、病毒分离、PCR 等方法检测病原。

[防治] FeLV 阳性猫建议严格养在室内，降低接触其他病原的风险。FeLV 疫苗有多种，包括活病毒疫苗、灭活疫苗、重组疫苗和亚单位疫苗等。

猫白血病可通过净化来控制。净化程序是：以 IFA 对全群猫进行检疫，剔除阳性猫，3 个月时（因为猫白血病的潜伏期为 2 个月）进行第 2 次检疫，如检出阳性猫，则再过 3 个月进行第 3 次检疫。第 2 次和第 3 次检疫无阳性猫的猫群可视为健康群。

疫苗免疫是一个很好的方案，免疫可防止发病，但不能防止感染；还应注意，疫苗接种后可引起猫白血病血清阳转，对检疫不利，故应在接种前检疫。

7.3.6 猫免疫缺陷病

猫免疫缺陷病是由猫免疫缺陷病病毒（Feline immunodeficiency virus，FIV）感染引起的一种以免疫功能低下、呼吸系统和消化系统炎症、免疫系统和神经系统功能障碍以及容易继发感染为特征的病毒性传染病。本病流行广泛，以中老年猫多发。由于病原的生物学特性和感染猫的症状与人的艾滋病相似，故又叫猫艾滋病（FAIDS）。由于 FIV 可在 T 细胞内增殖并杀伤 T 细胞，故最初又称为猫嗜 T 淋巴细胞病毒（Feline T cell lymphotropic virus）。1986 年该病毒首次被描述。

[病原] FIV 是反转录病毒科（Retroviridae），慢病毒属（*Lentivirus*），猫慢病毒群（*Feline lentivirus group*）中的唯一成员。FIV 病毒粒子呈球形或椭圆形，直径 105～125nm，核衣壳呈棒状或锥形，呈偏心性，从感染细胞的细胞膜上出芽而释放，病毒基因组为单股正链线性 RNA 的二聚体。

FIV 对热、脂溶剂（如氯仿）、去污剂和甲醛敏感，蛋白酶能除去病毒粒子表面的部分糖蛋白。但对紫外线有很强的抵抗力。

[流行病学] FIV 与其他慢病毒一样，具有严格宿主特异性，可能只感染猫，而不会在其他动物间传播流行。

FIV 感染呈世界性流行，世界各地健康猫群的抗体阳性率略有差异，通常为 1%～15%，美国为 1.5%～3.0%，日本高达 29%。成年猫 FIV 抗体较常见，以 5 岁以上猫的血清阳性率最高。公猫的抗体阳性率比母猫高 2 倍，群养猫的阳性率高于单养者，杂种猫高于纯种猫，流浪猫和野猫高于室内家养猫。FIV 在唾液中的含量较高，可经唾液排出。含毒唾液可经皮下、肌肉、腹腔或静脉接种而实验感染易感猫，并在接种后，很快就能从血液和唾液中分离出病毒。因此，一般认为猫与猫的打斗、咬伤为本病的主要传播途径。一般的接触、共同饲槽和睡窝不能传播本病，也很少经交配传染。母猫和仔猫之间的水平传播也不多见。

[症状] 常见伴随各种疾病，因猫免疫功能低下，易遭受各种病原包括病毒、细菌、真菌

和寄生虫的侵袭，如慢性口腔炎、严重齿龈炎、发热、耳炎、慢性上呼吸道病、消瘦、慢性腹泻、鼻炎等。伴有淋巴结肿大，中性白细胞减少症。

5％的FIV感染猫临床主要表现神经症状，可能与毒株特性相关，也可能由继发感染所致，如弓形虫病、FIP、隐球菌病。FIV相关的神经系统疾病比较常见，表现为动作和感觉异常或行为改变，如瞳孔反应迟缓、瞳孔不等、听力和视力减退、正常反射减退、感觉和脊髓传导加快、睡眠紊乱等，这是由FIV直接感染中枢神经系统所致。

FIV感染引起的眼疾很多，但通常不出现视力明显减退，所以必须仔细检查才能发现。与FIV有关的眼病包括前眼色素层炎和青光眼。前眼色素层炎时眼房水发红，虹膜充血，眼球张力减退，瞳孔缩小或瞳孔不均，后部虹膜粘连和前部囊下白内障。部分在玻璃体前有点状的白色浸润。

和人HIV感染相似，FIV感染后的临床包括急性期、无症状携带期（AC）、持续的扩散性淋巴瘤期（PGL）、AIDS-相关综合征（ARC）和艾滋病期4个期。急性期可达4周或长达4个月。有的猫出现淋巴结肿大，中性白细胞减少症，发热和腹泻；有的急性感染期无临床症状。无症状携带期可能持续几个月至几年，随之为一个短的PGL期，但ARC和艾滋病期不明显。猫的ARC期常有慢性呼吸系统疾病、胃肠道紊乱并伴有皮肤及淋巴结疾病，机会性感染加重，并表现严重消瘦和淋巴样衰竭等艾滋病症状。

自然感染猫18％发病死亡，18％出现严重疾病，50％以上无临床症状。但一旦猫进入ARC和AIDS期，其平均寿命不足1年。25％～50％阳性猫的口腔出现溃疡或增生，约30％发生慢性上呼吸道疾病，10％～20％为持续性腹泻。

[诊断] 猫感染FIV后，潜伏期很长，即使出现临床症状，也是与其他病原共同作用的结果。临床上，应注意区别猫艾滋病与猫白血病，二者的症状十分相似，均表现为淋巴结肿大、低热、口腔炎、齿龈炎、结膜炎和腹泻等。但FIV引起的猫艾滋，齿龈炎更为严重，齿龈极度红肿。确诊猫艾滋病主要依靠对抗体的检测，如通过ELISA、Western Blot和IFA。不对抗原进行检测的原因是在潜伏期，轻微的病毒血症无法灵敏地检出抗原。RT-PCR可检测亚型，检测有效性与血清学相似。疫苗接种所获得的抗体可在体内持续近1年。

抗体的检测通常是用商品化的ELISA、免疫荧光法、免疫印迹试验试剂盒。PCR可检出病毒的基因组核酸，对检测血清阳性的可疑病例很有帮助。

国外为确诊猫艾滋病，常进行其他实验室检查，包括持续性白细胞减少（特别是淋巴细胞和中性粒细胞减少）、贫血及γ球蛋白血症。淋巴结活检可见增生（早期）或萎缩（晚期）。CD4$^+$细胞计数及CD4$^+$/CD8$^+$比例的检查可作为诊断和判断预后的辅助方法。

[防治] 该病无特效药。未有证据表明抗人艾滋病的药物对FIV有效。积极治疗继发感染。控制病毒散播的唯一途径是防止健康猫暴露于感染猫。因此限制猫自由出入，防止健康猫和野猫或流浪猫接触是最简单、有效的方法。引进猫应进行FIV感染诊断，并在条件允许时，隔离饲养6～8周后，检测是否存在FIV抗体，只有抗体阴性猫才可领养或入群。

7.3.7 猫杯状病毒病

猫杯状病毒病，是由杯状病毒科中的猫杯状病毒（Feline caliciviras，FCV）引起猫的一种多发性口腔和呼吸道传染病。以发热、口腔溃疡和鼻炎或关节疼病与跛行（风湿型）等为特征。猫科动物均易感，发病率较高，但死亡率较低。1998年发现引起全身感染的猫杯状病毒病，发病率、死亡率均较高。

[病原] FCV属杯状病毒科，核酸为单股正链RNA，毒株繁杂，病毒粒子是二十面体对

称，无囊膜，直径 35～39nm。衣壳由 32 个中央凹陷的杯状壳粒组成，衣壳在化学成分上只含有 1 种肽，分子质量为 73～76kD，由 180 个这种多肽组装成衣壳。

FCV 对乙醚和氯仿不敏感。对 pH 3.0 不稳定，对 pH 5 稳定。在 50℃经 30min 被灭活，$MgCl_2$ 不起保护作用，相反加速其灭活，2％NaOH 能有效地将其灭活。

[流行病学] 病猫可通过唾液、分泌物或排泄物将病毒传给健康猫，也可通过空气传播。但直接接触的方式起着更重要的作用。因此在清扫和饲猫的过程中，防止猫和猫接触及用具交叉污染就可有效阻止本病的传播。

FCV 在环境中比较稳定，对脂溶剂或清毒剂和季铵盐类等不敏感，1∶32 的次氯酸钠可将 FCV 灭活。在猫集中的环境中，幼猫最易感染患病，并常与 FHV-1 和其他猫的上呼吸道致病因子发生共感染，加重病情。

[症状] FCV 主要通过接触带病毒的分泌物而感染，如眼鼻分泌物、唾液，潜伏期在 2～10d，最初临床症状不一。口腔溃疡和跛行，一般并发症不常见。口炎症状应与猫的慢性浆细胞牙龈炎和咽炎相区分，后者无法自愈，一般临床病变更为严重，病理组织学检查将发现病变充斥着浆细胞和淋巴细胞。

各年龄段的猫均可感染，但一般幼猫症状较重，单纯的实验性嗜肺型感染于 3d 内出现发热、结膜炎及鼻炎。多数感染猫，舌部出现囊泡和糜烂，腭部坚硬。偶尔出现角膜炎和咳嗽，但这些表现都很轻微，并在 10～14d 恢复。自然感染猫临床症状较严重，主要因并发或继发其他上呼吸道致病因子或细菌。

风湿型 FCV 感染猫，表现发热、关节肿胀、疼痛、肌痛及跛行等症状。不过这些症状不经特殊治疗也可在 2～4d 内消失。接种 FCV 弱毒苗时，个别猫也见有风湿型症状。

康复猫可长期向外排毒。在某些病例发生淋巴浆细胞性口炎和齿龈炎，可能和慢性带毒状态有关。全身性杯状病毒感染较为罕见，对成年猫影响更大，死亡率可达 67％。临床可见高热、呼吸道症状、血管炎引起的皮下水肿、口腔溃疡、上皮坏死、多器官损伤等。

[诊断] 一般通过病史，并结合临床症状，排除其他疾病来进行诊断。疑似本病可取急性期眼结膜和鼻腔分泌物以及溃疡组织用猫源细胞进行病原分离鉴定，用补体结合试验、免疫扩散试验及免疫荧光试验进行病毒的鉴定。

[防治] 无特异疗法，对症治疗。国外广泛应用灭活疫苗和弱毒疫苗。弱毒疫苗都来源于 F9 株。该病毒株是自然弱毒，仅引起温和的呼吸道症状。与猫鼻气管炎病毒或猫泛白细胞减少症病毒制成二联苗或三联苗。幼猫 3 周龄以后即可接种，每年重复免疫 1 次。

7.3.8　猫星状病毒病

猫星状病毒（Feline Astrovirus）属于星状病毒科哺乳动物星状病毒属，是一种能引起猫腹泻的正股单链小 RNA 病毒，无囊膜，病毒粒子直径在 28～30nm。1981 年首次在美国报道。在健康动物或腹泻猫中均可分离到该病毒。2018 年的一篇文章验证了该病毒在中国东北部的流行情况，发现了两种基因型。

临床上可对症治疗。目前尚无疫苗。人的星状病毒可引起不同程度的胃肠炎，但目前没有证据表明猫的星状病毒可以交叉感染人。

7.3.9　猫轮状病毒病

轮状病毒（Rotavirus）属呼肠孤病毒科轮状病毒属双链 RNA 病毒。大部分感染猫不表现临床症状，但少数可见轻微至严重的腹泻、呕吐、脱水、腹痛、低烧、精神沉郁。腹泻通常呈水样、粪便中带有黏液。免疫抑制、年幼、老年动物较成年健康动物更易感染。拥挤、与流浪猫接触、肮脏的生活环境会使发病率增高。本病主要通过粪-口、污染物传播。猫的轮状病毒感染十分普遍，健康猫和腹泻猫的粪便中均可分离到病毒。但目前缺乏对自然感染本病的伴侣动物的临床症状描述。实验性感染猫，仅呈隐性或温和型和自限性腹泻。

临床上对轮状病毒感染采取对症治疗和支持疗法，动物大多可以自愈。

近来研究证明，猫、犬和人的轮状病毒基因群间同源性较高。尽管人畜之间的相互传播尚未证实，但人畜病毒株间的高度相关性已经引起人们的关注。

7.3.10 猫牛痘病毒病

牛痘病毒来自痘病毒科正痘病毒属，属内病毒间血清型相近。猫痘病毒感染由牛痘病毒或牛痘样病毒（Cowpox or cowpox-like virus）引起，但在家猫和野生猫中不常发生。本病主要见于西欧。1977年报道了第一例家猫感染牛痘病毒。

猫是偶然宿主，通过和自然储存宿主（如野生啮齿动物和小型哺乳动物）接触而感染。猫与猫之间的传播不常见，一般仅引起亚临床型感染。本病发生似有季节性，多数病例出现在6～11月份，即夏秋季节。病毒可典型地引起皮肤丘疹或结节，继而发展为水疱并破裂，留下溃疡面或结痂。丘疹或结节最常见于头颈和四肢，也可发生于机体任何部位。大部分猫可耐过自愈。继发性皮肤细菌感染、肺炎或并发其他疾病可导致死亡。

通常由典型的皮肤病变作出诊断。亦可通过免疫荧光测定或电镜观察、病毒中和等进行诊断。

本病尚无特效治疗药物，只能采取支持疗法，保持体液平衡及营养摄入，并服用适当的广谱抗生素。皮质类固醇可加重病情，应禁用。多数轻微皮肤痘病变的猫可在4～6周内康复，但皮肤广泛性损害和免疫损伤的猫常以死亡告终。

预防本病的办法是避免猫和野生储存宿主接触，尚没有特异性疫苗。人类可通过患病猫感染牛痘病毒，呈现皮肤病变。

大部分痘病毒都对干燥环境抵抗力极强，可以存活几年，但对大部分消毒剂敏感。

7.3.11 鲍纳病毒病

猫的鲍纳病是由鲍纳病毒科中的鲍纳病病毒（Borna disease virus，BDV）引起的一种以非化脓性脑膜脑脊髓炎为特征的传染病，俗称"摇摆病"。鲍纳病病毒为有囊膜的RNA病毒，直径85～125nm，基因组为不分节段的负股单链RNA，长约8.9kb，含5个主要的开放阅读框架，编码3种结构蛋白，排列顺序及大小依次为5'-P38-P14-P24-3'，但其抗原性较弱，很难在机体测出其中和抗体。

鲍纳病病毒感染宿主范围广，主要感染马和绵羊，也可感染牛、鸵鸟、犬、猫。

传播途径尚未阐明。鲍纳病病毒可能是一种虫媒病毒，蜱是可能的传播媒介，该病在猫间互相传染的概率不大。

急性感染时，临床症状包括步态摆晃、后肢运动失调、轻瘫，欲称"摇摆病"。在鲍纳病流行地区，亚临床感染十分普遍。临床上表现正常，但血清呈阳性。病理表现为非化脓性脑膜脑脊髓炎，包括血管周围淋巴细胞性浸润（血管套）、神经节细胞变性以及神经胶质细胞增生等。在海马角和嗅球的神经细胞内，出现小型的圆形嗜伊红性核内包涵体。

根据临床症状和躯体运动表现，可对本病作出初步诊断。对脑脊髓液进行分析，应呈现非化脓性炎症特征。可通过死后组织学检查、免疫学诊断以及对脑组织BDV的RT-PCR扩增进一步确诊。

本病目前尚无特异性治疗方法，急性感染猫可自然康复。BDV是否能感染人仍待探究。

7.3.12 猫副黏病毒病

副黏病毒科包含副黏病毒属、麻疹病毒属和亨尼病毒属等，是一组具有囊膜的 RNA 病毒。这一科病毒在猫主要引起两类疾病。一类是家猫及野生猫科动物的中枢神经型疾病，但这些病毒的优先宿主并不是猫科动物；另一类是肾脏疾病，主要是麻疹病毒与家猫肾小管间质性肾炎、慢性肾病的相关性。有报道表明野生猫科动物对犬瘟热病毒较家猫而言更易感。近年来在美国、欧洲和非洲一些国家的大型猫科动物如狮、虎和豹中，均分离到致死性的犬瘟热病毒（CDV）。通过回顾性诊断发现，在自 20 世纪 70 年代以来死亡的大型猫科动物中，有些也与 CDV 感染有关。利用其中部分病料接种猫，结果只出现了短暂的病毒血症和明显的淋巴细胞减少，但不呈现明显的临床症状。CDV 可能像猫的泛白细胞减少症病毒一样，需经一定的遗传改变才会对不同的宿主具有敏感性。

有报道在自然感染、具有神经症状的家猫中发现局灶性脱髓鞘性脑炎、包涵体并分离出副黏病毒样病原。在健康猫的中枢神经组织中及脱髓鞘视神经中使用电镜观察到副黏病毒样核衣壳。

在患有慢性肾病（Chronic kidney disease，CKD）的猫尿液中发现了新型猫副黏病毒。

1994 年在澳大利亚新发现的马麻疹病毒（Equine morbillivirus，EMV）实验性皮下接种家猫，猫在第 5d 发病，第 6～7d 死亡。病理剖检发现肺水肿、肺淋巴结肿大、肺炎和胸腔积液。病理组织学发现与马感染类似的血管炎。存活的猫体内没有检出中和抗体。

关于更多该群病毒对猫科动物的致病机制仍待研究。

7.3.13 猫乳头瘤病毒病

猫乳头瘤病毒病（Feline viral papillomatosis）是一种由猫乳头瘤病毒引起的猫皮肤病。猫乳头瘤病毒属乳头瘤病毒科，具有双股环状 DNA，衣壳呈二十面体对称，大小为 55～60nm。乳头瘤病毒科具有 38 个属，不同宿主具有其特有的乳头瘤病毒，猫也是如此。但在猫中偶尔也可见牛和人类的乳头瘤病毒序列，提示跨种传播的可能性存在。迄今为止在家猫中发现 4 种乳头瘤病毒。研究发现乳头瘤病毒与猫鳞状细胞癌具有相关性。临床上猫乳头瘤病毒可引起多种皮肤病变：角质增生性斑；可能发展为侵略性鳞状细胞癌的鲍温样原位癌；纤维性乳头瘤，常见于与牛密切接触的猫，位于头颈部、腹部、四肢；乳头瘤。

病理组织学结合免疫组化染色，电镜可在细胞核内观察到乳头瘤病毒粒子，PCR 检测病毒 DNA，但有时在猫无病变的皮肤中也能检测到病毒 DNA。没有特异性治疗方法。在免疫功能正常的猫，肿瘤会在几个月后自行消退。

7.3.14 猫海绵状脑病

猫的海绵状脑病（Feline spongiform encephalopathy，FSE）是猫感染一种传染性蛋白质即朊病毒（Prion）后引起的神经系统疾病。猫的海绵状脑病首先报道于欧洲国家动物园饲养的猎豹、美洲狮、豹猫、老虎。目前怀疑的猫海绵状脑病主要是由于摄入了牛海绵状脑病患牛组织引起的。牛海绵状脑病（Bovine spongiform encephalopathy，BSE）又称"疯牛病"，1985 年首次报道于英国，以后美国、加拿大、新西兰等国也相继报道。1991 年英国牧场奶牛暴发 BSE，损失严重。也有临床病例表明 FSE 垂直传播的可能性。此外也见于家猫。患病猫通常表现行为上的变化，如攻击性增强或性格异常温顺，之后出现由后肢逐渐波及到前肢的共济失调、对外界刺激异常敏感、头部震颤、大量流涎、第三眼睑突出、失明。潜伏期可能在 8 周左右。病理组织学发现脑和脊髓的神经纤维网的海绵状退化，尤其是在丘脑和基底核。

猫海绵状脑病的诊断可通过组织病理学检查进行，病猫呈现典型海绵状脑病病变，脑内出现原纤维和修饰的 PrP 蛋白。

目前尚无有效疗法，感染猫常以死亡告终。如生前怀疑患猫为海绵状脑病，可实施安乐死术。

疯牛病的致病因子仅存在于病牛的脑、脊髓和小肠内，因此，避免猫摄入以上 BSE 感染组织，就可有效防止本病发生。按照 BSE 的根除计划，改变饲料加工程序就可消除该病在宠物中流行。

目前没有证据表明猫的海绵状脑病对人类的感染。

7.4 犬猫细菌性疾病

7.4.1 破伤风

破伤风（*Tetanus*）是由破伤风梭菌感染所产生的特异性神经毒素所引起的毒素血症。发病后机体呈强直性痉挛、抽搐，可因窒息或呼吸衰竭死亡。本病在世界范围内广泛分布。本病是人兽共患病，各种家畜对破伤风均有易感性，犬猫亦可感染破伤风梭菌，但较其他家畜易感性低。

[病原] 破伤风梭菌（*Clostridium tetani*）也称强直梭菌，菌体细长，大多单个存在，大小为（0.5～1.7）μm×（2.1～18.1）μm，有周身鞭毛、无荚膜。本菌的典型特征是在动物体内外都可形成芽孢，芽孢正圆，比菌体粗，位于菌体一端，使菌体呈鼓槌状或球拍样。该菌严格厌氧，在普通培养基中生长良好，在肉汤培养基中略呈混浊，然后沉淀。在血液平板上 37℃ 培养 48h 后呈薄膜状爬行生长，并伴有 β 溶血。生化反应（糖发酵、分解蛋白等）随培养基的不同而有所差异。

破伤风梭菌能产生两种毒素，一种是破伤风痉挛毒素，此毒素是作用于神经系统的神经毒素，可使动物发生特征性强直症状，其毒性仅次于肉毒梭菌毒素。另一种是溶血毒素，可使红细胞发生溶血，组织坏死，与破伤风梭菌的致病性无关。

本菌的繁殖体抵抗力不强，煮沸 5min 可将其杀死，一般消毒药均能在短时间内将其杀死。芽孢抵抗力强，在土壤中可存活数十年，芽孢可耐煮沸 1.5h，但高压（121℃，10min）可破坏。3% 的碘制剂消毒有效，但常规浓度的酚类、来苏尔和福尔马林效果不佳。

[流行病学] 由于破伤风梭菌及其芽孢在自然界中分布甚广，极易通过伤口途径侵入体内。钉伤、刺伤、脐带伤、阉割伤等可引起感染。病菌在一般的浅表伤口不能生长繁殖，感染的重要条件是创口内形成厌氧微环境。小而深的创伤（如刺伤），创口过早被血凝块、痂皮、粪便及土壤等覆盖，创伤内组织发生坏死及与需氧菌混合感染等情况下，创伤内形成的厌氧环境有利于破伤风梭菌繁殖。由于本病是创伤感染后产生的毒素所致，因而不能通过直接接触传播，常表现为散发。本病季节性不太明显，不同品种、年龄、性别的易感动物均可发病，幼龄较老年动物易感。

[症状] 破伤风潜伏期与伤口深度、污秽程度和伤口部位有关，一般为 5～10d，有时可长达 3 周。伤口深且小，厌氧条件好的发病急；受伤部位越靠近中枢，发病越迅速，病情也越严重。由于犬和猫对破伤风毒素抵抗力较强，故临床上局部性强直较常见，表现为靠近受伤部位肌肉或肢体发生强直和痉挛，且往往从近伤口处开始僵硬，并可能逐渐波及到整个神经系统。患病动物有时耳朵僵硬竖起、耳和脸部肌肉收缩、瞬膜突出外露。其他症状可见牙关紧闭、流口水、心跳和呼吸节律改变、喉头痉挛、吞咽困难。轻微的刺激可能引起全身肌肉周期性强直

收缩和角弓反张，部分病例可能出现癫痫性抽搐。患病动物因呼吸肌痉挛，出现呼吸困难而死亡。疾病过程中一般患犬或患猫神志清楚，体温一般不高，有饮食欲。

临床上，破伤风的症状、病程和严重程度差异很大。急性病例可在2～3d内死亡；若为全身性强直病例，由于患病动物饮食困难，常迅速衰竭，有的3～10d死亡，其他则缓慢康复；局部强直的病犬一般预后良好。

[诊断] 根据病犬和病猫的特殊临床症状，如骨骼肌强直性痉挛和应激性增高，神志清醒，一般体温正常及多有创伤史等，即可怀疑本病。

涂片镜检：采取创伤处分泌物或坏死组织等病料涂片，做革兰氏染色，可见到形状如鼓槌的单个或呈短链的阳性菌。

[治疗] 本病须及早发现及早治疗才有治愈希望。治疗原则为加强护理、消除病原、中和毒素、镇静解痉及其他对症疗法。

（1）加强护理　将病犬或病猫置于干净及光线幽暗的环境中，冬季应注意保暖，要保持环境安静，以减少各种刺激。采食困难者，给以易消化营养丰富的食物和足够的饮水。

（2）中和毒素　这是特异性治疗破伤风的方法，早期使用破伤风抗毒素，疗效较好。一般犬猫推荐应用的破伤风抗毒素用量为每千克体重100IU，可分点注射于创伤周围组织，亦可静脉注射。静脉注射时，为防止发生过敏反应，患病动物可预先注射糖皮质激素或抗组胺药。精制破伤风类毒素2mL皮下注射，可提高机体的主动免疫力。

（3）镇静解痉与其他对症疗法　患病犬猫出现强烈兴奋和强直性痉挛时，可用镇静解痉药物，如氯丙嗪、戊巴比妥钠等；采食和饮水困难者，应每天补液、补糖；酸中毒时，可静注5%碳酸氢钠以缓解症状；喉头痉挛造成严重呼吸困难，可施行气管切开术；体温升高有肺炎症状时，可采用抗生素和磺胺类药。

[预防] 主要是防止发生外伤，一旦受伤应及时进行外科处理，对较大和较深的创伤，可注射破伤风抗毒素或类毒素，以增加机体的被动和主动免疫力。犬和猫去势时，可注射破伤风抗毒素预防。

7.4.2　大肠杆菌病

大肠杆菌病（*Colibacillosis*）是由大肠埃希菌的某些致病性菌株引起的人和动物的常见传染病，广泛存在于世界各地。本病的特征为严重的腹泻和败血症。大肠杆菌是动物体内的常在菌，在出生几周的幼龄动物身上很常见。如果菌体大量繁殖，可以诱发急性感染，导致严重的并发症，需要立即进行治疗。大肠杆菌感染，会引起机体的菌血症、毒血症、甚至脓毒败血症，在一些幼龄动物，本病常伴发或继发于细小病毒感染，此时会增加幼龄动物的死亡率。

[病原] 大肠埃希菌又称大肠杆菌，是中等大小的短杆菌，两端钝圆，有的近似球杆状，不形成芽孢，有鞭毛能运动，但也存在具有鞭毛但不能运动的变异株。多数菌株具有荚膜，革兰氏染色呈阴性。有些菌株表面具有一层有黏附性的纤毛，是一种毒力因子。

患病动物从粪便排菌，广泛污染环境、饲料、饮水等。易感犬猫通过消化道呼吸道感染，本病的易感动物主要为幼龄动物。

[症状] 症状包括呕吐、食欲降低、脱水、心率升高、精神沉郁、腹泻、体温降低等。本病的潜伏期长短不一，3～4d。幼龄动物表现为精神沉郁、体质衰弱，食欲不振。最明显的症状是腹泻，排黄绿色或黄白色的黏稠度不均的带腥臭味的粪便。幼龄动物的粪便中常常混有凝乳块，肛周及尾部被粪污染。疾病后期，动物会出现脱水症状，黏膜发绀，濒死期体温会下降，死前可能会出现神经症状。

[诊断] 根据流行病学、临床特点和剖检特征可以做出初步诊断，但精确诊断需要依据实验室检查。常用的实验室检查方法包括直接涂片镜检和分离培养。

[治疗] 最有效的方法是分离病原后进行药敏试验，选择最敏感的药物进行治疗。如果没有条件可以根据用药经验进行治疗。首先要纠正动物的脱水状态，其次预防幼龄动物低血糖的发生，再次给予恰当的抗生素治疗（头孢噻肟、头孢氨苄，庆大霉素、卡那霉素），最后纠正其他伴发疾病（如细小病毒感染等），纠正动物的电解质紊乱状态。

7.4.3 诺卡氏菌病

诺卡氏菌病（*Norcardiosis*）是由诺卡氏菌属细菌引起的一种人兽共患的慢性病，特征为组织化脓、坏死或形成脓肿。本病广泛分布于世界各地。

[病原] 犬猫诺卡氏菌病多由星形诺卡氏菌（*Nocardia asteroides*）引起，巴西诺卡氏菌（*Nocardia braziliensis*）和豚鼠诺卡氏菌（*Nocardia caviae*）也可引起。诺卡氏菌与放线菌属形态相似，为丝状，但菌丝末端不膨大。革兰氏染色阳性，抗酸染色呈弱酸性。培养早期菌体多为球状或杆状，分枝状菌丝较少，时间较长则可见有丰富的菌丝体。病灶，如脓、痰、脑脊液中细菌为纤细的分枝状菌丝。

本菌为专性需氧菌。在普通培养基和沙氏培养基中，室温或37℃可缓慢生长，菌落大小不等，不同细菌产生不同色素。星形诺卡氏菌和豚鼠诺卡氏菌菌落呈黄色或深橙色，表面无白色菌丝。巴西诺卡氏菌表面有白色菌丝。

[流行病学] 诺卡氏菌是土壤腐物寄生菌，在自然界广泛分布，而诺卡氏菌病却并不多见。本病主要发生在生长带有锐刺草的地区，犬的发病率比猫高，免疫功能降低的犬猫容易发生感染。各种年龄、品种和性别的犬、猫都可发病，主要通过吸入、摄入和外伤途径感染。

[症状和病变] 诺卡氏菌通过呼吸道、外伤和消化道进入动物机体，再通过淋巴和血流播散到全身，能在脾、肾、肾上腺、椎骨体和中枢神经系统引起化脓、坏死和脓肿。临床症状分为全身型、胸型和皮肤型3种。

全身型症状类似于犬瘟热，由于病原在动物体内广泛播散，动物表现体温升高、厌食、消瘦、咳嗽、呼吸困难及神经症状。

胸型在犬和猫都有发生，症状为呼吸困难，高热及胸膜渗出，发生脓胸，渗出液像西红柿汤。X射线透视可见肺门淋巴结肿大，胸膜渗出，胸膜肉芽肿，肺实质和间质结节性实变。

皮肤型多发生在四肢，损伤处表现蜂窝织炎、脓肿、结节性溃疡和多个窦道分泌物类似于胸型的胸腔渗出液。

[诊断] 根据流行病学和临床症状可得出初步诊断，确诊需实验室进行分泌物或活组织涂片染色和人工培养检验。脓汁或压片检查可见有革兰氏阳性和部分抗酸性分枝菌丝。进行分离培养的样品不能冷冻。可用血液琼脂于37℃培养，菌落干燥、蜡样，用接种针不容易挑取，在厌氧条件下不能生长，对分离的细菌可做进一步的生化鉴定。

[治疗] 包括外科手术刮除、胸腔引流以及长期使用抗生素和磺胺类药物。用磺胺嘧啶治疗，每千克体重40mg，3次/d，口服；磺胺二甲氧嘧啶按每千克体重24mg，3次/d，口服。也可用磺胺增效剂及磺胺和青霉素联合应用，青霉素最初的剂量可高达每千克体重10万～20万单位；氨苄青霉素每千克体重150mg/d。另外，还可用红霉素和二甲胺四环素治疗。治疗一般需6个月以上，如果治疗得当，皮肤型治愈率可达80%，胸型达50%，全身型只有10%左右。

7.4.4 肉毒梭菌毒素中毒

肉毒梭菌毒素中毒（*Botulism*）指摄取腐败动物尸体或饲粮中肉毒梭菌产生的神经毒

素——肉毒梭菌毒素而发生的一种中毒性疾病，临诊上以运动中枢神经麻痹和延脑麻痹为特征，死亡率很高。本病是人类一种重要的食物中毒症，多种其他动物亦可发生。

[病原] 肉毒梭菌 (*Clostridum botulinum*) 为革兰氏阳性粗短杆菌，大小 $0.9\mu m \times (4\sim 6)\mu m$，能形成芽孢，芽孢位于菌体的次极端，比菌体粗。该菌严格厌氧，可在普通琼脂平板上生长，产生脂酶，在卵黄培养基上菌落周围出现混浊圈。肉毒毒素是已知最剧烈的毒物，比氰化钾强 1 万倍。根据所产生的神经毒素的抗原性差异可将该菌分 A~G 7 个型。

肉毒梭菌的繁殖体抵抗力不强，加热 80℃30min、100℃10min 可被杀死。细菌芽孢对热有较强的抵抗能力，可耐热 100℃1h 以上，但肉毒毒素不耐热，煮沸 1min 即可被破坏。

犬对该毒素有相当的抵抗力，较少发病，猫则极少见。自然发病主要因动物摄食腐肉、腐败饲料和被毒素污染的饲料、饮水而经口传播。人的食品在制作过程中被肉毒梭菌芽孢污染，制成后未彻底灭菌，芽孢在厌氧环境中发育繁殖产生毒素，食前又未经加热烹调食入已产生的毒素而发生中毒。

[症状] 动物肉毒梭菌毒素中毒症状及其严重程度取决于摄入体内毒素量的多少及动物的敏感性。潜伏期数小时至数天，一般症状出现越早，说明中毒越严重。犬的初期症状为进行性、对称性肢体麻痹，一般从后肢向前延伸，进而引起四肢瘫痪，但此时尾巴仍可摆动。患犬反射机能下降，肌肉张力降低，呈明显的运动神经机能病的表现。病犬体温一般不高，神志清醒。由于下颌肌张力减弱，可引起下颌下垂、吞咽困难、流涎。严重者则两耳下垂，眼睑反射较差，视觉障碍，瞳孔散大。有时可见结膜炎和溃疡性角膜炎。严重中毒的犬只，由于腹肌及膈肌张力降低，出现呼吸困难，心率快而紊乱，并有便秘及尿潴留。发生肉毒梭菌毒素中毒的犬死亡率较高，若能恢复，一般也需较长时间。

[诊断] 根据临床特征，如典型的麻痹，体温、意识正常，死后剖检无明显变化等，结合流行病学特点，可怀疑为本病。确诊时，需在可疑饲料、病死动物尸体、血清及肠内容物内查到肉毒梭菌毒素作出诊断。

[治疗] 主要靠中和体内的游离毒素，为此可应用多价抗毒素。犬的肉毒梭菌毒素中毒病例多由 C 型毒素引起，故可应用 C 型抗毒素治疗。也可肌注或静脉注射 5mL 多价抗毒素。

对于因食用可疑饲料而中毒的犬只，应促使胃肠道内容物的排出，减少毒素的吸收，为此可应用洗胃、灌肠和服用泻剂等方法。结合临床症状进行对症治疗。

[预防] 肉毒梭菌毒素加热 80℃30min 或 100℃10min 就可失去活性，故饲喂犬猫的食物应尽量煮沸；不要让犬猫接近腐肉等。

7.4.5　放线菌病

放线菌病 (*Actinomycosis*) 是由放线菌引起的一种人兽共患慢性传染病，特征为组织增生、形成肿瘤和慢性化脓灶。本病广泛分布于世界各地。

[病原] 放线菌是介于真菌和细菌之间，近似丝状的原核微生物。革兰氏阳性、非抗酸性、不形成芽孢，无运动性。直径 $0.5\sim 0.8\mu m$，有分支。本菌厌氧或微需氧。放线菌在自然界中有较强的抵抗力，广泛存于污染的土壤、饲料和饮水中，也可在正常犬猫的口腔和肠道内存在。一般消毒药物可将其杀死，但对石炭酸有较强的抵抗力。菌体对青霉素、链霉素、四环素、头孢菌素、磺胺类药物敏感。

[症状] 发病皮肤出现蜂窝织炎、脓肿和溃疡结节，有的可能发展为瘘管并流出具有恶臭的分泌物。胸部放线菌病多见于犬，主要由吸入放线菌或异物穿透伤引起。发病初期，动物出现体温升高和咳嗽，体重减轻。当胸膜出现病变时，由于胸腔内有渗出物而表现出胸摩擦音，

甚至出现呼吸困难。犬猫也可见放线菌性骨髓炎，随着疾病的发展可能出现脑膜炎或脑膜脑炎。腹部放线菌较少见，可能是继发于肠穿孔，引起局部腹膜炎、肠系膜和肝淋巴结肿大，临床症状变化较大，一般表现为体温升高和消瘦。

[诊断] 放线菌病的临床表现和病理变化有其特殊性，不易与其他细菌感染相混淆，因此通过视诊可以初步确诊。放线菌感染的特性是在病料渗出液中出现硫化颗粒，肉眼可见，为灰白色颗粒。取脓汁、渗出物和病变组织做涂片，革兰氏染色后镜检，可以见到特殊的阳性染色。

[治疗] 皮肤型放线菌病容易治愈，但所需治疗周期较长。通常需要通过外科手术联合长期抗生素疗法。可选的抗生素包括青霉素、克林霉素、林可霉素。治疗周期可长达数月，直到无临床症状且 X 射线照片正常为止。脊髓炎型和腹部放线菌病较难治愈，通常采取抗生素外加对症治疗，治愈率较低。

[预防] 预防本病的发生需要采取综合性措施，重点应是加强日常的卫生消毒工作，尽可能避免环境中存在病原。防止异物穿透伤的发生，一旦发现积极干预治疗。

7.4.6 巴氏杆菌病

巴氏杆菌病（*Pasteurellosis*）主要是由多杀性巴氏杆菌引起的多种动物和人的传染病。本病可经由犬或猫咬伤而传播，因此犬猫之间的打斗是主要的诱因。同时，人被犬猫咬伤后也可以引起咬伤性感染。本病分布广泛，世界各地均有相关报道。

[病原] 本病的病原是巴氏杆菌，呈球杆状或短杆状，革兰氏染色呈阴性。其为兼性厌氧菌，对营养要求较严格，在加有血液、血清或微量血红素的培养基上生长良好。但在普通培养基上或麦康凯培养基上生长不佳。本菌对物理或化学因素抵抗力差，在干燥环境中很快死亡。巴氏杆菌通常定居于犬猫的鼻腔、口腔和扁桃体部位。犬带菌率为 12%～19%，猫为 52%～99%。一般从临床健康的猫分离的为多杀性巴氏杆菌多杀种和多杀性巴氏杆菌败血种。新生幼犬也对来自于它们母亲口腔的巴氏杆菌敏感，因此要做好新生幼犬的防护。

[症状] 一般与犬瘟热或猫泛白细胞减少症等疾病混合发生或继发，幼犬感染时症状明显，成年犬因单独感染而发病的不多。动物表现为体温升高到 40℃ 以上，精神沉郁，食欲减退或拒食，呼吸急促，严重的可导致呼吸困难。动物结膜充血且分泌物多，咳嗽并伴有红色鼻液。疾病中后期可能出现神经症状，如痉挛、抽搐、肢体麻痹等。急性严重的病例可在短时间内死亡。

[诊断] 根据临床症状、病理变化不能做出精确诊断，必须进行实验室检查方可确诊。可采取分泌物或组织病料做涂片镜检。也可采用血清学检查，利用平板凝集实验检测动物的抗体水平。也可做细菌的分离培养及鉴定。

[治疗] 广谱抗生素和磺胺类药物都有一定的疗效。常用的药物有，四环素每千克体重 50～100mg，口服，连用 4～5d；阿米卡星每千克体重 5～10mg，肌内注射，每天 2 次；磺胺二甲嘧啶每千克体重 150～300mg，口服，连用 4～5d。

7.4.7 坏死杆菌病

坏死杆菌病（*Necrobacillosis*）是由坏死梭杆菌引起各种哺乳动物和禽类的一种慢性传染病，主要引起受损伤的皮肤和皮下组织、消化道黏膜、蹄、趾部发生组织坏死，有的在内脏形成转移性坏死灶。本病多发生于牛、羊等动物，虽然对犬猫的感染性较低，但也有相关报道。

[病原] 坏死杆菌为革兰氏阴性菌，无荚膜，无鞭毛。本菌为严格厌氧菌。本菌能产生内毒素和杀白细胞毒素，内毒素可使组织坏死，杀白细胞毒素可以使巨噬细胞死亡，释放分解

酶，使组织溶解。从患病动物的病变部位常能直接分离到细菌。本菌对外界环境具有一定的抵抗力，但对理化因素的抵抗力不强。高温、高锰酸钾、酚类等都可以将其杀死。

[症状] 幼犬易经创伤或脐伤感染引起发病。病初无明显异常，随后表现为弓腰排尿，感染部位肿胀，并可能流出脓汁。如果感染四肢会引起动物的关节肿胀和跛行。

成年犬多表现为坏死性皮炎和坏死性肠炎。坏死性皮炎病初表现为瘙痒、肿胀、有热痛感。当脓肿破裂后，流出脓汁，痒觉和炎症消退，及时治疗可在一周内痊愈。坏死性肠炎主要表现为胃肠道症状，出现腹泻、腹痛，粪便恶臭并混有坏死组织等，动物会出现脱水并迅速消瘦。

[诊断] 根据本病的发生部位结合流行病学资料，可以做出初步诊断。但精确诊断需要借助实验室检查。细菌分离时，用厌氧培养法进行培养。也可使用 PCR 方法对坏死杆菌 16S rRNA 进行检查。

[治疗] 首先对病灶部位进行清创处理。再用 1% 高锰酸钾或 3% 过氧化氢溶液进行消毒。局部治疗的同时要结合全身抗生素治疗，如静脉或肌内注射甲硝唑、恩诺沙星、磺胺类药物、四环素等。此外，还应该进行对症治疗（强心、补液、抗毒素等），以调高治愈率。

[预防] 本病的预防还需要采取综合性措施，平时要保持圈舍清洁干燥，粪便清除干净。防止动物间的相互打斗，避免动物出现其他外伤。动物发病后要及时治疗，并对环境进行彻底消毒。

7.4.8 犬链球菌病

链球菌病（*Streptococcosis*）是由致病性链球菌引起的多种家畜，包括犬、猫等动物化脓性感染、败血症以及毒性休克综合征的总称。

[病原] 链球菌（*Streptococcus*）为革兰氏染色阳性球菌，不形成芽孢和鞭毛。直径 $0.6 \sim 1.0 \mu m$，呈链状排列，链的长短与菌种和培养条件有一定的关系，在液体培养基中易形成长链。大多数菌株为兼性厌氧，对培养基营养要求较高，在普通培养基上生长不良，需要补充血液、血清等成分。在血液琼脂平板上形成灰白色、边缘整齐的光滑型小菌落，菌落直径 $0.5 \sim 0.75 mm$。

根据链球菌细胞壁中不同多糖抗原分为 A、B、C、D、E、F、G、H、K、L、M、N、O、P、Q、R、S、T、U 和 V 20 个抗原群。

链球菌作为犬和猫体表、眼、耳、口腔、上呼吸道、泌尿生殖道后段的常在菌群，大多数为条件性致病菌。也可通过呼吸道、消化道、交配、产道感染以及接触污物间接感染。链球菌的易感动物十分广泛，但幼龄动物易感性最高，发病率和死亡率高。

[症状和病变] 对人具有重要致病意义的链球菌 90% 左右属 A 群链球菌，其中以化脓链球菌（*S. pyogenes*）和肺炎链球菌（*S. pneumoniae*）为主。犬、猫化脓链球菌感染较常见，猫也可能感染肺炎链球菌。

A 群链球菌感染一般与直接或间接与人接触有关，人可以是无症状携带者，幼儿 A 群链球菌感染率更高，但犬和猫往往为一过性感染，一般不表现明显的症状或扁桃体肿大。

B 群链球菌可引起子宫内膜炎，新生幼犬菌血症、肾小球肾炎和坏死性肺炎。

C 群链球菌作为猫和犬的常在菌群，可引起犬的急性出血性和化脓性肺炎，引起急性死亡。主要表现为虚弱、咳嗽、呼吸困难、发热、呕血和尿液偏红等。

G 群链球菌作为寄生于犬猫的主要菌群之一，大部分犬猫链球菌感染由其引起。新生动物主要经母畜阴道、脐带感染等引起败血症。存活的小猫可发生颈淋巴结炎和关节炎等。伤口、手术、病毒感染及免疫抑制性疾病等可引起 G 群链球菌的内源性感染。化脓性感染可引起败血症和栓塞性病变，特别是肺脏和心脏部位。G 群链球菌中的犬链球菌（*S. canis*）可引起犬毒性休克综合征（toxic shock syndrome）和坏死性筋膜炎（necrotizing fascitis）。动物表现发热、感染部位极度疼痛，局部发热和肿胀、筋膜有大量渗出液积聚、筋膜和脂肪组织坏死。大部分是由伤口、呼吸道或尿道感染引起，起初可能有皮肤溃疡和化脓，并伴有淋巴结肿大，随后发展为深度的蜂窝织炎等，动物往往有败血型休克症状。

[诊断] 主要依靠微生物学方法诊断，无菌采集病变样本作直接涂片镜检和分离培养。涂片检查可见革兰氏染色阳性球菌，成对、短链状排列。在脓汁样本中有时可见长链排列。分离培养时应接种于绵羊血琼脂平板培养，然后进行生化鉴定和血清学分群。国外已有商品试剂盒供相应的鉴定用。

[治疗] 局部化脓性炎症可参照葡萄球菌病的治疗方法。对系统性感染可选用青霉素 G、氨苄青霉素、头孢菌素、氯霉素等抗生素进行全身性治疗。有条件应进行细菌药敏试验选择敏感药物。

7.4.9　犬支气管败血博代氏菌病

犬支气管败血博代氏菌病的病原是支气管败血博代氏菌（*Bordetella bronchiseptica*），多数病例往往混合感染犬副流感病毒而发生。病的特征为鼻炎、气管炎-支气管肺炎类综合征，是多种动物和人感染的人兽共患传染病，呈世界性分布。

[病原]　支气管败血博代氏菌，是革兰氏染色阴性小杆菌，呈单在或成双、两极着色，具周身鞭毛有运动性，有的有荚膜。严格需氧，在普通培养基上能生长，也能在麦康凯培养基上生长，在马铃薯培养基上生长丰盛，并使马铃薯变棕黑色。多数菌株在血液琼脂培养基上形成 β 溶血圈。不发酵糖类，氧化酶、过氧化氢酶、尿素酶试验阳性。

本菌抵抗力弱，一般消毒剂消毒均有效。

[流行病学] 易感动物十分广泛，几乎对各种动物都有致病性。犬、猫也易感染发病，仔幼犬、猫易感性更高，往往呈全窝发病。患病动物乃至一些带菌健康动物是主要的传染源，不定期地自呼吸道向外排菌扩散。在饲养管理、卫生防疫不佳和饲养密度大的饲养场舍，群体暴发流行危险性很大，往往出现仔幼犬、猫成窝发病的现象。通常随着年龄的增长易感性与发病率下降。群、场、区一旦发生就很难清除。

本病主要通过飞沫、空气中的水气和尘埃经呼吸道传染，哺乳母畜也可通过鼻端接触，经鼻腔传染给幼仔。

[症状与病变] 4～12 周龄幼犬发病率最高，两侧鼻孔出现水样鼻液，轻的呈一时性，有痒感搔鼻；重病例呈鼻漏样，打喷嚏，间歇性剧烈干咳，在轻度触诊时可引起气管诱咳，听诊时在气管和肺区有粗粝的呼吸音，重度病例可因致死性支气管肺炎而死亡。成年和老龄病例症状轻，有的可持续数周干咳，多数能自愈。

[病理变化] 可见鼻炎、气管炎或支气管肺炎变化。肺脏有化脓灶，大小不一，数量不等；肝脏有的也有脓灶，脓灶切开见有乳白色黏稠脓汁。呼吸道黏膜充血、水肿。

[诊断] 病的确诊应采取病料进行实验室检查。主要包括分离培养鉴定或涂片镜检以及血清学检查如凝集试验和免疫扩散试验。

[治疗] 多种抗生素可获临床治疗效果，但不能达到彻底治愈和消除带菌、排菌与再次发病，因为链菌素、土霉素、泰乐菌素、庆大霉素和卡那霉素等的药效达不到鼻腔深部。实践表明，用一种黏液溶解剂和庆大霉素喷雾治疗，效果更明显。

[预防] 其一，强化饲养管理，防疫卫生，检疫隔离，淘汰处理发病、带菌动物和污染场；其二，实施疫苗接种措施进行免疫预防，国外的弱毒活苗给犬滴鼻接种，免疫效果十分满意，国内的巴氏杆菌、博代氏菌二联油乳剂灭活苗的免疫效果也很好。

7.4.10　弯曲菌病

弯曲菌病（*Campylobacteriosis*）是人和多种动物共患的腹泻性疾病之一，该病由空肠弯曲菌和结肠弯曲菌引起。其主要宿主有犬、猫、犊牛、羊、貂及多种实验动物和人。

[病原] 弯曲菌属（*Campylobacter*）细菌菌体弯曲呈逗点状、S形或海鸥展翅状，革兰氏染色阴性，大小为（0.2～0.5）μm×（0.5～5）μm，一端或两端具有单鞭毛、运动活泼。细菌对营养要求较高，需要加入血液、血清等物质后方能生长。本菌对氧敏感，在外界环境中很容易死亡。对干燥抵抗力差，对酸和热敏感，对常用消毒剂敏感。

该属细菌中，空肠弯曲菌（*C. jejuni*）通常与腹泻疾病有关，偶尔也从腹泻动物中分离到结肠弯曲菌（*C. coli*），另外从腹泻犬及无症状犬和猫中分离到乌普萨拉弯曲菌（*C. upsaliensis*）。

[流行病学] 空肠弯曲菌广泛存在于人及多种动物肠道中，这些动物即可成为本病病原体的主要储存宿主和传染源。家禽的带菌率很高，可达50%～90%，一般认为是最主要的传染源。犬和猫空肠弯曲菌的分离率与其年龄及生活环境有关。自由游荡和群养犬猫粪便分离率最高。腹泻者分离率20%～30%，而正常犬猫分离率低于10%。病原菌随粪便排出体外而污染食物、饮水、饲料及周围环境，也可随牛乳和其他分泌物排出散播传染。犬猫的一个重要感染途径是摄食未经煮熟的肉制品，特别是家禽肉和未经巴氏消毒的牛奶。幼犬和幼猫最易感染并表现临床症状。

[症状] 临床表现与摄入的细菌数量、毒力、动物是否具有保护性抗体和其他肠道感染有关。环境、生理、手术应激及并发其他肠道感染可加重病情。

幼龄动物腹泻严重，临床上犬猫主要表现为排出带有多量黏液的水样胆汁样粪便，并持续3～7d，出现血样腹泻的可致死。表现精神沉郁，嗜睡，部分出现厌食，偶尔有呕吐，也可能出现发热及白细胞增多。个别动物可能表现为急性胃肠炎。某些病例腹泻可能持续2周以上或间歇性腹泻。弯曲菌感染可引起胃肠道充血、水肿和溃疡。通常可见结肠充血、水肿，偶尔小肠充血。新生动物主要为急性或慢性回肠结肠炎。

[诊断] 取新鲜粪便在相差或暗视野显微镜下观察弯曲菌的快速运动，据此可作出推测性诊断，特别是在疾病急性阶段，动物粪便中可排出大量病菌，革兰氏染色可见海鸥展翅状细杆菌。细菌的分离鉴定进行确诊。

[治疗] 药敏试验选择抗菌药物治疗，对幼龄腹泻动物需注意补充体液和电解质。

[公共卫生学] 空肠弯曲菌是人类腹泻的重要病原。现已确诊，犬猫和灵长类动物是人类感染的重要来源。新近购进的动物更应加以重视。防止人类从动物感染本病的重要环节是加强肉食品、乳制品的卫生监督，注意饮食卫生。

7.4.11　耶尔森菌病

耶尔森菌病（*Yersiniosis*）是由耶尔森菌主要是小肠结肠炎耶尔森菌引起的多种动物和人共患性传染病，主要表现为小肠结肠炎、胃肠炎或全身性症状等，伪结核耶尔森菌偶尔也可引起发病。

[病原] 本病病原为小肠结肠炎耶尔森菌（*Yersinia enterocolitica*），属肠杆菌科，耶尔森菌属，为兼性厌氧革兰氏阴性球杆菌，偶尔可见两极浓染，不形成芽孢和荚膜。在25℃培养

可形成鞭毛，但在37℃时则不形成或很少有鞭毛。细菌生长对培养基营养要求不高，在麦康凯琼脂上，本菌较其他肠道致病菌生长慢，菌落小，为乳糖不发酵菌落。最适生长温度为20～28℃，耐低温，在4℃能生长。

[流行病学]　多种野生动物及家畜均可作为小肠结肠炎耶尔森菌的储存宿主。从猪、猫和犬中分离的菌株中，致病性菌株所占的比例往往比其他动物高，猪可能是该菌的主要储存宿主。猪、犬、猫等都可呈健康带菌状态。

哺乳动物耶尔森菌病主要是通过饮水和食物经消化道感染，或者因接触感染动物，也可能经过与屠宰工人、饲养管理人员的间接接触而感染。

[症状]　犬表现为厌食、持续腹泻、粪便带有血液或黏液，急性病例可能有腹痛表现。但大多数被感染的犬猫临床症状不明显。

[病变]　剖检可见肠系膜淋巴结肿大、肠黏膜充血和出血。组织学检查表现为慢性肠炎并有单核细胞浸润。

[诊断]　对于犬和猫耶尔森菌感染主要依靠细菌的分离鉴定，但仅从粪便中分离出细菌并不能确诊，因为部分动物是本菌的携带者。若从血液或肠淋巴结中分离到该菌则对于区分临床感染和无症状携带者具有重要意义。

[治疗]　四环素、氯霉素、庆大霉素、头孢菌素以及氟喹诺酮类药物对治疗本病有效。必要时需要进行输液以调节机体水和电解质平衡。

[预防]　由于多种动物可以携带耶尔森菌，因此依靠治疗来消除本病比较困难。良好的饲养管理措施可以减少和避免动物出现临床症状。

[公共卫生]　犬和猫粪便排菌时间尚不完全清楚，但儿童在腹泻停止后排菌时间平均为27d。根据犬猫耶尔森菌感染率比较低的情况来看，宠物感染给人的机会比较低，但也有发生传染的报道。

7.4.12　葡萄球菌病

葡萄球菌病（Stapylococcosis）是由葡萄球菌引起的人和动物多种疾病的总称，在犬猫等小动物中，以局部化脓性炎症多见，有时可发生菌血症、败血症等。

[病原]　葡萄球菌（Staphylococcus）为革兰氏染色阳性球菌，直径0.5～1.5μm，固体培养基上生长的细菌一般呈典型的葡萄串状排列，而液体培养物、组织渗出液或脓汁中的细菌往往成簇、成双或短链状排列。该细菌不形成芽孢和鞭毛，某些条件下可形成荚膜。

葡萄球菌对外界环境的抵抗力较强，可在干燥脓汁、痰液中存活2～3个月。加热60℃1h或80℃30min才被杀死。该菌具有很强的耐盐性，在含10%～15%的NaCl培养基中仍能生长，对大部分消毒药物敏感，但应注意，葡萄球菌对抗生素类药物极易产生耐药性。近年来耐药菌株不断出现，给该病的治疗带来诸多困难。

[流行病学]　葡萄球菌可存在于各种温血动物上皮表面和上呼吸道，金黄色葡萄球菌和中间葡萄球菌可存在于外鼻道、皮肤、外生殖道黏膜表面，并且可在胃肠道中短暂存在。表皮葡萄球菌主要寄生于体表皮肤，也可定植于上呼吸道。动物葡萄球菌病，如脓皮病、外耳炎、尿道感染、伤口感染等，大多数为内源性感染，也可通过直接和间接途径传播。

[症状和病变]　中间葡萄球菌是引起犬脓皮病（化脓性皮炎）的重要病原菌之一。临床上，浅表性脓皮病主要特征是形成脓疱和滤泡性丘疹。深层脓皮病常局限于病犬脸部、四肢和指（趾）间，也可能呈全身性感染，病变部位常有脓性分泌物。12周龄以内的幼犬易发生蜂窝织炎（幼犬脓皮病），主要表现为淋巴结肿大、口腔、耳和眼周围肿胀，形成脓肿和脱毛等。感

染犬发热、厌食和精神沉郁。

葡萄球菌还可引起呼吸道、生殖道、血液、淋巴系统、骨骼、关节、伤口及结膜等感染，这类感染大多数为条件性感染，往往继发于其他疾病或感染。此外，中间葡萄球菌和葡萄球菌凝固酶亚种可引发犬外耳炎。

[诊断] 对于非开放性病变，可用无菌注射器采集病料，也可根据具体情况采集血液或尿液样本。采集样本涂片染色镜检可见革兰氏阳性球菌，成簇、成对或短链状。皮肤脓肿样本中细菌稀散。也可将采集的样本接种于普通琼脂和血液琼脂平板进行细菌分离鉴定。

[治疗] 对于脓肿和积脓需要进行排脓处理。大多数浅表性脓皮病可局部使用抗菌剂，如3%六氯酚。而对于弥散性或深部组织脏器感染则需用全身性治疗，可选用氟喹诺酮类、氯霉素、红霉素、头孢菌素及林可霉素等。应注意，葡萄球菌对青霉素、链霉素、四环素等很容易产生抗性，应选用抗青霉素酶的青霉素或经过细菌药敏试验后选择用药。

7.4.13　犬埃利希体病

犬埃利希体病（Canine Ehrlichiosis）是埃利希体属多个成员引起的临床和亚临床感染，其中以犬埃利希体感染最常见，也最为严重，主要以呕吐、黄疸、进行性消瘦、脾肿大、眼部流出黏液脓性分泌物、畏光和后期严重贫血等为特征。幼犬致死率较成年犬高。

[病原] 埃利希体归属于立克次体目，埃利希体科，埃利希体属（Ehrlichia）。埃利希体为专性细胞内寄生的革兰氏阴性小球菌，有时可见卵圆形、梭镖状以及钻石样等多种形态，长度为 0.5～1.5μm。主要存在于宿主循环血液中的白细胞和血小板中。

[流行病学] 本病主要发生于热带和亚热带地区，已证明犬埃利希体群和嗜吞噬细胞埃利希体群成员主要以蜱作为储存宿主和传播媒介。通常情况下，蜱因摄食感染犬的血细胞而感染，尤其是在犬感染的前 2～3 周最易发生犬-蜱传播。带菌蜱在吸食易感犬血液时，埃利希体从蜱的唾液中进入犬体内。急性期后的病犬可带菌 29 个月，临床上用这些犬的血液给其他犬作输血疗法时，可将埃利希体病传给易感犬。这也是一条重要的传播途径。在 1 种非洲豺中曾发现埃利希体可存活 112d。除家犬外，野犬、山犬、胡狼、狐等亦可感染该病。

该病主要在夏末秋初发生，夏季有蜱生活的季节较其他季节多发，多为散发，也可呈流行性发生。

[症状] 根据犬的年龄、品种、免疫状况及病原不同有不同表现。

犬单核细胞性埃利希体病：主要由犬埃利希体感染引起。急性阶段主要表现为精神沉郁、发热、食欲下降、嗜睡、口鼻流出黏液脓性分泌物、呼吸困难、体重减轻、淋巴结病、四肢或阴囊水肿。急性期的临床表现为短时性的，一般不经治疗 1～2 周恢复。通常在感染后 10～20d 出现血小板和白细胞减少。脑膜炎症或出血可引起不同程度的神经症状，如感觉过敏、肌肉抽搐。

犬粒细胞性埃利希体病：主要由伊氏埃利希体或马埃利希体引起。临床上表现为一肢或多肢跛行、肌肉僵硬、呈高抬腿姿势、不愿站立、拱背、关节肿大和疼痛，体温升高。血液学变化包括贫血、中性白细胞减少、血小板减少、单核细胞增多、淋巴细胞增多以及嗜酸性粒细胞增多。

犬循环血小板减少症：主要由血小板埃利希体感染引起。除个别病例出现前眼色素层炎之外，一般没有明显的临床表现。在感染后 10～14d 可引起埃利希体血症和血小板减少。血小板最低限可达 2000～50000 个/μL，血小板凝血能力低下。

[病变] 犬埃利希体感染病例剖检可见贫血，骨髓增生，肝、脾和淋巴结肿大，肺有淤血

点。少数病例还可见肠道出血、溃疡，胸、腹腔积水和肺水肿等。

组织学观察，可见骨髓组织受损，表现为严重的泛白细胞减少，包括巨核细胞发育不良和缺失，正常窦状隙结构消失。慢性感染病犬，骨髓组织一般正常。以嗜中性粒细胞炎症反应为主的多关节炎是粒细胞性埃利希体病的主要特征。

[诊断] 根据临床症状、流行病学可作出初步诊断，确诊需结合血液学检验、生化试验、病原分离和鉴定、血清学试验等。

以新鲜病料接种易感犬能够成功地复制本病。一般采用间接免疫荧光技术（IFA）来进行诊断。PCR 基因扩增技术是目前埃利希体病病原学诊断最有效的方法之一。

[治疗] 及时隔离病犬，及时治疗。常选用四环素类抗生素治疗，可按每千克体重 22mg，口服，3 次/d。应注意用药持续时间，如果治疗见效，至少应持续 3～4 周。对慢性病例，可能要持续 8 周。除了抗生素治疗以外，应配合一定的支持疗法，尤其是慢性病例。

[预防] 病愈犬往往能抵抗犬埃利希体再次感染。有人认为间接荧光抗体的滴度与保护性有着直接关系。由于目前还缺乏有效的疫苗可供应用，消灭其传播和储存宿主——蜱就成为关键。但由于血红扇头蜱宿主范围太广，故将其完全消灭尚有一定困难。

7.4.14 落基山斑点热

落基山斑点热（Rock mountain spotted fever，RMSF）是由立氏立克次体引起的人、犬和其他小型哺乳动物蜱传性疾病。主要分布于西半球，最早在美国西部落基山地区发现，故名。犬感染后未经治疗可引起死亡。

[病原] 本病病原立氏立克次体（*Rickettsia rickettsii*）属立克次体目，立克次体科，立克次体属。本病的分布与其传播媒介——蜱的分布密切相关，在美国西部传播本病的媒介主要为安氏革蜱，其宿主范围很广，幼蜱偶尔叮咬儿童，成蜱主要侵袭家畜和大型野生动物，也叮咬人。立氏立克次体在蜱叮咬宿主时通过唾液传染，一般在附着到宿主身体 5～20h 后才可将立克次体传给宿主。在蜱附着点可能出现坏死病变（焦痂）。

[症状] RMSF 临床表现发热、厌食、精神沉郁、眼有黏液脓性分泌物、巩膜充血、呼吸急促、咳嗽、呕吐、腹泻、肌肉疼痛、多关节炎，以及感觉过敏、运动失调、昏迷、惊厥和休克等不同程度的神经症状。部分感染犬发生多关节炎、多肌炎或脑膜炎时仅表现关节异常、肌肉或神经疼痛，或者这些症状最明显。视网膜出血是该病比较一致的症状，但在疾病的早期可能不明显。某些病犬，特别是出现临床症状而诊断和治疗被耽搁的病犬可出现鼻出血、黑粪症、血尿及出血点和出血斑。公犬常出现睾丸水肿、充血、出血及附睾疼痛等症状。疾病的末期可能出现心血管系统衰竭、肾衰竭等有关的症状。

[诊断] 季节性发病、有被蜱叮咬的病史、发热并结合上述临床表现，可以初步怀疑感染RMSF，但立氏立克次体感染引起的临床症状、血象变化、生化指标及组织病理学变化与其他传染性或非传染性疾病有相似之处，临床诊断时应注意与犬瘟热、细菌性椎间盘脊椎炎、肺炎、急性肾衰竭、胰腺炎、结肠炎、脑膜炎、脑炎以及免疫介导性多关节炎等疾病相区别。临床上，犬 RMSF 与急性埃利希体病难于区分，需要进行实验室检验。

确诊可采用间接免疫荧光抗体技术检测组织样本中的立氏立克次体抗原、PCR 技术检测立克次体 DNA、血清学技术检测抗体滴度等。

[治疗] 口服四环素，每千克体重 22mg，3 次/d，持续 2 周，或口服强力霉素，每千克体重 5mg，2 次/d，对治疗斑点热立克次体感染有效。氯霉素和恩诺沙星的治疗效果基本相同。对脱水和出血性素质可能需要进行必要的支持疗法，当血管受到严重损伤时，输液应慎重。

[预防] 减少蜱的叮咬或消灭蜱是预防本病最有效的方法。犬立克次体血症一般只能持续 5～14d，因此犬不是立氏立克次体的重要储存宿主，对人类的威胁也不大，但工作人员在清除蜱时，应避免手被蜱叮咬。

7.4.15 血巴尔通体病

血巴尔通体病（*Hemobartonellosis*）是由血巴尔通体引起的猫和犬以免疫介导性红细胞损伤，导致动物贫血和死亡为特征的疾病。本病可经吸血昆虫和医源性输血等途径感染，在世界许多地区都有本病存在。

[病原] 犬和猫的血巴尔通体病的病原分别为犬血巴尔通体（*Hemobartonella canis*）和猫血巴尔通体（*H. felis*），属无浆体科（Anaplasmataceae）、血巴尔通体属（*Haemobartonella*）。该微生物由嗜碱性小体组成，多数呈杆状，大小为 200nm～3μm。细胞化学检测表明，该微生物含有大量的 DNA 和 RNA。主要寄生于宿主红细胞表面，有双层膜，但无细胞壁结构。目前尚未能在体外繁殖传代，具有宿主特异性。

[流行病学] 猫血巴尔通体经静脉、腹腔接种和口服感染性血液感染本病，因此，吸血昆虫、猫咬伤都可能发生传染。另外，发病的母猫所产幼猫可被感染，因此应考虑有发生子宫内感染的可能。与猫血巴尔通体相似，犬血巴尔通体可通过输血等发生医源性传播，在实验条件下，可经血红扇头蜱传播。

[发病机制和症状] 血巴尔通体寄生于红细胞表面，与抗红细胞抗体、网状内皮细胞噬红细胞作用有关的免疫介导性红细胞损伤增加了红细胞的脆性，缩短红细胞的寿命，所以猫血巴尔通体病主要表现慢性贫血、苍白、消瘦、厌食，偶尔发生脾脏肿大或黄疸，但贫血程度和发病速度有所不同，其原因尚不清楚。

对急性血巴尔通体病猫，若不进行治疗，约 1/3 因发生严重贫血而死亡，康复者可能复发立克次体血症并在数月至数年内保持慢性感染状态。慢性感染带菌猫，外表正常，但可出现轻度再生障碍性贫血。

一般认为在血液涂片中偶见犬血巴尔通体，其致病作用不强，因此在立克次体感染犬中，应注意检查其他并发的传染性和非传染性疾病，但也有高致病性犬血巴尔通体的报道。与猫的情况相似，免疫抑制可加重立克次体血症。

[诊断] 犬和猫血巴尔通体病的诊断方法主要是制作外周血涂片，应用瑞-姬氏染色检查，或用 PCR 技术检测病原特异性的核酸片段。血象和生化指标的变化并非本病所特有的，因此其诊断意义不大。

[治疗] 四环素是本病的首选药，同时用糖皮质激素或其他免疫抑制性药物终止免疫介导性红细胞损伤。对四环素有抗性的菌株可选用甲硝唑每千克体重 40mg，连用 21d。

7.4.16 支原体病

支原体病（*Mycoplasmosis*）是由于动物感染了支原体而引起机体器官、系统功能障碍的疾病。支原体为黏膜上正常的菌群，在健康动物的很多部位黏膜中都可以分离到这些病原。因为支原体既能从健康动物身上分离得到，也可从患病动物身上分离得到，因此很难确定其致病性。多数情况下其作为条件致病菌，继发于其他病因引起炎症。

[病原] 常见感染犬的支原体有三个种，常见感染猫的支原体有两个种。支原体是营自由生活的微生物。它们没有坚硬的、起保护作用的细胞壁，依靠从周围环境中摄取的营养物质生活。

[症状] 根据支原体感染动物的部位不同，动物可能出现不同的症状。在猫中，最常见的

症状包括结膜炎、肺炎、生殖系统疾病、多发性关节炎、脓肿等。在犬中，最常见的症状包括肺炎、肾炎、膀胱炎、生殖系统疾病、多发性关节炎等。

[诊断] 支原体感染与其他细菌感染引起的临床症状很相似，包括中性粒细胞和单核细胞增多等。但在支原体感染的动物的分泌物中，最常见的细胞类型为非再生性中性粒细胞。在犬，单纯由支原体引起的下呼吸道炎症很难与细菌和支原体混合感染的影像相区别。由于支原体在健康动物的黏膜表面也存在，因此即使检测出病原也不能说明存在支原体感染。抗支原体药物的治疗可以帮助对此类疾病进行诊断。

[治疗] 泰乐菌素、红霉素、克林霉素、林可霉素、四环素、氯霉素、氨基糖苷类、恩诺沙星等均可以有效治疗支原体感染。对于没有危及生命的病患，通常采用多西环素治疗，对于混合感染或危及生命的病患，通常使用恩诺沙星治疗。妊娠动物可用红霉素或林可霉素治疗。

[预防] 犬猫的多数支原体感染都是机会性感染，且与其他炎症原因有关，因此不太可能通过动物间的间接接触传播。然而，猫支原体可以通过结膜分泌物在猫间相互传播。

7.5　犬猫真菌性疾病

7.5.1　孢子菌病

孢子菌病（*Microsporosis*）是由小孢子菌（*Microsporum*）感染人或宠物的被毛、皮肤、趾部等组织引起的一种常见的浅表性、高度传染性皮肤癣菌病。临床特征表现为瘙痒、皮屑，并引起被毛的脱落和折断，是一种危害人类和宠物健康及毛皮动物养殖业的重要疾病。该病在世界范围内广泛分布流行，是一种人兽共患传染病，能够感染人和多种动物，包括犬、猫、家兔、狐狸、丹顶鹤、猴、牛、绵羊、大熊猫等。通过临床大量流行病学调查分析，多种小孢子菌属成员具有致病性，犬小孢子菌和石膏样小孢子菌是宠物临床上最为常见的致病菌。

[病因]

（1）犬小孢子菌　犬小孢子菌又名羊毛状小孢子菌、犬齿小孢子菌，属于真菌门、半知菌亚门、丝孢纲、丛梗孢目、丛梗孢科、小孢子菌属。犬小孢子菌为亲动物性真菌，广泛存在于自然界中，具有角蛋白酶，易于侵入犬猫的皮肤角质层。犬小孢子菌是头癣、体癣及少数甲癣的一种主要病原，常常感染人类及宠物犬猫，是较为常见的致病性真菌。

（2）石膏样小孢子菌　该菌属于真菌门、半知菌亚门、丝孢纲、丛梗孢目、丛梗孢科、小孢子菌属。为亲土性、亲动物性及毛发外型感染的皮肤癣菌，主要存在于土壤中，通过"毛发诱饵"实验能够从世界各个地方的泥土中分离出。石膏样小孢子菌有弧形矮小菌和石膏样矮小菌两种性期。石膏样小孢子菌的感染范围较广，可以感染人和犬、猫、兔、鸡、马、猴、虎、大熊猫等多种动物，该菌或其孢子直接接触人和动物是传播的主要途径。

[症状] 该病多发生于幼龄、老龄和体质虚弱与机体抵抗力较低的宠物犬猫。宠物患孢子菌病时，临床症状根据感染病原、机体状态及外界环境的差异表现隐性带菌、局部病变或全身性感染。局部的病变的现象最为常见，易感的部位多局限于犬面部、耳朵、四肢、趾爪或躯体某一特定部位。

病灶外观多样，被感染皮肤界限明显，呈圆形、椭圆形或不规则状。患区毛发断裂，出现不同程度的脱屑、结痂及脱毛。感染初期皮肤局部毛发变脆，在靠近皮肤处断流形成可见灰色鳞屑及痂皮的秃斑，残留毛发断端。随着病情加重，脱毛区逐渐扩大，病变中央真菌趋于死亡，外围区域真菌活跃，出现大面积的皮损，严重者毛囊被破坏，出现一定程度的毛囊炎。

由于炎性反应、渗出物及动物抓搔加重皮肤的损伤，严重时形成痂皮并化脓并有脓性分泌物，引起肉芽肿样毛囊炎，导致皮肤或皮下出现结节，并伴有溃疡和化脓灶。石膏样小孢子菌可引起深层的化脓性皮肤真菌损伤，出现单个或多个结节，形成脓癣。

[诊断] 本病可根据皮肤病患宠的年龄，发病季节，临床病史调查，发病部位范围为局部或者全身性，外观出现脱屑、脱毛、毛囊炎、脓癣等皮肤病变等临床症状进行初步诊断。应首先考虑排除真菌性皮肤病的发生，具体病原需实验室诊断进行鉴定，常规的检验方法是患处皮肤和毛发的显微镜检查，伍德氏灯检查，皮肤病料的真菌分离培养，组织病理学检查和病原核酸的分子生物学检查。其中，患处皮肤和毛发的显微镜检查和伍德氏灯检查是临床最为常用的检查。

[治疗] 治疗原则，消除病因，防止继发感染，加强饲养管理，药物疗法为主，辅以营养支持疗法。全身性感染并发脓癣症时，应口服或注射抗真菌药和抗细菌药物，口服灰黄霉素，每千克体重 15mg，一日两次；口服酮康唑，每千克体重 10mg，一日一次；口服伊曲康唑，每千克体重 5～10mg，一日一次；皮下注射氨苄西林钠，每千克体重 20mg，一日两次。

若为局灶性皮肤病，可将患部毛剃除，剃毛时应特别小心不要剃伤皮肤，以避免病灶的扩散。局部使用抗真菌药物克霉唑乳膏（洗剂或溶液）、酮康唑乳剂、特比萘芬乳剂、洗必泰软膏、恩康唑乳剂；联合复方中药洗液涂擦患处，具有较好的治疗效果。此外，应对患宠加强护理，补充复合维生素 B；查找传染源，及时对宠舍及其周围环境消毒，消灭致病菌，防止继发感染或二次感染。

7.5.2　念珠菌病

念珠菌病，又称为鹅口疮，是由念珠菌属中的白色念珠菌感染人或动物的皮肤、黏膜和内脏所引起的急性、亚急性或慢性人兽共患传染病。该菌是一种双相型菌，以共生和致病两种状态存在于人及动物体内皮肤、口腔、生殖道及胃肠道黏膜表面，在自然界分布广泛，呈世界性分布。白色念珠菌是常见的一种条件致病性真菌，是最为常见的霉菌性疾病，随着近年来宠物临床的发展，关于宠物犬猫的念珠菌病时有报道。

[病因] 白色念珠菌（*Candida albicans*），又称为白假丝酵母菌，属于真菌界、子囊菌门、酵母菌亚门、酵母纲、酵母目、德巴利氏酵母科、念珠菌属。念珠菌属成员众多，迄今发现 400 余种，能够感染人类及动物的念珠菌有几十种。白色念珠菌是临床上最为常见、发病率最高、毒力最强的念珠菌。白色念珠菌是一种无性繁殖的双相型真菌，在自然界分布广泛，也是人、犬和猫等动物的皮肤、口腔、生殖道及胃肠道黏膜表面的正常菌群之一。其可以通过水平传播和垂直传播的途径传播疾病。

[症状] 白色念珠菌感染宠物可以造成浅表层皮肤感染，也能造成深层组织感染。表层感染通常是局灶性的，感染范围比较局限，多见于皮肤和黏膜的感染。患宠皮肤病变可见红斑、斑痕、脓疱及囊肿现象，在病灶处渗出物增多和皮肤结痂现象可见唾液分泌过多，耳道流脓，包皮流脓，阴道渗出增多等现象。在黏膜处的病变以溃疡为特征，可出现多个不愈性溃疡，溃疡灶可见灰白色斑，边缘有红斑。深层组织感染通常是弥散性的，症状较为严重，多见全身性的临床症状。可见患宠精神萎靡，食欲减退，发热，吞咽困难，呕吐，腹泻，排尿困难，血尿，出血性皮肤损伤，跛行，淋巴结肿大等。

[诊断] 本病可根据皮肤病患宠病史调查，发病部位及范围，皮肤出现局限性或全身性病变，尤其鼻面部皮肤和黏膜出现红斑和白斑、感染处有渗出物等临床症状进行初步诊断。应首先考虑排除脓皮病、浅表性皮炎、蠕形螨病、自身免疫性疾病、肿瘤性疾病、细菌病或马拉色

氏菌病等的发生，具体病原需进行实验室诊断进行鉴定，常规的检验方法是患处皮肤组织显微镜观察、病理学检查、病原的分离鉴定、病原核酸的分子生物学检查和血清学检查。

[治疗] 治疗原则为消除病因，防止继发感染，加强饲养管理。以抗真菌药物疗法为主，辅以营养支持疗法。治疗时应根据患宠发病的严重程度和发病部位选择相应的治疗方案。

7.5.3 隐球菌病

隐球菌病（Cryptococcosis），又称为隐球酵母病，是一类由隐球菌属成员新生隐球菌感染人或动物的呼吸道、中枢神经、皮肤、淋巴结和内脏器官组织所引起的一种亚急性或慢性深部真菌病。该病发病率低，危害性大，甚至危及生命，是一种危害严重的人兽共患病。新生隐球菌是一种环境腐生菌，呈世界性分布。该病原在自然界分布较广泛，环境中以酵母菌形式存在，多存在于土壤和禽粪中，尤其是鸽子粪中，在干燥的环境中可生存 1 年。新生隐球菌能够感染人及犬、猫、猪、马、牛、羊和禽类等，常见于犬和猫。新生隐球菌主要侵害犬猫的皮肤、肺部、消化系统和中枢神经系统，犬全身皮肤均易感染，猫主要发生头部皮肤感染。人饮用被污染的生牛奶，也可能被感染，危害严重，该病具有一定的公共卫生学意义。

[病因] 新生隐球菌属不完全菌纲隐球菌目隐球菌属，是一种酵母样真菌。新生隐球菌是一种广泛存在于自然环境中的条件致病菌，可从水果、蔬菜、土壤、桉树花和各种鸟类排泄物中分离到，其中从鸽粪中分离出的新生隐球菌被认为是引起人类与动物感染的最重要来源。

当机体处于免疫力功能受损或感染免疫抑制性疾病等情况时，新生隐球菌活化增殖，对人和动物造成极大危害。犬猫的隐球菌病一年四季均有发生，其中春秋季节多见。各个年龄阶段的犬猫均易感，但成年犬发病率较高，猫相对于犬更为易感。

[症状] 新生隐球菌主要侵害犬猫的皮肤、肺部、消化系统和中枢神经系统。感染犬的中枢神经系统和眼部常呈弥散性病变，通常表现为脑膜脑炎、视神经炎和肉芽肿性脉络膜视网膜炎，出现神经症状（跛行、后躯麻痹、类似狂犬病症状）及眼部疾病（眼炎、失明）等。多数犬猫的鼻腔会发生病变及出现呼吸道病变，出现单侧或双侧的鼻孔堵塞及鼻窦炎和肺炎。内脏器官中可见肉芽肿性病变，病变外层一般是网状结缔组织，内含带有荚膜的真菌聚集体。犬全身皮肤均易感染，猫主要发生头部皮肤感染，患处皮肤出现无痛性的丘疹、结节，可继发形成脓疱和溃疡灶，犬常见口鼻部溃烂，发生口炎。

[诊断] 本病可根据皮肤病患宠发病季节，有无接触禽粪及其污染物等临床病史调查，发病部位及范围，皮肤出现局限性扩散性病变，尤其鼻面部出现结节、溃疡、渗出物等临床症状进行初步诊断。应首先考虑排除细菌、真菌、肿瘤性疾病或嗜酸性溃疡等病的发生，具体病原需进行实验室诊断进行鉴定，常规的检验方法是患处皮肤组织显微镜观察、病理学检查、病原的分离鉴定、病原核酸的分子生物学检查和血清学检查。

[治疗] 该病是一种慢性疾病，疗程相对较长。治疗原则为消除病因，防止继发感染，加强饲养管理。以药物疗法为主，辅以营养支持疗法。若隐球菌感染为鼻咽部局灶性病变，可通过手术切除肉芽肿组织，处理基底部病原感染区域，手术时应避免将病菌植入到其他外伤部位。术后注意护理，应口服或注射抗真菌药和抗细菌药，防止继发感染。若患宠出现神经症状，则预后不良。

7.5.4 芽生菌病

芽生菌病（Blastomycosis）是由皮炎芽生菌（Blastomyces dermatitidis）感染人或动物的肺部、皮肤、骨骼、淋巴结和内脏所引起的人兽共患深部真菌传染病。该菌主要通过呼吸系统或破损皮肤黏膜入侵机体建立感染。该病的发病率不高，但能够引起宿主的系统性疾病，致病力强。宠物犬猫的发病报道较少，但在户外活动犬，如猎犬和竞赛犬发病率较高。

[病因] 皮炎芽生菌属于子囊菌门，爪甲团囊目，爪甲团囊科。皮炎芽生菌是一种环境腐生菌，生长于腐败的有机物和树木上，其部分生长孢子存在于潮湿、酸性的沙质土壤中，呈世界性分布。此外，在鸽子和蝙蝠的粪便中检测到该菌的存在。我国近年来也有数起关于人感染皮炎芽生菌的报道，该病呈世界性分布，危害严重，具有一定的公共卫生学意义。

[症状] 皮炎芽生菌感染宠物引起的芽生菌病可以分为肺脏型和皮肤型。临床上肺脏型较为常见，其临床症状多表现为全身性感染，没有明显的指征性病变。多见患宠体重减轻、精神沉郁、食欲减退、发热。肺部建立感染时表现无痰性干咳，呼吸困难。随着病程的发展，可见运动系统（跛行、不耐运动）、神经系统（中枢神经系统受损）、免疫系统（淋巴结肿大）和视力的退化（视网膜脱落、青光眼、失明）。皮肤型多由肺脏型蔓延而来，也可从受损皮肤黏膜直接感染。皮肤病变可见坚实的肉芽肿至增生性肿物，感染皮肤发生丘疹和脓肿，后发展为溃疡和瘘管，溃烂面基底有脓肿小结节。病变可见于机体任何部位，多见于头部和末梢部位。

[诊断] 本病可根据患宠病史调查，发病部位及范围，皮肤出现局限性或全身性病变，尤其皮肤出现小结节和脓肿、出现呼吸障碍等临床症状进行初步诊断。应首先考虑排除其他系统性真菌病、肿瘤性疾病、脚趾疾病、鼻部疾患和异物反应等病的发生，具体病原需实验室诊断进行鉴定，常规的检验方法是患处皮肤组织显微镜观察、病理学检查、X线检查、病原的分离鉴定、病原核酸的分子生物学检查和血清学检查。

[治疗] 芽生菌病发病为全身性感染，若存在脑部感染和严重的肺部感染，预后较差，治疗意义不大。其他情况时，需进行长期的全身抗真菌感染，应口服或注射抗真菌药和抗细菌药，口服伊曲康唑，每千克体重 $5\sim10$ mg，一日两次；口服氟康唑，每千克体重 5mg，一日一次；注射两性霉素 B，每千克体重 $0.25\sim0.5$ mg，隔日一次。

7.5.5　球孢子菌病

球孢子菌病（Coccidioidomycosis），又称为"沙漠风湿"或"圣华金溪谷热"，是由球孢子菌属成员粗球孢子菌感染人或动物的肺部、皮肤和内脏所引起的人兽共患深部真菌传染病。该菌主要通过呼吸系统或破损皮肤黏膜入侵机体建立感染。该病的发病率不高，但致病力强。相比其他病原性真菌，球孢子菌的传播性和致病性较强，是唯一列在美国政府制定的潜在危险生物武器病原体列表中的真菌。宠物犬猫的发病报道较少，常见于户外活动较多的中型犬和大型犬。

[病因] 世界范围内球孢子菌病的报道局限于美国西南部的半干旱地区。该病呈一定的地方性流行，流行区多为半干旱气候，冬季气候温和，较利于真菌繁殖。我国近年来也有数起输入性球孢子菌病的报道，危害严重，该病具有一定的公共卫生学意义。

球孢子菌病在犬等动物与人之间、人与人之间基本不传播，但粗球孢子菌培养物具有高度的传染性。

粗球孢子菌主要经呼吸道吸入感染，也可通过皮肤黏膜损伤感染。菌体进入机体后，首先在肺部建立局部性感染，随后扩散至眼睛、皮肤、淋巴结、骨和其他内脏器官。可在感染灶内观察到 $10\sim80\mu m$ 大小的厚壁球形孢子，内含多个内生孢子。在感染的组织器官的坏死区域，可见丰富的多核白细胞、嗜酸性粒细胞和淋巴细胞的浸润，出现多核巨细胞、上皮样细胞及坏死组织纤维化等现象。

[症状] 球孢子菌病是一种慢性呼吸道病，感染后可扩散至全身多个器官。临床症状与侵害的器官和严重程度相关，差异性较大。全身性感染时没有明显的指征性病变，可见患宠体重

减轻、食欲减退、发热、咳嗽、呼吸困难、骨骼肿胀、跛行、眼炎等症状。病理变化见胸腔、心包腔、腹腔有渗出物。若球孢子菌病由肺脏型蔓延至皮肤，或从受损皮肤黏膜直接感染时，感染犬猫出现结节、脓肿、淋巴结肿大等现象，患犬可出现长骨感染部位破溃排脓现象。

[诊断] 本病可根据患宠病史调查，皮肤出现局限性或全身性病变，尤其皮肤出现小结节和脓肿、出现顽固性咳嗽和呼吸障碍等临床症状进行初步诊断。应首先考虑排除其他系统性真菌病、肿瘤性疾病、脚趾疾病和鼻部疾患等病的发生，具体病原需实验室诊断进行鉴定，常规的检验方法是患处皮肤组织显微镜观察、病理学检查、X线检查、病原的分离鉴定、病原核酸的分子生物学检查、血清学检查和球孢子菌敏感试验。

[治疗] 球孢子菌病为局限性感染时，症状较轻时，口服或注射抗真菌药和抗细菌药，口服酮康唑、伊曲康唑、氟康唑直至患宠粗球孢子菌抗体检测阴性。若球孢子菌病扩散至全身，症状较重时，治疗难度较大，且预后较差，治疗意义不大。

7.5.6 犬鼻孢子菌病

鼻孢子菌病（*Rhinosporidiosis*），又称为鼻孢子虫病，是由西伯氏鼻孢子菌（*Rhinosporidium seeberi*）感染人或动物的鼻黏膜、鼻道及周围皮肤组织而引起的一种罕见的非致死性慢性肉芽肿真菌性疾病。该病主要分布在亚洲、非洲和南美洲地区，是一种自然疫源性人兽共患病。鼻孢子菌病是一类深部真菌感染性疾病，能够感染人及犬、猫、马、牛、水禽等发生息肉样或乳头瘤样皮肤病。在自然界分布较广泛，多存在于湖水、池塘和土壤中。近年来，人们在宠物临床上偶见因宠物犬猫鼻孢子菌病的发生，存在经宠物传播给人的隐患，该病具有一定的公共卫生学意义。

[病因] 近年来，随着对西伯氏鼻孢子菌的超微结构的观察及基因组信息的获得分析，研究人员发现其与鱼类及其他水生动物的寄生虫肤孢虫进化关系较近，认为其极可能是水生寄生虫的一个新的分支，分类介于真菌和动物分支之间。

西伯氏鼻孢子菌难于分离，通常不能够进行体外培养。能够通过六胺银染色法和过碘酸-雪夫染色法（PAS染色法）染色观察，可在组织活检中观察到壁厚的大卵囊结构，孢子囊内部存在子代卵囊结构。该病通常在热带和亚热带水源丰富的地区发生，可能与当地居民或易感动物生食和接触感染西伯氏鼻孢子菌的鱼类及其他水生动物相关。

[症状] 宠物感染西伯氏鼻孢子菌多呈现鼻黏膜和鼻道及周围息肉样或肉芽肿结构。感染早期可见鼻端皮肤出现丘疹，随后逐渐增大形成乳头瘤样或带蒂的息肉样损害，严重时可增生露出鼻孔外，表面光滑，详细观察可见小"脓点"样结构，颜色暗红，质脆易出血。感染局部有痒感，常可见患处出血。鼻腔组织增生可造成鼻孔阻塞而通气不畅，但无全身症状。偶见西伯氏鼻孢子菌感染鼻咽部、上颚及眼结膜处，可造成咽喉及泪囊阻塞，出现干呕、眼睑外翻、流涕和怕光等症状。

[诊断] 本病可根据皮肤病患宠的年龄，发病季节，有无污染水源及水生动物接触史等临床病史调查，发病部位及范围，外观出现息肉样或肉芽肿等皮肤病变等临床症状进行初步诊断。应首先考虑排除曲霉菌病、虫霉病、鼻恶性肉芽肿和隐球菌病的发生，具体病原需实验室诊断进行鉴定，常规的检验方法是患处皮肤组织病理检查和病原核酸的分子生物学检查。

[治疗] 通过手术切除息肉样或肉芽肿结构，处理基底部病原感染区域，手术时应避免将病菌植入到其他外伤部位。术后注意护理，应口服或注射抗真菌药和抗细菌药，防止继发感染。

7.5.7 马拉色菌病

[病因] 厚皮症马拉色菌（*Malasseziasis*）是一种常在的酵母菌，正常情况下少量存在于

外耳道、口和肛门周围以及潮湿的皮褶内。该菌在皮肤上过度生长或皮肤对其敏感时发生皮肤病。犬马拉色菌病常与潜在因素有关，如遗传性过敏、食物过敏、内分泌疾病、皮肤角质化紊乱、代谢病或长期皮质激素治疗。猫马拉色菌病可继发于其他疾病（如猫免疫缺陷病毒病、糖尿病或体内恶性肿瘤）。犬马拉色菌病比较常见，尤其是美国可卡犬、腊肠犬、英国雪达犬、巴吉度犬、西施犬、史宾格犬和德国牧羊犬等。犬舔患部皮肤，是犬马拉色菌感染的主要因素。

[症状] 犬可发生轻度到严重的瘙痒，伴有局部或全身性脱毛、表皮脱落、红斑和脂溢性皮炎。被毛着色和患部皮肤湿红是本病的主要表现。随疾病缓慢发展，受影响的皮肤可发生苔藓化、色素沉积和过度角质化。通常身上散发难闻的体味。病变部位可涉及指（趾）间隙、颈部腹侧、腋窝部、会阴部及四肢折转部。发生甲沟炎时，甲床呈暗褐色，破溃。常并发真菌性外耳炎。猫的症状包括黑色蜡样分泌物的外耳炎、慢性下颌粉刺、脱毛、多发性到全身性的红斑和脂溢性皮炎。

[诊断] 排除其他鉴别诊断疾病。细胞学（胶带标本，皮肤压片）发现单细胞真菌过度生长，可通过高倍镜视野（100×）观察到 2 个以上的卵圆形芽生的酵母菌即可确诊。但在酵母菌过敏时，可能较难找到菌体。皮肤组织病理学出现浅表血管周及间质淋巴细胞性皮炎，角质层有酵母菌或假菌丝。真菌培养鉴定为厚皮症马拉色菌。

[治疗] 对于程度较轻的病例，单纯体表用药通常有效。患病动物应每 2～3d 局部涂擦 2%酮康唑软膏（仅用于犬）或先用 2%洗必泰溶液局部清洗，再涂擦 2%咪康唑，直至病变消退。对中度和重症病例，采用酮康唑口服，每千克体重 5～10mg，12～24h 一次；或伊曲康唑，每千克体重 5～10mg，每天一次，同时用浴液有助于治疗，坚持治疗直至痊愈。

7.5.8 毛霉菌病

毛霉菌病（*Mucormycosis*）是一类由毛霉菌科（Mucoraceae）成员感染人或动物的胃肠道、肺部、皮肤和内脏所引起的人兽共患霉菌及真菌性传染病。在宠物犬猫临床多表现为接合菌病（*Zygomycetes*）、腐霉菌病（*Pythiosis*）和藻菌病（*Lagenidiosis*），主要感染的部位是消化道和皮肤。

[病因] 毛霉菌是一种低等丝状真菌，属于接合菌亚门，接合菌纲、毛霉目、毛霉科，成员众多，目前有 20 余种能够使人和动物发病。

毛霉菌是一类耐热性腐生菌，广泛存在于土壤及腐烂的水果和蔬菜等植物、动物粪便中，以及空气中的腐败有机体内。不仅在正常的动物机体口咽部存在（无致病性），在植物源性饲料和饲草也可以存在，适宜的环境下，常引起饲料发酵霉变，宠物犬猫通过采食霉变的饲料或受损的皮肤接触致病性毛霉菌感染发病。

[症状] 毛霉菌病是一种多病因霉菌病，感染后可扩散至全身多个器官。临床症状与侵害的器官和严重程度相关，差异性较大。全身性感染时没有明显的指征性病变，可见患宠体重减轻、食欲减退、咳嗽、呼吸困难、呕吐、腹泻（便血）、跛行等症状。若毛霉菌病从受损皮肤黏膜直接感染时，感染犬猫出现结节、脓肿、溃疡、瘘管、结痂等现象。

[诊断] 本病可根据患宠病史调查，皮肤出现局限性或全身性病变，尤其皮肤出现结节和脓肿、出现胃肠道症状等临床症状进行初步诊断。应首先考虑排除其他系统性真菌病、肿瘤性疾病、细小病毒病等病的发生，具体病原需实验室诊断进行鉴定，常规的检验方法是患处皮肤组织显微镜观察、病理学检查、病原的分离鉴定和病原核酸的分子生物学检查。

[治疗] 毛霉菌病为局限性感染时，症状较轻时，口服或注射抗真菌药和抗细菌药（根据

药敏试验结果选择敏感药物），口服酮康唑、伊曲康唑、氟康唑；若毛霉菌病扩散至全身，存在结节性病灶，可考虑手术切除，辅以抗真菌药物疗法。

7.5.9 组织胞浆菌病

组织胞浆菌病（*Histoplasmosis*）是由荚膜组织胞浆菌（*Histoplasma*）感染人或动物的胃肠道、肺部、皮肤和内脏所引起的人兽共患传染病。该菌是一种双相型菌，存在两种不同的形态，在温度及培养环境的诱导下其酵母型和菌丝型可相互转化，主要通过呼吸系统或消化系统入侵机体建立感染。

［病因］组织胞浆菌病是一种世界范围内流行的人兽共患深部真菌病，其致病原是荚膜组织胞浆菌，属于子囊菌门、爪甲团囊目、爪甲团囊科，在环境中以霉菌形式存在，自然界中存在于鸟类及蝙蝠粪便土壤中。该菌在室温条件下在恒湿的环境中，利于生长。

荚膜组织胞浆菌呈世界性分布，主要分布于温带和亚热带的大多数地区，在河流丰富地区多发该病。宠物犬猫通过吸入含菌的尘埃，误食含菌的食物及接触含菌的泥土而感染。当机体处于正常的情况时，不表现临床症状。当宠物犬猫机体免疫力低下，感染免疫抑制性病原，长期使用抗生素和激素类药物，影响机体对外界病原的抵抗力，可以通过呼吸系统或消化系统入侵机体建立感染。

［症状］组织胞浆菌病是一种传染性较强的系统性深部真菌病，感染后可扩散至全身多个器官，其中肺部、胸部淋巴结和肠道是主要的感染部位。临床症状与侵害的器官和严重程度相关，差异性较大。全身性感染时没有明显的指征性病变，可见患宠体重减轻、食欲减退、发热、贫血、顽固性咳嗽、呼吸困难、呕吐、腹泻（便血）、黄疸、腹痛、眼病等症状。组织胞浆菌病较少出现皮肤性病变，感染犬猫出现小结节、结节破溃、结痂等现象。

［诊断］本病可根据患宠病史调查，全身性病变，皮肤出现结节和脓肿，出现胃肠道症状和呼吸障碍等临床症状进行初步诊断。应首先考虑排除其他系统性真菌病、肿瘤性疾病、细小病毒病等病的发生，具体病原需实验室诊断进行鉴定，常规的检验方法是患处皮肤组织显微镜观察、病理学检查、病原的分离鉴定、病原核酸的分子生物学检查和血清学检查。

［治疗］局限性感染时，症状较轻时，口服或注射抗真菌药和抗细菌药（根据药敏试验结果选择敏感药物）。若组织胞浆菌病扩散至全身，症状严重，多预后不良。

7.5.10 曲霉菌病

曲霉菌病（*Aspergillosis*）是由曲霉菌属（*Aspergillus*）成员感染人或动物引起以呼吸障碍为主要临床症状的常见人兽共患传染病。曲霉菌属成员多达150余种，仅有一小部分曲霉菌对人和动物致病，其中最为常见的是烟曲霉菌（*Aspergillus fumigatus*）、土曲霉菌（*Aspergillus terreus*）和新近鉴定的猫曲霉菌（*Aspergillus felis*）。该病条件性致病，当机体免疫力低下，感染免疫抑制性病原，长期使用抗生素和激素类药物时诱发，造成肺部病变、气喘，如不及时治疗，病变蔓延至全身，甚至可引起患宠的死亡。

［病因］曲霉菌的生长分为有性和无性两种阶段，无性阶段其属半知菌亚门、丝孢纲、丝孢目、丛梗孢科、曲霉菌属，有性阶段其属子囊菌门，不整子囊菌纲、散囊菌目、散囊菌属。曲霉菌是一类在自然界广泛分布的微生物，存在于土壤、空气、植物、动物的皮毛中，也可见于田间、厩舍等处，尤其在污水、腐烂植物、发霉饲料中存在大量的霉菌。宠物犬猫可以通过空气、采食或皮肤接触霉菌孢子，机体正常的情况下，通常不会引起感染。当宠物犬猫机体免疫力低下，霉菌孢子可以通过呼吸系统或消化系统入侵机体建立感染。

［症状］曲霉菌病是一种深部真菌病，感染后最先侵害呼吸系统，引起犬猫的呼吸系统障

碍，随着病程加重，可扩散至全身多个器官，诱发全身性的症状。其中犬猫对曲霉菌敏感性存在差异，犬感染曲霉菌病主要侵害鼻道和周围的组织，常继发感染于鼻道外伤或肿瘤性疾病。猫感染曲霉菌病病变多集中于肺部和支气管，可在肺部引起大量的结节性坏死，造成患猫咳嗽、高热和呼吸困难。全身性感染时犬猫表现差异性较小，与感染的器官组织相关性大，可见患宠食欲减退、发热、贫血、咳嗽、呼吸困难、呕吐、腹泻（便血）、眼病、跛行、关节肿大等症状。

[诊断] 本病可根据患宠病史调查，全身性病变，出现呼吸障碍等临床症状进行初步诊断。应首先考虑排除其他系统性真菌病、肿瘤性疾病、猫瘟等病的发生，具体病原需实验室诊断进行鉴定，常规的检验方法是患处皮肤组织显微镜观察、病理学检查、X线检查、病原的分离鉴定、病原核酸的分子生物学检查和血清学检查。

[治疗] 治疗原则为消除病因，防止继发感染，加强饲养管理。以药物疗法为主，辅以营养支持疗法。根据患宠临床症状不同，组织胞浆菌病的治疗方案存在明显的差异。若为局限性感染时，症状较轻时，犬可进行手术疗法去除鼻窦和额窦内的增殖组织，局部涂擦制霉菌素、注射抗真菌药，并注射两性霉素 B，每千克体重 0.25～0.5mg，隔日 1 次。若患犬猫存在其他并发症，优先处理病程严重的疾病。

7.5.11 毛癣菌病

毛癣菌病（*Trichophytosis*）是由毛癣菌属（*Trichophyton*）成员感染人或动物被毛、皮肤、趾部等组织引起的一种常见的浅表性、高度传染性皮肤癣菌病，是一种以呼吸障碍为主要临床症状的常见人兽共患传染病。临床特征表现为瘙痒、皮屑，并引起被毛的脱落，形成界限明显的脱毛圆斑，是一种危害人类和宠物健康及毛皮动物养殖业的重要疾病。该病与小孢子菌病一样，是世界范围内常见"癣病"。该病在世界范围内广泛分布流行，能够感染人和多种动物，包括犬、猫、家兔、狐狸、牛、绵羊等。毛癣菌属的多种成员具有致病性，常见的有须毛癣菌（*Trichophyton mentagrophyte*）、红色毛癣菌（*Trichophyton rubrum*）等，其中须毛癣菌是宠物临床上常见的浅表性真菌皮肤病致病菌之一。

[病因] 须毛癣菌，又称为石膏样毛癣菌，是一种较为常见的皮肤癣菌。其生物学分类属于半知菌亚门、丝孢纲、丝孢目、从梗孢科、毛癣菌属。须毛癣菌有很多变种及表型，可分为亲动物性和亲人性皮肤真菌，其中亲动物性须毛癣菌主要感染动物，是引起犬猫临床毛癣病的主要病原。它与红色癣菌、絮状表皮癣菌是引起皮肤和甲板感染的最常见皮肤真菌。须毛癣菌可以概括分为两个型，即粉末型和绒毛型，后者有较多的大小分生孢子。

毛癣菌病主要通过水平传播方式传播病原，可以通过被须毛癣菌污染的宠物用具间接接触传播，也可通过直接接触的方式进行传播。此外，须毛癣菌在自然界分布广泛，对外界抵抗能力强，被须毛癣菌污染的媒介物，如土壤、笼具及宠物用品等，能够在较长时间内感染人或其他宠物。

[症状] 该病与孢子菌病一样，能够引起患宠浅层皮肤病。多发生于幼龄、老龄和体质虚弱与机体抵抗力较低的宠物犬猫。宠物患孢子菌病时，临床症状根据感染病原、机体状态及外界环境的差异表现隐性带菌、局部病变或全身性感染。局部的病变的现象最为常见，易感的部位多局限于犬面部、耳朵、四肢、趾爪或躯体某一特定部位。病灶外观多样，多呈对称性分布。被感染皮肤界限明显，呈圆形、椭圆形或不规则状。患区毛发断裂，出现不同程度的脱屑、结痂及脱毛。感染初期皮肤局部毛发变脆，在靠近皮肤处断流形成可见灰色鳞屑及痂皮的秃斑，残留毛发断端。随着病情加重，脱毛区逐渐扩大，病变中央真菌趋于死亡，外围区域真

菌活跃，出现大面积的皮损。须毛癣菌能够引起犬猫的慢性感染，导致患宠出现大面积的皮肤损伤。患宠的瘙痒、抓搔可加重皮肤的损伤，严重时形成痂皮并化脓并有脓性分泌物，形成脓癣。

[诊断] 本病可根据皮肤病患宠的年龄，发病季节，临床病史调查，发病部位及范围为局部或者全身性，外观出现脱屑、脱毛、毛囊炎、脓癣等皮肤病变等临床症状进行初步诊断。应首先考虑排除真菌性皮肤病的发生，具体病原需实验室诊断进行鉴定，常规的检验方法是患处皮肤和毛发的显微镜检查、伍德氏灯检查、皮肤病料的真菌分离培养、组织病理学检查和病原核酸的分子生物学检查。其中，患处皮肤和毛发的显微镜检查和伍德氏灯检查是临床最为常用的检查。

[治疗] 全身性感染并发脓癣症时，应口服或注射抗真菌药和抗细菌药，口服灰黄霉素，每千克体重 15mg，一日两次；口服酮康唑，每千克体重 10mg，一日一次；口服伊曲康唑，每千克体重 5～10mg，一日一次；皮下注射氨苄西林钠，每千克体重 20mg，一日两次。若为局灶性皮肤病，可将患部毛剃除，剃毛时应特别小心不要剃伤皮肤，以避免病灶的扩散。局部使用抗真菌药物克霉唑乳膏（洗剂或溶液）、酮康唑乳剂、特比萘芬乳剂、洗必泰软膏、恩康唑乳剂；外用涂擦患处，涂药面积应大于患区，一日两次。联合复方中药洗液涂擦患处，具有较好的治疗效果。

第八章

犬猫寄生虫病

8.1 原虫病

8.1.1 巴贝斯虫病

犬猫的巴贝斯虫病（*Babesiosis*）是由巴贝斯科（Babesiidae）巴贝斯属（*Babesia*）的以蜱为媒介的巴贝斯虫寄生于红细胞内所引起的呈急性发作的血液原虫病。该病不仅发病急、病程较短，而且死亡率较高。目前广泛分布于全国各地，在有蜱滋生的地方均可发生。近年来该病呈现出流行以及暴发的趋势。由于家养宠物犬猫经常在草地牵遛，因而其感染率较高，待主人能够发现临床症状时，病情已经较为严重，或者已经产生了严重的并发症。

[病原] 寄生在哺乳动物的红细胞内，多行性，呈梨形、圆形或卵圆形。巴贝斯虫种类很多，均具有多形性的特点，有梨籽形、圆形、卵圆形及不规则形等多种形态。虫体大小也存在很大差异，长度大于红细胞半径的称为大型虫体，长度小于红细胞半径的称为小型虫体。

[生活史] 现以牛双芽巴贝斯虫为例：带有子孢子的蜱吸食牛血液时，子孢子进入红细胞中，以裂殖生殖的方式进行繁殖，产生裂殖子。当红细胞破裂后，释放出的虫体再侵入新的红细胞，重复上述发育，最后形成配子体。蜱吸食带虫牛或病牛血液后，虫体在硬蜱的肠内进行配子生殖，然后在蜱的唾液腺等处进行孢子生殖，产生许多子孢子。

[致病机制] 巴贝斯虫的致病机制主要表现在以下几个方面：

（1）虫体在红细胞内繁殖，破坏红细胞，导致溶血性贫血，并引起黄疸。

（2）巴贝斯虫本身具有酶的作用，使动物血液中出现大量的扩血管活性物质，如激肽释放酶、血管活性肽等，引起低血压性休克综合征。

（3）激活凝血系统，导致血管扩张、淤血，从而引起系统组织器官缺氧，损伤器官。

[症状]

（1）犬巴贝斯虫病初期精神萎靡，体温升高至40℃以上并呈现间歇热，食欲不振或废绝、呼吸困难、脉搏加快、可视黏膜由苍白变至黄染。尿液颜色为黄色，有时可以看到血红蛋白尿。一些病犬会出现呕吐症状，眼内存在大量的黏性分泌物。病犬脾脏肿大，单侧或者双侧肾脏肿大并且存在明显的痛感。此外，该病极有可能导致神经症状、急性肾功能衰竭、急性呼吸道窘迫综合征、免疫介导性贫血，以及血液黏稠、低血压、胰腺炎等并发症。

（2）猫巴贝斯虫病在自然条件下，主要发生于2岁以下的猫。病猫主要表现为精神萎靡、体重减轻、食欲不振、毛色暗淡无光、贫血、虚弱以及腹泻。一些病猫会出现非正常的发热以及黄疸，出现异食癖、呕吐以及呼吸道症状。该病常因临床症状不明显而错过了最佳治疗时期。

[诊断] 巴贝斯虫病的诊断要根据当地流行病学因素、临床症状与病理变化的特点。如果病猫或者病犬体表发现蜱，同时结合该病的临床症状即可进行初步诊断，结合实验室检查方法

进行确诊。

（1）血液学检查　对病畜的血液进行观察，其血液较为稀薄，血沉加快，凝固不佳，上层血浆的颜色为黄色。红细胞大小各异，颜色较浅。白细胞数量明显增加，通常在（8.5～12.8）×10^9个/L；红细胞的数量明显下降，通常为（1.9～3.5）×10^{12}个/L；此外，血小板总数以及血红蛋白含量明显减少。

（2）血涂片检查　采集病畜的静脉血进行涂片，用甲醛固定以后进行姬姆萨染色，在显微镜下进行观察，可以看到红细胞中心位置有1～2个圆点状的4～5μm大小的血孢子虫。虫体中可见紫红色的染色质（图8-1）。由于巴贝斯虫能够在毛细血管内皮进行聚集，因而仅仅1滴血就具有较高的检出率。

（3）血清学检查　当前犬猫巴贝斯虫病已经有多种血清学的诊断。其中，酶联免疫吸附试验以及间接荧光抗体试验具有较高的特异性，并且可以常规使用，可以被广泛用于染虫率较低的动物检出以及疫区的流行病学检查。目前在我国还没有进行临床推广。

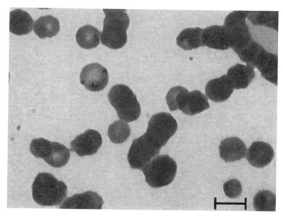

图 8-1　巴贝斯虫病血涂片

（4）粪便检查　病畜的粪便较为稀软，颜色为褐色。粪潜血检测结果为强阳性。

（5）尿液检查　尿液通常由正常的清亮透明变得混浊，颜色由微黄色变为暗红色。尿比重由正常的1.015～1.045增加到1.080。蛋白尿以及尿胆红素检验结果呈强阳性。

［治疗］要及时确诊，尽早治疗，方能取得良好的效果。同时，还应结合对症、支持疗法，如强心、健胃、补液等。

（1）犬巴贝斯虫病　在患病初期，可以采用皮下或者肌内注射硫酸喹啉脲的方法进行治疗，可以获得较好的疗效，注射剂量为每千克体重0.25～0.50mg。该药可能会出现较为明显的呕吐、流涎以及兴奋等副反应；也可以将咪唑苯脲配制成10%的溶液，按照每千克体重5mg的剂量通过皮下或者肌内注射进行治疗，每24h应重复注射1次。或按照每千克体重6mg的剂量为病犬肌内或者皮下注射双咪苯脲，但该药物具有一定的毒性，可能会导致肾小管以及肝脏坏死。台盼蓝并不能清除巴贝斯虫感染，但是可以在一定程度上减轻临床症状，按照每千克体重10mg的剂量为病犬进行静脉注射。

（2）猫巴贝斯虫病　磷酸伯氨喹是猫巴贝斯虫病最为理想的治疗药物，通常按照每千克体重0.5mg的剂量为病猫进行肌内注射，即可取得良好的治疗效果。但是该药物可能会引起病猫呕吐的发生。如果长期重复使用该药可能会引起耐药性。该药的致死剂量为大于1mg/（kg·次）。

（3）对症治疗　在对病犬或者病猫进行抗巴贝斯虫病药物治疗的同时，应积极进行对症治疗。如果出现较为严重的贫血症状，每天2次为其肌内注射2mg维生素B_{12}以及1～3mL铁钴注射液；如果出现了继发或者并发感染，可以采用广谱抗生素进行治疗；为了防止严重的脱水以及衰竭，可以为病畜补充大量的糖类、矿物质、体液以及维生素；病畜如果出现了黄疸以及并发肝损伤，可以采用保肝的药物以及能量合剂进行治疗。

［预防］应做好日常的灭蜱工作，可以通过药物的喷洒或者佩戴项圈等措施将犬猫身上、圈舍内以及运动场内的蜱进行彻底的消灭，从而防止蜱的叮咬。其次，由于巴贝斯虫可以经过

血液进行传播，因而在输血过程中必须保证供血者为健康动物，其巴贝斯虫病的检查结果为阴性。此外，当前已经存在无毒巴贝斯虫病株的疫苗，因而，可以为病畜进行疫苗的注射从而预防该病的发生。

8.1.2　隐孢子虫病

隐孢子虫病（Cryptosporidiosis）是一种世界性的人兽共患寄生虫病，隐孢子虫在分类上隶属于隐孢子虫科（Cryptosporidiidae）、隐孢子虫属（Cryptosporidium）。寄生于哺乳动物（主要是牛、羊、人、犬）的隐孢子虫有 3 种，犬隐孢子虫（C. canis）、微小隐孢子虫（C. parvum）、鼠隐孢子虫（C. muris）。感染隐孢子虫的犬只可通过粪-口传播至人，造成免疫缺陷人群患隐孢子虫病，表现为水样腹泻，严重可导致死亡，具有重要的公共卫生意义。

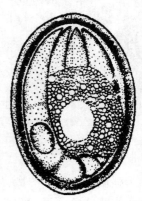

图 8-2　隐孢子虫卵囊模式图

[病原]隐孢子虫卵囊呈球形到卵圆形，内含 4 个裸露的子孢子，卵囊残体由许多颗粒组成球状，其内可见一大的折光球，卵囊无卵膜孔和极粒，囊壁光滑，无色并有纵缝，子孢子呈新月状，前端稍尖，后端钝圆且呈平行排列（图 8-2）。

贝氏隐孢子虫卵囊大小为 $6.3\mu m \times 5.1\mu m$，火鸡隐孢子虫卵囊大小为 $5.0\mu m \times 4.4\mu m$，微小隐孢子虫大小为 $4.5\mu m \times 4.5\mu m$，鼠隐孢子虫大小为 $7.5\mu m \times 6.5\mu m$。

[生活史]隐孢子虫的生活史是直接和单宿主性的，其发育过程与其他肠道艾美耳球虫相似：包括裂殖生殖、配子生殖和孢子生殖三个阶段（图 8-3）。卵囊被易感动物经口摄入或经呼吸道吸入后，在胃肠道或呼吸道脱囊，释放出感染性子孢子，侵入上皮细胞中发育为球形的滋养体。滋养体经过 2～3 次核分裂后产生 3 代裂殖体。其中第 1、3

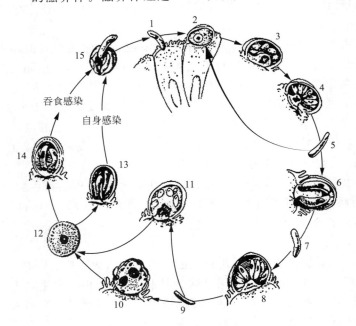

图 8-3　贝氏隐孢子虫生活史

1—子孢子；2—滋养体；3—Ⅰ型裂殖体早期；4—Ⅰ型裂殖体成熟期；5—Ⅰ型裂殖子；
6—Ⅱ型裂殖体；7—Ⅱ型裂殖子；8—Ⅲ型裂殖体；9—Ⅲ型裂殖子；10—大配子；11—小配子；
12—合子；13—薄壁卵；14—后壁卵囊；15—子孢子自卵囊中脱出

代裂殖体内含 8 个裂殖子，第 2 代裂殖体内含 4 个裂殖子。隐孢子虫在发育过程中产生薄壁和厚壁两种类型的卵囊，两者的比例为 1∶4，均在宿主体内即可孢子化，孢子化卵囊含有 4 个子孢子。薄壁卵囊仅有一层膜包围，它们可在原位脱囊并发生自身感染，因此，动物即使摄入少量卵囊也可发生严重感染。厚壁卵囊由多层膜包围，随粪便排出或从呼吸道中咳出，对环境有较强的抵抗力。

［致病机制］自然条件下禽隐孢子虫主要引起呼吸道疾病，偶尔引起肠道、肾脏等疾病，但每次暴发一般只以一种疾病为主。呼吸道感染剖检可见鼻腔、鼻窦、气管有过量黏性分泌物，结膜水肿、充血，鼻窦肿胀，肺呈灰红色斑纹状，气囊混浊，肺泡萎缩，脾肿大。显微镜下可见眼鼻和呼吸道器官上皮中有大量的隐孢子虫寄生，黏膜表面有大量黏液和细胞碎片，上皮充血、坏死和化脓性炎症，黏液腺扩张或增生。胃肠道感染后可见小肠和大肠黏膜苍白或充血，肠内充满大量气体和液体。显微变化包括肠上皮细胞脱落，肠绒毛萎缩，肠腺增生，淋巴滤泡萎缩、化脓性炎症和坏死。

［症状］隐孢子虫病对健康的犬不会造成太大威胁，但是当犬机体免疫力下降或患有免疫抑制病时就极有可能感染隐孢子虫并继发其他疾病。幼犬更易感染隐孢子虫，严重者可引起水样腹泻、呕吐、脱水等症状。如果继发其他疾病，则其死亡率增高。

［诊断］常用的诊断方法是虫体检查法，免疫学和分子生物学技术等也有了初步应用。

（1）虫体检查

① 卵囊：隐孢子虫卵囊很小，且其大小和形态与酵母细胞相近，直接镜检时难以分辨出粪便和消化道或呼吸道黏膜涂片中的卵囊，通过染色分辨率可大大提高。文献介绍的染色方法很多，常用的主要有金胺-酚染色法、齐尔-尼尔森（Ziehl-Neelsen）抗酸染色法和改良抗酸染色法等。在改良抗酸染色的涂片中，在蓝色背景下卵囊呈大小为 $4.0\sim7.5\mu m$ 的亮粉红色到鲜红色的圆形小体，有的囊内有一些暗棕色的颗粒。

② 内生殖阶段：取相应的组织器官进行固定、切片和 HE 染色，光镜下可见隐孢子虫位于宿主上皮细胞的刷状缘，呈大小为 $2.0\sim7.5\mu m$ 的嗜碱性小体。借助于电镜可观察到位于上皮细胞微绒毛中带虫空泡中的内生殖阶段虫体。

（2）免疫学技术　主要有免疫荧光试验（IF）、ELISA 试验和单抗技术等。免疫学试验具有较高的敏感性、特异性和稳定性，适用于诊断、虫体定位和鉴定、抗原和抗体分析及流行病学调查。目前已有一些商品化的试剂盒出售。

（3）分子生物学技术　目前报道的有 PCR、RT-PCR、RFLP 和免疫磁性分离与 PCR 结合的技术等。考虑到粪检法的敏感性低（每克粪 5000～50000 个卵囊）和隐孢子虫间的形态相似性，分子生物学技术不失为一种高度敏感的隐孢子虫病检测方法。

［治疗］常采用抗生素疗法：阿奇霉素每只每天每千克体重 10mg，口服，直至症状消失；硝唑尼特每只每千克体重 25mg，每天 2 次，口服，至少 7d；巴龙霉素每只每千克体重 125～165mg，每天 1～2 次，口服，至少 5d；泰乐菌素每只每天每千克体重 10～15mg，口服，每天 2～3 次，连用 21d。

［预防］主要从加强卫生管理和提高免疫力两方面着手，良好的环境卫生和饲养管理条件对防治该病极为重要。常用的消毒药物中只有少数几种对犬隐孢子虫卵囊有杀灭作用。采用 50%氨水 5min、30%过氧化氢 30min、10%福尔马林 120min、蒸汽消毒和甲醛或氨气熏蒸等方法对所有物体及其表面进行消毒，结合严格的卫生管理措施和药物预防在一定程度上可以预防隐孢子虫病的发生，但这些措施仅适用于小型犬场，而且甲虫及其他一些昆虫可成为传播媒介，因此，犬隐孢子虫的控制问题仍未真正得到解决。

8.1.3 球虫病

犬、猫球虫病是由孢子纲、球虫目、艾美尔科中的等孢子属（*Isospora*）球虫寄生于犬、猫的小肠和大肠黏膜上皮细胞内引起的，以出血性肠炎为主要症状，以血便、贫血、衰弱、脱水为特征的疾病。主要侵害仔犬和幼猫，等孢球虫病也常见于幼龄的犬科和猫科动物。

［病原］本病的病原体等孢属球虫的形态特征是孢子化卵囊内只有2个孢子囊，每个孢子囊内含有4个子孢子。寄生于犬、猫的等孢属球虫有7种，其中以犬等孢球虫（*I. canis*）、俄亥俄等孢球虫（*I. ohioensis*）、猫等孢球虫（*I. felis*）和芮氏等孢球虫（*I. rivolta*）较为常见。

（1）犬等孢球虫（*I. canis*）　寄生于犬的小肠和大肠，具有轻度至中度致病力。卵囊［图8-4（a）］呈椭圆形至卵圆形，大小为（32.0～42.0）μm×（27.0～33.0）μm，囊壁光滑，无微孔。孢子化时间为4d。

（2）俄亥俄等孢球虫（*I. ohioensis*）　寄生于犬小肠，通常无致病力。卵囊［图8-4（b）］呈椭圆形至卵圆形，大小为（20.0～27.0）μm×（15.0～24.0）μm，囊壁光滑，无微孔。

（3）猫等孢球虫（*I. felis*）　寄生于猫的小肠，有时在盲肠，主要在回肠的绒毛上皮细胞内，具有轻微的致病力。卵囊呈卵圆形，大小为（38.0～51.0）μm×（27.0～39.0）μm，囊壁光滑，无微孔。孢子化时间为72h。潜在期为7～8d，排卵囊期（显露期）为10～11d。

（4）芮氏等孢球虫（*I. rivolta*）　寄生于猫的小肠和大肠，具有轻微的致病力。卵囊呈椭圆形至卵圆形，大小为（21.0～28.0）μm×（18.0～23.0）μm，囊壁光滑，无微孔。孢子化时间为4d。潜在期为6d。

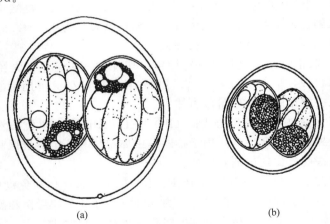

(a)　　　　　　　　　　　　　　　　(b)

图8-4　犬的2种球虫孢子化卵囊
（a）犬等孢球虫；（b）俄亥俄等孢球虫

［致病机制］该球虫寄生于犬的小肠黏膜上皮细胞内，以无性繁殖（裂体生殖）许多代，产生许多新裂体芽孢。经过若干裂体生殖后，进行有性繁殖，形成很多大孢子和小孢子，大、小孢子进入肠管内，并在肠管内结合，受精后的大孢子为卵囊，随粪便排出体外。孢子化的卵囊具有感染性，当犬吞食孢子化卵囊后即可感染。1～6月龄幼犬对球虫病易感，而且临床症状表现比较明显，死亡率高。

［症状］1～2月龄仔犬、幼猫感染发病率高。幼犬比成年犬易感且症状明显。幼犬和幼猫发病多为急性，感染后3～6d出现轻度发热、食欲减退、消化不良、腹泻、粪便稀薄混有黏液，重者血便，粪便褐色、恶臭，有时可见肠黏膜。进行性消瘦、贫血，脱水、被毛粗乱、发

育迟缓，严重者全身衰竭而死亡。但确诊后经 2～3d 对症治疗，临床症状消失，大部分可康复。成年犬及老龄犬抵抗力强，感染球虫后，常以慢性经过。

［诊断］怀疑球虫感染，主要根据临床症状配合粪便镜检进行诊断，用饱和盐水浮集法镜检出粪便中的球虫卵囊即可确诊。由于犬球虫感染的症状与其他原因引起的出血性肠炎相似，注意鉴别诊断。在临床中该病易与犬细小病毒病、犬冠状病毒病混合感染。

［治疗］病犬通常按每千克体重口服 100mg 磺胺二甲嘧啶或磺胺六甲氧嘧啶治疗，每天 2 次，连续使用 5d。如果病犬出现出血和脱水的症状，要配合补液、止血等措施。可按每千克体重使用 30mL 5% 的葡萄糖生理盐水，同时添加 5mg 肌苷、0.25g 维生素 C，混合均匀后静脉注射，每天 1 次；也可按每千克体重皮下注射 20mg 氨苄西林钠，每天 2 次，连续使用 3d，用于防止出现继发感染。

［预防］发现病犬要立即进行隔离，禁止随处排泄，避免感染其他的健康犬只。同时，犬舍环境以及使用工具要进行消毒，避免病犬自身发生再次感染。

8.1.4 贾第虫病

贾第鞭毛虫病（Giardiasis）的病原为双滴目、六鞭科、贾第属（Giardia）的犬贾第虫（G.canis）和猫贾第虫（G.cati），寄生于犬和猫的小肠。

［病原］根据形态特征和宿主特性，将贾第虫分为 5 个病原体：

（1）十二指肠贾第虫（G.duodenalis） 又称蓝氏贾第虫（Giardia lamblia），滋养体呈梨形，大小为 (12～15)μm×(6～8)μm，内含半月形的中体（median body），具有 4 对鞭毛及 2 个细胞核，能够吸附在小肠内壁，有腹吸盘，包囊时期有较厚的包囊壁，具有感染能力，宿主范围广，可感染人类和多种哺乳动物。

（2）敏捷贾第虫（G.agilis） 滋养体呈细长形，大小为 (20～30)μm×(4～5)μm，内含棒形的中体，主要感染两栖类动物。

（3）鼠贾第虫（G.muris） 滋养体呈短小圆形，大小为 (9～12)μm×(5～7)μm，内含圆形的中体，主要感染啮齿类动物。

（4）鹭贾第虫（G.ardeae） 滋养体呈圆形，大小为 10μm×6.5μm，内含椭圆形或半月形的中体，主要寄生于鸟类。

（5）鹦鹉贾第虫（G.psittaci） 滋养体呈梨形，大小为 14μm×6μm，内含半月形的中体，无腹侧鞭毛，主要寄生于鸟类的鹦鹉。

犬贾第虫滋养体和包囊见图 8-5。

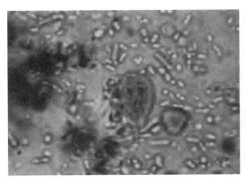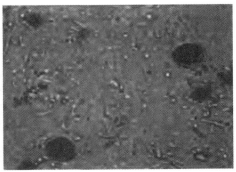

图 8-5 犬贾第虫滋养体（左）和包囊（右）

[流行病学] 贾第虫感染呈全球性分布，主要感染人，在温暖潮湿的地区尤为普遍。全世界各地因经济条件和卫生状况差异，贾第虫感染率为 1%～20%。在亚洲、非洲和拉丁美洲，大约有 2 亿贾第虫感染者出现临床症状，并且每年大约有 50 万新病例出现。在发达国家发病人数呈增加趋势，是最常见的肠道寄生虫。据研究报道，护理条件较好的犬贾第虫感染率大约为 10%，幼犬为 36%～50%，种犬场甚至达到 100%。猫的流行率为 1.4%～11%。

[症状] 典型表现为以腹泻为主的吸收不良综合征。幼犬和小猫感染后短时间内即可出现急性腹泻。年龄比较大的犬和猫，可能呈短暂的、间歇性的急性腹泻或慢性腹泻。感染动物营养不良，体重减轻，被毛粗糙易脱，皮肤有脂溢性皮炎，皮肤干燥，伴随瘙痒。粪便常恶臭、暗淡和脂肪痢。

[诊断] 实验室检测贾第虫的方法主要有形态学检测、免疫学检测和基因检测等，确诊主要依赖于形态学检测。

[治疗] 治疗犬贾第虫病的药物包括：阿的平（每千克体重 6.6mg，每天 2 次，连用 5d）、甲硝唑（每千克体重 22mg，口服，每天 2 次，连用 5d），替硝唑（每千克体重 44mg，每天 1 次，连用 3d）。

治疗猫贾第虫病的药物包括：甲硝唑（每千克体重 22～25mg，口服，每天 2 次，连用 5～7d），还可联合使用苯硫氨酯（每千克体重 37.8mg）、噻嘧啶（每千克体重 7.56mg）和吡喹酮（每千克体重 7.56mg），连续 5d 进行有效治疗。

[预防] 保持笼舍及周围环境的干燥与卫生，定期对饲养环境进行消毒是预防本病的关键。由于包囊对常规氯消毒有抵抗力，饮用水采用煮沸或加热到 70℃ 保持 10min 可达到饮用水消毒的目的。动物粪便应及时清理，用火碱消毒后深埋处理，笼具或轮换场所应该用蒸汽或四价铵等化学消毒剂清洁。

8.1.5 阿米巴虫病

阿米巴虫病（Amebiasis）为一种寄生于肠道的原虫病，病原为根足虫纲、变形虫目、内变形科、内变形属（Entamoeba）的溶组织内变形虫（Entamoeba histolytica）。主要寄生于大肠黏膜，是人阿米巴痢疾的病原，也可感染猴、犬、猫、猪等。起病缓慢，以顽固性腹泻为其主要特征。

[病原] 主要有 2 种。根据生活环境不同分为溶组织内阿米巴虫和兼性阿米巴虫。

（1）溶组织内阿米巴虫（Entamoebs histolytica） 分为滋养体和包囊两个发育时期，成熟的四核包囊为感染期。滋养体大小在 10～60μm，外形多变。包囊为圆球形，直径 10～20μm，碘液染色后，包囊呈淡黄色，囊壁光滑，内有 1 个核、2 个核或 4 个核，分别称单核包囊、双核包囊、四核包囊（图 8-6）。

（2）兼性阿米巴虫 主要有福氏耐格里阿米巴虫（Naegleria fowleri）和卡氏棘阿米巴虫（Acanthamoeba spp）2 种。都具有滋养体和包囊两个发育时期。福氏耐格里阿米巴滋养体有阿米巴型和鞭毛型。滋养体细长，直径 10～35μm，一般约为 15μm。虫体一端有单一圆形或钝性的伪足，另一端形成指状的伪尾区。鞭毛型不分裂，不直接分化成包囊。包囊呈圆形，直径 7～10μm，囊壁光滑，上有微孔，胞核为单核，其形态与滋养体的核相似。卡氏棘阿米巴虫滋养体呈圆形，大小为 15～45μm，体表有细长的棘状伪足，胞核呈泡状，含一大而致密的核仁。包囊呈圆球形，直径 9～27μm，具两层囊壁，外壁皱缩，内壁光滑。

[流行病学] 阿米巴虫病呈世界分布，墨西哥、南美洲东部、东南亚等地为高发地区，主要发生在热带和亚热带地区。据报告，我国近年的人群感染率在 0.7%～2.17%，主要在西

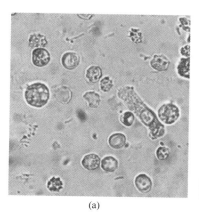 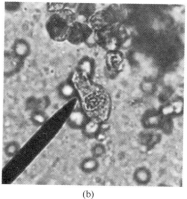

(a)   (b)

图 8-6　溶组织内阿米巴虫滋养体在显微镜下的特征
（a）生理盐水涂片法；（b）碘染色法

北、西南和华北地区。阿米巴虫病的发生主要与卫生条件和社会经济状况有关。犬、猫、猪、大鼠、灵长类等均有易感性，寄生于动物的结肠和盲肠内。

［症状］犬、猫被感染后可呈现无症状带虫状态到急性痢疾或脓肿的各种临床类型，病理和病程复杂多变。典型的阿米巴痢疾常伴有腹绞痛及里急后重，腹泻，一日数次或数十次，粪便果酱色，伴奇臭并带有血液和黏液，厌食、恶心、呕吐等。临床上大多表现为亚急性或慢性迁延性肠炎，可伴有腹胀、消瘦、贫血等。病犬急性病例可见严重下痢，精神沉郁，体重下降，水样腹泻，粪中含有黏液和潜血，导致犬死亡。慢性病例表现为间歇性或持续性腹泻，里急后重，厌食，体重下降等。

［诊断］对于腹泻病例可进行常规实验检查和粪检诊断，在粪便中找到阿米巴虫滋养体即可确诊，一般在粪便带血液的部分较易找到。也常用醛醚沉淀法、ELISA 法以及 PCR 分子检测方法等进行检测。

［治疗］犬阿米巴虫病可用甲硝唑（每千克体重 50mg，口服，每天 1 次，连用 5d）。猫可用洛硝达唑进行治疗，但使用时应谨慎，避免出现精神沉郁、共济失调、颤抖及痉挛等副作用。

［预防］加强犬的检疫工作，发现病犬及时治疗。对犬、猫粪便进行无害化处理，以杀灭包囊。保护水源、食物，免受污染；加强健康教育，以提高自我保护能力。搞好环境卫生和驱除有害昆虫，如扑灭苍蝇、蟑螂等病原携带者，采用防蝇罩或其他措施，避免食物被污染。在一个地区一旦出现此病要迅速作实验室检查以确诊，并进行流行病学调查及采取相应措施。

8.1.6　毛滴虫病

犬、猫毛滴虫病是由五鞭毛滴虫、胎儿三毛滴虫感染犬、猫引起的以黏液性、出血性、顽固性腹泻为特征的一种寄生虫病。在近几年的临床诊疗过程中，毛滴虫感染的病例较为常见，且大多与蛔虫混合感染，毛滴虫的幼犬携带率、检出率极高。

［病原］

（1）五鞭毛滴虫　只有滋养体一种形态，不形成包囊。滋养体呈椭圆形或梨形，大小为 $(6\sim14)\mu m\times(4\sim6.5)\mu m$。虫体前部有核，核的前方有一簇动基体，5 根前鞭毛由此生出，分别发出 4 根前鞭毛（af），1 根独立前鞭毛（if）。另有 1 根后鞭毛（pf）向体后伸展，并与轴柱（ax）和波动膜相连（图 8-7）。

（2）胎儿三毛滴虫　虫体呈纺锤形、梨形、西瓜形或长卵圆形，不染色时难辨认。姬氏染色标本中，虫体长为 $9\sim25\mu m$，宽为 $3\sim10\mu m$，前半部为细胞核，核前有动基体，由动基体伸出 4 根鞭毛，其中 3 根向前游离，称为前鞭毛，另一根沿波动膜边缘向后延伸，称为后鞭毛，尾部游离，虫体中部有一柱状构造，起始于虫体前端，穿过虫体中线向后延伸，被认为具有支持细胞胞体的作用，其末端突出于虫体尾端（图 8-8）。

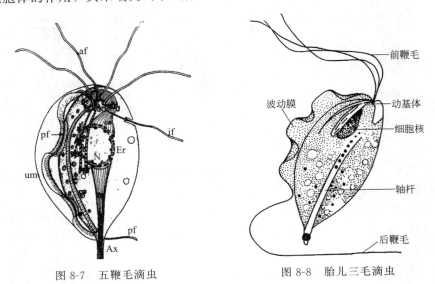

图 8-7　五鞭毛滴虫　　　　　　图 8-8　胎儿三毛滴虫

[流行病学]　毛滴虫分布于全世界，热带、亚热带地区较为流行。宿主广泛，除感染犬外，还可感染猫、人以及啮类动物。蝇可传播本病。

[症状]　主要表现为慢性顽固性腹泻，稀便中常带有黏液或血液，患犬食欲不振、消瘦、皮毛粗乱、贫血和嗜眠等。

[诊断]　粪便中检查虫体即作出诊断。

（1）直接镜检　取少量新鲜不成形的粪便，用生理盐水稀释后直接镜检，可见虫体靠鞭毛和波动膜做圆周运动。在成形粪便中，由于虫体处于休眠状态，不运动，很难被观察到。

（2）染色镜检　采新鲜粪便涂片，用 PAF（结晶苯酚 20g，加生理盐水 825mL，95％乙醇 125mL、福尔马林原液 50mL）固定，姬姆萨染色，镜检。

[治疗]　一般采用甲硝唑治疗，按每千克体重 60mg，口服，3 次/d，连续投服 5d。

[预防]　加强环境卫生管理，及时清除粪便，并作无害化处理。犬场内禁止饲养猫等动物。一旦发生本病，要及时进行隔离治疗。由于虫体包囊对干燥高温较敏感，在宿主体外湿冷条件下可存活几个月，因而应保持地面清洁干燥，以减少感染机会。定期进行普查，及时发现病犬；早发现早治疗，并切断传染源。

8.1.7　新孢子虫病

犬新孢子虫病是由住肉孢子虫科新孢子虫属（Neospora）的犬新孢子虫（N. canium）引起的一种原虫病。它可引起怀孕母犬流产或死胎，以及新生儿的运动障碍和神经系统疾病。

[病原]　犬新孢子虫与龚地弓形虫有着相似的形态特点。在终末宿主犬的肠道上皮细胞内进行球虫发育时，形成与球虫各阶段虫体类似的形态和结构，以卵囊形式随粪便排出体外。在中间宿主体内以速殖子和包囊的形式存在。

（1）速殖子（tachyzoite） 呈卵圆形、圆形或新月形，大小依分裂阶段的不同而不同，为（3～7）μm×（1～5）μm。通过内出芽生殖的方式繁殖。在感染动物的神经细胞、巨噬细胞、成纤维细胞、血管内皮细胞、肌细胞、肾小管上皮细胞、肝细胞和其他体细胞也可发现速殖子。宿主细胞内最多可见到100多个速殖子。

（2）包囊（cyst） 也称组织囊（tissue cyst），呈圆形或卵圆形，大小不等，一般为（15～35）μm×（10～27）μm，最长可达107μm。包囊外壁平滑，壁厚1～3μm。包囊中有大量细长形的缓殖子，大小为（3.4～4.3）μm×（0.9～1.3）μm。缓殖子内的细胞器与速殖子相似，但缓殖子的棒状体数目比速殖子少，含PAS阳性颗粒多，细胞核位于虫体的一端，微线常与质膜呈直角排列。用过碘酸雪夫氏染色时包囊壁颜色变化很大，通常呈嗜银染色。包囊内的缓殖子之间常呈分支的管状结构，无间隔膜（图8-9）。

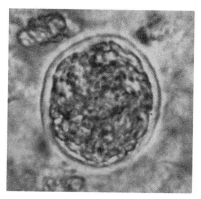

图8-9 自然感染犬脑组织匀浆中的犬新孢子虫包囊

（3）卵囊（oocyst） 发现于犬的粪便中，椭圆形，其直径为10～11μm。卵囊的孢子化时间为24h，孢子化卵囊内含2个孢子囊，每个孢子囊内含4个子孢子。

［流行病学］犬新孢子虫已经在世界范围内流行，可感染牛、绵羊、山羊、马、鹿、猪以及犬等多种动物，主要寄生于动物的中枢神经系统、肌肉细胞、肝、脑及多种有核细胞内。另外，新孢子虫还可人工感染小鼠、大鼠、猫、狐狸、山狗、小沙鼠和家兔等动物，具有较广泛的宿主群。目前认为，垂直传播是犬新孢子虫在动物群中的主要传播方式。新孢子虫的水平传播发生在中间宿主与终末宿主之间。

［症状］犬新孢子虫病可发生于任何年龄，但以青年犬和先天性感染幼犬最严重，主要出现后肢麻痹、运动障碍和共济失调。有的幼犬在出生3～6周龄后出现症状，病犬跛行或四肢运动降低，同窝犬可出现相同的症状，但严重程度不同。有的幼犬出生时就发病，3d内死亡，但无典型症状。感染母犬妊娠后发生死胎或产出衰弱的胎儿。成年犬感染常不见瘫痪症状，但有脑炎、肌炎、肝炎、皮炎和全身性疾病。

［诊断］诊断犬新孢子虫病引起的流产有以下几个标准：首先，胎儿有病变，绝大多数有脑炎；其次，病变中发现新孢子虫；此外，实验性感染牛曾诱发流产。因此，仅单独检测流产胎儿中的犬新孢子虫DNA不足以确定病因和发病之间的关系。具体诊断方法包括：

（1）病理组织学检查 取死亡胎儿的脑、心、肝等组织进行检查，可见局灶性、非化脓性脑炎、心肌炎、骨骼肌炎、肝炎和新孢子虫的速殖子及包囊。

（2）免疫组织化学法检查 利用抗犬新孢子虫血清可检测免疫组织化学染色的切片中的新孢子虫。新孢子虫血清可使虫体特异性着染，而弓形虫及其他原虫血清则不能使虫体着染。速殖子和缓殖子均能被检出来，与其他原虫无交叉反应。

（3）血清学方法 用基因工程重组方法生产的新孢子虫抗原做ELISA检测抗体，还有间接荧光抗体试验（IFAT）、凝集试验（AT）等。亲和ELISA（avidity-ELISA）对区别牛的近期或慢性感染有帮助。

（4）聚合酶链反应（PCR）1996年开始有报道应用PCR检测新孢子虫的特异性基因，进行新孢子虫病的诊断。已有研究证明，PCR法可用于检测动物脑、肺、肝、体液或用福尔马林固定的组织中的新孢子虫。

［治疗］尚未发现治疗犬新孢子虫病的特效药物，疾病早期可试用磺胺类药物治疗，其疗

效常因病情程度及用药时间而有所差异。如甲氧苄氨嘧啶（每千克体重 14mg）＋磺胺 6-甲氧嘧啶（或磺胺嘧啶，每千克体重 70mg），每日给药 2 次，连用 3～4d，首次剂量加倍。或采用磺胺嘧啶＋乙胺嘧啶（每千克体重 6mg）合用。或用其他磺胺类药物如复方新诺明、长效磺胺等。其他的抗弓形虫药，如螺旋霉素、氯林可霉素等也可试用。

［预防］目前尚无有效的药物预防虫体从母犬传给胎儿，也没有可以预防犬新孢子虫的疫苗，犬的预防应考虑不让犬吃到流产的胎儿、胎膜和死犊牛。

8.2 蠕虫病

8.2.1 蛔虫病

蛔虫病（Toxocariasis）是由蛔科（Ascarididae）弓首属（Toxocara）或弓蛔属（Toxascaris）的蛔虫寄生于犬或猫等的小肠而引起的常见寄生虫病。主要包括犬弓首蛔虫（Toxocara canis）、猫弓首蛔虫（Toxocara cati）、狮弓蛔虫（Toxascaris leonina）。虫体寄生于宿主体内，可导致幼龄犬和猫生长缓慢，发育不良，严重感染时可导致幼犬死亡。病例广泛分布于全国各地。

［病原］

（1）犬弓首蛔虫 犬只常见的大型寄生线虫，寄生于犬的小肠内，还可感染狼、狐、獾及人等。雄虫长 5～11cm，雌虫长 9～18cm。头端具有 3 片唇瓣，前端两侧有颈侧翼。小胃连接着食道与肠管。雄虫尾端卷曲，有尾翼，有交合刺，左右不等长。雌虫阴门开口于虫体前半部。虫卵呈黑褐色，短椭圆形，表面有许多厚的凹陷。卵的直径（68～85）μm×（64～72）μm。

（2）猫弓首蛔虫 猫常见的寄生虫，也可以感染野猫、狮、豹等。外形与犬弓首蛔虫相似，雄虫体长 3～6cm，雌虫体长 4～12cm。颈翼前窄后宽。雄虫尾端交合刺不等长。卵为亚球形，大小为 65μm×70μm，卵壳表面有许多点状的凹陷。

（3）狮弓蛔虫 寄生于犬、猫、狮、虎、狼、狐和豹等动物的小肠内。雄虫体长 3～7cm，雌虫体长 3～10cm。成虫头端向背面弯曲，颈翼呈柳叶刀形。无小胃。虫卵呈卵圆形，卵壳厚，表面光滑无凹陷，大小为（49～61）μm×（75～85）μm。

［致病机制］蛔虫主要通过移行引起的机械性刺激、夺取营养和分泌毒素而致病。成虫寄生在小肠，可引起卡他性肠炎。感染严重时，大量虫体可造成肠阻塞、肠扭转、肠套叠，甚至肠破裂；幼虫移行于肺部引起肺炎，伴发肺水肿。

虫体夺取宿主小肠内未消化的营养物质，使宿主营养不良，消瘦。宿主吸收虫体的代谢物和体液，呈现毒害作用，引起神经系统中毒，发生神经症状和过敏反应。

［症状］幼犬症状较明显。根据感染程度的不同，可表现为消化不良、腹部胀满、疼痛、间歇性腹泻、大便含有黏液、时有呕吐及呕吐物恶臭等。动物体毛粗糙，发育不良，渐进性消瘦。幼犬偶有惊厥、痉挛等神经症状。幼虫移行时引起肺炎，表现为咳嗽、流鼻涕等，3 周后症状可自行消失。

［诊断与治疗］结合临床症状和粪便中检出虫卵或虫体为确证。常用的驱蛔虫的药物有以下几种：

（1）蛔灵 每千克体重 100mg，1 次口服，对成虫有效，加倍则可驱除幼犬体内的未成熟虫体。

（2）甲苯咪唑　每千克体重 22mg，口服，1 次/d，连用 3d。

（3）丙硫咪唑　每千克体重 22mg，口服，1 次/d，连用 3d。

（4）左旋咪唑　每千克体重 10mg，1 次口服。

（5）伊维菌素　每千克体重 0.2～0.3mg，皮下注射或口服。柯利犬及有柯利犬血统的禁止应用。

[预防]　主要措施为对犬猫定期驱虫，控制宿主体内的虫体感染。重视卫生条件，搞好环境卫生，及时清除粪便，防止粪便污染水源和饲料，以减少犬、猫摄食虫卵的机会。

8.2.2　钩虫病

钩虫病（Hookworm）是由钩口科（Ancylostomatidae）钩口属（Ancylostoma）、板口属（Necator）或弯口属（Uncinaria）的寄生虫寄生于犬猫小肠而引起，主要包括犬钩口线虫（Ancylostoma caninum）、巴西钩口线虫（A.braziliense）、美洲板口线虫（Necator americanus）和狭头弯口线虫（Uncinaria stenocephala）等，是以患病动物高度贫血为主要特征的一种重要的寄生虫病。我国各地均有发生。

[病原]

（1）犬钩口线虫　属钩口属，寄生于犬、猫、狐等小肠，偶尔寄生于人。虫体呈淡黄白色。前端较细，顶端有一发达口囊，头端向背侧弯曲。口囊大，前缘腹侧有 3 对大齿，深部有 1 对背齿和 1 对侧腹齿。雄虫长 11～13mm，交合伞的侧叶宽。雌虫长 14.0～20.5mm，后端逐渐尖细。虫卵大小 60μm×40μm，随粪便排出时，卵内有 8 个胚细胞。

（2）巴西钩口线虫　属钩口属，寄生于犬、猫、狐等小肠。口囊呈长椭圆形，囊内腹面两侧有 2 对齿，侧面的一对较大，十分显著，近中央的一对较小，不十分注意便难以看到。雄虫长 5.0～10.5mm，交合刺细长。雌虫长 6.5～9.0mm，阴门位于体后端 1/3 处。尾部为不规则的锥形，末端尖细。虫卵大小 55μm×34μm。

（3）美洲板口线虫　属于板口属，寄生于人或犬的小肠。头端弯向背侧，口孔腹缘上有 1 对半月形的切板。口囊呈亚球形，底部有 1 对亚腹侧齿和 2 个亚背侧齿。雄虫长 5.2～9.0mm，交合伞有 2 个大侧叶和小背叶。背叶分为 2 小叶，各有一条末端分支的背肋支持。雌虫长 9～11mm。阴门位于虫体中线略前，有明显的阴门瓣。虫卵大小（53～66）μm×（28～44）μm。

（4）狭头弯口线虫　属于弯口线虫属，寄生于犬、猫、狐的小肠。虫体淡黄色，口弯向背面，口囊发达，前缘腹面两侧各有 1 对半月状切板。靠近口囊底部有 1 对亚腹侧齿。口囊内的切板是弯口线虫区别于钩口线虫的主要特征之一。雄虫长 6～11mm，交合伞发达，有等长的 2 根交合刺。雌虫长 7～12mm，尾端尖细。虫卵椭圆形，大小为（65～80）μm×（40～50）μm。

[致病机制]　主要表现为机械性破坏和吸血。幼虫侵入宿主皮肤后，破坏皮下血管导致出血，伴有中性粒细胞、嗜酸性粒细胞浸润，引起皮肤炎症。幼虫移行到肺，破坏肺部微血管和肺泡壁，导致肺炎和全身发热症状。在肠道寄生的成虫吸食宿主的血液时，伤口渗出血液，虫体更换部位吸血，原伤口在凝血前将继续渗出血液，可以导致宿主长期慢性失血。据估计，每条虫体可使宿主每 24h 失血 0.025mL。

[症状]　感染性幼虫侵入宿主皮肤，可引起皮肤发痒，出现充血斑点或丘疹，继而出现红肿或含浅黄色液体的水泡。如有继发感染可引起脓疮。幼虫侵入肺脏后，可引起咳嗽、发热等。成虫寄生于肠道，可引起宿主恶心、呕吐、腹泻等消化紊乱症状，粪便带血或黑色，柏油状。有时出现异嗜。黏膜苍白，消瘦，被毛粗乱无光泽，因极度衰竭而死亡。胎内感染和初乳

感染 3 周龄以内幼犬，可引起严重的贫血，导致昏迷和死亡。

[诊断与治疗]　根据临床症状、粪便虫卵检查和剖检发现虫体进行综合诊断。该病可以引起宿主严重贫血，在驱虫的同时，进行对症治疗，包括输血、补液，给予高蛋白食物等。用于驱虫的药物较多，效果较好的有以下几种：

（1）甲苯咪唑　每千克体重 22mg，口服，1 次/d，连用 3d。

（2）丙硫咪唑　每千克体重 8～10mg，1 次口服。

（3）左旋咪唑　每千克体重 10mg，1 次口服。

（4）噻嘧啶　每千克体重 6～25mg，1 次口服。

（5）伊维菌素　每千克体重 0.2～0.3mg，皮下注射或口服。

[预防]　对犬进行定期驱虫，搞好环境卫生，及时清理粪便。犬窝地面可用硼酸盐处理以杀死幼虫。

8.2.3　鞭虫病

鞭虫病亦称毛尾线虫病，是由毛尾科、毛尾属（*Trichuris*）的狐毛尾线虫（*T. vulpis*）寄生于犬和狐的盲肠引起。我国各地均有分布，虫体前部细、后部粗，外形像鞭子，故又称鞭虫。该虫主要危害幼犬，严重感染时可以引起犬只死亡。

[病原]　成虫体长 40～70mm。虫体前部细长，约占体长的 3/4，呈毛发状。虫体后部较粗短，内含肠管和生殖器官。雄虫后部弯曲，泄殖腔在尾端，有一根交合刺。雌虫后部不弯曲，末端钝圆。雌性生殖孔开口于虫体粗细交界处。虫卵呈棕黄色，内含单个胚细胞，虫卵腰鼓形，两端有卵塞。虫卵大小为（70～89）μm×（37～41）μm。

[症状]　虫体进入肠黏膜可引起局部炎症。严重感染时引起食欲减退、消瘦、体重减轻、贫血、腹泻，有时大便带血。症状严重的有黄疸。

[诊断]　根据症状和粪便虫卵检查即可确诊。常用方法主要包括直接涂片法、漂浮法和沉淀法。在临床实践中，建议根据临床表现及症状严重程度选择合适的虫卵检查方法，以提高检出率。

[治疗]　治疗药物较多，常用的有：

（1）左咪唑　犬的剂量为每千克体重 5～11mg，1 次口服。

（2）丙硫咪唑　犬的剂量为每千克体重 22mg，内服 1 次/d，连用 3d。

（3）甲苯咪唑　犬的剂量为每千克体重 22mg，内服 1 次/d，连用 3d。

[预防]　主要措施为搞好环境卫生，及时清理粪便，防止粪便污染水源和饲料。严重污染的场地，清洁以后要保持干燥，利用日光杀死虫卵。

8.2.4　犬食道虫病

犬食道虫病亦称犬尾旋线虫病（*Canine spirocercosis*），是由尾旋科、尾旋属的狼尾旋线虫（*Spirocerca lupi*）寄生于犬、狐、狼和豺的食道壁、胃壁或主动脉壁，引起食道瘤等疾病。该病多发生于热带、亚热带地区，我国华中、华南等地方多发。

[病原]　成虫呈螺旋形，粉红色，粗状。头端不具明显的唇片，口周围由 6 个柔软组织团块所环绕。雄虫长 30～54mm，尾部有尾翼和许多乳突，有 2 根不等长的交合刺。雌虫长 54～80mm。虫卵呈长椭圆形，大小为（30～37）μm×（11～15）μm，卵壳厚，产出的卵内已含幼虫。

[症状]　幼虫钻入胃壁，在胃部移行常引起组织出血、炎症和坏疽性脓肿。幼虫移行离开后的病灶可自愈，但可能引起血管腔狭窄病变，若形成动脉瘤或引起管壁破裂，则发生大出血

而死亡。成虫寄生于食道壁、胃壁或主动脉壁中形成肿瘤，病犬表现为吞咽及呼吸困难、循环障碍和呕吐等症状。另外，慢性病例常伴有肥大性骨关节病，胫部长骨肿大。

［诊断与治疗］根据临床症状和粪便或呕吐物中虫卵检查确诊，但检出率不高。考虑到虫卵是周期性排出，要多次反复检查。X射线透视检查有助于确诊。先观察颈及胸部食道部位有无密度增高的阴影，然后用较浓稠的钡粥饲喂。即时观看食道径路的情况，将X线检查结果与剖检变化作比较。目前尚无有效的治疗药物。

［预防］主要措施为防止犬食到含有感染性幼虫的中间宿主或转续宿主。同时，定期检查犬的粪便，发现病犬要及时隔离。严格管理，防止犬吞食粪便、食甲虫或非野生动物和鸟类。搞好犬舍卫生，妥善处理粪便及呕吐物。

8.2.5　犬恶丝虫病

犬恶丝虫病（*Canine dirofilariosis*）是由丝虫科、恶丝属的犬恶丝虫（*Dirofilariaimmitis*）寄生于犬的右心室和肺动脉所引起的一种病症，猫、狐、狼等也能感染。主要症状为循环障碍、呼吸困难、贫血等。在我国分布很广。

［病原］犬恶丝虫主要寄生于宿主肺动脉和右心室，严重感染时，虫体可发现于右心房及前、后腔静脉和肺动脉。成虫为细长白色，食道长。雄虫长12～16cm，尾端螺旋状卷曲，有肛前乳突5对、肛后乳突6对，交合刺2根，不等长，左侧的长、末端尖，右侧的短，相当于左侧的1/2长，末端钝圆。雌虫长25～30cm，尾部直，阴门开口于食道后端处。胎生，雌虫直接产幼虫，称为微丝蚴，出现于血液中。微丝蚴长约315μm，宽度大于6μm，前端尖细，后端平直。体形为直线形。

［致病机制］由于虫体的刺激作用和对血流的阻碍作用，以及抗体作用于微丝蚴所形成的免疫复合物的沉积作用，患犬可发生心内膜炎、肺动脉内膜炎、心脏肥大及右心室扩张，严重时因静脉瘀血导致腹水和肝肿大，肾脏可以出现肾小球肾炎。

［症状］临床症状的严重程度取决于感染的持续时间和感染程度，以及犬只对虫体的反应。主要症状为咳嗽、呼吸困难、体重减轻、心内有杂音、体温升高及腹围增大等。后期贫血加重，逐渐消瘦衰弱而死。在腔静脉综合征中，右心房和腔静脉中的大量虫体可引起突然衰竭，发生死亡。在此之前，常有食欲减退和黄疸。患恶丝虫病的犬常伴有结节性皮肤病，以瘙痒和倾向破溃的多发性结节为特征。皮肤结节中心化脓，在其周围的血管内常见有微丝蚴。

患猫最常见的症状为食欲减退、嗜睡、咳嗽、呼吸痛苦和呕吐。其他症状为体重下降和突然死亡。右心衰竭和腔静脉综合征在猫少见。

［诊断］根据临床症状并在外周血液内检出微丝蚴即可确诊。检查微丝蚴的较好方法是改良的Knott氏试验和毛细血管离心法。动物体内无微丝蚴时难以确诊。可根据症状结合胸部X射线诊断。在国外还有诊断用的ELISA试剂盒可以使用。

［治疗］犬的治疗主要针对成虫，其次治疗微丝蚴。

（1）硫乙胂胺钠　每千克体重0.22mL，静脉注射，每天2次，间隔6～8h，连用2d。该药是常用的驱成虫药物，但有潜在的毒性。如果犬反复呕吐、精神沉郁、食欲减退和黄疸，则应中断治疗。

（2）碘化噻唑青胺　每千克体重6～11mg，口服，1次/d，连用7d。对微丝蚴效果较好。

（3）海群生　每千克体重22mg，口服，3次/d，连用14d。

（4）左咪唑　每千克体重11mg，口服，1次/d，连用7～14d。治疗后第7d进行血检，如果微丝蚴转阴，则停止用药。

（5）伊维菌素　每千克体重 0.05～0.1mg，1 次皮下注射。

对猫的治疗存在争议。

[预防] 消灭中间宿主是重要的预防措施。流行地区的犬，应定期进行血检，有微丝蚴的及时治疗。亦可以用药物进行预防：

（1）海群生　剂量为每千克体重 2.5～3mg，在每年的 5～10 月份，每日或隔日给药。

（2）左咪唑　每千克体重 10mg，每天分 3 次内服。连用 5d 为 1 个疗程，隔 2 个月重复 1 次治疗。

（3）伊维菌素　每千克体重 0.06mg，在蚊虫活动的季节，每个月 1 次皮下注射。

8.2.6　旋毛虫病

旋毛虫病（Trichinosis）是由毛尾目、毛形科、毛形线虫属（Trichinella）的旋毛形线虫（Trichinella spiralis）感染引起的人兽共患寄生虫病。该病原可以感染人、猪、犬、猫、鼠类、狐狸、狼、野猪等。人感染旋毛虫可以致死，原因在于摄食了生的或未煮熟的含旋毛虫包囊的猪或犬肉等，故旋毛虫是肉品卫生检验的重要项目之一。

[病原] 幼虫寄生于宿主的横纹肌，成虫寄生于同一宿主的小肠黏膜。成虫细小，肉眼几乎难以辨识。前端细，为食道部，后部粗，包含着肠管和生殖器官。雄虫 1～1.8mm，虫体尾端有泄殖孔，其外侧为 1 对呈耳状悬垂的交配叶，内侧有 2 对性乳突，缺乏交合刺。雌虫 1.3～3.7mm，阴门位于虫体前端 1/5 处的腹面。幼虫在横纹肌肌纤维内形成梭形包囊。包囊一般含 1 条幼虫。

[症状] 犬和其他动物感染旋毛虫后一般无明显的临床症状。长期表现为食欲下降，体重降低和精神不振等。感染初期表现的症状是咳嗽。人感染旋毛虫可以出现明显的临床症状。肠旋毛虫可以引起肠炎等消化道疾病的症状。肌旋毛虫可以引起急性肌肉炎，表现为发热和肌肉疼痛，严重感染时可因呼吸肌和心肌麻痹而导致死亡。

[诊断与治疗] 主要靠肌肉中检出旋毛虫包囊，常用方法为肌肉压片和肌肉消化法，所以生前诊断困难。在我国肉品卫生检验中作为严格规定检验项目。

动物生前很少发病，一般不采用治疗手段。可用于治疗旋毛虫的药物有甲苯咪唑、氟苯咪唑、丙硫咪唑等。

[预防] 预防该病的主要措施是加强对各种肉品的卫生检验，含旋毛虫的肉品应按肉品检验规程严格处理。加强环境卫生管理，消灭鼠类。

8.2.7　肺毛细线虫病

肺毛细线虫病（Capillariiasis）是由毛细科、毛细属（Capillaria）的肺毛细线虫（C. aerophila）寄生于狐狸、犬和猫的支气管和气管，或偶见于鼻腔和额窦引起的寄生线虫病。

[病原] 成虫细长，乳白色。雄虫体长 15～25mm，尾部有 2 个尾翼，有 1 根纤细的交合刺。雌虫长 20～40mm，阴门开口于食道末端。虫卵呈腰鼓形，大小为 (59～80)μm×(30～40)μm，卵壳厚，有纹，淡绿色，虫卵两端各有 1 个卵塞。

[生活史] 直接发育。雌虫在肺内产卵，卵随痰液上行到咽，咽下入消化道随粪便排出。在外界适宜条件下，虫卵经 5～7 周发育为感染性虫卵。宿主吞食感染性虫卵后，在小肠内孵出幼虫。幼虫进入肠黏膜，随血液移行到肺。感染后 40d 幼虫发育为成虫。

[症状] 犬只严重感染时，常引起慢性支气管炎、气管炎或鼻炎。病犬流涕，咳嗽，呼吸困难，继而消瘦，贫血，被毛粗糙。

[诊断与治疗] 根据临床症状和粪便或鼻液虫卵检查即可确诊。治疗药物包括：

（1）左咪唑　每千克体重 5mg，1 次/d 口服，连用 5d，停药 9d 后再重复用药 1 次。

（2）甲苯咪唑　每千克体重 6mg，2 次/d，连用 5d。

[预防] 保持犬和猫舍干燥，搞好环境卫生。

8.2.8　膨结线虫病

肾膨结线虫病是由膨结目、膨结科、膨结属（*Dioctophyma*）肾膨结线虫（*Dioctophyma renale*）寄生于犬肾脏或腹腔引起，还可寄生于貂和狐，偶见于猪和人。世界性分布。

[病原] 成虫新鲜时呈红白色，体圆柱形。虫体大，口简单，无唇，围以六个圆形乳突。雄虫长 14～45cm，后端有一呈钟状而无肋的交合伞，交合刺 1 根，呈刚毛状。雌虫长 20～103cm，阴门开口于食道后端。虫卵呈橄榄形或椭圆形，淡黄色，卵壳厚且表面有许多小凹陷，大小为 $(60～84)\mu m×(39～52)\mu m$。

[生活史] 发育成熟需 2 个中间宿主，第 1 中间宿主为蛭蚓类（环节动物），第 2 中间宿主为淡水鱼。成虫寄生于终末宿主肾盂内，虫卵随尿液排出体外，第 1 期幼虫在卵内形成。第 1 中间宿主吞食虫卵后，在其体内形成第 2 期幼虫。第 2 中间宿主吞食第 1 中间宿主后，幼虫在其体内发育为第 3 期幼虫，终末宿主因摄食了含感染性幼虫的生鱼而感染。在终末宿主体内，幼虫穿出十二指肠而移行到肾。整个发育过程约需 2 年。

[症状] 虫体寄生于肾盂，引起肾脏增生性的病理变化。有时可引起肾脏与十二指肠、肝及腹膜的粘连。由于肾脏有很强的代偿功能，通常感染动物多没有明显的临床症状。

[诊断与治疗] 尿液虫卵检出是可靠的诊断方法。目前尚无有效的驱虫药物，可采取手术治疗。

8.2.9　麦地那龙线虫病

麦地那龙线虫病（*Dracunculiiasis*）是由龙线科、龙线属（*Dracunculus*）的麦地那龙线虫（*D. medinensis*）感染人、犬、猫及其他一些哺乳动物引起的寄生线虫病。主要流行于非洲和南亚，我国有犬感染的报道。

[病原] 成虫寄生在宿主皮下或器官的结缔组织内。雌雄异体。雌虫长达 100～400cm，是最长的线虫。阴门位于虫体中部，虫体成熟以后，阴门不易见到。子宫内有大量的幼虫。雄虫长仅 12～29mm，有生殖乳突 10 对，4 对在肛前，6 对在肛后。交合刺等长，长 490～730μm。雄虫不易见到，可能在交配后死亡。

[症状] 雌虫移行到宿主皮下组织时，释放大量代谢产物于宿主组织中，引起宿主强烈的变态反应，导致皮肤出现红斑，进一步发展为水疱，水疱可以大至数厘米。水疱破裂后，常常继发感染形成脓肿。虫体若在组织内破裂，引起严重的蜂窝织炎。

[诊断和治疗] 根据皮肤水疱、溃疡以及溃疡处液体中有无幼虫即可确诊。治疗可用外科手术将虫体从皮下取出。驱虫药可用甲苯咪唑等。

8.2.10　犬类丝虫病

犬类丝虫病（*Canine filaroidiasis*）是由类丝虫科、类丝虫属（*Filaroides*）的欧氏类丝虫（*F. Osleri*）和褐氏类丝虫（*F. Hirthi*）感染引起的寄生虫病，以肺部疾病为特征。美国、南非、新西兰、印度、英国、法国和澳大利亚等国均有报道。

[病原]

（1）欧氏类丝虫　寄生于犬的气管和支气管内，少见于肺实质。雄虫细长，5.6～7.0mm，尾端钝圆，交合伞退化，只有几个乳突，有 2 根不等长的交合刺。雌虫粗壮，长 9～

15mm，阴门开口于肛门附近。虫卵大小为 $80\mu m \times 50\mu m$，卵壳薄，内含幼虫，长 $232\sim266\mu m$。

（2）褐氏类丝虫　与欧氏类丝虫相似，寄生于犬的肺实质。

[症状]　虫体寄生于宿主气管或支气管黏膜下引起结节，结节为灰白色或粉红色，直径1cm以下，易造成气管或支气管堵塞。严重感染时，气管分叉处出现出血性病变。症状的严重程度取决于感染的程度和结节数目的多少。主要表现为慢性症状，但有时也可引起死亡。最明显的症状是顽固性咳嗽，呼吸困难，食欲缺乏，消瘦。某些感染群死亡率可达 75%。

[诊断与治疗]　痰液或粪便中检出幼虫即可确诊。但幼虫的数量不会太多，必须仔细检查，另外，雌虫产卵不是连续的，必须多次检查。气管内窥镜有助于确诊。丙硫咪唑每千克体重25mg，口服 1 次/d，连用 5d 为 1 疗程，停药 2 周后，再用药 1 次。

[预防]　犬饲养场应执行严格的卫生消毒制度，母犬在生产之前应驱虫。对外来的犬要隔离饲养，确定健康后再入群饲养。

8.2.11　犬猫类圆线虫病

犬猫类圆线虫病（Strongyloidosis）是由杆形目、类圆科、类圆属（Strongyloides）的粪类圆线虫（S. stercoralis）感染犬、猫、狐和人以及其他灵长类引起。该病呈世界性分布，尤其广泛分布于热带和亚热带地区。

[病原]　雌虫可寄生于动物体内，未见雄虫寄生。雌虫细长，乳白色，后端尖细，虫体长 $2.2\sim2.5$mm，宽 $30\sim75\mu m$。体表角质有细横纹。体前端有 2 个唇瓣，向前突出。口腔小，食道呈柱状，占体长的 1/3～2/5。阴门位于体后 1/3 与中 1/3 的交界处。肛门位于虫体的亚末端。虫卵椭圆形，卵壳薄而透明。虫卵约为 $70\mu m \times 43\mu m$。

[致病机制]　主要表现为 3 个阶段。幼虫侵入皮肤后，可以引起皮炎，出现红色肿块或结节，发痒，有刺痛感。幼虫侵入肺脏后，可以破坏毛细血管，引起肺泡出血，导致肺炎。虫体进入肠道后，虫体钻入肠黏膜，破坏黏膜的完整性，引起肠炎。

[症状]　主要感染幼犬。初期表现为皮炎，继之发生肺炎，并出现咳嗽、轻度发热等症状。后期表现为肠炎症状。严重感染时，病犬消瘦，生长缓慢，腹泻，排出带有黏液和血丝的粪便等。

[诊断与治疗]　临床症状结合粪便幼虫检查即可确诊。粪便幼虫检查，直接涂片法检出率较低，贝尔曼法分离幼虫检查效果较好。治疗药物有噻苯唑和左咪唑。

[预防]　对犬定期驱虫；恶劣的卫生条件有利于疾病的发生，因此应保持环境卫生，保持地面干燥清洁，做到经常消毒，以杀死环境中的幼虫。该病在动物之间传播很快，应将可疑的患病犬和健康犬分开饲养。粪类圆线虫可以感染人，处理病犬时应格外小心。

8.2.12　广州管圆线虫病

广州管圆线虫病（Angiostrongyliasis）是由管圆线虫属的广州管圆线虫寄生于犬的脑部引起的疾病，还可感染人、猴、马、鼠等。主要寄生于中枢神经系统，引起嗜酸性粒细胞增多性脑膜脑炎及脑膜炎。

[病原]　雄虫体长 $(11\sim26)$mm $\times (0.26\sim0.53)$mm，雌虫体长 $(21\sim45)$mm $\times (0.3\sim0.7)$mm。头端圆形，头顶中央有一孔。雌虫阴门位于虫体末端，肛门之前。雄虫尾部略向腹面弯曲，尾端有一单叶的交合伞，内伸出一对等长交合刺。虫卵呈长椭圆形，大小 $(64.2\sim82.1)\mu m \times (33.8\sim48.3)\mu m$，壳薄而透明，新产出的虫卵内含单个卵细胞。

[致病机制]　致病性与虫体的移行、侵入部位和其诱发的宿主炎症反应有密切关系。感染性幼虫主要侵犯中枢神经系统，集中分布在大脑和脑膜，以脑脊液嗜酸性粒细胞显著升高为特

征，引起嗜酸性粒细胞增多性脑膜脑炎或脑膜炎。虫体在宿主脑组织的移行导致脑组织损伤及肉芽肿炎症反应。病理表现包括脑组织损伤引起的充血和出血，巨噬细胞、淋巴细胞、浆细胞和嗜酸性粒细胞浸润所形成的肉芽肿。

[症状] 典型临床症状为嗜酸性粒细胞增多性脑膜脑炎或脑膜炎，引起犬只上行性麻痹，包括尾部、膀胱和腰部痛觉过敏等。可分为3个等级的临床表现，1级表现为尾部麻痹和一侧或两侧下肢共济失调及腰肌深压有痛感。2级开始像1级一样，但尾部麻痹，很快发展为不能站立，需要人工排尿。3级的表现特点是发展迅速的上行麻痹及极度的疼痛。

[诊断] 涉及血常规、脑脊液、免疫学和病原学检查等综合诊断。外周血中嗜酸性粒细胞的百分比和（或）绝对值明显增高是主要特征之一。病原体检查以从脑脊液、眼或身体其他部位检获第4、5期幼虫或成虫为确诊的重要依据，但获检率极低。尸体解剖可能发现幼虫或成虫。血清免疫学检测如酶联免疫吸附试验（ELISA）法检测出抗体，对本病的诊断有重要意义。

[治疗] 以病原学治疗、对症治疗和治疗并发症为主。阿苯达唑、甲苯咪唑、苯丙咪唑等药物对杀虫具有一定的效果。同时，运用免疫抑制药物防止宿主对幼虫移行的剧烈反应。

[预防] 搞好环境卫生，防止接触中间宿主或转续宿主。

8.2.13　绦虫病

绦虫病（*Cestodiasis*）是由扁形动物门绦虫纲的绦虫感染引起的寄生虫病。寄生于犬和猫的绦虫种类很多，对健康危害较大。幼虫期大多感染其他家畜或人，严重危害家畜和人的健康。这些绦虫病在致病机制、临床症状、诊断方法和治疗药物方面有许多相似之处。

[病原]

（1）犬复孔绦虫　属双壳科、复孔属，是犬最为常见的绦虫，还可寄生于猫、山犬、狼、狐狸等的小肠，偶见于人。

（2）带状带绦虫　亦称带状泡尾绦虫，属带科、带属或泡尾带属，主要寄生于猫的小肠，也见于犬。

（3）豆状带绦虫　属带科、带属，寄生于犬、猫、狐狸等小肠内。

（4）泡状带绦虫　属带科、带属，寄生于犬、狼和狐狸等的小肠内，少见于猫。

（5）绵羊带绦虫　属带科、带属，寄生于犬、猫、狼等食肉动物小肠内。

（6）多头带绦虫　亦称多头多头绦虫。属带科、带属或多头属，寄生于犬、狼、狐狸等的小肠内。

（7）连续多头绦虫　属带科、多头属，寄生于犬、狼、狐狸等的小肠内。

（8）斯氏多头绦虫　属带科、多头属，寄生于犬、狼、狐狸等的小肠内。

（9）细粒棘球绦虫　属带科、棘球属，寄生于犬、狼、狐、豹的小肠中。

（10）多房棘球绦虫　成虫寄生于狐狸、狼、犬、猫（较少见）的小肠中。

（11）线中绦虫　属中绦科、中绦属，寄生于犬、猫和野生肉食兽的小肠，偶尔感染人。

（12）孟氏迭宫绦虫　属假叶目、双叶槽科、迭宫属，寄生于犬、猫和野生肉食兽的小肠，偶尔感染人。

（13）阔节裂头绦虫　寄生于人、犬、猫、猪、北极熊及其他食鱼的哺乳动物的小肠中。

[致病机制] 虫体以其头节顶突上的小钩和吸盘吸着在宿主肠黏膜，造成肠黏膜的损伤，引起炎症。虫体可以大量夺取宿主小肠内的营养物质，造成宿主营养缺乏，发育不良。虫体的分泌物和代谢物被宿主吸收以后，可以导致各种中毒症状，甚至神经症状。有些虫体个体很大，大量寄生时，可以造成小肠堵塞，导致腹痛、肠扭转甚至肠破裂。

[症状] 轻度感染时常不表现临床症状。严重感染时，病畜主要表现为食欲下降、呕吐、腹泻，或贪食、异嗜，继而消瘦，贫血，生长发育停滞，严重者死亡。有的呈现剧烈的兴奋，有的发生痉挛或四肢麻痹。本病呈现慢性和消耗性。

[诊断] 根据临床症状和粪便检出节片或虫卵即可确诊。

[治疗与预防] 治疗药物包括吡喹酮、丙硫咪唑、灭绦灵、硫双二氯粉。预防要对犬和猫定期驱虫，特别是比较贵重的犬，每季度应驱虫 1 次；不用生的或未经无害化处理的动物内脏或动物性食品喂犬和猫；不用生的鱼、虾喂犬和猫；应用杀寄生虫药定期杀灭动物体和动物舍的蚤和其他昆虫。

8.2.14 华支睾吸虫病

华支睾吸虫病（Clonorchiasis）是由复殖目、后睾科、支睾属的华支睾吸虫（Clonorchis sinensis）感染人、犬、猫、猪及其他一些野生动物引起的人兽共患寄生虫病。虫体主要寄生于肝脏胆管和胆囊内。该病主要分布于东亚，如日本、朝鲜、韩国、越南、老挝等。我国分布极为广泛，除西北和西藏少数几个省区外，其余各个省市均有报道。该病对犬和猫危害较大，我国部分地区猫感染率可达 100%，我国的犬只感染率为 35%～100%。

[病原] 小型虫体，体薄，半透明，长 10～25mm，宽 3～5mm，口吸盘位于虫体前端，腹吸盘在虫体前 1/5 处，较口吸盘小。有咽，食道短，肠管分两支达虫体后端，睾丸呈分支状，前后排列于虫体后部。卵巢分叶，在睾丸前，有较发达的受精囊，椭圆形，位于睾丸和卵巢之间。卵黄腺细小颗粒状，分布于虫体中部两侧。子宫在卵巢之前盘绕向上，开口于腹吸盘前缘的生殖孔。虫卵黄褐色，大小为 （27～35）μm×（12～20）μm，前端狭小并有一盖，后端圆大，有一小突起，从宿主体内随粪便排出时卵内已含成熟毛蚴。整个虫卵形似灯泡。

[致病机制] 虫体的机械性损伤和分泌代谢物的免疫反应作用。感染动物出现胆管炎和胆囊炎，进而累及肝实质，使肝功能受损，影响消化机能并引起全身症状。可见胆管扩张，管壁增厚，周围有结缔组织增生。胆囊有时可见肿大。有时大量虫体寄生可以引起胆管阻塞，出现阻塞性黄疸。

[症状] 临床病程表现为慢性经过。多数感染动物为隐性感染，临床症状不明显。严重感染时，主要表现为消化不良，下痢，消瘦，贫血，水肿，甚至腹水。剖检可见胆管变粗，胆囊肿大，胆汁浓稠，呈草绿色，胆管和胆囊内有大量虫体和虫卵。肝脏表面结缔组织增生，有时引起肝硬化或脂肪变性。

[诊断] 根据临床症状和粪检虫卵以及剖检即可确诊，也可用间接血凝试验和酶联免疫吸附试验作为辅助诊断。

[治疗] 驱虫药物有吡喹酮：每千克体重 50～75mg，1 次口服，为首选药物。也可选用丙硫咪唑或六氯对二甲苯。

[预防] 流行区的犬、猫、猪等要定期检查和驱虫；禁用生的鱼、虾饲喂动物；管理好粪便，防止污染水塘，禁用人、畜粪喂鱼，禁止在鱼塘边盖猪舍或厕所。

8.2.15 并殖吸虫病

并殖吸虫病（Paragonimiasis）亦称肺吸虫病，是由复殖目、并殖科、并殖属（Paragonimus）的卫氏并殖吸虫（Paragonimus westermani）感染引起的人兽共患寄生虫病。主要感染犬、猫、人及多种野生动物，寄生部位为肺脏。我国已有 18 个省、市、自治区有报道。

[病原] 虫体呈深红色，肥厚，卵圆形，体表有小棘，大小为 （7.5～16）mm×（4～8）mm，厚 3.5～5.0mm。腹面扁平，背面隆起。口、腹吸盘大小相似，口吸盘位于虫体前

端，腹吸盘位于虫体中横线稍前。两条肠管形成 3~4 个弯曲，终于虫体末端。睾丸 2 个，分 5~6 枝，并列于虫体后 1/3 处。卵巢分 5~6 叶，位于睾丸之前。卵黄腺很发达，分布于虫体两侧。子宫内充满虫卵，与卵巢的位置相对。虫卵呈金黄色，椭圆形，不太对称，大小为 $(75\sim118)\mu m\times(48\sim67)\mu m$。

[致病机制] 虫体移行造成的机械性损伤及代谢产物所导致的免疫反应是主要的致病原因。移行幼虫引起腹膜炎、胸膜炎和肌炎。寄生于肺部的成虫和所产虫卵引起的免疫反应，导致小支气管炎和增生性肺炎。

[症状] 感染的猫和犬表现为精神不振，阵发性咳嗽，呼吸困难等症状。虫体窜扰于腹壁可引起腹泻与腹痛，寄生于脑部及脊髓时可引起神经症状。

[诊断] 粪检或痰检虫卵或剖检发现虫体为确证。间接血凝试验和 ELISA 也可作为辅助诊断。

[治疗] 选用吡喹酮 每千克体重 3~10mg，1 次口服。丙硫咪唑：每千克体重 15~25mg，口服，1 次/d，连用 6~12d。苯硫咪唑：每天每千克体重 50~100mg，分 2 次口服，连用 14d。硝氯酚：每千克体重 1mg，1 次/d，口服，连用 3d。硫双二氯酚：每千克体重 100mg，口服，1 次/d，连用 7d。

8.3 昆虫病

8.3.1 疥螨病

疥螨病（Sarcoplidosis）是犬猫较严重的常见皮肤病，由疥螨科（Sarcoplidae），疥螨属（Sarcoptes）的犬疥螨（S. scabiei canis）和背肛螨属（Notoedres）的猫背肛螨（N. cati）寄生于犬猫皮肤内所致。本病以剧痒、湿疹性皮炎、脱毛、患部逐渐向周围扩展和具有接触传染性为特征。

[病原] 体近圆形，背面隆起，腹面扁平，乳白或浅黄色。盾板有或无，口器短，螯肢和须肢粗短。假头背面后方有 1 对粗短的垂直刚毛或刺。足粗短，第 4 对足几乎全部被遮于腹下。雌螨在足 1、2 有吸盘，雄螨在足 1、2、4 有吸盘，吸盘的柄不分节。雄螨无性吸盘和尾突。雌螨大小为 $(0.3\sim0.5)mm\times(0.25\sim0.4)mm$，雄螨为 $(0.2\sim0.3)mm\times(0.15\sim0.2)mm$（图 8-10）。

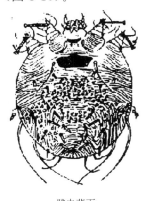  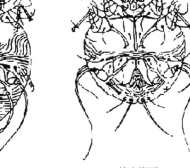

雌虫背面　　　　　　　雌虫腹面　　　　　　　雄虫腹面

图 8-10　疥螨成虫形态

[生活史] 疥螨的发育属于不完全变态。一生包括卵、幼螨、若螨和成螨四个发育阶段。其中雄螨为一个若虫期，雌螨为两个若虫期。疥螨寄生在宿主皮肤表皮角质层间，啮食角质组织，并以其螯肢和足跗节末端的爪在皮下开凿一条与体表平行而纡曲的隧道（图8-11），雌虫就在此隧道产卵。卵呈圆形或椭圆形，淡黄色，壳薄，大小约 $80\mu m \times 180\mu m$，产出后经3～5d孵化为幼虫。幼虫足3对，2对在体前部，1对近体后端。幼虫仍生活在原隧道中，或另凿隧道，经3～4d蜕皮为前若虫。若虫似成虫，有足4对，前若虫生殖器尚未显现，约经2d后蜕皮成后若虫。雌性后若虫产卵孔尚未发育完全，但阴道孔已形成，可行交配。后若虫再经3～4d蜕皮而为成虫。完成一代生活史需8～22d，平均15d。

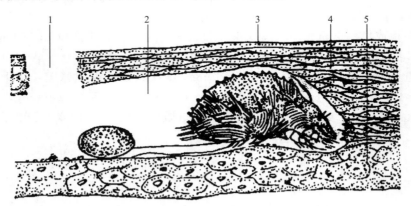

图 8-11　疥螨在皮肤内挖凿隧道
1—隧道口；2—隧道；3—皮肤表面；4—角质层；5—细胞

　　疥螨交配一般是晚间在宿主皮肤表面进行，由雄性成虫和雌性后若虫完成。雄虫大多在交配后不久即死亡；雌后若虫在交配后20～30min内钻入宿主皮内，蜕皮为雌虫，2～3d后即在隧道内产卵。每日可产2～4个卵，雌螨寿命5～6周。

　　[流行病学] 疥螨分布广泛，遍及世界各地。除寄生于犬、猫等小动物，也可以寄生于其他哺乳动物，如狼、狐狸、牛、马、骆驼和人等。犬疥螨病是由病犬和健康犬直接接触而发生感染，也可由被疥螨及其卵污染的墙壁、垫草、厩舍、用具等间接接触感染。主要发生于冬季和秋末春初，因为这些季节，日光照射不足，动物体毛长而密，湿度大，最适合其生长和繁殖。幼犬往往易患疥螨病，发病也较严重。螨在幼犬体上的繁殖速度比在成年犬体上快。随着年龄的增长，抗螨免疫性增强。免疫力的强弱，主要取决于犬的营养、健康状况和有无其他疾病等。

　　[致病机制] 疥螨寄生于角质层深处，采食时直接刺激和分泌有毒物质，使皮肤发生剧烈瘙痒和炎症。由于皮肤乳头层的渗出作用，使皮肤出现小丘疹和水泡，水泡被细菌侵入后变为小脓泡，患畜擦痒引起脓泡和水泡破溃，流出渗出液和脓汁，以后形成黄色结痂。

　　[症状] 犬疥螨病先发生于头部，后扩散至全身，幼犬尤为严重。患部皮肤发红，有红色或脓性疱疹，上有黄色痂皮；奇痒，脱毛，皮肤变厚而出现皱纹。患病动物烦躁不安，影响采食和休息，逐渐消瘦，严重者衰竭而死亡。

　　[诊断] 本病的诊断除临床症状外，必须通过皮屑检查，发现虫体，方可确诊。

　　(1) 皮屑的采集　在患病部位与健康部位的交界处采取病料，先剪毛，再涂甘油以湿润皮肤，然后用外科刀（经火焰消毒）用力刮取表皮，刮到皮肤轻微出血为止，将刮到的病料收集到培养皿或其他容器中，刮破处涂碘酊消毒。

（2）检查方法

① 直接检查法：将病料置于载玻片上，加 1～2 滴 50％甘油水溶液或煤油，使皮屑散开，加上盖玻片，在低倍显微镜或解剖镜下检查。由于皮屑被透明，螨虫很容易看到。或者将病料置于玻璃皿中，在酒精灯或火炉边微微加热后，将平皿置于黑板上，用放大镜或低倍镜检查，可发现活动的螨虫。后一种方法在刮取材料时，采病料部位不能涂油。

② 温水检查法：即用幼虫分离法装置，将刮取物放在盛有 40℃左右温水漏斗上的铜筛中，经 0.5～1h，由于温热作用，螨从痂皮中爬出，集成小团沉于管底，取沉淀物进行镜检。

③ 皮屑溶解法：将病料置于烧杯中，加入 10％氢氧化钠或氢氧化钾适量，浸泡 2h 置于酒精灯上加热煮沸 2～3min，使痂皮完全溶解，然后静置 20min 或离心沉淀 2～3min，弃去上清液，吸取沉淀物检查。

[治疗] 治疗疥螨的药物种类、制剂和用药方法很多，包括有机磷类、有机氯类、拟除虫菊酯类和脒类化合物及硫黄、烟草浸液等天然杀虫药，对疥螨均有很好的杀灭效果。常用的药物有：

（1）敌百虫　2％～5％敌百虫水溶液或 1％～2％敌百虫废机油合剂，患部涂擦。注意用敌百虫治疗时，不可用碱性水洗刷，以免引起中毒。

（2）蝇毒磷　0.025％～0.05％蝇毒磷水乳剂喷淋、涂擦或药浴。

（3）杀虫脒（氯苯脒）　0.1％～0.2％水乳剂喷淋、涂擦或药浴。

（4）双甲脒　2.5％双甲脒乳油剂（特敌克），用水 200～500 倍稀释，涂擦或喷淋患部。

（5）伊维菌素（害获灭）或阿维菌素（虫克星）　按每千克体重 0.3mg 皮下注射，或用浇泼剂沿背部皮肤浇泼。

[预防] 除定期有计划地进行药物预防之外，还要加强对犬的饲养管理，保持犬舍干燥清洁，对犬舍采用 10％～20％石灰乳定期消毒。发现患病犬，立即隔离治疗。

8.3.2　蠕形螨病

蠕形螨病是由蠕形螨科（Demodicidae）蠕形螨属（*Demodex*）的犬蠕形螨（*D. canis*）和猫蠕形螨（*D. cati*）寄生于犬、猫的毛囊和皮脂腺内所引起的一种常见而又顽固的皮肤病，以犬多见，且危害严重。

[病原]

（1）犬蠕形螨（*D. canis*）　犬蠕形螨雄螨长 220～250µm，宽 45µm；雌螨长 250～300µm，宽 45µm。虫体自胸部至末端逐渐变细，呈细圆桶状。雄螨背足体瘤呈"8"字形，雌螨阴门短于 6µm，具有狭的阴门唇。虫卵呈简单的纺锤形（图 8-12）。寄生于犬皮肤的毛囊内，少见于皮脂腺内。

（2）猫蠕形螨（*D. cati*）　猫蠕形螨足粗短，成虫和若虫有 4 对足，幼虫有 3 对足（图 8-12）。雄螨长 182µm×20µm，雌螨长 220µm×30µm。虫卵大小为 70.5µm×21 µm。寄生于猫皮肤的毛囊内，尤其是眼、面部、下颚和颈部皮肤的毛囊内。

[生活史] 蠕形螨的生活史包括卵、幼虫、若虫和成虫 4 个阶段，整个发育过程在宿主的毛囊或皮脂腺内完成。雌螨产卵于宿主的毛囊和皮脂腺内，卵在适宜温度下一般经 2～3d 孵出幼虫。幼虫经 4～6d 蜕皮变为若虫。若虫经 2～3d 蜕皮变为成

图 8-12　犬蠕形螨（左）和猫蠕形螨（右）

虫，再经 5d 左右的时间发育成熟。完成整个生活史需 18～24d。成螨在体内可存活 4 个月以上，多数寄生于发病皮肤的毛囊底部，少数寄生于皮脂腺内。

[流行病学] 蠕形螨病呈世界性分布，正常犬、猫的皮肤常带有少量的蠕形螨，但不出现临床症状。动物营养状况差、激素、应激、其他外寄生虫感染或免疫抑制性疾病、肿瘤、衰竭性疾病等，均可诱发蠕形螨病。临床上较少见猫蠕形螨病。

感染蠕形螨的动物是本病的传染源，动物之间通过直接或间接触而相互传播。刚出生的幼犬在哺乳期间与感染蠕形螨母犬因皮肤接触而获得感染，这种感染发生在出生几天内，是犬感染的主要方式。

纯种犬对蠕形螨的易感性强，如沙皮、西部高地白㹴、英国斗牛犬、苏格兰㹴犬、英国古代牧羊犬、德国牧羊犬。3～6 月龄的幼犬最易发生该病。

[致病机制] 少量感染时常无症状，当发生免疫抑制时，寄生于毛囊根部、皮脂腺内的蠕形螨大量增殖，对宿主产生机械性刺激及分泌物和排泄物的化学性刺激，可使毛囊周围组织出现炎症反应，称为蠕形螨性皮炎。

[症状] 根据临床特征，可以将犬的蠕形螨病分为局部型、全身型和脓疱型 3 种类型。局部型蠕形螨病以 3～15 月龄的幼犬多发，往往在眼眶、头部、前肢和躯干部出现局灶性脱毛、红斑、脱屑，但不表现瘙痒。具有自限性，不经治疗常可自行消退。但如果使用糖皮质激素类药物或严重感染治疗不当或不予治疗，可造成全身型蠕形螨病。脓疱型蠕形螨病常伴随化脓性葡萄球菌感染，表现出皮肤脱毛、红斑、形成脓疱和结痂，不同程度的瘙痒，有些病例会出现淋巴结病。

成年犬的蠕形螨病多见于 5 岁以上犬，常伴随一些引起免疫抑制的疾病，如肾上腺皮质功能亢进，出现皮肤脱毛、鳞屑和结痂。其发病可能是局部型，也可能是全身型，但局部型多发生在头部和腿部。在一些慢性病例常表现出局部皮肤色素过度沉着。

猫蠕形螨病较少发生，发病部位多在头部和耳道。

[诊断] 蠕形螨病的确诊需刮取皮肤深部毛囊和皮脂腺处的皮屑进行检查，最好选择有皱褶的病变皮肤，涂以液体石蜡，刮到微微出血为止。当发现刮取物中出现大量的幼虫和若虫时，预示着螨虫的数量将会大增，随后的病情会加重。对重症犬，亦可以消毒针尖或刀尖，将脓疱丘疹等损害处划破，挤出脓液直接涂片检查；还可拔取病变部位的毛发，在载玻片上加 1 滴甘油，将毛根部置于甘油内，在显微镜下检查毛根部的蠕形螨。

[治疗] 治疗蠕形螨病时需先用温肥皂水刷洗患部，除去污垢和痂皮，然后选择杀螨剂进行治疗。

(1) 大环内酯类 伊维菌素，剂量为每千克体重 0.4～0.6mg，每天口服，连用 2～4 个月，或按每千克体重 0.4mg 的剂量，每周 1 次，皮下注射，对柯利牧羊犬或柯利犬与牧羊犬的杂交犬要慎用。多拉菌素，按每千克体重 0.6mg，每周 1 次，口服和皮下注射。莫西菌素，按每千克体重 0.2～0.5mg，口服，每天 1 次，杂种犬慎用。美贝霉素肟，犬按每千克体重 0.5～2.0mg，口服，每天 1 次。高剂量使用大环内酯类药物会引起某些犬出现食欲不振、呕吐、昏睡等副作用。美贝霉素肟对犬的副作用小，使用安全。

(2) 双甲脒 将 12.5% 双甲脒用温水稀释 250～500 倍，涂擦或全身洗涤，用于治疗全身型蠕形螨病，隔 1～2 周 1 次，连用 3～5 次。也有用含 15% 双甲脒和 15% 氰氟虫腙的浇泼剂治疗犬蠕形螨病，每月 1 次，对跳蚤和蜱等也有驱杀效果。

除用杀螨药外，对继发细菌感染的治疗也非常重要。当皮肤出现脓疱或脓肿时，应全身性使用抗生素（如头孢菌素）或局部用抗生素冲洗。同时，连续 7～10d 使用糖皮质激素类抗炎药，增加动物的维生素和矿物质的补给等，将有利于缓解症状，提高治疗效果。

[**预防**] 加强犬猫的饲养管理，给犬猫以全价饲料，增强机体的抵抗力，可减少蠕形螨病的发生；为防止新生幼犬的感染，对患有蠕形螨病的母犬不宜继续留种。

8.3.3　耳痒螨病

小动物耳痒螨病是由痒螨科（Psoroptidae）、耳痒螨属（*Otodecctes*）的犬耳痒螨（*O. canis*）和猫耳痒螨（*O. cati*）寄生于皮肤表面所引起的慢性、寄生虫性皮肤病。多寄生于犬、猫的外耳道内。

[**病原**]

（1）犬耳痒螨（*O. canis*）　雄螨大小（0.35～0.45）mm×（0.30～0.35）mm，4对足末端均具有短柄的吸盘，柄不分节，其第3对足端部有两根较细长的刚毛。雌螨大小为（0.45～0.55）mm×（0.33～0.37）mm，第1、2对足末端有吸盘，第4对足不发达（图8-13）。寄生于犬、猫、狐和貂的外耳道及脚、尾部皮肤。有时由于细菌的继发感染，病变可深入中耳、内耳及脑膜等处。

（2）猫耳痒螨（*O. cati*）　雄螨大小为（0.20～0.30）mm×（0.12～0.16）mm，雌螨大小为（0.25～0.47）mm×（0.22～0.33）mm。不仅寄生于猫，而且还可寄生于犬、兔及人的外耳道和头颈部皮肤。

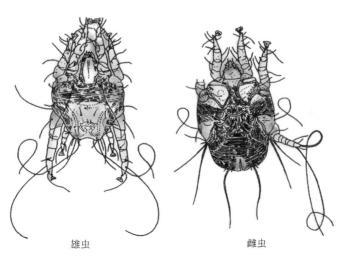

雄虫　　　　　　　　雌虫

图 8-13　耳痒螨

[**生活史**] 痒螨的发育为不完全变态，需经卵、幼虫、若虫和成虫四个时期的发育。痒螨的口器为刺吸式，寄生于皮肤表面，吸取渗出液为食。雌螨多在皮肤上产卵，约经3d孵化为幼螨，采食24～36h进入静止期后蜕皮成为第一若螨，采食24h，经过静止期蜕皮成为雄螨或第二若螨。雄螨通常以其肛吸盘与第二若螨躯体后部的1对瘤状突起相接，抓住第二若螨，这一接触约需48h。第二若螨蜕变为雌螨，雌雄进行交配。雌螨采食1～2d后开始产卵，一生可产卵约40个，寿命约42d。痒螨整个发育过程10～12d。

[**流行病学**] 本病多发于冬、春和秋末，主要通过健康犬猫与患病犬猫直接接触或通过被耳痒螨及其虫卵污染的犬舍、用具间接接触引起感染，也可通过饲养人员或兽医人员的手和衣服传播。

[**致病机制**] 痒螨寄生在毛根部，在适宜条件下，感染后2～3周呈现致病作用。痒螨在以

口器穿刺宿主皮肤采食时，除机械性的刺激外，还可分泌有毒物质，使表皮的神经末梢同时遭到化学性的刺激，引起皮肤的营养障碍和机能的破坏。其皮肤发生的炎症局限于上皮基底层，因而皮肤上形成小结和水疱。患病动物搔擦痒部，造成患部出现弥漫性的细胞浸润和水肿。汗腺和毛囊也受到破坏，随后脱毛，皮肤上出现鳞屑，继而出现脂肪样的浅黄色痂皮。

[症状] 犬、猫耳痒螨病具有高度的接触传染性。临床表现为耳部奇痒，患病动物不时用爪搔抓耳部。常可见到皮肤损伤、耳血肿、摇头不安。耳道中可见棕黑色的分泌物及表皮增殖症状。当继发细菌感染时可造成化脓性外耳炎及中耳炎，深部侵害时可引起脑炎，出现神经症状。患病动物耳部疼痛明显，有压痛，拒绝检查耳部。

[诊断、治疗与预防] 诊断、治疗、预防方法与疥螨病相同。

8.3.4 犬姬螯螨病

[病因] 犬姬螯螨寄生于皮肤的角质层，以组织液为食。它的生活史全部都在皮肤上完成，通过直接接触感染。

[症状] 轻度瘙痒，最常见的症状是过度皮屑，犬背部、臀部、头部和鼻部有黄灰色的粉末状或粗粉状皮屑，运动时可掉下，背中线附近明显。有的犬带虫但无临床症状，可以感染人类。

[治疗] 清洗后除去皮屑，伊维菌素、多拉菌素和多数杀虫剂均有效。止痒可用皮质类固醇类药物。同时注意环境的消毒杀虫，防止再次感染。

8.3.5 蚤病

犬、猫蚤病是由蚤科（Pulicidae）栉首蚤属（Ctenocephalides）的犬栉首蚤（C. canis）及猫栉首蚤（C. felis）寄生于犬和猫的体表所引起的疾病。患病犬、猫出现过敏反应，严重瘙痒、烦躁不安等临床症状，是宠物易染的、危害大的一种疾病。

[病原] 蚤为小型无翅昆虫，呈棕褐色，虫体左右扁平。头部三角形，刺吸式口器，胸部有3对粗大的足，尤其是第3对足特别发达，具有很强的跳跃能力。

（1）犬栉首蚤（C. canis） 犬栉首蚤后足胫节后缘最后切刻以下，一般另有2个浅切刻，各有1或2根短状鬃；后胸背板侧区一般有3根鬃。雄性抱器柄突末端明显膨大；雌性触角窝后方一般无鬃，仅偶然有少数细鬃。

（2）猫栉首蚤（C. felis） 猫栉首蚤后足胫节后缘下段只有1个浅切刻，其中有鬃1或2根，或为1根小毛代替；后胸背板侧区鬃1或2根。雄性抱器柄突末段不膨大或仅略为膨大，雌性触角窝背方无小鬃或有小刺形鬃。

[生活史] 蚤的发育史属完全变态，一生大部分时间在犬、猫身上度过，以吸食血液为生。雌蚤在地上产卵或产在犬猫身上再落到地面；卵孵化出幼虫，幼蚤呈圆柱状，体长4～5mm，无足，在犬猫窝垫草或地板裂缝和孔隙内营自由生活，以灰尘、污垢及犬猫粪等为食；然后结茧化蛹，在适宜条件下约经5d成虫从茧中逸出，寻找宿主吸血。雄蚤和雌蚤均吸血，吸饱血后一般离开宿主，直到下次吸血时再爬到宿主身上，因此在犬猫窝巢、阴暗潮湿的地面等处均见到成蚤，也有蚤长期停留在犬猫身体被毛间。成蚤生存期长、且耐饥饿，可达1～2年之久。

[流行病学] 犬栉首蚤寄生于犬科动物，以及犬科以外少数食肉类动物。猫栉首蚤为广布种，主要宿主有猫、犬、兔和人，亦见于多种野生食肉动物及鼠类。由于蚤活动性很强，对宿主的选择性比较广泛，因此便成为某些自然疫源性疾病和传染病的传播媒介及病原体的储存宿主，如腺鼠疫、地方性斑疹伤寒、土拉菌病（野兔热）等。它们也是某些绦虫的中间宿主，如犬复孔绦虫（Dipylidium caninum）、缩小膜壳绦虫（Hymenolepis diminuta）和微小膜壳

绦虫（*H.nana*）等。犬栉首蚤和猫栉首蚤是犬复孔绦虫和血液丝虫（隐匿双瓣线虫）的中间宿主（生物性传播媒介），栉首蚤幼虫具咀嚼式口器，可吞食固体物质，其幼虫在发育为成蚤过程中可将犬复孔绦虫虫卵摄入体内，并发育为似囊尾蚴，犬、猫摄入感染蚤而感染。而在传播隐匿双瓣线虫过程中，当线虫的微丝蚴被成蚤吸血摄入后，在其体内发育为感染性的第三期幼虫，当成蚤再次吸血时，即可造成犬、猫感染。猫栉首蚤还可将猫细小病毒从患猫传给易感猫，从而引起猫瘟热。

[致病机制] 由于成蚤叮咬吸血，引起宠物强烈的过敏反应，造成犬、猫皮肤机械性刺激。

[症状] 患病犬、猫常出现痘疹、红斑和强烈的瘙痒等，表现为烦躁不安，常啃咬患处。有时发生过敏性皮炎，出现脱毛、落屑、形成痂皮甚至感染，皮肤随之增厚及形成有色素沉着的皱襞，病变主要表现为急性散在性皮炎或慢性非特异性皮炎。在患病犬和猫耳郭下、肩胛部、腰背部、下腹部、臀部、腿部和尾根等部位有红斑或痘疹出现；慢性非特异性皮炎出现在后背部或阴部。成蚤为吸血性寄生虫，感染严重者，会出现贫血、衰竭。

[诊断] 根据临床症状，结合犬复孔绦虫结片、跳蚤抗原的皮内试验等病原检查做出诊断，并可在被毛间或皮肤上发现蚤或蚤卵，头部、臀部和尾尖部附近的蚤往往最多。

[治疗] 目前很多药物都可用于跳蚤的防治。杀灭犬、猫的蚤，可用双甲脒、伊维菌素、除虫菊酯类、吡虫啉等。另外，市场上还有多种含有不同杀虫剂的项圈可供选择，如含双甲脒、杀虫威、二嗪农或昆虫生长调节剂的项圈。

非泼罗尼又称氟虫腈，属于广谱、高效驱虫药物，使用后扩散至犬、猫体表毛囊的皮脂腺并且储存，然后缓慢渗出体表。该种药物具有接触性杀虫的特点。非泼罗尼和甲氧普烯复方滴剂喷剂被称为"福来恩"，现代宠物医院广泛应用"福来恩"对犬、猫体外跳蚤进行驱杀，其是安全、有效的驱虫药。

[预防] 环境控制是预防跳蚤的主要手段。平时宠物及其居住场所应保持清洁卫生，做好定期消毒工作。在流行地区，应清扫蚤的滋生场所如犬猫舍、窝巢，并喷洒药物。犬、猫定期清洁洗澡，或进行药浴，或给犬猫佩戴"杀蚤药物项圈"等，都属于较好的预防手段。

8.3.6 蜱致麻痹

蜱致麻痹（蜱瘫痪）是一种经蜱虫叮咬宠物体表传播的急性、上行性肌肉对称性松弛麻痹症。安氏革蜱（*D.andersoni*）、变异革蜱（*D.variabilis*）、美洲花蜱（*A.americanum*）、斑点花蜱（*A.maculatum*）等硬蜱经常引起蜱瘫痪。

[病原] 蜱属于专性体表、吸血性寄生虫，分为硬蜱和软蜱两大类。硬蜱科的蜱叫硬蜱，圆形或长圆形，体长 2～10mm，雌蜱饱食后可达 20～30mm。具有盾甲或称盾板，覆盖在雄蜱的整个背面，雌蜱仅部分被覆盖。由于盾板大小保持不变，在饱血的雌蜱，背部被覆盖的比例缩小。眼有或无，如果有，呈圆形透明状，分布在第二对足基节背面盾板边缘。盾板和体后缘可能有一组缺刻，称为缘垛。此外，盾板上可能有花纹样色彩，也可能没有。气门板位于第4对足后面虫体侧缘。体前端着生有取食器官，即和躯体相连的假头，假头由位于体前端的一对须肢、一对螯肢和一个位于中央的口下板组成。须肢包括四个部分，远端的第四节位于第三节的凹窝内。螯肢末端具有刀片状的结构，口下板上长有许多细齿。

[生活史] 通常硬蜱栖息于户外，蛰伏在草丛或其他植物上，或寄生于小动物皮毛之间。不吸血时，小的干瘪且体型小，吸饱血液后达硬币大小。蜱在宠物体表，即寄生的部位有一定选择性，通常在皮肤较薄、不易被挠到的部位，如耳郭、腹股沟等处。当小动物通过草丛等处时即附着在其体上。雌蜱产卵，一次可产数千枚。硬蜱的生活史过程分为卵、幼虫、若虫和成

虫四个时期，若虫只一期，完成一代生活史所需时间2个月至3年不等，其中有二次蜕皮：第一次为从幼虫到若虫的蜕皮，第二次为从若虫到成虫的蜕皮，整个蜕皮过程不离开宿主的蜱被称为一宿主蜱；若虫饱血后需落地蜕皮的蜱称为二宿主蜱；幼虫和若虫均需落地蜕皮的蜱称为三宿主蜱，如变异革蜱就是一种三宿主蜱。硬蜱寿命为1个月到数十个月不等。

[致病机制] 蜱致麻痹症主要因为动物机体吸收了蜱唾液中的毒素。硬蜱在叮刺吸血过程中，向伤口部位注入了大量唾液，一方面有助于消化，另一方面将所吸血液中的多余水分处理掉。其唾液分泌的一种神经毒素，抑制了神经接头处乙酰胆碱的释放活动，导致患病犬、猫运动性和神经纤维传导障碍，从而造成急性、渐进性肌肉麻痹。有时甚至单独一只雌蜱可致瘫痪，尤其是当叮咬部位接近或在宠物头部时。

[症状] 蜱在叮咬时多无痛感，但其刺入宠物皮肤造成局部水肿、充血、急性炎症反应，还可引起继发性感染。但瘫痪并不一定会立即发生，通常情况下，首先出现的临床症状是后躯共济失调，然后很快发展为瘫痪，并逐渐蔓延到前躯和颈部，最后呼吸肌麻痹，重者可因呼吸衰竭而死亡。

[诊断] 蜱的个体较大，在严重的临床症状出现之前，蜱持续叮咬4d并长到足够大时很容易被发现。在英国有这样一个病例：一只由澳大利亚买入的犬可能在运输过程中被全环硬蜱叮咬而感染，主人注意到犬有共济失调的现象，并发现蜱附着在耳郭部分，将蜱除去后，犬完全康复。

[治疗] 在宠物蜱致麻痹的治疗中，通常是采用特异性抗毒素和一般支持性方法治疗。首先应摘除、消灭患病犬猫体表的蜱虫。拔出蜱时，应使蜱体与患病宠物的皮肤成垂直地往上拔，以免蜱虫口器断落在体内，引起局部炎症。捉到的蜱，应立即杀灭。另外也可使用双甲脒稀释液进行药浴或洗刷，杀死身上的蜱类。喷涂后应在被毛稍干后再饮水喂食，防止药液滴入饲料、饲养用具中，引起中毒。

此外，农药是防治犬、猫被蜱侵袭的一个很好的手段。外用氟虫腈很容易治疗和预防宠物的蜱病。其他产品还包括除虫菊酯和氯氟苯菊酯，但后者不能用于猫。吡虫啉和二氟苯菊酯的复合滴剂——"拜宠爽"，目前已广泛联合应用于犬蜱防治。另一方法是使用含有双甲脒、毒死蜱、二嗪农或杀虫威的项圈。

[预防] 及早发现并消除病因，并进行有效的对症治疗是关键。对蜱致麻痹的患犬、猫，应给予患处按摩，防止组织坏死，并加强护理。有效的防治是预防本病发生的重要措施。在城市中，蜱虫一般都生长在草地、灌木丛、绿化带等处，犬猫游玩时容易被蜱虫叮咬，城市绿化定期清除杂草，清理垃圾，防止蜱类等寄生虫滋生。同时，主人应定期检查动物体表，在蜱虫滋生肆虐的季节，减少草丛游玩次数或杜绝去以上地区游玩，并定期药浴。

8.3.7　虱病

虱属于昆虫纲（Insecta）、虱目（Phthiraptera），是哺乳动物和鸟类体表的永久性寄生虫，以吸食哺乳动物血液为生。犬、猫虱病可分为由犬毛虱（*Trichodectes canis*）等引起的毛虱病，以及颚虱属（*Linognathus*）等引起的血虱病。

[病原] 虱体通常为白色或灰黑色，呈扁平，无翅。虱体分为头、胸、腹三部分，各部分分界明显。头部复眼退化，触角3～5节，刺吸式或咀嚼式口器；胸部有3对足。雄虱末端圆形，雌虱末端分叉，且雄虱个体较雌虱小。吸血虱和食毛虱的口器构造和采食方式不同。食毛目较虱目小，且多数扁宽，少数细长，每一种毛虱均有一定的宿主，具有宿主特异性。

[致病机制] 犬毛虱以毛和表皮鳞屑为食，所以它造成犬猫瘙痒和不安，患病犬猫啃咬瘙

痒处而发生自我损伤。长颚虱吸血时，分泌含有毒素的唾液，刺激犬猫神经末梢，使被吸血部位发生强烈的痒感。

［症状］宠物用力挠抓，烦躁不安，因啃咬患部、蹭痒，造成了体表的皮肤损伤，持续脱毛，甚至导致其他皮肤病的发生，包括红肿、湿疹、丘疹、水泡等。同时由于奇痒，影响了宠物正常的食欲和日常休息，以至于消瘦、营养不良，患病犬猫精神沉郁、体质虚弱，抵抗力下降，有发育障碍等。

［诊断］发现宠物有相关的临床症状，并在患病犬猫体表发现虱或虱卵，即可确诊。

［防治］杀昆虫药，如拟除虫菊酯类杀虫剂，被广泛应用于宠物虱病的防治，进行药浴、喷淋、喷雾等，或制成驱虫耳标，使用简单方便，效果显著。使用外驱虫药的同时，内服、注射伊维菌素、阿维菌素等常用驱虫药物。塞拉菌素驱虫范围大，作用机制与阿维菌素相同，即通过使虫体神经麻痹而达到驱虫目的，包括口服剂、注射剂、透皮剂三类，外用的塞拉菌素透皮剂即广泛应用的"大宠爱"，可以有效治疗虱病的感染。加强居室、犬舍、猫舍的饲养管理，保持内部清洁与通风，定期进行消毒和杀虫处理，并且犬猫的窝垫、用具等勤洗勤换、勤消毒。当宠物在户外草丛、绿化带活动时，应当注意减少或避免进入草丛深处以及灌木丛。

第九章

犬猫消化系统疾病

9.1 常见临床综合征鉴别诊断

9.1.1 厌食

厌食（Anorexia）是指动物食欲减退、摄食减少或拒食，甚至发生明显的营养衰竭。不同的病因可导致完全和部分厌食，有的病例表现对食物有兴趣或饥饿但不能摄取足够的食物，有的对食物的刺激完全失去反应。

[病因] 摄食中枢位于下丘脑，临床许多疾病均可导致食欲的变化。厌食主要发生于炎性疾病（细菌、真菌、病毒、原虫感染、立克次体感染），无菌性炎症（免疫介导性疾病、肿瘤和胰腺炎），消化系统疾病（胃肠疾病、吞咽障碍），恶心（引起呕吐中枢兴奋的各种原因），代谢性疾病（肝脏、肾脏、心脏衰竭、高钙血症、糖尿病性酮血症），甲状腺机能亢进（通常引起多食，但一些猫可能无症状），嗅觉丧失，中枢神经系统疾病，心理因素，高温环境等。

[症状和诊断] 厌食的临床症状较为明显。厌食不是疾病的特异性症状，必须进行详细的病史调查以确定病因（图 9-1）。但病因分析又十分困难，因涉及的病因复杂多样，临床上主要注意以下几个方面：

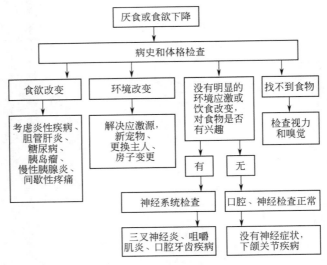

图 9-1　厌食的鉴别诊断思维图

（1）持续时间和程度　厌食的持续时间和程度有助于确定疾病的严重程度。

（2）日粮改变　日粮质量的变化或由于日粮缺乏适口性可引起厌食，而可口的食物则可引起贪食。

（3）环境应激 许多动物在精神应激时发生暂时性厌食，如运输、更换新的动物及新的主人等。

（4）体重变化 突然迅速的体重下降表明疾病严重，也可见于可口的日粮被更换、应用药物诱导，偶尔见到下丘脑损伤。伴随体重下降与消化吸收不良或内分泌失调有关，如糖尿病和甲状腺机能亢进。

（5）发热、脱水、贫血和黄疸 可作为与厌食有关疾病的症状。临床检查包括头颈，胸腔、腹腔和神经等部位。仔细检查头颈，观察口腔、牙齿和颈部损伤引起的咀嚼疼痛或吞咽困难；胸腔进行听诊和触诊，心肺疾病常导致严重的厌食；肝肿大和腹部膨胀同时发生，可明显发现腹部肠襻疼痛、异物、团块和肠壁增厚，涉及脾脏、肾脏和膀胱的疼痛要加以鉴别；在进行临床检查的同时，根据需要进行血液细胞计数和血清化学检查，包括肝脏和肾脏功能及电解质检查。尿液分析则可评价肾脏疾病的状态。还可进行粪便寄生虫检验、特异性内分泌试验和某些传染病检验，都有利于诊断的建立。

［治疗］全身和胃肠道疾病的特殊治疗在相关章节中介绍。单纯地治疗厌食要求给予温暖的食物，或应用某些饲料添加剂如大蒜可刺激食欲。饲喂应为柔软或液态的易消化的食物。在轻度肠炎要禁食24h，治疗发热、脱水和电解质紊乱，恢复食欲。必要时可应用鼻饲管饲喂。应用镇静药物，如地西泮、奥沙西泮、依法西泮，刺激动物的食欲，地西泮每千克体重静脉注射 $0.05\sim0.4$mg 能刺激猫的食欲，但应注意使用剂量，以免发生中毒。

9.1.2 腹泻

腹泻是指排粪次数增多、排粪量增加、粪质稀薄，粪便中可能带有黏液、脓血、脱落的黏膜或未消化的食物。腹泻是最常见的临床症状之一，主要是机体肠黏膜分泌旺盛、肠道运动机能亢进以及消化与吸收障碍的结果，可以是原发性肠道疾病的症状，也可以是其他器官疾病及败血症或毒血症的非应答性反应。

［发生机制］正常消化道吸收功能的任何环节异常或缺损以及肠道受到破坏时均可产生腹泻，但每一种腹泻均非单一发生机制，常有多种机制的共同参与，如在各种病原体引起的肠道感染之后，常有一段时间的吸收不良，这是由于肠道黏膜修复过程中，隐窝细胞代偿性增生，以补充受损的绒毛细胞，但其功能尚不成熟，缺乏消化酶及吸收功能。最常见的腹泻就是粪便含水量增加，引起粪便含水量增加的病理生理机制有多种，小肠疾病所引起的腹泻，通常是由于从小肠运送至结肠的食糜的量或速率超出了结肠水分吸收的正常范围；至于大肠疾病所引起的腹泻，则是由于结肠本身吸收能力降低，无法吸收正常运送至结肠的水分。按腹泻的病理发生可将其分为渗出性、渗透性、分泌性和肠运动功能异常性四类（图9-2）。

（1）渗出性腹泻 渗出性腹泻又称炎症性腹泻，是各种致病因子产生的炎症、溃疡，使肠黏膜完整性遭受破坏，造成大量渗出并刺激肠壁而引起的腹泻。此时炎症渗出虽占重要地位，但因肠壁组织炎症及其他改变而导致肠分泌增加、吸收不良和运动加速等病理生理过程在腹泻的发生中亦起很大作用。渗出性腹泻的特点是粪便含有渗出液和血液，镜检可发现红细胞和白细胞，伴有腹部或全身性炎症反应，如发热、疲乏等。渗出性腹泻病因很多，大致可分为感染性和非感染性两大类。感染性渗出性腹泻由各种病原感染引起，包括病毒（如轮状病毒、细小病毒等）、细菌（如痢疾杆菌、大肠杆菌、沙门氏菌等）、寄生虫（如肠道蠕虫等）、其他感染（如组织胞浆菌、隐球菌等）。非感染性渗出性腹泻由肠道肿瘤（如结肠直肠癌、小肠淋巴瘤等）、血管性疾病（如缺血性肠病、肠系膜静脉血栓形成等）、维生素缺乏（如烟酸缺乏）、恶性贫血以及中毒（如砷中毒等）引起。

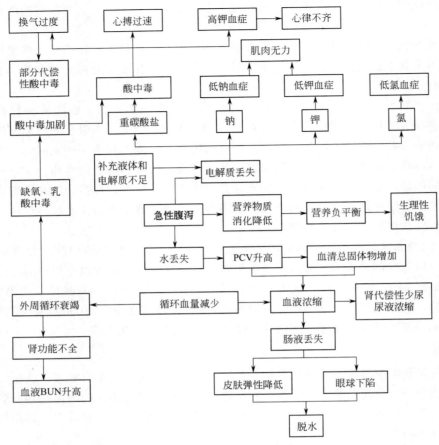

图 9-2　腹泻时机体可能发生水、电解质和酸碱平衡变化的相互关系

（2）渗透性腹泻　渗透性腹泻是由于肠腔内不能吸收的溶质增加或肠道吸收功能障碍，引起肠腔渗透压升高，大量液体被动进入肠腔而引起的腹泻。引起渗透性腹泻的病因较多，包括消化功能不全（如慢性胰腺炎、胰腺癌、胃切除、胰腺切除等）、胆盐不足（如严重肝脏疾病、长期胆道阻塞、回肠疾病等）、肠黏膜异常（如双糖酶缺乏、肠激酶缺乏等）、其他因素（如球虫感染、隐孢子虫感染）、肠黏膜淤血（如充血性心力衰竭、肝静脉阻塞等）、药物（如硫酸镁、硫酸钠等）。由吸收功能障碍所致的渗透性腹泻以糖类吸收不良较为常见，但脂肪和蛋白质消化吸收不良也是渗透性腹泻的重要原因。肠黏膜病变、胆盐不足、感染常与腹泻有关。发生特点为粪便量增加、禁食后腹泻好转、粪便酸度增加。

（3）分泌性腹泻　分泌性腹泻是由于肠黏膜上皮细胞电解质转运机制障碍，导致胃肠道水和电解质分泌过多，或吸收减少，分泌量超过吸收量所引起的腹泻。正常肠道水和电解质的分泌以隐窝上皮细胞为主，而吸收则以绒毛上皮细胞为主，当其分泌功能增强、吸收功能减弱，或两者并存时，肠道水与电解质净分泌增加，产生分泌性腹泻。主要原因包括：

① 细菌肠毒素，如金黄色葡萄球菌、产气荚膜梭状芽孢杆菌、霍乱弧菌、大肠杆菌、沙门氏菌等产生的外毒素或内毒素，常见于急性食物中毒或肠道感染。

② 内源性促分泌物，如血管活性肠肽、胃泌素、5-羟色胺、前列腺素、降钙素等，均具有刺激肠道分泌的作用。

③ 内源性或外源性导泻物质，如酚酞、番泻叶、大黄、芦荟、蓖麻油、短链脂肪酸等，

可能是首先引起肠道前列腺素增加，最终导致腹泻。

④ 其他原因，如药物（胆碱能药物、前列腺素 E、胆碱酯酶抑制剂），食物过敏及变态反应性肠炎，砷、有机磷及重金属中毒等。分泌性腹泻的临床特征是粪便量多，呈水样，无红细胞和白细胞，其 pH 近中性或偏碱性，禁食后腹泻仍持续存在，须待分泌物消除后，腹泻才会停止。

（4）肠运动功能异常性腹泻　肠运动功能异常性腹泻是由于肠蠕动加快，以致肠腔内水、电解质及食物与肠黏膜上皮细胞接触时间缩短，进而影响这些物质的吸收，导致腹泻。引起肠道运动加速的原因很多，如肠腔内容物增加可反射性引起肠蠕动加快，支配肠运动的神经系统异常，5-羟色胺、P 物质、前列腺素等促动力性激素或介质释放等。

［检查方法］

（1）病史及临床检查　临床上一般将腹泻分为急性和慢性两类。急性是指肠道的环境突然改变，大量的液体和肠道内容物到达大肠，超过了大肠贮存粪便水分的能力，可表现为水样腹泻和痢疾样腹泻；水样腹泻时肠黏膜可无破坏，不含血或脓，镜检细胞很少，腹痛较轻；而痢疾样腹泻表示肠黏膜有破坏，粪便混有黏液和脓血，镜检有较多脓细胞和红细胞。慢性腹泻是指肠道的环境逐渐改变，病程超过 1～2 周。

病史调查的重点如下。

起病及病程：急性腹泻起病骤然，病程较短，多为感染或中毒引起。慢性腹泻起病缓慢，病程较长，多见于慢性感染、消化吸收不良等。

腹泻次数、粪便量及粪便性质：急性感染性腹泻，次数多，细菌和病毒感染时粪便中混有黏液、血液、脓血或脱落的黏膜。粪便中混有未消化的凝乳块或未消化食物，见于消化不良或过食；犬细小病毒病引起的腹泻，粪便开始呈黄色或灰黄色，然后呈番茄汁样，并伴有难闻的腥臭味。

腹泻与季节的关系。

腹泻与年龄的关系。

腹泻和换粮的关系，每更换一种食物，是需要一个过程来过渡的，否则会造成犬猫肠胃不适应，从而导致腹泻。

临床检查包括全身状况及各系统的检查，重点是腹部检查，特别要注意腹泻时的伴随症状。发病快，伴有呕吐、体温升高、脱水和全身状况严重的犬猫，应考虑急性传染病。饲喂后不久出现呕吐、腹泻等症状的犬猫，应怀疑食物中毒。急性腹泻常伴有腹痛表现，特别在感染性腹泻时腹痛尤为明显；分泌性腹泻腹痛较轻；在严重的痢疾性肠炎或炎症侵害到直肠时，犬猫可表现里急后重。感染性腹泻体温呈不同程度的升高，如各种细菌和病毒性传染病（大肠杆菌病、犬瘟热、犬细小病毒病等）。急性腹泻在短时间内使机体丢失大量的水分和电解质，导致脱水和电解质平衡失调，见于细菌性疾病、病毒性肠炎、食物中毒等。

（2）实验室检查　血液学及血液化学检查对判断感染及了解腹泻过程中机体水、电解质和酸碱平衡情况具有重要意义。粪便检查应注意红细胞和白细胞、虫卵、原虫、食物残渣、病原学等，粪便中致病菌的分离与鉴定是诊断细菌性肠道感染的重要方法，应在使用抗菌药物之前采集粪便进行检查。怀疑为传染病、寄生虫病及中毒性疾病引起的腹泻，应通过病理剖检及实验室检查确定病因。

［病因］引起犬猫腹泻的原因很多，一般分为细菌性、病毒性、寄生虫性、中毒性、营养性等（见表 9-1）。

表 9-1　引起犬猫腹泻的常见病因

细菌性	病毒性	寄生虫性	中毒性	其他
沙门氏菌病、产气荚膜梭菌病、大肠杆菌病、空肠弯曲菌病、立克次体病（蛙中毒综合征）、组织胞浆菌病等	细小病毒性肠炎、犬瘟热、传染性肝炎、冠状病毒性肠炎、轮状病毒性肠炎、猫免疫缺陷病毒病、猫白血病、猫传染性腹膜炎等	线虫病（如蛔虫病、钩虫病、毛首线虫病、类圆线虫病、毛线虫病等）、原虫病（贾第鞭毛虫病、双孢子球虫病、隐孢子虫病、毛滴虫病）等	砷、汞、铅、有机磷、铊、食盐、蓖麻、硝酸盐、巴豆、霉菌毒素、农药、药物（如抗生素、驱虫药、抗肿瘤药）等引起的中毒	滥用抗生素导致肠道菌群失调，食物（如饲喂冰冷、过食、过敏、饮水不洁、食物突然改变等），应激因素（如畜舍阴暗潮湿、卫生不良、长途运输等），肠过敏综合征，其他疾病（如胰腺炎、胰腺外分泌功能不全、胃肠淋巴瘤、肠淋巴管扩张、嗜酸细胞性肠炎、犬浆细胞-淋巴细胞性结肠炎、犬出血性胃肠炎、犬急性非特异性胃肠炎、猫结肠炎、肾上腺皮质功能减退等）

[鉴别诊断]临床上腹泻的次数及粪便的形状因病因和疾病性质不同可能有很大的差异，主要依据病史、临床症状、粪便检查、血液学和血液化学检查等进行综合分析。对临床发生的腹泻病例，还应尽可能判断腹泻是大肠性还是小肠性（表 9-2）。

表 9-2　小肠性腹泻和大肠性腹泻的鉴别

项目		小肠性腹泻	大肠性腹泻
粪便	粪便量	增加	正常或增加
	黏液	很少出现	常见
	便血	黑粪	鲜红色
	脂肪泻	偶见	无
	未消化的食物	偶见	无
排便	急迫	不常见	常见
	里急后重	无	严重
	次数	正常或增加	增加，4～10 次/d
	排便困难	无	偶见
其他	体重减轻	常见	很少见
	呕吐	可以发生	可以发生
	胃肠臌气	可以发生	无
	口臭	可以发生	无

其中，引起犬、猫腹泻的常见疾病鉴别诊断：犬细小病毒病、犬冠状病毒性腹泻、猫泛白细胞减少症、犬瘟热、犬传染性肝炎、胃肠道寄生虫病、犬出血性胃肠炎、细菌性肠炎、嗜酸性粒细胞性肠炎、淋巴细胞-浆细胞性肠炎、中毒病等。

9.1.3　呕吐和返流

呕吐（Vomiting）是动物将胃内容物或部分小肠内容物不自主地经口腔或鼻腔排出体外的一种病理现象。返流（Regurgitation）是指物质如食物、唾液由口、咽或食管被动逆行到食道括约肌的近端，常发生在采食的食物到达胃之前。返流是许多疾病的一种临床症状，不是原发性疾病。巨大食管，即蠕动迟缓扩张的食管的一种特异综合征，是犬最常见返流症状的原因之一。严重的返流导致吸入性肺炎和慢性消耗性疾病。返流主要发生于犬、猫，大动物则极为少见。临床鉴别诊断思维图见图 9-3。

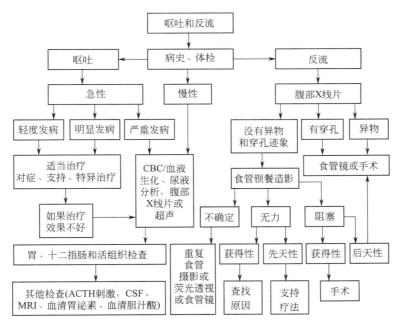

图 9-3 呕吐和返流鉴别诊断思维图

（1）呕吐

[**发生机制**] 呕吐是一个复杂的反射动作，其过程可分为恶心、干呕与呕吐三个阶段。恶心时，胃张力和蠕动减弱，十二指肠张力增强，可伴有或不伴有十二指肠液反流；干呕时，胃上部放松而胃窦部短暂收缩；呕吐时，胃窦部持续收缩，贲门开放，腹肌、膈肌与肋间肌收缩，腹压增加，迫使胃内容物急速而猛烈地从胃返流，经食管、口腔甚至鼻腔而排出体外。呕吐是动物的一种保护性反应，借助呕吐可将进入消化道的有害物质排出体外。但剧烈而频繁的呕吐会影响进食和正常的消化，并由于大量消化液的丢失，可导致体内水、电解质和酸碱平衡紊乱。

[**检查方法**] 临床上检查呕吐时，应注意呕吐发生的时间、频率及呕吐物的数量、性质、气味及混杂物。

① 病史及临床检查：详细了解呕吐与进食时间的关系、呕吐的频率及呕吐物的数量、性质、气味、混杂物及伴随的症状等。采食后不久一次呕吐大量的胃内容物，主要因过食引起。采食后立即发生持续而频繁的呕吐，呕吐物常混有黏液，表示胃黏膜或呕吐中枢长期遭受某种刺激，常见于胃、十二指肠、胰腺和中枢神经系统的严重疾病。呕吐和腹泻交替发生，应注意细菌性食物中毒、某些以胃肠道症状为主的传染病及中毒病等。呕吐伴有高热者，可能为急性感染。呕吐伴有兴奋、全身肌肉痉挛、抽搐、共济失调、昏迷等神经症状，见于脑炎、脑膜炎、脑外伤等。

病因不同，呕吐物的性质和成分有一定差异。混有血液为血性呕吐物，见于出血性胃炎、胃溃疡、犬瘟热、猫泛白细胞减少症等；混有胆汁的呕吐物呈黄绿色，见于十二指肠阻塞；呕吐物的性质和气味与粪便相同，主要见于犬大肠阻塞；另外，犬、猫的呕吐物中有时混有毛团、肠道寄生虫及异物等。

在病史调查的基础上，应进行全面的系统检查，重点是胃肠检查。

② 实验室检查：必要时测定血液学及血清电解质（如钾、钠、氯含量）、二氧化碳结合

力，并进行肝功能、肾功能、呕吐物检查；疑为外源性化学物或药物中毒时进行毒物学分析。传染病和寄生虫病应进行病原学检查。

③ 特殊检查：必要时进行腹部 B 超、腹部透视或平片、胃镜检查等。

[病因] 引起犬猫呕吐的原因很多，概括为表 9-3。

表 9-3　引起犬猫呕吐的主要原因

原因		疾病
反射性呕吐	消化系统疾病	咽炎、胃肠炎、急性胃扩张/扭转、胃溃疡、胃肠异物、胃肠肿瘤、幽门狭窄、肠阻塞、肠变位、结肠炎、腹膜炎、肝脏疾病、胰腺炎、膈疝、某些药物和毒物对胃黏膜的刺激
	急性中毒	霉菌毒素、杀鼠药、农药、重金属、家庭用品等引起的中毒
	呼吸系统疾病	引起剧烈咳嗽的疾病
	泌尿生殖系统疾病	子宫疾病、肾功能衰竭、尿路阻塞、前列腺炎
	传染病和寄生虫病	犬瘟热、犬病毒性肠炎、犬传染性肝炎、猫泛白细胞减少症、钩端螺旋体病、肠道寄生虫感染、败血症等
	其他	低钙血症、高钙血症、低钾血症、高钾血症、发热、肾上腺皮质功能减退等
中枢性呕吐	中枢神经系统疾病	脑炎、脑膜炎、脑肿瘤、癫痫、颅脑外伤等
	毒物或药物	食盐中毒、洋地黄、阿朴吗啡及抗癌药等
	其他	尿毒症、犬猫糖尿病的酮酸中毒、低血糖等可引起脑水肿和颅内压增高，出现呕吐

[鉴别诊断]

① 反射性呕吐

咽炎：主要是咽区炎症刺激舌咽神经而诱发反射性呕吐。

胃的疾病：常见于胃炎、胃内异物、胃溃疡、胃肿瘤、胃扩张及寄生虫、化学药物和毒物等，主要是对胃黏膜的直接刺激而引起呕吐。犬急性胃炎可发生持续性呕吐或剧烈呕吐，食欲降低或废绝，流涎，烦渴，腹痛；慢性胃炎呈长期间歇性呕吐，同时表现体重减轻，异嗜等。胃内异物主要表现呕吐和食欲不振，可通过 X 线或内窥镜检查发现异物。胃腐蚀或胃溃疡呕吐物呈咖啡样，食欲废绝，体重减轻，腹痛。急性胃扩张/扭转表现急性干呕，腹部膨大，腹痛，呼吸急促，休克等。

肠道疾病：常见于肠炎、肠阻塞、肠变位、肠道寄生虫、肠道过敏等。病原微生物引起的肠炎表现严重的腹泻，呕吐，脱水，体重迅速减轻。肠阻塞表现呕吐、腹痛、脱水和电解质平衡失调，呕吐的性质和程度取决于阻塞的位置，消化道前段阻塞时，犬猫在进食后不久即发生频繁的呕吐，腹部收缩紧张。肠套叠表现呕吐、腹痛和少量的血样腹泻，可在腹部触摸到香肠样的肿块。小肠肿瘤主要表现呕吐、腹泻和体重减轻。

肝脏和胰腺疾病：胰腺炎表现腹痛，呕吐，脱水，腹泻，血清淀粉酶和脂肪酶活性升高等。肝炎表现厌食，呕吐，黄疸，腹泻，肝脏肿大；慢性肝炎还表现腹水和出血倾向。

呼吸系统疾病：呼吸系统疾病引起的剧烈咳嗽可导致呕吐。

泌尿生殖系统疾病：子宫积脓由于毒血症可表现呕吐、发热、厌食、休克等，肾脏疾病引起的尿毒症可伴发呕吐。

传染病：犬瘟热、犬细小病毒性肠炎、犬传染性肝炎、犬冠状病毒病、猫泛白细胞减少症、钩端螺旋体病。

② 中枢性呕吐

中枢神经性疾病：脑炎、脑膜炎、脑肿瘤、癫痫、颅脑外伤等导致颅内压增高和脑水肿，出现头痛、恶心、呕吐，甚至惊厥、昏迷等症状。

毒物和药物：食盐中毒、洋地黄、阿朴吗啡及抗癌药等可兴奋呕吐中枢而发生呕吐。

其他：尿毒症、犬猫糖尿病的酮酸中毒、低血糖等可引起脑水肿和颅内压增高，出现呕吐。

（2）返流（Regurgitation）

[病因] 常见于食道损伤、食道内异物、气管和支气管内异物、脓肿和外伤、各种毒素中毒和某些植物中毒。在犬、猫还可发生于重症肌无力和多发性肌炎、肾上腺皮质功能减退、甲状腺机能低下等。

[症状] 症状表现常被畜主认为是呕吐，在临床检查时应注意加以鉴别，确定原发性疾病以及返流与采食的时间关系。

咳嗽和呼吸困难：继发于返流的咳嗽或呼吸困难，伴有巨大食管的病例应首先进行 X 线检查，判定是否发生吸入性肺炎，同时应做详细的问诊和胸部 X 线检查以确定肺炎是否为原发性的，猫先天性巨大食管常伴发咳嗽和流鼻液。

虚弱：与返流有关的虚弱或衰竭见于全身性疾病，如重症肌无力、肾上腺机能低下和多发性肌炎，这些疾病都可引起食道运动障碍或巨大食管症。在重症肌无力病例中，返流发生在肌肉虚弱临床症状之前，而犬的重症肌无力并不表现虚弱。

体重下降：伴有返流的体重下降表明摄入的营养不能满足机体需要，主要是由于采食量下降或转入到胃的内容物减少。

采食后窘迫：采食后（几秒或几分钟）迅速发生不安或窘迫，表现为头颈伸展、频繁吞咽，发生返流表明食管狭窄，而这一症状往往伴发旺盛的食欲。

旺盛食欲：发生返流同时又具有旺盛的食欲表明饥饿，常见于食管阻塞和巨大食管症。

物理检查：胸部听诊有返流的吸入性肺炎，伴有捻发音，发生肺炎的病例出现脓性鼻液。检查内容包括虚弱（重症肌无力）和心动徐缓（肾上腺机能低下）、肌肉疼痛（多发性肌炎），症状还包括全身性疾病引起的关节疼痛、跛行、舌炎及其他症状（红斑狼疮）。

[诊断] 在返流的诊断中，X 线检查是第一步，也是最重要的一步，结合钡剂进行确诊。同时根据临床发生特点并结合血液细胞学和血液生化检查、CPK 和尿液分析等作为辅助诊断。怀疑其他疾病可进行特殊试验，如肾上腺机能低下进行 ACTH 刺激试验，红斑狼疮进行抗核抗体检查、重症肌无力进行血清 AchR 抗体检查等。

[治疗] 返流治疗的主要目的是尽早去除病因，防止吸入性肺炎发生和补充足够的胃肠营养。各种原因引起的返流症状参考其他各个章节具体治疗方法。

9.1.4 体重下降

体重下降（Body Weight Loss）是指动物在较短时间内体重明显降低。在一定时间内监测体重的变化可反映机体的营养状态。动物的营养状态与食物的摄入、消化、吸收和代谢等因素密切相关，认识体重或营养状态的变化可作为鉴定动物健康或疾病程度的标准之一。当评价动物体重变化时，应考虑到体表形态、骨骼结构和遗传特性。体重下降是指根据系列测量和标准体重图来判定体重小于标准体重的 10%。

[病因]

（1）营养因素 食物摄取不足、饲料质量低劣或适口性差、各种原因引起的厌食、吞咽障碍、反流或呕吐、消化不良、吸收不良，微量元素缺乏，如反刍动物钴缺乏，常呈地区性疾病，矿物元素缺乏导致骨骼发育不良，如常量元素钙、磷、镁、钠、钾、氯以及微量元素铜、锌、硒、锰的缺乏，维生素A、维生素D、维生素E和硫胺素缺乏等诸多因素都可以引起机体生化功能障碍导致代谢降低。

（2）蛋白质和碳水化合物过度丧失 糖尿病引起的尿糖增加，各种胃肠道疾病引起的粪便蛋白质排出增加，肾脏疾病引起的蛋白尿，体表或体内寄生虫引起的严重蛋白过度丧失。

（3）消化吸收障碍 导致腹泻的各种类型肠炎，反刍动物的肠道线虫病，结核病，胃肠道肿瘤和胃肠道溃疡也是可能的病因。各种肠道寄生虫病和病毒感染引起的慢性肠绒毛萎缩。吸收的营养物质不能充分利用是慢性肝脏疾病的特点，各种器官的肿瘤、慢性感染。食物中的各种真菌毒素影响营养物质的吸收。其他器官系统疾病如各种原因导致的心力衰竭等。

（4）能量需求增加或过度消耗 极度高热、严寒等是常见的病因之一。在许多生理和病理状态下也发生能量需要增加，如泌乳、过劳、妊娠、发热或炎症引起的代谢增加，甲状腺机能亢进以及各种原因引起的体液和电解质丧失。当体重下降超过10％时应做全面检查。体重下降可导致消瘦、恶病质，最终死亡。消瘦是由于营养不良并导致自体蛋白质和脂肪的降解，体重严重下降，通常超过20％，骨骼突出。恶病质是体重下降和消瘦的最终阶段，与严重虚弱、厌食和精神沉郁有关。在进行全面病史调查的同时还应注意食欲、日粮、胃肠道症状和环境的变化。

[临床症状]

（1）厌食 见于多种传染性疾病，炎症、肿瘤、中毒、神经性或代谢性障碍。厌食可包括假性厌食（如牙齿疾病、颞下颌肌炎）、原发性厌食（中枢神经功能障碍）、继发性厌食（代谢性或中毒性）、应激环境因素厌食（长途运输、气温过高、犬猫有新的家庭成员）等。

（2）营养不良 这类体重下降应通过详细调查饲料成分，以发现饲料质量、类型、饲料添加剂的变化。

（3）胃肠道症状 除厌食之外，还可见反流或呕吐、腹泻等。

（4）食欲不减少、贪食而体重下降 主要由于过多营养消耗、代谢旺盛，见于甲状腺机能亢进、妊娠、泌乳、慢性传染病、生长过快、剧烈的活动、肿瘤等，以及糖尿病、肾病等。

犬猫体重下降的鉴别诊断思维图见图9-4。

[诊断]

（1）病史调查 详细询问动物的临床症状表现，如腹泻、咳嗽、多尿。体重急速下降5％～10％则十分明显，重要的是定量确定体重下降程度，并区别是原发性还是继发性的体重变化。

（2）临床检查 确定临床上的症状，如吞咽动作异常、有无腹泻、腹围大小、瘤胃蠕动、有无厌食、心脏和肺部异常表现以及动物的饥饿状态等。

（3）饲料分析 检查饲料气味、营养成分及其适口性，比较动物饲料摄入量与动物的营养需要量，在考虑环境因素的前提下，饲料成分和性状不变，要充分分析原发病的病因。

（4）实验室检查 包括血液、尿液和粪便的检查。针对不同的动物、品种差异，有目的地进行血、尿、粪的常规分析，为临床诊断提供参考依据。

（5）特殊诊断 根据病史调查和临床检查确定引起体重下降的原因，在血液生化、尿液分析、粪便检查后，确定是否进行胸腹部X线投照、甲状腺素浓度等检查。

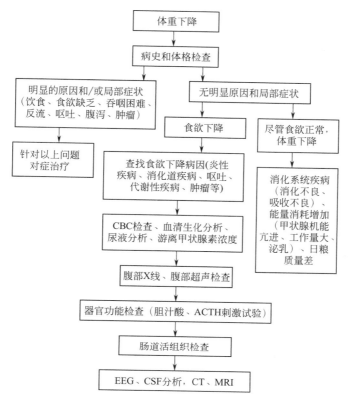

图 9-4　犬猫体重下降的鉴别诊断思维图

9.1.5　便秘

便秘是犬、猫的一种常见病。由于某些因素致使肠蠕动机能障碍，肠内容物不能及时后送滞留于大肠内，其水分进一步被吸收，内容物变得干枯形成了肠便秘，出现排粪次数减少和排粪过程困难的临床症状。

[病因与发生机制] 消化道内容物进入大肠后，能吸收的营养物质进一步被吸收，而经过细菌发酵和腐败作用过的食物残渣、脱落的肠黏膜上皮细胞、大量的细菌等不能被消化道吸收的物质形成粪便，从肛门排出。

便秘是由于某些因素致使肠蠕动机能障碍，肠内容物不能及时后送而滞留于肠腔（主要在后部肠道），由于其水分被吸收，内容物变干枯而形成。临床常见于严重的发热性疾病、腰脊髓损伤、肠弛缓、大肠阻塞、犬前列腺炎等疾病。肠管完全阻塞时，排粪停止。犬、猫对便秘都有较强耐受性，肠便秘虽已发生数天，但临床上并未有明显症状。便秘时间愈久，在治疗上也愈加困难，严重的可发生自体中毒或继发其他疾病而使病情恶化。引起犬猫便秘的原因很多，按照发生的机制不同列表 9-4。

表 9-4　引起犬猫便秘的常见原因

原因		疾病
神经性	疼痛反射	肛周肿瘤、肛门囊疾病、肛门瘘、肛门或直肠狭窄
	神经损伤	脊髓挫伤、脊髓肿瘤、退行性脊髓病、骨盆损伤并发症

续表

原因		疾病
肠腔机械性闭塞	腔外原因	前列腺肿瘤或增生,较大的腹腔内肿瘤,大量的腹水,怀孕后期,骨盆骨折,腹壁疝
	腔内原因	肛门狭窄(如腺癌),结肠狭窄,结肠直肠良性瘤,巨结肠症,粪石,直肠-结肠脱出,肠套叠等
药物或毒物	作用于神经系统的药物	麻醉药、抗胆碱药、抗惊厥药
	作用于泌尿系统的药物	利尿药
	其他	硫酸钡、单胺氧化酶抑制剂、长期服用轻泻药、重金属中毒、栎树叶中毒等
肠道平滑肌运动机能障碍	原发性	年老体弱、严重的营养不良和恶病质、食物纤维素含量不足、结肠弛缓、外科手术引起的部分肠管扩张等
	继发性	发热性疾病、甲状腺功能减退、高钙血症、低钾血症、甲状旁腺功能亢进、肾上腺皮质机能亢进等

[**检查方法**] 便秘的临床症状比较明显,临床上关键是要确定便秘的原因,常用的检查方法包括:

(1) 病史及临床检查 应了解犬猫发生便秘的时间、粪便状况、伴随症状、食物组成及体况等。年老体弱及严重营养不良的犬可发生单纯性便秘。长期饲喂粗纤维不足的食物可发生便秘,主要是采食的部分粗纤维不能被消化而使粪便量增加,能有效地机械性刺激肠道运动;粗纤维还具有亲水性,能在肠道内保持水分,从而免致粪便过于干燥。另外,应询问近期是否使用过某些药物、是否发生脊髓损伤等。

临床检查应全面仔细,便秘犬猫表现排粪时用力,排粪次数和量明显减少,粪便质地干硬而色暗、呈小球状,严重者排粪停止。神经性原因发生的便秘,如排粪时有明显的疼痛应重点检查肛门周围是否有局灶性病变,疼痛不明显可能是脊髓或骨盆损伤后较长时间所发生的并发症所致。肠腔机械性闭塞所致的便秘可能伴随腹围增大、胃肠运动机能减弱、腹痛等症状,腹围增大的动物在排除正常妊娠后,应通过触诊及特殊检查确定病变部位。

(2) 实验室检查 根据病情选择进行血液学、血液化学指标的测定,对判断疾病的性质、程度及内分泌功能紊乱和电解质紊乱性疾病的诊断具有一定意义。

(3) 特殊检查 必要时可进行 X 线、超声波、内窥镜检查及剖腹探查。对表现广泛性肌无力的病畜可进行肌电图检查。

[**鉴别诊断**] 临床上引起便秘的疾病较多,并因动物种类不同而有很大差异,应在获得全面检查资料的基础上进行综合分析。犬、猫便秘的临床检查程序见图 9-5。

(1) 神经性便秘 主要是肛门、直肠疼痛或脊髓损伤所致,脊髓损伤往往有感觉丧失、后躯不能站立等特征症状,如肛门囊疾病、肛门肿瘤、肛门瘘、脊髓挫伤。

(2) 机械性便秘 主要是腔内疾病使下消化道出现完全性或不完全性阻塞,或腹腔病变压迫肠腔,均使肠内容物不能后移所致。这类疾病往往伴随腹痛、腹围增大、呕吐、脱水等症状。

(3) 药物或毒物性的便秘 这类便秘有使用某些药物或接触毒物的病史,药物所致的便秘在停药后症状即可逐渐恢复。重金属中毒或牛栎树叶中毒均伴随肾脏损伤。

(4) 平滑肌运动机能性便秘 由肠道平滑肌运动机能障碍所致,原发性的根据病史和临床检查即可诊断,如年老体弱、严重的营养不良和恶病质、食物纤维素含量不足等,或有肠道手

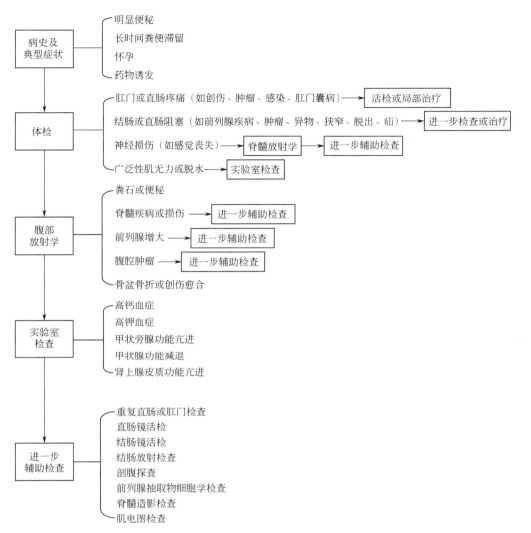

图 9-5 犬、猫便秘的临床检查程序

术病史。继发性的则可能表现广泛性肌无力、脱水或相关疾病的症状，实验室血液化学检查可确定病因。

9.1.6 流涎

流涎是由于动物唾液分泌异常亢进或吞咽困难，使口腔中的分泌物流出口外的一种病理状态。大量唾液从口中流出主要是由于唾液腺受到各种因素刺激的结果。一般认为，唾液腺分泌过多引起的流涎为真性流涎，而因动物吞咽困难而使唾液从口腔中大量流出为假性流涎。

[发生机制] 流涎的发生是各种原因引起唾液分泌过多或吞咽障碍，唾液分泌过多主要是唾液腺受到刺激或交感神经持续兴奋所致（真性流涎），吞咽障碍则主要见于咽部、食道的疾病（假性流涎）。常见的原因有：

（1）生理因素 食欲刺激或因恐惧、应激而导致流涎。

（2）口腔和唾液腺疾病 由于异物、损伤和病原微生物等直接刺激唾液腺，使唾液分泌增加。常见于口腔炎、齿龈炎、舌炎、齿石、口腔内异物、新生物、损伤、扁桃腺炎、颌下腺囊肿、唾液腺坏死、脓肿，腮腺炎、涎腺病等，或继发于其他疾病如螺旋体感染、疱疹病毒感染、猫鼻气管炎、犬瘟热、维生素 B 族缺乏、贫血和尿毒症等。

（3）咽与食道疾病　因吞咽困难而使唾液从口腔中大量流出，如咽喉炎，食道炎，食道阻塞，唇、舌、咽麻痹，颌骨脱位或骨折等。

（4）胃肠疾病　胃肠疾病引起副交感神经反射性兴奋，导致消化道腺体分泌旺盛。如酸性胃卡他、胃炎、胃溃疡、犬猫十二指肠溃疡等。

（5）中毒性疾病　有机磷农药中毒时，病畜乙酰胆碱在体内聚积引起副交感神经持续兴奋，因毒蕈碱样效应使内脏腺体过度分泌，产生大量唾液。食盐中毒时，以脑组织的水肿和消化道的炎症为其病理基础，故亦有大量唾液流出。铋、汞、砷等矿物元素中毒过程中，当经口进入时可引起口腔、消化道炎症，再经唾液腺排除时，又可造成重剧口黏膜溃烂，引发流涎。拟胆碱药（如毛果芸香碱、毒扁豆碱、新斯的明等）使用剂量过大，使胆碱能神经兴奋性增高，引起腺体大量分泌而表现流涎。摄入腐蚀性化学品可致消化道黏膜损伤，表现流涎。

（6）传染病　某些传染病直接引起口腔炎症，或因肌肉痉挛或麻痹使吞咽出现障碍，如水疱性口炎、犬瘟热、念珠菌病、狂犬病、破伤风、放线菌病等。

[检查方法]　流涎主要表现为口边异常湿润，呈少量泡沫状，或大量唾液从口角边不停地流出，甚至唾液黏稠拖曳成丝挂于唇边。当分泌亢进而无吞咽困难时，唾液全部咽下，胃呈膨胀状态，有的出现反射性呕吐。假性流涎常伴有唇下垂或舌脱出。病因不同唾液的性质也存在差异，有时稀薄如水、清亮，有时黏稠。流涎的检查方法主要是根据病畜的临床表现采用基本诊断法和实验室检查。

（1）病史及临床检查　了解流涎发生的时间、性质、伴随的症状、是否有传染性及可能的病因。口腔炎症引起的流涎，唾液中常混有血液、脓汁、黏膜上皮、食物等，口腔有明显的臭味，口腔温度升高，伴有采食和咀嚼障碍，应重点检查口腔黏膜的完整性。非炎性唾液分泌亢进引起的流涎，应检查是否伴有吞咽困难、神经症状或腹泻等。突然发生的流涎可能与食道阻塞、毒物中毒等有关，食道阻塞具有采食块茎状食物的病史，并伴有头颈伸直、不断吞咽等临床症状；颈部食管阻塞时，外部触诊可感知阻塞物；用胃管进行探诊，当触及阻塞物时，感到阻力，不能推进。中毒病或药物引起的流涎，往往有接触毒物或药物的病史，中毒病多伴有肌肉震颤等神经症状。

（2）实验室检查　对疑似传染病或中毒病的动物应立即采集病料进行病原（病因）学检查，以便及时确诊。

（3）特殊诊断　X 线检查对食道阻塞、放线菌病等有诊断意义。

[鉴别诊断]

（1）口腔和唾液腺疾病　口腔和唾液腺疾病往往伴有采食和咀嚼障碍，可能与口腔黏膜损伤有关，患病犬猫采食缓慢，动作迟钝，咀嚼小心，不时停止，甚至张口吐出食物，口黏膜潮红，出现水疱、糜烂、溃疡或假膜等，见于口炎、破伤风、放线菌病、砷中毒等。念珠菌病主要发生在犬、鸟类等动物，以口黏膜发生假膜和糜烂为特征。放线菌病主要损伤下颌骨，表现局部增生、肿胀和化脓，特征是骨组织呈粗糙的多孔海绵状。恶性卡他热、球虫病、副伤寒、犬钩端螺旋体病等疾病发生过程中，由于口腔黏膜崩解而形成局限性溃疡。机体在受到外界或内在不良因素的影响时，往往会引起唾液腺炎。其中最常见的是腮腺炎，其次是颌下腺炎，舌下腺炎较为少见。犬和猫有时呈地方性流行。

（2）咽与食道疾病　咽与食道疾病往往伴有吞咽障碍，表现为吞咽时头颈伸直，前肢刨地，吞咽动作小心缓慢，见于咽炎等；有时食物和饮水从鼻口返出，并随吞咽伴发剧烈咳嗽，见于咽炎、咽部异物阻塞、食道阻塞等；最容易发生食道梗塞的部位是食道的胸腔入口处、心底部和进入食道裂孔处。犬的异物梗塞约比猫多六倍。严重时完全不能吞咽，见于脑炎、咽神经麻痹、狂犬病等。急性食道炎的病犬由于胃液逆流发出异常呼噜音，口角有黏液。急性严重吞咽困难时，呈食道梗阻样反应。

（3）其他疾病　狂犬病、脑炎、食盐中毒、有机磷中毒、猫脂肪肝等。

9.1.7　腹痛

腹痛又称疝痛（colic），是指动物对腹腔和盆腔各组织器官内疼痛性刺激发生反应所表现的综合征。腹痛综合征并非独立的疾病，而是许多疾病的一种共同的临床表现。伴有腹痛综合征的一些疾病，往往病情危剧，病程短急，故又称急腹症。

［发生机制］内脏无本体感觉，主要是痛觉，但其感受器数量相对较少，所以内脏痛的定位不明确。腹痛的发生机制是支配腹部的神经受到刺激，通过自主神经内的传入纤维传入脊髓，沿着躯体感觉的同一通路上行，也经脊髓丘脑束和感觉投射系统到达皮层。临床上根据疼痛发生的原因不同，一般分为以下四种：

（1）痉挛性疼痛　主要是胃肠道或泌尿生殖道平滑肌痉挛性收缩，挤压神经和局部血管，造成缺血和组织缺氧。特点是腹痛呈阵发性，腹痛发作和间歇相交替，如肠痉挛。

（2）膨胀性疼痛　主要是胃肠内积滞过量的食物、气体和液体，刺激胃肠壁上的游离神经末梢，引起持续性的疼痛。特点是病畜腹围增大，疼痛呈持续性，如急性胃扩张、肠阻塞等。

（3）牵引性疼痛　主要是肠管位置改变或肠道阻塞等，引起肠系膜扭转、牵引和压迫，也称为肠系膜性疼痛。特点是病畜出现持续而强烈的腹痛，如肠变位、肠阻塞等。

（4）腹膜性疼痛　主要是腹膜遭受细菌或化学因素的作用，引起急性或慢性腹膜炎，刺激腹膜感受器而引起的疼痛。特点是呈弥漫性疼痛，病畜不愿走动和改变体位，如急性腹膜炎等。

［检查方法］犬、猫腹痛时多呈弓背姿势，精神沉郁，不愿活动。前肢外伸而卧，腹部紧贴于冷的地面，或以肘及胸廓支于地面而后躯高抬呈"祈祷姿势"。严重腹痛时，出现尖叫、卧地翻滚。触诊腹部紧张、不安、回视、呻吟或抗拒检查。由于引起腹痛的疾病很多，检查包括详细地询问病史、临床检查及有选择地作一些必要的实验室和特殊检查，综合全面资料进行分析，确定病变的部位、性质和病因。

（1）病史及临床检查　询问腹痛发生的时间、犬猫粮的品质等，发病与犬猫饮食的关系。

临床检查的重点是腹部，观察腹围大小，系统检查内脏器官的功能及状况。犬猫腹部及胃肠检查主要通过视诊、触诊。同时要注重一般检查，如体温、呼吸、脉搏、眼结膜色泽、口腔的变化等，了解伴随症状。腹痛伴有休克时常见于肠阻塞、肠扭转、肠套叠等；在胃内异物、肠阻塞、犬急性胰腺炎等疾病时，伴有呕吐症状；在急性胃扩张和瘤胃臌气、肠臌气等疾病过程中，腹围呈不同程度的增大；腹痛使犬猫食欲和饮欲废绝，同时肠道分泌增加和出汗，造成机体体液丢失过多，引起脱水；腹痛伴有血尿时，应考虑泌尿系统疾病，如急性膀胱炎、尿路结石等；伴有发热的腹痛，应考虑巴氏杆菌病、出血性肠炎、腹膜炎、犬胰腺炎等。猫对于疼痛的耐受力远比狗强，且腹部极为柔软，可以清楚地触诊出大部分腹腔脏器，因此对于疼痛来源的定位远比狗容易。在触诊时若发现腹部肌肉紧绷，表现出疼痛或者攻击行为，应审慎评估疼痛的来源是否真的在腹部，因为脊柱的疼痛也可能会有相同的表现。

（2）实验室检查　实验室检查包括血液学、尿液常规检查，白细胞血象可作为判断急性腹痛是否由于感染性或非感染性疾病、炎症性或非炎症性疾病导致的依据。血液化学检查对某些腹痛的诊断具有一定的参考价值，如急性胰腺炎时血清淀粉酶活性增高。

（3）特殊检查　X线、超声波、CT、内窥镜等检查可确定腹腔器官病变的部位、大小、性质，有助于腹痛性疾病的诊断与鉴别诊断。

［病因］引起犬、猫腹痛的疾病很多，常见引起犬猫腹痛的疾病分类见表9-5。

表9-5　常见引起犬猫腹痛的疾病分类

部位	疾病
腹壁	疝、脓肿
胃肠系统	急性胃扩张，急性胃肠炎，胃肠溃疡，胃肠异物，肿瘤，胃肠粘连，肠道缺血，肠痉挛，肠阻塞，肠变位（如肠套叠、肠扭转），肠结石，肠道寄生虫病等
泌尿生殖系统	尿路感染，尿路结石，前列腺炎，肾盂肾炎，肾结石，子宫扭转，肿瘤等
胰腺	胰腺炎，肿瘤
脾脏	破裂，肿瘤，感染，扭转等
腹膜	腹膜炎，粘连等
肝胆系统	肝炎，胆管炎，胆囊炎，胆石病，胆管阻塞，肝叶扭转，门静脉高压，脓肿，肿瘤等
肌肉、骨骼	骨折，椎间盘疾病，脓肿等
其他	肾上腺炎，中毒（如重金属、食盐、有机磷、菜籽饼、夹竹桃、硒、铜等），血管病（如梗塞、落基山斑疹热），医源性（如使用氨甲酰胆碱等药物、手术后），魏玛犬无菌性结节性脂膜炎和全脂炎等

［鉴别诊断］首先应根据临床检查判断腹痛的程度和性质。腹痛的性质与病变的性质密切相关，轻度的腹痛可能是胃肠炎、溃疡等，剧烈的腹痛见于肠阻塞、肠变位和胃肠内异物等。腹痛伴有腹围增大见于胃扩张、瘤胃臌气、肠臌气、膀胱积尿等，并且需要通过腹壁触诊结合特殊检查进行诊断。另外，中毒病所表现的腹痛有摄入毒物的病史，通过毒物检验、结合临床症状进行诊断（图9-6）。

9.1.8　黄疸

黄疸是由于血清胆红素含量升高所致皮肤、黏膜发黄的一种临床症状，各种动物均可发生。

［发生机制］体内的胆红素主要来源于血红蛋白，血液中衰老的红细胞经单核巨噬细胞系统的破坏和分解，形成的胆红素占总胆红素的80%～85%。另外，来源于骨髓幼稚红细胞的血红蛋白和肝脏内含有亚铁血红素的蛋白质（如过氧化氢酶、过氧化物酶及细胞色素氧化酶等）占总胆红素的15%～20%，其中肝细胞微粒体内的细胞色素P_{450}和细胞色素B_5分解而成的胆红素占很重要的地位。上述形成的胆红素是脂溶性的，易透过生物膜，因未经肝脏结合，称为游离胆红素或非结合胆红素，与血清白蛋白结合而输送，不溶于水，不能从肾小球滤出，故尿液中不出现游离胆红素。非结合胆红素到达肝脏后，在血窦与白蛋白分离，并经间隙被肝细胞所摄取，在肝细胞内和Y、Z两种载体蛋白结合，并被运送至肝细胞光面内质网的微粒体部分，经葡萄糖醛酸转移酶的催化作用与葡萄糖醛酸结合，形成胆红素葡萄糖醛酸酯或称为结合胆红素，能溶于水，可通过肾小球滤过从尿液中排出。胆红素酯化后，经胆汁分泌装置随同胆汁排入毛细胆管，再经肝内胆管排出肝外，由总胆管进入肠道。

正常的动物机体内，胆红素的生成、肝脏对胆红素的处理及胆红素的排泄之间保持动态平衡，因而血清胆红素的含量保持相对稳定。当上述胆红素代谢中的任何一个环节发生障碍，都会使胆红素在血清中的浓度升高，造成高胆红素血症，使机体的皮肤、黏膜、巩膜及实质器官发生黄染。根据黄疸的发生机制不同，可将黄疸分为三种类型：溶血性黄疸，肝细胞性黄疸和胆汁淤积性黄疸。

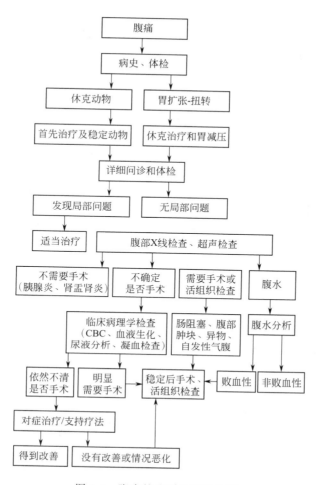

图 9-6　腹痛的鉴别诊断思维图

（1）溶血性黄疸　凡能引起溶血的疾病都可发生溶血性黄疸，由于循环血液中红细胞大量破坏，血液中胆红素形成过多，超过了肝脏的处理能力，此时血清中的胆红素主要是非结合胆红素。

（2）肝细胞性黄疸　各种使肝细胞广泛损伤的疾病均可发生黄疸，如病毒性肝炎、中毒性肝炎、钩端螺旋体病、药物中毒、肝硬变等。由于肝细胞广泛性损伤使其对胆红素的摄取、酯化及排泄功能降低，使正常代谢所产生的非结合胆红素不能全部转化为结合胆红素，以致血液中非结合胆红素含量增加。另一方面，未受损害的肝细胞仍能将非结合胆红素转化为结合胆红素而输入毛细胆管；这些结合胆红素可经坏死的肝细胞区返流入血液内，或因肝细胞肿胀，汇管区渗出性病变与水肿，以及小胆管内胆栓形成，使胆汁排泄通路受阻，而致大量返流于血液中。所以，对这类黄疸作血清胆红素定性试验时，结合和非结合胆红素都呈阳性反应。此类黄疸的发生，主要是胆红素的转化发生障碍。

（3）胆汁淤积性黄疸　胆汁淤积性可分为肝外性和肝内性。肝外性主要由于胆道结石、肿瘤、胆管狭窄和一些寄生虫（如蛔虫）等阻塞胆道所引起，使胆汁排入肠道受阻，阻塞上方的胆道内压力不断增高，胆管扩张，最后导致胆小管及毛细胆管破裂，胆汁中结合胆红素返流入体循环血液中，因而出现黄疸。

　　肝内性又可分为肝内阻塞性胆汁淤积（见于肝内泥沙样结石、华支睾吸虫病等）和肝内胆汁淤积（见于病毒性肝炎、氯丙嗪、利福平或异烟肼等药物变态反应、原发性胆汁性肝硬化等）。由于肝内小胆管阻塞，使肝脏对胆汁的排泄障碍，或肝脏分泌胆汁功能不足、毛细胆管的通透性增加，胆汁浓缩而流量减少，导致胆管内淤积现象与胆栓形成。

　　对这类黄疸作血清胆红素定性试验时，结合胆红素呈阳性反应。若阻塞性黄疸病程延长时，因继发肝细胞损伤，也会出现血清胆红素试验呈结合、非结合胆红素阳性反应。

　　[检查方法]

　　犬猫的黄疸检查流程见图9-7。

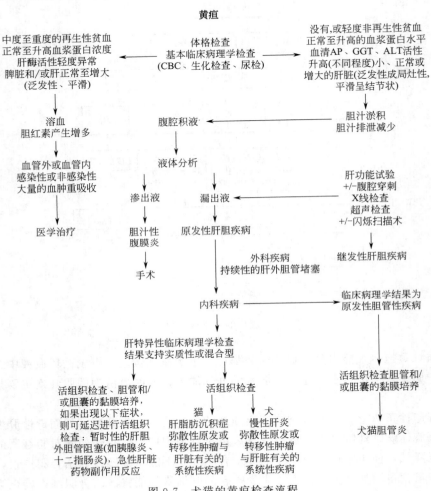

图9-7　犬猫的黄疸检查流程

　　(1) 病史及临床检查　临床上确认黄疸并不困难，主要通过视诊检查，胆红素与弹力纤维有亲和力，皮肤、巩膜及血管易染成黄色。应在充足的自然光线下检查皮肤和黏膜，主要应检查眼结膜和巩膜。仔细了解黄疸发生的急缓及可能的病因，可为进一步检查提供启示。同时，应全面细致地进行全身检查，发现伴随症状，结合实验室检查确定原发病。常见的伴随症状包括以下几点。

　　体温升高：可见于急性胆囊炎、败血症、血液寄生虫病、钩端螺旋体病、痢疾、肝脓肿以及其他原因所致的急性溶血等。

贫血：溶血性黄疸同时表现皮肤、黏膜苍白，心力衰竭，无力。严重的血管内溶血还发生血红蛋白尿，如钩端螺旋体病、犬洋葱中毒、血液寄生虫病等。

肝肿大：肝脏质地较软者见于肝炎、急性胆道感染等；质地硬者见于肝硬变，有时也见于肝脓肿；质地硬、表面不平、有多数结节或大块隆起者，常提示为肝癌。

腹痛：持续性右上腹痛可见于肝癌、肝脓肿；阵发性绞痛大多为胆道结石梗阻或胆道蛔虫病；轻度疼痛可见于病毒性肝炎或中毒性肝炎。

胆囊肿大：主要见于肝外阻塞性黄疸。

脾脏肿大：可见于病毒性肝炎、肝硬变、慢性溶血性疾病等。

消化道出血：见于肝硬变、重症肝炎、急性胆道炎症等。

腹水：可见于重症肝炎、肝硬变、肝癌等。此外，肝细胞性黄疸易继发自体中毒，胆汁淤积性黄疸易继发肝、肾损伤。

（2）实验室检查　血液学检查包括红细胞数、血红蛋白含量、红细胞比容及红细胞形态。黄疸伴有严重贫血可能是溶血性疾病所致。临床化学检查包括血清胆红素、尿胆红素、尿胆原含量及肝脏功能。在确定黄疸的基础上根据血液生化、尿液检查和临床症状，结合辅助检查，确定黄疸的病因和性质。三种黄疸的实验室检查区别见表9-6。

表 9-6　三种黄疸的实验室检查区别

项目	溶血性黄疸	肝细胞性黄疸	胆汁淤积性黄疸
总胆红素	增加	增加	增加
结合胆红素	正常	增加	明显增加
尿胆红素	—	＋	＋＋
尿胆原	增加	轻度增加	减少或消失
ALT、AST	正常	明显增高	可增高
ALP	正常	增高	明显增高
γ-GT	正常	增高	明显增高
胆固醇	正常	轻度增加或降低	明显增加
血清白蛋白	正常	降低	正常
血清球蛋白	正常	升高	正常

（3）其他检查　对肝脏和胰腺疾病可选择进行 X 线、超声波及腹腔镜检查，对结石、肿瘤具有较高的诊断价值。必要时进行剖腹探查或肝脏活体组织检查。

［病因］临床上引起黄疸的原因繁多，分类方法不尽相同，比较简单的分类是将黄疸分为三类，即溶血性黄疸、肝细胞性黄疸和胆汁淤积性黄疸，病因见表9-7。

表 9-7　引起黄疸的原因

原　因		疾　　病
溶血性黄疸	传染病	溶血性链球菌病和葡萄球菌病、钩端螺旋体病、犬埃立克氏体病、犬血巴通体病、附红细胞体病等
	寄生虫病	梨形虫病、泰勒虫病、锥虫病等
	中毒病	十字花科植物、葱、洋葱、野洋葱、黑麦草、甘蓝、蓖麻素、栎树叶等中毒蛇毒中毒等
	代谢病	脂肪肝
	免疫病	新生畜免疫性溶血、不相合血型输血

原　因		疾　病
溶血性黄疸	遗传病	红细胞先天内在缺陷：如遗传性丙酮酸激酶缺乏症、遗传性葡萄糖-6-磷酸氢酶缺乏症、遗传性磷酸果糖激酶缺乏症、遗传性谷胱甘肽缺乏症、遗传性谷胱甘肽还原酶缺乏症等
		红细胞形态先天异常：如家族性球红细胞增多症、家族性口形细胞增多症、家族性椭圆形细胞增多症等
		血红蛋白分子病：如小鼠 α-海洋性贫血、β-海洋性贫血等
		先天性卟啉代谢病：动物的红细胞生成性卟啉病和原卟啉病等
肝细胞性黄疸	传染病	犬传染性肝炎、钩端螺旋体病
	寄生虫病	血吸虫病等
	中毒病	植物中毒：含双吡咯烷类生物碱的植物（如狗舌草、猪屎豆等）
		化学物中毒：铜、四氯化碳、四氯乙烯、氯丙嗪、水合氯醛、痢特灵、酒精、酒糟、棉酚等
		真菌毒素中毒：黄曲霉毒素、羽扇豆、杂色曲霉素等
胆汁淤积性黄疸	肝外性	胆结石、胆管炎、胆囊炎、肿瘤、寄生虫等
	肝内性	急性胰腺炎、病毒性肝炎、肝硬化及灰黄霉素、巴比妥类和非甾体抗炎药等药物变态反应

[鉴别诊断]

（1）**溶血性黄疸**　溶血性黄疸的皮肤和黏膜通常黄染较轻，且伴有明显的贫血症状，如黏膜苍白、倦怠、虚弱无力、心跳加快、脉搏细弱等，血液学检查红细胞数、血红蛋白含量和红细胞比容明显降低，有的出现血红蛋白尿。传染病引起的溶血性黄疸常常表现发热及败血症，可通过病原学进行诊断；中毒引起的溶血性黄疸有接触毒物史，并可检出相应的毒物；血液寄生虫病通过血液涂片可发现虫体（图 9-7）。

（2）**肝细胞性黄疸**　临床最常见的是各种原因引起的肝细胞损伤，因动物种类和病因不同，临床症状有较大差异。犬和猫常见，主要表现厌食、嗜睡、呕吐和黄疸。

犬传染性肝炎：由腺病毒Ⅰ型感染引起，刚出生至3周龄的犬最易感。表现发热，心动过速，扁桃体肿大，咳嗽，头颈部水肿，恢复期出现角膜湿润和虹膜睫状体炎，偶尔出现黄疸。

钩端螺旋体病：由钩端螺旋体引起的急性传染病，各种动物均可发病，以 7～10 月份为流行高峰期。主要表现发热，黄疸，血红蛋白尿，出血性素质，流产，皮肤、黏膜坏死、水肿等。本病通过微生物学和血清学检查进行诊断。毒物和药物可直接或间接作用引起肝细胞变性、坏死，或干扰胆汁代谢和排泄机制而引起肝内胆汁淤积，或作用于肝内外免疫机制引起免疫性肝损伤，导致黄疸。药物引起的肝脏损伤有剂量过大、使用时间过长的用药史，多在给药后1～4周出现，停药后逐渐好转。

（3）**阻塞性黄疸**　主要是各种原因引起的胆管阻塞，鉴别诊断见表 9-8。

表 9-8　犬和猫阻塞性黄疸的鉴别诊断

疾病	病因	临床症状	诊断
胆管炎	细菌感染	症状不明显且易复发。黄疸，犬触诊腹痛，猫表现脱水	初期 AST、ALT、ALP 活性升高，后期高胆红素血症。肝组织穿刺检查有明显的肝纤维化及炎症细胞即可确诊
肝外胆管梗阻	慢性胰腺炎、胰腺肿瘤、胆管上皮损伤	厌食，黄疸，反复呕吐	血清 ALT、ALP 活性增加，凝血酶原时间和活化部分凝血活酶时间增加，尿胆红素呈强阳性，超声波检查有助于诊断

疾病	病因	临床症状	诊断
胆结石	不明	大多数无明显的临床症状,仅在尸检或放射检查时偶然发现。有的表现呕吐、黄疸、厌食、发热等	X线检查和超声波检查可确诊
肝脏肿瘤	原发性肿瘤原因不明,转移性来自胰腺、乳腺、肺脏、胃肠道、脾脏、甲状腺等	体重下降,食欲减退甚至废绝,呕吐,腹部膨大。有的出现间歇性黄疸	血清AST、ALT活性和胆红素浓度升高。X线检查肝脏和脾脏肿大,肝脏活检有助于诊断
肝硬化	犬心丝虫病、传染性肝炎、充血性心力衰竭、毒物等	慢性消化不良,呕吐,黏膜黄染。早期肝脏肿大、触诊疼痛,后期肝脏变硬、缩小。腹水,脑部损伤出现精神沉郁	血清直接胆红素及总胆红素含量升高,白蛋白含量降低,凝血酶原时间延长,尿胆红素及尿胆素原呈阳性。超声波检查及肝脏穿刺检查有助于诊断
急性胰腺炎	肥胖、高脂血症、胆管疾病、药物等	急性表现呕吐,腹痛,厌食,精神沉郁,黄疸。严重者出现昏迷和休克。慢性表现持续性呕吐和腹痛,粪便呈橙黄色或黏土色,食欲亢进	血液学检查白细胞数升高,中性粒细胞比例增加,血清淀粉酶和脂肪酶活性升高。影像检查有助于诊断

9.1.9 腹腔积液

腹腔积液即腹水,通常是疾病表现出的继发症状,而不是一种独立的疾病,但是可以通过对腹水的检查来确诊导致腹水发生的首要疾病。腹水常见于一些肝病,特别是肝硬化,也常见于腹膜感染、肿瘤或心、肾和胰腺功能障碍以及营养不良等疾病。

[发生机制] 正常机体,液体流入腹腔,并有毛细血管、毛细淋巴管回流,两者保持动态平衡。腹水属于组织间液,但不同于一般的组织液,即腹水的吸收速度是有限的,如果液体进入腹腔的速度超过腹膜吸收的能力就会形成腹水。各种疾病引起腹水往往有多个因素参与,目前对腹水的发病机制主要有以下几种解释:

(1) 全身性因素

① 血浆胶体渗透压降低:血浆胶体渗透压主要依靠白蛋白来维持,具有促使腹腔内液体回吸收毛细血管和毛细淋巴管的作用,主要取决于分子量的大小和白蛋白的浓度。当血浆白蛋白浓度低于25g/L或同时伴有门静脉高压,液体容易从毛细血管漏入组织间隙腹腔形成腹水。此种情况见于高度肝功能不全、中晚期肝硬化(蛋白合成减少)、营养缺乏(蛋白摄入不足)、肾病综合征与白蛋白丢失性胃肠疾病等情况。

② 钠、水潴留:主要见于心、肾功能不全及中晚期肝硬化继发性醛固酮增多症。

③ 内分泌障碍:肝硬化或肝功能不全时,肝的降解功能下降。一方面抗利尿激素与醛固酮等灭活能力降低导致钠、水潴留,另一方面血液循环中一些扩血管活性物质的浓度升高,引起外周及内脏小动脉阻力减小,心排量增加,内脏处于高动力循环状态。由于内脏血管扩张,内脏淤血,造成有效血管血容量相对不足及低血压,机体代偿性释放出血管紧张素及去甲肾上腺素,以维持血压。这样反射性的兴奋交感神经释放出一些缩血管物质,使肾血流量降低,肾小球滤过压下降,加之抗利尿激素释放,引起肾小管钠、水吸收增加,导致钠、水潴留并形成腹水。

④ 病毒感染:猫传染性腹膜炎病毒可以引起猫科动物的腹膜炎以及大量腹水聚集。

(2) 局部性因素

① 液体静水压升高:犬的门静脉压力一般为3.0～6.5cm水柱,腹腔静脉压3～3.5cm水

柱，猫的门静脉压力一般为 6～15cm 水柱，因肝硬化及门静脉外来压迫或其自身血栓导致门静脉及毛细血管内压力升高，进而引起腹水。

② 淋巴流量增多、回流受阻：健康的肝窦壁很薄，仅衬有一层不连续的内皮细胞，且没有基底膜，因此白蛋白可以自由进入，肝硬化患病动物的淋巴液的生成量往往超出正常的 20 倍，而不能由肝淋巴管和胸导管进入循环，过量的淋巴液被迫进入腹腔，形成腹水。由于肝淋巴液蛋白浓度相当于血浆蛋白浓度的 95%，因此腹水有蛋白含量高的特点。乳糜性腹水则是由于胸导管、乳糜池与乳糜管、腹腔内淋巴管受阻或破裂，淋巴液回流受阻而漏入腹腔。

③ 腹膜毛细血管通透性增加：腹膜的炎症、癌肿浸润、脏器穿孔或引起胆汁、胰液、胃液和血液的刺激，均可以促使腹膜的毛细血管通透性增加引起腹水。

④ 腹腔内脏破裂：实质性器官或空腔性器官的破裂与穿孔能分别引起胰性腹水、胆汁性腹水及血性腹水。

（3）其他因素

① 低蛋白血症：临床上常见到肝硬化门静脉高压患犬无腹水，而在此基础上出现血白蛋白下降时，患犬的腹水很快出现，在不改变肝硬化门静脉高压的情况下纠正低白蛋白血症又可以使腹水很快消失。

② 肝脏局部因素：肝窦与肠系膜毛细血管不同，肝窦前的阻力是肝窦后阻力的 50 倍，使得肝窦的静水压很低，这就意味着肝窦内压力发生轻微的变化就会引起肝窦静水压的显著变化；肝窦的内皮能够自由地通透蛋白，但是由于肝窦和狄氏腔隙之间无膨胀压梯度，所以已漏出的液体不会再回到肝窦内，只能经过肝淋巴管从肝脏引流回去。因此门静脉高压症时肝窦的压力增高，容易在这个解剖部位发生漏出而形成腹水。

由此可见，腹水发生的机制非常复杂，肝硬化的腹水的形成是多种因素综合作用的结果。肝肾神经反射、钠水潴留、门静脉高压、低白蛋白血症、周围血管与肾血管舒缩性的差异、肝脏局部的特殊性生理解剖因素在肝硬化发展的不同阶段有不同的作用。

[检查方法] 在确诊腹水的过程中需要注意与肥胖、肠胃胀气和巨大卵巢脓肿进行鉴别诊断。

（1）外观　肝硬化腹水一般呈透明的淡黄色液体，如果黄疸很深，则腹水呈胆汁颜色，内含胆红素浓度低于血清浓度，有大量白细胞存在的腹水则变混浊。有的肝硬化病犬腹水呈乳糜状，主要原因为腹水中的三酰甘油浓度升高。肝硬化患病动物穿刺出血可导致血性腹水，与非损伤性腹水的鉴别诊断为前者呈不均匀血性，并可出现血凝块。

（2）腹水中细胞的分类与计数　腹水中常能见到的细胞有：内皮细胞、巨噬细胞、中性粒细胞、其他细胞有嗜酸性粒细胞、淋巴细胞、红细胞（多见于腹腔积血）、浆细胞、肥大细胞、肿瘤细胞。

（3）血清-腹水蛋白质梯度（SAAG）　SAAG 是指血清白蛋白减去腹水白蛋白浓度的差值，是腹水分类的简便标准。SAAG 大于等于 11g/L 提示存在门静脉高压，相反则不存在门静脉高压。使用 SAAG 的时候应该注意腹水和血浆的样品要同时采集。

（4）影像学检查　通过 X 线片可以了解心脏、肺、肝脏以及肾脏的病变；B 超检查是诊断腹水较为敏感、简便的方法。B 超检查有助于腹水与巨大卵巢囊肿、腹部脓肿或血肿以及巨大肾积水的鉴别诊断，了解肝、胆等的病变。

[病因] 临床上引起腹水的原因繁多，分类方法不尽相同，根据腹水的类型分类，见表 9-9。

表 9-9　引起腹水的原因

腹水类型	疾病
胆汁	肿瘤、术后(胆囊切除术)、严重的胆囊炎、外伤
血液	凝血疾病(鼠药中毒)、肿瘤(血管肉瘤)、器官或大血管破裂、血栓症、外伤、血管炎
乳糜	充血性心力衰竭、猫传染性腹膜炎、淋巴管扩张、淋巴管肉瘤、淋巴瘤、肠系膜根绞窄、乳糜池破裂、脂肪组织炎
渗出液	膈疝、猫传染性腹膜炎、肝炎、肿瘤、器官扭转、胰腺炎、腹膜心包横膈膜疝
脓毒性腹膜炎	脓肿、消化道穿孔、肿瘤、溃疡、肠套叠、异物、缝线开裂、腹部创伤、手术、血源性传播、猫传染性腹膜炎、子宫积脓、脂肪组织炎
漏出液	心脏填塞、后腔静脉阻塞、肝脏疾病(慢性肝炎、肝硬化、门静脉高压)、低白蛋白血症、囊肿破裂、脾脏疾病
尿	膀胱、输尿管、尿道破裂

[鉴别诊断]　临床上腹水的种类不同引起的疾病可能有很大的差异，主要依据病史、临床症状、腹水检查、血液学、血液化学检查和影像学检查等进行综合分析。对临床发生的腹水病例，还应尽可能判断腹水是渗出性还是漏出性（图 9-8、表 9-10）。

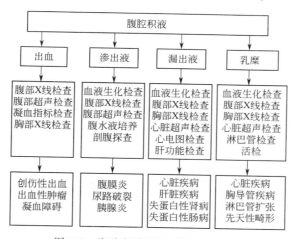

图 9-8　腹腔积液的鉴别诊断思维图

表 9-10　腹水鉴别诊断

项目	漏出液		渗出液	
	纯漏出液	变更漏出液	非腐败性渗出液	腐败性渗出液
病因	非炎性、低白蛋白血症、静脉滞留	非炎性、心脏和肝脏被动充血	炎症、肿瘤、胆囊和膀胱破裂，无菌术带来的外物	炎症，肿瘤、理化带来的损伤，手术、细菌或寄生虫感染
外观和颜色	淡黄色、浆液性无色清亮或淡黄色	淡黄色、浆液性白色、微红色或红色，轻度云雾状	可为血性、脓性、乳糜性、白色、粉红色或淡黄色，云雾状	可为血性、肤性、乳糜性白色、红色或黄色云雾状
透明度	透明或微混	透明或微混	大多混浊	大多混浊
凝固性	不自凝阴性	不自凝阴性	常自凝阳性	常自凝阳性
黏蛋白性	阴性	阴性	阳性	阳性

续表

项目	漏出液		渗出液	
	纯漏出液	变更漏出液	非腐败性渗出液	腐败性渗出液
蛋白质	小于25g/L	25～50g/L	25～50g/L	25～50g/L
细胞数目	小于500个/μL	300～5500个/μL	3000～5000个/μL	3000～10000个/μL
细胞种类	中性粒细胞、内皮细胞、巨噬细胞、淋巴细胞	中性粒细胞、内皮细胞、巨噬细胞、淋巴细胞	巨噬细胞、中性粒细胞、淋巴细胞、红细胞、肿瘤细胞	巨噬细胞、变性中性粒细胞
细菌	无	无	多数能找到病原菌	多数能找到病原菌

9.2 上消化道疾病

9.2.1 口炎

口炎（Stomatitis）是口腔黏膜的炎症，临床上以流涎、拒食或厌食、口腔黏膜潮红肿胀为特征。一般呈局限性，有时波及舌、齿龈、颊黏膜等处，称为弥漫性炎症。根据发病原因，有原发性和继发性之分。按其炎症性质可分为溃疡性、坏死性、霉菌性和水泡性口炎等。在犬猫临床上，最常见的是溃疡性口炎（图9-9）。

[病因]

（1）物理性　包括外伤（粗硬的饲料、鱼刺、骨碎片、锐齿、齿结石等）、过热或过冷食物、药物的错误投放等。

图9-9　猫口炎

（2）化学性　包括刺激性物质，特别是酸性和碱性物质，刺激性药物应用不当，如外用药物涂布体表动物舔食引起。

（3）细菌性　引起口炎的细菌多表现坏死，并出现溃疡或化脓，常发生细菌混合感染，易发生于衰弱的犬、猫，有时也可继发于胃肠病和其他传染病过程中。

（4）病毒性　病毒性口炎因动物种类多而病因复杂。增生性口炎见于丘疹性口炎和犬的乳头状瘤病、钩端螺旋体病、猫传染性鼻气管炎、猫流感、猫杯状病毒病、猫免疫缺陷病毒病、猫疱疹病毒病、猫白血病、猫泛白细胞减少症、犬腺病毒2型、犬瘟热、犬传染性肝炎等病理过程中。

（5）真菌性　大多数病例由念珠菌属、酵母菌、曲霉菌、芽生菌、组织胞浆菌、孢子丝菌、球孢菌等真菌感染引起。

（6）营养代谢性　代谢性疾病过程中，如糖尿病、甲状旁腺机能减退、尿毒症和甲状腺机能减退等。营养障碍如维生素A过多症、烟酸缺乏症（糙皮病）、核黄素缺乏、抗坏血酸缺乏、锌缺乏症等以及犬蛋白能量不足性营养不良。

（7）其他　邻近器官（如咽、食道、唾液腺等）的炎症；消化器官疾病的经过中，如急性胃卡他等。

[症状] 口腔黏膜红、肿、热、痛、咀嚼障碍、流涎、口臭为常见症状（图9-10）。犬通常有食欲，但采食后不敢咀嚼即行吞咽。在猫多见食欲减退或消失。患病动物搔抓口腔，有的吃食时，突然尖声嚎叫，痛苦不安；也有的由于剧烈疼痛引起抽搐；口腔感觉过敏，抗拒检查，呼出的气体常有难闻臭味。下颌淋巴结肿胀，有的伴发轻度体温升高。

溃疡性口炎，常并发或继发于全身性疾病，如继发于猫病毒性鼻气管炎时，在舌、硬腭、齿龈、颊等处黏膜，迅速形成广泛性、浅在性溃疡病灶。初期多分泌透明状唾液，随病势发展，分泌黏稠而呈褐色或带血色唾液，并有难闻臭味，口鼻周围和前肢附有上述分泌物。

坏死性口炎，除黏膜有大量坏死组织外，其溃疡面覆盖有污秽的灰黄色油状伪膜。

真菌性口炎，是一种特殊类型的溃疡性口炎，其特征是口黏膜呈白色或灰色斑点并略高于周围组织，病灶的周围潮红，表面覆有白色坚韧的被膜。常发生于长期或大剂量使用广谱抗生素的犬猫。

水泡性口炎，多伴有全身性疾病，如犬瘟热、营养不良等，口黏膜出现小水泡，逐渐发展成鲜红色溃疡面，其病灶界限清楚。猫患本病时，在其口角也出现明显病变。

[诊断] 根据口腔黏膜炎性症状进行诊断。对真菌性口炎和细菌感染性口炎，可通过病料分离培养来确诊。小动物脾气不好或疼痛时，为了全面检查可进行全身麻醉。

[治疗] 首先排除病因和加强护理。应给予清洁的饮水，补充足够B族维生素及维生素C。饲喂富有营养的牛奶、鱼汤、肉汤等流质或柔软食物，减少对患部口腔黏膜的刺激。必要时在全身麻醉后进行检查，如除去异物、修整或拔除病齿。继发性口炎应积极治疗原发病。细菌性口炎，应选择有效的抗生素进行治疗，如口服或肌内注射青霉素、氨苄青霉素、羟苄青霉素、头孢氨苄、喹诺酮类药物等。局部病灶可用0.1%高锰酸钾溶液或2%～3%硼酸溶液冲洗口腔，每日1或2次。真菌性口炎可口服酮康唑，5～10mg/kg，每日2次；伊曲康唑，5mg/kg，每日1次。口腔分泌物过多时，也可选用3%双氧水或1%明矾溶液冲洗。对口腔溃疡面涂擦5%碘甘油。久治不愈的溃疡，可涂擦5%～10%硝酸银溶液，进行腐蚀，促进其愈合。病重不能进食时，应进行静脉输注葡萄糖、复方氨基酸等制剂的维持疗法。为了增加黏膜抵抗力，可应用维生素A。

9.2.2 舌炎

舌炎（Glossitis）是指舌发生的慢性、非特异性炎症，可分为原发性和继发性两种。舌炎主要表现为舌面成片发红及光滑。舌炎也是一些系统性疾病的口腔并发症，如贫血、核黄素缺乏症、吸收不良综合征、心力衰竭（图9-10）。

[病因] 原发性多为外伤和口腔内异物的持续性刺激，齿龈炎、齿列不整、烧伤、误食或误饮毒物（有机磷或腐蚀性药物）及外科处理口腔时失误等引起。钩端螺旋体、疱疹病毒等感染时可继发本病。

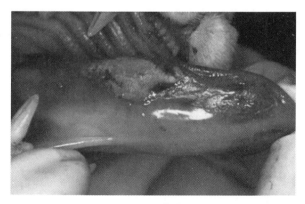

图9-10　猫舌炎

[症状] 流涎、采食及饮水困难、咀嚼和吞咽困难或异常，口腔恶臭，舌红肿热痛形成溃疡或舌麻痹（图9-11）。

[诊断] 主要根据临床症状，特别是饮水时舌运动困难明显。检查口腔是否有其他病因或

发现异物。唾液和口腔黏膜刮取物涂片镜检、细菌培养、姬姆萨染色确定有无原虫。

[治疗] 原发病应除去病因后，用复方硼砂溶液口腔内喷雾，也可用 0.1％高锰酸钾溶液或生理盐水冲洗。患部涂擦碘甘油或 2％龙胆紫液。有病毒感染时，在结合治疗原发病的同时，给予维生素 A、维生素 C、维生素 B 族等。有原虫感染时，给予甲硝唑：犬 15～25mg/kg，猫 8～10mg/kg，每日 2 次，连用 5d。

9.2.3 齿石

[病因] 齿石（Dental calculus）是磷酸钙、硫酸钙等钙盐和有机物以及铁、硫、镁等混合物，这些混合物与黏液、唾液沉积在一起成为硬固的沉积物。在犬的犬齿和上颌白齿外侧多见。

[症状] 齿龈潮红，在齿龈缘形成黄白色、黄绿色或灰绿色的沉着物。有时可见舌和颊黏膜损伤，有时由于齿石的压挤，可见齿龈和齿根部的骨膜萎缩。多变成褐色、暗褐色，并可引起齿龈炎和齿槽骨膜炎（图 9-11、图 9-12）。检查口腔时，可发现齿龈溃疡、流涎，口腔具有恶臭味，在黏膜损伤部有食物积聚。

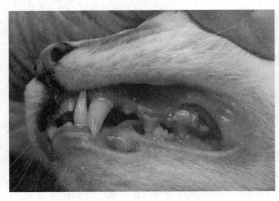
图 9-11　猫齿石

图 9-12　犬齿石

[防治]

（1）宠主需经常用脱脂棉或纱布蘸食盐清洗擦拭齿的外侧面，或使用宠物专用牙齿清洁工具清洁口腔，平时多给予干粮，也可给予橡胶等有清洁作用的玩具使其啃咬玩耍，以防齿石生长沉积。

（2）超声波洁牙或手术凿除齿石，齿石去除后，用 0.1％的高锰酸钾溶液仔细清洗口腔。

（3）破溃处涂以碘甘油，必要时给予抗生素治疗。

9.2.4 口腔异物

口腔异物是指口腔内留有异物，如骨头片或木片嵌入齿缝间，针、竹签、花草刺入口腔黏膜的状况。

[病因] 当乳齿更换期或消化系统患病时，犬有异嗜而啃咬硬物。犬食入大块骨头片、带鱼钩的鱼等。还见于先天性硬腭裂口、外伤性上腭破裂以及拔牙等使食物残留于齿龈凹陷部。

[症状] 主要特征是流涎。如异物夹在齿间，犬经常用前肢搔抓颜面部。患犬虽有食欲，但因疼痛而采食困难。有时口角有血液流出。口腔黏膜局限性充血、肿胀，病程长时，一侧面部肿胀。

[诊断] 通过问诊和口腔详细检查，可以做出诊断。针或鱼钩刺入时，通过 X 光检查

确认。

　　[**治疗**] 除去口腔异物。用生理盐水、2%硼酸液或0.1%高锰酸钾液冲洗口腔，涂擦复方碘甘油或2%龙胆紫液。依病情进行全身抗感染治疗。

　　对上腭畸形或损伤所致的口内异物，应进行原发病治疗。

9.2.5　齿龈炎

　　齿龈炎（Gingivitis）是齿龈的急性或慢性炎症，以齿龈的充血和肿胀为特征（图9-13）。

　　[**病因**] 主要由齿石、隅齿、异物等损伤性刺激而引起。有时因嘶咬致使牙齿松动或齿龈损伤而继发感染。慢性胃炎、营养不良、犬瘟热、尿毒症、维生素C或维生素B族缺乏、烟酸缺乏、重金属中毒等，均可继发本病。猫淋巴细胞-浆细胞性齿龈炎是一种特发性疾病，猫杯状病毒或任何引起持续性齿龈炎症的刺激都可导致本病的发生。

　　[**症状**] 单纯性齿龈炎的初期，齿龈边缘出血、肿胀，似海绵状，脆弱易出血。并发口炎时，疼痛明显，采食和咀嚼困难，大量流涎。严重病例，形成溃疡，齿龈萎缩，齿根大半露出，牙齿松动（图9-14）。

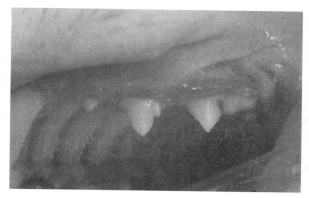

图9-13　猫齿龈炎

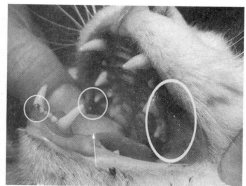

图9-14　猫牙周炎

　　[**诊断**] 根据临床症状，详细检查不难确诊。但要与丙酮苄羟香豆素中毒和血小板减少症相区别。猫淋巴细胞-浆细胞性齿龈炎组织学检查可见淋巴细胞浆细胞性浸润，血清球蛋白浓度可能增加。

　　[**治疗**] 清除齿石，治疗龋齿等。局部用温生理盐水清洗，涂擦碘甘油或抗生素、磺胺制剂等。病变严重时，使用普鲁卡因青霉素3万～4万单位/kg和地塞米松0.01～0.16mg/kg肌内注射，连用3～6d。维生素K_1皮下注射2.5mg/kg，每日1次。复合维生素B 10mg/kg口服，每日3次。注意饲养管理，饲喂无刺激性食物。猫淋巴细胞-浆细胞性齿龈炎目前没有可靠的治疗方法。适当的清洁和磨光牙齿及应用抗生素有效地抑制厌氧菌对治疗本病有一定帮助。应用高剂量的皮质类固醇［泼尼松龙，2.2mg/(kg·d)］常有较好的疗效。在某些严重情况下，拔掉多枚牙齿可减轻炎症，但要避免拔掉犬齿和裂齿。免疫抑制类药物如苯丁酸氮芥也可用于症状顽固者。

9.2.6　牙周炎

　　牙周炎（Periodontitis）也称牙槽脓溢，是牙齿周围的支持组织、牙周组织（包括齿龈、釉质、牙周韧带和齿槽骨）的急性或慢性炎症。本病以齿槽骨骼的再吸收、牙齿松动、齿龈萎缩为特征。它可以引起犬猫早期牙齿的脱落，并且可以伴发老龄犬的心二尖瓣心内膜炎、心肌退化、肾病（肾小球和肾间质）等疾病（图 9-14）。

［病因］由齿石产生的机械性刺激并继发感染所致。齿龈组织损伤或牙齿排列不整引起食物滞留，低钙饮食或发病过程中口腔内细菌侵入齿龈，破坏齿根膜组织，都可能引起本病。牙齿咬合不良也常是本病的病因。全身性疾病如糖尿病、甲状腺机能亢进和慢性肾炎也可引起本病。猫白血病病毒和猫免疫缺陷病病毒造成的免疫抑制易使猫发生本病。

［症状］初期有采食欲望，但小心翼翼；齿龈红肿、变软、口臭、流涎、牙齿松动，挤压齿龈流出脓性分泌物或血液（图 9-15）。食欲逐渐降低，患犬表现出痛苦状，体重逐渐减轻。

［诊断］根据口臭、牙齿松动、齿龈肿胀、流涎或挤压齿龈有脓汁等症状可以确诊。

［治疗］消除齿石及食物残渣，修复损伤软组织及牙齿釉质层，拔去松动的牙齿和残留的乳齿。齿龈用生理盐水冲洗，涂碘酊或 0.2％氧化锌溶液。在清洁牙齿前后使用抗菌药物（如阿莫西林、克林霉素、甲硝唑）可有效抑制厌氧菌。经常用兽用洗必泰刷牙或漱口，有助于防止本病的复发。甲硝唑与复方新诺明同时口服，效果良好。若齿龈增生肥大，可电烧烙除去多余的组织。手术后，全身用抗生素、复合维生素 B、烟酸等，痊愈前应当给予流食。

9.2.7　咽炎

咽炎（Pharyngitis）是咽黏膜及其深层组织的炎症。临床上以吞咽障碍、咽部肿胀、流涎、触压时敏感为特征。

［病因］原发性咽炎在犬比较少见，主要由于机械、化学和温热刺激所致。如吞食冰雪和吞食温度过高的食物，或因异物（鱼刺、骨刺）刺激损伤咽部黏膜而引起。咽炎多继发于口腔感染、扁桃体炎、鼻腔感染、流感、犬瘟热、传染性肝炎等。

［症状］初期采食缓慢，以后采食困难或无食欲。常有空口吞咽、流涎、呕吐和咽部黏膜充血等症状。若疼痛严重，动物拒绝饮水。咽部触诊，敏感性增加，表现躲闪、摇头或抗拒或恐惧。有的患病动物会出现全身症状，乏力、拒食，并发喉炎时，频频咳嗽且有时体温升高。

［诊断］咽炎多取急性经过，无并发症时，根据吞咽障碍、咽部肿胀及触压敏感，不难诊断。重点应注意诱发原因（机械性、理化性、继发性感染）。

［治疗］加强护理，消除炎症，是本病的主要治疗原则。应将病犬放置于温暖、干燥、通风良好的犬舍内。对轻症病犬，可给予流质食物，并勤饮水，用温水或白酒温敷局部，或外敷复方醋酸铅液；对重症病例，应禁食，静脉补充液体和能量，或行营养灌肠，切忌用胃管经口投药。为清除炎症，可采用 2％～3％的硼酸液蒸汽吸入，配合抗生素和磺胺类药物治疗，多数可于 1～2 周内治愈。

9.2.8　咽麻痹

咽麻痹是支配咽部运动的神经（迷走神经分支的咽支和部分舌咽神经或其中枢）或咽部肌肉本身发生机能障碍所致。其特征为吞咽困难，常发生于犬。

［病因］中枢性咽麻痹多半是由脑病所引起，如脑炎、脑脊髓炎、脑干肿瘤、脑挫伤等。还可见于某些传染病（如狂犬病）及中毒病（如肉毒梭菌中毒）等，可出现症候性咽麻痹。外周性咽麻痹较少见，系因吞咽神经损伤所致。重症肌无力、肌营养障碍、甲状腺功能减退有时也能使咽部功能部分或完全丧失。

［症状］患病动物突然丧失吞咽能力，饮食贪婪，但无吞咽动作，食物、饮水及唾液从口鼻中流出，吞咽反射完全丧失。常因误咽而死于吸入性肺炎，或因长期不能饮食，衰竭而死。

［诊断］咽部有水泡音，触诊咽部时无肌肉收缩反应。中枢性咽麻痹，常伴有舌脱出。继发异物性肺炎时，表现为咳嗽和呼吸困难。X 光摄影，咽部有气体并且呈明显扩张状态。钡餐

透视可见钡剂留在咽部，未能进入食管。

［治疗］关键在于治疗原发病。对持续不食的犬或猫，可静脉补充营养。可应用抑制胆碱酯酶和兴奋骨骼肌的新斯的明，每千克体重 0.5mg，口服，每日 1 次。

9.2.9　咽痉挛

本病是咽部环状括约肌异常痉挛所致吞咽困难（尤其是固体食物）的疾病。成年犬较少发生，多见于断乳后的仔犬。

［病因］支配咽部环状括约肌的神经（主要是迷走神经）异常所致。

［症状］仔犬断乳后开始采食固体食物时，出现持续性吞咽困难。患犬只能吞咽少量流质食物，固体食物滞留在咽部后多被吐出。常可诱发咳嗽，流出少量鼻汁，或继发吸入性肺炎。

［诊断］仔犬哺乳期结束后，开食时出现症状。伴有咳嗽，流出少量鼻汁。咽部触诊无反应，刺激咽黏膜亦无吞咽活动。X 线检查：口服硫酸钡连续造影，硫酸钡滞留在咽后部，仅有少量由食道起始部送入胃内。吸入性肺炎时，出现粗粝的肺呼吸音。

［治疗］咽部环状括约肌切断术是目前有效的治疗方法。术后两天即可采食和吞咽固体食物。若手术切断处肌纤维发生瘢痕性收缩，可于手术后 1～2 周复发。对吞咽困难的犬，应给予流质食物，宜少食多餐。

9.2.10　咽喉水肿

本病是指喉头在某些因素影响下局部组织炎症性增生，严重的喉头水肿影响动物的正常呼吸，甚至可以威胁到生命。多见于短头犬种和肥胖犬，以呼吸音尖厉、病程急、黏膜发绀为特征。往往来不及抢救而死亡（图 9-15）。

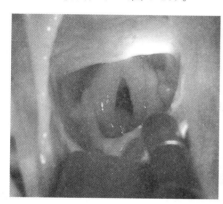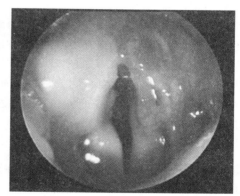

图 9-15　犬咽喉水肿

［病因］

（1）创伤与不良刺激　常见的骨头和硬物对咽喉部的刺激；车祸等强大外力损伤；有释放毒素或引起局部炎症的昆虫，如蜜蜂、蛇等；采用的食物和饮用的水，如猫咪饮用马桶里含有消毒剂的水。

（2）肿瘤或肉芽肿　较多病例报道肿瘤性疾病引起该问题，主要是由于局部的增生组织对喉部的刺激和压迫所致。

（3）病毒、细菌、真菌感染　上呼吸道的病毒感染、细菌感染和真菌感染常引起喉部炎症反应从而继发喉头水肿。

［症状］根据喉头水肿发生的急慢性程度（图 9-16），临床表现从轻微的呼吸道喘鸣音，到严重的呼吸窘迫，甚至窒息。

图 9-16　犬多涎症

[诊断] 通过镇静麻醉直接喉镜或内窥镜检查，可见有明显咽头或喉头软骨及声带浮肿、喉头侧室外翻即可确诊。

[治疗] 通常在临床症状不足以威胁到生命体征的时候进行药物治疗，根据不同病因选择不同治疗方法。静脉或肌内注射地塞米松（0.5mg/kg），并可配合呋塞米（0.2mg/kg）共同使用，大多数病例发现较早并及时用药可取得不错预后；对于紧急威胁生命体征的病例，要选择诱导，气管插管暂时镇静麻醉动物，可以选择镇静过程中使用药物看是否有缓解，若苏醒后有明显缓解转为药物治疗，若仍未见明显改善，直接进行气管切开术。在找到其导致喉头水肿的病因后进行针对性治疗。

9.2.11　多涎症

本病是因唾液腺分泌亢进而表现出来的流涎。因吞咽困难所致的流涎，一般称为假性流涎症。

[病因]

（1）真性流涎　见于刺激唾液腺分泌的药物（如铋、汞、吗啡、乙醚），作用于副交感神经的药物以及苦味药物等。口炎、唾液腺感染或痉挛、恐惧等心理性刺激或某些传染病的经过中都可发生流涎。

（2）假性流涎　常见于颅骨骨折、下颌骨骨折换牙、下颌关节炎症、扁桃体炎、食道炎等，也有口、咽或食道异物及唇、舌或咽麻痹所致。

[症状] 病犬或病猫口唇周围有很多泡沫样唾液（图 9-16）。当分泌亢进而无吞咽困难时，唾液全部咽下，胃呈膨胀状态，有的出现反射性呕吐。假性流涎常伴有唇下垂或舌脱出。

[治疗] 首先治疗原发病。对药物或毒物中毒引起的流涎应催吐或洗胃。对严重持续流涎未确定病因的，要用阿托品 0.05mg/kg 口服或皮下注射，制止流涎。对神经性或反射性障碍引起的流涎，应使用镇静剂、安定剂。

9.2.12　唾液腺及其导管损伤

根据唾液腺的解剖部位，常发生损伤者为腮腺（耳下腺）及腮腺导管。

[病因] 唾液腺的偶发损伤、外伤或交通事故，由尖锐物体刺伤或切割物体所致，脓肿、犬互相咬架等都可造成唾液腺损伤。

[症状] 呈现各种创伤所固有的特点；此外创内持续排出唾液，于采食时其唾液排出量增多，由于唾液内所含溶菌酶有显著消毒作用，所以很少见到化脓。创伤愈合顺利而治愈，但常常最后形成永久性瘘管。

[治疗]

（1）减少唾液分泌，可皮下注射阿托品，0.05mg/kg。

（2）按创伤的治疗方法进行损伤的治疗。当形成瘘管时，为了制止唾液分泌，可用腐蚀性药物：10%的硝酸银溶液、5%碳酸溶液。为了使唾液腺萎缩，经腮腺瘘管用注射器注入溶解的石蜡，注入石蜡后可进行腮腺管的结扎。也可经腮腺导管向内注入 5%福尔马林溶液，使唾液腺发生老死，7～8d 后将其摘除。

9.2.13 口唇炎

当外伤或感染时，犬或猫的口唇黏膜及口唇皱襞经常发生急性或慢性皮炎。有原发性和继发性两种。

[病因]

（1）原发性唇炎　犬啃咬尖锐物品（如骨头、木片、植物、刺），可刺破口唇。齿的位置异常或上腭犬齿直接咬伤。

（2）继发性唇炎　邻近组织炎症的波及，如口炎。仔犬急性脓疱性皮炎、疥癣、毛囊虫病、皮肤真菌病，长耳犬种的外耳炎流出的渗出液刺激，四肢及躯干的细菌性皮炎、过敏反应等，都可继发本病。

此外，唇部皮肤皱襞发达的犬种（西班牙犬、瑞士救护犬）因吞咽和脱落的黏膜组织等潴留物的刺激以及唾液分泌旺盛的犬，均可诱发本病。

[症状]　主要表现流涎、口臭（要与口炎、齿龈炎、胃炎、尿毒症等口臭相区别），下颌前端被毛湿润、污秽，犬用前肢搔抓面部或直接在其他物体上摩擦口唇，口唇黏膜红肿，形成溃疡。慢性病例，口唇部出现很多结节。维生素B族缺乏时，口唇黏膜发红、干燥，唇和唇周围皮肤结合部形成龟裂或痂皮，舌与齿龈多有溃疡或坏死性变化。唇周围皮炎除皮肤发红肿胀外，周围被毛也变色脱落。唇周围附有黄色或褐色的恶臭渗出物，并伴有皮肤溃疡性变化。

[诊断]　由疥癣、毛囊虫等外寄生虫感染或皮肤真菌感染扩散引起的唇周围皮炎，可在面部病灶取样镜检或分离培养，检查虫体。

[治疗]　除去病因，患部消炎。剪去唇周围的被毛，清洁病灶。用0.1%的高锰酸钾溶液，2%硼酸液或3%双氧水以及有收敛作用的2%～5%硫酸铝钾液、0.2%～2.0%鞣酸液、0.5%醋酸液冲洗患部。涂擦复方碘甘油或抗生素软膏，也可用皮质激素类软膏，每日2～3次。对顽固性增生性唇周围皮炎，可行外科切除不良的肉芽组织，涂5%～10%硝酸银液。为防止全身感染，全身应用抗生素和磺胺类药物。

9.2.14 唇裂和腭裂

唇裂和腭裂是常见的口腔颌面部的先天性畸形，是胚胎期颜面形成不全所致。唇裂又称兔唇。本病可能与遗传相关，带有家族史。

[病因]

（1）遗传因素　可发生在直系或旁系有血缘关系的犬。

（2）内外环境因素　营养缺乏，如缺乏维生素及微量元素；感染和损伤，如病毒感染；内分泌因素，药物因素等；孕犬接触放射线。

[症状]　常发生于上唇中缝，上唇唇裂多见，下唇唇裂少见（图9-17）。短头品种犬常发。按裂隙部位和程度，可分为单侧、不完全和完全唇裂。腭裂少于唇裂。腭裂多见于硬腭，软腭裂少发。硬腭裂有时伴发齿槽裂开。外观畸形，幼犬吮乳时乳汁从鼻孔反流，对进食功能有影响，犬体消瘦。

[治疗]　外科手术修复是治疗的主要方法。裂隙小者应早期手术矫正。3月龄是手术的适期。裂隙大者，应予以淘汰。公犬不能作为种用犬。吮乳困难者，应给予人工饲喂。腭裂应建立和改善正常的腭咽闭合功能。

图9-17　犬唇裂

9.2.15　扁桃体炎

扁桃体炎（Tonsillitis）是当扁桃体受感染或刺激时，发生的充血和肿胀，可分为原发性和继发性、急性和慢性炎症。慢性扁桃体炎发生于短头颅犬种，原发性扁桃体炎则常见于年幼的小型犬。在猫较少发。幼犬扁桃体会在腺窝自然暴露出来，须注意不要把它当作是发炎而肿大。

［病因］原发性扁桃体炎常为溶血性链球菌和葡萄球菌感染所致。物理和化学性刺激扁桃体窝可引起本病。慢性呕吐、幽门痉挛、支气管炎，常可继发本病。

［症状］

（1）急性扁桃体炎　患犬多食欲不振、流涎、呕吐、吞咽困难，重症犬体温升高，下颌淋巴结肿胀，常有轻度的咳嗽。扁桃体发红肿胀，由隐窝向外突出，表面附有白色或灰色渗出物。有的可见坏死灶或形成溃疡。隐窝口上纤维组织增生，口径变窄或闭锁，病犬抵抗力降低。

（2）继发性扁桃体炎　引起慢性呕吐、反胃、逆流等，还可能引起慢性带痰咳嗽的疾病、慢性鼻咽部污染的疾病。

（3）原发性扁桃体炎　导致干呕、咳嗽、发热、厌食等。

［诊断］除有食欲不振、流涎、呕吐、吞咽困难外，慢性扁桃体炎以反复发作为特征。开口拉出舌头查明扁桃体肿胀及充血程度。犬的恶性淋巴瘤和鳞状细胞癌也可引起扁桃体肿大，应注意鉴别。扁桃体炎还可见于犬瘟热、犬传染性肝炎等病毒感染性疾病的初期。

［治疗］急性扁桃体炎初期，可在颈部冷敷，除去扁桃体黏膜上的渗出液，涂擦复方碘甘油溶液。青霉素80万单位/kg肌内注射，每日2次。磺胺二甲氧嘧啶首次0.2～1.0g，次日减半皮下注射。

原发性扁桃体炎在治疗时可使用抗微生物药物，如氨苄青霉素等。

9.2.16　特发性咀嚼肌炎

特发性咀嚼肌炎（Idiopathic masticatory myositis）也称萎缩性肌炎，是咀嚼肌（咬肌、侧头肌及翼突肌）的特发性炎症性疾病，咀嚼肌呈对称性或非对称性萎缩，且有嗜酸性白细胞增多的特征。犬咀嚼肌炎主要是指颞肌和咬肌等咀嚼肌的急性或慢性肌病，通常称为萎缩性肌炎或嗜酸性肌炎。德国牧羊犬、查尔斯王猎犬、金毛猎犬等大型犬种易患。

［病因］本病的病因尚不明确。通常被认为是一种免疫介导性疾病，临床常见在发生本病的同时伴有其他免疫介导性疾病的发生。有人认为与自身免疫性疾病有关，因为咀嚼肌与其他骨骼肌在发生学上具有不同的表面抗原，对该抗原有过敏反应。有人报道，本病与人的多发性肌炎有关。对肌肉有亲和性的柯萨奇病毒等可继发咀嚼肌局限性感染。也可能由于侧头、下颌关节过分伸展损伤第5脑神经所致。

［症状］这种疾病通常是病原侵害双侧颞肌、咬肌和翼外肌等面部肌肉，表现为下颚肌肉肿胀、流涎、张口疼痛、开口困难、第三眼睑突出、巩膜充血、眼球突出、下颌肌萎缩、咀嚼肌纤维化、无法开口等症状。急性期可见咀嚼肌肿胀和疼痛，进行性张口和咀嚼困难。咀嚼肌单侧或双侧渐进性萎缩。一般呈急性发作，两侧咀嚼肌，尤其咬肌、颞肌和翼突肌等周期疼痛性肿胀，伴有眼球突出、发热、下颌及肩前淋巴结肿胀和扁桃体炎，犬吃食少，流涎，多数厌食和精神沉郁。触诊头部和下颌肌肉疼痛，不愿张开口腔，有时见下颌悬吊。慢性咀嚼肌炎更为常见，表现为颞肌和咬肌严重进行性萎缩。对称或不对称，肌肉常无疼痛，张口吃食困难。

［诊断］咬肌萎缩、开口困难、采食困难、逐渐消瘦。肌组织活检，可见淋巴细胞浸润和

肌肉明显萎缩。肌肉被脂肪组织所代替，肌束膜和肌膜增生。血常规检查常见嗜酸性粒细胞增多，血液生化检查表现为血清肌酸激酶（CK）升高等。

[治疗] 给予肾上腺皮质类药物，倍他米松 2～4mg/（kg·d），连用 2 周，酌情减量。同时用胃导管投食，注意增加营养，加强护理。在治疗上除使用皮质类固醇外，也可以使用其他免疫抑制剂（如硫唑嘌呤）进行长时间的维持治疗。在治疗过程中要注意检查犬的张口能力、血清肌酸激酶水平、肌肉的萎缩状况等临床和实验室指标，同时要长时间用药，以防本病复发与发生面瘫。

9.2.17 嗜酸性细胞性肌炎

嗜酸性细胞性肌炎（Eosinophilic myositis）是侵害犬肌肉的一类急性复发性炎症，以嗜酸性细胞增多、咀嚼肌障碍为特征。常发于 4 岁以下的德国牧羊犬。

[病因] 病因不明，可能为变态反应和自身免疫反应所致。

[症状] 病犬会突然发生咬肌、侧头肌和翼突肌等咀嚼肌的对称性的肿胀和僵直，此外，还有结膜水肿、瞬膜垂脱和眼球突出等症状。患病犬的口半开，采食困难，咀嚼肌明显萎缩，还有扁桃体腺发炎，下颌的淋巴结肿胀，咀嚼肌以外的肌肉也随之出现肿胀和僵硬。严重的病犬可出现跛行，或运动失调，虽然脊髓反射正常，但姿势反射明显减弱。发作时间可持续 1～3 周。

临床病理 急性期和发作期的嗜酸性细胞升高达 20%～40%，血清谷草转氨酶、肌酸磷酸激酶、乳酸脱氢酶、血清蛋白及球蛋白升高。组织活检，患部肌肉有大量嗜酸性细胞浸润。尽管此细胞浸润十分广泛，但实际上肌肉的病变却呈间杂性，坏死的肌纤维多为灶性。

[诊断] 根据发病的周期性和对发病部位及品种的特异选择性，肌肉活组织检查更为确切。但要注意与特发性咀嚼肌炎相鉴别。

[治疗] 目前尚无改变进行性发作的疗法。但在急性期发作时投予肾上腺皮质激素和促肾上腺皮质激素，对本病有一定治疗效果。为避免病犬肌肉活动，可用胃管投食，注意补充全价营养。

9.2.18 食道炎

食道炎（Esophagitis）是食管黏膜表层及深层的炎症。

[病因]

（1）原发性食道炎 主要是由于机械性、化学性和温热刺激，损伤食道黏膜。

（2）继发性食道炎 可由于咽或胃黏膜炎症的蔓延，亦可见于食道梗塞、食道痉挛、食道狭窄等使食物滞留于食道，可继发食道炎。

（3）使用肌肉松弛类药物、食道周围肿瘤和淤血及感染食道虫等均可导致食道炎。

[症状] 初期食欲不振，很快表现吞咽困难、大量流涎和呕吐。广泛性坏死性病变时，可发生剧烈干呕或呕吐。常拒食或吞咽后不久即发生食物返流。急性食道炎的病犬由于胃液逆流发出异常呼噜音，口角有黏液。急性严重吞咽困难时，呈食道梗阻样反应。

[诊断] X 线检查不易发现，仅可见胸部食道末端的阴影增粗和部分食道内有气体滞留等。食道造影可发现急性期食道黏膜面不规则，有带状阴影和一过性痉挛。用食道内窥镜可以直接观察食道壁，并可正确判断病变类型及程度。

[治疗] 首先应除去刺激食道黏膜的因素。误食腐蚀性物质和胃液逆流等引起急性炎症时，为了缓解疼痛，可口服利多卡因等局部麻醉药，同时用抗生素水溶液反复冲洗。并结合全身抗感染治疗。大量流涎时，硫酸阿托品 0.05mg/kg，皮下注射。对有采食能力的患犬，应给予

柔软而无刺激性的食物。注意要少食多餐。

9.2.19 食道扩张

食道扩张（Dilatation of esophagus）是指食道管腔的直径增加。它可发生于食道的全部，或仅发生于食道的一段。食道扩张有先天性和后天性之分，犬、猫都可以发生该病。食道可以全部扩张或者是部分扩张，部分扩张又称为食道窒息。要注意的是扩张和狭窄一般并发，常见于狭窄部位的前方。

[病因]

（1）先天性食道扩张　是遗传性疾病。丹麦种大丹犬的发病率最高，其次是德国牧羊犬和爱尔兰塞特猎犬。猫以暹罗猫和与暹罗猫有血缘关系的猫发病率较高。吞咽障碍或食物返流多半发生在断奶前后。

（2）后天性食道扩张　可发生于任何年龄的犬和猫。大多数病例的原发原因目前尚不清楚。由于食道运动性减弱而造成的食道扩张，可见于影响骨骼肌的某些全身性疾病，如重症肌无力、甲状腺机能低下、肾上腺皮质机能低下等。也可由于肿瘤、外伤等引起。

[症状] 吞咽困难、食物反流和进行性消瘦是本病的主要症状。病初，在吞咽后立即发生食物反流。以后随着病的进展，食道扩张加剧，食物反流延迟。有先天性食道扩张的仔幼犬在哺乳期饮食完全正常，在饮食变为固体食物时，食后不久就会把未经消化的、被覆黏液的食物呕吐出来，动物还会把呕出的食物舔舐进去，并且重复出现该现象。由于食物滞留在扩张的食管内发酵，可产生口臭。并且能引起食道炎或咽炎。动物死亡通常是由于吸入性肺炎以及恶病质所致。

[诊断] 一般进行放射学检查，但是不一定能找出病因。胸部 X 线检查，可发现食道扩张。如用钡剂造影，可显示食道扩张的程度和病变范围，并有助于排除气管环异常，或发现导致异常的原因。如扩大的食道有液体和气体时，可见其气液面。背侧的食道壁因气体存在而可见（图 9-18），但无法确定扩张的程度。造影检查显示食道异常扩张部位与程度，扩张的食道呈横置的宽带状密影，有造影剂的堆积与停留（图 9-19）。

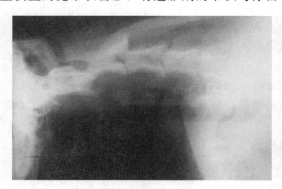
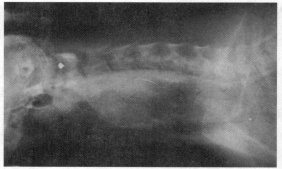

图 9-18　气管背侧颈部食道见气体平片　　　　图 9-19　扩张的食道呈横置的宽带状密影

[治疗]

（1）先天性食道扩张　可对动物进行特殊饲喂，即将动物提起来饲喂。这对早期病例可使症状自然消失。有人认为，先天性食道扩张系分布于食道的神经发育迟缓所致。当将动物提起来饲喂时，食道所受压力较小，不至于发生扩张。提起来饲喂应一直持续到机能正常、发育完善时为止。诊断治疗越早，预后越好。幼犬如迟到至 5~6 个月才得到诊断，则预后不良。

（2）后天性食道扩张　如能查出原发病因进行治疗，一般可以消除。但继发于全身疾病的食道扩张，疗效都不理想。某些病例可进行食道肌切开术。给予半流质饮食，实行少量多餐。或将食物放于高于动物头部的位置，使其站立吃食，借助于重力作用使食物进入胃内。还可以用复合维生素B进行支持疗法。还可进行外科手术疗法，例如在手术后可以进食的时候，应分多次给予少量的流质或半流质食物，以探视食道的扩张现象是否能够逐渐改善。

9.2.20 食道痉挛

食道痉挛（Esophageal spasm）是食道局部感染和运动机能亢进的一种综合征。当吞咽运动时，环状咽头括约肌过分弛缓而使食道不蠕动、胃食道括约肌反射性扩张，贲门呈机械性闭塞状态。

[病因] 确切病因尚不清楚。有人认为与遗传因素有关，也有后天产生的。据报道，食道外迷走神经病变或食道肌神经节细胞异常是导致食道痉挛的原因。多于断乳时发病。

[症状] 食欲正常，病犬长期呕吐食物，空口咀嚼，口内流涎，头颈伸展，在食道沟处能看到食道痉挛性收缩的波动。先天性呕吐的犬消瘦，发育不良。

[诊断] 根据临床症状和X线检查可以确诊。X线检查可见食物能正常经过环状咽头肌，靠重力进入胸部食道后，蓄积于扩张的食道部。

[治疗] 目前尚无有效疗法。可将流质食物与固体食物混合饲喂，或少量多餐。痉挛发作时，应用镇静解痉药，如阿托品等。对有价值的军、警用犬可实施咽头造瘘术，通过咽头瘘管补给食物。

9.2.21 食道麻痹

食道麻痹（Paralysis of the esophagus）是由于动物在进食时看不到食道吞咽波和呃逆动作。胃管插入感到松弛。常继发食管阻塞。其伴有舌麻痹和咽麻痹等神经症状的，概为肉毒中毒所致的延髓球麻痹。

[病因] 食道麻痹可见于某些嗜神经病毒性疾病，如狂犬病、病毒性脑炎等；内毒中毒、延髓损伤。

[症状] 在伴发咽麻痹时，病犬不能饮水，不能采食，食物及唾液从口鼻反流，食道因食物的积留而扩张并突出于食管沟。

[诊断] 根据症状不难确诊，关键是要对原发病因进行诊察。

[治疗] 目前，尚无有效疗法。可皮下注射硝酸士的宁，可配合电疗法。

9.2.22 食道梗阻

食道梗阻（Esophageal obstruction）是因异物阻塞食道，导致食物通过食道受阻的疾病。临床上以突然发病和吞咽困难为特征。根据阻塞的程度，可分为完全阻塞和不完全阻塞；根据阻塞部位，又可分为颈部食道阻塞和胸部食道阻塞。

[病因] 本病常因饲养管理不当造成。过度饥饿或在进食时受到惊吓导致快速吞咽引起，或者犬猫误食某些异物如石头、玩具等，食道被食物团块或者异物阻塞导致的疾病。

[症状] 食道完全阻塞的动物表现基本不食、不安、头颈伸直并不断作吞咽动作，大量流涎，甚至吐出泡沫黏液或者血液。患病动物不断用后肢搔抓颈部，阵咳，窒息甚至头部水肿。当不完全阻塞时仅能将水咽下。食道长时间阻塞的部位可能发生坏死或穿孔。

[诊断] 根据症状结合临床触诊，颈部食道梗阻可通过触诊感知，胃管插至梗塞部即不能前进，可做出诊断。若触诊难以感知阻塞部位，可用X线检查，来确定异物的大小和位置（图9-20）。

[鉴别诊断] 根据食管插管的特点，应注意与以下几种疾病相鉴别：

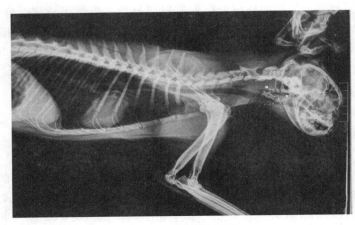

图 9-20　猫食道梗阻

（1）食道狭窄　胃管较粗时难以通过食管狭窄的部位，而较细的胃管则可以。

（2）食管麻痹　胃管插入食道时几乎无任何阻力感受。

（3）食管憩室　胃管插抵憩室壁时，胃管不能前进，胃管未抵憩室壁则可顺利通过。

［治疗］若异物在食道上部，可尝试用食道钳取出。也可用 1％的普鲁卡因 5～10mL 灌入食道，使食道弛缓，阻塞物缓缓落入胃内。还可以用催吐剂阿扑吗啡（猫不推荐使用，可使用甲苯噻嗪）0.02～0.04mg/kg 皮下注射，促使犬以呕吐的方式排出阻塞物。

9.2.23　食道狭窄

食道狭窄（Stenosis of the esophagus）是由多种原因引起食管壁严重发炎，导致食道黏膜增厚、形成瘢痕等使食道腔变窄。狭窄可发生在食管的大多数部位。

［病因］

（1）外部压迫　如在食管的外部有甲状腺肿、脓肿等，压迫食管造成狭窄。

（2）食管内的异物　如食管寄生虫所形成的结节，可致使食道狭窄。

（3）创伤或手术后形成瘢痕引起食管狭窄。

［症状］主要症状是咽下困难、饮食返流。病犬饥饿而贪食，咀嚼无异常，仅在吞咽后表现神态紧张，抬头伸颈、摇头。患犬进食后很快将食物吐出，食道狭窄随着病程的发展，可使食道完全闭塞，患犬明显消瘦、衰竭。

［诊断］食管造影钡餐 X 线检查或者内窥镜检查，钡餐造影 X 线检查，可显示狭窄病变的部位、程度和范围。食道内窥镜可以看见食管腔狭窄，食管壁被瘢痕组织所替代。并且食道内窥镜可确诊是否有食道狭窄的发生并可通过黏膜的活组织检查来区分良性或者恶性病变。

［治疗］最佳的治疗方法是在食道内窥镜的引导下做膨胀导管扩张术，使食道黏膜和下层瘢痕组织撕裂，进而解除食道的狭窄。如果发生食道狭窄的过程中并发食管炎，应当使用胃酸分泌抑制剂药物来辅助治疗，如西咪替丁、雷尼替丁等。

9.2.24　食道憩室

食道憩室（Esophageal diverticulum）是指食管壁的囊状扩张，导致患病部位无收缩力或者收缩很微弱，食物积存而引起阻塞，一般在进食后触摸颈部有肿瘤样感觉。犬猫的食道憩室在临床中比较少见，食道憩室通常分为先天性和原发性，先天性憩室又分为推进性和牵拉性两种。

［病因］先天性憩室由食管发育异常引起，推进性憩室由食管内压增高所致，牵拉性憩室

是由前端食管炎性过程引起。发生炎症后纤维收缩引起食管壁外翻和凸出。

[症状] 先天性憩室由食管发育异常引起，推进性憩室由食管内压增高所导致，牵拉性憩室因受外部拉力等作用，使食道壁部分或全部呈囊状扩张，多见于炎症后纤维收缩引起食管壁外翻和凸出。

[诊断]

（1）胸片　读片可见食道内壁后存在空气或软组织，钡餐造影显现出憩室内的钡餐池（图9-21）。

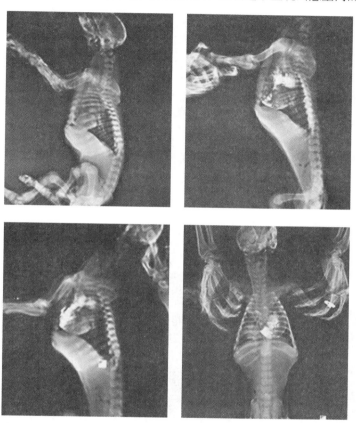

图 9-21　犬食道憩室

（2）内窥镜：诊察缺损的大小和食物积压的程度，可对溃疡黏膜缺损做估测（图9-22）。

[治疗]

（1）药物治疗　推进性憩室需对因治疗；养成高位给饲习惯，术后给予抗生素以减少食物掺漏污染和细菌污染。而牵拉性憩室可以用广谱抗生素如头孢类抗生素、阿奇霉素等治疗。

（2）手术切除　憩室切除是较为有效的治疗方法，大憩室需要食管壁大范围切除和重组。

图 9-21 从左至右、从上到下依次为左侧卧投照（喂造影剂之前）、左侧卧投照（喂造影剂后立刻拍照）、左侧卧投照（喂造影剂 30min 后

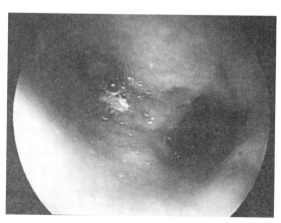

图 9-22　内窥镜下犬食道憩室

拍照）、杜宾犬背腹位投照（喂造影剂 30min 后拍照）。X 光诊断结果：该犬颈部扩张，肺区有占位性变化，肺部明显后移。肺区上部的食道中有大量造影剂残留，造影剂没有到达胃部。胸腔上部似有囊状物占据。30min 后拍照，造影剂下移但是还没有到达胃部。

9.2.25 胃食道套叠

胃食道套叠（Gastric and esophageal intussusception）是指部分胃或全部，有时甚至脾脏或胰腺等进入食道内的状态。食道裂孔出现先天的或后天性的异常。

[**病因**] 腹部压力突然上升、胃食道括约肌迟缓，食管扩张与胃食管肠套叠之间存在相关性。该病先天性较多，而且在临床上发生此病的概率比较低，巨大食道症可能是该病的诱因。

[**症状**] 精神沉郁，食欲不振，有休克迹象，返流，持续性呕吐并出现呼吸困难。大量流涎，张口呼吸，可视黏膜苍白，胸部听诊肺部心音沉闷低沉，腹部听诊肠鸣音不足。

[**诊断**] X 线检查，胸部侧位可见扩张的食管和大的软组织肿块占据纵隔中段和尾侧（图9-23）。软组织肿块具有明确的圆形边界。心脏可能发生腹侧移位，并且超声扫查食道对于此病有重要诊断意义。

[**治疗**] 进行剖腹探查术，手术整复。在视觉检查中胃和脾显得非常正常，没有血液循环不良的迹象。评估食管裂孔，并对胃进行固定。术后给予甲氧氯普胺、硫糖铝、法莫替丁、阿片类止疼药等。

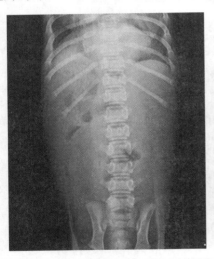 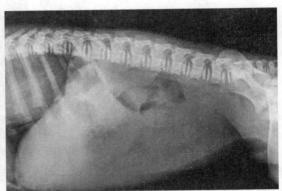

图 9-23　犬胃食道套叠

9.2.26 唾液腺炎

机体在受到外界或内在不良因素的影响时，往往会引起唾液腺炎（Salivary gland inflammation），以腮腺炎较多见，犬较为多发，多为一侧性，腮腺明显肿大，有热痛，有时下颌间隙和颈沟中出现水肿，如一侧患病，则头偏向健康一侧，流涎，咀嚼障碍。

[**病因**] 有原发性和继发性两种。原发性常因尖锐异物刺入腮腺管或颌下腺管逐步发展成脓肿，腺炎可与黏液囊肿并发，附着在尖锐异物上的病原微生物可以侵害局部引起炎性反应。继发性常见于口炎、咽炎、葡萄状真菌病等经过中。

[**症状**] 常见于舌下腺或腮腺疼痛，体温升高，周围组织发生炎性浸润。局部红、肿、体温升高，周围组织发生炎性浸润。

（1）急性唾液腺炎　多为一侧性，腮腺部位炎性肿胀、温热、疼痛。患犬头颈伸展，向一侧偏斜。采食困难，咀嚼缓慢。唾液分泌不断增加，不断流涎，特别是在采食和咀嚼时，流涎显著增加。

（2）化脓性唾液腺炎　常向邻近组织蔓延，引起上颌与下颌部组织炎性肿胀、消化障碍、大量流涎，数天后出现波动，向外破溃流脓，少数可形成瘘管，流出无色黏稠唾液，经久不愈。

（3）慢性唾液腺炎和耳下腺炎　疼痛较轻，触诊坚实，有时形成瘘管；颌下腺炎常伴有下颌间隙的蜂窝织炎，且常形成化脓，向口内或口外破溃，痊愈后局部遗留不易消散的硬结；舌下腺炎常继发于腮腺炎和颌下腺炎之后。

［诊断］可结合唾液腺的解剖部位和特点进行分析，利用超声波检查来确定眼球后病变，在检查时，注意与咽炎和口炎相鉴别，慢性经过时，由于腺体组织的增殖，触诊局部肿大而坚硬，感染初期体温升高，在采食和吞咽时流涎严重。

鉴别诊断　唾液腺肿瘤的形成较为少见，周围组织形成的脓肿可扩散的唾液腺，在诊断中应着重考虑唾液腺黏液囊肿或唾液腺瘘管。由于本病同咽炎、腮腺下淋巴结炎以及静脉炎或皮下蜂窝织炎等的临床症状相似，容易误诊，因此在诊断本病时应根据唾液腺，特别是腮腺的解剖部位和临床病征，结合病史调查和病因分析，进行鉴别诊断。

［治疗］可利用细菌培养和药敏试验结果来治疗，但当结果未确定之前，可全身应用革兰氏阳性菌抗生素（如青霉素、头孢类药物）7d左右，腮腺区域可以用酒精热敷，再用碘软膏或鱼石脂软膏涂擦。如果继发于葡糖真菌病，则可用碘化钾 $1\sim2g$，每日 1 次，连用 $3\sim5d$。如果已经形成脓肿，应迅速切开排脓，并用双氧水或 0.1% 高锰酸钾溶液冲洗脓腔，同时全身使用抗生素。急性唾液腺炎可用中药疗法，用板蓝根或鱼腥草注射液，肌内注射。

9.3　胃肠疾病

9.3.1　急性胃炎

急性胃炎（Acute gastritis）是指胃黏膜受到一种或多种病因的刺激而产生的急性炎症，同时也包括胃运动的功能紊乱及肠液分泌异常等。有的也可波及肠黏膜而发生胃肠炎。胃炎是犬猫的常见病，慢性胃炎多见于年老动物或急性胃炎未能及时治疗发展而来。

［病因］急性胃炎分为原发性和继发性两种。原发性急性胃炎的常见病因包括误食变质或污染的食物、异物、有毒植物、化学品或刺激性药物（如非甾体体抗炎药［NSAIDs］）。喂饲牛奶、鸡蛋、鱼肉等也可引起变态反应性胃炎。继发性急性胃炎常继发于犬瘟热、犬细小病毒病、犬传染性肝炎等犬猫感染性、病毒性和细菌性疾病以及急性胰腺炎、肾炎、慢性肾功能衰竭、肝病、脓毒症、肠道寄生虫病和应激反应等。

［症状］临床上以精神沉郁、呕吐和腹痛为主要症状。发病急，呕吐一般在食后 30min 左右出现，初期吐出物为未充分消化的食糜，以后则为泡沫状黏液和胃液，呕吐物中有时混有血液、黄绿色胆汁或胃黏膜脱落物。病犬食欲不振或废绝，拒食或偶有异嗜现象，渴欲增加，大量饮水后，很快发生呕吐而且加剧。由于腹痛而表现不安，前肢向前伸展。触诊腹部腹壁紧张，触诊胃部敏感。由于持续呕吐，则出现脱水，引起电解质紊乱。体温升高，脱水、碱中毒，甚至休克。检查口腔时，可见黄白色舌苔，闻到口臭味。

［诊断］根据病史和临床症状可做出初步诊断。单纯性胃炎特别是急性胃炎，一般经对症治疗和支持疗法，病情能够得到缓解，也可作为治疗性诊断。胃镜检查依据胃黏膜变化即可确

诊。由于对急性胃炎的诊断要排除其他病因，而且其症状在其他疾病（如异物、中毒）中也可出现，所以了解病史和进行体格检查是必需的。动物主人应监护动物，如发现动物的病情恶化或在1~3d病情没有改善，可进行腹部X线检查、全血细胞计数（CBC）、血清生化检查和尿液分析。临床需与胃内异物、胃溃疡、急性胰腺炎相鉴别。

[治疗] 以清除病因、消炎止痛、纠正电解质紊乱为原则。

（1）祛除病因 停止一切对胃有刺激的食物和药物，给以富有营养的流质饮食或短时禁食。如不呕吐可给予少量的清水，12~24h后，给予热牛奶、糖水米汤、稀饭或高糖、低脂、低蛋白、易消化的流质食物，逐渐给予半流质食物，数天后恢复正常饮食。

（2）清理胃内有毒物质 初期可用催吐剂，盐酸阿扑吗啡0.08mg/kg，犬肌注或皮下注射，配合使用活性炭，催吐效果会更好。美托咪定猫肌内注射10μg/kg，吐酒石0.05~0.3g；后期给予油类泻剂，液体石蜡或植物油10~20mL，口服，排除胃内残留的有毒物质。

（3）制止呕吐 减少胃逆蠕动和痉挛，病犬和病猫呕吐严重或反复呕吐者，尽量不给口服药物。给予甲氧氯普胺0.2~0.4mg/kg、溴米那普鲁卡因0.5~1mg/kg，肌内注射，每日2次；亦可用盐酸氯丙嗪1~6mg/kg，或硫酸阿托品0.1~0.2mg/kg，肌内注射，每日2次。

（4）纠正水、电解质紊乱 可用复方氯化钠溶液或5%糖盐水、维生素C、维生素B_1、维生素B_6等混合静脉注射。如有酸中毒和缺钾时，可补充10%氯化钾溶液或5%碳酸氢钠溶液。休克者经补液、纠酸效果不佳时，可用升压药。

（5）消炎 一般不用抗生素，但由细菌引起，特别伴有腹泻者，可内服黄连素、环丙沙星、诺氟沙星等。

（6）健胃止痛 可口服稀盐酸、含糖胃蛋白酶、复方龙胆酊、乳酶生等，止痛可口服阿托品、溴丙胺太林等。

9.3.2 慢性胃炎

慢性胃炎（Chronic gastritis）是指不同病因引起的慢性胃黏膜炎性病变。以胃动力及消化障碍为主要特征。老龄犬、猫多发。

[病因] 病因尚未完全明确。胃黏膜长期受到不同因素刺激，胃酸缺乏，营养不良，中枢神经机能失调，内分泌机能障碍等，均可引发本病。

[症状] 病程呈慢性经过。病犬、猫食欲不振，经常出现间歇性呕吐，呕吐物有时混有少量血液，并常发生逆呕动作。常有嗳气、腹泻等消化不良症状。重者则逐渐消瘦，走路无力，被毛粗糙、无光泽，轻度贫血等。

[诊断] 依据临床检查和症状难以诊断，只有靠胃镜检查和胃液检查来确诊。

（1）胃镜检查 浅表性胃炎可见黏膜水肿，红白相间，有斑点状出血、糜烂、黏稠黏液附着。萎缩性胃炎黏膜呈灰白色或苍白色，也呈红白相间。黏膜变薄，皱襞变细或平坦，黏膜下血管显露呈网状。肥厚性胃炎可见黏膜皱襞隆起粗大，呈铺路石状、脑回或结节状，伴有糜烂、出血。

（2）胃液检查 胃液分析，胃酸减少或缺乏，胃液中含有上皮细胞、白细胞、黏液及细菌。

[治疗] 消除病因，避免给予对胃有刺激性的食物和药物。喂食要有规律，给予易消化的食物。胃黏膜保护剂，口服硫糖铝50mg/kg，每日3次。也可口服乳酶生、胃蛋白酶、淀粉酶、胰酶等。胃酸降低和缺乏的犬、猫，可口服1%稀盐酸或胃蛋白酶合剂10mL，每日3次。疼痛发作时，可用解痉剂，如阿托品、溴丙胺太林等。有胆汁返流的犬、猫，可用消胆胺

0.1~2.0g/d，分 4 次口服；伴有腹胀的犬、猫，可用多潘立酮 10mg/kg 或西沙必利 5～10mg/kg，每日 3 次，口服。由传染病继发的慢性胃炎，除治疗原发病，可给予抗生素或磺胺类药物。

9.3.3　胃内异物

胃内异物（Gastritis）是犬、猫误食难以消化的异物并滞留于胃内而发生的一种疾病。多见于小型品种犬及幼犬和幼猫。

[病因] 能够通过食管的物体就可能成为胃或肠内异物，随后引起胃出口梗阻、胃扩张或刺激，可能引起呕吐。营养不良、维生素和矿物质缺乏，寄生虫病、胰腺疾病以及有异嗜癖的犬、猫均可发生本病。

[症状] 病初犬、猫食欲不振，采食后出现呕吐，精神沉郁，痛苦不安、呻吟，经常改变躺卧地点和位置。随着病程发展，病犬、猫消瘦、体重减轻。触诊胃部敏感。尖锐异物可引起胃黏膜的损伤，有呕血和血便，易发生胃穿孔，继发腹膜炎。

[诊断] 在其他方面正常的动物突然发生急性呕吐，则可能是吞食了异物，尤其是幼犬。通过体检可触诊到物体，或通过 X 线平片检查也可发现。但最可靠的诊断方法是造影和内窥镜检查。犬细小病毒病最初可能会引起剧烈的呕吐，病程中粪便内的病毒颗粒可能检测不出。低钾血症、低氯血症、代谢性碱中毒也与胃出口梗阻临床表现有一致性，在诊断时要注意鉴别。

[治疗] 如果临床兽医师认为在强迫排出异物过程中不会产生问题（即异物无尖锐的边缘或锐点，以及异物足够小，极易通过胃肠道），可用诱导呕吐来清除胃内异物（例如，犬：阿扑吗啡静脉注射 0.02mg/kg 或皮下注射 0.1mg/kg；口服 1～5mL/kg 过氧化氢溶液；口服吐根糖浆 1～2.5mL/kg，可在 20min 后重复一次。猫：口服吐根糖浆 3.3mL/kg）。如果诱导呕吐时异物有一定危险性，则应采用内窥镜或手术清除异物。在动物麻醉进行手术或内窥镜检查前，应检查电解质与酸碱的状态。在动物被麻醉前，应对动物拍片以确保异物仍在胃内避免夹着异物的回缩钳撕裂或压迫食管。如内窥镜清除不成功，应实施胃切开术。对有异嗜的犬、猫，应根据情况治疗原发病；在训练和嬉戏时，应特别注意防止犬、猫误食。

9.3.4　胃扩张/扭转

胃扩张（Gastric dilation）是采食过量和后送机能障碍所致胃剧烈膨胀的一种腹痛性疾病。发病急，以腹部膨胀和腹痛为主要特征。按内容物性状可分为食滞、气胀和积液三型，按发生可分为原发性和继发性两种。最常见于成年以上的、深胸的大型犬种如爱尔兰赛特犬，雄犬发生概率大于雌犬。此病的形成，胃扩张在前，而胃扭转则是继发的。

[病因] 原发性者因采食过量、干燥、难以消化、易发酵或膨胀的食物，立即进行剧烈运动或饮用大量冷水而引起。继发性者，继发于胃扭转、小肠积食、肠便秘、肠梗阻等。胃负荷过度，使迷走神经兴奋和胃肠运动增强，继而交感、肾上腺系统机能亢进，幽门痉挛，胃内容物停滞、发酵，产生乳酸和气体，吸引体液回渗，结果造成胃膨胀和腹痛，重症可使胃或膈破裂。

[症状] 胃部血液供应减少可导致胃壁坏死。原发性者多于采食后数小时发病，继发性者则在原发病过程中很快发生。该病的典型症状是干咳性干呕，病犬、猫腹部膨大，呈中度间歇性腹痛或持续性剧烈腹痛、不安、有的鸣叫、有嗳气、流涎。眼结膜潮红或发绀，呼吸促迫，脉搏增数。腹部叩诊呈鼓音，听诊有金属性胃音。随着胃膨胀的进展，病犬沉郁休克症状愈加明显。胃扩张严重时，可阻塞肝门静脉和后腔静脉，导致肠系膜充血、心输出量减少、严重休

克和弥散性血管内凝血。常见脉搏微弱、心跳过速最后处于濒死状态。常于数小时内死于心力衰竭、胃或膈破裂。

[诊断] 根据病史及临床症状可以确诊。胃管鉴别，胃管插入容易，排出大量气体的为胃扩张；胃管插入困难且无气体排出的多为肠扭转。

[治疗] 减压、制酵、镇静和解痉为治疗原则。休克应用羟乙基淀粉或输注高渗盐水，可对休克做出及时有效的治疗，然后进行胃部减压。

（1）减压排出胃内气体　胃管排气法，以胃管插入胃内，排除胃内气体；或用细套管针或注射针头经腹壁刺入胃内，排除胃内气体。由胃扩张导致的肠系膜充血常易发生内毒素血症，可应用适当的全身抗生素进行治疗（如头孢唑啉，20mg/kg，静脉注射）。

（2）制酵胃内气体排净后，可通过胃管或注射针头注入制酵剂，防止气体再生。灌注乳酸、醋酸、松节油等制酵剂。

（3）止痛解痉可用盐酸吗啡、杜冷丁、乳酸镇痛新、氯丙嗪等药物。

（4）手术治疗采取上述措施，症状仍得不到好转时，应及时进行剖腹术和胃切开术，排除胃内气体及其内容物。

（5）症状缓解后，应禁食 24h，以后几天内给以流食，逐渐变为正常食物。控制饮水和活动。

胃扭转（Gastric volvulus）是胃幽门部从右侧转向左侧，导致食物后送机能障碍的疾病。本病多发生于大型犬，雄犬比雌犬多发。

[病因] 致使胃脾韧带伸长、扭转的各种因素，如饱食后训练、打滚、跑、跳跃以及旋转等，均可引发犬的胃扭转。

[症状] 发病急，突然发生腹痛，不安，卧地滚转。腹部膨满、腹部叩诊呈鼓音或金属音。腹部触诊敏感。病犬呼吸困难，脉搏频数。如不及时抢救，很快死亡。

[诊断] 根据临床症状和胃管检查可以诊断。胃管插入困难或插不到胃，腹部膨满症状不见减轻者，可以确认胃扭转。体格检查可对胃扭转作出初诊（即前腹部严重紧张，患犬出现干呕症状），但不能对胃扩张和胃扭转加以区分。确诊需拍摄腹部右线平片。胃扭转可见幽门的移位，或在胃阴影处形成"架"形组织。

[治疗] 剖腹探查及整复。确诊为胃扭转时，首先应开腹进行探查，结果则更明确。首先将胃内气体排出，用注射针头或用连接吸引装置的穿刺针穿刺，排出胃内气体后进行整复。如果胃内容物多而洗不出来，或胃内有肿块存在时，可行胃切开术，除去全部内容物，切除肿块。整复后给予蛋白酶 0.2mg/kg、乳酶生 1g、干酵母 4g，口服，每日 2~3 次。同时给予维生素 B_1、维生素 B_6、维生素 C 等。手术后，给予抗生素或磺胺类药物进行消炎抗菌，有助于术后愈合；必要时维持水和电解质平衡。术后停喂 24~48h，停喂期间从静脉补充营养，以后可喂饲少量牛奶、肉汁稀食等易消化的食物，喂饲量要逐渐增加，直至恢复正常饲喂。

9.3.5　胃出血

胃出血（Gastric bleeding）是各种原因引起胃黏膜出血。以吐血、便血及贫血为特征。出血性胃肠炎的病因尚不明确，可能与胃肠道的免疫介导性反应有关。

[病因] 方形猪骨块、鸡骨片、木片、塑料碎片、金属等异物刺伤胃黏膜，犬瘟热、钩端螺旋体病、重度胃炎、胃肠溃疡、胃肿瘤等均可引起胃出血。

[症状] 呕血，呕吐物呈暗红色，有酸臭味。粪便呈暗黑色，煤焦油样，有恶臭味。潜血试验阳性。眼结膜和口腔黏膜苍白，呼吸加快，心音增强。病犬倦怠、乏力，步态不稳。病期

长时，可出现贫血、食欲不振、消瘦、皮下浮肿等。

[诊断] 根据吐血和便血以及潜血试验阳性可以初步诊断。实验室检查，红细胞、血色素及红细胞比容均减少。胃镜检查，既能明确诊断又能进行止血治疗。

[治疗]

（1）补充血容量，输入乳酸林格液扩容，适量输全血等。

（2）采取止血措施，维生素 K_1，0.5～2mg/kg，皮下注射。或止血敏、安络血、云南白药、凝血酶等。

（3）黏膜保护剂：替普瑞酮 50mg/kg，每日 3 次；硫糖铝 0.5～1.0g，每日 3 次，口服。

（4）贫血的犬，给予硫酸铁 0.3～0.5g，每日 3 次，口服。口服硫酸铁剂有胃肠反应的犬，可给予右旋糖酐铁 50mg/kg，肌内注射，维生素 B_{12} 100mg/kg，肌内注射，每日 1 次。

（5）喂饲易消化的食物，少食多餐。可给予少量促进消化药物。

9.3.6　消化性溃疡

消化性溃疡（Pepticulcer）是指胃和十二指肠等处发生慢性溃疡。溃疡多由于胃酸和胃蛋白酶对自身黏膜的消化而形成，故称消化性溃疡，即胃十二指肠溃疡。

[病因] 病因是多因素的，常见于环境、饮食、遗传，以及阿司匹林、保泰松等非甾体类消炎药的投给，幽门螺杆菌感染和各种应激因素等。主要是由于破坏了黏膜屏障的防御作用而引起。也可继发于急性和慢性胃肠炎、慢性尿毒症、肝脏疾病等。

[症状] 食欲不振，呕吐，呕吐常发生在采食后，呕吐物带有血液，甚至吐血。腹部有压痛，进食后 1h 左右压痛明显。渴欲增强，有时有嗳气。排出黑褐色血便，潜血试验阳性。病期长的犬消瘦，体重减轻。溃疡往往造成胃肠穿孔，导致急性腹膜炎而死亡。

[诊断] 消化性溃疡临床上诊断比较困难，如出现吐血和血便以及潜血试验阳性则可初步诊断。X 线钡餐检查，直接征象为龛影，慢性者十二指肠球部变形。胃镜检查，镜下可见溃疡病灶即可确诊。

[治疗]

（1）药物治疗　制酸药物：氢氧化铝凝胶 5～10mL，口服，每日 3 次；氧化镁 0.5～1g，口服，每日 3 次；或西米替丁、法莫替丁、胃得乐口服。抗幽门螺杆菌治疗：呋喃唑酮每日 5～10mg/kg，甲硝唑每日 20mg/kg，阿莫西林每日 50mg/kg 等，主张两种以上联合治疗。

（2）对症治疗　甲氧氯普胺每次 0.2～0.3mg/kg，口服，必要时肌内注射每次 0.1～0.2mg/kg；或用多潘立酮每次 0.3～0.5mg/kg，口服，止吐。蒙脱石散或硫糖铝片保护胃十二指肠黏膜。止血敏 100mg/(kg·次)，肌内注射，或安络血 10mg/(kg·次)，口服止血。

（3）阿托品 0.5mg/(kg·次)，或溴丙胺太林每次 0.5mg/kg，口服，以解痉止痛。手术治疗对药物治疗无效的病犬，应行外科手术切除溃疡病灶。加强护理、合理饮食，应给予软且易消化的食物，少食多餐。

9.3.7　胃、十二指肠溃疡急性穿孔

胃、十二指肠溃疡急性穿孔（Acute perforation of gastroduodenal ulcer）是因溃疡侵蚀穿透胃、十二指肠壁引起的疾病，是溃疡发展过程中的一个严重合并症。

[病因] 因溃疡侵蚀胃壁和十二指肠肠壁，致使胃壁和十二指肠肠壁破裂而穿孔。

[症状] 有典型的溃疡病史，突然发生腹痛，不安，腹肌紧张呈板状，触诊有压痛，后期肠音减弱，消失。腹腔穿刺可抽出淡黄色混浊液体。

[诊断] 根据病史及临床症状可以初步诊断，经腹腔穿刺检查，抽出淡黄色混浊液体即可

确诊。

[治疗]

（1）溃疡穿孔修补术　手术简单易行，即闭合穿孔，用大网组织填塞，清除积液，进行腹腔内消炎，用抗生素药物和甲硝唑等治疗。

（2）胃部分切除术　在穿孔部切除部分胃，可一次性治疗穿孔及溃疡。

（3）肠管部分切除术　在十二指肠穿孔部切除部分肠管，可一次性治疗肠穿孔及十二指肠溃疡。

（4）术后禁食48h，静脉补充营养。禁食48h后，给予软的易消化的流质食物，由流质改为半流质食物，逐渐改为正常食物。控制术后感染，给予抗生素或磺胺类药物。

9.3.8　幽门痉挛

幽门痉挛（Pyloricspasm）是指幽门括约肌痉挛性收缩，以无规律性呕吐为特征。多见于短头品种犬及兴奋性高的3岁以下犬。

[病因]临床上幽门痉挛病例较少见，多与消化功能障碍疾病并发或相互继发，植物性神经障碍是该病的主要发病原因。幽门前庭的蠕动波减少或缺乏、括约肌弛缓、十二指肠溃疡及严重胃炎等均可引起本病。

[症状]患犬采食或饮水后，间歇性不规律地呕吐。呕吐后食欲正常，但发育迟缓，渐进性消瘦。

[诊断]本病主要根据X线检查来确定。观察胃蠕动波（GPW），如GPW由增强到减弱，且向十二指肠方向移动极弱，用解痉药物有效，则可确诊。

从临床病理角度讲，幽门痉挛更可能是胃的运动或蠕动异常所致，而不是真正的幽门括约肌痉挛，因为幽门窦和幽门作为一个整体活动，幽门窦的蠕动控制胃的排空。据资料报道，某些犬服用吡喹酮药物后，会出现幽门痉挛的症状。幽门痉挛导致的呕吐属反射性呕吐，是由于呕吐中枢所在的延脑以外的器官受到刺激时，反射性引起呕吐中枢兴奋而发生的。引起这种呕吐的原因很多，如咽和食道异常（咽痉挛、食道扩张、食道狭窄、食道异物阻塞等）、胃异常（幽门狭窄、幽门痉挛、异物、肿瘤、炎症等）、肠异常（肠内异物、肿瘤、扭转、炎症、套叠等）、代谢异常（酸中毒、肾上腺皮质功能不全等）。因此单从临床症状上看，该病易与其他疾病混淆，因此鉴别诊断意义重大。

鉴别要点如下。触诊：腹部触诊疼痛敏感，多为胰腺炎、胃内异物、肠内异物、肠阻塞、肠套叠等。血常规检查：白细胞增多，多为炎症所致；嗜中性粒细胞增多，多见于细菌性炎症；淋巴细胞数量增多，多见于病毒性炎症；嗜酸性粒细胞增多，多见于过敏性炎症和寄生虫性炎症。血液生化检查：肌酐、尿素、尿酸等指标异常，主要考虑肾脏功能障碍；谷丙转氨酶、谷草转氨酶指标异常，主要考虑肝功能障碍。

[治疗]采食前约3min，口服安定或氯丙嗪等均有一定疗效。临床上对于该病的治疗，多以口服或注射解痉药物为主，辅以止吐药、助消化药、调整植物性神经药等。解痉药常用的有阿托品、东莨菪碱等抗胆碱药。抗胆碱药，具有松弛内脏平滑肌，抑制胃肠道平滑肌痉挛，降低蠕动的振幅和频率的作用。血中氨基酸增高时可引起呕吐，维生素B_6参与氨基酸的代谢，促进氨基酸的吸收，从而缓解呕吐。维生素B_1可维持消化系统的正常机能。三者合用可有效治疗幽门痉挛。由于持续性呕吐，患犬出现脱水、饥饿等情况，形成胃液的原料不足或机能降低，引起胃液分泌减少。因此该病治疗好转后，应用乳酶生、多酶片等助消化药，同时应用谷维素等药以帮助胃肠道植物性神经功能的恢复。对顽固性幽门痉挛病例，可采取幽门括约肌切

开手术。

9.3.9 幽门狭窄

幽门狭窄（Pyloric stenosis）是指幽门括约肌肥厚所致的幽门口狭窄，以持续性呕吐为特征。本病根据发生原因可分为先天性狭窄和后天性狭窄两种。

[病因] 先天性幽门狭窄是由于幽门括约肌先天性增生，或因胃和十二指肠韧带异常发达所致。但增生的原因目前尚不十分清楚。产前20d注射胃泌素的母犬，其所产仔犬能发生中度幽门肥厚。据报道，对生后30日龄的仔犬注射胃泌素，可造成幽门肥厚及十二指肠溃疡。本病多见于波士顿梗和拳师犬。后天性幽门狭窄可继发于幽门痉挛、肌变性及胃泌素分泌过多，此型无年龄和品种差异。

[症状] 先天性幽门狭窄的仔犬腹部膨大，有食欲，但生长迟缓，一般在断乳期饲喂固形饲料时，表现喷射性呕吐，呕吐发生于食后24h内，呕吐物不含胆汁。若饮水或喂食少量肉汁等流食时，呕吐不明显。患犬持续呕吐，可造成脱水和电解质失衡，且逐渐衰竭，最后多因异物性肺炎而死亡。后天性幽门狭窄患犬，表现为由定期呕吐逐渐转为食后喷射性呕吐。呕吐时间不定，大型犬种呕吐物较多。若投予钡剂透视，可见胃排空时间延长。

[诊断与鉴别诊断] 根据临床症状及X线检查，可以确诊。但要注意与幽门痉挛相鉴别。X线造影做胃内容物排空时间测定（GET），正常情况下，胃内容物排空时间为60min，如内容物停滞5h以上，则可考虑幽门狭窄和幽门痉挛。

[治疗] 本病的根本疗法是手术切开幽门肌。保守疗法是对幽门痉挛的犬，采食前20～30min，投与阿托品0.05～0.1mg/kg，或食前约30min给予氯丙嗪1～2mg/kg。少食多餐也可缓解症状。

9.3.10 肠炎

肠炎（Enteritis）是指肠黏膜急性或慢性炎病。急性肠炎是肠道表层组织及其深层组织的急性炎症，临床上以消化紊乱、腹痛、腹泻、发热为特征。慢性肠炎是肠黏膜的慢性炎症。本病见于各种年龄和品种的犬、猫，无明显性别差异，但2～4岁小型纯种犬多发。

[病因] 原发性急性肠炎主要原因有饲养不良，如食入腐败食物、化学药品、灭鼠药中毒等；过度疲劳或感冒等，使胃肠屏障机能减弱；滥用抗生素而扰乱肠道的正常菌群。某些传染病（如犬瘟热、犬细小病毒病、钩端螺旋体病等）及寄生虫病（如钩虫病、蛔虫病、球虫病等）也常伴发急性肠炎。慢性肠炎常伴随淋巴细胞、浆细胞性肠炎、嗜酸细胞性肠炎、绒毛萎缩、小麦过敏性肠炎等继发或伴发。此外，小肠内细菌过度增殖、淋巴管扩张以及淋巴肉瘤等也可引起慢性肠炎。

[症状] 急性肠炎患病犬、猫在病初呈肠道卡他性炎症变化，常见的症状为急性水样下痢。同时还表现食欲不振或废绝，通常幼龄犬、猫的临床表现较成年犬、猫严重。小肠和胃的急性炎症表现为频繁呕吐，若有上消化道出血时，粪便呈煤焦油色或黑色。大肠急性炎症时，则表现为里急后重，排黏液性稀便，若有出血则在粪便表面附有鲜血。严重的犬、猫表现发热、腹部紧张、疼痛、黏膜苍白、脱水等。慢性肠炎患病犬、猫主要表现食欲不振，长期持续腹泻，吸收不良，营养缺乏，体况消瘦。

[诊断与鉴别诊断] 根据病史和临床症状可以做出诊断，若确定引起本病的原因，尚需做实验室的特异性检查和检测。

[治疗]

（1）在24h内应禁食，对脱水的患病犬、猫应进行输液。输液以选用乳酸林格液为好，根据脱水程度确定输液量，要在 1～2d 内纠正脱水。同时注意纠正酸中毒和碱中毒，酸中毒时应补充碳酸氢钠，碱中毒时可补充氯化铵或氯化钠。

（2）呕吐严重犬、猫，可用止吐灵注射液 1～2mL，肌内注射，或甲氧氯普胺注射液 10mg/kg，肌内注射，或氯丙嗪 0.6mg/kg，肌内注射。

（3）对出血性下痢患犬、猫，在用止血药物止血的同时，应选用庆大霉素、氯霉素、卡那霉素等广谱抗生素，以防止细菌的继发感染。

（4）对寄生虫引起的肠炎，应及时用抗寄生虫药物进行驱虫。

（5）对中毒犬、猫要尽快用解毒药解毒，及时排除毒物，减少吸收。

（6）呕吐控制后，可口服补液盐。能够少量进食的犬、猫，可给予易消化无刺激性的食物，如菜汤、稀饭、肉汤等。

慢性肠炎治疗常以对症治疗为主。对严重腹泻的犬、猫，可每日输液以补充营养，必要时应补充氨基酸及葡萄糖。投予止泻收敛药，如次硝酸铋、鞣酸蛋白等。由于患病犬、猫多能进食，可给予易消化吸收的食物。

9.3.11 犬出血性胃肠炎综合征

出血性胃肠炎综合征（Canine hemorrhagic gastroenteritis syndrome）是犬的一种原因不明的疾病，以突然呕吐和严重血样腹泻为特征。

[病因] 本病与细菌内毒素引起的内毒素性休克、变态性反应或过敏性反应相类似。有人提出本病与免疫性结肠炎的发病机制相似，还有人认为梭状芽孢杆菌与本病的发生有关，但目前均无定论。食入变质、腐败、冰冷、油腻过大的食物，或食入含有淋巴的肉品、禽类内脏、水产品内脏而致病。本病多见于 2～3 岁的青年犬，无品种和性别差异。但小型玩赏犬、小型史纳沙犬和长毛狮子犬发病较多。

[症状] 腹泻前 2～3h，突然呕吐，呕吐物中常混有血液，排恶臭果酱样或胶胨样便。犬精神沉郁，嗜眠，毛细血管充盈时间延长，发热，腹痛，烦躁不安。

[诊断与鉴别诊断] 由于血液浓缩，红细胞比容（Hct）值明显升高，可达 60%～80%。有的嗜中性白细胞增加，核左移。

[治疗]

（1）为了制菌抗病毒，可用糖盐水 250mL，加入氨基糖苷类药物，如硫酸庆大霉素 20～60mg/kg、小诺霉素 10～40mg/kg 或喹诺酮类药物乳酸环丙沙星 10～50mg/kg，配合利巴韦林 100～500mg/kg 静脉滴注。

（2）免疫球蛋白 0.5～1mL/次，皮下注射。止血敏 100～200mg/kg，肌内注射，每日 2～3 次。止吐灵 1～1.5mL/次，肌内注射。

（3）对 Hct 值 60% 以上的病犬，要静脉留针滴注乳酸林格液加抗生素，速度控制在每小时 13～14mg/kg。间隔 2～3h 检查 1 次 Hct 值，直到毛细血管充盈时间正常（1～2s）为止。Hct 值下降后的 2～3d，继续滴注乳酸林格液，能饮水时，逐渐减少输液量。

（4）严重的胃肠炎容易引起患犬大出血而死亡，所以第一时间止血是关键。在治疗上除了通过输液以扩充血容量外，可同时并用酚磺乙胺（0.1～0.4mL/kg，可用加大量）、6-氨基己酸、维生素 K_3，可收到很好效果。同时可并用维生素 C（0.1～0.4mL/kg，可用加大量）、葡萄糖酸钙，有助于止血。同时输液应缓慢，输液量也不可太多。

9.3.12 蛋白漏出性胃肠炎

蛋白漏出性胃肠炎（Protein leakage gastroenteritis）是指因肝脏循环失调、肠道淋巴管阻塞狭窄，导致血浆蛋白成分由胃肠黏膜向消化道大量漏出，继而造成低白蛋白血症。临床表现为腹泻、浮肿、胸水、腹水等。

[病因]

（1）肠肝循环失衡　在正常生理情况下，肝脏合成的蛋白质部分用于合成组织蛋白，部分漏入胃肠内被分解为氨基酸后，再重新用于合成蛋白质。当肝脏合成蛋白增强，血清蛋白又不断漏到胃肠内时，则引起低白蛋白血症。

（2）原发性蛋白漏出性胃肠炎　是由于肠道淋巴管阻塞或狭窄时，小肠壁淋巴管腔扩张，淋巴液漏出的同时，也大量丢失蛋白质。

（3）继发性蛋白漏出性胃肠炎　是由于急性胃肠炎、溃疡性结肠炎、嗜酸细胞性胃肠炎、肠淋巴肿瘤等造成胃肠黏膜毛细血管通透性增强，以及淤血性心功能不全，导致血清蛋白漏出。此外，局部纤维素溶解增强，也可使蛋白漏出。

[症状] 病犬四肢和下腹部发凉、浮肿。肠淋巴管扩张时，出现乳糜性腹水和腹围增大。食欲减退，呕吐，脂肪便。营养吸收不良的犬，体重减轻，消瘦，脱水。后期多因缺钙而引起痉挛。

[诊断与鉴别诊断]

（1）肠黏膜活检对本病的确诊和鉴别诊断极为重要，可与口炎性腹泻、淀粉样变性、嗜酸细胞性胃肠炎及肠淋巴管扩张症相鉴别。

（2）淋巴细胞减少，血清白蛋白明显降低。证明白蛋白漏出的方法可用 ^{51}Gr 标记的人的白蛋白同位素示踪物，按每千克体重 1.47Ci 的剂量静脉注射，蛋白由粪便排泄的正常值为 1 小时 0.6μCi，患犬可达 10μCi。

[治疗]

（1）给予不含麸质的高蛋白低脂肪食物。

（2）投予抗纤维蛋白溶酶的止血环酸 60mg/kg，分 4 次口服（本药注射无效）。

（3）柳氮磺胺吡啶 80mg/kg，分 3 次口服。泼尼松 0.5～1mg/kg，分 2 次口服，视病情酌减。

（4）对症处理时应考虑清肠止酵、消炎止泻、强心补液等方面。

9.3.13　嗜酸细胞性胃肠炎

嗜酸细胞性胃肠炎（Eosinophilic gastroenteritis）是胃肠道由于嗜酸性细胞浸润而引起的严重慢性炎症性变化，以末梢血液中嗜酸性细胞绝对增多为特征。

[病因] 本病可能属于过敏性反应，但尚未证明有特定的抗原物质存在。据报道，本病与寄生虫在脏器中移行及免疫反应等都有重要关系。病犬胃肠、淋巴结及嗜酸性细胞浸润的部位有浆细胞存在。

[症状] 病犬食欲减退，呕吐，持续腹泻，常见血便，体重减轻，被毛粗乱，皮肤干燥，弹性降低，逐渐脱水。

[诊断与鉴别诊断]

（1）血液生化检查，嗜酸性细胞绝对增加，白细胞增加，血清总蛋白降低，β 球蛋白增加。粪便检查，多可见氮含量增加及脂肪便。

（2）持续顽固性腹泻和血便，投予健胃助消化药、收敛药以及更换食物等均无效。

（3）粪便黏液涂片镜检，可见多量嗜酸性细胞。

（4）剖腹取部分肠黏膜做病理检查，可见消化道管壁增厚，嗜酸性细胞浸润，黏膜有溃疡、糜烂和出血。

[治疗] 选用肾上腺皮质激素，可有效地缓解症状。醋酸泼尼松 2.5mg/kg，分 2 次口服，连服数日症状好转后，可改为 0.3～0.5mg/kg，20～30d 后，间断投药 0.5mg/kg。同时投与硫糖铝片 0.5～10mg/(kg·d)，胃复安 5～10mg/(kg·次)，肌注，每日 2 次。

9.3.14 肠套叠

肠套叠（Indigitation）是指某段肠管连同肠系膜套入相邻的一段肠管内，引起局部肠管发生充血、水肿，甚至坏死的疾病。犬多见于猫，尤其幼犬发病率较高。

[病因] 主要因为相邻肠管蠕动性或充盈度不一所致，如冬季暴饮冷水，或肠道寄生虫、病菌和病毒感染、肠管炎症刺激引起局部肠管痉挛性收缩，而套入邻近肠管；或饱食或暴食后剧烈运动或摔跌，因惯性作用使得充盈段肠管突入邻近空虚的肠管；幼犬断乳后采食新的食物引起吸收不良，反复剧烈呕吐、肠肿瘤和肠管局部增厚变形，也能引起肠套叠。由于小肠游离度较大，肠腔又较结肠腔小一些，临床上多见小肠下部套入结肠；又因盲肠和结肠系膜短，有时也发生盲肠套入结肠。此外，可能由于肠管剧烈的逆蠕动，造成十二指肠套入胃内。

[症状] 急性病例，主要表现为高位性肠变位性阻塞症状，疼痛剧烈，几天内可死亡；慢性病例腹痛不剧烈，可持续 1 周以上。通常表现食欲减少或废绝，神情不安，反复呕吐，排粪次数增多，粪量较少，有时排少量黏液，可因带血而呈暗红色或黑色。后期逐渐出现腹痛，初为阵发性，发作时起卧不安，呻吟，拒按腹部，个别病例有时在地上滚转，间歇期则较安静。整个腹痛持续时间约半天。触压腹部，可摸到坚实、香肠样可移动肠段。局部肠管有时发生臌气，叩诊呈鼓音。后期出现脱水，衰竭，或继发肠出血、肠坏死，甚至腹膜炎而死亡。手术过程中发现，肠管套入长度不等，按套入层次分为三级。一级套叠，如空肠套入空肠或回肠，回肠套入盲肠；二级套叠，为空肠套入空肠再套入回肠；三级套叠，为空肠套入空肠，又套入回肠，再套入盲肠。

[诊断] X 线造影检查，可见 2 倍于正常肠管的简状软组织阴影，有的可见局部肠管臌气、积液。依据病史和临床上有腹痛、脱水表现，结合触诊摸到香肠样物体，可作出初诊。X 线造影有助于确诊。

[治疗] 肠套叠需经手术治疗。急性肠套叠应复位或切除，而慢性肠套叠常需切除。肠套叠常出现复发（在原发部位或其他部位）。肠道折叠术有助于防止疾病复发。

9.3.15 结肠炎

结肠炎（Colonitis）是指结肠发生的慢性炎症性疾病。临床上以顽固性腹泻、营养不良、体质低下为特征。中青年犬猫常发本病。

[病因] 尚不完全清楚。一般认为与自身免疫反应有关。细菌的急性感染、全身性疾病以及精神紧张，使结肠蠕动亢进而致病。结肠黏膜损伤也可引起本病。

[症状] 主要表现为排粪状态的异常，初期排粪量多，呈稀糊状，可持续数月。随着腹泻逐渐加重、频繁，粪便稀薄，重则呈水样喷射状排出。有时带有血液，随后排出血液、脓汁以及组织碎片，气味恶臭。食欲、体温一般无明显变化，但严重病例累及胃及小肠，则会出现体温升高，不食，呕吐，并很快消瘦、脱水、贫血，甚至衰竭死亡。

[诊断] 依据病史和临床症状可作出初步诊断，结肠镜检查和钡餐灌肠可帮助了解病变范围和有无并发症。

[治疗] 抗菌消炎、止泻、制酵、补充体液和加强护理。

（1）腹泻严重的，用阿托品 0.015mg/kg，口服，每天 2 次，以使肠蠕动减弱，延长内容物在肠道内的通过时间，增加水分吸收。同时，用活性炭每次 0.3～5g 或鞣酸蛋白每次 0.2～2g，2 次/d，口服。

（2）抗菌消炎，用氨苄青霉素 250mg/kg 口服，每天 2 次。也可肌内注射庆大-小诺霉素。如果症状持续可用甲硝哒唑以抗厌氧菌，剂量为 10～15mg/kg，口服，每天 2～3 次。

（3）防止脱水，可用复方氯化钠和 5% 葡萄糖溶液（剂量按脱水情况计算），另加地塞米松 0.25～0.5mg/kg，混合后一次静脉滴注。

（4）便血严重者，可肌注亚硫酸氢钠甲萘醌（维生素 K_3）或安络血。

（5）中西医结合治疗，取后海、百会、后三里穴，用庆大-小诺霉素穴位注射；止痢液直肠滴注；口服补脾益肠丸。

（6）平时要加强护理，喂以高蛋白、高营养、低纤维食物，如动物肝脏、鸡蛋、稀米饭等。注意不要喂刺激性较大的食物。

9.3.16　巨大结肠症

巨大结肠症（Macrocolitis）又称自发性巨结肠症，是指由各种原因引起结肠迷走神经兴奋性降低导致结肠平滑肌松弛、肠管扩张的疾病。分为先天性和继发性两种。

[病因] 结肠远侧端的肠壁内神经丛先天性缺陷，使结肠长期处于收缩状态而堵塞粪便，导致前端结肠扩张和肠壁肌层增厚。此外，引起慢性便秘的多种因素，如肛门囊炎、直肠内异物、骨盆骨折、前列腺肥大等，均可继发巨大结肠症。多发于猫。

[症状] 先天性病例在生后 2～3 周内出现症状。症状轻重依结肠阻塞程度而异，有的数月或长年持续便秘。便秘时仅能排出少量浆液性或带血丝的黏液性粪便，偶有排出褐色水样便，即所谓"粪水旁流"。病犬腹围膨隆似桶状，腹部触诊可感知充实粗大的肠管。

继发性病例除便秘外，还有呕吐、脱水、精神沉郁、喜卧、衰弱等。

[诊断] 根据病史和症状可以初步诊断，腹部触诊摸到集结粪便的粗大结肠。直肠探诊触到硬的粪块或不含粪便的扩张结肠。钡剂灌肠后，X 线检查，可以确诊。通过直肠镜检查也可直接确定结肠有无先天性狭窄、阻塞性肿瘤、异物等。

[治疗] 以支持疗法及疏通肠管为治疗原则。

（1）对衰竭的病犬首先输液，补充电解质和能量合剂，改善营养后再疏通所积结的粪便。

（2）轻症病犬可适当运动，投服泻剂，以促进粪便排出。用液体石蜡 20～50mL，灌肠，可软化粪便。也可用植物油或温肥皂水 500～1000mL，多次缓缓灌肠。重症犬，必要时用分娩钳将粪块夹出。

（3）对于先天性直肠或结肠狭窄、阻塞性肿瘤或异物等，可施以外科肠管切除术或肠管切开术除去病变。

（4）在食谱中增加缓泻剂，如乳果糖 2～10mL，口服，每天 3 次，直至粪便松软。

（5）对猫可用平滑肌促动剂，如西沙比利 2.5～5mg/kg，口服，每天 2～3 次。

9.3.17　直肠憩室

直肠憩室（Rectal diverticulum）一般是由先天性或后天性因素造成直肠壁部分扩张而形成。因憩室滞留而持续产生排便感。临床上以排粪障碍、直肠积粪和里急后重为特征。

[病因] 犬尚未发现先天性憩室的病例，后天性因素见于直肠平滑肌断裂性直肠便秘和会阴疝。当犬直肠内有异物或充满粪便时，后躯受到突然撞击，可使直肠壁平滑肌断裂，由肠黏膜和浆膜形成憩室。正常时，直肠末端由外侧尾肌、肛门提举肌及骨盆隔膜从侧面支撑。当慢

性直肠便秘和会阴疝时直肠末端失去支撑，肠壁伸长而形成憩室。也有人认为是因生理性机能衰退而引起直肠壁肌肉松弛，发生本病。临床上常见于老龄犬。

[症状] 主要表现为精神不振，长期排粪不畅，时有排粪姿势，但只有少量稀粪或黏液排出，粪便多较臭而黏。直肠检查，多见直肠内某段扩张，有数量不等的积粪。当并发会阴疝时，有的憩室可进入一侧疝内，形成直肠歪曲。憩室内滞留粪便时可发展为憩室炎或直肠坏死。

[诊断] 根据病史和症状可以初步诊断，直肠检查和 X 线摄影可以确诊。

[治疗] 根据病情分别处理。

（1）保守疗法，主要是促进积粪排出，可向直肠内挤入适量的石蜡油或人用开塞露，再按摩腹部，可使粪便排出。

（2）伴有前列腺肥大的犬，去势可恢复骨盆隔膜的张力；并发会阴疝时，可适时做疝孔缝合和骨盆膈膜修复术。

（3）对重症犬施以直肠矫正术，方法是从会阴部切开，把直肠囊壁做若干折叠式缝合，也可在直肠壁做纵行椭圆形切除，然后分层缝合，闭锁肠管，以矫正其肠腔大小和位置。

（4）中西医结合治疗，术后抗生素可注入会阴、后海穴，直肠内灌注云南白药液，口服生脉饮调养。

9.3.18　直肠狭窄

直肠狭窄（Proctostenosis）多因直肠永久性瘢痕组织所致，以排粪困难为特征。多见于老龄的德国牧羊犬、比格犬和贵宾犬。

[病因] 肛门囊炎、肛门周围瘘、直肠周围脓肿及其慢性炎症，引起直肠壁组织增生，以及异物或外科处置等引起直肠壁损伤的瘢痕组织，从而形成直肠和肛门的水性狭窄。另外，直肠肿瘤和肥大的前列腺压迫也可引起直肠狭窄。

[症状] 病犬主要表现为排粪困难，时常出现努责，粪便可呈细条状或扁条状，重则呈顽固性便秘。用手指作肛门探查，可探到狭窄部，并有疼痛反应和出血。

[诊断] 依据病史和临床上有长期排粪困难，结合肛门指检可确诊。较深部可用硬质橡胶管探诊或 X 射线造影来确诊；疑似有新生组织时，可作组织活检以确定病性。

[治疗] 根据病情分别处理。

（1）先用石蜡油灌肠排掉积粪后再作治疗。对黏质瘢痕性轻度狭窄，可试用扩张疗法，用硬质橡胶管或手指涂上石蜡油后插入直肠，反复进行扩张，但注意不能用力过大，以免造成直肠破裂。

（2）如直肠局部温热、敏感，多为炎性肿胀所致，可在病部涂抹红霉素或金霉素软膏，每天 2～3 次，至症状缓和为止。

（3）接近肛门处的狭窄，从会阴部切开，剥离到直肠外壁后，切除狭窄部。

（4）如为直肠肿瘤引起的广泛性狭窄，则要手术治疗，在肛门周围作 360°切开，分离出直肠，切除肿瘤或狭窄部肠管，将健康肠管与肛门作断端吻合术。

（5）深结肠部位的狭窄，从胁部做切口，切除狭窄部，做肠管吻合术。

（6）中西医结合治疗，轻度狭窄在做完扩张棒治疗后，涂以云南白药混悬液；手术治疗后，抗生素可注入会阴穴和后海穴；口服康复新和生脉饮调养之。

9.3.19　直肠脱垂

直肠脱垂（Rectal prolapse）是指后段直肠黏膜层部分或全部翻转向下移位而脱出肛门外

的一种疾病。严重者则发生水肿、黏膜坏死、套叠、粘连，甚至直肠破裂，不同品种和年龄的犬猫均可发生本病，但在幼龄阶段和产后母畜中更易发生。

[病因] 直接原因主要是直肠韧带松弛，直肠黏膜下层组织和肛门括约肌松弛和机能不全。间接诱因见于胃炎、腹泻、里急后重、难产、前列腺炎、直肠便秘以及代谢产物、异物和裂伤引起的强烈努责，饲喂缺乏蛋白质、水和维生素的多纤维性饲料等，常继发于严重的寄生虫、细菌和病毒引起的消化道疾病的青年犬。此外，肠套叠也是造成本病发生的主要原因之一。先天性直肠括约肌无力的波士顿小猎犬在发育期，比其他品种犬易发。

[症状] 当直肠部分脱出时，病犬作排粪或努责动作时，肛门处可见充血的黏膜由肛门突出，刚脱出时，直肠黏膜呈红色，且有光泽；脱出时间持续一段时间后会发生瘀血和水肿，此时呈暗红色至近于黑色；脱出部分充血及水肿后，可发展成溃疡和坏死；严重时直肠可全部外翻，病犬反复努责，在地面上摩擦肛门，仅能排出少量水样便。

[诊断] 根据临床表现、视诊、触诊检查，一般不难做出诊断。但应注意与直肠新生物鉴别诊断。

[治疗]

（1）脱出直肠整复术　本法适用于脱肛初期，水肿轻微，黏膜没有破损、坏死者。患犬横卧或仰卧保定，垫高后躯。用5％明矾液清洗脱出的黏膜，针刺水肿部位，待水肿黏膜皱缩后再慢慢还纳，直至完全送回为止。然后于肛门周围深部肌内注射酒精，每点3mL，防止再脱出。

（2）对顽固性脱肛和直肠脱的犬，保守治疗无效时可将脱出部分用1％高锰酸钾液清洗后，还纳复位于肛门内，用荷包缝合法将肛门缝合，留有一定缝隙，便于排便。或用内固定的方法将直肠结节缝合于腹壁内。

（3）直肠切除术　适于直肠脱出时间长、黏膜水肿，严重坏死者。对患犬常规麻醉、保定。

9.3.20　锁肛

锁肛（Hedratresia）是指原始肛发育不全而致肛门被皮肤封闭而无肛门孔的先天性畸形，常伴有肛门括约肌功能障碍。一般发病率很低，家畜中仔猪最常发，犬、羔羊和马驹偶有见到，而后天继发性锁肛则极为少见。

[病因] 妊娠末期的正常胎儿会阴部出现一凹陷的原始肛，逐渐向内凹入与直肠盲端相遇，中间仅有一膜状隔称肛膜，以后肛膜破裂即成肛门。但有的犬原始肛发育不全或发育异常，则出现锁肛或肛门与直肠之间被一层薄膜所分隔的畸形。本病可能与遗传有关或孕期维生素缺乏，特别是维生素A的缺乏也是此病发生的原因之一。后天继发性锁肛可能因为是胚胎时期，后肠和原始肛发育障碍，造成直肠盲端与原始肛之间的肌膜较厚，生后破裂孔小，或因胚胎时期，原始肛发育异常，过早过深地凹入体内，以后由于周围组织的发育造成肛门狭窄。犬出生后因肛门狭窄而排粪困难，引起肛门局部组织破裂，由于炎性增生，使肛门孔闭锁后形成一道小褶。

[症状] 临床上先天性锁肛的仔犬出生后可见尾部皮肤完整，数日腹围逐渐增大，肛门处皮肤膨大，向后突出隆起，未见肛门开口，表现不安、呕吐、频频努责做排粪动作，但未见粪便排出，触诊会阴部硬如生面团，直肠内充满粪结，努责时肛门周围膨胀。膨胀严重的犬，表现呼吸困难。继发性锁肛的仔犬有排便史，常于20～30日龄发现腹部胀满，触诊腹壁紧张，能触及硬粪块。听诊肠音弱，尾根下部皮肤完好，努责时突出，触之有弹性，相当于肛门部位

有一道横向的小褶，并附有干粪迹。

[诊断] 检查肛门有无开口即可确诊。注意与直肠闭锁相鉴别。直肠闭锁是直肠盲端与肛门之间有一定距离，因胎儿期的原始肛发育不全所致，症状比锁肛严重，努责时肛门周围膨胀程度比锁肛小。锁肛和直肠闭锁通过 X 线检查确定。抬起患犬后躯，根据肠内气体聚集于直肠末端的部位来判断。

[治疗] 早期施以锁肛造孔术（人造肛门术）效果较好。术后腹部按摩有助于肠内积气和积粪的排出，用 1‰高锰酸钾液缓慢灌肠，全身抗感染治疗。

9.3.21 肛门囊病

肛门囊病（Bursal disease of anus）是肛门囊内的腺体分泌物贮积于囊内，刺激黏膜而引起的炎症。本病常见于小型犬和猫，大型犬很少发生。

[病因] 犬的肛门囊位于内、外肛门括约肌之间的腹侧，左右各 1 个，呈球形。中型犬的肛门囊直径为 1mm 左右。肛门囊以 2~4mm 长的管道开口于肛门黏膜与皮肤交界部。把犬、猫尾部上举时，开口部突出于肛门，易于看到。肛门囊内衬以腺体，分泌灰色或褐色含有小颗粒的皮脂样分泌物。当肛门囊的排泄管道被堵塞或犬为脂溢性体质时，其腺体分泌物发生贮积，即可发生本病。此外，肥胖犬、猫的肌肉节律性运动失调，也可使肛门囊内容物排泄受阻而发生本病。

[症状] 病犬、猫肛门呈炎性肿胀，常可见甩尾、擦舔并试图啃咬肛门，排便困难，拒绝抚拍臀部。接近犬、猫体时可闻到腥臭味。炎症严重时，肛门囊破溃，流出大量黄色稀薄分泌液，其中混有脓汁。肛门探诊，可见肛门处形成瘘管，疼痛反应加重。严重的肛门囊炎还可能有发热症状。

[诊断] 根据临床症状可初步诊断，通过直肠探诊或直肠镜检查，可以确诊。肛门囊炎常有痛感，囊内有脓液、出血，或表观正常，但分泌物增多。病情严重时，难以挤出囊内容物，如肛门囊破裂，可在肛周 4 点和 7 点方位形成肛周瘘，偶尔有明显的脓肿。

[治疗]

（1）除去内容物　把犬、猫尾举起暴露肛门，用拇指和食指挤压肛门囊开口部，或将食指插入肛门与外面的拇指配合挤压，除去肛门囊的内容物。然后，向囊内注入消炎药等。3‰碱性品红溶液于清创后涂在肛门囊破溃处，或灌肠后用绷带卷蘸饱和品红液，塞入直肠内，2~3 次即可奏效。

（2）肛门囊炎症较重并伴有全身症状的犬、猫，应全身抗感染治疗。如有复发，可向囊内注入复方碘甘油，每日 3 次，连用 4~5d。然后注入碘酒，每周 1 次直至痊愈。

（3）肛门囊已溃烂或形成瘘管时，宜手术切除肛门囊。注意不要损伤肛门括约肌和提举肌。

肛门囊切除术：

（1）术前 24h 禁食，灌肠使直肠完全排空。

（2）犬取俯卧保定，尾巴固定于背部，肛门周围剃毛、消毒。

（3）硬膜外麻醉，硫喷妥钠，8.8mg/kg。

（4）持钝性探针插入肛门囊底部，助手用止血钳固定外侧皮肤，纵向切开皮肤，彻底切除肛门囊，清除溃烂面、脓汁及坏死组织，破坏瘘管。

（5）修整新鲜创口，撒抗生素粉剂，局部压迫止血，常规缝合。术后肌内注射青霉素 80 万单位/kg、链霉素 100 万单位/kg，每日 2 次。局部用双氧水或生理盐水清洗，碘酊消毒，涂消炎软膏，每日1次。术后4d内喂流食，减少排便，防止犬、猫坐下及啃咬患部。

9.3.22 直肠息肉

直肠息肉（Rectalpolyp）是直肠黏膜表面向肠腔突起的隆起性病变，通常是良性的增生。直肠息肉多分布在直肠下端，呈圆形，有细长的蒂，大多由黏膜及腺体构成，与肠壁相连接。也有的息肉为广基、无蒂。单发性居多，多发性者占少数。直肠息肉可分为炎性、增生性、腺瘤性和错构瘤性。腺瘤样息肉可以发生恶性病变。

[病因] 病因目前尚不清楚，或与环境因素导致基因表达、感染或损伤有关。

[症状] 临床上轻症患病犬、猫主要表现里急后重，便血时出血量少，严重者可见自肛门口脱出红色组织包块，可并发直肠脱垂，少见肠梗阻。由于摩擦而形成溃疡时，则发生出血。患犬、猫的息肉多为良性增生，但息肉增大。肠蠕动牵拉息肉时可刺激肠道出现腹痛、腹泻及脓血便等。

[诊断] 本病根据临床症状不难诊断，必要时应进行直肠探查，即可确诊。在直肠检查时发现腺瘤性息肉与固着性腺癌类似，体积都相当大，所以不易发现较窄的、柄状附着物。在直肠附近几厘米的一段结肠中，偶尔可触诊到多个小息肉，组织病理学检查可对其做出判断，而且可以用于区分息肉和恶性肿瘤。

[治疗] 外科手术切除是最好的治疗方法，通过手术（外翻直肠黏膜）或内窥镜（使用直肠息肉圈套器）完全切除可治愈。如果条件允许，在手术前对结肠进行全面的内窥镜或影像学检查，以确诊没有其他息肉。如果切除不完全，息肉复发，必须再次切除。如一段区域内有多个息肉，可能需要切除一段结肠黏膜。

9.3.23 肛门周围炎

肛门周围炎（Perianal inflammation）是患肛门囊炎的犬、猫反复摩擦臀部或持续腹泻，粪便污染肛门周围，导致肛门周围组织发炎。

[病因] 病因不详。

[症状] 病犬、猫常表现不安，伴有疼痛和瘙痒，回视臀部，在墙角或硬物体上摩擦臀部。肛门周围污秽不洁。

[治疗] 根据病因，对症治疗。局部用生理盐水、双氧水或1%依沙吖啶擦洗，泼尼松龙喷雾制剂喷洒，涂以醋酸可的松或丙酮化氟新龙软膏。

9.4 肝、脾、腹膜疾病

9.4.1 急性肝炎

急性肝炎（Acute hepatitis）是肝实质细胞的急性炎症，临床上以黄疸、急性消化不良和出现神经症状为特征，肝脏出现不同程度的肝脏实质细胞急性弥漫性变性、坏死和炎性细胞浸润等病理过程。

[病因] 本病主要由传染性因素和中毒性因素引起。

（1）传染性因素　见于各种病毒、细菌及寄生虫感染，如犬Ⅰ型腺病毒、疱疹病毒、细小病毒、结核杆菌、化脓杆菌、梭状菌、真菌、钩端螺旋体以及巴贝斯虫等感染，这些病原体侵入肝脏或其毒素作用于肝细胞而致病。

（2）中毒性因素　各种有毒物质和化学药品的中毒，如误食砷、汞、氯仿、鞣酸、四氯化碳、黄曲霉等以及反复投予氯丙嗪、睾酮、氟烷、氯噻嗪等，均可引起中毒性肝炎。采食霉变腐败的食物及工业加工的有毒分解物也可引起急性肝炎。

（3）其他因素　食物中蛋氨酸或胆碱缺乏时，可造成肝坏死。充血性心力衰竭、门脉和肝脏淤血时，可因压迫肝实质而使肝细胞发生变性、坏死。

[症状]　患病犬、猫明显消瘦，精神沉郁，全身无力，初期食欲不振，而后废绝。体温通常正常或略有升高。眼结膜黄染。粪便呈灰白绿色、恶臭，不成形。肝区触诊有疼痛反应，腹壁紧张，于肋骨后缘可感知肝肿大。叩诊肝脏浊音区扩大。患病犬、猫病情严重时，表现肌肉震颤、痉挛、肌肉无力、感觉迟钝、昏睡或昏迷。肝细胞弥漫性损害时，有出血倾向。血液凝固时间、出血时间明显延长。

实验室检查：谷-丙转氨酶、谷-草转氨酶、碱性磷酸酶等酶活性升高，尤以乳酸脱氢酶增高明显。并发弥漫性血管内凝血时，血液中血小板及纤维蛋白明显减少。血清胆红素升高，血清总蛋白和 γ 球蛋白增加，血清尿素氮和血清胆固醇降低。

[诊断]　本病可根据临床症状、肝区触诊、叩诊变化及实验室结果进行诊断。不同原因引起的急性肝炎，应根据其发病史和不同的临床特点进行诊断与鉴别诊断。传染性肝炎往往有传染性，具有群发的特点，并有其特定的症状。毒性物质或化学药品引起的中毒性肝炎时，往往粪便恶臭，出血性腹泻，嗜中性粒细胞增加，核左移。因用药不当引起的肝炎，病症轻微，胆汁严重淤滞，血清乳酸脱氢酶明显升高，谷-丙转氨酶稍升高，嗜酸性粒细胞和嗜中性粒细胞增加。当误食腐败变质的食物引起肝坏死时，血清胆固醇及游离脂肪酸升高，血清中磷脂、总蛋白及白蛋白降低。

[治疗]　主要是除去病因，护肝解毒。

根据病因进行对因治疗，积极治疗原发病。如属于病毒引起的，可采用抗病毒药物，应用高免血清等。属于细菌性的，应根据不同的致病菌选用相应抗生素。如属寄生虫引起，应选用合适的抗寄生虫制剂。属中毒性的，要给予解毒，如氨中毒引起肝炎的犬，可用20%谷氨酰胺5～20mL及鸟氨酸制剂0.5～2.0mL，皮下注射。

采取对症疗法。有黄疸者，要采用利尿除湿疗法，可用苦黄注射液30～40mL或中药菌陈汤加减口服，连用1周以上。为促进胆汁排出，可内服人工盐或硫酸镁（钠）10～30g。有出血者，要予以止血，可选用维生素 K_3 肌内注射，1～2次/d，连用数日。进行性黄疸和转氨酶活性升高的犬，可用糖皮质激素地塞米松1～5mg肌内或静脉注射，强力宁20～40mL静脉注射，每日1～2次。

采取护肝解毒疗法。可选用5%～25%葡萄糖、复合氨基酸混合静脉注射，根据患病犬、猫的体重，每日葡萄糖的用量200～500mL，氨基酸100～250mL，连用数日。但出现神经症状的犬不能投予氨基酸制剂。投予大量的维生素，尤其是B族维生素，可根据犬、猫体重每日分别投以复合维生素B 50～300mg、5～10mg，或复合维生素B 0.1～1.0g，补充大量的维生素C，每日100～500mg，连用数日。

此外，要加强护理，使犬安静休息，给以碳水化合物为主的易消化食物，逐渐增加蛋白性食物。

9.4.2　慢性肝炎

慢性肝炎（Chronic hepatitis）是由各种致病因子引起的肝实质细胞慢性炎症性感染，临床上以呕吐、黄疸、压痛为特征。由于饲养不当，中老年宠物易发病。

[病因]

（1）铜蓄积以及部分毒/药物诱导　如苯巴比妥，黄曲霉毒素等。

（2）多数慢性肝炎是由急性肝炎转换而来。

（3）饮食不当造成，如高盐高脂的肉类。

（4）长期的营养不良、代谢性疾病，如糖尿病、恶病质等。

（5）其他　邻近器官的炎症，如胃炎、肾炎；以及内分泌失调等因素。

犬的慢性肝炎不是一个单独的疾病，是由许多不同的原因导致肝脏的炎症，继而坏死和纤维变性。重症肝炎和更严重的肝硬变，确切原因尚不完全清楚。

[症状]　主要表现为长期的消化功能障碍，并伴有全身症状。患病动物常表现精神萎靡、食欲不振、喜爱窝内卷曲不动、被毛杂乱、无光泽、轻微呕吐、腹泻或腹泻与便秘相交替、逐渐消瘦。中后期皮肤黏膜常发黄、腹水、重度呕吐、偶见体温下降、全身性水肿、呼吸困难等症状。触诊腹部时有压痛感。

[诊断]　根据病史、临床表现可以做出初步判断。实验室化验结果对诊断与鉴别很有价值。

（1）血常规　中后期血液中的白细胞上升，血小板下降。

（2）生化　血液中的谷丙转氨酶、碱性磷酸酶等指标浓度显著增高。

（3）X光　有时可见肝肿大。

（4）B超　肝脏超声图像可见有多个低回声团块，继发性总胆管堵塞；腹水明显。

（5）血气　疾病后期有明显的酸中毒现象。

（6）腹水检测　渗出液与漏出液的确认（李凡他试验），离心后也可进一步检测。

（7）溴酚酞磺酸钠实验滞留率阳性，凝血酶原时间延长。

虽然犬慢性肝炎可基于品种、病史、症状和实验室检验结果进行初步诊断，但只有肝脏活检和组织病理学检查才是正确诊断的关键，并有助于制定后续特异性治疗的方案。

[治疗]　对犬慢性肝炎的病因理解不够透彻，大多数病例的治疗是凭临床经验和非特异性疗法。治疗原则：保肝利胆，消炎，退黄，止吐，防继发感染，饮食调节。

（1）保肝利胆　甘草酸二铵注射液静注、每日1次，促肝细胞生长素10～20mg/次、缓慢静注、每日1次，肝泰片50～200mg/次口服、每日3次。

（2）消炎、防继发感染　头孢曲松、头孢哌酮等抗生素与地塞米松联合用药。

（3）退黄、止吐　茵栀黄，爱茂尔，山莨菪碱。

（4）能量合剂　辅酶A、三磷酸腺苷、肌酐、维生素C、科特壮。

（5）饮食调节　治疗和康复期间可食肝脏处方粮、处方罐头等有利于疾病发展的食品。

（6）其他　阿托品、阿米卡星、高糖、甘露醇、碳酸氢钠、复方甘草酸铵注射液等辅助药物。

科学饲养、加强护理，给予低脂高蛋白、高碳水化合物和多种维生素、补血等营养性食物。

9.4.3　肝硬化

肝硬化（Hepatic cirrhosis）是一种常见的慢性肝病，由一种或多种致病因素长期或反复损害肝脏所致。其病理学特征为肝细胞出现弥漫性变性、坏死和再生，并伴有结缔组织弥漫性增生，肝小叶结构被破坏和重建导致肝脏变硬。

[病因]　引起肝硬化的病因多而复杂，主要由感染、中毒及代谢性障碍所致。如长期的肝蛭、心丝虫等寄生虫感染，病毒性肝炎、肠道感染等感染性疾病；胆管炎、胆道阻塞、胆道狭窄等引起胆汁长期滞留于肝内而发生肝硬化；铜、砷、磷、汞、氯仿、单宁酸、四氯化碳、煤焦油、棉籽酚等化学毒素及黄曲霉毒素中毒、慢性酒精中毒等，可发生肝细胞坏死，继而引起

肝硬化。长期饲喂低蛋白或缺乏胆碱和甲硫氨酸的食物时，可使脂肪在肝脏中的代谢紊乱，导致肝细胞变性或坏死，最后导致肝硬化。

［症状］肝硬化初期没有明显的特征性症状，主要表现为精神较差，食欲不振、便秘、腹泻或便秘和腹泻交替发生，有时伴有呕吐。随着病变的进展，由于纤维组织的收缩和门脉区附近增大的再生肝细胞小岛压迫门脉分支，再加上肝内肝动脉和门静脉之间的新生侧支循环使肝动脉的血直接流入门脉系统，结果引起门脉高压症，通常可引起大量腹水和脾肿大。而在晚期可触知肝缩小、坚硬，表面呈粒状或结节状。急性肝炎和重症肝炎继发的肝硬化发展较快。根据病性可分为活动性肝硬化和非活动性肝硬化。

活动性肝硬化全身症状明显，主要表现为精神沉郁、高度消瘦、食欲废绝、体温升高，触诊肝区有明显压痛，可视黏膜黄染，随着病情的发展，腹水逐渐增多，下腹部触诊有波动感和移动性浊音。病犬、猫步态不稳，有出血性素质，病的后期出现抽搐和昏睡状态，最后出现肝昏迷和衰竭而死亡。

非活动性肝硬化缺少特异性症状。表现被毛粗糙，精神沉郁，食欲不振，不爱活动，倦怠，消瘦，轻度黄染，反复腹泻或便秘等。心源性肝硬化有明显腹水和肝脏肿大，腹水多的腹围膨隆。

［诊断］根据发病史、临床症状和病理变化可作出初步诊断，确诊需进一步进行血液检查。血液生化指标检查，谷-丙转氨酶、乳酸脱氧酶升高，尤其是活动性肝硬化明显升高，血氨可高达 $500\mu g/100mL$ 以上。血项检查，白细胞和血小板降低，中度的大细胞性贫血，淋巴细胞、单核细胞相对增加。超声波检查或肝脏穿刺活检是最可靠的方法。

［治疗］食物疗法是治疗本病的关键，要给予高蛋白、高碳水化合物和富含维生素的食物，维生素类特别要注意给予大量 B 族维生素和维生素 C，禁食脂肪含量高的食物。同时进行对症治疗。犬的肝脏纤维化若能除去病因，促进肝实质细胞的功能和再生，有恢复的可能。贫血时，口服硫酸亚铁，如有出血倾向可皮下注射维生素 K。食欲不好者，应静脉注射葡萄糖。

为促进肝细胞再生和提高血清的蛋白水平，可用 5％葡萄糖 500mL、胰岛素 1mg、ATP 40mg、10％氯化钾 10mL、CoA 100IU 静脉滴注。可用复合氨基酸 250～500mL/d，静脉滴注，1 次/d；肌苷 100～150mL/d，肌内注射；维生素 C 500～1000mg，肌内注射，2 次/d。为除去肝内脂肪，可用泛酸 10～15mg/次，每日 1～3 次，或泛硫乙胺 10～15mL/d，肌内注射；为控制神经症状和肝昏迷，可用谷氨酸钠、精氨酸及鸟氨酸等。为抑制肠道内氨发酵、防止高氨血症，可用磺胺类药物。如腹水严重，应限制食盐的摄入量，口服利尿剂，如氢氯噻嗪，成犬 25mL/次，每日 3 次。如腹水过多而影响循环或呼吸时，可进行腹腔穿刺放液。

9.4.4　肝脓肿

肝脓肿（Hepatic abscess）是细菌、真菌或溶组织阿米巴原虫等多种微生物引起的肝脏化脓性病变，肝脏被感染后会坏死分解，形成脓汁，在局部蓄积而形成肿块。临床上的典型表现为高热、右上腹胀痛、肝脏肿大、肝区叩痛。根据感染性质一般可分为细菌性肝脓肿、阿米巴性肝脓肿、真菌性肝脓肿、胆源性肝脓肿和隐源性肝脓肿五种类型，在犬猫临床上细菌性肝脓肿常为多种细菌所致的混合感染，约占感染总数的 80％。

［病因］

（1）细菌性　细菌性肝脓肿的细菌侵入途径除败血症外，可由腹腔内感染直接蔓延所引起，亦可因脐部感染经脐血管、门静脉而入肝脏，细菌沿着胆管上行，进入肝脏内部亦可为引起细菌性肝脓肿的诱因。致病菌大多为大肠杆菌、金黄色葡萄球菌、厌氧链球菌、链球菌和类杆菌属等。常见于抵抗力弱的犬猫。

（2）真菌性　由真菌感染所导致的肝脓肿，临床上较为少见，发病率不足10%。

（3）阿米巴性　由阿米巴滋养体引起，来源于阿米巴的痢疾或肠炎，通过肠道作用后投入滋养体后进入门静脉系统，最后到肝脏引起肝脓肿，且脓肿大多数为单发，且易导致胸部等并发症。

（4）胆源性　胆道蛔虫症以及胆管结石后的梗阻，使胆道压力升高造成化脓性胆管炎，如果梗阻没有解除，会引起胆管破裂，病原体随之进入肝组织，形成肝脓肿。

（5）隐源性　有一些原因不明的肝脓肿，称隐源性肝脓肿，可能与肝内已存在的隐匿病变有关。这种隐匿病变在机体抵抗力减弱时，病原菌在肝内繁殖，发生肝脓肿。有人指出隐源性肝脓肿中25%伴有糖尿病。

（6）其他　开放性肝损伤时，微生物可直接经过伤口侵入肝脏，引起脓肿。

［症状］肝脓肿的临床表现与病程、脓肿大小及部位、有无并发症有关，常有食欲不振、腹胀、恶心、呕吐、腹泻和痢疾等症状；肝区痛为本病之重要症状，呈持续性钝痛，深呼吸及体位变更时增剧，夜间疼痛常更为明显。

细菌性肝脓肿，一般起病较急，一旦发生化脓性感染后，大量毒素进入血液循环，可引起全身脓毒性反应，典型表现为高热、右上腹胀痛、肝区叩痛，其他可有畏寒、恶心、纳差、消瘦和黄疸等，半数以上的患病动物有高热，可见右上腹疼痛、肝大及肝区叩痛是细菌性肝脓肿的主要临床表现。

阿米巴性肝脓肿，一般起病慢，呈衰竭状态，消瘦、贫血和营养性水肿。以长期发热、右上腹或右下胸痛、全身消耗及肝脏肿大压痛、血白细胞增多等为主要临床表现，且易导致胸部并发症。

［诊断］肝脏肿的临床诊断基本要点为：右上腹痛、发热、肝脏肿大和压痛；X线检查右侧膈肌抬高、运动减弱；超声波检查显示肝区液平段。若肝穿刺获得典型的脓液即可证实本病。

［治疗］治疗原则，消除病因，加强饲养管理，药物疗法和营养支持疗法。

肝脓肿的阶段不同，治疗方法也不同，如果是早期，肝内还没有形成脓肿，主要是抗生素的抗感染治疗，然后进行全身的营养支持和输液，维护患病动物电解质的稳定，然后针对高热及肝区疼痛的患畜，给予一定的对症治疗，如果肝脓肿已经形成，最好在超声和CT引导下进行穿刺引流，把肝内的脓液引出来，再配合抗感染和支持治疗。

治疗方法分为以下几类：

（1）药物治疗　对于诊断明确、发病时间短和中毒症状轻、脓肿直径小于3cm及散在多发性肝脓肿采取非手术治疗。细菌性肝脓肿为重症感染，在没有得到细菌培养和药敏试验结果之前，应该应用强力的能同时覆盖革兰氏阳性菌和革兰氏阴性菌的大剂量广谱抗生素做起始治疗，例如：口服四环素，20mg/kg，每8h一次；复方阿莫西林，10～20mg/kg，一日两次。同时应该考虑合并厌氧菌感染的可能，故应常规加用抗厌氧菌药物如：甲硝唑，20mg/kg，一日两次。而对于阿米巴性肝脓肿目前大多首选甲硝唑，剂量1.2g/d，疗程10～30d，治愈率90%以上。少数单硝唑疗效不佳者可换用氯喹或依米丁，但应注意前者有较高的复发率，后者有较多心血管和胃肠道反应。

（2）穿刺引流治疗　随着影像学技术的进步及介入超声技术的发展，超声或CT引导下穿刺抽吸和/或置管引流成为肝脓肿的重要的治疗手段。与开放手术相比，经皮穿刺抽吸引流不仅适合于单房脓肿，多个单房脓肿或多房脓肿同样能够通过穿刺抽吸治疗。穿刺最好于药物治疗 2～4d 后进行。穿刺部位多选右前腋线第 8 或第 9 肋间，或右中腑线上第 9 或第 10 肋间或肝区隆起、压痛最明显处，最好在超声波探查定位下进行。穿刺次数视病情需要而定，每次穿刺应尽量将脓液抽净，脓液量在 200mL 以上者常需在 3～5d 后重复抽吸。

（3）切开引流　适用于较大脓肿和估计有穿破可能，或已经穿破胸腔或腹腔；胆源性肝脓肿；位于肝脏左外叶的肝脓肿，穿刺容易污染腹腔，不宜穿刺，可选择切开引流；慢性肝脓肿，病情较为复杂，考虑切开引流治疗。

肝脓肿的治愈标准尚不一致，一般以症状及体征消失为临床治愈，肝脓肿的充盈缺损大多在 6 个月内完全吸收，而 10% 可持续至一年。少数病灶较大者可残留肝囊肿。血沉也可作为参考指标。

9.4.5　脂肪肝

脂肪肝（Fatty liver）主要是中性脂肪贮存于肝细胞而造成肝脏肿大的疾病。若脂肪肝及早发现及时治疗，其治愈率可达 95% 以上，但若治疗不及时或不予治疗，死亡率可高达 90%。肥胖猫易得脂肪肝。

[病因] 脂肪肝的病因主要有两类：一类是原发性的，长期摄入高脂肪和高碳水化合物、含蛋白质低的食物、饥饿、运动不足以及抗脂肪物质不足时，都可发生原发性脂肪肝。另一类是继发性的，急性和慢性肝炎、其他传染病和寄生虫病、慢性胰腺炎及各种慢性代谢性疾病和糖尿病等，组织内的脂肪被动员贮存到肝脏而引发本病。

猫脂肪肝由多种应激原引起，如搬家、换饲粮、添新动物、更换主人和运输等。

[症状] 精神不振、食欲减退、偶有呕吐、腹胀，有时出现腹泻，或腹泻与便秘交替出现，肝脏肿大，触诊肝脏无明显的压痛。猫脂肪肝表现不吃食、黄疸和消瘦等。严重者会导致全身性贫血，出现心血管疾病甚至出现心衰，危及宠物生命。

[诊断] 本病的诊断主要依据肝脏穿刺活检来确诊。还可进行超声波、血常规检查。犬猫脂肪肝实验室检验，肝转氨酶活力会增强。

[治疗] 应加强饲养管理，给予高蛋白和维生素含量高的食物，避免喂给高脂肪类食品。另外，应用能促使肝细胞内的脂质分解或排泄的一些药物，如疏内酰甘氨酸、泛酸钙和蛋氨酸等。定期体检，对脂肪肝患猫和有该病倾向猫可饲喂处方食品。猫脂肪肝的治疗：病初强迫饲喂食物，病后还可做胃瘘管饲喂食物。脂肪肝的治疗通常需要 3～4 周，少数需要 1 个多月，如果主人坚持不放弃的话，脂肪肝的治愈率极高（95% 以上）。由于脂肪肝多数是继发的，因此患病动物最终能否存活与原发病有极为密切的关系。

9.4.6　胆管炎及胆囊炎

动物胆道炎症，以胆管炎症为主者称胆管炎（Cholangitis），以胆囊炎症为主者称胆囊炎（Cholecystitis）。两者常常同时发生，各种大小动物都会发生。

[病因] 引起胆管和胆囊炎症的主要因素是细菌感染。胆管炎和胆囊炎在各种宠物都有发生。引起胆管炎和胆囊炎的原因有胆囊结石、细菌感染如大肠杆菌、沙门氏菌、链球菌和葡萄球菌感染等，胆管和胆囊内的寄生虫如矛形双腔吸虫、肝片吸虫和十二指肠炎症的蔓延，此外还继发于猪瘟、山羊传染性胸膜肺炎和钩端螺旋体病等疾病。其中，主要是大肠杆菌和沙门氏菌感染最为重要，其他还有产气荚膜梭菌、葡萄球菌、链球菌以及厌氧菌。它们主要通过十二指肠进入胆管和胆囊引起炎症。其次是胆管和胆囊堵塞。胆结石、肝片吸虫、蛔虫等堵塞胆管，引起胆汁淤滞，以及它们的机械刺激作用，也常常造成胆管和胆囊的炎症。

[症状] 急性胆管炎和胆囊炎的初期，胆管和胆囊黏膜充血，水肿，发生炎性浸润，胆汁淤滞。病犬主要表现为精神不振，食欲差，体温升高，腹部疼痛，呕吐等，严重的病例还出现黄疸症状。后期往往因为肝脏实质受到损害，表现为实质性肝炎的症状。有的病例发生胆管和胆囊肿胀，化脓性浸润，甚至形成胆囊穿孔，引发腹膜炎。慢性胆管炎和胆囊炎多由急性病例反复发作迁延而来，临床一般无特异性症状，可表现为轻微的腹痛，有时疼痛明显，特别是吃了油腻食物后，动物的症状更加明显。

[诊断] 可以根据病犬的临床症状进行初步的诊断，然后再结合实验室检查和 B 超检查进行确诊。

（1）临床诊断

① 急性胆管炎和胆囊炎：病畜体温升高、腹痛、恶寒、战栗、轻微黄疸和肝脏部触诊，病畜疼痛不安。

② 慢性胆管炎和胆囊炎：病畜表现食欲减退、腹泻或便秘、消瘦、腹痛、贫血和黄疸等。实验室检查：主要表现为细胞总数和中性粒细胞升高，肝功能检查有时血清转氨酶升高。血液检查，血清胆红素和碱性磷酸酶升高，白细胞数和中性白细胞增多，核左移。

（2）B 超检查　准确率较高。

① 急性胆管炎和胆囊炎：如果是结石引起，可见到胆囊或胆管结石，胆囊和胆管有不同程度的扩张。急性胆囊炎时，可见到胆囊增大，胆囊壁增厚，呈强烈回声带。还可以看到胆囊内的积脓、坏死等现象。由胆结石引起者，可见由胆结石形成的光团。

② 慢性胆管炎和胆囊炎：胆管壁和胆囊壁增厚。当继发肝硬变时还出现腹水和浮肿。若继发于传染病者，还有其所患传染病的固有症状。本病的病程经过不定，在病程中，若伴发化脓性腹膜炎、败血症和肝炎以及胆囊穿孔，则预后不良。

（3）鉴别诊断　需要与十二指肠溃疡穿孔、急性胰腺炎、肝脓肿等相区别。

[治疗]

（1）保守治疗　加强饲养和管理，防止中毒与感染，使病畜保持安静，饲喂有营养和易消化的饲料。当病畜疼痛不安时，可内服水合氯醛或者肌内注射阿托品和山莨菪碱，同时应用青霉素、土霉素、四环素以及磺胺类药物消炎，防止继发性感染，病程中应及时应用利胆剂，如去氢胆酸、硫酸镁、静脉注射维生素、葡萄糖等保肝药物。还可采用禁食、解痉、抗感染等支持法。

解痉止痛：可使用阿托品 0.5mg，皮下注射；或山莨菪碱 5mg，肌内注射。应用止痛剂要慎重，以免掩盖症状而延误治疗。老年犬要警惕，胆囊坏疽或穿孔引起腹膜炎。

抗感染：要选用有针对性的抗生素，以抑制胆管、胆囊内需氧菌的生长。首选氨苄西林、头孢他啶、庆大霉素等其中一种，控制厌氧菌可选用甲硝唑。

补液和抗休克：要补充能量、水分和电解质，纠正电解质和酸碱平衡紊乱。短期大剂量使用糖皮质激素，可以抑制炎症和缓解症状。

（2）手术治疗　经过以上治疗后，病情没有缓解或加重，可以根据病情发展采取手术。胆囊切除术是急性胆囊炎的常规手术方式。当胆囊颈部与周围组织粘连严重无法分离时，可做胆囊部分切除术。对于胆管梗阻引起的胆管炎，可用内镜逆行胆管引流，这是近年来开展胆管减压、控制胆管感染的有效方法。对于化脓性胆管与胆囊炎、胆结石或穿孔，则应采取外科手术疗法。

9.4.7　脾破裂

脾破裂（Spleen rupture）是指各种致病因素作用于脾脏引起破裂的一种疾病，多由外界的暴力作用所引起。可分为脾实质、脾被膜同时破裂发生腹腔内大出血和仅脾实质破裂两种，后者流出的血液可贮积于脾被膜内而形成血肿，以后因为活动或用力才使血肿破裂发生内出血。

[病因] 脾破裂是由于脾脏遭受直接或间接暴力而引起，如继发于某些疾病或交通事故等。

[症状] 患病犬、猫有明显的腹痛，呼吸困难，呈胸式呼吸，呕吐，出血较多者，可视黏膜苍白，心搏动加快，脉搏快而弱，触诊腹部有疼痛感，叩诊腹腔浊音区扩大，且有移动性浊音，听诊肠鸣音减弱，腹部穿刺可抽出不凝固的血液，腹围膨隆甚至呈桶状。实验室检查，红细胞、血红蛋白与红细胞比容下降，可提示有内出血。

[诊断] 根据左腹肋部外伤及病史，临床有内出血的表现特征，腹腔诊断性穿刺抽出不凝固血液等作出诊断，也可采用实验室检查、超声波检查、CT、核磁扫描和选择性腹腔动脉造影等技术对本病进行临床诊断。

[治疗] 脾破裂的处理原则以手术为主，对发生脾破裂的犬、猫，为防止出血性休克，应及时补液，输血，保持静脉通畅，同时，应用安络血、6-氨基己酸等药物止血，用抗生素防止继发感染，如确诊脾发生破裂，则应尽早急救，进行脾切除术。如只伤及表面，可在清除表面血块之后，进行脾修补术。对脾肿大的病犬，可进行预防性脾切除。

9.4.8 腹膜炎

腹膜炎（Peritonitis）是由于细菌感染或化学物质刺激所引起的腹膜壁层和脏层炎症的统称。按照病因分为原发性和继发性腹膜炎，按病程经过分为急性和慢性腹膜炎，按病变范围可分为弥漫性和局限性腹膜炎，按渗出物的性质可分为浆液性、纤维蛋白性、出血性、化脓性以及腐败性腹膜炎。各种动物均可发生。多见于犬、猫。

[病因] 多见于腹壁创伤、手术感染（创伤性腹膜炎）；腹腔和盆腔脏器穿孔或破裂（穿孔性腹膜炎），腹膜炎主要继发性的发生，下列疾病可继发腹膜炎。

（1）急性腹膜炎

① 消化道穿孔：如消化道异物，肠套叠，肠破裂及肠梗阻时。肠内容物漏入腹腔使腹腔受到刺激和感染。

② 膀胱穿孔：主要发生于尿道堵塞以及插入导尿管失误使膀胱破裂，尿液刺激腹膜。

③ 生殖器穿孔：常见于子宫蓄脓及子宫扭转等。

④ 腹部外科感染，腹部挫伤脏器与腹膜粘连，以及肿瘤破裂或腹膜内注入刺激性药物等。

（2）慢性腹膜炎 多发生于腹腔脏器炎症的扩散，或者由急性腹膜炎转化为慢性的腹膜炎。

[症状]

（1）急性腹膜炎 主要表现剧烈疼痛，体温升高。犬呈弓背姿势，精神沉郁，食欲不振，反射性呕吐，呈胸式呼吸。触诊腹壁紧张蜷缩。压痛明显处有温热感。腹腔积液时下腹部向两侧对称性膨大，叩诊呈水平浊音，浊音区上方呈鼓音。病情进一步发展则表现心动过速和其他心律失常、电解质平衡紊乱、凝血功能障碍和血压下降。

（2）慢性腹膜炎 常发生肠管粘连，阻碍肠蠕动，表现消化不良和腹痛。X 射线检查以腹部呈毛玻璃样、腹腔内阴影消失为特征。腹水中可见白细胞，特别是未成熟的白细胞。血液检查明显见白细胞增多，其中多形核白细胞占优势。

[治疗] 治疗原则是抗菌消炎，制止渗出，纠正水盐代谢平衡。

（1）抗菌消炎 用广谱抗生素或多种抗生素联合进行静脉注射、肌内注射或大量腹腔注射。如用青霉素 200 万 U、链霉素 2g、0.25％普鲁卡因 300mL，5％葡萄糖液 500～1000mL。

（2）消除腹膜炎性刺激的反射影响，减轻疼痛　用 0.25％普鲁卡因液 150～200mL 做两侧肾脂肪囊内封闭。

（3）制止渗出　可用 10％氯化钙 100～150mL，40％乌洛托品 20～30mL，生理盐水 1500mL，混合，静脉注射。

（4）纠正水盐、电解质和酸碱平衡失调　用 5％葡萄糖生理盐水或复方氯化钠液（每千克体重 20～40mL）静脉注射，2 次/d。出现心律失常、全身无力及肠弛缓等缺钾症状动物，可在盐水内加适量 10％氯化钾溶液，静脉滴注。腹腔积液过多时可穿腹引流，出现内毒素休克危象者按中毒性休克抢救。

9.4.9　腹壁疝

腹壁疝（Abdominal wall hernia）是指腹腔内脏器经腹壁破裂孔脱至皮下。疝又叫赫尔尼亚，表现在不同的病变位置，叫法有所不同，如脐疝、腹壁疝、阴囊疝、腹股沟疝等，脐疝最常见。

[病因] 本病多见于外伤，如在车祸、摔跌、动物相互撕咬等情况下，往往可能出现腹壁肌层或腹膜破裂而表层皮肤仍保留完整。腹腔手术之后，腹壁切口内层缝线断开、切口开裂，而皮肤层愈合良好，内脏器官脱至皮下，形成腹壁疝。

[症状] 患病犬、猫腹壁皮肤囊状突起，大小随疝内容物多少和性质不同而异，触诊局部可以摸到疝环，内容物的质地随脱出的脏器不同而异。早期腹壁疝其内容物一般可以还纳，但如发生局部炎症，则触摸时可感知疝的轮廓不清，如发生嵌闭，则疝内容物不能还纳，囊壁紧张，出现急腹症症状，腹痛不安，食欲废绝，呕吐，发热，严重者可出现休克。

[诊断] 本病的诊断主要根据病史、临床特点进行，用手触诊可感觉到疝轮，同时触及其内容物，即可作出诊断。鉴别诊断时应与腹腔肿瘤等相鉴别。

[治疗] 本病应行手术治疗。术前禁食禁水 12h，手术器械高压灭菌。根据患犬体重先后间隔 15min 分别注射止血敏防治出血，盐酸消旋山莨菪碱（或阿托品）减慢胃肠蠕动和唾液腺分泌，以便于手术操作。20min 之后使用舒泰配合速眠新全身麻醉。待犬进入镇静麻醉状态后，采取前高后低仰卧保定。将患犬舌头牵拉出口腔外，覆盖纱布并用生理盐水湿润，防止舌头干性坏死。用纱布固定四肢于手术台，术部备皮，常规消毒，覆盖无菌创巾，充分暴露术野，巾钳固定。手术时先将疝内容物挤压推回腹腔，并由助手固定其疝孔处。随后在疝囊皱起处切开与疝囊直径相当的皮肤切口，分离皮下组织至疝囊，暴露腹膜，见腹膜已增厚，尚未与皮肤以及其他组织发生粘连。若发生粘连时，小心钝性剥离，防止出血。在确定疝内容物被推回腹腔后，组织钳牵拉疝口两侧肌肉组织并充分暴露。使用组织剪或手术刀片沿疝孔两侧肌肉边缘依次剪裂或划伤，造成新鲜创面，注意伤口不可过大，以见出血为宜。用丝线采用褥式缝合法缝合疝孔，清洁创面，修整疝囊皮肤并采用减张缝合法缝合，术部绷带包扎，手术完成。

9.4.10　脐疝

脐疝（Umbilical hernia）是指腹腔内脏经脐孔脱至脐部皮下所形成的局限性突起，其内容物多为网膜、镰状韧带或小肠等。本病是幼年犬、猫的常见病。

[病因] 遗传因素：先天性脐部发育不良或脐孔闭锁不全。人为因素：胎儿的脐静脉、脐动脉和脐尿管通过脐管走向胎膜，它们的外面包围着疏松的结缔组织，当胎儿出生后脐带被扯断，血管和脐尿管就变得空虚不通，四周的结缔组织增生，在较短的时间内完全闭塞脐孔。如果断脐不正确（如扯断脐带血管及尿囊管时留的太短）可导致脐带孔闭锁不全。产后护理不

当：动物生产后由于护理不够，如母畜过度舔舐脐带、环境不卫生等造成动物出生后脐带化脓感染，从而导致脐孔闭锁不全。

[症状] 脐部呈现局限性球形肿胀，质地柔软，无红、肿、热、痛等炎性反应。病初在挤压或者改变体位的时候疝内容物能还纳到腹腔内。动物在饱食或者挣扎时脐疝可增大。犬、猫的脐疝大多偏小，疝孔直径一般不超过3cm，疝内容物多为镰状韧带，有时是网膜或者小肠，疝囊或疝孔边缘一般不会发生粘连。大型犬的脐疝一般可由拳头大小发展至排球大，后期脱出的网膜或者肠壁与疝囊粘连。脐疝一旦发展为钳闭性脐疝，患病动物立马出现肿胀、疝痛、极度不安和食欲废绝，在犬中还会发生呕吐，呕吐物常有粪臭。可很快发生腹膜炎，体温升高，脉搏加快，严重时能引发休克。

[诊断] 脐疝的诊断比较简单。当脐部出现突起时，挤压突起部明显缩小，并触摸到脐孔即可确诊。应注意与脐部脓肿和脐部肿瘤的鉴别诊断。发生脓肿时发病部位有明显的红肿热痛的反应，必要时可做诊断性穿刺。

[治疗]

（1）非手术性治疗（保守疗法） 适用于犬、猫等脐孔较小的脐疝。可用疝气磁疗带（纱布绷带或复绷带），局部涂擦强刺激剂（如碘化汞软膏或重铬酸钾软膏）等促进局部增生，闭合脐疝孔。但强刺激剂能使炎症扩展至疝囊壁及其中的肠管，引发粘连性腹膜炎，所以慎用。用95%的酒精在疝轮四周分别点注射，每点3~5mL，有一定效果。目前认为最佳的保守疗法是皮下包埋锁口缝合法。此法简单易行可靠。方法是缝针带缝线绕疝孔皮下一周，还纳内容物，然后拉紧缝线闭合疝孔打结。

（2）手术治疗 母犬、猫的小脐疝可在施行卵巢摘除术时顺便整复。较大脐疝因为不能自愈需要施行手术，具体方法是：动物全身麻醉，仰卧保定，腹底部和疝囊周围常规无菌准备，包括酒精消毒、碘棉消毒、酒精脱碘。在近疝囊基部做环形或梭形切口，皱襞切开疝囊皮肤，仔细切开疝囊壁，以防伤及疝囊内容物，暴露疝囊内容物。如疝内容物没有粘连将其还纳腹腔；如已经与疝囊或脐孔发生粘连，需仔细剥离粘连，若粘连物为镰状韧带或网膜可将其切除。若肠管发生嵌闭时，需要适当扩大脐孔便于肠管还纳腹腔。若肠管已经坏死失活，则需要切除坏死肠管做断端吻合术。最后对脐孔做经行修正，然后缝合疝轮。若疝轮较小可做荷包缝合或者纽孔缝合，但缝合前需将疝轮光滑面做轻微切削，形成新鲜创面，便于脐孔闭合。如果病程较长，疝轮的边缘变厚变硬，此时一方面需要切割疝轮，形成新鲜创面，进行纽孔缝合，另一方面在闭合疝轮后，需要分离囊壁形成的左右两个纤维组织瓣，将一侧的组织瓣缝合在对侧疝轮外缘上，然后将另一侧的组织瓣缝合在另一侧的组织瓣的表面上，修整皮肤边缘，结节缝合皮肤。术后护理3~5d，对术口进行消毒，7~10d减少饮食，限制剧烈活动，防止腹压增高，连续5~7d用抗生素防止感染。

9.4.11 腹股沟阴囊疝

腹股沟阴囊疝（Inguinal and scrotal hernia）见于雄性动物，在雌性则发生腹股沟疝（Inguinal hernia）。由于腹腔脏器经腹股沟环脱出至腹股沟鞘膜管内形成腹股沟疝，疝内容物如网膜、肠管、子宫或膀胱进一步下降到阴囊鞘膜腔内，或者脏器经由腹股沟偏前方的腹壁破裂孔落到阴囊皮下或者总鞘膜外面而形成腹股沟阴囊疝。

[病因] 先天性腹股沟阴囊疝：多因腹股沟管内环先天性扩大所致，多与遗传有关。后天性腹股沟阴囊疝：多因妊娠、肥胖或剧烈运动等使腹内压增高及腹股沟内环扩大，以致腹腔脏器下降所致。

[症状] 根据疝的大小和内容物，临床症状各异，可以从非疼痛性肿胀至内脏梗阻、休克，甚至死亡。疝有单侧性和双侧性两种，临床上通常多发生在左侧。非疼痛性皮肤紧张发亮，触诊柔软有弹性，无热无痛；疼痛性则呈现发硬、紧张、敏感。听诊时可听见肠蠕动音。若脱出时间过长可发生粘连或嵌闭，触诊热痛，疝囊紧张，出现浮肿，皮肤发凉（少数病例发热），腹痛，不愿走动，步态紧张，脉搏及呼吸数增加。随着炎症发展，全身症状加重，体温升高。

腹股沟疝表现为腹股沟处出现卵圆形隆肿，阴囊疝表现为一侧阴囊显著增大。两者早期大多可复，触之柔软有弹性，无热无痛。若压挤隆肿和阴囊不能使其缩小，则疝内容物与鞘膜发生粘连。如果发生肠管嵌闭，局部显著肿胀，疼痛剧烈，迅即出现体温升高等一系列全身反应，很快发生中毒性休克而死亡。

[诊断] 诊断应根据触诊、X线检查及超声检查。触诊腹股沟或阴囊处，可摸到通过内环的内脏。倒提动物并压挤阴囊，疝内容物可还纳入腹腔，阴囊随之缩小，即为可复性疝。不可复性阴囊疝应注意与阴囊积水、睾丸炎与附睾炎相区别。前者触诊柔软，直肠检查摸不到疝内容物。后两者在炎症阶段局部有热、痛、肿、硬，动物反应敏感。临床上常根据穿刺液性质进行区别。

[治疗] 动物嵌闭性疝具有腹痛等全身症状，应立即进行手术。可复性腹股沟阴囊疝，尤其是先天性的，有可能随着年龄增长腹股沟环逐渐缩小而达到自愈，但本病的治疗还是以早期手术为宜。

根据临床症状的严重程度，术前需要检查患病动物是否存在败血症、弥散性血管内凝血、电解质和酸碱紊乱、低血糖以及肾功能不全。尽可能在术前稳定动物的体况。进行直肠检查，因为某些犬可能同时存在会阴疝。

如果存在内脏梗阻或局部缺血、或疝出物为存在感染或死胎的妊娠子宫的动物，则需要进行紧急手术。肠管疝的犬在确诊前已经出现 2～6d 呕吐症状时，术中常见肠管坏死。

手术时，动物全身麻醉后取仰卧位保定，腹股沟处无菌准备，手术切口选在靠近腹股沟内环稍后方处，纵切皮肤，分离皮下结缔组织至显露疝囊及腹股沟环，将疝内容物还纳入腹腔后，对于母犬猫的腹股沟疝即可直接闭合腹股沟环；公犬猫的腹股沟阴囊疝则还需分离总鞘，再还纳疝内容物，对于不作种用的公犬猫，将精索和总鞘膜在靠近腹股沟环处结扎并切除，结节缝合腹股沟环；对欲作种用的公犬猫，还纳疝内容物后注意保护精索，采用结节或螺旋缝合法适当缩小腹股沟环即可。结节缝合皮下筋膜，最后缝合皮肤。对于腹股沟阴囊疝肠管脱出较多、且又发生嵌闭的，必须先将腹股沟环扩大，以改善脱出肠管的血液循环，并同时用温热的灭菌生理盐水纱布托住嵌闭的肠管，视肠管的颜色和蠕动状况确定是否还纳腹腔或作肠管切除术。

术后恢复期要限制活动，且通常需要给几天镇痛药。注意术后并发症的发生，包括肿胀、切口感染、开裂、腹膜炎、败血症、呕吐及复发。腹股沟疝复发不常见。

9.4.12 会阴疝

会阴疝（Perineal hemia）是由于骨盆处的肌肉发生破坏，网膜及腹腔脏器从直肠膀胱褶或直肠生殖器褶处向骨盆腔后结缔组织凹陷内突出，脱至会阴部皮下一侧或两侧。疝内容物常为骨盆和腹部组织的肠管、子宫或膀胱等器官。本病常见于公犬，家畜中以水牛和母猪多见。

[病因] 病因较为复杂，包括先天性因素和各种原因引起的肌肉无力和生殖分泌激素失调等。具体可分为雄性和雌性两种类型。

雄性：雄激素分泌减少，导致肌肉无力。由于年龄增加，神经损伤或尾巴退化引起肌肉萎缩，前列腺肥大引起里急后重，严重便秘和强烈努责也会诱发本病，脱出的通道可以是腹膜的直肠膀胱凹陷。此病多发于 7~9 岁的公犬。

雌性：生长的睾丸分泌雌激素过多，导致肌肉松弛。母畜的妊娠后期或生产时出现难产会引起直肠子宫凹陷或直肠周围的疏松结缔组织形成间隙从而成为脱出的通道。瘦弱的动物，特别是发生习惯阴道脱出的动物易发本病。

[症状] 一般临床症状在肛门、阴门近旁或其下方出现无热、无痛、柔软的肿胀，多为一侧性，80% 为右侧会阴疝，患病动物频频排尿但量不多或无尿，用手推压囊肿可返回正常位置，松手时或隔一段时间后又会增大。

母畜：怀孕母猪、母牛会阴疝的肿大范围可达排球大或足球大，柔软或有波动感，阴道脱垂，尿道口向外突出。但是少见于母犬或猫。

公畜：会出现顽固性便秘，里急后重，便秘，大便困难。可复位的双侧性或单侧性的持续会阴疝膨胀。右侧占 68%，左侧占 32%，一旦尿道、膀胱陷入疝中，会出现痛性尿淋漓和血尿。若肿胀质硬和疝痛多为嵌闭性，内容物多为膀胱或前列腺，通常发生于老公犬。

[诊断] 手指直肠触诊检查诊断会阴疝，直肠触诊时，当发生会阴疝时，检查者的手指很容易向侧面和尾部移动，发现肿胀物还纳后有明显的疝孔。膀胱翻转可通过尿道插管，造影或会阴部穿刺术进行诊断，也可灌服钡餐鉴别是否有肠道在疝囊内。

[治疗]

(1) 保守治疗　保守治疗通常用于在术前或者术后有危险的动物。治疗方案：喂纤维素含量高的稀糊饲料使肠内容物减少，当有便秘时可投用轻泻剂和润肠剂软化粪便或灌肠使大肠排空，若膀胱进入疝囊中，插入导尿管导尿，注意补充营养，防止感染其他疾病。

(2) 手术治疗　术前绝食 12~24h，温水灌肠，消除直肠内粪便，导尿。将动物保定于手术台，尾椎脊髓麻醉或猪、犬全身麻醉。在肛门旁 2~4cm 处平行肛门做弧形皮肤切口，切口由肛门背侧直至坐骨结节腹侧至少 2cm，钝性分离皮下组织，暴露疝囊，分离疝囊。切开疝可见疝内容物。去除坏死脂肪，疝内容物送回骨盆和腹腔。在尾骨肌和肛门括约肌间用可吸收单股线在背侧作预置缝合（3~5 针）。在肛门括约肌和内闭孔肌之间作预置缝合，肛门括约肌和尾骨肌之间向内，与内闭孔肌向外做预置缝合（3~5 针）。内闭孔肌表面的阴部神经和血管应分清，缝合时避开。结扎时将尿道推向对侧。结扎缝线，检查疝口。如果需要，缝合能通过结节韧带。用可吸收缝合线皮下筋膜作结节缝合加强结合。皮肤缝合用单股结节缝合（多余的皮肤可切除）。双侧性可同时修补，或间隔 4~6 周再做。

第十章

犬猫呼吸系统疾病

10.1 呼吸系统常见临床综合征鉴别诊断

10.1.1 咳嗽

咳嗽（Cough）是一种保护性反射动作，能将呼吸道异物或分泌物排出体外。咳嗽是呼吸道疾病中最常见的症状之一。这是动物的一种保护性措施，借以排除自外界侵入呼吸道的异物及呼吸道中的分泌物、消除呼吸道刺激因子、在防御呼吸道感染方面具有重要意义。咳嗽也为病理状态，当分布在呼吸道黏膜和胸膜的迷走神经受到炎症、温热、机械和化学因素刺激时，通过延脑呼吸中枢反射性引起咳嗽，可使呼吸道内的感染扩散。从流行病学看，咳嗽可使含有致病原的分泌物播散，引起疾病传播。

[发生机制] 咳嗽是由于延髓咳嗽中枢受刺激引起的。来自耳、鼻、咽、喉、气管、支气管、胸膜等感受区的刺激传入延髓咳嗽中枢，咳嗽中枢将冲动传向运动神经，分别引起咽肌、膈肌和其他呼吸肌的运动来完成咳嗽动作，表现为深吸气后声门关闭，继以突然剧烈的呼气，冲出狭窄的声门裂隙产生咳嗽动作和发出声音。咳嗽作为一种生理反射，其反射弧包括感受器、传入神经、中枢、传出神经和效应器。咳嗽中枢位于延髓弧束核附近，呈弥散性分布，咳嗽中枢不等同于延髓呼吸中枢。咳嗽反射弧的传出神经是脊髓神经：3～5颈神经（膈神经）、胸神经（肋间神经）、迷走神经（气道）、喉返神经（喉、声门）。咳嗽反射的效应器则是气道平滑肌、呼气肌（主要是肋间内肌）、膈肌和声门等。

[分类]

（1）按咳嗽持续的时间分类　咳嗽通常按时间分为3类：急性咳嗽、亚急性咳嗽和慢性咳嗽。急性咳嗽时间<3周，亚急性咳嗽3～8周，慢性咳嗽>8周。

① 急性咳嗽：普通感冒是急性咳嗽最常见的病因，其他病因包括急性支气管炎、急性鼻窦炎、过敏性鼻炎、慢性支气管炎急性发作、支气管哮喘（简称哮喘）等。

② 亚急性咳嗽：最常见原因是感染后咳嗽、细菌性鼻窦炎、哮喘等。

③ 慢性咳嗽：慢性咳嗽原因较多，通常可分为两类：一类为初查X射线胸片有明确病变，如肺炎、肺结核等；另一类为X射线胸片无明显异常，以咳嗽为主或唯一症状者，即通常所说的不明原因慢性咳嗽（简称慢性咳嗽）。其他病因较少见，但涉及面广，如慢性支气管炎、支气管扩张等。

（2）按咳嗽的病因分类

① 感染性病因：如病毒性、细菌性、寄生虫性和真菌性疾病。病毒性常见于犬瘟热、流感、副流感、Ⅱ型腺病毒病、传染性支气管炎等。细菌性常见于沙门氏菌病、肺炎双球菌病、丹毒、肺结核、败血波氏杆菌病、隐球菌病等。寄生虫性常见于肺丝虫病、蛔虫病、心丝虫病、肺毛细线虫病、弓形体病等。真菌性常见于球孢子菌病、真菌性肺炎和放线菌病等。

② 过敏性病因：如药物、食物等因素。常见于过敏性喉炎、过敏性气管炎、过敏性支气管炎、过敏性肺炎和过敏性肺水肿，也见于支气管哮喘等。

③ 理化性病因：如刺激性气体（如氨气、氯气、辣椒气和冷热空气等）、液体（如强酸、强碱性液体）、异物和外伤等，常见于喉、气管和肺异物，胸壁透创和膈疝等。

④ 肿瘤性疾病：见于喉癌、各种类型的肺癌，以及其他组织器官癌症的呼吸系统转移。

（3）按咳嗽的发病部位分类

① 呼吸道疾病：当喉、气管、支气管等由于受到化学性刺激（如氨气、氯气、辣椒气、酸、碱等）、物理性刺激（异物、冷热空气、压迫等）等可引起咳嗽。此外，气管的炎症、肿瘤、出血和过敏等也可引起咳嗽。常见于喉炎、喉水肿、喉异物、喉癌、气管炎、气管异物、气管压迫、支气管炎、支气管扩张等。

② 肺部疾病：各种因素如生物性（病毒、细菌、寄生虫等）、理化性（氨气、硫化氢、酸、碱、异物等）等引起的炎症、过敏、水肿、气肿、出血等，以及肺肿瘤等。

③ 胸膜与胸腔疾病：见于胸壁透创、渗出性胸膜炎、化脓性胸膜炎、胸膜结核、胸腔积液、胸膜肿瘤等。

④ 纵隔疾病：见于纵隔肿瘤和纵隔结核。

⑤ 其他组织器官疾病：主要见于各种类型的心脏疾病，如心力衰竭、心包炎等。此外，肝脓肿、膈后脓肿、子宫积液、尿潴留和外耳道炎症也可引起咳嗽。

（4）按伴随症状分类

① 单纯性咳嗽：病变主要侵害上呼吸道，常见疾病如喉部疾病等。

② 伴有呼吸困难的咳嗽：病变不仅见于上呼吸道，也见于肺、膈、胸腔等，常见于各种因素引起的肺炎、肺水肿、肺气肿、气管和/或肺异物、胸腔积液、先天性心脏病、心力衰竭、心包炎和膈疝、腹压升高性疾病如子宫积液、尿潴留等。

③ 伴有发热的咳嗽：主要见于炎症性疾病，如病毒性疾病常见于犬瘟热、流感、副流感、Ⅱ型腺病毒病、传染性支气管炎等。细菌性疾病常见于沙门氏菌病、肺炎双球菌病、丹毒、肺结核、败血波氏杆菌病、隐球菌病等。寄生虫性疾病常见于肺丝虫病、蛔虫病、心丝虫病、肺毛细线虫病、弓形体病和血色食道虫病等。真菌性疾病常见于球孢子菌病、真菌性肺炎和放线菌病等。

④ 伴有吞咽困难、呕吐的咳嗽：主要由咽喉部疾病、胃肠阻塞或食道受压迫引起，常见于喉炎、喉肿瘤、喉水肿和喉异物，咽炎、咽阻塞、食道阻塞、纵隔肿瘤、膈疝和血色食道虫病等。

⑤ 伴有贫血的咳嗽：多提示慢性消耗性疾病，如血细胞生成障碍、血细胞破坏过多，或见于出血性疾病，常见于再生障碍性贫血、肿瘤性疾病、寄生虫病、中毒性疾病、免疫性疾病和出血性疾病等。

⑥ 顽固性咳嗽：提示引起咳嗽的病因始终存在，常提示肺丝虫病、毛细线虫病、嗜酸性粒细胞肺炎、胸腔肿瘤、胸膜炎、胸腔积液和心力衰竭等。

⑦ 伴有疼痛的咳嗽：主要见于呼吸道异物、肺异物、胸膜炎、气胸和喉炎等。

⑧ 伴有咳血的咳嗽：常见于肺结核、支气管扩张、风湿性心脏病、二尖瓣狭窄、肺充血和肺水肿等。

⑨ 伴有发绀、心音节律改变的咳嗽：常提示心脏疾病如心力衰竭、先天性心脏病、心包炎等。

［鉴别诊断思路］见图 10-1。

慢性阻塞性肺病：chronic obstructive
pulmonary disease (COPD)

+：细菌培养阳性
−：细菌培养阴性

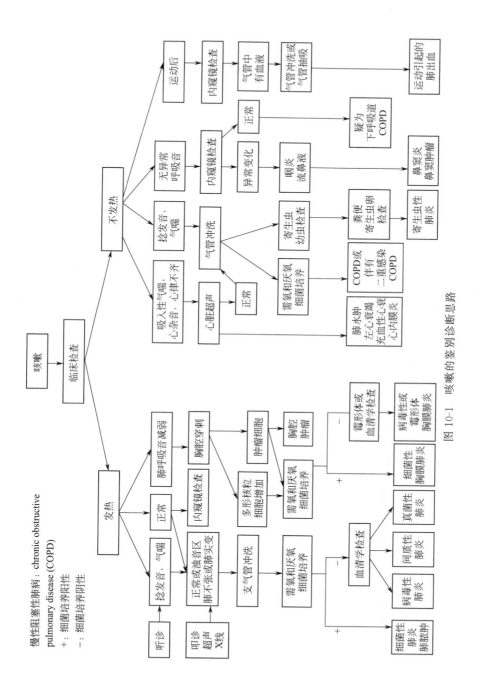

图 10-1 咳嗽的鉴别诊断思路

（1）咳嗽的性质　干咳或者刺激性咳嗽见于咽炎、喉炎、气管炎、气管受压、支气管异物、胸膜炎、轻度肺结核、大部分过敏性咳嗽及弥漫性肺间质疾病等。湿性或者多痰的咳嗽则见于支气管炎、支气管扩张、肺炎、肺脓肿、肺寄生虫或者肺结核有空洞的病畜。

（2）咳嗽的时间和节律　骤然发生的咳嗽多由急性上呼吸道炎症（尤其刺激性气体吸入）以及气管或者支气管异物引起。长期慢性咳嗽多见于慢性支气管炎、支气管扩张、慢性肺脓肿等。晨起咳嗽多见于支气管扩张、慢性肺脓肿、慢性支气管炎等。夜间咳嗽多见于肺结核以及心力衰竭，为迷走神经兴奋性增高所致。

（3）咳嗽的音色　嘶哑性咳嗽见于喉炎、喉结核等所致的声带麻痹。犬吠样咳嗽见于会厌、喉头疾病或者气管异物、气管受压等。

（4）与咳嗽有关的环境因素　寒冷环境和空气中的尘埃易感肺炎、呼吸异物。吸入有毒气体和烟雾也倾向发生咳嗽。

（5）伴随症状　在诊断咳嗽性疾病时，要根据伴随症状进行鉴别诊断，见［分类］（4）按伴随症状分类。

［治疗］咳嗽的治疗主要包括抗菌消炎、祛痰镇咳及对症治疗。

（1）抗菌消炎　细菌感染引起的呼吸道疾病均可用抗菌药物进行治疗。使用抗生素的原则是选择对某些特异病原体最有效的药物，或选择毒性最低的药物。对呼吸道分泌物培养，然后进行药敏试验，可为合理选用抗生素提供指导。同时，了解抗生素类药物的组织穿透力和药物动力学特征，也非常重要。在治疗过程中，抗菌药物的剂量要适宜，剂量太大不仅造成浪费，而且可引起严重反应，剂量过小起不到治疗作用。同时抗菌药物的疗程应充足，一般应连续用药 3～5d，直至症状消失后，再用 1～2d，以求彻底治愈，切忌停药过早而导致疾病复发。对慢性呼吸器官疾病（如结核等）则应根据病情需要，延长疗程。对气管炎和支气管炎，除传统的给药途径外，可将青霉素等抗生素直接缓慢注入气管，有较好的效果。

此外，对于病毒引起的，可选用抗病毒药如利巴韦林、双黄连注射液、穿琥宁注射液等。对于真菌引起的，要选用抗真菌药，如灰黄霉素、联苯苄唑等。寄生虫引起的可选用抗寄生虫药，如驱杀线虫的伊维菌素、丙硫咪唑、左旋咪唑等。

（2）祛痰镇咳　咳嗽是呼吸道受刺激而引起的防御性反射，可将异物与痰液咳出，一般咳嗽不应轻率使用止咳药，轻度咳嗽有助于祛痰，痰排出后，咳嗽自然缓解，但剧烈频繁的干咳对病畜的呼吸器官和循环系统产生不良影响，应考虑应用镇咳药。有些呼吸道炎症可引起气管分泌物增多，因水分的重吸收或气流蒸发而使痰液变稠，同时黏膜上皮变性使纤毛活动减弱，痰液不易排出。祛痰药通过迷走神经反射兴奋呼吸道腺体，促使分泌增加，从而稀释稠痰，易于咳出。镇咳药主要用于缓解或抑制咳嗽，目的在于减轻剧烈咳嗽的程度和频繁度，而不影响支气管和肺分泌物的排出。另外，在痉挛性咳嗽、肺气肿或动物气喘严重时，可用平喘药。

（3）对症治疗　主要包括输氧疗法、兴奋呼吸、强心。当呼吸器官疾病由于呼吸困难引起机体缺氧时，应及时用输氧疗法，特别是对于通气不足所致的血液氧分压降低和二氧化碳蓄积有显著疗效，临床上最有效的方法是将二氧化碳和氧气混合使用，其中二氧化碳占 5%～10%，可使呼吸加深，增加氧的摄入，同时可改善肺循环，减少躺卧动物发生肺充血的机会。当呼吸中枢抑制时，应及时选用呼吸兴奋剂，兴奋呼吸中枢的药物如山梗菜碱、尼可刹米等，对延脑生命中枢有较高的选择性，常作为呼吸及循环衰竭的急救药，能兴奋呼吸中枢和血管运动中枢。强心可选用强尔心注射液、苯甲酸钠咖啡因注射液等。

10.1.2　呼吸困难

呼吸困难（dyspnea）又称呼吸窘迫综合征，是一种以呼吸用力和窘迫为基本临床特征的症候群。它不是一个独立的疾病，而是由许多原因引起或许多疾病伴发的一种临床常见综合征。在人类医学是指难以呼吸的感觉。动物呼吸困难是一种主观现象，难以进行准确的定义。为了应用呼吸困难这一术语，有必要进行客观描述。

呼吸困难表现为呼吸频率、强度、节律和方式的改变。按呼吸困难的原因和其表现形式，分为吸气性呼吸困难、呼气性呼吸困难和混合性的呼吸困难。呼吸困难又称呼吸迫促或呼吸窘迫，呼吸困难即呼吸窘迫是根据呼吸速率、节律和特征所表现的不适当呼吸的程度。根据呼吸困难的原因和程度表现为费力、阵发和持续性几种类型。呼吸迫促（tachypnea）即呼吸急促，是指呼吸速率增加。呼吸窘迫是指动物呼吸费力的症状。重要的是要鉴别呼吸困难有关的呼吸迫促与正常生理活动的呼吸迫促，如正常气喘、运动、高热和烦躁等。

[发生机制]

机体的呼吸进程可分为机体与周围环境之间的气体交流，称为外呼吸；血液与组织之间的气体交流，称为内呼吸或组织呼吸。外呼吸与内呼吸之间具有极亲密的相互因果关系。呼吸体系是受神经体系调节的。在延髓有呼吸中枢，并与脊髓两侧的呼吸活动神经元接洽，在脑桥还有呼吸调节中枢，这些中枢本身是受神经体系高等部位即大脑皮层调节的，同时，呼吸中枢的运动又直接受到来自机体内各方面神经传入激动的影响。来自肺迷走神经的传入激动对保持呼吸中枢节律性运动具有重要的意义，其他如血液成分的转变、体温的转变，以及血液循环的转变也都能直接和间接地刺激呼吸中枢，引起呼吸机能运动的变化。

[分类]

（1）按发病原因的分类

① 传染性病因：主要见于由病毒、细菌、支原体、真菌引起的呼吸系统疾病、心血管系统疾病等，如病毒性常见于犬瘟热、流感、副流感、Ⅱ型腺病毒病、传染性支气管炎等。细菌性常见于沙门氏菌病、肺炎双球菌病、丹毒、肺结核、败血波氏杆菌病、隐球菌病等。真菌性常见于球孢子菌病、真菌性肺炎和放线菌病等。

② 寄生虫性病因：常见于肺丝虫病、蛔虫病、心丝虫病、肺毛细线虫病、弓形体病等疾病。

③ 中毒性病因：常见于 CO 中毒、亚硝酸盐中毒、洋葱中毒、咪唑苯脲中毒、蛇毒毒素中毒、马钱子中毒、肉毒杆菌毒素中毒和头孢曲松钠中毒等。

④ 过敏性病因：主要见于药物过敏如青霉素过敏、双黄连过敏、穿琥宁过敏，以及其他的过敏原引起的肺水肿、嗜酸性粒细胞肺炎、支气管哮喘等。

⑤ 理化性病因：见于刺激性气体、液体的吸入，如氨气、氯气、硫化氢、强酸和强碱的吸入，呼吸道异物和肺异物、尿道异物阻塞，中暑（日射病和热射病）、胃扭转、胃肠道扩张等。外伤性病因主要见于开放性气胸、外伤性内出血和外出血、脑震荡、脑出血等。

⑥ 结石性病因：主要见于泌尿系统结石引起的尿潴留，如膀胱结石、尿道结石等。

⑦ 肿瘤性疾病：主要见于喉癌、气管旁肿瘤的压迫、肺癌、纵隔肿瘤，以及转移性胸膜、肺癌、脑癌等。

⑧ 氧分压低下：主要见于高海拔地区，由于空气中氧分压低，引起血氧交换障碍。

（2）按发病部位的分类

① 上呼吸道狭窄或阻塞：常见于鼻炎、鼻孔狭窄、喉炎、喉水肿、咽水肿、气管或支气管炎、气管或支气管内异物、支气管弛缓、肺门淋巴结肿大及肿瘤、呼吸道外伤性破裂等，因空气进入受阻，肺换气不足，导致缺氧和二氧化碳潴留而引起呼吸困难。

② 下呼吸道及肺疾病：常见于肺炎、肺充血、肺水肿、肺气肿、过敏或免疫性肺疾病、

肺肿瘤等，由于肺部病变使肺换气面积减少，肺部迷走神经反射作用增强而引起呼吸困难。

③ 胸膜腔疾病：常见于气胸、胸水、血胸、脓胸及非化脓性渗出液、乳糜胸、胸膜炎、胸膜粘连、膈疝、胸壁及胸椎外伤等，因胸腔活动受限而引起呼吸困难。

④ 血液疾病：各类贫血、高铁血红蛋白血症、某些中毒等，使得红细胞数量和血红蛋白量减少，血液携氧能力降低，氧含量减少，导致呼吸加速、心率加快。

⑤ 心血管疾病：各种原因引起的心力衰竭导致的肺充血、肺淤血、肺水肿等，使肺换气受限制，见于心肌炎、心肌肥大、心脏扩张、心脏瓣膜病等。

⑥ 神经系统疾病：主要见于脑震荡、脑水肿、脑炎、脑肿瘤、脑出血、脑血栓、中暑（日射病和热射病）、肝性脑病和破伤风等。

⑦ 腹压升高性疾病：主要见于胃扩张、脾扭转、腹水、肠臌气、肠积粪、尿潴留和子宫积液等，也见于肿瘤性疾病。

⑧ 细胞源性疾病：主要是由于内呼吸障碍导致的，常见于氢氰酸类物质中毒，如苦杏仁中毒、氢氰酸中毒、氰化钾中毒，以及有机氰类农药中毒等。

（3）按呼吸困难表现形式的分类

① 吸气性呼吸困难：表现吸气性呼吸困难的疾病较多，主要涉及鼻、鼻副窦、喉、气管、主支气管等上呼吸道。其双侧鼻孔流黏液脓性鼻液的，有各种鼻炎。其单侧鼻孔流腐败性鼻液的，有颌窦炎、额窦炎、喉囊炎等副鼻窦炎。其不流鼻液或只流少量浆液性鼻液的，有鼻腔肿瘤、息肉、异物等造成的鼻狭窄，喉炎、喉水肿、喉偏瘫、喉肿瘤等造成的喉狭窄，气管塌陷、气管水肿即气管黏膜及黏膜下水肿所致围栏肥育牛喇叭声综合征，以及甲状腺肿、食管憩室、淋巴肉瘤、脓肿等造成的气管狭窄。特征为吸气期显著延长，辅助吸气肌参与活动，并伴有特异性的吸入性狭窄音。

② 呼气性呼吸困难：表现呼气性呼吸困难的疾病很少，主要涉及下呼吸道狭窄即细支气管的通气障碍和肺泡组织的弹性减退。其急性病程的，有弥漫性支气管炎和毛细支气管炎；其慢性病程的，有慢性肺气肿等。特征为呼气期显著延长，辅助呼吸肌（主要为腹肌）参与活动，腹部有明显的起伏动作。

③ 混合性呼吸困难：表现混合性呼吸困难的疾病很多，涉及众多器官系统，包括除慢性肺泡气肿以外的肺和胸膜疾病；腹膜炎、胃肠膨胀、遗传性膈肌病（膈肥大）、膈疝等膈肌运动障碍性疾病；心力衰竭以及贫血、血红蛋白异常等障碍血气中间运载的疾病；氢氰酸中毒等障碍组织呼吸的疾病；各种脑病、高热、酸中毒、尿毒症等障碍呼吸调控的疾病。特征为吸气呼气均发生困难，常伴有呼吸次数增加现象。根据混合型呼吸困难发生的原因和机制可以分为以下7种基本类型，即肺源性、血源性、心源性、神经源性、腹压升高源性、细胞源性和空气稀薄性。

a. 肺源性呼吸困难：即换气障碍性气喘，包括非炎性肺病和炎性肺病等各种肺病时因肺换气功能障碍所致的呼吸困难。属于非炎性肺病的，有肺充血、肺水肿、肺出血、肺不张（膨胀不全）、急性肺泡气肿、慢性肺泡气肿和间质性肺气肿；还有以肺水肿、肺出血、急性肺泡气肿和间质性肺气肿为病理学基础的黑斑病甘薯中毒、白苏中毒、安妥中毒等中毒性疾病。属于炎性肺病的，有卡他性肺炎、纤维素性肺炎、出血性肺炎、化脓性肺炎、坏疽性肺炎、硬结性肺炎；还有以这些肺炎作为病理学基础的霉菌性肺炎、细菌性肺炎、病毒性肺炎、支原体肺炎、丝虫性肺炎、钩虫性肺炎、原虫性肺炎等各种传染病和侵袭病。

b. 心源性呼吸困难：即肺循环淤滞，组织供血不足性呼吸困难，系心力衰竭尤其左心衰竭的一种表现，概为混合性呼吸困难，运动之后更为明显。见于心肌疾病、心内膜疾病、心包疾病的重症和后期，还见于许多疾病的危重濒死期，恒伴有心力衰竭固有的心区病征和/或全身体征。

c.血源性呼吸困难：即气体运载障碍性呼吸困难，系红细胞、血红蛋白数量减少和血红蛋白性质改变，载氧、释氧障碍所致。运动之后更为明显，恒伴有可视黏膜和血液颜色的一定改变，见于各种原因引起的贫血（苍白、黄染）、异常血红蛋白分子病（鲜红，红色发绀）、家族性高铁血红蛋白血症（褐变）、亚硝酸盐中毒、CO中毒等。

d.细胞源性呼吸困难：主要是由于内呼吸障碍导致的，常见于氢氰酸类物质中毒，如苦杏仁中毒、氢氰酸中毒、氰化钾中毒，以及有机氰类农药等。

e.神经源性呼吸困难：由于颅内压增高和炎性产物刺激呼吸中枢，引起呼吸困难。见于脑部疾病、破伤风等。

f.腹压增高源性呼吸困难：腹原性呼吸困难，表现为胸式混合性呼吸困难，系腹、膈疾病如急性弥漫性腹膜炎、胃肠臌胀、腹腔积液、膈肌病、膈疝、膈痉挛、膈麻痹等所致。

g.空气稀薄性呼吸困难：是大气内氧气贫乏所致的呼吸困难，如高山病及牛胸病，表现为混合型呼吸困难。

[鉴别诊断思路] 见图10-2。

(1) 吸气困难的类症鉴别 特征为吸气延长而用力，并伴有狭窄音（哨音或喘鸣音），是吸气性呼吸困难。吸气困难这一体征，指示的诊断方向非常明确，即病在呼吸器官，在上呼吸道通气障碍，在鼻腔、喉腔、气管或主支气管狭窄。可造成上呼吸道狭窄而表现吸气困难的疾病较多，主要依据鼻液，包括鼻液之有无和数量，鼻液的性质和单双侧性，进行定位。

① 单侧鼻孔流污秽不洁腐败性鼻液，且头颈低下时鼻液涌出的。应注意鼻副窦疾病，如鼻窦炎、额窦炎。然后依据具体位置检查的结果确定。

② 双侧鼻孔流黏液-脓性鼻液，并表现鼻塞、打喷嚏等鼻腔刺激症状。主要考虑各种鼻炎以及以鼻炎为主要症状的其他疾病。呈散发的，有感冒。呈大批流行的，有流感、变应性鼻炎（夏季鼻塞）、传染性上呼吸道卡他等。

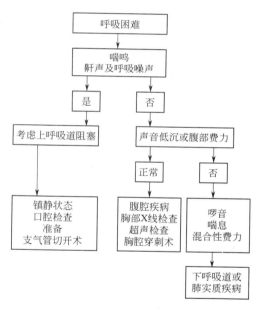

图10-2　呼吸困难的鉴别诊断思路

③ 不流鼻液或只流少量浆液性鼻液。应注意造成鼻腔、喉气管等上呼吸道狭窄的其他疾病。可轮流堵上单侧鼻孔，观察气喘的变化，以了解上呼吸道狭窄的部位。堵住单侧鼻孔后气喘加剧，指示鼻腔狭窄。见于鼻腔肿瘤、息肉、鼻腔异物等。堵住单侧鼻孔后气喘有所增重，指示喉气管狭窄。急性见于喉炎、喉水肿、气管水肿、甲状腺肿、食管憩室、纵隔肿瘤等造成的喉气管受压，慢性见于喉偏瘫、喉肿瘤和气管塌陷等。

(2) 呼气困难的类症鉴别 特征为呼气延长而用力，伴随胸、腹两段呼气而在肋弓部出现"喘线"（息痨沟）。多由于肺泡弹力减退和下呼吸道狭窄所致。慢性病程呈散发的，见于慢性肺泡气肿；呈群发的，见于慢性阻塞性肺病。急性病程，表现气喘轻、咳嗽重、鼻汁多、听诊有大中小水泡音的，见于弥漫性支气管炎；表现气喘重、咳嗽轻、鼻汁少、听诊有捻发音和小水泡音的，见于毛细支气管炎。

（3）混合型呼吸困难的类症鉴别　特征为呼气、吸气均用力，吸气、呼气的时间均缩短或延长，绝大多数为呼吸浅表而疾速，极个别为呼吸深长而缓慢，但吸气时听不到哨音，呼气时看不到喘线。

在对混合性呼吸困难病畜进行类症鉴别时，首先要看呼吸式和呼吸节律有无改变。混合性呼吸困难伴有呼吸式明显改变的，表明胸腹原性气喘。伴有胸式呼吸的，提示病在腹和膈。其次看肚腹是否膨大，肚腹膨大的，要考虑胃肠膨胀（积食、积气、积液）、腹腔积液（腹水、肝硬化、膀胱破裂）、腹膜炎后期等；肚腹不膨大的，要考虑腹膜炎初期（腹壁触痛、紧缩）、膈疝（腹痛）、膈肌麻痹以及遗传性膈肌病（遗传性疾病）等，最后逐个加以论证诊断和病因诊断。伴有腹式呼吸的，提示病在胸和肋。再看两侧胸廓运动有无对称性和连续性。其左右呼吸不对称的，要考虑肋骨骨折和气胸；断续性呼吸的，要考虑胸膜炎初期；单纯呼吸浅表、快速而用力的，要考虑胸腔积液或胸膜炎中后期（渗出性胸膜炎），最后逐个进行论证诊断和病因诊断。

伴有呼吸节律的明显改变，呼吸深长而缓慢，并出现陈-施二氏呼吸、毕欧特氏呼吸和库斯茂尔氏呼吸的，常指示中枢性气喘。其神经症状明显的，要考虑各种脑病，如脑炎、脑出血、脑肿瘤、脑膜炎等；表现严重的全身症状则考虑全身性疾病（尿毒症、高热病、药物中毒）的危重期，最后逐个进行论证诊断和病因诊断。

伴有明显脉搏细弱、黏膜发绀、静脉怒张、皮下浮肿等心衰体征的，常为左心衰竭引起肺循环淤滞的表现。对这样的病畜，要着重检查心脏。

伴有可视黏膜潮红、静脉血色鲜红、极度呼吸困难并为闪电病程的，考虑氢氰酸和 CO 中毒；同样的病征，但病畜静息不明显，运动后显著呼吸困难并取慢性病程的，常提示高原反应和异常血红蛋白血症。

伴有神经系统症状的，主要考虑中枢神经疾病如脑震荡、脑出血、脑炎、脑水肿、中暑、脑肿瘤、破伤风等，全身性疾病如低钙血症、低镁血症、尿毒症等，中毒性疾病如有机磷中毒、有机氟中毒、头孢曲松钠中毒等。

伴有黄疸的，主要考虑溶血性疾病引起的，常见于中毒性疾病如洋葱中毒、四环素中毒、硝氯酚中毒，寄生虫病如焦虫病、巴贝斯虫病等，细菌性疾病如钩端螺旋体病、附红细胞体病等。

伴有呼吸特快，每分钟呼吸数多达 $80\sim160$ 次（牛通常 $40\sim60$ 次）的，常提示非炎性肺病，要考虑肺充血、肺水肿、肺出血、肺气肿以及肺不张，可依据肺部听诊、叩诊结果和鼻液性状改变，逐个鉴别并查明病因。

10.1.3　发绀

发绀（cyanosis）是指皮肤黏膜出现青紫色的一种症状，是由血液中还原型血红蛋白增多和/或异常血红蛋白衍生物（高铁血红蛋白、硫化血红蛋白等）引起的，又称紫绀。在皮肤较薄、色素较少和毛细血管较丰富的部位容易出现。在兽医临床上主要见于结膜和口腔黏膜。

［发生机制］发绀取决于循环血液中还原型血红蛋白或异常血红蛋白的绝对含量，在人医临床，还原型血红蛋白含量高于 $50g/L$，高铁血红蛋白大于 $30g/L$，硫化血红蛋白大于 $5g/L$时，即可出现明显的发绀。还原型血红蛋白增多，一是见于血氧交换障碍，通常见于环境氧分压低下、呼吸困难、血流缓慢和心内、心外动静脉短路；二是见于红细胞增多症，由于红细胞增多，循环血中正常比例下的还原血红蛋白绝对含量就会增多，导致发绀，而且由于红细胞增多，血液黏稠，血流变缓，组织摄氧增多，可加重发绀的发生；三是见于某些异常血红蛋白衍

多，如高铁血红蛋白是由硝酸或亚硝酸盐中毒引起，硫化血红蛋白是由硫化物中毒引起。这些异常血红蛋白失去携带氧的能力，而且颜色较还原型血红蛋白深，更易发生发绀。

[分类]

（1）发绀的病因分类

① 传染性病因：主要见于病毒性、细菌性和真菌性疾病引起的鼻炎、喉炎、气管炎、肺炎和胸膜炎等，造成吸入性呼吸困难和肺的有效呼吸面积减少，也见于心脏疾病如心力衰竭、心肌炎、心包炎等引起的循环功能障碍，导致还原型血红蛋白增多。

② 寄生虫性病因：主要见于肺部寄生虫病、循环系统寄生虫病如心丝虫病、肺丝虫病等，引起有效呼吸面积减少和循环障碍，导致还原型血红蛋白增多。

③ 中毒性病因：主要见于硝酸盐和亚硝酸盐中毒、硫化物中毒、氟乙酰胺中毒、碘中毒。

④ 先天性疾病：先天性疾病，主要见于先天性心脏病、肺动静脉疾病，如法洛四联症、三尖瓣闭锁不全、肺动脉瓣闭锁、左心发育不全综合征等，出现动静脉血液混流，造成还原型血红蛋白增多。

⑤ 理化性病因：见于外伤性脑病、中暑等，引起呼吸中枢功能障碍，胸壁透创导致胸内负压环境消失等刺激性气体、液体的吸入，以及气管和肺异物等，引起吸入性呼吸困难和肺有效呼吸面积减小，导致循环血液中还原型血红蛋白增多。

⑥ 肿瘤性疾病：主要是喉癌、气管旁肿瘤压迫气管，引起吸入性呼吸困难，肺癌或胸膜癌、胸腔积液等引起肺有效呼吸面积减少，脑肿瘤引起呼吸中枢功能障碍，从而引起还原型血红蛋白增多。

⑦ 过敏性病因：由于过敏引起喉水肿、支气管痉挛等导致氧气吸入障碍，肺水肿导致有效呼吸面积减少，从而引起还原型血红蛋白增多。

⑧ 空气中氧分压低下：主要见于高海拔地区，由于空气中氧分压低，不能满足有效的血氧交换，导致还原型血红蛋白增多。

（2）发绀的发生机制分类

① 中心性发绀：中心性发绀是指由于心肺疾病导致的血氧饱和度降低，还原型血红蛋白增多所致，紫绀的特点是全身性的。中心性发绀根据发病部位的不同，又可分为肺性发绀和心性混合性发绀。

肺性发绀：主要见于各种严重的呼吸道疾病和空气氧分压降低，如高原反应、呼吸道阻塞、肺部疾病、胸膜胸腔疾病和膈疝，以及肺血管疾病（肺动静脉瘘）等。

心性混合性发绀：部分静脉血未经肺部的氧合作用，分流入体循环的动脉中，导致还原型血红蛋白增多所引起的发绀，是由于心、大血管间存在异常通道，静脉血未经肺部的氧合作用直接分流通过异常通道进入体循环的动脉血中，当分流量超过1/3时，即可引起发绀。常见于先天性疾病，如法洛四联症、三尖瓣闭锁不全、左心发育障碍等。

② 周围性发绀：是由于周围循环血流过缓，周围组织耗氧过多，或周围组织缺氧，使周围组织内毛细血管中血液氧合血红蛋白减少，还原型血红蛋白增多所致。此类发绀多发生于末梢，发绀部位冷凉。周围性发绀又分为淤血性周围发绀和缺血性周围发绀。

淤血性周围发绀：其发生机制是由于体循环淤血，周围组织血流缓慢，导致氧在周围组织消耗过多，毛细血管内还原型血红蛋白增多所致。可见于右心功能不全、慢性缩窄性心包炎、四肢静脉栓塞、前腔静脉栓塞等。

缺血性周围发绀：其发生机制是因周围血管收缩或心输出量减少，循环血量不足，周围组织血液灌流量不足，导致毛细血管内血氧消耗过多，氧合血红蛋白减少，还原型血红蛋白增多所致。见于休克、脉管炎、小动脉痉挛，以及暴露于寒冷环境中。

③ 混合性发绀：中心性发绀和周围性发绀并存时成为混合性发绀。临床上主要见于各种病因引起的心功能不全。因肺淤血导致肺内血液氧合不全，同时周围循环障碍，血液在毛细血管内耗氧过多所致。

④ 化学性发绀：是指血液中异常血红蛋白增多引起的发绀，依据血红蛋白异常的性质，又可分为高铁血红蛋白性发绀和硫化血红蛋白性发绀。

高铁血红蛋白性发绀：是由于血红蛋白中的二价铁变为三价铁，从而使血红蛋白失去携带氧的能力。主要见于中毒性疾病、药物的副作用和先天性疾病，如硝酸盐或亚硝酸盐中毒，磺胺类药物、苯胺、伯氨喹等药物可使二价铁变为三价铁。

硫化血红蛋白性发绀：是由于血液中硫化血红蛋白增多引起，血液内硫化氢含量过多和同时存在芳香族氨基化合物、氮化合物时，它们起到媒介作用，使硫化氢能够与血红蛋白结合形成硫化血红蛋白，硫化血红蛋白使血液呈蓝褐色。主要见于内服硫化物、场内大量硫化氢生成。

[鉴别诊断思路]

（1）**发绀类型的确定**　发绀的诊断，首先应确定发绀的类型，即中心性发绀、周围性发绀、混合性发绀，还是化学性发绀。

① 中心性发绀：特点是全身性，运动后加剧，局部按摩或增温不能消失。多伴有心肺功能异常。其中肺性发绀吸氧后可缓解。心性混合性发绀吸氧不能缓解。多提示先天性疾病，如法洛四联症、三尖瓣闭锁不全、左心发育障碍、高原反应、呼吸道阻塞、肺部疾病、胸膜胸腔疾病和膈疝，以及肺血管疾病（肺动静脉瘘）等。

② 周围性发绀：特点是多出现于四肢末梢、口唇、阴户等处。按摩、加温使之温暖，发绀可消退。多考虑休克、脉管炎、小动脉痉挛、右心功能不全、慢性缩窄性心包炎、四肢静脉栓塞、前腔静脉栓塞，以及暴露于寒冷环境中等。

③ 混合性发绀：是中心性发绀和周围性发绀的特点同时存在，多提示各种病因引起的心功能不全。

④ 化学性发绀：其特点是输氧不能缓解，静脉血多为深棕色，放置在空气中不能转为鲜红色。由毒物、药物引起的高铁血红蛋白性发绀，静脉注射大量维生素C、亚甲蓝、硫代硫酸钠可缓解发绀。硫化血红蛋白由于不影响红细胞的寿命，所以持续时间长，需要进行实验室检验。

（2）**按伴随症状鉴别**

① 伴有体温升高：多考虑感染性疾病如细菌性疾病、病毒性疾病、真菌性疾病和寄生虫病，以及理化因素引起的疾病。常见于犬瘟热、传染性支气管炎、肺结核、心丝虫病、肺丝虫病、真菌性肺炎、中暑、急性低钙血症、低镁血症、大叶性肺炎、胸膜肺炎等。

② 伴有心血管症候群：多考虑心血管系统疾病，如心肌炎、心包炎、心包积液、法洛四联症、房室间隔缺损等。

③ 伴有神经症状：多考虑中毒、神经系统疾病和代谢性疾病，如氟乙酰胺中毒、硝酸盐和亚硝酸盐中毒、有机磷中毒、脑炎、中暑、急性低钙血症、低镁血症、破伤风等。

④ 伴有咳嗽、流涕：多考虑呼吸系统疾病，如大叶性肺炎、小叶性肺炎、犬瘟热、胸膜炎、胸腔积液、肺结核、肺丝虫病等。

⑤ 伴有腹围增大：多提示胃扭转/扩张、脾扭转、肠臌气、尿潴留、子宫积液、渗出性腹膜炎、腹水等。

⑥ 伴有呕吐、腹泻：多考虑中毒性疾病、感染性疾病，常见于肉毒杆菌毒素中毒、沙门氏菌食物中毒、氟乙酰胺中毒、有机磷中毒、碘中毒、肠结核等。

10.1.4　喷嚏和流鼻液

喷嚏（sneezing）是鼻黏膜受到异常刺激，反射性地引起暴发性呼气，振动鼻翼产生的一种特殊声音。这是鼻腔对刺激原的一种防御性反射。偶尔间断性的打喷嚏是正常的。持续性阵发性是异常的，急性发作持续较长时间的打喷嚏常与鼻腔异物或上呼吸道感染有关。也可发生其他疾病。流鼻液（nasal discharge）是指动物的呼吸道在病态下因为异常分泌而从鼻腔排出的分泌物，其中混有脱落的上皮细胞和中性粒细胞。

［病因］喷嚏也是受凉、流感、感冒的征兆。喷嚏与流鼻液往往同时存在，引起的原因基本相同。常见于以下几方面。

（1）微生物感染　当呼吸道发生感染或炎症时，黏膜上皮的纤毛细胞遭到破坏，数量减少，而杯状细胞增加，黏液腺肥大，黏膜充血、水肿，血管通透性增高，炎症细胞浸润，使分泌作用增强，导致分泌物的数量增多，质量变稠，同时由于纤毛细胞的清除作用降低，使鼻液的量显著增多。常见于某些病原微生物感染（如流感病毒、肺炎链球菌、葡萄球菌、曲霉菌、隐球菌、青霉菌等），因动物受凉、淋雨、过度使役、饲养管理不当、某些营养物质缺乏、长途运输应激等，以及某些传染病经过中（如流感、犬瘟热、犬传染性气管支气管炎、结核病、犬副流感、猫病毒性鼻气管炎）等。

（2）物理和化学因素　环境空气中的刺激性烟雾、有害气体对上呼吸道黏膜的直接刺激，也见于吸入异物及外伤。

（3）吸入变应原　常见的致敏原有花粉、饲草料中的霉菌孢子等，吸入呼吸道后引起过敏反应，如变应性鼻炎、肉芽肿性鼻炎等。

（4）其他　鼻腔与副鼻窦相通，副鼻窦发生炎症性疾病时产生的炎性产物可通过鼻腔流出。另外，鼻腔息肉及肿瘤（如纤维瘤、软骨瘤、骨瘤、鳞状细胞癌等）均可引起喷嚏、流鼻液等症状。

［检查方法］临床上喷嚏和流鼻液的检查主要通过视诊进行，必要时进行鼻液的显微镜检查。

（1）病史及临床检查　主要询问与疾病有关的饲养环境、气候变化等，了解发病时间、主要的症状及可能的病因。喷嚏主要了解发生的频率，而鼻液重点检查数量、颜色、气味、黏稠度及混杂物。

鼻液的量：鼻液排出量的多少受病变的部位、广泛程度和轻重的影响。一般炎症的初期、局灶性的病变及慢性呼吸道疾病鼻液少，如轻度感冒、气管炎初期等。在上呼吸道疾病的急性期和肺部的严重疾病，常出现大量的鼻液，如犬瘟热、流感等。当自然站立时，鼻液量可能少，而运动后或低头时，则可能有大量的鼻液流出。

鼻液的性质：鼻液按其性质分为浆液性、黏液性、黏脓性、腐败性和血性5种。

① 浆液性鼻液：无色透明、稀薄如水，见于急性鼻卡他、流感、猫急性病毒性上呼吸道感染、猫衣原体病、鼻腔内寄生虫等。

② 黏液性鼻液：呈蛋清样或粥样，白色或灰白色，常混有脱落的上皮细胞、黏膜和炎症细胞等，比较黏稠，为卡他性炎症的特征，常见于急性上呼吸道感染。

③ 黏脓性鼻液：特征是鼻液黏稠混浊，呈糊状或凝乳状，黄色或淡黄绿色，具有脓臭或恶臭味。为化脓性炎症的特征，常见于化脓性鼻炎、犬瘟热、幼犬疱疹病毒病、霉菌性鼻炎、

异物性鼻炎、鼻腔肿瘤、细菌性肺炎等。

④ 腐败性鼻液：鼻液主要表现为污秽不洁，呈褐色或暗褐色。鼻液中含有腐败的坏死组织，有尸臭味，主要由于腐败性细菌作用于组织。见于肺坏疽和腐败性支气管炎等。

⑤ 血性鼻液：鼻液中混有血液，可能是血丝、血凝块或直接为血液流出。如血为淡红色，其中混有泡沫或小气泡，则为肺充血、肺水肿和肺出血的征象。有较多的血液流出，主要见于鼻黏膜外伤。在鼻腔肿瘤时，鼻液呈暗红色或果酱状。

鼻液中的混杂物：是指鼻液中混有的唾液、饲料碎渣、寄生虫及其他异物。

（2）实验室检查　必要时进行鼻液的显微镜检查，涂片染色后观察各种细胞、弹力纤维和细菌等。对传染病应进行病原学检查。

（3）特殊检查　对鼻腔和鼻窦的异物、肿瘤等可通过 X 射线、鼻窥镜等进行诊断。

（4）鉴别诊断　见图 10-3。

喷嚏和流鼻液是鼻腔疾病的主要症状。喷嚏是鼻腔黏膜对各种刺激物的生理反应，疾病过程频率增加，有的呈阵发性。病理情况下，鼻液量增加，颜色、气味、黏稠度发生改变，并混有其他异物，应注意鉴别。鼻腔疾病在宠物门诊最常见，在分析喷嚏和鼻液时应注意伴随的症状，如咀嚼困难、结膜炎、流泪等。出血性鼻液可进一步表明疾病在鼻腔内。呼吸系统的炎症性疾病均可引起流鼻液，同时表现咳嗽、呼吸困难，有的还出现不同程度的体温升高。本节主要介绍常见鼻腔疾病的鉴别诊断。

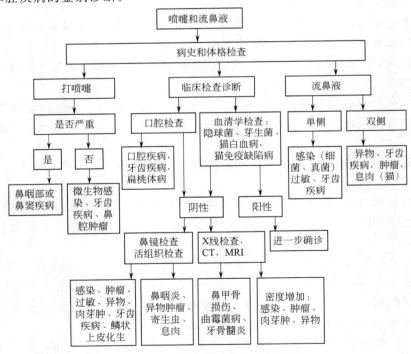

图 10-3　喷嚏和流鼻液的鉴别诊断

① 感冒：感冒是由于动物机体遭受风寒或风热而引起的以急性鼻炎或上呼吸道卡他性炎症为特征的疾病，各种动物均可发生，幼龄和老龄动物更易发病。表现精神沉郁，食欲降低，体温升高，咳嗽，流浆液性或黏液性鼻液，打喷嚏，结膜发红，流泪，呼吸、脉搏加快。外感风寒者，发热轻，畏寒发抖，无汗。外感风热者，发热重，微恶寒，耳鼻俱温。犬、猫有时出现呕吐。胸部听诊肺泡呼吸音增强。

② 鼻炎或鼻窦炎：为鼻腔或鼻窦黏膜的急性或慢性炎症，可由病毒（如犬瘟热病毒、副流感病毒、疱疹病毒、腺病毒等）、细菌（如巴氏杆菌）、真菌（如曲霉菌、隐球菌、青霉菌属组织胞浆菌等）、寄生虫、过敏、创伤、肿瘤、异物及刺激性气体等引起。表现浆液性、黏液性、脓性或血性鼻液，喷嚏，鼻黏膜充血、肿胀，敏感性增高，张口呼吸，吸气性呼吸困难。

③ 鼻腔肿瘤：主要见于犬、猫，常见的肿瘤包括腺癌、鳞状上皮癌、淋巴肉瘤、纤维肉瘤、软骨肉瘤等。表现面部畸形，喷嚏，流泪，咳嗽，流黏液样、黏脓样带血的鼻液，如果阻塞鼻腔可出现呼吸困难。X射线、活检可确诊。

④ 鼻咽息肉：主要见于犬、猫，吸气性呼吸困难，喷嚏和流鼻液，猫并发外耳炎。活组织病理学检查可确诊。

10.1.5 窒息

窒息是极度的呼吸困难，是指呼吸过程由于某种原因受阻或异常所引起的一种症状，临床特征为呼吸极度困难，口唇、皮肤青紫，紫绀明显，心跳快而微弱，病畜处于昏迷或者半昏迷状态，呼吸逐渐变慢而微弱，继而不规则，到呼吸停止，心跳随之减慢而停止，瞳孔散大，对光反射消失。窒息是危重症最重要的死亡原因之一。

由于氧气不能进入肺组织、肺组织有效呼吸面积丧失或/和血氧失利用，产生的全身各器官组织缺氧，CO_2潴留而引起的组织细胞代谢障碍、功能紊乱和形态结构损伤的病理状态。当机体严重缺氧时，器官和组织会因为缺氧而变性、坏死，尤其是大脑组织。

（1）病因分类

① 机械性病因：是指由于异物或外力作用，造成喉、气管、肺等阻塞，气体不能进入肺部引起。常见于缢、绞、扼颈部，压迫胸腹部，异物阻塞喉、气管、肺，以及急性喉头水肿、开放性气胸等。

② 中毒性病因：是指由于毒物与血红蛋白结合，使之不能携带氧或氧气不能被组织利用所引起。如一氧化碳中毒、亚硝酸盐中毒、氰化物中毒等，亚硝酸盐、一氧化碳进入血液，与血红蛋白结合，造成血红蛋白不能携带氧，引起组织缺氧造成窒息；氰化物与呼吸链中的铁离子结合，导致铁不能传递电子，呼吸链中断，氧气不能被阻止利用引起窒息。

③ 感染性病因：严重肺感染使有效呼吸面积丧失引起窒息，脑损伤使呼吸中枢功能抑制引起窒息等。

（2）发病部位分类

① 呼吸道阻塞：是由于氧气不能进入肺部引起的，主要见于喉、气管的异物完全阻塞，以及外力作用造成的阻塞，如缢、绞、扼颈部和压迫胸腹部等。

② 肺有效呼吸面积丧失：是指肺部有效呼吸面积丧失引起的，主要见于急性、弥漫性肺水肿、肺炎、间质性肺气肿，肺不张，以及胸腔负压消失等，可由生物性病因、过敏性病因、中毒性病因、外伤性病因等引起。

③ 血红蛋白携氧能力丧失：是指血红蛋白丧失携带氧的能力，主要见于中毒性疾病如 CO 中毒、亚硝酸盐中毒等。

④ 组织氧失利用性：主要是由于呼吸链中断造成的，主要见于氰化物中毒，如氢氰酸中毒、有机氰农药、苦杏仁中毒等。

（3）鉴别诊断思路　窒息发生时，首先要确定引起窒息的发生部位，是呼吸道阻塞、肺有效呼吸面积丧失，还是血红蛋白携氧能力丧失、组织不能利用氧。然后再进一步通过问诊、实验室检查、影像检查、治疗试验等确定引起的病因。

10.2　上呼吸道疾病

上呼吸道疾病（Upper respiratory disease）大多由上呼吸道感染所致。70%～80%的上呼吸道感染由病毒引起，包括鼻病毒、冠状病毒、腺病毒、流感和副流感病毒；20%～30%的感染由细菌引起，细菌感染可直接感染或继发于病毒感染之后，以溶血性链球菌最为常见，其次为流感嗜血杆菌、肺炎球菌、葡萄球菌等，还可能有革兰氏阴性细菌。另外，各种导致全身或呼吸道局部防御功能降低的原因，如受凉、淋雨、气候突变、过度疲劳等可使原已存在于上呼吸道的或从外界侵入的病毒或细菌迅速繁殖，从而诱发本病。常见的上呼吸道疾病有感冒、鼻出血、鼻炎、副鼻窦炎、软腭异常、喉炎、喉头麻痹、气管麻痹等。

10.2.1　感冒

感冒（Cold）是指天气突变或身体受凉而引起的以上呼吸道黏膜炎症为主的急性发热性疾病，是宠物门诊最为常见的疾病之一，与犬瘟热早期症状十分相似。本病分为普通感冒和流感，多发生在早春、晚秋气候多变的季节，是呼吸器官的常发病，尤以幼龄犬、猫多发。

[病因] 照顾不当，突然遭受寒冷刺激或温差变化过大等因素都可诱导本病的发生。当机体抵抗力降低，上呼吸道黏膜防御机能减退时，呼吸道内常存在细菌大量繁殖，也可导致本病的发生。此外，本病往往是许多传染病伴随的一种临床症状，其病原多为病毒，如犬瘟热病毒、副流感病毒、犬疱疹病毒等。

[症状] 普通感冒，主要表现为羞明流泪（图10-4），咳嗽，流鼻涕（图10-5），病初鼻涕为卡他性、浆液性，以后变为黄色黏稠状（图10-6），精神沉郁（图10-7），食欲减退，呼吸加快，体温升高，结膜潮红，轻度肿胀。有的可见鼻黏膜有糜烂或溃疡，鼻黏膜高度肿胀时，鼻腔狭窄，呼吸困难，呼吸次数增加，肺泡呼吸音增强，心率加速，心音增强等。严重时畏寒怕冷，拱腰战栗。如及时治疗，可很快治愈。如治疗不及时，特别是未防疫的幼犬可继发支气管肺炎或其他传染病。流感，主要表现为高热，除具有上述普通感冒症状外，常伴发结膜炎和肠炎。

图 10-4　羞明流泪

图 10-5　鼻流清涕

图 10-6　黏稠状鼻液

图 10-7　精神沉郁

[诊断] 根据动物受到寒冷侵袭后突然发病，咳嗽，流鼻涕及发热等全身性症状可做出初步诊断，应注意同副流感、犬瘟热初期以及犬腺病毒相区别。

[治疗] 首先排除病因和加强护理。以解热镇痛，驱风散寒，抗并发感染为原则。选用复方氨基比林，犬 10～15mg/kg，猫 1～2mL/次，肌注或皮下注射；安乃近，犬 0.3～0.6g/次，猫 0.1g/次，皮下或肌内注射，防治继发感染。应适当应用抗生素，如氨苄青霉素，按照 20～50mg/kg，皮下或肌内注射，2 次/d，并配合使用抗病毒类药；青霉素 40 万～80 万单位肌内注射，2 次/d，并配合使用地塞米松加鱼腥草进行雾化吸入治疗，1 次/d，连用 3～4 次，具有独到疗效。其他抗菌药物如卡那霉素、头孢霉素、环丙沙星、氧氟沙星及磺胺类药物等均可选用，防止继发感染。对重危病例应输液治疗，可用 10% 葡萄糖液加入青霉素、地塞米松、维生素 C 一起静脉滴注。

[预防] 首先要改善犬、猫的居住条件，防止风雨侵袭。地面要保持清洁干燥，寒冷天气要有铺垫物。其次要增强犬猫的体质，除了注意犬猫的饮食外，还要保证有适当的运动和一定的阳光照射。另外，对病犬、病猫要特别注意加强护理，做好防寒保暖工作尤为重要。

10.2.2　鼻咽息肉

鼻咽息肉（Nasopharyngeal polyps）是发生于幼猫和年轻成年猫的一种良性赘生物，它们通常与咽鼓管的底部相连，可能会延伸至外耳道、中耳、咽部和鼻腔。呈息肉样生长，颜色粉红，通常有蒂，肉眼观察容易与肿瘤混淆。具体病因不清。

[症状] 主要以上呼吸道症状为主，如鼾声、上呼吸道梗阻、鼻部出现浆液性或黏液性脓性分泌物。伴发外耳炎或内耳炎症状，如头部倾斜、眼球震颤等。

[诊断] 如果 X 射线见有软腭上软组织密度阴影，鼻咽、鼻腔或者外耳道有团块样组织则可进行初步诊断。同时需要借助检耳镜确定病变范围。多数病例出现骨质增生或鼓泡的软组织密度增高等中耳炎征象。通过活检进行组织病理学分析以确诊，取样可以在手术过程中完成。鼻咽息肉由炎性组织、纤维结缔组织和上皮细胞组成。

[治疗] 本病手术切除鼻咽息肉，一般采取经口腔手术方法。如果 X 线显示鼓泡异常，尚需进行鼓泡截骨术，少数情况需要鼻切术将病变组织全部切除。本病预后良好。

10.2.3　鼻出血

鼻出血（nosebleed）是指鼻腔或副鼻窦黏膜血管破裂、出血，血液从鼻孔流出的一种症状。根据发病原因可分为原发性鼻出血和继发性鼻出血。鼻出血是鼻腔疾病的常见症状之一。

[病因] 异物进入鼻腔，因为碰撞受到外伤造成的鼻出血。霉菌、病毒或细菌感染也可以导致犬、猫出血。香豆素、香豆素类毒鼠药中毒、血小板不足、凝血因子功能异常、鼻腔中肿瘤增殖或恶化等均可导致鼻出血。

[症状] 原发性鼻出血，单侧或双侧鼻孔内流出血液，一般为鲜血，呈滴状或线状流出，不含气泡或含有几个大气泡（图 10-8～图 10-10）。继发性鼻出血，一般为持续性流出棕色鼻液。当出现大出血并持续不止时，患病犬、猫可出现严重的贫血症状，表现为可视黏膜苍白，脉搏弱而快。如治疗不及时，可因严重失血而死亡。

[诊断] 根据临床症状可做出诊断，本病应注意与肺出血和气管、支气管出血相区别，一般呼吸道出血时在血液中有多量气泡。

[治疗] 治疗原则以去除致病因素，加强饲养管理为主。轻度鼻出血，一般无需特殊治疗，使病犬、病猫安静休息，即可止血。如仍不能止血，可在额、鼻梁上实施冷敷数分钟到半个小时；也可用浸有 1∶50000 的盐酸肾上腺素等止血药的纱布或棉花球塞入鼻腔（图 10-11），也

可用肾上腺素或止血敏局部喷洒。严重鼻出血，应进行全身性用药，可肌内注射安络血、止血敏、维生素 K 等药物，静脉注射 5％葡萄糖酸钙 10～20mL，补给适量的维生素 C，必要时可给予输血治疗。急性鼻出血治疗应及时止血，肌注止血敏、维生素 K。对于异物所致者，应迅速去除之。中西医结合治疗，止血注射剂可注入悬枢穴，或在尾本穴上用细绳紧绕数圈 2～3min；可用云南白药以纱布包裹后塞入鼻腔，或用鲜紫苏叶捣汁浸湿纱布后塞入鼻腔。尽量避免鼻部受损，及时治疗原发病，并仔细护理，给予营养丰富易消化的日粮，以增强其抵抗力。

图 10-8　双侧鼻孔出血

图 10-9　单侧鼻孔出血

图 10-10　猫的双侧鼻孔出血

图 10-11　简易的治疗措施

10.2.4　鼻炎

　　鼻炎（Rhinitis）是由于多种不良因素的刺激导致鼻腔黏膜发生炎症的一种上呼吸道疾病。临床上犬、猫鼻炎为常见病，其主要特征为呼吸困难、打喷嚏、流鼻涕、鼻黏膜肿胀、充血等，春秋季多发。按病程分为急性和慢性鼻炎；按病因分为原发性和继发性鼻炎，以原发性浆液性鼻炎多见。

　　[病因]

　　（1）物理性因素　寒冷刺激引起的原发性鼻炎占较大比例。由于季节变换、气温骤降，耐寒能力差、抵抗力不强的动物，鼻黏膜在寒冷刺激下发生充血、渗出，鼻腔内条件性病原菌繁殖而引起黏膜炎症。粗暴的鼻腔检查、吸入粉尘、昆虫、花粉及霉菌孢子，鼻部外伤等直接刺激鼻黏膜引起炎症。

　　（2）化学性因素　包括挥发性化工原料，饲养场产生的有害气体，以及某些环境污染物直接刺激鼻黏膜引起炎症。

　　（3）生物性因素　某些传染病，如犬瘟热、犬副流感感染、犬腺病毒Ⅱ型感染、猫疱疹病毒Ⅰ型感染、猫杯状病毒感染、出血性败血性巴氏杆菌感染等；某些寄生虫感染，如犬鼻螨、肺棘螨等；继发于某些过敏性疾病，如花粉、药物等；某些真菌感染。

　　（4）其他因素　邻近器官炎症蔓延，如咽喉炎、副鼻窦炎及齿槽骨膜炎、呕吐所致鼻腔污染等可波及鼻黏膜而发生炎症。

[症状]

（1）慢性鼻炎　病情发展缓慢，临床症状时轻时重，主要症状为流鼻液。鼻液的性状为黏液性、脓性、血性或混合性。鼻液的量不多，可能会在鼻孔的周围形成脓性痂皮，污秽不洁，可发出腐臭味，有时频频打喷嚏，或张口呼吸，或发出鼻塞声。慢性鼻炎常可继发鼻窦炎和上颌窦蓄脓等，也常为鼻腔肿瘤的诱因。

（2）急性鼻炎　病初表现为鼻黏膜充血、肿胀，患病犬、猫因鼻黏膜发痒而打喷嚏、摇头、蹭鼻子，继而鼻孔流出浆液性、黏液性、脓性、血样鼻涕。鼻黏膜可有糜烂。炎症进一步发展到呼吸道时，表现为呼吸急促，张口呼吸，因鼻腔黏膜肿胀，鼻分泌物增多而堵塞鼻腔，可听到鼻塞音；部分病例可见到下颌淋巴结肿胀，伴有结膜炎时，有羞明、流泪、眼分泌物增多等症状。少数患病犬、猫可出现呕吐、扁桃体炎、咽喉炎。通常情况下，犬、猫的食欲、体温等无明显变化，病程 6～8d，预后良好。

[诊断]　主要依据临床症状做出诊断。鉴别诊断时，要注意区分原发性和继发性鼻炎及副鼻窦炎。继发性鼻炎，除了上述症状以外，还有体温升高、食欲减退、精神沉郁等全身性症状；当鼻腔黏膜的慢性炎症持续到发生黏膜溃疡与鼻甲骨骨髓炎时，它的病因就很难确定，需做实验室检查，除了使用检耳镜等设备观察病变部位外，还需要做细菌或霉菌的分离培养、活组织检查、X 射线摄影检查；怀疑为过敏性原因引发本病时，则需另做鼻腔拭取物检查，看能否找到嗜酸性粒细胞。

在全身症状表现不明显时，犬、猫鼻炎的诊断可根据打喷嚏、流鼻液、鼻黏膜肿胀、充血、有无吸气性鼻呼吸杂音，做出初步诊断。同时，还可经由鼻腔内造影及 X 射线诊断对病因进行确诊，还可检查病理切片，对此病预后加以判断。

鉴别诊断时，需特别注意的是应和临床症状相似的疾病，如副鼻窦炎、流感等加以区分。副鼻窦炎，症状为单侧鼻孔鼻液为流脓性，鼻液量会在打喷嚏及低头时明显增多，并伴有臭味；慢性副鼻窦炎患病犬、猫面部肿胀、畸形，叩诊有浊音；流感，全身症状表现极为明显，高热、结膜炎、流行性强。

[治疗]　治疗应以去除病因、抗菌消炎、局部用药为原则。首先对病因进行排除，把患病犬、猫放置于通风良好且温暖的舍内，对患病犬、猫的生活及饲养环境加以改善，一般情况下，急性轻度鼻炎不需要治疗即可痊愈，若病情较为严重，可合理使用抗生素制剂及磺胺类药物。

（1）原发性或继发性细菌感染的犬、猫，可采用如下治疗方法：氨苄青霉素每千克体重 20mg，口服，3 次/d；青霉素每千克体重 4 万 IU，肌内注射，2～3 次/d；磺胺嘧啶每千克体重 75mg，肌内注射。

（2）真菌感染的犬、猫可采用氯霉素治疗，每千克体重 50mg，口服或肌内注射，2 次/d，连用 20d，如果疗效不好，可行鼻切开术，切除感染灶。去除黏脓性鼻液和异物时，可用温的生理盐水、0.01%～0.02%高锰酸钾、0.1%氨苯磺胺或 1%～2%碳酸氢钠冲洗鼻腔，2～3 次/d，然后滴入青霉素溶液 4 万～8 万 IU/mL。当鼻黏膜肿胀严重时，可令患病犬、猫吸入 0.1%肾上腺素、1%氯化铵或 1%克辽林，以促进其鼻黏膜血管的收缩，降低其鼻黏膜的敏感性。

（3）过敏性鼻炎，可选用扑尔敏每千克体重 4～8mg，口服，2 次/d；去甲肾上腺素每千克体重 0.15mg，皮下注射；泼尼松龙每千克体重 0.5mg，口服，2 次/d。

（4）慢性鼻炎，可选用地塞米松每千克体重 0.125～1.000mg，1 次/d，口服或肌内注射，还可选用中药鼻炎康、鼻适宁等口服。当患病犬、猫出现全身症状时，应及时选用抗生素和磺胺类药物治疗。

（5）局部用药，对有大量稀薄鼻液的病例先用 0.1％高锰酸钾溶液 200mL 冲洗鼻腔。再用复方碘甘油 50mL 喷涂，1 次/d，连用 3～5d；对于鼻塞严重的，可用去甲肾上腺素滴鼻液滴鼻，每天数次，使用 1～2 周后间断 1～2 周，避免长期连续用药；当鼻腔黏膜严重充血时，可用血管收缩药 1％麻黄碱滴鼻。

10.2.5　副鼻窦炎

副鼻窦炎（Nasosinusitis）是上颌窦、额窦及蝶窦黏膜的炎症，临床表现为各副鼻窦黏膜发生浆液性、黏液性或脓性甚至坏死性炎症。犬、猫均可发生。

[病因]　本病可分为原发性和继发性。原发性副鼻窦炎多因犬、猫机体抵抗力下降时感染病菌所致，较为少见。继发性副鼻窦炎较为多见，通常继发于急性、慢性鼻腔疾病，如鼻炎、流感、放线菌病、面部挫伤、骨折以及变态反应等。

[症状]　鼻腔中流出大量鼻液，患病犬、猫呼吸困难，触诊时有痛感、局部肿胀，流出的鼻液起初为浆液性或黏液性的，其后为脓性并有臭味。当患病动物剧烈运动、咳嗽或强力呼吸时，流出的鼻涕增多。如细菌性窦腔黏膜炎症发展到鼻腔黏膜时，则引起鼻炎，并可能通过鼻泪管感染，引起眼结膜炎，发生鼻泪管堵塞。急性严重病例除表现为流出脓性鼻涕外，还可能出现全身症状，体温升高，畏寒或颤抖，惊恐不安，狂躁惨叫。慢性病例主要表现为持续性流出黏液性或脓性鼻液，局部肿胀，无全身性症状和明显的疼痛。流出的鼻液量多少视发病部位不同而异，当筛鼻窦炎时鼻液量较少，而上颌窦炎和额窦炎时，则鼻液量较多。

[诊断]　急性病例可通过临床症状做出诊断，慢性病例则可以借助于鼻窦穿刺术或圆锯术进行诊断与鉴别诊断。同时，还可经由鼻腔内造影及 X 射线诊断对病因进行确诊，还可检查病理切片，对此病预后加以判断。

鉴别诊断时，需特别注意的是应和临床症状相似的疾病，如鼻炎、流感等加以区分。鼻炎的临床症状主要表现为鼻黏膜充血、肿胀、呼吸困难、流鼻涕、打喷嚏，流感的全身症状极为明显，即高热、结膜炎、流行性强。

[治疗]　对于急性病例，如鼻窦严重充血肿胀，用 1 ％ 麻黄素、肾上腺素、滴鼻净滴鼻，以收缩血管，减轻肿胀。有全身性症状时，应用抗生素或磺胺类药物，可选用氨苄青霉素 20～40mg/kg，口服，2 次/d；或土霉素 30mg/kg，口服，2 次/d，以控制炎症。对于黏膜有严重的病变，鼻窦中有大量鼻液者，应做排液孔手术。中西医结合治疗可用庆大-小诺霉素和 654-2 液滴鼻，或用康复新液滴鼻；口服辛夷散（辛夷、酒知母、酒黄柏、广木香、沙参、郁金、明矾）。

10.2.6　软腭异常

软腭异常（Abnormal soft palate）一般指口腔中软腭发育异常的一种先天性畸形或后天性各种因素导致的疾病，多发于犬，尤其多见于短头品种犬。构成软腭肌群中悬雍垂肌（肌性悬雍垂）的方向和外形可能反映出硬腭和软腭的异常。主要以上呼吸道阻塞、呼气性呼吸困难、咳嗽、咽或喉内负压增高为特征症状。

[病因]

（1）遗传因素　研究表明亚甲基四氢叶酸还原酶在叶酸的激活中起着核心的作用，亚甲基四氢叶酸还原酶基因在很多短头品种的犬容易缺失，包括法国斗牛犬、西高地白梗、德国牧羊犬和吉娃娃等。

（2）营养性因素　母体的健康状况不良、叶酸缺乏可以导致胎儿发病。先天性的软腭裂通常是由于两个腭骨架在胚胎发育时期的闭合不全引起的。胎儿的硬腭和软腭发育与闭合是在犬妊娠的第 25～28 d。

（3）其他因素　造成初腭或次生腭闭锁不全的其他原因有激素（如类固醇类激素）、机械压力（如口腔肿瘤）以及病毒性因素等。

［症状］

（1）软腭过长症　主要表现为患犬在休息时呼吸音高朗，表现干咳、湿咳、鼾声等，易造成呼吸困难，吸气时发现软腭尾端堵塞或进入喉孔。

（2）软腭过短　常表现为开放性鼻音，吞咽时食物易从鼻腔呛出，由于幼犬咳嗽反射弱，气道较短，呛奶后易引起吸入，加之气管纤毛的运动较差，反复呛奶可导致呼吸道感染。

（3）软腭裂　因口、鼻腔在咽喉前开放相通，口腔内不能产生负压，可造成幼畜吸吮功能障碍，鼻腔会出现反流现象、咳嗽、鼻炎，严重者可造成呼吸道感染，患犬在吸奶时可同时将乳汁吸入肺中，不仅直接影响生长发育，还可能导致呼吸困难或异物性肺炎，表现为精神沉郁，腹式呼吸，肺部听诊可闻湿锣音。

（4）软腭水肿　表现为患犬焦躁、呼吸急促、腹起伏大、可视黏膜发绀、窦性心律不齐等（图 10-12、图 10-13）。

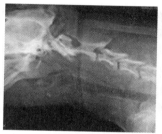 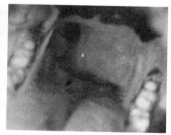

图 10-12　软腭肿物　　　　图 10-13　犬软腭水肿

［诊断］软腭裂可经口腔检查直接观察到，易于诊断。软腭过长或过短症可直接用喉头镜观察。还可借助 X 射线摄影确诊。

［治疗］

（1）因软腭异常造成呼吸困难者，进行输氧疗法。

（2）软腭过长者，可手术切除过长部分。

（3）轻微的犬上颚裂能够通过外科手术矫正，手术主要目的是鼻腔底部的再造，通过上颚表面黏膜的缝合覆盖闭合上颚裂缝。比较严重的上颚裂，也可以采用人工材料覆盖或自体骨移植的方法加以闭合。将软腭创缘分两层关闭缝合，软腭处穿透整个黏膜层进行黏膜结扎，这样直接闭合了腭裂与会厌部的通道，再向上缝合，外层直接缝合拉力过大，所以在两侧进行切口并分离然后再缝合以减少缝合后的张力，口腔两侧的伤口经一段时间后可自行愈合。

（4）软腭水肿者，使用镇静药，如：乙酰丙嗪每千克体重 0.01mg，布托菲诺每千克体重0.2mg，静脉注射，并输氧治疗（直流式与面罩供氧 4L/min）；调节体液、电解质及酸碱平衡药，如：乳酸林格注射液；肾上腺皮质激素类药，如：地塞米松每千克体重 0.2mg，静脉注射；以及配合物使用广谱抗生素，如：速诺每千克体重 0.05mL，肌内注射，1 次/d，连用3～5d。

严重者可进行气管切开术。通常采取全身麻醉；在紧急情况下，物理保定，局部麻醉或全身麻醉均可采用,一般仰卧保定。取适当位置做切口,插入导管,然后用尼龙线在适当的位置扎住气管造口术导管,并和颈部的皮肤缝合在一起。对大型犬或者脖子较厚的犬应使用无菌的气管内导管,普通导管不能确保安全。气管造口术过程中由于出血和出现分泌物,开放的气道可能会危及生命,所以插入导管后立即抽吸气道。由于热湿空气从造口术中的导管经过,可能使黏稠浓液聚集进而使导管开口变小,可采取下列措施来阻止这类情况的发生:如每隔2h或4h使用无菌技术抽吸导管;每隔4~8h用盐水或稀释的乙酰半胱氨酸喷雾,或每隔2~8h逐滴灌输1mL盐水到气管导管内来液化分泌物,采取皮下或静脉输液的方式保持正常机体的水合作用。当气管造口术导管移开时,开口位置仍要开放,并每天清洗几次,手术闭合时可能皮下气肿或纵隔气肿。通常只能二期愈合。

(5)软腭过短者,患犬应注意小心喂养,缓慢吞咽,必要时手术治疗。因食物和液体逆流入鼻腔引起异物性肺炎者,要及时清除吸入的异物,并按吸入性肺炎的治疗方法进行治疗。

(6)对症治疗方法,包括输液、输氧、使用支气管扩张药及祛痰药,并配合使用抗生素防止感染。大多数幼犬在早期就可能死于肺炎和营养失调。所以对发生本病的犬需要通过投饲管(食道切开和胃的造口来放置饲管)来提供足够的营养,并降低发生吸入性肺炎的危险。投饲管需要一直保留到动物可以进行手术修补的时候。

10.2.7 短头品种气道综合征

短头品种气道综合征(Brachycephalic Airway Syndrome)或上呼吸道梗阻综合征是指由短头品种犬以及少数短脸猫(如喜马拉雅猫)的解剖结构异常而引起的综合征。这些解剖学异常包括鼻孔狭窄、软腭过长、喉小囊外翻、喉萎陷以及英国斗牛犬的气管发育不全。不同动物其结构异常的程度有可能相差很大,动物可能同时具有一种或多种结构异常。

[症状] 本病是由于空气通过胸腔外上呼吸道受到阻碍,继而出现一系列的临床相关症状,如呼吸音增强、鼾声、吸气力度增大、发绀和晕厥等。这些症状会由于运动、兴奋以及环境温度的升高而加重。由本病所导致的吸气力度增大有可能引起继发性咽喉炎症和水肿,加重喉小囊外翻的程度,从而使声门裂变得更窄,临床症状进一步加重,并产生了一个恶性循环的过程。因此,一些犬会出现危及生命的上呼吸道梗阻,并需要进行紧急抢救。

[诊断] 基于品种、临床症状和外鼻孔的形态可以进行初步诊断。鼻孔狭窄通常为对称性,当吸气的时候翼状壁被吸入鼻腔,进一步加重了空气流通的阻碍。喉镜和X射线检查对于评价这种结构异常的程度以及最终确诊都十分必要。可以通过这些检查排除其他原因所致的上呼吸道梗阻。

[治疗] 应尽可能减少使临床症状加重的诱因,如运动、兴奋和温度过高等,确保上呼吸道气体的正常流通。对于解剖学缺陷应进行手术治疗。根据具体情况选择合理的手术方法,如扩大外鼻孔、切除多余的软腭和外翻的喉小囊等。对鼻孔狭窄的矫正是一种简单、有效的治疗方法,对于幼龄犬猫可以在临床症状还不重时与卵巢子宫切除术或去势术一同进行。同时应检查软腭,如果发现软腭过长则一并进行纠正,这些早期的纠正措施可以有效降低吸气时作用于咽喉的负压,进而延缓病程的发展。

药物治疗可以选用短效糖皮质激素类如泼尼松,笼养可以减少继发性咽喉炎症和水肿的发生,对出现呼吸窘迫的动物采取急救措施,使上气道梗阻尽快得到缓解。

10.2.8 喉炎

喉炎(Laryngitis)是喉黏膜及黏膜下层组织的炎症,多由感冒引起,且多发生于寒冷的春、秋和冬季。喉炎按病因可分为原发性和继发性,按病程可分为急性和慢性,临床上以频繁、剧烈的咳嗽、喉部肿胀、咽喉局部多伴有肿胀及热、痛反应为主要特征。

[病因]

（1）物理性、化学性以及各种机械性因素，如：寒冷的刺激、吸入有害气体、烟雾异物梗阻等可引起原发性喉炎；短头且肥胖的犬或喉麻痹的犬在兴奋或高温环境下，因严重喘气或用力呼吸可导致喉头水肿和喉炎。

（2）某些病毒或细菌的感染，可引起继发性喉炎，如犬副流感、犬瘟热、犬腺病毒Ⅱ型感染、猫传染性鼻气管炎等。

（3）由邻近器官炎症蔓延引起，如鼻炎、咽炎、气管炎等，尤其常与咽炎合并发生咽喉炎。

[症状] 主要症状表现为剧烈或连续性咳嗽，其次是喉部肿胀、敏感及头颈伸展。初期呈短、干、痛咳，渗出物较少，饮冷水、吸入冷空气或采食干料时，咳嗽加剧。随着病程的发展，渗出物增多，由干咳转为湿咳。患犬常表现为呼吸困难，低头张口呼吸，咳嗽时常伴有呕吐，且触诊喉部可诱发咳嗽。轻度喉炎无明显全身症状。慢性喉炎多呈干性咳嗽，病程较长，病情呈周期性好转或复发。严重患病犬、猫表现为精神不振，食欲下降，体温升高，呼吸急促等症状。同时由于呼吸困难，可呈现缺氧症状，表现为可视黏膜发绀。发生严重喉部水肿者，可造成窒息。

[诊断] 患病犬、猫出现剧烈咳嗽、喉部敏感增高及狭窄音，结合喉部检查，可做出诊断。鉴别诊断时，要与咽炎、支气管炎、鼻炎等疾病相区别，咽炎主要表现为吞咽困难，吞咽时食物和饮水常从两侧鼻孔流出，咳嗽较轻；支气管炎，喉部触诊一般不敏感；鼻炎可见大量鼻涕，一般咳嗽不明显。

[治疗] 主要是消除致病因素，加强护理，缓解疼痛。治疗原则是消炎、止咳、祛痰。患病动物应置于通风良好和温暖的地方，供给优质松软或流质的食物和清洁饮水。

（1）对出现全身反应的动物，可内服或注射抗菌药物，可选用氨苄青霉素，犬 10～25mg/（kg·d），猫 6～20mg/（kg·d），分 2～3 次肌内注射或口服。犬喉炎抗生素雾化治疗效果更佳。

（2）频繁咳嗽症状 应及时内服祛痰镇咳药，可内服复方甘草片、止咳糖浆等，也可内服羧甲基半胱氨酸片（化痰片），犬 0.1～0.2g/kg，猫 0.05～0.1g/kg，3 次/d。对肿胀的喉部可外用 10％ 樟脑酒精或复方醋酸铅粉、鱼石脂软膏涂擦。

（3）中西医结合治疗 可选用具有清热解毒、消肿利喉的黄芩、玄参、柴胡、桔梗、连翘、马勃、薄荷各30g，黄连15g，橘红、牛蒡子各24g，甘草、升麻各8g，僵蚕9g，板蓝根45g，水煎服；西药注射液均可穴位注射，常用的穴位有喉俞、大椎等穴。喉腔内喷雾冰硼散或金嗓子喉宝。此外，还可用六神丸 3～6 丸，口服，2 次/d。喉部还可用如意金黄散外敷。

（4）超声雾化仪治疗 术前 2min 注射阿托品，减少呼吸道液体分泌并使平滑肌松弛，术前 2min 注射 1/3 量的 846 合剂及等量的氯丙嗪。根据宠物大小、种类、病症添加相应药物，例如可选用庆大霉素、地塞米松磷酸钠、利巴韦林、注射用水配合使用。

（5）局部处理 10％硫酸镁液温敷喉部，每天 2 次。

10.2.9 喉麻痹

喉麻痹（Laryngeal paralysis）是指勺状软骨吸气时不能正常外展，致使胸腔外（上呼吸道）出现梗阻的一种疾病。以吸气、发音困难、不耐运动、咳嗽及喘气为主要特征。本病发生于任何品种、年龄的犬猫，而犬更容易表现出临床症状，尤其多见于金毛猎犬、圣伯纳犬，拉布拉多犬、爱尔兰塞特犬。

[病因] 多种因素致使喉返神经或喉后神经发生麻痹，遂成喉头麻痹之症。本病可分为先天性和后天获得性两种类型。先天性主要由基因遗传而形成，后天获得性型病因目前尚不十分清楚。一般认为本病的发生与细菌、病毒的毒素和毒物的侵害及局部损伤或遭受压迫有关。多发性神经疾病与免疫介导性疾病、内分泌疾病有关。有事实证明，作用于喉返神经的意外性外伤或医源性外伤，胸腔内外物质影响或压迫喉返神经，与迷走神经或喉返神经有关的肿瘤，后脑干疾病等也可引发喉麻痹。

[症状] 发病早期，动物仅表现作呕、咳嗽，尤其在吃食或饮水时更加明显。随着气管阻塞加重，患病犬表现为急性呼吸困难，吸气时发出喘鸣音，呼吸急促，进行性不耐运动，运动时出现明显的缺氧症状，可视黏膜发绀。

[诊断] 主要根据本病的特征性症状进行临床诊断，必要时采用喉镜检查进行确诊。检查时，先将犬实施全身麻醉，通过喉镜观察喉部运动的情况，患有此病的犬，勺状软骨和声门裂在吸气时始终是关闭状态，呼气时会轻微张开，如非本病则无此表现。声门裂在吸气和呼气可能会发生振动，应将其与正常呼吸时的活动区分开来。

[治疗] 采取对症治疗和对因治疗。对呼吸窘迫的犬猫，需立即采取急救措施，解除气道梗阻，并通过输氧，缓解缺氧症状。然后待犬猫情况稳定，再进行全面的诊断评估，必要时可采用手术疗法，如喉部分切除术、喉正中切开术和声带固定术等。除非针对相应的疾病（如甲状腺功能减退）进行特异性治疗，否则喉头麻痹的症状很难完全消退。

如果不进行手术治疗，对喉部或肺部有水肿的可选用氢氯噻嗪 2～4mg/kg，口服，2 次/d。而且要施行笼养，尽可能减少继发性咽喉炎和水肿的可能性，并增强空气流通。长期管理中应避免延长呼吸时间，或增加呼吸强度，例如剧烈运动和高温环境。

中西医结合治疗，可用地塞米松注入喉俞穴；如发现喉水肿，可用如意金黄散外敷喉部；如发现肺水肿，可用速尿注入脾俞和肾俞。

10.2.10 气管麻痹

气管麻痹（Tracheal paralysis）是指以气管颈段和胸段管腔直径的动力性减小、气管环变扁和萎陷为特点的疾病，又称气管萎陷。气管麻痹可分为背腹型和侧面型两种。临床上多见背腹型病例，胸腔入口的气管段为易发部位。犬、猫均可发病，多发生于小型观赏犬和短头品种犬以及外鼻狭窄、软腭过长或浮肿的犬。

[病因] 根据病因可分先天性和后天性两类。先天性气管麻痹又称原发性气管麻痹，主要发生于青年犬，与遗传和品种有关，例如先天性软骨钙化、小型观赏犬和短头犬种的先天性鼻孔狭窄和软腭过长症等较为多发；后天性气管麻痹又称继发性气管麻痹，多见于中老年犬，与某些疾病有关，例如严重支气管阻塞、支气管炎、细支气管炎常可造成气管麻痹。引起气管麻痹的病因主要包括以下几方面：

（1）营养因素　主食肉类的犬比主食狗粮的犬易发。

（2）过度肥胖　肥胖可使呼吸系统的负荷增加，易导致气管动力性麻痹。

（3）支气管肺炎　尤其是慢性支气管炎侵害透明气管软骨，使气管变扁平，而发生气管麻痹。

（4）后天性骨软化或严重缺钙症　软骨基质的退行性改变可使正常的透明软骨被纤维软骨和胶原纤维所取代，大量的糖蛋白和糖胺聚糖（黏多糖）的不足或完全缺乏会导致气管萎陷，有些患犬的气管软骨缺乏硫酸软骨素，导致软骨基质内水的结合减少，并使气管软骨软化，软骨失去了原来的硬度及在呼吸周期中不能维持正常气管形态的能力，最终导致气管软骨的动力性麻痹。

（5）气管受到吸入性气体或污染性气体刺激也会产生气管麻痹的临床症状。

［症状］患犬在采食、饮水、运动时，发出特征性"啊"样叫声的干性间歇性咳嗽。常表现为呼吸困难，呼气延长、用力呼吸提示胸腔入口处的气管麻痹，吸气延长、用力呼吸提示颈部气管麻痹。病犬表情痛苦、用力呼吸、出现明显的缺氧症状，表现为可视黏膜发绀。触诊颈部气管变平，听诊可听到气管内的捻发音，呼气比吸气时有长而高亢的气管呼吸音。

［诊断］根据病史及临床特征进行诊断。通过听诊、气管触诊和 X 射线检查，可进一步做出诊断。X 射线检查气管麻痹的侧面像为颈部后方到胸部前方的气管内腔变窄，气管背侧缘因麻痹而管壁模糊不清，腹侧缘清晰。

［治疗］治疗原则为消炎、抗菌、镇咳。

（1）抗菌消炎　氨苄青霉素，10～20mg/kg，口服，2 次/d；氯霉素，30～50mg/kg，口服，1 次/d。

（2）镇咳平喘　氨茶碱，10mg/kg，口服或肌内注射，2 次/d；盐酸麻黄素，5～15mg/kg，口服，1～3 次/d；地塞米松，0.5mg/kg，口服，1～2 次/d。

（3）供氧　对于呼吸困难、严重缺氧的患病犬、猫，应予以吸氧。

（4）喷雾疗法　1％异丙肾上腺素 0.6mL、庆大霉素 100mg、卡那霉素 500mg，多黏菌素 60mL 及生理盐水 5mL，溶解后经口腔喷雾，每日 3 次，每次 20min。

（5）中西医结合治疗　抗生素可注入身柱、肺俞、喉俞穴，鱼腥草用于喷雾疗法。

10.3　肺、支气管疾病

10.3.1　急性支气管炎

支气管炎是指气管、支气管黏膜及其周围组织的慢性非特异性炎症。急性支气管炎（Acute Bronchitis）主要指可期的在 2～3 个月可逆性的气道炎症，特征是黏液量增加，急性干咳呈阵发性，听诊可见湿啰音。主要原因为病毒和细菌的反复感染形成了支气管的慢性非特异性炎症。气温下降、呼吸道小血管痉挛缺血、防御功能下降等利于致病，烟雾粉尘、污染大气等慢性刺激也可发病，过敏因素也有一定关系。多发于小于 2 岁的犬和年轻猫。

［病因］病毒和细菌的反复感染形成了支气管的非特异性炎症，如犬副流感病毒、2 型腺病毒、疱疹病毒、呼肠孤病毒，猫的杯状病毒和疱疹病毒，细菌感染如犬博氏杆菌、支原体和其他革兰氏阴性菌，猫的巴斯德氏菌、溶血链球菌、支原体等。气温下降、呼吸道小血管痉挛缺血、防御功能下降等易致病，烟雾粉尘、污染大气等慢性刺激可发病，过敏性体质的动物有一定的概率出现支气管炎。

［症状］犬猫主要表现剧烈咳嗽，若有鼻塞会出现甩头。急性病例病初为短而干的痛咳，后期为长、湿咳，流有黏液或黏液-脓性鼻液，尤其后期鼻液量增多；喉头或气管敏感，人工诱咳经常引起阵发性咳嗽，为了咳出痰液，会表现出干呕症状。胸部听诊肺泡呼吸音粗糙，并发干、湿性啰音；全身症状轻微，体温升高 0.5～1℃；当泛发毛细支气管炎时，鼻镜干燥，全身症状加剧，体温升高 1～2℃，脉搏加快，呼吸急速，呈呼气性呼吸困难；胸部听诊有大面积干、湿性啰音和捻发音；精神不振，食欲大减。

[诊断] 根据动物病史、临床症状及人工诱咳阳性可以做出诊断，X射线检查无异常或仅有肺纹理增深，偶尔看到支气管周围渗出。血液学和生物化学检测变化不明显，在病毒感染的病畜白细胞计数并不增高，淋巴细胞相对轻度增加，细菌感染时则白细胞总数和中性粒细胞比例均升高。支气管镜检查气道完整性不受影响，气管和支气管黏液中度增加，气管和支气管培养细菌或支原体阳性。

流行性感冒的症状与急性支气管炎颇相似，但从流感的广泛性流行、急骤起病、明显的全身症状、高热等鉴别并不困难。

[治疗]

（1）犬猫有全身症状时，应注意休息和保暖，不让其做剧烈运动。

治疗的目的是减轻症状和改善机体的功能。病畜常常需要补充液体和应用退热药物。可适当应用镇咳药物。痰量较多或较黏时，可应用祛痰剂。

（2）急性支气管炎的病畜 抗菌药物并无明显的治疗效果，在治疗急性支气管炎患畜时应避免滥用抗菌药物。但如果病畜出现发热、脓性痰和重症咳嗽，则为应用抗菌药物的指征。对可能病毒感染的动物采取抗病毒感染治疗。对急性支气管炎的病畜应用抗菌药物治疗，可应用针对肺炎衣原体和肺炎支原体的抗菌药物，如红霉素，也可选用克拉霉素或阿奇霉素。流行性感冒流行期间，如有急性支气管炎的表现应该应用抗流感的治疗措施。

对阵发性咳嗽应用止咳药，湿润和喷雾治疗可有助于减少上呼吸道黏液引发的刺激，减少咳嗽的频率，并促进气管和支气管分泌物的排出。

[预防] 平时应搞好饲养管理，饲喂富含营养的日粮，增强机体抵抗力，并注意改善环境质量，提高机体的耐寒力和抗病力。

10.3.2 慢性支气管炎

慢性支气管炎是指反复和持续性咳嗽，并伴有大量黏液产生至少2个月以上。咳嗽常无法找到具体的原因。是犬的常见重要疾病之一，表现支气管黏膜的增生和浸润，纤毛上皮细胞缺失，黏膜纤毛竖立减少。

[病因] 咳嗽持续2个月以上，主要病因包括环境污染如烟尘、粉尘、二氧化硫等，超敏反应、支原体感染（猫）、寄生虫感染如毛细线虫、比翼线虫等。具体原因尚不清楚。

[症状] 该病常发生于成年犬，8岁以上的小型犬，如贵妇犬、博美犬等，患病动物表现干咳而无痰液，常为阵发性，气管触诊、兴奋、运动时也可诱发咳嗽，夜间或黎明时咳嗽，咳嗽后作呕或吞咽，呼气通常明显延长，听诊时整个肺部有喘鸣音，呼吸音增强，过多黏液和分泌物产生捻发音，或气管阻塞时吸气引起哮喘。

常见有明显的窦性心律不齐，有助于与心脏衰竭相区别，尤其是本身患有二尖瓣杂音，表现心率过速的病例。

[诊断] 表现为慢性经过，每日咳嗽但要排除慢性心脏衰竭、犬恶丝虫或肺炎的其他原因。X射线通常能见到轻度或中度支气管周围浸润，可见支气管轮廓。支气管镜检可见黏膜炎症，气道被黏液部分或全部堵塞，黏膜表面由于息肉增生加厚会发展为慢性炎症，活检可见中性粒细胞浸润，猫嗜酸性粒细胞较普遍。细菌培养和药敏试验有助于治疗方案的制定。

[治疗] 单一的治疗方法对控制病症效果不明显。主要用皮脂类固醇药物，如泼尼松龙。药敏试验使用高敏药物，由于本病以咳嗽为主要症状，对症治疗使用止咳药，结合雾化治疗效果较好。同时需要避免刺激物如烟雾，控制肥胖以提高呼吸功能。

（1）控制感染 视感染的主要致病菌和严重程度或根据病原菌药敏试验结果选用抗菌药

物。如果病畜有脓性痰，为应用抗菌药物的指证。轻症可口服，较重患畜用肌注或静脉滴注抗菌药物。常用的有青霉素 G、红霉素、氨基糖苷类、喹诺酮类、头孢菌素类抗菌药物等。

（2）祛痰、镇咳　对急性发作期犬猫在抗感染治疗的同时，应用祛痰药及镇咳药，以改善症状。常用药物有氯化铵合剂、溴己新、氨溴索、羧甲半胱氨酸和强力稀化黏素等。中成药止咳也有一定效果。对老年体弱无力咳痰者或痰量较多者，应协助排痰，畅通呼吸道。应避免应用镇咳剂，以免抑制中枢及加重呼吸道阻塞和产生并发症。

（3）解痉、平喘药物　常选用氨茶碱、特布他林等口服，或用沙丁胺醇等短效支气管舒张剂吸入。

（4）雾化疗法　雾化吸入可稀释气管内的分泌物，有利排痰。如痰液黏稠不易咳出，雾化吸入有一定帮助。

10.3.3　猫支气管哮喘

猫支气管哮喘（Bronchial Asthma）又称猫过敏性支气管炎（Allergic Bronchitis），是气管、支气管树对各种刺激物的高度敏感性所引起的急性、慢性、阻塞性支气管痉挛。

[病因]　是由各种机械性、化学性以及生物性因素刺激猫的呼吸道引起过敏所致，如烟雾、花粉、粉尘、地毯清洁液、霉菌、香水等。但确切的病因目前尚不完全清楚。

[症状]　可分为急性和慢性两种。急性者往往突然患病，患猫呼吸急促，张口呼吸，呈现增强性或强迫性呼气，可视黏膜发绀，出现明显的缺氧症状，心跳加速，突然出现不安、喘鸣、窒息甚至休克等症状。慢性者出现阵发性干咳、频咳伴有喘鸣，发作时呈现不安、呼吸急促、缺氧等症状。气管触诊易诱发咳嗽，呼吸音增强；诱咳后通常喘鸣更加明显。

[诊断]　本病依据临床症状可作出诊断，猫突发性呼吸困难和喘鸣音可以作为假设性诊断。血液学检查可见嗜酸性粒细胞增多，X 射线检查可见呼气末胸片容日发现空气潴留，肺野有高透明度，膈膜变平与吸气末胸片相似，可见支气管周围套袖样改变。

[治疗]　本病应以止咳平喘、抗过敏和防止继发感染为治疗原则。

（1）平喘、扩张支气管　氨茶碱 5mg/kg，口服，每日 2 次；对急性的短期治疗，慢性者应长期治疗。氧气疗法有较好效果。或用特布他林（博利康尼）每只猫 0.625mg，口服，每日 2 次。

（2）祛痰止咳　磷酸可待因，1～2mg/kg，口服，每日 2 次；湿咳时，氯化铵，0.15～0.3g/kg，口服，每日 3 次。

（3）抗过敏　可用皮质类固醇，如泼尼松龙，每千克体重 2mg，静脉滴注；或地塞米松，每千克体重 0.5～1.0mg，静脉滴注；或醋酸甲泼尼龙，每千克体重 1mg，静脉滴注，每 2～6周 1 次，均有较好效果。也可选用抗组胺药：马来酸氯苯那敏（扑尔敏），每千克体重 2～4mg，口服，每日 1～2 次；或苯海拉明，每千克体重 2～4mg，口服，每日 1～2 次。

（4）可用抗生素治疗，防止继发感染　四环素每千克体重 10mg，口服，每日 3 次，或用阿莫西林每千克体重 10mg，口服，每日 2～3 次，连用 7～10d。

（5）氧气疗法。为缓解缺氧状态，可进行输氧。

[预防]　应加强饲养管理，改善环境，避免接触各种致病因子。注意防寒保暖，经常更换垫料，除去猫舍中的杂质，如沙子、灰尘等，避免烟雾刺激，避免与有害化学物质、有刺激性气体接触。

10.3.4　支气管肺炎

支气管肺炎（Bronchial pneumonia）是细支气管和几个肺小叶的炎性疾病，又称小叶性肺炎。该病最常见由细菌、病毒或霉菌及肺炎支原体等病原引起，也可由病毒和细菌混合感染。病毒性肺炎以间质受累为主，细菌性肺炎以肺实质损害为主。肺组织炎症使呼吸膜增厚及下呼吸道阻塞而导致通气与换气功能障碍，主要表现为发热、咳嗽和气促。主要体征有呼吸增快、可视黏膜发绀，以及肺部中、细湿啰音。各种年龄均发，尤以老幼弱者为甚。

[病因] 凡能引起上呼吸道感染的病原体均可诱发支气管肺炎，但以细菌和病毒为主。一般支气管肺炎大部分由肺炎链球菌所致，其他细菌如葡萄球菌、链球菌、流感杆菌、大肠埃希菌、肺炎克雷伯菌、铜绿假单胞菌则较少见。病原体常由呼吸道入侵，少数经血行入肺。

原发性者为受寒感冒，物理和化学因素刺激，过度劳累等，使机体抵抗力降低，导致各种内源性或外源性病原微生物伺机繁殖，以及上呼吸道炎症的蔓延。也可继发于流行性感冒、犬瘟热等。

[症状] 一般肺炎主要表现为发热、咳嗽、气促，肺部固定性的中、细湿啰音，典型的临床表现包括：

（1）全身症状　犬猫出现精神不振、萎靡、趴在笼里不爱动，亦有可能全身发抖、鸣叫。眼结膜潮红或发绀。病初体温升高，后呈弛张热。病畜可能会因喉部不适，经常用两前肢抓挠颈部。心搏动亢进，脉搏快弱。

（2）咳嗽　病初频发或阵发干痛咳，后转为湿咳。犬诱咳反射敏感；可能伴随咯痰出现干呕症状，有时会呕吐出胃内容物。流黏液性鼻液。

（3）呼吸困难　呼吸增数、浅表，以至发生呼气性困难。

（4）肺部固定细湿啰音　胸部听诊病灶部肺泡音减弱或消失，或出现捻发音及干、湿性啰音和支气管呼吸音；病灶周围健康部肺泡音代偿性增强。病灶位于肺脏表层时，胸部叩诊常在右侧肺前下方三角区域检出半浊音至浊音区，其周围呈鼓音。有时病灶扩展、融合后可形成融合性肺炎。

病程长短不定，少数急性病例在1～2周内死亡。多数病例经2～3周治疗可愈。有些则可转为慢性间质性肺炎，或继发化脓性或坏疽性肺炎。

[诊断] 根据病史、临床症状、实验室以及X射线检查建立诊断。

（1）外周血白细胞计数和分类计数　对判断细菌或病毒有一定的价值。细菌性肺炎白细胞计数升高，中性粒细胞增多，并有核左移现象，胞浆可有中毒颗粒。病毒性肺炎的白细胞计数大多正常或偏低，亦有少数升高者，时有淋巴细胞增高或出现变异型淋巴细胞。支原体感染者外周血白细胞计数大多正常或偏高，分类计数以中性粒细胞为主，但在重症金黄色葡萄球菌或革兰氏阴性菌肺炎，白细胞计数可增高或降低。

（2）C反应蛋白（CRP）　细菌感染时血清CRP值多上升，而非细菌感染时则上升不明显。

（3）前降钙素（PCT）　细菌感染时可升高，抗菌药物治疗有效时可迅速下降。但对于肺炎病畜，不能单独或联合应用这些指标来预测细菌或病毒感染，需结合临床病史及其他实验室检查综合判断。

（4）X射线检查　支气管肺炎主要是肺泡内有炎性渗出，多沿支气管蔓延而侵犯小叶、肺段或大叶。X射线征象可表现为非特异性小斑片肺实质浸润阴影，呈灶状阴影，似有绒毛覆盖，以两肺、心膈角区及中内带较多。由于支气管内分泌物和肺炎的渗出物阻塞，可产生部分肺不张或肺气肿。

[治疗] 采用综合治疗，原则为控制炎症、改善通气功能、对症治疗、防止和治疗并发症。

（1）给予足量的维生素和蛋白质，经常饮水及少量多次进食。保持呼吸道畅通，及时清除上呼吸道分泌物，经常变换体位减少肺淤血，以利炎症吸收及痰液排出。在动物医院治疗和住院治疗期间应避免交叉感染，细菌性感染和病毒性感染分开。

（2）抗感染治疗　抗菌药物治疗原则：根据病原菌选用敏感药物，在使用抗菌药物前应采集合适的呼吸道分泌物进行细菌培养和药物敏感试验，以便指导治疗；在未获培养结果前，可根据经验选择敏感的药物；选用的药物在肺组织中应有较高的浓度；早期用药；联合用药；足量、足疗程。重者宜静脉联合用药。

支原体肺炎、肺炎衣原体肺炎均可首选大环内酯类，尤其是新一代大环内酯类，其抗菌谱广；对大环内酯类耐药的肺炎链球菌，可首选大剂量阿莫西林或头孢菌素；真菌感染应停止使用抗生素及激素，选用制霉菌素雾化吸入，亦可用克霉唑、大扶康或两性霉素 B。

（3）抗病毒治疗　流感病毒：奥司他韦、扎那米韦和帕拉米韦是神经氨酸酶的抑制剂，对流感病毒 A 型、B 型均有效。金刚烷胺和金刚乙胺是 M2 膜蛋白离子通道阻滞剂，仅对 A 型流感病毒有效。

利巴韦林（病毒唑）可滴鼻、雾化吸入、肌注和静脉点滴，可抑制多种 RNA 和 DNA 病毒；α-干扰素（IFN-α），5～7d 为一疗程，亦可雾化吸入。

（4）对症治疗　气道管理：及时清除鼻痂、鼻腔分泌物和痰液，以保持呼吸道通畅，改善通气功能。气道的湿化非常重要，有利于痰液的排出，雾化吸入有助于解除支气管痉挛和水肿。分泌物堆积于下呼吸道，经湿化和雾化仍不能排除，使呼吸衰竭加重时，应行气管插管以利于清除痰液。

（5）糖皮质激素　糖皮质激素可减少炎症、渗出，解除支气管痉挛，改善血管通透性和微循环，降低颅内压。使用指征为：严重憋喘或呼吸衰竭，全身中毒症状明显，合并感染中毒性休克，出现脑水肿。上述情况可短期应用激素，可用地塞米松加入瓶中静脉点滴，疗程 3～5d。

10.3.5　异物性肺炎

凡由于异物（空气以外的其他气体、液体、固体等）被吸入肺内，并引起支气管和肺的炎症，称为异物性肺炎（Foreign Body Pneumonia）或吸入性肺炎（Aspiration Pneumonia）。

［病因］吞咽障碍及强行灌药是异物性肺炎最常见的原因。常发生于食道异常（巨食管症、返流性食管炎、食道阻塞）、局灶性口咽疾病（腭裂、咽运动障碍、短头品种气道综合征）、全身性神经性异常（重症肌无力、多发性神经病）、意识减弱（全身麻醉、镇静、剧烈运动后、头部创伤、严重的代谢异常）、医源性问题（强制饲喂、胃管）以及呕吐等。当犬猫咽炎、异物进入肺内，最初是引起支气管和肺小叶的卡他性炎症，随后病理过程剧烈增重，最终陷入肺坏疽。

［症状］患病动物就诊时经常出现急性、严重的呼吸道症状，这些动物可能发生休克。在出现呼吸窘迫前数小时可能有呕吐、返流或进食。突然发生剧烈咳嗽，随病程发展可呈现支气管肺炎的症状，如呼吸急促、不安、腹式呼吸。常见的全身症状包括厌食、精神沉郁、体温升高呈弛张热，脉快弱，肺部听诊时可听到啰音和喘鸣音，要仔细问诊，了解是否有其他症状以及是否进行强制性饲喂或给药等。

病的后期继发肺坏疽时，在咳嗽或低头时从鼻孔中流出褐灰带红色或淡绿色奇臭脓性鼻液，呼气有腐败恶臭味。收集鼻液在玻璃杯内，静止后可分为三层：上层为黏性泡沫物，中层为浆液性絮状物，下层为混有大大小小肺组织块的脓液。镜检可见到肺组织碎片、脂肪滴、红细胞、白细胞、色素颗粒、各种微生物。脓性鼻液用 10% 氢氧化钾溶液煮沸处理，离心获得的沉淀物在显微镜下可检查到由肺组织分解出来的弹性纤维。

肺部检查听诊时啰音明显。叩诊时可叩出浊音、鼓音、金属音、破壶音等各种单种音调（因叩诊初期、后期等情况不同而呈现不同音调），叩诊时有时呈现胸痛感觉。

[诊断] 临床上可根据病史、临床症状，结合 X 射线检查进行诊断，典型的胸片征象为出现弥散性间质密度增高，伴有透明的肺空洞及坏死灶的阴影更易确诊。

鉴别诊断：临床上应与腐败性支气管炎加以区别，腐败性支气管炎没有这样高的弛张热型，鼻液中无肺组织块和弹力纤维，叩诊和听诊无特征性声音。

[治疗] 治疗原则是迅速排出吸入异物、制止肺组织的腐败分解，缓解呼吸困难，对症治疗。

(1) 排除异物　首先让病犬按头低身高的姿势躺下，尽量放于通风处，减少搬动，及时清除从口腔、鼻道内咳出的痰液或溢出物，提起后腿，患犬头朝下，拍胸两侧便于异物向外排出。皮下注射 2%盐酸毛果芸香碱 0.2mL/次，增加气管分泌，促使异物排出，或待病情稍缓解后，可通过诱咳的方法（即用手压迫喉头产生咳嗽反射）尽可能咳出吸入的物质。

(2) 吸氧　当呼吸高度困难时，应进行氧气吸入或人工辅助呼吸。

(3) 气管切开术　如吸入的量较大，以上处理仍不奏效，狗表现出高度呼吸困难（张口呼吸、呈犬坐样姿势）、口舌发紫时，应立即做气管切开手术。

(4) 抗生素治疗　临床上最常用青霉素、氨苄青霉素、硫酸链霉素、丁胺卡那霉素、先锋霉素。

(5) 对症治疗　补液，调节酸碱平衡。

(6) 预防措施　防止误咽异物和食物，灌药时应谨慎细心；防止吸入异物。

10.3.6　肺气肿

肺气肿（Pulmonary Emphysema）是指终末细支气管远端（呼吸细支气管、肺泡管、肺泡囊和肺泡）的气道弹性减退、过度膨胀、充气和肺容积增大或同时伴有气道壁破坏的病理状态。按其发病原因，肺气肿有如下几种类型：老年性肺气肿、代偿性肺气肿、间质性肺气肿、灶性肺气肿、旁间隔性肺气肿、阻塞性肺气肿。

[病因]

(1) 原发性肺气肿　在犬的剧烈运动、急速奔驰、长期挣扎过程中，由于强烈的呼吸所致。特别是老龄犬，肺泡壁弹性降低，容易发生肺气肿。

(2) 继发性肺气肿　常因慢性支气管炎、弥漫性支气管炎时的持续咳嗽，或当支气管狭窄和阻塞时，由于支气管气体通过障碍而发生。

(3) 间质性肺气肿　由于剧烈的咳嗽，或异物进入肺内，肺泡内的气压急剧地增加，致使肺泡壁破裂而引起。

[症状] 临床表现症状轻重视肺气肿程度而定。早期可无症状或仅在玩耍、遛狗时感觉其气短。随着肺气肿进展，犬猫表现为呼吸困难程度随之加重、剧烈时运动气喘，有时张口呼吸；易于疲劳；脉搏增快，体温一般正常、体重下降、食欲减退，伴有咳嗽、咳痰等症状。

[诊断] 根据病史资料，气喘，肺部叩、听诊变化和 X 射线检查结果，可以确诊。X 射线检查表现为胸腔肺纹理减少、肺野透光度增加，肺动脉及主要分支增宽，外周血管细小。如果出现明显缺氧二氧化碳滞留时，则动脉血氧分压降低、二氧化碳分压升高，并可出现失代偿性呼吸性酸中毒，pH 值降低。

[治疗] 治疗原则是：加强护理，防治原发病，改善通气和换气功能，抑制心力衰竭。

(1) 加强护理　首先让病犬绝对休息，安放在清洁、无灰尘、通气良好的舍内，给予营养丰富的食物。

（2）改善通风和换气功能　可口服或雾化吸入支气管扩张药，如氨茶碱、拟肾上腺素药。肾上腺皮质激素剂应慎用，用呼吸增强药福米诺苯盐酸盐可提高病犬的血氧分压和降低二氧化碳分压。忌用安眠药、镇定药等。

（3）根据病原菌或临床经验应用有效抗生素，如青霉素类、氨基糖苷类、喹诺酮类及头孢菌素类等。

（4）控制心衰　当出现水肿时可用利尿剂，每天需补充钾。

（5）吸氧疗法　每天多次低浓度吸氧，能缓解犬的呼吸困难和控制心力衰竭。

（6）呼吸功能锻炼　在合适的气候条件下多带狗狗散步，增加膈肌活动能力。

（7）注意给动物保暖，避免受凉，预防感冒，防止刺激性气体对呼吸道的影响。

（8）手术疗法　对较大的局限性肺气肿大泡进行切除，可使受挤压的正常肺组织充气，能增强肺的弹性回位。

10.3.7　肺水肿

肺水肿（Pulmonary Edema）是指由于某种原因引起肺内组织液的生成和回流平衡失调，使大量组织液在很短时间内不能被肺淋巴和肺静脉系统吸收，从肺毛细血管内外渗，积聚在肺泡、肺间质和细小支气管内，从而造成肺通气与换气功能严重障碍，又称肺卒中。

[病因]　肺水肿的病因可按解剖部位分为心源性和非心源性两大类。后者又可以根据发病机制的不同分成若干类型。

（1）心源性肺水肿　在某些病理状态时，如回心血量及右心排出量急剧增多或左心排出量突然严重减少，造成大量血液积聚在肺循环中，使得肺毛细血管静脉压急剧上升。当升高至超过肺毛细血管内胶体渗透压时，一方面毛细血管内血流动力学发生变化，另一方面肺循环淤血、肺毛细血管壁渗透性增高，液体通过毛细血管壁滤出，形成肺水肿。临床上由于高血压性心脏病、冠心病及风湿性心脏瓣膜病所引起的急性肺水肿，占心源性肺水肿的绝大部分。心肌炎、心肌病、先天性心脏病及严重的快速心律失常等也可引起。

（2）非心源性肺水肿

① 肺毛细血管通透性增加：感染性肺水肿，系因全身和（或）肺部的细菌、病毒、真菌、支原体、原虫等感染所致。血液循环毒素和血管活性物质，如四氧嘧啶、蛇毒、有机磷、组胺、5-羟色胺等。弥漫性毛细血管渗漏综合征，如内毒素血症、大量生物制剂的应用等。严重烧伤及播散性血管内凝血。变态反应，如药物特异性反应、过敏性肺泡炎等。尿毒症，尿毒症性肺炎即肺水肿的一种表现。淹溺，淡水和海水的淹溺均可致肺水肿。急性呼吸窘迫综合征，各种原因引起的最为严重的急性肺间质水肿。热射病。

② 肺毛细血管压力增加：肺静脉闭塞症或肺静脉狭窄。输液过量。

③ 血浆胶体渗透压降低：肝肾疾病引起低蛋白血症。蛋白丢失性肠病。营养不良性低蛋白血症。

④ 淋巴循环障碍。

⑤ 组织间隔负压增高：复张后肺水肿，如气胸、胸腔积液或胸腔手术后导致肺萎陷，快速排气、抽液后肺迅速复张，组织间隔负压增高，发生急性肺水肿。上气道梗阻后肺水肿，各种原因引起的上气道梗阻、经气管插管和气管切开等，梗阻解除后迅速发生的急性肺水肿。

⑥ 其他复合性因素：高原性肺水肿，因高海拔低氧环境下引起的肺水肿称为高原性肺水肿。药物性肺水肿，如阿司匹林、利多卡因、呋喃坦啶。除部分药物与过敏因素有关外，有些

药物主要对肺组织直接损伤，或对中枢神经系统的直接性作用而发生急性肺水肿。神经源性肺水肿，由于颅脑外伤、手术、蛛网膜下腔出血、脑栓塞等致颅内压增高引起的急性肺水肿。

[症状] 犬猫会出现张嘴呼吸，充血性病畜从鼻孔流出白色或粉红色泡沫性鼻液。喉有水泡音。有时咳嗽。胸部听诊有大水泡音。叩诊肺水肿区呈鼓音或半浊音、浊音。浊音区内的呼吸音减弱或消失。当发生急性泛发性肺水肿时，病畜结膜发绀，脉搏频数而细不感于手，多迅速倒地窒息。局限性肺水肿症状比较轻。病理变化：肺脏显著肿大，呈苍白色，肺表面紧张而光亮，切面有多量液体和泡沫流出。

[诊断] 根据病史、临床症状、体征及 X 射线表现，一般临床诊断并不困难。但是，至今尚缺乏满意、可靠的早期定量诊断肺水肿的方法。X 射线检查可见肺泡水肿，主要表现为腺泡状致密阴影，呈不规则相互融合的模糊阴影，弥漫分布或局限于一侧或一叶，或从肺门两侧向外扩展逐渐变淡成典型的蝴蝶状阴影。CT 和 MRI 对定量诊断及区分肺充血和肺水肿有一定帮助。

[治疗] 对病畜，首先应使其安静，然后采用阿托品、钙制剂、强心剂、利尿剂和脱水剂等进行对症治疗，同时应抓紧治疗伴发病或进行病因治疗。

10.3.8 肺出血

肺出血是指肺动脉壁损伤、变性并伴有肺动脉压增高等因素所引起的一种疾病，是犬、猫上呼吸道、肺和胸部疾病引起的一种综合征。临床主要表现为咯血、咳嗽、呼吸困难甚至可视黏膜苍白、四肢冰冷等休克症状，及时诊断及治疗有助于改善预后。咯出的血液主要来自肺脏，其次来自支气管黏膜。

[病因] 可能与血管损伤、凝血功能障碍等因素有关，犬心丝虫病、肿瘤、结核、肋骨骨折、肺动脉压升高、车祸、打架、高处坠落等原因都可引起肺出血。突发性咳嗽、外伤、肺部炎症、淤血等也可以成为肺出血的原因。

[症状] 严重肺出血时，突发性从鼻和口腔流出鲜红色血液，并混有泡沫，血流的急缓和量的多少可视原发病病情和出血部位而定。当大出血时，可视黏膜淡染或苍白，呼吸急促、脉性细弱，皮肤冷凉，体温下降，步态蹒跚，心跳加快、血压下降，最后死亡；肺出血程度一般时，鼻孔流出带细小泡沫的鲜红色或粉红色鼻液；肺出血程度较轻时，鼻腔处无异常鼻液流出或仅少量粉红色泡沫样鼻液流出，这种情况患病动物惊恐，不安，咳嗽，呼吸困难，听诊肺、气管处有湿性啰音。

[诊断] X 射线可为诊断提供影像依据，表现为两肺纹理增多、毛糙、模糊或呈弥漫性网结影，肺充气正常且无支气管充气征。若发现原有病灶突然扩大或肺内均匀的磨玻璃影则高度提示肺出血。

血常规可用于评估病畜出血情况，了解有无血液病、感染等；凝血功能检查可了解病畜凝血功能，排查出血性疾病及弥散性血管内凝血等，还可以为治疗等提供参考。

血气分析可反映肺换气功能及酸碱平衡状态，评估病畜缺氧情况。

[治疗] 治疗时应保持病畜安静，由外伤引起的要尽早处理原发病，选择合适的抗生素预防、控制感染；若出血量较大，可选择血容量扩充剂进行扩容；若出现弥漫性血管内凝血，可根据情况选择肝素等药物；根据情况选择吸氧等纠正低氧血症；肺出血得到控制后进行原发病的治疗。

10.3.9 肺血栓性栓塞

肺血栓性栓塞（Pulmonary Thromboembolism，PTE）是肺血管被凝血物质阻塞。多数血栓片段及外周血栓片段常进入肺动脉血管。犬猫呼吸道症状很严重，甚至是致命性的。除了血流量减少外，出血、水肿、支气管收缩也可危害呼吸系统。继发于栓塞和血管收缩引起的物理性梗塞的血管阻力升高可导致肺动脉高压，最终引起右心衰竭。

[病因] 寻找血栓形成的潜在病因很关键，易导致血栓形成的异常包括静脉淤血、血流湍流、血管内皮破坏和血液高凝状态。除了血栓引起的栓塞外，栓塞也可能是潜在的因素，如手术、严重的创伤、肾上腺皮质机能亢进、免疫介导性溶血性贫血、高脂血症、肾小球病、心丝虫病和杀成虫治疗、心肌病、心内膜炎、胰腺炎、弥散性血管内凝血、肿瘤等；医源性见于血管内插管和输液。

[症状] 患 PTE 的动物具有与潜在疾病相关的病史或体格检查特征，在许多病例，明显的症状为极急性呼吸急促和呼吸窘迫，这能引起突然死亡。犬猫常见的临床症状包括呼吸急促、呼吸费力以及嗜睡或沉郁。患 PTE 的动物会出现心血管性休克。症状可能很轻微或者发展很慢。在一些病例能听到啰音或喘鸣音。如果发展为肺动脉高压，可能听到明显的或分裂的第二心音。

[诊断] 常规诊断技术无法确诊 PTE，必须对本病保持高度的怀疑，因为经常会被忽视。根据临床症状、胸部摄片、动脉血气分析、超声心动图和临床病理学数据怀疑为本病。确诊需要通过血管造影。在急性发病、严重呼吸困难、尤其在呼吸道疾病的 X 射线征象轻微或不存在的犬猫，要怀疑 PTE。在许多患 PTE 的病例，尽管有严重的下呼吸道症状，但胸部摄片的肺影像正常，当线片显示出病变时，最常受累的是后叶，在一些最终由于血液流到血管外或水肿引起局灶性或楔形间质型或野泡型影像的病例，可能出现肺动脉不明显。无血液供应肺区的透光性增强。可出现弥散性间质型影像以及右心增大。

动脉血气分析可见轻度或严重的低氧血症，呼吸急促会引起低碳酸血症，对输氧的反应不佳支持 PTE 的诊断。血管造影有助于确诊，特征性所见为肺动脉被突然改变或血管内有充盈缺陷。然而，这些变化可能仅在发作后几天内比较明显，因此检查必须在疾病早期进行。

[治疗] 在急性发病的心血管性休克的动物需要用高剂量的速效糖皮质激素进行治疗，如琥珀酸泼尼松龙 10～20mg/kg 静脉注射，立即配合输氧疗法。怀疑有凝集过渡性疾病的动物采取抗凝血疗法，如使用肝素或华法林等。用阿司匹林治疗存在争议，尚需要进一步探讨。

10.4　胸腔疾病

10.4.1　胸膜炎

胸膜炎是指由致病因素（通常为病毒或细菌）刺激胸膜，伴有炎性渗出液与纤维蛋白沉积的炎症过程，又称肋膜炎，主要特征是胸腔内含有纤维蛋白性渗出物。胸腔内可伴液体积聚（渗出性胸膜炎）或无液体积聚（干性胸膜炎）。炎症控制后，胸膜可恢复至正常，或发生两层胸膜相互粘连。按其病程可分为急性胸膜炎与慢性胸膜炎两种，按病变范围分为局限性和弥漫性胸膜炎，按渗出物性质分为浆液性、纤维素性、出血性和化脓性胸膜炎。

[病因] 原发性胸膜炎可因胸壁严重挫伤、穿刺创发生感染（交通事故、犬之间打斗咬伤胸部、气枪枪弹透创及刺伤等）、胸膜腔肿瘤，或受寒冷刺激、过劳等使机体防御机能降低，病原微生物乘虚而入引起发病；继发性胸膜炎较常见，如支气管肺炎、肋骨骨折、胸部食管穿孔等，由于炎症蔓延或感染常可引起胸膜炎；某些传染病，如结核病、犬传染性肝炎、钩端螺旋体病等也常继发胸膜炎。胸膜炎的主要病原是巴氏杆菌、结核杆菌、化脓杆菌、霉形体和纤毛菌等。

[症状] 患犬精神沉郁，体温升高，常达 40℃ 以上，呼吸浅表、频数、多呈断续性和明显的腹式呼吸，咳嗽短弱带痛，食欲不振，畏寒，如胸膜腔有渗出液，胸部叩诊呈水平浊音，病初听诊可听到胸膜摩擦音，随着渗出液的增多，浊音区内肺泡呼吸音减弱或消失，胸腔穿刺可流出多量黄色或红黄色易凝固的液体，出血性胸膜炎，则穿刺液呈红色，内含多量红细胞。血液检查，白细胞数增多，核左移，淋巴细胞相对减少；超声检查，渗出性胸膜炎可出现液平段，其长短与积液量成正比；X 射线检查可发现积液阴影。慢性胸膜炎症状较急性缓和，多发生广泛的粘连，胸膜增厚，听诊肺部肺泡呼吸音减弱。全身症状往往不明显，仅出现呼吸促迫，或反复出现微热，易于疲劳、发喘。

[诊断] 根据病犬临床症状、血液检查、超声检查及 X 射线检查和胸腔穿刺可以确诊。

血液检查白细胞总数明显升高，中性粒细胞增高，核左移现象明显，淋巴细胞相对减少；胸部 X 射线检查显示肺野大片密度增深阴影，少量积液时仅表现肋膈角变钝；听诊有水平浊音、摩擦音，胸腔穿刺可有大量黄色易凝固的渗出液。

鉴别诊断：本病应与支气管肺癌胸膜转移及肝、肾、心脏疾病所致的胸腔积液相鉴别。

[治疗] 治疗原则是消除炎症、制止渗出、促进渗出物的吸收和排除，控制感染和中毒。

（1）促进吸收　可以应用利尿剂。胸腔积液过多，呼吸困难时，可进行胸穿刺以排除积液，必要时可反复施行，如果为化脓性胸膜炎，排除液体后用带抗生素的消毒液冲洗胸腔，并向胸腔内注射抗生素。

（2）制止渗出　为了防止胸腔的渗出液大量渗出，可用 10％ 葡萄糖酸钙溶液静脉注射，连用几天。

（3）使用抗病毒药物　如病毒灵。

（4）体温较高时配合使用安乃近、安痛定等，疼痛期给予适当的止疼药。

（5）加强营养，增进食欲，给予高蛋白、高热量、多种维生素、易消化的饮食。

10.4.2　胸腔积液

胸膜腔是由壁层胸膜与脏层胸膜所组成的一个封闭性腔隙，其内为负压，正常情况下两层胸膜之间存在很少量的液体，以减少在呼吸活动过程中两层胸膜之间的摩擦，利于肺在胸腔内的舒缩。胸腔积液是由任何病理原因加速胸膜腔内液体产生或减少其吸收时而形成。可为胸膜原发或由其他疾患继发而引起。主要有炎症引起的渗出液和非炎症病因所引起的漏出液。

[病因] 出入胸膜腔水液失去平衡，入量超过吸收量就会产生胸腔积液。胸膜或全身疾病影响胸腔内液体移动，如炎症直接损坏或因炎性产物如组胺的作用，都能使毛细血管壁通透性增加，滤过系统增加。低蛋白血症患畜血浆的胶体渗透压明显降低，使壁层胸膜毛细血管滤过增加，脏层胸膜再吸收减少或停止。引起水肿的血浆蛋白临界含量为 1.5g/dL。少于 1g/dL 就会发生水肿，并伴胸腔积液。充血性心力衰竭或上腔静脉受压，患畜的全身循环静水压增加，可使壁层胸膜毛细血管的液体大量滤出，尤当肺静脉高压减少脏层胸膜的毛细血管再吸收时。全身静脉高压而肺静脉压正常时，有利于脏层胸膜毛细血管对液体的再吸收，因而不致引起胸腔积液。因胸液中的液体和蛋白通过淋巴系统回到循环系统，所以淋巴系统的疾病常产生胸腔积液，伴高蛋白含量。淋巴回到循环的静脉侧，所以全身静脉高压，可阻止胸液的淋巴引流。胸部淋巴管与腹腔淋巴引流相通，且在膈肌上下的浆膜下层都有广泛的交通。肝硬化动物通过膈肌的转运，可使壁层胸膜淋巴系统的淋巴压力增加。下列病理情况可使胸腔积液增加：水盐潴留（如充血性心力衰竭、肾病综合征）或低蛋白血症，肺毛细血管压增高（如急性左心衰竭、肺静脉栓塞等），胸膜毛细血管壁通透性增高（如肺炎），胸膜腔淋巴引流阻塞（壁层胸

膜炎症或增厚、肿瘤侵蚀淋巴管）。

相对而言，犬、猫的心脏病是胸腔积液的最常见原因，无论是肥厚型还是限制型心肌病，甚至未分类型心肌病都可引起胸腔积液，其常表现为改良性漏出液，也可表现为乳糜性渗出液。究其原因，与心房压升高、内脏的胸腔静脉排出受阻相关。

[症状] 存在胸腔积液的犬、猫都有不同程度的呼吸困难，主要表现为快而浅的呼吸方式，严重的出现腹式呼吸，呈端坐式、咳嗽、发绀，叩诊胸部两侧呈水平浊音，且随体位改变其液体水平位置也改变，其呼吸频率增加的程度依赖于积液的数量。胸腔听诊时，心脏会因为积液存在而导致心音强度减弱或心音不清。

[诊断] 根据病史、临床症状，可以做出初步诊断。最敏感的检查手段为超声波扫查，分别通过左右胸壁做多角度超声探查，可以鉴别胸腔积液、胸膜增厚、液气胸等，对包裹性积液可提供较准确的定位诊断。X射线检查也是较好的诊断方法，显示心轮廓模糊、叶间组织界限不清、肋膈角肺边缘钝圆、胸骨边缘肺呈贝形、纵隔增宽、胸膜腔密度增加、肺边缘与胸壁分离。X射线片检查操作时要注意犬猫的安全，建议有严重呼吸困难的动物先吸氧或抽取一定积液缓解症状再进行操作，且正位片拍摄时以背腹位较为安全。胸腔穿刺液更有助于区别是渗出液还是漏出液。胸腔穿刺操作时最好在超声引导下进行，可避免意外的损伤，这对胸腔肿物为诱因的情况更实用，因为较大的肿物会造成脏器解剖位置的移位。

[治疗] 除了积极治疗原发病（如心衰、肾病、肝硬化、肺部化脓性感染、结核等）外，尚需对症治疗、抗菌消炎和防治继发感染。

首先胸腔穿刺排液，并注入适量抗生素和糖皮质激素等；对少量胸液不需抽液，或仅做诊断性穿刺；中等以上胸液时应排液使肺复张，一般每周排液 1～2 次，直到积液甚少不能抽出时，每次抽液时不宜过快，抽液量不宜过多，避免抽液过多过快发生肺水肿及循环衰竭。大剂量的利尿剂可减缓积液形成速度，但对呼吸困难的犬猫作用不显著。有严重衰弱的犬猫，可考虑肠管或静脉注射给予营养；中西医结合治疗，将抗生素注入身柱、肺俞等穴。促进渗出液排除，可配合口服十枣汤；体质虚弱者，可口服生脉饮。

加强护理，避免剧烈运动，给予易消化营养丰富的日粮。密切注意宠物情况，特别是呼吸情况；患胸腔积液动物可能有进行性体重增加和低蛋白血症；除非将原发病治愈，否则还可能复发，需要对患宠进行定期检查。

10.4.3 胸腔积血

胸腔积血是指全血积存在胸腔内的一种病理现象，又称胸膜腔积血或血胸。多与胸壁、胸腔器官或横膈的外伤性出血有关，以犬较为多发。

[病因] 最常见于胸壁的钝性损伤。如动物从高处坠落或受车辆冲撞往往造成肋骨骨折，而肋骨断端极易刺伤胸膜壁层而导致出血。血胸也是胸壁切开术的并发症，主要与手术操作不慎造成肋间动脉撕裂有关。血液凝固异常是血胸比较少见的原因，如血小板减少症、华法林中毒或播散性血管内凝血等。胸廓血管壁瘤细胞浸润可能导致血管破裂和自发性血胸。在犬已有报道，无明显原因的自发性血胸还与狼旋尾线虫或犬恶丝虫侵害主动脉和肺动脉壁引起血管破裂有关。

[症状] 取决于胸膜腔血液蓄积的程度。少量积血，动物不出现明显呼吸困难及其他异常，或仅表现呼吸有所加快。大量出血因限制肺扩张，导致肺换气不足，动物呼吸困难；同时由于循环血量不足，可视黏膜苍白，精神沉郁。胸部听诊，胸下部心音、肺泡音减弱。胸部叩诊，呈现水平浊音。

[**诊断**] 简单、快速的方法是进行胸腔穿刺，穿刺液为血性液体且不凝固即可确诊。应注意区别穿刺针刺入血管引起的出血，后者未经胸膜渗出液稀释而会凝固。也可进行 X 射线摄片检查，虽然血胸影像与胸膜腔积液基本相同，但可用于判断胸膜腔积血程度。

鉴别诊断：本病应与气胸、血气胸、横膈破裂、陈旧性胸腔积液、创伤性乳糜胸等相鉴别。

[**治疗**] 主要取决于胸腔容量及胸膜腔的血液蓄积量。由于犬能在 90h 内吸收胸膜腔积血的 30%，且 70%～100% 的红细胞无溶血被完好吸收，因此血胸只要不引起明显的呼吸困难，可采取保守疗法让其自行吸收，不需特殊处理，不需施行胸膜腔穿刺和引流，应严密观察有无进行性出血。保守疗法包括必要的输液和营养支持，直到患病动物生理性的自体输血开始。

对积血量较多、出现呼吸异常或困难的病犬，则需尽快施行胸膜腔穿刺和引流，排净积血、促使肺复张，以解除动物的呼吸窘迫状态；同时需输血和输液，以维持足够的红细胞比容和血浆蛋白含量。输血时，可将收集的胸膜腔引流血液经肝素抗凝、微孔滤膜或滤纸过滤后，直接再输给动物。这样，可十分方便地解决供血问题。

应用适量的抗生素，预防继发感染；对于进行性出血的病例，应在补液、输血、纠正低血容量休克的同时，及时进行胸腔镜或开胸探查，查找出血部位，给予缝合止血。

10.4.4 胸腔积脓

病菌侵入胸膜腔，产生脓性渗出液积聚于胸膜腔内的化脓性感染，称为胸腔积脓，简称脓胸。脓胸根据病程长短可分为急性和慢性，按照致病菌则可分为化脓性、结核性和特殊病原性脓胸，按照波及的范围又可分为全脓胸和局限性脓胸。

[**病因**] 胸膜腔的化脓性感染所造成的胸膜腔的积脓。病原菌可以通过以下途径进入胸膜腔：

(1) 肺部炎症，特别是靠近脏层胸膜的肺炎可直接扩散到胸膜腔。

(2) 肺脓肿或结核空洞直接破溃到胸膜腔。

(3) 胸壁、肺或食管的外伤。

(4) 纵隔感染扩散到胸膜腔，如食管自发性破裂或穿孔。

(5) 膈下脓肿通过淋巴管扩散至胸膜腔。

(6) 菌血症或脓毒血症的致病菌经血液循环进入胸膜腔。

(7) 医源性感染，如胸腔穿刺或手术造成污染引起脓胸。

在抗生素问世之前，肺炎双球菌、链球菌、葡萄球菌是脓胸的主要致病菌，现在较为多见的致病菌为葡萄球菌和某些革兰氏阴性杆菌，如克雷伯杆菌、大肠杆菌、绿脓杆菌等，也可为结核杆菌、阿米巴原虫和放线菌等特殊病原微生物感染。

[**症状**] 患病动物精神沉郁，行走无力，食欲废绝，体温升高，呈腹式呼吸和张口呼吸，呼吸急促，表情痛苦，可视黏膜发绀。胸部听诊可听到拍水音或摩擦音，伴有咳嗽，叩诊或触诊胸壁有疼痛感；肘外展、淋巴结肿大。胸腔穿刺液检查，有脓样渗出物。

[**诊断**] 根据病畜临床症状、X 射线表现，特别是胸穿结果，均能明确诊断。

(1) 血液化验 白细胞计数增高，中性粒细胞比例增多，核左移，可见中毒颗粒，慢性期有贫血，血红蛋白和白蛋白降低。

(2) 胸腔穿刺液化验 早期渗出液，继而脓性，部分有臭味，白细胞计数达 $(10\sim15)\times10^9$ 个/L，以中性粒细胞为主；蛋白质含量 $>3g/dL$，葡萄糖 $<20mg/dL$，涂片染色镜检可找到致病菌，进行培养可确定致病菌，药敏试验用于指导治疗。

（3）胸部 X 射线检查　早期 X 射线同一般胸腔积液征或包裹性胸腔积液相像。慢性期胸膜粘连，患侧胸容积缩小，肋间隙变窄，纵隔移位等。

（4）痰色检查　疑有支气管-胸膜瘘时，可于胸腔内注入 1‰亚甲蓝 2～5mL 后观察咳出痰之颜色，以助诊断。

[治疗]　急性脓胸的治疗原则为抗感染、排净脓液促进肺复张以消灭脓腔、全身给予一般治疗。

（1）一般治疗　应加强营养，补充血浆或白蛋白，维持水、电解质和酸碱平衡及对症处理。

（2）抗菌药物治疗　根据胸腔液或血培养结果和药敏试验结果，选择有效的抗菌药物，一般采用联合、足量、静脉内全身给予。特殊菌种如结核杆菌、真菌、放线菌等应给予有效的抗痨方案和抗真菌治疗。

（3）脓胸的局部处理

① 及早穿刺排脓、消灭脓腔是控制感染的关键。每次抽净脓液后用生理盐水灌洗，然后向胸腔内注入抗生素，如庆大霉素，溶于 10～15mL 生理盐水中使用，或其他对细菌敏感的抗菌药物。开始每日或间日 1 次，以后视病情而定。

② 如穿刺引流脓液不佳，病情进展，毒血症明显者，或合并支气管胸膜瘘或食管胸膜瘘的脓胸或脓气胸，可在局麻下做肋间插管或经肋床插管闭式引流排脓，灌洗和局部抗生素注入治疗，脓腔关闭后拔管。

（4）慢性脓胸的治疗　对慢性脓胸的治疗原则是改善病畜全身状况，排除造成慢性脓胸的原因，闭合脓腔，消除感染。具体可包括：

① 纠正贫血与营养不良，改善全身营养状况。

② 改善原有胸腔引流，使引流更通畅，为以后的手术创造条件，部分病畜可因此得以闭合脓腔。

③ 胸膜纤维板剥脱术：剥除壁层和脏层胸膜上的纤维板，使肺组织从纤维板的束缚中游离出来，重新扩张，不仅消除了脓腔，而且还能改善肺的通气功能，这是最理想的手术。但由于肺内有广泛病变或增厚的胸膜与肺组织粘连过紧，使胸膜纤维层常无法剥除。因此，该手术的适应证比较严格，仅适用于肺内无空洞、无活动性病灶、无广泛纤维性变、肺组织能够扩张的慢性脓胸。

10.4.5　气胸

气体进入胸膜腔，造成积气状态，称为气胸。多因肺部疾病或外力影响使肺组织和脏层胸膜破裂，或靠近肺表面的细微气肿泡破裂，肺和支气管内空气逸入胸膜腔，因胸壁或肺部创伤引起者称为创伤性气胸，因疾病致肺组织自行破裂引起者称自发性气胸，如因治疗或诊断所需人为地将空气注入胸膜腔称人工气胸。气胸又可分为闭合性气胸、开放性气胸及张力性气胸。本病属肺科急症之一，严重病畜可危及生命，及时处理可治愈。

[病因]　诱发气胸的因素为剧烈运动，咳嗽，用力排大便和钝器伤等。当剧烈咳嗽或用力排大便时，肺泡内压力升高，致使原有病损或缺陷的肺组织破裂引起气胸。使用自主呼吸器或手术时用力挤压麻醉呼吸机气囊，若送气压力太高，就可能发生气胸。

（1）原发性气胸　又称特发性气胸。它是指肺部常规 X 射线检查未能发现明显病变的健康动物所发生的气胸。

（2）继发性气胸　其产生机制是在其他肺部疾病的基础上，形成肺大疱或直接损伤胸膜所致。常为慢性阻塞性肺气肿或炎症后纤维病灶（如慢性肺结核、弥漫性肺间质纤维化、囊性肺纤维化等）的基础上，细支气管炎症狭窄、扭曲，产生活瓣机制而形成肺大疱。肿大的气肿泡因营养、循环障碍而退行性变性。慢性阻塞性肺病是继发性气胸的最常见病因。

（3）创伤性气胸　多由于肺被肋骨骨折断端刺破，亦可由于暴力作用引起的支气管或肺组织挫裂伤，或因气道内压力急剧升高而引起的支气管或肺破裂。锐器伤、撞伤、火器伤穿通胸壁，伤及肺、支气管和气管或食管，亦可引起气胸，且多为血气胸或脓气胸。偶尔在闭合性或穿透性膈肌破裂时伴有胃破裂而引起脓气胸。

［症状］症状的轻重取决于起病快慢、肺压缩程度和肺部原发疾病的情况。典型症状为突然出现因疼痛而尖叫、呼吸困难，并可有刺激性咳嗽，刺激性干咳因气体刺激胸膜所致。大多数起病急骤，气胸量大，或伴肺部原有病变病畜，则气促明显。部分犬、猫在气胸发生前有剧烈咳嗽、用力屏气排便或猛烈跳起等的诱因。

［诊断］根据临床症状、体征及X射线表现，诊断本病并不困难。

（1）影像学检查　X射线检查是诊断气胸的重要方法。胸片作为气胸诊断的常规手段，若临床高度怀疑气胸而背腹位胸片正常时，应该进行侧卧位胸片检查。气胸胸片上大多有明确的气胸线，即萎缩肺组织与胸膜腔内的气体交界线，呈外凸线条影，气胸线外为无肺纹理的透光区，线内为压缩的肺组织。大量气胸时可见纵隔、心脏向健侧移位。合并胸腔积液时可见密度增高影。局限性气胸在背腹位X射线检查时易漏诊，侧位胸片可协助诊断，X射线透视下转动体位也可发现。若围绕心缘旁有透光带应考虑有纵隔气肿。胸片是最常应用于诊断气胸的检查方法，CT对于小量气胸、局限性气胸以及肺大疱与气胸的鉴别比X射线胸片敏感和准确。气胸的基本CT表现为胸膜腔内出现极低密度的气体影，伴有肺组织不同程度的压缩萎陷改变。

（2）气胸的容量　就容积而言，很难从X射线胸片精确估计。如果需要精确估计气胸的容量，CT扫描是最好的方法。另外，CT扫描还是气胸与某些疑难病例（例如肺压缩不明显而出现窒息的外科性肺气肿、复杂性囊性肺疾病有可疑性肺大疱等）相鉴别的唯一有效手段。

（3）胸腔镜检查　可明确胸膜破裂口的部位以及基础病变，同时可以进行治疗。

气胸应该与下列肺部疾病鉴别诊断：

（1）肺大疱　起病缓慢，病程较长；而气胸常常起病急，病史短。X射线检查肺大疱为圆形或椭圆形透光区，位于肺野内，其内仍有细小条状纹理；而气胸为条带状影，位于肺野外腔内。肺周边部位的肺大疱易误诊为气胸，胸片上肺大疱线是凹面向侧胸壁，而气胸的凸面常朝向侧胸壁，胸部CT有助于鉴别诊断。经较长时间观察，肺大疱大小很少发生变化，而气胸形态则日渐变化，最后消失。

（2）急性心肌梗死　有类似于气胸的临床表现，如动物全身发抖、可视黏膜颜色苍白、不能运动、呼吸困难、休克等，心电图或胸部X射线检查有助于鉴别。

（3）肺栓塞　有栓子来源的基础疾病，无气胸体征，胸部X射线检查有助于鉴别。

（4）慢性阻塞性肺疾病和支气管哮喘　慢性阻塞性肺疾病呼吸困难是长期缓慢加重的，支气管哮喘有多年哮喘反复发作史。当慢性阻塞性肺疾病和支气管哮喘病畜呼吸困难突然加重且有疼痛表现时，应考虑并发气胸的可能，胸部X射线检查可助鉴别。

［治疗］自发性气胸是胸部疾病急诊之一，在确定治疗方案时，应考虑症状、体征、X射线变化（肺压缩的程度、有无纵隔移位）、胸膜腔内压力、有无胸腔积液、气胸发生的速度及原有肺功能状态。气胸早期处理目标主要是排除张力性气胸，缓解呼吸困难症状。根据病畜是原发性还是继发性气胸选择合理的治疗方法。

（1）一般治疗　气胸病畜应绝对让其爬卧不动，充分吸氧，主人尽量不让其兴奋激动，使肺活动减少，有利于气体吸收和肺的复张。适用于首次发作，肺萎陷在20％以下，不伴有呼吸困难者。

（2）排气疗法　适用于呼吸困难明显、肺压缩程度较重的病畜，尤其是张力型气胸需要紧急排气。血流动力学不稳定提示张力性气胸的可能，需立即锁骨中线第二肋间穿刺减压。排气有两种方法：胸膜腔穿刺抽气法和胸腔闭式引流术。

（3）胸膜粘连术　由于自发性气胸复发率高，为了预防复发，用单纯理化剂、免疫赋活剂、纤维蛋白补充剂、医用黏合剂及生物刺激剂等引入胸膜腔，使脏层和壁层两层胸膜粘连从而消灭胸膜腔间隙，使空气无处积存，即所谓"胸膜固定术"。

（4）肺或大疱破口闭合法　在诊断为肺气肿大疱破裂而无其他的肺实质性病变时，可在不开胸的情况下经内镜使用激光或黏合剂使裂口闭合。

（5）外科手术治疗　手术目的首先是控制肺漏气，其次是处理肺病变，第三是使脏层和壁层胸膜粘连以预防气胸复发。外科手术可以消除肺的破口，又可以从根本上处理原发病灶，如肺大疱、支气管胸膜瘘、结核穿孔等，或通过手术确保胸膜固定。因此是治疗顽固性气胸的有效方法，也是预防复发的最有效措施。

10.4.6　纵隔气肿

纵隔气肿是指因各种原因空气进入纵隔胸膜内结缔组织间隙之间，可以是自发性，也可以是胸部创伤、食管穿孔、医源性因素等。

［病因］

（1）肺泡破裂，空气沿肺血管周围鞘膜进入纵隔，常有吸气后屏气、用力剧咳等诱因，见于支气管哮喘、细支气管炎、犬窝咳等疾病。肺泡破裂引起自发性气胸亦可发生纵隔气肿。

（2）在治疗呼吸窘迫综合征时，应用呼气末正压呼吸，所用的压力过高易引起肺脏气压伤，发生自发性气胸和/或纵隔气肿。

（3）胸部外伤、内窥镜检查或吸入异物等，可引起支气管或食管破裂而发生纵隔气肿。食管痉挛阻塞，常在食管下部发生纵行撕裂，因该处食管无结缔组织支持。食管破裂常伴发胸腔积液或脓胸。

（4）颈部手术，有时气体可沿颈深筋膜间隙进入纵隔。气管切开术，如皮肤切口过小，气管切口过大，空气逸出易发生纵隔气肿。

（5）胃肠穿孔、肾周围充气造影术或人工气腹术，腹腔内气体可经膈肌主动脉裂孔和食道裂孔周围的疏松组织进入纵隔。

［症状］注意与本病的相关诱因及病史，少量纵隔积气可无症状，一般可有喘气、运动不耐受，疼痛等表现。如突然发生纵隔中至大量积气并发有张力性气胸的病畜会疼痛不安、呼吸困难、心率增快，伴有感染时出现高热、休克。严重纵隔气肿压迫胸内大血管，影响回心血量和循环障碍。

如颈部、胸腋、腹部皮下气肿时，有皮下握雪感，捻发音；胸骨后过清音，心浊音界缩小或消失。严重的病畜胸、颈部静脉回流障碍，静脉纤曲，低血压。若合并气胸的病畜则叩诊呈鼓音，呼吸音消失。

［诊断］目前尚无相关实验室检查资料。

胸部X射线检查对明确纵隔气肿的诊断具有决定性的意义。从背腹位胸片上可见纵隔胸膜向两侧移位，形成与纵隔轮廓平行的高密度线状阴影，其内侧与纵隔轮廓间为含气体的透亮影，通常在上纵隔和纵隔左缘较明显，上述征象应与正常存在的纵隔旁狭窄的透亮带相区别，其鉴别要点在于 Mach 带的外侧并无高密度的纵隔胸膜影。此外，部分病畜尚可在胸主动脉旁或肺动脉旁发现含气透亮带。纵隔气肿在侧位胸片上表现为胸骨后有一增宽的透亮度增高区域，将纵隔胸膜推移向后呈线条状阴影，心脏及升主动脉前缘与胸骨间距离增大。X 射线检查尚可清晰地显示同时存在的气胸以及下颈部和胸部皮下气肿。

　　胸部 CT 检查：胸部 CT 因不受器官重叠的影响，对纵隔气肿显示较清楚，尤其是当纵隔内积气量较少，背腹位胸片易于识别。

　　本病要与心包内气体鉴别，心包内气体在横卧位时气体积于侧方，后前位胸片于心根部可见心包反折的穹隆；心包外纵隔气肿的气体位于上纵隔两侧。

　　[治疗]

　　(1) 一般治疗　大多数纵隔气肿轻的患畜，不表现明显的临床症状，给予抗生素及止痛、吸氧等一般处理，1 周左右气体吸收痊愈，少数病畜应禁食，给予肠道外营养。

　　(2) 局部排气治疗　对纵隔积气较多，有压迫症状，经一般处理仍不好转的病畜，可在局麻下于胸骨上切迹处做切开引流排气减压。有皮下气肿的患畜同样可做上胸部皮肤切开，挤压排气。

　　(3) 原发病治疗　因外伤、张力性气胸所致的病畜施行闭式引流术，对断裂的气管、漏气的食管等进行修补缝合，对原发肿瘤采用综合治疗。

10.4.7　乳糜胸

　　由于各种原因流经胸导管回流的淋巴乳糜液外漏并寄存于胸膜腔内称为乳糜胸。乳糜胸的发生与胸导管损伤或闭塞有关。胸导管起始于第 1 或第 2 腰椎前方的乳糜池，是将乳糜从腹腔转运至中心静脉系统的最主要的淋巴管。胸导管从主动脉裂孔进入胸腔后，在食管后脊柱前行走于主动脉与奇静脉之间，在第 4 或第 5 椎水平转至椎体左侧再向上汇入颈内或左锁骨下静脉。这样的解剖结果可以解释为何乳糜胸可发生于任何一侧或双侧胸腔。

　　[病因]　造成乳糜液外漏于胸腔内的病因：外伤，如颈、胸部闭合或开放性损伤；阻塞，如淋巴瘤、转移癌、纵隔肉芽肿；先天性胸导管发育不全或形成瘘管。乳糜样胸水中，当脂肪含量 4g/L 时为真性乳糜胸，是与假性乳糜胸区别的要点。

　　[症状]　可有外伤或其他基础病史，可有胸痛、气短、心悸、发热等症状，积液多时呼吸困难，晚期有消瘦、乏力、口渴等症状。

　　[诊断]　乳糜胸诊断靠胸腔积液检查而确定。胸腔穿刺液呈乳白色油状，碱性，无臭味，苏丹Ⅲ染色呈红色，可见脂肪滴，胸液碱化后再以乙醚提取后变清亮。镜检可见到淋巴细胞和红细胞，中性粒细胞罕见。

　　胸部 X 射线，动物胸腔内乳糜较多时，侧卧位时整个胸部表现为均匀一致的密度增高影。

　　B 超检查可帮助乳糜胸定位和定量，指导胸穿。

　　X 射线淋巴管造影术可观察确定淋巴管阻塞及淋巴管外溢部位并确定病因。

　　本病应与结核、类风湿性关节炎、肿瘤等引起的假性乳糜胸液相区别。

　　[治疗]

　　(1) 一般治疗　加强营养，采用低脂高蛋白饮食，必要时肠外营养支持，输血浆、白蛋白及氨基酸等。

　　(2) 给予相关病因治疗　如因恶性肿瘤压迫所致的患畜可以进行放、化疗。

　　(3) 胸腔穿刺抽液引流　目的在于减轻胸部压迫症状，若反复抽液丢失大量脂肪和蛋白质，应给予全身营养支持、尽量少抽液。

（4）手术治疗　内科保守治疗无效，考虑手术解除胸导管的压迫和阻塞，如由外伤引起，可缝合修补胸导管或采用结扎术。

10.4.8　膈疝

膈疝是内疝的一种，是腹腔内或腹膜后脏器或组织通过横膈的先天性或获得性缺陷（如创伤裂口）进入胸腔内而形成的。以食道裂孔疝最多见，其次为创伤性和先天性膈疝。其中先天性膈疝是一种较少见的疾病，常见为胸腹裂孔疝和胸骨旁疝，而膈肌中央部和心包部膈疝罕见。膈疝的症状常不典型，使迟发性膈疝得不到早期诊断，且疝入器官可发生绞窄甚至坏死，患病率和病死率均大大增加。

[病因]　膈肌是分隔胸腹间的一层肌性与腱性结构相移行的薄弱组织。膈疝在临床上根据病因分为先天性膈疝和创伤性膈疝。前者是由于横膈发育时期的发育停钝造成横膈缺损所致，与基因、综合病征和染色体异常有关；后天获得的创伤性膈疝可因直接损伤（刺伤、咬伤）或间接暴力（碾压、坠伤）或胸腹腔内压力突然改变（自发性）损伤膈疝而破裂。

[症状]　膈疝的临床症状表现多种多样，与其类型、移位腹腔脏器性质、数量和速度、空腔内脏是否并发扭曲或狭窄以及肺发育不良的严重程度有关；可以表现为呼吸系统或（和）消化系统的症状，也可以无任何临床症状。犬、猫常表现呼吸急促或困难、拱背、呕吐、便秘。

[诊断]　膈疝具有可复性或嵌顿绞窄性，但膈疝不可能像腹外疝一样眼观确诊。该病既有可能是疝入器官或组织刺激压迫肺或其他胸内器官，也可能由于疝入器官绞窄坏死炎症波及肺实质等原因而相应地出现呼吸系统症状和异常胸部体征。

本病确诊依靠的检查是胸片、胸部 X 射线结合食管吞钡餐及胸部 CT 等，临床可视具体情况选用一项或多项检查。胸部 X 射线是诊断本病的关键，当膈疝内容物为消化道空腔脏器时，结合钡餐动态观察可有很高的确诊率；CT 和 MR 有更高的敏感性、更好的组织分辨率，尤其对于创伤性膈疝诊断效果更佳。对病情危重、搬动困难的创伤性膈疝病畜，可以用 B 超进行检查。此外，胸/腹腔镜是诊断膈破裂最准确、最可靠的方法，其确诊率可达 100%。

膈疝常误诊为膈下脓肿、肺癌、胸腔积液、肺隔离症、肺炎、胸部纵隔肿瘤、心包囊肿、肺部脂肪瘤等，所以应警惕与这些胸部病变相鉴别。

[治疗]　膈疝的治疗视分类而有区别，先天性膈疝常因疝孔较大、疝内容物较多，原则上均应手术。创伤性膈疝原则上是早期发现、早期诊断、尽早采取手术治疗。

膈疝的外科治疗原则为回纳疝囊，修补膈肌薄弱处。手术入路的选择取决于对胸腹腔脏器合并损伤情况和疝入物状态的评估。一般采用探查切口、下膈疝松解、膈肌全层粗丝线褥式缝合。

第十一章

泌尿器官疾病

11.1 泌尿器官常见临床综合征鉴别诊断

11.1.1 尿频和排尿困难

排尿（Urination）是尿的排泄或排出，是一种在自主神经支配下有意识的行为。尿失禁（Incontinence）指尿液排出失去自主神经的支配。少尿是指排尿量减少。排尿困难（Dysuria）是指排尿疼痛或困难。排尿困难的特殊症状包括排尿次数增加、尿频、尿急、欲排尿和痛性尿淋漓。

[病因] 尿失禁主要有神经原性紊乱、非神经原性紊乱和功能性紊乱 3 种（图 11-1）。

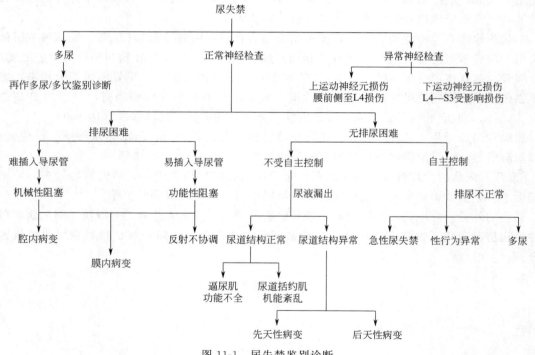

图 11-1　尿失禁鉴别诊断

（1）神经原性紊乱　排尿反射的上运动神经元片段损伤时，排尿的自主控制被破坏，膀胱处于神经性痉挛状况。由于下运动神经未受影响，逼尿肌还有收缩作用。但其收缩与尿道括约肌的松弛不协调，故排尿是非自主性的，且不完全。

排尿反射的下运动神经元损伤时，逼尿肌收缩作用被抑制，膀胱处于神经性弛缓状态。膀胱的尿储量比正常多。膀胱内的压力超过尿道口的阻力时，尿液流出，它取决于尿道括约肌的张力。当尿道张力小时，膀胱内压小幅度增加，就会有尿液排出，如尿道保持原张力不变，只要膀胱内压明显增加就会有大量尿液排出。

（2）非神经原性紊乱　下尿道解剖结构的异常会引起尿失禁。输尿管异位或其他发育异常（少见）时，尿液绕过尿道括约肌或通过异常的管道或开口排出。后天性下尿道异常也会引起尿失禁，均由膀胱或尿道炎症或侵蚀性疾病所致，如慢性膀胱炎、尿道炎、尿道肿瘤、尿结石和前列腺炎等。

（3）功能性紊乱　膀胱和尿道结构正常，但失去其正常作用则为功能性紊乱，多见于尿道括约肌机能不全，其特征为储尿时尿道口闭合不全。如尿道口缺乏阻力，膀胱充盈期内压低于正常，其尿液就会流出；逼尿肌功能不全，有时也引起尿失禁，其特征为尿充盈期膀胱不能处于松弛状态。膀胱疾患时，刺激排尿反射，也可引起急性尿失禁。尿正常排出，但储尿期缩短。因排尿太急而不能自主控制，表现为非主动性排尿。

许多下尿道疾病所致的尿道口阻力过大、用力排尿，导致典型的尿道阻塞症状，即排尿困难、痛性尿淋漓和尿滞留，但不是尿失禁。然而，尿路部分阻塞时，随着膀胱内压的升高，尿液可漏出。这种反常的阻塞性尿失禁可能由于膀胱腔或膀胱壁病变引起。

先天性和后天性　幼年犬猫尿失禁很可能是先天性的，与遗传有关；老年犬猫尿失禁多为后天性。

［病史与体格检查］仔细观查排尿方式，多尿、夜尿症、频尿、痛性尿淋漓和排尿困难可能误认为尿失禁。首先要确定是否是自主性排尿。动物开始有主动排尿意识和保持排尿状况，表明排尿反射正常，且受到刺激时膀胱逼尿肌收缩。如膀胱积尿，无排尿反射，提示是神经原性尿失禁。当动物排尿表现间歇性尿滴注、痛性尿淋漓及膀胱排空不全时，说明尿道口阻力过大，提示为非神经原性尿失禁。神经原性紊乱有时也可引起间歇性尿滴注。动物侧卧或睡眠时尿液溢出，表明尿道括约肌机能不全。各种解剖结构或功能异常时也会引起持续性尿滴注。

外周神经或脊髓创伤、腹部或泌尿生殖道手术均可能会导致下尿道的损伤而出现尿失禁。故应进行全面的体格检查，特别要注意神经和泌尿生殖系统情况。神经系统检查关键是检查神经性排尿异常，因神经系统的损伤很少只损害膀胱和尿道，应检查球状海绵体肌、会阴反射、肛门张力、后背和尾的感觉等。如这些正常，提示荐反射和会阴部神经功能未受影响。

非神经原性尿失禁病因常可通过腹部触摸、直肠检查（会阴疝，尿道异常）及阴道和/或外生殖器的检查等予以诊断。应触摸排尿前、后的膀胱。如发现膀胱大而膨胀、壁薄，证明膀胱弛缓，反射性减弱；如膀胱小而皱缩、壁厚，说明膀胱痉挛，反射性增强。如可能，人为压迫膀胱，排空膀胱尿液，测试尿道口阻力。如适当地挤压膀胱，尿液就排出，说明尿道口阻力下降，反之，挤压困难或挤不出尿液，说明尿道口阻力正常或增加。

观察动物的排尿动作，估计排尿是否受主动意识支配、逼尿肌是否与尿道括约肌松弛协调。插入导尿管检测膀胱的余尿量（通常为每千克体重 0.2～0.5mL）。余尿过多表明尿排空不全。插入导尿管也可探明尿道阻塞部位。

［诊断］血常规检验和血清生化检验一般不能说明尿失禁的原因，但有助于对动物体质的全面了解。某些实验室检测结果可提示多尿的病因（图 11-2）。

诊断尿失禁，尿液分析特别重要。如尿比重小于或等于 1.015 与多尿有关。如出现血尿、蛋白尿和/或脓尿，则表明尿道有病理性损害。如尿道感染会出现明显的菌尿，检查尿沉渣可看到细菌，尿培养对检测细菌可靠。

如神经检查发现有神经性紊乱，还应查出其发生位置和可疑原因。因脊髓常受损所致，需作脊髓影像诊断，包括脊髓 X 射线平片、脊髓 X 射线造影、CT 和 MRI 等。

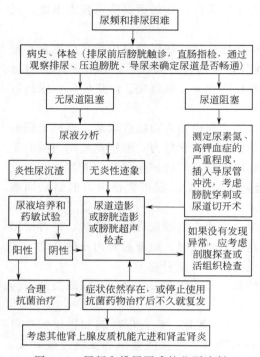

图 11-2　尿频和排尿困难的鉴别诊断

尿道病理性损害及其形态学特征也可用影像学诊断。因 X 射线平片对许多尿道病变的诊断不是很敏感，故对尿道器官非侵蚀性病变可选择超声波诊断。动物尿失禁或排尿困难时，超声波检查特别有助于诊断膀胱和前列腺疾病。如怀疑输尿管移位，超声波可揭示其在膀胱颈和邻近尿道壁的异常直径和走向。另外，超声波也可诊断输尿管异位（有时伴有上行输尿管异常，如一侧肾发育不全）。超声波对远端膀胱颈的诊断意义不大，可通过体外检查和/或尿道插管技术进行诊断。当怀疑下尿道发育性异常时，内窥镜为最好的诊断技术。下尿道异常常发生于青年母犬。内窥镜可精确地诊断泌尿生殖道结构，包括阴道、尿道开口及膀胱（包括输尿管和尿液流进三角区）等是否正常。

如没有超声波和内窥镜设施，或两者检测结果模棱两可，可用 X 射线对比造影术诊断。常用静脉尿路造影术。为检查尿道和膀胱，用阳性对比尿道 X 射线造影、阴道尿道 X 射线造影或双对比膀胱造影等技术，可获得更多的诊断数据。如触摸 X 射线平片发现膀胱和尿道有浸润性病变（如肿瘤），可通过膀胱冲洗或尿道插管获取活组织，进行细胞学和组织学检验。可能的话，也可用内窥镜采取活组织。

[治疗] 尿失禁的治疗须遵循 2 个原则。其一，采取紧急措施，解除尿道阻塞，纠正体液丢失、电解质紊乱、酸碱不平衡和氮质血症等；其二，无论何种原因，尽快恢复正常排尿，否则，将会导致严重的并发症。

结构异常性尿失禁者，常适宜用手术矫正，阻塞性尿失禁也可手术治疗。不过，功能性尿失禁（尿道口阻力过大）适宜药物治疗。药物也可治疗因尿道感染、尿道结构异常及尿道口机械性阻力引起的尿失禁。尿失禁的动物需精心治疗和护理。如不能根治可采用安乐死术。

[预防] 尿道结构异常和尿道括约肌功能不全的预后相对较好，阻塞性尿失禁可分为 2 种，即尿道出口机械性阻塞和功能性阻塞。前者如果得到正确的治疗常能恢复正常功能，后者则预后不良。对于神经原性引起的尿失禁，其预后（下尿道功能的恢复）与潜在神经性引起的尿失禁相同。

11.1.2　多饮和多尿

在小动物中，多饮和多尿（Polydipsia and Polyuria）经常是疾病的表现。犬猫的多饮和多尿被定义为饮水量超过 100mL/(kg·d)，而尿液产量超过 50mL/(kg·d)，然而，个别动物的口渴程度和尿液量可能处于正常范围内，但动物却表现异常。多饮和多尿通常同时存在，动物主要表现为饮水量增加和尿液产量增多。

[病因] 主要受渗透性因素刺激。细胞外液的高渗透性通常继发于水分丢失，或由于采食或静脉输注高渗液体而引起。这种高渗性可导致渗透压感受器脱水，从而刺激产生渴觉。非渗透性因素包括动脉压降低、体温升高、疼痛以及某些药物都能刺激产生渴觉。细胞外液容量的扩增、动脉压的升高、饮水以及胃饱满都会抑制渴觉。

患原发性多饮的动物，其渴觉会受到异常刺激，从而导致其饮水量超过其生理需要量。这些动物的肾功能通常都是正常的，而继发性多尿则可以清除体内过多的水分。

肾脏通过重吸收肾小球滤出液中的水分和溶质来维持体内液体的组成和容量。在水分过多的原尿中重吸收溶质就会形成稀释尿。相反，在溶质多的原尿中重吸收水分又会形成浓缩尿。只有生成和释放抗利尿激素（ADH），且肾小管对 ADH 产生反应，才能形成浓缩尿。与 ADH 相对或绝对缺乏有关的原发性多尿称为中枢性或垂体性尿崩症，而对 ADH 无反应产生的多尿称为肾性尿崩症。

常见原发性多饮见于生理需求、肝脏机能不全，原发性多尿见于垂体尿崩症、肾性尿崩症，如肾机能不全或肾衰竭、肾上腺皮质机能亢进、肾上腺皮质机能减退、肝脏机能不全、子宫蓄脓、高钙血症、低钾血症、梗阻后利尿、糖尿病、肾性糖尿、甲状腺机能亢进、药物作用等。

[症状] 尽管多饮和多尿通常同时发生，但动物主人会没注意到其中的 1 个甚至 2 个症状，这与它们的严重性和动物主人是否近距离观察有关，相反，动物主人经常将尿频和多尿混淆。

多尿通常表现为遗尿症、尿频和尿失禁，而多饮主要表现为水盆经常是空的，饮用其他地方的水，包括厕所和泥坑内的水，还有吃雪。对大多数动物主人来说，测定饮水量相对比较容易，且这也是确定多饮是否存在的一种好方法。

[诊断] 完整的病史和体格检查可以暗示多饮和多尿动物潜在的发病原因，这些病因包括犬淋巴结病（伴有高钙血症的淋巴瘤）、会阴肿块（伴有高钙血症的肛囊腺腺癌）、白内障（糖尿病）、躯干对称性脱毛症（肾上腺皮质机能亢进）、阴道分泌物（子宫蓄脓）以及小且不规则的肾脏（慢性肾衰），基本检查项目包括全血细胞计数、血清生化分析、尿液分析、胸部 X 线片、腹部 X 线片和超声检查，可以对大多数患原发性多尿的动物进行确诊或者鉴别诊断（图 11-3）。

如果犬有多饮多尿症状，而尿比重在高渗尿的范围内，属于正常状态。对于原发性多饮和中枢性尿崩症的动物，尿比重常处于低渗尿的范围内，如果动物患有肾源性尿崩症，则通常为等渗尿或轻微浓缩尿。如果病史检查和体格检查不能确定，特殊检查和试验需要继续开展，如血浆渗透压的测定、尿浓缩试验（禁水试验）、测定动物对外源性抗利尿激素的反应等。

11.1.3 血尿

血尿（Hematuria）是指尿液中含有大量的红细胞，尿液放置后红细胞会发生沉淀，是宠物临床中常见的症状。血尿与尿痛、排尿困难同时发生，通常与下泌尿道炎症有关。相反，在没有其他临床症状时，出现血尿通常是上泌尿道引起的。血尿可以是显性的（肉眼可见的血尿）或是隐性的（镜检血尿）。隐性血尿即每个高倍视野中有 5 个以上红细胞，常见于尿道性排尿困难的犬猫，对血尿犬猫的诊断检查方向是查找最初的出血部位和潜在的疾病。

[病因]

（1）肾性血尿　肾结石、急性肾衰竭、出血性疾病（丙酮苄羟香豆素中毒）、血小板减少症、热射病、急性肾盂肾炎、肾小球肾病（肾淀粉样变性、免疫复合物疾病）、肿瘤（血管瘤、转移细胞癌）、钩端螺旋体病等。动脉血栓引起的肾梗塞（心肌炎、亚急性细菌性心内膜炎）、良性肾出血、寄生虫（肾虫、血丝虫）感染、肾囊泡、放射线照射等。

（2）膀胱性血尿　细菌性膀胱炎、膀胱外伤、膀胱结石、膀胱肿瘤、毛细线虫感染、药物性膀胱炎（环磷酰胺）等。

（3）尿道性血尿　尿道结石、尿道炎、尿道外伤、尿道炎性肉芽肿及肿瘤。

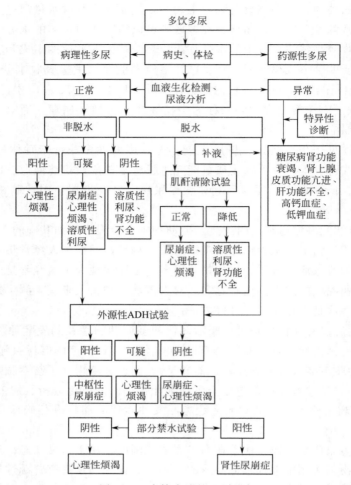

图 11-3 多饮多尿的鉴别诊断

（4）尿路外出血 公犬前列腺炎、前列腺肿瘤、前列腺囊肿、阴茎外伤、转移性性器官肿瘤。母犬发情前期、胎盘恢复不良、转移性性器官肿瘤、平滑肌瘤。

（5）血液凝固不良 血友病、系统性红斑狼疮等。

[症状] 尿液中出现大量的红色尿，并伴有全身症状和特发性症状，须根据鉴别诊断加以区别。大多数情况下，血尿由泌尿道炎症、创伤、肿瘤引起。血尿在排尿期间出现的时间经常可以提供出血来源的线索。

（1）初始段血尿 发生在排尿之初，表明出血来自下泌尿道（膀胱、尿道、阴道、阴茎、阴门或包皮）。泌尿意外的原因，诸如发情初期、子宫炎、子宫蓄脓、前列腺疾病或生殖道肿瘤也可导致初始段血尿。如果是生殖道出血引起的血尿，还可以观察到与排尿无关的自发性出血，其他可以证明生殖道出血的症状包括阴道化脓或与排尿不一样的尿道分泌物、行为改变、排粪困难、步态拘谨，如前列腺疾病。

（2）终末段血尿 表明出血来自上泌尿道（膀胱、输尿管、肾脏）。这种情况下出血可能是间断性的，红细胞先进入膀胱，然后再随膀胱最后的内容物一起排出。上泌尿道疾病引起的血尿，通常会导致全身症状，包括精神沉郁、昏睡、厌食、呕吐、腹泻、体重下降和腹痛，或者无症状。有些上泌尿道出血的病例可以导致膀胱内形成血凝块，并继发排尿困难和痛性尿淋漓。

（3）全部血尿　血尿贯穿于排尿的全段。出血通常来自膀胱、输尿管或肾脏。假性血尿可能来自肌红蛋白、血红蛋白、药物、天然或合成的食物染料，假性血尿经离心后尿液的上清液不褪色。

[诊断]　完整的体格检查通常有助于确定血尿的来源。

（1）如果可能，可触诊肾脏并估计肾脏的大小、形态、连续性、对称性和疼痛表现。在排尿前后都要触诊膀胱，充盈的膀胱可隐匿膀胱内的小肿块、尿结石或膀胱壁增厚。观察排尿也是体格检查的一部分。此外，还可以确定血尿的出现时间、尿液的性质以及是否存在排尿困难。

（2）直肠指检可检查公犬的前列腺以及猫的骨盆部尿道。同时腹部触诊有助于直肠指检，检查者可以将膀胱推至骨盆入口。对于小型母犬，阴道指检和阴道内窥镜可以检查尿道口，阴道肿块、狭窄、撕裂也可通过这种检查方法排除。对于公犬，会阴部尿道可从坐骨弓到阴茎骨的部位进行皮下触诊，阴茎应该从包皮推出并检查其是否有肿块、创伤迹象或尿道脱出，最后对于排尿困难的动物，可通过尿道插管来确定其尿道是否开放。

（3）通过比较膀胱穿刺获得尿液与自然排泄的尿液区别下泌尿道或生殖道疾病与上泌尿道疾病。膀胱穿刺可以预防尿液被来自尿道、阴道、阴户、包皮或子宫中的细菌、细胞、碎屑的污染。然而前列腺疾病可能改变通过膀胱穿刺采集的尿液的性质，这是由于液体反流入膀胱而引起的。

（4）由膀胱穿刺采集的尿液分析异常结果暗示膀胱、输尿管、肾脏和前列腺都有可能患病，插入导尿管或膀胱压迫以及膀胱穿刺可能会导致外伤性血尿，必须注意。

（5）尿液采集后尽快进行尿液分析，此外临床医师在检查尿沉渣中是否存在红细胞时，还应观察是否存在白细胞、上皮细胞、肿瘤细胞、管型、结晶、寄生虫卵和细菌。如果尿液在室温下超过30min，产尿素酶细菌可以增殖导致尿液 pH 升高，pH 升高可以导致红细胞、白细胞和管型碎裂、溶解，且可能会改变结晶的成分。

（6）血尿的同时伴有全身症状应考虑进行全血细胞计数和血清生化检测。炎性细胞象可见于子宫炎、子宫蓄脓、急性细菌性肾盂肾炎、前列腺炎等。伴随血尿发生的氮血症通常提示肾脏实质性疾病或肾脏泌尿排泄通路出现情况，但须排除肾前性氮血症。

（7）腹部 X 射线平片和造影检查、超声检查或膀胱镜检查可以帮助确定出血位置和原因。有些病例必须经开腹探查和活组织检查才能确诊。活检样品可取自肾脏、膀胱、前列腺，如有需要可通过膀胱切开术插入导尿管或膀胱镜观察，来确定肾脏出血是单侧还是双侧。

[鉴别诊断]　见图11-4。

（1）尿石症　尿频、血尿、尿闭、努责、腹围增大。

（2）膀胱炎　尿频、尿混浊、脓尿、碱性尿、血尿。

（3）丙酮苄羟香豆素中毒　黏膜下出血、血

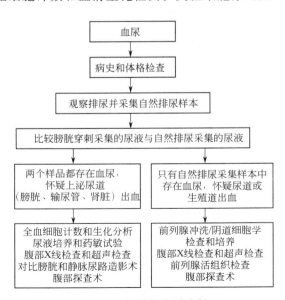

图 11-4　血尿的鉴别诊断

便、血尿、呼吸困难。

（4）前列腺炎　发热、食欲不振、便秘、努责、血尿、脓尿、排尿困难，见于5岁以上的犬猫。

（5）念珠菌病　皮肤糜烂和肉芽增生、口炎、腹泻、角膜炎、血尿。

（6）尿道损伤　血尿、少尿、排尿困难、尿道周围肿胀、尿道狭窄、尿毒症。

（7）先天性血液凝固不良　出血性素质、皮肤和黏膜出血斑、血尿、血便、血肿。

（8）原发性甲状旁腺功能亢进症　食欲减退、呕吐、易骨折、多饮多尿、血尿、结石症、痉挛。

（9）肾膨结线虫病　血尿、脓尿、尿频、体重减轻、腹痛、便秘、呕吐。

（10）TNT中毒　食欲不振、四肢无力、步态跛行、黏膜苍白或发绀、红尿。

11.1.4　猫下泌尿道炎症

猫下泌尿道炎症（Feline Lower Urinary Tract Inflammation）通常指猫泌尿综合征、猫下泌尿道炎症或猫间质性膀胱炎，表现尿频、排尿困难、痛性尿淋漓、镜检或肉眼可见的血尿和异位排尿而前来就诊。

[病因]　非阻塞性猫下泌尿道炎症的病因多发于突发性膀胱炎、尿石症、肿瘤等。而尿道阻塞多数是由于蛋白质样物质和矿物质沉积，单个的结晶体或结石嵌塞尿道所致，小的尿结石可以引起猫的尿道阻塞，阻塞物多数晶体和尿结石由鸟粪石组成，也可以是其他类型。

此外尿道的真菌感染、寄生虫侵害、解剖结构异常如尿道狭窄、神经性疾病和异物等也可引起。但已知病因排除后，有些患病动物仍找不到病因，突发性的原因可能包括病毒感染、食物过敏、免疫介导作用、黏膜黏多糖的保护性缺陷以及应激反应。

[症状]　公猫尿道阻塞的临床症状取决于梗阻持续时间。在最初的6～24h内，大多数患猫会频繁排尿、走来走去、不断叫唤、藏在床下或沙发后、舔舐外生殖器且表现焦虑。如果在36～48h内未消除梗阻，可观察到典型的肾后性氮质血症的临床症状，包括厌食、呕吐、脱水、精神沉郁、虚脱、昏迷、体温过低、呼吸性酸中毒或心动过缓。有时会发生突然死亡。

[诊断]　体格检查时，尿道未梗阻猫除了小而易压迫的膀胱外，貌似健康。膀胱壁可能增厚，触诊可能会引起动物排尿。未梗阻的猫腹部触诊可能会引起疼痛，然而梗阻的猫对后腹部的触诊会表现抗拒，除非其精神极度沉郁或昏迷。尿道梗阻猫最明显的体格检查结果是膨胀的膀胱，检查膨胀的膀胱时要十分小心，因为膀胱壁已经因膀胱内压的增加而受损，且极易破裂。公猫尿道阻塞时，阴茎可能充血、突出于包皮。有时可见尿道阻塞物从尿道口排出，在有些病例中，患猫会舔舐其阴茎直到脱皮、出血（图11-5）。

具有急性尿频、排尿困难、痛性尿淋漓和血尿史而其他方面都健康的猫，表示存在下泌尿道感染综合征。体格检查要包括直肠指诊膀胱末端

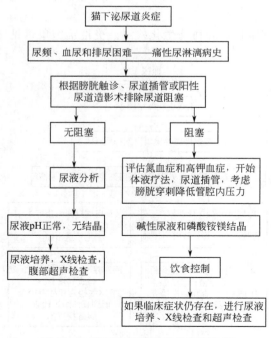

图11-5　猫下泌尿道炎症的鉴别诊断

和尿道，试图确诊是否有肿块、结石，同时在排尿前后腹部触诊膀胱以确定剩余尿量，以及是否存在腔内肿块或尿结石。

对尿频、排尿困难、痛性尿淋漓的猫，诊断方法还包括完全的尿液分析。尿液最好通过膀胱穿刺采集；然而，如果腹部触诊膀胱导致排尿，可以在干净的台面上采集样本用于检测尿液pH和沉渣。如果尿液呈碱性且尿沉渣中含磷酸铵镁结晶时，未梗阻猫就不需要进行进一步的诊断检查，因为这类病例的尿液多数都是无菌的，通过饮食疗法可缓解临床症状。但是，如果经5～7d饮食疗法后临床症状依然存在，那么应该进行第2次尿液分析，包括尿液培养、药敏试验，进行腹部X射线检查、超声和/或膀胱、尿道造影检查。如果存在临床症状的猫，尿液呈酸性且不含有磷酸铵镁结晶，应采取以上检查，因为饮食疗法对这些病例可能无效。

11.2 尿道疾病

11.2.1 尿道损伤

尿道损伤指在物理或化学因素作用下，尿道受到损伤。多发于公犬、公猫。

[病因] 根据发病的位置可分为尿道内损伤和尿道外损伤。

（1）尿道内损伤 大部分损伤来自人为操作，比如暴力导尿和排出异物（如结石）。也可见于误用某些化学药物如硝酸银等引起的化学灼伤。

（2）尿道外损伤 较尿道内损伤多见。受伤部位多在远端尿道，常见于咬伤、车祸等。

[症状] 尿道损伤的症状取决于导致损伤的原因、程度和范围，以及有无其他脏器受到影响。常见的临床症状为血尿，当尿道严重挫裂伤甚至断裂时可出现排尿困难甚至尿潴留。如为外伤导致的可见受伤处组织肿胀和淤血，当有尿道穿孔甚至断裂时，尿液会沿损伤处外渗到周围组织中，可导致组织坏死、化脓，严重时可引起败血症。

[诊断] 依据病史和临床排尿困难或无尿可进行初步诊断。怀疑尿道损伤的案例，不宜进行诊断性导尿，可能加重尿道损伤。逆行性尿道碘制剂造影是确定尿道损伤部位的主要影像学检查方法，有条件的医院也可进行CT检查以确诊。

[治疗] 总的治疗原则为恢复尿道的连续性，使动物正常排出尿液。若有尿液的外渗则需冲洗引流，同时治疗其他并发症，如继发感染、尿毒症等。

损伤轻微，尿道连续性完好，主要临床表现为尿频，排尿困难，可在充分镇静或麻醉的情况下，遵守无菌原则留置导尿管并保留7d，以引流尿液并支撑尿道，等待尿道上皮组织修复。局部组织的损伤可先冷敷后用温热疗法或红外线照射。

对于尿道破损，可在大量生理盐水冲洗后，修补尿道破损处。为确保尿道组织的愈合，减少疤痕组织，可留置导尿管5～7d。当损伤难以修补或出现尿道阻塞时，可在会阴部做尿道造口术。

11.2.2 尿道炎

尿道炎是尿道黏膜的炎症性疾病。临床上以排尿困难、导尿管插入疼痛、开始排出的尿液混浊和尿液中混有黏液、脓液等为特征。

[病因] 本病多因尿道黏膜受到机械性、化学性致病因素的刺激而发生损伤后继发细菌感染所致。邻近器官的炎症，如包皮炎、膀胱炎、阴道炎、子宫内膜炎等也常波及尿道，引起尿道炎。

[**症状**] 尿道炎时患宠表现尿频，但排尿困难，不畅，排尿时动物表现痛苦不安。开始排出的尿液常稍混浊，尿液中常混有黏液、脓液，有时还带有血液，严重时甚至混有脱落的尿道黏膜。尿沉渣检查见有大量尿路上皮细胞、白细胞、红细胞、脓细胞。导尿管插入检查时，因尿道黏膜肿胀，手感阻力较大，常表现抗拒。通常没有全身性的症状。

[**诊断**] 根据排尿困难，排尿疼痛，开始排出的尿液混浊，导尿管插入阻力大并有明显疼痛反应可做出初步诊断，尿沉渣检查可见炎性产物，而无管型细胞做出确诊。

[**治疗**] 治疗原则为消除病因，控制感染。具体方法见膀胱炎的治疗。当尿道因炎性渗出物出现堵塞时可临时性插入导尿管，当炎症消退后再移除。

11.2.3　尿道狭窄

尿道狭窄，是指尿道内的异常组织团块或尿道周围组织器官病变压迫到了尿道，使其呈现狭窄状态。常见于公犬与公猫。

[**病因**] 尿道狭窄按发病的时间可分为先天性因素和后天获得性因素两大类。后天获得性因素根据致病因素的不同又可分为感染性和创伤性两大类。

先天性因素：指遗传性的发育障碍，如先天性尿道外口狭窄、尿道瓣膜等。

感染性因素：尿道的化脓性感染以及非特异性的炎性疾病，可导致尿道黏膜层损伤，尿道修复过程中纤维组织增生引起尿道狭窄。炎症性狭窄多发于急性尿道炎症1年以后，且炎性尿道损伤范围较创伤性尿道损伤范围更广泛，疤痕组织更丰富，治疗困难。

创伤性因素：外伤、导尿损伤、车祸、坠楼等常可造成尿道损伤甚至尿道断裂，尿道受到严重创伤时，黏膜下层和肌层出现出血、水肿等病理变化，组织修复过程中出现纤维性变性，创伤处出现狭窄，通常在受伤后的数月发病。也可见于公猫下泌尿道综合征进行叶氏尿道造口术后。

[**症状**] 尿道狭窄的症状依据其程度、范围和发展过程而不同，通常为尿频、排尿困难并时常舔尿道外口，严重者可出现肾后性肾损伤的相关症状。

[**诊断**] 根据病史、临床表现可进行初步诊断，通过B超和尿道造影等检查可确定狭窄的部位、严重程度以及有无憩室和瘘道等的发生。有条件的医院还可用内窥镜进行确诊。

[**治疗**] 通过插入导尿管或膀胱穿刺，排出膀胱内的尿液以缓解症状。当尿道狭窄症状不能缓解时通常需要通过外科手术治疗，常用的手术方案有尿道扩张术、尿道端端吻合术等。

尿道外口或邻近部位狭窄，可单纯进行尿道切开，效果确实。尿道扩张术主要用于轻度狭窄的案例，用涂有润滑剂的导尿管强行通过狭窄处，应遵循少量多次的原则，导尿管从小到大，切忌盲目地强行扩张，否则可能引起更大的损伤。对于严重的案例应考虑切除狭窄段，就行端端吻合术，如切除后缝合困难，可以采用尿道口再造手术。

11.2.4　尿道阻塞

尿道阻塞是指具有排尿障碍、尿闭等特征的多种疾病的病理现象，而不是一种独立的疾病。多发生公犬和公猫。

[**病因**] 尿道阻塞最常见的原因是结石。此外，尿道肿瘤、尿道炎症时黏膜的肿胀、尿道手术或损伤后的瘢痕组织，以及前列腺发生疾病时肿大压迫尿道均可引起不同程度的尿道阻塞。根据阻塞的程度不同，将其分为不完全阻塞和完全阻塞两种。

[**症状**] 尿道阻塞的主要症状是病犬、猫频频努责，做排尿动作，但只有少量甚至无尿排出。其排出的尿量和困难程度与尿道阻塞的程度有关。

不完全阻塞时排尿费力，尿液呈点滴状或淋漓状断续排出，尿中有时带有血液。完全阻塞时则尿液完全不能排出，尿液在膀胱中蓄积，即尿闭。

[诊断] 根据排尿困难、尿闭等症状，结合尿道探查、尿道造影等做出诊断。

[治疗] 消除病因、缓解阻塞、防止继发感染和对症治疗是本病的治疗原则。

发生尿道阻塞时，应查明引起尿路阻塞的原因，根据不同的病因，采取相应的消除病因的治疗方式。

对于尿道结石引起的阻塞，可自尿道外口插入导尿管，用适量生理盐水将结石冲回膀胱，后进行膀胱切口取出结石；对于不能冲回膀胱的结石，可在阻塞的尿道部位直接切开取出结石。有条件的医院也可在内镜的辅助下进行钬激光碎石，后随尿液排出。当尿道严重损伤或其他原因不适宜进行上述手术时也可在会阴部进行尿道造口。

对于前列腺疾病或肿瘤等原因引起的尿道阻塞，可插入导尿管暂时缓解排尿困难的症状，并积极治疗原发病。

11.3 膀胱疾病

11.3.1 膀胱炎

膀胱炎是指膀胱黏膜乃至黏膜下层的炎症。多由尿路感染引起，临床上以疼痛性频尿，尿沉渣中见有多量膀胱上皮细胞、脓细胞、红细胞为特征。

[病因] 本病的发生主要是由于病原微生物感染所致。病原微生物可由尿道口侵入，或由肾脏扩散而至，也可由血液或淋巴途径转移而来。常见的病原微生物多为化脓菌，如：葡萄球菌、化脓杆菌、绿脓杆菌等。邻近器官的炎症，如肾炎、阴道炎、尿道炎、子宫炎等可蔓延至膀胱引起膀胱炎。

机械性因素，如膀胱结石、某些寄生虫、导尿管等和有刺激性的化学物质，如环磷酰胺、尿的发酵分解产物及其他有毒物质对膀胱黏膜的刺激，均可引起膀胱炎。

此外，糖尿病及机体免疫功能降低时，亦可导致本病的发生。

[症状] 发生单纯性膀胱炎的犬猫，体格检查通常无明显异常。有些病例因持续的炎症及尿频，导致动物的膀胱空虚，壁增厚；有些患病动物可能出现尿频、排尿时表现痛苦不安，每次排出的尿量减少，尿液混浊，尿中常有血液、脓液等。当炎症涉及深层组织，或伴有肾炎、输尿管炎症时，可出现程度不一的全身症状。

[诊断] 根据疼痛性尿频，尿液混浊和尿沉渣中有大量膀胱上皮细胞、白细胞、脓细胞等，可做出初步诊断。

尿沉渣检查在膀胱炎的诊断中最为重要，见有大量膀胱上皮细胞、红细胞、白细胞、脓细胞，有时可见病原菌。尿检时未见明显病原的案例需对膀胱穿刺采集的尿液进行培养，然后对分离的菌株进行鉴定和药敏试验，若除了分离培养呈阳性外，动物的其他表现正常，则通常无须进行全血细胞计数（CBC）、血清生化及影像学检查。

超声检查可对膀胱黏膜炎症的严重程度进行评估，同时对尿路结石、肿瘤、增生等进行鉴别诊断。单纯性的膀胱炎案例中血液学检查通常无明显变化。

[治疗] 当缺乏分离菌株的信息，需进行经验性治疗时，可选用阿莫西林，$11\sim15mg/kg$，口服，q12h。初始治疗时，不推荐使用阿莫西林-克拉维酸，因为尚无证据证明添加克拉维酸的必要性。单纯性膀胱炎的常规治疗时间为 $7\sim14d$。另有文献报道，在犬的单纯性膀胱炎案例中用恩诺沙星（20mg/kg）治疗 3d 的效果与阿莫西林克拉维酸治疗 14d 的效果相当。另一

项临床试验中，61 只患有单纯性 UTI 的犬，皮下注射（8mg/kg）头孢维星是有效的。

人医对于患者无症状的菌尿，考虑到药物可能存在副作用，有时不使用抗菌药物进行治疗。尽管尚无针对犬猫类似情况的明确研究，但犬猫亚临床膀胱炎也不是必须进行治疗，但对于发生免疫抑制或正在接受化疗的动物应进行治疗，这些动物继发肾盂肾炎的风险高。若无引起菌尿的潜在病因存在，且发生逆行性肾盂肾炎的风险较低的话，可不使用抗菌药物治疗。

11.3.2 膀胱痉挛

膀胱痉挛是指膀胱肌肉的痉挛性收缩，通常无炎症病变。临床上以尿淋漓、暂时性尿闭、尿性腹痛为特征。

[病因] 膀胱痉挛多继发于中枢系统疾病，此时，控制膀胱括约肌的神经调节机能丧失，因其调节括约肌收缩的能力丧失而引起膀胱痉挛。

尿路长时间严重感染、结石等异物刺激，也是导致本病的常见原因。

[症状] 膀胱痉挛时，由于尿液潴留，病犬、猫呈现腹痛，常有频频排尿动作，但只有少量尿液或无尿排出。触诊膀胱高度充盈，腹壁外按压膀胱时，也不能正常排尿，此时导尿管插入困难。单纯膀胱平滑肌痉挛时，尿液不断流出，膀胱空虚，导尿管容易插入膀胱。

[诊断] 根据临床症状、腹部触诊及尿道探查结果可做出诊断

[治疗] 治疗本病的原则是消除病因，解除痉挛。行膀胱按摩或插入导尿管排出尿液，同时注入 2%～4%普鲁卡因溶液 5～10mL，有良好效果。

11.3.3 膀胱麻痹

膀胱麻痹是指膀胱肌肉的紧张度下降和收缩力丧失，尿液不能随意排出而滞留于膀胱内。临床上以不随意排尿、触诊膀胱区域无疼痛为特征。

[病因] 膀胱麻痹多继发于脊髓的炎症、损伤、出血、肿瘤等脊髓疾患，此时，控制膀胱括约肌的神经调节机能丧失，使膀胱括约肌限于麻痹状态，而丧失收缩能力。脑干、脑膜的炎症、损伤时，也因其调节括约肌收缩的能力丧失而引起膀胱麻痹。

尿路长时间严重感染、结石等异物刺激，也是导致本病的常见原因。

[症状] 膀胱麻痹时首先出现排尿反射和排尿动作的变化。因尿道阻塞、膀胱括约肌痉挛引起的膀胱麻痹初期，当膀胱不全麻痹时，常有频频排尿动作，但只有少量尿液或无尿排出。当膀胱完全麻痹或因脊髓、脑的损伤引起的膀胱痉挛，常缺乏排尿反射，亦无频频排尿的动作出现，只在膀胱高度充盈、膀胱内压力超过膀胱括约肌的紧张度时才随意排出尿液，或当腹壁外按压膀胱时，才被动地排出尿液。若同时伴有膀胱括约肌麻痹，则尿液呈不随意的滴状排出，排尿失禁。

其次，大量尿液在膀胱内滞留，使腹内压升高，腹部膨胀。触诊按压膀胱无明显疼痛反应。

[诊断] 根据临床症状、腹部触诊、压迫膀胱无疼痛及尿道探查结果可做出诊断

[治疗] 治疗本病的原则为治疗原发病，促使尿液排出，提高膀胱括约肌收缩能力和防止尿路感染。

本病多为继发疾病，只有在积极治疗原发疾病的基础上，此病才有治愈的希望。

11.3.4 膀胱破裂

膀胱破裂是指膀胱壁发生裂伤，尿液流入腹腔所引起的以排尿障碍、腹膜炎、尿毒症和休克为特征的一种膀胱疾患。

[病因] 腹部受到剧烈冲击时膀胱内压力急剧升高可导致膀胱破裂；外伤导致的骨盆骨折

的骨断端或其他尖锐异物刺入，以及使用质地较硬的导尿管导尿时，操作导致的膀胱穿孔下损伤；尿路炎症、尿道结石时引起尿路阻塞，尿液在膀胱内过度蓄积，膀胱内压力过大也是导致膀胱破裂的常见原因。

[症状] 膀胱破裂后膀胱壁的保护消失，尿液立即进入腹腔，除了尿路阻塞导致的膀胱破裂外，会立即出现排尿量迅速减少或无尿排出。膀胱破裂后，排尿动作消失，有疼痛不安的表现。犬猫表现下腹部增大，触诊时可感知腹腔内有波动感。腹腔穿刺可见带氨味的液体流出。随着病程的进展，可出现呕吐、腹痛、昏睡甚至昏迷等腹膜炎、尿毒症和休克的症状。

[诊断] 根据病史、典型的临床症状做出初步诊断。超声检查有助于进一步诊断，确诊可借由膀胱造影 X 线检查。

[治疗] 本病的治疗原则是开腹后修补破裂的膀胱，清除腹腔内积液并用大量温生理盐水冲洗腹腔，控制腹膜炎，防止尿毒症、休克的发生。当有其他原发病时应积极治疗。

11.4 肾脏疾病

11.4.1 急性肾功能衰竭

急性肾功能衰竭，简称急性肾衰，亦称急性肾功能不全，是指在致病因素作用下，肾实质组织发生急性损害，致使肾功能受到抑制，产生以少尿或无尿为特征的临床综合征。

急性肾损伤有四个阶段。第一个阶段是初始期，是指肾脏受到损害时立即发生的时期。第二个阶段称为延展期，在此期间肾脏出现局部缺血、缺氧、炎症反应和持续的细胞损伤，继而出现细胞凋亡或坏死，或者两者同时发生。在前两个阶段患病动物的临床症状和实验室检查相关指标异常都不明显。第三个阶段是维持期，其特点是氮质血症、尿毒症，或者两者同时发生并可能持续数天至数周。可能出现少尿或无尿，但尿量生成的多少差异很大。第四个阶段是恢复期，氮质血症在这期间可能会有所改善，肾小管功能进行修复，因渗透性利尿，可能会出现显著的多尿。肾功能可能逐渐恢复，但也有可能造成永久性的功能损伤，转变为慢性肾衰。

对患有急性肾衰的动物，及时进行积极治疗，若残余的肾单位数量足够时，急性肾衰是可逆的。因此及早发现并治疗在急性肾衰的病例中至关重要。与救治已确诊的急性肾衰病例相比，科学的预防和早期诊断显得尤为重要。

[病因] 按病因的致病部位分类，可分为肾前性、肾性和肾后性三大类。

(1) 肾前性病因　全身血液供应不足，无法将血液中的溶质和尿毒素充分清除，例如：大出血、严重腹泻和呕吐、大面积烧伤、体腔积水、休克等病因引起血容量减少，有效循环量不足；心力衰竭、心输出量减少；肾血管阻塞，造成肾脏急性缺血等原因引起肾脏血液灌流减少，造成含氮物质滞留，导致急性肾衰。

(2) 肾性病因　指肾脏自身的损伤，主要包括各种感染、中毒（如犬食用葡萄、猫接触百合花等）等因素，还包括肾脏的局部急性缺血、肾小管基底膜坏死、肾血管阻塞等。

(3) 肾后性病因　尿道任何部位发生阻塞，如双侧尿路阻塞等原因引起尿液蓄积、肾小球滤过受阻，血氨增加，同时造成肾小管基底膜坏死而引起本病。

[症状] 急性肾衰的临床表现无特异性，包括厌食、嗜睡、呕吐及腹泻。这些表现通常近期出现，且不伴有长期多饮多尿病史。与肾前性氮质血症动物相比，急性肾衰患病动物的体格检查结果通常更严重，包括脱水、口腔有氨味及口腔溃疡。黏膜苍白可能会见于慢性肾病患病动物，但急性肾衰动物通常不会出现。发生肾炎的急性肾衰动物还可能出现发热（如犬钩端螺

旋体病或疏螺旋体病）。发生无尿或少尿的急性肾衰动物，若通过静脉补充过量液体，则可能发生水合过度。肾脏通常正常或增大，但不会变得小而不规则，后者更多见于慢性肾病动物。膀胱大小取决于尿量。若动物发生心动过缓，则应测定血钾浓度。一项有关犬急性肾衰的研究表明，大约 18％的动物发生无尿，43％少尿，25％尿量正常，14％多尿。

根据急性肾功能衰竭的临床表现，可将整个病程分为少尿期、多尿期和恢复期三个时期。

（1）少尿期　主要表现为排尿量显著减少，甚至无尿，尿中有蛋白质、红细胞、白细胞和各种管型，尿相对密度降低。由于水、钾潴留，代谢产物在体内蓄积，引起代谢性酸中毒、高钾血症、尿毒症、心力衰竭、血压升高，并易发生感染。

（2）多尿期　经过一段时间的排尿减少后尿量增多而进入多尿期，除钾离子排出增多引起低钾血症外，少尿期的各种症状均进一步加剧，往往在这一期中死亡。如能耐过此期，往往能进入恢复期。

（3）恢复期　此期中患病动物尿量逐渐恢复正常，水肿等各种症状逐渐减轻和消除，但由于机体蛋白质消耗过多，恢复过程缓慢。若肾小球功能迟迟不能恢复，则会转变为慢性肾衰。

[诊断]　急性肾功能损伤的诊断应包含评估动物的水合状态、心血管状况、肾或腹部疼痛的评估及动脉血压的测量。

影像诊断可用于评估肾脏的大小和形态，并评估是否有肾结石的存在。腹部 X 射线摄影可用于评估肾的大小（在腹背位中，犬肾脏的长轴长度是第二腰椎的 2.5～3.5 倍，猫为 2～3 倍），也可用于不透明度高的结石和膀胱中尿量的评估。超声诊断可作为额外的或取代 X 射线进行肾脏的检查，利用肾实质的回声判断，可获得更精确的肾脏测量数据，并识别肾脏中的囊肿或肿块。肾盂扩张常见于肾盂肾炎和皮质弥漫性增厚、淋巴瘤、乙二醇中毒（超声下可见髓质交界处有圆环样强回声带）等。此外，碘制剂具有潜在的肾毒性，当怀疑有肾功能损伤时不推荐进行静脉尿道造影。电脑断层扫描（CT）和核磁共振成像（MRI）与超声比较，通常无法提供更多的讯息且需要承担全身麻醉的风险。

基本的实验室检查应包括：血常规、生化、血气、尿检，部分病例可能还需要进行尿液培养。白细胞增高可能与急性肾损伤造成的感染有关。血液中尿素氮和肌酐可能升高；钠离子溶度通常与疾病的阶段、呕吐、腹泻的程度以及治疗有关；高钾血症主要发生在少尿或无尿的动物；但其他原因的一些疾病，如肾上腺皮质机能减退、肾后性氮质血症等也会引起血液中尿素氮升高和高血钾，应在临床诊断中予以区分。若无高血钙引起的急性肾损伤，血钙通常是正常的，低血钙可见于乙二醇中毒的动物，或由于肾衰继发的胰腺炎的病例。通常会出现代谢性酸中毒，急性肾损伤的尿液应为等浓度尿，尿比重增加时应怀疑是肾前性氮质血症。动物肾功能正常时，原尿中的钠离子和氯离子会被重吸收，若尿中钠离子和氯离子升高应怀疑急性肾损伤。

[治疗]　急性肾衰的治疗原则是限制肾损伤的进程，改善肾脏的循环血量，以维持尿量，为治愈提供支持和时间。为防止肾脏的进一步损伤，在开始治疗时，应尽可能找出并治疗威胁动物生命的因素，如：动物使用了肾毒性药物（如氨基糖苷类、磺胺类），则应停药且开具的新药不应具有肾毒性；中毒（如：犬食用葡萄、猫接触百合花等）等，应避免再次接触；纠正酸碱和离子失衡。

由于肾脏自体调节功能的丧失，动物难以耐受持续存在的肾灌注减少，所以需加强输液治疗，提高肾脏的血液灌注。理想状态下，应在治疗的前 6～8h 纠正脱水，之后继续输注维持量的液体（呼吸失水、排尿、呕吐、腹泻等）。在治疗的前 1～2d，需留置导尿管以监测动物的排尿量，用于辅助补液量的监测。动物正常的排尿量为 1～2mL/(kg·h)，若扩容充分，动物

的排尿量应达到 $2\sim5mL/(kg \cdot h)$。若动物排尿量少于 $2mL/(kg \cdot h)$ 且脱水情况已经纠正，则可认为动物相对少尿，继续补液需谨慎，以防输液过量造成容量过载。

整个治疗期间应每天用同一体重计为动物称重 2 次，根据体重的变化评估动物的体液平衡情况。对于单纯性脱水的动物首选的补水液体为生理盐水（0.9%NaCl），当水合状况改善后，为防止高钠血症的出现，可继续输注低渗溶液用于维持。动物的血清钾含量与排尿量、肾脏功能、口服钾摄入量等密切相关。动物尿量减少通常会出现高钾血症，应及时测量血气，当血清钾浓度超过 8mEq/L 时，通常会出现心电图异常，包括心动过缓、P-R 间期延长、QRS 波变宽等；达到 $8\sim10mEq/L$ 时，对心脏功能来说是非常危险的；而超过 10mEq/L 则会危及生命。动物出现高血钾症状时应立即进行治疗，首先可静脉推注 10%的葡萄糖酸钙溶液（$0.5\sim1mL/kg$）以拮抗钾离子对心脏的影响，但这种方法不会降低血清钾的浓度，但若动物存在高磷血症，则可能会引发软组织矿化。进一步治疗包括恢复体液，输注 20%～30%的高渗葡萄糖（刺激内源性胰岛素的释放）促使钾离子进入细胞内。若动物伴有代谢性酸中毒，还可输注碳酸氢钠 $0.5\sim1mEq/kg$。当机体钙离子浓度过低、发生抽搐或出现代谢性碱中毒时，输注葡萄糖优于碳酸氢钠。目前对于是否能够同时输注胰岛素和高渗葡萄糖存在争议。

通常在采取治疗数分钟后，动物的心电图（ECG）就会恢复正常，但这些措施仅能暂时缓解高钾血症对动物机体的影响。最大限度地恢复肾排泄功能，将血清 pH 及碳酸氢根浓度维持在正常范围内，有利于血清钾浓度恢复正常。

急性肾衰维持期时，可能会出现非常严重的代谢性酸中毒，可在不含钙的维持液（如 0.9%NaCl）中加入碳酸氢钠（$1\sim3mEq/kg$），以纠正代谢性酸中毒。碱治疗可能出现的并发症包括高钠血症、高渗透压、代谢性碱中毒及低离子钙血症，还可能会出现严重的高磷血症，后者可通过多种机制使肾损伤和肾功能恶化，包括肾脏矿化、直接肾毒性及收缩血管反应。此外，高磷血症还会加剧代谢性酸中毒及低离子钙血症。口服肠道磷结合剂［$30\sim90mg/(kg \cdot d)$ 的氢氧化铝和碳酸铝］可在一定程度上降低血磷浓度，即便对于厌食动物，也可与 GI 分泌的磷结合，并根据连续监测血清磷浓度调整药物剂量。过量服用含铝的磷结合剂可能会引起铝中毒，并出现痴呆症状，很难与尿毒症的表现相鉴别。

相较而言，尿量正常的动物更易管理，因为较少发生高钾血症及水合过度的情况，且含氮废物潴留的情况通常也较轻微。因此，少尿动物恢复水合后，可尝试利用利尿剂来促进动物排尿。渗透性利尿剂是指可经肾滤过同时不会或很少被肾小管重吸收的低分子物质。肾小球超滤液渗透压升高会迫使水分被排出。可静脉注射 $0.25\sim0.50g/kg$ 的甘露醇，若 $30\sim60min$ 内仍未见排尿量升高，可重复给药，每天给药的总剂量不得超过 2g/kg。甘露醇的利尿作用强于等渗扩容剂（如 0.9%NaCl）和高渗葡萄糖。不良反应包括容量过负荷及高渗透压。髓袢利尿剂（如呋塞米）可能是最常用于急性肾衰动物的利尿剂。当需要增加少尿动物的尿量时，可先静脉注射 $1\sim2mg/kg$ 呋塞米，之后按 $1mg/(kg \cdot h)$ 输注，注射时间不应超过 6h。若动物的尿量未增加，则应停止给呋塞米，考虑使用多巴胺。肾皮质血管及肾小管上存在多巴胺能受体。先前的研究认为猫的肾脏血管不含多巴胺能受体，但最近的报道显示是存在的。低剂量［$<$ 0μg/(kg \cdot min)］多巴胺可升高健康动物的 RBF，有时还可升高 GFR。较高剂量可引起血管收缩，从而降低 GFR 和 RBF。多巴胺可阻止远端肾小管重吸收钠，从而促进钠经尿排出。多巴胺肾脏剂量通常指 $2\sim5\mu g/(kg \cdot min)$，人医或兽医研究并未指出多巴胺肾脏剂量优于支持治疗剂量，并且，静脉输注多巴胺需要使用输液泵精确地计算剂量。联合使用呋塞米和多巴胺可使重度肾毒性损伤的实验犬由少尿转变为非少尿，因此，当其他治疗无效时，可尝试使用这种方法。

透析是急性肾衰犬猫发展为晚期尿毒症时生存的唯一希望，尤其是发生少尿或无尿的动物。血液透析可高效地去除尿毒症性废物并保留水分，但对技术要求非常高，且价格昂贵。腹膜透析的技术要求较低，相对便宜，应用较血液透析广泛。过去只有在疾病后期，当动物体液、酸碱、电解质紊乱及氮质血症较严重时，才尝试进行透析。及早开始透析治疗可提高重度急性肾衰病例的存活和康复概率。由于透析在兽医临床的应用有限，因此使用利尿剂治疗后仍旧少尿的动物，预后不良。可能需要治疗 3 周才能判断肾功能是否能够恢复，若此后仍旧存在氮质血症，则动物疾病转变为慢性肾病，氮质血症的严重程度决定了能否很好地控制慢性肾病情。

11.4.2　慢性肾功能衰竭

慢性肾功能衰竭简称慢性肾衰，是肾功能严重缺失、肾单位绝对数值减少的机体内环境平衡失调和代谢严重紊乱的疾病。

[病因] 慢性肾功能衰竭多由急性肾功能衰竭转化而来，亦见于多种肾病的晚期。当代偿机制无法维持动物的排泄、调节及内分泌功能时，由此引发的含氮溶质潴留、体液、电解质和酸碱平衡紊乱，以及激素分泌障碍构成了慢性肾衰综合征。当上述异常存在超过 3 个月时，则可诊断为慢性肾衰。

[症状] 对于患有慢性肾病的犬猫，细心的动物主人可能会首先观察到多饮多尿。体格检查时，体况较差和被毛干燥粗糙通常是慢性疾病的表现。当动物的采食和饮水量下降至不足以满足多尿时，通常发生脱水。犬猫常出现厌食、体重下降及嗜睡；犬还常见呕吐，但猫相对少见；腹泻比较少见，可能见于尿毒症晚期患犬。慢性肾病患犬可能观察到口腔溃疡。显著贫血的动物可见黏膜苍白。

按疾病的发展过程，本病分为储备能减少期（Ⅰ期）、代偿期（Ⅱ期）、氮血症期（Ⅲ期）和尿毒症期（Ⅳ期）。

(1) 储备能减少期　通常无明显临床症状，血清生化检查可见肌酐和尿素氮轻度升高。

(2) 代偿期　排尿量增多，出现轻度脱水、贫血和心力衰竭等症状。

(3) 氮血症期　排尿量减少，血钠多降低、血钙降低，贫血现象加重，血中尿素氮和尿蛋白增多，并出现酸中毒现象。

(4) 尿毒症期　无尿，血钠、血钙降低，血钾升高，血中尿素氮显著增高，出现酸中毒尿毒症症状，尤以神经症状和骨骼变形为显著。

[诊断]

(1) 影像学检查　慢性肾病犬猫的腹部 X 射线平片上可能观察到肾脏形状不规则或变小（腹背位上＜L2 脊椎的 2.5 倍），但若肾脏形状及大小正常也无法完全排除慢性肾病。与 X 射线片类似，肾脏超声检查可能发现肾组织回声增强，肾髓质回声增强，近似于皮质回声强度时，还会出现皮髓质分界不清，但肾脏超声检查无异常并不能排除慢性肾病。

(2) 血液学检查

① 血常规结果：患病动物可能会出现非再生性贫血；成熟的嗜中性粒细胞增多及淋巴细胞减少提示慢性疾病引起的应激反应；血小板数量通常正常，但功能可能出现异常。

② 生化结果：当超过 75% 的肾单位发生功能障碍时，即会发生氮质血症；当超过 85% 的肾单位发生功能障碍时，动物会出现高磷血症。血清总钙浓度通常正常或轻度降低，某些情况下可能出现升高。

③ 血气结果：通常情况下，慢性肾病动物的血清钾浓度正常，但若出现少尿或无尿，动

物可能发生异常。碳酸氢根浓度通常轻度降低，只有当犬猫慢性肾病晚期时，才会出现中度至重度代谢性酸中毒。

④ 尿检结果：当超过 67% 的肾单位失去功能时，犬会出现等渗尿（尿比重，1.007～1.015），而一些慢性肾病患猫即便出现了氮质血症，仍可保留尿浓缩能力。一项研究表明，猫 58%～83% 的肾单位失去功能时，仍可产生浓缩尿（尿比重，1.022～1.067）。因此，发生氮质血症的猫，即便排出浓缩尿，也不代表其为肾前性氮质血症。

蛋白尿的严重程度可以作为评估肾病进程及肾小球内高压的指示。若动物持续存在严重的蛋白尿，而尿沉渣无显著异常时，提示为原发性肾小球疾病。脓尿及菌尿提示存在泌尿道感染。

[治疗] 整体原则可分为维持补液、电解质平衡、酸碱平衡及热量平衡，防止代谢废物的蓄积，并减轻因肾脏丧失内分泌功能而造成的不良影响。当动物存在脱水时，应及早开始静脉输液以改善动物的水合状态，消除肾前性氮质血症。通常情况下，给予平衡晶体溶液（如林格液、乳酸林格液），动物可能需要花 1～5d 才能恢复水合。接下来应寻找引起肾衰的潜在可逆性病因（如肾盂肾炎、高钙血症、肾后梗阻性肾病）并合理治疗。最后，针对可能导致肾衰恶化的可逆性因素加以治疗，如泌尿道感染、持续存在的电解质或酸碱紊乱、高血压等。

（1）饮食管理　理论上，限制蛋白质摄入可减少蛋白质代谢所产生的毒性代谢产物，并降低残余肾单位的超滤过作用，从而减轻尿毒症相关的临床症状。至于在何时开始限制蛋白质的摄入仍存争议，但不推荐在肾病早期、蛋白分解产物尚未开始蓄积时就限制蛋白质摄入。若慢性肾病患病动物的水合状态良好，但表现出中度的氮质血症（即 IRIS 猫第 2 期、犬第 3 期），则通常推荐进行日粮调整。有研究表明饲喂肾病处方粮可延长犬猫的存活时间，对患有慢性肾病的犬进行中度的蛋白质限制（如 15%～17% 的蛋白质含量）要优于饲喂蛋白质含量极高或极低的日粮，并且推荐在 2～4 周时间内，将原来的日粮逐渐过渡为肾病处方粮。由于肾病处方粮与普通日粮的差异很大，如低蛋白质、低磷、低钠，添加 B 族维生素、可溶性纤维等，因此这些研究无法明确具体是哪种营养物质在起作用，但它们为支持慢性肾病犬猫食用肾病处方粮提供了证据。

由于调整了日粮，BUN 浓度会降低，因此，BUN 对肾功能的指示作用降低，但血清肌酐浓度不会受到日粮的较大影响。若动物能保持稳定的体重、稳定的血清白蛋白浓度，同时降低 BUN 浓度，则表明低蛋白质日粮起到良好效果。

（2）限制磷　慢性肾病早期限制磷可抑制或逆转肾性继发性甲状旁腺功能亢进。有研究表明饲喂高磷日粮的犬肾脏疾病发展更快，结果更差，肾小管间质性病变也更严重。由于完全不含磷的日粮适口性很差，因此可口服磷结合剂限制磷在肠道的吸收并加速其排出。为了保证磷结合剂的效果，应在饲喂后 2h 内给予。含铝磷结合剂（氢氧化铝 45mg/kg，PO，q12h）经常被临床兽医师用于慢性肾病犬猫的治疗，治疗目标是将血清磷浓度控制在 5.0mg/dL 之内。由于含铝的磷结合剂无法保证既充分限制磷又不出现铝中毒的风险，因此，慢性肾病患畜已换用其他磷结合剂来避免这一问题。可以选用碳酸钙作为磷结合剂，初始剂量为 45mg/kg，q12h，与食物同食。碳酸钙的优点是不含铝，避免了胃肠道吸收引起中毒的风险。醋酸钙的磷结合效果优于含铝或其他含钙磷结合剂，故服用剂量稍低。对于服用含钙结合剂的动物，应监测并避免高钙血症的发生。磷结合剂可能引起动物便秘，可通过乳果糖来治疗这一问题。

即使动物在疾病早期尚未出现高磷血症，限磷仍能够逆转已经发生的肾性继发性甲状旁腺功能亢进，从而起到有益作用。但应严密监测动物，以防低磷血症的发生。尤其对于绝食动物，应采取一切措施避免饲喂对血清磷浓度的影响，应将其稳定在 2.5～5.0mg/dL 的范围内。

（3）针对胃肠道症状的治疗　患有尿毒症的犬猫因高胃泌素血症使得胃内酸性升高。H_2 受体拮抗剂可阻断胃泌素介导的胃酸分泌，故可缓解胃肠道症状，如食欲下降、恶心、呕吐及胃肠道出血。通常使用法莫替丁（1mg/kg，口服/PO，q24h）治疗。若单用 H_2 受体阻断剂效果不佳，可配合止吐剂治疗。可选的药物包括甲氧氯普胺（0.1～0.4mg/kg，PO 或 SC，q8～12h）、5-HT3（血清素 3 型）受体拮抗剂如昂丹司琼（0.6～1mg/kg，PO，q12h）或神经激肽受体拮抗剂柠檬酸马罗匹坦（1mg/kg，SC 或 2mg/kg，PO，q12～24h）。若怀疑发生胃肠溃疡或出血，可使用胃保护剂如硫糖铝（每只犬 0.5～1g，PO，q8～12h）。

（4）血管紧张素转换酶抑制剂　血管紧张素转换酶（ACEi）抑制剂（如依那普利、贝那普利）具有保护肾脏、延缓慢性肾病发展的作用。血管紧张素可使出球小动脉收缩，肾小球内高压及蛋白尿加剧。而进入球系膜的蛋白增多会促使肾小球发生硬化。ACEi 通过扩张出球小动脉降低肾小球内的静水压，可减少经滤过作用进入肾小管和球系膜的蛋白量，减少蛋白尿。依那普利的使用剂量为 0.5mg/kg，PO，q24h 或 q12h。或者选用贝那普利，剂量为 0.25～0.5mg/kg，PO，q24h 或 q12h。慢性肾病患猫可很好地耐受贝那普利并缓解蛋白尿，有试验表明给予贝那普利对慢性肾病患犬的存活时间没有显著增加。

（5）促红细胞生成素　重组人促红细胞生成素，又称 EPO，被用于治疗慢性肾病犬猫的非再生性贫血。EPO 的初始治疗剂量为 100U/kg，SC，3 次/周。治疗过程中需严密监测动物的红细胞比容，并根据红细胞比容来调节用药剂量，使之达到并维持在 30%～40%。当动物的红细胞比容达到目标范围后，可将 EPO 的使用频率降至 2 次/周。经 EPO 治疗后，犬猫的贫血可得到缓解，体重增加，食欲和被毛改善。若动物在使用 EPO 治疗时，红细胞比容出现连续性小幅度降低，提示可能出现了 EPO 抗体，一旦产生抗体，患病动物可能会出现重度贫血并且需要依靠输血来维持。其他可能观察到的不良反应包括呕吐、抽搐、高血压、葡萄膜炎及黏膜皮肤的超敏样反应。在使用 EPO 治疗的过程中（最好能够在治疗前），应为动物补铁（常用铁制剂为右旋糖酐铁），以确保机体能正常合成血红蛋白。

（6）血压控制药物　全身性高血压会加速慢性肾病的发展，是患犬出现尿毒症危象、死亡率升高的风险因素之一。当犬、猫的收缩压为 150～159mmHg 并出现终末器官损伤时，应开始降压治疗。若收缩压达到 160～179mmHg 时，不论是否出现终末器官损伤，均应开始降压治疗。利尿剂因为可能会导致动物出现脱水及肾前性氮质血症，所以通常不用于慢性肾病犬猫高血压的治疗。虽然 ACEi 对全身性高血压只有中度调节作用（通常下降约 10mmHg），由于可能增加肾脏的血液供应，可用于慢性肾病犬猫，但起效缓慢，时间约为一周。钙通道阻断剂（如氨氯地平）可有效治疗猫的高血压，剂量为 0.625～1.25mg，PO，q24h；氨氯地平也可用于犬，剂量为 0.1～0.5mg/kg，PO，q12h，起效迅速，但单纯使用氨氯地平时其对入球小动脉的舒张作用大于出球小动脉，会增加肾小球损伤的风险，可结合 ACEi 药物一同使用，预防肾小球压力过高。

（7）支持疗法　当患宠出现长期水合状态异常时可尝试教主人在家中为动物进行皮下补液，尤其适用于猫和小型犬。每天可分 2 或 3 次为动物皮下注入乳酸林格液，具体输液量可根据动物的水合情况进行调整。若再次注射时发现上次注射的液体还未被吸收，则应停止注射。额外的液体支持对动物的生活质量有改善作用，所以当动物主人难以操作时，应建议其带动物到兽医门诊进行输液。若动物不主动进食，强饲也较为困难时，应考虑安置饲喂管（如鼻饲管、颈饲管、经皮胃管等）以保证动物的能量摄入及药物的给予。大多数猫都能长期耐受经皮埋置的胃管，这种方法不仅方便给药，而且对主人及猫的应激均较小。

11.4.3　肾小球肾炎

　　肾小球肾炎是指主要侵害肾小球的急性炎症性病变。以肾区敏感、疼痛、尿量减少和尿液中含有肾上皮细胞等病理产物为特征。肾小球疾病均可发生于犬猫，多出现于中年或老年动物，犬无性别倾向，但有75%的肾小球肾炎患猫为雄性猫。所有品种均可发生肾小球疾病，但有报道软毛麦色梗（可能与食物性抗原的异常处理有关）、布列塔尼猎犬（与遗传性 C_3 补体缺陷有关）及伯恩山犬（多伴有伯氏疏螺旋体血清学阳性）出现家族性膜增生性肾小球肾炎。

　　[病因]　肾小球肾炎可由免疫或非免疫性因素介导。免疫介导性肾小球肾炎通常由免疫复合物在肾小球沉积引起，是循环血液中的免疫复合物沉积在肾小球微血管壁所引起的肾小球疾病。免疫复合物可能沉积于上皮下层、内皮下层、膜内。影像沉积位置的因素包括复合物的大小（取决于抗原-抗体的比例）、复合物的电荷属性、由吞噬作用去除的复合物数量，以及对基底膜的伤害。

　　非免疫性肾小球肾炎的主要原因是感染和中毒。在感染过程中，由于细菌、病毒及其毒素移行至肾时，对肾脏产生直接刺激而致病，或由于细菌、病毒及其毒素与肾小球毛细血管基底膜中的黏多糖结合形成一种抗原，此抗原刺激机体产生相应抗体，在重复感染时，便发生抗原-抗体反应，导致肾小球发生变态反应性炎症。此类病因引起的肾小球肾炎多继发于某些传染病，如猫瘟、弓形虫病等。

　　中毒性疾病时，内源性毒素，如胃肠道炎症、大面积皮肤或组织损伤时产生的毒素或组织崩解产物，以及代谢障碍时氧化不全的代谢产物。外源性毒素，如各种有毒植物中的各种毒素、霉菌毒素。此外还有强烈刺激性的药物和化学物质如松节油、砷、汞等经肾脏排出时，对肾脏产生强烈的刺激而致病。

　　肾盂炎、膀胱炎、子宫内膜炎等临近组织器官的炎症也可蔓延至肾实质而引起本病。

　　受寒感冒、过劳等因素则能导致肾脏防御机能降低，使病原微生物乘虚而入，促使本病的发生，因而是本病的重要诱因。

　　[症状]　患病初期，精神沉郁，食欲减退，体温升高。肾区敏感疼痛是本病特征性症状，表现弓背、不愿活动、运步时步态强拘、腰背僵硬，肾区触诊可感知局部肿大，敏感，检查时动物骚动不安、甚至抗拒检查。

　　肾性动脉压增高，尿量减少，甚至无尿，严重的蛋白尿，尿沉渣中见有上皮管型、透明管型、颗粒管型及散在的肾上皮细胞、红细胞、白细胞、病原菌等亦是本病的重要特征。蛋白尿本身可促进间质性炎症及肾小管间质疾病的发生。经肾小球滤过的蛋白质可被近端肾小管细胞重吸收并分解，但若蛋白质含量超出这些细胞溶酶体系统的负荷，则可引起细胞损伤和死亡。蛋白质重吸收增多还可上调炎性介质，加剧肾小管间质的炎性反应。

　　尿中含有多量红细胞时，尿液呈现粉红色或暗褐色。

　　皮下组织有时出现水肿，有时甚至发生肺水肿和体腔积水。

　　严重病例中非蛋白氮含量明显增高，表现衰弱无力，嗜睡，昏迷，肌肉发生阵发性痉挛。消化机能严重障碍，呕吐，腹泻，呼出气体带有氨味等氮质血症性尿毒症症状。

　　[诊断]　根据感染、中毒病史，肾区触诊敏感、肿大。急性肾炎血清尿素氮明显升高，红细胞数减少，少尿或无尿，尿常规检查可见尿相对密度升高，血尿、蛋白尿，沉渣检查可见肾上皮细胞和管型细胞。慢性炎症可见血蛋白和球蛋白升高，高胆固醇血症。尿常规检查可见低密度尿，蛋白尿。

[治疗] 兽医尚未试验证明特定肾小球肾炎疗法的效果是相同的，人医对于引起肾病症候群的多种肾小球肾炎，治疗并无共识。

(1) 营养管控　对于患有蛋白质丢失性肾病的犬猫，尽管理论上应通过日粮补充蛋白质，但实际上，这样做只会加剧蛋白质经尿丢失，而饲喂低蛋白质日粮则可缓解蛋白尿。低盐日粮（<0.3%，干物质基础）是辅助治疗犬高血压的方法之一，然而，一项针对猫肾功能不全的研究显示，限制钠的摄入非但对全身血压无影响，反而能够激活肾素－血管紧张素系统，引起钾排泄分数升高，甚至可能出现低钾血症。日粮添加 ω-3 多不饱和脂肪酸（如鱼油）可通过减少致炎性前列腺素的合成，从而抑制肾小球炎症及凝血作用。水肿病患应控制总饮水量。护理上应将病患置于温暖、干燥、通风和阳光充足的环境中。

(2) 增加肾脏的血液灌注　ACI 抑制剂，如依那普利和贝那普利，可通过降低球后小动脉的抵抗力，降低肾小球毛细血管静水压力，从而缓解蛋白尿。一项针对肾小球肾炎患犬的研究中，依那普利（0.5mg/kg，口服，q12～24h）可减轻蛋白尿，降低血压，延缓肾病的发展。

(3) 免疫抑制药物（如皮质类固醇、咪唑啉嘌呤等）　一项犬的对照试验显示，环孢菌素治疗并无效益（每 24h 口服 15mg/kg）。使用皮质类固醇可造成犬只蛋白尿，而一项回溯性试验显示，以皮质类固醇治疗犬的自发性肾小球肾炎，实际上可能对犬造成伤害，皮质类固醇类可能对肾小球肾炎的病猫有所助益（或至少无害）。自发性肾小球肾炎的病犬，可尝试以咪唑啉嘌呤抑制免疫（每 24h 口服 2.2mg/kg），猫不应使用咪唑啉嘌呤，因为药物代谢非常缓慢，剂量与犬类似时，会引发骨髓抑制与重度白细胞减少。ω-3 多元不饱和脂肪酸（ω-3PUFA）（如鱼油），借由干扰促发炎前列腺素的制造，可能会抑制肾小球炎症与凝血。

已证实不同的疾病生物学，会使疗效受到影响，当动物发展为慢性肾衰时，预后不良。患有肾小球肾炎的犬猫可能出现自发性痊愈，也可能病情稳定但持续数月或数年的蛋白尿，或者经数月或数年后发展为慢性肾衰。

11.4.4　肾盂肾炎

肾盂肾炎是由于病原微生物侵入肾盂、肾间质、肾小管等所引起的化脓性炎症。临床上以发热、肾区敏感、脓尿和尿沉渣中见有肾盂上皮细胞、肾上皮细胞等为特征。

[病因] 主要病因为各种病原微生物（细菌、真菌、病毒等）经泌尿道上行至肾盂引起感染而发病，常见的病原微生物有大肠杆菌、葡萄球菌等。病原菌也可由体内其他感染灶经血液或淋巴途径转移至肾引起此病。而邻近器官，如肾、膀胱等的炎症，也会蔓延至肾盂而致病。

机械性刺激，如肾结石、肾寄生虫等和具有强烈刺激性的药物，经肾排出时也能引起本病。

[症状] 精神沉郁、食欲减退，腰背拱起，触诊肾区疼痛。尿频、排尿困难，尿液混有黏液、脓液和大量蛋白。肾盂肾炎多为重剧的化脓性炎症。常有体温升高，精神沉郁，食欲减退，呕吐，腹泻，腹痛等明显的全身症状。

肾区触诊可感知肾肿大、局部敏感疼痛。尿频，初期尿量减少、排尿困难，尿液混浊，尿内含有黏液、脓液，尿沉渣检查，可见大量脓细胞、肾盂上皮细胞、肾上皮细胞、红细胞、白细胞、病原菌等。

血液学检查可见中性粒细胞增多，并有核左移现象。

慢性肾盂肾炎多为亚临床，常无明显临床症状。当两侧肾盂均受感染时，可导致肾衰竭。

[诊断] 触诊肾体积增大，肾区疼痛，尿中有脓、有血，则提示可能是肾盂肾炎，确诊需进一步进行实验室检查。血液学中中性粒细胞增多和核左移等特征；尿液镜检可见肾上皮细

胞、管型和脓细胞，尿中蛋白质增加。

[治疗] 治疗原则为消除感染，促进尿液和炎性产物的排出。治疗时凡是疑似发生肾盂肾炎的动物，均应采集尿液进行分析并送检进行细菌培养和药敏试验。送检期间为了避免加剧肾损伤，应进行经验性抗菌药物治疗。推荐使用组织药物浓度较高的抗菌药物，首选喹诺酮类药物如恩诺沙星（犬 10mg/kg，q24h；猫 5mg/kg，PO），但可能需根据肾损伤的严重程度将剂量降低，治疗须持续 4~6 周，并应在治疗开始（7d）及结束后 7~10d 进行尿液培养，直至尿液培养结果为阴性，方可认为感染已被消除。

11.4.5　间质性肾炎

间质性肾炎是指肾脏间质组织发生弥散性或局灶性炎症。间质性肾炎以慢性病例较为多见。临床上以肾间质结缔组织增生、肾实质萎缩、肾体积缩小、质地坚硬为特征。

[病因] 间质性肾炎的发生与机体的慢性感染和中毒有关，如在钩端螺旋体病、猫传染性肝炎等传染病和某些慢性中毒性疾病过程中，常继发间质性肾炎。机体的某些自身免疫反应也是引起本病的重要原因。此外间质性肾炎也常继发于其他慢性肾脏疾病。

[症状] 急性间质性肾炎较为少见，表现发热，呕吐，初期少尿或无尿，尿的相对密度升高，随着尿量恢复密度逐渐下降，肾区触诊有疼痛反应，常继发急性肾衰。

慢性间质性肾炎，初期排尿量增加，尿相对密度下降，后期排尿量减少，尿相对密度增高。尿沉渣中有肾上皮细胞、红细胞、白细胞和颗粒管型。尿中含有少量蛋白。

肾区触诊可感知肾体积缩小、质地坚硬、无疼痛反应。

[诊断] 根据病史、临床触诊肾脏体积缩小、质地坚硬、无疼痛反应等，结合尿液检查结果做出诊断。

[治疗] 治疗原则是消除病因，加强护理，纠正水、电解质平衡紊乱和酸中毒，加强对症治疗。具体方法参照肾小球肾炎和肾衰竭的治疗。

11.4.6　肾病综合征

肾病综合征又称肾小球肾病，是一组由多种致病因素引起以肾小球轻微病变为主的非炎性肾病综合征。临床上以蛋白尿、浮肿、低蛋白血症和高脂血症为特征。

[病因] 引起本病的原因很多，大体可归纳为两类。

（1）全身疾病所引起的肾病综合征　如某些传染性疾病如犬瘟热、结核病、细菌性心内膜炎等，中毒性疾病如金属盐中毒、驱虫药中毒，代谢性疾病如高血糖、高血脂等，过敏性疾病如环境过敏、药物过敏等，心血管疾病如肾静脉血栓等。

（2）由各种肾脏疾病所引起的肾病综合征　如继发于慢性肾小球肾炎、肾脏淀粉样变性等，临床多见。

[症状] 本病严重者表现为进行性全身水肿，严重者可见体腔积液，症状轻微者仅见尿中有少量蛋白和肾上皮细胞。尿比重增高，尿量减少，尿沉渣检查可见大量上皮细胞和管型细胞。血液检查可见红细胞总数、血红蛋白、红细胞比容、血清总蛋白含量降低，总胆固醇、血脂、血液中尿素氮升高。

[诊断] 本病症状与肾小球肾炎相似，但临床上无血尿表现，肾区触诊不敏感。根据持续性蛋白尿、全身水肿、高脂血症、低蛋白血症等症状可做出诊断。

[治疗] 以去除病因、利尿消肿、加强营养等为治疗原则。

消除病因：针对本病的原发疾病做积极的治疗，如某些传染性疾病如犬瘟热、结核病、细菌性心内膜炎等给予抗炎、抗病毒药物；中毒性疾病应中断毒源和解救，有特效解毒药的中毒应给予特效解毒药等。

利尿消肿：使用脱水剂、利尿剂控制全身水肿。如 20% 的甘露醇注射液 0.25～0.5mL/kgB. W.。

11.4.7　肾盂积水

肾盂积水是指单侧或双侧肾的尿液排出受阻，尿液积聚在肾盂内，引起肾盂扩张。

[病因] 尿路阻塞导致的肾盂积水，按发病原因不同可分为机械性阻塞和功能性阻塞两大类。

机械性阻塞常见于尿路的炎症、结石、肿瘤；先天性的尿路狭窄，输尿管异常；或其他脏器的异常形成的压迫所致。功能性阻塞常见于中枢或末梢神经疾病。

[症状] 单侧性肾盂积水时，有另一侧肾脏的代偿，通常临床上无明显症状。两侧性肾盂积水时，患病动物表现肾功能不全和尿毒症症状。继发细菌感染时，可出现体温升高、白细胞数增加等症状。当感染进一步加重，可转变为脓肾。

[诊断] 通过触诊和影像学检查可对肾脏的大小、肾盂扩张的情况、阻塞部位等进行诊断。

单侧肾盂积水时，由于肾盂扩张明显，可见两侧肾脏大小不一，患侧肾肿大。B超检查可直接测量肾盂的扩张程度，并对阻塞的部位进行定位。

[治疗] 治疗原则为消除阻塞、恢复排尿通畅并积极治疗原发病。

单侧性肾盂积水时，可外科切除原发的结石、肿瘤等，当病变部位难以去除时若对侧肾脏可以代偿，可进行患侧肾脏的摘除。

两侧性肾盂积水的治疗，请参照肾衰和肾小球肾炎的治疗。

11.4.8　尿毒症

尿毒症是指肾功能衰竭，代谢产物和其他有毒物质在体内蓄积所引起的一种自身中毒症候群。

[病因] 尿毒症多是泌尿器官疾病，尤其是各种肾脏疾病晚期发生的自身中毒。所以其病因与引起泌尿器官疾病尤其是各种肾脏疾病的病因有关，机体的各种代谢产物如尿素、肠道毒性物质、蛋白质分解产物等会进一步加重肾脏的损伤，进而引起中毒症状。

[症状] 由于代谢产物及有毒物质对机体各组织器官产生毒害，并引起酸中毒、水和电解质平衡紊乱、内分泌失调等变化，所以，其症状复杂多样。

神经系统的中毒现象为精神极度沉郁、衰弱无力、意识紊乱、知觉减退、昏睡或昏迷。亦有因血钙水平降低而出现肌肉颤动或抽搐现象。

循环系统的表现有血压增高、心脏扩大，晚期可出现心包炎。

消化系统的症状有食欲减退或废绝，呕吐，腹泻，消化道出血，呼吸有氨味。

本病后期呼吸浅而快，呼吸困难，呼出气体有氨味，严重时出现陈-施二氏呼吸。

皮肤弹性减退，变得干皱，有氨味，并发生瘙痒。

血液检查发现尿素氮含量明显升高，二氧化碳结合力降低，血钙水平下降，并有高钾血症、高磷血症、高镁血症、高血脂症和贫血现象。

尿液检查，尿沉渣中见有红细胞、白细胞和各种管型。

此外，内分泌机能紊乱，免疫功能降低，机体抵抗力减弱，易发生继发感染。

[诊断] 根据病史、临床症状，结合血液、尿液等实验室检查，可做出诊断。影像学检查有助于本病的诊断。

血液学检查：血浆中尿素氮、肌酐值增高。

尿液检查：尿沉渣中可见红细胞、白细胞和各种管型细胞。尿比重下降。

[治疗] 尿毒症的治疗原则上应消除病因，积极治疗引起尿毒症的原发病，如及时改善肾脏血液的微循环，解除泌尿道的阻塞等。对于有脱水现象或尿量少的患畜应积极纠正水、电解质和酸碱的紊乱。患有尿毒症的犬猫因高胃泌素血症使得胃内酸性升高。H_2 受体拮抗剂可阻断胃泌素介导的胃酸分泌，故可缓解胃肠道症状，如食欲下降、恶心、呕吐及胃肠道出血。通常使用法莫替丁（1mg/kg，口服/PO，q24h）治疗。若单用 H_2 受体阻断剂效果不佳，可配合止吐剂治疗。可选的药物包括甲氧氯普胺（0.1～0.4mg/kg，PO 或皮下注射/SC，q8～12h）、5-HT3（血清素 3 型）受体拮抗剂如昂丹司琼（0.6～1mg/kg，PO，q12h）或神经激肽受体拮抗剂柠檬酸马罗皮坦（2mg/kg，PO，q12～24h）。若怀疑发生胃肠溃疡或出血，可使用胃保护剂如硫糖铝（每只犬 0.5～1g，PO，q8～12h）。

11.4.9 尿石症

尿石症是指尿中的盐类在泌尿系统中形成凝结物，刺激、损伤尿路黏膜，并引起尿路阻塞的一种泌尿系统疾病。临床上以排尿困难、阻塞部位疼痛和血尿为特征。

[病因] 尿结石的形成是多种因素相互作用的结果。第一，与饲料和饮水的数量和质量有关，如长期饮水不足，维生素 A 缺乏，长期饲喂富含钙、磷及其他矿物盐类的饲料和饮水。第二是机体内分泌失调，如甲状旁腺机能亢进，使体内矿物质代谢紊乱；体内雌激素水平过高等因素亦能促进尿结石的形成。第三，肾脏的机能状态和尿液的理化性质均与尿结石的形成密切相关，如泌尿系统的感染、尿路阻塞、尿液潴留、尿液碱化等。

尿路中出现的黏液、脱落的上皮细胞、异物、血凝块等均可成为尿结石的核心物质。而尿液晶体和胶体正常溶解和平衡状态的破坏则导致尿中盐类晶体物质围绕上述核心物质不断析出，形成尿结石。

尿结石主要在肾脏中形成，转移至膀胱中继续增大。

[症状] 尿结石的临床症状因其体积大小、阻塞部位及对组织器官的损害程度而异，主要由肾脏的组织器官基质成分和大量晶体物质组成。猫尿结石以膀胱结石较为多见，多发生于老龄猫。

肾结石主要表现血尿、肾区疼痛、排尿困难及尿沉渣中见有红细胞、白细胞、脓细胞、肾上皮细胞和肾盂上皮细胞等肾盂肾炎的症状。

输尿管结石表现急性的剧痛、呕吐，双侧输尿管发生阻塞时发生尿闭。

膀胱结石表现尿频、血尿，膀胱触诊时敏感性增高。若伴发膀胱炎，尿沉渣中可见红细胞、白细胞、膀胱上皮细胞等。若结石阻塞于膀胱颈部，则可见排尿困难、尿闭、膀胱充盈、疼痛，有时可导致膀胱破裂，继发腹膜炎。

尿道结石表现频繁努责作排尿姿势，排尿困难，尿液呈断续或滴状流出，有时有血尿，病患表现痛苦，完全阻塞时表现尿闭。并伴有肾性疼痛、膀胱极度充盈、腹围增大等表现，病程较长时可出现尿毒症、膀胱破裂、腹膜炎等症状。

[诊断] 根据排尿困难、肾性腹痛、血尿及膀胱、尿道触诊等结果可以进行诊断。确诊需要借助 X 线或造影。对于部分可透过 X 线的结石需要通过 B 超进行进一步诊断。

[治疗] 治疗原则是排除结石，辅以对症治疗。

对于结石颗粒较小，未发生阻塞的病例，可以饮食和药物治疗为主，进行保守治疗。对于磷酸盐结石、草酸盐结石和碳酸盐结石，可给予酸性食物，使尿液酸化，促进结石的溶解和排出；而尿酸盐和胱氨酸盐的结石则应给予碱性食物，使尿液碱化。此外，可以给予多量饮水和利尿剂，以稀释尿液和增加排尿量，使结石随着尿液排出。当出现尿路损伤的症状时，应配合使用抗生素，防止继发感染。

当尿道发生阻塞时，可以在充分镇静、镇痛的情况下，从尿道外口插入导尿管，抵达阻塞部位后，利用生理盐水进行冲洗，借用生理盐水的压力将结石冲回膀胱。对进入膀胱的结石可进行膀胱切开术取出结石。如结石不能被移动，则需进行尿道切开术去除结石。

对于犬猫输尿管结石，由于输尿管切开术的操作难度较膀胱切开术高，故许多临床医生会尝试在术前给予 1～4d 的利尿剂，或尝试让输尿管平滑肌松弛，使结石得以进入膀胱，进而减少进行输尿管切开术的必要性。尚不确定何时应停止药物治疗、采取手术干预，并且去除结石后，肾功能的改善效果不一。然而，为了维持残余的肾功能，及早进行手术或其他低侵入性的干预可能会更好。确定动物发生输尿管完全或部分梗阻后，即可考虑手术取出输尿管结石。决定手术前，还需考虑结石的数量、梗阻程度、术者经验及是否具备所需材料。输尿管切开术更倾向用于只存在一个结石的患病动物。解除输尿管梗阻后，影响肾功能恢复的主要因素包括梗阻前肾功能不全的严重程度、梗阻持续的时间和范围。输尿管切开术形成的瘢痕组织可引起输尿管狭窄，造成二次梗阻；但置入输尿管支架后，这种并发症出现的概率将大大下降。虽然缺乏有关小动物置入输尿管支架后的长期跟踪数据，但许多资料支持这种方法。犬可通过膀胱镜逆行性置入输尿管支架，虽然也试图将这种方法应用于猫，但多数病例无法成功。猫置入输尿管支架时，可进行侵入性相对较小的手术，即开腹后利用同种技术将支架经肾脏通入膀胱。对多数病例来说，泌尿系统的手术创口只有肾脏穿刺口和膀胱切口。置入支架后，尿液可经支架内腔通过，输尿管会随着时间的推移，在支架的作用下发生被动扩张，使尿液、结晶甚至结石通过支架。通常情况下，除非患病动物发生感染或出现不适等情况，否则支架可长时间留置在体内。当无法为患猫置入输尿管支架或手术失败时，可考虑建立皮下输尿管旁路支架。对输尿管梗阻手术后的患猫进行回访，有 40%（14/35）患猫术后再次发生输尿管结石。

11.4.10　原发性肾性糖尿病

原发性肾性糖尿病，是犬猫的一种遗传性肾小管疾病，临床以尿糖但血液中血糖含量正常为特征。

[病因]　原发性肾性糖尿病，是由于先天性肾小管对葡萄糖的重吸收功能障碍，继而出现原尿中的葡萄糖不能被肾脏重吸收而随尿液排出。

[症状]　临床表现为多饮、多尿、糖尿和蛋白尿。但血检中血糖含量正常。

[诊断]　根据临床症状，尿糖而血糖值正常做出诊断。葡萄糖耐受试验正常，肾功能无异常，注射胰岛素对尿液中葡萄糖的含量无明显影响，这可与糖代谢异常导致的尿糖相区别。

[治疗]　本病目前无有效的治疗方法，通常对动物的健康也无明显影响。

11.4.11　肾淀粉样变性

淀粉样变性是一类细胞外纤维沉积疾病的统称，这些纤维由蛋白亚单位折叠构象聚合而成。不同动物间反应性淀粉样沉积物的组织嗜性不同，造成这种差异的原因尚不明确。犬的淀粉样蛋白 A 多见于肾脏，临床表现主要与肾衰和尿毒症有关。此外，脾脏、肝脏、肾上腺及胃肠道也可受到侵害，但很少引起相关的临床症状。猫淀粉样沉积物的沉积部位非常广泛，但临床表现也多与肾衰和尿毒症有关。中国沙皮犬、暹罗猫及东方短毛猫可能不适用这些规则，严重的肝脏淀粉样蛋白沉积可导致肝脏破裂和急性血腹，即使是肾脏，不同动物的沉积部位也不同。例如，犬的淀粉样变性主要发生于肾小球，而猫则主要分布于肾髓质。

淀粉样综合征可根据淀粉样蛋白的沉积部位（全身性或局部性）及发生代谢障碍的蛋白质的不同进行分类。局部性综合征通常涉及的器官只有一个，且少见于家养动物。局部淀粉样变性包括家猫胰岛细胞淀粉样变性和胃肠道或皮肤的单发性髓外浆细胞瘤引起的免疫球蛋白相关的淀粉样变性。

全身性综合征使多个器官受到侵害，包括反应性、免疫球蛋白相关性及家族遗传性综合征。继发性淀粉样变性是以组织淀粉样蛋白 A 沉积为主要特征的全身性综合征，如家养动物自发性全身性淀粉样变性即为一种反应性淀粉样变性。当淀粉样物质沉积于肾脏引起肾的病变，称为肾淀粉样变性，可导致肾功能衰竭而死亡。

[病因]　本病病因尚未明确。常见的会继发肾淀粉样变性的疾病包括慢性肾盂肾炎、骨髓炎、肺脓肿、各种恶性肿瘤等，其发病可能与细菌分泌的毒素、肿瘤的代谢产物及自体免疫功能异常有关。在所有家养动物中，犬最常发生反应性淀粉样变性，其他动物则相对少见。可引起犬出现反应性全身性淀粉样变性的疾病包括慢性感染、非感染性炎性疾病或肿瘤。但患有反应性全身性淀粉样变性的犬中，有高达 50% 的病例未明确发现炎性或肿瘤性疾病。原发性肾淀粉样变性，常发生于完全健康的猫，原因不明。

[诊断]

（1）实验室检查　血清总蛋白量显著减少，白蛋白减少，球蛋白升高，血液中非蛋白氮升高。出现组织损伤时，肝脏反应性合成急性期反应蛋白，其中包括 SAA。SAA 的正常血清浓度约为 1mg/L，但发生组织损伤（如炎症、肿瘤、创伤、梗死）后，其浓度可上升 100～500 倍。炎性刺激去除后，SAA 的浓度可于 48h 左右降至基础值。尿检可见蛋白尿，沉渣中可见大量管型细胞和肾上皮细胞。

（2）肾组织活检　淀粉样沉积物的特殊生物物理学构象决定了其独特的屈光和染色特性，以及对体内蛋白水解作用的抵抗力和不可溶性。肾脏穿刺采取活组织进行组织学检查，压片后使用苏木精-伊红（HE）染色，普通光学显微镜观察时，淀粉样沉积物呈均一的嗜酸性着色；而用刚果红染色，并通过偏振光观察时，则呈绿色双折射光，后者可确诊淀粉样变性。对于继发性淀粉样变性的病例，事先通过高锰酸钾氧化，可使淀粉样沉积物失去对刚果红的亲和性，这一特点可用于初步区分继发性和其他类型的淀粉样变性。

[治疗]　本病尚无有效疗法。通常进行对症治疗，同时对伴发的疾病进行积极治疗。

从本病的发病机制上来推测，将淀粉样变性的发病环节阻断可能可以对其进行有效治疗。基于以上设想，理论上治疗淀粉样变性的药物有：①免疫抑制剂，常用的有环磷酰胺和苯丁酸氮芥，其剂量和用法同一般肾病治疗，有些病例可使蛋白尿明显减少；②肾上腺皮质激素，在某些存在大量蛋白尿的患犬，应用泼尼松后可见蛋白尿减少，但可能出现酸性尿；③秋水仙碱，可以通过中性粒细胞和巨噬细胞的内含和吞噬作用，抑制和减少淀粉样物质的合成，剂量为 1～2mg，PO，BID，或每日 0.5～0.8mg，IV，SID；④二甲基亚砜，可以溶解淀粉样物质，使其随尿液排出肾脏，剂量为 3～8g，PO，BID/TID；⑤D-青霉胺，可降低类风湿因子活性，缓解淀粉样物质浸润，用于由风湿性关节炎引起的淀粉样变性，剂量为 0.5～1g，PO，每日 3～4 次，其对肾脏有损伤作用，故使用时应严密监测肾功能。

11.4.12　中毒性肾病

中毒性肾病是指药物、化学、生物制品等进入动物体内而引起肾脏结构异常和功能改变的肾脏疾病的总称。

[病因]　引起肾损伤和功能改变的毒性物质按毒物的来源可分为内源性毒物和外源性毒物

两大类。

内源性毒物，中毒性疾病时，内源性毒素，如胃肠道炎症、大面积皮肤或组织损伤时产生的毒素或组织崩解产物，以及代谢障碍时氧化不全的代谢产物。

外源性毒物中，外源性毒素，如各种有毒植物中的各种毒素、霉菌毒素。此外还有强烈刺激性的药物和化学物质如松节油、砷、汞等经肾脏排出时，对肾脏产生强烈的刺激而致病。

[症状] 症状根据发病机制的不同而异，但有些症状具有共同性。

（1）肾小管功能障碍时可表现为原尿重吸收障碍，多尿，烦渴，肾小管酸中毒等。

（2）急性肾功能衰竭（少尿或无尿）。

（3）急性间质性肾炎。

（4）当出现尿毒症时会有明显的全身症状。

[诊断] 有接触肾毒性物质的病史；临床症状和实验室检查结果和急性肾衰相似，可伴有其他脏器的损伤，电解质紊乱和酸碱平衡紊乱。双肾体积通常增大，慢性中毒时双肾萎缩。

[治疗] 治疗原则为停止再次接触毒物，对于急性发病早期的动物，可进行催吐、洗胃和导泻，有特效解毒药物的给予特效解毒药物（如乙二醇中毒可用乙醇），没有特效解毒药物的可通过输液、透析等方法促进毒物的代谢，同时治疗继发的疾病。

第十二章

犬猫生殖系统疾病

12.1 生殖系统疾病常见综合鉴别诊断

12.1.1 雌性犬猫不孕症

雌性犬猫在临床上常见各种原因引起不孕，发生疾病种类多样，因此，宠物医生必须进行详细地病史调查，对于不孕母畜的评价非常关键。尽量详细地调查过往发情史，包括每个发情周期开始的时间、母畜发情期行为、人工授精的时间和方法、种公畜的生育力以及配种后状况。

[病史调查]

（1）目前处于发情周期的哪个阶段，描述过往发情周期，达到性成熟的年龄，上个发情周期的开始时间，上个发情周期的持续时间，发情前期和发情期行为对公畜有无吸引力。

（2）是否接受交配，是否成功配种，是否发生受精，受精时间，如何选择日期，预先确定发情时间行为变化，阴道细胞学检查，排卵时间，受精方法，自然受精或人工授精，新鲜精液或冷冻精液。

（3）评价种公畜生育力，不同公畜间繁殖力比较，是否曾经配种成功，何时配种成功，与其他母畜配种后产出幼畜的健康状况，近期精液质量评价结果。

（4）是否早期妊娠诊断，时间、方法、有无身体/行为变化，触诊情况，超声检查结果，乳房是否发育，有无明显的假孕现象，外阴分泌物的性状，是否有流产或分娩史，妊娠持续时间，难产，胎仔数幼犬或幼猫的健康状况及存活率等。

（5）已经做过的诊断和检查，检查方法和结果，犬布鲁氏菌，甲状腺外观，猫白血病病毒，药物治疗，剂量，用药途径，用药频率，相对应的发情周期的阶段。

（6）非生殖疾病、诊断检查和/或药物治疗，对单个动物使用糖皮质激素。

[诊断]应该进行全身体格检查（图12-1）。

（1）除生殖道外的潜在不孕病因。

（2）其他导致母畜健康状况下降的病因或母畜已经受孕。

（3）先天性遗传缺陷，这种母犬立即淘汰。

（4）生殖道检查。

（5）轻轻触诊乳腺，评价其大小、硬度以及分泌物特征。检查外阴，确定是否存在结构异常或分泌物。

（6）分开阴唇，以便检查前庭黏膜和阴蒂（母犬）。

（7）经腹部触诊子宫，腹部触诊之后，外阴分泌物可能会更加明显。戴手套以手指触诊前庭和阴道后段。

（8）直肠触诊可有助于判断阴道结构异常的程度。

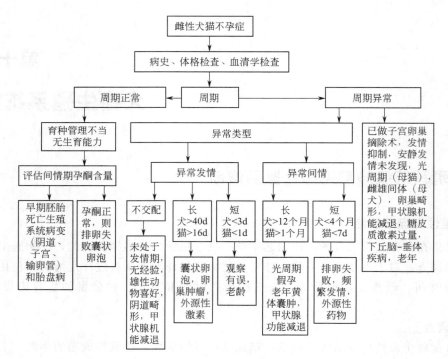

图 12-1 雌性犬猫不孕症的鉴别诊断

（9）病史调查和身体检查决定其他任何诊断检查的性质。

（10）对生殖道以外的其他病史和身体异常也应该检查。通过全血细胞计数、血清生化检查和尿液分析等可以得到关于动物全身新陈代谢的指标，其中有些指标还可以用于不孕症的常规评价。

（11）在进行育种或不孕症其他检查之前，所有犬只都要进行犬布鲁氏菌检查，正常、健康状况良好的动物才能用于繁殖。

（12）通常，动物繁殖史决定了需要进行诊断的程序，最重要的是确定母畜发情周期行为、发情期间隔、母畜配种时间标准以及母畜配种时行为。

有代表性的 4 种描述：发情周期异常、发情期间隔异常、发情前期-发情期异常以及发情周期正常。

12.1.2　雄性犬猫不育症

雄性犬猫不育症（Male Infertility）是指达到配种年龄的雄性犬猫不能正常交配或交配正常却不能使雌性犬猫受孕的病理状态。本病有时是暂时性的，也可能是永久性的。

公犬和公猫的正常生育能力必须具备正常精液品质、正常性欲和正常的交配能力。因此，不育的诊断程序必须包含这 3 项指标。诊断程序以询问完整的病史和体格检查开始。病史应包括公犬过去自繁殖表现、繁殖管理、后代母犬的生育力，以及之前的健康问题，在使用健康犬进行良好的繁殖管理条件下，受孕率低于 75% 时，检查是否为低生育力。据报道，私人的、具有生育力种公犬与发情期母犬交配，受孕率为 85.4%±12.4%，在管理良好的商品化繁殖场中，受孕率可达 90%，但是这些数字来自于排除低生育力个体后的群体。

［病因］雄性犬猫不育有先天性不育和后天性不育两种类型。

（1）先天性不育　多由先天性生殖系统发育异常所致。如隐睾、睾丸发育不全、附睾和输精管发育不全、包茎、嵌顿包茎、阴茎发育不全以及持久阴茎系带等疾病，可造成宠物不能产生正常精子，或不能正常配种，而导致不育。

（2）后天性不育　造成后天性不育的原因是多方面的。有饲养管理不当、繁殖技术不良、生殖器官获得性疾病及免疫性不育等。

① 饲养管理不当：指饲喂过量的蛋白质致营养过剩，或长期饲喂单一食物，缺乏必需氨基酸、维生素及矿物质而影响精子生成，缺乏运动，使公犬肥胖虚弱而无交配欲望；配种时不爬跨、阴茎不能勃起（阳痿），受到某种原因的惊吓，交配时得不到快感，不适宜的交配环境，公母犬不分舍或不分群而自由交配过度等，都会影响公犬猫的生殖机能。

② 繁殖技术不良：指人工授精时，采精消毒不严，精液处理不当，过度采精，可使精液品质下降。精液品质不良，无精子、少精子、死精子、精子畸形、精子活力不强等均与生育力具有明显的相关性。

③ 生殖器官有疾病，主要由于生殖器官疾病所致，如睾丸萎缩、睾丸炎、附睾炎、睾丸肿瘤、阴囊皮炎及前列腺炎等，都可造成死精、少精或无精症，精子无法与卵子受精而导致不育。

④ 环境不良：突然改变饲养管理方式或交配场所，交配时外界因素（如炎热、寒冷、噪声及人为干扰）的影响以及长期的圈养等，均可引起雄性犬猫的性欲低下，性活动受抑制甚至丧失，造成不育。

⑤ 免疫性不育：睾丸屏障受损时，精子溢出进入血循环，激发机体自身免疫系统，产生抗精子抗体，精子抗原抗体反应，精子破坏，而导致不育。

评价雄性性欲和交配能力：以下情况都可能表现出性欲缺乏，可缩小鉴别诊断的范围。

（1）正常的雄性动物不是在自己的领地上配种。

（2）其地位比母犬或相邻的另一只公犬低，无交配经验或受惊，或者它更喜欢另只母犬。

（3）有些正常的公犬不是在母犬发情前期，而是直至母犬发情期才表现出兴趣。

（4）习惯精液采集的犬即使具有正常的性兴奋和射精欲望，也可能对自然交配没有兴趣。

（5）每日采精，尤其是超过 1～2 周，以及 1d 射精超过 2 次也是降低正常公犬性欲的原因。如此频繁的射精不会降低公猫的性欲。

（6）过多的内源性或外源性糖皮质激素、应激和疼痛也可导致犬性欲降低。随着年龄增长，性欲也会降低。

（7）一些动物可表现出正常的性兴奋和爬跨，但在准备插入前爬下，这种行为难于界定是缺乏性欲还是缺乏交配能力。当母犬有阴道异常或公犬习惯精液采集时，常可表现这样的行为。疼痛通常降低性欲，同时影响交配能力。

总的来说，交配能力是以体格、机械性和神经因素掌控的爬跨、勃起、插入和射精行为。后肢、脊椎和前肢（较少见）骨骼异常可阻碍爬跨或插入，但通常不会影响性欲和射精能力，对这些动物可进行采精和人工授精。

［症状］主要表现为雄性犬猫交配繁殖行为出现异常，交配欲望不足，体质衰弱，后肢无力，爬跨无力，阴茎从包皮鞘伸出不足，阴茎不能勃起或因阴茎下垂或包皮口狭窄致使交配困难，不能完成正常的交配过程。有的患犬猫能正常完成配种过程，但却不能使雌性犬猫受孕。

［诊断］根据雄性犬猫配种时的行为表现及交配后雌性犬猫不能受孕情况，通过精液质量检查不难确诊。检查精液质量时，精子畸形率高，大于 30%，精子存活时间明显减少，精子存活指数变小。精液 pH 值 7.5 以上。精液品质不良雄性犬猫的精液，镜检发现，无精子、少精子、精子活力不强或死亡明显增加等，或者出现各种不同的畸形精子。但一般没有外观可见的变化。免疫性不育病例，通过检测抗精子抗体来确诊（图 12-2）。

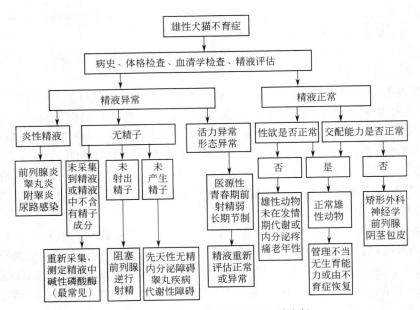

图 12-2　雄性犬猫不育症的鉴别诊断

[体格检查] 进行全面的体格检查以评价动物的整体健康状况，并且确定是否发生先天性或遗传性异常，患有遗传性疾病的公畜应从繁殖程序中淘汰。许多代谢病和生理异常可影响精子生成和交配能力。触诊睾丸和附睾以确定其大小、形状、均一性和游离性。当发生单侧睾丸疾病时，要立即确诊并纠正病因以防止影响到对侧睾丸。向对侧睾丸的转移可能是疾病发展进程中的直接扩散，也可能因为局部肿胀、压迫和高温引起，所有这些因素都是有害的。

犬前列腺可通过直肠和经腹部触诊，触诊并探查阴茎和包皮，由于检查阴茎时必须使其完全突出于包皮腔外，与采精方式相同，两者可同时进行。如果病史表明该动物可能有阴茎损伤，应避免该操作以防止性兴奋引起损伤加剧。

引起交配困难的解剖学异常有包茎、持续阴茎系带、犬阴茎骨异常短小，以及猫阴茎与包皮毛发纠结。公猫不能在适当的位置抓持母猫的颈部可能导致不能准确地插入，可见于一些无交配经验的雄性或身材悬殊的动物。公犬通常不愿与阴门或阴道异常的母犬交配。两者通常都不会表现出不适，而表现出不能交配，因此难于辨别不能插入是因为公犬还是母犬异常。

应进行全面的神经学和骨骼检查（特别是后肢），神经异常可影响爬跨、勃起、插入和射精。例如，自主神经功能障碍可导致爬跨和插入困难，这样的动物可采集精液进行人工授精。感觉神经或自主神经失调可导致勃起（猫还有插入困难）和射精障碍。是否进行电刺激采精取决于损伤的部位。

[精液质量评价] 应对不育公犬的精液进行细菌培养，有不育史的公犬检测犬布鲁氏菌，可能因繁殖管理（如授精时间）不当，或母犬不孕而被认为不育。

正常的公犬应在理想的繁殖管理条件下再次与具有生育力的母犬交配。如果精液异常，应进行进一步的生殖道检查。如果精子数量不足、活力不足、形态异常或精液中含有其他细胞（如白细胞、巨噬细胞和红细胞等），都被判为精液异常。

活力异常（弱精子症）和形态异常（畸形活精子症）通常是多种原因造成的性腺损伤的首要指征。形态异常的精子通常不具有正常的活力，其原因包括原发性睾丸疾病、代谢病、暂时性的损伤（如发热）、射精不完全和医源性因素。年轻犬和久不交配的犬精子活力较低，精液中异常形态的精子数也较多。医源性因素包括温度、pH 和湿度不当，或将精子暴露于橡胶乳及其他杀精子剂中。

4～7d 后复检（怀疑医源性因素时复检的间隔时间可更短），操作时必须小心，以保证富含精子的射精液完全被收集，样本处理时不受损害。如果仍然有异常，应进行精液培养和代谢性检查，如全血细胞计数、血液生化检查、尿检，如果未确定原因，在进一步检查之前 2～3 个月应再次进行精液评价，如果问题持续存在，应进行进一步的检查，其项目与获得性不育的检测相同。

[治疗]　对于先天性生殖系统异常的雄性犬猫，不宜作种用。对于后天性因素引起的不育，应查明原因，对症治疗。

饲养管理不当的不育，应积极采取措施，改善营养，提供营养全面的食物，加强科学管理，加强运动。环境不良造成的不育，应尽量减轻或消除影响繁殖交配各种不良的环境应激因素。繁殖技术不良引起的不育，应规范采精配种技术操作，做到采精频次、精液采集过程及消毒处理等科学化、合理化。

对于生殖器官疾病不育的患宠，要以除去病因为原则。对于交配欲望不强的雄性犬，在改善饲养管理的基础上，适当配合应用生殖激素治疗，依据病情于配种前 1～2d 肌内注射丙酸睾丸素 10～15mg，也可用促绒毛膜性腺激素、孕马血清等生殖激素进行治疗。

免疫性不育，因睾丸屏障功能受损，产生抗精子抗体，破坏了精子，不宜作种用。

12.1.3　流产

流产（Abortion）指各种原因所致的妊娠中断，表现为排出死亡的胎儿、胎儿被吸收或者胎儿腐败分解后从阴道排出腐败液体和分解产物。从妊娠开始到分娩的任何阶段都可能发生流产，多数情况下，宠物不表现症状或仅有一些阴道分泌物，临床表现正常。

[病因]

（1）传染性疾病　见于流产布鲁氏菌、大肠杆菌、溶血链球菌、弯曲杆菌、沙门氏菌、胎儿弧菌、钩端螺旋体、支原体等感染，亦可见于弓形虫、犬猫血巴尔通体感染，某些病毒如猫泛白细胞减少症病毒、白血病病毒、犬瘟热病毒、猫疱疹病毒、犬疱疹病毒等感染所引起的母体全身虚弱性疾病，其他病毒性疾病（如传染性肝炎）和肿瘤等也能使流产发病率增高。感染布鲁氏菌的犬，绝大多数是外表健康，但母犬往往在怀孕 45～55d 时流产。流产后长期从阴道排出分泌物，污染犬舍和食物，引起其他的犬感染。

（2）药物使用不当　妊娠期间治疗某些疾病过程中，使用会对妊娠母畜产生毒性作用的药物，导致胎儿畸形、胎儿死亡或流产。常见药物包括激素类药物（雄激素、雌激素、糖皮质激素、前列腺素类）、抗生素（氨基糖苷类、恩诺沙星、灰黄霉素、氯霉素、环丙沙星、土霉素、多西环素、四环素、甲硝唑等）、抗惊厥药物（巴比妥类、地西泮等）、抗寄生虫药物（左旋咪唑、乙酰肿胺、敌百虫等）、麻醉剂、抗癌药物和其他具有生殖毒性的药物。

（3）生殖细胞缺陷　老化的精子和卵子受精，胚胎的生长发育可能发生异常，大多数于发育早期死亡；卵子异常、胚浆缺损和染色体异常是犬早期流产的重要原因。

（4）母体内环境异常　孕酮量不足或黄体机能减退可以导致流产，犬于妊娠后期，甚至晚到妊娠 56d 时摘除卵巢，都会发生自发性流产。母体热能量消耗过多、维生素不足也能引起流产，可能是引起子宫结构异常或缺损所致。母体营养不良或年龄过大（犬超过 6 岁、猫超过 4 岁），流产率增高。

（5）其他因素　子宫内膜炎、甲状腺机能减退，创伤如腹部受到损伤、碰撞、冲击等，高热、中毒、维生素 A 缺乏等都能发生流产。

［**症状**］病犬腹部努责，排出活的或死的胎儿；除此之外，尚可见到引起流产的原发病如犬瘟热、甲状腺机能减退、毒血症和败血症等病的固有病状。有些母犬只是一个或几个胎儿流产，剩余胎儿仍可能继续生长到怀孕足月时娩出（部分流产），但大多数病例是所有的胎儿均发生流产（完全流产）。

如果母猫发生早期胚胎死亡，黄体在 30～50d 退化，黄体退化后所有的妊娠症状消失，母猫可能再次出现发情周期。如果胎儿死亡发生在妊娠晚期，通常出现外阴分泌物。在妊娠晚期发生胎儿死亡时，出现明显的症状是排出胎儿组织。但在大部分病例看不到流产的过程及排出的胎儿，经常只是看到阴道流出分泌物。流产犬猫经常吃掉胎儿。

［**诊断**］对自发性流产母畜必须首先直接查明病因，为了能够对母畜和其余存活胎儿采取合理的处理，预防母畜在下一次妊娠时再次出现同样问题以及防止种群中其他动物出现类似问题。

（1）问诊　询问内容包括母犬或母猫的环境变化、新引进的动物、动物的疫苗接种情况、药物治疗史以及食物供应，这些信息可以为病原或致畸原的来源提供线索，在进行问诊过程中，可以排除许多引起胎儿吸收、流产的可能性病因。

（2）母畜全面检查　犬猫可能只发生部分胎儿流产，余下胎儿在分娩期娩出。腹部触诊、X 射线检查和超声检查可以诊断子宫内容物状态，特别是超声检查，确定余下胎儿活力，子宫内是否还存有胎儿，并通过合适的实验室检查，对母犬或母猫进行代谢状况评价，如 CBC、生化检查和尿液检查。

（3）阴道检查　用手指（事先消毒）插入阴道，触诊阴道的情况，亦可用阴道窥镜，观察子宫颈口开放状况。前段的子宫分泌物进行细菌培养和药敏试验，对于犬猫也应该进行适当的血清检查（如布鲁氏菌滴度、猫白血病病毒及猫免疫缺陷病毒）。

流产胎儿和胎盘检查：对可见的流产胎儿或胎盘进行整体观察、显微镜检查以及微生物学检查，当要查出引起胎儿流产的病因时，对流产胎儿进行全面的死后检查是最有效的方法。

［**治疗**］流产母畜的治疗有支持疗法和对症治疗，若已出现中毒和休克先兆，须及时输液、补糖。根据体温和血象变化，可预防性地注射抗生素。

除非查明病因，如果余下胎儿存活，则可以允许继续妊娠。如果无余下胎儿存活，则应该进行卵巢子宫摘除术或通过催产药物治疗，排出所有残余的子宫内容物。催产素 1～10IU 和 $PGF_{2\alpha}$ 0.1～0.25mg/kg SC，促进子宫内容物排出，在微生物学和血清学检查结果出来后，应该立即根据结果进行抗生素治疗，在很多犬猫，发生流产的病因不明则不需治疗，不影响以后繁殖。

确诊为感染布鲁氏菌的病犬，应淘汰或治疗之后不再作种用。疱疹病毒引起的流产，大多是长期不孕，无有效的治疗方法。患弓形体病时，血中存在的病原时间短，流产的病犬于再妊娠之后可能不再流产。

［**预防**］配种前须进行健康检查，确定布鲁氏菌检查为阴性，应该接种的疫苗均已接种过、无异常反应的犬方可进行配种。目前有人提出，对一般的自发性流产病犬，在下次怀孕时，可用孕酮作预防性治疗（每千克体重 2mg，在怀孕第 35d、45d 和 55d 各肌注 1 次）。

12.1.4 难产

难产（Dystocia）指在没有辅助分娩的情况下，出生困难或母体不能将胎儿通过产道排出的疾病，小动物临床常见。妊娠母犬和母猫难产或分娩困难的发病率为 5%～6%，但有些品种犬，如软骨发育不全型、大头型犬，其难产率接近100％。传统上根据难产的原因将难产分为母体性、胎儿性和混合性难产3种类型。

老年犬发生难产的风险更高。但是未发现母猫难产与年龄的关系。纯种犬猫比杂种犬猫更容易发生难产。长头型和短头型猫比中头型猫更容易发生难产。

胎仔数少的母犬容易发生难产的原因有多种。胎仔数与胎儿大小之间存在负相关，胎仔数越少，单个胎儿体型越大，相反地，胎仔数多时使子宫过度伸展。胎仔数多少对于母猫难产的发病率无影响。胎儿或母体原因都可能导致难产。不一定与产道阻塞有关，小动物最常见的难产病因是宫缩乏力和胎儿异常先露。其中，犬猫宫缩乏力和胎儿异常先露所占比例分别为72％和60％。宫缩乏力使子宫收缩不足，以发生和维持正常的分娩程序。宫缩乏力有多种潜在病因（如遗传、年龄、营养及代谢），除了机械性阻塞引起子宫肌层的疲劳和继发的宫缩乏力之外，未发现其他特殊原因。非阻塞性难产的其他病因包括胎儿死亡和母犬焦虑。胎儿死亡在犬猫非阻塞性难产的发生率均为1％～4.5％。母犬过度焦虑，可能抑制分娩的正常程序，其引起母犬难产的概率尚未知。

母犬因素导致的阻塞性难产主要与骨盆大小或形状异常有关。这些异常可能是先天性或后天获得性，包括骨骼和软组织结构，也要对子宫扭转进行鉴别诊断。胎儿因素导致的阻塞性难产主要是由于胎儿异常先露引起，胎儿异常先露是犬猫最常见的胎儿性病因，发病率约为15％，胎儿过大（即体重＞母体体重的4％～5％），畸形（即先天性缺陷导致大的异常体型），胎儿头大或母体骨盆小。

妊娠期：不同的犬有不同的妊娠期，具有品种间的差异。一般来说，母犬在发情期内的任何时间自发排卵，根据标准规定的从受孕配种开始，第一次配种指分娩，妊娠期为63±7d，母猫从受孕配种到分娩的间隔时间平均为66d（57～71d）。

分娩分期

第Ⅰ阶段：特征是搭窝、不安、颤抖、食欲缺乏。母犬通常气喘，子宫颈开张。母犬第Ⅰ阶段持续6～12h，通过子宫收缩的变化到第1只幼犬分娩。

第Ⅱ阶段：特征是腹部收缩明显，羊水排出和娩出胎儿，直肠温度恢复正常。通常3～6h完成。有些母犬可能持续12h。母犬在第2只胎儿娩出之间休息1h左右。

母猫可能至少出血24h。在娩出第1个胎儿之前，可能会发生间断性腹部收缩数小时。通常娩出2个胎儿的间隔时间少于1h。偶尔母猫在第2只猫仔娩出之间间隔12～24h。

第Ⅲ阶段：母犬每个胎儿和胎盘在产后5～15min排出，即分娩Ⅲ阶段。母犬去除胎儿羊膜，并清洁幼崽，咬断脐带和吃掉胎盘。如果母犬未去除幼崽面部羊膜，宠物主人应辅助去除。清洁幼崽是建立幼仔和母犬关系的重要母性行为，所以应该鼓励母犬进行。所有胎盘应该在4～6h内排尽。如果主人参与，则应将脐带打结，并距离体壁1cm处剪断，如发生出血则将脐带结扎。

[症状] 分娩第Ⅱ阶段的特征出现后，检查正常和异常的临床表现，检查外阴分泌物、胎膜和胎儿产出部分。进入预产期母畜的任何疾病症状；难产病史；进入预产期的母犬出现直肠温度下降超过24h；或母猫出现厌食超过24h；异常的外阴分泌物；分泌第Ⅰ阶段和Ⅱ阶段的间隔超过12h；分娩后超过15min才排出胎衣；进入Ⅱ阶段3h以后才分娩出1个胎儿；前后分娩出2个胎儿的时间间隔超过1h；持续的但不分娩出胎儿宫缩达20～30min，在全部胎儿分娩出之前停止分娩活动。

不同病因引起的症状各有不同。母体性难产和胎儿性难产发生病因临床表现差异很大，在临床上往往通过直肠内温度已下降到正常值，且无努责的迹象；外阴分泌物呈绿色，但尚无胎儿产出（母仔胎盘已分离）；胎水已流出2～3h，但没有努责表现；2个多小时缺乏分娩动作或2～4h努责微弱；产道异常，如盆骨骨折，胎儿卡在生殖道内等；综合判断是否难产以便采取不同的治疗措施。

[诊断] 犬分娩过程有正常的变化范围，对没有经验的人来说，较难确定是否发生难产。

（1）临床检查　当出现难产病例时，对母犬猫进行准确的病史调查和全面的临床检查，是作出适宜治疗的前提。检查母犬猫全身情况（体温、呼吸、脉搏等），注意其行为、努责特性和频率；检查外阴和会阴部，注意其颜色和阴道排泄物的数量；观察乳腺发育，有无充血、膨胀和乳汁。

（2）腹部触诊　腹部触诊可粗略地评价子宫大小、质地和胎儿的存在。可能感受到胎动或子宫收缩，胎儿的数量和子宫扩张程度。

（3）阴道指检　探诊难产障碍物并确定其性质、盆腔内有无胎儿及胎儿的状态。阴道指检还可估测子宫颈状态和子宫紧张度。阴道前部紧张表明子宫肌活动良好。相反，表明子宫肌无力。宫颈关闭时，阴道液体不足，手指插入阻力大，阴道壁紧裹手指；宫颈开放时，常有胎水流出，阴道被润滑，阻力小。在母犬，可通过阴道指检判断产道内是否存在胎儿，如果有胎儿存在，则其马上就会被娩出。幼犬或幼猫卡在阴道内时，可通过产科操作或外阴切开术使之排出。

（4）触诊乳腺　评价乳腺泌乳功能。一些初产的母犬可能泌乳不明显，产后24h内开始泌乳。经产的母犬和母猫在妊娠最后一周可能出现初乳。

（5）血液学检查　全血细胞计数和生化检查，预产期母犬出现轻度贫血和轻度分叶状中性粒细胞增多属正常现象，当其他诊断评价完成时，需要立即将血液样本送检，这样才能保证结果可用。通过体格检查对母畜健康进行评价之后，再通过X射线检查和超声检查评价胎儿状况。

（6）影像检查　对估测一般性盆骨异常、胎儿数量、胎位、胎向、胎势、胎儿大小及先天性缺陷与死胎有价值。胎向指胎儿体纵轴和母体纵轴以及胎儿部分和骨盆腔的关系，可以是纵向、横向和竖向；胎位指胎儿背部和母体背部或腹部的关系，分为上胎位、下胎位、侧胎位和斜胎位；胎势指胎儿的头和四肢的姿势。胎儿死亡6h后出现胎内产气，经X射线检查，胎儿死亡后48h，其骨骼和头部塌陷，即可确诊。超声检查可确定胎儿的生机和危机，超声检查是评价胎儿活力的理想手段。对已产完或假孕的母犬，影像检查可以确诊。

胎向、胎位和胎势也可通过腹壁触诊和阴道指检加以确定，矫正胎位或异常胎势时需推回胎儿，但因小动物的胎儿较小，四肢短，多数情况下不矫正胎位和四肢姿势异常，也可将胎儿拉出。

[治疗] 难产病因不同采取不同的治疗方案。母体性难产是由于母体出现异常所引起的难产类型，约占难产病例的75.3%，其中由子宫收缩无力所致的难产占72%左右，其次是产道狭窄、子宫扭转等病因。胎儿性难产是由于胎儿异常所引起的难产，约占难产病例的24.7%，其中异常前置和胎儿体型过大分别占15.4%和6.6%。

（1）子宫收缩无力　可带领母犬跑动或将2个手指插入母犬阴道内，对着背侧壁做推动或似走动样的活动，刺激阴道背侧壁，诱导子宫收缩。神经敏感的初产犬，可应用镇静剂。在确定子宫颈开放且胎位、胎向正常，胎儿无畸形、不过大和无产道狭窄的前提下，可应用催产素和钙制剂，但禁用麦角制剂，因可引起子宫痉挛性收缩和子宫颈口关闭。

钙离子是子宫平滑肌收缩必需的物质，有时单独用催产素不能引起子宫肌收缩。治疗子宫肌无力时可先单独使用钙制剂，用药后30min若出现轻微效果，可再次用药；若无反应，则应用催产素。或先应用钙制剂，10min后立即使用催产素。钙制剂可选用10%葡萄糖酸钙，按每千克体重 0.5～1.5mL，以 1mL/min 的速度缓慢静脉滴注。催产素的用量为 1.5～10IU。大剂量或过频繁应用催产素，可导致子宫肌持续性收缩，抑制胎儿排出和阻断子宫胎盘血流；严重者，可导致子宫破裂或胎儿死亡。如果用催产素后 30min 母犬无反应，可再次应用催产素。第 2 次用药后 30min 若仍无反应，应施行被动分娩方法，如利用产科钳引产或施行剖腹产术。

可应用的产科器械很多，如软柄钳（哈壳钳）、产科钩、罗伯特氏套管等，其中长颈软柄钳最常用。在使用器械前要彻底清洗消毒会阴部。当用手指触摸不到胎儿时，禁止用止血钳钳夹胎儿，以免损伤或撕裂子宫与阴道。钳子特别适用于拉出已死亡和过大的胎儿。只要将前面的胎儿拉出，后面的胎儿较易排出。若胎儿死亡，钳夹和牵拉可适当加大力量。

（2）产道阻塞 母体因素引起的产道阻塞（Obstruction of the birth canal）有子宫扭转、子宫破裂、子宫变位、子宫畸形、生殖道软组织异常（如肿瘤、纤维化和生殖道中隔等）和盆腔狭窄（如盆骨骨折、盆骨畸形等）等。

子宫扭转和子宫破裂常发生于怀孕后期和分娩过程中，情况紧急，有生命危险；有时在分娩中止前有几个胎儿已生出，随后母犬或母猫情况很快恶化，一般需手术治疗，快速诊断对抢救是十分必要的。子宫变位见于怀孕 4 周左右的母犬。母犬形成腹股沟疝，怀孕子宫逐渐增大，腹部外形异常；手术整复子宫角、修补腹股沟疝；对已发生子宫血循障碍或严重病变病例，应施行子宫切除术。

生殖道肿瘤、阴道中隔、产道纤维化等软组织异常，均可在产前检查发现。阴道中隔可以是胎儿中肾旁管遗留所形成。阴道创伤或感染，如面积大且发生瘢痕化，能阻碍胎儿通过，手术处理也很少成功，原因是在愈合过程中又形成了新的瘢痕。肿瘤和中隔均可经手术切除。经处理后仍无法由产道分娩者，应施行剖腹产术。

早先盆骨骨折、未成熟骨盆或先天性盆骨畸形引起的盆腔狭窄及子宫畸形者，易发生难产，建议早期做剖腹产术。

（3）胎儿性难产 如果 1 个胎儿已进入产道，要努力用手或产科钳进行助产。对大型犬，术者可将手插入阴道或子宫内，直接拉出胎儿。如果胎儿已经前进并部分通过骨盆，在会阴区将出现一特征性鼓起。轻轻向上翻开阴唇，可以显露羊膜囊和胎儿的位置。产道最狭窄的部分是内部僵硬的骨盆带，如果在体外用手矫正胎儿有困难时，可将胎儿推进至骨盆带的前方，在此较易矫正胎位或胎势。将胎儿旋转 45° 并用液体石蜡油润滑产道，有益于胎儿拉出。

根据胎位和胎势，用手指在胎儿头颈周围、盆骨周围或肢腿部抓紧牵拉，用力要均匀，不能过猛过大。矫正胎势的手法是一只手隔腹壁外，另一只手通过阴道操作，两只手相互协调一致。用手指伸入胎儿口腔中，可矫正头下弯；用手指插入肘后或膝后，在胎儿下方将肢腿向中间移动，以矫正腿姿势异常。温柔地左右交替牵拉摆动胎儿，由后向前，由这边到那边，或在盆腔内尽可能地扭转，将有助于肩部和髋部一次通过。母犬会阴部鼓起时轻轻在其上方加压，可预防胎儿滑回子宫。产科钳常用于胎儿过大和死胎的助产。用手指作钳子向导，钳子插入深度不能超过子宫体。如果胎头已显露，抓持部位为颈部；倒生时，抓持部位为盆骨周围或腿部；助产时不能抓持趾（指）部。

12.2 阴茎疾病

12.2.1 阴茎外伤

阴茎外伤（Penis Trauma）是指在打斗、车祸、跳越障碍或交配时，引起阴茎血肿、撕裂、阴茎骨骨折等损伤。

[病因] 阴茎损伤为阴茎在意外事故、打架、自残、交配过程中而发生挫伤、撕裂等，也见于犬猫在试图跳过围栏被围栏的栏杆、铁丝网或其他尖锐物体造成损伤。

[症状] 主要症状为异常疼痛、局部肿胀、擦伤、出血，或血肿、撕裂、阴茎骨骨折等，表现排尿障碍、血尿、尿淋漓或尿闭。

包皮损伤后，发生水肿，极为不安，不时用舌舔包皮或用后肢踢抓包皮，致使病情加重。发生血肿时，触诊时有发热和波动感，针刺可流出血水。如没有及时处理可能发生细菌感染。

[诊断] 根据外伤病史和外生殖器的检查即可作出诊断。通过视诊和阴茎尿道与阴茎骨的X射线检查可确诊。发现明显阴茎损伤时，进行逆行尿道造影可检查阴茎部尿道的完整性。超声检查和彩色多普勒检查可鉴别阴茎血肿和异常勃起等。

[治疗]

（1）局部清创，压迫止血，撕裂伤应用可吸收线缝合。阴茎表面涂擦抗生素软膏，也可配合口服抗菌药物综合治疗。

（2）治疗时每天保持阴茎从包皮中突出2次直至伤口愈合，防止阴茎和包皮粘连。

（3）在阴茎伤口愈合前，避免兴奋和任何刺激，否则可能发生出血和伤口裂开。

（4）阴茎损伤可能伴发尿道阻塞和尿道撕裂，除局部损伤外，动物可能出现膀胱充盈和肾后尿毒症。治疗措施的选择取决于尿道损伤和骨折程度。紧急治疗时，应进行膀胱穿刺减压，或放置导尿管直至尿道创伤愈合，如尿道撕裂，必要时应进行尿道缝合，严重情况下可进行尿道切开术或永久性的尿道造口术。

（5）阴茎骨折病例，可使用不锈钢丝或骨片使阴茎骨固定，同时给予全身抗菌药物治疗。骨折愈合时形成的骨痂偶尔会阻塞尿道，阴茎严重损伤要考虑进行阴茎骨截断术。

对于发生自残的动物，移走或放置犬用的刺激性物质，继续发生此类行为时，可每天注射抗抑郁药，直至效果明显好转。

12.2.2　阴囊皮炎

阴囊皮炎（Scrotal dermatitis）是阴囊表皮和真皮发生的炎症，是种用公犬常见的疾病之一。

[病因] 原发性因素包括清洁剂、消毒剂、杀虫剂或生毛剂等接触性刺激或对某些物质的接触性过敏所致。继发性因素包括一般的皮肤病，如脓皮病、跳蚤叮咬引起的过敏性皮炎，以及睾丸炎、附睾炎导致睾丸被膜与阴囊粘连。

[症状] 患犬过度舔吮阴囊，阴囊表皮出现炎性水肿、渗出、溃疡、变硬，触之敏感，局部温度升高；继发于某些疾病时出现相应症状，如皮肤病。当感染细菌直接侵入睾丸和附睾时，可引起继发性睾丸炎和附睾炎，导致睾丸被膜与阴囊的粘连。睾丸温度的升高，可导致精子生成质量下降。

[诊断] 通过视诊观察阴囊表皮变化，触诊是否粘连，判断引起皮肤病的潜在因素，问诊过去是否接触化学刺激剂。

[治疗] 消除疾病的潜在因素和环境中的化学或致敏物质的刺激；局部使用抗生素或皮质类固醇类软膏以减轻症状，结合全身抗菌药物治疗和抗过敏药物的治疗；使用伊丽莎白颈圈以防止患犬对患部的舔咬或自残。

12.2.3　包茎

包茎（Phimosis）是指由于包皮开口过小而使阴茎不能伸出。致病原因主要是某些犬品种先天性包皮狭窄，如德国牧羊犬、金毛犬等，也可发生于撕裂性外伤或母犬吮吸包皮可能使包皮开口变小等。

[症状] 若包皮开口对排尿没有影响，幼犬可能无症状。临床表现阴茎不能伸出或包皮内尿潴留。炎性包茎，局部温度增高，包皮水肿，有时包皮囊外翻，排尿困难或有包皮流出物，患犬不时用舌舔该部。幼犬也可能由于慢性龟头包皮炎继发引起。

[治疗] 炎性包茎的治疗原则是抗菌、消炎、止肿、提高机体抵抗力。可采用包皮部分切除术，以达到扩大包皮口的目的。

手术步骤与方法：

（1）卧式保定，局部剪毛、消毒。

（2）润滑暴露阴茎。

（3）用戊巴比妥钠或846进行轻度全身麻醉。用1‰普鲁卡因液对包皮筋膜层进行浸润麻醉。

（4）沿着包皮口背侧做切开，然后沿着切开边缘将包皮黏膜和皮肤缝合在一起。注意在包皮口头腹侧做切开不可取，因会导致龟头长期暴露在外。

（5）术后每日用稀释的抗生素药液冲洗包皮，用抗生素类固醇类软膏涂抹可减少感染机会。如果发生尿淋漓，可插入导尿管以排空膀胱。

（6）术后护理，每天挤出阴茎6~7次，可以防止粘连。

12.2.4 嵌顿包茎

嵌顿包茎（Paraphimosis）是指由于某些致病因素使阴茎不能退回到包皮囊内的病理现象。

[病因] 最常见发生在犬阴茎勃起后，在采精后较为多见，交配后偶尔发生。长毛猫的毛发与阴茎纠结时会发生嵌顿包茎，除此之外嵌顿包茎在猫很少见。突出的阴茎缩回受阻通常是由于包皮自身内翻引起的，包皮内翻可能是由于勃起消退时包皮口的毛发附着于阴茎表面而被带入包皮腔，于是包皮的皮肤阻碍了突出阴茎的血液循环。此外，公犬腰荐部神经传导径路损伤时，造成阴茎麻痹，可引起麻痹性嵌顿包茎。

[症状] 嵌顿包茎的表现主要取决于其发生的时间。最初阴茎外表正常、无痛，几分钟后阴茎发生水肿并且疼痛。除了血液循环不良造成的损伤之外，暴露的阴茎可受到创伤，阴茎表面干燥、发生裂隙。一般不会伤及尿道。未暴露的阴茎和其余部分的包皮正常无痛。长时间的嵌顿包茎可以导致坏疽或坏死。

阴茎头部露出包皮囊外，疼痛敏感，进行检查或治疗前需要镇静或麻醉，但一般情况下不需要。嵌闭部肿胀，呈弥漫性水肿，发绀。可出现擦伤、溃疡和坏死灶。以后肿胀部炎症由急性转为慢性，结缔组织增生，此时肿胀较硬，无热无痛。嵌闭的继续发展，可使阴茎完全丧失感觉。如果是麻痹性嵌闭包茎，其垂下部无明显的损伤，局部温度正常或稍低，阴茎可以整复至包皮囊内后又立即露出，阴茎对疼痛刺激不敏感，会阴部皮肤、股后部表面和阴囊丧失知觉，肛门和尾巴松弛，后肢运动失调。

[治疗] 首先应消除致病原因。患犬在麻醉和卧式保定下进行治疗。对新发生和由炎性水肿引起的嵌闭包茎，用0.1‰高锰酸钾溶液清洗患部进行清创，涂以氢化可的松或抗生素软膏后，包皮恢复其正常构型，恢复阴茎的血液循环，并将其放回包皮腔。操作时轻柔地将包皮往后拉动，使更多的阴茎突出，然后向前拉回包皮直至暴露包皮口，一旦包皮恢复正常位置，阴茎的血液循环立刻得到改善，阴茎水肿消退。为预防阴茎的再脱出，可将包皮口暂时缝合数

针，每日向包皮囊腔内注入抗生素乳剂，连用 3～5d，即可拆除缝线。

为了促进炎症消失和坏死组织的分离，局部可用红外线照射、氦氖激光照射、CO_2 激光照射或超声波疗法等。有溃疡时可用 1％龙胆紫溶液涂擦。赘生的病理性肉芽可用硝酸银棒或 10％硝酸银溶液腐蚀。加强对患犬的饲养护理，注意患犬的排尿情况。当暂时性排尿困难而膀胱充盈时，应采取人工导尿或膀胱穿刺放出尿液。为防止患犬舐咬患部，应装置侧杆或颈圈保定。

很少需要扩大包皮开口。扩口时，切口位于包皮腹侧中线上，阴茎回位后，切口结节缝合。阴茎常会位于包皮腔内，阴茎水肿很快消退。如果突出的阴茎非常疼痛，水肿的程度可通过隔着包皮触诊进行评价。肿胀的阴茎很少再突出于包皮腔。包皮口应进行暂时的缝合。如果发生阴茎坏死，应进行阴茎截断术。

12.2.5　包皮龟头炎

包皮龟头炎（Balanoposthitis）是指包皮腔炎症或感染，通常伴发龟头炎。在犬很常见，猫少见。

[病因] 致病菌是位于包皮黏膜的常在菌群，但也有报道犬肝炎病毒、疱疹病毒和芽生菌引起感染。炎症继发外伤、异物、阴茎淋巴细胞增殖，如交配、采精过程中，或在包皮口进入草茎、沙粒之后。原来隐存在包皮囊腔的病原微生物（葡萄球菌、链球菌、棒状杆菌等）过度繁殖和机体防御机能减退。

[症状] 通常包皮龟头炎的发病初期，除脓性包皮分泌物外无明显临床症状。分泌物的量和性状差异很大，从苍白的包皮污垢到大量绿色的脓汁，单纯的包皮龟头炎分泌物通常是非血性的。随病情加重，包皮呈现炎性肿胀，局部温度增高，疼痛敏感，从包皮口流出浆液性或脓性分泌物，并将包皮上的长毛黏附着，形成干涸的痂皮。患犬摩擦和舐舐感染的部位，排尿困难，尿液变细或呈滴状流出。慢性病例，因包皮纤维性增生，结缔组织围绕阴茎，限制其自由活动，致使阴茎与包皮粘连，可造成包茎。此外，因炎症和阴茎缩肌功能障碍，向外脱出的龟头不能缩回到包皮内，可造成嵌闭性包茎。

[诊断] 根据阴茎和包皮的外观检查和宠物主人的主诉情况即可诊断。对炎性分泌物进行细胞学检查和细菌培养，通过药敏试验结果选择高敏的抗菌药物。

[治疗] 包皮龟头炎采取保守治疗和对症治疗。局部清洗后，用 0.1％高锰酸钾溶液或其他防腐、收敛药液，充分冲洗龟头和包皮部，去除污垢，涂抹抗菌软膏和类固醇类软膏。继发于其他疾病的情况下，保守治疗的同时，积极治疗原发病。

12.2.6　阴茎异常勃起

阴茎异常勃起（Priapism）是指阴茎与性兴奋无关的异常持续性勃起。

[病因] 病因有时不明，但犬猫很少发生。其结果都是静脉血流阻塞和阴茎海绵体充血。在正常勃起过程中，窦状平滑肌松弛，动脉和小动脉血流增加使窦状隙快速充盈，同时压迫了静脉回流。消退过程中，小梁平滑肌收缩，静脉开张，充盈的血液流出。其原因是支配阴茎勃起的神经受到刺激或损伤，阴茎基部的海绵体静脉发生栓塞，或在注射安非他明嗜眠发作时，均可能发生异常勃起的现象。

[症状] 阴茎持续勃起，患犬舐舐阴茎，暴露出外面的阴茎组织变化取决于暴露在外的时间，表现为水肿、炎症，甚至坏死等，如神经系统受损时，则出现神经症状。

[诊断] 如没有性刺激而长时间勃起即可作出诊断。应与嵌顿包茎区别，阴茎异常勃起可用手工复位到包皮内，而嵌顿性包茎一般是不能或很难将其复位到包皮内。

[治疗] 阴茎异常勃起，首先要防止犬的舔舐和自残，应用 0.1% 的高锰酸钾溶液清洗和用金霉素等软膏涂布暴露的阴茎，有的犬一般护理可能会自然消退和痊愈。

使用抗胆碱能药和抗组胺药可治疗非缺血性阴茎异常勃起，如苯海拉明，犬的静脉注射推荐剂量为 0.015mg/kg。β-肾上腺素能拮抗剂特布他林被有效地用于治疗人的阴茎异常勃起。海绵体窦隙淤血很快凝结，容易快速发生局部缺血和坏死，因此，在数小时内尽快进行药物治疗才可能有效。不幸的是，很多病例在发生数天或数周后才就诊，阴茎已发生坏死而不得不实施阴茎截断术和会阴部尿道造口术。

12.2.7　阴茎持久性系带

阴茎持久性系带 （Persistent Penile Frenulum） 是指阴茎腹侧前部通过纤维结缔组织形成的薄带与包皮相连的先天性异常，导致阴茎头向腹侧或两侧偏斜，并影响公犬、公猫的性交行为。虽然少见，但在数种犬中已有报道。

在睾酮的作用下，阴茎龟头表面和包皮黏膜在出生前或出生后数月 （因动物品种而异） 内便可分离。犬的阴茎持久性系带通常位于阴茎腹侧中线上。该病可能没有临床症状，或者出现过多的包皮腔分泌物，或过度舔舐包皮。阴茎系带使得阴茎向腹侧或两旁偏移，使得患犬不能交配或无意交配。

视诊即可确诊。由于系带是无血管的薄层黏膜，只需镇静配合局部麻醉即可通过手术切除。7 周至 5 月龄实施去势术的公猫可发生阴茎持久性系带。

12.2.8　阴茎发育不全

阴茎发育不全 （Penile Hypoplasia） 是一种先天性异常，通常犬猫表现阴茎过小和过短。这种公犬、公猫的性欲和拥抱反射一般是良好的，但阴茎勃起无力，不能进行交配。临床可能无临床表现，也可出现排尿困难，继发包皮内积尿和感染。诊断时需与雌雄间性疾病相区别。无临床症状时可以不予治疗。对有症状的犬可以采取手术扩大包皮开口的方法防止尿潴留和继发性包皮感染。

12.3　睾丸疾病

12.3.1　睾丸炎和附睾炎

睾丸炎 （Orchitis） 和附睾炎 （Epididymitis） 是指睾丸和附睾的炎症状态。睾丸与附睾解剖结构位置相连，因此常同时发病。睾丸炎和附睾炎可通过血液途径感染，来自于泌尿生殖道的病原菌上行感染，或穿透性外伤造成。虽然不是同时感染，但典型的致病菌是相同的。感染从附睾扩散到睾丸，或由睾丸发展到附睾是很常见的。这两个疾病常放在一起讨论。睾丸炎-附睾炎在犬比猫常见，最常见需氧菌感染。

[病因] 可以直接感染布鲁氏菌病、结核病、支原体病、放线菌病、芽生菌病、球孢子菌病、埃利希氏体、落基山斑疹热，或者继发于猫传染性腹膜炎、犬瘟热等病毒性疾病。如睾丸部位受到机械刺激而发生外伤感染。也可因患阴囊脓皮病的犬、猫经常舔阴囊导致睾丸因细菌感染而发生。

患有慢性睾丸炎-附睾炎的动物阴囊通常表现正常，睾丸柔软、萎缩，附睾可能较正常的坚实、突出，尤其是在睾丸为原发病灶时，患有急性或慢性睾丸炎-附睾炎的动物常发生不育，这可能成为就诊的原因。

[**症状**] 睾丸、附睾和阴囊的细菌感染引起器质性的病变，造成局部肿胀、炎症和体温过高，从而导致生精机能的改变。临床症状睾丸炎-附睾炎因其病程而异。

急性感染通常表现为阴囊及内容物肿胀、阴囊皮肤发红、疼痛。附睾和睾丸增大、坚实、发热。阴囊皮肤可能发炎，患犬可能过度舔舐阴囊。全身感染的动物会出现发热和无力的症状。相反，某些患病动物可能表现轻微的不适，主人可能并不会注意到急性发病期。

慢性经过一般无全身症状。睾丸发生萎缩、硬固，无明显热痛，病程较长者，睾丸逐渐纤维化并变得不规则，表面凹凸不平。严重者睾丸和阴囊壁发生粘连。

由传染病（布鲁氏菌病等）继发的睾丸炎，多数为急性化脓性睾丸炎，其局部和全身症状更为明显，睾丸内往往形成数量不等的脓肿，向阴囊腔内破溃，久则发展为化脓性腹膜炎。且多为两侧睾丸同时发病。通过布鲁氏菌病的血清学检验进行确诊。

某些霉菌病如芽生菌病及球孢子菌病等常可引起慢性肉芽肿性睾丸炎，主要临床表现睾丸肿胀、质地坚实、无明显热痛。睾丸组织内常伴有巨噬细胞弥漫性浸润。

[**诊断**] 根据临床症状表现、超声波检查、细胞学检查和细菌培养进行诊断。细胞学检查的样本可通过采精或对睾丸进行细针穿刺获得，处于睾丸炎-附睾炎活跃期的患犬精液中含有很多炎性细胞（白细胞精子症）和异常精子。细菌或其他感染因素在精液的细胞学检查时通常不被发现，但通常可见于细针穿刺采集的样本。

[**治疗**] 根据细菌培养的结果进行适当的抗生素治疗。药敏试验结果得出前，可选择对普通泌尿生殖道微生物有效的抗生素。选择可同时作用于革兰氏阴性菌和革兰氏阳性菌的抗生素，包括恩诺沙星、阿莫西林、克拉维酸-阿莫西林、氯霉素和磺胺甲氧苄啶。也可考虑选用头孢菌素和四环素。根据细菌培养和药敏试验的结果进行的抗菌治疗应持续至少2周。将阴囊浸泡在凉水中可减少温度过高和肿胀造成的损伤。无论感染哪种致病菌，患有睾丸炎-附睾炎的公犬和公猫要恢复生育能力的可能性是很低的。睾丸切除术可有效减轻感染，在患犬已不可逆地丧失其生育能力时可考虑手术。对单侧病变的病例实施单侧睾丸切除术是保存健在腺体的最好办法。无论是否实施手术，都应给予抗生素。

12.3.2 睾丸变性和萎缩

睾丸变性和萎缩（Testicular degeneration and atrophy）是指因睾丸发生炎性感染或机械损伤时，睾丸内曲细精管受到破坏，而造成睾丸实质组织发生变性，继而睾丸发生萎缩的一种睾丸疾病。本病往往是渐进性的，可造成雄性犬猫精子的发生障碍，最终导致不育。睾丸变性和萎缩可能是一侧性，也可能是两侧均发生。

[**病因**] 睾丸变性和萎缩的原因是多方面的。

（1）内分泌因素 肾上腺皮质功能亢进、丘脑下部垂体能异常等，血清促卵泡素和促黄体素含量以及垂体功能随年龄的变化而变化，发生老年性睾丸萎缩。

（2）睾丸器质性和功能性变化的疾病 隐睾、睾丸发育不全、睾丸肿瘤、睾丸扭转、睾丸炎及睾丸机械损伤等。

（3）物理、化学因素 某些影响生精作用的化学药物（皮质激素、环磷酰胺、长春新碱、碘制剂、砷制剂及某些抗生素等）、有毒物质、睾丸放射损伤等使睾丸上皮变性，精子生成障碍。

（4）营养因素 食物中某些维生素（维生素A）、核黄素、必需氨基酸的缺乏，或维生素过量也可引起睾丸萎缩。

（5）伴有高热的全身性疾病 结核病、犬瘟热、布鲁氏菌病以及脓毒症等。

（6）高温应激　各种因素所致睾丸局部温度过高，如阴囊水肿、阴囊皮炎、阴囊湿疹、腹股沟阴囊疝、静脉曲张等导致阴囊温度调节机制障碍或破坏。

[症状] 本病多呈慢性经过。主要临床症状表现：繁殖能力逐渐丧失或停止。视诊和触摸睾丸和阴囊部，发现早期睾丸变性者，睾丸组织质地基本正常或松软，大小也基本正常或较小，当炎症等因素引起睾丸萎缩时，则睾丸变小、质地变硬固，凹凸不平，非炎性引起的睾丸萎缩则是睾丸逐渐变小、变软。阴囊部呈现不同程度的纤维化或钙化，严重者睾丸萎缩者，阴囊部触摸不到睾丸，只有附睾。

发病早期，可产生精液，体积变化不明显，但精子数量显著减少，精液变稀，精子活力下降，畸形精子数增多。并且研究发现，单侧睾丸变性和萎缩的患宠其精液质量优于双侧睾丸萎缩者。

睾丸萎缩和变性的主要病理组织学特征是睾丸组织内，首先是曲细精管的结构受到破坏，曲细精管上皮变性，精原细胞变性裂解。睾丸的局部变性，一般不表现明显的临床症状，也不易被发现，全部的睾丸发生变性时，表现为精子发生障碍，精子数量减少，未成熟精子和死精子数量增加。

其次是睾丸组织萎缩，精子形成停止。曲细精管管腔内，不仅存在精细胞裂解，初级精母细胞也发生裂解破坏。患宠的精液变稀，无精子，同时睾丸显著变小。

最终睾丸组织纤维化，睾丸实质以及间质组织被纤维结缔组织取代，曲细精管管壁变性、增厚，管腔变窄并逐渐消失，间质细胞数量减少。

根据曲细精管横切面上生精细胞和支持细胞的比例，可以评估睾丸变性和萎缩的程度。

除内分泌疾病外（如甲状腺功能减退），一般睾丸变性和萎缩主要损伤生精上皮，影响精子的发生，间质细胞形态和功能基本正常，对患宠的交配能力和性活动影响不大。

[诊断] 如触摸成年患宠的睾丸部位，阴囊皱缩，纤维化明显，阴囊内睾丸细小、变硬，可作出初步诊断。确诊需要做睾丸组织学检查。也可通过检查精液质量判断是否存在睾丸疾病，判断是否因炎性因素导致睾丸变性和萎缩。

[治疗] 对于睾丸变性和萎缩的病例，目前尚无有效的治疗方法。关键做好预防措施，首先加强饲养管理，保证犬猫日粮中维生素合理水平，可在日粮中添加鱼肝油、胡萝卜来满足宠物体内对维生素 A、维生素 C 以及维生素 E 的正常需要。

及时发现并消除各种引起萎缩和变性的因素，发病初期可用抗生素消除炎症，结合雄激素促进睾丸功能的恢复。

本病如能及早发现，及时治疗，生殖功能能在一定程度得到恢复。但如果阴囊已明显发生纤维化、睾丸明显缩小变硬、曲细精管已破坏，生殖功能将无法恢复，造成不育。对老年性睾丸萎缩没有有效的治疗方法。

12.3.3　隐睾

隐睾（Cryptorchidism）是指性成熟犬、猫的一侧或两侧睾丸没有下降至阴囊内的一种病理状态。正常情况下，犬、猫的睾丸应于出生后 6～8 周，最迟不超过 6 月龄，逐渐下降至阴囊内。部分犬、猫出生后由于各种原因睾丸至成年后仍没有下降至阴囊内，而形成隐睾。调查发现，犬猫隐睾位置多数发生于腹腔内或腹股沟皮下处，也可发生于阴囊基部的阴茎或包皮旁处。犬、猫隐睾多数是单侧发生，且以左侧隐睾多见。将一侧睾丸位于异常位置的情况称为睾丸异位。

[病因] 多数犬、猫的隐睾由先天性原因造成，通常认为主要与遗传有关。据报道，纯种

小型品种犬、猫更易患隐睾症，如吉娃娃、迷你雪纳瑞、博美犬、贵宾犬、喜乐蒂、哈士奇、约克夏以及波斯猫等，发生隐睾症的概率约是其他犬、猫品种的 2.7 倍，发病率远高于其他品种。另据研究表明，胎儿性腺发育早期，促性腺激素及胎儿雄激素分泌不足也可能导致本病的发生。

[症状] 隐睾症状常与睾丸肿瘤密切相关。患隐睾的犬、猫，其发生睾丸肿瘤的概率远大于正常犬猫，大约是正常犬猫的 14 倍。由于睾丸肿瘤产生过量雌性激素，使患犬表现出雌性化特征，如乳房增大、脱毛等。过量分泌的雌激素也可能导致患犬出现贫血、血凝不良及前列腺炎等症。

睾丸异位易并发睾丸扭转，患犬、猫常出现体温升高、精神沉郁、呕吐、腹痛、腹胀等症状。

发生隐睾时，睾丸仍具有分泌雄激素（睾酮）的能力，雄性犬猫外生殖器官的发育正常，仍有明显的性活动能力，但精子形成障碍，或无精子产生。

[诊断] 成年雄性犬猫通过对生殖器官检查，发现一侧或两侧阴囊内睾丸缺失不难诊断。但对幼龄犬、猫隐睾，因睾丸体积小或睾丸尚未下降至阴囊内，不易诊断。发育至性成熟期后，犬猫一般 6～8 月龄，发生于体外皮下的隐睾，如腹股沟皮下或阴茎旁，可通过阴囊部触诊，隐睾侧的阴囊缩小、空虚，阴囊触摸无睾丸，而在腹股沟皮下或阴茎旁触诊发现异位的睾丸组织肿块，做出诊断。而位于腹腔内的隐睾则较难触诊，因此怀疑有腹腔隐睾的犬猫，需要进行影像学检查，腹部 X 光或者腹部超声有助于做出明确诊断。

[治疗] 患隐睾的犬、猫，其发生睾丸肿瘤的概率大大增加，并且大多数的肿瘤是恶性的。因此无论单侧隐睾还是双侧隐睾，最好的治疗手段是尽早施行外科手术摘除睾丸。对于 3 岁龄以内的种用价值高的患犬猫，可试用生殖激素治疗，如绒毛膜促性腺激素，肌内注射 800～1000IU，每周 2 次，连用 5 周。

多数隐睾患犬猫如果及早手术，往往预后良好，但发生睾丸肿瘤或睾丸扭转手术的犬猫，则预后慎重。某些恶性睾丸肿瘤的后期，病情加重，发生全身转移，往往预后不良。

隐睾病例，预后不良，不宜作种用，应及早淘汰。

12.3.4 睾丸发育不全

睾丸发育不全（Testicular hypoplasia）指一侧或两侧睾丸的曲细精管生精上皮发育不全或生精上皮缺失，但间质组织基本正常，动物机体仍具有内分泌机能和性活动的一种先天性睾丸疾病。睾丸发育不全可能发生于一侧睾丸，多为左侧发生，也可能是两侧的睾丸同时发生。

[病因] 睾丸发育不全主要是由性染色体组型异常配对，常因 X 性染色体增多所导致。多余的 X 性染色体抑制了雄性个体睾丸的发育，造成精子生成发生障碍。睾丸发育不全也可能是两性畸形的一种症状。由于睾丸直到初情期后才充分发育，故初情期前的动物营养不良、阴囊脂肪过多等也可引起本病发生。

[症状] 患宠的第二性征、性活动和交配能力基本正常，但交配不能使母宠受孕或受孕率极低，有的虽然受孕，但多发生流产或死产。触摸睾丸部位发现，睾丸体积小、质地软。显微镜检查精液，质量明显异常，水样精液、少精、无精，精子畸形率高。

睾丸发育不全的组织学变化三种表现形式：①全部睾丸或部分睾丸组织的曲细精管内生精细胞缺失，睾丸存在支持细胞，但分化不完全；②睾丸组织内生精细胞分化不完全，有不同发育阶段的生精细胞，但无成熟精子产生；③睾丸内曲细精管功能退化，有精子产生，但活力差。睾丸内主要成分为曲细精管，睾丸内生殖上皮的缺失使得睾丸体积变小。

［诊断］通过触摸睾丸，体积小、质地软，检查精液品质不良，结合配种不能使母宠受孕或受孕率极低的配种史，可作出初步诊断。确诊需作睾丸组织学检查。也可进行染色体检查以确诊。

［治疗］本病为睾丸的先天性发育异常，无有效的治疗方法。本病具有显著的遗传性，患有本病的雄性犬猫不宜作为种用。

12.3.5 睾丸扭转

睾丸扭转（Testicular torsion）也称为精索扭转，临床上以急性腹痛为特征。睾丸扭转可发生于阴囊内，隐睾患犬则更易诱发本病。多见于5～10月龄犬。

［病因］解剖结构上，通过阴囊韧带的维系，使睾丸和附睾附着于睾丸精索上。

腹腔内的睾丸扭转因隐睾发生肿瘤、体积增大、重量增加，下垂，游离性增大，患犬猫做剧烈翻滚动作时，可能由于惯性作用，而发生睾丸扭转。

阴囊内的睾丸扭转常因外伤、身体激烈运动及阴囊部被踢打等致使阴囊韧带撕裂而发生。睾丸扭转继发精索扭转，使精索静脉血流阻塞，睾丸内血流供应异常，睾丸局部缺血，导致动物出现腹痛。

［症状］睾丸扭转发生在阴囊内时，主要症状为睾丸扭转部位剧烈疼痛、动物高度不安、不愿运动，步态强拘，触诊阴囊部肿胀，睾丸坚硬肿大。睾丸扭转时间过久，患宠可出现食欲减退或废绝、呕吐、尿失禁，甚至休克等一系列并发症。

腹腔内睾丸扭转时，表现为急腹症症状，腹痛、体温升高、腹部鼓胀等。触诊腹后部，有肿块存在，并且动物高度敏感，呈痛苦状。同时会出现睾丸肿瘤所具有的一系列症状。

［诊断］睾丸扭转发生在阴囊内时，根据扭转部位剧烈疼痛、患宠高度不安、不愿运动、步态强拘的临床表现，结合触诊阴囊部肿胀，睾丸坚硬肿大，初步怀疑本病。腹腔的睾丸扭转，诊断较为困难，但当患犬猫存在腹腔隐睾时，则高度怀疑本病。本病的确诊需要借助影像学检查，B型超声检查发现，睾丸肿大，睾丸组织超声回声异常，对睾丸进行彩色多普勒血流显像扫查显示：睾丸组织内血流减少或消失，据此可确诊为睾丸扭转。但腹腔内睾丸扭转的某些病例可能需要剖腹探查才能确诊，腹腔内可见到明显充血、出血、扭转的睾丸。

临床症状上，阴囊内的睾丸扭转应注意与其他具有腹痛表现的疾病如睾丸炎、腹膜炎、胰腺炎或肠梗阻等进行鉴别诊断。

［治疗］对于犬猫无论是发生阴囊内的睾丸扭转还是腹腔内的睾丸扭转，一旦确诊，最佳治疗措施是尽早施行睾丸摘除术，并对症治疗。手术后，腹痛等症状会明显减轻或消失，发生扭转的睾丸常不能恢复正常生理功能。

12.3.6 附睾和输精管发育不全

附睾和输精管发育不全（Hypoplasia of epididymis and deferent duct）指雄性附睾和输精管发育不完全或存在缺陷。多为一侧性的，以右侧附睾和输精管发育不全多见。

［病因］主要因胚胎发育障碍所致，也与隐性基因遗传有关。

［症状］触摸检查发现，睾丸质地、大小正常。但附睾发育异常，体积变小，质地松软。输精管发育不全时，精液的输出发生障碍，大量精液滞留于附睾管内。雄性犬猫射精障碍或射出的精液中精子稀少甚至无精子。

［诊断］根据临床表现结合生殖器官检查结果容易诊断。

［治疗］本病多为先天性发育异常所致，尚无有效的治疗手段。本病有遗传性，故患宠不宜作为种用。

12.3.7 两性畸形

两性畸形（Intersex hermaphrodide）是指动物性别介于雌雄两性之间的一种先天性不育性疾病。患宠既具有雌性特征，又具有雄性特征。两性畸形分为性染色体两性畸形、性腺两性畸形和表型两性畸形。

[**病因**] 性染色体两性畸形是指由于性染色体的结构组合发生了改变，导致性别发育异常的一种两性畸形。正常雄性性染色体是 XY，雌性性染色体是 XX。性腺两性畸形是指性腺性别与性染色体性别不相合的一种两性畸形，又称为性反转动物。表型两性畸形是指性染色体与性腺性别发育相吻合，但与外生殖器性别不一致。

[**症状**]

（1）性染色体两性畸形　主要表现为患宠的性腺和生殖道发育不全。

XXY 综合征：有两个 XX 染色体的卵子与 Y 染色体的精子受精，发育为 XXY 个体。患宠虽然具有雄性生殖器官，并且有雄性繁殖行为，但由于过多的 X 性染色体存在，抑制了精子的发生，患宠表现为睾丸发育不良，不能产生精子。据报道，犬猫均有 XXY 个体存在。

（2）性腺两性畸形

① XX 真两性畸形：此类患宠的性染色体为 XX，但性腺为卵睾体，性腺内既有卵巢的组织学特征，也有睾丸的组织学特征。虽然具有雌性的外生殖器和生殖道，但具有雄性化倾向，阴蒂明显增大，类似于雄性的阴茎。XX 真两性畸形多见于犬，具有雌性卵巢、输卵管和子宫，也有雄性犬的睾丸和附睾。此类雌性犬外生殖器具备明显的雄性化特征。猫极少见。

② XX 雄性综合征：XX 雄性综合征动物体内 Y 性染色体缺失，却具备了雄性部分性别特征。此类患宠性染色体为 XX，性腺为雄性的睾丸，但阴囊发育异常，或为隐睾。动物外表性别为雄性，有前列腺，但阴茎发育异常。体内有子宫、卵巢，无输卵管。XX 雄性综合征发现于比格犬、哈巴犬等犬种。具有家族遗传倾向。

（3）表型两性畸形　表型两性畸形在犬猫均有报道。

① 雄性假两性畸形：性染色体核型为 XY，性腺为睾丸。但外生殖器发育异常，介于雌性和雄性之间，既有雄性的特征，同时又有雌性化特征。有睾丸雌性化综合征、尿道下裂和米勒管永存综合征三种类型。此类畸形在犬猫较多见。

② 雌性假两性畸形：性染色体核型为 XX，性腺为卵巢。但外生殖器雄性化。可能具有类似雄性的阴茎、包皮及前列腺，同时也有阴道和子宫。此类患犬体内发育有卵巢、部分阴道和子宫，阴蒂发育异常，有类似阴门的包皮和发育不全的阴茎。幼犬时作为公犬喂养，成年后具有了母犬的性征，能发情，阴门肿胀，吸引公犬。此类畸形少见。

[**诊断**] 多数两性畸形的患宠的外生殖器发育有异常，根据外生殖器性状、位置是否正常，尿道开口位置是否正常，是否存在阴蒂，是否有阴道前端或有前列腺，可作出初步诊断。但性染色体两性畸形、性腺两性畸形、表型两性畸形的确诊，需要分别通过染色体组检测、性腺组织学观察以及内生殖器的剖腹检查最终确定。

[**治疗**] 两性畸形属于先天性发育异常，患宠大多不具有正常繁殖能力，无治疗价值。

12.3.8 阳痿

阳痿（impotency）又称勃起功能障碍（erectile dysfunction，ED）指公犬、公猫阴茎不能达到或维持足够勃起，不能完成正常交配过程的一种病理状态。据病因，分为功能性阳痿和器质性阳痿两类。

[**病因**] 造成阳痿的因素很多。功能性阳痿是指雄性犬猫交配器官结构正常，但由于各种

原因导致阴茎勃起功能障碍，而不能完成交配活动。如营养不良、过度肥胖、交配环境不良、心理压抑、过度交配、其他生殖系统疾病引起的射精的疼痛以及后躯关节或颈椎脊椎疼痛等都会引起功能性阳痿。

器质性阳痿是指各种原因引起的交配器官发生器质性病理改变，导致阴茎勃起功能障碍。造成器质性阳痿的原因包括：

（1）阴茎先天发育异常　由于阴茎海绵体与其他海绵体或阴茎静脉之间发生吻合，形成静脉血管吻合分支，使阴茎海绵体内血液流量减少，血压降低，导致阴茎不能充分勃起。

（2）雄激素分泌异常　睾丸变性、睾丸肿瘤、甲状腺功能异常等均可引起血液睾酮水平降低而导致阳痿。

（3）其他原因　脊髓及阴部神经损伤、过量使用某些药物（如皮质类激素、孕激素、雌激素、胃复安及某些化疗药物等）也可引起阴茎勃起障碍，造成器质性阳痿。

［症状］雄性犬猫交配繁殖行为出现异常，患宠出现性行为，甚至有交配爬跨动作，但阴茎不能勃起，不能完成正常的交配过程。

［诊断］引起阳痿的原因是多方面的，必须先进行系统调查和临床检查，才能做出初步诊断。调查内容包括配种环境、饲养管理条件、用药史等；临床检查内容包括：生殖系统检查，阴茎及周围组织是否有发育异常或有损伤及炎症，是否存在包茎、阴茎肿瘤等；注意观察交配过程，当阴茎可以勃起，但不能伸出包皮口，应怀疑有包茎存在。同时注意观察和区分，阳痿是功能性还是器质性的，是否是由于疼痛或不适引起。

怀疑内分泌异常性阳痿，需要检测血液睾酮水平，正常犬血液睾酮水平为 $2.0 \sim 3.0 \text{ng/mL}$，当患宠血液睾酮水平小于 1.0ng/mL，可能是由于雄激素异常导致的阳痿。

［治疗］因引起阳痿的原因复杂，应首先查明原因，然后针对病因，对症治疗。

功能性阳痿，可通过改善饲养管理，改良交配环境，阳痿症状均可得到改善。勃起功能障碍在中医属"阳痿""阴痿"等的范畴，古代传统中医认为"阳痿"的发病主要源于肝、肾两脏，尤其与肾脏关系密切。对患宠应用针灸疗法，电针百会穴或交巢穴，或服用某些中药方剂，对功能性阳痿均有一定治疗效果。

器质性阳痿为阴茎先天性发育异常造成的阳痿，无有效治疗办法；药物性原因引起的阳痿，一般在停药后得到改善。内分泌异常引起的阳痿，可皮下或肌内注射丙酸睾酮等雄激素类药物，隔日 1 次，连用 3～4 次，或配种 1h 肌内注射 15～25μg 促性腺激素释放激素可改善阳痿症状。

12.4 前列腺疾病

12.4.1 前列腺肥大

前列腺肥大（Prostatauxe）又称良性前列腺增生（Benign Prostatic hypertrophy），是犬最常见的前列腺疾病。据报道，6 岁以上的犬有 60% 都存在不同程度的前列腺肥大问题。

［病因］前列腺肥大的病因尚不明确，一般认为与生殖内分泌激素作用有关。犬体内雄激素与雌激素比例失调或雌激素分泌过多在前列腺肥大过程中起着至关重要的作用。

［症状］部分犬可能并无临床症状，也可出现排尿频繁、里急后重、与排尿无关的尿道滴血或血尿。严重患犬出现排尿困难，尿潴留。有的患犬出现便秘，后肢跛行症状。直肠指诊和腹部触诊可发现前列腺肿大，呈囊状。

前列腺病理组织学检查发现，前列腺肥大存在三种类型：由雄激素分泌过多导致的腺瘤型前列腺肥大、雌激素分泌过多造成的纤维型前列腺肥大以及纤维腺混合型前列腺肥大。

[诊断] 根据发病年龄、排尿障碍的病史，结合直肠指诊和腹部触诊发现对称性肿大的前列腺不难确诊。如要确定前列腺大小须采用 X 射线造影检查或 B 型超声显像，可清楚显示前列腺的大小和形状。

[治疗] 最有效的治疗方法是去势，多数患犬在去势后 2 个月内，前列腺的体积即可缩小。睾酮来源被切除，术后数周内前列腺明显萎缩，12 周后完全萎缩，4 周后前列腺出血的现象消失。对种用动物，可用少量雌激素，促进前列腺的萎缩，但不宜长期使用。对药物治疗无效的病例，可施行前列腺摘除术。

12.4.2 前列腺炎

前列腺炎（Prostatitis）是指前列腺所发生的炎症，分为急性前列腺炎和慢性前列腺炎两类。宠物临床上以慢性前列腺炎多见。多发生于老龄犬。

[病因] 急性前列腺炎主要由铜绿假单胞菌、大肠杆菌、变形杆菌等革兰氏阴性杆菌、链球菌、葡萄球菌、布鲁氏菌以及结核杆菌等细菌感染所引起。多由感染尿道的细菌上行而感染。慢性前列腺炎多由急性前列腺炎转变而来。慢性前列腺炎后期有时继发前列腺脓肿。

[症状] 急性前列腺炎往往发病较急，全身症状明显，体温升高，可达 40℃ 以上，食欲减退，呕吐。因急性前列腺炎常伴发急性膀胱炎和尿道炎，患犬常有尿频、尿痛、血尿等症状。偶因膀胱颈水肿或痉挛而致尿闭。经腹部及直肠触诊前列腺部位，可感知前列腺肿大，表现压痛感。尿液检查可发现白细胞及细菌。

慢性前列腺炎症状基本与急性前列腺炎相似，症状较轻微，病程较长。当发生前列腺脓肿时，排出带脓血性尿液，患犬常表现呕吐、腹泻，甚至出现败血性休克症状。

采集前列腺炎患犬的精液进行检查发现，精子数减少，活力降低，畸形精子增多。

[诊断] 根据患犬排尿障碍等临床症状，同时结合精液质量异常的检查结果做出初步诊断。但临床上宠物前列腺炎易与急性肾盂肾炎、膀胱炎、尿道炎等泌尿系统疾病相混淆。因此，本病需要通过 X 射线膀胱造影或 B 型超声检查等影像检查手段来确诊。

[治疗] 急性病例，选用红霉素、三甲氧氨苄嘧啶及氯霉素等在前列腺局部组织分布广的广谱抗生素进行治疗。本病需至少持续用药 2 周以上，才能治愈。

慢性病例，可按摩前列腺部，或注射非那雄胺等能减轻前列腺肿大的药物，以促进炎症的消散。同时配合抗生素进行治疗。严重病例，药物保守治疗无效时，及时施行前列腺切除手术。对于不需要繁殖的宠物，可同时施行去势术，以促进本病的康复。

12.4.3 前列腺囊肿

前列腺囊肿（Prostatic cyst）是指前列腺发生的囊性肿胀，有潴留型囊肿和旁性囊肿两种类型，以老龄犬多见。

[病因] 在先天性前列腺畸形的条件下，伴发腺瘤型前列腺肥大时，前列腺管阻塞可导致分泌物的蓄积而形成囊肿。部分犬猫的前列腺囊肿是因胚胎时期的肾管的残迹在前列腺中形成前列腺小室而蓄积分泌物所致。

[症状] 与前列腺肥大相似，体积增大的前列腺囊肿可压迫邻近的直肠和尿道，导致患宠排便和排尿障碍。而当发生细菌感染时，前列腺囊肿可转变为前列腺炎。

[诊断] 可参照前列腺肥大的诊断方法。通过直肠指诊和腹部触诊，在前列腺位置可触摸到无痛感、有波动性的非对称的前列腺肿块，并结合 X 射线造影或 B 超检查不难确诊。

[治疗] 保守疗法是通过穿刺排出囊肿内蓄积液体，可缓解症状，但易复发，并且反复穿刺易引起感染，疗效不佳。为了防止感染，可向囊肿内注入抗生素。手术疗法是通过外科手术摘除囊肿的前列腺，疗效肯定。

对体弱不适手术的病犬，宜采取保守疗法。前列腺囊肿患犬建议施行去势术。

12.5 阴道及阴户疾病

12.5.1 外阴炎

外阴炎（Vulvitis）是指犬、猫外阴部（阴唇和阴道前庭）的炎症，是犬、猫常发病，但往往被忽略。有的病例因阴门周围常被炎性分泌物污染而诱发皮炎或湿疹。

[病因]

（1）多因犬、猫分娩时外阴创伤、助产时手或器械消毒不严以及尾巴带入细菌而感染。

（2）交配时，犬、猫外阴黏膜损伤也可引发本病。

（3）原发性阴道炎多见于某些性成熟前的大型犬、猫，如德国牧羊犬、拳师犬等。

（4）继发性阴道炎多见于成年犬、猫。常因为发情期过长、交配不洁、分娩时感染，以及继发于子宫、膀胱、尿道及前庭感染。

（5）阴道炎常并发外阴炎。

[症状] 犬、猫不安、局部红肿、疼痛、发痒，出现阴道分泌物，经常用舌舔患部。有的病例因阴门周围常被炎性分泌物污染而诱发皮炎或湿疹。

[诊断] 根据临床症状即可作出诊断。

（1）外阴炎与阴道炎的症状相似。外阴炎的症状有阴门排出脓性分泌物，病犬、猫不安、拱背，频频排尿，伴有呻吟。阴唇肿胀，多数病犬因疼痛而拒绝检查外阴。阴门周围常被分泌物污染而诱发皮炎。原发性阴道炎多表现为性成熟前犬阴道持续流出大量脓性分泌物，而继发性阴道炎除可见阴道流出异味分泌物外，病犬常舔舐外阴，并有尿频与少尿症状。阴道检查，可见阴道黏膜充血肿胀，外阴炎与阴道炎的其他全身症状不明显。

（2）分泌物镜检，可见大量脓细胞及上皮细胞，并有β-溶血性链球菌和大肠杆菌。阴道细胞学检查，可见大量变性的嗜中性白细胞。血象和生化指标一般正常。

（3）为排除尿道感染，可于耻骨前进行膀胱穿刺，取尿液进行分析和培养。

[治疗]

（1）对于外阴炎，可先清洗尾部和外阴部，张开阴门裂，用0.1%高锰酸钾或0.1%依沙吖啶冲洗前庭部，将尾根缠上绷带系于一侧，以免过于刺激阴门。清洗后外阴部涂以消炎软膏。

（2）性成熟前的阴道炎不需治疗，一般在第一次发情时自行消散。

（3）对于成年犬、猫的阴道炎，应根治细菌感染。为此，可选择如下药液进行阴道冲洗：0.1%高锰酸钾、0.1%雷夫奴尔、0.2%呋喃西林、0.5%聚维酮碘、0.05%洗必泰等。阴道冲洗应于配种前1周停止。冲洗之后，可涂抗生素软膏，阴道内填塞洗必泰栓，口服灭滴灵等。必要时，全身可使用抗生素，但要以阴道培养物所做的药敏试验结果为依据。如未培养，要选择对大肠埃希菌有效的抗生素，如甲氧苄啶等。注意：全身用抗生素和阴道冲洗应持续到阴道排出物消失后约1周。

12.5.2　阴道炎

阴道炎（Vaginitis）是指犬、猫阴道和阴道前庭黏膜的炎症，多发生于经产犬、猫。阴道炎（即阴道的炎症）发生于任何年龄段和繁殖周期的绝育或未绝育母犬，少见于母猫。

[病因]　正常阴道菌群是以需氧菌为主的混合菌群。阴道炎通常是正常的微生物过度增生引起，如大肠杆菌、葡萄球菌、链球菌、变形杆菌、巴氏杆菌及棒状杆菌等。支原体和衣原体已被证明是阴道的正常菌种，也是引起阴道炎的原因。疱疹病毒感染可导致慢性的周期性的炎症。

微生物通过各种途径侵入阴门及阴道组织，是发生本病的常见原因，主要由滴虫、霉菌和细菌感染引起。急性阴道炎多由继发而来，如复杂的难产、急性子宫炎、阴道或阴道前庭的肿瘤及异物的摘除、卵巢子宫的切除。也有因阴道或子宫颈断端的缝合线形成瘘管或患有慢性消耗性疾病时机体抵抗力降低而发病。许多因素也可以使正常阴道菌群增生，如阴门狭小，阴门周围脂肪堆积，可引起阴门周围皮炎。前庭、阴门部狭窄或畸形，阴道部分发育不全，形成阴道憩室。由于两个中肾旁管的不完全融合，形成阴道盲端或双阴道。这些因素使阴道黏膜受到慢性刺激或使液体聚集于阴道穹隆处，可能的发病诱因有阴门前庭和阴道的异常构造。

阴蒂肥大、雌激素的刺激、慢性炎症、异物、阴道肿瘤、阴道不成熟（幼年的阴道炎）等均可导致阴道炎。如果除了阴道分泌物，还有其他临床症状，如不适、疼痛和舔舐，则需要做进一步检查。

由于尿道或输尿管的异味，尿液在阴道内蓄积，可引起泌尿道感染。

原发性阴道炎主要因交配、分娩、难产、助产及阴道检查时，受损伤和感染所致，病原微生物有细菌、霉菌和滴虫等。继发性阴道炎主要由邻近组织器官的炎症蔓延所致，如继发于子宫炎、膀胱炎等。

[症状]　阴道炎可以发生在性成熟前的切除卵巢或未经绝育的动物。最常见的症状是犬、猫烦躁不安，经常舔阴门，接触时迅速跑开，阴道黏膜潮红、肿胀，并有炎性分泌物排出，从阴门流出的分泌物，散发出一种吸引公犬猫的气味，排尿不适，可能伴有膀胱炎。雄性犬、猫可能对绝育不发情或幼年的雌性动物表现出兴趣。通常不出现全身症状。在非发情期可接受公犬猫交配。

[诊断]　阴道炎诊断的主要依据是病史调查和体格检查，根据上述症状，再结合阴道内诊可进行确诊。可用小开膣器或大耳窥镜检查阴道，在插入器械时，病犬、猫疼痛不安。检查可发现黏膜充血、肿胀，有时可见到糜烂和溃疡，在黏膜上可以见到小结节、小脓疱或淋巴滤泡。90%的阴道炎犬、猫会出现黏液性（白色）、黏液脓性（黄白色）或脓性（黄绿色）外阴分泌物。舔舐外阴和尿频是比较少见的临床症状，10%的犬、猫同时出现这两种症状。

阴道炎的外阴分泌物很少含血，可通过阴道细胞学检查和阴道镜检查确诊。患阴道炎动物的阴道细胞学检查结果为化脓性或非化脓性的非出血性炎症。若查到滴虫，可确定为滴虫性阴道炎；若查到真菌，真菌培养阳性，可确定为真菌性阴道炎。可通过阴道镜对阴道炎的程度和整体外观进行评价，阴道镜检查在阴道炎的解剖结构异常与其他病因进行鉴别诊断时非常有用，可发现黏膜有结节、脓疱或肥大的淋巴滤泡。为区别子宫颈、子宫体和子宫角的炎症，可采用空气或阳性造影剂进行造影，X射线摄片检查有助于诊断。

其他的诊断检查用来排除或诊断除阴道炎以外的其他疾病。本质上，它们对阴道炎诊断的建立没有什么作用，例如，阴道炎犬、猫的血象检查结果正常。如果发现血象检查结果异常，则可能暗示还存在其他损伤。阴道炎犬、猫排泄的尿液样本中炎性细胞数量比膀胱穿刺取得的尿液样本中多。

对于有尿频病史的动物需要排除尿道疾病。虽然在青年犬、猫的尿道疾病与阴道炎不相关，但是尿道感染和尿结石（两者是尿频的最常见病因）可以发生于任一青年犬、猫，无论是否患有阴道炎。

鉴别诊断：

（1）开放型子宫积脓　根据最近十周的发情史、疾病的临床症状、物理检查、腹部 X 射线片或超声波检查犬、猫子宫呈现增大，白细胞增多等进行鉴别。

（2）子宫炎　根据动物的病史、疾病的临床症状、子宫分泌物经过子宫颈进入阴道进行鉴别。

（3）内源性或外源性雄激素水平增加。

（4）阴道的先天缺陷。

（5）阴道内异物、阴道肿瘤或增生物。

[治疗]

（1）如果有可能，消除发病诱因。继发于其他疾病的阴道炎，在治疗阴道炎的同时，积极治疗原发病。

（2）先用 0.1% 高锰酸钾溶液或 0.1% 依沙吖啶溶液、生理盐水冲洗阴道，再用青霉素软膏或磺胺软膏、碘甘油涂布于黏膜上。有溃疡时可涂布 2% 硫酸铜或注入抗生素栓剂、洗必泰栓剂。滴虫性阴道炎，限服甲硝唑，每日 3 次。局部用药：药物冲洗阴道后，阴道内放入滴维净或甲硝唑，也可放抗滴虫霉素，每日 1 次。对顽固性和慢性感染的阴道炎，进行细菌培养和药敏试验后，根据药敏试验结果，选择全身抗生素消除感染。如果不能进行细菌培养，选择对大肠杆菌有效的抗生素。四环素、氯霉素和恩诺沙星对支原体和衣原体均有效。

（3）真菌性阴道炎，长期使用抗生素者要停止用药。局部用药：制霉菌素片或栓剂，每晚放入阴道 1 次，10 次为 1 个疗程。或用酮康唑片或栓剂放入阴道内，7 日为 1 个疗程。也可用 1% 甲紫溶液涂抹阴道壁，每周 3～4 次，连用 2 周。注意用药勿过频，因易引起化学性外阴炎和黏膜溃疡。性成熟前的阴道炎通常在第一个发情期和卵巢子宫切除后消失。

（4）用药 14d 阴道分泌物消除后，应至少继续用药一周。每天两次阴道冲洗，可作为辅助治疗，直到分泌物消失，但应在配种前一周停止，因它可降低繁殖力。

12. 5. 3　阴道增生症

阴道增生症（Vaginal hyperplasia）是指犬、猫的阴道底或壁部分的黏膜增生性水肿、肥厚。并向后脱出于阴门内或阴门外的一种外生殖道疾病。尿道口前端的阴道底壁黏膜对雌激素反应较前庭部黏膜强，故该部位最常发生增生。这种疾病的发生，还与犬的品种和家族性有关。短头型犬多易发病，尤其是拳师犬、斗牛獒犬、斗牛犬和大麦町犬，且有家族性遗传倾向。

[病因] 阴道增生与雌激素剧增有关，是由于雌激素过度分泌刺激阴道黏膜发生充血水肿，致使阴道黏膜过度增生而脱出于阴门外，外阴肿胀。常发于动情前期和动情期，与犬、猫发情期有关。青年母犬在第一到第三个发情周期的卵泡期多发此病，各品种的犬、猫均可发生，最常见于短头型品种，特别是中型哈利犬、猫。部分中大型年轻犬、猫多发，可能与遗传有关。

[症状] 阴道增生物的形状大小不一，表面大多光滑湿润，呈粉红色，质地柔软，后部背侧有数条纵行皱襞，向前延伸至阴道底壁，与阴道皱褶吻合，腹侧则终止于尿道乳头前方，不

突出于阴门之外的较小的增生物随着体内孕酮水平的增高一般会自行消退。较大的增生物多呈蛇形或梨形，突出于阴道门外。主要见于发情前期和发情期的年轻母犬，多见于第一次发情的母犬，脱出物是阴道黏膜的一部分，可随着发情期的延长而不断增大，发情期结束后，一般能够自行消退，但下次发情时有可能还会出现反复。尽管黏膜的增生往往引起尿道口的异位，但通常不会引起排尿困难。个别严重者可引起犬、猫交配或排尿发生困难。当突出的肿块被擦伤后，可导致感染、化脓或溃烂。

[诊断] 检查时可发现肿块起源于阴道底或壁部，通常在子宫颈和阴道之间。增生时，肿块呈圆顶状并常有蒂，当阴道或子宫脱出时突出部分的体积更大，并有宽大的基部。

通过视诊和触诊可作出初步诊断，病理学检查可确诊。做阴道的细胞学检查。如果在阴道上皮之间看不到红细胞，同时具有角质化的上皮细胞，则可确定是雌激素的刺激引起的。

鉴别诊断：应与阴道肿瘤、阴道脱出或子宫脱出相区别。与阴道肿瘤的区别是阴道增生经常发生在发情期前或发情期的青年母犬。增生的黏膜多是尿道口前端的阴道底壁黏膜，在发情间期会自行消退。阴道肿瘤常发生于老龄的、没有去势的母犬。可在增生与肿瘤之间做出鉴别诊断。

[治疗]

(1) 药物治疗　药物治疗取决于增生的程度、黏膜是否损伤、是否是种犬猫等。如果增生物很小，没有突出于阴门之外，在发情间期一般会消退，不需要治疗。对于突出于阴门外的增生物，表面要涂布润滑剂、抗生素软膏或抗生素/糖皮质激素混合软膏等，以保持清洁，湿润。可以使用促性腺激素释放激素和绒毛膜促性腺激素诱导排卵，缩短犬、猫的性周期，达到治疗目的，但是效果不太理想，而且促性腺激素释放激素还可能会引起犬、猫的卵巢囊肿。醋酸甲地孕酮和米勃龙通过抑制发情来达到治疗目的，可以达到使增生物快速缩小的目的。醋酸甲地孕酮用于发情前期的早期，剂量为每天每千克体重 2mg，连续给予 8d，在开始使用后 3～8d 内发情会被抑制，下次发情在 4～6 个月之后。米勃龙必须于预计发情前 30d 以前使用才会有效，否则无法抑制发情，其使用剂量为 0.5～12kg 的犬、猫给予 30mg/d，12～23kg 的犬、猫给予 60mg 1d，23～45kg 的犬给予 120mg/d，45kg 以上的犬给予 80mg/d。在服药期间不会发情，停药后 2～3 个月恢复发情。

(2) 手术治疗　对于较严重不可回复的增生性脱垂以及阴道突出物发生溃疡坏死时应予手术治疗。手术过程如下。犬、猫侧卧或呈站立姿势，给予适量的镇静剂。增生物尽可能向外牵出，找到尿道口，插入导尿管。用大号缝针穿两条较粗的不可吸收缝线，从距尿道口背侧 2cm 处穿入增生物基部，两条缝线分别向增生物基部两侧打结，线尾不剪掉，留待下一步固定弹性绷带。用一条 15～20cm 的弹性绷带在缝线部绕增生物基部结扎、系紧，用两条缝线的预留线尾固定绷带以防滑脱，剪掉缝线和绷带的尾部，切除增生的黏膜，剩余的黏膜还纳进阴道，拔出导尿管。随着切除部位伤口的闭合，黏膜萎缩，绷带和线套自行脱落，排出阴道之外。在术后的 6d 内要仔细观察犬、猫，以保证绷带和线套已经脱出。通过这种手术治疗的病例在下一个发情期复发的可能性小，而且这种手术方法不会引起犬、猫的阴道狭窄，不会对下次的交配和分娩产生不利影响。

对于大面积肥大或不准备用于繁殖的犬、猫，应在切除肿块组织的同时切除卵巢，只有切除卵巢才能加速残存性肥大的消退和防止复发。对种用犬、猫可通过人工授精进行繁殖。

12.5.4　阴道水肿

在发情前期和发情期阴道会水肿增生，有时由于过度增生，以至于阴道组织突出于外阴之外。最初的肿胀是由于水肿液的蓄集引起。因此，有些专家建议将此情况称为阴道水肿。这种突出或脱出的水肿性增生组织不可与分娩过程中发生的阴道脱出或子宫脱出相混淆。

[病因] 阴道增生和突出仅在犬、猫受到雌激素刺激时发生。因此，在发情前期和发情期，可以诊断出阴道增生和阴道脱出。少数犬、猫在发情后期的晚期或分娩时在此发生阴道脱出，可能是这时机体再次分泌雌激素所致。水肿和增生的程度各不相同，有的可能通过阴道触诊才能够诊断，而有的则突出于阴门之外。虽然脱出于阴门之外的组织可能比较多，但是通常仅占一厘米左右阴道壁。向外翻转，突出于尿道口。某些品种的犬、猫容易发生，但此病还未被证明是遗传引起的。

[症状] 主要发生在年轻的犬、猫，如拳师犬、英国斗牛犬、獒犬、德国牧羊犬、圣伯纳拉布拉多犬等。阴道有突出的肿块。无其他临床症状，不能正常交配，常常舔阴门区和膨胀的会阴。排尿困难，临近分娩前水肿组织突出。

[诊断] 根据病史和发情周期的阶段来做出初步诊断。可能因为犬、猫拒绝交配或水肿组织突出于阴门之外而被察觉。病史调查表明它们处于发情前期或发情期。如果动物不处于这两个时期，那么，可以通过阴道细胞学检查确定雌激素的刺激作用。如果存在怀疑，可通过细针穿刺增生组织进行细胞学检查来鉴别诊断阴道增生与阴道肿瘤。阴道指检显示水肿组织来源于阴道，腹侧位于尿道口前方。阴道的其他部位都正常，如果水肿组织足够小，可以被阴道和前庭容纳，那么它们通常是光滑有光泽、淡粉红色或乳白色的。如果水肿组织突出阴门之外，则会变得干燥暗淡和起皱。如果继续外漏，那么会出现裂痕和溃疡。通过手指或阴道镜检查时，可发现茎状的阴道肿块刚好位于尿道突起前部。血象、生化和血液激素含量检测正常。

鉴别诊断：良性（炎性）阴道息肉、阴道肿瘤、纤维瘤平滑肌瘤和平滑肌肉瘤。

[治疗] 阴道水肿的治疗主要是支持疗法，当卵泡期过后，卵巢停止产生雌激素，水肿和增生可自行消退。卵巢子宫摘除术可促进水肿和增生的消退，也可防止水肿和增生发生。卵巢切除术之后，水肿和增生将在 5～7d 后消退，可尝试使用诱导排卵来治疗水肿和增生，可在发情周期的卵泡，注射一次促性腺激素释放激素或人绒毛膜促性腺激素。如果犬、猫已经排卵，给予药物治疗，则不能改变阴道水肿的状况。但是没有研究结果表明此方法的有效性。如果阴道增生和突出影响交配，则可使用人工授精。尽管水肿增生组织覆盖尿道口外部，但是极少妨碍尿液排除，必要时留置导尿管保证尿液正常排除。如果暴露的水肿组织发生黏膜受损，则必须保护组织，以防损伤和感染，可以考虑在阴门部放置临时的缝线来保护黏膜，持续 7～10d。通常局部使用抗生素或抗生素—类固醇软膏以及局部组织清洗（温的生理盐水或热水和六氯酚）。给犬、猫佩戴伊丽莎白项圈，以防自残，但是很少犬、猫必须佩戴。还要注意观察会阴下方和阴门皮肤是否被浸渍，可能引起伤害的秸秆和木头碎片都已经清除，对于严重损伤或坏死的组织需要手术切除。可以考虑手术切除种用犬、猫的水肿组织，但是对于价值非常高的，目前应该保留此类水肿组织。无论切除技术如何，术后都会有非常严重的出血。虽然手术切除水肿组织后，阴道突出的严重程度会减轻，但是仍不能防止阴道水肿在下一个发情期复发。

12.5.5　阴道损伤

阴道损伤指阴道黏膜或黏膜与肌层的损伤，严重时，发生阴道壁穿孔。

[病因] 本病多发生于难产时人工助产操作不慎、产科器械使用不当、胎儿姿势异常强行拉出或阴道镜检查操作错误、交配时强行分离以及公犬猫体型过大等。

[症状] 可见流出血或血块，然后逐渐掺杂一些绿色，味道逐渐难闻。动物努责和不安。

阴道检查可见破口。

[诊断] 根据症状可作出诊断。

[治疗] 首先检查阴道损伤部位和伤口大小，对于阴道黏膜处损伤，按常规消毒，并清理积血。损伤和出血不严重时，可采用浸有 0.1% 盐酸肾上腺素的纱布压迫止血，24～48h 后，取出阴道纱布，肌注抗生素 3～5d。阴道穿透创且部位较深时，可行腹腔切开作腹腔内缝合阴道损伤部位，术前全身麻醉，术部剃毛消毒，盖上创布，切开腹壁，找到并闭合创口，关闭腹腔，全身抗菌 3～5d。

12.5.6 阴道脱出

阴道脱出（Vaginal prolapse）是指阴道壁的一部分或全部外翻和脱出于阴门口或阴门之外。多见于发情前期和发情期的犬、猫，偶尔也发生于妊娠后期的犬、猫。

[病因] 日粮中缺乏常量元素及微量元素，运动不足、过度劳役、阴道损伤及年老体弱等，使固定阴道的结缔组织松弛，是其主要原因。饱食后使役、瘤胃臌气、便秘、腹泻、阴道炎、长期处于向后倾斜过大的床栏，以及分娩及难产时的阵缩、努责等，致使腹内压增加，是其诱因。发情前期和发情期雌性激素分泌过多，致使阴道黏膜增生浮肿，会阴部组织松弛，引起阴道脱出；便秘、尿闭、胃肠急性臌气、腹泻、妊娠后期犬、猫久卧等，均可引起犬、猫的强烈努责和腹内压的增高；阴道受强烈刺激，幼型犬、猫用大型公犬、猫交配，或交配中强行使犬、猫分离等，均可诱发阴道脱出。此外，由于遗传因素所致，如拳师犬等短头品种犬和瑞士救护犬等易发本病。

[症状] 一般无全身症状，多见患宠不安、拱背、顾腹和作排尿姿势。持续感染，则出现全身症状。本病可分为三个等级：1 型，阴道底部外翻；2 型，外翻部分突出于阴门之外；3 型，整个阴道环状面全部突出于阴门之外，包含黏膜表皮脱落和尿道逆转。局部症状如下：

（1）部分脱出 常在卧下时，见到形如鹅卵到拳头大的红色或暗红色的半球状阴道壁突出于阴门外，站立时缓慢缩回。但当反复脱出后，则难以自行缩回。

（2）完全脱出 多由部分脱出发展而成，可见形似排球到篮球大的球状物突出阴门外，其末端有子宫颈外口，尿道外口常被挤压在脱出阴道部分的底部，故虽能排尿但不流畅。脱出的阴道，初呈粉红色，后因空气刺激和摩擦而淤血水肿，渐成紫红色肉冻状，表面常有污染的粪土，而出血、干裂、结痂、糜烂等。个别伴有膀胱脱出。

[诊断] 根据临床症状即可作出诊断。犬、猫阴道平滑肌瘤也会突出于阴道内或阴门外，与阴道脱出相似，但其质地较硬，并与动物发情无关，且多见于老龄犬、猫。

注意与阴道平滑肌瘤鉴别诊断。阴道肿瘤的特点是：附着在阴道任何部位的坚实无蒂块，一旦突出于阴门之外就不能复位，其发生与发情无关，常发生于老龄犬、猫，不能自然退化。阴道增生与脱出的特点是，脱出团块柔软，能够复位。其发生明显与发情有关，间情期自然退化。

[治疗]

（1）轻症的阴道脱出，于发情结束后可自然恢复。阴道部分脱出，站立后能自行复原病例，主要防止脱出部分增大和黏膜受损伤，保持外阴部的清洁卫生，防止尾及其他异物对脱出阴道黏膜的刺激，保持后躯高、前躯低的体位，以及防止能使腹内压升高的疾病发生，常不需治疗即可自行恢复，必要时对脱出部涂以抗生素软膏或油膏。对阴道脱出而不能还纳的，应采取整复手术治疗，可先用 0.1% 温高锰酸钾溶液清洗患部，再用 2% 明矾溶液进行收敛清洗（图 12-3）。

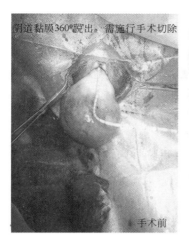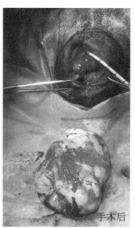

图 12-3　阴道脱出的手术切除

（2）进行止血和清除异物，水肿严重者要针刺放液，有大的破口应缝合。

（3）将脱出阴道整复原位，为防止再脱出，可在阴门处缝合固定。

（4）术后护理，保持多站立和前低后高的体位。

（5）对习惯性和保守疗法无效的可进行阴道脱出切除术。术后饲喂稀软食物防止便秘，为防止感染和增强机体抗病力，术后 2～3d，每日肌内注射抗生素。犬、猫几日后即可痊愈。阴道严重糜烂者，可对糜烂部进行切除术。

妊娠期发生阴道脱出时，一般采用保守疗法，若保守疗法无效时，为保全犬、猫，可进行剖腹产术。不用于繁殖的犬、猫，可进行卵巢摘除术。

12.5.7　阴道闭锁

阴道闭锁（Vaginal atresia）是指犬、猫的阴道和阴道前庭连接部的阴道瓣膜形成一纤维组织带，将阴道分为前后两部，互不相通，造成性交障碍。该病属先天性疾病，发病率极低。

[病因] 在动物胚胎发育早期，尿生殖窦后部和后肠相接，共同形成一泄殖腔，随后中胚层向下生长，将尿生殖窦与后肠完全隔开，分别发育成后部为端的生殖道和直肠。通常到出生时阴道消失，但有个别动物发育异常，阴道不能消失，即形成阴道闭锁症状，阴道内部被一完整的横膜封闭，造成阴道内腔与外界隔绝，致使交配时阴茎无法插入，往往一时不易发现。

[症状] 阴道闭锁的犬、猫，往往一时不易发现。当发情时表现兴奋不安，食欲减退，时常鸣叫，外阴红肿，有性交欲望，但阴道内被一完整的膜封闭或不全封闭，致使交配时阴茎无法插入，以致屡配不孕。

[诊断] 使用探针或探棒探诊时，若发现阴道腔不通，同时通过阴道内触诊时，若发觉阴道膜封闭阴道，即可确诊。检查雌性尿生殖道疾病的方法有 2 种：双合诊，检查者一手的一指或两指放入阴道或阴道口一侧，另一手在腹部配合检查；直肠腹部诊，检查者一手的一指或两指插入直肠，另一手在腹部配合检查。

[治疗] 进行阴道膜切开术。将麻醉的犬、猫保定于手术台上，前低后高体位，用 0.1% 高锰酸钾溶液将阴道和后躯清洗消毒后，助手将犬、猫阴唇从两边向外翻转保定；术者用止血钳夹持阴道瓣膜向外牵引，充分暴露术部；在阴道瓣膜突出部先做一小切口，再用弯形外科剪做十字形剪开瓣膜成四瓣，然后分别将四瓣膜剪除。修剪过程中，有暗红色血液从阴道流出，

应用纱布吸干，对出血点应进行压迫或缝合止血。术后保持外阴部清洁，术后 2～3d 使用抗生素肌内注射，患部注入抗生素或磺胺油膏或洗必泰栓剂。术后 1～2 周可痊愈。

术者以止血钳夹持阴道瓣膜周边并向外牵拉保定，充分暴露术部，在阴道瓣膜突出部先作一小切口，然后用弯剪刀按"X"形剪开至瓣膜周边外环处，调整病猫姿势，则暗褐色血可自行流出，然后剪开阴道瓣膜，对出血点进行结扎止血。术后护理：用消炎药，保持外阴清洁，半个月后探查有无子宫积血，可行双合诊观察有无积血流出。

生殖器官畸形较为复杂，部分阴道及子宫缺乏，临床较为少见。这与阴道完全封闭易混淆。为避免失误，应在施术前进行直肠检查，以确诊畸形性质。

12.6 卵巢疾病

12.6.1 输卵管炎

液体在输卵管内蓄积（无论有没有细菌）在犬和猫都非常罕见，但有时可伴发于先天性或后天性的阻塞性病变。

[病因] 输卵管炎是指由细菌感染所引起的，因感染的传播途径不同而产生不同病理变化，形成输卵管黏膜炎、输卵管积脓、输卵管间质炎、输卵管周围炎和输卵管卵巢积脓等。长时间的炎症刺激可引起输卵管伞端闭锁，或输卵管黏膜破坏，使输卵管完全阻塞或积水，造成输卵管功能和结构的破坏。

症状及诊断 输卵管内有大小不等水泡，积水是清凉、无色、透明、无味的液体。有些输卵管无积水，但有盲端或输卵管狭窄或无输卵管口。

[治疗] 首先用注射器吸入温水或者低浓度的高锰酸钾液注入输卵管下部进行冲洗，之后使用阿莫西林（头孢菌素类药或环丙沙星）治疗输卵管炎等。

12.6.2 卵巢囊肿

卵巢囊肿（Cystic ovaries）指由于动物的生殖内分泌紊乱导致卵巢组织内未破裂的卵泡或黄体因其自身组织发生变性和萎缩而形成的球形空腔。猫发病率高于犬。卵巢上和卵巢周围的囊肿可能是正常的（如囊状卵泡和空洞性黄体），也可能是异常的。异常的囊肿可以分为功能性和非功能性（包括包含性囊肿、胚胎残余和卵巢网囊肿）两种。

[病因] 卵巢囊肿多因促性腺激素分泌紊乱而引起，其中最重要的是促黄体生成素和促卵泡素。犬一般在发情开始的 24～48h 排卵，而猫在交配后排卵。交配刺激母猫阴道受体，使丘脑下部释放促性腺激素释放激素，它可刺激垂体释放促黄体素进而使卵泡破裂排卵。促黄体生成素不足、促卵泡素过多时，易发生卵巢囊肿。

[症状及诊断] 发病后可引起雌激素分泌时间延长，持续出现发情前期或发情期的特征，并吸引雄性犬猫，表现慕雄狂症状，如精神急躁、行为反常甚至攻击主人等。在这一异常的发情周期中可能不排卵。母犬出现下列情况应怀疑患有此病：表现发情症状超过 21d，发情前期和发情期持续时间超过 40d。

猫的卵泡囊肿很难与正常的频繁发情区别。诊断时还应考虑雌激素分泌性卵巢肿瘤。对病犬猫腹部触诊有时可触摸到增大的囊肿。若一侧发病另一侧卵泡可正常发育，但多不排卵，或排卵亦不孕。若成熟卵泡破裂，症状可消失。手术时可见卵泡囊壁很薄，充满水样液体。若黄体囊肿时，其性周期完全停止。由于患病犬猫精神狂躁，易误诊"闹窝"，可根据病史和临床症状诊断，确诊需行腹腔探查。

[治疗] 卵巢子宫切除术可根除此病。若打算给动物配种，可用 GnRH 诱导排卵。其用法为体重不足 11kg 的母犬，总用量为 25μg；超过 11kg 为每千克体重 2.2μg；母猫可用 25μg，分 2d 肌注。因为排卵的时间不定，在整个延长的发情期内需连续配种，亦可选用促黄体生成素、绒毛膜促性腺激素等促使排卵。GnRH 对卵巢肿瘤无疗效。

12.6.3 卵巢炎

卵巢炎是指卵巢被感染后所发生的急性和慢性炎症。输卵管、卵巢被称为子宫附件。

附件炎是指输卵管和卵巢的炎症，但输卵管炎、卵巢炎常常合并有宫旁结缔组织炎、盆腔腹膜炎，且在诊断时也不易区分，这样，盆腔腹膜炎、宫旁结缔组织炎，就也被划入附件炎范围。在盆腔器官炎症中，以输卵管炎最常见，由于解剖部位相互邻近的关系，往往输卵管炎、卵巢炎、盆腔腹膜炎同时并存且相互影响。因此，当雌性犬猫感染了细菌，导致卵巢发炎，产生卵巢粘连、卵巢输卵管包裹、卵巢输卵管脓肿及输卵管梗阻、卵巢排卵障碍等严重后遗症。

[病因] 急性卵巢炎主要由于附近器官组织（子宫、输卵管等）炎症蔓延所致，或病原菌经血液和淋巴循环进入卵巢而感染。慢性卵巢炎多数由急性转变而来。

[症状] 急性卵巢炎患犬、猫表现为体温升高，精神沉郁，食欲减退，呈现腹痛和喜卧等症状。慢性卵巢炎患者，全身症状不明显，主要表现性周期不规则或不发情等症状。

[诊断] 根据临床症状并结合卵巢组织学检查结果做出确诊。急性卵巢炎时，卵巢组织浸润，卵泡生长和成熟停止；慢性卵巢炎时，卵巢组织增生变性，并为结缔组织所代替。

[治疗] 急性卵巢炎可使用抗生素或磺胺类药物治疗，并在饲料中增加维生素 A、维生素 E。慢性卵巢炎可进行卵巢摘除术。

12.6.4 卵巢功能不全

卵巢功能不全（Inactive ovaries）是指卵巢功能暂时性扰乱、减退或功能永久性衰退，包括卵巢机能减退、组织萎缩、卵泡萎缩及交替发育等在内的由卵巢机能紊乱所引起的各种异常变化。卵巢机能减退是卵巢机能暂时受到扰乱，处于静止状态，不出现周期性活动；母兽有发情的外表症状，但不排卵或延迟排卵。卵巢机能长久衰退时，可引起组织萎缩和硬化。此病发生于各种动物，而且比较常见，衰老动物尤其容易发生。

[病因] 甲状腺功能减退使脑垂体促性腺激素活性降低，导致卵巢功能不全。近亲繁殖可引起卵巢发育不全或卵巢功能减退。卵巢机能减退和萎缩常常是由于子宫疾病、全身的严重疾病以及饲养条件不均衡，使动物身体乏弱所致。卵巢炎可以引起卵巢萎缩及硬化。雌性动物年老时，或者繁殖有季节性的母兽在乏情季节中，卵巢机能也会发生生理性的减退。此外，气候的变化（转冷或变化无常）或者对当地的气候不适应（家畜迁徙时）也可引起卵巢机能暂时性减退。

[症状] 由于卵巢静止或幼稚、卵泡发育中途停顿等，临床主要表现为性周期延长，性欲缺乏或不发情，卵巢功能障碍严重时，生殖器官会呈现萎缩。

[诊断] 根据病史和临床症状即可作出初步诊断。最后确诊需进行腹腔探查和组织学检查。组织学检查可见初级卵泡中卵细胞核溶解，卵泡区增厚，同时，第三期卵泡的卵泡膜和上皮脱落，随后卵丘萎缩，卵泡黄体化，皮质和髓质内结缔组织增生并出现浆细胞。有时出现初级、次级和第三期卵泡小颗粒变性，皮质内小血管堵塞，较大血管透明、蛋白变性。

[治疗] 以改善饲养管理、治疗原发病和恢复性功能为治疗原则。恢复性功能可选用促卵

泡激素 20～50U，肌内注射，每日 1 次，连用 2～3d；人绒毛膜促性腺激素 100～200U，肌内注射，每日 1 次，连用 2～3d；孕马血清促性腺激素 100～200U，肌内注射，每日 1 次，连用 2～3d 后，观察效果。

12.6.5　永久黄体

永久黄体是指发情或分娩后卵巢上黄体长期不消退，持续分泌孕酮，抑制卵泡发育或发情。

[病因] 营养或运动不足，体质下降，造成性机能下降。也可能是由于子宫内膜炎、子宫积脓、胎衣滞留等引起前列腺素合成和分泌。

[诊断] 黄体侧卵巢较大，黄体又突出于卵巢表面，呈蘑菇状，较卵巢实质硬，但有弹性，子宫松弛下垂，较粗大，触诊无收缩反应。

[治疗] 肌内注射氯前列烯醇 0.4～0.6mg，或向子宫灌注 0.2～0.3mg；还可用 0.1% 碘溶液冲洗子宫辅助治疗。

12.6.6　母犬（猫）不孕症子宫内膜炎

子宫内膜炎是子宫内膜表面的炎症，能够引起患病动物的不孕，可以发生在发情周期的任何阶段。本病属于局部疾病。临床上可分为急性和慢性两种。一般认为母猫 8 岁以后发病频率会升高，但非常年幼的猫也有发生的。与犬相比，猫发病频率也较低，据认为是由于猫为交尾排卵动物（因交配刺激诱发排卵的动物）。此外，最近 10 周以内曾有过发情的动物易发病。另外，据说无生产史的猫更易发病。

[病因] 子宫对黄体激素（孕酮）刺激的过度应答会引起子宫内膜肥厚（囊性子宫内膜肥厚），其后遗症为子宫内膜炎。如若引发了子宫内膜溶解物潴留的状态称为子宫积脓（开放性子宫积脓、闭塞性子宫积脓）。子宫积脓最易伴随二次细菌感染（多为大肠杆菌、葡萄球菌、链球菌和沙门氏菌属等），产生脓性分泌物。这种脓性分泌物常伴有恶臭。另外，因难产、流产、交配障碍、胎儿残留和阴道炎等原因，也可引起急性化脓性子宫内膜炎，其也可转移为慢性化脓性子宫内膜炎。

[症状] 急性子宫内膜炎：体温升高、精神沉郁，食欲下降，饮水增加，多有排尿、努责行为，有时伴有呕吐和腹泻。从阴道排出浊白色絮状分泌物或脓性分泌物，特别当下卧、努责等腹压升高时排出较多。通过腹壁触诊时，常感子宫体积增大，有疼痛反应。

慢性子宫内膜炎：一般无全身症状。主要表现屡配不孕，时常从阴道排出浊白色絮状分泌物或脓性分泌物。触诊腹壁有时感觉子宫角增粗、质地较硬。

[诊断] 综合临床表现和病史可作出诊断。为了提高抗菌药物的临床治疗效果，可用子宫分泌物进行药敏试验。

[治疗] 本病应以促进子宫炎症分泌物排出、消除炎症和子宫黏膜的恢复为治疗原则。

（1）冲洗子宫　对子宫颈开放、子宫内分泌物较多的病例，应用 0.1% 高锰酸钾溶液或 0.1% 利凡诺溶液冲洗子宫，冲后在子宫内注入临床敏感抗生素。

（2）促进子宫收缩　为了促进子宫收缩，有利于子宫内炎性分泌物的排出，可先肌内注射 1.0～2.0mg 的苯甲酸雌二醇，过 15～30min 后再肌注催产素 5～20 单位，每天 1 次，连用 2～3 次。

（3）辅助疗法　对有全身症状的病例，应肌内注射大剂量抗生素，同时配合补液。临床上可用氨苄西林或头孢类药物。

（4）手术　如上述方法治疗无效或转变为子宫蓄脓的，应进行子宫切除术。

12.7 子宫疾病

12.7.1 子宫炎

子宫炎是一种产后疾病，本病影响子宫壁全层，有时还会出现全身症状，包括子宫壁的广泛增厚，与子宫积脓和子宫内膜炎是完全不同的疾病。

[病因] 分娩时不卫生、难产、胎盘膜或胎儿存留以及产科处理都容易引起子宫炎。有时交配、受精、流产或正常分娩后也会发生子宫炎。子宫炎的发生与细菌感染（大肠杆菌、葡萄球菌、链球菌属）有关。

[症状] 患病动物表现出内毒素血症的症状，泌乳和母性行为差，产后母犬泌乳和母性行为差，产后母犬的阴道流出稀薄的红棕色恶臭浆液性或脓性液体。超声波检查可见子宫扩张，其中含胎盘的附属物，子宫腔内有液体积聚。

[诊断] 典型的临床症状，腹部超声检查确定子宫腔内有液体积聚、阴道细胞学检查：红细胞计数，变性的嗜中性白细胞、细菌和组织碎屑，血液学和血清生化结果符合内毒素血症的特征。

[治疗] 药物治疗中应包括系统治疗内毒素血症，即静脉给予胶体液，并结合细菌培养和药物敏感性试验的结果选择广谱抗生素。在没有培养条件的情况下可以选择恩诺沙星。

如果导管可以插入子宫腔，可以用生理盐水或2%碘溶液灌洗子宫或在子宫切开术后进行冲洗（图12-4）。可以使用催产剂（如催产素，0.51U/kg，皮下注射；或前列腺素 $PGF_{2\alpha}$，25～100g/kg，皮下注射），但应注意避免导致子宫破裂。产后子宫对催产素的反应降低。对于不准备用于配种的母犬来说，子宫切除术也是治疗方法之一。

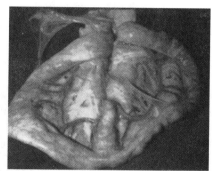

图12-4 从一只患有子宫炎的母猫身上摘除的子宫，子宫壁薄、迟缓，呈产后子宫特征，子宫肌缺乏收缩力

12.7.2 子宫蓄脓综合征

子宫蓄脓综合征是指子宫内蓄积有大量脓性炎症分泌物并伴有子宫内膜增生性炎症。临床上可呈现子宫蓄脓、子宫内膜炎、子宫脓肿等多种疾病症候群。在临床上是一种急危性生殖系统疾病，若不及时治疗有较高的死亡率。

[病因] 子宫蓄脓综合征主要与内分泌激素紊乱、微生物感染有关。

（1）内分泌因素 机体内孕酮或孕酮类激素持续过高，长期持续作用于子宫内膜引起子宫内膜过度囊性增生，同时孕酮还抑制局部白细胞对子宫感染的吞噬作用。雌激素可以提高孕酮对子宫的这种病理作用，加快子宫蓄脓的发展。随着母犬年龄的增长，子宫的妊娠变化减少，可以增加子宫内膜的囊性增生。经常产生假孕的母犬猫更容易诱发本病。

（2）微生物因素 当子宫内膜出现囊性增生后，抵抗力下降，容易引发病原微生物（葡萄球菌、大肠杆菌、变形杆菌和沙门氏菌）的感染，引起子宫内膜炎和子宫蓄脓。

（3）子宫内异物 子宫内有异物刺激，如不吸收缝线，或子宫闭塞引流不畅都可以导致子宫内蓄脓。

[症状] 在发病早期，病犬一般无全身症状。到病程后期出现精神沉郁，厌食，渴欲增加，

小便增多，有的病例出现呕吐。由于出现脓毒血症，体温升高，常升至 39.8℃ 以上。子宫颈开张的可从阴道排出较多子宫分泌物，味臭，黏附于肛门四周、尾部；子宫闭锁的其腹部膨大，触诊敏感，可触到扩张的子宫角。

[诊断] 根据临床症状，结合实验室检验作出诊断。

（1）症状特征　阴道排出较多子宫分泌物，或触诊子宫角膨大，体温升高。

（2）血液检查　白细胞数显著增加，犬通常为 $20 \times 10^9 \sim 100 \times 10^9$ 个/L。可能出现非再生障碍性贫血（红细胞比容为 25%～35%）。

（3）尿液检查　由于脱水严重，尿的比重增加。

（4）X 射线检查　从耻骨前缘至腹中部可见膨大的子宫影像。

（5）超声波 B 超检查　有助于确定子宫体和子宫壁的厚度，以及子宫内容物的密度。

（6）鉴别诊断　本病应与子宫及其他腹腔后部器官肿瘤、膀胱炎、肾炎、阴道炎等疾病进行鉴别诊断。

[治疗] 开放性子宫蓄脓并且全身情况良好的，可以进行保守疗法；对闭锁性子宫蓄脓，由于毒素吸收很快，因此应立即进行手术切除治疗。

（1）药物疗法　前列腺素可以收缩子宫肌层，抑制黄体分泌孕酮类激素的合成，促使子宫分泌物的排出，减少血液中孕酮的含量。一般而言，天然产物的前列腺素比合成类前列腺素（如氯前列烯醇）更安全，每千克体重 0.01～0.02mg，皮下注射，每天 1 次，连用 5～7d，同时配合应用抗生素类药物。

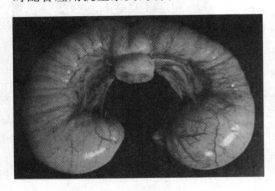

图 12-5　母猫的子宫因脓汁潴留而明显膨大

为了促使子宫内分泌物的排出，可应用子宫收缩药物，如催产素 10～20 单位，并在注射催产素前 15～30min 先行注射 1.0～2.0mg 的苯甲酸雌二醇，以提高子宫肌受体对催产素的敏感性。同时视病犬、猫的全身状况适当进行补液。采用药物疗法治愈的病例容易复发。

（2）手术法　进行卵巢和子宫的手术摘除是本病的根除方法（图 12-5）。但必须视体质情况而定，对体质较弱的病例，应先采用支持疗法，即适当给予输液，输血和抗生素治疗，待体质好转后再行手术。在手术前后和手术过程中必须补充足够的液体。

12.7.3　子宫脱出

子宫角前端翻入子宫腔或阴道内，称为子宫内翻；子宫全部翻出于阴门之外，称为子宫脱出。犬猫较为少见。子宫脱出多见于分娩的第三期，有时在产后数小时内发生。

[病因] 子宫脱出主要与产后强力努责、外力牵引以及子宫弛缓有关。

[症状] 子宫轻度内翻，能在子宫复旧过程中自行复原，常无外部症状；子宫角尖端通过子宫颈进入阴道内时，病犬、猫表现轻度不安，经常努责，尾根举起，食欲、反刍减少，如母兽产后仍有明显努责，应及时进行检查。手伸入产道，可发现柔软、圆形的瘤样物；直肠检查时可发现，肿大的子宫角似肠套叠，子宫阔韧带紧张。病畜卧下后，可以看到突入阴道内的内翻子宫角。子宫角内翻时间稍长，可能发生坏死及败血性子宫炎，有污红色、带臭味的液体从阴道排出，全身症状明显。子宫内翻后，如不及时处理，母兽持续努责时即发展为子宫脱出。肠管进入脱出的子宫腔内时，病犬、猫往往有疝痛症状。肠系膜、卵系膜及子宫带有时被扯

破，其中的血管被扯断时，即引起大出血，很快出现结膜苍白、战栗、脉搏变弱等急性贫血症状；穿刺子宫末端有血液流出，多数病犬、猫在1~2h内死亡。

[治疗] 对子宫脱出的病例，必须及早实施手术整复。子宫脱出的时间愈长，所受外界刺激愈严重，康复后不孕率也愈高。对犬、猫子宫脱出的病例，必须通过腹腔整复子宫。整复脱出的子宫之前必须检查子宫腔中有无肠管和膀胱，如有，应将肠管先压回腹腔并将膀胱中尿液导出，再行整复。整复时助手要密切配合，掌握住子宫，并注意防止已送入的部分再脱出。

犬和猫子宫脱出的整复比较容易，可由助手提取动物的后肢，由术者进行整复。如有困难，可进行剖腹术，经腹腔拉动子宫整复。但是更常见的是切除脱出的子宫，且预后良好。

12.7.4　子宫扭转

子宫扭转（Uterine twist）是偶见于母猫的一种急性病症，尤其老年母猫因子宫肌肉收缩迟缓，且有内容物，重力增加，当母猫剧烈运动或翻滚时易发生。

[病因] 猫在妊娠后期发生子宫扭转不多，而在子宫积脓的患猫却常见到子宫扭转。通常母犬的子宫扭转只是一侧子宫角沿着纵轴旋转90°~360°（图12-6）。

[症状] 出现急性反射性剧烈腹痛、食欲废绝、精神抑郁、极度不安、体温升高、呕吐、用力排粪和排尿及阴道排出分泌物等。子宫扭转的病猫，患病时间稍长，可能发生休克，或者体温下降，黏膜苍白，呼吸迫促，处于濒死状态。

[诊断] 触诊腹部异常疼痛，触摸不到子宫，这可能是由于静脉瘀血闭塞，脉管异常扩张所致。在子宫后部旋转的病例，子宫颈已经松弛扩大时，通过阴道检查，可以触及子宫角的旋转部分，据此可作出初步诊断。X射线检查可确诊。

[治疗] 怀疑为子宫扭转时，应立即剖腹探查，证实后应施卵巢子宫全切除术。采用吸入麻醉和支持疗法。对种用价值高的母猫，只切除患侧的子宫和卵巢。绝大多数患猫，可能由于休克或胎盘大量出血而死亡。

12.7.5　子宫破裂

子宫破裂很罕见，而且通常发生在分娩后。

[病因] 雌性犬和猫的子宫破裂通常是由妊娠后端腹部遭受创伤或阻塞性缺血而导致的。动物难产、子宫炎或子宫蓄脓时给予催产素或前列腺素后可引起子宫破裂（图12-7）。

图12-6　母犬的子宫扭转，
子宫高度肿胀、缺血

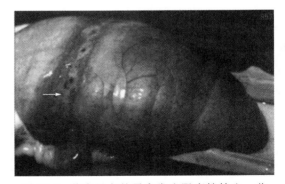

图12-7　临产母犬的子宫发生阻塞性缺血，此犬曾经被多次注射过催产素，子宫在胎盘附着的位置发生破裂

[症状] 通常表现为临产母犬的腹部危象，大多数均为健康母犬（母猫），但有时也发现自由漂浮的干瘪胎。

[诊断] 开腹探查可以确诊。探查后取出胎儿，施行子宫卵巢切除术，针对腹膜炎进行局部和全身的治疗。

12.7.6 假孕

假孕是指犬、猫排卵后或交配后在未受孕的情况下一种类似正常妊娠犬、猫表现的症候群，常表现腹部膨大、乳房增大、做窝并可挤出乳汁。

[病因] 母犬假孕主要是由于排卵后或交配未孕，其卵巢上能形成功能性黄体。此种黄体功能与妊娠黄体无差别，却能维持较长时间，一旦发情间期结束后，由于血清孕酮浓度下降，伴随促乳素分泌的增加，继而产生明显的围产期症状。

未经交配的母猫，不发生排卵，也不形成黄体，故不发生假孕。

[症状] 主要症状是乳腺发育胀大并能泌乳，行为发生变化。母犬如自己吸食本身分泌的乳汁，或给其他母犬生产的犬崽哺乳，泌乳现象能持续 2 周或更长。行为变化包括设法搭窝、母性增强、表现出不安和急躁。阴道中经常排出黏液，腹部扩张增大，子宫增大，子宫内膜增殖。少数母犬出现分娩样的腹肌收缩。假孕母犬多数出现呕吐、泄泻、多尿、喜欢饮水等现象。

[诊断] 可进行腹部触诊，如无胎儿即为假孕，也可借助 X 光或 B 超确诊。

[治疗] 在 1～3 周内可自愈，无需治疗。行为出现明显变化的母犬可考虑使用镇静剂，但有时可引起催乳素的释放增加。不能用雌激素，因为有引起骨髓抑制的危险。孕激素一般可使泌乳停止，但当停用后催乳素又会出现升高并重新泌乳。雄激素也可使泌乳停止，按每千克体重 1～2mg 肌内注射睾酮。

12.7.7 子宫外孕

犬猫的子宫外孕是指受精卵、胚胎或胎儿由于某种原因，在子宫外任何部位建立营养关系并继续发育的异常受孕现象。根据着床部位不同，子宫外孕分为卵巢妊娠、输卵管妊娠、腹腔妊娠、子宫角妊娠和子宫颈妊娠等。人类的子宫外孕主要发生在输卵管，而动物的子宫外孕主要发生在腹腔。该病在宠物临床上较为罕见，一般采取手术进行治疗。

[病因] 子宫外孕发生的主要原因有 3 种：输卵管破裂或狭窄，受精卵不能移行到子宫；怀孕后子宫破裂，胎儿掉入腹腔；通过输卵管进入腹腔的精子与腹腔内迁徙的卵子结合并附植于内脏。

[症状] 动物子宫外孕往往是偶然发现的，母畜可能会表现非特异的临床症状，如食欲不振、发热、昏睡、腹痛及间歇性呕吐。有些动物不表现临床症状，特别是妊娠早期动物无异样症状，不易被察觉。就诊动物腹围膨大、有交配史，但到围产期或过了围产期几天仍未见分娩，检查子宫颈未开张，乳腺能挤出乳汁，或已经产仔但还有努责现象，努责无力，使用催产素无效，均可怀疑为子宫外孕。

[诊断] 子宫外孕的早期诊断比较困难。母畜不一定出现腹痛、阴道流血等异常症状，等出现症状时，或许已经过了预产期。这时母畜表现败血症或毒血症的症状，易被误诊为子宫蓄脓或腹膜炎等。动物子宫外孕的诊断方法有腹部触诊、X 射线检查、超声检查、剖腹探查、腹腔穿刺和腹腔镜检查。

触诊可能发现腹腔子宫角较粗，腹腔有肿物，可初步判定为子宫外孕。X 射线诊断准确率较高，能准确定位胎儿的位置。一般情况下，X 射线透视及摄影未见正常的妊娠子宫及胎盘的阴影，胎儿肢体伸展或位置特殊。超声诊断最大的特点在于发现或排除子宫内孕，若是子宫内孕，则异位妊娠的可能性很小。剖腹探查准确率最高，主要用于不能确定腹腔内是何物的疑似病例。腹腔穿刺是诊断有无腹腔积液和判断积液性质的技术，对判断异位妊娠帮助较大。穿刺得到不凝血液，异位妊娠的可能性很大，但是阴性结果并不能排除异位妊娠。腹腔镜检查是异位妊娠诊断的金标准，准确率可达 99%。但腹腔镜是一种侵入性检查，费用较高，不宜作为诊断异位妊娠的首选方案，而且在早期异位妊娠，胚胎较小可能导致漏诊。犬猫配种受孕后定期用 B 超进行检查，能够早期诊断妊娠是否异常，后期也可根据腹腔触诊、X 射线检查和 B 超检查进行确诊。

［治疗］ 发生子宫外孕时，胎儿可能受到感染，引起腹膜炎甚至母畜死亡。一旦确诊子宫外孕，应尽快进行手术取出异位胎儿。大多数情况下，诊断出来的病例往往是偶然或尸检才发现的。手术过程必须严格消毒，并彻底清理其腹腔内的残留物。子宫外孕通常表明患病犬猫生殖系统有异常变化，建议进行子宫和卵巢摘除。

12.7.8　子宫复旧不全

产后母犬子宫复旧（Subinvolutioin）的时间长达 3 个月以上。第 9 周，子宫角均匀回缩且表面完全脱落。子宫内膜层继续替换，直到产后第 12 周，子宫复旧完全。脱落的物质形成正常的产后外阴分泌物，称为恶露。产后立即排出的恶露有胎盘血液中的血红素色素，称为子宫绿素。子宫绿素使恶露初始（<12h）呈深绿色，此后恶露变为淡红色或棕红色，含有大量细胞碎片和黏液。子宫复旧不全可导致产后持续性出血 7～12 周或更久。虽然血液流量较小，但是通常持续性存在外阴血性分泌物。胎盘位点处子宫复旧不全最常见于 3 岁以下的初产母犬，但是也会发生于经产母犬，未见猫的报道。

［病因］ 病因不明。

［症状］ 除存在少量外阴血性分泌物外，其健康状况和体格检查均正常。

［诊断］ 产后子宫复旧不全引起的失血并不严重，如果担心失血问题，则可通过 CBC 进行评估，但是要注意妊娠期 PCV 会正常下降。阴道细胞学检查可鉴别外阴分泌物来源于产后子宫复旧不全还是子宫炎，得到出血的细胞学证据。依据病史调查、体格检查和细胞学检查结果进行产后子宫复旧不全的诊断。

［治疗］ 发生产后子宫复旧不全的母犬很少需要治疗，可自愈且不影响下一次育种。也可进行卵巢子宫摘除术。使用麦角新碱或天然 $PGF_{2\alpha}$ 治疗可减少子宫出血，但并不百分百有效。这 2 种药物似乎对滋养细胞没有作用。如果贫血严重需要治疗时，则需要考虑对其他疾病进行鉴别诊断。

12.8　防止与终止妊娠

12.8.1　防止妊娠的方法措施

（1）手术方法　在小动物临床中最常用的控制生育的措施是对犬、猫进行绝育手术，通过腹中线卵巢子宫切除术、腹肋部卵巢子宫切除术、卵巢切除术、腹腔镜卵巢子宫切除术、早期性腺切除术等常用的手术绝育方法可永久性地解决犬、猫的妊娠问题。但是手术方法会导致一系列副作用，如性情骤变、攻击性增强、肥胖等问题。

（2）药物学方法　在小动物临床中，对幼犬和幼猫进行永久性绝育远比可逆性避孕更常见。然而，人们对可逆性避孕越来越感兴趣，尤其是采用临时或非手术方法来控制生育。但是，由于将药物产品推向市场的成本很高，最简单的选择通常是在犬和猫身上使用经过测试并批准用于人类的药物。最常用的人类避孕药是基于类固醇激素的方法，例如，含有合成雌激素和黄体酮的组合避孕药，长效植入物，或只含有黄体酮的注射剂。目前，其中的一些产品已经在犬和猫身上进行了测试，结果因产品和剂量的不同而不同。这些试验最重要的结果是作用效果有物种差异，特别是在出现副作用方面，其中许多药物应用不当可能危及生命。常用的药物包括以下几类。

① 孕激素类药物：目前使用最广泛的阻止犬、猫发情的药物是孕激素类药物，合成孕激素，特别是醋酸甲地孕酮（MA）、醋酸甲羟孕酮（MPA）和丙孕酮（proligestone），几十年来一直被用于控制犬和猫的生育能力。孕激素对下丘脑和垂体有负反馈作用，持续高浓度的孕激素会抑制促卵泡激素（FSH）和 LH 的产生，进而抑制卵泡生长和排卵。然而，充足的雌激素可能会继续刺激一些卵泡的生长和雌二醇的产生，因此发情行为仍可能发生。在小动物临床上常用的孕激素类药物有醋酸甲地孕酮、醋酸甲羟孕酮、丙孕酮、普罗孕酮、醋酸美仑孕酮等。

以孕激素为基础的避孕药具已经在雌性犬、猫身上使用了几十年，通常是有效的，但大多数产品和剂量方案都与潜在的严重副作用有关。例如，与雄激素受体结合可导致雄性化，与糖皮质激素受体结合可破坏葡萄糖活性，抑制免疫功能。食欲增加和体重增加在黄体酮治疗中也很常见，还有报道称这些激素可引起毛发变色和脱毛。更严重的副作用，特别是高剂量的肉食动物，如犬和猫，包括子宫和乳腺的增殖和肿瘤的发展，生长激素（GH）的刺激，免疫系统的抑制和葡萄糖代谢的改变，这可能与糖尿病有关。

② 雄激素及合成雄激素类药物：应用大剂量的合成雄激素或睾酮可控制繁殖活动。在雌性犬、猫中，雄激素治疗可通过 LH 的负反馈干扰生育，阻断其排卵高峰。人工合成的雄激素米勃龙，在美国被批准用作犬的避孕剂，有时也用于猫。在欧洲，犬和猫有时也会得到其他雄激素的治疗，这些雄激素在这些国家被批准用于人类或动物。在小动物临床中常用的雄激素及合成雄激素类药物有米勃龙、丙酸睾酮、甲基睾酮、氟他胺等。但是该类药物会引起一系列副作用，如阴蒂增生、阴道炎、体味增加、尿失禁、颈部皮肤变厚等。

③ 促性腺激素释放激素（GnRH）类似物：包括激动剂和拮抗剂，是蛋白质类激素。长期服用激动剂的作用是通过脱敏和下调 GnRH 垂体受体抑制促性腺激素的产生和释放。相反，GnRH 拮抗剂与促性腺激素性腺激素受体结合，并与内源性 GnRH 竞争占用，从而立即抑制垂体-性腺轴。激动剂和拮抗剂在未来犬繁殖中都有很好的应用前景，它们可用于控制动情周期、激素依赖性疾病以及避孕。

目前市面上有两种 GnRH 激动剂：一种是注射用醋酸亮丙瑞林，销售给人类使用；另一种是醋酸德舍瑞林，通过缓释植入犬、猫体内，澳大利亚、新西兰和欧盟的犬、猫被批准使用该避孕方法。目前，拮抗剂的主要应用似乎仅限于需要急性内分泌抑制作用的情况，如发情前期或妊娠终止。未来长效单剂量拮抗剂的商业化应用将大大有助于控制宠物数量。

利用 GnRH 类似物对犬繁殖进行外源性调控的潜在临床应用包括对发情周期的管理，如发情诱导或预防，对生殖激素依赖性疾病的管理，以及一般的避孕措施。无论是饲养犬还是工作犬，垂体-性腺轴的可逆性和安全性都是理想的特性。

（3）免疫学方法　免疫避孕，是指通过对精子、卵细胞或生殖激素进行免疫，从而阻止受精和配子形成的一种防治妊娠的方法。近年来，人们筛选出了几种靶分子用于免疫节育，如透明带疫苗、GnRH 疫苗、LH 及其受体免疫、精子抗原免疫等。

猪透明带疫苗是一种可以防止精子穿透卵母细胞周围的透明带的疫苗，这种疫苗已经成功地用于许多野生有蹄类动物的受精过程。此外还有一种专门针对犬的 GnRH 疫苗（犬促性腺激素释放因子免疫治疗），但是该产品只在美国销售了很短一段时间。

（4）其他非手术方法　在犬、猫发情期间控制其外出可有效避免其妊娠。此外，通过在母犬阴道内放置杀精剂或子宫内装置避孕装置均可用于控制生育。

12.8.2　终止妊娠的方法措施

（1）手术方法　在小动物临床，可采用手术方法终止妊娠。终止妊娠的手术方法通常采用传统的卵巢子宫切除术。在犬妊娠的任何阶段进行卵巢切除都会导致胎儿吸收或流产。

（2）药物学方法　当怀疑犬、猫已经妊娠时，在超声确诊的情况下，通过超剂量使用 $PGF_{2\alpha}$ 或 $PGF_{2\alpha}$ 类似的药物、多巴胺激动剂等可有效终止或阻止妊娠。此外，还可通过使用抗孕激素药物如阿来司酮来终止妊娠。

目前，在小动物临床上，几乎没有特别安全、无副作用的、临时的、可逆的生育控制的方法措施。大多数研究的重点是控制流浪犬和流浪猫的数量，其目的是永久性绝育。然而，短期的可逆方法也在研究中，可能会应用于宠物。

12.8.3　抑制发情的措施

近年来，随着社会的发展和生活水平的提高，宠物养殖数量急剧上升，犬、猫占较大比例。犬猫在发情期间会出现焦躁不安、食欲下降等症状，甚至会出现昼夜不停地叫等现象，这会影响饲主及周围居民的正常生活。为了降低因其发情对居民生活产生的影响，以及防止其随意交配造成的意外妊娠，一般会采取抑制发情的措施。抑制犬猫发情的措施主要有绝育和药物学方法。

（1）绝育手术　是兽医临床上抑制犬猫发情的常用方法。其可以通过一次手术达到终生抑制发情的目的，但由于其不可逆性，会对以后的生殖功能造成巨大的影响。兽医临床上常见的手术绝育方法有传统的腹中线卵巢子宫切除术、腹肋部卵巢子宫切除术、去势术、早期性腺切除术、卵巢切除术、腹腔镜卵巢子宫切除术及卵巢切除术和输精管切除术等。

（2）药物学方法　抑制犬和猫的发情，使用药物抑制犬、猫发情的主要目的是利用其可逆性，避免了手术不可逆的特点。常用的药物为各种激素制剂，包括孕激素、雄激素、GnRH等。孕激素类药物是使用最为广泛的抑制犬和猫发情的药物，但这类药物在有些国家仅限于犬上使用，有些国家也可以在猫上使用。

采用孕激素的主要目的是制造一个人工的黄体期，在此期间处理动物不会出现新的卵巢周期，之后出现一个新的乏情期，从而达到抑制发情的目的。此类药物口服时应每天给药，注射时可采用一次性注射或埋植的方法，延长用药期限时可间隔2～5个月给药。孕激素类药物主要有乙酸甲羟孕酮注射剂及口服剂、乙酸甲地孕酮口服剂、普罗孕酮注射剂等。

雄激素也常用于抑制犬、猫发情。米勃龙是美国唯一曾经允许使用在控制犬、猫发情的雄激素类药物，现在已经禁用。米勃龙在犬的剂量因体重及品种的不同而不同，体重为12kg、12～23kg、23～45kg及45kg以上的犬，剂量分别为30mg、60mg、120mg和180mg。米勃龙在猫的剂量为每天50mg，小剂量不能抑制发情。

工作犬和表演犬可使用大剂量的合成雄激素或睾酮抑制其发情，但睾酮针剂会引起之后的繁殖障碍。不同剂型的睾酮（肌内注射用丙酸睾丸酮，口服用甲基睾丸酮）是雌性灵堤犬训练和比赛的常规药物。在比赛结束后停止使用雄激素，有些母犬会出现乏情期延长的现象。GnRH类药物会慢性抑制LH和FSH的分泌，从而抑制性腺激素的分泌，可长期抑制犬、猫发情。多种GnRH激动剂能抑制犬两性性腺的功能，使用安全，如果在初情期前用药，对繁殖功能的影响是可逆的。

皮下植入 GnRH 激动剂地洛瑞林缓释剂后，可有效抑制雌雄犬猫的生殖机能长达 1 年以上。按照药物植入的不同发情时期，植入后可诱导出现一次发情周期，若同时使用孕酮（如醋酸甲地孕酮）治疗可以克服这种诱导作用。通过埋植缓释装置，皮下注射或每天注射那法瑞林 32mg，可达到抑制犬的初情期和发情的目的，皮下注射或埋植 16mg 也可获得同样的效果，停药 2～18 周母犬可恢复发情，初情期前的母犬在停药后 3～4 个月可出现第一次发情。无论采取何种抑制犬、猫发情的措施，其最终都是通过抑制相关激素的产生来完成的。

12.9　产后疾病

12.9.1　胎衣不下

胎衣不下（Retained placenta）是指母体完成分娩后，子宫内的胎衣在正常时间内不能排出，称为胎衣不下或胎衣滞留。犬和猫产后排出胎衣的时间一般不超过 2h。胎衣不下以饲养管理不当、患生殖道疾病的母体多见。

[病因] 引起产后胎衣不下的原因主要与怀孕期间胎盘发生炎症、产后子宫收缩无力等有关。

（1）胎盘炎症　妊娠期间，子宫被某些病原微生物入侵，使子宫或胎膜发生轻度的炎症，结缔组织增生，导致胎儿胎盘和母体胎盘发生粘连，产后难以分离而造成胎衣滞留。常见的病原微生物有布鲁氏菌、生殖道霉形体、胎儿弧菌、弓形体、毛滴虫、李氏杆菌等；此外，当缺乏维生素 A 时，会降低胎盘上皮的抵抗力，使胎盘更容易被感染。

（2）产后子宫收缩弛缓无力　母体分娩后，依靠子宫分娩后的阵缩作用将胎衣排出。如果在妊娠期间饲料成分单一，缺乏维生素和矿物质，特别是缺乏维生素 A 和钙，或者孕体过肥、消瘦、运动不足等，都会导致子宫弛缓的发生。

[症状] 可分为全部胎衣不下和部分胎衣不下两种。

全部胎衣不下是指大部分胎儿胎盘仍与母体胎盘连接，仅部分胎衣悬吊于阴门外。发生严重子宫弛缓时，胎衣全部滞留于子宫内。以上两种情况均称为全部胎衣不下。若不及时剥离并取出胎衣，滞留于子宫内的胎衣就会迅速腐败分解。患畜常从阴道内排出污红色恶臭液体，内含腐败的胎衣碎片。腐败产物刺激子宫黏膜，可引起子宫内膜炎。

部分胎衣不下分为两种情况：一种是少部分胎衣与子宫粘连，大部分垂在阴门外，初期为粉红色，随后受外界污染，胎衣上黏附粪土、草屑，并发生腐败，呈熟肉色，散发出腐臭气味；另一种情况是大部分胎衣脱落，只有少部分残留于子宫内，此时从外部不易发现，诊断的主要依据是恶露排出时间延长，有臭气，其中含有腐烂的胎衣碎片。

[诊断]

（1）早期诊断胎衣不下的最好办法是在分娩时观察胎儿个数是否与排出的胎衣相同，不同则可能有胎衣滞留在子宫内。

（2）病畜努责、拱背、举尾，但不见胎衣排出。触诊腹部发现子宫呈节段性肿胀。胎衣不下 1～2d 后，发出特殊的臭味，4～5d 后胎衣破碎，从阴门流出恶臭液体，当腐败产物被病畜吸收后，有反刍、食欲、泌乳减少或停止，体温升高，脉搏增快等全身症状，若治疗不及时，胎衣腐败后，会使母畜中毒，并继发子宫内膜炎，重则引起败血症，甚至引起死亡。

[治疗] 胎衣不下的治疗方法很多，可分为药物治疗和手术治疗两大类。

（1）药物疗法　可皮下或肌内注射垂体后叶素 20～40 单位促进子宫收缩，每 2h 注射一次，连用 1～2 次。治疗最好在产后 8～12h 进行，如果时间过长超过 48h，效果则欠佳。可在子宫内灌入 5％～10％盐水 2500～3000mL 促进胎儿胎盘与母体分离。高浓度盐水可刺激子宫收缩，促使胎儿胎盘缩小，使之从母体胎盘上脱落。可将土霉素 2～3g 放入子宫黏膜及胎衣之间，预防胎衣腐败和子宫感染，每天 1 次，连用 2～8 次。

（2）手术方法　如果药物治疗无效，可在产后 2d，子宫口尚未缩小之前进行胎衣剥离。剥离时应严格消毒，术中动作不能过大，以避免损伤胎盘。胎盘剥离后，在子宫内放置抗生素，必要时可连用 2～3 次。

12.9.2　产后感染

产后感染（Postpartum infection）指分娩或产褥期母畜的生殖道被病原菌入侵后引起的全身或局部感染，最终发生全身和局部的炎性变化。孕畜由于机体免疫功能低下、分娩时产生的创伤等因素，极易导致产后感染的发生且产后感染是引起孕畜死亡的主要原因之一。

[病因]产后感染的病原菌主要有大肠杆菌、链球菌、化脓杆菌、金黄色葡萄球菌等，在母畜分娩后，机体抵抗力下降，正常菌群紊乱，阴道防御及自净能力降低均可引起感染，而营养不良、妊娠合并症、助产、产程时间延长、生殖道炎症、产前贫血、产后出血、低血红蛋白水平、产道损伤均与产后感染的发生密切相关。

[症状]产后感染引发的疾病主要有：产后子宫蓄脓，产后阴门阴道炎，产后子宫内膜炎。

产后子宫蓄脓：多饮多尿，精神沉郁，厌食，有的呕吐。其中开放性子宫蓄脓，阴门常见流出脓性分泌物。通常患畜在感染后 15～30d 表现精神欠佳，食欲不振，烦渴，排尿次数增加，腹围渐渐增大，结膜、口色苍白，进行性消瘦，阴道红肿，阴道内常流出腥臭黏性分泌物。

产后阴门阴道炎、产后子宫内膜炎的共同症状：轻症病例外阴附有污物，从阴门流出黏液性或脓性分泌物。重症病例除以上症状加剧外，从阴门流出暗红色或棕褐色腥臭的分泌物，有时弓背，努责，食欲下降或废绝，精神沉郁，体温略有上升。这两种感染的区别在于：前者阴道检查可见阴门或阴道黏膜充血、肿胀或出血、溃烂，并附有多量分泌物，后者阴道检查未见明显变化。

[诊断]根据黏膜炎性症状进行诊断。

[治疗]对产后阴门阴道炎采用后腹部肌肉和阴门两侧注射适量的 0.5％盐酸普鲁卡因，对产后子宫内膜炎采用盆腔注射 0.5％盐酸普鲁卡因 5mL。

为促进炎症产物或脓性物的排出，可用 0.1％高锰酸钾或 0.02％新洁尔灭冲洗阴道或子宫。对重症产后阴门阴道炎或产后子宫内膜炎及由此两种感染继发的败血病，肌内注射 0.1mg 苯甲酸雌二醇注射液和 4U 催产素注射液。

局部或全身性对症治疗，阴道或子宫内的炎症产物或脓性物排出后，在炎症发生的局部放入氯霉素、红霉素、金霉素等抗生素或磺胺药或呋喃类等抗菌消炎药，同时对产后阴门阴道炎或产后子宫内膜炎及产后败血症进行阴门两侧肌内注射或盆腔内注射 40 万 U 青霉素。对产后败血症除以上局部治疗外，尚须配合全身治疗，方法是：静脉或腹腔注射 5％～10％糖盐水 20～40mL，加入 0.02～0.04g 维生素 C 防止酸中毒，肌内注射 2～4mg 复合维生素 B 和 40 万～60 万 U（μg）青链霉素合剂或 0.1～0.12g 氯霉素注射液，必要时可静注 10％氯霉素注射液 5mL。

12.9.3　产褥败血症

产褥败血症（Postpartum sepsis）又称产后败血症，是由于子宫或阴道严重感染而继发的全身性疾病。其特征是体温升高，并呈稽留热型，结膜潮红或发绀，眼内有黏液性分泌物，心跳微弱，呼吸浅快。精神极度沉郁，食欲严重下降或废绝，但渴欲增加，拒绝哺乳。败血症晚期，表现极度衰竭。

[病因] 在生产过程中或难产助产时，因为环境卫生较差或助产时操作不当引起子宫或阴道发生损伤时，病原菌及其毒素进入血液循环，或由于在生产后胎衣发生腐败导致的全身性严重感染。引起产后败血症的病原菌通常为大肠杆菌、金黄色葡萄球菌和溶血性链球菌。

[症状] 临床表现为败血症症状，起病大多急骤，全身性症状明显，发病初期体温升高，呈稽留热，恶寒战栗，末梢厥冷，脉细数，呼吸快而浅。食欲废绝，贪饮，泌乳停止。并常伴发呕吐、血便、腹泻、乳腺炎、腹膜炎等。子宫弛缓，排出恶臭的褐色液体，阴道黏膜肿胀、干燥。

[诊断] 根据临床症状、血常规及血培养进行诊断。血液中白细胞总数及中性粒细胞比例升高，有各种局灶性感染并经抗菌治疗而未能获有效控制者，都应该怀疑有败血症可能。血培养是败血症最可靠的诊断依据。其他如尿、腹水、胸水、脓性分泌物等的培养对明确诊断均有参考意义。可检测胸腹水、血液、尿液等标本中有无内毒素，以证实是否为革兰氏阴性菌感染。在病程中出现眼结膜、口腔黏膜等瘀点、皮疹、肝脾大、脓肿，败血症诊断也可基本成立。

[治疗] 由于母畜产后败血症发展迅速，发病严重，因此，必须及时治疗才能挽救母畜的生命。阴道有创伤或脓肿时，需进行手术处理，把创面切开排脓，涂布药膏。子宫有渗出物可应用子宫收缩剂促进排出，也可对子宫进行冲洗并注入抗生素。可使用抗菌剂，以消灭侵入血液中的病原菌。最好以抗生素和磺胺类药联合应用，对症治疗（有条件可进行药敏试验，可以更好调整药物）。根据病畜的不同情况可采用输血、抗酸中毒、补液、强心、适宜的静脉营养等疗法。

除救治应及时外，还必须注意以下几方面：在治疗中，应尽可能采集母畜病料进行病原菌分离。体外药敏试验，筛选出高敏药物及时治疗。加强宠物饲养管理，多给营养丰富易于消化的食物，加强宠物环境卫生消毒，保持干燥、通风，以增强机体对疾病的抵抗力。

12.9.4 产褥痉挛

产褥痉挛又称产后低钙血症（Puerperal Hypocalcemia），是一种严重威胁生命的疾病。临床上以痉挛、低钙血症和意识障碍为特征，多发于产仔多、泌乳量高的动物，猫比犬常见。产仔量较多的小型母犬在泌乳高峰期（产后 1～3 周）易出现典型产后低钙血症症状，母犬患病的同时幼仔却很健康。猫的低钙血症可能在产前发生。

[病因] 引起低钙血症的原因较多，包括但不限于以下情况：母体钙进入胎儿骨骼和乳汁过多、食物钙含量较低以及由饮食不当导致的甲状旁腺萎缩。

[症状] 临床症状包括：喘、躁动、肌肉震颤、无力和共济失调。这些早期症状快速（数小时内）发展为强直-阵发性抽搐和角弓反张。心率、呼吸频率加快，直肠温度升高，尤其在抽搐过程中。如果不进行治疗，可能导致动物死亡。

[诊断] 可通过测定血清钙离子浓度进行确诊。因为产后犬猫的症状很明显，所以通常在实验室确诊前就直接治疗。对于产前动物需要进行实验室检查。虽然严重的低血糖症也能引起相似的临床症状，但很少发生于产后犬猫。

[治疗] 治疗措施包括缓慢静脉注射 10% 葡萄糖酸钙直至起效。根据犬猫体格，总剂量通常为 3～20mL。由于钙制剂具有心脏毒性，必须密切监测动物心脏，防止治疗时出现心律失

常和心动过缓。一旦发现任何心脏功能异常，应立即停止输注钙制剂。如果仍然需要钙制剂，应在心脏功能恢复正常之后进行输注，但要降低速度。治疗效果显著，在静脉输注钙制剂时症状即可消除。

建议在母犬离开医院之前，皮下注射钙制剂溶液（与最初控制临床症状相同，钙剂量：无菌生理盐水＝1∶1）。这种情况不可用氯化钙，使用后 12～24h 禁止哺乳。应该在泌乳期间口服钙制剂 1～3g/d。应该对母畜的饮食进行调整，保证其营养完全、均衡和适于哺乳。推荐自由采食或至少每天饲喂 3 次。有些兽医还推荐给母畜补充维生素 D，但需要注意过量维生素 D 可诱导高钙血症。通常饮食平衡结合补充钙制剂可以预防低钙血症，必要时可以断奶。

12.10 乳腺疾病

12.10.1 乳腺炎

乳腺炎（Mastitis）又称乳腺炎，是动物乳腺遭受病原微生物、物理和化学等因素刺激而引起的一种炎性反应，多为一个或数个乳腺的化脓性或卡他性炎症，是哺乳期动物或经产雌性动物的常发病之一。临床上表现为乳房充血、肿胀、变硬，以及泌乳减少或停乳等症状。随着感染的发展而出现全身症状，精神沉郁，体温升高，脱水，食欲减退等。严重病例可能发展为乳腺脓肿，肿胀部中央开始变软，有波动感，有时发生自溃流脓。按照病程，乳腺炎可分为急性和慢性两种；按照有无临床症状，又可分为临床型和隐性型，临床型乳腺炎又可根据临床症状表现不同，分为浆液性、纤维素性、黏液性、出血性、化脓性，以及坏疽性乳腺炎，此外，根据局部病变特点，还有一种囊泡性乳腺炎。

[病因]
（1）外伤　多见于幼仔抵破、咬破母畜乳头，或母畜乳房受到外伤、挤压以及摩擦。
（2）感染　链球菌、葡萄球菌、大肠杆菌等病原菌，经由幼仔抓伤、咬伤以及摩擦、挤压、碰撞、划破等机械因素引起的外伤侵入而感染，可由乳头上行性感染，也可通过乳腺由外感染。病原菌感染也是急性乳腺炎最常见的发病原因。
（3）乳汁滞留　哺乳期突然断奶或幼仔全部死亡而乳汁滞留在乳腺内，或急性乳腺炎治疗不及时或治疗不当致使乳导管闭锁、乳汁滞留刺激乳腺，此时多为慢性乳腺炎。
（4）其他疾病并发　某些疾病，如急性子宫炎、结核病、布鲁氏菌病等可引起乳腺炎并发。
（5）激素失调　多发生于老龄动物。

[症状]常局限在一个或几个乳腺，患病动物乳腺有不同程度的肿胀、潮红与疼痛温热，患部乳汁排出不通畅，乳房淋巴结肿胀，泌乳减少或停止。患病初期，动物产出乳汁稀薄，后为内含絮状小块的乳清样液体。发生感染化脓时，乳汁带血液或呈脓样，有些呈黄色絮状，严重感染时，乳房有坏疽或脓疮等病灶。随着感染的发展，患病动物出现全身症状，体温升高，食欲减退，精神沉郁，拒绝幼仔吃奶等。慢性乳腺炎的患部肿大呈囊肿样，未得到及时治愈可能会发展形成乳腺肿瘤。

急性乳腺炎：可出现发热、精神沉郁、食欲减退、喜卧等全身症状。患部充血肿胀、变硬，温热疼痛，乳上淋巴结肿大，乳汁排出不畅，或泌乳减少甚至停乳。病初乳汁稀薄，发生化脓性乳腺炎时乳汁呈脓样，内含血液或黄絮状物。

慢性乳腺炎：一个或多个乳区变硬，强压亦可挤出水样分泌物，全身症状不明显。

囊泡性乳腺炎：多发于老龄动物，乳房变硬，触诊可摸及增生的囊泡。实验室检验，白细胞总数升高。

[诊断] 临床生产中，可以根据患病动物乳房的外伤，以及乳腺的局部患病症状，配合实验室细菌学检验进行乳腺炎的诊断。此外，乳腺癌感染灶可能出现与乳腺炎相似的外观变化。然而，乳腺癌最常发生于老年动物，并且与泌乳无关，无论何时未泌乳腺体出现炎症或异常分泌，都必须考虑乳腺肿瘤的可能。

[治疗] 包括抗生素治疗、输液疗法、支持疗法等。

发现乳腺炎患病动物，要及时将乳腺炎患乳乳腺内的乳汁挤出，并进行清洗。常用方法如下：首先使用生理盐水将患部冲洗干净，再通过乳头将 80 万～160 万 U 的青霉素以及 20～30mL 的 0.25% 盐酸普鲁卡因注入乳池内，然后用手捏住乳头，轻轻地对乳房进行数次按摩，以促进药物的扩散与吸收。对患乳的挤乳操作要进行 2～3 次/d，每次挤完乳汁，都要向乳池注入药液，操作方法相同。值得注意的是，每次挤乳时，浆液性乳腺炎从下向上按摩，黏液及黏液脓性乳腺炎需自上而下按摩，其他性质的乳腺炎一律禁止按摩。此外，还可以采用抗生素疗法，取 80 万～160 万 U 青霉素、20～40mL 的 0.5% 盐酸普鲁卡因，在乳腺炎患病动物的乳房基部，即乳上淋巴结附近，采取封闭措施，用量根据动物体重计算，每天 1 次，连续使用 3～4d。急性乳腺炎应早期治疗，首先排出患病动物乳腺内的乳汁，为减轻乳房的压力，白天每隔 2～3h 挤一次，夜间每隔 6h 挤一次。挤出乳汁后，应以乳导管向乳腺内注入青霉素、链霉素，每天 1～2 次。值得注意的是，青霉素对于大肠杆菌感染导致的乳腺炎效果甚微，若实验室细菌检查结果证明患病动物感染的是大肠杆菌侵染导致的乳腺炎，则需选用其他药物代替青霉素。如若患乳已经有乳腺脓肿形成，待到脓肿成熟即可切开进行排脓操作，并且对脓腔彻底冲洗，同时要向腔内填塞抗生素软膏，亦可配合溶菌酶等外用喷剂杀灭引起创面感染的致病菌。除局部治疗外，还应以其他抗生素或磺胺类药物作全身治疗，并配合进行补液、补糖处理，补充足够的营养和水分。对于急性炎症的乳腺炎可用冰袋进行冷敷，慢性炎症的乳腺炎可用 25% 硫酸镁液用毛巾进行热敷。治疗越早效果越好，如果转为慢性，即使治愈，动物也易丧失泌乳能力。

患有慢性乳腺炎的动物易转移发生乳腺肿瘤，若患乳已经有乳腺肿瘤形成，主要的治疗方法则是乳房切除术。首先采取全身麻醉的方式，宜选择仰卧的保定姿势，动物四肢向两侧牵拉后固定，充分暴露腹股沟部和胸部，可选用 845 合剂速眠新作为麻醉剂。乳腺炎患病动物感染位置以及症状不同，采取的手术方法也不同，因此皮肤的切口也存在一定的差异。切除单个、区域或同侧的乳腺，应该先在手术涉及的乳腺周围做椭圆形切除，将腹中线作为切口内侧缘。切除第一乳腺时，皮肤切口可向前延伸至腋部；而切除第五乳腺，可向后推延皮肤切口至阴唇水平处。生产临床中，如果存在两侧乳腺都要切除的情况，依旧以椭圆形切开两侧乳腺的皮肤，胸前部应做"Y"形皮肤切口，避免缝合胸后时产生过多的张力。将患病动物的皮肤切开之后，要先把大血管进行分离和结扎，然后再进一步深层分离，分离过程中，要严加注意腹壁后浅动静脉。缝合皮肤前，要认真检查皮肤内侧缘，确保皮肤上无残留的乳腺组织。手术最困难的部分是皮肤缝合，尤其是双侧乳腺切除时。皮肤缺损较大时，为使皮肤创缘靠拢并保持一致的张力和压分布，需先做水平褥式缝合，然后做第二道结节缝合，以闭合创缘。若皮肤结节缝合恰当，可减少因褥状缝合引起的皮肤张力。若死腔过多，特别在腹股沟部，易出现血清肿，应先在手术部位安置引流管，后使用腹绷带对术部进行 2～3d 的压迫，以消除死腔，避免血清肿或血肿的出现，防止污染和自我损伤，并对引流管采取保护措施。可连续使用 3～5d 抗生素以缓解感染。术后2～3d拔除引流管，4～5d拆除褥式缝合，以减轻局部刺激和瘢痕形成，术后10～12d，可将结节缝线拆除。

乳腺炎发病母畜应停止哺乳幼仔，防止幼仔由于采食感染的乳汁而发生疾病。有条件时对幼仔进行保姆动物的饲养，无条件时进行人工哺乳，而母畜则进行人工排乳。护理好发病乳区，保护好健康乳区，对于复发的动物建议畜主停止下次繁殖。医生应督促畜主平时预防乳腺炎的发生，保持动物生活环境清洁，注意母畜乳房的卫生情况，幼仔的趾甲要经常剪，避免哺乳时抓伤乳房，若有牵遛行为，要保证动物的安全，不要受到外伤或者咬斗影响。

12.10.2 乳汁积滞

乳汁积滞（Galactostasis）又称乳汁淤积，是生理性或病理性的原因导致乳汁聚积和瘀滞在乳腺中，使乳汁排放受阻，积滞于患畜乳腺的乳腺性疾病。一般呈局限性，严重病例可波及整个乳房。常见患畜乳房发热、局部坚硬、肿胀、触摸有硬块。常发生于断奶期动物或偶发于产乳高峰期动物。若得不到及时治疗，可发展为乳腺炎。

[病因]

（1）初乳中含有较多脱落的上皮细胞、脂质物质，乳汁排出慢、容易黏附于乳腺管壁，加之出口狭窄，造成乳管堵塞，尤其是初产动物更容易发生乳汁淤积。

（2）幼畜吸吮乳头时，乳头接收到感觉信号，经传入神经纤维抵达下丘脑，通过抑制下丘脑多巴胺及其他催乳激素抑制因子，使垂体泌乳素呈脉冲式释放，促进乳汁分泌，吸吮动作还反射性地引起神经垂体释放缩宫素，缩宫素使乳腺腺泡周围的肌上皮细胞收缩，喷出乳汁。因此，幼畜未能及时吸吮或者突然地断奶也是乳汁积滞的原因。

（3）哺乳期母畜受到惊吓、环境的突然改变等刺激因素引起母畜激素水平的突然改变，例如缩宫素可促进乳腺周围的肌细胞收缩，导致导管闭塞，排乳不畅。

（4）乳腺肿瘤压迫导管或者乳房有局部的溃疡或损伤，也容易造成乳汁淤积。

（5）母畜产后体内的催乳素与催产素均未达到高峰，乳汁产生相对较少，分泌的少量乳汁存留在腺管内，刺激乳腺周围组织，从而引起乳房内静脉充盈、淋巴滞留，乳汁排出不畅而导致乳房肿胀。

（6）乳汁的分泌与患畜的饮食是密切相关的，如果哺乳期患畜饮食过量或不均衡导致营养过剩，使乳汁产生过多，超过幼畜食用量，就会出现乳汁积滞的问题。

[症状] 乳汁淤积最常见的临床症状就是乳房形成硬块，分布在乳腺周边，形状为圆形或椭圆形，表面光滑且边界清晰，有轻触痛，属囊性。乳腺局部肿胀、疼痛拒按，并伴有大小不等的硬结。乳房体边缘界限明显凸起，堵塞的乳腺管肉眼可见或扩张感明显，能摸到颗粒分明的腺体/乳腺管。

[诊断] 根据患畜乳房性状，采用视诊和触诊进行诊断。观察患畜乳房凸起，严重时乳房增大，扩张，并伴有红肿；用手触及患畜乳房时，患畜有明显的不适感，乳房内有坚硬的块状物，一般不移动；用手挤压乳房时，乳汁不易排出。

[治疗] 治疗原则：促排少泌、疏通导流。根据病情轻重缓急，采取不同的方法，同时加强饲养管理。

（1）**热敷法** 发病初期，病症较轻时可以使用热毛巾敷在乳房肿块处，这样可以促进乳汁的分泌、流通，同时软坚散结，促进肿块的消失。使用温度在39～45℃的热水将毛巾浸湿，敷于患处10min，再用吸奶器将乳汁吸出，30min/次，如此反复操作。每天操作的次数根据乳汁淤积多少决定。

（2）按摩疗法　按摩有利于帮助患畜尽快疏通经络，促进局部的血液循环，将淤积的乳汁排泄出来，尽早使乳腺导管通畅。按摩时用力要均匀，由轻到重，逐渐加大力度，且轻重适度，以患畜可忍受为宜。按摩顺序应先从健康乳房处逐渐转移到积滞处，疑有肿块形成时，勿用力挤压肿块部位。

（3）中兽医疗法　中兽医认为乳汁淤积系由肝气郁结、微热壅滞、乳汁凝滞不通、邪热壅滞而发。治疗以解毒、消肿散结、疏肝理气、活血化瘀等为主。中药五倍子具有解热毒、散肿疡等功效。芒硝苦寒，具有清热解毒、软坚散结的作用，还可促进炎症吸收，降低炎症局部皮肤温度。研究表明五倍子和芒硝外敷可在不影响乳汁分泌的情况下明显缓解哺乳期乳房胀痛。取五倍子15g、芒硝100g捣碎，用纱布包裹敷于患畜乳房，暴露乳头促进乳汁排出，待纱布潮湿结块后取下，每天1次，每次敷30min。

（4）护理疗法　母畜乳汁积滞期间，应减少母乳的产生，适当限制饮水和饲喂有助于乳汁积滞的消除。同时应加强饲养管理，对乳房进行定时的消毒，以防细菌感染发展为乳腺炎。

12.10.3　乳溢症

乳溢症（Galactorrhea）是雌性哺乳动物出现的乳房自溢现象，多发生于非产褥期或停止哺乳半年后，临床特征为泌乳和闭经。属于非妊娠期的病理性泌乳。根据发生对象不同分为三种：Chiari-Frommel综合征，特征为产后或断奶后起病；Argone-Castillo综合征，其发病与妊娠无关；Forbes-Albright综合征，溢乳伴发垂体瘤。三种发病状况不同，但均具备下丘脑-垂体功能失衡的病理特点。

[病因]

（1）下丘脑病变　由于发生颅咽管瘤、炎症等病变减少了催乳素抑制因子的分泌，从而导致泌乳素分泌增多。

（2）垂体病变　包括垂体肿瘤、空蝶鞍综合征。

（3）甲状腺肾上腺病变　慢性肾衰、肾上腺皮质功能减退、慢性肾病、原发性甲状腺功能减退。

（4）多囊卵巢综合征。

（5）激素药物　服用含有雌激素和孕激素的药物。溢乳症的出现可能与雌激素或孕激素对下丘脑的抑制有关。

（6）一般药物　长期服用抗忧郁药物、抗精神病药物、抗高血压药物、抗癫痫药物、阿片类药物和抗胃溃疡药物等。

（7）胸壁病变　可通过反射直接引起泌乳素分泌的增多，例如胸壁损伤（包括外伤、手术、烧伤或带状疱疹等）。

[症状]

（1）溢乳　常见表现为乳头溢乳，按压乳房及乳头可见自发溢液，乳汁为白色或浅黄色，可为喷射状或少量滴状。化学成分有时与初乳完全相同，大部分介于初乳与成乳之间。有少数持续泌乳病患，其管腔内可能发生乳头状瘤，导致乳汁中可混有血液。

（2）闭经　多发生继发性闭经，闭经的程度有所不同，表现为月经稀少或长期闭经。如发生长时间的闭经，可见外阴萎缩，子宫明显缩小。当发生短时间闭经时，子宫缩小或未见变化。

（3）其他　除以上症状，部分病患可观察到不孕、头痛、肢体肥大、视觉障碍等症状。

［诊断］注意发病过程，病患多为产后、断奶后或未曾妊娠的雌性动物，也须注意有无服用氯丙嗪、利血平等药物的病史。

注意有无胸壁、乳房病变，有无肢端肥大症或库欣综合征的表现，有无盆腔肿块或生殖器萎缩表现。

可使用免疫法测定血液中泌乳素水平，大多数病患的血液中会检测出高水平的泌乳素，进而会导致下丘脑-垂体-卵巢轴功能失调，使垂体促性腺激素功能受抑制，降低卵泡刺激素、促黄体生成素的分泌。与此同时，卵巢甾体激素雌二醇的分泌亦明显减少，从而表现出月经闭止，乳汁溢出，若血液中的泌乳素持续升高，常提示可能发生了垂体肿瘤。

了解丘脑-垂体功能，如有泌乳素明显增高，很可能发生了下丘脑-垂体功能失调。

（1）促甲状腺激素释放激素试验　首先静脉注射促甲状腺激素释放激素 $100\sim400pg$，$15\sim30min$ 后测血液中的泌乳素，其水平较注射前升高 $5\sim10$ 倍、促甲状腺激素升高 2 倍，但伴有垂体瘤的病患未见升高。

（2）氯丙嗪兴奋试验　首先肌注氯丙嗪 $25\sim50mg$，$60\sim90min$ 内泌乳素增高 $1\sim2$ 倍，并持续 3h，试验结果阳性则表示高泌乳素血症，但发生垂体瘤时不升高。

（3）左旋多巴抑制试验　口服左旋多巴 $500mg$，$2\sim3h$ 内血泌乳素水平显著下降。若无明显下降，则发生垂体肿瘤的可能性较大。

（4）使用 X 射线平片或磁共振技术检查垂体，以便发现垂体的微小肿瘤。

［治疗］停止服用相关药物，如氯丙嗪、利血平、奋乃静或甲丙氨酯（眠尔通），一般在停药 $2\sim7$ 个月后泌乳素降至正常水平，溢乳停止，月经恢复。

（1）药物治疗　甲状腺素：由原发性甲状腺功能低下所引起的乳溢症病患，应及时服用甲状腺素，其溢乳随即消失，月经恢复。溴隐亭：用于治疗继发于垂体腺瘤及原因不明的乳溢症。值得注意的是，在使用此药的过程中，一旦确诊妊娠，应立即停药，防止胎儿发生畸形，另外停止服用该药物或妊娠结束后常有复发的现象，再次用药仍然有效。左旋多巴：用于非垂体肿瘤引起的乳溢症，大多数病患用药后 1 个半月即可恢复，1 个半至 2 个月后溢乳消失，但同样停药后可复发。促性腺激素治疗：其原理是增强卵巢功能，恢复下丘脑-垂体-卵巢轴生理功能，1 支/d，持续使用 $7\sim10d$，每天经阴道脱落细胞涂片检查或宫颈黏液结晶检查到有足够雌激素，或经血、尿雌激素测定，分别达到 $300pg/mL$ 或 $50ng/24h$ 为止，证明卵泡已达成熟，再给予绒毛膜促性腺激素 2000U，连用 $2\sim3d$，可以促进排卵。维生素 B_6：可刺激催乳素抑制因子的作用而抑制催乳素分泌，但尚未广泛采用。

（2）手术治疗　适用于巨腺瘤所引起的颅内压迫症状，溴隐亭治疗无效、巨大腺瘤等。

（3）放射治疗　适用于下丘脑-垂体非功能性肿瘤，药物或手术治疗无效的病患。

12.10.4　缺乳症

缺乳症（Hypogalactia）是指发生在产后或泌乳期乳汁分泌不足或者完全无乳的一种病理状态。临床主要表现为产后食欲不振、精神萎靡、乳房没有乳汁或有少量乳汁分泌，泌乳期间乳腺机能紊乱，不愿让幼仔吸乳。母乳中含有幼仔生长发育所需的营养成分和抗体，还可以提高幼仔的免疫力。不能及时吃到初乳的幼仔的成活率和抵抗力较低，对幼仔的生长发育非常不利，常导致幼仔饥饿消瘦、营养不良、生长迟缓，发病率和死亡率都增加。缺乳症是兽医临床上一种常见的犬猫产后疾病。

［病因］

（1）环境因素　饲养面积过小，或者分娩或哺乳过程中突然出现一些噪声，使生产时对外界刺激的敏感性增加,从而造成由于分娩过程中过度紧张、恐惧和烦躁,导致泌乳机能受到抑制,从而引起缺乳症的发生。

(2) 营养因素　过胖或过瘦都易引起产后缺乳,特别是在妊娠后,日常饲喂中无法满足机体对营养的需求,易导致产后消瘦甚至无乳;分娩过程中体力消耗较大,水分流失比较严重,如果没有提供足够新鲜、干净的饮水或及时补充多汁饲料的话,也易导致产后缺乳现象的出现。

(3) 疾病因素　因产后感染易导致母犬(母猫)出现发热、食欲减退、精神不振,乳腺触诊膨大、水肿,可见红色斑点等症状,分泌的乳汁含有脓汁或血汁;幼仔吸吮乳头时损伤母体的乳腺,导致乳腺炎症的发生,这也是造成产后缺乳的主要原因;妊娠期间缺乏运动,导致难产、延长分娩时间、胎衣碎片滞留及子宫继发性细菌感染引起自身中毒等疾病的发生,都易引起产后缺乳。

(4) 配种年龄因素　过早进行配种,此时机体的机能还不完善,乳腺发育不成熟,可能会导致泌乳相关激素以及神经机能失调,从而易出现产后缺乳的现象;进入老龄期后,身体的各项机能逐渐下降,也容易出现产后缺乳现象。

[症状]　主要表现为产后厌食、精神萎靡,挤压乳头无乳汁或仅有少量乳汁排出。

(1) 产后乳汁清稀如水,乳汁不足或完全没有乳汁,结膜苍白,食欲不振,精神沉郁,形体消瘦,毛发干枯,行走迟缓,不愿让幼仔吸乳。常见于过早或过晚配种、妊娠期间营养供应不足、产前患有疾病、体质虚弱、产多胎或因剖腹产时出血过多等。

(2) 产后乳汁不通畅,乳房胀痛,或按压有块。多由于产前受到主人的打骂、产后打架、失仔或因产后环境的改变而不适应。此种情况常发生于首次分娩和一些脾气暴躁的犬(猫)。

(3) 产后乳房表现为红、肿、热、痛,拒绝哺乳,按压时躲闪,常呈张开状站立。泌乳减少、乳汁呈黄褐色或淡棕色,甚至出现白色絮状物且带血丝,严重者发热,食欲减退,精神沉郁。常见于产后没有及时清理乳房和产床,导致乳房和产床不清洁,或者幼仔吸吮力度过大,造成乳房损伤。

[诊断]　一般体温处于正常状态,产后2~3d仍少乳或无乳,乳房视诊小而软,乳房表皮出现皱褶,幼仔吮吸不出,有的乳房胀满,触诊有硬肿块,用手挤压可见有少量乳汁流出,幼仔常因饥饿而发出鸣叫声。

[治疗]　治疗原则:刺激乳腺发育、促进泌乳以及消除炎症,消除病因,对症治疗。

首先要保持生产及哺乳的环境舒适、安静、清洁、熟悉,及时排除产犬(猫)周边的应激源,尽量减少周边的噪声,避免其受到惊扰,加强均衡的营养供给,分娩后一周内,可用含有20%高锰酸钾的温水浸泡过的湿毛巾按摩乳房,每天3~5次,每次20min,有助于降低乳房肿胀,消除炎症,促进血液循环,从而刺激乳房分泌乳汁。也可喂食营养丰富的汤类食物,可在汤中加入中药通草同煮,如鲫鱼汤、猪蹄汤、墨鱼汤、猪肚汤、鸡汤等,喂汤食用,可达到良好的效果。

常用的治疗方法如下。应用通乳散等催乳片进行催乳,口服,每天2次,每次10片,连续服用2~3d,同时饲喂富含蛋白质的犬(猫)粮等。也可以采取激素疗法进行治疗,即一日2次肌内注射4~5mL的乙烯雌酚。有乳汁但是泌乳不畅,可每日2次肌内或静脉注射缩宫素进行治疗,肌内注射的含量为5~6mL,静脉注射为30~40IU。或者肌内注射垂体后叶素5~6mL,每日2次,一般2d后可恢复泌乳。

12.10.5　公犬（猫）雌性化综合征

公犬（猫）雌性化综合征（male feminizing syndrome）又称低雄激素或高雌激素综合征，临床上以公犬（猫）乳房和乳头雌性化肿大、性欲减退、脂溢性皮炎、两侧对称脱毛、皮肤角质化和色素沉着为特征。在晚期病例中，这种雌性化效应非常明显，患病公犬（猫）一般可见前列腺功能障碍、以雌性的姿势排尿并对其他雄性具有性吸引力。根据发病原因，有原发性和继发性之分。

[病因]

（1）由于睾丸曲细精管上皮细胞瘤或睾丸癌所引起的雌激素分泌过多或雄激素分泌过少。

（2）由下丘脑垂体肿瘤、过度肥胖、甲状腺功能减退等继发雄性激素分泌过少。

（3）先天性睾丸发育不全、双侧或单侧隐睾等导致雄激素分泌过少。

（4）电离辐射或放射线照射等物理因素导致睾丸分泌睾酮不足或精子生成障碍。

（5）其他　医源性投与过量雌激素补充剂。

[症状]　一般患病公犬（猫）临床呈现性欲减弱、交配无力、乳房和乳头肿大异常，部分可见分泌乳汁，严重者似发情母犬（猫）样引诱其他公犬（猫）。患病公犬（猫）最初在生殖器周围可见特征性的左右对称性脱毛，随时间逐渐扩展到股内侧及腹部，患病时间长的脱毛会波及到股外侧、胸部、荐部、腰部、颈背及肩部，残留的被毛干燥、无光泽、易拔脱，严重患病公犬（猫）最后仅剩有脊背一条状被毛，其他部位都呈无毛状态。有鳞屑和色素沉着的患病公犬（猫）皮肤通常可见大面积的异常色素沉着，尤其是阴囊、包皮、侧腹部以及股部最为明显，腹部有脱色斑。部分患病公犬（猫）发生耳垢性外耳炎。公犬（猫）若因肿瘤因素导致雌性化综合征，多发生于单侧睾丸，患侧睾丸浅表肿大、有硬感，阴茎和非肿瘤侧睾丸萎缩。慢性病例可发生脂溢性皮炎和脱屑。部分前列腺肥大病例可出现血尿和脓尿。

[诊断]　根据临床症状可与其他皮肤病变相区别，皮肤角质化和色素沉着也常见于黑色素表皮增厚症，但病变常发生在腋下，后逐渐蔓延至腹部和后肢，且无乳房、前列腺肿大和外耳炎等症状。真菌性皮炎无对称性皮肤病变，可与本病相区别。确诊本病有赖于检测血清中性激素的水平高低。激素测定的方法是同时采集疑似病犬（猫）的血清和健康对照犬（猫）的血清，用放射免疫法测定血清中的雌激素和雄激素含量，病犬（猫）血中的雌激素水平明显高于健康对照犬（猫）或雄激素水平明显低于对照犬（猫）。公犬（猫）的睾丸支持细胞瘤也可导致本病，睾丸支持细胞瘤多见于老龄公犬，且常发生于右侧睾丸，肿瘤化的睾丸多在阴囊外呈浅表状态，组织学检查可见呈长栅状排列的肿瘤细胞，因内含脂肪而呈泡沫状，纤维组织呈厚带状。

[治疗]　以消除病因、激素疗法、对症治疗和手术治疗为原则。

对于患有先天性睾丸发育不全、单侧或双侧隐睾、睾丸癌、睾丸支持性细胞瘤等病犬（猫），应首先采取手术治疗，经睾丸摘除术摘除病犬患侧或双侧睾丸。对于外源性投予过量雌激素的病犬（猫）应及时停止雌激素喂食或注射。继发性公犬（猫）雌性化综合征应积极治疗原发病。

病犬（猫）应选择皮下或肌内注射丙酸睾丸酮 20～50mg/次，每 5～7d 1 次；地塞米松 0.5～1.0mg/次，肌内注射，每天 1 次，连用 2～3d。对皮肤苔癣化的病例可涂以碘酊或蜂胶乳剂、水杨酸乳剂等。对外耳炎可在清洁耳道后，滴入氯霉素或新霉素水剂消除耳道炎症。前列腺肥大犬（猫）可投喂前列康、止血药和消炎药缓解症状。

12.10.6　泌尿生殖道瘘管

泌尿生殖道瘘管是在阴道和膀胱、输尿管或尿道之间存在的异常管道，可发生在盆腔区域的任何器官和结构之间。通常根据其发生原因分为产科瘘、先天性瘘和医源性瘘，也可以按大小和具体的解剖位置进行分类（例如"上阴道"或"阴道后壁"）。其典型症状表现为尿液粪便不断从阴道中流出等。先天性泌尿生殖道瘘很少发生，更多的发生原因是感染，同时阴道与胃肠系统之间也可能存在异常通道，这些通道也称为瘘管。

[病因]

（1）先天性　由胚胎发育异常所致，如直肠阴道瘘、膀胱阴道瘘。

（2）感染　因感染后脓肿破溃形成，如肛瘘、肠瘘等。

（3）手术　为解除某器官梗阻，行人工造瘘术形成的瘘管；或在各类手术后，由于感染吻合口愈合不良、缝线脱落、手术操作错误等而发生瘘管。

（4）机械压迫　例如难产时，由于胎头长时间压迫阴道，可形成膀胱阴道瘘。

（5）肿瘤　恶性肿瘤晚期溃破，可导致瘘管发生。

常见泌尿生殖道瘘的类型：

（1）膀胱阴道瘘

[病因]　包括产伤性膀胱阴道瘘及手术性阴道膀胱瘘。产伤性膀胱阴道瘘的发生原因有胎位异常、先天性阴道畸形及助产不利导致产程延长等；手术性阴道膀胱瘘的发生原因来源于无意识的膀胱切开，或膀胱切开后愈合不良。

[症状]　尿瘘，表现为经阴道出现不自主尿液溢出症状。

[诊断]　主要需要鉴别阴道分泌物、淋巴液、输卵管液。检测分泌物中肌酐值有助于明确诊断。亚甲蓝试验及靛胭脂试验有助于判断膀胱阴道瘘的具体瘘点位置。膀胱内造影技术对膀胱阴道瘘的诊断可起到一定作用，而随着宠物医疗水平的发展，膀胱镜检查对于膀胱阴道瘘的诊治起到越来越重要的作用，因为这种方法不但可以较明确判断瘘孔位置，还可以明确是否存在黏膜炎症、结石、异物、恶性肿物等伴发因素。

[治疗]　一般治疗：抗感染，加强营养，纠正水与电解质平衡等；行暂时性人工造瘘术在拔去导管后大都可自愈。手术治疗：需要对周围肌肉组织等进行特殊保护，可采用挂线法及术后药浴的办法防止术后排泄失禁的发生。负压吸引治疗：在纠正水与电解质平衡及营养补充时，对瘘管进行充分负压吸引，常可自愈。如经久不愈导致水、电解质大量丢失，应及早手术治疗。

（2）膀胱子宫瘘

[病因]　主要原因与产科手术相关，其余原因多与外科手术术中感染相关。未充分游离膀胱、缝线穿透膀胱黏膜、感染、局部血肿形成都是膀胱子宫瘘形成的潜在诱因。

[症状]　膀胱子宫瘘以不自主漏尿为主要症状，有些患病动物可能会合并周期性血尿或不自主阴道排液。此类症状需与盆底功能障碍导致的压力性尿失禁及可造成血尿的泌尿系统疾病进行鉴别。

[诊断]　膀胱镜检查及肾盂逆行造影检查对于膀胱子宫瘘的诊断具有重要的意义。亚甲蓝试验或口服苯偶氮二氨基吡啶可以对该病的诊断起到辅助作用。

[治疗]　该类疾病可选择保守治疗或手术治疗。若瘘口新鲜，长期留置尿管，适当应用消炎药物预防感染可使部分瘘口自发性闭合。若瘘口复杂，或合并坏死感染组织，在控制好感染后，炎症水肿消退后，可选用手术治疗的方法，效果良好。

（3）直肠阴道瘘

[病因]　分娩损伤、手术损伤、炎性并发症。

[症状]　若瘘口较小，阴道常有气体排出，成型粪便常不从阴道排出，但当腹泻时，阴道

内可发生排粪及排气；若瘘口较大，则常经阴道排粪及气体，由于会阴部长期受粪便和阴道分泌物的刺激，外阴、会阴可出现皮肤溃疡灶及湿疹；全身症状多不明显，少数患病动物可发生腹痛及低热。

[诊断] 本病需要确定具体发病部位，可使用阴道窥镜从阴道外口即可看到瘘口的位置及大小，直肠阴道下段瘘有时从阴道外口直接能看到瘘口。

[治疗] 可使用药物治疗及手术治疗的方法。药物治疗可使用高锰酸钾药浴或使用生理盐水保持局部清洁，防治局部感染。直肠阴道瘘大多数需手术治疗进行干预，在手术的方式选择上要根据瘘口的大小、位置、病因以及是否为复发性瘘具体选择。恰当的手术时机、术前充分的肠道准备、术后适当的营养支持对保证手术的成功非常重要。

12.11 新生仔疾病

12.11.1 新生仔护理

新生仔护理（New boy care）是指从出生到脐带断端干燥、脱落这段时间的仔犬、猫，大约 3d，由于生命力弱，要加强护理。

[病因] 新生仔活动能力很差，而且眼睛和耳朵都完全闭着，随时有被母宠压死、踩伤的可能，也有爬不到母宠身边因冻伤、吃不到初乳而挨饿等现象，这些都需要有人随时发现并且随时处理。所以对新生仔的观察护理非常重要，对母性不好、体质弱的幼仔尤其重要。

[诊断] 根据新生儿生理阶段和生命体格情况，结合生殖、环境、护理等情况即可作出诊断。

[治疗] 针对弱仔，加强护理。护理要点如下：

（1）保持温度　新生仔的体温较低，为 36～37℃，体温会降到 34℃ 以下。而且新生仔的体温调节能力差，不能适应外界温度的变化，所以对新生仔必须要保温，尤其是在寒冷的冬季。1 月龄内的幼仔的生活环境温度以 28～32℃ 为宜，对体质较弱的新生仔，恒定的环境温度尤其重要。随着年龄的增长，新生仔对环境温度变化的调节能力逐渐增强。但新生仔生活的环境温度也不宜过高。过高会使机体水分排泄过多，容易脱水。一般以稍低于健康新生仔的体温为好。

（2）吃足初乳　初乳一般是指母宠产后 1 周内分泌的乳汁。初乳中不仅含有丰富的营养物质，并具有轻泻作用，更重要的是含有母源抗体。新生仔体内没有抗体，完全是通过消化初乳获得抗体，从而有效地增强抗病能力，因此，新生仔要在产后 24h 内尽快吃上初乳。对不能主动吃初乳的幼仔犬、猫应及时让其吃上初乳。最好先挤几滴初乳在乳头上，然后轻轻把幼仔的脸在母宠乳腺上摩擦，再将乳头塞进幼仔嘴里，以鼓励仔犬、猫吸吮母乳，必要时还需要人工帮助挤出初乳喂新生仔。

（3）人工哺育　母宠产仔数过多或犬、猫乳汁不足甚至无乳时，应进行人工哺乳或保姆宠哺乳。但在进行人工哺乳或保姆宠哺乳之前，要尽量让新生仔犬、猫吃到初乳。如果母宠无乳或因其他原因确实不能哺乳，最好经保姆宠哺乳 5d 左右再离开，这样就可以提高弱的免疫力，增强抗病能力。

① 人工喂养：首先要选好代乳品，一般使用牛奶，最好是新鲜牛奶。开始时应按体积加 1/3 的水稀释，再在每 500mL 稀释乳中加入 10g 葡萄糖和两滴幼儿维生素混合物滴剂。3～5d 后应逐渐减少水的比例，提高牛奶浓度。白天至少每隔 2h 喂 1 次，体质特别弱或食量小的，

要每隔 1h 喂 1 次；晚上视情况每隔 3～6h 喂 1 次。每天喂食的奶料最好现喂现配，也可将 1d 的奶料配好储存在冰箱里。喂食时将奶料加热到 38℃ 左右。喂食可根据仔犬、猫的胃容量来确定，以 5～8 成饱为宜。

② 保姆宠喂养：保姆宠哺乳对缺奶的新生仔犬、猫的正常发育很有利，若做得好与自身犬、猫带的效果一样。有条件的可以对产仔数多的犬、猫配备好保姆宠。一般选择性情温和的保姆宠，并应具备两个条件：与母宠分娩时间基本相同，有充足的乳汁。在给保姆犬、猫喂养前，要在新生仔身上涂擦保姆宠的乳汁或尿液，让新生仔身上带有保姆宠的气味，这样保姆宠就能很快接受幼仔。

（4）疾病预防　新生仔抗病力极差，很容易受到病原微生物的侵袭，因此需要主人更加体贴和小心的照顾。产房一定要保持干净卫生。注意新生仔的保温。保持母宠乳房清洁卫生。要注意观察幼宠各种症状如呕吐、腹泻、发热、没有精神、流鼻涕等，及时诊治，防止各种疾病。

刚出生的幼宠肠胃机能还不健全，极易发生呕吐和腹泻的病症。因而遇到幼宠出现呕吐和腹泻的情况，要分辨到底是疾病原因还是非疾病原因而导致的。如果持续呕吐和腹泻，则导致不能进食和脱水的症状，需要及时采取措施。非疾病原因导致幼宠呕吐和腹泻的有：消化不良，精神压力，天气的突然变化。幼犬在摄入油腻或者糖分过多的食物时，肠胃受到刺激，容易导致消化不良和肠胃炎的问题。另外，环境的变化带给幼宠的精神压力也会导致幼宠呕吐。最后，在天气突然变凉的情况下，幼宠着凉以后，也会出现呕吐和腹泻的情况。寄生虫病、细菌性疾病、肠胃炎和病毒性疾病也会导致呕吐和腹泻。如果幼宠的呕吐和腹泻情况并非是单次出现而是持续出现的时候，那么就需要注意了，特别在幼宠排泄物和呕吐物中出现黏液和血液的时候，就需要记录下幼宠呕吐、腹泻的时间和频率，然后携带呕吐物或排泄物前往医院就医。

幼宠在发热时，会突然表现出软弱无力、吃不下东西的症状，所以在幼宠表现不正常的时候，要确认一下幼宠是否在发热。发热是幼宠身体状况不佳的信号，特别是幼小的幼宠不能很好地调节自身的体温，因而需要小心关注，避免冬天着凉、夏天中暑。导致幼宠发热的可能原因有病毒性感冒、肠胃炎、外伤、细菌性感冒和中暑。幼宠在发热时会张大嘴吐着舌头急速地呼吸，这种方式可以帮助幼宠进行散热，但没办法治愈疾病，需要及时地带它们前往医院就医。在日常生活中，要注意幼宠生活环境的温度，预防感冒。

幼宠在白天清醒的时候，是充满了活力和探索欲望的，如果从一开始就展现出没有活力的样子，有可能是先天性疾病或者染上了某种疾病的影响。如果是突然某一天缺乏活力和精神，那么就要从日常生活入手，考虑是不是出了什么问题。幼宠缺乏精神的可能原因有低血糖、各种先天性疾病、细菌性疾病、压力、病毒性疾病。幼宠在体力方面较为弱势，当幼宠体力不支的时候，血液中的血糖含量会急剧下降，产生低血糖症，幼宠就会变得软弱无力。如果幼宠感染了病毒或细菌，在腹泻、呕吐、咳嗽、打喷嚏等症状出现之前，会表现出没有精神、软弱无力的症状。这种情况容易造成二次感染，所以需要尽早去医院。

可以通过观察幼宠的鼻涕来分辨幼宠的状况。如果是如同鼻水一样的清鼻涕，那么可能是幼宠感冒了；如果是黏黏的黄绿色鼻涕，那么就可能是鼻炎或者鼻窦炎；如果是鼻涕里面混有血，那么就是鼻黏膜脆弱的表现。分辨清楚幼宠的问题所在，就可以对症下药了。可能原因有病毒性感冒、细菌性感冒、鼻炎、鼻窦炎或者过敏性鼻炎。当幼宠流鼻涕的时候，幼宠的体力也会下降，因而需要让幼宠安静下来以恢复体力。长时间的流鼻涕可能会导致慢性鼻炎，因而也需要让幼宠尽早接受治疗。

此外，有过敏性鼻炎的幼宠会对粉尘和花粉等过敏，需要确认和消除过敏源。就医后，再根据医嘱使用抗过敏药和消炎药。另外需要提醒的是，在冬天天气干燥的季节里，幼宠的鼻黏膜会变得脆弱，变得更容易患上感冒。

12.11.2　新生弱仔死亡

新生弱仔死亡（New weak young death）主要指生后 3 周内的幼宠较容易发生急性死亡，主要表现为死亡速度快、死亡率高，绝大多数幼宠来不及治疗。弱仔死亡多发于母宠怀孕阶段、生产阶段、生产后阶段（0～2 周）和断奶阶段（5～12 周）。如果幼宠过了 12 周，成活率就比较高了。

[病因]

（1）先天不正常　幼宠出生时就有不正常的表现，通常内在由于基因问题，外在由于放射线照射或者某些有害物质造成畸形。问题可能涉及中枢神经系统、心血管系统、呼吸系统等。

（2）化学物质导致畸形　犬、猫由于怀孕期间受到一些化学物质的影响，比如固醇类及灰素类口服药。怀孕期间最好避免此类药物的摄入。

（3）犬、猫营养不良　犬、猫在怀孕期间营养不良或者不均衡可能会导致幼宠体质虚弱或者患有某些不可医治的疾病。由于幼宠缺乏母体血液供应和胎盘空间竞争而引起疾病。其中被认为最大的营养问题就是牛磺酸（牛胆素）的缺乏。此病会引起胎儿重吸收、流产、死胎、幼宠发育不良等。

（4）幼宠体重不足　此原因容易引起高死亡率。新生犬、猫体重并不受性别、胎数、犬、猫体重影响，但具体原因尚不清楚。通常是因为营养不良或者天生缺陷造成的。体重不足会引起死产和六周内夭折，并且引起慢性发育不良。

（5）意外创伤　包括难产、食子癖和犬、猫母性缺失等。这些原因造成的创伤和意外会导致幼宠出生后 5d 内死亡。幼犬出生后几分钟到一小时，是母仔之间建立关系的关键时刻。一旦受到不良刺激和干扰，母犬对幼犬不予监护。犬、猫通常神经质或者精神高度敏感，造成犬、猫把孩子吃掉。但专家称，这样的行为是为了保护健康幼宠免于疾病的传染，并且减少母亲乳汁的消耗。犬、猫会对生病的新生幼宠不理睬或者不照顾，甚至叼到窝外面。此时说明此幼宠有病。

（6）新生儿溶血　此病并不常见，多见于纯种犬、猫。病因为：犬、猫的初乳含有丰富的移行抗体，新生犬、猫的肠道只在 24 小时内可以吸收，其中也包含某些同种抗体，血型 A 的犬、猫仅具有微弱的抗 B 型同种抗体，而血型 B 的犬、猫却拥有强大的抗 A 型同种抗体，因此如果血型 B 的犬、猫生出血型 A 或者 AB 的幼宠，犬、猫初乳中便含有大量的抗 A 型同种抗体，一旦幼宠在 24 小时内摄食初乳后，这些抗 A 型同种抗体便被吸收至身体内，并与幼宠的红细胞结合而使之溶解，这种溶血状态可发生在血管内及血管外而引起严重贫血、血红蛋白尿性肾病、器官衰竭及弥漫性血管内凝血，即使是初产的血型 B 型犬、猫也会引发相同问题。

（7）其他急性感染引起的死亡　沙门氏菌感染，可引起犬、猫幼宠精神萎靡，厌食呕吐，体温高达 40℃，往往因脱水迅速死亡；链球菌感染新生幼宠常于生后 2～3d 发病，3d 内死亡，最急性的可以生后 1d 内死亡，主要是引起心内膜炎脓胸。犬轮状病毒感染，可引起腹泻症状，属急性接触性传染病，一周内已感染，经 2～4h 即可出现明显的腹泻症状；犬冠状病毒感染，目前通过感染的乳头或者产床、哺乳传给新生幼宠，引起急性胃肠炎，产后 2～3d 可造成死亡；犬疱疹病毒感染，能引起幼仔的败血性传染病。致死性感染只发生于两周以内。主要表现为呼吸道症状，伴有消化道症状。

[诊断]

（1）流行病学调查　全场是否有该病的流行，如只是单窝或单个的发生，基本可排除传染病的可能性。

（2）环境调查　犬、猫舍周围的环境是否影响幼宠的生长，卫生、温度、光照、通风等是否符合幼宠的生长。

（3）遗传病史调查　有无遗传病、生殖系统疾病，了解该犬、猫第几窝的产仔及其幼宠的生长发育情况，有无不良嗜好。母宠情况，该场是否存在影响幼宠生长发育的传染病如链球菌病、犬疱疹病毒病等。

（4）幼宠的营养状况　目前的毛色、光泽、膘情、是否有明显营养物质缺乏等。健康状况包括活力及其膘情发育情况。

[治疗]

（1）幼宠的临床症状　幼宠的活力情况和消瘦程度。体温是否升高，是否有呼吸困难，是否贫血、黄染等，大小便的色泽以及大便的次数、是否稀薄。

（2）实验室诊断　血尿常规的分析，如怀疑是传染病，可进行病原学诊断并作进一步诊疗。治疗原则为消除病因。改变不适应幼宠生存的环境。母性不好或新生幼宠溶血可寄养幼宠；细菌病可用抗生素治疗，可收到良好疗效；病毒病，可用特异的抗体进行治疗。配合抗生素，防止继发感染。早期疗效尚可，中后期疗效都不理想。

12.11.3　新生仔窒息

新生仔窒息（New boy choked）指新生仔刚出生后，呼吸发生障碍或完全停止，而心脏尚在跳动，称为新生仔窒息或假死。

[病因]产道干燥、狭窄、胎儿过大、胎位及胎势不正等，使胎儿不能及时排出而停滞于产道。胎儿骨盆前置，脐带自身缠绕，使胎盘血液循环受阻。幼宠高热、贫血及大出血等，使胎儿过早脱离母体。尿膜、羊膜未及时破裂，造成胎儿严重缺氧，刺激胎儿过早发生呼吸反射，致使羊水被吸入呼吸道等。

[症状]因窒息的程度不同，分为轻度窒息和重度窒息。

（1）轻度窒息　表现呼吸微弱而短促，吸气时张口并强烈扩张胸壁，两重呼吸；间隔延长，舌脱垂于口外，口鼻内充满黏液，听诊肺部有湿性啰音，心跳及脉搏快而无力，四肢活动能力很弱。

（2）重度窒息　表现呼吸停止，全身松软，反射消失，听诊心跳微弱，触诊脉搏不明显。

[治疗]原则：一是兴奋呼吸中枢，二是使呼吸道保持畅通。

具体可采取以下方法：

（1）清理呼吸道　速将犬、猫倒提或高抬后躯，用纱布或毛巾揩净口鼻内的黏液，再用空注射器或橡皮吸管将口鼻喉中的黏液吸出，使呼吸道畅通。

（2）人工呼吸　呼吸道畅通后，立即做人工呼吸。方法如下：有节律地按压犬、猫腹部；从两侧捏住季肋部，交替地扩张和压迫胸壁，同时，助手在扩张胸壁时将舌拉出口外；在压迫胸壁时，将舌送回口内；握住两前肢，前后拉动，以交替扩张和压迫胸壁；人工呼吸使犬、猫呼吸恢复后，常在短时间内又复停止，故应坚持一段时间，直至出现正常呼吸。

（3）刺激　可倒提犬、猫抖动、甩动，或拍击颈部及臀部，冷水突然喷击犬、猫头部；以浸有氨溶液的棉球置于犬、猫鼻孔旁边，将头以下部位浸泡于 45℃ 左右温水中，徐徐从鼻吹入空气，针刺人中、耳尖及尾根等穴，都有刺激呼吸反射而诱发呼吸的作用。

（4）药物治疗　选用尼可刹米、山梗碱、肾上腺素、咖啡因等药物经脐血管注射。

12. 11. 4　脐炎

脐炎（omphalitis）是幼宠出生后由于脐带断端遭受细菌感染而引起的化脓性坏疽性炎症，为犊牛常见多发疾病。正常情况下，幼宠脐带在产后 7～14d 干枯、坏死、脱落，脐孔形成瘢痕和上皮而封闭。由于幼宠的脐血管与脐孔周围组织联系不紧密，脐带断后，血管极易回缩而被羊膜包住，然而脐带断端常因消毒不好而导致细菌大量繁殖，使脐带发炎、化脓与坏疽。临床上分为急性脐炎和慢性脐炎。

[病因] 多因羊膜早期破裂、产程延长、产道感染或者助产时脐带不消毒或消毒不严，幼宠互相吸吮，致使脐带感染而发炎。饲养管理不当，外界环境不良，卫生条件较差，导致脐带受感染。也可继发于卵黄管或脐尿管未闭引起的感染。脐静脉插管输液或换血亦是诱发脐部感染的一个原因。常见病原菌有金黄色葡萄球菌、溶血性链球菌和大肠埃希菌等，以金黄色葡萄球菌最多见。

[症状] 临床上以慢性脐炎多见。脐带炎症初期常不被注意，仅见幼宠消化不良、下痢。随着病程的延长，幼宠呈现精神沉郁，体温升高至 40～41℃，常不愿行走。脐带与组织肿胀，触诊质地坚硬，患畜有疼痛反应。脐带断端湿润，用手压可挤出污秽脓汁，有恶臭味，有的因断端封闭而挤不出脓汁，持久不愈，肉芽组织增生，形成脐部肉芽肿。脐凹周围皮肤略有红肿，可有轻度糜烂，一般无全身反应。患宠常消化不良，腹泻或膨胀，弓腰，瘦弱，发育受阻。如及时治疗，一般愈后良好。慢性脐炎治疗不当可转变为急性脐炎。

急性脐炎时脐部红肿明显，边界不清。根据病变范围可累及以脐部为中心的周围腹壁，局部稍隆起，皮温升高，残端常未愈合，可有少量脓性分泌物。如炎症未及时控制，可发展为脐周急性蜂窝织炎，炎症范围很快扩大，可累及周围广泛腹壁乃至胸壁，引起腹壁或胸壁蜂窝织炎。常伴有不同程度的全身反应：发热、食欲减退、哭吵不安、白细胞增高严重者可有急性腹膜炎或脓毒症表现。炎症局限后可形成脐部脓肿。

新生幼宠腹壁组织娇嫩，抗感染能力较差，且脐部血管尚未完全闭合，发生急性脐炎后可向各个方向扩散：炎症向脐部周围扩散，可蔓延到附近，引起皮炎或脓肿；炎症向深部扩散侵及腹腔，引起脐原性腹膜炎；脐静脉受累后，炎症扩散到门静脉、肝静脉及下腔静脉，可造成门静脉炎，门静脉血栓形成细菌性肝脓肿。感染扩散经腹壁下动脉到髂内动脉，导致脓毒症。

[诊断] 根据慢性脐炎或急性脐炎的临床表现，诊断一般不难。脐部长期湿润，有少量分泌物，有时可见肉芽肿，可诊断为慢性脐炎。脐部及周围组织红肿，犬、猫不安、发热，应考虑急性脐炎。

[治疗] 消除炎症，防止炎症蔓延。

（1）局部治疗　脐炎早期，局部保持清洁干燥，用雷凡诺尔纱布湿敷，经常清除分泌物。病初可用 1%～2% 高锰酸钾清洗局部，并用 10% 碘酊涂擦。

（2）如脐部有肉芽肿，表面用硝酸银棒烧灼，烧灼无效时用电灼或手术切除。

（3）已形成脓肿或导致急性腹膜炎时，应切开排脓，再用 3% 过氧化氢冲洗，内撒布碘胺粉。严重时可手术清除坏死组织，并涂以碘仿醚（碘仿 1 份，乙醚 10 份），也可用硝酸银、硫酸铜、高锰酸钾粉腐蚀。

（4）全身治疗 进行细菌培养及药物敏感试验并根据结果选用敏感抗生素。一般常用青霉素，肌内注射，每天两次，连用 3～5 次。如有消化不良症状，可内服磺胺脒、苏打粉各 6g，酵母片或健胃片 5～10 片，每天 2 次，连服 3d。

第十三章
心血管系统疾病

13.1 心血管系统常见综合征

13.1.1 犬猫高血压

犬猫高血压（Hypertension in dogs and cats）是由于血压值异常偏高，目前尚不明确异常升高的标准，因为许多因素影响犬猫的血压，甚至在同一天中不同时间、不同状态下均可影响健康动物的收缩压、舒张压和平均血压检测值。

目前已有很多关于血压的直接测量和无创测量法的报道。通常正常、未经训练、未经麻醉的犬猫血压值不超过 100/160mmHg（舒张压/收缩压），但某些种犬正常血压可高于此范围，有些正常动物应激或焦虑时收缩压可大于 180mmHg，而通常认为收缩压在 110/180～200mmHg 为临界值或轻度升高，动脉血压高于 110/200mmHg 即高血压范围。

血压的差异性与犬的年龄、品种和性别有关，未绝育雄性动物的血压高于绝育的雄性动物，而未绝育雌性动物的血压低于绝育的雌性动物。通常认为收缩压、舒张压和平均压的均值存在种属差异性，通常大型犬或巨型犬的血压低于小型犬。

［病因］犬猫的高血压通常为继发而非原发，原发性高血压通过排除法确诊，动物确诊较少，尽管曾有报道表明犬可发生遗传性原发性高血压。继发性高血压相关的疾病包括肾病；或甲状腺机能亢进的患猫发病率较高，至少存在轻度高血压；可通过治疗得到有效逆转；肾脏疾病尤其是涉及肾小球功能，以及肾上腺皮质功能亢进的犬通常伴发高血压；糖尿病、甲状腺机能低下伴有动脉粥样硬化等。

犬猫在发生肝脏疾病、肥胖、高钙血症、慢性贫血（猫）、摄入高盐食物、嗜铬细胞瘤、肢端肥大症、抗利尿激素分泌紊乱、血液黏质度高/红细胞增多症、肾素分泌型肿瘤、醛固酮过多症、雌激素过多、主动脉狭窄、妊娠后期以及中枢神经系统疾病都可能伴发高血压。此外，暂时性高血压可由引起血管收缩的药物所致，包括眼部局部使用肾上腺素。

［诊断］临床高血压通常发生于中年至老年犬猫，通常是继发于某些疾病。有些研究认为雄性犬可能比雌性犬更易罹患。

失明是最常发生的症状，且常由急性视网膜出血或脱落导致，多数病例无法恢复视力。继发高血压的眼底变化包括陈旧性视网膜出血、视网膜水肿、视网膜萎缩、视网膜小动脉扭曲、神经乳头水肿及血管周炎，也可发生玻璃体或前房出血、闭角型青光眼及角膜溃疡。

其他常见的并发症是多尿、多饮，在犬通常与肾病或肾上腺皮质机能亢进相关，而在猫则多与肾病或甲状腺机能亢进相关。高血压本身可导致所谓的压力利尿，高血压动物常可听诊到轻微的心脏收缩期杂音，也可听到奔马律，尤其在猫。鼻黏膜血管破裂可致鼻衄、癫痫、轻瘫、昏厥、虚弱或其他神经症状，是由于高血压性小动脉痉挛或出血导致的脑血管意外（中风）的表现。

高血压的动物除定期检查血压，需要进行常规的全血细胞计数（CBC）、血清生化和尿液分析检测，排除潜在疾病或并发症，包括多种激素测试、胸腔和腹腔 X 射线检查、超声检查（包括超声心动）、心电图、眼科检查和血清学检查。

慢性高血压的患犬猫的胸部 X 射线检查通常显示一定程度的心脏增大，猫还可出现主动脉弓突出和波状主动脉，虽然这些表现通常不是高血压的特征性病变，轻度至中度左心室增大可通过超声心动图确认，但测量值通常在正常的参考范围之内。超声心动图检查也可发现主动脉根部扩张。

[治疗] 动物患严重高血压及出现由高血压引起的临床症状应进行治疗。这些患畜的血压通常高于 110/200mmHg，治疗目标是将血压降至 100/170mmHg 以下，而完全恢复至正常血压不容乐观，应对潜在疾病进行积极治疗，如肥胖动物应进行减肥，减少食物中钠的摄入（如干物质主要成分中钠 0.22%～0.25%）。

最常使用的药物是血管紧张素转化酶抑制剂（ACEIs）（如依那普利、贝那普利、卡托普利）、钙通道阻断剂（氨氯地平）、β肾上腺素受体拮抗剂（阿替洛尔、普萘洛尔）、血管紧张素 II 受体阻断剂（氯沙坦）、利尿剂（呋塞米、氢氯噻嗪）。有些病例仅用一种降压剂治疗即有效，有些则需联合用药治疗才能较好地控制血压。推荐初始治疗时可尝试使用 ACEIs，氨氯地平是治疗猫高血压的一线用药。对于甲状腺机能亢进引起的高血压，阿替洛尔是首选药物。利尿剂可帮助减少血容量，但单独使用利尿剂很少有效。通常在用药开始时进行监测，可能需经过 2 周或更长时间的治疗血压才能发生明显的降低。

钙通道阻断剂是一类降低动脉和心肌细胞内游离钙离子浓度的药物，可引起血管舒张并降低心输出量，氨氯地平对猫高血压的作用至少可持续 24h。体型较大或对低剂量无效的患猫可使用双倍剂量，患猫若单用氨氯地平作用不完全，可联合使用肾上腺素受体阻断剂或 ACEIs。

紧急降压治疗适用于由急性视网膜脱落和出血脑病或发生颅内出血、急性肾衰或急性心衰的动物，若有条件使用匀速输液和足够的监护设备，对血压性升高的动物可使用直接扩张血管药物，如硝普盐，也可静脉给予普萘洛尔或乙酰丙嗪，若 12h 内无法实现有效降压，可联合多种药物。

对于非紧急病例，最初给药时每 1～2 周应监测血压，以评估降压治疗的有效性。当血压得到有效控制后，每 2～3 个月监测即可。初始治疗控制血压可能要数周至数个月，有些动物最初对用药有所反应，之后可能使用相同疗法却无效。降压药物治疗的不良反应通常为低血压，通常表现间歇性嗜睡或共济失调，也可出现食欲下降。当使用降压药治疗时，监测血压是十分重要的，需要对其进行连续的测量以评估治疗的有效性并且避免发生低血压。

13.1.2 心力衰竭

心力衰竭（Heart failure）不是一个独立的疾病，它是由一个或多个潜在病因引起的一种综合征。临床上心肌收缩力降低是一个原发性病因，刺激一系列神经体液的应答反应，最终导致心力衰竭，其他慢性疾病改变心脏负荷或造成损伤的因素，继发心肌收缩功能障碍。临床表现为心肌收缩力减弱、心脏排血量减少、静脉回流受阻、动脉系统供血不足、全身血液循环障碍等一系列症状和体征。心力衰竭可分为左心衰竭和右心衰竭，但任何一侧心力衰竭都可影响对侧。

[病因]

（1）心肌功能障碍　扩张性心肌病，猫的牛磺酸缺乏和心肌炎。

（2）心脏负荷加重　缩期负荷加重，见于主、肺动脉瓣狭窄或体、肺循环动脉高压；舒张期负荷加重常见于心脏瓣膜闭锁不全及先天性动脉导管未闭等。

（3）心肌发生病变 由各种病毒（犬瘟热、犬细小病毒）、寄生虫（犬恶心丝虫、弓形虫）、细菌等引起的心肌炎，由硒、铜、维生素 B_1 等微量元素缺乏引起的心肌变性，由有毒物质（如铅等）中毒引起的心肌病，由冠状动脉血栓引起的心肌梗死等，心肌突然遭受剧烈刺激（如触电，快速或过量静脉注射钙剂等）或心肌收缩受抑制（如麻醉引起的反射性心跳骤停或心动徐缓）等。心包疾病如心包积液或积血，使心脏受压，心腔充盈不全，引起冠状循环供血不足，而导致心力衰竭。

（4）治疗时，过快或过量的输液以及不常剧烈运动的犬猫突然运动量过大（如长途奔跑）等引起。

[症状] 左心衰竭时主要呈现肺循环淤血，发生肺水肿、肺充血，引起咳嗽、呼吸急促、端坐呼吸、肺部捻发音、咯血、黏膜发绀，继发右心衰竭和心律失常。

右心衰竭时主要呈现体循环障碍（全身静脉淤血）和全身性水肿。早期可见肝、脾肿大，后期由于腹水使腹围扩大，腹水及肿大的肝压迫膈肌引起喘息。偶尔可见胸水。

充血性心力衰竭通常是由左心或右心衰竭发展而来。其特征性症状是疲劳、虚弱、晕厥、肾前性氮血症、黏膜发绀、心律失常。

[诊断] 根据病史、临床症状即可做出诊断。

[治疗] 治疗原则为去除病因，减轻心脏负荷，控制水肿和积液，增加心输出量，支持心脏功能和纠正心律失常。

（1）增强心肌收缩力，增加心输出量 使用血管紧张素转换酶抑制剂、地高辛或血管扩张剂。用毛花强心丙注射液 0.3～0.6mg，加入 10～20 倍 5％葡萄糖溶液中，缓慢静脉注射，必要时 4～6h 后再 1 次。也可用洋地黄毒苷（每千克体重 0.033～0.11mg），2 次/d，口服，或以每千克体重 0.006～0.012mg（全效量）静脉注射，然后以全效量的 1/10 维持。应用洋地黄类药物必须注意，感染、发热引起的心动过速而无心力衰竭的病犬猫不宜使用，可采用抗生素控制感染。部分或全部房室传导阻滞则为禁忌证。

（2）减轻心脏负荷 让病犬猫保持安静，可使用镇静剂，如肌内注射安定注射液，1～2mL/次。

（3）控制水肿和积液 应用利尿剂、血管扩张剂以及饮食调节等。适当限制食盐的摄入量。肌内注射速尿，以促进水肿消退。

（4）改善缺氧状况 有条件者可以用鼻导管输氧。

（5）对症疗法 出现其他并发症采取对症疗法。参考本章的有关内容。

[预防] 加强饲养管理，按时接种疫苗和驱虫，严防发生对犬猫危害较大的传染病、寄生虫病等。

13.1.3 心律失常

心律失常（Cardiac arrhythmias）指心脏冲动的频率、节律、起源部位、传导速度与搏动次数的异常。临床上表现为脉搏异常和不规则心音并引起虚弱、衰竭、癫痫样发作，甚至猝死。心律失常发生于潜在的心脏疾病，有些并无临床症状，有些引起严重血液动力学改变和猝死。心律失常可使心输出量和冠状动脉灌注减少，导致心肌缺血、心泵功能衰退，引发猝死。

正常心率：大中型犬为 90～160 次/min，小型犬和幼年犬为 110～180 次/min，猫为140～225 次/min。当节律紊乱时，则可高至 360 次/min 或低于 50 次/min。研究表明，犬猫心律失常主要表现为心房纤颤（27％）、窦性心动过速（17％）、期前收缩（11％）、心脏传导阻滞（12%）等。

[病因] 本病的病因复杂，包括心血管系统疾病、缺氧性疾病、感染、代谢性疾病和植物神经系统疾病等。心脏本身疾病，如创伤、感染、先天性形态异常、心肌病和肿瘤等；心脏外因素，如电解质代谢紊乱、自主神经紊乱、低氧血、酸中毒、甲状腺机能亢进和药物中毒、应激、兴奋、低血钾、高血钙、高热或体温低等。

（1）心血管系统疾病 心肌疾病如心肌炎、心包积液、心脏肿瘤、心肌缺血、低血压、高血压、窦房结功能异常、传导系统功能障碍、心脏瓣膜疾病、心力衰竭等。

（2）缺氧性疾病 肺部疾病、贫血、心肌梗死，也可发生于麻醉过程中。

（3）感染 见于各种原因引起的菌血症和发热。

（4）代谢性疾病 酸中毒、电解质平衡失调如钾、钙、镁，神经系统疾病如颅内压升高、脑干病变，内脏疾病如急性肾衰、肝脏功能障碍以及内分泌系统疾病如甲状腺功能减退。

（5）植物神经系统疾病 迷走神经功能异常和交感神经系统受到刺激，如各种应激、药物或疼痛引起。

[症状] 根据病性不同，有的无明显危害，有的可突然死亡。轻症犬猫心音和脉搏异常，易疲劳，运动后呼吸和心跳次数恢复慢。重症犬猫表现为无力，安静时呼吸促迫，严重心律不齐，呆滞，痉挛，昏睡，衰竭，晕厥甚至猝死。听诊和触诊时可发现心音和脉搏不规则。死后剖检，无明显的肉眼可见变化。

[诊断] 通过病史调查、听诊，辨别心动过速、心动过缓、间歇性心音、心音不规则及触诊脉搏不规则等可作出初步诊断。心电图检查对诊断心律失常最有意义，必要时应用霍尔特（Holter）监护仪进行 24h 连续监控，以判断心律失常的严重程度。心电图检查应在安静状态和运动负荷后进行。心律失常心电图的分析应包括：心房与心室节律是否规则，频率是多少，PR 间距是否恒定，P 波与 QRS 波群形态是否正常，P 波与 QRS 波群的相互关系等。

[治疗] 根据诊断结果，在治疗原发病的同时，加强饲养管理并结合药物进行治疗（表 13-1）。关键在于判定原发性和继发性心律失常，改善动物的内外环境，应用输氧疗法和输血疗法以及输液疗法改善体内状态，纠正酸碱和电解质平衡，同时对因进行治疗。

表 13-1 心律失常的处理方法

心律失常的类型	处理方法
窦性心动过速	不必采取特殊处理，除去病因，注意管理
窦性心动过缓	不必采取特殊处理，除去病因，注意管理
室上性心动过速	洋地黄、心得安、普鲁卡因酰胺
室性心动过速	普鲁卡因酰胺、利多卡因、硫酸奎尼丁、潘生丁
室上性过早搏动	心得安、潘生丁
室性过早搏动	利多卡因、普鲁卡因酰胺、硫酸奎尼丁
心房纤颤	异羟基洋地黄毒苷、硫酸奎尼丁、除颤器除颤
心室纤颤	电击除颤、左心室内注入肾上腺素或去甲肾上腺素、氯化钙、维生素 B 族、维生素 E
逸搏或逸搏心律	利多卡因、心得安
窦房传导阻滞	肾上腺素、硫酸阿托品、麻黄素
房室传导阻滞	改善管理，去除病因，硫酸阿托品、异丙基肾上腺素
心房传导阻滞	治疗原发病

心律失常的类型	处理方法
心室传导阻滞	治疗原发病
WPW 综合征	普鲁卡因酰胺、阿托品、亚硝酸异戊酯、硫酸奎尼丁

注：各药物的参考剂量：利多卡因（每千克体重 25mg，静脉注射），硫酸奎尼丁（每千克体重 6～10mg，口服），普鲁卡因酰胺（每千克体重 12.5mg，口服；每千克体重 11～22mg，肌内注射），心得安（每千克体重 0.5～2mg，口服），潘生丁（每千克体重 2.5mg，分 2 次口服），异羟基洋地黄毒苷（每千克体重 0.018mg，分 2 次口服），硫酸阿托品（0.5～2.0mg，皮下或静脉注射），异丙基肾上腺素（15～30mg，口服），肾上腺素（0.5～1.0mL，左心室内注射），去甲肾上腺素（25～50μg，左心室内注射），10%氯化钙（1～2mL，左心室内注射）。

13.1.4　虚弱与晕厥

晕厥（syncope）是指一种伴有突然衰竭、暂时性意识丧失和全身性虚弱的临床综合征，其原因是能量物质、氧气或葡萄糖不足，引起脑部代谢功能障碍。猫的临床症状不易发现，一旦发现疾病已进入晚期。相反小型玩具犬的早期临床症状特别明显，但大型犬疾病表现不明显，直到晚期才明显。

虚弱（weakness）通常因心脏病或心衰动物会发生心输出量不足，尤其在运动时更为严重，运动时骨骼肌灌注受损，血管及代谢的改变都可使运动耐受性下降且容易疲劳。这些变化或心律失常引起的心输出量骤减，可导致过劳性虚弱或虚脱的发作。临床表现几种类型，如倦怠无力、疲劳、全身肌肉虚弱、晕厥、癫痫发作和意识状态的改变。倦怠无力和疲劳是指缺乏能量。其他近义词包括昏睡、不愿活动等。这种状态需要与意识状态的改变相区别，如昏迷、木僵以及嗜眠症。

全身性肌肉虚弱或软弱无力，是指力量的丧失，可以是持续性的或反复肌肉收缩以后。软弱无力发展成为不全麻痹、运动性瘫痪、感觉丧失、共济失调。

[病因]　晕厥发生的三个主要原因是缺氧、贫血和缺血。缺氧常发生于肺部疾病，或生活在低氧环境如高海拔地区。贫血则降低血液运送氧的能力。缺血则见于引起降低心输出量的各种疾病。

（1）心源性因素　不同类型的心律失常、心室流出道阻塞、紫绀性先天性心脏病、引起心输出量下降的获得性心脏病。见于心肌梗死、缓慢性心律失常（房室阻滞、心脏停搏、病窦综合征、心房静止）、快速型心律失常（如阵发性房性或室性心动过速、折返性室上性心动过速、心房纤颤）、先天性心室流出受阻（如肺动脉狭窄、主动脉下狭窄）、获得性心流出受阻，可使运动时心输出量不足，或高收缩压激活心室机械感受器，导致异常的心动过缓及低血压，动物发生晕厥或瞬时虚弱，如心丝虫病、肥大性梗阻性心肌病、血栓、肿瘤、紫绀型心脏病（如法洛四联症）、心脏输出受损（如瓣膜闭锁不全、扩张型心肌病、心肌梗死）、心脏填塞、心包炎、心血管系统用药（如利尿剂、血管扩张剂）、降压药物反应及心血管药物过量使用都可引发晕厥，引起晕厥的心律失常可迅速发生或缓慢发生，伴有或不伴有潜在的器质性心脏病。

（2）肺源性因素　严重的肺部疾病引起低氧血症、剧烈咳嗽后晕厥、肺动脉高压、上呼吸道和下呼吸道疾病、肺实质疾病、肺水肿、肺血管疾病、胸膜疾病，以及一些非呼吸系统的原因，都可引起咳嗽、呼吸急促及呼吸困难。

（3）代谢性及血液学因素　低血糖、肾上腺皮质功能减退、电解质紊乱（钾、钙）、贫血、突发性出血等。

（4）神经源性因素　癫痫、神经肌肉疾病、脑血管意外等。

（5）低体位性低血压、通气过度、颈动脉窦受体敏感性过高也可引起外周血管扩张及心动过缓，而导致晕厥。

虚弱常发生于大部分疾病经过中，如贫血、异常渗漏、心血管疾病、慢性炎症或感染、慢性消耗性疾病、药物相关、电解质紊乱、内分泌紊乱、发热、代谢功能障碍、肿瘤、神经功能障碍、神经肌肉疾病、营养障碍、过度活动、精神障碍、肺部疾病和骨骼疾病。腹腔急性或慢性积液发生虚弱是由于器官功能障碍，蛋白质损失，疼痛。

发生急性贫血时，晕厥比虚弱常见，在急性失血时虚弱常突然发生，相反长期贫血与慢性虚弱有关，呈间歇性发作。犬贫血时，当血红蛋白下降至 $70 \sim 80 g/L$，红细胞比容小于 $0.22 \sim 0.25$ 时常出现虚弱。猫贫血时，血红蛋白下降到 $40 \sim 50 g/L$ 和红细胞比容下降到 0.15 时临床症状明显。

[诊断] 根据病史分析、临床症状以及用药情况，结合实验室检查结果进行诊断。

病史分析：确定症状发生时间和持续时间，结合现症状，尽可能获取家庭病史资料，是否用过药物治疗，了解药物的副作用。

晕厥通常在劳累或兴奋时发生，其特征性临床表现包括后肢无力、突发虚脱、侧卧、前肢僵硬、角弓反张及排尿失禁，患畜通常叫唤，但不常发生强直/阵挛。

晕厥与咳嗽发作（剧咳后晕厥）共同发生常见于严重左心房增大及支气管压迫的患犬，也可见于患原发性呼吸系统疾病的动物。引起此种现象的多种机制被提出：咳嗽导致急性心脏充盈及输出下降，咳嗽后引起外周血管舒张，脑脊液压力升高且颅内血管压迫。严重的肺部疾病、贫血、某些代谢紊乱和原发性神经系统疾病也都可引起晕厥，且与心血管原因导致的晕厥较为相似。咳嗽、呼吸急促和呼吸困难通常被认为是犬充血性心力衰竭的诊断依据，这些症状同样也可见于患肺部血管疾病及由心丝虫引起肺炎的犬猫。

左心衰竭引起的咳嗽通常为弱咳与湿咳，有时声音似作呕，然而，肺水肿患猫并不表现咳嗽。犬猫都可出现呼吸急促，并可逐渐发展为呼吸困难。胸腔及心包积液有时也与咳嗽有一定关联。

由左心房严重增大引起主支气管压迫，也可刺激发生咳嗽（通常为干咳或频咳），常见于慢性二尖瓣闭锁不全患犬，尤其是在发生肺水肿或充血时，心基部肿瘤或其他异物侵蚀气道时，同样也可形成机械性刺激而引起咳嗽。心脏疾病导致呼吸系统症状时通常可出现其他变化，如全心增大、左心房增大、肺静脉充血、肺部渗出（可使用利尿剂治疗）和/或出现心丝虫检测阳性。应对患病动物进行全面的体格检查、X射线检查，若有条件可进行超声心动图检查及心电图检查，以鉴别咳嗽及其他呼吸系统症状是否为心源性。

临床检查还应详细检查心血管系统和神经系统，如心率、心杂音、心电图、神经反射、运动功能、感觉异常等，以便发现疾病的原因，例如呼出气味表明尿毒症或糖尿病，难闻的口腔气味表明口腔、牙齿、咽部和食道损伤。贫血、发绀、黄疸和静脉回流的黏膜变化表明心脏、贫血等疾病。淋巴结增大表明淋巴肉瘤或与肿瘤和败血症有关的局部淋巴结肿大。心肺听诊确定心音节律不齐、心杂音和异常呼吸音。发热是犬猫虚弱的常见病因等。

心电图（ECG）包含动物休息、运动时和/或运动后或迷走神经刺激时检测，若动物静息时 ECG 并未检测到间歇性心律失常，可使用 24h 移动 ECG 监护仪或住院进行连续性 ECG 监测。

神经系统检查、胸部 X 射线片检查、心丝虫检测及超声心动图显像，其他用于神经肌肉或神经系统疾病的检查手段也有重要意义。

实验室检查：血细胞计数、血糖测定、血尿素氮或血清肌酐测定，血电解质分析，血浆二氧化碳水平。必要时进行全面的血液生化分析，甲状腺功能检查，胸腹部 X 射线检查，以及心电图检查等，特殊情况下还需进行特殊的实验室检查。

［治疗］虚弱和晕厥的临床治疗效果是有限的，应积极治疗原发病，对症处理。

13.2 心肌病

心肌病（Cardiomyopathy）指以心病变为特征，心输出血量减少和静脉回流障碍的一类疾病。按其病理形态学改变、血液动力学紊乱和临床特点，可分为扩张性（dilated）、肥大性（hypertrophic）和限制性（restrictive）3 种类型，犬主要发生前 2 种心肌病。

13.2.1 犬扩张性心肌病

犬扩张性心肌病（Canine Dilated Cardiomyopathy，DCM）指以心肌收缩力降低为特征，并伴充血性心力衰竭和心律失常。本病主要发生在中型犬，并随年龄的增加而增多；中年犬（4～8 岁）多发，雄犬发病率几乎是雌犬的 2 倍。

［病因］本病的确切病因尚不清楚。犬大多数具有家族遗传性，高发病率犬如拳师犬、杜宾犬、可卡犬等。

继发性因素见于多种损伤和营养缺乏、心肌感染、创伤、缺血、肿瘤浸润和代谢异常损害心肌正常的收缩功能，高热、辐射、电休克和其他损伤心肌因素，某些物质具有心脏毒性造成心肌损伤。

［症状］常表现不同程度的左心衰竭或左右心力衰竭的体征。临床症状可能发展迅速，特别是蹲坐的犬，早期不易发现，就诊时描述包括虚弱、呼吸急促或呼吸困难、咳嗽、厌食、腹部扩张和晕厥等。

随着心脏失代偿功能程度不同，临床检查结果差异很大，伴有交感神经紧张和外周血管收缩的心输出不足可出现黏膜苍白、毛细血管再充盈时间延长，动脉脉搏和心前区搏动弱而快，心律失常。听诊可见奔马调，左房室瓣有微弱或中度的收缩期杂音。

右心衰竭表现腹部扩张、厌食、体重下降、易疲劳。拳师犬和多伯曼犬常发生左心衰竭或晕厥。工作犬因活动有耐受性，病情逐渐发生，出现临床症状需几个月以上，而闲散犬仅需几天或几周。

舒张初期（S_3）和收缩前期（S_4）奔马调是在窦性节律中最易发现的重要临床症状。左或右房室瓣区听诊有柔和和强度改变的回流性缩期杂音。伴有左心衰竭和肺水肿的犬听诊可听到啰音、捻发音和肺泡音增强，多数伴有右心衰竭犬可见颈静脉扩张、搏动、肝肿大和腹水。左右心衰时，由于胸腔积液而掩盖了心音和肺音，动脉脉搏减弱而不规则、体重减轻、肌肉萎缩。但外周水肿并不常见。

多数患犬具有异常心电图。明显心衰时，主要表现左心室扩张的高振幅或加宽 QRS 综合波，表明左心室扩张，P 波增宽。更重要的是心脏节律紊乱，其中房性纤颤常见，大型品种犬多达 75%～80%。其他为室性早搏和室性心动过速。

超声心动图检查是评价心脏直径和心肌功能的最佳手段，可鉴别心包积液、慢性瓣膜功能不足、心脏扩张、心室壁收缩功能降低和室中隔移位等扩张性心肌病的特征性变化。

X 线检查显示全心增大显著，左心增大可能最为显著。严重时心脏类似于心包积液的球形轮廓。肺静脉扩张、肺间质或肺泡透射线减少，指示左心衰竭和肺水肿。有的犬可能表现胸腔积液、后腔静脉扩张、肝脏增大和腹水，通常提示伴发右心衰竭。

[治疗] 心肌病的治疗原则在于减轻心脏负荷，矫正心律失常，增强心脏功能，增加血流灌注，解除充血性心力衰竭，延长动物存活时间。根据心力衰竭的情况选择疗法。限制任何剧烈的训练，在心力衰竭稳定以前，强制实施严格的休息。饲喂低钠食物，补充维生素和矿物质。

(1) 增强收缩力的药物　地高辛每千克体重 0.01～0.02mg，口服，2 次/d；洋地黄毒苷，推荐用于肾脏损伤的动物；多巴酚丁胺，每千克体重 2.5～20μg/min，静脉注射，只能用于明显窦性节律的动物，不能用于心房纤颤的动物；氨联吡啶酮，具有增强收缩力、扩张血管的作用。

(2) 利尿药物和血管扩张剂　利尿用速尿、噻嗪类。血管扩张剂甲巯丙脯酸，每千克体重 0.5～2mg，口服，2～3 次/d；肼苯哒嗪，每千克体重 0.5～2mg，口服，2～3 次/d；哌噻嗪，每千克体重 1mg，口服，3 次/d。

13.2.2　犬肥大性心肌病

肥大性心肌病（Hypertrophic Cardiomyopathy，HCM）是一种以左心室中隔与左心室游离壁不相称肥大为特征的综合征，以左心室舒张障碍、充盈不足或血液流出通道受阻为病理生理学基础的一种慢性心肌病。与猫相比，犬肥大性心肌病较少见。

[病因] 尚不明确。研究表明，导盲犬左心室流出通道阻塞和左心室肥大具有遗传性，即多基因或常染色体隐性遗传。

[症状] 犬的肥大性心肌病临床症状变化较大，有些犬无症状表现。临床表现主要包括精神委顿、食欲废绝、胸壁触诊感有强盛的心搏动，心区听诊有心内杂音、奔马调和心律失常。急性发作时呼吸困难，肺部听诊有广泛分布的捻发音和/或大小水泡音，叩诊呈浊鼓音，表明有肺淤血和肺水肿。有些显示过度疲劳、呼吸急促、咳嗽、晕厥或突然死亡。通常在进行物理检查评价心杂音或心律失常时作出诊断。这些杂音在静息状态下不易发现或缺乏，但运动、兴奋、应用增加心收缩力药物时可明显加强。

[诊断] 根据临床症状，结合心电图和 X 射线摄片进行诊断。在标准导联的心电图上，P 波和 QRS 波群增大、增宽，表明左心房、左心室扩张。X 射线胸部影像显示，心脏肥大，尤其左心房扩张增大，肺水肿和胸腔积液。心血管造影显示左心室壁肥厚，充盈不足，而左心房极度充盈、淤滞、扩张、变长、变宽。

[治疗] 目的是改善舒张期充盈，减轻充血症状，减少或消除阻塞成分，控制心律失常和防止突然死亡。本病尚无根治方法，且预后不良。β-肾上腺素能受体阻滞剂如心得安，可减少左心室流出通道阻塞，减慢心律和改善舒张期充盈。钙离子通道阻滞剂如维拉帕米也可通过减弱心肌收缩力作用减轻阻塞，更重要的是该药通过改善心室扩张和减慢心律而改善舒张期充盈。

13.2.3　猫肥大性心肌病

猫肥大性心肌病（Femine hypertrophic cardiomyopathy，FHCM）病因包括心肌 β-肌蛋白重链心肌肌钙蛋白 T、2-肌球蛋白基因突变、改变心肌钙运输、增加儿茶酚胺敏感性、儿茶酚胺增多、增强心肌对其他不同营养因子的敏感性。在伴有左心室流出通道阻塞的猫，尚未确定心肌肥大是否是动力学阻塞引起。左房室瓣膜和室中隔的轻度变形可诱发心肌肥大。现在认为本病在猫以家族性常染色体显性遗传形式传递，如缅因长毛蓬尾猫外显率达 100%。据报道，有关美国短毛猫也有常染色体显性遗传形式传递。

许多患猫病初无明显症状。有的猫因肺水肿，出现严重呼吸困难和端坐呼吸。但此前 1～

2d 动物有过厌食和呕吐症状。急性轻瘫为常见继发性临床症状，多与动脉栓塞有关。因快速心律失常或左心室血流通道动力性阻塞而出现晕厥症状，但少见。常因应激、急速活动中人工导尿或排粪而突然死亡。有 2/3 猫可听到缩期杂音。在主动脉或左房室瓣区可听到柔和的心杂音。其强度、持续时间和位置变化较大。40％可见奔马调，约 25％可见心律失常。

根据临床表现和心电图检查进行综合诊断。心电图检查可见，P 波持续时间、R 波幅度、QRS 波宽度增加，在前平面平均 QRS 左轴偏高。窦性心律过速。连续心电图检测普遍发现室性心动过速和其他严重的心律失常。而心房提前搏动。

特发性左心肥大而无明显症状、缺乏明显左心房扩张、左心室血流通道阻塞和严重心律失常的病猫无需治疗。相反，如伴有急性肺水肿，需静脉注射呋噻米（每千克体重 2.2mg）和输氧。严重肺水肿者，可用硝酸甘油。连续应用 6.25～12.5mg，并给予低钠食物。其他药物应用包括防止血栓栓塞、降低心率和改善舒张期充盈。两类药物用于改善患猫的左心室充盈和心脏功能，即钙离子通道阻滞剂和 β-肾上腺素能受体阻滞剂，如地尔硫卓与心得安。

13.2.4 猫限制性心肌病

猫限制性心肌病（Feline restrictive cardiomyopathy）是以心内膜弹力纤维弥漫性增生、变厚为特征，并以抑制正常心脏收缩和舒张为基础的一种慢性心肌病。

本病在猫具有家族遗传性倾向，但遗传类型尚未最后确定。多数学者认为属常染色体隐性遗传，也有认为属常染色体显性遗传。基本病理特征是心内膜尤其左心室流入或流出通道、乳头肌和腱索等部位内膜严重弥漫型弹力纤维组织增生、变厚，有的在游离心肌侧壁和室中隔、乳头肌间形成横跨的节制带，限制了心脏尤其左心室的收缩和舒张，造成血液动力学紊乱以至心力衰竭。

动物常在成年时出现临床症状，发病年龄多为 6～8 岁。其症状主要包括呼吸困难、结膜发绀、肺淤血、肺水肿、胸腔和腹腔积液等心力衰竭的体征。心区听诊可发现心内杂音、奔马调、节律失常等。心电图检查可发现期前收缩、房颤、心动迟缓、传导阻滞等。胸部 X 射线和心血管造影显示胸腔积液、肺水肿、左心房扩张和增大、左心室腔窄小且充盈不足等。本病目前尚无根治方法。心力衰竭时，可用洋地黄、速尿等强心和利尿药实施对症急救。

13.3 先天性心血管疾病

13.3.1 动脉导管未闭

动脉导管未闭（Patent ductus arteriosus，PDA）是由于胚胎期的动脉导管在出生后未能闭合所致的一种先天性心脏病，是犬猫最常见的先天性血管畸形。其发病率占先天性心脏疾病的 25％～36％。

[病因及发病机制] 病因尚不明确。PDA 同多数先天性心脏病一样，具有明显的遗传易感性，在一定的动物品系内呈家族性发生。有多种遗传方式，多数属多基因遗传，有的属常染色体显性遗传、隐性遗传或 X 连锁显性遗传。还有多种染色体畸变所致的综合征。

动脉导管发自左第 4 动脉弓，连接左肺动脉和降主动脉。动脉导管在胚胎期是连接肺动脉和主动脉的一条动脉管，由于胎儿期的肺没有呼吸功能，呈肺不张状态，因此右心室的血液排入肺动脉后，绝大部分动脉导管流入主动脉，供给后躯的需要。出生后，体循环阻压突然升高而肺循环阻压明显降低，血液由主动脉经导管向肺动脉分流。新生期动物的动脉导管很快收缩，血流停止，首先发生功能性闭锁，然后经数周的管壁组织重新构建而达到解剖学闭锁。动物一般在生后 1～5d 动脉导管闭锁。

动脉导管未闭时血液短路分流的方向，主要取决于导管两侧的动脉压。在通常情况下，主动脉压高于肺动脉压，少量血液由主动脉向肺动脉分流，导致连续心杂音，增加肺血流量，增加静脉血回流到左心房和左心室。左心室负荷过重引起心房、心室扩张和心肥大以及左心室舒张压增加。如腔缺损大而肺血管压正常，则发生伴有肺水肿的左心衰竭。由于增加充盈左心室驱血量增加，因通过导管血液流出，主动脉舒张压降低，引起一种高动力学即水击作用，主动脉搏动。主动脉和肺动脉血流增加以及导管作用而引起主动脉和肺动脉扩张。

[症状] 临床表现取决于动脉管的短路血量和肺动脉压的高低。主要表现为左心功能不全或右心功能不全。通常在初生期出现临床症状，6～8 周龄时病症明显，耐过此危急期常能存活到成年。临床症状主要包括食欲废绝，发育迟滞，呼吸促迫，呼吸困难乃至呈端坐呼吸，死于左心衰竭。触诊左侧第 3 肋间肺动脉区有持续性震颤感；左侧心尖搏动增宽增强；由于主动脉向肺动脉的血液持续分流，产生持续性心内杂音。

心电图显示，第 Ⅱ 导联的 R 波波幅显著增大，而 P 波增宽，特称僧帽状 P 波（mitral P），并出现房性期前收缩、房性心动过速以至房颤等心律失常图形。X 射线影像显示，左心房、左心室、升主动脉增大，肺血管阴影增多、增大，有时可见右心室肥大和降主动脉瘤样扩张。心脏造影（左心房或升主动脉内注入造影剂）可见造影剂由动脉导管进入肺动脉。

[治疗] 2 岁以下犬发生 L-R 型 PDA，建议手术治疗。而老年犬一经诊断其预后慎重。测定红细胞比容（Hct）、胸部 X 射线摄影和心电图检查，可确定疾病的严重程度。发生心力衰竭时，术前应用地高辛和呋塞米稳定其病情。手术的难度不大，成功率很高。方法是经左侧第 4 肋间作胸膜腔切开术，找到动脉导管（犬猫的导管短而宽）后，实施贯穿固定缝合和/或绕管结扎，不必切断和切除。

13.3.2 肺动脉狭窄

肺动脉狭窄（Pulmonic stenosis，PS）可分 3 种病型，即瓣膜上狭窄、瓣膜狭窄和瓣膜下狭窄，是肺动脉瓣孔附近存在纤维组织环而使右心室流出通道不同程度地变窄所致的一种先天性心脏瓣膜病。其病理形态学特征包括肺动脉的瓣膜性和/或瓣膜下狭窄、主肺动脉的狭窄后扩张、右心室肥厚以至扩张以及肝肿大、腹水等右心充血性衰竭的相关病变。犬肺动脉狭窄，居先天性心脏病的第 2 位，仅次于动脉导管未闭，在猫则少见。

[病因] 先天性 PS，通常在一定的品系内呈家族性发生，易患本病的犬种有英国的斗牛犬、比格犬、奇瓦瓦犬等，其中比格犬试验证明，本病是多基因性遗传。其确切病因尚不清楚。

[症状] 临床表现取决于狭窄程度和心肌的代偿能力。多数犬 1 岁内无临床症状。轻度肺动脉狭窄病犬，除心内杂音外，常终生无明显的临床表现；中度狭窄者，一般可存活 5 年以上，重者，除生长迟滞、呼吸窘迫、不耐运动和晕厥，肺动脉瓣区可听到明显的喷射性杂音。后期，常出现后肢及胸腹下部皮肤浮肿、肝肿大、腹水等右心充血性衰竭的各种体征，直至死亡。

心电图显示右心室肥厚或扩张的图形，右轴偏高。X 射线胸片显示，肺动脉狭窄部后方显著扩张，形成心前区纵隔斑块，重叠于气管腔的透光区带。心血管造影显示，狭窄部位及其狭窄的程度、主肺动脉狭窄部后方扩张及其扩张程度。

[治疗与预后] 先天性 PS，一般无需治疗。无症状犬预后良好。重症病犬，可应用洋地黄

强心苷及速尿等强心利尿药解除或缓解充血性心力衰竭，然后施行肺动脉瓣叶片分离术或部分切除术。患 PS 犬不宜种用。

13.3.3 主动脉狭窄

主动脉狭窄（Aortic stenosis，AS）与肺动脉狭窄相似，其损伤分为 3 种类型，即瓣膜上狭窄、瓣膜狭窄和瓣膜下狭窄。瓣膜下主动脉狭窄是主动脉瓣基部存在纤维组织环而使左心室流出通道不同程度地变窄所致的一种先天性心脏瓣膜病。犬猫 AS 是仅次于动脉导管未闭的常见先天性心脏瓣膜病。犬主要见于瓣膜下狭窄。

［病因］尚不明确。Patterson 通过试验性繁殖证实，纽芬兰犬的瓣膜下狭窄与多基因有关。本病多见于纽芬兰犬、牧羊犬和拳师犬等。

［症状］通常在初生期和幼年期出现临床症状。轻度和中度狭窄犬，可存活若干年而从不显现充血性心力衰竭。重度狭窄的，早期（6 月龄前后），常死于室性心动过速、心肌和脑缺血所致的心性晕厥，或晚期（1～2 岁），死于心力衰竭。表现活动耐受力差、早期黏膜发绀、咳嗽、呼吸困难等左心衰竭体征以及晚期腹水、后肢水肿等右心衰竭体征。特征性体征还包括：心前区明显震颤，在左侧第 4～5 肋间下部、右侧第 2～4 肋间下部以及颈动脉胸腔入口处均可触觉。心电图显示，第 II 导程 R 波波幅增大，而 S－T 段下降（左室肌缺血），QRS 波群呈典型的左心室肥大波形。X 射线影像显示，升主动脉的狭窄后扩张；心血管造影显示，左心室出口不同程度的狭窄，升主动脉的狭窄部后扩张，二尖瓣闭锁不全所致的造影剂倒流（入左心房）。

［治疗与预后］轻症和中等程度狭窄的病犬，常不显心衰症状而存活数年，不必治疗。重症病犬，常出现心衰，大多于数周内死亡，预后不良。

13.3.4 室间隔缺损

室间隔缺损（Ventricular septal defects，VSD）是由于室间隔未能将心室间隔孔完全关闭所致的一种先天性心脏病。可为单纯的先天性畸形，亦可作为法洛四联症的一部分而存在。一般室间隔缺损是指单纯的室间隔缺损，其发病率为先天性心脏病的 6%～15%。

［病因］本病有明显的遗传性素质，在英国斗牛犬等品种有家族史。荷兰卷毛犬品种，经测交试验已确定为多基因遗传。也有常染色体显性遗传和隐性遗传。染色体畸变也可引起本病。

［症状］在一定的动物品系内呈家族性发生，通常在初生期或幼年期发病，病程数周、数月或数年不等。轻症病犬常能存活至成年或老年而不显心衰体征，也有少数缺损逐渐闭合而自行康复。临床症状由于分流不同而不同。最常见是尖锐的全缩期杂音，生长迟滞、容易疲劳、不耐运动以及咳嗽、呼吸窘迫、肺充血、肺水肿等左心衰竭体征；或黏膜发绀、静脉怒张、皮肤浮肿、肝肿大、胸腔和腹腔积液等右心衰竭体征。听诊可闻响亮的全收缩期吹风样心内杂音。心电图无明显改变，但在肺动脉高压时，心电轴右偏，表明右心室增大。X 射线胸透影像显示，右心室、左心房、左心室增大，肺动脉、肺静脉以及肺阴影清晰。

［治疗］轻症缺损不必治疗，缺损孔小的可自然闭合，预后良好。缺损孔大的犬，幼龄期应对左心功能不全进行治疗，可用洋地黄强心苷和速尿等缓解心衰体征。本病外科治疗危险性较高，不宜手术。

13.3.5 房间隔缺损

房间隔缺损（Atrial septal defects，ASD）按缺损部位可分 3 种类型，即卵圆孔未闭，乃胚胎期右心房向左心房的直接血液通道在出生后未能完全闭锁所致；第 2 孔缺损，位于卵圆孔区；原发孔缺损，位于房间隔的下部。

[病因] 本病确切病因不明，一般认为与西摩族犬和近亲繁殖的遗传因素有关，在某些动物品种内呈家族性发生。拳师品种犬的先天性 ASD 已确定为遗传性疾病，但遗传类型待定。

[症状] 某些品种犬单独发生或同其他类型的先天性心脏缺损合并发生。单独的卵圆孔未闭和轻症的第 2 孔缺损型 ASD，一般不表现临床症状，大多在剖检时发现，且相当一部分病犬可在发育的过程中逐渐闭合而自行康复。重症病犬，通常在幼年期出现症状，主要表现虚弱，不耐运动和呼吸急促，可视黏膜紫绀，呼吸困难以至体表静脉扩张、皮肤浮肿、肝脏肿大和腹腔积水等右心衰竭的体征，直至死亡，病程数年。心电图显示右心室肥大图形，心电轴右偏。X 射线胸片显示，右心室肥大扩张，肺血管阴影清楚，主肺动脉节段突出。心血管造影显示，造影剂经缺损的房间隔分流。

[治疗] 心功能不全的犬，用洋地黄口服。重症病犬，可进行房间隔修补术。

13.3.6 法洛四联症

法洛四联症（Tetralogy of fallot，TF）又称先天性紫绀四联症，是最常见的一种紫绀型先天性心脏病，包括肺动脉狭窄、室间隔缺损、骑跨于室中隔上的主动脉（右位骑跨主动脉）以及右心室肥大 4 种类型的先天性心血管畸形。1888 年由 Fallot 首先记述，故名。其中最主要的是前 2 种，犬猫的发病率占先天性心脏病的 3%～10%。

[病因] 尚不十分明确。一般认为犬法洛四联症具有明显的遗传学素质。其中荷兰卷毛犬种的家族性 TF 确定为多基因遗传，有若干基因突变分别导致明显临床表型的圆锥乳头肌缺乏、房室通道中隔缺损和肺动脉发育不全。

[症状] 典型的 TF，在某些品种犬如德国牧羊犬、狐狸梗和荷兰卷毛犬有家族史。通常在初生期或哺乳期内发病。除极少数轻症者可存活至成年或老年，大多于初生期、哺乳期或 1～2 岁死亡。

呼吸窘迫和紫绀是本病的早期症状和固定症状，即使在静息状态下亦不消失，轻微活动（如吮乳动作）之后则更加明显。而且，由于严重缺氧，常出现继发性红细胞增多症，可视黏膜发绀，PCV 可增高到 60%乃至 75%，以致继发 DIC 和血管栓塞而造成急性死亡。本病的诊断要点还包括：由于肺动脉狭窄和室间隔缺损，在左侧第 3 肋间和右侧第 2～4 肋间感有心脏缩期震颤。听诊可闻渐强渐弱的收缩期心内杂音。在典型的 TF（R-L 型 VSD），此杂音的最强听取点在左侧第 3～4 肋间，系肺动脉狭窄和室间隔血液由右向左分流所致。心电图显示，心电轴明显右偏；各导联 QRS 综合波波形颠倒。X 射线胸片图像有 3 个特点，即右心室显著增大，肺动脉节段内凹（主肺动脉发育不全），肺野内血管分布的阴影不明显（肺动脉血流减少）。心血管造影显示，右室壁增厚，右室血液流出通道变窄，瓣膜性和/或瓣膜下肺动脉狭窄以及经支气管动脉的肺血流量增大。

[治疗] 动物的法洛四联症以治疗低氧血症为重点。急性发作时吸氧。对反复发作的病犬，投予盐酸心得安每千克体重 0.5～2mg/d，分 2～3 次口服。限制运动，给予低钠食物，补充铁制剂，以促进造血功能。此外，还可投予抗生素，防止感染。严重者，有条件时，可采用分流术，即在体外循环与肺循环间造成分流，以增加肺循环血流量，使氧合血液得以增加。也可在体外循环下，切开心脏修复其缺损，以纠正本病畸形。

13.3.7 二尖瓣闭锁不全

二尖瓣闭锁不全（Mitral valve insufficiency）是瓣膜增厚、腱索伸长等瓣膜发生改变，使心缩期的左心室血液逆流入左心房的现象。本病主要表现左心功能不全。犬最常见，占犬心脏病的 75%～80%。本病与年龄因素有关，1 岁以下犬达 5%，而 16 岁以上犬约达 75%。

[病因] 病因未确定，不过从其发生部位及病变性质，认为结缔组织退化是一决定性内在因素。由于本病多发于小型和中型犬，故长期一直怀疑遗传性。最近研究认为本病是一种多因子，即多基因阈性状。多基因影响其性状，当达到一定基因阈时，就发生本病。这就意味早先（低龄）就有二尖瓣闭锁不全的公母犬配种，其后代一般发生本病就早。发病迟的公母犬，其后代发病就会晚（老年）或不发生。因此，在育种规程方面，人们已着手考虑大年龄的临床表现及其遗传背景。本病所有品种犬均可发生，但最多见于小型至中型犬，如奇瓦瓦犬、贵宾犬、腊肠犬等犬种。雄犬比雌犬多发。

[病理发生] 本病主要为左心功能不全，与以下因素有关：降低左右心室驱出血量而引起虚脱、耐力下降或晕厥，增加左心室和肺静脉压导致呼吸困难，咳嗽或端坐呼吸，左支气管压缩引起咳嗽，右心衰竭导致腹水或胸腔积液，急性肺水肿或室性纤颤引起突然死亡。

[症状] 初期表现运动时气喘，以后发展为安静时呼吸困难，甚至夜间也发作。通常深夜11 时至凌晨 2 时，早晨和傍晚发作的少。此可与慢性支气管炎咳嗽和阵发性喘息相鉴别。不过并发感染慢性支气管炎时，则难以诊断和治疗。

听诊可听到全缩期杂音。心杂音的最强点位于胸骨左缘第 4～6 肋间的心尖部或稍靠背侧（肋软骨结合部），并向腋窝、背侧或尾部扩散。胸部触诊有震颤。心电图检查为正常的窦性节律。但心功能不全的犬可出现室上性心动过速或心房纤颤。P 波波幅增宽，呈双峰性。QRS波群中的 R 波增高，ST 波随病情发展而下降。胸部 X 射线检查，重症犬可见左心房和左心室扩张、肺静脉淤血及肺水肿。

[治疗] 治疗原则为加强心肌收缩，使心搏出量增加，消除水肿，减轻心脏前负荷；扩张血管减轻心脏后负荷。具体治疗方法参照心力衰竭的治疗。

13. 3. 8　三尖瓣闭锁不全

右心室收缩期，因三尖瓣闭锁不全（Tricuspid valve insufficiency，TVI），右心室的血液逆流于右心房，与来自前、后腔静脉血液相冲击，引起血液旋涡运动，发生缩期性杂音。逆流到心房的血液还会涌向静脉，导致颈静脉搏动及静脉系统淤血。右心房血液充满而扩张。由于门脉系统淤血，内脏各器官发生淤血、水肿或体腔积液。

13.4　后天性心血管疾病

13. 4. 1　心肌炎

心肌炎（Myocarditis）是伴有心肌兴奋性增加和心肌收缩机能减弱为特征的心肌炎症。按炎症性质分为化脓性和非化脓性，按其病程分为急性和慢性。临床上常见急性非化脓性心肌炎。

[病因] 急性心肌炎通常继发于某些传染病（如犬瘟热、犬细小病毒病、钩端螺旋体病、结核病等）、寄生虫病（如弓形虫病、犬梨形虫病、犬恶丝虫病等）、代谢病（如维生素 B_1 缺乏症等）、内分泌疾病（如甲状腺机能亢进、糖尿病等）、毒物中毒（如重金属、麻醉药中毒）、自身免疫性疾病、脓毒败血症、风湿病、贫血等的经过中。慢性心肌炎由于急性心肌炎、心内膜炎反复发作而引起。

[症状] 急性非化脓性心肌炎以心肌兴奋为主要特征。表现脉搏疾速而充实，心悸亢进，

心音高朗。病犬稍作运动，心跳加快，即使运动停止，仍持续较长时间。这种心机能试验，往往是诊断本病的依据之一。心肌细胞变性心肌炎，多以充血性心力衰竭为主要特征，表现脉搏疾速和交替脉。第一心音强盛、混浊或分裂，第二心音显著减弱。多伴有缩期杂音，其原因为心室扩张、房室瓣口相对闭锁不全。

心脏代偿能力丧失时，黏膜发绀，呼吸高度困难，体表静脉怒张，颌下、四肢末端发生水肿。

[诊断] 根据病史和临床症状及实验室检查进行诊断。建立诊断应从以下几个方面进行。心机能试验：是诊断急性心肌炎的一个指标，其做法是在安静状态下，测定病犬的心率，随后令其急走 5min，再测其心率，如为心肌炎，停止运动 2～3min 后，心率仍继续加快，较长时间才能恢复原来的心率。心电图检查：常见 T 波减低或倒置，S—T 间期缩短或延长。X 射线检查心影扩大。血清学检查可见 AST、CK 和 LDH 活性升高。

[治疗] 治疗原则主要是去除病因，减轻心脏负担，增加心肌营养，抗感染和对症治疗。加强护理，首先使病犬安静，给予良好的护理，避免过度兴奋和运动。多次少量喂给易消化而富含营养和维生素的食物，并限制过多饮水。治疗原发病可应用磺胺类药物、抗生素、血清和疫苗等特异性疗法。促进心肌代谢可用 ATP 15～20mg、辅酶 A 35～50IU 或肌苷 25～50mg，肌内注射，1～2 次/d；或细胞色素 C 15～30mg 加入 10％葡萄糖溶液 200mL 中，静脉注射。伴有高热、心力衰竭时，可试用氢化可的松 5～20mg，静脉注射，1 次/d。出现严重心律失常时，可按不同心律失常进行抢救。伴有水肿者，可应用利尿剂。

13.4.2　心包炎

心包炎（Pericarditis）是心包的壁层和脏层（即心外膜）的炎症。按其病源分为原发性和继发性。按其病程分为急性和慢性。临床上以心区疼痛、听诊呈现摩擦音或拍水音、叩诊心浊音区扩大为特征。

[病因] 心包炎几乎都是继发性的，多见于结核病、流感、犬瘟热、放线菌病、脓毒败血症、胸膜肺炎、风湿病、红斑狼疮、尿毒症等的经过中。邻近组织（心肌或胸膜）病变的蔓延，也可引起心包的炎症。此外，饲养管理不当、受凉、过劳等因素能降低机体的抵抗力，在心包炎的发生上也起着一定的促进作用。

[发病机制] 在各种致病因素作用下，心包的脏层和壁层发生充血、出血和渗出，蓄积大量的浆液性、纤维蛋白性、出血性或化脓性以至腐败性渗出物。随病程进展，渗出逐渐被吸收，在心包表面形成纤维蛋白膜，心搏动时产生心包摩擦音。当心包积聚大量渗出物时将与心包隔开，产生心包拍水音。

[症状] 初期心搏动强盛，以后减弱。心浊音区扩大，可随体位改变。心率快，心音遥远，可闻心包摩擦音或拍水音，心区疼痛表现躲避检查，多数病例精神沉郁，食欲不振或废绝，不愿运动，眼结膜潮红或发绀。严重者体温升高，呼吸困难，可视黏膜发绀，静脉怒张，四肢水肿，甚至发生休克。

[诊断] 根据临床症状和其他辅助检查，可以确诊。

X 射线检查：可出现心影增大，并随体位改变而移动。

心电图检查：急性心包炎短期可有 ST 段抬高，T 波高尖，继之变为平坦或倒置。

超声波检查：示心包积液液平反射波。

血液检查：化脓性心包炎白细胞增多，核左移。结核性和风湿性心包炎血沉明显增快。

心包穿刺液检查：对病源诊断价值较大。结核性心包炎为浆液性血性渗出液，蛋白质含量较高，易凝固。化脓性心包炎为脓性渗出液，涂片或培养可找到病原体。

[治疗] 感染引起的心包炎应针对原发病，采取抗生素疗法，参照心肌炎。疼痛时，可内服去痛片、可待因等。积液多、水肿明显者，可用氢氯噻嗪、速尿等口服或注射，并应及时补钾。病犬猫应避免兴奋与运动，在安静环境下饲养护理。

13.4.3　心内膜炎

心内膜炎（Endocarditis）是心内膜及其瓣膜炎症。常发生误诊。本病诊断通常在尸体剖检后发现，发病率在 0.06%～6.6%。主要发生在 4 岁以上的大中型雄性犬。

[病因] 心内膜炎的发生，多由于侵入循环血液中的微生物感染所致。如革兰氏阳性菌（溶血性与非溶血性的链球菌、葡萄球菌等）以及革兰氏阴性菌（大肠杆菌、绿脓杆菌、肺炎杆菌、变形杆菌、厌氧杆菌、沙门氏菌等）的感染，少数由真菌和立克次体等引起。还常继发于感染创、软组织脓肿、骨髓炎、前列腺炎、子宫内膜炎、细菌性肺炎、胸膜炎、肾盂肾炎、风湿病等。也可由邻近部位炎症蔓延所致，见于心肌炎、心包炎、主动脉硬化症等。临床上滥用肾上腺皮质激素，可抑制机体抗感染能力，从而容易招致细菌侵入血液而发生本病。

[症状] 病犬心悸亢进，心律不齐，胸壁出现震动，心浊音区扩大，心搏动增数（往往超过脉搏次数），脉搏增快（120～140 次/min），多出现间歇脉，第一心音微弱、混浊，第二心音几乎消失，第一心音与第二心音往往融合为一个心音。常伴有发热和心脏杂音。

血液学变化，急性病例白细胞明显增多和核左移。血清碱性磷酸酶活性升高，血清白蛋白和血糖浓度下降。

[诊断] 根据心内性杂音、血液学变化以及有无转移性化脓性病灶，可建立诊断。由于本病与急性心肌炎、心包炎、败血症、脑膜炎等容易混淆，临床上必须注意鉴别。

[治疗] 心内膜炎治疗成功的关键在于早期给有效的抗生素、足够的剂量和疗程，控制脓毒败血症，防止进一步的瓣膜损害和预防心力衰竭、肾衰竭及心律失常等。

抗生素治疗应根据血液培养及药物敏感试验结果，选择有效的抗生素。革兰氏阳性菌感染者可选用青霉素、新霉素、林可霉素、链霉素或卡那霉素等，原则上是应用大剂量和长疗程（6～7 周），一般静脉注射连续 7d，口服至少 4 周。革兰氏阴性菌感染时常发生耐药性，治疗较困难。原则上用干扰细菌细胞壁合成的抗生素（青霉素或头孢菌素）和一种影响细菌细胞蛋白合成的抗生素（如四环素、庆大霉素、妥布霉素、西索霉素、卡那霉素或氯霉素等），疗程 4～6 周。真菌感染：两性霉素 B 是治疗真菌性心内膜炎的有效药物，每千克体重 0.15～1mg，1 次/d，连用 6 周。因其毒性较大，应用时注意观察。

对严重贫血者，可少量多次输血，以改善全身状况，增强机体抵抗力。对伴有心力衰竭、心律失常及尿毒症者，应及时发现和治疗。

13.4.4　心包积液

心包积液（Pericardial Effusion）主要发生于心包疾病，最常见于犬，其他先天或后天的心包疾病不太常见。猫很少发生后天性心包积液，但由猫传染性腹膜炎导致的心包积液常发生。

[病因] 大多数犬心包积液是血性，其多为漏出液，改性漏出液，犬和猫偶见渗出液。出血性积液常见于犬，超过 7 岁的犬易发生瘤性血性积液，血管肉瘤是迄今最常见的引起犬出血性心包积液的肿瘤，猫少见。血性心包积液也可由不同的心基肿瘤、心包间皮瘤及罕见的转移性癌导致。原发性心包积液最常见于中型到大型犬。金毛猎犬、德国牧羊犬、大丹犬和圣伯纳

犬易发。任何年龄犬都易发，但年龄多为 6～7 岁。病例报道雄性犬多于雌性犬。常仅见轻度心包炎症伴发弥漫性纤维化和局灶性出血。

心包内出血也可继发于严重二尖瓣机能不全导致的左心房破裂、凝血紊乱（如由于华法令中毒引起）、穿透性创伤和尿毒性心包炎。

漏出性积液可由充血性心衰、腹膜心包囊横膈疝、低白蛋白血症、心包囊肿和毒血症这等导致血管通透性增加引起。渗出液心包积液罕见于小动物。据报道有感染性心包炎，通常与扎入植物芒尖、咬伤、胸膜扩张和纵隔感染相关。通过渗出液可确认不同的需氧菌和厌氧菌、放线菌、球孢子菌、散播性结核、全身性原虫感染。犬无菌性渗出液与钩端螺旋体、犬瘟热和特发性心包积液相关，猫无菌性渗出液与传染性腹膜炎和弓形虫相关。

［症状］动物临床表现为心输出量低，且通常有右心充血性心衰，如嗜睡、虚弱、运动耐受力差、食欲不振、呼吸加快、晕厥和咳嗽等。在慢性病例中还表现明显的消瘦，检查常见颈静脉扩张、肝增大、腹水、用力呼吸和股动脉脉搏弱。交感神经高度紧张引起窦性心动过速、黏膜苍白和毛细血管再充盈时间延长。同时，由于大量的心包积液，心前区搏动减弱。大量心包积液的动物听诊为闷塞的心音。感染性心包炎还可能伴有发热，但很少听到心包摩擦音。

［诊断］根据临床基本症状结合特殊检查确定诊断（图 13-1）。

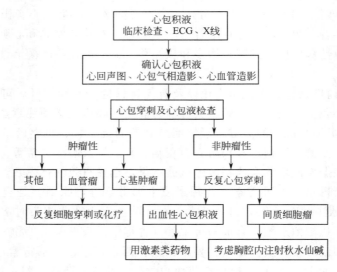

图 13-1　心包积液的鉴别诊断

（1）X 射线片心包积液使心脏轮廓增大　在正位 X 射线片上，大量心包积液引起心脏的球状影像。可见胸腔积液、后腔静脉扩张、肝增大和腹水。心基部肿瘤可引起气管移位或软组织肿物的影像。转移性肺损伤常见于血管肉瘤的犬。心脏造影现很少用于单纯的心包积液和心脏肿瘤的诊断，主要是因为超声心动的广泛应用。心脏造影可以确切地显示心内膜到心包的距离，心包充气造影使用二氧化碳或空气注射入被引流的心包囊中以显现心脏轮廓。线片可采用不同的摆位，但左侧位和背腹位最有帮助。这些摆位的 X 射线片可使注入的气体分别显示右心房和心基部区域的轮廓，这些位置肿瘤最为常见。

（2）心电图虽然没有特异性的心电图（ECG）指征，但以下异常提示存在心包积液：QRS 综合波幅度减小（在犬 <1mV）、ST 段抬高（存在心外膜损伤）。

（3）超声心动对很少量的心包积液探查都具有很高的敏感性　因心包液透声波，心包积液显示为在亮的心包侧壁和心外膜之间的无回声区。也可看到异常的心脏壁运动和腔室形状，以及心包内或心脏内肿物引起机能障碍。

（4）全血计数可显示炎症或感染　心脏的血管肉瘤可能伴有再生性贫血，有核红细胞和裂红细胞数量增加，血小板数量减少。在一些心包积液的病例中可见轻度低蛋白血症，心脏酶活性和心肌钙蛋白含量可能由于缺血，该心肌侵袭性病变升高，肝酶活性轻度升高和肾前性氮血症。有心脏填塞的犬猫的胸水和重水通常为改性漏出液。心包穿刺通常样本应用于细胞学分析和亦留做细菌培养。积液中的反应性间皮细胞可能最接近于类肿瘤细胞，很多瘤性积液 pH 7.0 或更高，而炎性积液趋于有较低的 pH 值。

［治疗］增强肌肉收缩药物不能改善填塞的症状，利尿剂和血管扩张药可更加减少心输出量和降低血压，从而可引起休克。根据心包穿刺液检查结果，动物心包穿刺后使用利尿剂的效果有限，因大多数充血性心衰的症状在抽出心包液后自行消失。

心包积液继发于其他引起充血性心衰的疾病、先天性畸形或低蛋白血症，一般不引起填塞，通常通过治疗潜在的原发病即可治愈。犬患有原发性心包积液，最初要适时地进行心包穿刺，有时再加上 1～2 周的抗生素治疗。在感染性原因通过心包液培养或细胞分析排除之后，通常应用糖皮质类固醇（口服泼尼松，每天 1mg/kg），逐渐减量服用 2～4 周。这些犬推荐通过周期性进行 X 射线或超声心动图探查是否复发。半数患犬在 1～2 次心包液排出后明显康复，其他病例犬心脏填塞在不同的间期（几天到几年）之后复发。如果反复发生积液，进行心包切除来治疗。

瘤性心包积液治疗包括手术切除和化疗试验以及保守疗法，感染性心包炎使用微生物培养和药敏试验确定合适的抗菌药物有效治疗。

14.1 贫血

贫血（Anemia）指以外周血液中单位容积内红细胞数（RBC）、血红蛋白（Hb）浓度及红细胞比容（Hct）低于正常参考值为主要特征的临床综合征。贫血的临床表现不仅与贫血程度有关，也与贫血发生的快慢、有无其他疾病及机体的代偿能力有关。皮肤黏膜苍白、心率和呼吸加快是贫血的主要体征。

[病因]

（1）再生性贫血：发生原因常包括失血性贫血和溶血性贫血两种。其中失血性贫血见于急性失血，如外伤、创伤性内脏破裂、外科手术、各器官疾病性出血；也见于慢性出血，如胃肠溃疡、各器官炎性出血、出血性素质等反复长期出血、出血性肿瘤、某些寄生虫感染等。溶血性贫血见于生物因素，如巴贝斯虫病、血巴尔通体、钩端螺旋体、寄生虫感染、溶血性梭菌病、异型输血，以及遗传性疾病如磷酸果糖激酶缺乏、丙酮酸激酶缺乏等。

（2）非再生性贫血：发生原因常包括缺铁性贫血如铁吸收障碍、铁丢失过多，慢性病性贫血如慢性炎症、肿瘤、脓肿、结核，肾病性贫血如间质性肾炎、慢性肾小球肾炎，营养缺乏性贫血如叶酸或钴胺缺乏，低增生性贫血如骨髓坏死、骨髓纤维化、骨髓瘤，以及某些化学物质如药物和电离辐射等。

[诊断] 血液学检查是诊断贫血的主要依据，血红蛋白含量和红细胞计数是确定的可靠指标。根据血红蛋白含量、红细胞计数和红细胞比容计算出 MCV、MCH、MCHC，有助于贫血的诊断和分类。临床鉴别诊断思路见图 14-1、图 14-2。

外周血液涂片检查可观察红细胞、白细胞、血小板数量和形态学的改变，对判断贫血的性质和类型提供线索。

必要时进行骨髓穿刺检查，对诊断再生障碍性贫血和非再生障碍性贫血具有重要意义。对感染性疾病引起的贫血通过病原微生物和寄生虫学检查，确定病因。对毒物或药物引起的贫血开展相关的样品采集进行检验工作。

14.1.1 失血性贫血

失血性贫血（Blood loss anemia）是由红细胞和血红蛋白丢失过多引起的贫血，包括急性失血性贫血和慢性失血性贫血。

[病因]

（1）急性失血 外伤、创伤性内脏破裂、各器官疾病性出血（如结核、子宫出血等），脾脏机能亢进等引起。

（2）慢性失血 胃肠道溃疡、糜烂；各器官的炎症性出血，出血性素质（如血友病）等反复长期出血；出血性肿瘤（如犬的血管肉瘤、平滑肌瘤、小肠出血性动脉瘤等）；某些寄生虫

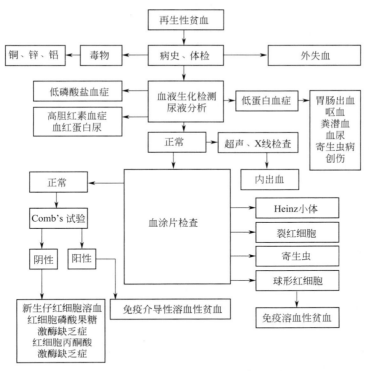

图 14-1 再生性贫血临床鉴别诊断思路

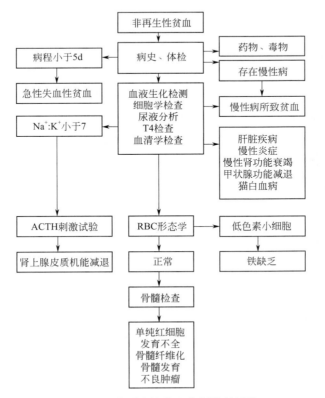

图 14-2 非再生性贫血鉴别诊断思路

感染，如钩虫、吸血昆虫、蜱、虱、蚤的严重感染也可造成出血性贫血（100只蚤每天可吸血0.1mL）。虽然出血原因、出血部位、出血方式、出血量及出血速度不同，但其共同症状为血容量减少，还可表现出不同程度和性质的贫血及其他体征。

[症状] 低血容量是急性失血的主要表现，常呈心跳、呼吸加快，血压下降，步态不稳，皮肤厥冷，肌肉震颤；若失血过多，可发生休克；一般失血3h后，表现贫血症状。慢性失血时，贫血的发生是隐性的，症状进展缓慢，严重者表现黏膜苍白，跳脉，奔马律，甚至出现异嗜癖和心肌肥大。

[实验室检查] 急性失血时以贫血、网织红细胞增加、低蛋白血症为特征。其最早的反应是网织红细胞数增加，峰值是在失血后4～7d，其纠正值一般3%～10%，大致与失血量成正比，此外尚伴有低蛋白血症。

慢性失血，因Hb合成下降和红细胞成熟延迟，呈现小细胞性低色素性贫血。血液学检查，淡染红细胞，网织红细胞数增加，红细胞中心淡染区扩大，红细胞平均体积（MCV）和红细胞平均血红蛋白浓度（MCHC）下降。由于缺铁使红细胞变硬和变形能力下降，因此在外周血涂片上，红细胞碎片增多。

[诊断] 根据临床出血症状结合实验室检查，诊断多无困难，关键是找到出血部位和失血的原因。小动物最常见的出血部位是胃肠道，应注意呕吐物及大便颜色、肠音是否亢进等。

[治疗] 急性失血的紧急治疗包括：止血，补充血容量，对因治疗。不同的病因采用不同的止血方法，采取的方法必须是能快速而有效地达到止血目的，如用止血带、局部压迫、手术结扎等；肌内注射安络血，2mL/次，2次/d或3次/d，也可选用维生素K_3注射液。在出血部位喷洒去甲肾上腺素、H_2受体阻断剂，以收缩血管。补充血容量：急性失血时，血量减少是主要矛盾，必须迅速补充血容量，根据临床情况，选择静脉注射电解质溶液、血浆、羟甲基淀粉或全血。慢性失血动物主要是纠正贫血、补充铁剂和治疗原发病。

14.1.2 溶血性贫血

溶血性贫血（Hemolytic anemia）是指由各种原因引起的红细胞大量溶解导致的贫血。

犬猫正常红细胞的平均寿命分别是100～120d和70～78d。红细胞衰老后，在单核巨噬细胞系统中被破坏和吞噬，其中含量最多的Hb在酶的作用下，释出珠蛋白、铁等，转变成胆红素，通过粪和尿排出体外，而释出的珠蛋白、铁等又可被机体重新利用。

[病因] 原因很多，大致可分2大类，即遗传性和获得性。其中遗传因素引起的溶血不可忽视，生物性因素和中毒是临床上导致溶血的常见原因。

（1）先天性溶血性贫血 丙酮酸激酶（PK）缺乏主要见于比格犬、贵宾犬、腊肠犬、吉娃娃犬、八哥犬、短毛猫等；磷酸果糖激酶（PFK）缺乏主要见于可卡犬等。

（2）获得性溶血性贫血 传染性疾病如巴贝斯虫病、血巴尔通体病、埃立克体，低磷酸盐血症，免疫介导性溶血、初生幼犬溶血性贫血，药物或毒素的因素，如重金属中毒、抗癫痫药物、磺胺、青霉素、甲疏咪唑等。

[发病机制] 小动物溶血性贫血的原因复杂，发生机制也各不相同，其中免疫介导的溶血机制最常见。主要见于病毒（FeLV）、细菌（各种急慢性感染）、寄生虫（巴贝斯虫、巴通体病）等感染，自身免疫性溶血，药物作用（磺胺、青霉素、甲硫咪唑）以及除臭剂、樟脑丸等。遗传因素导致的溶血，主要是某些基因的缺陷而导致红细胞膜异常，酶缺乏引起能量代谢障碍及血红蛋白异常。

[临床症状] 溶血性贫血的共同临床症状是：黏膜苍白，黄疸，肝肿大，粪胆素原和尿胆

素原含量增高，甚至出现血红蛋白尿。随病因不同症状各异，通常表现为昏睡、无力、食欲不振甚至废绝。犬体温升高而猫可无明显变化，严重时心率加快，呼吸困难，较不耐运动。

[实验室检查] 因病因而异。通常血液学检查时，红细胞数和红细胞比容减小，网织红细胞增多，粪胆素原、尿胆素原含量增高，严重者出现黄疸。若为巴贝斯虫、锥虫感染，在血涂片中可发现病原体。另外，还应对相应的毒物进行分析。遗传性因素，可对红细胞形态、有关酶活性、变性血红蛋白小体（Heinz 小体）等进行检查。Coombs 试验在检查免疫性因素引起的溶血性疾病中很有价值。

[诊断] 根据临床症状结合实验室检验结果即可做出诊断。

[治疗] 确定病因后施行对因治疗。对遗传性红细胞膜异常，可进行脾切除，若为细菌和血液原虫感染，给予杀菌驱虫药；中毒性疾病，应排除毒物并给予解毒处理。贫血严重者还可输血，也可用肾上腺皮质激素进行治疗。

14.1.3　慢性疾病性贫血

慢性疾病性贫血（Anemia of chronic disease）指慢性感染、肿瘤和其他衰竭性疾病伴发以铁代谢障碍所致的贫血。这类贫血的特征是病程发展缓慢，血清铁低，总铁结合力也低，而贮存铁是增加的。贫血从轻度到中度不等，通常为正常细胞正常色素性，也是小动物临床最常见的贫血。

[病因] 慢性感染（如结核，脓肿等），各种炎症、肿瘤（如恶性淋巴瘤）及持续的外科创伤。慢性疾病性贫血应与某些系统性疾病（如肿瘤、肾病及内分泌疾患）伴随的贫血相区别，后者是由于系统性疾病本身的症状导致多种原因所致，铁代谢正常。

[症状] 慢性疾病性贫血一般为轻度或中度，进展较慢，常为原发疾病的临床表现所掩盖。红细胞比容下降（通常犬下降到 25％ 以下，猫下降到 15％ 以下），患畜血清铁及总铁结合力均低于正常，铁饱和度正常或低于正常。

[诊断] 诊断慢性疾病性贫血须先排除这些疾病本身造成的失血，肾衰竭，药物导致的骨髓抑制及肿瘤侵犯骨髓或肿瘤晚期时的稀释性贫血。

鉴别诊断中主要与缺铁性贫血相区别。

[治疗] 主要是针对原发病，原发病纠正后，贫血可以得到改善，一般不需特殊治疗。铁剂的补充无效，补充红细胞生成素常可改善贫血。

14.1.4　缺铁性贫血

缺铁性贫血（Iron-deficiency anemia）系指由于体内铁消耗殆尽而不能满足正常红细胞生成的需要时发生的贫血。发生缺铁性贫血是缺铁的晚期阶段。这类贫血的特点是骨髓及其他组织中缺乏可染铁，血清铁及转铁蛋白饱和度均降低，呈现小细胞低色素性贫血。

[病因] 动物体内铁的吸收和排泄保持动态平衡。体内铁呈封闭式的循环，只有在需要时增加，铁的摄入不足及慢性贫血等情况下造成长期铁的负平衡而致缺铁。造成缺铁的病因可分为铁摄入不足和铁丢失过多 2 大类。

（1）铁摄入不足　小动物，尤其犬猫日粮中铁的含量一般较丰富，因此吸收不良是铁摄入不足的主要原因。食物中的血红素铁易被吸收，非血红素铁则需转变成 Fe^{2+} 才能被吸收，因此在胃酸不足，胃肠手术及胃肠炎时易造成铁的吸收不足。

（2）铁丢失过多　临床上铁丢失过多主要见于慢性出血，尤其是胃肠道出血，如胃炎、溃疡、肿瘤及钩虫感染等。

[症状] 贫血的发生通常是隐性的，症状进展缓慢，皮肤黏膜苍白，被毛干枯，也可出现

异嗜癖。

[诊断] 缺铁时，血红蛋白降低，血象出现小细胞低色素性变化，血涂片可见大量中心淡染的小红细胞，红细胞比容降低。此外尚可根据临床症状、病史询问作出诊断。

[治疗] 应尽可能地去除导致缺铁的病因，补充铁剂能使血象恢复，如肌内注射25%葡萄糖铁溶液，所需补充铁量可用公式计算。即：所需补充铁总量(mg)＝(150－患病动物 Hb)(g/L)×体重(kg)×0.33。1 次/d，0.2～1mg/次，直至总剂量用完。

14.1.5 慢性肾病性贫血

慢性肾病性贫血（nemia secondary to chronic renal disease）是继发于慢性肾功能衰竭的贫血，是造血系统以外的系统性疾病导致的贫血。因此，各种原因引起的肾功能减退，如尿素氮升高、肌酐清除率下降到一定时，均可呈现贫血。其贫血的程度常与肾功能减退的程度有关。

[病因]

(1) 红细胞生成素（EPO）分泌减少　红细胞生成素主要由肾小管周围细胞产生，具有促使骨髓红系祖细胞向成熟红细胞分化及增生的作用，肾衰竭时，EPO 产生减少。

(2) 红细胞破坏增多　肾衰时，机体代谢产生的毒性物质（尿素氮、肌酐等）可干扰红细胞膜上的 Na^+-K^+ ATP 酶的正常功能，抑制细胞内磷酸戊糖旁路代谢，使还原型谷胱甘肽生成减少，红细胞膜氧化损伤，脆性增加，猫的红细胞中呈现明显的 Heinz 小体。

(3) 其他　慢性肾衰时的营养不良和钙磷代谢障碍，也促使贫血的发生。

[症状] 主要是慢性肾衰竭的症状，贫血的程度和进展表现不一，常为正常细胞正常色素性贫血，有出血倾向时，也可为小细胞低色素性贫血。

[治疗] 以改善肾功能为主，口服铁剂，犬 100～300mg/d，猫 50～100mg/d，有一定作用，但要注意铁剂对胃的损伤。用重组人红细胞生成素 140 单位/kg，每周 3 次，有较好作用，但要注意过敏反应的产生。

14.1.6 低增生性贫血

正常时，胚胎早期卵囊是造血部位，后来，肝和脾逐渐取代卵囊而成为造血部位。出生后，骨髓则成为造血的主要部位。因此，低增生性贫血主要发生在骨髓造血机能障碍，如骨髓坏死、骨髓纤维化、骨髓萎缩、造血系统的恶性肿瘤等时。

[病因] 引起骨髓造血机能障碍的原因多样，在小动物主要是继发于病毒感染、药物毒性及恶性肿瘤。

骨髓坏死，常继发于血栓形成、内毒素血症、药物的毒性或病毒感染；骨髓纤维化则是骨髓衰竭的晚期表现；骨髓萎缩或骨髓发育不全常见于猫，与猫白血病病毒感染有关，犬较少见；造血系统的恶性肿瘤主要是急、慢性白血病。

[症状和诊断] 骨髓造血机能障碍引起的贫血表现通常是原发病症状及各类血细胞减少、非再生性贫血。血液学特征和骨髓检查是诊断的依据。

[治疗] 输血、骨髓移植及用红细胞生成素是主要的治疗方法，通常预后不良。

14.1.7 内分泌疾病性贫血

红细胞生成受多种因素的调节，其中某些内分泌激素在调节红细胞生成中具有举足轻重的作用，主要有红细胞生成素（Erythropoietin，EPO）、雄激素、雌激素、甲状腺素、肾上腺皮质激素等。其中EPO、雄激素、甲状腺素、肾上腺皮质激素具促进红细胞生成的作用，雌激素则具抑制红细胞生成的作用。当这些内分泌激素异常时，可导致贫血。

［病因和发病机制］EPO 是一种糖蛋白，产生的主要部位在肾小管周围细胞，当肾脏组织破坏时，EPO 产生降低；雄激素可刺激肾脏产生 EPO，也可直接刺激骨髓促进红细胞的生成；甲状腺素和肾上腺皮质激素可改变组织对氧的需求而间接影响红系造血，在甲状腺机能减退时，红系造血功能下降。雌激素可降低红系祖细胞对 EPO 的反应，而抑制红细胞的生成，在一些患睾丸肿瘤的雄性犬，或具染色体异常的两性畸形犬，出现高雌激素并显示雌性化，而出现严重的贫血症状。

［症状］除贫血外，主要表现与各种内分泌疾病有关的症状（参阅有关章节）。

［治疗］主要治疗原发病，贫血严重者，可适当使用 EPO 或输血。

14.2　出血性疾病

出血性疾病系指由于止血机制异常引起自发性出血或外伤后出血不止的临床征象。止血是出血到不出血的过程，需要血管壁、血小板和凝血因子的相互作用，其中任何一方发生障碍，均可发生出血性疾病。小动物出血性疾病的常见原因是血小板减少和凝血因子缺乏。

14.2.1　血小板减少症

血小板减少症（Thrombocytopenia）是血小板数量减少而引起的以皮肤、黏膜广泛出现瘀点、瘀斑为主要特征的疾病。

［病因］血小板生成减少主要见于病原微生物感染如犬瘟热病毒、犬细小病毒、猫白血病病毒、立克次体、钩端螺旋体、沙门氏菌、利什曼原虫、巴贝斯虫等感染，药物性如一些抗生素、抗微生物药及抗炎药等。免疫介导的血小板减少症如自身免疫性溶血性贫血、全身性红斑狼疮等，在这些疾病的过程中，产生抗血小板抗体，除可缩短血小板寿命外，尚可导致骨髓巨核细胞损伤，不但使血小板数量减少，而且血小板功能也降低。一些遗传性疾病，如猫 Chediak-Higashi 综合征、犬猫的血管性假血友病等也可引起血小板减少症。

［症状］自发性出血和轻微外伤后出血时间延长是本病的主要特征。皮肤黏膜尚出现瘀点、瘀斑，有的腹部、腹内侧、四肢等皮下出血，常伴有鼻和齿龈出血、便血和尿血。有严重贫血的病例，出现黏膜苍白。

［实验室检查］血小板计数明显减少，有的血涂片上可见大型血小板和血小板颗粒减少，血小板聚集功能可异常，出血时间延长，血块回缩不良。

骨髓巨核细胞大多增加或正常，但形成血小板的巨核细胞减少，幼稚型巨核细胞数增加，胞体大小不一，以小型多见，血小板因子 3（PF_3）下降，血小板相关的免疫球蛋白 G（PBIgG）增高。

［诊断］多次检验血小板减少，骨髓巨核细胞增加或正常，并伴成熟障碍，即可作出诊断。由于血小板减少可以是多种疾病的共同表现，故诊断时应结合临床表现、骨髓象变化及抗血小板抗体的测定等加以鉴别。

［治疗］治疗基础病，禁用具降低血小板功能的药物（如阿司匹林、保泰松等），对疑似遗传性血小板减少症，在选种时加以监测，杜绝患病后代的产生。

14.2.2　凝血因子缺乏症

凝血因子缺乏症（Coagulopathies）是一组以凝血因子缺乏引起血液凝固障碍，临床上出现以出血为主要特征的疾病，犬发病率高于猫。

[病因和发病机制] 犬猫有获得性和遗传性凝血因子缺乏症。获得性凝血因子缺乏主要继发肝功能障碍和维生素 K 缺乏。肝脏是合成和消除凝血因子的主要部位，而维生素 K 是合成 FⅡ、FⅦ、FⅨ、FⅩ 等因子的必需物，故当肝脏疾病或维生素 K 缺乏时，某些凝血因子合成障碍。小动物的遗传性凝血因子缺乏较常见，其中血友病临床上最多见。血友病有 A、B 2 型。A 型血友病是 FⅧ 缺乏，B 型血友病是 FⅨ 缺乏，二者均是 X-连锁隐性遗传病。此二者都是形成凝血酶原激活物所必需的，其中某一因子缺乏，都会使凝血酶原激活物形成障碍，使血液凝固时间延长，形成出血性素质，本病具 X-连锁隐性遗传病的特征，临床上雄性发病率高于雌性，但雌性动物可成为此病携带者，应特别引起注意。

[症状] 患病犬猫有轻、中和重度出血倾向，常见的是黏膜出血。轻微撞击、肌内注射即可引起皮下血肿，幼犬换牙也可导致齿龈出血，去势术等外伤使出血过量甚至出血不止而死亡。

[实验室检查] 视不同凝血因子缺乏而实验室检查结果不一样，通常均表现有 aPTT、PT、TCT 延长，而出血时间、血小板计数和血块收缩正常。

[诊断] 根据临床症状、实验室检查和家史调查即可做出诊断。

[治疗] 获得性凝血因子缺乏症应在治疗原发病的同时，补充维生素 K_1，剂量为每 12h 1.1mg/kg，持续 2 周。对遗传性凝血因子缺乏症主要是针对缺乏的因子进行补充。由于一些凝血因子在血中的半衰期较短，故要不断进行补充，对较轻者，可输注正常犬的血浆，也可应用人用凝血因子浓缩剂，按每千克体重 5～15IU 静脉注射。本病的关键是检出病者和携带者，做好选种工作。

14.3 红细胞增多症

红细胞增多症（Polycythemia）指循环血液的红细胞比容（Pct）、血红蛋白浓度和单位体积中红细胞数量（RBC）高于正常水平，即可以是相对性的，也可以是绝对性的。相对性红细胞增多是血浆量减少，使红细胞浓缩，实际上体内红细胞总数并未增多；绝对性红细胞增多是指体内红细胞总数增多，在绝对性红细胞增多症中又有原发性和继发性之分。正常狗的 PCV、Hb、RBC 的上限分别是 55%、18g/dL、8.5×10^6 个/μL，猫的上限分别是 45%、14g/dL 和 10×10^6 个/μL。

[病因] 相对性红细胞增多症主要见于血液浓缩，如严重呕吐、腹泻、出汗、烧伤、休克等，若补液不足，即可引起血浆容量减少，导致相对性红细胞增多症。

绝对性红细胞增多症，原发性是由于骨髓内的红细胞前体发生自主性非红细胞生成素依赖性增殖引起，主要见于缺氧情况下，如高原性、先天性心脏病、肺疾病；组织供氧正常发生红细胞增多主要见于肾上腺皮质机能亢进、甲状腺机能亢进、肾脏肿瘤等。

[症状] 红细胞数量增加导致血黏度上升、血流缓慢、毛细血管再充盈时间延长，引起心肌肥大、局部缺氧、黏膜发绀。严重者甚至发生脑循环损伤，出现运动失调、肌肉震颤等神经症状。另外，还可出现其他潜在性疾病的症状。

[诊断] 红细胞计数、血红蛋白浓度及红细胞比容 3 项指标显著高于正常时，可以诊断为红细胞增多症。但此 3 项指标仅能反映单位体积血液中红细胞情况，而不能反映体内红细胞总数，故不能作为区别相对性与绝对性红细胞增多症的依据。首先排除引起血液浓缩产生的相对性红细胞增多因素。

鉴别诊断尚需根据临床表现、血象、骨髓象及全身红细胞容量进行。

[治疗] 相对性红细胞增多症的纠正依赖于原发病的治疗和体液补充，其本身无需特殊处理。严重的绝对性红细胞增多症，可进行静脉放血，间隔进行，总量可达每千克体重 10～20mL，直至红细胞比容犬达 55％、猫达 50％。化疗：口服羟基脲，30～50mg/kg，1 次/d，持续 1 周。

14.4　白细胞减少症和白细胞增多症

哺乳动物的白细胞包括中性白细胞（分叶核和不分叶核）、淋巴细胞、单核细胞、嗜酸性粒细胞和嗜碱性粒细胞。白细胞增多症（Leukocytosis 或 Leukophilia）指循环中的白细胞总数增多，白细胞减少症（Leukocytopenia）则指循环中的白细胞总数减少，动物品种不同，白细胞形态及各类白细胞的绝对数目也不同。白细胞总数和白细胞分类计数是鉴定白细胞增多症和白细胞减少症的依据。

14.4.1　嗜中性粒细胞增多症和减少症

嗜中性粒细胞在骨髓内生成，释放进入血液，经短暂的循环后，转移至各组织间隙或呼吸道、消化道和泌尿道的上皮表面。嗜中性粒细胞的生成是持续不断的，以满足各组织对粒细胞的持续需求以及维持血液内循环池嗜中性粒细胞的数量。骨髓内生成嗜中性粒细胞的时间为 4～6d，存贮在骨髓内的成熟嗜中性粒细胞能持续供应 5d。

组织损伤或者细菌入侵都会导致集落刺激因子（CSFs）的生成和释放，集落刺激因子可调控骨髓内不成熟嗜中性粒细胞的增殖和成熟。嗜中性粒细胞在血液中大约循环 10h，可分为嗜中性粒细胞循环池和边缘池。嗜中性粒细胞边缘池内的嗜中性粒细胞是那些暂时附着于血管内皮，尤其是小静脉和毛细血管内皮上的嗜中性粒细胞，这些细胞不能被全血细胞计数计算在内。

犬循环池与边缘池内的嗜中性粒细胞比例为 1∶1，猫为 1∶3。嗜中性粒细胞在组织内存活 1～4d，最终发生程序性细胞死亡或凋亡。

使用电阻抗细胞计数法进行白细胞计数和嗜中性粒细胞计数时，巨血小板、血小板团块以及海因茨小体均可导致计数结果假性升高。嗜中性粒细胞还会被脾脏、肝脏以及骨髓内的巨噬细胞破坏。

影响嗜中性粒细胞循环数量的因素包括以下几方面的相对速度：

① 骨髓生成以及释放嗜中性粒细胞的速度。

② 嗜中性粒细胞循环池与边缘池之间的交换速度。

③ 嗜中性粒细胞转移进入组织的速度。

嗜中性粒细胞的主要功能是通过定向转移或者趋化作用，在炎症部位或者细菌感染部位聚集，防御微生物入侵组织杀死细菌，还能破坏或者参与破坏霉菌、藻类以及病毒。

（1）嗜中性粒细胞增多症　为循环嗜中性粒细胞的绝对数量增加。成年犬猫的嗜中性粒细胞计数超过 12000 个/μL。嗜中性粒细胞增多症是引起白细胞增多症最常见的原因。嗜中性粒细胞增多症的病因包括以下几方面。

① 生理性或者肾上腺素诱发：肾上腺素释放导致暂时性的（1h）成熟嗜中性粒细胞从边缘池转移至循环池。引起肾上腺素释放的原因有恐惧、兴奋、剧烈运动以及抽搐。

②　皮质类固醇或者应激诱发：循环中糖皮质激素水平升高，可导致释放入循环中的成熟嗜中性粒细胞增加，而转移至组织的嗜中性粒细胞减少。这类反应通常发生于内源性糖皮质激素分泌增加或者使用外源性皮质类固醇之后。引起内源性皮质类固醇分泌增加的原因有疼痛、创伤、寄养、运输或者其他疼痛性疾病。使用外源性皮质类固醇之后4～8h会出现白细胞增多（17000～35000个/μL）和嗜中性粒细胞增多，通常在治疗后1～3d恢复正常。

③　急性炎症：炎症、败血症、坏死或者免疫介导性疾病，导致组织对嗜中性粒细胞的需求增加以及骨髓释放分叶嗜中性粒细胞和杆状嗜中性粒细胞增加。手术摘除或者引流败血病病灶，会暂时加重嗜中性粒细胞增多症。

④　慢性炎症：一些慢性化脓性疾病（如子宫蓄脓、脓肿、脓胸、脓皮病）以及一些肿瘤，都会导致骨髓粒细胞生成增加，从而导致严重的白细胞增多症（50000～120000个/μL）。实验室特征包括：嗜中性粒细胞增多伴有核左移，数量不等的中毒性嗜中性粒细胞，单核细胞增多以及常见的高球蛋白血症。

⑤　新稳定状态下的慢性炎症：当骨髓生成与粒细胞的释放以及组织需求达到一个新的稳定状态时，就会出现第二种形式的慢性炎症。白细胞总数正常或者稍有升高。嗜中性粒细胞计数处于参考值上限或者稍有升高，很少或没有核左移现象。淋巴细胞处于参考值范围之内。最常见的异常白细胞象是单核细胞增多。常见炎性贫血和高球蛋白血症。

⑥　出血或者溶血：发生免疫介导性溶血性贫血的动物，通常会出现伴有核左移的嗜中性粒细胞增多。白细胞也显著增多（>50000个/μL）。急性出血3h后，出现成熟嗜中性粒细胞增多症。

⑦　粒细胞性白血病：通常伴有显著的嗜中性粒细胞性白细胞增多症（>80000个/μL）。出现核左移，可能是由粒细胞成熟缺陷引起的。可观察到幼稚粒细胞前体（早幼粒细胞和原粒细胞）。可观察到不同程度的血小板减少和/或非再生性贫血。由于肿瘤浸润而可能出现肝肿大和/或脾肿大。该病必须与慢性炎症引起的嗜中性粒细胞增多症相区分。

⑧　遗传性粒细胞缺陷：只有排除其他病因后，才可考虑的原因。已证实爱尔兰雪达犬易患β2整联蛋白缺乏，β2整联蛋白缺乏可减少嗜中性粒细胞黏附于内皮、降低趋化性以及降低杀菌活性。β2整联蛋白缺乏的犬会出现持续嗜中性粒细胞增多症和多发性感染。周期性造血或者灰柯利综合征的特征是嗜中性粒细胞、单核细胞、嗜酸性粒细胞、血小板以及网织红细胞出现周期性的变化，周期为11～13d。嗜中性粒细胞的变化最为显著，在2～4d的嗜中性粒细胞减少期后会出现嗜中性粒细胞增多症。

（2）嗜中性粒细胞减少症　嗜中性粒细胞绝对数量降低。当犬猫嗜中性粒细胞绝对数量少于3000个/μL时，就会发生嗜中性粒细胞减少症。嗜中性粒细胞减少症是引起白细胞减少症最常见的原因。

嗜中性粒细胞减少症的发病机制包括以下几方面。

①　组织的急性需求或剧烈消耗：嗜中性粒细胞可快速聚集在发生急性炎症或腐败的血管丰富的组织中。当嗜中性粒细胞转移至组织的速度超过骨髓嗜中性粒细胞贮存池容量时，就会导致嗜中性粒细胞减少症的发生。急性炎症或严重炎症时，机体由于来不及生成粒细胞以补充成熟嗜中性粒细胞的供给，而导致杆状嗜中性粒细胞和一些晚幼粒细胞的释放入血，从而导致严重的核左移。此时的嗜中性粒细胞以及骨髓内的嗜中性粒细胞前体通常出现显著的中毒性变化。常见腹膜炎、胃肠道脏器破裂、急性子宫炎、坏疽性乳腺炎以及急性蜂窝织炎等疾病中。由于只有炎症达到了一定的严重程度，嗜中性粒细胞才会出现这类反应，因此常提示预后不良或者预后慎重。

② 骨髓生成减少：骨髓发生严重的中毒性损伤时，会导致嗜中性粒细胞生成减少。这些动物的骨髓通常会出现细胞减少，同时伴随粒细胞前体、红细胞前体以及巨核细胞前体的显著减少。有时由于被大量的肿瘤细胞替代，骨髓内细胞增加（骨髓痨）。

可能的病因包括：药物副作用，接触有毒的化学物质和植物，传染源，骨髓痨，以及免疫介导性骨髓破坏。目前认为可以导致该病的药物包括雌激素、保泰松、甲氧苄氨嘧啶、磺胺嘧啶、氯霉素、灰黄霉素以及一些化疗药物。传染源包括细小病毒、泛白细胞减少症病毒、猫白血病病毒、红细胞埃利希体，血小板的生成也会受到影响，最终导致并发非再生性贫血以及血小板减少症。

③ 粒细胞无效生成（粒细胞生成异常）：尽管骨髓内有足量的粒细胞前体细胞，但是由于发育被抑制或者骨髓释放减少，导致嗜中性粒细胞减少症。此时骨髓内粒细胞前体细胞的数量正常，甚至有所增加。具有这类嗜中性粒细胞反应的疾病包括：骨髓再生不良、急性粒细胞性白血病以及由猫的白血病病毒或者免疫缺陷病毒引起的传染病。

④ 嗜中性粒细胞从循环池向边缘池的转移增加：嗜中性粒细胞从循环池突然转移至边缘池时，可引起暂时性的急性嗜中性粒细胞减少症。病因包括过敏反应、内毒素血症。嗜中性粒细胞减少症是一种早期、暂时性的反应，可能在动物接受药物治疗前消失。

14.4.2 嗜酸性粒细胞增多症和减少症

嗜酸性粒细胞生成于骨髓，其过程与嗜中性粒细胞相似。在中幼粒细胞阶段可辨别出嗜酸性粒细胞，因为它含有特殊的嗜酸性颗粒。由激活的 T 淋巴细胞产生的白细胞介素 5（IL-5）是刺激嗜酸性粒细胞生成的主要细胞因子。嗜酸性粒细胞在骨髓生成时间和贮存都与嗜中性粒细胞相似。循环中嗜酸性粒细胞的数量，反映了骨髓生成与组织需求或者消耗之间的平衡。组织内出现显著的嗜酸性炎性细胞反应是很多疾病的一个特点。发生这些疾病时，血液可能出现或不出现嗜酸性粒细胞增多。嗜酸性粒细胞的参考值范围存在较大的地理差异。北美南部和东部沿海地区的参考值要高于北部和中部平原地区。使用当地动物品种的参考值非常重要。

嗜酸性粒细胞是全身性过敏反应的一个主要组成部分。当寄生虫抗原或过敏原与肥大细胞上的特定 IgE 结合时，肥大细胞发生脱粒并释放能吸引嗜酸性粒细胞的组胺。嗜酸性粒细胞在杀死表面含有 IgG 或补体的吸虫和线虫的过程中也起着重要作用。嗜酸性粒细胞具有有限的吞噬作用和杀菌活性，在破坏肿瘤细胞中可能起一定作用。

（1）嗜酸性粒细胞增多症　为嗜酸性粒细胞绝对计数增加。嗜酸性粒细胞增多症的病因包括以下几方面。

① 过敏：病因可能是 IgE 介导的过敏反应，特别是当动物反复接触过敏原时。

② 寄生虫：具有组织间移行或组织接触期的吸虫、线虫或体外寄生虫。

③ 肉芽肿性炎症：由真菌或者异物引起的慢性肉芽肿性疾病。

④ 肿瘤：肥大细胞瘤以及较不常见的淋巴瘤，可引起嗜酸性粒细胞增多症。伴有嗜酸性粒细胞严重浸润的肿瘤，其预后可能要好于没有嗜酸性粒细胞浸润的肿瘤。

⑤ 嗜酸性粒细胞增多综合征：很难与嗜酸性粒细胞性白血病区分。通常在排除其他病因后考虑。

⑥ 嗜酸性粒细胞性白血病：非常罕见的猫骨髓增生性肿瘤。在血液中，嗜酸性粒细胞以不成熟的形式出现。还能观察到嗜酸性粒细胞浸润至肝脏、脾脏以及淋巴结。

⑦ 发生于皮肤、胃肠道、肺部或者雌性动物生殖道的过敏性、寄生虫性或者炎性疾病，也可能导致嗜酸性粒细胞增多症。

（2）嗜酸性粒细胞减少症　为循环血液中嗜酸性粒细胞的数量减少。在大多数实验室中，嗜酸性粒细胞绝对数量的参考值下限为 0 或者是一个很小的数字。因此，只有连续做多次全血细胞计数时，才容易发现嗜酸性粒细胞减少。

内源性糖皮质激素分泌或者使用外源性糖皮质激素时，由于骨髓释放嗜酸性粒细胞减少，且组织内嗜酸性粒细胞的存贮和凋亡增加，最终导致嗜酸性粒细胞减少症。由于嗜酸性粒细胞数量随糖皮质激素水平的增加而减少，因此，应激动物出现正常的嗜酸性粒细胞计数时，应考虑嗜酸性粒细胞增多的病因。

14.4.3　嗜碱性粒细胞增多症和减少症

嗜碱性粒细胞生成于骨髓，与组织肥大细胞源于共同的细胞。嗜碱性粒细胞不会发育成肥大细胞，但两者功能相似。在中幼粒细胞时期，可通过特征性的次生颗粒来识别未成熟的嗜碱性粒细胞。在骨髓内经历晚幼粒细胞、杆状粒细胞和分叶粒细胞时期到发育成熟大约需要 2.5d。嗜碱性粒细胞只在血循环中存在几个小时，然后转移进入组织，可在组织内停留数周。嗜碱性粒细胞在循环白细胞总数中的比例很低。对于大多数的犬猫，在人工白细胞分类计数时，很少观察到嗜碱性粒细胞。

嗜碱性颗粒中含有组胺和肝素。嗜碱性粒细胞和肥大细胞释放的组胺，在一些速发型过敏反应中起着重要作用，如荨麻疹、过敏反应和急性过敏。肝素可抑制凝血，在炎症反应中起着重要作用。活性嗜碱性粒细胞可合成一些诱发或者调节炎症反应的细胞因子。

（1）嗜碱性粒细胞增多症　当犬猫的嗜碱性粒细胞计数持续在 $200\sim300$ 个/μL 时，应该考虑一些引起嗜碱性粒细胞增多的原因。嗜碱性粒细胞增多症通常与嗜酸性粒细胞增多症同时发生。

嗜碱性粒细胞增多症的病因包括以下几方面。

① 过敏以及超敏反应。

② 寄生虫：具有显著的组织间移行或者组织接触期的线虫、吸虫或体外寄生虫。恶丝虫病、蜱侵袭和跳蚤过敏也是常见的病因。

③ 高脂血症：与脂血症相关的代谢性或者内分泌性疾病，通常伴发嗜碱性粒细胞增多症。

④ 嗜碱性粒细胞性白血病：非常少见的骨髓增生性肿瘤。

（2）嗜碱性粒细胞减少症　由于外周血液中很少能观察到嗜碱性粒细胞，因此，很难判断嗜碱性粒细胞减少症。内源性或者外源性糖皮质激素可导致循环嗜碱性粒细胞减少。

14.4.4　淋巴细胞增多症和减少症

外周血液淋巴细胞起源于骨髓或胸腺。健康犬猫循环淋巴细胞，大约有 70% 来源于胸腺（T 淋巴细胞），大约有 30% 来源于骨髓（B 淋巴细胞）。不同于粒细胞和单核细胞从骨髓进入血液，再进入组织的单向循环，淋巴细胞可重复循环。循环路线为从血液到淋巴结，再到淋巴液，最后返回血液中。每次循环中，在血液中的停留时间为 $8\sim12$h。再循环淋巴细胞寿命较长，一般能存活数月至数年。

淋巴细胞是特异性免疫系统细胞。B 淋巴细胞可分化形成能产生抗体的浆细胞（体液免疫），T 淋巴细胞通过形成并释放一些细胞因子来参与细胞免疫。外周血液淋巴细胞作为免疫系统记忆细胞而发挥作用。淋巴细胞在再循环时，会密切监测那些先前激活它们的抗原。当接触抗原后，被激活的淋巴细胞进入淋巴结时，它们可通过选择性克隆扩增来激发机体的细胞免疫应答和体液免疫应答。

（1）淋巴细胞增多症　即循环淋巴细胞的数量增加。病因包括以下几方面。

① 兴奋：生理性淋巴细胞增多是由循环肾上腺素升高而引起的，肾上腺素使血流增加，

并将边缘池的淋巴细胞冲回循环池（生理性淋巴细胞增多只见于猫）。淋巴细胞计数可达20000 个/μL。淋巴细胞形态以及红细胞数都正常。

② 抗原刺激：炎性疾病通常与抗原刺激相关。随着时间的延长，会出现淋巴细胞增多和球蛋白水平升高。疫苗接种有可能引起淋巴细胞增多症，且通常是一些反应性淋巴细胞。

③ 淋巴肉瘤/淋巴细胞性白血病：通常在疾病的晚期出现淋巴细胞增多。通常伴发明显的非再生性贫血。还可能出现血小板减少症和嗜中性粒细胞减少症。大部分循环淋巴细胞可能是瘤性成淋巴细胞，具有花边形核染色质和巨核仁的大细胞（20μm 或更大）。

（2）淋巴细胞减少症　即循环淋巴细胞的数量减少。引起淋巴细胞减少症的病因包括以下几方面。

① 高水平的循环糖皮质激素（应激，库欣综合征）：轻度淋巴细胞减少症，淋巴细胞计数在 750～1000 个/μL。淋巴细胞计数低于 750 个/μL 时，应考虑其他病因。

② 淋巴细胞再循环中断（乳糜渗出）：淋巴细胞计数非常低（200 个/μL 或者更低）。通常伴有血浆蛋白减少。

③ 淋巴肉瘤：再循环淋巴细胞不能通过患病淋巴结而引起淋巴细胞减少。淋巴细胞减少症和淋巴细胞增多症一样，常见于淋巴肉瘤病例。

14.4.5　单核细胞增多症和减少症

单核细胞起源于骨髓，它不同于粒细胞，以未成熟的形态释放进入外周血液，然后转运至各个组织，在组织内分化形成巨噬细胞、上皮细胞或者多核型炎性巨细胞。骨髓内没有单核细胞的贮存池，单核细胞及其前体（成单核细胞，前单核细胞）存在数量较少，可能很难分辨。循环单核细胞数量增加直接反映了单核细胞的生成增加。

单核细胞/巨噬细胞连续体是循环吞噬系统的第二大分支（嗜中性粒细胞是第一大分支）。特异的巨噬细胞的功能包括：

① 吞噬作用。

② 通过释放炎性介质（趋化因子、前列腺素、补体片段等）来调节炎症反应。

③ 进行抗原处理以提呈给淋巴细胞，参与激活免疫应答。

④ 参与调节机体的铁存贮。

（1）单核细胞增多症　为循环单核细胞数量增加。单核细胞增多症意味着三种可能：存在炎症，吞噬需求，组织坏死轻微的单核细胞增多与循环糖皮质激素升高诱发的应激反应有关，该反应没有特异性。

（2）单核细胞减少症　为循环单核细胞数量减少，临床上不能识别。

14.5　淋巴腺病和脾肿大

淋巴腺病（Lymphadenopathy）系指淋巴结的肿大。根据表现，有独立的淋巴腺病（1 个淋巴结肿大）、局灶性淋巴腺病（相关的一串淋巴结肿大）、广泛性淋巴腺病（2 个以上相关的多个淋巴结肿大）。脾肿大（Splenomegaly）则指弥散性的脾脏增大，常见于脾的炎性变化、淋巴网状细胞增生、脾充血和异常细胞或异常物质的浸润。

[病因] 小动物淋巴结肿大的原因主要有 2 类：抗原刺激和肿瘤细胞浸润。抗原刺激时（如各种感染、免疫预防），淋巴结发生反应性增生，导致肿大。当增殖的是淋巴结内的固有细

胞时，称反应性淋巴腺病；而增生的主要是多形核白细胞或炎性细胞时，则称为淋巴结炎。有化脓性淋巴结炎（中性粒细胞为主），肉芽肿性淋巴结炎（巨噬细胞为主），嗜酸性淋巴结炎（嗜酸性粒细胞为主）。浸润性淋巴腺病主要见于原发或继发（转移）于造血组织的肿瘤。

脾肿大按病因可分为炎性脾肿大（Inflammation splenomegaly）、增生性脾肿大（Hyperplastic splenomegaly）、充血性脾肿大（Congestive splenomegaly）和浸润性脾肿大（Infiltrative splenomegaly）（表 14-1）。绝大多数脾炎与感染有关，也是引起小动物脾肿大最常见的原因。脾脏通常对血液中的抗原和红细胞破坏有反应，导致单核巨噬细胞和淋巴细胞的增生，因此在慢性细菌性感染和溶血性疾病时，发生增生性脾肿大。

小动物脾脏具有很强的贮血功能，正常时，可贮存总血量的 $10\% \sim 20\%$，在门脉高压、脾扭转等情况下，贮血量可达总血量的 30%，因此导致充血性脾肿大。

肿瘤细胞浸润是引起小动物浸润性脾肿大最常见的原因；另外，发生在免疫介导的溶血和血小板减少症时的髓外造血也使脾恢复造血功能，导致脾肿大。脾淀粉样变是免疫反应异常增高引起的，大量淀粉样物质（免疫复合物）沉积在脾脏的红髓和白髓中，导致脾肿大。

表 14-1 小动物脾肿大的病因

类型	病因
炎性脾肿大	
化脓性脾炎	腹部穿透伤、细菌性心内膜炎、脾扭转、弓形虫病、真菌、犬传染性肝炎（急性）
坏死性脾炎	脾扭转、脾肿瘤、沙门氏菌病
嗜酸性粒细胞增多性脾炎	嗜酸性粒细胞增多性胃肠炎、嗜酸性粒细胞增多综合征
淋巴浆细胞性脾炎	犬传染性肝炎（慢性）、埃利希体病（慢性）、子宫积脓、布鲁氏菌病、血巴尔通体病
肉芽肿性脾炎	组织胞浆菌病、分枝杆菌病、利什曼病
脓性肉芽肿性脾炎	芽生菌病、孢子丝菌病、猫传染性腹膜炎
增生性脾肿大	细菌性心内膜炎、布鲁氏菌病、系统性红斑狼疮、溶血性疾病
充血性脾肿大	药物性（镇定药、抗惊厥药）、门脉高压、脾扭转
浸润性脾肿大	
肿瘤性	急慢性白血病、肥大细胞瘤、恶性组织细胞瘤、淋巴肉瘤、多发性骨髓瘤
非肿瘤性	髓外造血、嗜酸性粒细胞增多综合征、淀粉样变

[症状] 通常临床症状是发呆和一些非特异表现，如厌食、失重、衰弱、腹胀、呕吐、烦渴、多尿等，有时出现压迫症状。不同病因引起的淋巴腺病和脾肿大，表现也各异，与各种原发病有关，如脾扭转引起的脾肿大，会出现血红蛋白尿，血液学特征有贫血，伴再生性核左移的白细胞增多，常出现弥漫性血管内凝血（DIC）。

[诊断] 脾肿大通常用超声波不难作出诊断，但要确定病因尚需进一步做针对性检查。

对淋巴腺病的诊断，分清淋巴结肿大的范围很重要，通常浅表独立的淋巴结肿大，大多是局部炎症引起的，深部（如腹内、胸内）局灶性淋巴结肿大则可能是全身性真菌或立克次体感染或淋巴肉瘤引起的。

[治疗] 确定病因后，采取对因治疗。对脾肿大病畜必要时可行脾切除术。

14.6 高蛋白血症

高蛋白血症（Hyperproteinemia）系指血清中或血浆中蛋白质浓度的绝对或相对升高。血浆蛋白主要由清蛋白、球蛋白和纤维蛋白原组成，而血清中缺少纤维蛋白原。血清蛋白电泳时通常有 6 条带，从阳极到阴极分别是清蛋白、α-1 球蛋白、α-2 球蛋白、β-1 球蛋白、β-2 球蛋白和 γ-球蛋白。清蛋白片段主要反映体液水分的特征，α-1 球蛋白、α-2 球蛋白主要由肝脏合成，是急性期反应物（Acute phase reactants，APRs），β-球蛋白和 γ-球蛋白主要在单核巨噬细胞系统的浆细胞合成，是免疫球蛋白（Igs），从 α-2 球蛋白开始，依次为 IgA、IgM 和 IgG。

[病因] 相对性高蛋白血症主要发生在血液浓缩（如脱水）时，常伴有红细胞增多。

小动物的绝对性高蛋白血症主要与球蛋白产生增多有关，常发生在 2 种情况：急性期反应和肿瘤。急性期反应（Acute phase response）是指炎症、感染、组织损伤等疾病时，机体以防御为主的非特异性反应，如体温上升、血浆某些蛋白质浓度增加、血糖增加等。其中大多数反应在炎症或感染过程开始的数小时或数日内出现，是机体对病因和损伤的自稳调节和自我保护的全身性适应行为。当疾病得到控制时，这些反应也出现逆转。急性期反应中出现的多种蛋白质浓度迅速升高，这些蛋白质称急性期蛋白（Acute phase protein，APP）。正常血浆中 APP 含量很少，但在急性期反应时明显增加，有些增加达 1000 倍以上，如 c-反应蛋白，少数蛋白在急性期反应时减少，称负 APP，如清蛋白。因此在炎症、感染等急性期反应时，出现清蛋白和球蛋白比值（清/球即 A/G，也称血清蛋白质系数）的变化，蛋白电泳时，α-1 球蛋白和 α-2 球蛋白条带明显增加。

丙球蛋白病（Gammopathies）是一类血清免疫球蛋白水平大大增高的疾病，可分为多克隆性和单克隆性，前者涉及所有主要免疫球蛋白的增高，后者仅涉及单一的均质免疫球蛋白。

多克隆丙球蛋白病（Polyclonal gammopathies）可见于慢性脓皮病、子宫积脓、慢性肺炎、猫传染性腹膜炎、慢性寄生虫感染（如血巴尔通体病、利什曼病、巴贝斯虫病）、真菌病、慢性立克次体病、自身免疫病（如系统性红斑狼疮、类风湿性关节炎）和一些肿瘤（如淋巴肉瘤、坏死性或引流性肿瘤）。

单克隆丙球蛋白病（Monoclonal gammopathies）的特征是血清中存在一种均质的免疫球蛋白，蛋白电泳通常在 β-球蛋白或是 γ-球蛋白位置。主要见于多发性骨髓瘤、慢性淋巴细胞性白血病、淋巴肉瘤、原发性巨球蛋白血症，立克次体病和利什曼病。分泌单克隆抗体的肿瘤，或源于浆细胞（骨髓病），或源于淋巴母细胞（淋巴肉瘤）。犬的骨髓瘤蛋白通常为 IgG。IgA 的骨髓瘤在德国牧羊犬常见，淋巴肉瘤产生的单克隆抗体常属 IgM。

[症状] 血液中蛋白水平过高，特别是 IgM 或 IgA 过高，可发生血液的黏滞性过高，从而导致严重的血管障碍、血栓形成和出血性素质，当神经系统或视网膜出血时，可出现抑郁、失明和神经症状。

[治疗] 免疫球蛋白分泌性肿瘤可用肾上腺皮质激素和烷基化药物治疗。犬比猫预后好，但长期预后也不良。血液黏滞度过高时，需采用血浆去除法；抗生素有助于预防继发感染。

14.7 过敏反应性疾病

14.7.1 食物过敏

食物性变态反应（Food Allergy）是指由免疫介导的食物不良反应，是一种非季节性病症，常常与从食物中摄入的抗原成分有关，这种抗原物质常是一种复杂的水溶性糖蛋白，存在于犬的日粮中。若由食物介导的非免疫反应，则称为食物不耐受。本病以犬、猫皮肤瘙痒及胃肠炎为特征。临床常见犬、猫的皮肤病是由食物变应原引起，如在猫的粟粒状皮炎、嗜酸红斑、无痛性溃疡的病因中，食物性变态反应所致病例约占 10%；在犬的不明原因的过敏性皮肤病中，62% 的病例是由食物性变态反应造成的。

[病因] 本病是由致敏原（变应原）通过黏膜进入机体而发生的局部性变态反应。

（1）食物变应原　指的是能引起免疫反应的食物抗原分子，几乎所有食物变应原都是蛋白质，大多数为水溶性糖蛋白，分子量 10 万～60 万。食物变应原有如下几个特点。

① 任何食物变应原可诱发变态反应：常见的食物变应原为牛奶、鸡蛋、大豆、花生、海味食物、坚果等。

② 食物中仅部分成分具变应原性：牛奶中以酪蛋白、乙种乳球蛋白（β-lactoglobulin，β-LC）变应原性最强。鸡蛋中卵白蛋白和卵类黏蛋白为最常见的变应原。

③ 食物变应原性的可变性：加热可使大多数食物的变应原性降低。胃的酸度增加和消化酶的存在可减少食物的变应原性。

④ 食物变应原间存在交叉反应性：不同的蛋白质可有共同的抗原决定簇，使变应原具交叉反应性。

（2）遗传因素　食物性变态反应与遗传基因有关。

（3）黏膜屏障功能差　仔犬消化道黏膜柔嫩、血管通透性高，黏膜固有层产生 IgA 的浆细胞数较少，消化道屏障功能差，各种食物变应原易通过肠黏膜入血，引起变态反应，而发生过敏性胃肠炎。消化道炎症也是肠道过敏症发病率增高的原因之一。

[症状] 剧烈而持久的皮肤瘙痒是一个主要症状，且会因为疥螨等的叮咬而加剧；此外还表现为全身脂溢性皮炎、反复性脓皮病、各种形式的脉管炎、荨麻疹以及多形红斑。在 10%～15% 的病例中，同时出现胃肠炎症状，表现为间歇性呕吐、稀便、慢性腹泻、肠道蠕动加快和腹鸣。犬的皮肤病变表现脱毛、苔藓化、色素沉着过多等亚临床症状；猫的皮肤损伤主要发生在头部和颈部，出现红斑、脱毛、粟粒状皮炎、耳炎和耳郭皮炎、表皮脱落和嗜曙红斑，少数病灶发生在背部、股部、趾（指）、四肢、会阴等处。犬的过敏性肠炎表现小肠的轻微炎症，频频地间歇性排出稀软恶臭并附有黏液和血液的粪便，有时伴发呕吐、黏液样便的胃肠炎综合征；猫的过敏性胃炎表现在进食后 1～2h 发生呕吐，呕吐物呈胆汁色，粪便被覆新鲜血液并带血点。

[诊断]

（1）实验室检查　多数病例血生化及三大常规检查无异常发现，少数外周血有嗜酸性粒细胞轻度增多，低色素性贫血，大便潜血试验呈现阳性。血清总 IgE 增高。消化内镜检查正常或非特异性胃肠黏膜出血、水肿。这些均不能作为食物性变态反应的确诊依据。

（2）放射诊断　X 射线检查有特殊的重要价值，包括胸部透视、摄片、胃肠造影等，对某些变态反应病有重要的诊断意义。近代影像诊断包括 B 超、CT、磁共振等，必要时亦应用于变态反应病的辅助诊断。

（3）药剂诊断　对于某些变态反应病，在经过各种检查不能确认的情况下，亦可以采用某些对变态反应有良效的药物，如肾上腺素、β₂ 受体兴奋药、各种抗组胺药物、各种肾上腺皮质激素类药物等，进行试探性治疗。如经过用药疗效卓著，则可以从侧面印证变态反应病的诊断。但在进行这种试探性药剂诊断时，必须全面考虑病情，排除所试用药物的禁忌情况和可能产生的副作用。

确诊时要做以下试验：

（1）食物变应原的皮肤试验（skin test of food antigen）　根据抗原与结合在肥大细胞表面上相应的 IgE 结合，刺激肥大细胞脱颗粒而引起相应的临床表现，是初步筛选过敏性食物的主要方法，可在 15～20min 提供多种食物的皮试结果。

（2）血清变应原特异性 IgE 诊断　血清变应原特异性 IgE 不作为独立诊断食物性变态反应的依据。IgE 检测结果呈阳性时，还必须结合临床症状、皮肤试验等确定变应原种类。

（3）放射变应原吸附试验（radio allergosorbent test，RAST）　是利用已知的食物抗原检测血清中有无相应的 IgE 抗体。该方法准确性高，假阳性率低，不受用药的影响，但费用昂贵，且不能同时检测多种抗原。

[治疗]

（1）避免变应原　一旦确定了变应原应严格避免再进食，这是最有效的防治手段。

（2）喂低蛋白食物，补充维生素和矿物质。葡萄糖酸钙 20～40mL、维生素 C 1000～2000mg，静脉注射，每日 1 次。不主张长期用酮替芬、皮质类固醇进行预防。

（3）如果通过改变食物也不能奏效，可用地塞米松片每千克体重 0.2mg 口服或醋酸泼尼松片每千克体重 1.0mg 口服。患部皮肤涂布醋酸氟氢松或醋酸去炎松软膏，防止皮肤感染，可与红霉素软膏交替涂抹。脓疱期可用青霉素、庆大霉素肌内注射防止感染，症状较重的病例，可与地塞米松注射液混合肌内注射，2 次/d。神经紧张的犬应使用镇静、止痛药物。慢性病例可应用 1% 硝酸银灼烧或进行皮褶切除手术。趾间糜烂，剪除趾间长毛，以利于通风和清洁。雨天应冲洗掉趾间的污染杂物，擦干后涂药。

（4）免疫、药物、营养三重干预法

① 免疫干预：采用特异性变应原免疫疗法（ASIT），即是一种将病犬敏感的变应原提取出来并再次注入机体内，经过一段时间以减轻或消除机体的过敏水平的疗法。

② 药物干预：神经储钙蛋白抑制剂环孢菌素 A 和他克莫司都对白细胞介素及其他细胞因子的活性具有干扰作用。

③ 营养干预：在食物中添加脂肪酸可以改变犬真皮的脂类组成，增强免疫力低下的表皮防御功能。

（5）中西医结合疗法　治疗荨麻疹、湿疹和柯利鼻，在查明病因后予以对症治疗。使用抗组胺药物进行脱敏，对皮肤有瘙痒症状的犬用泼尼松或地塞米松进行止痒。中药方剂则采用清热解毒、祛风止痒的药：金银花 5g、蒲公英 5g、生地 4g、连翘 4g、黄芩 3g、栀子 3g、蝉蜕 5g、苦参 4g、防风 3g，水煎后犬一次内服。

14.7.2　药物过敏

药物过敏（Drug Allergy）或超敏性是指由于形成了药物或其代谢产物的特异性抗体和/或致敏 T 细胞而引起的免疫介导性药物不良反应。

蛋白类物质如血清、疫苗、生物源性或致敏原提取物，它们本身就具有抗原性，很容易引起过敏反应。大多数药物本身没有抗原性，但可作为有免疫功能的半抗原。在体内，半抗原必须与宿主蛋白分子实现共体结合，形成半抗原-载体复合物，才能诱导产生免疫反应。某一药物能否引起过敏反应主要取决于这一药物及其代谢产物与载体结合的容易程度。任何药物或生物制品，都有引起过敏反应的可能性。

[病因]犬猫常见过敏的药物主要有：磺胺类药物（过敏表现为关节炎和其他一些症状）、青霉素、头孢菌素、左旋咪唑（犬）、阿霉素、土霉素、林可霉素、孕酮类物质以及疫苗。药物剂量、药物制剂、给药途径、疗程和时间间隔都对药物过敏反应有影响。遗传因素对动物个体易感性有影响。代谢性和免疫性病使动物更易出现药物过敏。

[临床症状]反应只发生于诱导期之后（此时动物被致敏）。初次接触时，不会发生过敏反

应，至少在初次接触过敏药物后 5d 才发生过敏反应。发病率不高，过敏时所表现的临床症状与药物的药理作用和被治疗疾病的症状不同。常与其他免疫介导性疾病的症状相似。同一种药物能引起不同动物表现不同的临床症状。临床症状通常在停药后数天内（可达数周）消退。再次给药时，临床症状或很快或经过几天的潜伏期后再次出现。

4 种过敏反应能引起多种临床症状。皮肤症状如发热、麻疹和血管性水肿、瘙痒、各种形态的红斑或丘疹、过敏性接触性皮炎。多种关节炎表现两腿交替性跛行、按压或活动关节时有疼痛反应、关节肿胀、共济失调。严重者发生肾小球性肾炎，表现蛋白尿和等渗尿、急性肾衰竭。血液学变化包括溶血性贫血、血小板减小症、中性粒细胞减少症等，偶尔出现呕吐、腹泻及腹痛等。

[诊断] 根据动物可能接触的药物与临床症状的关系，所有给予动物的药物均应考虑到。临床症状表现为典型的免疫介导失调症，停药后症状迅速消退。

[治疗与监护]

（1）停止可疑药物 停止使用非动物康复所需的所有药物，如果必须使用替代药物，明确该药物没有交叉抗原性反应。在大多数情况下，在停药后几天内临床症状消失。

（2）对症治疗 对于过敏性休克应静脉输液，并配合使用肾上腺素和抗组胺药物。如发热时可使用阿司匹林，对严重的血小板缺乏性出血和溶血性贫血应进行输血并给予皮质类固醇类药物。

（3）通常不要求使用皮质类固醇类药物，但为了减少细胞损伤和减轻炎症及加速脉管炎的好转也可以应用。若动物能快速完全恢复则预后良好。

14.7.3 荨麻疹

荨麻疹（Urticaria）是一种急性的过敏性皮肤病，有红斑和水肿症状，伴有瘙痒。血管性水肿病类似于麻疹，常与头部和躯体末梢皮下的深层组织有关，通常无痛无痒。这两类过敏在犬中不常见，在猫中更罕见。

[病因]

（1）免疫原因 包括 Ⅰ 型过敏反应，如过敏原诱发一种更局部化的过敏反应以及食物和吸入性过敏原等；Ⅱ 型过敏反应细胞毒性抗体激活补体级联反应如输血反应，Ⅲ 型过敏反应如血液病中出现的免疫复合物。注射疫苗反应后可发生 Ⅰ 型、Ⅱ 型、Ⅲ 型或 Ⅳ 型过敏反应。

（2）非免疫病因 包括引起组胺直接释放的物质，直接激活补体途径的物质，皮肤接触冷、热物质，肥大细胞肿瘤或增生症引起的组胺释放等。

[症状]

（1）局部或全身性疱疹，有或无血清渗出。

（2）头部，尤其是眼、嘴和耳周围的软组织重度水肿。

（3）躯体末梢部位出现散在的肿块。

（4）各种瘙痒和自残症状。

（5）由于喉部水肿，继发上呼吸道喘鸣和呼吸困难。

[诊断] 根据临床症状，结合调查病史查找可能病原以及组织病理学变化。

[治疗]

（1）去除致病原，许多急性的疱疹可在数小时内自行消退。

（2）严重病例需要药物治疗：肾上腺素 0.5～2mL 皮下注射，或应用糖皮质激素、氢化泼尼松，或抗组胺药如苯海拉明。

（3）预后通常良好，但大面积的咽喉肿胀也可能致命，因此，应仔细监测呼吸道的畅通情况并设法找出病原以避免再次接触致敏物质。

14.7.4 特发性皮炎

犬特发性皮炎（Atopic Dermatitis，AD）又称特异性皮炎、特应性皮炎、异位性皮炎，是一种区别于犬过敏性皮炎，多由环境变应原、皮肤屏障障碍和免疫功能异常所引发，以皮炎和瘙痒为主要临床特征，并具有产生大量反应素抗体（IgE）遗传倾向的皮肤病。犬还可能发展为特发性结膜炎和鼻炎。

本病可发生于多种动物，先出现瘙痒后出现皮炎症状（其他皮肤病是先出现症状再出现瘙痒），约10%的犬易患本病，㹴和大麦町犬的发病率较高。任何年龄的犬都可发病，但1～3岁多发。此病的发生有一定的季节性，但慢性特发性皮炎常年可发病。

[病因] 其原因目前尚不明确。可能由吸入变应原如花粉、霉菌、皮屑而引发本病。猫和犬的耳和面部也可见到与昆虫叮咬有关的特发性皮炎。在猫与吸入性变应原相比，食物性变应原是皮肤损害更常见的原因。

最近研究认为特发性皮炎与患犬的皮肤屏障损伤有关，皮肤屏障受损会导致变应原的吸入增加和表面微生物的进一步增殖。品种倾向性和有限的繁殖试验表明异位性皮炎是一种遗传学疾病。

[症状] 犬特发性皮炎分为原发性和继发性两种，以继发性较为常见。

原发性病例的症状通常包括红斑、斑块和小丘疹。继发病例多为脱毛、苔藓样变和色素沉着等。皮损分布取决于病程长短和所涉及的变应原，以脸、耳郭、腹侧、腋下、腹股沟、腹部、会阴及四肢内侧最为常见。患犬常舔嚼趾部和腋下，尤其是无毛部位和汗液过多部位更为明显。皮肤损伤可因舔嚼、抓搔和继发细菌感染而加重，形成苔藓性红斑。

大多数犬于6月龄至3岁开始出现特发性皮炎的经典症状：伴有或不伴有复发性皮肤或耳部感染的瘙痒病史，季节性、常年性或者无季节性发作的流泪、眼部充血或打喷嚏，如有流涕则提示可能伴发变应性结膜炎和鼻炎。猫的特发性皮肤损伤表现为粟疹或大面积局部性反应。

[诊断] 采用皮肤皮内试验或血清特异性IgE试验来鉴定诱发变应原，但猫用皮肤试验检测诱发变应原的可靠性不如犬。将诱发变应原注射到皮肤上，出现的水泡和潮红反应是变应状态的局部表现。但是，抗原特异性IgE血清学或皮内试验使许多正常犬和患犬都出现阳性反应，有假阳性现象，临床上的重点应在于对病犬临床症状和病史的挖掘。

由于蚧螨（偶有蠕形螨）、葡萄球菌浅表性脓皮症，马拉色菌皮炎等疾病与犬特发性皮炎的症状极为类似或有"叠加"，故此，通常根据病史、体格检查和鉴别诊断进行诊断。

第一步：排除外寄生虫。即使未见寄生虫，也建议在变应症诊断前进行驱虫。

第二步：排除微生物感染。应通过细胞学检查确认是否继发细菌或酵母菌感染并进行抗感染治疗。这些感染解决后，变应犬通常持续瘙痒。

第三步：排除食物性变态反应。进行食物变应原排除/激发试验，结果为阴性时，可以确诊为特发性皮炎。

Favort提出的一套犬特发性皮炎诊断标准是：

（1）初次于3岁前发病；

（2）犬大多数时间居住在室内；

（3）糖皮质激素敏感型皮肤瘙痒；

（4）瘙痒但无实质性病变；

（5）前肢有病症；

（6）外耳郭有病变；

（7）耳部边缘未受影响；

（8）背腰部未受影响。

上述 8 个项目如果有 5 项符合，犬特发性皮炎与复发性瘙痒疾病相区分的敏感性则有 85％，特异性为 79％。如果符合 6 项，则特异性会增加到 89％，但敏感性会降低到 58％。当然，这些标准都不是绝对的，在确保各条件严格吻合时仍有 20％左右的误诊率。

［治疗］治疗原则：远离变应原，减轻症状，控制感染、改善卫生，防止复发。单一的疗法不可能对所有患犬有效，只有结合多种方案的治疗方法才能达到最佳的效果。

（1）降低接触变应原　食物、跳蚤、环境变应原以及表面葡萄球菌和马拉色菌都会是犬特发性皮炎的诱发变应原，都应该使病犬尽量远离。患犬都应该加强体外驱虫，最好是使用口服杀成虫驱虫药，这对于大约 60％的患犬是有效的。

（2）减轻症状　减轻瘙痒和病变，可以通过局部或全身给予糖皮质激素或类糖皮质激素药物来治疗。

① 急性特发性皮炎：急性者治疗应以短期外用或口服糖皮质激素和无刺激性洗浴联合治疗为主，尽量避免肌注糖皮质激素。外用治疗较注射和口服具有一定优势，局部的 0.0584％氢化可的松醋丙酯喷雾（Hydrocortisone Aceponate Spray）能迅速有效地控制患犬的瘙痒，但应注意不要连续长时间应用，以减少皮肤萎缩、粉刺和浅表毛囊囊肿等副作用的发生。

如果急性者症状过于严重和广泛，外用药物难以达到良好效果时，可按犬每千克体重 0.5～1mg 每日 2 次的剂量口服糖皮质激素泼尼松、泼尼松龙或甲泼尼松，连用 1 周之后减量；猫每千克体重 1～2mg，口服，每日 1 次，连用 1 周之后逐减，直到临床症状消退为止。

② 慢性特发性皮炎：外用或口服糖皮质激素、环孢素和他克莫司等神经钙蛋白抑制剂相结合的长期干预疗法，效果很好。外用过氧化苯甲酰、过氧化氯己定等是相当有效的辅助性细菌感染药物；外用 0.015％浓度的曲安西龙喷剂和 0.0584％的醋丙氢可的松喷剂，每天 2 次，而后逐渐减量到 1 次的治疗方法是高度有效的。外用 0.1％的他克莫司软膏，每天使用 2 次，持续 1 周，对局部皮炎患犬显现良好效果。口服糖皮质激素泼尼松龙，起始剂量在每千克体重 0.5～1mg，每天 2 次，而后随病症减轻从每天 2 次到每天 1 次，再到隔天 1 次。口服环孢素每千克体重 5mg 治疗时，在症状减缓后应延长给药时间间隔或剂量减半，当症状减轻程度超过 75％时，可以降至每周给药 2 次或每日剂量的 25％，环孢素一般要在 4～6 周后才能有满意的效果。在开始给予环孢素的前 2 周同时给予短效口服糖皮质激素。

（3）控制感染　皮肤和耳部的感染通常是由马拉色菌和葡萄球菌引起。当皮肤出现瘙痒、表皮发红、水肿、脱屑、溢脂等提示微生物定殖的症状时，应进行有针对性的抗感染治疗，含有表面消毒剂、抗生素（如莫匹罗星、夫西地酸、克林霉素或其他成分）或抗真菌药物（如咪康唑、克霉唑、酮康唑、特比萘芬）等成分的油膏、乳剂、凝胶或擦剂适于局部外用。如果感染扩大或加重时，可以考虑给予全身性的抗生素或抗真菌药物进行治疗。

（4）改善卫生　在非感染的情况下，用某种含有脂质和消毒液的浴液每周对犬进行 1 次为时 10min 的清洗来改善表皮卫生状况。对感染导致临床症状的患犬使用含有抗细菌和抗真菌成分的浴液；对皮脂和皮屑较多的病例，使用抗皮脂的浴液混合温水对患犬每周清洗 1 次。

14.8　免疫介导性疾病

免疫系统将机体自身的组织识别为异物，并对某个器官或组织产生体液免疫反应或细胞免疫反应，导致相关的器官或组织损伤，这些疾病被称为免疫介导性疾病（immune-mediated disorders，IMDs），又被称为自身免疫性疾病。

14.8.1 免疫介导性血小板减少症

免疫介导性血小板减少症（Immune-Mediated Thrombocytopenia，IMT）以往称特发性血小板减少性紫癜，是由于机体产生抗血小板自身抗体，影响机体免疫系统功能，增加血小板破坏，致使血小板数量明显减少的一种自身免疫性出血性疾病。IMT是犬患严重血小板减少症中发病率最高的一种。此病可以为原发性，也可以继发于各种炎症或肿瘤。临床上以血小板减少、皮肤和黏膜的淤血点和淤血斑及鼻出血为特征。

[病因]免疫介导性血小板减少症分为原发性IMT和继发性IMT。原发性IMT主要是由于自身免疫系统产生抗血小板抗体，此抗体结合至血小板表面形成的抗原抗体复合物，被自身的单核吞噬细胞系统识别为"异物"而吞噬，其破坏速率是正常血小板破坏速率的10倍，因此，血小板的破坏速度大于骨髓再生速度，导致外周血中血小板数量减少，患犬血小板数量急剧下降，凝血能力变差，出现多发性瘀斑，或在受轻微外伤的部位出现小的散在性瘀斑，黏膜出血如鼻出血、胃肠道和泌尿生殖道及阴道出血，手术后大量出血，胃肠道大量出血和中枢神经系统内出血可危及生命。继发性IMT可能因某些病毒感染、使用某种致弱的活病毒疫苗、肿瘤、药物治疗、输血反应、雌激素疗法等潜在因素而引起。

[症状]患犬精神状态尚可，口腔黏膜、牙龈、虹膜有出血点或出血斑，腹部、背部、腿、四肢等皮肤有紫癜，伴有鼻出血、大便呈深褐色及血尿，严重病犬、猫黏膜苍白。血常规检查结果提示中度非再生性贫血，白细胞轻度上升以及严重的血小板减少；粪便检查提示存在潜血，便检中未见虫卵；生化检查和尿检均未见明显异常；腹部超声检查，胃肠道形态未见明显异常。

[诊断]犬免疫介导性血小板减少症的临床表现和其他原因引起的血小板减少症十分相似。检测血小板抗体是确诊本病的重要指标，同时采血定量测定血小板数，通过出血时间测定或血凝试验，即可确诊。

临床上主要根据患犬的临床症状和病史、血常规检查、血液生化检查、血气检查、血凝检查、血细胞形态学、4D（艾利希体、无形体、莱姆病、心丝虫抗原）检查及腹部超声检查，来排除因为食入含血物质、胃肠道炎症、寄生虫、肿物和肝肾等原因引起黑粪症的可能，以及排除所有可能引起血小板减少的病因，同时伴有因胃肠道出血导致的中度非再生性贫血，可以初步诊断为原发性免疫介导性血小板减少症。

[治疗]

（1）应首先选择免疫抑制剂糖皮质激素进行治疗　口服泼尼松龙2mg/kg，每日2次，同时口服硫糖铝，静脉注射奥美拉唑以保护胃肠道黏膜，使用头孢噻呋、甲硝唑预防继发感染，补充维生素K等止血药。使用泼尼松龙第3d，血小板数量开始逐渐上升，用药第7d血小板数量恢复至正常水平。当血小板数量逐渐恢复正常时，为了避免复发，每日或隔日给予维持量，糖皮质激素剂量开始递减，1mg/kg，连用3d；0.5mg/kg，连用3d；0.25mg/kg，连用3d；0.125mg/kg，连用3d。连用2周后停药，各项生理指标恢复正常。对使用类固醇药物没有作用的病例，改用长春新碱、环磷酰胺等抗肿瘤药物，有利于刺激血小板生成和促进血小板附着。

（2）输血疗法　由于单纯免疫抑制疗法效果不显著，建议同时输全血来补充血小板。输血时，要输给新鲜的全血或富含血小板的柠檬酸盐抗凝血浆，经交叉配血后输全血600mL，连续输血3d，病情得到控制；输血后第4d粪便和尿液无潜血，血小板稳定回升。

14.8.2　寻常性天疱疮

寻常性天疱疮（Pemphigus Vulgaris）是一种由免疫机制异常形成抗自身表皮细胞抗体的慢性、复发性、严重性、进行性、糜烂性大疱状黏膜-皮肤病，它是一种真正的、典型的自身免疫性皮肤疾病，病变多发于皮肤和黏膜交界部。本病常见于中年犬，发病率无性别和品种差异。寻常性天疱疮是最早发现的、最严重的一种天疱疮，1975年已有过报道。

[病因] 天疱疮的病因不明，目前对自身免疫病因的研究认为，病毒感染、紫外线照射、某些药物（如青霉胺等）的刺激、化学药物或酶的作用等因素，可使自身表皮细胞间的黏合质和部分表皮细胞壁成为自身抗原而诱发产生抗表皮棘细胞间物质的特异抗体（又称天疱疮抗体，主要是IgG），使表皮的细胞间质溶解，细胞间结合疏松而产生缝隙等自身免疫反应，但表皮的基底细胞不发生病变；或者是侵入的微生物与某些组织有共同抗原，引起交叉免疫反应；或者是免疫活性细胞的突变和免疫稳定功能失调等，都可产生自身抗体而发生免疫性疾病。

[症状] 多呈急性经过，初期病犬先出现口干、咽干或吞咽刺痛，然后从口腔开始发生1~2个或广泛的大小不等的水疱，大疱居多，疱壁薄而透明，破溃后表现出溃疡性口炎、齿龈炎及舌炎，形成疼痛性糜烂面，留有残留的疱壁，并向四周退缩，用舌舔黏膜或撕揭疱壁，可使外观正常的黏膜表层无痛性脱落或撕去，并遗留一鲜红的创面，这种现象称为揭皮试验阳性，即尼氏征（Nikolsky征）。在糜烂面的边缘处轻轻插入探针，可见探针无痛性进入黏膜下方，这是棘层松解的现象，具有诊断意义。继发感染则病情加重，患犬咀嚼、吞咽困难，淋巴结肿大，唾液增多并带有血迹。随之，黏膜和皮肤交界部，如口唇、眼睑、肛门、外阴、包皮、鼻孔及指趾内侧很快出现大水疱，疱壁薄而松弛、易破，水疱破溃后形成溃疡、渗出、流血，露出红湿的糜烂面。继发感染时，表现严重的皮肤炎症变化，患部瘙痒、疼痛，有时发热，精神沉郁。用手指轻推外表正常的皮肤或黏膜，即可迅速形成水疱，或使原有的水疱在皮肤上移动，表皮易于剥离。组织病理为表皮内大疱、棘层松解，疱液内有棘层松解细胞。直接免疫荧光检查见表皮细胞间有免疫荧光阳性。

[诊断]

（1）临床特征　临床上往往仅见一红色创面或糜烂面，若能用探针无阻力无疼痛地刺入到上皮下方或邻近的黏膜表层下方，尼氏征阳性，或揭皮试验阳性，或患犬表现体质下降，甚至亚病质，则有助于诊断。

（2）细胞学检查　局部消毒后将早期新鲜的大疱剪去疱顶，轻刮疱底组织，涂于玻片上，干燥后用姬姆萨或苏木精-伊红染色，可见典型的棘层松解的解体细胞。该细胞核大而圆，染色深，胞浆较少，又名天疱疮细胞或棘层松解细胞，这类细胞量的多少与病情轻重相关。

（3）免疫学检查

① 免疫组织化学：免疫荧光直接法显示棘细胞层间的抗细胞粘接物质的抗体。

② 血清抗体物质的检测：免疫荧光间接法是检测患犬血清中存在的抗基底细胞的细胞浆内、棘细胞层的细胞间质以及棘细胞内的循环抗体。

[治疗]

（1）支持疗法　应给予高蛋白、高维生素食物，全身衰竭者须少量多次输血。

（2）应用皮质激素　发病初期应用泼尼松每千克体重1~3mg，口服，每日2次，连用5d，若效果不明显，则以每千克体重4~8mg，口服，当症状缓解后，再以每千克体重0.5~1mg的维持量口服。为防止继发感染，可并用土霉素等广谱抗生素和磺胺类药物。土霉素，犬：每千克体重 20~40mg，口服，每日 3 次，连用 3d；猫：每千克体重 15~30mg，口服，每日 2~3 次，连用 3d；每千克体重 5~10mg，静脉滴注，每日 2 次，连用 2~3d。陷入恶病质时，持续投入免疫抑制剂，可一时性缓解症状，但停药后即可复发。

（3）使用免疫抑制剂　对使用皮质激素效果不佳或有较大副作用的病犬，可试用环磷酰胺、硫唑嘌呤（依木兰）或氨甲蝶呤等免疫抑制剂。环磷酰胺每千克体重 1.5~2mg，口服，每日 1 次，每周 4d，停药 3d，然后，每周 1 次，出现白细胞减少和血尿时，停止用药。硫唑嘌呤（依木兰）每千克体重 1.5mg，口服。免疫抑制剂常与少量肾上腺皮质激素并用。

（4）金疗法　对于一般疗法难以治疗的，特别是对久治不愈的黏膜糜烂，可用金疗法作为补充疗法。金硫葡萄糖 1~5mg，肌内注射，1 周后以 2 倍剂量肌内注射，然后，每千克体重 1mg，每周 1 次，连用 3 个月。

（5）局部用药　口内糜烂患犬，在进食前可用 1‰~2‰丁卡因液涂擦，用 0.25%四环素或金霉素冲洗口腔。局部使用皮质激素软膏制剂，可促使口腔创面的愈合。

（6）中药治疗　脾虚湿热型可选用补中益气汤、清脾除湿饮、五苓散等方加减，热毒炽热型可选用黄连解毒汤、清瘟败毒饮、清营汤等方加减。

14.8.3　落叶状天疱疮

落叶状天疱疮（Pemphigus Foliaceus）与寻常性天疱疮相同，属于自身免疫性皮肤病，是天疱疮四种类型（寻常型、增殖型、落叶型、红斑型）中的一种，因大水疱破溃结痂边缘翘起呈落叶状而得名。1977 年，Halliwell 首次报道犬发生此病。落叶状天疱疮与寻常性天疱疮主要不同点是黏膜症状轻，黏膜与皮肤交界处病变少，皮肤症状明显。本病除犬外，猫也发生。犬的发病率无品种、年龄及性别的差异。

［病因］落叶状天疱疮病因与寻常性天疱疮相同，病因尚未阐明，目前多数学者认为是与病毒感染、紫外线照射、某些药物（如青霉胺等）的刺激，使自身表皮棘细胞层间的黏合物质和部分表皮细胞壁成为自身抗原而诱发自身免疫反应有关。因为用间接免疫荧光检查，发现患犬血清中有抗表皮棘细胞间物质的特异抗体（又称天疱疮抗体），主要是 IgG，血清中天疱疮抗体滴度与疾病的严重程度相平行。天疱疮抗体的反应部位病理组织学上是天疱疮的发病部位（棘解离发生的部位），本抗体作用在表皮细胞间的结合部。

［症状］口腔黏膜完全正常或微有红肿，可能有表浅糜烂。皮肤与黏膜处突然形成水疱，短时间内破溃形成痂皮，以后取慢性经过。皮损病变多发生于面部，尤其是鼻、眼周围及耳部，病变范围扩大时，见于指（趾）周围、腹股沟部，甚至波及全身。皮损病变呈水疱性、溃疡性、脓疱性变化。皮肤出现松弛的大水疱，疱破后患部脱毛、发红、渗出，形成大范围黄褐色、油腻性鳞屑痂皮，出现局限或广泛性的剥脱，腥臭，边缘翘起呈叶状痂皮。Nikolsky 征阳性。本病无全身症状，也很少有细菌感染，但表现出程度不同的瘙痒。

［诊断］根据临床病理变化，结合临床症状，可以确诊。

（1）皮肤松弛大疱，覆有结痂，或难治的糜烂面。

（2）黏膜特别是口腔黏膜疾病往往是天疱疮的早期症状。

（3）Nikolsky 征阳性。

（4）水疱疱底刮片，可以找见天疱疮细胞（Tzanck 细胞）。

（5）免疫荧光检查　直接法：病损部表皮细胞间有 IgG 和补体 C_3 沉着。部分患犬可见有 IgA 和 IgM。间接法：患犬血清中有天疱疮抗体，抗体效价和病情大致是平行的。

（6）病理　在水疱内可以找到棘松解细胞（Tzandk 细胞），疱底部有绒毛形成，真皮轻度炎性细胞（嗜酸性细胞）浸润。棘松解性水疱发生在表皮浅层（角层下或颗粒层内）。

[治疗] 参照寻常性天疱疮的支持疗法、皮质激素疗法、免疫抑制疗法、金疗法、局部治疗等治疗方案。

泼尼松每千克体重 2～6mg，口服，每日 1 次，症状缓解后减量。可用环磷酰胺长期治疗。金硫葡萄糖 5～10mg，口服，每周 1 次，连用 3 个月后每月 1 次。

（1）血浆去除法（Plasmapheresis） 本疗法目的是将患犬血浆中的异常蛋白成分特别是抗体和免疫复合物及其他有害的非扩散物质除去，代之以健康犬的新鲜柠檬酸盐抗凝血浆、新鲜冻结血浆或白蛋白制剂，本法对因皮质激素引起副作用者是一种补充疗法，600mL/d，连续3d 为 1 疗程，每周进行 1 个疗程，连续 3 个疗程。

（2）中药治疗

① 毒热炽盛型：宜清热解毒，凉血清营。方用生地炭、双花炭、莲子心、白茅根、花粉、地丁、生枝、生甘草、川连、生石膏，高烧不退者加犀角 0.5g，大便干燥者加大黄。

② 心火脾湿型：宜清心泻火。方用茯苓、白术、苍术、黄芩、生地、泽泻、生甘草、连翘、元明粉、灯心、竹叶、枳壳，高烧者加玳瑁、生石膏，心火炽盛者加莲子心、黄连，口腔黏膜糜烂者加金莲花、金雀花，大便干燥者加大黄。

③ 气阴两伤型：宜益气养阴，清解余毒。方用西洋参、南北沙参、石斛、黑元参、佛手参、生芪、干生地、丹参、双花、公英、二冬、玉竹。

14.8.4 类天疱疮

类天疱疮（Pemphigoid）是自身免疫性疾病，其中大疱性类天疱疮（BP）和瘢痕性类天疱疮（CP）发病率较高。大疱性类天疱疮是最常见的皮肤自身免疫性表皮下大疱病，以泛发的瘙痒性大疱疹为特点，黏膜受累比较少见。瘢痕性类天疱疮是一种特别慢性、具有潜在毁损性的疾病，是大疱性类天疱疮的亚型，多数患犬免疫球蛋白 G（IgG）和补体 C_3 在表皮基底膜带呈线状沉积，主要侵犯眼和口腔黏膜，鼻腔、咽喉、食管、尿道口、阴道、肛门黏膜也可波及。常见于老年、成年长毛牧羊犬及相关品种犬。

[病因] 类天疱疮是一种免疫介导的水疱性皮肤疾病，发生体液免疫和细胞免疫所针对的抗原直接是能促进皮肤或黏膜表皮与间质黏附的复合物，这种复合物对自身反应性 T 细胞的免疫应答，可能对刺激 B 细胞产生致病性的自身抗体是至关重要的。在自身抗体与它们的靶抗原结合后，发生一系列级联反应，这些反应包括补体的活化、炎症细胞（主要为嗜中性粒细胞和嗜酸性粒细胞）的募集，各种趋化因子和蛋白酶的释放，这些蛋白酶不仅降解复合物抗原，而且水解各种细胞外基质蛋白。通过释放蛋白酶和前炎性介质如 IL-5 和嗜酸性粒细胞趋化因子，表明浸润的嗜酸性粒细胞明显参与了组织损伤。最后，抗复合物的自身抗体还可能通过直接刺激角质形成细胞表达各种细胞因子（如 IL-6 和 IL-8），从而增强炎症反应，导致表皮下水疱形成。

[症状] 临床上分为急性型和慢性型两种。

（1）急性型 常见于大疱性类天疱疮。患犬精神沉郁，不食，发热；前驱期仅表现为轻微或严重、顽固的瘙痒，或伴表皮剥脱、湿疹样、丘疹和/或荨麻疹样的皮损；随后在皮肤与黏膜交界部、头部及耳郭皮肤上突然出现不易破溃的水疱和大疱，伴有荨麻疹样和浸润性的丘疹和斑块，大疱紧张，疱液澄清或血色，可持续数日，破溃后糜烂和结痂。外周血嗜酸性粒细胞增多。此型与寻常性天疱疮的临床表现不同。

（2）慢性型 大疱性类天疱疮患犬下腹部和腹股沟部出现顽固的瘙痒，短时间的灶性水疱、大疱，并形成溃疡、糜烂或脓疱疮样皮损，若病灶局部无刺激，则病灶不会扩散，慢性型的转归良好。瘢痕性类天疱疮通常开始时似慢性结膜炎，进展为睑结膜与眼球的瘢痕粘连，干燥性角膜炎，角膜新生血管形成、混浊及角化，甚或失明；累及口腔黏膜时，常有溃疡和瘢痕形成，如喉部瘢痕形成；外阴、肛周、食管黏膜亦可受累。

[诊断]　根据临床病理变化，结合临床症状可以确诊。在水疱、溃疡及病灶周围取活检材料进行组织学检查，特征性变化是表皮与真皮明显分离，且形成水疱。表皮下疱、真皮上层嗜酸性粒细胞和单一核细胞的炎症浸润，尚可见融合的有棘细胞以及水疱内含有血清和少量白细胞。真皮处有轻度非特异性反应，荧光抗体直接法证明，表皮和真皮交界处有线状或球状免疫球蛋白 IgG 和补体 C$_3$ 附着。

类天疱疮与天疱疮的鉴别诊断：类天疱疮与天疱疮都属于自身免疫型的大疱性皮肤病，它们都有自身的抗原和抗体，都会在皮肤、黏膜表面出现红斑、水疱、大疱、糜烂面，而它们的不同点有以下几种。

（1）皮疹的特点不同　天疱疮水疱的部位在表皮内的，发生的部位比较浅，有可能不产生水疱、大疱，直接出现一个较浅的糜烂面，即便有水疱、大疱出现，疱壁都比较松弛，容易破裂。类天疱疮水疱的部位比较深，在表真皮之间，所以在皮肤的表面会出现一个疱壁比较紧张的水疱和大疱。

（2）所针对的抗原成分不同　天疱疮针对的抗原成分是在角质形成细胞间的桥粒结构中的糖蛋白或跨膜蛋白，而类天疱疮是在表皮下方基底膜带的蛋白成分。因此，天疱疮和类天疱疮主要是通过组织病理、抗体的检测和免疫荧光的检查结果来进行区分。

[治疗]　急性型类天疱疮伴有全身症状时，应早期使用肾上腺皮质激素。为防止细菌继发感染，全身投予抗生素。泼尼松每千克体重 3mg、氯霉素每千克体重 25mg，口服，每日 3 次，连服 7d。之后，泼尼松按每日半量或半量以下服用。对局限性慢性型，用盐酸环丙沙星软膏涂布，每日 3～5 次即可。不建议使用免疫抑制剂，但如果单独使用皮质激素不能控制病情，倾向于将免疫抑制剂作为二线治疗药物。最常用的是硫唑嘌呤、氨甲蝶呤 1.5mg/(kg·d)，环磷酰胺 1～3mg/(kg·d)，环孢素 1～5mg/(kg·d)。

瘢痕性类天疱疮治疗以皮质激素制剂的溶液滴眼，可消炎。病情严重者考虑使用糖皮质激素。对进行性瘢痕形成或角膜混浊需用全身免疫抑制法，可用氨苯砜或环磷酰胺。

14.8.5　自身免疫性溶血性贫血

自身免疫性溶血性贫血（Autoimmune hemolytic anemia，AIHA）系体内免疫功能调节紊乱，产生自身抗体和（或）补体吸附于红细胞表面，通过抗原抗体反应加速红细胞破坏而引起的一种溶血性贫血。多发于 2～8 岁的雌犬。

[分类]　根据抗体作用于红细胞膜所需的最适温度，可分为：

（1）温抗体型 AIHA　37℃时抗体作用最活跃，不凝集红细胞，为 IgG 型不完全抗体。靶抗原以 Rh 抗原最多见。

（2）冷抗体型 AIHA　20℃以下抗体作用活跃，低温下可直接凝集红细胞，为完全抗体，绝大多数为 IgM。靶抗原多为 Ii 抗原。

（3）IgG 型冷抗体型 AIHA　即 D-L 抗体（Donath-Landsteiner antibody）型，在 20℃以下时抗体可结合于红细胞表面，固定补体，当温度升高至 37℃时，已结合在红细胞上的补体被依次激活，导致红细胞破坏而引发"阵发性寒冷性血红蛋白尿"（paroxysmal cold hemoglobinuria，PCH）。靶抗原以 P 抗原为主。

[病因]

（1）原发性温、冷抗体型 AIHA 不存在继发致病因素。

（2）继发性温抗体型 AIHA 常见的继发病因有　系统性红斑狼疮（SLE），类风湿性关节炎；淋巴增殖病：淋巴瘤、慢性淋巴细胞白血病（CLL）等；感染：麻疹病毒、嗜淋巴细胞病毒（EB）、巨细胞病毒等；肿瘤：白血病、胸腺瘤、结肠癌等；其他：骨髓增生异常综合征（MDS）、炎症性肠病、甲状腺疾病等。

（3）继发性冷抗体型 AIHA 常见的继发病因有　B 细胞淋巴瘤、华氏巨球蛋白血症、慢性淋巴细胞白血病（CLL）、感染（如支原体肺炎、传染性单核细胞增多症）。

（4）继发性 PCH 常见的病因有　病毒感染等。

[症状]

（1）温抗体型 AIHA　多数起病缓慢，乏力，贫血程度不一，有脾大、黄疸及肝大。急性者，有寒战、高热、呕吐、腹泻，突然贫血，可视黏膜苍白，2～3d 后逐渐出现黄疸。严重者可出现休克和神经系统表现。患犬精神沉郁，不愿活动，心悸和呼吸加速。约半数患犬发病初期体温升高，出现溶血、血色素血症和血色素尿症。

（2）冷抗体型 AIHA　毛细血管遇冷后发生红细胞凝集，导致循环障碍和慢性溶血，四肢出现发绀、浅在性皮炎，尾和耳的尖端坏死，常伴肢体麻木、疼痛，遇暖后逐渐恢复正常。

（3）阵发性寒冷性血红蛋白尿　暴露于寒冷环境后出现血红蛋白尿，伴寒战、高热，发作后虚弱、苍白、黄疸，轻度肝脾肿大。

[诊断]

（1）实验室检查　红细胞减少，出现中央浓染的小型球形红细胞，红细胞比容（Hct）值减少到 5%～20%。红细胞抵抗力明显降低，在 5mL 生理盐水中滴入数滴血液，很快出现溶血。约 75% 的患犬血小板减少至 10 万/μL 以下。中性粒细胞增加，核左移，数日后则出现明显的幼稚红细胞再生象。血清胆红素增高，通常可达 2～4mg/100mL。间接胆红素 Coombs 试验阳性。

（2）鉴别诊断

① 有溶血性贫血的临床表现，直接 Coombs（IgG 型不完全抗体）阳性，其他类型的溶血，可诊断为温抗体型 AIHA。

② 冷凝集素效价显著增高，或抗 IgM 血清 C_3 型阳性、抗 IgG 阴性，可诊断为冷凝集素综合征。

③ 有血红蛋白尿或冷溶血试验阳性，D-L 抗体阳性，可诊断为阵发性寒冷性血红蛋白尿。

[治疗]

（1）治疗原发病最为重要。

（2）糖皮质激素和免疫抑制剂　大剂量投予皮质类固醇制剂，如泼尼松龙每千克体重 1～2mg，口服，每日 2 次。急性溶血期症状缓解时，应逐渐减量，10～20d 后维持量为每千克体重 0.5～1mg，每日 1 次。类固醇制剂无效或长期使用出现副作用时，改用环磷酰胺每千克体重 2mg，口服，每日 1 次，连服 4d。也可选用硫唑嘌呤、长春新碱、环孢素 A 等抑制自身抗体合成。

（3）脾切除　为抑制抗体产生和抑制致敏红细胞的破坏或类固醇制剂治疗无效或需大剂量才能维持缓解者的犬，应摘除脾脏。但继发性 AIHA 切脾效果较差，对冷凝集素综合征和阵发性寒冷性血红蛋白尿，切脾无效。

（4）输血　出现重度贫血（Hct 值在 15% 以下）、溶血危象或 AIHA 暴发出现心肺功能障碍者，对慢性型经治疗贫血无好转时，必须输血。但应做交叉配血试验，同时并用大剂量皮质类固醇制剂。

（5）血浆置换　采用血细胞分离机将富含 IgG 抗体的血浆清除，可使自身抗体滴度下降。

（6）在溶血期，对犬要绝对保持安静，必要时结合输氧、强心、补液疗法。

（7）大剂量静注丙种球蛋白（IVIG）　如需迅速缓解病情时可应用大剂量连用 3～5d。

原发初治患者多数用药后反应良好，月余至数月血象可恢复正常，但需维持治疗。反复发作者疗效差。继发于感染者感染控制后即愈；继发于系统性结缔组织病或肿瘤者预后相对较差。冷凝集素综合征预后较温抗体型为好。

14.8.6　系统性红斑狼疮

系统性红斑狼疮（（Systemic Lupus Erythematosus，SLE）是指体内形成抗多种组织成分的自身抗体所致的一种多系统器官非化脓性慢性炎症的自身免疫病。因其有胶原纤维及其基质的纤维蛋白样变性和各器官中纤维蛋白样物质沉积，又称为弥漫性胶原病。主要侵害关节、皮肤、造血系统、肾脏、肌肉、胸膜和心肌等，常见于 4～6 岁的母犬和母猫，一般预后不良。

[病因]　体内形成抗多种组织成分自身抗体的原因尚不清楚，可能与遗传素质、免疫调节功能紊乱、病毒感染以及长期药物诱导（如肼苯哒嗪、丙硫氧嘧啶）或阳光和紫外线照射等因素有关。这些外界致病因子作用于有遗传免疫缺陷的机体，使免疫功能失调，产生大量自身抗体。SLE 的自身抗体有抗血细胞抗体和抗核抗体两大类。

（1）抗血细胞抗体　包括抗红细胞抗体、抗白细胞抗体和抗血小板抗体，使血细胞溶解，引起自身免疫性溶血性贫血、自身免疫性白细胞减少症和自身免疫性血小板减少性紫癜等。

（2）抗核抗体　是能与细胞核或核成分（如 DNA）发生反应的抗体，无种属和器官特异性，包括抗 DNA 抗体、抗核蛋白抗体、抗组蛋白抗体、红斑狼疮（LE）因子等。它们在皮肤、肾脏、血管、关节等组织器官中形成相应的免疫复合物，沉积在上述组织器官内，引起器官结构和功能改变。

[症状]　多数病犬发病缓慢，病程延续一年至数年，症状缓解与加剧交替发生，有对抗生素无反应的间歇性发热，倦怠无力，食欲减退，体重减轻等全身症状。常有皮炎，患部脱毛及弥漫性红斑，发生在鼻梁及眼眶周围的形成似蝴蝶样的"蝶疹"。多数病犬有肾炎或肾病综合征，出现蛋白尿、血尿、肾性水肿、肾功能衰竭，甚至死亡。多数患犬发生多发性关节炎，尤其跗关节和腕关节，表现红、肿、热、痛、站立困难，咀嚼肌和四肢肌肉萎缩。半数患犬伴有溶血性贫血和血小板减少，血沉加快，红细胞和血红蛋白都减少，网织红细胞增多，眼结膜苍白，并有出血倾向，呈出血性素质和巨脾。少数患犬出现心、肺及中枢神经系统的功能障碍。有的病犬没有全身性病损，仅有全身各部分对称性脱毛，皮肤表面出现突出表面的小盘状红色疹块，陈旧病变可形成萎缩性瘢痕，特称为盘状红斑狼疮。

猫 SLE 的症状与犬相似，有发热、淋巴结病、皮肤病变、肾小球肾炎、溶血性贫血、白细胞减少症、血小板减少、多发性关节炎。

[诊断]　根据皮肤和多器官损害所引起的体征，在患病犬猫的循环血液中检出红斑狼疮（LE）细胞（LE 细胞可在多关节点的关节液检出），一种个体变大的嗜中性白细胞或巨噬细胞，在其细胞浆中吞噬有变性并受抗脱氧核糖核蛋白抗体调整过的同种白细胞核物质小体；用免疫荧光法检查抗核抗体和抗血细胞抗体呈阳性反应，则可确诊。

［治疗］

（1）参照天疱疮的治疗方法　采用糖皮质激素疗法，并配合应用环磷酰胺、硫唑嘌呤等免疫抑制剂，常可获满意结果。当肾脏等主要脏器受严重损害时，常难以奏效而预后不良。

泼尼松每千克体重 1.5～3.0mg，口服，每日 1 次，连用 10d 后减半量，1 个月后隔日口服维持量。也可并用环磷酰胺或硫唑嘌呤每千克体重 2mg，口服，每日 1 次，使用 4d 后停药3d。对血小板减少症，可用长春新碱每千克体重 0.02mg，静脉注射，每周 1 次。

（2）血浆体外免疫吸附回输疗法　从颈静脉泻血，通过体外血细胞分离装置将血细胞与血浆分离，分离出的血浆流经装有纯化葡萄球菌 A 蛋白的小室，吸附除去其中的抗核抗体和抗血细胞抗体，然后与血细胞汇合，通过后肢静脉回输入机体。

14.8.7　免疫介导性脑膜炎

免疫介导性脑膜炎（Immune-mediated Meningitis）是一类由自身抗体介导的严重的、可治性中枢神经系统疾病，是由于机体的免疫系统在某些因素，比如感染、肿瘤等诱发作用下，发生功能紊乱、活跃，产生针对自身脑膜组织正常蛋白的抗体，这种异常免疫攻击所导致的脑膜炎即为免疫介导性脑膜炎。常发生于成年小猎兔犬、拳狮犬、德国短毛向导犬及秋田犬。

［病因］本病的发病原因尚不清楚。多数免疫介导性脑膜炎是因肿瘤和感染等因素诱发抗脑膜组织表面蛋白抗体与抗神经元细胞内蛋白抗体产生，通过体液免疫机制导致脑膜组织表面蛋白或受体减少。

［症状］主要表现周期性发热或突然发热，严重患犬的颈部疼痛和肌肉僵硬或痉挛、强直（尤其是颈部、背部和前肢），头部倾斜；病犬不愿走动，或行走不稳、僵硬，触觉过敏，昏睡，食欲不振，呕吐，持续 5～10d 后，完全或部分正常的间歇期持续 1 周。此病常自身限制达数月以上。秋田犬的脑膜炎综合征常继发于多发性关节炎，病犬表现严重的发热，导致全身性强直。发病犬生长缓慢。

［诊断］本病诊断依靠实验室检查结合本病的临床特征。抗体检测是诊断本病的重要手段。脑脊髓液中的蛋白质和中性粒细胞升高、脑膜血管受损及动脉炎，可提示本病。

［治疗］

（1）一线免疫治疗　用糖皮质激素、静脉注射免疫球蛋白和血浆交换。

（2）二线免疫治疗　用环磷酰胺。

（3）长程免疫治疗　用吗替麦考酚酯与硫唑嘌呤等，主要用于复发病例。

（4）控制癫痫痉挛　可选用广谱抗癫痫药物，如苯二氮䓬类、丙戊酸钠、左乙拉西坦、拉莫三嗪和托吡酯等。

（5）肾上腺皮质激素治疗可减轻症状，但秋田犬的脑膜炎综合征对肾上腺皮质激素和联合免疫抑制剂治疗效果不佳。

14.8.8　新生犬黄疸症

新生犬黄疸症（Neonatal Canine Jaundice）是一种同种免疫性溶血性疾病，又名新生犬溶血性贫血，是因母犬和父犬的血型不同，胎犬具有某一特定血型的显性抗原，通过妊娠和分娩而侵入母体，刺激母体产生免疫抗体，当仔犬出生后，通过吸吮初乳获得移行抗体，使红细胞发生破坏产生的黄疸症。临床上表现为贫血、黄疸或急性死亡。

［病因］母犬和胎犬的血型不同。携带红细胞 CEA-1 型因子的公犬将遗传因子遗传给胎犬，使胎犬在胚胎期刺激该血型为阴性的母体，产生抗 CEA-1 型血的特异性抗体，在胚胎期

抗体不能经胎盘进入胎犬体内，而母犬初乳中抗 CEA-1 型血的抗体含量很高，当初生仔犬哺乳时，抗体经肠黏膜进入仔犬血液，与红细胞的 CEA-1 型因子结合，引起红细胞的破坏（溶血）。过多红细胞的破坏及肠肝循环增加，使血清游离胆红素升高，从而形成黄疸。使用含有不相容的血型抗原疫苗接种有时也会引发此病。

[症状] 新生仔犬出生后精神活泼，体况良好，吸吮初乳后数 10h 开始发病，发病越早病情越重。病情轻重与吸吮初乳量有关，初乳中的抗体效价越高，吸吮的初乳量越多，则发病越重。往往体质越好、个体越大、活力越强的仔犬多先发病死亡。最急性的病例往往未表现临床症状，就发生急性死亡。通常，患犬精神沉郁，伏卧于一旁，不爱活动，叫声无力；畏寒震颤或钻入垫草中；个别见于嗜睡、惊厥或角弓反张等神经症状。吸吮力减弱，哺乳量和次数减少或不哺乳。大约在发病的第 2d，出现明显的贫血症状，可视黏膜苍白；第 2～3d 起出现黄染，以腋下及腹股部皮肤最为显著。排出颜色逐渐加深（由淡红色到酱红色）的血红蛋白尿，检验存在血色素血症及血色素尿症。尿量渐减，次数增加，尿液黏稠似豆油，排尿时努责呻吟，尿潜血反应和尿胆红素为阳性。仔犬一有发病，相继全窝发病。

[诊断] 根据母犬过去分娩的仔犬有不明原因的黄疸、贫血或死胎的病史及典型的临床症状，可初步诊断为本病。确诊需实验室检查。

（1）临床检查　新生仔犬初生时并无异常，只有哺食初乳后成窝发病。病症严重程度与哺食初乳的量及初乳中 CEA-1 型阳性红细胞抗体效价成正比例。患病仔犬刚开始表现为精神沉郁，以后逐渐衰弱，可视黏膜苍白并转为严重的黄染。有的哺食初乳多的仔犬，甚至无任何症状突然衰竭死亡，尿液呈红色。

（2）尿液检验　收集尿液或尸检膀胱内尿液，尿色为茶褐色，潜血或胆红素呈阳性便可确诊。

（3）血色素血症检验　应用毛细管法检测抗凝血的红细胞比容，则红细胞比容减少，而血浆段呈红色或黄色，表明血色素血症阳性。

（4）红细胞脆性检验　取新生犬血液 2～3 滴，滴入 2mL 生理盐水中，轻轻混合，因红细胞破裂而成红色透明液体，表明红细胞脆性升高。

（5）免疫学检验　取 1 滴新生患犬血清（或全血），与父犬红细胞混合，产生溶血反应为阳性。

[治疗]
（1）发现病症，立即停止哺食母乳，全窝仔犬改为人工喂养或寄养。
（2）药物治疗　以下药物可联合应用数天：口服 2%～3% 葡萄糖或静脉注射，以稀释和迅速排泄进入体内的游离血红素；泼尼松龙每千克体重 12mg，或泼尼松龙每千克体重 2mg，每日 1 次，口服，以抑制网状内皮系统吞噬红细胞；苯巴比妥钠 5mg，每日 3 次，口服，或尼可刹米 50mg/d，分次口服，连服 5d。
（3）中药治疗　茵陈 15g、制大黄 3g、黄芩 9g、甘草 1.5g，煎服。
（4）输血疗法　此法有较高疗效，一般采用输入相合血。输血前，应做配血试验（交叉配合法和直接配合法）或生物学试验。

14.8.9　丙球蛋白病

丙球蛋白病（Disease of γ-globulin）是一类血清免疫球蛋白水平过量增高的疾病，可分为多克隆性和单克隆性，前者涉及所有主要免疫球蛋白的增高，后者仅涉及单一的均质免疫球蛋白的增高。

多克隆丙球蛋白病：是由多株浆细胞产生的免疫球蛋白过量增高的疾病。此类免疫球蛋白应包括正常机体中的 5 种类型免疫球蛋白，IgG、IgM、IgA、IgE 和 IgD。当机体受到各种因素影响时，免疫球蛋白总浓度或某一类型免疫球蛋白浓度超过参考值上限，称为多克隆性高球蛋白血症。

单克隆丙球蛋白病：是以单克隆浆细胞增殖为特征的一组疾病，可分为原发性单克隆球蛋白血症和继发性单克隆球蛋白血症。原发性单克隆免疫球蛋白血症的单克隆 B 细胞-浆细胞增殖有限，且不抑制正常造血细胞增殖，不抑制 B 细胞-浆细胞正常分化和免疫球蛋白分泌，也不引起融骨病变，细胞形态与正常成熟浆细胞无异。其特点是患犬单克隆免疫球蛋白水平升高有限（血 M 蛋白略高），骨髓浆细胞偏高，尿中少量或无 M 蛋白。但部分病例有时会进展为单克隆球蛋白疾患如多发性骨髓瘤（MM）、原发性淀粉样变性及原发性巨球蛋白血症、肾损害等。继发性单克隆免疫球蛋白血症又称为伴发于非浆细胞性疾病的单克隆免疫球蛋白血症，其单克隆免疫球蛋白增多可见于多种疾病，如自身免疫性疾病、癌症、感染性疾病、肝病、内分泌系统疾病、代谢性疾病、骨髓增生性疾患、T 细胞淋巴瘤等。

[病因]

（1）多克隆丙球蛋白病　在 B 细胞-浆细胞发育过程中，由于大量不同抗原同时刺激 B 细胞发育成不同阶段的浆细胞，产生大量不同的抗体，形成多克隆性高球蛋白血症。多见于慢性脓皮病、慢性病毒病、细菌或真菌感染、肉芽肿、慢性寄生虫感染、慢性立克次体病、慢性免疫性疾病等。多克隆性高球蛋白血症主要病因依次为：肝病、结缔组织疾病、血液病、感染以及非血液系统恶性肿瘤。

（2）单克隆丙球蛋白病　病因尚不明了，可能因不同因素刺激，导致 B 细胞-浆细胞发育过程中类型转换障碍，使 B 细胞发育分化停滞于某一阶段且增殖失去控制，合成大量单一的免疫球蛋白，形成单纯高 IgM 血症，伴随其他类型免疫球蛋白减少甚至缺乏，造成单克隆丙球蛋白病。分泌单克隆抗体的肿瘤或源于浆细胞或源于淋巴母细胞。犬的骨髓瘤蛋白通常为 IgG，德国牧羊犬的骨髓瘤蛋白通常为 IgA，猫的骨髓瘤蛋白为 IgG。

原发性单克隆丙球蛋白病引起肾损害的发病原因不完全清楚，可能与原发性淀粉样变肾损害发病机制类似，其 M 蛋白成分沉积肾小球的主要原因可能在于：肾小球被动吸附以及循环免疫复合物与（或）冷球蛋白沉积引起肾小球损伤。

继发性单克隆丙球蛋白病的继发病因多见于自身免疫性疾病（系统性红斑狼疮、类风湿关节炎、硬皮病等）、癌症（结肠癌、肺癌、前列腺癌等）、感染性疾病（结核分枝杆菌感染、细菌性心内膜炎、巨细胞病毒感染等）、肝病（病毒性肝炎、肝硬化）、内分泌系统疾病（甲状旁腺功能亢进症等）、代谢性疾病（Gaucher 病）、骨髓增生性疾患（慢性和急性淋巴细胞白血病、慢性和急性髓细胞白血病等）、T 细胞淋巴瘤等。在化疗、放疗后及骨髓移植后出现单克隆免疫球蛋白血症。

[症状] 出现贫血症候群如黏膜苍白，心悸，乏力，黄疸（肝病），骨质疏松、关节疼痛（骨髓瘤、结缔组织疾病），发热（感染性疾病、自身免疫性疾病），出血倾向、呕血、黑粪、血栓，出现雷诺现象（即呈现四肢末端皮肤颜色间歇性苍白、发绀和潮红的变化）。血液的黏滞度增加。

多克隆丙球蛋白病症状表现取决于原发性肿瘤的部位和病理变化程度以及分泌免疫球蛋白的量和类型。在头颅、肋骨、骨盆和脊椎的平滑的骨髓腔经常发生浆细胞骨髓瘤，病骨的病理性骨折可导致中枢神经系统或脊柱疾病而引起疼痛和跛行。淋巴肉瘤常涉及实质器官。

原发性单克隆免疫球蛋白血症患犬一般不具有多发性骨髓瘤或其他 B 淋巴细胞增生性疾

病的症状和体征（如贫血、淋巴结肿大、浆细胞瘤、骨损害和淀粉样沉积）。有些常常是因蛋白电泳偶然发现血、尿中出现 M 蛋白而诊断。M 蛋白与自身抗体相互作用可能引起某些临床表现，如自身免疫性溶血。肾脏受损者主要表现为肾小球肾炎，疲乏无力、食欲减退、消瘦、贫血、水肿、高血压及蛋白尿。大量蛋白尿者可出现肾病综合征，多数有不同程度的肾功能障碍。

继发性单克隆免疫球蛋白增多本身通常不引起临床表现或体征。患犬临床表现主要与其原发病有关。在少数情况下，单克隆免疫球蛋白具有抗红细胞、抗凝血因子或抗胰岛素特性，可引起溶血性贫血、获得性血管假性血友病或低血糖症。

[诊断] 高免疫球蛋白血症使血清蛋白总量升高，这些超常增多的免疫球蛋白多数没有生物活性，只会增加血液的黏滞度，发生高血黏度综合征。

多克隆丙球蛋白病的诊断方法采用免疫球蛋白定量、血尿蛋白电泳及其他试验，可检出血清 IgG、IgM、IgA、KAP 和 LAM 及尿液 KAP 和 LAM 显多克隆增殖。多克隆丙球蛋白病往往出现在慢性炎症者有并发症时。

原发性单克隆免疫球蛋白血症很少患与免疫球蛋白轻链分泌有关的肾病。免疫球蛋白常为 IgG，但也可以是 IgM、IgA、IgD、IgE，尿游离轻链和双克隆、三克隆，IgG 单克隆球蛋白通常略高，IgA 和 IgM 单克隆球蛋白略高。原发性单克隆免疫球蛋白血症患畜的多克隆免疫球蛋白水平正常。

继发性单克隆球蛋白血症根据血中出现单克隆免疫球蛋白或尿中出现单克隆免疫球蛋白轻链、有原发病存在、排除恶性浆细胞病，即可诊断本症。

[治疗] 免疫球蛋白分泌性肿瘤，可用肾上腺皮质激素和烷基化药物，以减轻病情，犬的预后比猫好。

（1）瘤可宁（苯丁酸氮芥、Leukeran）　是治疗单克隆免疫球蛋白血症的首选药物。开始剂量为每日 2～4mg，连用 2～3 周，以后每日 1～2mg 作为维持量。宜长期持续服用，约 4 个月后开始见效。停药后可复发，与皮质激素合用疗效较好，尤适于合并骨髓纤维化和/或有出血倾向者。

（2）环磷酰胺　每千克体重 2mg 与泼尼松每千克体重 1.5～3.0mg，合用，口服，每日 1 次，连用 2 周为一疗程，疗程间休息 10～14d，获缓解后每两个月再作一疗程，亦有一定疗效。

（3）对瘤可宁无效，特别是对于伴有高黏滞血症的病例，过去要采取血浆置换疗法才能控制，而现在则认为用 M₂ 方案就能取得令人满意的疗效。M₂ 方案的具体用法是：卡莫司汀 0.4mg/kg iv 第 1d、环磷酰胺 1mg/kg iv 第 1d、长春新碱 0.02mg/kg iv 第 1d、威克瘤 0.25mg/（kg·d）连用 4d、泼尼松 1mg/（kg·d），连用 7d，以上为一疗程，每 5 周重复一个疗程，若已取得完全缓解，则改为每 10 周一个疗程，一年后停药；若仅部分缓解则持续每 5 周一个疗程，直至恢复；若 WBC 或血小板减少，则威克瘤减为 0.16mg/kg、环磷酰胺与卡莫司汀减少一半。

（4）去氧助间型霉素（Z'-Deoxycoformycin，DCF）　该药是一种腺苷脱氨酶抑制剂，使淋巴细胞减少，现用来治疗淋巴细胞恶性疾病。用此药［2mg/（kg·周），静脉注射］治疗单克隆丙球蛋白病获得很好疗效。

（5）血浆交换疗法　此法适用于血清黏度大、IgM 浓度高而发生高黏滞综合征的病例，尤其是出现严重中枢神经系统症状和视力障碍者，对 IgM 型单克隆丙球蛋白病的疗效比 IgG 型单克隆丙球蛋白病更佳。用法是交换 400mL 血浆能使 IgM 减少 20%，降低相对黏度

50％～100％，每日进行血浆交换直至症状缓解，以后每周交换 200mL 血浆作为维持疗法。没有血浆交换条件时，应用输血、换血也有效。此外，维脑络通和莨菪类药物也有降低血液黏度的作用。

（6）青霉胺（Penicillamine）　能裂解巨球蛋白分子、降低血液的高黏滞度，用法为每日 0.375～1.5mg，直至缓解。

（7）注射抗生素和球蛋白有助于预防继发感染。

14.8.10　特发性多发性肌炎

多发性肌炎（Plymyositis，PM）是炎性肌炎或肌炎的一种，是一种以肌无力、肌痛为主要表现的自身免疫性疾病，病因不清，以对称性四肢近端、颈肌、咽部肌肉无力，肌肉压痛，血清酶增高为特征的弥漫性肌肉炎症性疾病。按照 Bohan 和 Peter 的诊断标准分为四类：特发性多发性肌炎、伴发结缔组织病的 PM、与恶性肿瘤相关的 PM、儿童或少年型 PM。其中特发性多发性肌炎（idiopathic Plymyositis，IPM），是一种免疫介导的炎性肌病，当前病因尚不明确，但与肿瘤、结缔组织病（重叠综合病）等关系密不可分，可能为病毒感染后，引起自身免疫反应导致的肌纤维变性坏死。其在犬中较为常见，尤其是大型犬，在猫中亦时有发生。

［病因］尚不明确。

［症状］最主要的症状为肌肉无力，受累肌群包括四肢近端肌肉、颈部屈肌、脊柱旁肌肉、眼部肌肉等，面部肌群受累罕见。

［诊断］该病的诊断除了根据临床症状外，还应进行实验室检查，如血清肌酸激酶（CK）及天冬氨酸氨基转移酶（AST）的检查，通常表现为：CK 活性增高 1～9 倍，AST 活性也出现增强。必要时可进行肌电检查、肌肉活组织检查（可见局灶淋巴细胞浆细胞浸润及肌纤维坏死）、X 光检查等。

［治疗］该病的治疗首选药物为糖皮质激素，如泼尼松、氢化泼尼松，连续使用多天后逐渐降低糖皮质激素用量直到停药。另外，也可使用免疫抑制剂进行治疗，如环磷酰胺、6-巯基嘌呤等。一般用药 24～72h 后可见明显效果。另外，为减少长时间使用糖皮质激素带来的骨软化或骨质疏松等副作用，可辅助口服钙制剂。

14.8.11　犬嗜酸性粒细胞性肌炎

犬嗜酸性粒细胞性肌炎是一种急性、易复发的肌肉炎症，表现为下颌疼痛和无法打开下颌，常以青年牧羊犬多发，主要侵害咀嚼肌，以嗜酸性粒细胞增多为主要特征。有研究支持嗜酸性粒细胞性肌炎是一种靶向型自身免疫性疾病，其主要针对 2M 型纤维，但目前还不清楚是什么引发了自身抗体的形成。有时也称之为萎缩性肌炎或咀嚼肌肌炎，这种不同说法可能是对疾病的急慢性分期有不同认识。

［病因］其原发病因尚不完全清楚，目前的研究表明该病可能与自身免疫相关，且靶向性侵害 2M 型纤维。

［症状］常突然发病，其典型临床症状为无力打开下颌（牙关紧闭），下颌疼痛，采食困难，肌肉肿胀或萎缩，眼球突出，结膜水肿，瞬膜脱出。

急性期患畜表现为咀嚼肌急性肿胀，临床通常表现为对称性，有时为单侧发生，牙关紧闭（开口困难），咀嚼肌疼痛，44％的咀嚼型患畜有眼部症状，在急性期伴有眼球突出，眼球后翼状肌肿胀。如果足够严重，眼球突出可导致视神经受压或牵拉而造成失明。慢性期的特征是明显的肌肉萎缩，甚至由于翼状肌萎缩而出现眼球内陷，扁桃体发炎，下颌淋巴结肿胀，如果没有早期的识别和积极的治疗，肌纤维丧失和肌肉纤维化可能导致不可逆的下颌功能障碍。

[诊断] 血液学检查，嗜酸性粒细胞增多；血清生化检查，球蛋白升高，肌酸激酶水平在急性期通常升高，但在疾病发展为更慢性时一般是正常的。血清2M抗体检测均为高敏感性（85%～90%）和特异性（100%），这是该病的首选诊断试验。急性期肌肉活检通常显示混合炎性细胞群，淋巴细胞和浆细胞浸润非坏死纤维，肌纤维坏死和吞噬。

[治疗] 治疗的重点是积极的免疫抑制，可使用皮质甾类药物和促肾上腺皮质激素缓解患犬的异常症状和肌肉肿胀，可采用泼尼松免疫抑制，剂量1～2mg/kg，PO，BID；其他免疫抑制剂，硫唑嘌呤2mg/kg，PO，SID；环孢霉素可作为辅助性免疫抑制剂，它的使用需要广泛的治疗监测。

14.9 免疫缺陷病

免疫缺陷病（（Immuno Deficiency Disease，IDD）是一组由于免疫系统先天发育不全或后天遭受损害所致的免疫功能降低或缺陷所引起的疾病。有两种类型：

（1）原发性免疫缺陷病 又称先天性免疫缺陷病，是由于遗传因素或先天因素使免疫系统在发育过程中受损导致的免疫缺陷病，多发生在幼龄犬、猫。原发性免疫缺陷病包括B细胞缺陷病、T细胞缺陷病、T细胞和B细胞联合缺陷性疾病、吞噬细胞缺陷病以及补体系统缺陷病。

（2）继发性免疫缺陷病 又称获得性免疫缺陷病，系后天诸因素造成的免疫系统功能障碍所引起的免疫缺陷病。可发生在任何年龄犬、猫，多因严重感染，尤其是直接侵犯免疫系统的感染、恶性肿瘤、应用免疫抑制剂、放疗和化疗等引起。

[病因]

（1）原发性免疫缺陷病 是一组少见病，与遗传因素相关。

① 吞嗜作用缺陷：可见外周血液中所有细胞成分（主要是中性粒细胞）发生周期性降低。表现为皮肤、呼吸系统和胃肠道对细菌感染的易感性增高，对抗生素治疗效果不明显。

② 原发性B细胞缺陷：有三种主要免疫学和临床特征。全部Ig缺失或极度降低，如Bruton综合征。部分Ig缺失，如选择性Ig缺陷时，波斯猫特别容易发生严重的、有时是顽固性的皮肤霉菌感染，某些品种犬如德国牧羊犬会感染局部和全身性曲霉病。Ig量正常，但在抗原刺激后无免疫应答，功能缺陷。

③ T细胞缺陷：单纯T细胞免疫缺陷较为少见，一般常同时伴有不同程度的体液免疫缺陷，这是由于正常抗体形成需要T细胞、B细胞的协作。T细胞免疫缺陷病的发生与胸腺发育不良有关，同时有胸腺和甲状旁腺缺陷或发育不全，先天性心血管异常（主动脉缩窄、主动脉弓右位畸形等）和其他脸、耳畸形。常在出生后即发病，主要表现为各种严重的病毒或真菌感染，呈反复慢性经过。

④ 补体系统缺陷：由补体系统缺陷所造成的疾病有某些自身免疫性疾病，如系统性红斑狼疮、类风湿性关节炎、皮肌炎、肾小球肾炎、慢性血管炎和慢性荨麻疹等疾病。

（2）继发性免疫缺陷病 常由多因素参与引起。

① 感染：如犬瘟热病毒引起的幼犬联合免疫缺陷，使抗体球蛋白水平逐渐降低。犬和猫的细小病毒感染引起中性粒细胞数量和淋巴细胞反应严重及短暂低下。还有风疹、麻疹、结核

病、巨细胞病毒感染、球孢子菌感染等。

② 恶性肿瘤：如急性及慢性白血病、骨髓瘤等。

③ 自身免疫性疾病：如系统性红斑狼疮、类风湿关节炎等。

④ 蛋白丢失：如肾病综合征、蛋白丢失性肠病。

⑤ 免疫球蛋白合成不足：发生于不能吸收充足母源抗体的新生犬、猫，或患主动免疫球蛋白合成降低疾病的老龄犬、猫。某些病毒感染如犬瘟热病毒、犬细小病毒可严重损害淋巴网状内皮系统，使正常抗体产生受到阻断。

⑥ 淋巴细胞丢失：如因药物、系统感染等。

⑦ 其他疾病：如糖尿病、肝硬变和免疫抑制治疗等。

[症状]

（1）抗感染能力低下，易反复发生严重感染　对各种感染的易感性增加是免疫缺陷最主要、最常见和最严重的表现和后果，也是死亡的主要原因。感染可表现为反复的或持续的，急性的或慢性的。两次感染之间无明显间隙。感染的部位以呼吸道最常见。感染的性质主要取决于免疫缺陷的类型，如体液免疫、吞噬细胞和补体缺陷时的感染主要由化脓性细胞如葡萄球菌、链球菌和肺炎链球菌等引起，临床表现为气管炎、肺炎、中耳炎、化脓性脑膜炎和脓皮病等。细胞免疫缺陷时的感染主要由病毒、真菌、胞内寄生菌和原虫等引起。并且对体内正常菌群及空气、土壤和水中无致病力或致病力很弱的微生物，如大肠杆菌、绿脓杆菌、变形杆菌等均十分易感，这种类型的感染称为机会性感染。

（2）易患肿瘤　原发性免疫缺陷病中，T细胞免疫缺陷者恶性肿瘤的发病率增高，许多是由致癌病毒所引起，以白血病和淋巴系统肿瘤等居多。另外，免疫缺陷病患畜有伴发自身免疫病的倾向。

（3）伴发自身免疫病　原发性免疫缺陷者有高度伴发自身免疫病的倾向，发病增高，以系统性红斑狼疮、类风湿关节炎和恶性贫血等较多见。

（4）临床表现和病理变化的多样性　在临床和病理表现上，免疫缺陷是高度异质性的，不同免疫缺陷由免疫系统不同组分缺陷引起，因此症状各异，而且同样疾病不同患畜表现也可不同。免疫缺陷时可累及呼吸系统、消化系统、造血系统、内分泌系统、骨关节系统、神经系统和皮肤黏膜等，并出现相应功能障碍的症状。

（5）有遗传倾向性　多数原发性免疫缺陷病有遗传倾向性，约1/3为常染色体遗传，1/5为性染色体隐性遗传。

[诊断]　诊断主要依据病史、体检和相应辅助检查。

当怀疑免疫缺陷时，应进行实验室筛查试验，包括全部血细胞计数及分类计数和血小板计数，测定IgG、IgM和IgA浓度，测定抗体功能，感染的临床和实验室判断。

[治疗]　治疗原则：保护性隔离患畜，减少接触感染源；伴有免疫缺陷的患犬猫，禁止接种活疫苗，以防发生严重疫苗性感染；一般不做扁桃体切除术和淋巴结切除术，禁做脾切除术，免疫抑制类药物应慎用；使用抗生素以清除细菌、真菌感染；根据免疫缺陷类型给予替代疗法或免疫重建。

（1）应用免疫因子　大部分原发性免疫缺陷病患畜伴有IgG或其他抗体缺乏，补充抗体球蛋白是最常见的治疗措施。对血清抗体球蛋白含量低下患畜，应给予犬猫丙种球蛋白静脉滴注。其他替代治疗包括特异性免疫血清，输白细胞、细胞因子等以提高机体的免疫功能。

（2）免疫重建　通过胸腺移植、骨髓移植、造血干细胞移植和胎肝移植，以重建免疫功能，对某些原发性免疫缺陷病可缓解病情，是有效的治愈措施。

（3）基因治疗　某些原发性免疫缺陷病为单基因缺陷所致，一些突变位点已经明确，从而为未来基因治疗奠定了基础。将正常的目的基因片段整合到患畜干细胞基因组内（基因转化），被基因转化的细胞经过有丝分裂，使转化的基因片段能在患畜体内复制而持续存在，并发挥功能。

15.1 神经系统常见临床症状鉴别诊断

15.1.1 癫痫

癫痫（seizure）或抽搐是指脑神经原异常放电引起暂时性的脑机能障碍，以行为、意识、运动、感觉的变化为临床特征。行为改变包括意识模糊、呕吐、痴呆、发狂和恐惧，甚至丧失意识。运动机能变化表现不随意运动或阵发性痉挛及涉水样动作，发作时出现流涎、牙关紧闭、咀嚼、舔食、奔跑、圆圈运动等。感觉异常对于动物难以发现，如抓面部、追尾及撕咬自体等。癫痫发作时还常见不自主排尿和排粪。

[病因]

（1）颅外性原因　中毒代谢性疾病、低血糖症、肝脏疾病、低钙血症、高脂蛋白血症、超高黏度血症、电解质紊乱、高渗透压性血症、硫胺素缺乏、肝性脑病、严重的尿毒症。

（2）颅内性原因　即继发性癫痫性抽搐，见于先天性畸形、脑积水、无脑回、脑部原发性肿瘤、转移性肿瘤、脑部炎性疾病、感染性炎性疾病、肉芽肿性脑膜脑炎、坏死性脑炎、血管性疾病、出血、梗塞、瘢痕组织、代谢贮积性疾病、变性性疾病等，中毒性疾病：一氧化碳中毒、有机磷农药中毒、士的宁中毒、铅中毒、汞中毒等。传染病和寄生虫病：犬瘟热、狂犬病、弓形虫病、猫传染性腹膜炎等，肠道寄生虫如绦虫、蛔虫、钩虫等。外周神经损伤、过敏反应等也能引起癫痫样发作。

[症状]　阶段性反复性抽搐发作是癫痫的共同症状。

抽搐可分四个阶段，即先兆期、前驱症状期、发作期和发作后期。在先兆期，病犬表现不安、严重焦虑、表情茫然或其他不引起畜主所注意的行为改变。前驱症状期，动物丧失知觉，变得安静。在发作期，所有肌群的紧张性突然增加，稍后犬倒地，其后伴随所有肌群有节奏的或阵挛性的惊厥，类似奔跑或踩踏板样运动，阵挛期间常伴有大小便失禁、多涎、瞳孔散大等，持续几秒到几分钟。在发作后期，动物知觉渐渐恢复，但是不能恢复其全部神经系统的功能，病犬可能出现视觉缺失、共济失调、意识模糊、抑郁、疲劳或其他症状，发作后期可持续几秒到几天。

原发性癫痫犬猫抽搐的特点是强直性抽搐，每次持续 $1\sim2\text{min}$。单一性或者复合型局部性抽搐也可能继发泛发性抽搐，或者不发生。抽搐通常规律性复发，2 次间隔数周或者数月，随着年龄的增长，抽搐发作的频率和严重程度逐渐增加。在有些病例，尤其是大型犬，抽搐最终发展为抽搐群，即在 24h 内发生复杂性抽搐。

继发性癫痫可能是原发病的临床症状之一。局部神经障碍表明是颅内疾病。引起癫痫发作的颅外疾病一般不引起局部的神经障碍。癫痫发作是大脑障碍的外部表现，而大脑的功能障碍常表现为对侧的视觉缺失，对侧面部的感觉迟钝或面部表情改变或向患病侧做圆圈运动。如果引起癫痫发作的脑内障碍扩散到整个中枢神经系统时，除大脑外还可能有中枢神经系统其他部分失调的临床症状。发作停止后，多数病犬可以自行起立，仍可自由采食。但是会虚弱无力，神情淡漠。

集群癫痫是持续数分钟到数天的反复癫痫发作。癫痫持续状态是一种持续3min且无恢复的单次癫痫。癫痫持续状态可能危及生命，导致脑缺氧和残留脑损伤或死亡。

[诊断] 根据反复发生的暂时性意识丧失和强直性或阵发性肌肉痉挛为特征的临床表现作出诊断。但要明确病因，需要进行全面系统的临床检查。通常是进行体格检查和血液CBC、血清化学分析和尿液分析，5岁以上的动物考虑脑部肿瘤，对于1~5岁的动物，可以用MRI或CT进行脑成像，进行脑脊髓液分析以便排除脑部炎性、感染性或肿瘤性疾病，包括病毒性细菌感染、蜱传疾病、原生动物感染、真菌感染、寄生虫病。

临床鉴别诊断思路见图15-1，通过排除脑部以外因素后，采取不同的治疗方法进行治疗性的诊断，以便查明确实病因，对因治疗。

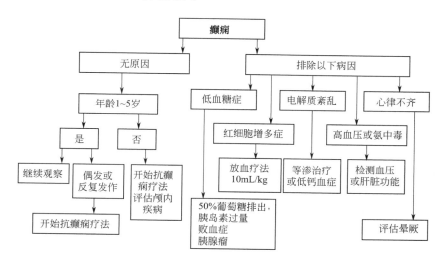

图15-1　犬猫癫痫的临床鉴别诊断思路

（1）获得病史　喂养免疫情况，最近是否有更换生活环境等；创伤和接触潜在毒物情况；以前是否有其他疾病发生以及是否有用药史。

（2）列出抽搐发作的信息，进行预后变化评估，包括发作日期和持续时间、发作的症状和行为变化等信息。

（3）注意发作时间的变化，这些变化可能会表明继发性原因。精神活动：行为变化，例如明显退缩，明显的四处寻找行为，任何反常的不安或者过于激动，不能听从简单的命令。视觉：碰撞一侧物体。步态：如上下楼摇晃。睡眠或者清醒周期紊乱，明显的疲倦或者不能安静地入睡。

（4）全面体况检查和血液学检查　包括一般理学检查，血常规和血细胞形态学，全套血液生化，血气或者电解质、尿液分析。

（5）进一步的诊断检查　包括代谢方面检查，有血清胆汁酸检查，禁食后的血氨浓度，门静脉短路的定性检查，禁食后葡萄糖和胰岛素检查，孢子虫、弓形体、真菌等传染性疾病检查，脑电图（EEG）检查，脑脊液的采集和分析，鉴别大脑外观是否有损伤和先天性结构异常。

（6）CT 或者 MRI 检查，确定大脑内在结构的完整性和异常形态。

［治疗］首先应加强护理，使病犬安静躺卧，避免各种不良因素的刺激和影响，如剧烈运动、过度惊吓等。在饲养上应注意给予易于消化的食物，减少日粮中蛋白质和食盐的含量。对原发性癫痫的病犬，考虑其有遗传的可能，不宜留作种用。继发性病例，应加强对原发病的治疗。

癫痫发作的急症处置：

（1）放置静脉留置针。

（2）给予地西泮，按照每千克体重 0.5～1.0mg 静脉给药（如果没有静脉通路可以直肠给药，每千克体重 2mg），最大剂量 20mg。如果无效或者仍然发生抽搐，每 5min 重复给药一次。必要的话可以给予最大剂量的 4 倍。或者进行（3）和（4）的操作。

（3）如果需要阻止抽搐，给予戊巴比妥钠（每千克体重 3～15mg，静脉缓慢输注至有效），或者丙泊酚（每千克体重 4～8mg，静脉缓慢输注至有效）。

（4）即使不需要（3），也可以给予苯巴比妥（每千克体重 2～4mg，静注或者肌注）。

（5）建立呼吸通路，保持呼吸通畅，气管插管或者气管切开。

（6）监测体温，高于 41.4℃，进行冷水降温。如果体温过高，怀疑脑水肿或者抽搐可能持续很久（超过 15min），给予甘露醇（每千克体重 1g，静注，超过 15min 输完）或者磷酸钠地塞米松（每千克体重 1mg，静注）或者硫胺素（维生素 B_1，每千克体重 2mg，肌注）

（7）采血化验　血糖低按照 2mL/kg 静脉注射 50% 葡萄糖；低血钙按照 0.5～1mL/kg 缓慢静脉给予 10% 葡萄糖酸钙，至有效；检测电解质、血液酸碱度，如异常进行纠正。

（8）询问动物主人以下问题　有无创伤、是否接触毒物、抽搐病史、用药史、发病前数周内有无全身疾病或者神经性疾病。

（9）怀疑中毒，原则是减少毒物吸收和加速毒物代谢。

（10）如果不能确定抽搐原因，用地西泮、戊巴比妥钠、苯巴比妥控制抽搐。

单一治疗的药物选择：

（1）苯巴比妥　相对安全、有效、经济实惠的抗痉挛药物，可以长期使用。初始计量每千克体重 2.0mg，PO，BID。用药后 4h，血药浓度达到峰值，给药 7～14d 开始达到稳定的血药浓度。用药 30d 后苯巴比妥的血药浓度和全身清除率保持稳定。

（2）溴化钾　60～80mg/kg 和食物一起口服 BID，连用 5d；接下来给予溴化钾维持剂量 15mg/kg 和食物一起口服 BID，并监测血药浓度。如果溴化钾进行单一治疗，最低血药浓度要维持在 2～3mg/mL（20～30mmol/L）。

苯巴比妥使用指导：

（1）最初使用苯巴比妥进行治疗（PB：2.0mg/kg PO q 12h）。

（2）如果治疗后 48h 抽搐持续发作，则用药量加倍。

（3）最少在初期治疗 10d 后，测定 PB 的血药浓度（给药前测定）；如果血药浓度低于 20μg/mL（86μmol/L），增加 PB 用量 25%，并在 2 周后再次测量血药浓度，重复增加剂量，直到 PB 血药浓度维持在 20～30μg/mL（86～130μmol/L）。

（4）如果抽搐得到控制，维持用药剂量，并每年测定 PB 血药浓度、肝酶和肝功能。

（5）如果在 PB 最低维持血药浓度范围，动物仍发生抽搐，建议测量峰值血药浓度用药（4h 后）和最低血药浓度（用药前）。

（6）如果抽搐仍持续发生，进一步增加 PB 剂量以获得较高的治疗性血药浓度（30～35μg/mL，即 130～150μmol/L）。

（7）如果抽搐仍未得到控制，增加溴化钾进行治疗（15mg/kg，PO，BID，和食物一起服用）。

（8）如果抽搐得到控制，但患犬深度镇静，建议减少 PB 20%。

（9）如果抽搐持续发生，增加溴化钾剂量到 20mg/kg PO BID。

（10）在用药后 3～4 个月检测溴化钾血药浓度，使之维持在 1.0～2μg/mL（10～20μmol/L）。

15.1.2 共济失调

动物正常而协调的运动依靠正常的肌紧张性和健全的神经系统调控机能。在肌肉收缩力正常的前提下，当控制本体感觉通路被阻断时，随意运动不协调以及躯体姿势和平衡的维持发生障碍称为共济失调（ataxia）。正常步态的特点是准确、敏捷、协调和平稳。共济失调步态的特点则是在运动时肢体的协调障碍、交叉和广踏，构成一种蹒跚、摇摆的步态，不能维持躯体的平衡和正常姿势。最常见于脊髓疾病，也可见于小脑和前庭功能障碍。

[病因]

（1）脊髓性共济失调　是由深部感觉径路的损伤所引起，如多发性神经炎、脊髓炎、脊髓脓肿、脊髓肿瘤、脊髓外伤以及先天性脊髓畸形等。

（2）前庭性共济失调　是由前庭及其通路、脑干和前庭核的损伤所引起，如内耳炎、肿瘤、先天性前庭缺损、肝脑病、细菌性脑膜脑炎、头部外伤，以及耳毒性药物（如链霉素、卡那霉素、庆大霉素）的影响等。

（3）小脑性共济失调　是由小脑的损伤所引起，如感染（狂犬病、犬瘟热、猫传染性腹膜炎、真菌性感染等）、肿瘤（年轻动物有神经管胚细胞瘤、成年动物有神经胶质瘤、脑膜瘤）、重金属元素中毒、农药中毒、小脑疝、小脑发育不全、枕骨发育异常及枕骨外伤等。

[诊断] 对共济失调的诊断主要观察病畜的头部状态、站立姿势和步态。在鉴别时应注意：在患有前庭系统疾病的动物表现运动失调以及头倾斜和眼球震颤有光的平衡失调。鉴别诊断思路见图 15-2。

头颈和四肢共济失调或运动失调通常见于小脑病变，小脑功能丧失时，自主运动仍然存在，但动物不能协调这些运动的速率、范围和力度。步态异常的表现和程度；作仰姿位检查，判断病畜的平衡和体位反应是否正常；有无头部病征（倾斜、震颤等）；有无病理性眼球震颤；一侧性

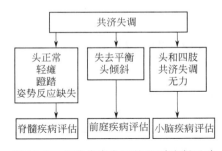

图 15-2　犬猫共济失调的鉴别诊断思路

或双侧性，对称性或非对称性共济失调；遮闭眼睛后共济失调有无加重；必要时进行脑脊液检查和颅部 X 射线检查。

脊髓性共济失调的临床症状具有以下主要特点：

（1）由于外周神经和脊髓病损所引起的感觉性共济失调主要表现为四肢的共济失调，一般没有头和眼的病征。

（2）病畜虚弱，即肌肉应答的强度、力量和耐力均减弱。严重的虚弱可掩盖运动失调症状。

（3）本体反应缺失。

（4）遮闭病畜眼睛时共济失调明显加重。

（5）根据发生运动失调的肢体以及脊髓的病征（反射减弱和疼痛等）可对损伤的脊髓作定位诊断。

前庭性共济失调的临床症状具有以下主要特点：

（1）非对称性共济失调伴有明显的平衡障碍。

（2）定向力缺失。

（3）头倾斜，常斜向病侧。

（4）病理性眼球震颤，眼震的方向常向着患侧，人为地将病畜头部作上下、左右摆动，眼震颤与头的摆动无关。

（5）病畜在行走时向患侧漂移、转圈乃至跌倒。

（6）本体反应一般正常。

（7）某些病例出现面神经和交感神经功能障碍。

（8）耳镜检查常可发现中耳和内耳病变。

中枢前庭性共济失调与外周前庭性共济失调同样具有头倾斜、转圈和病理性眼球震颤，两者临床症状不同之处在于，中枢前庭损害所引起的平衡障碍一般较轻。两者所发生眼球震颤的表现亦不一样，外周前庭病损时眼球震颤是水平和旋转的；中枢前庭病损时眼球震颤常是垂直性的，并随着头位置的改变而频频变换方向。中枢前庭性共济失调常伴有脑神经异常，可能发生意识障碍和轻瘫。

小脑性共济失调一般呈对称性失调，病畜在站立时表现静止性平衡障碍，肢体叉开呈广踏姿势，头部震颤，躯体摇晃不稳。行走时运步辨距不良，多为辨距过度，跨步过大，步态笨拙蹒跚，不能直线前进，常偏向患侧。共济失调可因转圈或转弯而加重，患畜肌肉张力降低，肢体出现意向性震颤。但一般不伴有感觉障碍，运动失调不因闭眼而加重，缺乏恐吓反应，亦不伴发轻瘫。体位反应一般正常，小脑性共济失调与前庭性共济失调临床症状的区分在于前者罕见头倾斜和转圈，眼球震颤亦不常见，即使发生也是所谓类震颤即眼快速而不规则地颤动。

15.2 中枢神经系统疾病

15.2.1 脑震荡及脑挫伤

脑震荡及脑挫伤都是由于颅骨受到钝性暴力物的作用，致使脑神经受到全面损伤的疾病。临床症状主要表现为昏迷、反射功能减退或消失等脑功能障碍。脑震荡只是脑组织受到过度的震动，无肉眼可见的病变；脑挫伤比脑震荡更为严重，多伴发脑组织破损、出血和水肿。

[病因] 主要由于扑打、冲撞、跌倒、坠落、交通事故等引起。部队服役犬只参加战斗等工作时，由于炸弹、炮弹、地雷爆炸以及各种火器伤等，均可引起脑震荡或脑挫伤。

[症状] 由于脑震荡的轻重程度、脑挫伤部位和病变的不同，所表现的临床症状也不尽相同，但均是在受伤后突然发病，出现一般脑症状或灶性症状。其中脑震荡表现为瞬间倒地昏迷，知觉和反射功能减退或消失，瞳孔散大，呼吸变慢，有时发哮喘音，脉搏增快，脉律不齐，有时呕吐且伴有大小便失禁等。经过几分钟至数小时后，会慢慢醒过来，反射功能也逐渐恢复，与此同时全身各部肌肉纤维收缩，引起抽搐和痉挛，眼球震颤，病犬抬头向周围巡视，经过多次挣扎，终于站立。

脑挫伤的一般脑症状和严重的脑震荡大致相似，但意识丧失时间较长，恢复较慢。由于脑组织破损所形成的瘢痕，常遗留灶性病状，发生癫痫等。大脑皮层额叶、顶叶运动区受到损害时，病犬发病时会表现出的症状有向患侧转圈、对侧眼睛失明。小脑、小脑脚、前庭、迷路受损害时表现出的症状有运动失调、身向后仰滚转，有时头不自主地摆动。当脑干受损害时，体温、呼吸、循环等重要生命中枢都受到影响，出现呼吸和运动障碍，反射消失，四肢痉挛，角弓反张，眼球震颤，瞳孔散大，视觉障碍。大脑皮层和脑膜损害时，意识丧失，呈现周期性癫痫发作。当硬脑膜出血形成血肿时，因脑组织受压迫，而出现偏瘫，出血侧瞳孔散大，蛛网膜下出血，立即出现明显的脑症状。

［诊断］根据发病原因和发病情况再结合临床症状，不难确诊，但必须注意与脑膜炎、脑出血、脑血管栓塞等区别。

［治疗］治疗原则是加强护理，镇静安神，保护大脑皮层，防止脑出血，降低颅内压，促进脑细胞功能的恢复。

加强护理方面，对脑震荡及脑挫伤不论病情轻重都应保持安静，将头部抬高，应用水袋冷敷。为了防止脑出血，可用 6-氨基乙酸（EACA）2～3g、抗血纤溶芳酸（PAMBA）50～100mg，加入 10％葡萄糖溶液中，静脉滴注，每日 2～3 次，维生素 K_1、止血敏、安络血等也可酌情使用。降低颅内压，可用 50％葡萄糖溶液 20mL、20％甘露醇 100mL 或者 25％山梨醇 100mL，静脉滴注，每日 2～3 次，同时还可以使用利尿酸 10～20mg 或速尿 10mg，加入 10％葡萄糖溶液中，静脉注射。改善脑缺氧时，可给予氧气吸入，保持呼吸道通畅，必要时做气管插管或者气管切开术。

为促进脑细胞功能恢复，昏迷时间较长者，可使用细胞色素 C 10～20mg，加入 25％葡萄糖溶液中，静脉注射。在恢复期可用三磷酸腺苷 10～20mg，肌内注射。

当发生痉挛、抽搐或兴奋不安时，给予镇静剂。当有合并感染体温升高时，给予抗生素。

15.2.2 晕车症

晕车症是指宠物乘坐汽车、火车、飞机等交通工具时，表现以流涎、恶心、呕吐等为主要特征的病症。

［病因］晕车是由于宠物受到持续颠簸震动，前庭器官的功能发生变化而引起的。如果宠物高度紧张或恐惧，更易发生晕车症。

［症状］主要表现为流涎、干呕和呕吐，也有不停地打呵欠、精神不安的表现。

［诊断］根据病史和临床症状，可以做出诊断。

［治疗］治疗原则：尽快让宠物恢复平静，处于安静的环境中，抑制流涎和呕吐。下车后，将犬带到安静环境下休息，症状即可减退。也可用盐酸山莨菪碱（6542）每千克体重 0.1mg，皮下注射；马罗匹坦注射液每千克体重 1mg，皮下注射。

［预防］为防止晕车症的发生，可提前将苯巴比妥（片剂）按每千克体重 1～2mg，口服，每日一次，有晕车史的犬，乘车前 12h 和前 1h，按上述剂量口服苯巴比妥，或口服兽药制剂马罗匹坦片。

15.2.3 日射病和热射病

日射病是指宠物长时间暴露在炎热室外，日光直接照射头部，而引起脑及脑膜充血和脑实质的急性病变。热射病由于过热、过劳及热量散失障碍所致的疾病，尽管不受阳光照射，但体温过高而引起脑膜和实质病变。日射病和热射病都能最终导致中枢神经系统功能严重障碍或紊乱。两者的病因不同，但是症状没有明显差异，较难区分。本病多出现于炎热季节，工作犬或者短头品种犬常见。

［病因］关在通风不良的高温场所比如密闭车厢内或酷暑时高强度训练，环境温度高于体温，热量散发受到限制，从而不能维持机体正常代谢，以致体温升高。此外，麻醉中气管插管的长时间留置、心血管和泌尿生殖系统疾病以及过度肥胖的机体也可阻碍热的散发，长时间高

热引起疾病发生。

[症状] 体温急剧升高达到 41～42℃甚至更高，呼吸急促以致呼吸困难，心跳加快，末梢静脉怒张，恶心、呕吐。黏膜开始呈现鲜红色，逐渐发绀，腋下及大腿内侧皮肤出现出血、淤血斑等。瞳孔散大，病情改善会逐渐缩小。病情加重会引起急性休克，全身弥漫性血管内凝血。因全身症状加重，快速消耗性脱水引起全身组织器官灌注不良，容易继发肾功能衰竭，出现少尿或无尿症状，急性胰腺炎，心力衰竭等。如治疗不及时，很快全身衰竭，表现痉挛、抽搐或昏睡。

高热引起严重的中枢神经系统及循环系统变化。死亡剖检可见大脑皮层浮肿，神经细胞被破坏等。

[诊断] 根据病史和临床症状，可以做出诊断。做出原发病因诊断后，需要进行全身化验，以判断体况及继发病变。需要检测的项目包括：血常规、血液生化、血气、血凝、C-反应蛋白、犬/猫特异性脂肪酶等生理生化指标。

[治疗]

（1）将患病宠物快速移入空调房间或者阴凉通风处保持安静，用冰块放置在身体周围或者冰水灌肠，以达到快速降低体温的目的。

（2）静脉输液以达到快速恢复血容量的目的。根据血常规和血气检验结果调整输液量和液体种类，例如酸中毒时静脉输乳酸林格液，配合使用碳酸氢钠、碱中毒静脉输林格液等。

（3）少尿或无尿需要配合使用利尿剂，必要时留置导尿管观察肾脏产尿量是否正常。利尿通常使用速尿，每千克体重 1～2mg，可以根据排尿情况 4～6h 使用一次，直到恢复正常排尿。

（4）对短头品种犬或者出现呼吸道障碍需要进行气管插管或者留置鼻氧管进行充分输氧。

（5）严重休克时，使用地塞米松每千克体重 1mg。低血压使用多巴胺或者多巴酚丁胺静脉输液。

（6）出现神经症状需要进行镇静，可以使用舒泰、右美托咪定等镇静药。

15.2.4 脑炎

脑炎/脑膜脑炎是由各种因素感染引起的脑实质和脑膜的炎症。发病特征会伴有一般脑症状、灶性脑症状和脑膜刺激症状。宠物脑炎由感染性和非感染性因素引起。感染性因素包括：病毒感染，病毒沿神经干或者经过血液循环进入神经中枢，引起非化脓性脑炎；细菌感染，细菌经血液转移引起继发性化脓性脑膜脑炎；原虫感染和霉菌感染。非感染性因素包括中毒、颗粒性脑膜脑炎、免疫性疾病、创伤、肿瘤等。

[病因]

（1）病毒感染 猫传染性脑炎病毒，猫免疫缺陷病病毒，狂犬病病毒，伪狂犬病病毒，疱疹病毒，副流感病毒，犬细小病毒，犬瘟热病毒，犬传染性肝炎病毒，牛蜱传染的病毒。

（2）细菌感染 需氧菌，厌氧菌等。

（3）原生动物感染 弓形体，新孢子虫，人兽共患脑炎，刺状变形体，类住肉孢子虫，椎形虫，巴贝斯焦虫。

（4）立克次体 埃里克氏体，落基山斑疹热。

（5）真菌感染

（6）藻类感染 原藻病。

[症状] 单纯性脑炎体温升高不常见，但化脓性脑炎体温升高，有时达到 41℃。患有犬瘟

热脑炎的犬常见嘴角、头部、四肢、腹部单一肌群或者多肌群出现阵发性有节奏的抽搐。一般脑炎死亡率高，恢复后容易留下后遗症。

神经症状大体上可分为一般脑症状、脑膜刺激症状、灶性脑症状。

（1）一般脑症状　表现为兴奋，烦躁不安，惊恐。有的伴有意识障碍，受惊后有攻击行为，无目的奔走，冲撞障碍物。有的以沉郁为主，头下垂，眼半闭，反应迟钝，肌肉无力甚至嗜睡。

（2）脑膜刺激症状　是以脑膜炎为主的脑膜脑炎，常伴有脊髓膜炎症，背部神经受到刺激，颈部和背部敏感，轻微刺激和触摸该处则有强烈的疼痛反应和肌肉强制痉挛。

（3）灶性脑症状　与炎症病变在脑组织中的位置有密切关系。大脑受损时表现为行为和性情的改变、步态不稳、转圈，甚至口吐白沫、癫痫样痉挛；脑干受损时，表现为精神沉郁、头偏斜、共济失调、四肢无力、眼球震颤；炎症侵害小脑时，出现共济失调、肌肉颤抖、眼球震颤、姿势异常。炎症波及呼吸中枢时出现呼吸困难。

［诊断］

（1）血液生化鉴定　可以对系统或者其他器官的疾病进行诊断

（2）脑脊液分析是最有效的诊断　脑脊液中白细胞数可以对疾病进行定性评估，根据白细胞数量判断不同的炎性病因。病毒病时，淋巴细胞增多，而猫传染性脑炎病毒感染时往往出现较多的中性粒细胞；细菌感染时，脑脊液中中性粒细胞增多，并表现出形态学改变；原生生物感染时，单核细胞升高；立克次体感染会引起单核细胞增多，但在落基山斑疹热时可见中性粒细胞增多；真菌感染可见中性粒细胞增多；原藻菌导致中性粒细胞和淋巴细胞混合升高。

（3）血清学诊断　可以进行病原体特异性诊断。

（4）组织病理　可以证实某些传染性脑炎。

（5）鉴别诊断　肿瘤，寄生虫等。

［治疗］治疗原则为加强护理和增加营养、降低颅内压、抗菌消炎、对症用药。

（1）选择可以通过血脑屏障的抗生素，静脉注射稳定临床症状，4～6周用药彻底根除感染性因素（表15-1）。

表 15-1　中枢神经系统中抗生素的渗透性

高渗透	中渗透	低渗透
甲氧苄胺嘧啶	青霉素	氨基糖苷类
甲硝唑	氨苄西林	头孢菌素类
恩诺沙星	四环素	红霉素
氯霉素		
强力霉素		

（2）提供可靠护理，静脉补充体液和营养。

（3）使用抗癫痫药物，苯巴比妥每千克体重 2.2mg PO，BID。

（4）检测颅内压，必要时使用脱水药，甘露醇每千克体重 1g，30min 内输完。

15.2.5　脑积水

脑积水是脑脊液在大脑脑室系统或蛛网膜下腔的过度聚积，导致颅内压升高，引起意识、感觉、运动障碍的疾病。脑脊髓液蓄积于脑室内称为脑内积水，积聚在蛛网膜下腔则称为脑外积水。

［病因］脑积水有先天性和后天性两种。

（1）先天性脑积水　先天性脑积水有多个原因，很多还不太完全清楚。大致原因可能是大脑发育过程大脑导水管和脑室间孔或者蛛网膜下腔异常发育或者畸形阻塞引起脑脊液流动障碍。

（2）后天性脑积水　继发性或者获得性原因。继发于其他中枢神经系统疾病，比如创伤、感染、颅内新生物、维生素A缺乏。脑膜脑炎、脑充血、脑囊尾蚴病以及肺脏、心脏、肝脏的慢性疾病常伴发脑积水。

[症状]　先天性脑积水：初生犬头颅膨胀，质地软，呈半球形，眼球突出，眼睑震颤，不能站立。后天性脑积水：多为慢性经过，表现特异的意识障碍，感觉迟钝，运动障碍。表现心脏、呼吸和消化器官功能紊乱。

（1）意识障碍　病犬表现神情痴呆，目光无神，垂头站立，眼睑半开半闭似睡非睡，对周围环境缺乏反应，不认主人，不听呼唤，有时不食不喝，有时进食缓慢。

（2）感觉迟钝　皮肤敏感性降低，轻微刺激全无反应，听觉扰乱，耳不随意转动，常常转向声音相反的方向，微弱音响不致引起任何反应，但有较强的音响时如突然拍掌，往往引起高度惊恐和战栗，视力模糊。

（3）运动紊乱　运动反常，步态不稳，后躯摇晃，盲目奔走，碰到障碍物不知躲避；发病过程中，心搏动徐缓，呼吸缓慢，节律不齐；肠蠕动减弱；重剧病例，出现脑灶性症状，如白内障、眼球震颤等，有时发生癫痫样惊厥。

[诊断]　脑积水单凭临床症状不能作出诊断，必须结合病史、临床检查和化验。

（1）相应的病史和临床症状。

（2）基本理学检查可见　大而突起的颅骨，可触及的开放的囟门。

（3）影像学检查　X光可见颅骨毛玻璃样外观，超声检查、CT、MR检查可见脑容扩张。

（4）脑电图检查呈现典型的高幅、慢波。

（5）临床上应注意与慢性脑炎、脑软化、脑隙肿、脑震荡等进行鉴别诊断。

[治疗]

（1）糖皮质激素　据说可以减少脑脊液形成，开始口服给药BID（泼尼松每千克体重0.25～0.5mg，地塞米松每千克体重0.05mg），逐渐减少，无复发慢慢停药。

（2）利尿剂　速尿每千克体重1～2mg，PO，BID；醋唑磺胺，每千克体重0.1mg，PO，TID。

（3）抗惊厥　苯巴比妥，每千克体重2.2mg，PO，BID。

（4）外科治疗　药物治疗无效的病例，可以考虑脑室短路手术即脑室-腹腔分流术。脑室-腹腔分流术是通过人工导管（分流系统）将脑室和腹腔相连接，使脑脊液从腹腔被吸收。分流系统基本由脑室管、阀门（泵）、腹腔管三部分组成，可购买市售成品。术式包括：开颅，颅骨正中开创显露颅骨，使用电钻在颅骨正中偏右侧打孔；开腹，右侧最后肋骨开腹，进入腹腔；腹腔管设置，使用导管鞘组将腹腔管从头部切开部沿头部皮下穿刺腹部切开处；脑室管设置，颅骨打孔处切开硬膜放置脑室管，连接腹腔管，确认脑脊液流出进入腹腔；闭合头部和腹腔创口。

15.2.6　脊髓损伤及脊髓震荡

脊髓在脊椎骨连成的椎管内，椎体因受挫折而发生脱位或骨折，压迫或损害脊髓时称为脊髓挫伤；椎体在直接或间接暴力作用下，脊髓受到强烈震动，称为脊髓震荡。

[病因]　脊髓挫伤是由于冲撞、跌倒、坠落、挣扎或奔跑跳跃时肌肉的强烈收缩，致使脊

椎骨骨折、脱位或捻挫而损伤脊髓所致。战时，枪弹、炸弹片经椎间孔进入椎管内，也能引起脊髓挫伤。最常发的部位为颈椎、胸椎和腰椎。当患有佝偻病、骨软症、骨质疏松症时，因骨质的韧性降低极易发生椎骨骨折而引起脊髓挫伤。

脊髓震荡，多由于钝性物体的打击、跌倒或坠落致使脊髓发生震动和溢血，而脊椎未受到损害。

由于椎骨骨折、脱位、变形或因出血性压迫，致使脊髓的一侧或其他个别的神经束，乃至脊髓整个横断面通向中枢与外周神经纤维束的传导作用中断，其后部的感觉、运动功能都陷入麻痹。泌尿生殖器官及直肠功能也发生障碍。

[症状] 由于脊髓受损害的部位和程度不同，所表现的症状也不尽相同。

（1）颈部脊髓损害 在延髓和膈神经的起始部（第5～6颈神经）之间引起全横径损害时，四肢麻痹，呈现瘫痪。膈神经与呼吸中枢联系中断，呼吸停止，立即死亡。如果部分受损害，前肢反射功能消失，全身肌肉抽搐或痉挛，大小便失禁，或发生便秘和尿闭。有时可能引起延髓麻痹；发生吞咽障碍，脉搏徐缓，呼吸困难，体温升高。

（2）胸部脊髓损害 全横径损害时，引起损害部位的后方运动麻痹和感觉消失，反射功能正常或亢进。后肢发生痉挛性收缩。大小便失禁，或发生便秘和尿闭。

（3）腰部脊髓损害 当腰脊髓的前1/3受损害时，引起臀部、荐部、后肢的运动和感觉麻痹；当腰脊髓的中1/3受损害时，因股神经运动核被侵害，引起膝跳反射消失，股四头肌麻痹，后肢不能站立；当腰脊髓的后1/3受损害时，通常荐脊髓也被侵害，引起坐骨神经支配的区域（尾及后肢）感觉和运动麻痹。大小便失禁，肛门反射消失。尿淋漓。

当暴力作用的瞬间，在脊髓受损部的后方，发生一过性的肌肉痉挛。受伤部位出现疼痛、肿胀、变形和异常变位。脊髓各分节病灶症状特点见表15-2。

表 15-2 脊髓各分节病灶症状特点

分节病灶	症状特点
颈部（C1-C5）	运动失调、四肢运动呈现不全麻痹，尤其以后肢明显，反射功能减退，有的全身肌肉抽搐、痉挛、脊椎疼痛。常伴有呼吸困难、吞咽障碍
颈胸部（C6-T12）	运动失调、前肢反射功能减退、肌肉迟缓、萎缩。后肢反射功能和肌肉紧张性正常。颈部脊椎疼痛
腰部（T2-L3）	后肢运动失调、不全麻痹、反射功能减退、肌肉迟缓。前肢、尾巴运动和肛门反射正常
腰荐部（L4 以后）	后肢运动失调、不全麻痹、肌肉萎缩。前肢正常、肛门反射消失、大小便失禁

[诊断] 根据病史、病因、脊柱损伤情况及相应的临床症状可以确诊。典型病例，根据临床特征，可以初步确定损伤部位。配合使用 X 光平片、脊髓造影、CT 和 MRI 进行全面诊断。

[治疗] 脊髓震荡和轻度脊髓挫伤可以治愈，但伴有椎骨骨折和脱位时，治愈困难。要使病犬安静，可给予镇静剂和止痛剂。病初可在损伤部位施行冷敷，其后热敷或石蜡热敷。麻痹部位可施行按摩、涂擦刺激剂或进行电疗、电针或碘离子透入疗法。腰脊髓损伤时，百会穴注射醋酸氢化可的松、维生素、硝酸士的宁，有一定的效果。必要时可施行外科手术，矫正椎骨变形。防止并发感染，可用抗生素药物。

（1）治疗各种威胁生命的损伤，如休克。

（2）固定脊椎，以防止不稳定性脊椎损伤进一步移位。可以用夹板固定脊椎，限制宠物活动。

（3）急性脊髓损伤的药物治疗方案

皮质类固醇类：甲基泼尼松龙琥珀酸酯，初始计量每千克体重 30mg，静注，然后每千克体重 15mg，分别在 2h、4h 后静注，然后以每千克体重 15mg 剂量每隔 6h 一次，连续 24～48h。地塞米松：剂量为每千克体重 1～2mg，静脉注射。效果不如甲基泼尼松龙，有引起胃溃疡和胰腺炎的危险。

二甲基亚砜：实验性研究证明对脊髓损伤有效，但临床还需继续证实。

甘露醇不但对脊髓损伤无效，反而会引起疾病恶化。

非类固醇类抗炎药对脊髓损伤也无效，而且有引起胃溃疡的风险。

镇痛药可以减轻疼痛：吗啡，犬 0.5～1mg/kg，皮下或者肌内注射，每 4～6h 一次；布托啡诺，0.2～0.5mg/kg，皮下或者肌内注射，犬每 1～2h 一次注射，猫 2～4h 一次。

非手术治疗适用于无或轻微神经缺失的患宠，笼养休息 4～6 周，定时清洁身体，患处铺好衬垫。对颈部和胸腰损伤进行外固定效果显著。

手术适用于严重或者进行性神经缺失的动物，以及影像学检查显示有不稳定性脊椎损伤或者持续性脊髓压迫的动物。手术可以施行侧椎板切除或者被侧椎板切除，施行脊髓减压；使用骨螺钉、骨板、骨水泥等进行不稳定脊椎的内固定。

15.2.7　脊髓炎及脊髓膜炎

脊髓炎为脊髓实质的炎症，脊髓膜炎则是脊髓软膜、蛛网膜和硬膜的炎症。临床上以感觉、运动功能和组织营养障碍为特征。脊髓炎和脊髓膜炎虽然是不同的疾病，但两者往往同时发生。

脊髓炎按炎性渗出物性质，可分为浆液性、浆液纤维素性及化脓性。按炎症过程，可分为局限性、弥漫性、横断性、散布性。

[病因] 本病病因与脑膜脑炎大致相似。除因椎骨骨折、脊髓震荡、脊髓挫伤及出血等引起外，多继发于犬瘟热、狂犬病、伪狂犬病、破伤风、弓形虫病、全身性霉菌病等；狂犬疫苗注射后、感冒、受寒、过劳是发病的诱因。当病原微生物及其毒素经血行或淋巴途径侵入脊髓膜或脊髓实质后，引起脊髓炎及脊髓膜炎。

[症状] 急性脊髓炎病初表现发热，精神沉郁，四肢疼痛，尿闭，以后逐渐出现肌肉抽搐和痉挛，步态强拘，反射功能障碍，尿失禁。横断性脊髓炎表现相应脊髓节段的支配区域的皮肤感觉、肌肉张力和反射减弱或消失。初期不全麻痹，数日后陷入全麻痹。颈部脊髓炎引起前肢麻痹，肌腱反射亢进，伴有呼吸困难。胸部脊髓炎，引起后肢、膀胱和直肠括约肌麻痹，表现截瘫、不能站立。荐部脊髓炎表现尾部麻痹，大小便失禁。

[临床病理] 如果有细菌感染，脑脊髓液检查结果会显示脊髓液混浊，细胞和蛋白质明显增加；病毒感染时淋巴细胞增加。

[诊断] 根据突然发生的麻痹症状，结合病因分析，一般诊断不难。但在临床上易与脑膜脑炎、臀部风湿病、肾炎、脊髓压迫、血红蛋白性疾病、寄生虫等原因引起的麻痹混淆，需要慎重鉴别。

[治疗] 对原发病要采取相应的治疗措施。由犬瘟热等并发的脊髓炎难以治愈。由细菌感染所致的脊髓炎可用易于进入脊髓液的抗生素治疗。氯霉素每千克体重 10～30mg，肌内注射，或每千克体重 50～100mg 口服；磺胺嘧啶钠每千克体重 25mg，静脉滴注。也可用泼尼松 0.5～1.0mg/kg，口服，碘化钾 500mg 口服。同时做好护理，限制活动，使犬保持安静。炎症稳定后，应用复合维生素 B 和三磷酸腺苷二钠。为了防止肌肉萎缩，对麻痹的犬施以按摩、电针疗法，必要时可皮下注射硝酸士的宁。为促进神经细胞的分化和再生，促进神经损伤后的功能恢复，可肌内注射神经生长因子。

15.2.8　颈椎脊髓炎

颈椎脊髓炎是指颈椎畸形或者同化不良等原因造成颈椎段脊髓受到压迫而引起的一系列病症，又称为犬摇摆综合征、颈椎畸形与同化不良。

C6-C7之间的椎间盘连接处最易发病，其次是C5-C6连接处。颈椎压迫可以是连续的（静态压迫），也可能是根据颈部位置不同而不同的间歇性压迫（动态压迫）。

压迫会引起的临床症状有：椎管狭窄，特别是椎骨头部（多发于年轻犬）；椎间盘的变性与突出（多发于老年犬）；黄韧带与关节囊肥大；关节畸形变性；椎管不稳定引起的后方移位。

[病因]

（1）俄国狼犬确定是受遗传因素影响。多伯曼平犬和大丹犬怀疑与遗传因素有关。

（2）营养过剩，尤其是钙与热量的过度摄入可能导致该病。

[症状]

（1）发病品种和年龄差异，3～9岁的多伯曼平犬，小于2岁的大丹犬，巴吉度犬和其他大型犬偶发，雄性犬多发，俄国狼犬是雌性多发。

（2）疾病发作通常是隐形的，急性发作可能与外伤有关。颈部损伤引起神经损伤，表现为共济失调、局部麻痹和四肢体位的反应缺乏（尤其是后肢更明显）。后肢的脊髓反射正常到过度反射，前肢正常、反射过度或者反射减少。棘上肌和冈下肌萎缩。

（3）局部疼痛不定，急性发作时更常见。

[诊断]

（1）X光片检查　椎间盘间隙狭窄；椎骨同化不良，特别是椎体头侧和背侧位移；椎骨头侧狭窄；脊椎体畸形；通常只拍摄X光片并不能完全说明病变的情况。

（2）脊髓造影　如果需要进行手术纠正椎体情况，则必须要进行脊髓造影。造影发现压迫，可以先进行牵引，降低脊髓压迫。不需要手术的话也需要长期观察，检查脊髓损伤是否加剧，压迫是否严重。

（3）CT和MRI检测　都可以精确地鉴定压迫情况，根据脊髓萎缩情况判定预后。

（4）需要与肿瘤、脊髓炎、外伤等疾病做鉴别诊断。

[治疗]

（1）非手术疗法　适用于症状轻微的犬和不能接受全身麻醉做手术的病例。保守治疗需要笼养限制活动。药物选择口服泼尼松龙0.5mg/（kg·d）。

（2）保守治疗效果不佳、有实质的神经损伤、脊髓造影见到实质性压迫的病例需要进行手术治疗。手术治疗前需要详细的全面体检，尤其需要排除心脏病、甲状腺功能低下等疾病。手术方法有腹侧减压术、背侧减压术、腹测分散融合术等，配合使用骨螺钉、克氏针、骨板等辅助材料和措施。

（3）保守疗法　能暂时改善病情较轻的患犬，但长期发展下去预后不良。手术治疗的预后谨慎。有严重神经机能障碍、临床症状存在时间较长或者存在多个临床病变的患犬，预后不良。一个或者多个脊椎融合后可能导致相邻椎间隙的压力增加，最终引起继发性病变。

15.2.9　椎间盘疾病

椎间盘疾病是由于椎间盘组织发生挤压或者突出，从而造成脊髓、脊髓神经或者神经根受到压迫，从而引起一系列临床症状的发生。临床常分为：Ⅰ型椎间盘疾病，全部纤维环被强烈挤压破裂，使得椎管内的髓核突出；Ⅱ型椎间盘疾病，部分纤维环破裂，背侧椎间盘内髓核向椎管内突出。

[**病因**] 外伤是造成椎间盘突出的主要病因，或者继发于椎间盘组织退化造成的挤压和突出。

（1）Ⅰ型椎间盘疾病多发在营养软骨障碍类犬，比如腊肠犬。椎间盘组织发生生化和形态改变通常从 4 月龄开始，在 1～3 岁发展严重。髓核内水分丢失，软骨组织矿化使得椎间盘不能分散压力，从而导致纤维环退化、破裂，引起椎间盘突出。

（2）Ⅱ型椎间盘疾病常发生于非营养软骨障碍类犬，比如大型犬。大约在 5 岁时，纤维环组织开始发生退化、破裂，并且纤维变性越来越严重。椎间盘虽然发生突出，但是仍然有外层纤维环的保护。

[**症状**]

（1）Ⅰ型椎间盘疾病易发品种有腊肠犬、比格犬、北京犬、法国斗牛犬、英国可卡犬、西施犬、拉萨犬。1～10 岁均可发生，3～6 岁为发病高峰期。

（2）Ⅱ型椎间盘疾病多发生于大型犬，5 岁以上易发。猫少见。

（3）颈椎间盘疾病　常呈急性发作，颈部疼痛最明显，表现为颈部僵直、肌肉痉挛和颈部不能或者不愿意自由活动。由于神经根引起疼痛，造成单侧或者双侧前肢跛行。神经损伤可能是单侧或者双侧，可以造成运动共济失调，以至于四肢瘫痪。出现一般（急性）或者过度（慢性）的脊髓反射。罕见霍纳氏综合征和呼吸麻痹。

（4）胸腰部椎间盘疾病　临床症状急性发作的通常是Ⅰ型椎间盘疾病；临床症状慢性发作的通常是Ⅱ型椎间盘疾病，且越来越严重。胸腰部疼痛通常表现为弓腰，高抬腿，不愿意活动，脊柱周围及腹部肌肉高度紧张。单侧或者双侧后肢跛行，尾部 L2～L3 椎骨有病变。胸腰部椎间盘疾病对神经损伤会更严重，通常为双侧损伤也有可能单侧，症状轻的可能表现为后肢共济失调，严重的引起后肢瘫痪。躯干皮肤反射可能消失、大小便失禁，严重病例深部痛觉消失。

[**诊断**]

（1）全身的 X 光片检查　为了获得精准定位，有些病例需要镇静后再拍片。椎间盘疾病在 X 光片上表现为：X 光不能穿透脊髓椎管，椎间隙变窄或呈锥形，椎间孔变窄或形态异常，关节移位使椎间盘之间连接的空隙变窄。如果发现椎间盘钙化，只能说明椎间盘发生退化，不能说明其发生突出或者受到挤压。

（2）脊髓造影　如果 X 光片结合临床症状仍然不能确定具体病变部位，需要进行脊髓造影检查。脊髓造影可以诊断椎管内容物哪侧突出，从而帮助制定手术计划。造影后可以判断脊髓侧位、背侧位、斜位等方位的脊髓压迫情况。急性的Ⅰ型椎间盘突出，可以见到局部脊髓水肿或者扩散性的硬膜外压迫。

（3）计算机断层扫描（CT）或者核磁共振（MRI）　可以比较清晰地呈现出椎间盘疾病的具体位置和严重程度。

（4）脑脊液分析　急性椎间盘疾病可引起轻度的蛋白质升高以及脑脊液单核淋巴细胞升高。

[**治疗**]

（1）对于疼痛明显、但是没有明显神经损伤或者轻微神经损伤的病例，建议非手术治疗。笼养休息，每天观察以便确定神经损伤是否恶化，限制活动应该持续 2～3 周。使用消炎镇痛药减轻疼痛，口服泼尼松龙 0.5mg/kg，BID。肌内或者皮下注射布洛芬 0.2～0.4mg/kg，2～6h 一次。

（2）非手术治疗无效、反复发作的病例需要进行手术治疗，神经损伤严重的需要尽快手术。手术方法通常有背侧椎板切除术、偏侧椎板切除术、椎间盘开窗术、脊椎固定术。

15.2.10　慢性变性性脊髓障碍

慢性变性性脊髓障碍是脊髓白质的缓慢进行性的非炎症性的病变。本病也称为德国牧羊犬变性脊髓障碍或者慢性变性性神经根脊髓病。

[病因]　本病的病因不明，德国牧羊犬具有遗传因素。一些犬已经改变了细胞介导的免疫应答，提高了血液循环中免疫复合物的浓度，暗示可能是免疫介导性因素。

[症状]　主要表现后肢失调性不全麻痹，渐进性后肢拖地，爪有擦伤，两后肢分开或交叉，站立和行走困难，发生麻痹的后肢肌肉萎缩。

5岁以上德国牧羊犬和其杂交犬中最常见。类似的情况偶尔影响其他品种，包括拳师犬、柯利犬、凯利蓝梗、拉布拉多、英国古代牧羊犬、西伯利亚雪橇犬、威尔士柯基犬和八哥犬等。猫较少发生。

四后肢缓慢的进行性共济失调和局部麻痹。该症状呈双侧性，但也可能呈不对称性。本体感受能力下降是本病的早期特征。脊髓反射通常正常或者加强。前肢功能缺陷和失禁仅见于病情非常严重的病例。

[诊断]
（1）详细的病史调查和临床理学检查，排除其他潜在病因。
（2）X光片拍摄，可见到硬脑膜的椎关节畸形和骨化，但是这些变化通常和变性脊髓病无关。
（3）脊髓造影通常显示无异常，但可以排除脊髓压迫。
（4）小脑脊髓池收集到的脑脊液分析结果显示正常；腰部抽取的脊髓液显示蛋白质含量轻微升高，细胞数量正常。

[治疗]　尚无可靠的治疗措施，多采用对症治疗。
（1）适当运动　口服维生素E 2000IU/d，口服复合维生素B和氨基乙酸500mg，TID。这些药物对疾病恢复可能有帮助。
（2）口服N-乙酰半胱氨酸，70mg/kg，每日三次，持续两周，以后每日三次，隔日服用。
（3）辅助运动，做好看护，防止褥疮发生。

15.2.11　肝性脑病

肝性脑病（Hepatic Encephalopathy）是由肝脏疾病或者门静脉系统紊乱等引起的、以代谢紊乱为基础的中枢神经系统功能失调的一种综合征。当犬猫患有严重肝胆疾病时，肠道吸收的毒素未经肝脏解毒，作用于大脑皮质，引起精神异常和神经功能紊乱的症状。

氨、硫醇、短链脂肪酸、粪臭素、吲哚及芳香族氨基酸单独或者联合作用引起肝性脑病的各种症状，其中氨是最主要的一种毒素，也是研究最多的一种毒素。氨的来源主要有：结肠和回肠中尿素被细菌分解，饮食中蛋白质的脱氨基作用，肾和小肠中谷氨酰胺的代谢，骨骼肌为获得能量分解蛋白质。这些代谢产生的氨经过门静脉循环进入肝内转换成尿素后经泌尿系统排出体外。肝功能衰竭或者门脉系统短路时，氨不经过代谢就进入体循环，从而损害大脑和神经系统。

[病因]
（1）原发门静脉高压和先天性门静脉系统短路　多见于青年犬猫，犬更常见。易发品种有爱尔兰猎狼犬、腊肠犬、约克夏犬、马尔他犬、小型德国犬等。
（2）后天性门脉系统短路　多是肝脏疾病导致门脉系统血流阻力增大，继发门脉系统短路。

（3）肝实质性损害　肝炎、脂肪肝、肝硬化、肝肿瘤、肝衰竭等。

（4）摄取大量蛋白质、胃肠道出血等造成胃肠道蛋白质蓄积。

（5）出现代谢性碱中毒和低钾血症时，肾脏中形成过多的氨。

（6）便秘、尿毒症等造成结肠中大量生成肝性脑病毒素。

（7）某些药物产生的神经抑制协同作用，如苯安定、巴比妥酸盐、麻醉药或者镇静药。

［症状］

（1）周期性沉郁、运动失调、步态跟跄、转圈、癫痫样发作，且有异常鸣叫，沿墙壁行走，震颤，昏睡以至昏迷。

（2）胃肠道症状包括食欲不振、呕吐、腹泻、口臭、流涎。

（3）多饮多尿，痛性尿淋漓、血尿。

（4）其他症状　发育不良，体质差，发热，不耐受麻醉等。

［诊断］

（1）血液检查　红细胞轻微变小，低色素性贫血，猫常见异形红细胞症。

（2）血液生化检测　血液尿素氮降低，低蛋白血症，低血糖症，血清中丙氨酸氨基转移酶和碱性磷酸酶活性升高。肝衰竭可以见到多个转氨酶异常。

（3）影像诊断　肝脏变小，肾脏肿大，尿酸铵胆石症（B超诊断）。门脉系统短路血管超声检查，CT影像及增强影像可以直接检查到短路的门脉血管。

（4）尿液分析　尿酸铵结晶，血尿、脓尿、菌尿，等渗尿。

（5）血氨浓度升高　饲喂后血清胆汁酸增加明显。

［治疗］根据病因先解决原发病，门静脉短路需要手术治疗，肝功能衰竭病例根据病情用药。

慢性病例：治疗目的是减少消化道产生脑毒性物质、消除继发因素以及纠正机体酸碱度和电解质紊乱，从而恢复神经系统功能。

（1）限制日粮中蛋白质含量　主要以碳水化合物作为能量来源；添加具有高生物活性价值的高消化率蛋白质；芳香性氨基酸和蛋氨酸（甲硫氨酸）含量较低；正常的脂肪量；保证足够的维生素A、维生素B族、维生素C、维生素D、维生素E和维生素K；补充钾、钙和锌；同时，保证食物稳定性和良好的适口性也很重要。

（2）乳果糖　猫，2.5～5mL PO q8h；犬，2.5～15mL PO q8h，能够有效酸化肠道内容物，还可以为细菌提供非蛋白性底物，从而结合胺并且阻止氨的生成，还可以诱发渗透性腹泻。

（3）联合使用抗生素治疗　常用药物有甲硝唑（7.5mg/kg PO q12h）、阿莫西林（22mg/kg PO q12h）、硫酸新霉素（20mg/kg PO q8h）。

急性发作病例：治疗原则与慢性肝性脑病相同，但其治疗措施应更积极。

（1）禁食。

（2）静脉输液　含2.5%葡萄糖和0.45%氯化钠的糖盐水，同时补充钾，液体量为维持量或1.5倍维持量。

（3）每隔6h灌肠1次　温水清洗性灌肠；灌肠剂包含聚维酮碘（10%）、硫酸新霉素（22mg/kg）或乳果糖溶液（3份乳果糖兑7份水，20mL/kg），并使灌肠剂在肠内停留15～20min。

15.2.12　精神性多尿病

精神性多尿病（Psychic Hyperdiuresis）是由某些精神因素所致的强烈口渴、大量饮水而引起的多尿，多见于精神过度兴奋或者紧张、警觉等神经异常敏感的宠物。

[病因]　多是由于特别的刺激或环境因素突然变化（如爆竹声响、剧烈的喋音等）所致饮水突然增加，日饮水量在每千克体重 70mL 以上，甚至每千克体重超过 100mL。随后尿量增加，尿比重降低，血浆胶体渗透压降低。

[诊断]

（1）完整病史调查和全身理学检查　应询问主人宠物的饮食情况、生活环境、病史、详细的排尿情况等。

（2）基础检查　包括血常规、生化、电解质和尿液分析。排除肾上腺皮质机能亢进、糖尿病、甲亢、肝脏疾病、肾脏疾病等。

（3）T4 检测　以排除年龄在 8 岁以上的猫可能患有甲状腺机能亢进。

（4）腹部超声检查　鉴定和排除生殖系统疾病、肾脏和肾上腺异常、肝胆异常等。

（5）尿液培养和药敏试验　即使尿液分析和超声影像检查没有异常，也需要进行检查。很多尿路感染并不引起明显的血尿、排尿困难或者尿频，防止误诊。

[治疗]　治疗潜在疾病，改善饲养环境，让宠物在舒适的环境中生活，尽量减少环境刺激因素，猫可以使用信息素来稳定情绪。限制饮水，日饮水量控制在每千克体重 60mL。尚无特效药。

15.3　外周神经疾病

15.3.1　创伤性神经疾病

创伤性神经疾病（Traumatic Neuropathies）主要由机械性打击、骨折、压迫、伸展、撕裂和注射药物进入神经或与其相邻组织而引起的后遗症。完全的神经功能性横断为神经断伤，无结构损伤的神经功能紊乱为神经失用症，临床上难以区别两种类型，对急性外周神经损伤在做出预后不良前最好坚持 7d 治疗。

[症状]　外周神经损伤随损伤部位不同症状各有不同。典型症状为患病神经所支配的感觉神经和运动神经功能急性丧失，随之快速发生肌肉萎缩。

（1）外周桡神经损伤　腕和指伸展缺失，掌背侧行走或拖拽，前肢头侧和外侧感觉丧失，受累肌肉腕桡侧伸肌、尺外侧伸肌和指总伸肌。

（2）臂神经丛撕脱　如桡神经、正中神经、尺神经、肩甲上神经等撕脱引起严重症状，动物肘、腕伸肌和屈肌麻痹。桡神经损伤降低肘、腕指屈曲能力，正中神经和尺神经损伤降低腕、指屈曲能力，肩甲上神经损伤肩关节无法伸展，肩甲上方肌肉萎缩。

（3）股神经破坏　不能伸展膝关节，不能支撑体重，四头肌萎缩，膝关节反射缺失，后肢内侧皮肤感觉丧失。

（4）坐骨神经麻痹　臀部伸展和屈曲能力降低，膝关节无法屈曲，跗关节无法屈曲和伸展，下垂，趾背侧着地，但仍能支撑体重，回缩反射消失，胫前肌、半膜肌、半腱肌萎缩。所有膝关节以下区域皮肤感觉丧失。

[诊断]　根据病史和临床所见做出诊断。外伤性桡神经麻痹，整个臂神经丛完全撕脱和坐

骨神经病变在犬和猫最为常见。如果条件具备，可采用电诊断测试来评估神经破坏的程度。当肌肉去神经后5～7d，肌电图检查被破坏的神经所支配肌肉的去神经动作电位，对病变部位近端和远端神经传导的研究有助于评价神经完整性。当动物表现为外周神经损伤时，仔细测定和评估皮肤感觉和运动功能，有助于确定损伤的精确部位，连续的测定可用于监控疾病的发展。

[治疗] 神经的再生能力与其周围结缔组织的完整性成正比。如果有充分的结缔组织作为支架，轴突可以以1～4mm/d的速度再生。神经损伤越靠近所支配的肌肉，恢复的机会越大。如果神经完全断裂，再生的预后不良。物理治疗如游泳、肢体推拿和按摩有助于延迟肌肉萎缩和跟腱挛缩，有助于加快不完全病变动物的功能恢复。病变后2～3周，由于感觉神经再生，出现可以持续7～10d的感觉异常，自残可能会成为问题。如果在一个月后运动功能没有改善，应该考虑截肢。

15.3.2　重症肌无力

重症肌无力（myasthenia gravis，MG）是以骨骼肌突触后膜上的乙酰胆碱受体减少的神经传导衰竭为特征的疾病，此病在运动时加重，休息后减轻。

[病因] 有先天性MG和获得性MG两种类型。先天性MG是由于骨骼肌突触后膜上的乙酰胆碱受体遗传性缺乏所致。神经肌肉传导受损的症状，最先在3～8周龄的幼犬或幼猫变得明显。本病已经发生于英国猎犬、迷你腊肠犬和少数猫。获得性MG是一种常见的免疫介导性疾病，存在针对烟碱样骨骼肌乙酰胆碱受体的抗体，导致神经肌肉传导受损。抗体与受体结合，降低突触后膜对乙酰胆碱递质的敏感性。所有品种和性别的犬均可发生，以德国牧羊犬、金毛犬、拉布拉多犬、秋田犬、吉娃娃犬和腊肠犬最常见。在猫罕见。

[症状] 临床表现为四肢肌肉无力，运动时加重，休息后改善，精神状态、姿势反应和反射正常。重症犬猫的其他症状包括过度流涎和巨食道引起的反流（可见于90%患获得性MG的犬）。在患MG的猫不像在犬那样总可以发现巨食道，患先天性MG的动物比患获得性MG的动物更不常见。也可见吞咽困难、叫声嘶哑、持续性瞳孔扩张或面部肌无力。

有报道在犬出现局部型MG，临床症状表现为巨食道，但无四肢无力。患局部型MG的犬出现咽、喉和/或面部肌无力。可能出现膝反射减弱。25%～40%成年发作巨食道的犬实际上是由局部型MG所致。在最初评价患巨食道症的犬时，鉴别诊断应该考虑MG。

获得性MG的急性、暴发性形式，引起四肢肌无力快速发作。患病动物常不能站立，甚至不能抬头。这种形式的MG通常伴有严重的巨食道和吸入性肺炎。重度肌无力和严重的肺炎可引起呼吸衰竭和死亡。

[诊断] 患全身性肌无力和获得性巨食道的犬，90%患获得性疾病的犬和猫通过测定循环中的乙酰胆碱受体抗体均呈阳性。

当血清检测抗体结果无效或怀疑为先天性疾病时，给予超短效胆碱酯酶抑制剂氯化羟苯甲乙胺（腾喜龙）显示阳性反应，可以支持MG的诊断。多数患重症肌无力动物的临床症状在给予氯化羟苯甲乙胺后的30～60s内表现出明显改善，并持续作用近5min，一些患其他肌病和神经病的犬也可表现出一些小的改善，这种反应在患局部型MG的犬和猫很难评估。许多患全身性MG的猫有不可预知的反应，近50%患急性暴发性MG犬对腾喜龙没有反应。

肌电图（重复神经刺激时，显示肌肉动作电位递减反应）可以用于MG的确诊。但是，不论何时，都应该避免对出现巨食道的动物实施麻醉，因为苏醒过程会增加吸入性肺炎的危险。

胸部X线检查可用于评估食道扩张、吸入性肺炎或胸腺瘤，应该评估潜在的或相关的免疫介导性和肿瘤性疾病。MG 患犬常并发免疫介导性疾病，包括甲状腺机能减退、血小板减少症、溶血性贫血、肾上腺皮质机能减退、多发性肌炎和系统性红斑狼疮。MG 也可能是许多肿瘤如肝癌、肛门腺癌、骨肉瘤、皮肤淋巴细胞瘤和原发性肺部肿瘤的症状。

[治疗] 获得性 MG 的治疗包括支持疗法和应用胆碱酯酶抑制剂，以及偶尔采用免疫抑制剂药物疗法。巨食道和反流的动物应该在进食时和进食后 10～15min 保持直立姿势，以促进食道内容物进入胃，降低误吸的可能性。对严重的反流可胃造口安置导管，协助营养物、液体和药物的递送。存在吸入性肺炎，需实施气管冲洗，以进行细菌培养，用抗生素、液体、喷雾法积极治疗肺炎，应该避免使用能破坏神经肌肉传递的抗生素（氨苄西林和氨基糖苷类）。

抗胆碱酯酶药常用于提高肌肉力量。溴吡啶斯的明（美斯地浓），每 8h 口服一次，1～2mg/kg。由于有严重的巨食道，犬最初不能耐受口服给药，可使用硫酸新斯的明（新斯的明）每 8h 肌内注射，0.01～0.04mg/kg。

如果动物对胆碱酯酶抑制剂治疗有反应，但接着恶化，应该怀疑抗胆碱酯酶剂量不足（肌无力危象），抗胆碱酯酶过量（胆碱能危象），如肌肉无力症状加重、心搏迟缓、呼吸窘迫、胃肠运动过强等。注射腾喜龙试验可区分是肌无力和治疗剂量不足还是类胆碱能危象。

皮质类固醇药物可用于患 MG 的动物，以降低抗乙酰胆碱受体抗体的产生。在一些患 MG 的犬给予皮质类固醇药物和其他免疫抑制剂可以使症状得到改善，但一定要在动物处于稳定状态和异物性肺炎已经解除之后给予。如果给予大剂量皮质类固醇药物，通常可以引起患 MG 犬出现暂时性肌无力加重。治疗应该从低剂量［泼尼松，0.5mg/(kg·d)］开始，过 24 周剂量逐渐加大［2～4mg/(kg·d)］，以达到免疫抑制水平。作为单独的免疫抑制剂给予硫唑嘌呤或结合泼尼松在许多犬已经取得了很好的临床效果，并且也可降低乙酰胆碱受体抗体的滴度。

15.3.3 歪头

犬猫歪头是常见的前庭系统病变神经学异常。前庭系统分为中央和外周 2 部分。外周前庭系统包括位于颞骨内内耳的感受器和将感受器所得信息传递给脑干的第 1 脑神经前庭部分，中央前庭系统包括延髓内脑干前庭核和小脑内绒球小结叶。

中央和外周前庭系统疾病均可表现出歪头、转圈、共济失调、翻滚以及眼球不自主性有节奏的运动（即眼球震颤）。

（1）中耳-内耳炎 最常见的外周前庭疾病的原因。细菌直接感染中耳和内耳，或者是细菌产生的毒素引起迷路的炎症反应。明显的外耳炎，鼓膜结构异常或破裂，触诊鼓泡痛感明显，但是耳镜检查正常。

（2）犬老年性前庭疾病 老年犬前庭疾病是一种特发性综合征，是老年犬单侧外周前庭神经疾病的最常见病因。平均发病年龄是 12.5 岁，疾病特点是突然出现外周前庭疾病症状。可能会出现轻度或严重的头倾斜、共济失调和跌倒等症状，眼球水平或旋转性震颤。大约 30% 的患犬也可能出现暂时性恶心、呕吐和食欲减退。疾病预后良好，偶尔可能发生严重的呕吐，给予组胺受体拮抗剂苯海拉明、拟胆碱能受体拮抗剂氯丙嗪以减轻与运动病有关的呕吐。

（3）猫特发性前庭综合征 特点是外周前庭症状极急性发作，如出现严重的平衡失调、定向障碍、跌倒和翻滚、头倾斜、自发性眼球震颤，但本体反射正常，未见其他脑神经异常。疾病的诊断基于临床症状和未见耳部或其他疾病。症状通常在 2～3d 内自然改善，2～3 周即可完全恢复正常。

（4）肿瘤 鼓泡或骨性迷路的肿瘤可能会破坏或累及外周前庭结构，并导致发生外周前庭症状。耳道的肿瘤如鳞状细胞癌和耳耵腺腺癌可能局部扩散引起前庭疾病。由于这些肿瘤多是侵蚀性病变，完全切除几乎不可能，可以进行放疗和化疗。

（5）先天性前庭综合征　纯种犬猫在 3 月龄前出现外周前庭症状，则可能患有先天性前庭综合征。见于德国牧羊犬、杜宾犬、秋田犬、可卡犬、缅甸猫和东京猫。在出生后或早期的几个月内即可出现临床症状。最初，可能出现严重的头倾斜、转圈和共济失调，随着生长，症状可以代偿，许多患病动物仍可以作为宠物。

（6）氨基糖苷类药物中毒　氨基糖苷类抗生素可以引起犬猫前庭系统和听觉系统的变性。中毒通常与高剂量给药或长期给药有关，尤其在肾功能减弱的动物。前庭系统内的变性可能导致单侧性或双侧性外周前庭症状以及听觉丧失。多数病例停止用药后即可恢复健康，但是耳聋可能一直存在。

（7）化学物中毒　许多药物和化学物质具有潜在的耳毒性，在犬猫中毒的发生率很低。耳道内进入化学物质后，动物立即出现明显的前庭功能障碍。立即将物质清除，使用大量生理盐水冲洗耳道，前庭症状通常数天到数周内消失。

（8）甲状腺机能减退　在成年犬，甲状腺机能减退是外周前庭疾病的可能性原因。其他甲状腺机能减退的症状可能出现或不出现。临床病理学检查可以显示甲状腺机能异常。

（9）双侧性外周前庭疾病　双侧性外周前庭疾病可能不发生头倾斜。患病动物的典型表现是宽基步态和共济失调，而本体感受正常。动物可能向任何一侧跌倒或转圈，通常蹲伏前进，伴有头向两侧大范围摇摆。多数患猫在 2～3 周内恢复，笼中静养有利于康复。

（10）中央前庭疾病　在犬猫不常发生，并且预后不良。引起中央前庭疾病的病因包括炎性疾病、肿瘤、血管性疾病或者中枢神经系统的创伤，尤其是肉芽肿性脑膜脑炎（犬）、落基山斑疹热和传染性腹膜炎。应针对病因进行相应治疗。

（11）甲硝唑中毒　在犬连续给予高剂量甲硝唑（每天大于 60mg/kg）3～14 d 即可出现中毒症状。疾病急性发作，表现为垂直方向眼球震颤、共济失调、食欲减退和呕吐。共济失调可能非常严重，以至于不能行走。偶而可能发生抽搐和头倾斜。治疗包括停止用药和支持治疗。疾病预后良好。

（12）硫胺素缺乏症　患病猫出现共济失调、歪头、瞳孔散大。当把猫往地上放时，有特征性头屈向腹侧现象。给予硫胺素，24h 内症状改善。

（13）先天性眼球震颤　偶见轻微的震荡性或摆动性眼球震颤，但不伴有前庭疾病的其他特征，例如头倾斜或共济失调。眼球震颤向两个方向的速度和强度相同。本病已经发现于整窝幼犬。疾病也可能伴发其他的先天性视觉系统异常，尤其在暹罗猫、喜马拉雅猫和比利时牧羊犬。

15.3.4　多发性神经病

多发性神经病（Polyneuoropathy）累及一组以上的外周神经，引起的全身下运动神经元（LMN）症状包括肌肉松弛无力或瘫痪，肌张力降低，反射降低或消失。如果严重累及神经的感觉部分，则会明显表现为本体感觉缺失。

多发性神经病可能伴有甲状腺机能减退、糖尿病（特别是猫）和胰岛素瘤，系统性红斑狼疮。慢性有机磷中毒也可引起多发性神经病。此外，许多品种相关性变性性外周神经病通常为先天性和假定有遗传基础，当中的一些疾病毫无疑问是中间代谢或能量利用障碍疾病的结果。

在任何表现为慢进性 LMN 症状，如无力、肌肉萎缩和脊髓反射减弱的犬或猫都应该怀疑为多发性神经病，当条件允许时，电诊断试验有助于诊断。肌电图显示有去神经迹象以及受累神经的传导速度下降。确诊可能需要进行外周神经组织活检。当做出多发性神经病的诊断时，调查已知病因以试图做出特异性诊断。

所有确定为外周神经病的犬和猫都需要进行糖尿病检测。糖尿病性多发性神经病的临床症状在犬通常细微或不明显，但在猫很显著。特征为后肢无力、厌恶跳跃、后肢跖行姿势和尾部无力。体格检查结果包括后肢反射减弱和显著的肌肉萎缩。症状的发作通常很快，在多数病例少于1周。根据在患糖尿病的猫身上观察到这些神经症状，可以诊断为糖尿病性多发性神经炎。肌肉和远端神经活检可以确诊。如果早期认识到糖尿病性多发性神经病，能够调整糖尿病，神经症状可能会改善。

对多发性神经病患犬应该进行甲状腺机能减退的评估，因为甲状腺机能减退性多发性神经病已经被认为是犬弥散性 LMN 瘫痪、单侧性外周前庭病、面神经麻痹、喉麻痹和巨食道的原因。患病犬神经和肌肉活检可以显示神经变性和再生，就像肌纤维类型聚集最可表明为神经元性萎缩，在一些患甲状腺机能减退、并伴有单一神经病或多发性神经病的犬，一旦开始补充甲状腺素，神经症状就可以消失。

在患多发性神经病的年轻较大的动物发生低血糖时，应该怀疑与胰岛素分泌相关的肿瘤。患多发性神经病、没有确定病因的犬和猫，也应该考虑其他肿瘤性进程。这种情况需要保证仔细进行体格检查、胸部和腹部 X 射线检查、腹部超声检查、淋巴结抽吸和骨髓检查。在患严重多中心性淋巴瘤或弥散性癌的犬已经认识到存在多发性神经疾病。在一些病例，摘除引起问题的肿瘤后，多发性神经病的临床症状消失。

很少有犬被确认患有单一性神经病或多发性神经病，并同时对犬埃利希氏体的血清学或多聚酶链反应检测为阳性，但却没有出现犬埃利希氏体病的其他临床症状。在一些犬用强力霉素（5mg/kg 口服，每天 2 次）或二丙酸咪唑苯脲（5mg/kg 肌内注射，用 2 次，间隔 14 d）进行合理的治疗后，神经病得到解决。

一些毒物，包括有机磷、重金属和工业化学品，能引起多发性神经病。特别是有机磷中毒能够引起迟发性神经毒性作用。在排泄完大多数化学物质后的 1～6 周，可形成濒死性神经病和脱髓鞘。接触毒物可能为单次的严重接触，常伴有严重的临床症状，或超过数周或数月慢性轻度到中度重复接触，无急性症状。患病动物无力但没有典型的有机磷中毒的自发症状，如流涎、呕吐、腹泻或瞳孔缩小。慢性接触时，被毛、血液、脂肪或肝脏样本可含有毒物。血浆乙酰胆碱酯酶活性降低。

全身免疫介导性疾病如系统性红斑狼疮也可引起多发性神经疾病。甄别实验包括红细胞评价、尿蛋白检测（即蛋白/肌酐值）和关节液分析。病变皮肤活检和血液抗核抗体滴定。如果有迹象表明为免疫介导性疾病，应该开始免疫抑制治疗，在犬和猫可发生许多慢性炎性脱髓鞘性多发性神经疾病，这些疾病可以自愈或用皮质类固醇药物治疗可以治愈。

15.3.5 多发性神经根神经炎

本病主要发生于浣熊咬伤或者搔抓以后，以迟缓性麻痹为特征，也称急性多发性神经炎。任何品种和年龄的犬都可能发生本病，多数为成年犬。猫很少发生相似症状。未被浣熊咬伤的犬也可能发生相似的症状，可能是先天性的多发性神经根神经炎。

[病因] 浣熊唾液中可能存在刺激外周神经髓磷脂免疫反应的抗原。对犬注射浣熊唾液并不一定都会引起本病，但可以使少数敏感犬发病。非浣熊唾液中的抗原来源尚不清楚，可能和病毒、中毒或者感染有关。

[症状] 通常被浣熊咬伤后 7～14d 出现临床症状，主要表现后肢无力、反射减弱，之后逐渐向前肢发展，严重病例可出现呼吸肌麻痹、四肢厥冷、鸣叫声微弱等。从最初表现临床症状到完全瘫痪，短则 12h，长则 1 周。一些患犬感觉过敏，触诊肌肉或者捏脚趾这样的刺激可以引起轻度到严重的反应。感觉过敏是多发性神经根神经炎的一个特征。脊髓反射减弱或消失，外周反射正常，膀胱和直肠功能正常。一般不会累及脑神经，不存在咀嚼和吞咽困难，无瞳孔异常。瘫痪犬仍有食欲，不会出现发热。少数犬可能因呼吸麻痹死亡。临床症状出现后最早 1 周或至数月可见到临床症状自发消失。疾病恢复需要数月，通常恢复不完全。患病动物恢复后可能再次复发，特别是再次接触最初的抗原时。

[诊断] 根据临床症状和被浣熊咬过的病史可高度怀疑该病。瘫痪后 6d 或更长时间后，肌电图测定诱发的肌电位变化有助于诊断。肌电图显示受累神经弥散性去神经化，运动神经传导速度变慢。脑脊液检查通常正常，可能会出现蛋白浓度轻度增加。

[治疗] 没有特异性治疗方案，主要是采取支持治疗和护理方案。将动物放置在干净清洁的气垫、水床或软床上；经常给动物翻身和清洁；头、颈不能运动的动物要保证充足的饮水和食物；可以给动物按摩肌肉，被动活动肢体或者水疗以维持瘫痪肢体的活动；监护动物是否发生呼吸系统感染、尿路感染或者褥疮。

免疫抑制疗法可能会增加感染和肌肉萎缩的发生率。皮质类固醇的治疗效果尚未证明有效。

15.3.6　臂丛神经炎

臂丛神经炎是指包括分出臂丛神经的腹神经根的炎症性神经炎。犬猫发生该病的报道很少。

[病因] 病因不清，可能和超敏反应有关。

[症状] 临床症状包括臂丛神经弛缓性瘫痪急性发作，伴有脊髓反应降低或消失。感觉神经可能同样被累及，导致肢体末梢感觉消失。后肢功能未受影响。

[诊断] 根据病史和临床症状初步诊断。前肢神经肌电图可见轴突功能丧失。临床症状发生后 5～7d 可见弥漫性自发活动的肌电图。运动和感觉神经传导速度可能轻微变慢，到那时肌肉或神经动作电位幅度变小且延迟。脑脊液评估可能是正常的。

[治疗] 无特异性治疗方案。主要是支持性治疗，被动活动患肢，肌肉按摩和水疗法有助于维持瘫痪肢的基本活动。临床症状可能在 4d 到 4 个月自行恢复，也有可能不能恢复。

15.3.7　面神经麻痹

面神经麻痹是面神经干及其分支，在各种致病因素影响下，发生的传导功能障碍。面神经是支配耳、口唇、眼睑等面部各肌肉的运动和舌前 2/3 处味觉的神经。常见于犬猫，发生急性麻痹的犬（75%）和猫（25%），如果没有神经学或生理学异常，且不能发现潜在的病因，提示为特发性面神经麻痹。

[病因] 犬和猫均有可能发生面神经麻痹。最常见的病因可能是对面神经中耳内分支的破坏，继发于细菌性中耳炎或外耳炎、异物、恶性肿瘤或者累及中耳的良性鼻炎息肉。犬甲状腺机能减退时偶见伴有累及面神经的单一神经病变。在脑干或者在外周神经通过颞骨岩部的位置，也可发生面神经外伤性病变。急性面神经麻痹，不能发现潜在病因时提示为特发性面神经麻痹。

[症状] 症状包括眼睑不能闭合，嘴唇和耳朵不能活动。患病动物不能自主眨眼，或者对视觉或者眼睑刺激没有反应。缺乏面神经刺激泪腺分泌，导致干性角膜结膜炎。由于肌张力缺

失，常见受累及一侧的耳朵和嘴唇发生下垂。许多由于中耳疾病引起的面神经麻痹的患病动物还可能发生外周前庭症状和/或霍纳综合征。伴有面部肌肉挛缩和嘴唇回缩的半面痉挛综合征很少发生，可能急性或者慢性出现，急性发病是由于面神经刺激，而慢性发病则是由于长期面神经麻痹的动物出现肌肉萎缩和挛缩。

[诊断] 只有在排除其他病因后，才可以诊断为特发性面神经麻痹。

需要进行详细全面的神经学检查，确保没有出现其他的脑神经异常、共济失调或者脑干病变。评估全身性或者代谢性疾病需要进行临床病理学检查，包括全血细胞计数、血清生化和尿检。怀疑甲状腺机能减退时需要对甲状腺机能进行评估。

评估动物是否发生中耳和内耳疾病，需要进行耳镜检查，通常需要全身麻醉。多数患有中耳炎或内耳炎的动物有明显的外耳炎和鼓膜异常、破裂，不过耳镜检查可能是正常的。

对头部进行 X 光检查，评估动物是否发生慢性炎性疾病、外伤或者肿瘤。头部 X 光摆位包括腹侧位、斜位、侧位和张嘴位。中耳炎和内耳炎的 X 射线征象包括鼓泡和颞骨岩部骨增厚、鼓泡内软组织密度增加。急性感染动物的 X 射线表现正常。CT 和 MRI 可以更精确检查中耳内的少量液体。X 射线影像显示鼓泡内为伴有骨溶解的软组织密度提示为肿瘤。猫鼻炎息肉时，X 射线影像也可见鼓泡内软组织密度，但没有发生骨溶解。

在麻醉状态下使用检耳镜和内窥镜对外耳道和鼓膜进行检查。耳道用温生理盐水冲洗，直至流出的液体变得清亮并可见鼓膜。中耳取样做培养和细胞学分析。若鼓膜完整，可以使用脊髓穿刺针连接 6mL 注射器在鼓膜 6 点钟方向实行鼓膜切开术。鼓膜切开术可以缓解压力和疼痛，并可以采集样本进行细胞学分析和培养。如果没有采集到分泌液，可以注入 0.5～1.0mL 灭菌盐水然后再抽出来。如果鼓膜早已破裂，可以采取相似的操作来获取样本。

[治疗] 治疗的原则是消除病因，恢复神经传导功能和预防肌肉萎缩。

特发性面神经麻痹没有治疗方法。如果存在干性角膜结膜炎，可以根据需要用药。麻痹可能是永久性的，也可能在 2～6 周后自然恢复。

如果中耳和内耳检查显示骨溶解或广泛性软组织增生，提示肿瘤导致的麻痹。应该进行活检，考虑手术切除肿瘤。猫的良性鼻咽息肉预后良好。鼓泡、骨迷路、耳道或外周神经肿瘤，单独使用手术治疗很少有效。在一些病例，放疗或者化疗可能更有效。

对于细菌性中耳炎和内耳炎，根据细菌培养和药敏试验来选择抗生素进行治疗。全身性抗生素持续治疗 4～6 周。在等待细菌培养结果期间，可以选择广谱抗生素治疗，如阿莫西林克拉维酸钾（12.5～25mg/kg，口服，一天三次）或恩诺沙星（5mg/kg，口服，一天两次）。

如果保守治疗没有清除感染，或者 X 线检查显示鼓泡内有液体或组织或者骨的慢性改变，应该实行腹侧鼓泡截骨术，之后坚持抗生素治疗。早期发现炎症并结合合理的治疗，预后良好。有时尽管采取了积极的治疗，面神经麻痹可能仍然存在。中耳炎和内耳炎治疗失败能导致感染沿神经进入脑干，导致神经症状发展和死亡。

15.3.8　三叉神经麻痹

三叉神经麻痹主要见于中老年犬，猫很少发生。根据临床症状和排除其他可能的原因来诊断。因缺乏其他临床症状，需要鉴别因肿瘤或外伤性疾病，但通常为双侧性。

[症状] 下颌突然不能闭合，嘴呈悬挂样张开，完全不能采食。吞咽动物正常。在某些病例，没有表现明显的感觉障碍，咀嚼肌可能发生快速的萎缩。

[治疗] 临床治疗通常采取支持疗法，给予容易消化的饲料和饮水，进行人工饲喂。由于本病常常为特发性疾病，多数犬在 2～4 周自行康复。也可以配合针灸疗法。

15.3.9 坐骨神经损伤

[病因] 多数情况下由外伤导致，如机械性打击、骨折、压迫等。

[症状] 主要表现为运动功能障碍。臀部伸展和屈曲降低；膝关节无法屈曲；跗关节无法屈曲和伸展、下垂；趾背侧着地，但仍能支撑体重；回撤反射消失；胫前肌、半膜肌和半腱肌萎缩。可能同时发生膝下区域外侧面皮肤感觉丧失。

[诊断] 根据病史和临床症状可以初步诊断。可采用肌电图来评估神经的破坏程度。

[治疗] 主要是去除原发病因和支持性治疗。神经的再生能力和周围结缔组织的完整性呈正比。如果有充分的结缔组织作为支架，神经的恢复速度会比较快。神经损伤越靠近所支配肌肉，恢复的机会越大。而神经如果完全断裂，则预后不良。可以考虑物理治疗，如游泳、肢体推拿和按摩等，有助于延迟肌肉萎缩和跟腱挛缩，帮助不完全病变动物恢复。

第十六章

犬猫内分泌系统疾病

16.1 垂体疾病

16.1.1 幼犬脑垂体性侏儒症

幼犬脑垂体性侏儒症（pituitary dwarfism in puppies）是指幼犬脑垂体前叶功能障碍或下丘脑病变，使生长激素（growth hormone，GH）分泌不足而引起的生长发育缓慢，为身材矮小最常见的原因之一。

[病因] 脑垂体发育受损会导致单一或多种垂体激素生成减少。幼犬脑垂体性侏儒症主要是由先天性生长激素缺乏引起的，可见于不同品种的犬。最常见的是单一常染色体隐性遗传导致的先天性生长激素缺乏，常见于德国牧羊犬、萨阿路斯狼猎犬和卡累利阿熊犬。德国牧羊犬和萨阿路斯狼猎犬还可同时出现 GH、促甲状腺激素（THH）、催乳素和促性腺激素缺乏。同时，非遗传性 GH 缺乏最常见的原因是颅咽管内囊肿引起垂体前叶的压迫性萎缩。

[诊断] 虽然垂体性侏儒症的临床症状很明显，但也需要与其他引起生长停滞和脱毛的内分泌或非内分泌性疾病相区别，如先天性甲状腺机能减退时除血浆肌酐水平可能升高外，常规病理学检查未发现任何异常。GH 和甲状腺素缺乏时，会引起肾小球滤过率下降，从而出现肾功能受损。垂体性侏儒症患犬的基础血清 IGF-I 浓度较低，但测定 IGF-I 并不能作为确诊的依据。由于垂体性侏儒症常由多种垂体激素缺乏引起，因此常可见继发性的甲状腺机能减退。一般通过病史和体格检查可做出初步诊断。GH 缺乏可通过刺激试验确诊。刺激试验后，健康犬的血浆 GH 浓度通常可升高 2～6 倍，而垂体性侏儒症患犬的 GH 浓度则无明显变化。其他垂体激素是否缺乏也可通过类似的刺激试验来确定。

[治疗] 垂体性侏儒症的治疗主要是给予 GH，目前还没有犬 GH 可供使用，重组人用 GH 用于犬会产生抗体，目前可用于犬的 GH 是猪源性 GH，建议用量为 0.1～0.3IU/kg，每周 3 次，皮下/皮内注射。开始治疗后的 6～8 周内皮肤和被毛会出现改善。甲状腺素浓度低于正常时会降低 GH 治疗的效果。

16.1.2 肢端肥大症

肢端肥大症（acromegaly）是腺垂体分泌生长激素（GH）过多所致的体型和内脏器官异常肥大，并伴有相应生理功能异常的内分泌与代谢性疾病。

生长激素过多主要引起骨骼、软组织和内脏过度增长，表现为肢端肥大症，可出现颅骨增厚、下颌突出、牙齿稀疏和咬合不良、皮肤粗糙、毛发增多、色素沉着等表现。

生长激素异位分泌较罕见，过多的 GHRH（生长激素释放激素）促使垂体 GH 细胞增生常见于癌性肿瘤，罕见于下丘脑错构瘤、胶质瘤和神经节细胞瘤等。

[病因] 垂体前叶分泌 GH 受下丘脑产生的 GHRH 和下丘脑、胰腺等组织产生的生长抑素控制。GH 进入循环后可刺激肝脏合成胰岛素样生长因子（IGF，生长介素），引起肢端肥

大、骨关节增生、心肌肥厚、内脏肥大增生、胰岛素抵抗、结肠息肉和肿瘤发生等。

多激素分泌性 GH 腺瘤可同时分泌 PRL（催乳素）、TSH（促甲状腺素）和 ACTH（促肾上腺皮质激素释放激素）；GH 腺瘤可伴随多发性骨纤维不良、皮肤咖啡斑和性早熟等，也可伴随多内分泌腺瘤病 1 型、皮肤和心脏黏液瘤和 GH 腺瘤。

[症状]

（1）骨骼和肌肉系统　肢端肥大、下颌过大、上颌变宽、鼻骨增生肥大、鼻旁窦扩大等，单发或多发的非炎症性的骨性关节病，性激素减少造成骨质疏松。

（2）皮肤　油样皮肤、多汗、体毛粗糙等。

（3）心血管系统　动脉粥样硬化、左心肥厚、心脏扩大、血压偏高、心脑血管疾病、心肌单核细胞浸润和间质纤维化。早期为高循环动力学状态，如心率增加、心搏出量增大和血管阻力下降；无高血压、糖耐量正常的年轻患者的亚临床心肌病表现为休息时双侧心室舒张功能不全、运动时心功能受损，降低 GH 和 IGF 可使上述症状改善。

（4）呼吸系统　上呼吸道黏膜组织肥厚和软腭、舌肌肥大；声带肥厚造成声门狭窄，麻醉插管困难。

（5）神经系统　50％有感觉和运动性多发神经炎，呈手套和袖套样分布，外周神经局灶性麻痹、近端肌肉无力和抽搐，腕管综合征和血浆 CPK（肌酸磷酸激酶）升高，精神抑郁、注意力不集中、焦虑等。

（6）内分泌系统　多激素分泌性肿瘤多造成甲亢、甲状腺增生或肿瘤。

（7）代谢　20％～30％出现胰岛素抵抗、糖耐量受损或诱发糖尿病；可促进氨基酸转换和蛋白质合成；血脂增高；抗利尿作用造成体液和细胞外液增加，引起高血压；促进胃肠对钙的吸收，造成血清钙磷增高、尿钙和磷酸盐增多、泌尿系统结石和骨密度增高。

（8）肿瘤　结肠、直肠腺瘤和癌症的发生率高可能与肠道上皮细胞的过度增生有关，甲状腺肿瘤发生率也增高。

（9）垂体功能低下表现　性功能障碍、全身无力、两性生殖器萎缩。

[诊断] 主要根据患宠的病史、典型的临床表现、视功能和其他神经系统以及内分泌学、影像学检查来综合判断，明确是否存在垂体生长激素腺瘤，其大小、位置（鞍内、鞍上、鞍旁、鞍后、鞍下）、有无海绵窦及周围组织的侵袭，了解肿瘤的生物学活性、激素分泌特点和病理类型。

[治疗] 犬内源性孕酮诱导的肢端肥大症可通过子宫卵巢摘除术达到有效治愈的目的，外源性孕酮诱导的肢端肥大症则可通过停药达到目的。使用左旋甲状腺素治疗犬的原发性甲状腺机能减退也可使 GH 和 IGF-I 水平恢复正常。

对于促生长素腺瘤引起的犬猫肢端肥大症，则可选择药物治疗、放疗和垂体切除术。生长抑素类似物奥曲肽可用于患肢端肥大症的猫，效果较好；GH 受体拮抗剂培维索孟也允许用于猫肢端肥大症的治疗。放疗可缩小肿瘤并有利于胰岛素抵抗性糖尿病的控制，但此种方法也有许多缺点：多次麻醉、长期住院、使用受限、费用昂贵且有可能复发。垂体切除术是一种有效的方法，但目前经验有限。

肿瘤引起的肢端肥大症的短期预后为慎重至良好，而长期预后为不良。存活时间为 6～60个月（多为 1.5～3 年）。多数肢端肥大症患猫通常因严重充血性心力衰竭、肾功能衰竭、呼吸窘迫、垂体瘤扩张引起的神经症状或严重低血糖引起的昏迷而死亡或施行安乐死。

16.1.3　尿崩症

尿崩症（Insipidus）是由于下丘脑-神经垂体病变引起精氨酸加压素（AVP）又称抗利尿

激素（ADH）不同程度的缺乏，或由于多种病变引起肾脏对 AVP 敏感性缺陷，导致肾小管重吸收水的功能障碍的一组临床综合征。前者为中枢性尿崩症（CDI），后者为肾性尿崩症（NDI），其临床特点为多尿、烦渴、低比重尿或低渗尿。

[病因]

（1）中枢性尿崩症　任何导致 AVP 的合成和释放受损的情况均可引起 CDI 的发生，其病因有原发性、继发性及遗传性三种。

① 原发性：原因不明，占尿崩症的 30%～50%，部分患宠在尸检时可发现下丘脑视上核和室旁核细胞明显减少或消失。

② 继发性

a.头颅外伤和下丘脑-垂体手术：是 CDI 的常见病因，其中以垂体手术后一过性 CDI 最常见，如手术造成正中隆突以上的垂体柄受损，则可导致永久性 CDI。

b.肿瘤：尿崩症可能是蝶鞍上肿瘤最早的临床症状。原发性颅内肿瘤主要是咽鼓管瘤或松果体瘤，继发性肿瘤以肺癌或乳腺癌的颅内转移最常见。

c.肉芽肿：结节病、组织细胞增多症、类肉瘤、黄色瘤等。

d.感染性疾病：脑炎、脑膜炎、结核等。

e.血管病变：动脉瘤、动脉栓塞等。

f.自身免疫性疾病：可引起 CDI，血清中存在抗 AVP 细胞抗体。

（2）肾性尿崩症

① 肾小管间质性病变：如慢性肾盂肾炎、阻塞性尿路疾病、肾小管性酸中毒、肾小管坏死、淀粉样变等。

② 代谢性疾病：如低钾血症、高钙血症等。

③ 药物：如抗生素、抗真菌药、抗肿瘤药物、抗病毒药物等，其中碳酸锂可能因为使细胞 cAMP 生成障碍，干扰肾对水的重吸收而导致 NDI。

[症状] CDI 无明显性别、品种或年龄倾向性。患病动物的主要临床症状是多饮多尿，发病突然。严重的病例，患病动物的需水量和排尿量都十分惊人，几乎一天内的每个小时都需要饮水排尿。脑部肿瘤引起的尿崩症还可能出现神经症状，继发性 NDI 也可能存在其他症状。尽管一些患病动物由于饮水欲望远超过食欲以致临床上出现消瘦，但是体格检查时通常无明显异常。只要不限制饮水，动物的水合状态、黏膜颜色和毛细血管再充盈时间均正常。未诊断出 CDI 且补液不足的创伤性犬猫，其高钠血症也可引起神经症状。创伤性犬猫出现持续的高钠血症和低渗尿时，应怀疑尿崩症。

[诊断] 引发多饮多尿的疾病很多，因此需进行鉴别诊断。犬猫正常的饮水量为 20～70mL/(kg·d)，尿量为 20～65mL/(kg·d)。犬猫尿量和饮水量分别超过 50mL/(kg·d) 和 100mL/(kg·d) 时，可以确定为多饮多尿。可引起多饮多尿的病因包括心理性多饮、肾病、肝功能不全、糖尿病、肾上腺皮质机能亢进、高醛固酮血症、甲状腺机能亢进、子宫蓄脓、甲状旁腺机能亢进等。

健康犬的尿相对密度范围很大，某些犬 24h 内的变化可以从 1.006 至超过 1.050。因此，应采集多个时间段的尿液进行测定。如果尿相对密度一直都在等渗范围内（1.008～1.015），应先怀疑肾功能不全。尚未有健康猫尿比重大范围波动的报道。尿蛋白/肌酐值升高表明存在蛋白尿时，也应怀疑肾功能不全。如果发现尿相对密度小于 1.005（即低渗尿）时，可排除肾功能不全，应考虑尿崩症、心理性多饮和肾上腺皮质机能亢进。

尿崩症和心理性多饮的诊断必须基于改良限水试验、血浆渗透压和对合成的抗利尿激素治疗反应的结果。当怀疑犬猫患有 CDI 或原发性 NDI 时，必须首先排除继发性尿崩症的病因。改良限水试验的步骤是：通过检查脱水对尿比重的影响（通过限水使动物的体重下降 3％～5％），以评估 AVP 的分泌 能力和肾小管对 AVP 的反应性。脱水时对于限水无法使尿液浓缩至超过 1.03 的犬猫使用外源性 AVP 后，确定它对肾小管浓缩尿液能力的作用。限水试验结果的判读见表 16-1。

表 16-1　限水试验结果的判读

疾病	尿比重			到达脱水 5% 的时间	
	初始时	5％脱水	注射 ADH 后	平均/h	范围/h
完全 CDI	＜1.006	＜1.006	＞1.008	4	3～7
部分 CDI	＜1.006	1.00～1.020	＞1.055	8	6～11
原发性 NDI	＜5.006	＜1.006	＜1.006	5	3～9
原发性多饮	1.002～1.020	＞1.030	NA	12	8～20

注：NA 表示无可用数据。

对于怀疑患 CDI 的老龄犬猫，应使用 CT 或 MRI 扫查脑部，以确定是否存在肿瘤。对于 NDI 患犬，则应对肾脏进行全面检查，以找出原发病因。

［治疗］合成抗利尿激素类似物去氨加压素（DDAVP）是治疗 CDI 的首选药，其抗利尿效果是精氨酸加压素的 3 倍，加压或催产活性较轻或没有，一般可作用 8h。每滴药物中含有 1.5～4μg 的 DDAVP，对于多数患有 CDI 的动物来说，1～4 滴/次，1～2 次/d，滴入结膜囊内，即可控制住病情。除此之外，还有注射剂（4μg，每天 2 次或 6 次）、片剂（规格为每片 0.1mg 或 0.2mg，每次 1/6 片或 1/2 片，每天 2 次或 3 次，取决于动物的体型和治疗效果）。氯磺丙脲、噻嗪类利尿药和限制氯化钠的摄入对控制 NDI 有一定的作用。如果 CDI 是由非肿瘤性疾病引起的，则预后良好，经过适当的治疗，动物一般无临床症状。未经治疗的动物，只要提供足量的水，一般也不会引起严重后果，但如果无饮水超过几个小时，则会造成致命性的脱水。肿瘤性 CDI 预后慎重。原发性 NDI 患犬的预后慎重或不良，因为治疗方法有限且治疗效果一般很差。继发性 NDI 动物的预后取决于原发病因。

16.2　甲状腺疾病

16.2.1　猫甲状腺功能亢进症

甲状腺功能亢进症（hyperthyroidism）简称"甲亢"，是由于甲状腺合成释放过多的甲状腺激素，造成机体代谢亢进和交感神经兴奋，引起心悸、出汗、进食和便次增多及体重减少的病症。多数犬猫还常常同时有突眼、眼睑水肿、视力减退等症状。

甲状腺功能亢进是猫的一种常见内分泌疾病，但在犬很少见。

［病因］甲状腺功能亢进是由于甲状腺功能异常引起甲状腺激素过度分泌所致的多系统性疾病。这是猫最常见的内分泌性疾病，也是临床中最常诊断出来的内分泌性疾病。单侧（30％）或双侧（70％）甲状腺叶的腺瘤样增生是最常见的病因。多数患甲状腺功能亢进的动物，可在颈部腹侧触诊到一个或多个离散性甲状腺肿物。甲状腺癌的发病率很低（少于 2％）。组织病理学检查可见正常的甲状腺滤泡结构被一个或多个可识别的增生组织结节所替代，这些结节的大小差别很大。目前甲状腺腺瘤增生性变化的发病机制仍不清楚。

［**症状**］甲状腺功能亢进是 8 岁以上猫最常见的内分泌疾病。平均发病年龄为 12～13 岁，6～20 岁的猫均可发病，年龄小于 8 岁的患猫所占比例不到 5%。无性别和品种倾向。消瘦是最常见的临床症状，超过 80% 的患猫会出现，最终发展为恶病质。同时患猫也会出现贪食、不安或过度兴奋甚至具有攻击性，这些都是甲状腺激素增多引起代谢率升高的缘故。其他临床症状包括被毛变化（斑片性脱毛、被毛无光泽、缠结、没有或存在过度的理毛行为）、多尿、多饮、呕吐和腹泻。患猫常见的临床症状和体格检查异常见表 16-2。

表 16-2　甲状腺功能亢进患猫的临床症状和体格检查异常

临床症状	体格检查异常
体重下降	可触摸到甲状腺肿 *
贪食 *	消瘦 *
被毛粗乱、斑块状脱毛	活动性增强，难以做检查 *
多饮多尿 *	心动过速
呕吐 *	脱毛、被毛粗 *
不安、活动性增加	肾脏变小
腹泻、排便量增加	心杂音
食欲减退	易发生应激
震颤	脱水、恶病质外观
虚弱	期前收缩
呼吸困难、喘	奔马律
活性下降、嗜睡	攻击行为
厌食	抑郁、虚弱
	头垂

注：* 表示常见。

对于约 90% 的甲状腺功能亢进患猫，可触诊到甲状腺腺体增大。由于可能存在小而触摸不到的肿瘤，所以没有触摸到肿物的甲状腺功能亢进患猫也应该怀疑是否出现了肿瘤。由于甲状腺激素可作用于全身多个系统，因此，甲状腺功能亢进会影响到胃肠道、心血管、肾脏等。

甲状腺功能亢进患猫常见胃肠道症状，包括多食、体重下降、厌食、呕吐、腹泻、排便次数增加和排便量增加。尽管甲状腺功能亢进患猫的食欲旺盛，但摄入的能量仍不能满足机体的需求，从而会引起消瘦。20% 的患猫会出现短期的厌食。快速摄入大量食物常会引起呕吐。

甲状腺功能亢进患猫常见心血管系统症状，通常也是体格检查中最常发现的临床症状，包括心动过速、收缩期杂音、心律不齐。慢性心衰不常见，如果出现，常会出现奔马律、咳嗽、呼吸困难、心音低沉和腹水。心电图异常包括心动过速、Ⅱ 导联 R 波波幅增大和较不常见的右束支阻滞、左前束支阻滞、QRS 复合波时限延长，以及房性和室性心律失常。甲状腺功能亢进患猫常见全身性高血压，是由 β-肾上腺素能活性增加对心律、心肌收缩力、全身血管扩张以及肾素-血管紧张素-醛固酮系统活化的作用所致。伴发高血压的患猫常会出现眼部症状，包括视网膜脱落、出血、水肿等。有效地治疗甲状腺功能亢进可以使轻度至中度高血压恢复正常。最近有研究指出，甲状腺功能亢进可以引起收缩压轻度升高，但除非伴随肾衰，才会造成严重的高血压。

甲状腺功能亢进和肾功能不全都是老龄猫常见的疾病，且常同时发生。甲状腺功能亢进会增加正常肾或代偿肾的肾小球滤过率 GRF、肾血流量和肾小管的重吸收和分泌能力。当猫同时患有甲状腺功能亢进和肾脏疾病时，因为甲状腺功能亢进引起循环血量增加，从而增加了肾灌注量，所以肾衰的临床症状和生化异常常会被掩盖。甲状腺功能亢进得到有效治疗后，肾血流量和 GRF 可能会急性下降，氮质血症或肾功能不全的症状可能变得明显或显著恶化。

[诊断] 甲亢诊断并不困难，只要考虑到甲亢，进行甲状腺功能检查即可诊断。

甲状腺分泌的 T_3、T_4、fT_3、fT_4 明显升高，由于甲状腺和垂体轴的反馈作用，TSH 常常降低。如果 T_3、T_4、fT_3、fT_4 升高，同时伴 TSH 下降，即甲状腺功能亢进。

由于甲亢多数是甲状腺自身免疫病，所以常常伴随甲状腺自身抗体升高，甲状腺球蛋白抗体和甲状腺过氧化物酶抗体升高。由于滤泡细胞产生了一种刺激甲状腺功能的免疫球蛋白——TSI，所以临床检验促甲状腺素（TSH）受体抗体 TRAb 阳性。

有些甲亢患宠可以只表现 T_3 和 fT_3 升高，T_4 和 fT_4 正常，但 TSH 下降，称其为"T_3甲亢"。"T_3甲亢"多见于老年甲亢患宠。

[治疗] 甲状腺功能亢进的治疗方法包括口服抗甲状腺药物、甲状腺切除术和放射性碘治疗。治疗方法的选择取决于患猫的体况和年龄，肾功能状况，并发症的严重程度，是否存在腺瘤增生、腺瘤或腺癌，单侧性还是双侧性，如果是双侧性，甲状腺肿物的大小，是否能进行放射性碘治疗，手术人员的技术水平，口服给药的难易，以及主人的期望值。

口服抗甲状腺药物，如甲硫咪唑、丙硫氧嘧啶和卡比马唑，均能有效地治疗猫甲状腺功能亢进。口服抗甲状腺药物的适应证包括：

（1）试验性治疗以使血清 T_4 浓度正常并评估甲状腺功能亢进对肾功能的影响。

（2）初始治疗，用于甲状腺切除术或住院做放射性碘治疗前缓解或消除并发的疾病。

（3）甲状腺功能亢进的长期治疗。甲硫咪唑治疗的副作用比丙硫氧嘧啶小，是目前抗甲状腺的首选药物。推荐初始剂量是 2.5mg/d，口服，每天 4 次，连续两周。

根据治疗情况，逐步增加剂量，每两周复查一次，剂量应按每两周增加 2.5mg/d，直至血清 T_4 浓度处于 $1\sim2\mu g/dL$ 或出现副作用。当治疗剂量合适时，血清 T_4 浓度会在 1～2 周内下降到参考值范围内，且主人通常可在 2～6 周内看到临床症状改善。丙硫氧嘧啶的副作用大，不推荐使用。卡比马唑是在体内转化为甲硫咪唑的抗甲状腺药物，可替代甲硫咪唑用于治疗。

16.2.2 犬甲状腺功能减退症

甲状腺功能减退症（hypothyroidism）是由甲状腺激素合成或分泌不足所引起的疾病。猫发生甲状腺功能减退很罕见，可见于甲状腺功能亢进动物双侧甲状腺切除、碘放射治疗或抗甲状腺药物过量所致。

[病因] 犬甲状腺功能减退症是由于甲状腺激素缺乏或不足或对其不反应致功体代谢活动下降而引起的一种内分泌疾病。成年甲状腺功能减退症的病因，可分为甲状腺激素缺乏及促甲状腺激素缺乏两大类。前者病变在甲状腺本身，有原发性和继发性两种原因。原发性可能与甲状腺自身免疫性损害有关；继发性常见于甲状腺手术切除、甲状腺炎的后期、抗甲状腺药物治疗过量、摄入碘化物过多以及甲状腺结核、肿瘤等。后者可由于垂体前叶功能减退，使促甲状腺激素分泌不足所致，称为垂体性甲状腺功能减退症；或由于下丘脑疾患使促甲状腺激素释放激素分泌不足所致，称为下丘脑性甲状腺功能减退症。

[症状] 临床症状多见于 2～6 岁的患犬，易患品种具有地区流行性，无性别倾向。临床症状各异，且与发病年龄有关，不同品种间临床症状也有一定的差异。例如一些品种的主要症状是躯干脱毛，而另一些品种是被毛变薄，主要与不同品种犬的毛发周期和滤泡形态显著不同有关。对于成年犬，甲状腺功能减退最常见的临床症状是由细胞代谢下降及其对动物精神状态和活动性的影响所致。多数甲状腺功能减退患犬可表现出反应迟钝、嗜睡、运动不耐受或不愿运

动、食欲或食量不增加而体重增加。这些症状通常逐渐发生，一般不会引起主人的注意，直至补充甲状腺素后才明显。

皮肤和被毛的变化是甲状腺功能减退的患犬最常见的临床症状，脱毛容易从经常摩擦的部位开始，可见于$60\%\sim80\%$患犬。典型的皮肤症状包括双侧对称性、非瘙痒性脱毛。最常见的症状是剪毛后，毛发不易生长，有时仅可见尾部脱毛（鼠尾）。常可见复发性细菌感染，如毛囊炎、皮脂溢和脓皮症，也可见马拉色菌和蠕形螨感染，此时常伴有瘙痒。患犬的被毛通常粗乱、干燥、易断。皮肤可能出现不同程度的色素沉着，过度角化会引起皮屑。在严重的病例中，可见到黏液性水肿，主要发生于前额和面部。

对于一些甲状腺功能减退患犬，神经症状可能是主要问题。甲状腺功能减退导致的部分脱髓鞘和轴索病变可能会引起中枢或外周神经系统症状。中枢神经系统症状不常见，包括抽搐、共济失调和转圈。外周神经系统症状较常见，包括面神经麻痹、虚弱、肘节突出或拖脚行走，伴有趾甲背部过度磨损。肌肉消耗可能也很明显，虽然不常伴有肌痛。甲状腺功能减退和喉部麻痹或食道活动性下降之间的关系仍然具有争议。

虽然一般认为促卵泡激素和黄体生成素的正常分泌需要甲状腺激素的参与，但是尚未证实甲状腺功能减退与母犬不孕症之间的关系。有学者认为，甲状腺功能减退可以导致母犬发情间期延长和发情周期不正常、安静发情、自发性流产、宫缩无力、产出的胎儿虚弱或死产，认为甲状腺功能减退可以导致公犬性欲缺乏、睾丸萎缩和精子减少或缺乏活力，但是一项使用比格犬作为实验动物的研究表明，甲状腺功能减退不是引起公犬生殖功能紊乱的常见原因。

幼犬严重的甲状腺功能减退称为呆小症，生长停滞和智力迟钝是其典型特征。患犬出生时一般正常，但在$3\sim8$周龄开始比同窝其他犬发育缓慢。患犬的体型不均衡，头宽大、舌厚而突出、体宽呈矩形且四肢短、共济失调、脖颈短粗，通常精神沉郁、嗜睡。皮肤症状可见胎毛滞留、脱毛。

甲状腺功能减退可与其他免疫介导性内分泌疾病（如糖尿病和肾上腺皮质机能减退）同时存在，此时可称为免疫内分泌疾病综合征。甲状腺功能减退、肾上腺皮质机能减退和较少见的糖尿病、甲状旁腺功能减退和淋巴细胞性睾丸炎也被认为是一组综合征。甲状腺功能减退会引起胰岛素抵抗，血清果糖胺水平升高。肾上腺皮质功能减退患犬并发甲状腺功能减退时，治疗效果很差。

[诊断] 30%患犬的血常规检查结果可见轻度非再生性贫血。生化检查，75%患犬可见高胆固醇血症，88%可见高甘油三酯血症。虽然禁食性高胆固醇血症和高甘油三酯血症也可能出现于其他几种疾病，但若存在相应的临床症状很可能表明患有甲状腺功能减退。ALP、ALT、CK、AST也可能轻度升高，但不常见。

甲状腺功能的评估主要是测定基础血清甲状腺素的浓度。目前有几种基础甲状腺激素检查，包括测定T_4、fT_4、T_3、fT_3、$3,3',5'$-三碘甲腺原氨酸和内源性TSH浓度。在细胞内，根据特定时刻组织代谢的需要，fT_4脱碘形成T_3或fT_3。组织代谢正常时优先生成T_3，而在疾病、饥饿或内源性分解代谢过多时，生成无生物活性的rT_3。T_3被认为是产生生理活性的主要激素。目前fT_3和rT_3测定并没有应用到临床上，而T_3不如T_4准确，因此临床上主要用于评价甲状腺功能的指标是T_4、fT_4和TSH。用于测定甲状腺激素的血清在37℃下可稳定5d，最好将血清置于塑料管而不是玻璃管中。

基础血清T_4是一个很好的用于筛查甲状腺功能减退的指标。放射免疫测定法（RIA）被认为是测定血清T_4水平的金标准。健康犬血清T_4的参考范围一般为$1.0\sim3.5\mu g/dL$。但是单个血清T_4值不能用于判断甲状腺功能是否正常，还应结合病史、体格检查和其他临床病理学结果。兽医很难判断外源性因素，尤其是其他并发疾病对血清 T_4 浓度的影响。血清 T_4 浓度越高，犬甲状腺功能越可能正常，但血液循环中出现甲状腺激素抗体的甲状腺功能减退的患犬例外。如果甲状腺功能减退的怀疑系数不是很高，而血清 T_4 浓度比较低，应考虑其他因素，如甲状腺功能正常的病态综合征。

目前可用于测定基础血清 fT_4 浓度的方法有两种：RIA 和改良平衡透析法（MED）。MED 法是测定血清 fT_4 最准确的方法。在一项研究中，MED 法的敏感性和特异性可高达 98％和 93％。在所有研究中，MED 法的准确度均高于 90％。最重要的一点是，使用 MED 法测定血清 fT_4 时，循环中的抗甲状腺素抗体不会影响 fT_4 的检测结果。虽然甲状腺功能正常病态综合征时，血清 fT_4 也会降低，但受影响因素较血清 T_4 小。

内源性 cTSH 浓度必须结合同一血样中的血清 T_4 或 fT_4 一起判读，不能当作评判甲状腺功能的唯一指标。13％～38％甲状腺功能减退患犬的 TSH 浓度在参考范围内。当病史和临床症状符合甲状腺功能减退的特征，且同一血样中的血清 T_4 和 fT_4 浓度下降而 cTSH 浓度升高时，表明存在原发性甲状腺功能减退；而血清 T_4、fT_4 和 cTSH 浓度均正常时，可排除甲状腺功能减退。

除了测定血清 T_4、fT_4 和 TSH 浓度外，还可进行 TSH 和 TRH 刺激试验来进行诊断。TSH 和 TRH 刺激试验的最大优点是可用于鉴别甲状腺功能减退和基础甲状腺素浓度下降的甲状腺功能正常病态综合征患犬。

[治疗] 合成左旋甲状腺素钠可用于治疗甲状腺功能减退。这种药的半衰期是 $10\sim14h$。与食物同时服用时会降低其生物活性。初始剂量是 $0.02mg/kg$，每 12h 使用一次，根据需要调整剂量和用药频率。一般在开始治疗后 6～8 周才能评估治疗效果。如果治疗 8 周内症状未见改善，则为治疗无效。可能引起治疗无效的原因包括诊断错误、剂量或用药频率不合适。对于每日口服两次左旋甲状腺素的犬，应在用药 6h 后测定血清 T_4 和 cTSH 浓度；而每日用药一次的犬，应在用药前和用药后 6h 测定血清 T_4 和 cTSH 浓度。对于同时伴发心肌病、肾上腺皮质机能减退的患犬，治疗时需更谨慎。

16.2.3 甲状腺肿瘤

甲状腺肿瘤（thyroid neoplasia）是头颈部常见的肿瘤。症状为颈前正中肿块，随吞咽活动。甲状腺肿瘤种类多，有良性和恶性，一般来说，单个肿块、生长较快的恶性可能性大，年龄越小的甲状腺肿块恶性可能性越大。由于症状明显，一般都能及时就诊。

[病因] 甲状腺肿瘤一般包括甲状腺腺瘤和甲状腺腺癌。甲状腺腺瘤通常是小的无功能性肿瘤，不会引起临床症状，通常在死后剖检时意外发现。病理学研究发现，30％～50％的甲状腺肿瘤是良性腺瘤。甲状腺腺癌通常比腺瘤大，呈粗糙的多结节状，无活动性，常有坏死性或出血性中心灶，偶尔可见局部矿化，易被主人发现。常见单侧甲状腺肿大，但很难确定肿瘤是起源于两侧甲状腺叶，还是由一侧转移到另一侧。甲状腺腺癌可扩散到食道、颈部肌肉、气管、神经和血管、下颌淋巴结和肺脏，也可转移至肾脏、肝脏、脾脏、脊髓、骨骼等部位，但罕见。死后剖检发现，50％～70％的甲状腺肿瘤都是腺癌，因此，在甲状腺肿瘤确诊前都应认为其是恶性的。

[症状] 甲状腺肿瘤常见于中老龄犬，平均发病年龄为 10 岁（5～15 岁），无性别倾向性。多发品种为拳师犬、比格犬和金毛犬。无功能性肿瘤通常是被主人或兽医无意间发现的。最常出现的临床症状是由肿瘤压迫邻近器官引起的，包括呼吸困难、吞咽困难；或者由于肿瘤转移至其他器官而引起相应的临床症状。犬的甲状腺肿瘤一般都是无功能性的，约 30％患犬出现

甲状腺功能减退，10％～20％患犬出现甲状腺功能亢进。

[诊断] 多数甲状腺肿瘤都是质地坚硬、不对称、分叶和无痛性的肿物，位于颈部紧靠甲状腺区域的位置。应与脓肿、肉芽肿、下颌腺囊肿等其他疾病进行鉴别诊断。血常规、生化和尿液检查通常无助于诊断，一般均是由甲状腺功能减退或甲状腺功能亢进引起的相应的变化。基础血清 T_4 和 fT_4 的变化也符合甲状腺功能减退和亢进的判断。本病应通过活检取样，并进行组织病理学检查来确诊。细针抽吸法也有助于初步诊断，但是由于甲状腺血管丰富，血液污染严重，超声引导穿刺是较好的选择，可以用于辅助诊断和避开大血管。细胞学检查很难区分腺瘤和腺癌。

[治疗] 治疗方法包括手术切除、化疗、兆伏级放疗、放射性碘和抗甲状腺药物。手术切除小的、包囊完整的、可移动的腺癌和腺瘤，可达到治愈的目的；而切除坚硬的、扩散的腺癌，则预后很差。兆伏级放疗可用于坚硬的、已扩散的腺癌的治疗；化疗可用于远距离转移腺癌的治疗。如果患犬出现甲状腺功能亢进，则需使用抗甲状腺药物进行治疗。手术减缩肿块体积可用于坚硬的、扩散的腺癌的治疗，即可减少肿瘤对邻近器官的压迫，也可为其他治疗赢得更多时间。切除单侧肿瘤，一般不影响对侧甲状旁腺的功能；如果进行双侧肿瘤切除，则需检测甲状旁腺的功能，并补充维生素 D 和钙。有游离性、且可移动的肿瘤其预后良好。局部控制可延缓肿瘤的转移。

16.3 甲状旁腺疾病

16.3.1 甲状旁腺功能亢进症

甲状旁腺功能亢进症（Hyperparathyroidism，HP）是指甲状旁腺分泌过多甲状旁腺激素（PTH）。甲状旁腺自身发生了病变，如过度增生、瘤性变甚至癌变，由于身体存在其他病症，如长期维生素 D 缺乏等都可能导致甲状旁腺功能亢进。甲状旁腺功能亢进可导致骨痛、骨折、高钙血症等，还可危害身体的其他多个系统，需积极诊治。

[病因] 甲状旁腺最重要的功能是通过增加或减少甲状旁腺激素的分泌量来维持机体血钙水平的相对稳定。发生甲状旁腺功能亢进的原因可分为三种：

（1）甲状旁腺自身发生了病变，如过度增生、瘤性变甚至癌变。

（2）由于机体存在其他病症，如长期维生素 D 缺乏、小肠功能吸收障碍或肾功能不全等，血钙低于正常值，需要甲状旁腺增加甲状旁腺激素的分泌来提高血钙水平，出现继发性甲状旁腺功能亢进。

（3）在长期继发性亢进的基础上甲状旁腺又发生了瘤性变，出现甲状旁腺功能亢进。还有一种情况，甲状旁腺本身并无上述病变，但由于机体其他病变器官分泌类似甲状旁腺激素的物质，其表现在很大程度上与甲状旁腺激素分泌过多相同，医学上称之为假性甲状旁腺功能亢进，并不是真正意义上的甲状旁腺功能亢进。

[症状] HP 常见于中老龄犬，平均发病年龄为 10 岁，范围为 6～16 岁。任何品种均可发病。荷兰狮毛犬发病率较高，可能具有遗传倾向，另外，拉布拉多犬、德国牧羊犬、金毛巡回猎犬的发病率也相对较高。少见猫发生本病，目前报道仅有暹罗猫和杂种猫患过此病。无性别倾向性。

大多数患轻度 HP 的犬猫，并不会表现出明显的临床症状，常在进行与本病无关的生化检查时发现存在高血钙。而出现临床症状的 HP，也多是由高血钙引起的。犬主要的临床症状与肾、胃肠道和神经肌肉有关。猫 HP 最常见的临床症状是厌食和嗜睡。

[诊断] 当犬猫出现持续性高血钙且血磷浓度正常或降低时，应怀疑 HP。当血清钙大于 15mg/dL 时，才会出现全身症状，而大于 20mg/dL 时，则可能致命。引起高血钙的原因很多，如肿瘤、肾上腺皮质机能减退、维生素 D 过多症、肉芽肿性疾病（如芽生菌病、组织胞浆菌病、球孢子菌病等）、急性肾衰和医源性高血钙等。但高钙血症和低磷血症的主要鉴别诊断是恶性肿瘤性高血钙和 HP。根据病史、体格检查、血常规检查、生化检查、尿液检查、胸部 X 射线检查、腹部和颈部超声检查及测定 PTH 和 PTHrp（甲状旁腺激素相关蛋白）浓度，通常可建立诊断。对于 HP 患病动物，通常无明显的临床症状。上述检查如果未出现明显异常，仅仅存在高钙血症和低磷血症时，可考虑 HP。高血钙可导致多饮多尿，因此常见尿比重小于 1.015，也可见膀胱结石和肾结石，主要由磷酸钙或草酸钙或两者混合组成。长期血钙浓度过高会引起渐进性肾脏损伤。对于犬，HP 导致肾衰时血清离子钙浓度会升高，而在原发性肾衰引起的高血钙中，离子钙浓度正常或下降。

犬的甲状旁腺可增大但不易触诊到，猫则相对容易触诊到。超声检查，通常可见一个或多个甲状旁腺增大，多数腺瘤直径为 6～8mm，有的可超过 1cm。血清 PTH 浓度的检测有利于诊断 HP，但结果的解读必须配合血清钙浓度。手术探查是用于最终诊断 HP 的方法。

[治疗] 治疗方法是手术切除异常的甲状旁腺组织。超声波引导下注射乙醇或热烧灼异常甲状旁腺组织也是一种有效的治疗方法，但治疗结果的稳定性不如手术切除术。如果手术时没有发现甲状旁腺肿或所有的都很小，那应该质疑 HP 的诊断，高钙血症可能是由潜在的肿瘤或异位性甲状旁腺肿瘤（如前纵隔）或非甲状旁腺肿瘤生成的 PTH 所致。手术切除甲状旁腺腺瘤后 1～7d 会引起循环中 PTH 浓度快速下降并继发低血钙，此时应密切监控并治疗，治疗方法包括使用钙制剂和维生素 D。

16.3.2 甲状旁腺功能减退症

甲状旁腺功能减退症（Hypoparathyroidism）是甲状旁腺激素（PTH）合成或分泌不足，或血循环中无生物活性的 PTH，或 PTH 靶器官不敏感等任何一个 PTH 产生效应的环节障碍，临床上表现以手足搐搦、低血钙、高血磷及血清 PTH 水平降低为特征的临床综合征。

[病因] 甲状旁腺功能减退是 PTH 分泌不足引起血钙降低和血磷升高的一种疾病。甲状旁腺功能减退所表现的临床症状与血液中离子钙浓度下降有关。离子钙是钙的一种活性形式，可参与机体多种生理活动。肌肉收缩和神经细胞膜的稳定都需要离子钙的参与，离子钙浓度下降，则会引起神经兴奋性升高和抽搐。特发性甲状旁腺功能减退罕见于犬猫，当未发现外伤、肿瘤、手术破坏或其他对颈部或甲状旁腺造成明显伤害的迹象时，即定义为特发性甲状旁腺功能减退。眼观很难发现腺体，镜检可见腺体萎缩。组织病理学检查可见腺体被成熟的淋巴细胞、浆细胞（偶见）、退化的主细胞和纤维结缔组织所取代，表明该病可能是由免疫性因素引起的。双侧甲状腺切除术治疗甲状腺功能亢进引起的医源性甲状旁腺功能减退常见于猫。严重镁缺乏（血清镁浓度小于 1.2mg/dL）会抑制 PTH 的释放，增加靶器官对 PTH 的抵抗，损害活性维生素 D 的合成（如 1,25-二羟胆钙化醇），从而造成暂时性甲状旁腺功能减退，但对甲状旁腺本身并无损害。

[症状] 6 周至 13 岁的犬均可发病，平均为 4.8 岁，多发于母犬。常见于贵宾犬、迷你雪纳瑞、巡回猎犬、德国牧羊犬和梗类犬，但无明显的品种倾向性。猫的发病率较低。患甲状旁腺功能减退犬猫的临床症状和体格检查类似。主要临床症状均由血清离子钙浓度下降引起。神经肌肉症状包括不安、全身抽搐、局部肌肉痉挛、后肢爬行或搐搦、共济失调和虚弱，其他症

状包括嗜睡、食欲减退、摩擦面部和喘息。抽搐的发作期通常为 30s 到 3min。体格检查还可见步态僵硬、肌肉僵硬、腹壁紧张和肌肉震颤。潜在的心脏异常包括阵发性心动过速性心律不齐、心音低沉和脉搏微弱。由于动物紧张和持续的肌肉活性，可导致犬猫发热。

[诊断] 犬的血清钙浓度小于 8mg/dL，血清离子钙浓度小于 4.5mg/dL；猫的血清钙浓度小于 7mg/dL，血清离子钙浓度小于 0.8mmol/L 时，即可判断为低钙血症。当犬猫血清总钙浓度（TCa）<6.0mg/dL、离子钙（iCa）<0.8mmol/L 时，引起低钙血症的原因包括：低白蛋白血症、慢性肾衰、产后搐搦、急性胰腺炎、乙二醇中毒和磷酸盐灌肠等。犬猫出现持续性低钙血症且排除了其他原因，同时无法测出血清 PTH 浓度时，即可诊断为甲状旁腺功能减退。病史、体格检查、血常规检查、生化检查、尿液检查和超声检查有助于鉴别引起低血钙的原因。除低血钙引起的临床症状外，其他检查通常无明显异常。血清 PTH 浓度的判读必须结合血清钙浓度。低血钙犬猫的血清 PTH 浓度下降或无法检测，强烈提示原发性甲状旁腺功能减退。

[治疗] 甲状旁腺功能减退的治疗包括补充钙制剂和维生素 D。治疗一般分为急性期治疗和维持期治疗。急性期治疗的目的是控制抽搐，可缓慢静脉注射 10% 葡萄糖酸钙，剂量为 5～15mg/kg，直到临床症状缓解为止，给药期间，建议使用心电图进行检测。一旦控制住低钙血症的临床症状，可持续静脉注射或每 6～8h 皮下注射葡萄糖酸钙，直至口服钙和维生素 D 治疗开始起作用。皮下注射葡萄糖酸钙控制抽搐的剂量与静脉注射的剂量相同。在注射钙及口服钙和维生素 D 期间，必须每天检测两次血清钙浓度，皮下注射钙的剂量和频率应根据临床症状的控制情况和使血清钙浓度维持在 8～10mg/dL 作调整。一旦血清钙浓度持续高于 8mg/dL超过 48h，皮下注射钙制剂的治疗必须逐渐停止，可通过增加用药时间间隔来达到。维持治疗即通过每天维生素 D 和钙制剂把血钙浓度维持在 9～10mg/dL。治疗的目的是防止低血钙性抽搐但又不引起高血钙。

静脉注射 10% 葡萄糖酸钙，每千克体重 0.5～1.0mg，每天 2 次。重复用药时，应注意调整注射速度，监测血钙浓度。对慢性低钙血症，可口服碳酸钙或葡萄糖酸钙及维生素 D。钙剂内服剂量为每千克体重 50～70mg，分 3～4 次投服。维生素 D_2 0.01mg/kg，以后用量减半，每周用药 2～3 次。

16.4　肾上腺疾病

16.4.1　肾上腺皮质功能亢进症

肾上腺皮质功能亢进症（Hyperadrenocorticism），又称库兴氏综合征（Cushing's syndrome）。库兴氏综合征是由于皮质醇或促肾上腺皮质激素（ACTH）分泌失控引起，在生理情况下，由于肾上腺皮质增生，或因垂体分泌 ACTH 过多，引起以糖皮质激素分泌过多为主的肾上腺皮质功能亢进。临床上以引起多尿、烦渴、贪食、肥胖、脱毛和皮肤钙质沉着现象为特征。主要发生于中老年犬（2～16 岁），峰期发病年龄为 7～9 岁，性别、品种间无明显差异。亦散发于猫。

[病因]

（1）垂体前叶和间叶肿瘤，如非染色性垂体腺瘤、嗜碱性细胞瘤等，因垂体 ACTH 分泌过多，引起肾上腺皮质功能亢进。

（2）肾上腺皮质增生或肿瘤，大多为腺瘤，亦有腺癌，一般为单侧性，个别为双侧性，多数属自发性肿瘤，在无ACTH时自动分泌皮质醇。

（3）在治疗疾病时大量使用皮质醇或ACTH，继发性地引起糖皮质激素分泌过多，导致肾上腺皮质功能亢进。

（4）某些非垂体肿瘤分泌ACTH，称为异位综合征，犬、猫少见。不论何种原因，其结果是糖皮质激素分泌过多，也有其他皮质激素分泌过多的现象。

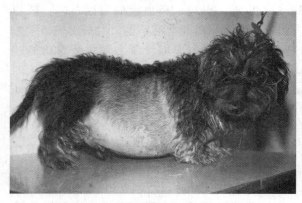

图16-1　肾上腺功能亢进患犬：特征是
大腹便便、多饮和对称性脱毛

[症状] 本病的病理发展过程缓慢，一般需数年才表现出临床症状。病初因血液中高浓度皮质醇阻碍抗利尿激素的生成或释放，患病犬表现渴欲增加、多尿、运动耐力下降、呼吸迫促、嗜睡、渐胖、脱毛、母犬不发情、不耐温热、皮肤有色素沉着，体重并无明显增加，肚腹悬垂等（图16-1）。

由于糖皮质激素直接作用于食欲中枢，约80%的病犬食欲增强，贪食、肝脏肿大，腹肌无力，腹围增大膨隆呈木桶状。这些症状发展缓慢，主人陈述主要是烦渴，训练有素的犬也可在室内小便。

病犬表皮真皮萎缩，皮肤变薄，形成皱襞，血管显露，腹部可见很多粉刺，鳞屑增加，皮肤呈纤细的砂纸样。70%病犬出现无瘙痒双侧对称性脱毛，毛囊萎缩，被毛生长缓慢，犬和猫都可能出现这一症状。脱毛，首先从身体突出部位开始，并向腹部、会阴、腹下发展，因皮肤变薄，皮下静脉清晰可见。皮肤容易感染，色素沉着多为分散性、灶状分布。

钙的异位沉着是犬库兴氏综合征常见症状之一，由于钙盐沉着，脊柱部、腹部或腹股沟部形成皮肤结石，伴有皮肤内斑点或出血的表层溃疡，真皮、表皮或角质层大量沉着黑色素，触摸感到皮肤和皮下有较硬的斑块，如摸衬衫的衬领样感觉，好发部位为头颅颞部、背中线、颈下、腹下、股内侧、气管环等。

蛋白质代谢的异化作用带来骨骼肌的消耗，出现明显的肌肉萎缩、震颤。脊柱弯曲，飞节和肘头部易产生褥疮。肌肉肌蛋白异化加剧，引起肌肉虚弱、运动耐力下降。个别严重病例出现呼吸困难、肌肉强直性痉挛。

本病也可逆行性压迫大脑或脑干部而引起视力丧失，盲目运动。96%病犬肺脏沉着无机物，也有沉着于骨骼肌和胃壁上的。偶见骨质疏松症和骨折。侵害骨骼特别是椎体的病犬，X射线检查较明显。

另外，患病母犬发情周期延长或不发情，公犬睾丸萎缩，性欲减退。

[诊断] 临床上根据多尿、烦渴、血清电解质不变、肚腹渐渐增大、四肢渐渐萎缩、被毛脱落和皮肤色素沉着及钙沉着、血浆ALP活性升高、尿比重下降等特点，可做出初步诊断，但应与糖尿病、尿崩症、肾功能衰竭、肝病、高钙血症、充血性心力衰竭等相区别。过量糖皮质激素使血压升高、血容量增加，因而增加了心脏负担，心肌肥大。由糖皮质激素引起心肌肥大的同时，常伴有纤维素增生和瓣膜性疾病，使用洋地黄效果不佳，从听诊和心电图检查可以区别。诊断中还应区分是否是垂体性、自发性或医源性肾上腺皮质功能亢进。垂体性可引起肾上腺皮质增生，激素分泌无明显的昼夜间节律变化；而自主性肾上腺皮质增生，除可使ACTH呈负反馈性分泌减少外，非增生部分肾上腺皮质萎缩；医源性肾上腺皮质功能亢进，双侧性肾上腺皮质萎缩。

（1）血象检查　淋巴细胞减少（为循环血液中白细胞的6％），嗜酸性细胞减少至100个/μL以下，伴以嗜中性粒细胞增加的白细胞增多（超过17000μL），红细胞正常。

（2）血液生化检查　血糖轻度升高，尿氮和肌酸下降，血浆皮质醇升高。血清ALT活性升高，90％的病犬ALP活性升高。胆固醇浓度升高，常有高脂血症。血清电解质浓度在正常范围内，偶有波动。

（3）尿常规检查　尿比重在1.015以下，平均1.007。禁水后浓缩尿液的能力下降，大约有10％的病犬有糖尿现象。泌尿系统感染的犬，尿沉渣检查呈病理性变化。

（4）肝活组织穿刺　肝中心小叶空泡样，空泡周围有糖原积聚和灶性中心小叶坏死。

（5）腹部X射线检查　可见腰椎骨质疏松。有时真皮和皮下有钙质沉着。

（6）ACTH刺激试验　先禁食，采血测定皮质醇浓度，然后肌注肾上腺皮质激素，2h后再测定皮质醇浓度。正常犬血清皮质激素浓度为27.59～137.95nmol/L（10～50μg/L）。如果皮质醇浓度比用药前血样中的浓度高3～7倍，即可确诊为垂体性库兴氏综合征，若低于正常值，可确定为机能性肾上腺皮质肿瘤性库兴氏综合征。还可测定内源性ACTH，浓度升高为垂体性库兴氏综合征，浓度降低为肾上腺皮质肿瘤性库兴氏综合征。

（7）地塞米松抑制试验　地塞米松可抑制垂体分泌ACTH，或者是抑制下丘脑分泌皮质激素释放激素。低剂量的地塞米松静脉注射后，可使皮质醇分泌减少。清晨采取受试犬血样，然后静脉注射地塞米松（每千克体重0.01mg），以后第3h、第8h再采血样，如皮质醇浓度减少至275.9nmol/L（10μg/L）以下，为正常或轻度肾上腺皮质增生的犬；如皮质醇浓度在386.26nmol/L（14μg/L）以上，则为库兴氏综合征；如用大剂量地塞米松（每千克体重0.1～1.0mg），皮质类固醇无甚变化，则意味是癌，尤其是皮质癌，其分泌皮质类固醇不受地塞米松影响；如其浓度下降至用药前的50％～75％，则表明是垂体性肾上腺皮质功能亢进。

（8）肾上腺皮质功能试验　血浆中17-羟皮质类固醇浓度增高，为正常值（3～10μg）的2～3倍，一般可达20μg以上。昼夜周期性波动消失，24h尿中17-羟皮质类固醇测定明显增高。

[治疗]库兴氏综合征治疗的主要目的是使血液中皮质类固醇降到正常水平。

由肿瘤引起的库兴氏综合征，应予切除，但术后注意防止激素缺乏。

由垂体肿瘤引起的库兴氏综合征，可行垂体或肾上腺切除术。切除垂体或肾上腺的动物，需终身补充皮质类固醇。用米托坦（O,P'-DDD）治疗，可使糖皮质激素分泌减少，开始剂量为每千克体重25mg，口服，2次/d，直到动物每天每千克体重需水量降到60mL以下后，改为每7～14d给药2次，以防复发。但此药对胃有刺激作用，用药3～4d后如出现反应，可少量多次服用或停止几天给药。

由肾上腺皮质瘤引起的可施手术摘除，术后，肌内注射醋酸去氧皮质酮，其剂量为每千克体重0.02～0.04mg，密切注意血压、尿素氮、血清电解质和葡萄糖浓度的变化。同时应连续使用糖皮质类固醇、盐皮质类固醇。术后4～8周内，隔日治疗1次，以后逐渐减少用量及用药次数；6个月后视病情可考虑能否停药或停止治疗。肾上腺良性肿瘤手术切除，预后良好，其标志是术后数周内排尿量减少，病犬活泼，肚腹减小，被毛持续干燥，1～3个月后，新毛生长，皮肤纹理正常。恶性肿瘤如已发生转移，预后谨慎。

此外，在饲喂时给予高蛋白食物，用抗脂溢性洗发液清洗犬体表以减少皮质脱屑。

16.4.2　肾上腺皮质功能减退症

肾上腺皮质功能减退症（Hypoadrenocorticism），又叫阿狄森氏病（Addison's disease），本病是原发性慢性肾上腺皮质激素不足所致，双侧肾上腺皮质因感染、损伤和萎缩，引起皮质激素分泌减少，临床以表现体虚无力、体重减轻、血清钠离子浓度下降、钾离子浓度升高为特点。本病主要发生于幼龄至中年犬，6 月龄即可患病。雌性动物发病较多，没有品种和体型大小的差异。猫尚未见报道。

[病因] 按发病原因分原发性和继发性肾上腺皮质功能减退两种。

（1）原发性肾上腺皮质功能减退 多见于自身免疫性肾上腺皮质萎缩、组织胞浆菌等深部真菌感染、淀粉样变性、出血性梗塞、腺癌转移、某些药物、X 射线照射等引起肾上腺皮质损伤。

（2）继发性肾上腺皮质功能减退 一般是由于丘脑-垂体前叶受到损伤和破坏，肾上腺切除或长期用糖皮质激素治疗过程中突然停药等，引起促皮质释放激素（CRF）和促肾上腺皮质激素（ACTH）分泌不足，出现肾上腺皮质功能减退。肾上腺皮质药物，从 O，P′-DDD 损害了肾上腺皮质，抑制了醛固酮和皮质醇的合成和分泌，造成体内钠离子从尿、汗、粪中大量丢失，同时机体脱水、血容量下降、肾小球滤过率下降，最终引起氮血症、高钾血症和中等程度酸中毒，加重了肾上腺皮质功能减退。

[症状] 腺体的破坏是渐进性的，有 90% 的肾上腺皮质破坏时，开始出现临床症状，表现为精神抑郁、食欲不振、厌食、呕吐、腹痛、便秘、有时腹泻、进行性消瘦、失水、体重下降、嗜睡、虚弱、颤抖、多尿、烦渴、不愿走动、心搏徐缓、血压下降、血糖降低。个别犬病情急，还会出现休克或昏迷，不及时治疗则很快死亡。

[诊断] 根据皮肤黏膜色素沉着等典型临床症状表现可初步诊断，测定血中 ACTH 增加，方可确诊。

（1）血液生化检查 血钠降低，血钾升高，血钙轻度升高。血清钠离子浓度低于 106mmol/L，同时血氯浓度下降，血钾离子浓度高达 10.2mmol/L（正常仅为 5mmol/L），Na^+/K^+ 值从 27～40：1 降到 20：1 以下，但继发性肾上腺皮质功能减退的动物，其 Na^+、Cl^- 浓度变化不明显，因醛固酮分泌作用下降，可维持高钾血症。白细胞总数增多（28.7×10^9 个/L），正细胞性贫血，嗜酸性细胞和淋巴细胞的绝对值及分类数升高。血液尿素氮浓度升高至 44.30～54.98mmol/L（正常仅为 1.79～8.21mmol/L），有的血糖降低至 60mg/100mL 以下。应区别其他原因的低钠血症和高钾血症，如由于肾小管损伤、过多使用利尿剂、呕吐、腹泻等均引起钠离子浓度下降。急性肾功能衰竭、酸中毒、各种原因的溶血性疾病及血清制备过程中红细胞破裂等，都可引起血钾浓度过高。

（2）心电图检查 T 波平或倒置，P-R 间期与 Q-T 间期延长。血钙升高时，P 波消失。

（3）激素定量 尿中 17-羟皮质类固醇近于零，血中皮质醇也降低（犬正常值为 5～10g/100mL）。

（4）ACTH 刺激试验 ACTH 刺激后血浆中皮质醇浓度升高，则为继发性肾上腺皮质功能减退，病变在垂体或下丘脑；如皮质醇浓度低于正常，则为原发性肾上腺皮质功能减退。另外，内源性 ACTH 测定时：原发性的病例 ACTH 浓度升高，继发性的其浓度则降低。

[治疗] 对急性病例，病犬、猫陷于休克状态时，应积极抢救。先纠正脱水、电解质不平衡和酸中毒，可静脉注射生理盐水、琥珀酸钠脱氢皮质醇和碳酸氢钠，还要给予长期的维持治疗。葡萄糖生理盐水静脉滴注，琥珀酸泼尼松钠每千克体重 4.4～22.0mg，静脉注射，醋酸去氧皮质酮每千克体重 0.2～0.4mg，肌内注射，同时补以 5% 碳酸氢钠，解除酸中毒。每隔 4h 监测血中电解质及二氧化碳结合力，并结合尿量、心电图、中心静脉压等变化，分析病情，采取适当的治疗措施。当病情稳定时，可每天口服醋酸氟氢可的松片，但不宜间断给药。在食物中还可多加些盐分。

16.4.3 嗜铬细胞瘤

嗜铬细胞瘤（Pheochromocytoma）是交感神经系统的一种罕见的内分泌肿瘤，多见于犬，很少见于猫和其他家畜。嗜铬细胞瘤起源于肾上腺的嗜铬细胞，能够产生、储存和分泌儿茶酚胺（例如肾上腺素、去甲肾上腺素）。临床症状可能是儿茶酚胺过量产生或周围结构局部浸润的结果。嗜铬细胞瘤通常是单个存在、缓慢生长的肿瘤，直径小于0.5cm至大于10cm不等。双侧肾上腺嗜铬细胞瘤也曾有过报道。

[病因] 嗜铬细胞瘤被认为是犬的恶性肿瘤。肿瘤侵入或延伸至邻近的后腔静脉腔、包裹并压迫后腔静脉或两者同时存在都是常见的。有时还出现侵入血管壁或造成主动脉、肾静脉、肾上腺静脉和肝静脉狭窄。较远部位的转移包括肝脏、肺脏、局部淋巴结、脾脏、心脏、肾脏、骨髓、膜腺和中枢神经系统。肾上腺外嗜铬细胞瘤（即神经节细胞瘤）也曾有过报道，但罕见于犬猫。

[症状] 嗜铬细胞瘤最常见于老年犬猫（平均年龄11岁），无明显性别或品种倾向性。最常见的临床症状是全身虚弱和发作性虚脱。体格检查异常最常见于呼吸系统（如呼吸急促、喘）、心血管系统（如心动过速、心律不齐、脉搏微弱）和肌肉骨骼系统（如虚弱、肌肉消耗）。

儿茶酚胺过量分泌可引起潜在威胁生命的全身性高血压。儿茶酚胺的分泌是散在发生且不可预测的。因此，临床表现和全身性高血压倾向于阵发，通常在就诊时不明显。因为临床症状和体格检查结果经常是模糊的、非特异的，且容易伴有其他疾病，所以只有在超声波检查发现肾上腺肿瘤后才把嗜铬细胞瘤列为潜在的鉴别诊断。

嗜铬细胞瘤也可能是死后剖检时意外地发现，它可能引起突发性虚脱，肿瘤突发持续性分泌大量儿茶酚胺所致的死亡。当初始检查时发现周期性出现临床症状（如虚脱、呼吸急促、心率加快）时，强烈暗示本病。

嗜铬细胞瘤的大小也与临床症状是否出现及其严重程度有关。小而边界清晰的嗜铬细胞瘤常可引起肾上腺轻度肿大，多在腹部超声波检查或死后剖检时意外发现。嗜铬细胞瘤扭曲肾上腺并且压迫或侵入周围组织时，常引起可见的临床症状，同时增加了死前诊断的可能性。

[诊断]

嗜铬细胞瘤的诊断需要兽医高度怀疑本病。CBC、血清生化检测和尿检均无持续存在的异常，无法给出怀疑嗜铬细胞瘤的信息。急性或周期性虚脱，体格检查时发现相应的呼吸和心脏异常，存在全身性高血压（特别是呈阵发性时）且腹部超声波检查发现肾上腺肿瘤十分有助于尝试性建立嗜铬细胞瘤的诊断。伴有肾上腺肿瘤且肾上腺皮质功能正常的无氮质血症犬存在高血压时，可见于许多疾病，包括嗜铬细胞瘤。但肿瘤分泌儿茶酚胺并继发高血压多呈阵发性。当犬伴有相应临床症状但无高血压时，并不能排除嗜铬细胞瘤的诊断。

腹部超声检查是一种有效的诊断工具，在评估肾上腺面积和检测肾上腺肿块方面可能优于放射学（图16-2、图16-3）。50%～83%的犬嗜铬细胞瘤病例可以通过超声检查发现肾上腺肿块。但是，未能看到肿块并不排除诊断。腹部超声波检查发现肾上腺肿大（如肾上腺肿瘤）而对侧肾上腺大小正常可进一步提示嗜铬细胞瘤。对于存在全身性高血压的犬猫，腹部超声波检查肾上腺大小可能是嗜铬细胞瘤最好的筛查方法。不过应注意的是，肾上腺大小正常不能排除诊断。超声波检查也可提供肿瘤转移和肿瘤侵入周围结构的信息，如后腔静脉。如果发现肾上腺肿瘤，特别是引起肾上腺皮质功能亢进的AT或无功能的肾上腺肿瘤时，必须考虑其他的可能性。

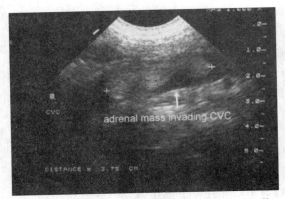

图 16-2　患有肾上腺肿瘤犬的腹部超声（矢状面）（图由路易斯安那州立大学的 Jamie Williams 博士提供）

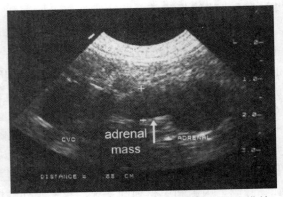

图 16-3　患有肾上腺肿瘤犬的腹部超声（横轴面）（图由路易斯安那州立大学的 Jamie Williams 博士提供）

　　嗜铬细胞瘤和 AT 也可同时发生，这给诊断和治疗带来了很大的困难。许多临床症状（如喘、虚弱）和血压变化都可见于肾上腺皮质功能亢进（常见）犬，这与嗜铬细胞瘤（不常见）犬类似。因此，当犬患肾上腺肿瘤时，在着重怀疑嗜铬细胞瘤前先进行激素检测以排除肾上腺皮质功能亢进是十分重要的。测定尿儿茶酚胺浓度或其代谢产物可增强嗜铬细胞瘤的尝试诊断。但是这些试验都不常用于犬猫。因此，犬猫嗜铬细胞瘤生前的确诊最终依赖于手术切除的肾上腺肿瘤的组织学检查。

　　[治疗] 周期性内科治疗以对抗过度肾上腺素能刺激，然后手术切除肿瘤是治疗嗜铬细胞瘤的方法。

　　米托坦治疗起源于肾上腺髓质的肿瘤是无效的。长期内科治疗主要是控制儿茶酚胺过度分泌，而不是减小肿瘤局部侵入或转移至其他器官的风险。α-肾上腺素能阻断剂酚苄明（开始时 0.25mg/kg PO q12h）可用于预防严重高血压的临床表现，还可能须用普萘洛尔控制心动过速和心律不齐。不过，在未先用 α-肾上腺素能阻断剂时，不可使用普萘洛尔，因为会出现严重的高血压。

　　手术切除时潜在威胁生命的并发症是很常见的，手术切除嗜铬细胞瘤时，术前数周使用 α-肾上腺素能阻断剂，经验丰富的麻醉师以及精于做肾上腺手术的术者有助于减少与麻醉和控制肿瘤相关的严重术期并发症。预后部分取决于是否存在并发疾病和疾病的本质，肾上腺肿瘤的大小，是否出现肿瘤转移或局部侵入，是否出现术期继发症。手术切除肿瘤预后谨慎至良好。如果肾上腺肿瘤较小（<3cm）、未侵害血管，且 α-肾上腺素能阻断剂可有效控制肿瘤阵发性过度分泌的儿茶酚胺引起的毒害作用，内科治疗的犬可存活 1 年以上。

16.5　胰腺疾病

16.5.1　糖尿病

　　糖尿病（Diabetes mellitus）是指胰腺兰格罕氏小岛的胰岛素分泌不足引起的碳水化合物代谢障碍性疾病。临床上以烦渴、多尿、多食、体重减轻和血糖升高为特征。犬猫均可发生，两者发病率相同，有报道其发病率为 1∶100～500。

　　[病因及分类] 根据病因分Ⅰ型（原发性）和Ⅱ型（继发性）糖尿病。Ⅰ型即为胰岛素依

型糖尿病，Ⅱ型为非胰岛素依赖型糖尿病。Ⅰ型是临床上最常发生的一种糖尿病，犬猫均可
生，但犬比猫多见。临床统计表明，几乎所有的犬和 50%～70% 的猫均患Ⅰ型糖尿病。而
型糖尿病多发生于猫，占 30%～50%。犬偶见。

Ⅰ、Ⅱ型糖尿病病因复杂，包括遗传、免疫介导性胰岛炎、胰腺炎、肥胖症、感染、并发
、药物和胰岛淀粉样变等。认为本病在某些犬种有家族史，如匈牙利长毛牧羊犬、迷你笃宾
等较其他品种犬有更高的遗传倾向性。但猫却没有明显的遗传倾向。犬猫营养过度（肥胖），
加胰岛负荷及脂肪组织细胞相对不敏感，出现糖尿病或糖耐量减退的倾向，多见于成年犬猫
尤其猫）和Ⅱ型糖尿病；某些药物，如糖皮质激素、孕激素、非类固醇类消炎镇痛药（阿司
林、消炎痛）等均可引起糖耐受减退，提高血糖水平。但多数为可逆性，即停药后，高血糖
复正常；某些疾病引起内源性生长激素、肾上腺皮质激素分泌过多，颉颃胰岛素，引起血糖
高和糖尿。各种感染、并发症、创伤、手术等应激及怀孕等也可引起肾上腺素、生长激素、
高血糖素、内源性激素的增加，使胰岛素减少，血糖升高。

Ⅰ型糖尿病常见严重的 β 细胞空泡和退变、慢性胰腺炎和免疫介导性胰岛炎等组织损伤。
型则以肥胖症和胰岛淀粉样变为多见。无论何种致病因素和异常组织，最终结局是引起 β 细
的损害，使胰岛 β 细胞产生的胰岛素减少，妨碍循环中葡萄糖转入细胞，加速肝脏葡萄糖的
生和糖原分解。随后发生高血糖症和糖尿，引起多尿、多饮、贪食和失重等。

[发病机制] 在多种因素的作用下，使 β 细胞分泌胰岛素相对或绝对减少，导致糖尿病。
岛素的减少反过来又降低了组织对葡萄糖、氨基酸和脂肪酸的利用，不能分解和转化来自食
和肝糖原异生的葡萄糖，血糖升高。血糖浓度增加，促使肾小球滤过和肾小管吸收葡萄糖的
用加快。犬葡萄糖肾阈值为 10～12.2mmol/L，猫肾阈值变动范围较大，为 11.1～
.8mmol/L（平均 16.1mmol/L）。如血糖过高，超过这个阈值，就发生糖尿。糖尿增加渗透
利尿而造成多尿。尿量愈多，口渴愈甚。由于葡萄糖不能被充分利用，使机体处于半饥饿状
，故有强烈的饥饿感。进食虽多，但糖不能充分利用，大量脂肪和蛋白质分解，使身体逐渐
瘦而失重。

如果动物不及时治疗，病情将进一步发展。胰岛素不足时，脂肪分解增强，血中非酯化脂
酸增多，脂肪酸在肝内经 β 氧化分解生成大量乙酰辅酶 A。由于葡萄糖利用率减少，生成草
乙酸减少，故大量辅酶 A 不能与草酰乙酸结合进入三羧酸循环，而使辅酶 A 转化为酮体的
程加强。若超过外周组织氧化利用的速度，则可使血中酮体蓄积增多，形成酮血病、酮尿病
酮酸中毒。

[症状] 典型糖尿病主要发生于较年老的犬猫，其中犬发病年龄最高为 7～9 岁，猫为 9～
岁。小于 1 岁犬猫也可发生"青少年"糖尿病，但不常见。母犬发病约是公犬的 2 倍，猫
要见于去势的公猫。糖尿病的典型症状是多尿、多饮、多食和体重减轻，尿液带有特殊的甜
似烂苹果味（丙酮味）。尿比重加大，含糖量增多，一般尿中含葡萄糖超过正常的 4%～
%，甚至高达 11%～16%（犬）。更严重病例，见有顽固性呕吐和黏液性腹泻，最后极度虚
而昏迷，称糖尿型昏迷，亦称酮酸中毒性昏迷。另外，早期约 25% 病例从眼睛晶体中央开
发生白内障，角膜溃疡，晶体混浊，视网膜脱落，最终导致双目失明，并在身体各部出现湿
。有时出现脂肪肝。有些病例尾尖坏死。

[诊断] 根据犬猫的年龄、病史、典型症候及定量测定尿糖和血糖进行诊断，必要时做糖
量试验诊断。为估计 β 细胞功能，也可测定血胰岛素含量。

[治疗] 首先改善饮食，多喂肉食和脂肪，限制碳水化合物的摄入。药物治疗主要是用胰
素，如中性鱼精蛋白锌胰岛素（NPH）和鱼精蛋白锌胰岛素（PZI）等。按病情轻重，每千

克体重给予 1～10U/d，剂量由小到大，直至清晨的尿中不含糖为止。但用药后 3～7h，可能出现低血糖，动物表现虚弱和疲倦。此时应口服葡萄糖浆或静脉注射 50％葡萄糖 5～10mL，严重时可皮下注射肾上腺素。还可口服氯磺丙脲 100mg，或甲磺丁脲片 500mg，观察用药后的状态，调节剂量。糖尿病患者因多尿而使体液大量丢失。为维持正常血容量，可根据尿量多少，进行静脉输液（尿量少时，输液量加大，反之亦然）。补充液体最好是等渗溶液，如生理盐水、林格液和 5％葡萄糖生理盐水。若动物出现酮酸中毒，应静脉补充 5％碳酸氢钠溶液以缓解酸中毒。酮酸中毒病例易发生低血钾，应根据心电图和血钾的测定情况，在上述输液中，适当地添加氯化钾，以维持正常血钾水平。

16.5.2 糖尿病酮性酸中毒

糖尿病酮性酸中毒（Diabetic Ketoacidosis，DKA）是糖尿病的严重阶段，以高血糖、高酮血症及代谢性酸中毒为特征。

通常认为是低胰岛素血症和高血糖素血症的双激素失调，引起葡萄糖和酮酸的生成过多和利用不充分。主要由于线粒体摄取脂肪酸有关的酶如肉碱酰基转移酶活性的增加，激活了肝线粒体的生酮途径，产生过多酮酸、乙酰乙酸和 α-羟丁酸而发生代谢性酸中毒。酮体持续在血液中蓄积时，机体的缓冲系统被破坏，引起代谢性酸中毒恶化。由于酮体蓄积于细胞外，其量最终会超过肾小管重吸收阈值，导致酮体出现在尿液中，引起渗透性利尿，并增加电解质的丢失（如钠、钾、镁），胰岛素缺乏本身也会引起肾丢失过量的水和电解质。总的结果是电解质和水分大量丢失，引起低血容量，组织灌注不足和肾前性氮质血症和细胞脱水。DKA 严重的代谢紊乱，包括严重酸中毒、高渗透性、渗透性利尿、脱水和电解质紊乱，最终会威胁生命。

[症状] DKA 是糖尿病一种严重的并发症，最常发生于未诊断的糖尿病或使用胰岛素剂量不足。早期症状：多饮、多尿、体重下降、有或无食欲过盛，因为 DKA 本质上呈渐进性，发生 DKA 时主人认识不足。后期症状：精神沉郁、呕吐、食欲下降、脱水、呼吸急促等。症状的程度和严重性随着疾病的阶段不同而变化。当出现酮血症和代谢性酸中毒恶化时，会出现全身性症状如嗜睡、厌食、呕吐，开始出现糖尿病临床症状至出现 DKA 全身性症状的时间间隔不定，可能从数天至 6 个月以上。一旦出现酮症酸中毒，通常 7d 内会呈现明显的症状。严重代偿性酸中毒可见缓而深的呼吸即库氏呼吸。

[诊断] 要诊断糖尿病，首先应存在相应的临床症状（即多尿、多饮、多食和体重下降）和持续的禁食性高血糖和糖尿。测定乙酰乙酸的试纸条测出酮尿可确诊糖尿病酮症，当证明存在代谢性酸中毒时，即可确诊 DKA。

[治疗]

体液治疗：补充体液和电解质，纠正酸中毒，增加循环血容量，提高排尿量。

胰岛素治疗：根据动物的活跃程度和饮水饮食情况，选择中效或长效胰岛素皮下注射，详见糖尿病治疗。

患 DK 或 DKA 的"健康"犬猫的治疗：

（1）轻度代谢性酸中毒时，全身症状不明显，血液学指标确定发生轻度代谢性酸中毒，可皮下注射短效常规结晶胰岛素，每天 3 次，直至酮尿消失。胰岛素剂量应根据血糖浓度调整。为防止出现低血糖，注射胰岛素时可饲喂 1/3 日能量需求量。同时还应监测血糖浓度、尿酮浓度以及临床状况。酮症消失后，犬猫开始采食和饮水，应开始用长效胰岛素治疗。

（2）重症 DKA 犬猫的治疗 如果犬猫出现全身性症状（如嗜睡、厌食、呕吐），应进行积极治疗。体格检查通常可见脱水、抑郁、虚象或库氏呼吸，或几种同时存在。血糖浓度通常过高并存在严重代谢性酸中毒。5个治疗目标是：①提供足量的胰岛素抑制脂肪分解、酮体生成和肝脏糖异生；②补充丢失的水分和电解质；③纠正酸中毒；④查出促发本病的原因；⑤为保证持续使用胰岛素而不出现低糖，提供葡萄糖。

为了有助于制订治疗方案，应收集重症糖尿病酮症酸中毒各种检验结果。检查至少包括尿检、PCV、血浆总蛋白浓度、血糖浓度、静脉二氧化碳总量或动脉酸碱度检查、BUN或血清肌酐浓度以及血清电解质浓度即 Na^+、K^+、Ca^{2+} 和 PO_4^-，通常还需要 X 射线片、腹部超声波或其他实验室检查以查明潜在的并发疾病。

（3）液体治疗　补充水分和维持正常体液平衡以确保足量的心输出量、血压和组织灌流量是十分重要的，尤为重要的是提高肾血液灌流量。采用何种液体治疗主要取决于犬猫电解质状态、血糖浓度和渗透性。开始治疗时静脉液体制剂的首选是 0.9% 氯化钠溶液，并添加适当的钾。液体治疗的目的是在 24～48h 内逐渐恢复丢失的水分。接着根据脱水状态、尿液排出量、氮质血症严重程度和是否存在呕吐和腹泻进行调整。

（4）补充钾　多数DKA犬猫在开始治疗时血清钾离子浓度正常或降低，犬猫血清钾离子浓度是下降、正常还是升高，主要取决于疾病持续的时间、肾功能和先前的营养状况。治疗DKA时，由于脱水的纠正、酸中毒的缓解、胰岛素介导的细胞吸收钾离子和持续的尿液丢失，血清钾离子浓度出现下降。在开始治疗DKA的 24～36h 内，严重的低钾血症是最常见的并发症。正常的生理盐水中不含钾离子，使用林格液中钾离子浓度为 4mEq/L 进行补充。

（5）磷的补充　DKA时代谢性酸中毒会引起磷从细胞内转移至细胞外，因此，即使肾丢失过多引起机体总磷量严重减少，初诊时犬猫也可能不出现低磷血症。随着胰岛素治疗和代谢性酸中毒的纠正，大量磷会从细胞外液转移至细胞内，12～24h 内潜在性出现严重低磷血症，严重低磷血症引起的溶血性贫血是最常见的问题，如果未发现或不进行治疗，将危及生命。有时还可见虚弱、共济失调和惊厥。应补充磷，静脉注射是补充磷的常规方法。

（6）碳酸氢盐治疗　根据犬猫的临床表现以及血浆碳酸氢根或静脉二氧化碳总量来确定是否需要碳酸氢盐治疗，治疗方案是匀速静脉输液，缓慢纠正代谢性酸中毒。

（7）胰岛素治疗　只有用胰岛素治疗，才能消除酮症酸中毒。因此，DKA确诊后 1～4h 内应开始胰岛素治疗，使用快速作用的常规结晶胰岛素。胰岛素治疗DKA的方案包括间歇性肌内注射、持续低剂量静脉注射和先肌内注射后皮下注射。胰岛素给予的3种途径（即静脉、肌内和皮下）对降低血糖和酮体都是有效的，DKA的成功治疗并不取决于用药途径，而在于正确治疗每个与DKA有关的疾病。

持续低剂量胰岛素输注技术是以固定速率静脉输注常规胰岛素，是降低血糖的一种有效方法。通常是依据个人偏好、是否有输液泵和技术支持而选择间歇性肌内注射或连续低剂量胰岛素输注。

（8）积极治疗并发症　治疗DKA时需治疗其他并发的疾病，且这些疾病通常比较严重。最常见的并发症包括细菌感染、胰腺炎、充血性心力衰竭、肾功能衰竭和胰岛素拮抗性疾病，较常见的肾上腺皮质功能亢进、甲状腺功能亢进和间情期。

DKA治疗引起的并发症十分常见，通常是过度治疗、动物体况监测不足和未按时评价生化指标所致。DKA较为复杂，如果治疗措施不当，死亡率很高。为了减小治疗并发症的风险和改善治疗成功率，所有异常指标都应缓慢回归至参考范围，且须经常评价动物体况和精神状态。在开始治疗的 24h 内，应每 1～2h 测血糖浓度，每 6～8h 测定血清电解质和血气值。在开始治疗的 24h 内，液体、胰岛素和碳酸氢盐治疗通常需要调整 3～4 次。忽视DKA动物体况且未进行相应调整将会导致严重的并发症。最常见的并发症是低血糖、继发于脑水肿引起的中枢神经症状、严重低钾血症、严重高钠血症和高氯血症，以及低磷血症引起的溶血性贫血。

[预后] DKA仍然是宠物临床最难治疗的代谢性疾病，即使采用了完善的预防措施和最佳的治疗方案，一些病例死亡仍难以避免。在开始住院期间，约30%严重的DKA犬猫出现死亡或施行安乐死。死亡通常是严重潜在性疾病如少尿性肾功能衰竭、坏死性胰腺炎、严重代谢性酸中毒或治疗过程中由并发症如脑水肿、低钾血症所致。不过，如果采取合理的治疗并密切监测，仍可达到治疗DKA的目标。

16.5.3 急性胰腺炎

急性胰腺炎（Acute pancreatitis）是胰酶在胰腺内被激活后引起胰腺组织自身消化的化学性炎症。

[病因]

（1）胆道疾病 与约80%的胰管和胆总管汇合成共同通道开口于十二指肠壶腹部有密切相关，而使动物易患急性胰腺炎与胆道疾病。主要包括胆石、蛔虫和胆道感染。

（2）胰管阻塞 主要包括胰管结石或蛔虫、胰管狭窄和肿瘤等引起的胰管阻塞。

（3）暴饮暴食 短时间内大量食糜进入十二指肠，引起胰液大量分泌。

（4）内分泌与代谢障碍 主要包括高钙血症、高脂血症、糖尿病昏迷和尿毒症。

（5）感染 该病可继发于急性传染性疾病，如猫弓形虫和猫传染性腹膜炎。

（6）药物 主要包括硫唑嘌呤、左旋天门冬酰胺酶、噻嗪利尿剂、速尿、磺胺药、四环素、肾上腺皮质激素和组胺 H_2 受体拮抗剂。

（7）手术或创伤 前部腹腔手术过程中短暂的静脉回流阻塞可能引起术后胰腺炎，原因是胰腺局部缺血。严重的腹部创伤（高危综合征）也可伴有急性胰腺炎。

（8）其他 低蛋白高脂肪的食物可导致胰腺炎，因此胰腺炎在肥胖犬常见。在脂肪肝患猫中有38%发生急性胰腺炎，在急性胰腺炎患猫中有59%存在肝脂变。猫的急性胰腺炎发病原因通常不清楚。

[症状] 急性胰腺炎并无特有的临床症状，但发生急性腹痛、呕吐、发热、血尿、精神沉郁和淀粉酶增高时，常需考虑急性胰腺炎。

[诊断] 除了对胰腺的直接检查外，没有可以确诊的简单方法。根据从病史、临床检查、影像学检查和实验室检查中获得的信息，可以对急性胰腺炎进行假定性诊断。

（1）病史调查与临床检查 作为参考。

（2）X射线检查 右前腹部密度升高，对比度下降，颗粒化；胃左移，降十二指肠右移，幽门和十二指肠近端的三角区变宽；降十二指肠内侧有肿块；十二指肠和横结肠呈充气样；横结肠后置；胃扩张，胃排空障碍。

（3）超声波检查 正常胰腺很难看到。发炎的胰腺增强了低回声，胰腺区回声密度低或有斑点状回声；胰腺周围脂肪的炎症，使胰腺周界形成高回声；胰腺的炎症可导致十二指肠明显加厚；胰腺伪囊肿或脓肿，可看到囊肿团块；同时发生肝脂化和急性胰腺炎的猫可发现腹腔渗出。

（4）血常规检查

① 犬：中性粒细胞增多，常伴有核左移；红细胞比容升高（脱水）；发生临床症状不明显的DIC。

② 猫：血象变化不常见，无特异性，常见中性粒细胞增多（30%）、后期贫血（35%）

还可能出现临床症状不明显的贫血迹象（有核红细胞）。

（5）血液生化检查

① 犬：常出现氮血症，碱性磷酸酶和丙氨酸氨基转移酶通常升高，总胆红素升高（肝细胞破坏、胆汁排泄障碍），高血糖，轻中度低血钙（钙进入软组织），胆固醇和三磷酸甘油酯升高。

② 猫：低血糖（75%，化脓性胰腺炎的猫）、高血糖（64%，急性胰腺溃疡的猫）、丙氨酸氨基转移酶升高（68%）、胆红素升高（64%）、胆固醇升高（64%）、碱性磷酸酶升高（50%）、低血钙（45%）、低血钾（56%）、低磷酸酯（14%）。

[治疗] 治疗原则：消除病因，加强饲养管理，药物疗法和营养支持疗法。

（1）让胰腺休息，从感染中恢复消除任何有致病可能的因素。

（2）重建循环系统的完整性，需纠正脱水、休克和低血容量，采用等渗电解质溶液（如乳酸林格液），通常每升液中需加氯化钾 20mEq。如果需要纠正代谢性酸中毒，可采用小苏打；如果呕吐严重，可使用止吐剂（如氯丙嗪、胃复安）；若休克，可给予糖皮质激素。

（3）减少胰腺分泌 呕吐期过后禁食 3～5d。如果限饲超过 5d 或体重下降 10%，应考虑通过其他途径补充能量（静脉输液或空肠造口）。禁用抗胆碱药，因有可能引起肠闭塞。

（4）减轻疼痛 用止痛药减轻腹部疼痛（如环丁羟吗喃、杜冷丁）。

（5）处理并发症 不建议常规使用抗生素，因为细菌的作用不是主要的。若出现高热或血象显示有中毒性变化，可注射抗生素。为了控制败血症，防止胰腺溃疡，建议用头孢类抗生素。如果发生败血症或腹膜炎，可考虑同时使用头孢类和氨基糖苷类抗生素。注意控制急性肾衰和 DIC。

（6）手术治疗 为了控制败血性胰腺炎，可采用手术干预（灌肠或排液），必要时可考虑采用腹膜透析。胰腺炎的末期并发症需要手术干预，如发生溃疡、肉芽肿和胆管阻塞等。

16.5.4 慢性胰腺炎

胰腺是位于胃和十二指肠后的"V"字形器官，能分泌消化酶，有助于食物营养的消化和吸收。犬猫胰腺炎（Pancreatitis）是一种临床上常见的消化系统疾病，临床上以呕吐、腹痛、发热，生化检查以血清淀粉酶、脂肪酶升高等为主要特征。慢性胰腺炎的特征是反复发作，持续性呕吐和腹痛。

[病因]

（1）饮食因素 长期饲喂高脂肪高蛋白食物，造成犬猫过度肥胖时可引起发病。高脂肪食物和营养状况成为诱发胰腺炎的重要因素。

（2）药物因素 不当使用噻嗪类利尿药、皮质激素、左旋天门冬酰胺酶、硫唑嘌呤、磺胺类药物、四环素、胆碱酯酶抑制剂等药物可引起犬猫的胰腺炎。

（3）疾病因素 发生胰管堵塞和胆道疾病，胆管出现阻塞时，胆道内的压力增大，胆汁便会逆流到胰管内，胰管黏膜长期被胆盐浸泡会诱发胰腺炎。弓形虫病、犬瘟热、细小病毒病、糖尿病和传染性腹膜炎等可诱发胰腺炎。

（4）其他因素 胰腺炎的发生还与犬种、性别、年龄、遗传因素等有关，如对高脂血症有遗传易感性的雪纳瑞是胰腺炎的高发犬种。

[症状] 患病动物前期症状不明显，多轻微呕吐或排糊状便，随着病情发展，病犬逐渐精神沉郁，食欲下降，弓腰或前肢向前伸展，触压患犬胸腹部，其痛感明显。病犬嗜睡，进食后即呕吐，甚至不进食也会呕吐，其大便稀薄、带血，严重患犬有黄疸，甚至发热。胰腺炎患犬

出现呕吐时，胸腹部痛感明显。由于吸收不良或并发糖尿病，动物表现贪食。慢性胰腺炎则可导致胰腺组织永久性病变（纤维化或萎缩等），影响胰腺的分泌功能。慢性胰腺炎只偶见于猫。

[诊断] 犬猫胰腺特异性脂肪酶（CPL）检测试剂盒诊断胰腺炎的特异性较好，诊断方法参照试剂盒说明。X光、B超检查在胰腺炎前期很难确诊，检查宜在犬猫胰腺炎较严重时进行。怀疑患犬发生胰腺炎后，则应进行患病动物血液检查。首先进行血常规检查，通过分析结果然后决定是否进行其他血液学检查。若常规检查结果显示，患病动物白细胞、淋巴细胞及血小板数量增多幅度较大，则表明患病动物病情较为严重。血液生化检查以检查血清淀粉酶、脂肪酶等项目为主。动物患胰腺炎后，血清淀粉酶（参考值500～1500U/L）、脂肪酶（参考值200～1800U/L）异常升高，远高于标准参考值。

[治疗] 治疗原则主要靠药物维持机能。

（1）主要采用对症治疗和支持疗法　发病前期，病情不严重时，可用加贝酯静脉注射，病程中后期则选用乌司他丁静脉注射，加贝酯、乌司他丁滴注速度不宜过快，一般用输液泵滴注，速度控制在1mg/(kg·h)以内。同时根据血常规检查结果判断患犬是否脱水和有其他感染，若脱水严重，可根据患犬体重滴注乳酸林格液，补液量维持在60～100mL/(kg·d)。胰腺炎本身属无菌感染，当机体存在细菌或病毒感染时，血常规会提示有炎性反应，此时需用抗生素进行治疗。若患犬呕吐严重，食欲不佳或无法进食，需静脉滴注营养液。为防丢失更多体液，引起电解质与酸碱度不平衡，应用止吐宁止吐。治疗本病禁用胃复安，此药能增强肠道蠕动，可刺激胰腺，使胰液分泌增加，导致胰腺炎症状加重。疼痛明显的患病动物，需止痛，常选用曲马多或痛立定，严重者可用3mL利多卡因加50mL生理盐水静脉滴注，其滴注速度控制在1～2mL/kg。

（2）食物疗法　胰腺炎为消化系统疾病，为避免刺激胰腺分泌外分泌液，患犬应长时间禁食，但禁食时间过长会造成其营养严重不良。因此，对食欲差的患犬也应合理饮食。

严重呕吐或腹部疼痛的患犬，可采用非手术方式安置鼻-食道管或胃管给予营养物。食欲尚佳且没有呕吐的患犬、患猫，可选择低脂肪高蛋白的食物直接饲喂。

（3）变换消化酶疗法　胰酶制剂或胰粉制剂混于食物中连日饲喂，根据食物种类、日粮及外分泌机能的障碍程度决定其饲喂量。同时可给予维生素K、维生素A、维生素D、维生素B族、叶酸及钙剂。并发糖尿病多预后不良。

（4）用药无效时，可考虑手术治疗，包括远侧胰腺切除术、胰管减压术、内窥镜引流术等。

16.5.5　胰腺变性萎缩

胰腺变性萎缩（Pancreatic degeneration and atrophy）是指胰腺外分泌细胞非炎症性损伤的疾病，本病的特点是胰腺腺泡进行性萎缩，临床上主要以胰酶缺乏综合征为特征。2岁以下的青年犬多发。

[病因] 确切的病因目前还不明确。一般认为某些感染性因素可导致本病，如犬瘟热病毒、心丝虫、柯萨奇病毒等可损伤胰腺腺泡细胞，从而引起本病。另外，长期饲喂高脂肪的食物、营养不良、饥饿和各种疾病引起的恶病质等也可导致本病的发生。

[症状] 精神不振，营养不良，表现出严重的贫血症状，黏膜苍白。被毛粗糙无光泽，食欲增加，但进行性消瘦，排出大量恶臭的脂肪性稀粪，肠膨气，腹围增大等。幼小的犬、猫患本病，则生长发育缓慢或停滞。

[诊断] 根据病史和临床症状可做出初步诊断。为进一步诊断，可进行试验性喂服胰酶，

观察症状有无好转来确定，如有明显效果，则可确诊。

[治疗] 治疗本病应长期甚至终身投予胰酶制剂如多酶片，用量应根据临床症状、粪便性状以及实验室检查结果决定。另外，要给予高蛋白、高碳水化合物和低脂肪的食物，补充维生素等。

16.5.6　低血糖症

血糖浓度小于 2.77mmol/L，表明存在低血糖（Hypoglycermia）。葡萄糖是维持中枢神经系统正常细胞功能的能量来源，临床症状以神经症状为主。主要发生于幼年动物。

[病因] 幼年动物，糖原贮藏疾病，成年动物发生于大量运动后，这通常是正常细胞如高胰岛素血症时或肿瘤细胞过度利用葡萄糖引起的，如肝癌、血管肉瘤、乳腺癌、肺癌等，肝功能不全时，肝糖异生和糖原分解受损，如慢性肝纤维化、肝硬化，升血糖激素缺乏、葡萄糖或其他用于肝糖异生的物质摄入不足如饥饿；或上述几种因素综合如败血症引起的。医源性低血糖常见于糖尿病患犬猫，多为糖尿病治疗时胰岛素使用过量所致。有些药物也可引起，如水杨酸盐、黄酰脲类等。

[症状] 低血糖发生的持续时间影响疾病的严重程度，重复出血的抽搐或癫痫，与儿茶酚胺分泌有关的震颤、神经过敏、惊恐不安。神经性低血糖还可表现共济失调、阵发性虚弱、视觉障碍、颤抖、虚脱，甚至昏迷。

[诊断] 根据临床症状和病史，结合实验室生化检验即可确诊。通常静止状态下血糖低于 2.77mmol/L，或在进行严格禁食 1~48h 后，空腹血糖低于 2.77mmol/L。对疑似胰腺瘤等其他发病原因引起的低血糖，开展尿液分析、胸部和腹部 X 射线、CT、MRI、超声检查，判断器官的大小及发现转移的病灶。

[治疗] 低血糖危象时，动物能够进食时直接喂食，口服葡萄糖，或透过胃管直接投服。必要时直接静脉推注 50% 葡萄糖溶液。对偶发性低血糖，给予葡萄糖后症状立即好转。对可能的其他诱因或致病因素，进行对因治疗，如胰岛瘤的特殊治疗包括药物治疗和手术治疗。

16.6　性腺疾病

16.6.1　雌性激素过多症

雌性激素过多症（Hyperestrinism）多见于犬和猫，是指动物的发情周期过长，或者发情前期比正常的情形久。本病在雌性犬、猫和雄性犬、猫均可发生，多发生于 5 岁以上的雌性犬猫。

[病因]

（1）当发生卵巢囊肿时，可能引起雌性激素过多症。卵巢组织内未破裂的卵泡或黄体因自身成分发生变形和萎缩而形成球形空腔时，容易发生卵巢囊肿，卵巢囊肿分为黄体囊肿和卵泡囊肿。

（2）子宫有囊肿形成时，可导致雌性激素过多症。

（3）卵雌激素投予过量所致。

（4）雌激素过多可能与肝脏的新陈代谢有关，例如肝硬化、胆汁产量减少。当发生肝硬化时，肝组织纤维化，功能降低，不能将雌激素结合成可溶形式，雌激素从尿液中排出。肝硬化中类固醇代谢减少，也会导致雌激素水平升高。

　　［症状］犬表现与发情无关的异常子宫出血、子宫内膜增生和发情样症候、外阴部肿胀，阴道流出分泌物，乳头变大。皮肤左右对称性脱毛（常见于肷部、阴道周围、乳房和会阴部），色素沉着和脂溢性皮炎。脱毛可涉及全身，但头部和四肢末端多无变化（图16-4）。子宫内膜增生的犬表现多饮多尿，当继发感染时，可引起子宫蓄脓。

 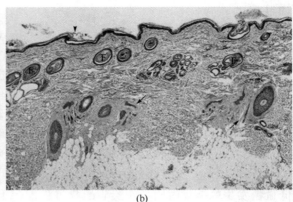

(a)　　　　　　　　　　　　　　(b)

图 16-4　患犬对称性脱毛和色素沉着

（a）雄犬尾根背干和后外侧后足对称性脱毛，乳头增大，包皮下垂等；（b）表皮角膜塑化过度角化（箭头），毛发角化阶段的毛囊和角蛋白的扩张（F）以及小的失活的毛囊（箭头）（资料来源：Ann M. Hargis 和 Sherry Myers）

　　［诊断］阴道黏膜涂片无正常发情犬的各种细胞成分。血清性激素测定明显高于健康对照犬、猫。有发情样症候的内分泌皮肤病可怀疑本病。根据临床病例变化确诊。

　　［治疗］摘除卵巢、子宫是最可靠的治疗方法。为了促进被毛生长，可给予甲状腺素。对子宫内膜增生的犬给予孕酮 10～50mg/d 或人绒毛膜促性腺激素 100～150IU/d。

16.6.2　雌性激素缺乏症

　　雌性激素缺乏症（Hypoestrinism）是指卵巢功能不足（female hypogonadism）的情况。本病是卵巢或子宫切除后造成雌激素分泌障碍的疾病，多见于做过避孕手术的雌性犬猫。即雌犬到了应该发情的时期不发情，或者它的求偶间期延长。

　　［病因］雌性动物的性腺机能过低，或卵巢功能不足，大概有两种情形：

　　（1）源于视丘下部-脑下垂体等，由于缺乏促性腺激素，所以卵巢无法发挥应有的功能。

　　（2）源于性腺，主要是因为性腺发育不良所致。

　　它的发生原因有：

　　（1）卵巢在正常的发育状态下，脑下垂体前叶所分泌的促滤泡激素过少。

　　（2）卵巢在发育的过程受到病害（如可能发生在犬瘟热发热持续期的情形）。

　　（3）卵巢囊肿、卵巢肿瘤或者卵巢切除后使雌激素分泌减少，可造成本病发生。

　　［症状］雌激素具有增加尿道括约肌紧张性的作用，雌激素严重缺乏时，病犬猫不随意频繁排尿或每次仅排少量尿液。

　　［诊断］做过避孕手术或试验性治疗（给予激素），可为诊断提供依据。

　　［治疗］雌二醇复合剂 0.1～0.5mg/次，每 2～3 周肌内注射 1 次。己烯雌酚 0.1～1.0mg/d，口服，连用 3～5d，然后维持量 1.0mg，每周 1 次。苯甲酸雌二醇，0.5～1mg/次，2～3 肌内注射 1 次，如逐渐好转，可延长投药间隔。

16.6.3 雄性激素过多症

雄性激素过多症（Hyperandrogenism）是病理性雄性激素分泌亢进的疾病，雄性和雌性犬猫都可发病。

[病因]

（1）原发性的睾丸肿瘤 睾丸肿瘤在老年犬中非常常见，发生率仅次于皮肤肿瘤。大部分犬的睾丸肿瘤是偶然发现的。睾丸肿瘤在猫极其少见。在犬，支持细胞瘤、间质细胞瘤和精原细胞瘤的发生率相当大。大部分的睾丸肿瘤是良性的，确诊的平均年龄是10岁。近100%的间质细胞瘤和75%的精原细胞瘤发生在下降的睾丸，60%的支持细胞瘤发生在未下降的睾丸。发生在未下降睾丸的肿瘤约60%为支持细胞瘤。

（2）脑下垂体萎缩病变 这种情况偶见于犬，也就是脑下垂体功能不足，或者垂体腺生长素分泌不足。

（3）雌犬猫切除卵巢 雌性犬猫切除卵巢后，易发生本病。

（4）医源性的雄性激素投予过量，也可引起本病的发生。

[症状] 患病犬猫性欲强烈，不断爬跨公母犬猫，全身对称性脱毛，并有色素沉着（图16-5）。

[诊断] 根据临床症状和治疗性诊断可以确诊。

[治疗] 对药物引起的，应停止投喂；由肿瘤所引起的，可以做去势手术。

16.6.4 雄性激素缺乏症

雄性激素缺乏症（Hypoandrogenism）是犬猫由于各种原因使睾丸分泌睾酮不足或精子生成障碍的疾病，临床上表现为患病犬猫性欲低下，发育障碍，繁殖力弱或无繁殖力。

图16-5 6岁小猎犬的脱发和色素沉着

[病因]

（1）原发性

① 先天性睾丸发育不全。

② 双侧隐睾：隐睾是睾丸没有下降至正常阴囊位置的一种状态。

③ 电离辐射和放射线照射等。

（2）继发性

① 下丘脑-垂体肿瘤。

② 过度肥胖。

③ 甲状腺功能减退：是因为甲状腺素（T4）和3,5,3'-三碘甲状腺原氨酸（T3）缺乏，导致几乎涉及所有器官系统出现临床症状等。

④ 公犬去势。

⑤ 给予类固醇化合物。

[症状] 患病动物临床常见的症状有患病犬猫性欲低下，发育障碍，繁殖力弱或无，毛发干枯无光泽，精液质量差，尿失禁，生长缓慢等。

[诊断] 进行完整的血液分析，包括血液化学分析、全血细胞计数和尿液分析，以及其他检查，确定潜在原因。全面了解动物的体格状况和病史，帮助确定病因。例如甲状腺功能减退，也会导致雄激素缺乏。

雄激素缺乏症的诊断是基于临床表现、病史和体格检查进行评估的。有报道指出雄性犬血睾酮的正常值是 $500\sim6000ng/dL$，低于这些值的犬被认为是雄激素缺乏。另外，精液检查可见精子数量减少，精子活力异常，甚至无精子。据报道，低雄激素血症在西伯利亚雪橇犬、阿拉斯加雪橇犬、松狮犬中最为常见。

[治疗] 治疗方案取决于发病的根本原因。对隐睾犬猫可试行外科修复手术。睾丸酮 $1mg/kg$，肌内注射，每周 1 次。泼尼松 $1mg/kg$，隔日口服 1 次。

第十七章

犬猫营养代谢性疾病

17.1 钙磷及微量元素代谢障碍

17.1.1 佝偻病

佝偻病（Rachitis）是幼犬、猫等宠物由于缺乏维生素 D 或食物中钙、磷比例不足或不当而引起的软骨骨化障碍，导致发育中的骨钙化不全，骨基质钙盐沉积不足的一种慢性代谢病。

[病因]

（1）营养性因素　幼犬、猫等宠物生长过快，引起机体对钙、磷需求量增加，如日粮中钙、磷缺乏或钙、磷比例失调，影响钙、磷的吸收，引发佝偻病。钙、磷比例为（1.2～1.4）：1 为比较合理范围。

（2）个体因素　幼犬、猫等宠物由于体质太弱或者断乳过早，进而造成钙、磷吸收不足，引发佝偻病。

（3）疾病因素　甲状旁腺功能异常、胃肠功能障碍、慢性腹泻、肠道寄生虫病、慢性肾病以及肝胆系统疾病等影响钙、磷或维生素 D 的正常吸收与代谢的疾病，均可引发该病的发生。

（4）药物因素　部分药物如抗生素等都可以加速维生素 D 的分解与代谢，从而引起钙、磷缺乏，引发佝偻病。

（5）饲养与管理因素　缺乏运动与日光照射。幼犬、猫缺乏户外运动，引起日光照射不足，造成体内维生素 D 不足，引发佝偻病。

[症状]　发病初期，患病宠物精神沉郁、异嗜、喜卧、四肢无力、不愿运动和站立。运步时，步态强拘。发病中期，与正常宠物相比，抬头、站立、行走都较晚，条件反射形成缓慢、迟钝。患病宠物食欲减退，消瘦，排绿色粪便，生长缓慢或停止生长。患病末期，对外界环境敏感且胆小，常呈现躲避状态，受到大的惊吓等应激时容易出现晕厥、抽搐等神经症状。

临床上比较典型的症状是骨骼变形或四肢关节肿胀，肋骨和肋软骨结合部肿胀呈捻珠状。四肢骨骼变形或腰部凹陷，表现为骨骼弯曲，其内弧呈"O"形或外弧呈"X"形。头骨、鼻骨中肿胀。硬腭突出，口裂闭合不全。肋骨扁平，胸廓狭窄，胸骨整体呈舟状突起、鸡胸状。脊柱弯曲变形。

[诊断]　根据病史调查和临床症状进行初步诊断。确诊时，则通过生化检测患病宠物血液钙和磷的浓度以及影像学 X 光检查综合判断。当出现佝偻病时，每 100mL 血液钙含量低于 9mg，磷含量低于 2.5mg；结合 X 光检查，观察骨的发育情况。X 光检查可以见到在桡骨、尺骨远端以及肋骨的近胸端表现为分化带不规则、模糊、变薄以至消失。长骨的干骺骺端边缘凹陷变形，有毛刷状致密阴影。椎骨的发育迟缓，骨骺出现延迟，密度低，边界模糊。后期长骨弯曲变形。肋骨和肋软骨结合部肿胀呈现捻珠状。

该病应该注意与传染性多发性关节炎鉴别诊断，该病在发病过程中体温、脉搏和呼吸无变化，动物之间无传染性，肿胀的关节无热无痛。

[预防] 对妊娠母犬、猫和哺乳母犬、猫饲喂全价饲料，并且经常补钙。幼龄宠物要多晒太阳，多运动，并积极防治胃肠道疾病。

[治疗] 治疗原则：消除病因，加强饲养管理，药物疗法和营养支持疗法。

首先排除病因和加强护理。改变单一的食物结构，饲喂富含钙、磷的骨粉、贝壳粉等钙制剂，同时给予优质蛋白食物，幼犬、猫等宠物初生后 10d 内，肌内注射维丁胶性钙 1mL，可以防止本病的发生。断奶后，给幼犬、猫等宠物饲喂宠物用葡萄糖氨硫酸软骨片，可以预防断奶后发生此病。同时，注意日粮中脂肪含量不宜过多，防止因消化不良而影响钙的吸收。平时让犬、猫等动物加强户外运动，多晒太阳，冬春季节因紫外线比较弱，可以增加户外运动和光照时间，有助于防止本病的发生。

当发病时，直接补充活性钙片，同时犬按 10 单位/(kg·d) 补充维生素 D，以增加钙的吸收，提高血钙浓度，促进骨内钙盐沉着，病情缓解后钙、磷比例可以恢复到 1.2：1（犬）或 1：0.8（猫）水平。或者口服鱼肝油，5～10mL/次，每日一次。维丁胶性钙 2～4mL/次，肌内注射，地塞米松磷酸钠注射液 2～4mL/次，两前肢腕关节腔内注射，每日 1 次，连用 7d。或维甘托尔 E 0.5～1mL/次，肌内注射，维生素 AD 注射液 1～2mL/次，肌内注射，每日 1 次，骨化醇胶性钙 250～500IU/次，肌内或皮下注射，隔日 1 次。

17.1.2 软骨病

软骨病（Osteomalacia）是骨质进行性脱钙，未钙化的骨基质过剩，而使骨质疏松的一种慢性骨营养性不良性疾病。该病是由于长期缺乏维生素 D 和钙引起的一种代谢病。临床上以运动障碍、骨变形为特征。犬、猫偶有发病。

[病因]

（1）营养因素 患病宠物发生的主要原因是母体妊娠及哺乳时的日粮中缺乏维生素 D，加上幼犬运动和光照不足、消化系统没有发育完善等，不能保证维生素 D 的充分吸收，从而引起维生素 D 的不足或缺乏，进而影响钙的吸收和骨盐沉积。种犬和青年犬发生该病的原因主要是长期饲喂单一饲料，并没有及时补充维生素和钙制剂，从而导致钙、磷缺乏或者钙、磷比例失调，造成甲状腺功能异常，是造成种犬和青年犬发生软骨病的一个重要原因。

（2）药物因素 服用氟喹诺酮类药物过量，可对骨骼钙盐沉积产生极大影响，诱发本病的产生。

（3）疾病因素 大多数犬在腹泻后，特别是慢性腹泻后往往并发此症。

[症状] 病初发生消化功能紊乱，有异食癖，喜食泥土、破布或塑料等，有的甚至因异食而发生胃肠阻塞；随后表现关节疼痛，跛行，起立困难，后肢无力，站立不稳，严重者出现瘫痪状态；患病时间长时会出现膝关节弯曲变形，呈现"O"形或"X"形姿势；四肢关节肿大，可见双重关节；胸骨下沉、脊椎骨弯曲；上颌骨肿胀疼痛，口腔变窄，咀嚼困难，呼吸困难，有鼻塞音发出，严重者不能进食。

[诊断] 根据发病年龄、临床症状、发病率和饲养条件可进行初步诊断。确诊需要进行实验室诊断，主要靠 X 光影像学检查和血钙、血磷的生化检测。

X 光诊断：在椎体、股骨和桡骨的 X 射线影像上，可以看到骨质疏松病犬的椎体轮廓和骨小梁具有特征性变。椎体的横行骨小梁趋于消失，只有纵行骨小梁尚可见。对于比较严重病犬，骨小梁完全消失，此时椎体轮廓变得突出。长骨的皮质变薄。

血钙、血磷检测：当出现软骨病时，血钙低于 9mg、血磷低于 2.5mg。

由临床症状结合实验室诊断，即可确诊为软骨病。

注意在诊断过程中与慢性氟中毒的鉴别诊断，后者具有典型的釉斑齿和骨脆症，饮水中氟的含量高。

[治疗] 本病治疗原则是消除病因，调整日粮结构，确保钙、磷绝对供应量充足且结构合理，加强饲养管理，保持环境干净卫生，阳光充足，增加运动，多晒太阳，给患病宠物饲喂葡萄糖胺硫酸软骨素和维生素 D 32IU 至成年。对于慢性腹泻的病犬要进行消炎止泻，病情较严重的可进行静脉注射葡萄糖酸钙 30mL，每日注射 1 次，同时肌内注射维生素 D_3，连续注射 7d 即可痊愈。

[预防] 对犬、猫等宠物日粮成分要经常性地进行分析，并及时调整钙磷比例和保证绝对供应量。另外，避免长期、大量、单一地补给钙剂，同时增加运动和长期晒太阳对本病具有一定的预防作用。

17.1.3 产后癫痫

产后癫痫（Postpartum epilepsy）又称产后痉挛、产后抽搐、产后子痫，是母犬等妊娠宠物分娩后神经异常兴奋而导致肌肉发生抽搐或战栗性、痉挛性营养代谢性疾病。该病在产前和产后 30d 都可发生，但以产后 7～22d 多发，占发病数的 75% 左右，特别是产仔多、泌乳量高的母犬、猫和小型、兴奋型犬，大型犬偶有发生。临床上以发病急、体温升高、呼吸急促、流涎不止、四肢僵硬、口角处留有白色泡沫、卧地不起为特征，如不及时治疗，可引起死亡。

[病因]

（1）缺钙 缺钙是导致该病发生的主要原因。由于母犬怀孕后胎儿的发育、骨骼的形成需要大量的钙，分娩后母体本身缺钙，同时通过乳汁从体内向外排出钙质，造成母体本身缺钙，如果分娩前后钙补充不足，造成血钙浓度下降而发生钙缺乏症，致使神经肌肉兴奋性增高，当母体血钙离子浓度降低到一定程度，横纹肌就会发生震颤或强直性痉挛。

（2）饲养管理不善，肥胖 日常饲养不善、缺乏日照和运动、日粮中食盐含量高、低营养、营养不均衡或过多高蛋白，均可诱发本病。

（3）其他因素 过度应激反应、品种、年龄、产仔数等因素对本病的发生也有一定的影响。

[症状] 临床症状以痉挛、低钙血症和意识障碍为特征。

该病发病急，经常看不见任何前驱症状而突然发病，起初病犬表现为兴奋不安、乱跑和恐惧，10～30min 后出现后躯僵硬、站立不稳、运步失调，精神高度兴奋，眼结膜潮红，体温升高，心跳加速，呼吸加快，随着发展症状逐渐加重。然后突然倒地，四肢伸直，肌肉战栗性痉挛，此时患病宠物口张开并流出泡沫状唾液，呼吸急迫，脉搏细而快，眼球向上翻动。少数病例体温升达 40℃ 以上。本病可呈现间歇性发作，病情和症状逐次加重，在发作间歇期患病宠物不表现上述症状。痉挛发作持续 2～4d，如不及时治疗，患病宠物通常在痉挛发作中死亡，少数在昏迷状态中死亡。

[诊断] 根据患病宠物的临床症状，可初步诊断为癫痫症。由于本病来势凶猛，易误诊为脑炎、破伤风、神经型犬瘟热或药物中毒，分析病情需要结合产后哺乳期、小型犬多见、突然发作等症状等。确诊需要结合实验室诊断，测定血清钙含量：正常母犬血钙含量为 9～12mg/100mL（2.24～2.98mmol/L），病犬血钙含量多为 8mg/100mL（1.99mmol/L），严重的病例只有 6～7mg/100mL（1.49～1.74mmol/L）或更少。

[治疗] 以补钙、镇静、抗痉挛为治疗原则。同时加强护理，保证呼吸道畅通，防止误咽。

（1）补钙　补钙用 10％葡萄糖酸钙溶液 20mL，5％葡萄糖溶液 100mL，混合后一次静脉注射。当病情缓解后，可每天喂服钙片 0.5～1.0g/次，维生素 D_3 0.5～1.0mg/次，连用 3～4 周。

（2）镇静　病犬可作静脉注射 3％～5％戊巴比妥钠溶液，每千克体重 3～5mg，或者用盐酸氯丙嗪每千克体重 0.5～1.0mg 作治疗。

（3）抗痉挛　对于出现持续性痉挛的病例，使用上述药物疗效不明显时，可肌内注射 25％硫酸镁溶液，每千克体重 0.1mL，痉挛症状可以得到缓解和消除。若经过一段时间又复发时，可用同样剂量重复注射；发病初期用 250mL 的葡萄糖中加入 KCl 注射液 5mL，摇匀后静脉滴注，从输液器的侧面用注射器缓慢加入 $CaCl_2$ 制剂（按 5mL/kg 的剂量）。如果病情严重则先进行镇静、抗痉挛，再用此方法补钙，可取得良好效果。

对持续高热的犬用安痛定或安基比林 1～2mL，肌内注射。经过 2d 的治疗，病犬痊愈。

17.1.4　镁缺乏症

镁代谢病（Mgnesium metabolic disease）包括镁缺乏症和镁中毒。动物所有组织都含有镁，但 70％以上以磷酸盐的形式存在于骨骼和牙齿中，其余存在于细胞内核细胞外液中。镁在体内可作为多种酶的激活剂，镁对细胞内流通的钙起作用，协同钙、钾等离子，维持肌肉、神经的兴奋性和心肌的生理功能；镁是许多酶的激活剂，从而影响脂肪、蛋白质和能量代谢；镁离子也是糖代谢及细胞呼吸酶不可缺少的辅助因子。当体内镁的浓度降低时，神经、肌肉的兴奋性亢进，会发生痉挛性抽搐以至死亡。

[病因] 发生镁缺乏症的主要原因有以下几个方面：

（1）从食物中摄入不足　正常情况下，宠物食品中的肉类、豆类、谷类中均含有较丰富的镁，基本能够满足宠物镁的需要，故不易发病，但是当食物过于单一、给予含镁少的食物时，可诱发该病。

（2）镁的排出增多　患病动物患有慢性腹泻或大量泌乳时，镁从腹泻物、乳汁中大量流失而导致发病。

（3）镁吸收障碍　当患有胃肠道疾病时，动物发生镁的吸收功能障碍而患病。

（4）服用利尿剂　应用大剂量的排镁利尿剂时，导致体内镁的浓度下降，引发该病。

[症状] 宠物患有镁缺乏症时，临床上主要表现为生长缓慢，爪外展，甚至掌骨和跖骨也外展、增长，软组织钙盐沉积，长骨骨端外缘扩大。肌肉虚弱无力、抽搐和发抖。缺镁可使神经兴奋性失去控制，因而肌群呈无制约性兴奋性收缩，表现对外界反应过度敏感，心律不齐、烦躁不安，最后出现惊厥。

[诊断] 通过临床症状和饲料成分分析可以初步诊断，通过血清镁的检测可作出确诊，正常血清镁的浓度为 0.8～1.2mmol/L（犬），0.8～0.9mmol/L（猫）。同时应与钙缺乏症区别诊断。

[治疗] 治疗镁缺乏症主要是消除病因，加强饲养管理，并采取对症治疗。轻度缺乏可口服氧化镁，每次 0.2～0.5g，每日 3 次；或者肌内注射 25％硫酸镁溶液 0.4～0.5mL/kg，每日 3 次。严重缺乏的缓慢静脉注射 10％硫酸镁 10mL，将 10％硫酸镁溶液用 5％葡萄糖液稀释成 1％的浓度静脉注射。同时消除病因，多给含镁多的食物。

[预防] 平时避免饲喂单一日粮，并不定时地对日粮中镁的含量进行检测，当镁不足时，应添加镁石膏等含镁制剂。成年犬每天对镁的需要量为 80～180mg。

17.1.5　铜缺乏症

铜缺乏症主要发生于牛、羊、鹿等反刍动物，犬、猫也有发生。宠物机体内的铜离子含量具有遗传因素特点，新生宠物及幼畜体内的铜离子含量与其母体内的铜离子含量密不可分并且高于成年动物，至发育成熟时期后，其体内铜离子含量才出现下降趋势。相同品种，年龄、生理状况相似的宠物，其体内铜离子含量也因组织器官、日粮含铜量和采食量不同而异。在单一饲养条件下，除皮毛外，所有组织的铜离子浓度都与年龄增长呈反比。健康成年宠物体内的铜平均含量为 $2\sim3mg/kg$。健康宠物血液铜离子浓度的正常范围为 $0.5\sim1.5\mu g/mL$，大部分的数值在 $0.8\sim1.2\mu g/mL$。铜在动物体内主要通过分布在胃和小肠上的黏膜细胞吸收进入血液循环。除少数以游离形式存在外，绝大部分铜离子以螯合形式与靶蛋白如血浆铜蓝蛋白和铜酶形成金属结合蛋白，贮存在相应靶组织细胞中，其含量与组织器官需氧量呈正比。进入肝细胞的铜离子，其细胞平均铜离子含量的 $12\%\sim27\%$ 与核结合，$7\%\sim23\%$ 与体积较大的亚细胞器如线粒体、溶酶体和核糖体等结合，剩余的铜离子则贮存于胞浆中，胞浆中 90% 的铜离子又与靶蛋白结合。根据宠物组织器官每单位体重含铜量不同，可划分为高铜组织器官（脑、心脏、肝、毛发）、中铜组织器官（胰腺、皮肤、肌肉、脾和骨骼）以及低铜组织器官（前列腺、胸腺、甲状腺、睾丸和卵巢）。

[病因] 铜缺乏分为原发性铜缺乏和继发性铜缺乏。原发性铜缺乏主要是由于长期饲喂含铜量少的饲料，一般认为，饲料干物质铜含量低于 $3mg/kg$ 时即可引发铜缺乏症。继发性铜缺乏是因为饲料中锌、钼、硫、铅、铬、锰等元素含量过高，对铜的吸收产生竞争性的拮抗作用，影响铜的吸收，从而引发铜缺乏症。此外，长期肠道疾病等均会诱发铜的缺乏。

[症状] 铜缺乏症的犬、猫等患病宠物临床上主要表现为贫血，骨骼弯曲、关节肿大、跛行、四肢易骨折，异嗜，生长迟缓，胃肠失调（腹泻），繁殖障碍，心力衰竭，免疫功能下降，新生仔犬运动失调等。因体内缺乏铜离子，造成含铜酶活性降低，深色被毛的宠物，被毛褪色、变白，尤以眼睛周围为甚，貌似白边眼镜，故有"铜眼镜"之称。

[诊断] 根据临床症状和病史调查可以作出初步诊断。测定血铜有助于该病的确诊，当血铜含量低于 $0.7\mu g/mL$ 时可以诊断为铜缺乏症，这为早期诊断提供重要依据。但铜缺乏症应与维生素 D 缺乏症和钙缺乏症相鉴别。

[治疗] 铜缺乏症可选用经济实惠的硫酸铜口服，将硫酸铜按照 1% 的比例加入食盐中，再将含铜盐按正常食盐的用量加入食物中一起饲喂，具有明显疗效。

17.1.6 铁缺乏症

在犬、猫中，铁的缺乏症较为常见。动物体内铁的存量较少，但作用却十分重要。铁在动物机体内主要存在于两类物质中，一是血红蛋白、肌红蛋白、细胞色素以及一些呼吸酶，是其必需组成成分，参与运输氧、二氧化碳和组织呼吸，推动生物氧化还原反应；二是存在于铁传递蛋白、铁蛋白和含铁血黄素中，铁蛋白是机体铁储存的主要形式，含铁血黄素是铁过量时的沉积物。机体中 $60\%\sim70\%$ 的铁存在于血红蛋白中，游离的铁离子极微是生物机体内铁的特点。

铁主要通过小肠吸收，但多种因素可影响食物中铁的吸收，如植物性食物中含有较多的植酸盐、草酸盐等，将影响铁的吸收。动物性食物中蛋白质可促进铁的吸收，但奶酪、牛奶、蛋类等则无此作用。体内所需要铁的含量是通过对铁的吸收来进行调节，需要多少吸收多少。体内的铁能很有效地保存起来，可重复使用，排出极少。

[病因] 幼小宠物生长发育快，铁的需要量大，供应不足，通过母乳的补给远远不能满足机体对铁的需要，如果不能及时从饲料中获得足够的铁，此时最容易发生铁缺乏症。此外，犬、猫寄生虫病比较多，包括血液寄生虫病、虱子、跳蚤等的侵害，也可引起铁的缺乏症，或

长期饲喂牛奶或奶制品，也容易造成缺铁。消化道慢性炎症，或饲料中钴、锌、铬、铜、锰过多，也会使铁的吸收减少；铜缺乏时，也能使铁的吸收下降。食物中含有大量的单宁酸、植酸盐时，可抑制铁的吸收。

[症状] 宠物缺铁最典型的症状是贫血。临床上表现为生长缓慢，食欲减退，异嗜、可视黏膜苍白，容易疲劳、稍作运动后喘气不止，呼吸频率加快，心搏动增强，可伴有腹泻，粪便颜色正常，抗感染能力下降。

[诊断] 根据病史调查和临床症状，并结合补铁或者停止补铁后有疗效可以做初步诊断。确诊需要结合实验室检测饲料和母乳中的铁含量。

[治疗] 治疗铁缺乏症的主要措施是补铁。首选药物是刺激性小、吸收率高、价格实惠的硫酸亚铁。根据体型大小，可给犬口服 0.1～0.5g，配成小于 1% 的水溶液，每日 1 次，连用 1～2 周。注射用铁制剂主要有葡萄糖铁、葡聚糖铁钴注射液，仔犬每次肌内注射 100mg（剂量以元素铁计算），1～2 次即可。其他口服制剂还有焦磷酸铁、乳酸铁、枸橼酸铁等。

[预防] 为了保证幼犬、猫生长发育中铁的需要，需要对幼犬、猫加强饲养管理，同时在出生后 1～2 周给予补充铁制剂，可以预防该病的发生。

17.1.7 碘缺乏症

碘是甲状腺激素、甲状腺素和三碘甲状腺原氨酸的主要组成成分，与动物代谢密切相关。碘几乎参与了生命过程中所有的物质代谢，控制了所有细胞的能量代谢以及氧化水平，还影响着机体的生长等。碘在机体内主要存在于甲状腺中，占全身总碘量的 1/5～1/3。碘参与甲状腺激素合成，生理功能与甲状腺激素相同。碘的吸收主要在十二指肠，其他黏膜和皮肤也能吸收少量的碘，碘吸收后进入血液几乎都在血浆内，且主要是以与蛋白质结合的形式存在。机体内有 70%～80% 的碘集中在甲状腺内，其余的大部分在肌肉中。碘主要由尿中排出，肾、肝、皮肤、肺、肠道以及乳汁也可排出碘，甚至唾液中也含有碘。

[病因] 碘缺乏症主要由于食物中碘含量不足，或长期服用致甲状腺肿的药物（磺胺类、硫脲类、对氨基水杨酸等），长期慢性胃肠疾病。

[症状] 甲状腺肿大是碘缺乏症的典型症状，可见颈腹侧隆起，吞咽困难，呼吸困难，叫声异常，还伴有甲状腺功能减退症状。患病犬表现步态强拘，被毛和皮肤干燥，生长缓慢，脱毛，皮肤增厚，特别是眼睛上方、颧骨处皮肤增厚明显，上眼睑低垂，面部臃肿，看似"愁容"（黏液性水肿）。

患病犬症状发展缓慢，病初容易疲劳，不愿运动。母犬表现发情不明显，发情周期缩短，甚至不发情。公犬睾丸缩小，大多数有高胆固醇血症。幼龄动物缺碘，由于甲状腺活力严重下降，可表现为生长发育受阻，生命力下降，导致正在生长发育的犬、猫发生"呆小症"。

[诊断] 根据病史调查、临床症状和甲状腺功能减退等作出初步诊断，结合血清 T_3 和 T_4 检测综合诊断。

[治疗] 补碘是根本性的防治措施。内服碘化钾或碘化钠，犬每次口服 0.2～1g，每日 1 次，连用数日。或内服复方碘液（含碘 5%、碘化钾 10%），每日 10～12 滴，20d 为 1 个疗程，间隔 2～3 个月再用药 1 个疗程。还可饲喂碘盐（20kg 食盐中加碘化钾 1g）。

17.1.8 硒缺乏症

硒在动物体内参与改善动物的生长、增重、繁殖、抗癌、提高免疫力等，但其最突出的作用是抗氧化能力，并与同是抗氧化作用的维生素 E 有互补效果。硒通常以硒酸盐及亚硒酸盐的无机形式存在，是一种固体非金属元素，在饲料添加剂中比较常用，在动物组织中，以甲硒胺酸和硒半胱氨酸的形式存在。缺硒时，犬、猫的自身免疫机能会受到重要影响，不仅抑制免疫系统，而且还会增加其他疾病的发病率。硒缺乏症在宠物时有发生。

硒缺乏症是因硒缺乏致动物骨骼肌、心肌及肝脏等组织以变性坏死为特征的一种营养代谢病。主要发生于幼龄动物。临床主要表现为精神沉郁、肌肉无力、厌食、腹泻、呼吸困难、昏迷、死亡。

[病因]　动物缺硒的直接原因是日粮或饲料中含硒量低于正常的低限营养需要量 0.1mg/kg，一般认为 <0.05mg/kg 可能引起动物发病，<0.02mg/kg 则必然发病。与硒相拮抗的元素如 S、Hg、Ar、Cd、Pb 等过高，也会导致硒含量降低。

[症状]　主要发生于大中型犬种的幼犬，由于生长发育快且在没有摄入一定量硒的情况下，产生硒缺乏症。主要特征以幼犬渗出性素质为主，伴有肝营养不良的变化，成年犬则以肌营养不良的变化为主，主要表现为白肌病、心肌炎等症状。

急性发病者多为体况良好、生长迅速的仔犬。病程 5～7d，患犬初期精神沉郁，食欲不振，不爱走动，后期精神高度沉郁，嗜睡，流涎、体温下降。慢性病例主要见有全身出现浮肿及黄疸，主要表现为眼结膜、口腔黏膜、腹下部皮肤高度黄染。下颚淋巴结肿胀，四肢、腕关节及跗关节下部肿胀，无热痛，有指压痕。四肢及全身皮下水肿，尤以颈部皮下、腹部皮下水肿较重。

成年犬多以肌营养不良型为主，一般机体衰弱，运动不稳，心力衰竭，呼吸困难。急性者突然发病、死亡。剖检可见心肌松软，心壁变薄，骨骼肌苍白，肝脏肿大，消化道无明显变化。

[诊断]　根据发病动物生长发育速度、年龄、特征性的临床症状、病理变化及用硒制剂治疗有特效等进行判断确诊。

为进一步确诊，查明病因，可测定基础日粮、血液或被毛的含硒量，分别 <0.02mg/kg、0.05μg/mL 和 0.25μg/g。配合测定全血含硒 GSH-Px 酶活性，该酶在日粮硒 <0.03mg/kg 时，与血硒呈正相关。

[治疗]　补硒是治疗硒缺乏症的基本措施。用 0.1% 的亚硒酸钠溶液 0.5～1mL，肌内注射，间隔 2～3d 再注射 1～2 次；对发病幼犬则用亚硒酸钠维生素 E 深部肌内注射硒 0.5～1mg，一周后重复注射 1 次。或配合应用适量维生素 E，效果更好。可使用市售的硒-维生素 E 乳剂，按说明应用。

[预防]　在动物缺硒病的防治上，多用亚硒酸钠溶液进行治疗或市售的硒-维生素 E 注射液或硒酵母或人用的亚硒酸钠片以及其他的含硒添加剂混入饲料或饮水中，令动物自由采食或饮用。最好的办法是将动物需要量的硒 0.1～0.2mg/kg（相当于亚硒酸钠 0.22～0.44mg/kg）混入日粮中，只要混合或搅拌均匀即可。此法既适用于成年动物又适用于幼龄动物，省时、省力、省钱且预防效果好。

在缺硒地区要注意对饲料硒含量的测定，当硒含量较低时，要注意补硒。为防止幼犬硒缺乏，可在母犬预产期前 2 周，每条中型母犬皮下注射亚硒酸钠注射液（含硒 2～3mg）或亚硒酸钠维生素 E 注射液（按硒 1mg、每 18kg 体重维生素 E 50mg）。对出生 3d 内的幼犬可通过注射亚硒酸钠维生素 E 注射液，深部肌内注射硒 0.2～0.3mg。对幼犬用半合成饲料（每千克干饲料硒含量 0.01mg 和维生素 E 1mg）饲喂，另外，每千克干饲料添加 0.5mg 硒（亚硒酸盐），可防止犬的硒缺乏症。

17.2 电解质紊乱性疾病

17.2.1 高钠血症

高钠血症（Hypernatremia）指血清钠浓度高于 150mmol/L。钠是细胞外液的主要阳离子，故高钠血症一定伴有血浆晶体渗透压升高。

[病因] 高钠血症是由于水的丢失多于钠，使体内钠相对增高。高钠血症可分为 3 种，即细胞外液量正常、细胞外液量减少及细胞外液量增加。高钠血症细胞外液量正常，见于水摄入少、肾排水多（如尿崩症）、不显性失水增加（如高烧、呼吸系统疾病、甲状腺功能亢进等）和原发性高钠血症（如某些中枢神经系统疾病，可能由于渗透压感受器的调节点提高，引起抗利尿激素释放和渴感所需的渗透压增高）；高钠血症细胞外液量减少，见于高渗性脱水（如食盐中毒、高渗液体治疗）；高钠血症细胞外液量增加，见于原发性醛固酮增多症、肾上腺皮质激素分泌亢进。

[症状] 病犬口渴，眼球下陷，尿量减少，皮肤弹力减退，四肢发凉，血压下降。严重者发生抽搐。

[诊断] 实验室检查血清钠浓度增高超过 150mmol/L。尿量减少，尿比重增高（1.060 以上）。

[治疗] 高钠血症的纠正不宜操之过急，过快的纠正可能会诱发水中毒。高钠血症伴细胞外液量正常的治疗主要是补水，补水量＝现体内总水量×（测得血清钠浓度/140－1）。高钠血症伴细胞外液量减少，先纠正血容量，可用生理盐水，再补充液体，用 5% 葡萄糖。高钠血症伴细胞外液量增加，应用排钠利尿剂并补水，可口服或静脉注射 5% 葡萄糖溶液。

17.2.2 低钠血症

低钠血症（Hyponatremia）亦称低钠综合征，指血清钠浓度低于 140mmol/L。根据病因可分为缺钠性低钠血症和稀释性低钠血症。

[病因]

（1）缺钠性低钠血症　是由于体内水和钠同时丢失而以钠的丢失相对过多所致。可见于下列情况。①过多钠丢失：肾上腺皮质功能降低（Addison's 病），严重腹泻、呕吐、大出汗、利尿治疗、慢性肾衰竭、糖尿病的酮体酸中毒、长期的高脂血症、肠阻塞、代谢性酸中毒、血清蛋白水平升高等；②不适当的钠摄取：饲料中食盐缺乏、不吸收钠盐；③血浆渗出过多：如大面积烧伤、急性大失血等。

（2）稀释性低钠血症　因水分潴留而引起，但钠在体内的含量并不减少，常见于下列情况。①慢性代谢性低钠：慢性肾病、肝硬化、慢性消耗性疾病（如肿瘤、结核等）；②慢性充血性心力衰竭：见于各种心脏病；③严重损伤后低钠：主要由于水潴留和钠进入细胞内而使钾逸出，除血钠浓度降低，还伴有高钾血症；④水中毒所致的低钠：见于液体治疗（低渗性盐水）、抗利尿激素大量分泌或肾衰竭时过多给水等。

[症状] 病犬表现精神沉郁，体温有时升高，无口渴，常有呕吐，食欲减退，四肢无力。皮肤弹力减退，肌肉痉挛。严重者血压下降，出现休克、昏迷。

[诊断] 实验室检查血清钠浓度低于 140mmol/L。尿量减少，比重正常或增高，尿中氯化物减少或缺乏，即为低钠血症。

[治疗] 如缺钠性低钠血症，除按脱水程度补充水分外，更重要的是补充钠盐。补钠量可

用下式计算：补钠量（mmol）＝（正常血钠值－病犬血钠值）×体重（kg）×20%❶。先作静脉注射计算所得补钠量的1/3～1/2，其余部分视病情改善状况，决定是否再补给。一般血钠浓度上升达130mmol/L时，才消除中枢神经系统症状；低钠血症不要在短期内快速纠正，因突然补给过多，细胞内液将突然转移至细胞外，有时会诱发肺水肿。有心脏病者应慎重；对于慢性代谢性低钠，主要是排水而不是补钠，可给予利尿剂；慢性充血性心力衰竭所引起的低钠，除给予强心剂外，亦应以利尿为主；严重损伤性低钠时，由于低钠加强高钾血对心肌的毒性，应首先补钠，静脉注射3%氯化钠溶液。对高钾血可给予葡萄糖和胰岛素治疗（参阅高钾血症）；若水中毒性低钠，应限制给水，静脉注射脱水剂（如甘露醇、山梨醇等）和高渗盐水。

17.2.3 高钾血症

高钾血症（Hyperkalemia）指血清钾浓度高于5.5mmol/L。正常情况下，因机体具有防止发生高钾血症的有效机制，故不易发生高钾血症，当钾摄入多时，可使胰岛素分泌增加2～3倍，K^+可以较快进入细胞内。同时高血钾可促使醛固酮的分泌，使肾脏排出钾增加。

[病因]

（1）摄入过多　如输入含钾溶液太快、太多、输入贮存过久的血液或大量使用青霉素钾盐等，可引起血钾过高。

（2）肾排钾减少　见于肾功能衰竭、有效循环血容量减少及醛固酮、肾素分泌减少，远端肾小管上皮细胞分泌钾障碍的少尿期和无尿期、肾上腺皮质功能减退等。

（3）细胞内钾外移　见于输入不相合的血液或其他原因引起的严重溶血、缺氧、呼吸及代谢性酸中毒、胰岛素分泌减少等。

（4）细胞外液容量减少　见于脱水、失血或休克所致的血液浓缩。

[症状] 高血钾对心肌有抑制作用，可使心脏扩张、心音低弱、心律紊乱甚至发生心室纤颤，心脏停于舒张期。轻度高钾血症使神经肌肉系统兴奋性升高，重度高钾血症则兴奋性降低。主要表现肌无力、四肢末梢厥冷、少尿或无尿和呕吐等。

[诊断] 无特异性，常被原发病或尿毒症的症状所掩盖，故一般以实验室检查和心电图检查为主要诊断依据。血钾浓度高于5.5mmol/L，常伴有代谢性酸中毒，二氧化碳结合力降低；心电图检查：T波高而尖，基底狭窄，P—R间期延长，QRS波群增宽，P波消失。

[治疗] 治疗原则包括纠正病因、停用含钾食物或药物、治疗脱水和酸中毒等。静脉注射5%碳酸氢钠溶液100mL，以纠正酸中毒。重危病犬可向心腔内注射10～20mL，除纠正酸中毒，还有降低血钾的作用；静脉注射25%葡萄糖溶液200mL，加胰岛素10～20U，促使钾由细胞外转入细胞内。为排除体内多余钾，可应用阳离子交换树脂口服或灌肠，如环钠树脂，20～40g/d，分3次使用，以促进排钾；对肾功能衰竭所致高血钾，可采用腹膜透析疗法；为解除高钾对心肌的有害作用，可反复静脉注射10%葡萄糖酸钙溶液或氯化钙溶液5～10mL，因钙可颉颃钾对心肌的作用。

17.2.4 低钾血症

低钾血症（Hypokalemia）指血钾浓度低于3.5mmol/L，均有细胞内钾的丢失。

[病因]

（1）摄入不足　全价日粮中含钾丰富，一般不会缺钾。正常犬猫从日粮摄入钾40～

---

❶　20%为细胞外液占体重的百分率。犬正常血钠值一般按140mmol/L计算。已知3%氯化钠溶液含钠0.525mmol/mL，故需补充3%氯化钠溶液（mL）＝补钠量（mmol）÷0.525mmol/mL。

100mmol/d。当吞咽障碍、长期禁食或每日摄入钾 15～20mmol 时，经 4～7d 尿排钾开始减少，可发生低钾血症。

（2）钾丢失 有肾外丢失与肾性丢失 2 种。肾外丢失指钾从汗腺及胃肠道丢失，见于严重的呕吐、腹泻、高位肠梗阻、长期胃肠引流等；肾性丢失指钾经肾丢失，见于醛固酮分泌增加（慢性心力衰竭、肝硬化、腹水等）、肾上腺皮质激素分泌增多（应激）、长期应用糖皮质激素、利尿剂、渗透性利尿剂（高渗葡萄糖溶液）、碱中毒和某些肾疾病（急性肾小管坏死的恢复期）等。

（3）分布异常 钾从细胞外转移至细胞内，当这一转移使细胞内、外钾浓度发生变化时，就会出现低血钾。如用大量胰岛素或葡萄糖，促使细胞内糖原合成加强，引起血钾降低。此外，碱中毒时，细胞内的氢离子进入细胞外，同时伴有钾、钠离子进入细胞内以维持电荷平衡，也能引起血钾降低。当心力衰竭或大量输入不含钾的液体时，亦可招致细胞外液稀释，使血清钾降低。

[症状] 病犬精神倦怠，反应迟钝，嗜睡，有时昏迷。食欲不振，肠蠕动减弱，有时发生便秘、腹胀或麻痹性肠梗阻，四肢无力，腱反射减弱或消失。出现代谢性碱中毒，心力衰竭，心律紊乱，心电图发生改变即 T 波倒置、ST 段下移。低钾血症还引起低血压，肌无力、肌麻痹和肌痛。尿量增多，肾功能衰竭。严重者出现心室颤动及呼吸肌麻痹。

[诊断] 分析病史，结合临床症状、实验室和心电图检查，进行诊断。如血清钾浓度低于 3.5mmol/L，可诊断为低钾血症，并伴有代谢性碱中毒和血浆二氧化碳结合力增高。其心电 S—T 段降低，T 波低平、双相，最后倒置。

[治疗] 治疗原发病，补充钾盐。缺钾量（mmol）=（正常血钾值－病犬血钾值）×体重（kg）×60%❶。将计算补充的 10%氯化钾溶液的 1/3，加入 5%葡萄糖溶液 200mL 中（稀释浓度不超过 2.5mg/mL），缓慢静滴，以防心脏骤停。细胞内缺钾的恢复较缓慢，对于一时无法制止大量失钾的病例，则须每天口服氯化钾。

17.2.5 高钙血症

高钙血症（Hypercalcemia）指血清钙大于 2.75mmol/L（11mg/dL）。高血钙是一种代谢异常，其临床表现差别很大。有时仅在验血时发现，也可出现严重的临床症状，如昏迷。高钙血症可导致死亡，是一严重的危重急症。血钙有 3 种形式，即离子钙、与白蛋白结合的非离子钙，以及与枸橼酸盐、磷酸盐形成的复合物。只有钙离子才有生理作用。血白蛋白水平高低常影响血总钙的浓度。

[病因] 病因很多，其分类也不尽相同，按疾病种类分：①原发性甲状旁腺功能亢进；②继发性甲状旁腺功能亢进；③恶性肿瘤，如多发性骨髓瘤、骨转移瘤、分泌 PTH 激素类物质的肿瘤；④与维生素 D 代谢有关的疾病，如维生素 D 中毒；⑤非甲状旁腺内分泌疾病，如甲状腺功能亢进、肾上腺功能不全；⑥药物引起，如噻嗪类利尿剂；⑦急性肾功能衰竭；⑧低钙尿症。

[症状] 不论何种原因引起的高钙血症，当其浓度达到一定程度后，都会影响神经肌肉、消化、心血管、泌尿等系统的功能。其临床表现：

（1）神经肌肉系统 普遍肌无力。血钙 4.0mmol/L 时出现神经症状，血钙＞4.1mmol/L

---

❶ 60%为体液占体重的百分率，犬正常血钾值为 4.4mmol/L。已知 10%氯化钾溶液含钾 1.34mmol/mL，故需补充 10%的氯化钾溶液(mL)=缺钾量(mmol)÷1.34mmol/mL。

出现昏迷。

（2）消化系统　表现胃G细胞增加分泌促胃液素、胃酸增多、胰腺分泌胰酶增加和胃肠平滑肌收缩加强。

（3）心血管系统　心肌收缩力加强、心率变慢、收缩期缩短、心律紊乱和易发生洋地黄中毒等。

（4）泌尿系统　肾小管浓缩，功能障碍，多尿、尿排钠及钾增加，ADH敏感性下降。肾钙化；肾结石；电解质及酸碱平衡失调，可发生肾小管酸中毒、低血钾、低血钠、低血磷、低血镁。

（5）血液系统　因Ca^{2+}可激活凝血因子，故可引起广泛性血栓形成。

（6）高血钙危象　血钙超过4.5mmol/L（18.75mg/dL），临床表现呕吐、便秘、腹痛、烦渴、多尿、脱水、无力、高热、昏迷、急性肾功能衰竭，并可发生心律紊乱，此常为致死的原因。

[实验室检查]　实验室检查不仅可以确定有无高钙血症及其严重程度，而且对引起高钙血症的病因诊断亦有帮助。血液测定内容包括血清钙、钾、钠、镁、磷、氯、二氧化碳结合力、尿素氮，以及碱性磷酸酶、酸性磷酸酶、PTH、降钙素等；尿液检查内容包括尿钙、钾、钠、氯、磷及尿羟脯氨酸等。现将对鉴别诊断高钙血症较为有意义的检查正常值及其诊断低值列于下。①血清钙：正常值为2.1～2.55mmol/L（8.75～10.6mg/dL）。②血清磷：正常值为0.87～1.45mmol/L（2.3～3.7mg/dL）。③尿钙：正常24h排出200～250mg。④尿磷：正常24h排出700～1500mg。⑤血羟脯氨酸（为骨胶原蛋白的主要成分）：尿正常值为114～328μmol/24h，血清为1.4mg/dL。⑥血清酶测定：血正常值为32～92U/L。⑦酸性磷酸酶：正常血浓度为7～28U/L。⑧PTH：血清正常值为小于25ng/L。⑨降钙素：血清正常值为0～28ng/L。

[诊断]　结合病史、临床表现、实验室检查进行诊断。血清钙高于正常值，即可确诊为高钙血症。高钙血症常继发于特殊的疾病，因此常有原发病的临床表现。

[治疗]　治疗高血钙的方法有增加钙从肾脏排出、抑制骨的吸收及抑制肠道吸收钙。常用的方法如下：

（1）输液　高血钙伴有脱水，使肾小球滤过率降低，减少钙从肾脏排出，故静脉输入大量的生理盐水是治疗严重高血钙的第1步。输入量一般为每千克体重40mL。脱水纠正后可使血钙下降0.5～0.75mmol/L（2～3mg/dL）。若能口服，则尽可能口服一些液体，以减少静脉输入量。输入或口服盐水，不仅可纠正脱水、改善肾脏的灌注，促进肾脏排钠，也使钙大量排出。

（2）应用排钠利尿剂　给予排钠利尿剂均可增加钙的排出。常用药物：①速尿，80～100mg，静脉滴注，2～6h1次，以保证排出最大量的钠；②丁尿胺（Bumelanide），1～3mg，静脉滴注，2～3次/d。

（3）补充磷盐　磷可以直接抑制骨质吸收，从而使血钙降低。静脉注射磷盐，可很快增加血磷浓度，钙盐沉积。注意，口服磷制剂较安全。

（4）应用降钙素　该药可抑制骨的吸收，从而使血钙降低。降钙素有抑制PTH的作用，抑制肾小管重吸收钙，抑制骨吸收。故使尿钙排出增加、血钙降低。在急性高血钙时，5～10U/kg，加于生理盐水500mL中，静脉滴入，至少6h滴完。可发生过敏反应、呕吐、腹泻等副作用。

（5）应用糖皮质激素　此药降低血钙的作用并不明显。但在结节病、淋巴瘤、骨髓瘤、乳癌转移时，引起的高血钙效果较好。作用的机制可能是降低 $1,25\text{-}(OH)_2D_3$ 的血中浓度。

（6）应用光神霉素（mithramycin） 此药为一细胞毒药物，用于治疗恶性肿瘤，有明显的副作用。但其可拮抗 PTH、减少骨的吸收，故降低血钙的有效率可达 90%。一次用药作用可持续 48h，血钙浓度甚至可降到正常，而且可持续几天。其用法按每千克体重 $12.5\sim25\mu g$，静脉注射，1 次/d，隔 $4\sim7d$ 重复 1 次。副作用有骨髓抑制、肝损害、胃肠道反应、肾损害、凝血机制障碍等。

17.2.6 低钙血症

低钙血症（Hypocalcemia）指血清钙总量低于 2.15mmol/L（8.6mg/dL）。钙离子（Ca^{2+}）可直接参与很多生物反应。血清 Ca^{2+} 的正常值为 $1.0\sim1.5$mmol/L（42mg/dL）。因此测定 Ca^{2+} 意义更大。因 Ca^{2+} 的测定比较困难，临床多测定血清钙总量。当血 pH 升高时，钙与血中的蛋白结合增加，pH 每上升 0.1，则血清 Ca^{2+} 浓度下降 0.05mmol/L，反之则升高。

[病因及发病机制] 低血钙发生的原因主要有以下几个：

（1）甲状旁腺疾病、甲状旁腺激素（PTH）异常及靶细胞功能障碍 甲状旁腺与钙代谢的关系非常密切。PTH 与靶细胞之间的关系为 Ca^{2+} 降低→甲状旁腺→PTH 分泌→靶细胞受体→腺苷环化酶→蛋白激酶→磷酸蛋白→生物效应。

① PTH 合成、分泌减少或缺乏：PTH 对控制破骨细胞起重要作用。PTH 减少则破骨的活力减弱，骨质吸收减少，血钙降低。引起 PTH 合成、分泌减少的常见疾病有：甲状旁腺切除、特发性甲状旁腺功能减退、甲状旁腺肿瘤（如乳腺癌甲状旁腺转移、破坏甲状旁腺）、药物副作用（如阿霉素、阿糖胞苷等抗肿瘤药，可抑制 PTH 分泌）、低镁血症等。

② 分泌合成无生物活性的 PTH：由 PTH 基因异常所致。甲状旁腺合成及分泌异常 PTH，而且在血中浓度较高。有免疫活性，用免疫方法可测出其存在，但无生物活性。

（2）肠道吸收钙减少 常见于某些疾病：

① 脂肪泻，影响脂溶性维生素 D 的吸收，使钙在肠道吸收减少。

② 肝、肾疾病可使内源性维生素 D 减少，引起钙在肠道吸收减少，发生低血钙。因肝、肾患病时，发生 25-羟化酶系功能障碍，不能使维生素 D_3 变为 $25(OH)\text{-}D_3$。只有 $1,25\text{-}(OH)_2D_3$ 才具有生物活性。

③ PTH 减少也影响 1α-羟化酶的活性，也使 $1,25\text{-}(OH)_2D_3$ 减少。

④ 维生素 D 摄入不足。

（3）维生素 D 代谢障碍或对其反应不良 见于：

① 维生素 D 依赖性佝偻病，因肾脏 1α-羟化酶缺陷，虽然血中 $25(OH)\text{-}D_3$ 正常，但不能产生足够的 $1,25\text{-}(OH)_2D_3$，需给大量 $1,25\text{-}(OH)_2D_3$ 后，方能达到生理需要的水平。

② 维生素 D 靶细胞受体缺陷，影响肠道吸收钙，钙血症减少，血磷亦低。但 PTH 增高。

（4）应用排钠利尿剂 抑制钙重吸收，尿钙排出增多，血钙则降低。

（5）急性胰腺炎 发生体内钙转移。尽管体内钙总量不减少，但因钙的转移，使血钙降低。坏死性急性胰腺炎时，因脂肪坏死形成脂肪酸，后者与钙结合形成钙皂，导致低钙血症。胰蛋白酶可分解 PTH，血 PTH 的浓度降低，也是血钙降低的原因之一。

[症状] 低钙血症的主要临床表现为神经肌肉的应激性、兴奋性增加。临床表现的严重程度，不仅在于血钙下降的多少，而且与其下降的快慢有关。低钙血症的临床表现主要有：

（1）神经肌肉系统 因低钙血症使神经肌肉的应激性增加、刺激阈降低、调节功能下降，因而对一个刺激可发生重复的反跳，使神经组织有持续性活动。在临床上表现为感觉及运动神经纤维自发地活动，从而出现神经及肌肉的症状及体征。慢性低血钙血钙低于 1.0mmol/L（4.0mg/dL）时或急性低血钙血钙为 1.75～1.9mmol/L（7.3～7.9mg/dL）时，即可出现神经肌肉症状及体征。临床表现四肢肌肉抽搐，常在很轻的刺激即可发生。严重者甚至发生全身随意肌收缩，而出现惊厥现象，并伴有腹痛、恐惧感。持续时间几分钟到几天。因植物神经功能障碍而发生平滑肌痉挛、喉及支气管喘息、腹痛和腹泻等。

（2）骨骼改变　由维生素 D 缺乏引起的低血钙，骨骼呈佝偻病样改变。假性甲状旁腺功能低下引起者，可发生软骨病、纤维性骨炎、纤维囊性骨炎。

（3）消化系统　胃酸减少，消化不良。表现呕吐、腹痛、腹泻、便秘、吞咽困难症状。

（4）心血管系统　心率增快，心律不齐。心电图可有 QT 间期及 ST 段延长，T 波低平或倒置。房室传导阻滞，心力衰竭。低血钙使迷走神经兴奋性提高，可发生心脏停搏。

（5）低血钙危象　当血钙低于 0.7mmol/L（3.0/dL）时，可发生严重的平滑肌痉挛，而有惊厥、癫痫样发作。严重者，支气管平滑肌痉挛，哮喘，可引起心力衰竭、心跳骤停而致死。

[诊断]　血清钙低于 3.15mmol/L 即可诊断。

[治疗]　低血钙时立即纠正低血钙，用 10％葡萄糖酸钙 10～20mL，静脉注射。若抽搐不止，可用镇静剂，如巴比妥类药物。同时口服钙剂，如乳酸钙、葡萄糖酸钙，2 次/d。也可口服维生素 D_2 片。每片含维生素 D_2 5000～10000IU，或口服维生素 AD 胶丸，每支含维生素 A 50000IU、维生素 D 5000IU，或注射维生素 D_3，每支含维生素 D_3 150000IU。

在治疗佝偻病时，口服维生素 D，每次 2500～5000IU，1 次/d，或肌内注射维生素 D_3 300000～600000 IU 1 次。如有必要，隔 1 个月后再注射 1 次，同时服用钙制剂。

17.2.7　高磷血症

高磷血症（Hyperphosphatemia）指犬血磷浓度高于 1.9mmol/L（6.0mg/dL），猫血磷浓度高于 2.1mmol/L（6.6mg/dL）。

[病因]　引起高磷血症常见的原因有：

（1）维生素 D 中毒　维生素 D 促进肠道吸收磷和肾小管磷重吸收，使血磷增加。在维生素 D 中毒时，即使吃正常含磷不高的饮食，亦可发生高磷血症。

（2）输入磷制剂　治疗低磷血症而输入磷制剂时，若监护不及时，亦可发生高磷血症。

（3）急性溶血　如输血血型不合，大量红细胞破坏，红细胞内的磷进入血液中，使血磷突然升高，而发生急性高磷血症。

（4）应用抗癌药物　特别是淋巴系统恶性肿瘤，淋巴母细胞内较其他细胞含磷量高。这些抗癌药物使瘤细胞崩解，将细胞内的磷释放到血液中，引起高磷血症。同时也可伴有高钙血症。

（5）严重的肌肉损伤、肌纤维溶解、肌肉缺血、缺氧　肌细胞内的磷释放到细胞外液，引起高磷血症。除高磷血症，还可发生肌红蛋白血症、高钾血症，亦可引起急性肾功能衰竭。

（6）代谢性酸中毒　如乳酸中毒，由于细胞代谢障碍，细胞内磷可释放到细胞外，而发生高磷血症。

（7）甲状旁腺分泌减少　由于 PTH 分泌不足致尿磷排泄减少，可发生高磷血症。

（8）肾功能衰竭　血磷升高的原因除肾小球滤过率小于 20mL/min 时，血清、血磷就可升高。主要是由于磷酸盐的滤过障碍所致；此外，由于高血磷导致低血钙，引起继发性 PTH

增多，使骨盐释放增加，过多的磷酸盐在重度肾衰竭时又不能及时排出，使血磷进一步上升。

[症状]

（1）急性高磷血症　常伴有低钙血症，故出现低钙血症的临床表现，可发生手足搐搦等。

（2）慢性高磷血症　血磷升高缓慢，而低血钙又可诱发继发性甲状旁腺功能亢进及肾脏的代偿，使血钙的浓度正常甚至高于正常。所产生的磷酸钙因其溶解度小，在慢性肾衰竭时，发生软组织（结合膜、肺、肾、肝、心脏、血管及皮肤等）钙化，出现相应组织器官损伤的症状；当发生心脏钙质沉着时，影响左心室功能，导致心律紊乱；当主动脉瓣发生钙化时，可发生主动脉狭窄或关闭不全，出现相应的症状；肾间质发生钙质沉着，可引起肾功能损害；大关节附近肿瘤样软组织钙化，可发生局部溃疡；皮肤血管钙化时，影响皮肤血液供应，发生皮下脂肪坏死。

（3）实验室检查　现仅列出与高磷血症关系较大的检查项目。其他内容见钙代谢紊乱、低磷血症等。

① 有关肌肉纤维溶解试验：血清肌酸激酶（creatinekinase，CK）又称磷酸肌酸激酶（creatine phosphokinase，CPK），正常犬猫血浆 CPK 值分别为 $8\sim60U/L$、$50\sim100U/L$，肌细胞病变时，此酶释放入血，故对诊断肌病特异性很高；血清门冬氨酸氨基转移酶（AST）、乳酸脱氢酶（LDH）对于肌病的诊断也有帮助；清肌红蛋白及尿肌红蛋白，在肌肉细胞溶解时增加。

② 肾小球滤过率（GFR）试验。

[诊断]　急性或慢性肾衰竭，都会发生高磷血症。若肾功能正常，而又无磷负荷加重，发生高磷血症，可能因肾小管对磷的重吸收增加引起；血磷高、血钙低，见于甲状旁腺功能减退、假性甲状旁腺功能减退、肾功能衰竭等；血磷高、血钙也高，见于维生素 D 过量、多发性骨髓瘤等；血磷大于 $2.1mmol/L$（$6.6mg/dL$）时，肾小球滤过率小于 $20mL/min$，见于急性或慢性肾衰竭。若肾小球滤过率小于 $25mL/min$、血磷大于 $2.1mmol/L$ 时，见于磷负荷增加、甲状旁腺功能低下、甲状腺功能亢进及生长激素过多等。

[治疗]　急性高磷血症时，血磷突然显著升高，应输入葡萄糖溶液，同时用胰岛素、排钠利尿剂。输入生理盐水加排钠利尿剂亦可降低血磷。若已有肾功能衰竭则上述方法效果不好，常需采用透析治疗。慢性高磷血症时，若血磷增高不显著，除减少磷的摄入外，可口服能与磷结合的药物，如氢氧化铝凝胶，以减少磷在肠道的吸收。治疗高磷血症原发病。

17.2.8　低磷血症

低磷血症（Hypophosphatemia）是指犬血清磷低于 $0.75mmol/L$（$2.32mg/dL$），猫血清磷低于 $1.20mmol/L$（$3.71mg/dL$）。

[病因及发病机制]

（1）磷从细胞外液转移到细胞内　无机磷被机体用来合成很多的有机化合物，包括磷蛋白、磷糖、磷脂、磷酸肌苷等。当细胞代谢旺盛时，磷就从血浆中转移到细胞内而被利用。此时虽然有血磷的降低，但体内磷的总含量并不减少。代谢性碱中毒时，因血中 HCO_3^- 增加，引起中度血磷降低，伴有尿排磷增加。急性呼吸性碱中毒时，过度呼吸 10min 后，pH 升高，磷从血浆中转移到细胞内，而血磷则很快下降到 $0.323mmol/L$（$1mg/dL$）。这说明磷自细胞外转移到细胞内相当快。当 pH 升高时，葡萄糖的酵解加速，磷与葡萄糖代谢的中间产物结合较多，血浆中磷进入细胞内增加，这是呼吸性或代谢性碱中毒使血磷降低的机制。

（2）肠道丢失增多或摄入少　在正常饮食时，如应用能与磷结合的药物，如氢氧化铝凝胶、碳酸铝凝胶治疗消化性溃疡时，因该药可与磷在肠道结合，而影响其吸收。长期应用可发生严重的低血磷；严重呕吐，因摄入磷少，也可发生低磷血症。

（3）肾小管重吸收磷减少

① 原发性甲状旁腺功能亢进时，磷从骨骼中移出增加，肾脏排磷增加，发生低磷血症。

② 快速输入糖皮质激素时，可降低近曲小管对磷的重吸收，增加尿磷的排出。

③ 利尿剂，如噻嗪类、速尿、利尿酸钠，均可增加排尿和排磷。

（4）肠道对磷的吸收障碍　缺少维生素D时，肠道吸收磷功能障碍，伴有尿排磷增多。

[症状] 磷为机体的重要能量来源，因此在发生低血磷时，体内各个器官都会受到影响。引起多系统的病变，现简述于下：

（1）血液系统

① 红细胞：血浆中磷浓度降低，红细胞内的磷浓度也降低。当红细胞内缺磷时，2,3—二磷酸甘油酸（2,3-DPG）及ATP（对维持红细胞膜的完整性及结构有重要作用）生成减少。中度低血磷，无明显的溶血现象，但若血清磷低于0.32mmol/L（1mg/dL）时，红细胞中的磷降低，ATP生成减少，发生溶血。2,3-DPG在红细胞内对血红蛋白释放氧有调节作用。当其浓度下降时，氧解离曲线左移，也就是说从血红蛋白释放到组织中的氧减少。

② 白细胞：低血磷损害白细胞的骨架，影响白细胞的趋化、吞噬及杀菌作用，影响机体的抵抗力。

③ 血小板：低血磷时，血小板数量减少，寿命缩短，血块收缩功能不良。

（2）循环系统　低血磷可降低心肌的收缩力，使心脏搏出量减少。

（3）消化系统　低血磷可使胃肠平滑肌收缩无力而发生肠麻痹。

（4）泌尿系统　低血磷时，尿排磷减少，而钙及镁排出增加。因HCO_3^-排出增加，发生高氯性代谢性酸中毒。

（5）中枢神经系统　低血磷时，可出现肢体麻木、腱反射降低。由于红细胞内缺少2,3-DPG，中枢神经细胞缺氧，故可发生精神异常，抽搐，甚至昏迷。

（6）肌肉系统　低血磷可引起肌无力。

（7）骨骼系统　低血磷使破骨细胞活动加强，骨骼的吸收增加，可导致佝偻病及软骨病。

（8）实验室检查　血清磷低于正常，即可诊断为低磷血症。因磷代谢紊乱常伴有钙代谢紊乱，需做血及尿磷测定、溶血检查（如红细胞脆性试验）、X射线检查、骨密度测定等。

[诊断] 血检磷低于正常即可确诊，可参见钙代谢紊乱的实验室检查。若低血磷伴有尿排磷增加，可能因肾病所致，影响磷重吸收。应注意是否有肾小管病变或甲状旁腺功能亢进；若低血磷，并伴有高血钙，见于甲状旁腺功能亢进或恶性肿瘤分泌PTH样物质。

[治疗] 口服复方磷酸盐溶液（磷酸氢二钠73.1g、磷酸二氢钠6.4g，加水至1000mL），10～40mL/次，2～3次/d。也可用磷酸钠溶液（磷酸氢二钠14.5g、磷酸二氢钾1.3g，注射用水100mL溶解）。将此溶液加于5%～10%葡萄糖液至500mL，静脉滴入。

17.3 维生素代谢病

17.3.1 维生素A缺乏症

维生素A缺乏症（Vitamine A Deficiency）又称蟾皮病，是一种维生素A或胡萝卜素缺乏或不足所致的营养障碍性疾病，表现为生长缓慢、视觉异常、皮肤干燥和粗糙、骨形成缺陷、机体免疫力低下，临床主要以干眼症和夜盲症为主要特征。本病多发于幼龄动物。

[病因] 根据发病原因分为原发性和继发性。

（1）原发性病因　维生素 A 在动物肝脏、奶制品中含量丰富，植物中含有胡萝卜素，可以转化成维生素 A。维生素 A 完全依靠外源性摄入，饲料中维生素 A 或胡萝卜素的长期缺乏或不足是引发该病的主要原因。幼龄动物，尤其是初生动物，不能从食物中摄入维生素 A 或胡萝卜素，需从母乳或初乳中获取，母乳或初乳中维生素 A 含量低下或不足，容易引起维生素 A 缺乏症。

（2）继发性病因　动物患胃肠道或肝脏疾病，造成机体对维生素 A 或胡萝卜素的吸收、转化、储存、利用障碍，容易发生维生素 A 缺乏症。此外，饲养环境潮湿，缺乏日光和运动，缺乏矿物质（有机磷）、维生素 C、维生素 E、微量元素（钴和锰）等也会影响体内胡萝卜素的转化和维生素 A 的储存，促进该病的发生。

[症状] 维生素 A 的主要生理功能是维持许多重要上皮组织的结构和生化的完整性，保持眼睛、呼吸道、消化道、尿道及生殖系统的上皮组织的正常机能。维生素 A 缺乏主要影响动物视色素的正常代谢、骨骼的生长和上皮组织的功能。维生素 A 缺乏临床上一般表现为生长发育缓慢、视力障碍、神经症状、皮肤病变、抗病力和繁殖能力低下等。

（1）视力障碍　维生素 A 是构成视觉细胞内感光物质的成分。正常动物视网膜中的杆细胞与暗视觉有关，含有一种感光物质叫视紫红质，视紫红质是由维生素 A 在体内氧化生成的顺视黄醛和暗视蛋白结合而成的。因此，维生素 A 缺乏时，视网膜中的视紫红质不足，在黄昏或夜里出现视物不清的现象，也是通常说的"夜盲症"。

（2）生长发育缓慢　维生素 A 缺乏时，蛋白质合成减少，肝内糖原、磷脂、脂质合成减少，矿物质利用受阻，内分泌代谢紊乱，造成动物发育不良，生长性能降低。

（3）骨形成缺陷　维生素 A 缺乏时，成骨细胞活性增高，骨皮质内钙盐沉积，软骨内骨的生长和造型受到破坏。颅骨、脊椎、管骨等发育不均匀。

（4）神经损害　维生素 A 缺乏引起骨骼塑形失调，颅骨、椎骨发育不均匀。临床上常表现为颅内压增高，脑受挤压，甚至形成脑疝，引起中枢及外周神经障碍，出现生产警觉、共济失调、神经乳头水肿等。

（5）繁殖机能下降　维生素 A 缺乏可导致公犬精子生产减少，母犬卵巢、子宫上皮组织角质化，受胎率下降。

（6）免疫功能降低　维生素 A 缺乏时，上皮组织完整性受到破坏，抵抗外源病原能力下降，同时白细胞吞噬活性减弱，抗体生成减少，免疫生物学反应降低，易发生感染。

[诊断] 根据饲养情况和临床特征进行初步诊断。通过实验室检测血液和肝脏中的维生素 A 和胡萝卜素的含量及脱落角化上皮细胞计数等指标进行进一步确诊，最后诊断要结合病理剖检结果。

[治疗]

（1）加强饲养管理　保证饲料中维生素 A 和胡萝卜素的摄入量，多饲喂胡萝卜、黄玉米、牛奶等，一般维生素 A 和胡萝卜素的最适摄入量分别为每千克体重 65 单位和每千克体重 155 单位。妊娠和哺乳期，应再增加 50％。同时，保证室外运动。

（2）查明病因，药物治疗　首选治疗药物为维生素 A 制剂和富含维生素 A 的鱼肝油。对于临床病例，可按需要的 10～20 倍进行治疗，不宜添加过多。

17.3.2　维生素 A 过多症

维生素 A 过多症（Hypervitaminosis A），又称维生素 A 中毒，主要是由于一次性摄入大剂量或长期使用过量的维生素 A 引起。临床表现为嗜睡或过度兴奋、头痛、呕吐等高颅压症状或出现食欲减退，继而出现皮肤症状。

[病因] 大剂量或长期使用过量的维生素 A，比如用动物肝脏或鱼内脏投喂宠物。

[症状] 犬维生素 A 中毒时，临床上主要表现为厌食、体重下降、过敏、眼球突出、脑脊髓液压增加及骨骼畸形。猫维生素 A 中毒时，表现为倦怠厌食、牙龈充血、水肿、腹胀、跛行、颈部僵硬、脊椎变形成外生骨疣。中毒猫股生长受阻，成年动物的骨疣十分明显，从第一颈椎至第二胸椎形成明显可见的关节桥。长期大量食用维生素 A，还可造成胎儿畸形。

[诊断] 根据维生素 A 过量摄入史，检测血液、肝脏中维生素 A 的含量，结合临床症状、体征和特征性的 X 射线表现可确诊。

[治疗] 避免长期将鱼肝油当营养品饲料。一旦确诊，应立即停服维生素 A 制剂和含维生素 A 的食物，一般预后良好。有关节肿胀、跛行等临床症状的，应对症治疗，按每千克体重 0.5～1mg 肌内注射地塞米松，每日 1 次，连用 3～5d。

17.3.3　维生素 B_1 缺乏症

维生素 B_1 缺乏症（Thiamin Deficiency）是一种维生素 B_1（硫胺素）缺乏或不足引起的以神经机能障碍为特点的营养代谢性疾病。硫胺素是 α-酮酸脱氢酶系中的辅酶，参与糖代谢过程中 α-酮酸的氧化脱羧反应。当缺乏维生素 B_1 时，会造成神经组织中的丙酮酸和乳酸堆积，能量供应减少，导致神经及心肌代谢障碍，动物多表现为神经炎。

[病因] 按发病原因分为原发性病因和继发性病因。

（1）原发性病因　饲料中维生素 B_1 摄入不足。维生素 B_1 为水溶性维生素，且不耐高温，所以水浸泡或高温处理，都会造成食物中维生素 B_1 的丢失。维生素 B_1 不能在体内保存，应每天额外补充。

（2）继发性病因　犬猫饲料中若含有生鱼或贝类，其中的硫胺素酶会破坏硫胺素。正常动物胃肠微生物可以合成维生素 B_1，但患有胃肠疾病或肠道功能紊乱，微生物菌群遭到破坏，维生素 B_1 合成受阻，容易造成缺失。母乳中的维生素 B_1 不足，会造成幼龄动物出现维生素 B_1 缺乏症。

[症状] 维生素 B_1 缺乏时，糖代谢受阻，丙酮酸和乳酸在组织内蓄积，容易引起皮质坏死而呈现痉挛、抽搐、麻痹等神经症状，同时会出现神经损伤、心肌迟缓、胃肠道消化疾病等。犬猫维生素 B_1 缺乏可引起对称性脑灰质软化症，小脑桥和大脑皮质损伤。犬猫临床主要表现为厌食、平衡失调、惊厥，出现勾颈，头向腹侧弯，直觉过敏，瞳孔扩大，运动神经麻痹，四肢呈进行性瘫痪，最后半昏迷，四肢强直死亡。

[诊断] 调查病史，分析饲料成分，结合临床症状进行初诊。确诊需进行实验室检查，如血液中丙酮酸浓度从 20～30μg/L 升高至 60～80μg/L，血浆硫胺素浓度由正常的 80～100μg/L 下降到 25～30μg/L，脑脊液中细胞数增加到 25～100 个/mL 等。

[治疗] 发病后分析病因，立即补充维生素 B_1。维生素 B_1 在谷类、麦麸、大豆、动物肝脏、心脏中含量丰富。犬猫可增加肝、肉、乳制品的供给。目前普遍在饲料中添加复合维生素 B_1 进行预防，正常成年犬日需求量每千克体重 13～17μg，发育幼犬需求量为每千克体重 44μg。如果出现严重维生素 B_1 缺乏症时，应用盐酸硫胺素注射液，按每千克体重 0.25～0.5mg 通过肌内或静脉注射，每 3h 注射一次，连续注射 3～4d，效果较好。如果大剂量注射出现呼吸困难、昏迷等不良反应时，及时使用扑尔敏、安钠咖和糖盐水进行抢救，一般预后良好。

17.3.4　维生素 B$_2$ 缺乏症

维生素 B$_2$ 缺乏症又称核黄素缺乏症（Riboflavin Deficiency），是由于体内维生素 B$_2$ 缺乏或不足引起的以皮毛和唇舌病变为特征的营养代谢疾病。维生素 B$_2$ 又称核黄素，是多种重要氧化还原酶的活性部分，参与糖类、蛋白质、核酸的代谢，促进机体的生长发育，从而提高饲料的利用率。此外，维生素 B$_2$ 还具有保护皮肤、毛囊、黏膜及皮脂腺的功能。维生素 B$_2$ 广泛存在于植物组织内，动物肝脏及酵母中含有较多核黄素，大豆、米糠中也含有核黄素，多数动物自身或体内微生物可以合成。维生素 B$_2$ 较稳定，一般草食性动物不易缺乏。如果机体缺乏核黄素，则体内的生物氧化过程中酶活性受影响，机体新陈代谢水平降低，发病动物出现生长阻滞，皮炎，禽类脚爪蜷缩，飞节着地等行为特征。本病常见于禽类动物，偶见于犬猫。

［病因］自然条件下维生素 B$_2$ 缺乏不多见，但当饲料中缺乏青绿植物饲料，或动物患有胃肠疾病或肝病等消化疾病时，维生素 B$_2$ 消化吸收发生障碍，会出现维生素 B$_2$ 缺乏症。另外，当动物长期大量使用抗生素或其他抑菌药时，机体微生物关系被破坏，也可能会出现维生素 B$_2$ 缺乏症。妊娠或哺乳期动物，对维生素 B$_2$ 需求较大，可能会引起维生素 B$_2$ 缺乏。

［症状］核黄素是黄素单核苷酸和黄素腺嘌呤二核苷酸辅酶的重要成分，参与机体的氧化还原过程，影响多种组织的代谢，特别是神经血管机能，影响上皮和黏膜的完整性。一般表现为机体衰弱，贫血，皮炎，眼部或背部脱毛。幼畜则表现为生长缓慢，口炎、溃疡，皮肤脂溢性皮炎，上皮脱落，有时会形成结膜炎。

［诊断］调查病史，结合临床症状和实验室检查，可确诊。维生素 B$_2$ 缺乏时，血液学检查会发现红细胞内维生素 B$_2$ 含量下降，全血中的维生素 B$_2$ 含量低于 $0.0399\mu mol/L$。

［治疗］结合病因进行防治，如果饲料中缺乏维生素 B$_2$，可通过添加带叶蔬菜、酵母粉、鱼粉、肉粉等，必要时可补充复合维生素 B 制剂。犬按每千克体重 5mg 补充，每日 2 次，连续使用 1～2 周。猫按每千克体重 8mg 进行添加。

17.3.5　维生素 B$_6$ 缺乏症

维生素 B$_6$ 缺乏症（Vitamine B$_6$ Deficiency）是一种由维生素 B$_6$ 缺乏引起的以皮炎、红细胞生成障碍和神经机能障碍等为特征的营养代谢病。维生素 B$_6$ 又称吡哆素，包括吡哆醇、吡哆醛和吡哆胺三种化合物，与氨基酸代谢有关。维生素 B$_6$ 广泛存在于各种动植物体内，胃肠道微生物也可合成维生素 B$_6$，正常情况下很少发生维生素 B$_6$ 缺乏症。

［病因］饲料营养结构不合理是造成该病的主要因素。维生素 B$_6$ 与氨基酸代谢有着密切关系，参与氨基酸的转氨基反应。当饲料中添加过多蛋白质或动物处于育肥阶段时，机体对维生素 B$_6$ 的需求量增加，会造成维生素 B$_6$ 缺乏症。

［症状］维生素 B$_6$ 是转氨酶的辅酶，也是某些氨基酸脱羧酶及半胱氨酸脱硫酶等的辅酶。当维生素 B$_6$ 缺乏时，氨基酸脱羧生成的 γ-氨基丁酸减少，导致中枢神经系统异常兴奋，表现为抽风、共济失调等特征性神经症状。在动物生长发育阶段，如维生素 B$_6$ 缺乏，也会造成动物的生产性能降低。犬猫发病，呈小红细胞、低染性贫血，血液中铁浓度升高，含铁血黄素沉积，同时还发生神经退行性变性和肝脏脂肪浸润，发病时出现癫痫样发作、共济失调等症状。幼犬表现为消化功能障碍，发育不良，消瘦，易过敏，有时眼睑、耳根后部、鼻、口唇出现瘙痒性红斑样或脂溢性皮炎，口角、舌发炎。

［诊断］调查病史，结合临床症状进行初诊。实验室检查尿液中维生素 B$_6$ 排出量减少，黄尿烯酸增加。

［治疗］调查病史，分析饲料中维生素 B$_6$ 含量，给动物提供足够的吡哆醇，一般犬猫按

每千克体重 3～6mg 进行添加，幼猫幼犬应加倍添加。

17.3.6　维生素 C 缺乏症

维生素 C 缺乏症（Vitamine C Deficiency）也称坏血病，是由于维生素 C 缺乏所导致的毛细血管壁的通透性增加，引起皮肤、黏膜、内脏出血或贫血等为特征的代谢性疾病。多数动物可以自身合成维生素 C，但是猴和豚鼠以及幼龄动物不能自身合成，只能靠食物供给，故易发该病。

[病因] 主要分为原发性病因和继发性病因。

（1）原发性病因　饲料中长期缺乏维生素 C，或饲料中的维生素 C 遭到破坏等是造成缺乏的主要原因。饲料中含盐过多或饲料高温存放会造成维生素 C 的破坏。幼龄动物在 10～20 d 生长期内不能合成维生素 C，只能通过母乳摄入，当母乳中维生素 C 不足或缺乏会造成幼畜发病。

（2）继发性病因　动物患有消化道疾病或其他热性疾病时，会造成维生素 C 的吸收障碍或消耗增加，从而诱发该病。

[症状] 维生素 C 是体内的强还原剂，可以清除体内的氧自由基，保持体内的氧化还原平衡。同时，维生素 C 还参与铁的吸收和转运，促进组织的修补和伤口愈合。因此，当体内出现维生素 C 缺乏时，临床上会表现出皮肤、内脏出血，贫血，牙龈溃疡，坏死，关节肿胀，抗病力下降等。

幼畜出现维生素 C 缺乏时，一般表现为食欲不振，精神萎靡，随着疾病发展可出现以出血性素质为特征的坏血病，多见于颈背部，口腔及牙龈出血，严重时颊和舌也发生溃疡和坏死，或齿槽萎缩，牙齿松动脱落。同时，红细胞总数及血红蛋白含量下降，出现正色素性贫血，并伴发白细胞减少等血液学指标的变化。

犬发生该病时，会有贫血和口炎，病犬会出现咀嚼困难，拒绝热食，但某些犬不表现有齿龈损伤。有时可发现鼻、胃肠出血或血尿。病犬会表现运动受阻，关节疼痛。严重时，病犬侧卧，慢慢伸长四肢，有的可发生后肢麻痹。

猴维生素 C 缺乏时，与人相似，表现为齿龈出血，牙齿松动，皮下微血管出血，特别是可视黏膜、消化道、生殖器官和泌尿器官出血。小猴极易出现维生素 C 缺乏，发生该病时，表现为胃口不好，体重减轻，四肢无力，补充蔬菜水果后，症状迅速改善。

[诊断] 调查病因，根据饲料成分、出血及低色素贫血的临床综合征等检查可作出诊断。

[防治] 结合病因，饲料中合理添加青绿饲料。必要时，可通过注射 10% 维生素 C 注射液 3～5mL，每天 1～2 次，连续注射 3～5d。也可口服维生素 C 片剂，此外，山楂、苍耳子、松针叶、沙棘等富含维生素 C 的药物都有很好的预防和治疗效果。配合其他维生素治疗，如复合维生素 B、维生素 K、维生素 A、维生素 D 等，效果更好。贫血时联合铁制剂给药，消化不好时给健胃剂等进行对症治疗。

17.3.7　维生素 D 缺乏症

维生素 D 缺乏症（Vitamine D Deficiency）又称为营养性维生素 D 缺乏性佝偻病，由于生长的骨骼缺乏维生素 D 引起全身性钙磷代谢紊乱，在成骨过程中钙盐不能正常沉着而导致的一种以骨骼畸形为特征的全身慢性营养性疾病。维生素 D 缺乏可导致骨骼病变，幼龄动物发生佝偻病，成年动物发生骨营养不良（软骨病、纤维性骨营养不良）。该病发生于各种动物，幼龄动物多见。

[病因] 饲料或母乳中的维生素 D 缺乏，或阳光照射不足，是动物发生该病的根本原因。

当动物长期密集饲养并缺乏室外运动，缺乏紫外照射，体内合成维生素 D 受阻。幼龄动物对维生素 D 需求量很大，如果母乳中维生素 D 含量不足或缺乏，易造成幼畜患病。同时，动物患胃肠道疾病时，对维生素 D 的吸收利用发生障碍，肝肾疾病导致维生素 D 的羟化作用受阻，不能转化为有活性的 $1,25\text{-}(OH)_2D_3$，也会诱发该病。

饲料营养结构不合理也是造成维生素 D 缺乏的原因之一。当饲料中的钙磷比例偏于正常比例 $[1:(1\sim2)]$，对维生素 D 的需求量增加，长期比例失衡会造成维生素 D 的缺乏。此外，饲料中的维生素 A 与维生素 D 互相拮抗，当维生素 A 或胡萝卜素含量过高时，会影响机体对维生素 D 的吸收，从而引起维生素 D 的相对性缺乏。

[症状] 该病发生缓慢，一般 $1\sim3$ 个月才会出现明显症状。幼畜发病，成骨作用受阻，一般表现为佝偻病或软骨病，易于骨折为特征。成年动物中骨盐不断溶解，进行性脱钙，表现为软骨病。病初，动物表现为发育迟滞，精神不振，消化不良，异食现象，严重时啃咬砖头或瓦块等，喜卧，不愿站立，强行站立时，肢体无力，甚至呻吟痛苦。站立时，肢体交叉，腕弯曲或向外展开，顽固性胃肠卡他。病情发展严重，骨骼不断脱钙，纤维组织不断填充，会表现骨骼明显变形，主要为管骨和扁平骨变形、关节肿胀、骨端增厚，尤其肋骨和肋软骨的连接处呈现佝偻性算盘珠状凸起。由于四肢管骨松软，脊柱弯曲变形，负重时前肢腕关节向外凸表现为"O"型腿，或两后肢跗关节内收而呈"X"形腿，一般以前肢表现明显。疾病继续发展可引起动物营养不良，贫血，死亡。X 射线检查骨化中心出现较晚，骨化中心与骺线间距增宽，骺线模糊不清呈毛刷状，纹理不清，骨干末端呈杯状，骨内有许多分散不齐的钙化区，骨质疏松等。

[诊断] 调查病因，分析饲料成分，并结合临床症状可进行初诊。通过实验室检测血清碱性磷酸酶活性、维生素 D 活性物质、血液中甲状旁腺素和降钙素的变化，结合 X 射线检查可进行早期诊断。因该病病程长，早期诊断尤为重要。

[治疗] 消除病因，调整日粮组成。饲料中合理添加维生素 D，合理钙磷比例（维持 $1\sim2:1$)，增加户外运动时间，可预防该病发生。

病情发生严重，通过药物治疗。一般按每 100kg 体重 $4\sim6$mL 通过口服补充鱼肝油。注射复合维生素 A 和维生素 D，一般 $5\sim10$mL，对幼龄动物效果明显。妊娠和哺乳期动物，应额外补充维生素 D。

17.3.8　维生素 E 缺乏症

维生素 E 缺乏症（Vitamine E Deficiency）是指体内维生素 E 缺乏或不足引起的以肌营养不良和繁殖障碍为特征的一种营养代谢病。维生素 E 属酚类化合物，又叫生育酚。各种植物油中含有丰富的维生素 E，其中以麦胚油、豆油、玉米油、棉籽油中含量最多。维生素 E 最重要的作用是抗氧化作用，极易与分子氧化自由基反应，抑制不饱和脂肪酸的过氧化反应，防止细胞膜及亚细胞结构的膜中磷脂被氧化，保护细胞的完整性。缺乏维生素 E，幼龄动物表现为肌营养不良，成年动物表现为不孕不育。各种动物均可发生，幼龄动物发生居多，且往往与硒缺乏症并发。

[病因] 维生素 E 广泛存在于动植物中，一般动物饲料中不缺乏。但在以下情况下会造成维生素 E 的缺乏：

（1）维生素 E 是脂溶性维生素，随脂肪进入体内，在胆汁协助下才能被吸收。如果饲料原料使用了化学浸油法处理，会使饲料中的维生素 E 成分丢失，造成缺乏。

（2）维生素 E 是强氧化剂，容易受到暴晒、发酵、水浸、烘烤影响而造成失效，未及时补充可产生维生素 E 缺乏。

（3）饲料中含有的不饱和脂肪酸过多或含有维生素 E 的拮抗成分，如鱼粉、鱼脂、鱼肝油等，可使维生素 E 消耗过多，造成维生素 E 缺乏。

（4）饲料中硒元素及含硫氨基酸缺乏，会造成维生素 E 需求量增加，促进该病发生。

（5）母乳不足或乳中维生素 E 含量少，会造成幼崽发病；快速生长的幼犬、猫或妊娠中的母犬、猫，消耗维生素 E 增加，易发此病。

（6）患消化道疾病时，动物脂质吸收不好，影响维生素 E 的吸收，造成缺乏。

[症状] 成年动物较少发病，幼龄动物对维生素 E 缺乏敏感。维生素 E 缺乏时，动物体内的不饱和脂肪酸过度氧化，细胞和溶酶体遭受损伤，释放出各种溶酶体酶，组织器官发生退行性病变。患病动物表现为血管通透性增强，血液外渗，神经机能失调（痉挛、抽搐、麻痹等），繁殖机能障碍（雄性动物睾丸变性萎缩、精子运动异常、不能产精，雌性动物卵巢机能下降、性周期异常、不能受精、胚胎发育异常等）以及内分泌失调。母犬、猫受精卵发育不全，公犬、猫的精母细胞变性，发生睾丸萎缩。猫发生该病，出现小脑软化症，表现为运动失调。各种动物出现食欲下降，肌肉变性萎缩，皮下组织坚硬，触摸疼痛，贫血，慢性肝功能障碍等。

[诊断] 通常根据发病特点（幼龄动物、是否群发），分析饲料成分，结合临床症状及病理学变化进行诊断。同时，通过实验室检测血液和肝脏中的维生素 E 含量有助于确诊。

[治疗] 调查病因，分析饲料成分，保证日粮营养结构合理，含有足够的维生素 E。动物生产后，应注射维生素 E。发生该病时，应按每千克体重 0.08mg 进行肌内注射治疗，同时皮下注射碳酸精氨酸 2～4mL/d，效果良好。

17.3.9 维生素 K 缺乏症

维生素 K 缺乏症（Vitamine K Deficiency）是由于动物体内维生素 K 不足引起的以凝血酶原和凝血因子减少、血液凝固过程发生障碍、出血不止等为症状的一种营养代谢性疾病。常发生于犬猫。维生素 K 是一种脂溶性维生素，广泛存在于绿色植物中（维生素 K_1），也可通过腐败肉质中的细菌或动物消化道中的微生物合成（维生素 K_2）。正常饲养情况下动物少发。

[病因] 日粮结构不合理，饲料中缺乏维生素 K 是引发本病的主要原因。当动物患肝脏疾病或胃肠道疾病时，脂类物质吸收障碍，脂溶性维生素 K 吸收减少，表现维生素 K 相对缺乏。同时，当动物大量或长期使用磺胺类药物与抗生素时，可导致胃肠微生物数量减少，维生素 K 合成不足。

[症状] 主要表现为出血和凝血时间延长，各种动物表现为不同程度的贫血、厌食、衰弱等。各部位皮下、肌肉组织甚至腹腔、胸腔内发生出血，严重时发生重度贫血，眼结膜苍白，皮肤苍白干燥，全身代谢紊乱。严重时，出血不止造成失血过多引起死亡。因维生素 K 是脂溶性维生素，必须在胆汁作用下进行吸收，一般继发性维生素 K 缺乏症，往往会出现胆汁流动受阻。

[诊断] 调查病史，结合症状和实验室凝血相检查可确诊。

[治疗] 合理饲料营养结构，及时治疗肝脏和胃肠疾病，使用磺胺类药物和抗生素时间不宜过长。一旦确诊，可肌内注射维生素 K_3 进行治疗，犬按每日 10～30mg，猫按每日 10～20mg。

17.3.10 生物素缺乏症

生物素缺乏症（Biotin Deficiency Disease）是指由于动物体内生物素缺乏或不足引起的以皮炎、脱毛和蹄壳开裂等为特征的一种营养代谢病，犬、猫偶发。生物素又称维生素 H，是生脂酶、羧化酶的辅酶，碳水化合物、蛋白质和脂肪代谢过程中的许多反应都需要生物素。生物素能与蛋白质合成促生物素酶，有脱羧和固定二氧化碳的作用。生物素与碳水化合物和蛋白质的互变、碳水化合物以及蛋白质向脂肪的转化有关。当日粮中碳水化合物摄入不足时，生物素通过蛋白质和脂肪的糖异生维持血糖稳定。生物素广泛存在于动植物饲料中，酵母、肝肾组织中含量较高。正常情况下，哺乳动物体内可以自身合成。

[病因] 长期饲喂生物素利用率低的饲料。生物素虽然广泛存在于动植物饲料中，但其生物利用率差异很大，有些饲料，如鱼粉、油饼（粕）、黄豆粉、玉米粉等，其生物素的利用率可达100%，而有些饲料，如大麦、麸皮、燕麦中的生物素利用率很低，仅有10%～30%，有的甚至为0，如长期以这种饲料为主，虽然饲料中有生物素，因其利用率低，亦可引起生物素缺乏。

饲料中含有生物素拮抗物质。食物中含有抗生物素蛋白（卵白素），可与生物素结合而抑制其活性，同时该结合物不能被酶所消化，如给犬、猫饲喂生鸡蛋，因生鸡蛋中含有抗生物素蛋白，可造成生物素缺乏。加热以后可以破坏抗生物素蛋白，因此加热煮熟的鸡蛋可以避免抗生物素蛋白的影响。

长期或过量使用磺胺类药物或抗生素，可导致动物体内微生物合成的生物素减少，造成生物素缺乏症的发生。

[症状] 犬用生鸡蛋饲喂可引起生物素缺乏症，表现为神情紧张，无目的地行走，后肢痉挛和进行性瘫痪，皮肤炎症和骨骼变化。猫科动物主要表现为贫血、消瘦、消化不良、皮炎、脱毛等。啮齿类动物生物素缺乏时，主要表现为皮炎、皮肤脱屑、脱毛等，因眼周围出现脱毛会出现"戴眼镜"现象，同时表现神经症状和生殖障碍。

[诊断] 调查病史，分析饲料成分，结合临床症状和血液中生物素含量进行诊断，必要时可做治疗性诊断。一般认为血浆生物素含量低于600ng/L时则应补充生物素。

[治疗] 调整日粮结构，供给含生物素丰富且生物利用率高的饲料，也可补充生物素添加剂或干燥酵母。饲料中一般按350～500mg添加生物素，有很好的治疗效果。

17.3.11 叶酸缺乏症

叶酸缺乏症（Folu Acid Deficiency）是指由于动物体内叶酸缺乏或不足引起的以生长缓慢、皮肤病变、造血功能障碍和繁殖功能降低为主要特征的一种营养代谢病。叶酸又称维生素M，属抗贫血因子，叶酸与核酸的合成密切相关。叶酸存在于所有绿叶蔬菜、豆类及动物产品中，一般动物胃肠微生物能合成，故很少发生此病。

[病因] 长期食用低绿叶植物饲料或叶酸含量较低的谷物性饲料，又不及时补充叶酸，动物易出现叶酸缺乏。叶酸在酸性环境中不稳定，对光敏感，闷煮极易造成叶酸的损失。长期饲喂低蛋白性饲料（蛋氨酸、赖氨酸缺乏）会造成叶酸缺乏。动物长期胃肠消化障碍或长期使用磺胺类药物或广谱抗生素，胃肠微生物数量降低，会造成叶酸合成、吸收、利用障碍，动物易患病。动物在妊娠哺乳期，对叶酸的需求量增加，会造成叶酸相对缺乏。

[症状] 随饲料进入体内的叶酸以蝶酰多聚谷氨酸形式存在，进入体内被小肠黏膜分泌的解聚酶水解为谷氨酸和叶酸。叶酸体内吸收后，经叶酸还原酶和二氢叶酸还原酶的作用生成具有生物活性的5,6,7,8,-四氢叶酸，参与嘌呤和胸腺嘧啶等甲基化合物及核酸的合成。因此体内叶酸缺乏时，核酸合成障碍，会出现细胞生长增殖受阻，组织退化，消化紊乱，生长发育缓慢，皮肤粗糙。因叶酸缺乏，胸腺嘧啶脱氧核糖核酸减少，红细胞内DNA合成受阻，红细胞分裂增殖速度减慢，细胞体积增大，核内染色质疏松，引起巨幼红细胞低色素性贫血，白细胞和血小板减少，动物易发生肺炎、胃肠道疾病等。不同动物表现各异，患病犬猫主要表现为贫

血、食欲不振、消化不良、腹泻、繁殖障碍、皮肤发疹和胃肠炎等症状。

[诊断] 调查病史，结合临床症状和剖检变化（皮肤黏膜苍白、贫血、皮肤发疹、胃肠炎等）等进行诊断。通过实验室血液学检查，若发现红细胞内含有过量多谷氨酰叶酸衍生物，即可确诊。

[治疗] 调整日粮组成，供给酵母、青绿饲料等含叶酸丰富的饲料。严重者，一旦确诊，应使用叶酸制剂治疗，犬猫通过口服或肌内注射方式，按每千克体重 0.1～0.2mg 给药，连用 5～10d。还可合并使用维生素 C 或维生素 B_{12} 制剂，减少叶酸的消耗，提高治疗效果。

17.3.12 烟酸缺乏症

烟酸缺乏症（Nicotinic Deficiency Disease）又称糙皮病，是指由于动物体内烟酸缺乏或不足引起的以皮肤和黏膜代谢障碍、消化功能紊乱、被毛粗糙、神经症状等为特点的一种营养代谢病。烟酸又称尼克酸、抗糙皮病维生素，它与烟酰胺（尼克酰胺）均系吡啶衍生物。烟酸广泛存在于动物和植物类饲料中，肉、鱼、蛋、乳等中含量丰富，其他植物性水果、蔬菜中含量很高，酵母、米糠中含量较高。

[病因] 糙皮病的发生是由于饲粮缺乏烟酸和色氨酸。烟酸广泛存在于动植物饲料中，但玉米中含量很少，且玉米中含有抗烟酸作用的乙酰嘧啶，以玉米为主的日粮中缺乏色氨酸不能满足体内合成烟酸的需要，所以长期饲喂玉米会造成烟酸缺乏。缺乏维生素 B_2 和维生素 B_4 均可能引起烟酸缺乏症。蒸煮过度也会降低烟酸的含量。

饲料中烟酸拮抗成分较多，3-吡啶磺酸、磺胺吡啶、吲哚-3-乙酸（玉米中含量较高）、三乙酸吡啶、亮氨酸等与烟酸是拮抗的，用石灰水处理玉米后，烟酸利用率提高。如长期服用磺胺类药物或抗菌药物，干扰胃肠内微生物区系的繁殖，会造成烟酸缺乏。

另外，动物患有热性病、寄生虫病、肝脏或消化道疾病时，会导致烟酸的吸收、利用障碍。在病理状态下，营养消耗增多，或影响营养物质吸收，并且动物机体机能衰退，从而导致烟酸缺乏。

[症状] 烟酸在机体内易转变为烟氨酸，是构成递氢辅酶 Ⅰ（NAD）和递氢辅酶 Ⅱ（NADP）的成分，对维持皮肤的完整性、黏膜代谢和神经功能作用非常重要。此外，烟酸还可以扩张末梢血管，降低血清胆固醇含量。因此缺乏烟酸时，临床上可表现黏膜功能紊乱，出现减食、厌食、消化不良、腹泻、消化道黏膜萎缩、大肠和盲肠发生坏死、溃疡以致出血；动物皮毛粗糙，皮肤增厚（角化过度），有鳞屑；影响神经功能，神经变性，运动失调，反射紊乱，麻痹和癫痫，表现痴呆。症状也称为三"D"，即腹泻（Diarrhea）、糙皮（Dermatitis）和痴呆（Dementia）。

犬、猫烟酸缺乏症也称黑舌病，犬常食欲不好，口渴，舌部开始是红色，后舌头的边缘及舌尖出现蓝色素沉着，同时分泌有臭味的唾液，消化不良，粪便带血等。雄性动物生殖能力下降，表现为睾丸变性，精子生成减少，活力下降。有神经症状，行走不稳、痉挛、惊厥、昏迷、神经变性。烟酸会影响造血功能，烟酸缺乏时，红细胞发育停滞于成红细胞阶段，常伴发贫血。因烟酸可影响卟啉代谢，烟酸缺乏时，卟啉沉着，皮肤发红，对光反射敏感。

[诊断] 根据发病经过，分析日粮中的烟酸和蛋白质含量，结合临床症状（皮肤、神经、消化道病变等）和病理变化综合分析后可做出诊断。实验室通过检测血液中烟酸含量有助于确诊。

[治疗] 针对发病原因采取相应的措施，调整日粮中玉米比例，添加色氨酸、酵母、米糠、麸皮、豆类、鱼粉等富含烟酸的饲料。一般需求量，犬按每千克体重 25mg、猫按每千克体重

60mg 进行添加，但不宜过多。发病时，肌内注射 1％烟酸液，每日注射 0.5～1mL，直至恢复。烟酸过多后可出现脸、颈发红，对热敏感，头晕头痛、恶心呕吐、短暂腹痛，甚至出现荨麻疹、心肌无力、心舒张增强、血管扩张等。

17.3.13　胆碱缺乏症

胆碱缺乏症（Choline Deficiency）是指由于动物体内胆碱缺乏或不足引起的以生长发育受阻、肝肾脂肪变性、消化不良、运动障碍等为特征的一种营养代谢病。胆碱又称维生素 B_4，是抗脂肪肝因子，作为卵磷脂的成分参与脂肪代谢，广泛存在于动植物饲料中，一般哺乳动物能自身合成足够量的胆碱。

［病因］胆碱以磷酸酯或乙酰胆碱的形式广泛存在于自然界中，在鱼粉、肉粉、骨粉、青绿植物中含量丰富，谷物、蔬菜也含有胆碱。食物中含有蛋氨酸、丝氨酸和甜菜碱，机体可以通过肝脏合成胆碱。日粮中含有过量的胱氨酸和维生素 B_1 会促进糖转变成脂肪，胆碱的消耗增多，造成相对胆碱缺乏。同时，体内合成胆碱时，需要蛋氨酸提供甲基，当蛋氨酸缺乏时，可导致胆碱缺乏。

［症状］胆碱是卵磷脂的重要组成成分，当体内胆碱缺乏时，肝内卵磷脂不足，无法合成足够的脂蛋白，肝内的脂肪无法及时转运到肝外，造成脂肪在肝细胞内大量沉积，引起脂肪变性、肝功能减退以及消化代谢障碍。同时，胆碱存在于体内磷脂中的乙酰胆碱内，乙酰胆碱是副交感神经末梢受到刺激产生的化学物质。作为乙酰胆碱的成分，胆碱缺乏会引起心脏迷走神经的抑制等一系列症状。

犬主要表现为脂肪肝，消化不良，生长停滞。幼犬、猫出现关节、韧带和肌腱发育不良。

［诊断］调查病史，结合临床症状和剖检变化（脂肪肝、胫骨和跗骨发育不全等）及饲料中胆碱含量的检测等进行诊断。

［治疗］动物发病后，应立即供给胆碱丰富的全价饲料，并供给含蛋氨酸、丝氨酸、维生素 B_{12} 丰富的食物，如骨粉、肉粉、鱼粉、麦麸、油料、豆粕、豆类及酵母等。平时饲料中胆碱一般应占 0.1％。通常使用氯化胆碱，内服或拌入饲料中，按每千克饲料 1～1.5g 进行添加，同时加 0.1％肌醇，每千克饲料加维生素 E 10 个国际单位，可有效预防本病发生。

17.4　其他代谢病

17.4.1　肥胖症

肥胖症（Obesity）是由多种因素引起的慢性营养性代谢障碍，造成脂肪组织过度蓄积，已成为目前临床上最常见的犬、猫营养性疾病。国际标准规定，犬和猫超过标准体重的10％～15％，称为肥胖症。近年来，国内大中城市肥胖犬、猫的发病率逐渐增多，犬肥胖症发生率为24％～44％，猫肥胖症发生率大于20％。临床病例中，经常可以看到由犬、猫肥胖症造成机体多种器官的功能障碍所引发的疾病，比如，肺、心和肝脏负荷过重发病，躯体脂肪沉积表现出的需氧量上升所致呼吸困难，体重超标带来骨和关节的运动障碍，免疫系统异常造成的皮肤病，内分泌紊乱引起的糖尿病，也会引起生殖能力下降、难产以及消化系统疾病，因脂肪层太厚造成临床诊治艰难，这些危害大大降低着犬、猫寿命。

［病因］
（1）遗传因素　犬、猫肥胖基因是复杂的多基因系统，伴有基因-基因、基因-环境的相互

作用。父母肥胖的犬、猫有向后代遗传的倾向，遗传不仅影响机体脂肪量及其分布，机体能量摄入、营养素利用、体力消耗及基础代谢率等均与遗传相关。

（2）品种、性别及年龄　临床上，容易出现肥胖的犬种多见于巴哥犬、拉布拉多犬、金毛寻回猎犬、达克斯猎犬、腊肠犬、巴塞特猎犬、喜乐蒂牧羊犬、比格犬、凯恩梗犬和可卡犬等，家养短毛猫等杂种猫比纯种猫易患肥胖症。雌性犬的肥胖症发生率高于雄性犬，占总发病率的60%以上，而猫肥胖症多见于雄性。目前年龄影响犬猫肥胖发病率出现越来越早，5岁以下的犬也出现相当比例的体重超标，9岁以上肥胖症发生率在60%左右，12岁以上犬肥胖发生率呈现逐渐下降趋势，提示应特别注意幼年犬体重超标问题，这将导致成年犬的肥胖率大大增加。猫的肥胖多发生在10岁之前，10岁后的发生率显著下降。

（3）去势或绝育手术　犬、猫去势或绝育手术影响机体的内分泌系统，性腺切除后出现机体能量代谢轻度降低，如果犬、猫得不到充足的运动，食物的摄入相对偏多，易引起肥胖。有国外兽医报道，绝育母犬患肥胖症的概率比未绝育母犬高一倍，猫去势和绝育后所受影响更高，高达2~4倍，去势雄猫比绝育母猫更容易发胖。

（4）内分泌疾病及其他损伤　肾上腺皮质功能亢进、甲状腺功能减退、垂体功能减退、下丘脑功能障碍等也可能引起犬、猫食欲过亢和嗜睡，体内脂肪氧化过程大为降低，导致体重逐渐增加而变胖。40%以上糖尿病和甲状腺功能减退患犬患猫同时患有肥胖症，虽然典型的糖尿病症状是多饮、多食、多尿和体重减轻，但多数却具有肥胖体征，这主要是因肥胖症诱发糖尿病的可能性大。

（5）药物　在临床治疗上，糖皮质激素类药物、黄体酮和镇静药可引起动物食欲亢进，特别是避孕药（如醋酸甲羟孕酮），可使犬、猫贪食，从而导致犬、猫肥胖症发生。

（6）生活方式　高脂肪高能量食物或零食，对宠物过度关爱，使宠物长期处于贪吃贪睡、嗜暖怕冷状态，也未养成良好的遛狗、逗猫习惯，大多犬、猫生活在楼房等狭小空间内，其每天的活动量很少。由于运动量不足，机体的新陈代谢减缓，脂肪不断累积而迅速肥胖。

[症状]　肥胖犬、猫表现为食欲亢进或减退，贪睡，易疲劳，反应迟钝，心脏不耐受，运动笨拙。体躯肥胖，皮下脂肪丰富，不耐热而表现出呼吸急促，心悸亢进，心率不齐。内分泌紊乱引起的肥胖可见掉皮屑、对称性脱毛和皮肤色素沉着等特征性皮肤病变。肥胖可引起各种疾病发病率增加，如关节炎、椎间盘突出症、糖尿病、心血管疾病、脂肪肝、呼吸性疾病、生殖能力下降、难产以及外科手术的风险，严重威胁着犬、猫的健康。

[诊断]　按发病机制和病因分为单纯性及继发性两大类。

（1）单纯性肥胖症　主要由遗传、营养过剩或生活方式不当所引起，病史调查应关注品种、营养、运动、年龄、性别等方面。临床检查发现全身肥胖均匀，饮欲、食欲及尿量正常，皮毛光泽，无内分泌病、免疫低下症及代谢性病症。实验室检查犬单纯性肥胖症发现，初期血脂正常，中后期血清脂蛋白、中性脂肪、血清总胆固醇、血清胰岛素升高。肥胖症猫出现高水平的甘油三酯血症。

（2）继发性肥胖症　主要由内分泌脂代谢紊乱造成，可见内分泌器官病理性变化导致激素分泌异常，病史调查应关注有无糖尿病、肾上腺皮质机能亢进、甲状腺功能减退和是否长期服用糖皮质激素、氯丙嗪、胰岛素、息斯敏及其他促进蛋白合成制剂等方面。临床检查发现腹部垂悬，躯干部肥胖，食欲亢进，多饮多尿，皮肤干燥无光泽、脱毛，皮屑增多，色素沉着，警惕性或兴奋性下降。

实验室检查犬、猫继发性肥胖症发现，甲状腺功能减退性肥胖出现血清游离甲状腺素（FT4）和总甲状腺素（TT4）降低；肾上腺皮质功能亢进性肥胖出现血检典型的单核及中性白细胞增多，淋巴细胞减少，红细胞正常现象，常出现高脂血症，血检皮质醇升高，尿比重在1.007以下，也可出现血清谷丙转氨酶（ALT）活性升高，血糖轻度升高。临床上常用促肾上腺皮质激素（ACTH）刺激试验、低剂量地塞米松抑制试验（LDDST）和尿液可的松肌酐比（UCCR）诊断肾上腺皮质功能亢进，本诊断需结合临床症状进行综合分析；犬、猫空腹12h后测血糖可诊断糖尿病性肥胖；医源性肥胖可通过药物服用史进行鉴别。

[防治]

（1）采取综合性防治措施，增强饲养管理，纠正不合理饲喂方式　主人应限定时间、限定数量、多次少量饲喂犬、猫，选择一些低热量、低脂肪、高纤维素的犬粮猫粮，把每日的食量分成3～4次饲喂，也可采取每隔2d中止喂食1d的方式。可选择有减肥效果的处方粮进行科学合理饲喂，如若选择食用以前的犬粮猫粮，每天的食物量不要超过往常的饲喂量。对于过度肥胖的犬、猫，要逐渐减食到正常食量的60%～65%，能量供应至少低于能量消耗的10%～15%，注意一次性大量降低能量摄入会引起猫脂肪肝综合征。有些零食体积小而能量高，减肥期间注意严禁犬、猫食用剩菜剩饭和高能量零食。

（2）增加运动量，加速热量消耗，减少脂肪合成　每天犬、猫进行20～60min的中等程度的运动，日常管理可多遛犬猫，让犬猫充满活力，可选择漫步及和宠物做游戏的方式进行，某些犬种适合运动量强的运动，数据显示强迫犬运动时间达到50周可以瘦5kg。在宠物业发达的西方国家，可以使用专为犬、猫设计的运动器械如跑步机进行运动。因心脏负荷力不足，老龄患犬、猫适当减少运动量。

（3）加强分泌系统的防治，防范去势或绝育后的肥胖倾向　甲状腺功能低下的犬、猫可口服L-甲状腺素钠，犬每千克体重0.02mg，猫0.05～0.1mg/只，每日1次。有去势或绝育等生殖腺机能减退或废绝，可过渡性注射己烯雌酚0.1～0.5mg/只或丙酸睾丸酮25～50mg/只。要加强饲养管理，采取综合防治措施，避免高能量食物供应，防止出现肥胖倾向。

（4）注重低能量营养配方，可选择改善糖代谢、脂肪酸代谢的配方粮　肥胖症犬猫必须控制低能量饮食，低聚木糖等高纤维素含量可增加犬、猫的饱感。研究显示，日粮添加铬精对肥胖症有改善糖代谢的作用，肉毒碱是脂肪酸代谢的协同因子，可增加脂肪酸的氧化分解，维生素A可有效防止犬猫消化吸收过高含量的脂肪，总之，处方日粮可有效保持犬、猫正常体重。

17.4.2　高脂血症

高脂血症（Hperlipemia）指血液中的循环脂肪（脂类）增多，可能涉及高水平的甘油三酯、胆固醇或脂蛋白，以肝脏脂肪浸润、血脂升高、血清白染为特征。

[病因]　本病的诱因是长期食用高脂肪日粮、运动不足和肥胖。

原发性是由于单基因缺陷或多基因缺陷，使参与脂蛋白转运和代谢的受体、酶或载脂蛋白异常所致，或由于环境因素（饮食、营养、药物）通过未知的机制而致。临床上，迷你雪纳瑞容易出现甘油三酯和脂蛋白血清升高，伯瑞犬、苏格兰牧羊犬容易出现胆固醇血症，家猫出现乳糜微粒血清升高。

继发性多发生于代谢性紊乱疾病，如糖尿病、胰腺炎、黏液性水肿、甲状腺功能低下、肥胖、肝肾疾病、肾上腺皮质功能亢进等，也有可能源于糖皮质激素（类固醇）或孕激素（如醋酸甲地孕酮）类药物的使用。

[症状]　犬、猫的高脂血症多数表现为体躯肥胖，皮下脂肪丰富，有可能没有任何症状，或表现出腹部不适、胃肠道症状和烦渴，甚至出现抽搐，这些犬、猫品种易发胰腺炎。患有遗传性高脂血症的犬、猫可发展为脂质异位沉积，表现出皮肤、眼睛或其他组织脂肪化，有发展

为脂肪瘤（黄色瘤）的倾向。血清胆固醇升高可导致动脉粥样硬化，从而影响血压和心脏功能。

[诊断] 本病诊断的主要依据是血清或血浆外观呈乳白色和甘油三酯含量升高。

动物采食后采集的血样通常为脂血症，甘油三酯和胆固醇可能升高。在禁食12h后采集的血样，这些变化通常会减小或消失。持续升高则需密切关注饮食中的脂肪含量或查找继发高脂血症的原因。继发性高脂血症的诊断检测可包括血常规、尿液分析、胰腺功能测试、激素分析、专门的肝肾功能测试及腹部X光和超声检查。

一旦所有的继发病因被排除，即可确诊为原发性高脂血症。可能需要进行其他血液测试以便确定具体是哪种脂质升高。

[防治] 预防本病首要要改善犬、猫的日粮配方，减少脂肪和碳水化合物的含量，多给予优质的蛋白质日粮。

对于继发性高脂血症，直接治疗潜在病因，并且辅以低脂饮食。对于原发性高脂血症，当出现临床症状时则需进行治疗，主要包括饲喂低脂饮食，如处方粮；其次，市场上对于降低胆固醇和甘油三酯的药物还不多，因其潜在副作用不建议使用。烟酸、少量维生素E及鱼油制剂对高脂血症食物治疗既安全又有辅助作用，对于急性病例也可口服或静脉注射保护肝脏的巯丙巯基丙酰甘氨酸，100~200g/d，连用2周。高胆固醇犬、猫可慎用氟伐他汀钠，每晚服用20~40mg。日粮中额外添加同源性的胆汁酸也可预防犬、猫高脂血症。

17.4.3　黏液水肿

黏液水肿（Mucus edema）的实质是甲状腺功能减退导致犬、猫全身一切活动减慢，特征是黏液蛋白物质沉积于黏膜或皮下等部位。生理情况下，甲状腺激素可以促进蛋白质合成，分泌不足时蛋白质合成减少，然而组织间的黏蛋白增多，黏蛋白结合大量正离子和水分子，引起非凹陷黏液性水肿。本病常见于犬，以4~6岁大中型雌犬多发，猫有时也发病。

[病因] 临床上可分为原发性、继发性和垂体上甲状腺功能减退，犬比猫多发，多发犬种为德国牧羊犬、爱尔兰赛特犬、金毛犬、阿富汗犬和拳师犬等。

大多起因于自发性甲状腺炎、甲状腺萎缩、甲状腺肿瘤等甲状腺疾病，甲状腺摘除也能引发本病。继发性黏液水肿多因脑下垂体肿瘤、出血、坏死等引起的甲状腺刺激激素分泌减少所致。

[症状] 本病临床症状无特异性，可引起全身多系统症状，处于低代谢状态。消化系统可出现食欲旺盛、便秘，心血管系统可出现心率缓慢、心包积液，内分泌系统性有的发生流产、不育、性欲减退，发情不正常；神经系统可出现反应迟钝、嗜睡。

成年犬、猫早期症状是对称性无瘙痒脱毛，从尾根部、尾尖部、颈背部、鼻梁、胸腹侧开始，向全身扩展。90%的病例皮肤干燥、落屑，被毛少光泽、脆弱，剪去的毛很难再生，毛发苍白。20%的病例伴有皮脂溢，继发感染时发生瘙痒。体重增加，四肢感觉异常，面神经麻痹，有攻击行为。患病犬、猫表现精神沉郁，怕冷，嗜睡，耐力下降。

重症犬、猫，皮肤色素过度沉着，因黏液水肿产生皮肤增厚，形成皱褶，尤其眼睛上方、肩背和颈侧明显，触之有捻粉感和肥厚感，无指压痕。运动强拘，体温低下，伤口经久不愈。

[诊断] 根据临床症状可以建立初步诊断。结合实验室检查，血清甲状腺素（T4）含量正常为10~40μg/L，如果低于10μg/L可确诊为黏液水肿，并将此指标作为与其他肥胖性疾病相互鉴别的依据。心电图检查出现低电压状态，有心搏迟缓现象，R波的振幅较小，QRS波振幅减小。

[防治] 甲状腺素对本病进行治疗时反应敏感，补充甲状腺素就可使症状得到明显改善。常口服左旋甲状腺素钠（L-T4）每千克体重 0.02mg，每日 1 次；或者口服左旋三碘甲状腺原氨酸（L-T3）每千克体重 5mg，每日 3 次。二者也可合用，按 T4∶T3 混合物分子浓度为 4～3∶1 配制，T4 在体内可转变成 T3。也可使用猪、牛等动物甲状腺为原料制成的甲状腺片。用药过程中，症状得到改善后仍然需要维持用药数日。对于有心力衰竭或心律不齐患病犬、猫，要从小剂量开始用药，逐渐加大过渡到正常剂量，以减少药物对心脏的副作用。长期用药以左旋甲状腺素为佳，配合中药治疗可起到辅助调理作用，可增强甲状腺素的调节功能，可选用黄芪、党参、仙茅、仙灵脾、补骨脂等组方治疗。

17.4.4　脑积水

脑积水（Hydrocephalus）是脉络丛的脑脊液产生过量，蛛网膜绒毛吸收障碍，导致了颅腔脑脊液过多，扩大了正常脑脊液所占空间，从而继发颅压增高。

[病因] 根据产生原因可分为先天性和后天性。中脑导水管先天性疾病、头部肿瘤等占位性病变、感染及维生素 A 缺乏、维生素 B_{12} 缺乏及佝偻病都会造成幼年犬或成年犬脑积水。马尔济斯、约克夏、英国斗牛、博美、吉娃娃、拉萨和玩具贵妇等短头犬为发生此病的高危品种，具有一定的先天遗传倾向。

[症状] 患病犬、猫主要表现出头颅增大，头颅冠突出，大小不对称。囟门扩大的犬出现头颅皮肤凹陷，叩诊似破罐音。

[诊断]

（1）X 射线检查　先天性脑积水可见囟门开张，颅骨缺损，骨缝增大，颅骨骨板变薄，颅腔扩大，额窦不易见，大脑出现均一的毛玻璃样变化。

（2）脑室造影　全身麻痹后，用 22 号脊髓针于扩大的囟门中央，距正中线 0.5cm 处刺入 1～1.5cm，向脑室内注入空气 1～10mL，或碱酞葡胺 60（剂量为 3mL），可见明显的脑室及菲薄的大脑皮层。

[治疗] 本病预后不良，治疗以抑制脑脊液生成、促进吸收、改善流通和排除过多的脑脊液为原则。

皮下注射地塞米松，每千克体重 1.1mg，口服醋唑磺胺，每千克体重 5～10mg，每日 1 次。若脑内压升高，可静脉滴注 20% 甘露醇，每千克体重 2.2g。

对于缺少维生素、感染炎症引起的脑积水可对症治疗，可起到良好作用，应给予抗生素、泼尼松龙、维生素 A 等。先天性及肿瘤等，建议施行外科手术，以改善颅内结构缺陷排除过多的脑脊液。

17.4.5　痛风

痛风（Gout）是一种由于嘌呤水平增加，尿酸产生过多或者因为尿酸排泄过少造成的尿酸含量增加，尿酸盐结晶在关节滑膜、软骨等组织中沉积，从而引起的炎症性代谢性疾病。本病又称尿酸素质、尿酸盐沉积症和结晶症，临床上以关节肿大、运动障碍和尿酸血症、关节液和痛风石中可找到有双折光性的单水尿酸钠结晶为特征。犬、猫均可发生，犬的平均发病年龄在 6 岁左右，多发于春季。

[病因] 给犬、猫饲喂过多富含核蛋白和嘌呤碱的蛋白质日粮，如动物内脏、肉屑、鱼粉及熟鱼等，易引起发病。动物性日粮饲喂过多是引起本病的主要原因，但非唯一因素，比如，遗传因素与本病的发生有一定关系；服用大量对肾有损害作用的利尿剂（呋塞米、依他尼酸、氢氯噻嗪等）、抗结核药（吡嗪酰胺、乙胺丁醇等）、肿瘤化疗药（硫唑嘌呤等）、喹诺酮类抗

生素以及降糖药等，造成肾功能障碍；某些传染病、寄生虫病、中毒性疾病等也会导致肾脏机能障碍后继发本病。

尿酸通过肾小管分泌而排泄，当肾脏损伤后可诱发本病，肾小管功能不全时可使尿酸盐分泌减少，产生高尿酸血症，以致尿酸结晶在实质脏器浆膜表面沉着，称为内脏痛风肾中毒型。维生素缺乏时，输尿管上皮角化、脱落，输尿管部分堵塞，使尿酸排泄减少，也可引发痛风。

［症状］多呈慢性经过。患病犬、猫精神沉郁、食欲减退，消瘦，被毛蓬乱，行为迟缓，周期性体温升高，心搏加快，气喘，血液中尿酸盐升高。

（1）关节型痛风　运动障碍，跛行，不能站立。关节肿大，病初肿胀软而痛，之后逐渐形成疼痛不明显的硬结节性肿胀。结节小如米粒，大如鸡蛋，分布于关节周围。病久结节可软化破溃，流出白色干酪样物，局部形成溃疡。

（2）内脏型痛风　表现为营养代谢性障碍，下痢，消瘦，增重缓慢。

［诊断］常规检查依据喂饲动物性饲料过多、关节肿胀、关节腔或胸腹腔内有磷酸盐沉积可作出初步诊断。关节内容物检验呈现紫尿酸铵阳性反应，显微镜检查可见细针状、禾束状或放射状尿酸钠晶粒。将粪便烤干，研成粉末，置于瓷皿中，加 10％硝酸 2～3 滴，待蒸发干涸，呈现橙红色，滴加氨水后，生成紫尿酸铵而呈现紫红色。

X 光检查可发现四肢关节间隙变窄、组织肿胀等；血常规检查发现白细胞（WBC）升高，血小板（PLT）减少；血生化尿酸（UA）增加幅度较大，白蛋白（ALB）升高。以上 X 光检查、血常规和血生化检测，结合患病犬、猫过多食用高嘌呤肉食和内脏，缺乏蔬菜、水果等碱性食物，可作出确诊的判定。

［防治］预防本病发生，犬、猫应该减少饲喂富含核蛋白和嘌呤碱蛋白质的动物内脏、肉屑等日粮，合理安排犬、猫的运动。

目前尚无特效的治疗方法，限制患犬、猫饮食，尤其高嘌呤食物，多饮水；口服秋水仙碱 0.5mg/次，一日 2 次，本药也可作为诊断性用药；补液，补充体内葡萄糖、维生素和电解质，尤其调节体内酸碱平衡，降低血中尿酸浓度，可静脉注射 5％葡萄糖 250mL、10％氯化钾 5mL、维生素 B_6 0.1g 以及 5％碳酸氢钠 80mL。

关节型痛风，可手术摘除痛风石；急性痛风患犬、猫可使用保泰松，首剂量 200mg/次，之后 100mg/次，一日 4 次，直到症状缓解；也可配合使用炎痛喜康 20mg，一日 2 次，3～4d 可缓解症状。若上述药物无效，可口服抗炎、抗过敏药物，如泼尼松每千克体重 2mg。慢性痛风患犬、猫，可口服排尿酸药物，如丙磺舒 0.25g，一日 2 次；口服苯溴酮 25～100mg/d，维持量为 50mg，隔日 1 次；也可口服阿托品或磺胺吡唑酮（Sulphipyrazont），一日 2 次；抑制尿酸合成的药物别嘌呤醇 100mg，口服，一日 2～4 次，稳定后使用维持量 100mg，可降为一日 1 次。

17.4.6　异食症

异食症（Pica）是犬、猫常发生的一种营养性代谢病，表现出吞食食物以外的异物。发生异嗜症的犬、猫通常与营养不良有关，如铁、硫、铜、硒、锌、钴、磷、钙、钠等各种矿物元素以及氨基酸、蛋白质或 B 族维生素等匮乏所致营养不良。此外，吸收不良综合征、糖尿病、蛔虫病等慢性的消化不良也会诱发异食症。

［病因］本病由于营养失衡造成，比如寄生虫感染、缺乏维生素或矿物质等营养因子，特别是在犬、猫生长发育迅速的幼年时期，如果食物过于单一，不进行全价饲料饲养，更容易发生异嗜。胰腺炎及胰腺发育不全也容易使雌性犬、猫发生异食症。另外，天生的异嗜现象是非

病理性的，比如犬粪便里特殊的味道是犬所喜欢的。

[症状] 临床上，异食症患犬、猫精神状态不佳、食欲减退、消化不良、腹泻、消瘦、皮毛粗糙等，吞食毛发、木片、砖头、石头子、碎布、青草、塑料、橡胶制品、铁钉等。根据吞食异物的性状和在消化道内滞留的程度与位置，临床表现不尽相同。锐利的异物可能损伤消化系统，可见流涎和口腔出血；有的异物可造成胃肠内异物性梗阻或穿孔。因动物舔食毛发在胃内形成毛团比较少见。消化道内发生异物时，犬、猫往往表现出厌食或绝食，出现呕吐等症状。

[诊断] 根据临床症状易于诊断，消化道内异物发生时可通过腹部、食道触诊或 X 光检查发现。

[防治] 预防本病建议幼犬、幼猫开始使用全价日粮，调整食物的营养结构，谨防食物单一，采取平衡饲养。必要时投给维生素 A 或鱼肝油，每日保证 400 国际单位；肌注维生素 B_1 25～50mg/d，维生素 B_2 每千克体重 0.1～0.2mg；补充钙、磷等矿物质，投服铜、硒、锌等必要微量元素；通过催吐、缓泻或手术的方法排出消化道内的异物；每日让患犬、猫在室外运动。

治疗犬、猫异食症，需从驱虫、食物调节及原发病治疗方面入手，口服一些健胃药物，如左旋咪唑、多酶片等，也可口服一些矿物元素或维生素。每天饲喂时间要固定，禁止提前或延后，帮助有规律增加消化液的分泌。帮助患病犬、猫克服表现的异食欲望，保证足够的遛狗、逗猫时间，建立良好的伙伴关系。

17.4.7 淀粉样变性

淀粉样变性（Amyloid degeneration）是由于蛋白 β-折叠异常，导致不可溶的纤维性蛋白存在非分支、盘曲的淀粉样结构，沉积于各种组织间隙，同时伴有正常结构和功能的破坏，从而引发多系统损伤的一种全身性疾病。目前已经明确 30 种以上的蛋白质可导致淀粉样变性，包括轻链免疫球蛋白、甲状腺素运转蛋白、急性期反应蛋白 A、纤维蛋白原 Aa，脂蛋白 A 等。病变部位主要发生于肾脏，其次是肝、脾、胰、自主性神经、消化道及心脏等。犬时有发病，猫发病较少。

[病因] 目前淀粉样变性的发生原因、组织损伤的机制及遗传性淀粉样变性的机制已经得到相关文献研究。淀粉样物质沉着于组织间隙，使受压迫的细胞萎缩并导致功能障碍。淀粉样物质是以淀粉样纤维为主要成分的蛋白质，如来源于免疫球蛋白 L 链的原发性淀粉样变性蛋白、含大量精氨酸的继发性淀粉样变性蛋白等。

原发性淀粉样变性（Primary amyloidosis）是最常见的类型，可能与遗传因素有关，通常继发于多发性骨髓瘤、巨球蛋白血症淋巴瘤等。

继发性淀粉样变性（secondary amyloidosis）有急性期反应蛋白产生的淀粉样物质 A，通常继发于各类系统性炎症反应，某些慢性感染、消耗性疾病、免疫功能缺陷等也可继发本病。

[症状] 淀粉样变性可累及多个系统即脏器，依淀粉样物质沉着的部位和程度而有不同表现。当沉着于肾脏间隙，则主要损害肾小球，出现多尿、蛋白尿、肾脏肿大或萎缩；沉着于消化道、胰脏、肝脏等脏器时，出现慢性腹泻、呕吐、明显消瘦、脱水、消化道出血；有的出现肝、脾肿大等症状。

[诊断] 仅通过临床症状不易确诊。这种淀粉样物质作为一种无定形的细胞外嗜酸性物质，经典方法是取肾、脾、肝或胰脏等脏器的活组织，用碱性刚果红染色，淀粉样物质呈现橙红

色，细胞核呈现蓝色，偏振光下呈现苹果绿色的双折光，在电子显微镜下呈现皱褶结构排列，用旋光显微镜检查可见翡翠绿旋光的沉着物。用高锰酸钾预先处理后，染色性和旋光沉着物均消失为 Aa 蛋白。电镜检查可准确确定有无淀粉样纤维物质。

实验室和影像学检查常缺乏特异性，可检查低蛋白血症、贫血、免疫球蛋白、血游离轻链、蛋白电泳及免疫固定电泳出现异常，也可出现腹部 CT 提示不同程度的胃肠道、肝脏、肾脏疾病。

[治疗] 淀粉样变性是一组异质性疾病，无特异且有效的治疗方法。通常以化疗及对症支持治疗为主。常规的化疗方案包括烷化剂、蛋白酶抑制剂和免疫调节剂及地塞米松的组合，但本病的治疗不仅副作用较大，治疗的成本也大。可试用抗炎物质二甲基亚砜，皮肤涂布或口服，同时采取相应的对症治疗。

17.4.8 吸收不良综合征

吸收不良综合征（Malabsorption syndrome）是小肠黏膜代谢不全而引起的各种营养物质的吸收不良，导致营养异常低下的病理状态的统称，它包括引起消化不良和吸收不良的多种疾病。根据病因可把本病分为 3 种，即原发性吸收不良、继发性吸收不良和消化障碍性吸收不良。

[病因]

（1）原发性吸收不良　又称口炎性腹泻，常常呈现慢性经过，由于小肠绒毛上皮细胞含有很多谷胶蛋白或致敏物质造成的吸收障碍，这种小肠黏膜本身损害造成小肠绒毛萎缩、融合或消失，黏膜面变平。

（2）继发性吸收不良　见于各种消化器官疾病或全身性疾病的经过中，如浸润增生性疾病、肠炎、肠淋巴肉瘤、淀粉样变性等；也可见于先天性异常、维生素缺乏症、微量元素缺乏症、乳糖酶缺乏症、肠淋巴管扩张症、小肠淋巴管回流的淋巴结肿瘤或重度炎症等。

（3）消化障碍性吸收不良　见于胰腺疾病、肝胆疾病等。当胰腺炎或胰腺癌时，胰腺消化液分泌障碍，淀粉酶和脂肪酶减少等；肝脏和胆囊疾病，胆汁分泌或排泄障碍时，由于缺乏复合胆汁酸盐而不能使食物中脂肪变成微粒而被吸收。犬患吸收不良综合征时，约有 75% 的病例是胰腺外分泌障碍所致。

[症状]

（1）原发性吸收不良　一般食欲较旺盛，但体重逐渐降低，多有呕吐。顽固性消化不良的犬、猫，长期排酸性恶臭的脂肪便或灰白色便，每日排便 4～6 次。患病犬、猫呈现低蛋白血症、低钠血症，有的呈现低血糖症。

（2）继发性吸收不良　其临床表现与原发病有关，通常患病犬、猫表现精神沉郁，食欲减少，排泄大量脂肪便，腹部胀满，渐进性消瘦，贫血、脱水。

（3）消化障碍性吸收不良　其特征是食欲增加，体重却减轻，消瘦，腹泻，有轻度或重度的脂肪便，排便次数增加。

[诊断]

（1）粪便中脂肪的检查　取新鲜粪便涂抹于载玻片上，加 3～4 滴饱和苏丹Ⅲ液（饱和苏丹Ⅲ液是取 70% 乙醇和等量丙酮混合，加过量苏丹Ⅲ染料，用前过滤而成），放上盖玻片，用高倍镜检查，一个视野有 5 个以上脂肪球可判定为脂肪消化不良，多因胰液分泌不足或胆道堵塞引起。

（2）粪便中蛋白质的检查　饲喂新鲜生肉后，粪便涂片，复方碘甘油染色，发现涂片中存在肌纤维时，可诊断为蛋白质消化不良。

（3）粪便胰蛋白酶活性试验　取 1g 粪便和 9mL 的 5％碳酸氢钠液混合，将未显影固定的 X 光胶片放入混合液中，2.5h 后观察 X 光胶片，透明则诊断为胰蛋白活性试验阳性，可排除胰液分泌障碍性消化不良。

（4）脂肪吸收试验　绝食 16h 后，犬、猫投服植物油，每千克体重 3mL，2～3h 后，若血浆发白混浊，则表示胰脂肪酶的分泌功能正常。

（5）活检　对本病发病部位的鉴别诊断很重要。剖腹手术时，在十二指肠、空肠和回肠各横向切下一小块椭圆形组织，对肠系膜淋巴结、肝脏和胰脏也各取一小块，对六个样品进行检查，确定病变部位。

［防治］预防本病要注意更换饲料，多喂高蛋白、低脂肪的日粮，日粮的配方要根据不同的发病原因进行制定。

治疗本病的首要原则是清理肠胃，保护胃肠道黏膜，口服人工盐 20～50g 或者硫酸镁 10～25g，幼犬、猫要酌情减量，在轻度泻下后，口服氢氧化铝凝胶 10～15mL 保护胃肠道黏膜。其次治疗本病要查明病因，才能有针对性地对症治疗，比如由于缺乏维生素引起的消化不良，可以口服维生素 B_{12} 每千克体重 0.3mg、叶酸每千克体重 0.5mg 及维生素 C 10～20mg，缺铁性贫血可口服硫酸亚铁 150～300mg，一日 1 次。另外，为提高消化率，可投服淀粉酶、脂肪酶、蛋白酶、纤维素分解酶、胆汁合成复合制剂等消化酶，以及次硝酸铋等助消化、健胃、保护胃肠道黏膜的药物。对于有明显脱水症状的患病犬、猫，要进行输液疗法和纠正酸碱中毒，输液要根据体况采取不同的途径给药，而且液体量一定要补足，口服营养剂如葡萄糖、糖盐水或者牛奶和白砂糖水。

17.4.9　巴洛氏病

巴洛氏病（Barlow's disease）称为维生素 C 缺乏症，本病是莫拉巴洛氏首次发现，故称为莫拉巴洛氏病，或简称巴洛氏病。临床上，本病常发生于 2～8 个月的幼犬，犬种不论中型犬还是大型犬均发病较多。本病易与软骨病、风湿症相混淆。

［病因］目前本病的发病原因及致病机制尚不清楚。正常情况下，犬能在体内合成自身必要的维生素 C，所以犬不易发生维生素 C 缺乏症。但多数患病幼犬比同龄健康犬体内合成和排泄维生素 C 的量多，且对患病幼犬投服大量维生素 C 可明显改善症状，提示本病仍与维生素 C 的代谢异常有关。

另外，本病还可能与无机物或维生素特别是维生素 A 和维生素 D 摄取过量、降钙素过多或某些激素失衡有关，但尚未被证实。

［症状］本病出现渐进性跛行，活动逐渐减少，强行运动时容易疲劳。特征性变化是骨形成减退和毛细血管性溢血。本病的骨病变呈现全身性，但桡骨远侧端最重。触摸时因疼痛而鸣叫，长骨远侧端肿胀，常常四肢同时患病，也有的先在前肢出现渐进性跛行。

受外力作用易造成骨膜出血甚至血肿。若血肿分解产物被吸收，可引起体温升高，严重病犬体温可高达 41℃，精神沉郁，食欲不振，饮水较多。

［诊断］临床上，本病不容易与软骨病、风湿症、骨髓损伤相区别。X 光检查，可见特征性的骨质疏松变化。但由于动物诊所条件有限，骨质疏松变化对于鉴别诊断意义不大，临床上以采取问诊和治疗性诊断为主。一般情况下 2～8 个月的幼犬注意此病的发生，犬主人投服大量钙片无效，反而越来越重，就可怀疑此病发生。在治疗时注射大量维生素 C 后，1～2d 内病状就可得到改善，并趋于好转，即可确诊为巴洛氏病。

与佝偻病不同，本病常有骨膜下出血，骨膜下出血灶有钙沉着，呈现骨膜性骨质增生。生长迅速的骨端病变最重，与骨干端相接处的骨骺板常形成坏血病带。骨膜下血肿引起的钙沉着多发生于骨外缘，与骨皮质间形成狭小的间隙。此外，有时可见新生骨小棘，骨干段变粗，骨皮质变薄。

[治疗] 大剂量投服维生素C，每日500～1000mg，可很快减轻骨肿胀和疼痛，体温恢复正常。维生素C要连续给予数周为宜。有的虽四肢肿胀持续多月，但经过治疗后，疼痛和发热多在24h内消退。

对于有持续疼痛的犬，在给以维生素C的同时，应给予肾上腺皮质激素和镇痛剂，如口服泼尼松，每千克体重2mg，一日3次，连用1周；静脉滴注地塞米松15mg，一日1次；也可肌内注射双氯灭痛，每千克体重0.1mg。

17.4.10　抗利尿激素分泌失调

抗利尿激素分泌失调（Disorder of antidiuretic hormone secrefftion），又称为抗利尿激素异常综合征，是指内源性抗利尿激素（ADH）自发性异常分泌增多，导致水潴留、尿排钠增多以及稀释性低钠血症等有关的临床表现。该病自1957年首先由Schwartz发现，可发生在人，亦可见于犬，雄性犬发生比例高于雌性犬。

[病因] 本病存在于多种疾病，需要提高对该病的认识，及早诊断，提高患犬成活率。常见的原因包括抗利尿激素分泌性恶性肿瘤（肺癌、胰腺癌等）、非肿瘤性胸腔内疾病、中枢神经疾病（颅脑外伤、脑肿瘤、蛛网膜下腔出血）、手术（二尖瓣分离手术等）或严重创伤性应激以及使用某些药物，如巴比妥酸盐、吗啡、排钾性利尿剂、长春新碱等。

这些致病因素通过改变血浆晶体渗透压和循环血量，或是造成抗利尿激素异常性分泌增多，作用于肾集合管及远曲小管，通过cAMP形成增多等作用环节提高肾小管细胞膜的通透性，加强了水分的再吸收。

因抗利尿激素分泌过多，可造成水潴留，循环血量增多，促进肾小管排钠，表现出尿钠增加，尿呈现高渗性；血钠持续性降低，血浆渗透压下降。抗利尿激素分泌失调是低钠血症的主要原因之一。急性低血钠初期，由于细胞膜两侧的渗透压梯度，细胞外液的自由水向细胞内转移，造成细胞水肿，尤其脑水肿。慢性低钠血症，脑水肿不明显，但持续时间太长，容易造成骨质疏松，增加骨折风险。

[症状] 患病犬有消化障碍，表现为厌食、恶心、呕吐等；常有神经症状，如精神错乱、容易兴奋、头抵物体、癫痫发作等；有时心律失常。

[诊断] 根据低钠血症，尿钠增加，以及限制饮水后病情迅速缓解不难进行诊断。注意与原发性肾上腺皮质功能减退相鉴别，二者临床症状上相似，但原发性肾上腺皮质功能减退存在氮质血症和高钾血症，同时发生抗利尿激素分泌失调时肾上腺皮质功能正常。

[治疗] 恶性肿瘤所致的抗利尿激素分泌失调应该及时手术、放疗或化疗；药物引起的抗利尿激素分泌失调应该立即停止此药；脑部病因患犬，应该尽可能去除病因，有些脑疾病患犬，如脑部急性感染、硬膜下或蛛网膜下腔出血等所致本病是一过性的，随着脑疾病的好转而消失。

治疗本病的原则是限制饮水，停用妨碍水排泄的药物，补充钠盐，抑制抗利尿激素分泌，症状可好转，血钠渗透压随之增加，尿钠减少。轻症患犬，限制饮水即可奏效。血钠过低而伴发神经症状时，应静脉缓慢注射3%氯化钠溶液，连续2～4h；还可应用具有拮抗抗利尿激素作用的药物，如口服氯丙嗪，每千克体重0.1～2.2mg，一日1～2次；口服地美环素（demeclocycline，去甲金霉素），每千克体重 3～6mg，一日 1～2 次，可拮抗抗利尿激素对肾小管上皮细胞受体中腺苷酸环化酶的作用，抑制肾小管回收水的作用；或者口服碳酸锂，每千克体重 25mg，一日 1 次。出现脑水肿患犬可使用速尿、20％甘露醇。严重精神错乱、癫痫发作患犬，可应急处理，静注呋塞米，每千克体重 1mg，必要时重复使用，但必须注意引起的低血钾、低血镁等水电解质紊乱。

第十八章
犬猫中毒性疾病

18.1 灭鼠药中毒

18.1.1 灭鼠灵中毒

灭鼠灵亦称华法令，属双香豆素类强力抗凝血性杀鼠药。本品无臭、无味，鼠类对其制成的毒饵并不畏避，常被诱食，还能被鼠类带回鼠洞供其他鼠食用，约需一周才能发挥药效，常使全窝鼠死于洞内。灭鼠灵对鼠类、犬猫毒性较强，犬猫极易接触其毒饵而引起中毒。

[病因] 犬猫常因误食灭鼠灵毒饵、被毒饵染毒的食物、毒死的鼠类及其他动物尸体而中毒。

[症状] 急性中毒时无任何明显症状，因内出血而突然死亡。

亚急性中毒可见可视黏膜苍白、结膜、巩膜、眼内、口舌黏膜、齿龈等部位出血，呕血，鼻出血，便血。中毒犬猫虚弱，呼吸困难，步态蹒跚，共济失调，关节肿胀，有压痛，跛行。体表大面积血肿，心律不齐，心搏微弱，全身虚脱、抽搐、痉挛、麻痹而死亡。病程较长时，常见黄疸症状。

[诊断] 根据病史、临床症状、病理特征等可初步诊断，依据实验室检验结果可确诊。

实验室检测犬猫活体的血浆或死亡后肝脏中的灭鼠灵，如确认有中毒致死浓度的灭鼠灵即可确诊。犬猫凝血酶原出现时间、凝血时间及凝血激酶部分活化时间等均延长，亦可作为确诊本病的重要依据。发病犬猫应用维生素 K_1 治疗效果明显，可进一步确诊本病。

应注意与维生素 K 缺乏症、血小板减少症、维生素 A 过多症、大量应用肝素或其他抗凝血剂及外伤等相鉴别。

[治疗] 及时应用止血剂维生素 K_1（犬猫均为每千克体重 5mg），溶于 5% 葡萄糖溶液中，缓慢静脉注射，连用 5～7d 后，改为同时口服维生素 K_1 和维生素 K_3。重危犬猫可静脉注射全血或抗凝全血，每千克体重 20mg，其中前半量快速静注，后半量以 20 滴/min 的速度静滴，以增加血容量和止血功能。严重呼吸困难和贫血者，应及时吸氧或胸腔穿刺，缓慢抽出渗出的血液。根据病情，适时给予镇静剂、能量补充剂、抗感染药物。

18.1.2 毒鼠磷中毒

毒鼠磷亦称对氯苯酚，为有机磷类灭鼠药，对犬猫毒性强。常用 1% 毒鼠磷毒饵杀灭鼠类。

[病因] 犬猫常因误食毒鼠磷毒饵、染毒的食物或饮水及毒死的鼠类而中毒。

[症状] 可分为急性中毒和慢性中毒。

（1）急性中毒 中毒犬猫出现食欲废绝、恶心、呕吐、呼吸困难、流涎、大汗、缩瞳，随后可见肌肉震颤、步态蹒跚、共济失调。可视黏膜发绀、心率加快、心音混浊、血压升高、鼻流细泡沫状液体，肺区可听到湿性啰音，支气管呼吸音和肺泡呼吸音减弱或消失，肠音先高朗

后低沉，时见稀水便、眩晕、嗜睡、昏迷、抽搐、瘫痪，因心力衰竭和呼吸麻痹而死。

（2）慢性中毒　少数犬猫呈现慢性中毒，眩晕、精神沉郁、四肢无力、喜卧或蹲伏、恶心、呕吐、缩瞳、肌肉震颤、多汗、心悸、呼吸困难等。如及时治疗可康复。

〔诊断〕根据犬猫有毒鼠磷接触史及呈现以胆碱能神经兴奋为主症的临床体征，即可确诊。

〔治疗〕

（1）经口中毒犬猫立即催吐　选用活性炭混悬液、2％碳酸氢钠溶液洗胃，再投服硫酸钠导泻，以减少和排出残存于胃肠中的毒物。

（2）肌内注射或静脉注射阿托品　轻度中毒犬猫，每隔 30min 至 2h 给药 1 次；严重中毒犬猫，每隔 15～30min 静脉注射 1 次，直至出现"阿托品化"证候后，再减量肌内注射直至康复。

（3）解磷定或氯磷定　按每千克体重 20mg 溶于 10％葡萄糖溶液，给犬猫缓慢静脉注射，每隔 2～4h 重复 1 次，注入半量至症状好转，再减量至症状消失（注意氯磷定不可与碱性药物配伍应用）。

（4）经皮肤染毒的犬猫应尽快移离现场，用清水冲洗皮肤　眼耳部用生理盐水冲洗 10min，再向眼内滴入 1％阿托品 1～2 滴；病情严重者，给予阿托品和解磷定或氯磷定进行抢救。

（5）对症支持疗法　根据病情可进行补液，给予镇静剂、强心剂、呼吸兴奋剂、维生素 C 等。

〔预防〕注意毒鼠磷及其毒饵的配制、保管及使用，勿使犬猫接触；及时销毁毒鼠磷及毒饵的包装物、毒死的鼠尸、染毒的食物；盛放毒饵的器皿，不能用肥皂水清洗后再装食物饲喂犬猫。

18.1.3　磷化锌中毒

磷化锌亦称二磷化三锌，纯品为暗灰色带光泽的结晶，有蒜臭味，按 2.5％～5％的比例与食物配制成的毒饵是常用的灭鼠药。

〔病因〕犬猫不喜嗅磷化锌的气味，较少直接接触毒饵。犬猫多因误食被磷化锌毒死的鼠类而中毒。犬的中毒量为每千克体重 20～40mg。

〔症状〕一般在食后 15min 至 4h 内呈现中毒症状。突然发生，食欲减少、昏睡、流泡沫状唾液、呕吐、呕吐物有蒜臭味，在暗处观察呕吐物可见磷光；腹痛、腹泻、便中混血，在暗处观察粪便可见磷光；呼吸促迫、呼出气体亦有蒜臭味、心动徐缓、心律不齐；尿量减少，尿呈黄色，含红细胞、蛋白质或管型；随后出现共济失调、兴奋不安、感觉过敏、喘息、痉挛、惊厥、昏迷，常于 2～3d 内死亡。猫中毒后还常见口、咽、喉处的黏膜糜烂。

〔诊断〕根据病史、临床症状、剖检病变等可做出初步诊断，如果检出磷化锌则可确诊本病。犬猫有食入毒死鼠类的病史。临床症状见突发呕吐、腹泻、喘息，呼出气体和呕吐物有蒜臭味或磷光，可初步诊断。

采集胃内容物或病死犬猫的肝肾组织，用溴化汞或碘化镉溶液检测法检出磷化锌，用显微结晶法或亚铁氰化钾法检测锌离子，或应用化学法同时检出磷和锌时，均可做出确诊。

〔治疗〕发现犬猫中毒后，立即灌服 0.2％～0.5％硫酸铜溶液催吐，选用 5％碳酸氢钠溶液或 0.1％-0.5％高锰酸钾溶液洗胃，再投服硫酸钠导泻。选用葡萄糖酸钙溶液、碳酸氢钠溶液、高渗葡萄糖溶液等静脉注射，并酌情给予镇静剂、解痉剂。

18.1.4　敌鼠钠中毒

敌鼠钠是茚满二酮类强力抗凝血药，广泛用作杀鼠。对犬猫毒性较大。

［病因］敌鼠钠或其毒饵保存、置放不当被犬猫误食、犬猫食入被敌鼠钠毒死的鼠等均可发生中毒。犬中毒致死量为每千克体重 20～50mg，猫为每千克体重 5～50mg。

［症状］

（1）急性中毒　中毒犬猫无明显症状，常因脑血管、心包纵隔、胸膜等部位急性内出血而死亡。

（2）亚急性中毒　中毒犬猫可视黏膜苍白、贫血、体温低、呼吸困难、咳嗽；口、舌、齿龈、鼻黏膜、结膜、巩膜、眼内、皮肤等部位出血；失明、呕血、鼻出血、便血、体质虚弱、喜卧、关节肿胀、跛行、共济失调、水肿、心搏动减弱、心律不齐、肌肉抽搐、全身痉挛、麻痹、瘫痪、虚脱。病程较长的犬猫可见体温升高和黄疸。妊娠犬中毒常发生流产。

［诊断］犬猫有接触或误食敌鼠钠或其毒饵及被毒死动物的病史。根据发病犬猫血凝不良、广泛性出血等症状可初步诊断。

（1）实验室检验　采集发病犬猫胃内容物、血液、尿液、呕吐物和可疑食物等，用三氯化铁反应法、盐酸羟胺反应法、氢氧化钠反应法检出敌鼠钠，并见凝血酶原时间延长、血小板数量正常或稍低等，即可确诊。

（2）鉴别诊断　本病应与黄曲霉毒素中毒、血小板减少症、维生素 K 缺乏症、放射性损伤等疾病相鉴别。

［治疗］犬猫中毒后应立即进行催吐、洗胃和导泻，以排出毒物。

静注维生素 K_1，溶于 5% 葡萄糖溶液，犬 10～20mg/次，每 12h 注药 1 次，连用 3～4d。亦可肌内注射维生素 K_3，犬 10～30mg/次，猫 5～15mg/次，连用 6～7d。维生素 K_1 和维生素 K_3 联合使用可提高疗效。

重危犬猫可输入新鲜全血。犬每千克体重 10～30mL，猫每千克体重 5～10mL。输血时前半量快速输入，后半量缓慢输入。

对症支持治疗可根据病情采取给予安络血、镇静剂、强心剂、补液剂、ATP、肌苷、维生素 C、保肝剂、高渗葡萄糖溶液、吸氧、体腔穿刺排出渗出血液等措施。

18.1.5　氟乙酸钠中毒

氟乙酸钠为剧毒杀鼠药，通常制成丸剂作毒饵，用于杀灭田间、草原、厂矿、仓库、粮仓周边的鼠类。

［病因］犬猫常因误食氟乙酸钠毒饵或吞食中毒死鼠而导致中毒。

［症状］犬猫多在食后 2～3h 发生中毒。不安，初期食欲减少，呕吐，精神沉郁，腹痛，频排粪尿；继之可见发热，腹泻，粪尿失禁，狂吠，骚动不安，感觉过敏，盲目奔跑，转圈运动，可视黏膜发绀，喘息，心律失常，抽搐，痉挛，昏迷。多在十余分钟至数小时内死亡。

［诊断］根据病史、发病犬猫的临床症状和病变特征等即可确诊。

（1）在发病区域施放氟乙酸钠或氟拉图杀鼠药，犬猫有误食毒饵及鼠类的病史。

（2）临床诊断　根据犬猫发病急、病程短、死亡快及迅速发生呕吐、可视黏膜发绀、循环衰竭、短期沉郁速转兴奋的临床症状，可初步诊断为本病。

（3）病理学诊断　剖检犬猫可见胃肠内积有鼠毛，碎骨残肉，皮下、胃肠黏膜、肺、肝、肾等显著出血或坏死，血液呈紫黑色等变化，为确诊本病的重要病理学依据。

［治疗］中毒后，立即投服催吐剂或用牛乳洗胃，再静注硫代硫酸钠或肌注单乙酸甘油酯，犬每千克体重 0.5mg。根据病情还可给予巴比妥类药、高渗葡萄糖溶液、葡萄糖酸钙液、止血剂、补血剂、维生素、止喘剂、解痉剂、强心剂等。严重中毒犬猫预后不良。

18.1.6　氟乙酰胺中毒

氟乙酰胺为无色、无味、毒性极强的杀鼠药。

[病因]　犬猫常因误食氟乙酰胺毒饵或吞食被其毒死的鼠类而发生中毒。犬中毒量为每千克体重 $0.05\sim0.5mg$，猫为每千克体重 $0.3\sim0.5mg$。

[症状]　一般在食后 30min 至 2h 出现中毒症状。犬可见呕吐，喘息，腹痛，频排粪尿，可视黏膜发绀，心律失常；短暂精神沉郁后出现兴奋不安、吼叫、狂奔、感觉过敏、抽搐、痉挛、癫痫等症状。猫中毒症状与犬相似但兴奋症状较犬轻，而心律失常、吼叫、感觉过敏等症状较犬重。犬猫通常在食入本品毒物后十余分钟至数小时内死亡。

[诊断]　根据病史、犬猫的临床症状及病变特征等确诊本病。

[治疗]　本病多预后不良，应尽早抢救。中毒后，立即给予催吐剂，洗胃，导泻；肌内注射单乙酸甘油酯，每千克体重 0.5mg，静脉或肌注硫代硫酸钠溶液；可根据病情，给予镇静剂，静脉注射高渗葡萄糖溶液或葡萄糖酸钙液。

18.1.7　马钱子中毒

马钱子亦称番木鳖。马钱子为常绿乔木植物的成熟种子。其主要的药用成分为马钱子碱和番木鳖碱（士的宁）。误食后引起马钱子中毒（Strychnine Poisoning）。

[病因]　犬、猫中毒多因误食本品毒饵或死鼠；本品的安全范围较小，毒性甚强，用药过量或使用不当常引起急性中毒。内服中毒量：犬为每千克体重 0.75mg，猫为每千克体重 1mg。本品注射用药的毒性比内服用药高 $2\sim10$ 倍。

[症状]　本品中毒以神经系统兴奋性增强为特点。初期犬、猫骚动不安，感觉过敏，对外界刺激反应性增强，肌肉抽搐，眼球震颤，瞳孔散大，可视黏膜发绀，呼吸急促，脉搏细弱，体温升高；继之出现牙关紧闭，角弓反张，惊厥，肌红蛋白尿。因呼吸肌痉挛窒息而死亡。

[诊断]　根据中毒病史和犬、猫的临床症状等即可初诊本病，必要时需结合病理学和毒物检验结果确诊本病。

（1）犬、猫有接触、误食本品毒饵和毒死鼠类的病史，或超量或连续应用本品治疗犬、猫疾病的用药史。

（2）临床症状　发病后迅速发生以神经系统反射兴奋性增强为特征的中毒反应，可初步诊断为本病。

（3）毒物检验　取胃内容物及尿液为检样，用层析法或显微结晶反应法检验。发现本品成分即可确诊。

（4）鉴别诊断　本病应与犬、猫的破伤风、乙二醇中毒、电解质平衡障碍等疾病相鉴别。

[治疗]

（1）发病后，应加强护理，置于安静较暗处，尽量避免外界刺激。

（2）立即用 0.01%～0.05%高锰酸钾液、0.1%稀碘酊、1%碘化钾液、2%～3%鞣酸液等洗胃或投服催吐剂；然后先投服活性炭，再投服盐类泻剂导泻。

（3）给予巴比妥类药或愈创木酚甘油醚。

（4）补液并给利尿剂，但禁用咖啡因和合成麻醉药品。

[预防]　注意本品毒饵的配制、保管和使用，防止犬、猫接触或误食；及时清除和销毁毒死的鼠类和野犬；应用马钱子或士的宁治疗犬、猫疾病时，应严格掌握适应证、用药剂量、用法及疗程。

18.1.8 溴化物中毒

溴化物属安定类药物，其盐常用作动物镇静剂。本药亦是鼠药灭鼠灵的换代产品，通常配成 0.01% 粉剂袋装毒饵，每袋含毒 16～42.5g。误食后引起溴化物中毒（Bromide Poisoning）。

[病因] 本药常用于性情暴烈咬人犬、车船长途贩运犬和患脑炎、破伤风、食盐中毒犬，常因防治给药用量过大，长期连续给药；偷犬者或投毒者一次给药过量；犬、猫误食被本品鼠药毒死的鼠尸等而中毒。

[症状] 因体内蓄积中毒程度或误食本品毒量不同，表现出的症状也不同，犬、猫中枢神经受损程度也有所差异。临床可见急性中毒和慢性中毒。

（1）急性中毒 犬、猫体温升高，狂躁不安，盲目运动，肌肉震颤，共济失调，呕吐、腹痛。对声光反应敏感而出现抽搐、痉挛、强直，终至昏迷致死。

（2）慢性中毒 犬、猫误食含本品毒物 1～2d 可见呕吐、瞳孔散缩不定、皮疹、沉郁、嗜睡、肌肉震颤、四肢无力、运动失调、反射迟钝、后躯麻痹等迟发性综合征。

[诊断] 根据发病犬、猫有接触本药的病史，典型临床症状，脑电图异常，组织中定性检出本药残留等即可确诊。

应与狂犬病、有机磷中毒、士的宁中毒、氯化烃中毒、避蚊胺中毒等相鉴别。

[治疗]

（1）发病犬、猫立即停药，置阴凉通风处，中毒 2h 内为最佳抢救时机，反复用活性炭洗胃，每隔 4～8h 投服 1 次硫酸镁，用温盐水灌肠，连灌 2～3 次。

（2）为加速溴化物排出，可选用右旋糖酐葡萄糖液、右旋糖酐氯化钠液等静脉注射，犬、猫均为 20mL/次，或静脉注射生理盐水，犬 100～500mL/次，猫 40～50mL/次。同时皮下或肌内注射呋塞米（速尿），犬、猫每千克体重 0.5～1mg，1 日 1 次。

（3）为减轻脑水肿，可静脉滴注甘露醇（犬、猫 10～20mL/次）与地塞米松磷酸钠注射液（犬 0.125～1mg/次，猫 0.125～0.5mg/次）。

（4）为缓解肌肉震颤、抽搐，可静脉注射或肌内注射地西泮（安定），犬、猫每千克体重 0.06～1.2mg。

（5）对症支持疗法。根据病情给予强心剂、能量合剂、复合维生素、胃肠黏膜保护剂。

18.2 有毒食物中毒

18.2.1 洋葱中毒

洋葱中的有毒成分为正丙基二硫化物。毒物可氧化血红蛋白，形成海恩茨小体，含有大量此种小体的红细胞可被网状内皮系统细胞吞噬而引起贫血，同时可损害骨髓。实验证实，给犬投喂一个中等大小的熟洋葱或连续投喂混有洋葱汁的熟食，红细胞内即可发现海恩茨小体，7～10d 发生严重贫血。

[病因] 犬饲喂洋葱和葱汁的熟食发生中毒。

[症状] 急性中毒一般在食后 1～2d 发病。出现明显的红尿，随时间长短逐渐从浅红色、深红色至黑红色。严重中毒者，犬的尿液呈咖啡色或酱油色，食欲下降，精神沉郁，心悸亢进，呕吐、腹泻，治疗不及时，可能导致死亡。

慢性中毒多见于长期饲喂含有少量洋葱或葱汁的犬，常呈轻度贫血和黄疸。

[诊断] 根据有饲喂洋葱或葱汁熟食的病史和典型的血红蛋白尿，基本上可确诊。必要时可以结合血常规检查、血液生化及尿液检查，有助于该病的诊断。

对于慢性中毒及症状不典型的病例，据文献报道，检查海恩茨小体是确诊本病的确实可行的方法。急性中毒时血浆呈粉红色，红细胞数、血红蛋白量及 Ht 值等中度减少，网织红细胞增多，红细胞大小不等并呈明显多染性，白细胞总数稍增等。慢性中毒时多染性红细胞和有大量海恩茨小体的红细胞增加。

[治疗] 轻度中毒犬立即停喂洋葱后即可自然康复，对严重溶血的病犬，可静脉注射葡萄糖溶液或乳酸林格液、ATP、辅酶 A、维生素 C 等；口服或肌内注射复合维生素 B 及维生素 E。皮下注射安钠咖和呋塞米；严重贫血犬，可输血或给予补血剂。根据病犬情况可适当给予抗生素及泼尼松、地塞米松。

18.2.2　食物中毒

[病因] 犬、猫食入腐败变质的肉、乳、蛋、鱼、过期罐装食品、发馊的残羹剩菜等可引起食物中毒（Food Poisoning）。

[症状] 贪食过多的犬、猫常不显症状，多在食后 12h 内致死。而多数犬、猫则呈现精神沉郁、食欲减少或废绝，口渴、呕吐、口吐白沫、喘息、咳嗽，鼻出血、结膜发绀、颌下淋巴结肿大、体温升高，腹泻、粪便腐臭并含有黏液、碎片、纤维蛋白或血凝块，出现荨麻疹、脱水。重病犬、猫，可见肺炎、黄疸、感觉过敏、抽搐、后躯麻痹，终至虚脱而致死。血红蛋白含量升高，核左移，血钾减少。耐过中毒的妊娠犬常发生流产和死胎。

肉毒梭菌毒素中毒：犬、猫发病急、病程短、鸣叫、食欲减少或废绝。眼有脓性眼眵、瞳孔散大、眼球突出、呼吸困难、心搏动加快、口吐白沫、喜卧、步态跟跄、斜颈、常昏迷致死。

鱼类中毒：犬、猫食入腐败鱼类，其所含有的组织胺可致过敏性中毒。病犬、猫精神委顿，食欲废绝，流涎、垂头、喜卧、瞳孔散大，可视黏膜发绀，恶心、呕吐，继之腹泻，尿失禁，出现荨麻疹，体温多无变化或稍见升高，心搏加快，呼吸促迫，感觉迟钝、痉挛，四肢麻痹，后躯瘫痪，昏迷，因呼吸衰竭致死。

[诊断] 根据犬、猫有食入腐败变质的动物性食物或残羹剩菜的病史、临床症状可初步诊断，检出沙门氏菌、葡萄球菌以及肉毒梭菌即可确诊。

[治疗]

（1）立即停喂腐败变质食物和鱼类，改喂脂肪少易消化的食物，口服补液盐水或绿豆汤、牛奶、糖水等。

（2）对中毒的犬、猫，先行催吐或选用 5％碳酸氢钠液、0.2％高锰酸钾液、活性炭液洗胃或灌肠，再投服人工盐或硫酸钠缓泻。

（3）及时给予抗菌消炎药。可用阿米卡星、环丙沙星、氧氟沙星、磺胺二甲嘧啶、磺胺甲基异噁唑、甲氧苄氨嘧啶、阿莫西林、大蒜等。

（4）及时补液，静注林格液加 10％葡萄糖液、地塞米松、维生素 C、盐酸苯海拉明或盐酸异丙嗪，肌内注射或皮下注射。

（5）酌情给予胃膜素、次硝酸铋、复合维生素等。对肉毒梭菌中毒的治疗，可用 A 型和 B 型肉毒梭菌抗毒素各 1 万单位，肌内注射或静脉注射，6～8h 后再注 1 次。

[预防] 加强动物性食品及其加工制品的卫生检验、监督和管理；及时处理销毁病死动物尸体，消毒场地和用具；不给犬、猫饲喂腐败变质的肉、乳、蛋、鱼或死因不明的动物肉类和

内脏；犬、猫食物需经煮沸，不得久放，喂量不可过多；鱼类食物中加少量醋，可减少组织胺的毒性。

18.2.3　食盐中毒

食盐中毒（Salt Poisoning）常因采食过量食盐引起。食盐是犬、猫进行新陈代谢不可缺少的物质之一，在日粮中配合一定比例，能提高食欲，增强代谢，促进发育。犬每天摄入食盐量以每千克体重 0.25～0.5g 为宜。

[病因] 常因犬、猫日粮配料错误、食盐比例过高，食盐混合不匀；连续喂给含盐量较高的渍物、咸鱼、咸海鲜品或残羹剩菜；饮水不足，犬、猫缺乏维生素 E 和含硫氨基酸时，可提高食盐的敏感性，加速中毒的发生。犬的食盐中毒量为每千克体重 1.5～2.2g，致死量为每千克体重 3.7～4g。

[症状]

（1）急性中毒　犬、猫常于采食后 1～2h 发病。口渴、食欲减退或废绝、呕吐、结膜潮红、兴奋不安；继之，腹痛、腹泻、粪中有血或黏液。不停空嚼，口唇周围沾满白色唾沫，心搏动微弱、呼吸促迫、少尿。感觉过敏、肌肉震颤、共济失调、瞳孔散大、盲视、耳聋、结膜发绀、反射消失、后肢麻痹或瘫痪、嗜酸性白细胞明显增多、昏迷，多在数小时内因呼吸麻痹而致死。

（2）慢性中毒　可见犬、猫喜饮、食欲减少、贫血、消瘦、磨牙、流涎、瘙痒、失明、低体温、精神沉郁、转圈运动、昏迷，经 2～3d 因呼吸衰竭致死。

[诊断] 根据病史、临床体征、实验室检验结果等确诊本病。

实验室检验：采取慢性病犬血清或急性病死犬、猫的肝、脑、肌肉等组织，经检验后，如发现血清钠及上述组织的氯化钠含量显著增高时，即可确诊。

[治疗]

（1）立即停喂含盐过多的日粮和食物，给予足够的饮水，也可投服牛乳、米汤等。

（2）及时补液，如静注 5% 葡萄糖酸钙液或 10% 氯化钙液；为缓解脑水肿，静注 25% 山梨醇或高渗葡萄糖溶液；视病情可给予强心剂、镇静剂、解痉剂。

[预防] 加强食盐和饲料盐的管理，防止犬、猫偷食；配制犬、猫日粮和食物时，应按添加标准加入食盐，且需混匀；不可长期饲喂含盐量高的日粮和食物；限制高盐食物的给量，并供足饮水。

18.2.4　黄曲霉毒素中毒

黄曲霉毒素中毒（Aflatoxin Poisoning）是犬、猫采食了被黄曲霉或寄生曲霉污染并产生毒素的饲料所引起的一种急性或慢性中毒。黄曲霉毒素是黄曲霉菌的代谢产物，至今已发现20 余种，经鉴定可分为 B_1 和 G_1 两大类，两者化学结构相似，均为二呋喃香豆素的衍生物，易溶于多种有机溶剂，不溶于水，耐高温。毒性以 B_1 最强，G_1 次之，B_2 和 G_2 较弱，通常所称黄曲霉毒素是指 B_1。犬、猫对黄曲霉毒素高度敏感，犬 LD_{50} 每千克体重 1mg，猫 LD_{50} 为每千克体重 0.55mg。

[病因] 犬、猫常因食入被黄曲霉菌或寄生曲霉菌污染的日粮或食物而致发中毒。

[症状] 中毒初期，可见食欲减退、萎靡不振、对周边事物淡漠、生长缓慢、逐渐消瘦、体温正常，可视黏膜苍白、视物不清、步态不稳、粪便干燥；继之，精神沉郁、低头嗜睡、唇麻痹、流涎、吞噬困难、盲视、可视黏膜及皮肤黄染、肌肉震颤、间断性腹泻。排稀水便或血便，粪尿失禁，腹部下垂，穿刺可见腹水，昏迷；后期红细胞显著减少，白细胞总数增多，凝

血时间延长，拱背，刨地，头触食盆，烦躁不安，转圈运动，不久转为昏睡、昏迷。少数中毒犬、猫病程短暂，于发病后数小时内死亡；多数中毒犬、猫呈慢性经过，数日或 10 余日后致发心力衰竭而死亡。

[诊断] 根据病史、临床症状和病理学变化即可初步诊断。检出黄曲霉毒素方可确诊。

黄曲霉毒素的检验：将可疑饲料（食物）样品磨细后用氯仿提取，提取蒸发干燥后，加苯-乙腈混合液稀释，然后用硅胶薄板层析，在紫外线下观察，若饲料样品中有黄曲霉毒素 B_1 存在，在薄板上见到蓝紫色荧光斑点，并可测定其含量，即可确诊。

[治疗]

（1）停喂霉败日粮和食物，给犬、猫低脂肪含糖食物，注意观察病情变化，加强护理。

（2）中毒后，立即用 $0.1\%\sim0.2\%$ 高锰酸钾液洗胃，再投硫酸钠或人工盐缓泻。

（3）采取解毒、保肝、止血措施，静脉注射 $25\%\sim50\%$ 葡萄糖液和维生素 C、葡萄糖酸钙液、氯化钙液、乌洛托品液；内服蛋氨酸，犬 0.5g/次，猫 0.1g/次，每日 $2\sim3$ 次，或给予肌苷。

（4）对症疗法　中毒犬、猫心脏衰弱时，可给予安钠咖或强尔心；兴奋不安时，给予盐酸氯丙嗪；为防治并发感染，给予青霉素和链霉素，但禁用磺胺类药（易加速死亡）；中毒恢复期的犬、猫应给予鱼肝油和多种维生素。

18.2.5　亚硝酸盐中毒

在饲料、食物、叶菜、野生植物和饮水中，常含硝酸盐或亚硝酸盐。当菜类饲料或食物贮存不当、发热、腐烂、调制方法失误时，在细菌的作用下，可使硝酸盐转化为亚硝酸盐。误食误饮含有此种盐类的饲料、食物、饮水时，均可使犬、猫发生急性亚硝酸盐中毒（Nitrite Poisoning）而致死。

[病因] 饲喂微火焖煮或煮后放置过久的食物，犬、猫误饮硝酸盐超标的井水、池塘水、沤绿肥的坑水均可发生中毒。

[症状] 采食后不久突然发病，贪食体壮的犬、猫发病更快且较严重。主要表现为不安、尖叫、流涎、呕吐、呼吸加快、心搏增速、走路摇摆、时起时卧或呆立不动；严重中毒的犬、猫，可见张口伸舌，呼吸促迫，口吐白沫，鼻端、耳尖、体表皮肤、四肢发凉，体温降至常温以下，瞳孔散大，可视黏膜发绀，心搏细弱，血液呈酱油色、凝固不良；全身震颤、抽搐、共济失调、卧地不起、昏迷，多在中毒后数十分钟至 4h 内，因窒息而死。妊娠母犬常在亚硝酸盐中毒康复后发生流产。

[诊断] 根据病史、临床症状、病变特征及毒物检验结果确诊本病。

联苯胺快速定性试验：取胃内容物和可疑残存食物的液汁各 1 滴滴于滤纸上，加 10% 联苯胺液 $1\sim2$ 滴，再加冰醋酸 $1\sim2$ 滴，如滤纸上的液滴处变为棕红色，证实含有亚硝酸盐，即可确诊。

对贵重的犬、猫，必要时可取胃内容物、呕吐物、血液等检样，送至毒检部门，进行定性和定量检验，即可确诊。

[治疗]

（1）中毒后，先静脉注射 1% 亚甲蓝溶液，每千克体重 $5\sim10mg$，或甲苯胺蓝溶液每千克体重 5mg，再静脉注射 $10\%\sim25\%$ 葡萄糖液和维生素 C。

（2）对症疗法。犬、猫喘息时，注射山莨菪碱或尼可刹米；心脏衰弱时，注射强尔心或安钠咖；严重溶血时，适量放血再补液，口服肾上腺皮质激素；为碱化尿液，口服碳酸氢钠；轻度中毒犬、猫安静休养，投喂适量糖水、牛乳、蛋清。

18.2.6　蘑菇中毒

蘑菇（Mushroom）属真菌中的担子菌，亦称菌蕈或伞菌。因其种属和种类不同，所含毒素及中毒反应差异较大。常见的有毒蘑菇包括冬蕈、鹿花菌、鬼伞菌、盖伞菌和杯伞菌等。冬蕈具有胆碱能受体作用，犬猫中毒时出现胃肠道及中枢神经系统症状；鹿花菌蘑菇导致溶血、肝、肾、中枢系统损害；鬼伞菌引起心律失常、低血压；盖伞菌和杯伞菌具有类胆碱能效应。被人和宠物误食极易致发中毒，常引起中枢神经障碍症、胃肠炎、肝坏死和溶血症等。

（1）中毒性中枢神经障碍症

[病因] 本类毒蘑有红网牛肝菇、豹肝菇、残托斑毒菇、毒蝇菇、角鳞灰菇等。含有毒蝇碱和乙酰胆碱，能刺激并兴奋副交感神经；蟾蜍素能使眼色觉发生紊乱；光盖菌素（二甲基色胺衍生物）能使视觉、听觉、味觉发生紊乱和交感神经兴奋；幻觉诱发剂，如毒蝇碱、毒伞毒素、溶血素、落叶松蕈毒素等。

本类毒蘑被犬、猫误食后可发中毒，先见意识障碍，而后渐转为神经功能紊乱。

[症状] 犬、猫误食本类毒蘑或含毒蘑食物1～6h发病。可见恶心、呕吐、流涎、腹痛、腹泻、流泪、眼球震颤、视物不清或失明、畏寒、狂躁不安、狂叫、跛行，渐转为沉郁、昏迷、休克、痉挛、瘫痪、体温降低、四肢冷凉、心动徐缓、心音减弱、心律不齐，终因心力衰竭而死亡。

[诊断] 因毒蘑种类繁多，所含毒物和毒性极为复杂，目前尚无毒物检验方法。根据发病犬、猫有误食本类毒蘑或含毒蘑食物的病史、典型临床症状和生物学试验可诊断为本类毒蘑中毒。生物学试验：给健康小鼠或青蛙投服发病犬、猫所剩食物、呕吐物、胃内容物后，鼠、蛙发生机体功能和形态改变并中毒致死的则为阳性。

[治疗]

① 停喂含毒蘑食物，将中毒犬、猫移至温暖、安静通风处。

② 清除毒物：选用0.5％高锰酸钾液或0.5％活性炭浆或鸡蛋清或浓茶等反复洗胃，然后投服5％硫酸镁液，犬5～20g/次，猫2～5g/次。再用温盐水高位灌肠，犬100～200mL/次，每日1次，连灌2次。

③ 西药解毒疗法：对误食毒蘑已超过24h的犬、猫，不需洗胃，可用温盐水高位灌肠，硫酸阿托品每千克体重0.05mg，肌内注射或皮下注射。重症每隔20～40min注药1次，轻症每隔30min至2h注药1次，症状减轻后再减量肌内注射，直至康复。选用二巯基丙磺酸钠每千克体重2～5mg，肌内注射，每隔6h注药1次，症状减轻后改每日2次，连用5～7d。

④ 中药解毒疗法：方剂为绿豆300g，甘草、生姜各10g，加水煎汤投服，每日1剂，连服2～3d。

⑤ 对症疗法：病初静脉滴注5％碳酸氢钠液或高渗葡萄糖加大量维生素C液，症状减轻改静脉注射5％葡萄糖液或糖盐水；神经兴奋可肌内注射氯丙嗪；心律失常可肌内注射普萘洛尔（心得安）；脑中毒可静脉注射地塞米松加5％葡萄糖液；昏迷时肌内注射强心剂或输氧；休克时静脉注射全血、血浆或右旋糖酐氯化钠液；出血时肌内注射肾上腺素；为防感染肌内注射抗生素。

（2）中毒性胃肠炎

[病因] 本类毒蘑有小毒蝇菇、牛肝菇、白乳菇、毛头乳菇、黑菇、毒红菇等。含有毒性较强的类树脂、石炭酸、甲酚样物质，犬、猫误食后0.5～6h致发胃肠功能紊乱而中毒。

[症状] 本类毒蘑中毒潜伏期短、病死率高。犬、猫主要症状为体温不定、流涎呕吐、腹痛、腹泻、排水样便、视物不清、沉郁、心率增快或减慢、抽搐，重症可见牙关紧闭、气喘、跛行、昏睡、昏迷、血尿、全身麻痹或瘫痪、虚脱、休克，终因心力衰竭而死。

[诊断] 同中毒性中枢神经障碍症。

[治疗]

① 无呕吐犬、猫用 0.02％～0.5％高锰酸钾液或 0.5％鞣酸液反复洗胃后投服活性炭浆。无腹泻者投服 5％硫酸镁液，并用温盐水高位灌肠。

② 肌内注射硫酸阿托品，视病情每隔 30min 至 6h 注药 1 次。

③ 中药解毒疗法：方剂为制半夏、茯苓各 10g，陈皮、广木香、甘草各 6g，竹茹 5g，枳壳 3g，野菊花 20g，绿豆 50g。便血时加地榆炭 10g 或藕节炭 10g，严重吐泻虚脱时加人参 10g，水煎浓缩去渣，投服，供 4 只中型犬用，每日 2 次，连用 2～3d。

④ 对症疗法：同中毒性中枢神经障碍症。

（3）中毒性肝坏死

[病因] 本类毒蘑有白毒菇、褐鳞小菇、包脚黑褶菇、秋生盔孢菇等。均含毒肽类毒素，一类为鬼笔和毒伞毒素，可迅速毒害肝细胞内质网，形成空泡和腔隙，发生急性坏死，但对肾、心肌、膈肌无明显影响，发病快，犬误食 5h 至 6d 可致死。另一类为毒伞毒素，毒性较强，作用缓慢，可致肝细胞混浊肿胀和脂肪变性，发生急性或亚急性肝坏死，同时可毒害脑、肾、肾上腺、心肌、横纹肌，发生淤血、水肿、变性与退行性病变，犬误食本类毒蘑中毒潜伏期较长、病死率高。

[症状] 通常犬、猫误食本类毒蘑或含毒蘑食物后 5h 至 6d 可致死，11～12h 呈现规律性发病，先见胃肠炎，2～3d 后为症状消失的假愈期，然后可见肝病为主的症状。

中毒犬、猫可见口渴、饮欲增强、恶心、呕吐、剧烈腹痛、腹泻、便血、倦怠、冷漠、狂躁不安、肌肉震颤、畏寒、脉弱、消瘦；渐见散瞳，光反射减弱或消失、体温升高、心律不齐、低血压、心内性杂音、心包拍水音、气喘、鼻出血、吐血、舌和四肢麻痹、皮肤与可视黏膜黄染、肝叩诊区扩大、昏睡、痉挛、昏迷，终因呼吸与循环衰竭而死。

[诊断] 同中毒性中枢神经障碍症。

[治疗]

① 清除毒物：同中毒性胃肠炎。

② 保肝疗法：静滴能量合剂与 10％葡萄糖混合液，肌内注射脱氧核苷酸 25～50mg/d。

③ 激素疗法：中毒性脑病和心肌炎的犬，可选用氢化可的松每千克体重 1～2mg，或地塞米松每千克体重 0.25～1mg，溶于 5％～10％葡萄糖液 250mL 静脉注射，1 日 1 次，连注 3～5d。

④ 为加速排毒，呋噻米（速尿）每千克体重 0.25～0.5mg 加 10％葡萄糖液 250mL 静脉注射，每日 1～2 次。

⑤ 肝功能损害的治疗：为预防肝昏迷，可给病犬投服谷氨酸钠片 1～2g/次，每日 2 次，或投服 γ-氨基酸 0.5～1g/次，每日 2 次。肝昏迷治疗可选用精氨酸 15～25g，谷氨酸钠 2.85g，溶于 5％葡萄糖液，静滴；γ-氨基酸 1～2g，乙酰谷氨酰胺 600mg，溶于 5％葡萄糖液，静脉注射；病犬投服牛黄安宫丸 13～12 丸/次，每隔 6h 一次。

⑥ 为解除或缓解神经传导障碍，用左旋多巴 0.25～0.5g 溶于 100mL 生理盐水，一次投服或灌肠。

⑦ 出血的治疗：鼻出血、便血、血尿、血管内弥散性凝血，可选用维生素 K_1、肝素、低

分子右旋糖酐等静滴。

⑧ 肾功能损害犬，可在食物中加喂少量小苏打粉，给予利尿剂、呋喃妥因、抗生素；珍贵名犬可用透析疗法。

⑨ 中药疗法：绿豆100g、甘草20g，水煎汤，投服或自饮，供4～5只中型犬用，每日1剂，连用3～4d。野菊花、紫草根、大青叶各20g，绿豆50g，甘草6g，水煎汤，投服或自饮，供4～5只中型犬用，每日1剂，连用3～4d。治疗黄疸和出血犬，方剂：茵陈、车前子各20g，当归、栀子各10g，黄柏、广郁金、柴胡、甘草各6g，大黄12g（后下）。出血犬加旱莲草20g，侧柏炭10g，茜草6g。上方药水煎汤，投服或自饮，供5只中型犬用，每日1剂，连用2～3d。

（4）中毒性溶血症

[病因] 本类毒蘑有鹿花菌菇和纹缘毒菇。其主要含有鹿花蕈素（甲基联氨化合物）、毒伞溶血素、马鞍酸等毒素。犬误食本类毒物后，可损害肝肾和中枢神经系统，致发溶血性黄疸，终因循环衰竭和尿毒症而死亡。

[症状] 犬、猫误食本类毒蘑或含毒蘑等食物1～2d后，突见发热、战栗、全身肌肉敏感、狂躁不安、乏力、虚弱、皮肤与可视黏膜苍白、黄染，恶心、呕吐、腹痛、腹泻，肝、脾叩诊界扩大、气喘、心律不齐、无尿、少尿和血红蛋白尿，终因循环衰竭和尿毒症而死。

[诊断] 同中毒性中枢神经障碍症。

[治疗]

① 清除毒物：同中毒性中枢神经障碍症。

② 激素疗法和保肝疗法：同中毒性肝坏死。

③ 中药解毒疗法：方剂为鸡血藤、参三七、茜草各15g，绿豆50g，甘草6g。水煎汤，投服或自饮，供4只中型犬用，每日1剂，连用3～5d。

④ 对症疗法：病犬输全血或血浆，血红蛋白尿犬，静脉注射5％碳酸氢钠液、利尿剂或脱水剂；给予强心剂、平喘剂、维生素C、B族维生素。

18.2.7　青绿藻类中毒

青绿藻类（Turquoise algae）主要指含毒的微胞藻、念珠藻、水华束丝藻以及湖面及池塘中的开花藻类。当气候变暖、江河湖塘及近海水域中有机物质明确增多时，迅速繁衍滋生，并在生长过程中会产生类毒素和内毒素，造成大量水生动物和鱼类死亡，严重影响饮用水源的水质，给人和动物生存带来严重危害，中毒事件时有发生。

[病因] 本病常因犬饮用含毒藻类池塘水，或因天气炎热在池塘内游渡解暑，有害藻类毒素经消化道和皮肤迅速吸收而中毒。

[症状]

（1）神经毒素中毒　健康犬在饮服含毒藻类池塘水或在其中游泳后15～45min发病。可见皮肤苍白、肌肉震颤、僵直、麻痹等症状，偶见抽搐，不久死亡。

（2）微藻毒素中毒　健康犬饮服含藻池塘水后，迅速发生恶心、呕吐、腹痛，1～2h死亡。

[诊断] 犬有接触青绿藻类或饮服过含藻池塘水的病史、典型临床症状等即可确诊。

[治疗] 以排毒和对症治疗为原则。

本病中毒犬发病急、死亡快，极难抢救；幸存犬多患中毒性肝炎。

（1）抢救急性神经中毒犬和微藻毒素中毒犬　应先给予盐酸肾上腺素，用生理盐水10倍稀释 0.1～0.3mg/次，心内可静脉注射；再立即催吐、洗胃，投服活性炭浆，再服盐类泻剂；然后给予 10%葡萄糖液与维生素 C 的混合液，静脉注射。

（2）幸存中毒性肝炎犬的治疗　盐酸肾上腺素 0.1～0.3mg/次，肌内注射，每日 1～2 次；葡醛内酯（肝泰乐）50～200mg/次、肌苷 25～50mg/次、辅酶 A 25～50U/次或促肝细胞生长素 5～20mg/次，上述各药均溶于 5%葡萄糖液，一次静脉注射，每日 1 次；25%山梨醇或10%葡萄糖液加维生素 C 的混合溶液，静脉注射；为减少肠毒素和防止继发感染，给犬投服硫酸新霉素或阿莫西林。

（3）中西医结合治疗　初期可配合口服防风解毒汤（防风、甘草、绿豆、白糖）或保肝片。

（4）加强护理　恢复期可用鱼肝油和多种维生素，以保护肝脏。

18.3　药物中毒

18.3.1　阿托品类药物中毒

阿托品类药物为 M 胆碱受体阻断药，兽医临床主要用作解痉剂和散瞳剂。阿托品中毒（Atropine Poisoning）常由硫酸阿托品、颠茄酊、氢溴酸东莨菪碱、氢溴酸山莨菪碱、氢溴酸后马托品等制剂引起。

[病因] 治疗时应用本类药物剂量过大或连续多次给药，有些过敏体质病犬虽用治疗量亦可引发中毒。

[症状] 中毒初期犬、猫口干舌燥、吞咽困难、肠音减弱；继之，兴奋不安，结膜潮红，瞳孔散大，视物不清，肠音消失，鼓胀，腹痛，不见排粪，少尿或排尿困难，尿液混浊；后期体温升高，脉搏急速，烦躁不安，阵发性痉挛，反射迟钝，四肢厥冷，因呼吸麻痹而死。

[诊断] 根据犬、猫有超量或连续应用阿托品类药物及过敏的病史；临床可见先兴奋后麻痹、瞳孔散大、腺体分泌减少、胃肠麻痹、鼓胀等体征，即可确诊。必要时可取检样做猫眼散瞳试验加以验证，进一步确诊。

[治疗]

（1）中毒后，先用 0.05%高锰酸钾液或 2%～4%鞣酸洗胃，再投服盐类泻剂导泻。

（2）给予拮抗剂　犬皮下注射硝酸毛果芸香碱 3～20mg/次，每 6h 1 次；或甲基硫酸新斯的明 0.25～1mg/次。

（3）瞳孔散大及视力障碍犬，可用 0.2%～0.5%水杨酸毒扁豆碱点眼。

（4）对症疗法　根据病情选用镇静剂、呼吸中枢兴奋剂、强心剂、解热剂、补液、肾上腺皮质激素、导尿素，吸氧。

[预防] 除解救犬、猫有机磷中毒大剂量应用本类药物外，治疗犬、猫其他疾病时，应严格掌握本类药物的适应证、剂量和用法，切勿连续超量给药。

18.3.2　巴比妥类药物中毒

[病因] 巴比妥类药均为巴比妥酸的衍生物。巴比妥类药物中毒（Barbital Poisoning）主要由巴比妥、苯巴比妥钠、戊巴比妥、异戊巴比妥、司可巴比妥、硫喷妥钠等制剂引起。兽医临床广泛应用本类药物作镇静剂、催眠剂、解痉剂、抗惊厥剂、麻醉剂。本类药物久用可产生耐药性和依赖性。多因滥用本类药物或剂量过大、疗程过长而使犬、猫中毒。

［症状］精神沉郁，闭目头晕，倦怠无力，瞳孔散大，呼吸浅表或喘息，血压下降，时见皮炎、皮疹、出血性皮疱、剥脱性皮炎；严重中毒的犬、猫，可见昏睡、昏迷、休克，因呼吸衰竭而死。

［诊断］根据病因和临床症状等即可确诊。

［治疗］

（1）中毒 3h 以内的犬、猫，大量应用生理盐水或 0.2％高锰酸钾液洗胃，再投服硫酸钠导泻。

（2）给予呼吸中枢兴奋剂，如氧化樟脑、尼可刹米、樟脑磺酸钠等。

（3）给予解毒药，如美解眠，犬、猫用量均为每千克体重 15～20mg，溶于 5％葡萄糖液，缓慢静脉滴注。

（4）对症支持疗法　根据中毒犬、猫的病情，给予或静脉注射 5％碳酸氢钠液、乳酸钠液、甘露醇、利尿剂、糖盐水、低分子右旋糖酐、复合维生素、升压药等。

18.3.3　咪唑苯脲中毒

［病因］咪唑苯脲是我国 1985 年首次合成的有机磷类抗血孢子虫药。本药治疗剂量通常不显现毒性反应，但其抗胆碱酯酶作用超过犬体耐受力或用量过大、用法不当时，常可引发犬类急性咪唑苯脲中毒（Imidocarb Poisoning）。

［症状］急性中毒犬给药 5min 后，即可显现剧烈频繁呕吐、腹泻、四肢无力、难于站立等中毒症状，随后可见精神沉郁、流涎、拒食、呼吸困难、心律不齐等。

［诊断］根据病史、临床症状、血液学变化即可确诊。

血液学检验：嗜中性白细胞增多，谷草转氨酶和血清尿素氮等值升高，尿蛋白和尿胆红素等均呈阳性反应等。

［治疗］中毒后，立即皮下或静注硫酸阿托品，每千克体重 0.1～0.15mg，然后静脉注射氯磷定，每千克体重 15～20mg，根据病情配合应用保护肝脏、肾脏和纠正电解质平衡的药物。

［预防］对体质较弱的犬慎用本药；使用本药时必须认真核算剂量，注意用法，并要跟踪观察犬的反应，发现不良反应时，立即解救。

18.3.4　氨基糖苷类抗生素中毒

氨基糖苷类抗生素中毒（Aminoglycoside Antibiotics Poisoning）是由氨基糖和配基联结而成的苷类杀菌性抗生素使用过量引起。

［病因］本类药物应用不当，常使犬、猫发生不良反应和中毒。

［症状］

（1）过敏性休克　有时发生于应用链霉素或庆大霉素的犬、猫。初见烦躁不安、畏寒、结膜初潮红后苍白、口腔干燥、恶心、呕吐；继之，发热、呼吸促迫、心悸、脉弱、血压下降、皮肤瘙痒、血疹、荨麻疹、皮炎、腹痛、腹泻、粪尿失禁、嗜酸性粒细胞增多、抽搐、昏迷，终因休克而死。

（2）耳器官的中毒反应（耳毒性）　因内耳淋巴液中氨基糖苷类抗生素浓度持续过高，损害内耳柯蒂器内外毛细胞，使糖代谢、能量利用、细胞膜钾钠离子转换发生障碍所致。分为前庭功能失调和耳蜗神经损害两类。前庭功能失调时，可见犬、猫眩晕、恶心、呕吐、眼球震颤、平衡障碍、步态不稳等；其发生率：新霉素＞卡那霉素＞链霉素＞庆大霉素＞妥布霉素＞奈替米星。耳蜗神经损害时，可见犬、猫眩晕，听觉迟钝或耳聋；其发生率：新霉素＞卡那霉素＞巴龙霉素＞阿米卡星＞西索米星＞庆大霉素＞妥布霉素＞链霉素。但本类多数药物常可同时引发前庭功能失调和耳蜗神经损害。

（3）肾脏的中毒反应（肾毒性）　犬、猫的主要中毒症状为肾性水肿、少尿、无尿、管型尿、血尿、尿钾增多、氮质血症、尿毒症等；其发生率：新霉素＞卡那霉素＞妥布霉素＞奈替米星。

（4）对神经肌肉接头的阻滞毒性　常因本类药物静脉注射或肌内注射速度过快或用其冲洗术部，与肌肉松弛剂合用，应用于肾功能衰竭、血钙降低、肌乏力的犬、猫等均易引发中毒。犬、猫的主要症状为唇、舌震颤或麻痹、肢体乏力、瘫痪、血压下降、心力衰竭、呼吸肌麻痹而死；其发生率：新霉素＞链霉素＞卡那霉素、阿米卡星＞庆大霉素、妥布霉素。

（5）对消化道的毒性　经口给予犬、猫新霉素、卡那霉素、巴龙霉素后，胆汁中含药浓度增高，刺激胃肠，常致恶心、呕吐、鼓胀、腹泻等中毒反应，影响肠道对脂肪、胆固醇、蛋白质、糖、铁的吸收，严重时可致脂肪性腹泻或营养不良。注射给药则少见此类反应。

（6）对血液循环系统的毒性　本类药物应用失误，可减弱心肌的收缩力，引发心脏衰弱或心力衰竭、溶血性贫血和血液学变化。如白细胞总数、嗜中性粒细胞及血小板等减少，嗜酸性粒细胞、血清转氨酶及碱性磷酸酶等增多。

[诊断]　根据犬、猫有应用氨基糖苷类抗生素治疗史或过敏史；临床见有过敏性休克，耳毒性，肾毒性，神经肌肉接头阻滞，消化和血液循环系统等的中毒体征，即可确诊。

[治疗]

（1）应立即减量或停药。

（2）轻度过敏反应停药后即可自愈。严重过敏或发生休克时，必须抢救，可皮下或肌内注射0.1％盐酸肾上腺素，犬0.1～0.5mg/次，猫0.1～0.2mg/次，或以10倍量生理盐水稀释后静脉注射。在5％葡萄糖液中加入氢化可的松，犬5～20mg/次，猫1～5mg/次；或加地塞米松磷酸钠，犬0.25～1mg/次，猫0.15～0.5mg/次，缓慢静滴。血压下降时，用酒石酸去甲肾上腺素，犬0.4～2mg/次，溶于5％葡萄糖液缓慢静脉滴注，或酒石酸间羟胺，犬2～10mg/次，溶于生理盐水缓慢静脉滴注。严重病犬需及时补液、吸氧、人工呼吸或按压心脏。

（3）为减轻本类药物的中毒反应，可给予硫代硫酸钠或康得灵。为治疗听神经功能障碍，可用利多卡因、卡马西平、5％碳酸氢钠液、胞磷胆碱、乙酰谷酰胺等。

（4）对发生神经肌肉阻滞的犬，可皮下或肌内注射新斯的明0.25～1mg/次，每隔30min给药1次，直至呼吸恢复为止；缓慢静脉滴注葡萄糖酸钙或氯化钙液；必要时给犬吸氧或人工呼吸。

（5）根据病情，可给予神经营养药、抗贫血药、止血药、无毒或低毒的其他种类的抗生素，必要时可补钾、输血。

[预防]

（1）应根据犬、猫病情和药物的适应证，严格控制剂量、浓度、给药途径和疗程；用药前需询问有无过敏史，用药后需跟踪观察，发现不良反应或中毒及时抢救。

（2）妊娠、初生、幼龄和老龄犬、猫，以及患有听觉障碍、低钾血症、毒血症、尿毒症、肾病、肝病、腹泻、失水、缺氧、肌无力的犬、猫，应慎用或不用本类药物。

（3）注意药物配伍，本类药物应避免与耳部或肾脏毒性较强药、抗组胺类药、肌肉松弛药、全身麻醉药等合用。

（4）犬、猫腱鞘、创腔、关节腔、胸腹腔等部位慎用本类药物。

18.3.5　磺胺类药物中毒

磺胺类药物中毒（Sulfonamides Poisoning）是由于犬猫磺胺类药物过敏引发。

[病因] 磺胺类药物种类较多，抗菌谱较广，均为抑菌药。犬、猫一次大剂量和长期连续应用本类药物、静脉注射速度过快，以及对本类药物过敏的犬、猫，均易发生药物过敏或中毒。

[症状]

（1）急性中毒　主要表现为兴奋、感觉过敏、荨麻疹、共济失调、肌无力、痉挛、麻痹、食欲减少、呕吐、腹泻、昏迷等症状，个别犬偶见体温升高。

（2）慢性中毒　主要表现少尿、尿闭、结晶尿、蛋白尿、血尿，食欲减退、便秘、呕吐、腹泻、间歇性腹痛，可视黏膜出血、贫血、血凝时间明显延长、红细胞减少、颗粒性白细胞缺乏、血红蛋白值降低、药物注射部位发生炎症、肿胀、化脓、坏死等症状。

[诊断] 根据病史和发病犬、猫显现的神经、消化、泌尿系统症状及溶血性贫血等，即可确诊。

[治疗]

（1）中毒时，应立即停药；超量投服本类药物时，应尽早洗胃。

（2）发现犬、猫用药后，少尿、尿闭、结晶尿、蛋白尿、血尿时，应立即补液，静脉注射5%碳酸氢钠液、复方氯化钠液或5%葡萄糖液，或内服碳酸氢钠或口服补液盐。

（3）发现犬、猫出现高铁血红蛋白症时，静脉注射1%亚甲蓝溶液，每千克体重5～10mg，并配合静脉注射高渗葡萄糖液和维生素C。

[预防]

（1）注意本类药物的适应证和配伍禁忌，切勿滥用，严格控制给药剂量、用法和疗程，用药期间供足饮水；内服本类药物时应同服等量碳酸氢钠；静脉注射给药时应配用葡萄糖液，且需缓慢注药。

（2）体质虚弱及患肝肾功能不全、颗粒性白细胞减少症和少尿、脱水、酸中毒、严重贫血、休克的犬、猫，应忌用或慎用本类药物。

18.3.6　硫化二苯胺中毒

[病因] 硫化二苯胺为驱虫药，常用其驱杀犬的蛔虫、蛲虫、毛首线虫等。本品应用不当或剂量过大易发生犬类硫化二苯胺中毒（Phenothiazine Poisoning）。

[症状] 初期可见精神沉郁，食欲减退，全身肌肉震颤，喜卧，不久体温升高，可视黏膜黄染，心音减弱，心律不齐；中期可见可视黏膜发绀，轻度兴奋，全身无力，饮食欲废绝，肠音消失，不见排便，呆立，步态蹒跚，红细胞减少；后期可见红细胞明显减少，犬陷于虚脱状态，发生中毒后4～5d死亡。

[诊断] 根据用药失误及临床症状等即可确诊。

[治疗] 本病并无特效解毒药，只能加强护理，随时观察病情变化，对症治疗。如反复静注葡萄糖液、林格液、强心剂、补血剂，输血和使用抗感染药等。

18.3.7　阿司匹林中毒

阿司匹林（乙酰水杨酸）为酚类衍生物，是兽医临床常用的解热镇痛、抗风湿、抗血栓、促进尿酸排泄的药物，临床应用因代谢问题发生阿司匹林中毒（Aspirin Poisoning）。

[病因]

（1）幼犬、猫的体内缺乏代谢酶，尤其是缺乏合成葡萄糖醛酸化物的酶而易发生中毒。

（2）犬、猫意外吞食或误食本药或因本药中毒致死的动物尸体而中毒。

（3）犬、猫治疗用药剂量过大或连续多次给药而中毒。犬、猫一次服用本药剂量每千克体重超过 60mg，可引发潜在中毒；猫对本药极为敏感，一次服用本药剂量每千克体重超过 25mg，每日 3 次，连用 5～7d 可致中毒；犬一次服用本药后血药浓度每千克体重超过 30mg 时易发中毒；犬每隔 12h 按每千克体重 50mg 剂量，服用本药后 2h 易发中毒；按每千克体重 100mg 服用本药，连续 2d，猫即发中毒；妊娠犬、猫应用本药极易中毒；个别过敏体质犬、猫虽按本药治疗剂量进行治疗，亦可引发中毒。

[症状] 中毒犬、猫体温升高，烦躁不安，废食，视力减退，眩晕，皮肤与可视黏膜发绀，皮疹，水肿，恶心，呕吐物含血，腹痛，哮喘；严重中毒犬、猫，可见破伤处流血不止，血液不凝，抽搐，昏迷，终因休克、虚脱而死。

[诊断]

（1）根据犬、猫有连续或超剂量应用本药、对本药过敏、误食本药或被本药毒死动物尸体等病史，以及临床症状等，即可初步诊断为本病。

（2）为进一步确诊本病，必须进行血液、尿液检验及 X 射线检查。

① 血液检验：无菌取发病犬、猫血液检测，如见有血小板凝集和凝血酶原生长受抑制，凝血时间延长或见出血倾向，为确诊本病的重要指征。

② 尿液检验：无菌取发病犬、猫尿液 1mL，酸化后滴入 3 滴 10％氯化铁溶液。如见尿液变为红色，证实水杨酸阳性，为确诊本病的重要依据。

③ X 射线检查：发病犬、猫进行胃肠钡餐透视或拍片，见胃肠有反差强的小块状致密阴影，即为出血块或溃疡，为确诊本病的参考指征。

应与营养代谢性酸中毒、乙二醇中毒、非类固醇中毒、抗菌消炎药中毒、布洛芬中毒等相鉴别。

[治疗]

（1）发现犬、猫中毒立即停药，催吐、洗胃、导胃；再投予牛乳、蛋清，以保护胃肠黏膜。

（2）中毒犬、猫先静脉注射 5％碳酸氢钠液，犬 10～40mL/次，猫 10～20mL/次，再静脉注射生理盐水，犬 100～500mL/次，猫 40～50mL/次，1 日 1 次。亦可喂服碳酸氢钠粉，犬、猫 0.5～2g/次，1 日 2 次。以碱化尿液，缓解体内酸中毒和休克。

（3）有出血征象时，可选用维生素 K_1 10～25mg/次，溶于 5％葡萄糖液，每 12h 静脉注射 1 次，连用 3～4d；肌内注射维生素 K，犬 10～30mg/次，猫 1～5mg/次，每隔 8h 注药 1 次，连用 6～7d；肌注酚磺乙胺（止血敏）或肾上腺色腙（安络血），犬 1～2mL/次，每隔 12h 注药 1 次；犬静脉注射血小板或全血 80～100mL/次。

（4）珍贵重症犬、猫可采用碱性腹膜透析疗法，以净化血液。

（5）对症支持疗法　根据病情，给予镇静剂、抗过敏剂、组胺受体拮抗剂、甲氰咪胍、雷尼替丁、强心剂、止咳剂、保肝剂、肌苷、高渗葡萄糖液、维生素 C 等。发热犬、猫应置于阴凉处，头部冷敷，用酒精擦拭皮肤和四肢。

18.3.8　氯丙嗪中毒

[病因] 氯丙嗪亦称冬眠灵，属吩噻嗪类药物。兽医临床主要用其作安定剂。常因应用本品时，药量计算错误，应用过量，用药次数过多，或与其他药配伍不当，某些犬、猫对本药耐受性较差等原因，使犬、猫发生氯丙嗪中毒（Chlorpromazine Poisoning）。

［症状］轻度中毒，可见骚动不安，频繁起卧，瞳孔缩小，体温降低，肌肉松弛，倦怠无力，嗜睡，偶见便秘。重度中毒，可见四肢厥冷，肌肉震颤或强直，共济失调，瞳孔缩小，反射消失，体温明显降低，呼吸浅表，心动急速，肝肿大，黄疸，昏迷，皮疹，皮炎，贫血，白细胞减少，时见尿潴留或尿失禁。

［诊断］根据病史，以中枢神经系统抑制症状为主症，并从尿液中检出氯丙嗪或吩噻嗪类药物时，即可确诊。

［治疗］

（1）发现犬、猫中毒后立即停药；如摄入大量氯丙嗪并在 6h 内，可用微温开水或 0.05％ 高锰酸钾液洗胃，再投服硫酸钠导泻。

（2）犬、猫昏睡、呼吸浅表、反射消失时，可注射尼可刹米或安钠咖。

（3）肝肿大、黄疸、皮炎时，静脉注射氢化可的松 5～20mg/次，溶于生理盐水或 5％葡萄糖液。

（4）发生肺水肿时，静脉注射高渗葡萄糖液、右旋糖酐、维生素 C；酸中毒时，静脉注射 5％碳酸氢钠液或乳酸钠液。

［预防］患有糖尿病、肝功能障碍、心力衰竭的犬、猫禁用本药；治疗时剂量准确或不可超量应用；给予本品后，发现不良反应或中毒时立即停药，进行急救；本药可致低血压，禁用肾上腺素类升压药。

18.3.9 麻黄碱中毒

［病因］麻黄碱是由麻黄提取的生物碱。近年研究证实，其有松弛平滑肌、兴奋心肌、收缩血管、兴奋中枢、苏醒、降温、抗病毒等作用。兽医临床多用其作平喘药。犬、猫中毒较为少见，多因治疗用药不当或超量给药而引发中毒。据报道，犬内服盐酸麻黄碱的用量超过治疗剂量的 5～10 倍时，可迅速发生麻黄碱中毒（Ephedrine Poisoning）。

［症状］主要表现为兴奋、不安、烦躁、肌肉震颤、鼻端出汗、流涎、呕吐、体温升高、脉搏加快、心音增强、血压升高、呼吸促迫、惊厥，终至循环和呼吸功能衰竭而死。

［诊断］根据病史和临床症状即可确诊。

［治疗］中毒后，应立即给予催吐剂，洗胃及导泻；肌内注射或静脉注射拮抗药，盐酸氯丙嗪，犬、猫均为每千克体重 1～3mg；给予强心剂、呼吸兴奋剂；补液及吸氧。

［预防］治疗犬、猫疾病时，严格控制本药的给药剂量；本药忌与单胺氧化酶抑制药合用；患有高血压、心脏病、糖尿病、甲状腺功能亢进、神经兴奋的犬、猫慎用或忌用本药。

18.4 动物毒素中毒

18.4.1 蟾蜍中毒

蟾蜍中毒（Toad Poisoning）是由于误食蟾蜍引起。蟾蜍俗称癞蛤蟆或癞蛙，分布于世界各地，约有 250 余种。我国共有 9 种，其中花背蟾蜍、黑眶蟾蜍、大蟾蜍较为多见。蟾蜍的皮肤和黑卵有毒，不可食用。当蟾蜍受刺激时，其耳后腺和皮肤腺分泌出白色黏稠毒性很强的毒液（鲜蟾酥）。蟾蜍毒液的主要成分为蟾毒内酯类、有机碱类、甾醇类及黏液质等。蟾毒内酯类毒素可使心率先减慢后过速或心室颤动，并有催吐、局麻和引发惊厥等作用；有机碱类毒素对周围神经有烟碱样作用；黏液质有溶血或凝血作用。我国已能将蟾蜍的毒液经干燥加工制成蟾酥,用其配制蟾酥丸、六神丸、八一抗癌片及中药方剂。利用蟾蜍具有强心、升压、兴奋呼吸、抗炎、镇咳祛痰、促进宫缩、抗癌等药物作用治疗多种疾病。

[病因]犬、猫捕食蟾蜍,舔食大量黑色蛙卵,黏膜或伤口黏附大量蟾酥毒液,长时间连续或一次大剂量给予犬、猫含蟾酥类药物制剂等均可引发中毒。蟾酥对小鼠静脉注射的 LD_{50} 为每千克体重 41mg,皮下注射为每千克体重 96.6mg,腹腔注射为每千克体重 36.24mg。

[症状]

(1) 局部症状　蟾蜍毒液误入犬、猫眼内可致眼部红肿,视觉迟钝,严重时失明;损伤部染毒时,常导致红肿、糜烂、坏死。

(2) 全身症状　犬、猫误食蟾蜍 30min 至 1h 后,可见恶心,呕吐,腹痛,腹泻,皮炎,可视黏膜发绀,呼吸急促,肌肉震颤,摇头,流涎,口唇和四肢厥冷、麻痹,心率先徐缓后过速,心律不齐,血压下降,痛觉迟钝,昏迷,抽搐,休克等。治疗失时常于 24h 内发生循环衰竭而死。

[诊断]综合病史、临床症状、心电图特征及动物试验结果即可确诊。

(1) 心电图诊断　犬、猫出现室性早搏、室颤及"洋地黄型"ST 段、T 波改变,为辅助确诊本病的重要依据。

(2) 动物试验　在玻片两侧各滴 1 滴发病犬或猫的呕吐液和蟾蜍毒液,再分别向两液中各滴 1 滴取自健康犬或猫的唾液,轻轻混匀并稍等片刻,如两液中均出现灰白色泡沫,即证实为蟾蜍中毒。

[治疗]

(1) 应立即给予催吐剂　反复用 0.2%～0.5% 高锰酸钾液洗胃及冲洗口腔黏膜,然后再投服硫酸镁(钠)导泻,以清除残存于胃肠中的蟾毒。接触蟾毒的眼部和伤口立即用生理盐水反复冲洗。

(2) 解毒　如出现心律失常、房室传导阻滞时,可肌内注射或静脉注射硫酸阿托品,每 0.5～1h 注射 1 次,直至心率恢复正常为止;如出现心源性脑缺血症状时,应给异丙肾上腺素 1mg 溶于 5% 葡萄糖液,缓慢静脉注射;补液纠正水和电解质紊乱,犬、猫排尿后适量补钾。

(3) 对症疗法　呼吸困难时,给予呼吸兴奋剂或吸氧;肌肉震颤、抽搐、惊厥时,给予安定或氯丙嗪;腹痛时,给予杜冷丁或颠茄片。

18.4.2　蜘蛛中毒

[病因]犬、猫被毒蜘蛛刺蜇后,毒液进入其体内可引发蜘蛛中毒(Arachnidism)。

[症状]犬、猫被毒蜘蛛刺蜇的局部可见出血、水肿、剧痛,不久便出现全身无力、肌肉和关节疼痛、体温升高、流涎、呕吐、腹痛、肌红蛋白尿等症状。

[诊断]根据犬、猫有被毒蜘蛛蜇伤的病史,出现局部和全身症状等即可确诊。

[治疗]温敷刺蜇部,给予镇静剂、镇痛剂、葡萄糖酸钙、糖皮质激素类药和抗组胺剂等。24h 后即可康复。

18.4.3　蛇毒中毒

蛇毒中毒(Snake venom poisoning)是由于动物在野外觅食或在牵遛过程中被毒蛇咬伤而引起。

[病因]动物被毒蛇咬伤时,对犬猫致死量主要取决于咬伤部位,越接近中枢神经(如头面部咬伤)及血管丰富的部位,其症状则越严重。

在我国较常见且危害较大的毒蛇,主要有眼镜蛇科:眼镜蛇、眼镜王蛇、银环蛇、金环蛇。海蛇科：海蛇。蝰蛇科：蝰蛇。腹蛇科：蝮蛇、五步蛇、竹叶青、龟壳花蛇等。

[症状] 由于毒蛇的种类不同，毒液的成分各异，所以各种蛇伤的临床症状亦不同。根据各种蛇毒的作用类型，大体上分为神经毒和血循毒2大类。

（1）神经毒类 金环蛇、银环蛇均属神经毒类。

① 局部症状：被神经毒的蛇类咬伤后，局部反应不明显，但被眼镜蛇咬伤后，局部组织坏死、溃烂，伤口长期不愈。蛇咬伤均有齿痕，并呈对称。

② 全身症状：首先是四肢麻痹而无力，由于心脏及呼吸中枢、血管运动中枢麻痹，导致呼吸困难、脉搏不齐，瞳孔散大、吞咽困难，最后全身抽搐、呼吸肌麻痹、血压下降、休克以至昏迷，常因呼吸麻痹、循环衰竭而死亡。

（2）血循毒类 竹叶青、龟壳花蛇、蝰蛇、五步蛇等均属这一类。常引起溶血、出血、凝血、毛细血管壁损伤及心肌损伤等毒性反应。

① 局部症状：伤口及其周围很快出现肿胀、发硬、剧痛和灼热，并且不断蔓延，并有淋巴结肿大，压痛，皮下出血，有的发生水泡，血泡以至组织溃烂及坏死。

② 全身症状：全身战栗，继而发热，心动快速，脉搏加快。重症者呼吸困难，不能站立，最后倒地，由于心脏麻痹而死亡。

蝮蛇、眼镜蛇和眼镜王蛇等蛇毒中既含有神经毒成分，亦含有血循毒成分，故其中毒表现包括对神经系统和血液循环系统2个方面的损害，但以神经毒的症状为主。一般是先发生呼吸衰竭而后发生循环衰竭。

[治疗] 蛇咬伤均有齿痕并对称。首先要防止蛇毒扩散，进一步进行排毒和解毒，并配合对症疗法。

（1）防止蛇毒扩散 当被毒蛇咬伤后，早期结扎是减少蛇毒吸收、阻止蛇毒随淋巴液及血液运行到全身的一种方法。毒蛇咬伤后就地取材，用绳子、野藤或将衣服撕下一条，扎在伤口的上方。结扎紧度以能阻断淋巴、静脉回流为限，但不能妨碍动脉血的供应，结扎后每隔一定时间放松一次，以免造成组织坏死。经排毒和服蛇药后，结扎即可解除。

（2）冲洗伤口 结扎后可用清水、冷开水冲洗，条件许可用肥皂水、过氧化氢液或1∶5000高锰酸钾液冲洗伤口以清除伤口残留蛇毒及污物。

（3）扩创排毒 经冲洗后，应用清洁的小刀或三棱针挑破伤口，使毒液外流，并检查伤口内有无毒牙，如有毒牙应取出。若肢体有肿胀时，经扩创后进行压挤排毒，也可用拔火罐等抽吸毒液。在扩创的同时，向创内或其周围局部点状注入1%高锰酸钾液、胃蛋白酶可破坏蛇毒。亦可用0.5%普鲁卡因液100~200mL进行局部封闭。

（4）解毒 内服和外用季德胜蛇药片，内服蛇药等。

[预防] 预防毒蛇咬伤动物。

18.4.4 蜂毒中毒

蜂毒（bee venom）是蜂类尾部毒囊分泌的毒液，蜂蜇伤动物皮肤时注入毒液而引起蜂毒中毒（Bee venom poisoning），也有因食入蜂体而引起中毒的。蜂属于昆虫纲、膜翅目，种类很多，如蜜蜂、黄蜂、大黄蜂、土蜂、狮蜂、竹蜂等。

[发病机制] 蜂毒，尤其是大黄蜂的蜂毒中含有乙酰胆碱，可使平滑肌收缩，运动麻痹，血压下降。此外，黄蜂及大黄蜂的毒液中含有组织胺及5-羟色胺、透明质酸酶及磷酯酶A，可引起平滑肌收缩、血压下降、呼吸困难、局部疼痛、瘀血及水肿等。磷酯酶A具有很强的致病作用，可引起严重的血压下降及间接性的溶血，实验用1.5%蜂毒6mL对体重4.5kg的犬

静脉注射，立即出现间歇性痉挛、牙关紧闭、眼球震颤，由于呼吸停止而死亡。

[**症状**] 动物被蜂蜇伤多发生在头部。病初蜇伤部位及周围皮下组织迅速出现热痛及捏粉样肿胀，针刺肿胀部位流出黄红色渗出液。鼻唇肿胀，呈吸气性呼吸困难，流涎，采食和咀嚼障碍；上下眼睑肿胀，闭合难睁，同时病畜兴奋，体温升高。病程中有的出现荨麻疹。后期或重病例，发生溶血，结膜苍白、黄染，严重贫血，血红蛋白尿，血压下降。甚至出现神经症状，步态踉跄，心律不齐，呼吸困难，往往由于呼吸麻痹而死亡。

[**病变**] 蜇伤后短时间死亡的动物常有喉头水肿，各实质器官瘀血，皮下及心内膜有出血斑。脾脏肿大，肝脏柔软变性。肌肉变软，呈煮肉色。

[**治疗**] 蜂毒中毒应抓紧排毒，解毒，脱敏，抗休克及对症处理。病初对肿胀部位用三棱针行皮肤锥刺。然后用 3％氨水、肥皂水、5％碳酸氢钠溶液或 0.1％高锰酸钾液冲洗，可达到排毒消肿的目的。以 0.25％普鲁卡因加适量青霉素进行肿胀周围封闭，防止肿胀扩散。用 0.5％氢化可的松溶液 100mL 配合糖盐水静脉滴注，以便脱敏和抗休克。为保肝解毒，可应用高渗葡萄糖、5％碳酸氢钠、40％乌洛托品、钙剂及维生素 B_1 或维生素 C 等，配合中药驱风解毒，有良好疗效。

18.5 杀虫剂和其他物质中毒

18.5.1 有机磷杀虫药中毒

有机磷化合物种类繁多，广泛用作农作物杀虫药及兽用驱虫药或杀虫药，对人畜的毒性也很大。

[**病因**] 犬猫误食喷洒过有机磷农药的食物，误饮被农药污染的水，舔舐染药的饮食器具、农药包装物、配药和喷洒药的用具，犬猫吸入喷洒药时飘散的药粉、药滴、气溶胶。不按规定方法和剂量使用本类药物驱除体内外的寄生虫而中毒。

[**症状**] 根据中毒的程度，可分为轻度、中度和重度中毒等三种类型。

(1) 轻度中毒 精神沉郁或略显不安、乏力、食欲减少、恶心、呕吐、呕吐物有蒜味或韭菜味、口腔湿润或流涎、鼻部微汗、呼吸数稍增、肠音增强、排稀软便。血液胆碱酯酶活性降至正常值的 75％左右。

(2) 中度中毒 食欲废绝，缩瞳，初期眼睑、上唇、鼻端、咀嚼肌出现震颤，继而颈部、躯干、全身肌肉震颤或抽搐，流涎，嗜睡，呕吐，呕吐物有蒜味或韭菜味，腹痛，肠音亢进，频排稀水便，呼吸及脉搏增数，体温升高，卧地不起，步态蹒跚。血液胆碱酯酶活性降至正常值的 50％左右。

(3) 重度中毒 全身战栗，狂暴不安，盲目奔跑或猛冲，嗷叫，咬牙，瞳孔缩小呈线状，可视黏膜与皮肤发绀，心搏急速，脉细弱，喘息，大量流涎，剧烈腹痛，粪尿失禁，昏迷，痉挛，麻痹。血液胆碱酯酶活性降至正常值的 30％以下，最后呼吸中枢麻痹和心力衰竭而死。

[**诊断**] 根据有农药接触史、临床症状、胆碱酯酶活性测定以及对病料毒物的分析结果进行综合判定。

(1) 实验室检验 按血液胆碱酯酶活性简易测定法检测血样，如显现褐色或绿色，确诊为有机磷农药中毒。显褐色中毒较轻，显绿色中毒较重。

(2) 诊断性治疗 犬猫及时应用特效解毒剂后，如病情明显好转，可进一步确诊。

[治疗]

（1）停喂、停饮疑被有机磷化合物污染的食物和饮水，将中毒犬猫移至温暖安静通风处，及时抢救。

（2）经消化道中毒的犬猫，立即选用微温的1％肥皂水，3％～4％碳酸氢钠溶液洗胃、投服或灌肠。经皮肤中毒的犬猫，可选用微温的2％～5％肥皂水、5％石灰水冲洗皮肤。如为敌百虫、八甲磷、硫特普等农药中毒时，可选用1％食盐水、食醋、1％醋酸溶液或清水等洗胃、投服、灌肠或冲洗皮肤，尤其敌百虫绝对不能用碱性溶液救治，因敌百虫遇碱毒性增强。但对硫磷中毒时，只能用碱性溶液洗胃，禁用高锰酸钾溶液洗胃。犬猫经上述处置后，再投服活性炭、硫酸钠或人工盐以吸附毒素和导泻。

（3）轻度中毒的犬猫可选用硫酸阿托品、碘解磷定、氯解磷定，均为皮下注射，每千克体重0.2mg。中度和重度中毒的犬猫，静脉注射硫酸阿托品，每千克体重0.2～0.5mg，半小时后仍未见停止流涎、瞳孔散大、病情好转等"阿托品化"证候时，应改为皮下注射或肌内注射，并可重复用药，继续观察，待出现明显"阿托品化"证候后，减少给药次数和用量（每千克体重0.1～0.2mg）。如在应用阿托品治疗时，配合应用碘解磷定、氯解磷定、双复磷、双解磷等疗效更佳。对重度中毒的犬猫，各特效药均可按每千克体重20mg的用量，用生理盐水或5％葡萄糖溶液稀释后缓慢静脉注射或肌内注射，每2～3h给药1次。症状缓解后酌情减量，可每12h给药1次或停药。本类特效解毒药物忌与碱性药物配伍。

（4）对症支持疗法　为加强肝脏解毒和调节水盐代谢平衡，适量静注葡萄糖溶液或糖盐水，并加维生素C；发生肺水肿时，应静脉注射高渗葡萄糖溶液；根据病情还可给予抗生素、镇静剂、强心剂、呼吸兴奋剂、连翘败毒散等。但禁用洋地黄、肾上腺素、吗啡等药物。

[预防]　加强有机磷农药的保管和使用，及时销毁用过的包装物；勿使犬猫接触含有机磷的农药和兽药；禁止在喷洒农药区域训犬或散放犬猫；应用本类药物治疗犬猫疾病时，应注意药物的剂量、浓度和用法。

18.5.2　除虫菊酯中毒

除虫菊酯（Pyrethrin）分为天然的及人工合成的两种，具有杀虫药效好、高效、低毒等优点。本类杀虫药均属神经毒剂。目前市售的溴氰菊酯、氰戊菊酯、氯氰菊酯、氯菊酯、胺菊酯等，均属口服吸收毒性较大的中等毒性产品。本类杀虫药中多含除虫菊酯增效剂（P450细胞色素抑制剂）。除虫菊酯虽为低毒杀虫剂，但与其他杀虫剂，如灭虫菊、普鲁本辛酚等合用，可明显增强其毒性，或延长药物的半衰期。许多兽用杀虫剂、家用杀虫剂中均含有除虫菊酯。本类杀虫剂吸入毒性强。

[病因]　犬、猫误食或误饮喷洒过除虫菊酯类杀虫剂的食品、菜叶或水，危险性大。不按规定方法和剂量用药，被人投服本类药物等均可引发中毒。

[症状]　仅在大剂量中毒时才出现临床症状。中毒的潜伏期为1～24h。通常经皮肤染毒为6h，经口染毒为1h，吸入染毒为30～40min。体温不定，神态恍惚；皮肤潮红、肿胀、瘙痒、丘疹、皮炎，口唇和四肢麻木，针刺反应弱或消失；缩瞳，流泪，眼炎，视物不清；气喘，流涕；大量流涎，恶心，呕吐，前腹压痛，腹泻，便血；初见心率减慢，血压偏低，渐转为心悸，血压升高，心律失常；乏力，多汗，肌肉震颤，共济失调；重病犬、猫可见眩晕，昏迷，强直性抽搐，阵发性扭颈，划肢，肺水肿，意识消失，终因呼吸麻痹而死。另外，有报道称摄入一定量的除虫菊酯可引起犬猫失明，一般认为这是可逆的，随着时间的推移有所改善，并最终会恢复视力。

[诊断] 根据接触毒物病史及典型临床症状进行初步诊断，临床上很难分析与确诊。应注意与多聚乙醛中毒、有机磷中毒、烟碱中毒、氯化烃中毒、氨甲酸酯中毒等相鉴别。

（1）有接触、误食、误饮、吸入、用法用量不当、被人投服除虫菊酯类杀虫剂及其增效剂的病史、典型临床症状等即可初步诊断。

（2）为确诊本病，发病犬、猫可做心电图检测，并无菌取脑脊液和血液进行检查。如心电图出现束波，脑脊液潘氏反应试验呈阳性，血液 γ-氨基丁酸减少等即可确诊。

[治疗] 以切断毒物来源、阻止毒物进一步吸收以及维持呼吸功能为原则。

（1）经皮肤染毒犬、猫，可用 2%～4%碳酸氢钠液或肥皂水反复冲洗皮肤染毒部位。

（2）经口染毒犬、猫，先反复用弱碱液或 2%碳酸氢钠液洗胃，再投服活性炭浆吸附毒物后投服盐类泻剂导泻。珍贵病重犬、猫可采用脂质透析疗法或血液灌流疗法。

（3）应用解毒药 葛根素每千克体重 5mg，每隔 2～4h 静脉注射 1 次，但需注意 24h 内静脉注射本品每千克体重不可超过 20mg；症状改善后改为每日静脉注射 1～2 次，直至症状消失。

（4）对症疗法 由于除虫菊酯主要从尿中排出，尽量多给动物提供清洁饮水。对于抽搐犬、猫可肌内注射或静脉注射地西泮或巴比妥类药（禁用吩噻嗪类药）；流涎、多汗、肺水肿时，可皮下或肌内注射阿托品；发生心肌炎和变态反应时，应注射糖皮质激素；过敏性休克时，可静脉注射 0.1%肾上腺素；根据病情尚可进行输液，给予利尿剂、葡醛内酯（肝泰乐）、能量合剂；眼炎时反复用生理盐水冲洗眼囊后，选用四环素（0.5%～1%）、氯霉素（0.25%～0.5%）、氧氟沙星（0.3%）等眼药水滴入眼结膜囊；皮炎可涂抹维生素 E 软膏、氨基甲酸乙酯霜、地塞米松擦剂、氢化可的松擦剂等。

（5）中西医结合治疗 配合使用五苓散助药物排泄。

18.5.3 鱼藤酮中毒

鱼藤酮（Rotenone）为鱼藤植物的提取物，可作为动物体表寄生虫、虱、螨等驱虫剂。因其可通过受损皮肤吸收，所以皮肤不完整时不能应用鱼藤酮作为体表寄生虫驱虫剂。

鱼藤酮属神经性毒物，对鱼、鸟、昆虫毒性大，对人畜毒性较小，猫比犬易感，但接触一定时间或误食一定数量鱼藤酮，可麻痹呼吸中枢和血管运动中枢而中毒致死；口服后半数致死量为每千克体重 10～30mg。鱼藤酮用作农药和兽药杀虫剂，市售含鱼藤酮农药有粉剂和乳剂两种。

[病因] 犬猫用鱼藤酮驱虫时剂量过大，动物穿越丛林长时间被鱼藤缠绕，误食其根茎全草或被毒死的鼠类和鱼，舔食或接触喷洒鱼藤酮的农作物等而中毒。

[症状] 发病犬、猫体温正常，软颈、黏膜干燥，局部出现皮疹、皮炎、结膜炎、鼻炎、咽喉炎。有些动物摄入鱼藤酮制剂后出现胃肠炎、恶心、呕吐、呕吐物含暗褐色血液，阵发性腹痛、肠鸣等。猫舔食被毛上的鱼藤酮出现肝脏损伤。鱼藤酮经呼吸道吸收，危险性大，动物可能出现精神沉郁，严重时可见心悸、肌肉震颤、共济失调、抽搐、痉挛、低血糖、昏迷，终因呼吸中枢麻痹而死。

[诊断] 根据病犬有接触鱼藤酮农药的病史、临床特征及血检、毒物检验结果可确诊本病。

（1）血液检查 血红蛋白、红细胞、白细胞、淋巴细胞、血糖等均偏低，而中性颗粒细胞偏高，即为鱼藤酮中毒。

（2）鱼藤酮检验 以呕吐物和胃内容物为检材进行鱼藤酮定性和定量检验。

① 定性检验：按碱性亚硝酸盐反应法检验检材，出现洋红色（2h 不变）；按硝酸反应法

检验检材，出现蓝色（30～60s后蓝色消退）；按麝香草酚反应法检验检材，出现紫红色，12h后变为蓝绿色；按香英兰素反应法检验检材，先见紫色渐变蓝色，冷却加乙醇后又见深蓝色渐变绿色等。根据上述四项定性检验结果之一，即可确诊为鱼藤酮中毒。

② 定量检验：按醋酸汞法可检测出检材中鱼藤酮的百分含量。

[治疗] 以排除毒物、消炎抑菌、强心补液为原则。

（1）用肥皂水或清水反复清洗，以清除病犬、猫体表毒物，减少毒物吸收。

（2）病犬未出现痉挛症状前，先用硫酸铜催吐，再用4%碳酸氢钠溶液或5%苏打水洗胃，后投服硫酸钠导泻，以减少毒物吸收；局部感染可及时使用抗生素，以防继发感染。

（3）静脉注射5%葡萄糖注射液或生理盐水，以排泄毒素。

（4）静脉注射10%～25%葡萄糖注射液，以解毒保肝，缓解低血糖症。

（5）给予维生素C、维生素B_1、维生素B_6、维生素B_{12}。

（6）对症疗法 根据病情，给予强心剂、利尿剂、镇静剂、润滑保护剂、人工呼吸、吸氧等。

（7）中西医结合治疗 大黄煎剂直肠滴注，既可导泻又可改善肠道黏膜的微循环，还可抑制肠道有害菌。

（8）加强护理 在口服补液盐中加入少量葡萄糖供动物自由饮用。注意给动物保温。

18.5.4 砷中毒

砷类化合物可分为无机砷和有机砷两大类。常见的无机砷化合物有砷酸铅、砷酸钙、亚砷酸钠、亚砷酸钙、三氧化二砷、雄黄、雌黄等。常见的有机砷化合物有新胂凡钠明、胂苯胺酸、胂苯胺酸钠、甲基胂酸锌、甲基胂酸钙、甲基胂酸铁铵、砷-37、退菌灵等。

[病因]

（1）犬猫误食含砷农药、杀虫剂、灭鼠药、除草剂、工业染料污染的食物而中毒。

（2）犬猫滥用含砷药物，用量过大，用法不当而引起中毒。

（3）砷制剂厂、金属冶炼厂排出的废水废气，污染空气、土壤、水源、农作物、饲料，使其附近饲养的犬猫吸入或摄入含砷物质，日久蓄积易发生慢性中毒。

（4）慢性砷中毒的妊娠和哺乳犬猫体内的砷化物，可经胎盘、乳汁使胎儿和幼龄犬猫中毒。

[症状] 可分为急性中毒和慢性中毒。

（1）急性中毒 一般在食入后1～3h发病。出现流涎、呕吐，呕吐物发出蒜臭味，剧烈腹痛和腹泻、排血便，可视黏膜肿胀、发绀、出血，呼吸促迫、脉搏细弱等。严重时出现吞咽困难、四肢疼痛、乏力、肌肉震颤、共济失调、痉挛、嗜睡、昏迷、血尿或蛋白尿，体温先高后低。如不及时抢救，多于食入毒物后12h至数日内死亡。

（2）慢性中毒 中毒犬猫逐渐消瘦，精神沉郁，痛觉和触觉减退，脱毛，脱趾甲，黄疸，腹痛，腹泻，粪便呈暗黑色，不孕，流产，麻痹，瘫痪。病程可达1～2年。

[诊断] 犬猫如有接触、误食、误饮砷化物的病史，以及滥用或超量应用砷（胂）类药物的用药史和临床症状，即可初步诊断为本病。

（1）血液学检查 中性粒细胞和血小板减少，酸性粒细胞增多。红细胞形态异常并含嗜碱性斑点；血清总蛋白、血清尿素氮、血清胆红素、天冬氨酸转氨酶、丙氨酸转氨酶等均升高，血钾和血钠等均降低，是确诊本病的重要依据。

（2）毒物快速检查 取胃内容物、尿液及可疑食物，用铜片反应法，检出砷化物即可确诊。

[治疗] 对急性中毒者，应立即催吐、洗胃，再投服牛乳、鸡蛋清、豆浆、活性炭、硫酸钠等导泻，但禁用碳酸氢钠或稀盐酸洗胃。

二巯基丙醇是砷中毒的特效解毒剂。犬每千克体重 4mg，猫每千克体重 3mg，肌内注射，第 1 天 3～4 次，第 2 天 2～3 次，第 3～7 天 1～2 次；或注射 5%～10%硫代硫酸钠溶液、二巯基丙磺酸钠溶液、二巯基琥珀酸钠等。应对肾功能进行监测，防止发生药物性肾炎。

对症疗法：为防止酸中毒，可静脉注射乳酸钠、碳酸氢钠、右旋糖酐、血浆等；为提高抗病力，可静脉注射生理盐水或 10%～25%葡萄糖溶液，并加入大量维生素 C 和维生素 B_1。有明显出血时，肌内或静脉注射维生素 K；贫血时进行输血或给予补血剂；剧烈腹痛时皮下注射杜冷丁或肌注氢溴酸山莨菪碱；如严重腹泻应在补液的同时给予胃肠黏膜保护剂；狂躁不安时给予镇静药；心脏衰弱和呼吸衰竭时给予强心剂和呼吸中枢兴奋剂；禁用钾制剂；麻痹或瘫痪时皮下注射盐酸士的宁。

18.5.5 甲醇中毒

甲醇（Methanol）又称工业酒精，由木材干馏或人工合成制得。工业上常用甲醇制造甲醛，完成甲基化反应或作溶剂。亦可用作防冻剂、油漆、涂料、摄影胶片、橡胶加速剂、香水、玻璃纸，甲醇与汽油混合可作燃料。有人常用甲醇作为原料来制造假酒。

[病因] 犬、猫常因吸入化工厂或装修房中的甲醇蒸气，误食含有甲醇的工业酒精或假白酒的残汤剩菜而引发急性中毒。

[症状] 犬、猫常因吸入或误食甲醇后，经 6～96h 的潜伏期，才能显现急性中毒反应。全身皮肤和可视黏膜发绀、拒食、乏力、眩晕、沉郁、呼吸急促、舌苔白黄、恶心、呕吐、前腹压痛、腹泻、共济失调、跛行、渐呈醉酒状；眼球压痛，对光反射减弱或消失，畏光，瞳孔散大或缩小，视物不清，眼底检查，可见视神经乳头充血、出血，眼底静脉怒张，视网膜水肿，视神经萎缩；严重中毒犬、猫体温降低，黏膜干燥，心动徐缓，深呼吸，昏迷，痉挛，休克，终因中枢性呼吸衰竭而死。

[诊断] 犬、猫有接触、吸入或误食甲醇、工业酒精、假白酒的病史，特有的临床症状与眼疾变化，可初步诊断为本病。此外，一些毒物可能产生相似的临床症状，应注意鉴别，包括乙醇、伊维菌素和其他大环内酯物抗寄生虫药、乙二醇、丙二醇、二甘醇、2-丁氧基乙醇、异丙醇、镇静剂、大麻、木糖醇和双甲脒等。

实验室检验：取发病犬、猫胃内容物和血液，按水杨酸甲酯法或高锰酸钾氧化法定性检验甲醇。前法嗅得冬青油香味，后法显紫红色，均证实含有甲醇。亦可按品红亚硫酸法定量检出甲醇百分含量，即可确诊。

[治疗]

（1）尽快清除毒物 用 3%～5%碳酸氢钠溶液反复洗胃，吸氧，放血。

（2）乙醇抗毒疗法 医用 95%酒精，犬首次每千克体重 1mL，加入 5%葡萄糖液或生理盐水配成 10%乙醇溶液，30min 内静脉滴注完毕，然后按每千克体重 0.166mL，同上法稀释后静脉滴注。取 50%酒精，犬首次按每千克体重 1.5mL，加入 5%葡萄糖液或生理盐水稀释成 5%溶液静脉滴注，其后按每千克体重 0.5～1mL，口服，每间隔 2h 给药 1 次。如病犬已处于抑制状态，不可按此法治疗。

（3）亚甲蓝疗法 1%亚甲蓝溶液按每千克体重 5～10mg，静脉注射。

（4）纠正酸中毒 首次用 5%碳酸氢钠溶液，犬 10～40mL/次，猫 10～20mL/次，静脉注射，然后改碳酸氢钠粉，犬、猫 0.5～2g/次，口服。

（5）对症疗法　中毒犬、猫发生惊厥、脑水肿、休克时，采用相应对症疗法治疗。

18.5.6　乙醇（酒精）中毒

乙醇（Alcohol）是重要的化工原料，广泛应用于生产有机原料、医药、农药、橡胶、塑料、人造纤维、洗涤剂、染料、油漆、油脂、军工产品等。各类酒含乙醇浓度不同，白酒38%～70%，葡萄酒 10%～15%，米酒 30%～40%，果酒 16%～48%，啤酒 8%～11%。含乙醇的酒类、饮料或其他物品，均可引起犬猫中毒。

[病因]　乙醇常与水合氯醛配伍作全身麻醉剂或基础麻醉剂，内服作杀菌止酵剂，也用作皮肤和医疗器械消毒剂。犬、猫常用治疗用药或手术麻醉过量，摄入人类食用的酒精饮料，舔食或误食含酒类或变质酒类的残羹剩菜，偷犬者用高浓度乙醇或酒类麻醉犬过量等而引发中毒。有报道，犬摄入生的面团，甚至烂苹果也会发生乙醇中毒。95%乙醇对犬的半数致死量为每千克体重 5.5～6.6mL，即使每千克体重 2.8～3.3mL 的剂量仍可引起动物死亡。

[症状]　乙醇中毒症状的轻重程度决定于乙醇浓度，犬、猫体重大小，乙醇摄入量及耐受量。临床可见急性中毒和慢性中毒。

（1）急性中毒　发病犬、猫悲鸣，吠叫，烦躁不安，眼明亮，结膜与舌潮红，皮温升高，喜饮，呼吸急促，心音增强，感觉迟钝，反射仍存，呕吐，腹痛，腹泻，多尿；渐转步态蹒跚，共济失调，呈醉酒状，眩晕，皮肤和可视黏膜发绀，散瞳，眼球转动或震颤，视物不清，舌反射消失，体温降低，血压下降，心律不齐，呼吸微弱缓慢，趴地抽搐，惊厥，昏迷，休克，终因呼吸麻痹和循环衰竭而死。

（2）慢性中毒　犬、猫消化不良，黄疸，血尿，皮疹，皮炎，皮肤坏死，妊娠犬、猫常见流产。

[诊断]　根据犬、猫有接触、误食乙醇或含乙醇食物的病史、呕吐物气味、临床症状等即可确诊。该病应与其他引起镇静的毒物或中枢神经系统抑制剂进行鉴别，包括巴比妥酸盐、乙二醇、丙二醇、二甘醇、甲醇、2-丁氧基乙醇、异丙醇、苯二氮平类药物、大环内酯物抗寄生虫药、双甲脒、木糖醇和大麻等。

[治疗]　以排除毒物、辅助治疗为原则。

（1）将发病犬、猫置于温暖通风处，必要时给氧，进行人工辅助呼吸，维持正常体温。监测动物体内酸碱、电解质、水分的平衡，禁用含有乳酸的液体。

（2）轻度中毒犬、猫不需治疗，可投服浓茶水；严重中毒犬、猫应催吐，洗胃，灌肠。

（3）为加速乙醇氧化，严重中毒时可选用胰岛素，犬每千克体重 0.5～1U，猫每千克体重 0.25U，溶于 5%葡萄糖液 50～100mL，1 次静脉注射；同时肌内注射维生素 B_1、维生素 B_6 和烟酸。

（4）为防止低血糖，静脉注射 10%～25%葡萄糖与氢化可的松混合液。

（5）对症疗法　发病犬、猫兴奋、抽搐、惊厥，给予地西泮（安定）或氯丙嗪；呼吸困难给予尼克刹米，经口喷入气喘气雾剂（盐酸异丙肾上腺素）、吸氧、给予麻黄碱和氨茶碱；心脏衰弱给予安钠咖、维他康复；中枢神经抑制给予戊四氮；脑水肿静脉注射甘露醇与地塞米松磷酸钠混合液；昏迷时静脉注射哌醋甲酯、胆二磷胆碱。

（6）中西医结合治疗　配合应用葛根、枸杞，煎汁投服。

（7）加强护理　牛奶中加入少许白糖给宠物饮用，有助于乙醇代谢排出。

18.5.7　铅中毒

铅中毒是犬猫误食过多含铅物质所致的中毒病。临床上常以流涎、腹痛、腹泻、兴奋不安、贫血为特征。多发于换牙期幼犬、患有异食癖或喜舔咬的犬猫。

[病因] 犬猫经常舔食含铅化合物的颜料、机油、汽油、含铅农药或软膏，长期饮用含铅量超标的自来水，吸入大量含铅废气等导致中毒。铅化合物可经消化道、呼吸道、皮肤吸收进入血液到达全身器官。铅的排出比较缓慢，主要随粪便排出体外，其次是经肾随尿排出，也可随乳汁排出。

[症状]

（1）急性中毒犬猫常于食后 12～24h 突然发病，尚未见症状，即已死亡。

（2）亚急性及慢性中毒犬猫食欲下降、吐沫、流涎、空嚼、咬牙、呕吐、腹痛、间歇性腹泻、眼球震颤、瞬膜突出、拒光、对刺激敏感；严重中毒可见头颈肌肉震颤、兴奋不安、狂叫、步态蹒跚、共济失调、消瘦、贫血、后躯麻痹等神经症状。

[诊断] 有接触铅化物的病史。体温不高，呈现以消化系统和神经系统症状及贫血为特征的体征。X线诊断可见犬猫胃肠道内散布点片状或条絮状密度增高的阴影（忌服钡餐），提示犬猫食入含铅化合物和鼠尸碎片。

实验室血涂片检查可见大量有核及嗜碱性斑点的红细胞，中性粒细胞增多，核左移，外周血中有大量晚幼红细胞。发病犬猫的血红蛋白含量明显降低，呈低色素性贫血。

血铅检测：犬猫有临床症状时的全血含铅量超过 0.4mg/mL，无临床症状时超过 0.6mg/mL，均可判定为铅中毒。

骨髓检查：有大量晚幼红细胞是铅中毒引起贫血的特征。

尿液检验：检出粪卟啉，可证实中毒后实质器官的损伤程度。

[治疗] 急性中毒时选用 1％硫酸钠溶液或硫酸镁溶液洗胃或内服，亦可内服鸡蛋清、牛乳、蛋白水。静脉注射 10％葡萄糖酸钙或 5％～10％硫代硫酸钠溶液。口服乳酸钙、碳酸氢钠或碘化钾。

去铅疗法：①缓慢静脉滴注依地酸钙钠，犬每千克体重 25mg，溶于 100～200mL 5％葡萄糖溶液或生理盐水，1 日 2 次，连用 2～5d，停药 1～2d 酌情再用；②肌内注射二巯基丙醇，犬第 1 天每千克体重 5mg，1 次，第 2 天剂量减半，均为 6h 1 次，第 3 天后每日 2 次，7d 为 1 个疗程；③内服青霉胺，犬 100～250mg/次，每日 4 次，5～7d 为 1 疗程。

中药疗法：给中毒犬灌服解毒汤或槐角汤等亦有一定疗效。

18.5.8 铜中毒

铜中毒包括急性铜中毒和慢性铜中毒。犬、猫发生铜中毒比较罕见。急性铜中毒往往是因为一次性注射或内服大剂量可溶性铜而引起，比如给犬大量硫酸铜溶液催吐。慢性铜中毒主要是由于长期饲喂含铜量高的饲料引起的。另外，有些犬可能基因遗传缺陷，产生类似人的遗传病（ALS病）样的铜中毒。

[症状] 铜过多能引起贫血，由于铜和铁在小肠中的吸收存在相互竞争性，铜过多可以影响铁的吸收。急性铜中毒时，犬、猫可出现呕吐，粪及呕吐物中含绿色或蓝色黏液，呼吸和脉搏加快。后期体温开始下降，虚脱，休克，严重者可在数小时内死亡。犬、猫慢性铜过多症时，呼吸困难，昏睡，可视黏膜苍白或黄染，肝脏萎缩，体重下降，腹水增多。

[诊断] 根据临床症状和病史调查可以作出初步诊断。测定血铜有助于该病的确诊。

[治疗] 对慢性铜中毒，使用钼酸铵混于饲料中饲喂，促使血浆中游离铜迅速与白蛋白结合，加快铜的排出，添加量为每只成年犬 50～100mg，连用 7d，可见明显效果；也可肌内注射 20％硫代硫酸钠 0.2mL/kg，每日 1 次，连用 1 周。急性铜中毒时，要立即停止添加铜制

剂，如食入不久，铜盐仍存在于胃内，应及时洗胃，同时使用盐类泻剂、重金属解毒剂、补碱补液疗法、激素疗法，能增强疗效。

18.5.9 烟碱中毒

烟碱（Nicotine）是烟叶的浸出物，香烟、雪茄、杀虫剂 Black leaf 40 中均含烟碱，主要成分为尼古丁。烟碱可引起犬猫中毒，最小致死量为每千克体重 20～100mg。烟碱极易被犬、猫皮肤和黏膜吸收，可先使神经系统兴奋，而后转为麻醉，呈现烟碱箭毒样作用。小剂量烟碱对全身的自主神经有刺激作用，先使副交感神经兴奋，后使交感神经兴奋，大剂量烟碱能阻断自主神经节及肌肉神经节间冲动传导。

[病因]　常因饲养者或观赏者远抛香烟或雪茄引逗犬、猫叼咬误咽、误食，犬、猫接触杀虫剂 Black leaf 40，偷犬者使用含烟碱的飞镖射犬或用含高浓度烟碱食物诱犬误食等引发中毒。

[症状]

（1）急性中毒　犬、猫初期可见眩晕、瞳孔缩小，流涎，呼吸浅表、缓慢、恶心、呕吐、腹痛、腹泻、肌肉和肢体震颤、心动徐缓；中后期可见沉郁，瞳孔散大，共济失调，抽搐、心动过速、心律失常，可闻心内性杂音，血压短时升高而后明显降低，昏迷、惊厥，呼吸衰竭而死。

（2）慢性中毒　犬、猫可视黏膜黄染，视物不清，便秘。

[诊断]　根据发病犬、猫有接触烟碱病史，呕吐物或胃内容物中发现不完整的香烟或雪茄等特征性临床症状可初步诊断为本病。同时本病应与有机磷中毒、士的宁中毒、黄嘌呤中毒、氨甲酸酯中毒等相鉴别。

（1）血液检验　发病犬、猫血糖增高、血钾降低、白细胞增多等是确诊本病的重要依据。

（2）烟碱定性检验　取犬、猫胃内容物、呕吐物、食物等为检材。按对二甲氨基苯甲醛反应法、环氧化氯丙烷反应法、显微结晶反应观察法、微量点滴反应法、青蛙实验法等，均证实含有烟碱，即可确诊。

[治疗]　以排出毒物、对症治疗为原则。

（1）清除毒物，阻止毒物吸收，促进毒物排泄　病犬、病猫投服 0.2％～0.4％硫酸铜溶液，犬 20～100mL/次催吐，猫 5～20mL/次，催吐；用 0.2％～0.5％高锰酸钾溶液、活性炭浆、清水等反复洗胃；间隔 0.5～1h 后投服硫酸钠，犬 10～20g/次，猫 5～10g/次，均配成5％～10％溶液，导泻；肌内注射或静脉注射呋塞米（速尿），犬、猫每千克体重 0.5～1mg，1 日 1 次；反复用肥皂水或微温水冲洗犬、猫体表皮肤染毒部位。

（2）对症疗法　犬、猫呼吸衰竭时应吸氧或人工呼吸，忌用呼吸中枢兴奋剂；发病初期可给予镇静药如安定，2.5～20mg，中后期可用盐酸去氧肾上腺素，犬、猫每千克体重 0.15mg，加入 5％葡萄糖液中，缓慢静脉滴注；补液、补充电解质，纠正酸碱平衡。

（3）中西医结合治疗　地西泮可注入天门、百会穴，直肠缓缓滴入口服补液盐或吐泻灵煎液。

18.5.10 一氧化碳中毒

一氧化碳是无色无臭的气体，易燃烧，与氧（2：1）的混合物易爆炸。一氧化碳中毒（Carbon Monoxide Poisoning）主要是在偶发事件中发生。

[病因]　警犬在烟尘弥漫的特殊事故现场或军犬在军事演习区执行搜索、救护、训练时，吸入大量一氧化碳而引发急性中毒。厂矿饲养犬长期吸入生产中排放的一氧化碳易发生慢性中

毒。家养犬、猫多因煤气渗漏或长期吸入主人吸烟喷吐的烟雾和家居装修物的释放物等而引发中毒。

[症状]

（1）轻度中毒　可见犬、猫恶心、呕吐、感觉迟钝、全身无力、喜卧或蹲伏、眩晕、嗜睡、心搏加快、血压上升、呼吸增数、血液中碳氧血红蛋白浓度已超过 10％。

（2）中度中毒　犬、猫恶心、呕吐、眩晕等症状加重，呕吐物呈黄绿色，肌无力，共济失调，瞳孔缩小，视物不清，皮肤和可视黏膜呈樱桃红色，出汗，脉细弱，心率加快，心律不齐，血压降低；呼吸频数，肺区可听到干性啰音。抽搐，昏迷，虚脱；血检可见碳氧血红蛋白浓度超过 30％并见非蛋白氮、尿素氮、血钾、谷草转氨酶等值均升高。尿检可见蛋白尿。

（3）重度中毒　犬、猫可视黏膜发绀或苍白，常见红斑或疱疹，眼球震颤，双侧瞳孔缩小或散大，视听觉及肌反射明显减弱或消失，鼻流白色细泡黏液，频繁呕吐，呕吐物呈咖啡色或呕血，多汗、潮式呼吸，肺区可听到湿性啰音；胸片可见肺部片状阴影；脉搏细弱，心音混浊，血压下降；心电图可见心动过速、房颤、房室或束支传导阻滞、心肌梗死；肠音减弱或消失，粪尿失禁，排褐色便，肌红蛋白尿；虚脱，昏迷，间歇性抽搐，血检碳氧血红蛋白浓度已超过 50％，白细胞增数，非蛋白氮、尿素氮、血钾、肌肝、谷草转氨酶、乳酸脱氧酶、肌酸磷酸酶等值升高。急性严重中毒的犬、猫，多在数分钟至 1～3h，因呼吸和循环衰竭而死。

[诊断]　根据犬、猫有一氧化碳的接触史，急速发生的中枢神经系统损害为主的症状，结合血液碳氧血红蛋白浓度的检测结果即可确诊。

鉴别诊断：本病应与犬的急性胰腺炎、出血性紫癜、红细胞增多症等疾病相鉴别。

[治疗]

（1）速将中毒犬、猫移出发病场所，置于空气新鲜处，注意保温和观察，立即采取急救措施。

（2）为控制脑水肿，降低颅内压，可静脉注射 20％甘露醇、高渗葡萄糖液、呋噻米，也可输血或投服甘油。

（3）为纠正酸碱平衡，可静脉注射 5％碳酸氢钠液、乳酸钠液或氨丁三醇。

（4）为扩充血容量，改善微循环，可给予低分子右旋糖酐、血浆代用品、脑心舒、丹参、川芎嗪、透明质酸酶。

（5）呼吸衰竭时，立即吸氧、人工呼吸、按压心脏、注射尼克刹米或氧化樟脑。

（6）给予地塞米松或氢化可的松。

（7）对症支持疗法　根据病情可给予脑活素、脑复新、脑复康等，配合使用阿托品、维生素 C 和维生素 E、超氧化物歧化酶、尼莫地平、脑益嗪、能量合剂，为控制感染，给予抗生素或氟喹诺酮类药。

18.5.11　三硝基甲苯中毒

三硝基甲苯中毒（Trinitrotoluene Poisoning）主要由训练犬接触或误食三硝基甲苯引起。

[病因]　三硝基甲苯（Trinitrotoluene，TNT）俗称炸药。警犬在执行侦察、搜索爆炸物或训练时，厂矿护院犬监护炸药仓库时，接触和误食 TNT 源物或渗漏包装物，常可发生中毒。

[症状]　轻度中毒犬精神沉郁、喜卧、行动迟缓或呆立、四肢无力、食欲减退、消瘦等。重度中毒犬体温多无改变，可视黏膜苍白或轻度发绀，眼常半闭；腹泻、便呈粥状或水样，粪便呈灰黄色或暗红色，里急后重；心率加快，喘息；尿色橘黄或红褐；步态蹒跚、后躯摇摆，

形似醉酒，因全身抽搐、痉挛、衰竭而死亡。

[诊断] 根据病史、临床体征、病变特征、血检结果即可确诊本病。

血液学检验：红细胞、红细胞比容、血红蛋白等值明显降低；高铁血红蛋白、血清乳酸脱氢酶、血清谷-草转氨酶等值升高；血清谷-丙转氨酶降低，血清胆红素间接反应呈阳性等，即可确诊。

[治疗] 立即给中毒犬一次静脉注射葡萄糖酸内酯 500mg，维生素 C 2g，葡萄糖氯化钠液 250～300mL。同时肌内注射维生素 B_6、维生素 B_{12} 和铁制剂。根据病情可给予止血剂、抗生素、尿路消毒剂等。

[预防] 在训练、执行侦察和搜索爆炸物时，要注意保护警犬免受 TNT 及其渗漏物的危害；厂矿要专人严格管理和保存 TNT 源物，及时妥善处理 TNT 渗漏物和包装物，避免犬类接触。

18.5.12　硼酸与硼酸盐中毒

我国有些牧区和农村用硼酸与硼酸盐作食品防腐剂。市售的灭蟑螂药、洁厕剂及某些消毒剂和医用药膏中多含有硼酸或硼酸盐，常引起硼酸与硼酸盐中毒（Boric Acid and Borate Poisoning）。

[病因] 犬、猫用含有本品的消毒药洗浴，误食或误饮含有本品的食物。

[症状] 本品对犬、猫皮肤黏膜具有刺激性，吸收后可引发皮炎、结膜炎；经消化道吸收后体内代谢缓慢，有蓄积作用，并可影响消化酶活性，引发消化功能紊乱和营养代谢障碍；高浓度硼酸盐随尿排出时可损害肾脏和尿路。发病犬、猫可见可视黏膜发绀、皮炎、眼炎、呕吐、腹泻、便中混有血液或黏液，气喘，肌无力、震颤、步态蹒跚、共济失调；久病犬、猫可见抽搐、肾区压痛，蛋白尿、血尿。

[诊断]

（1）根据犬、猫有接触硼酸及其盐类产品的病史、特有症状、尿检结果等可初步诊断为本病。

（2）尿液检查　可见蛋白尿、血尿、尿沉渣中有脱落肾尿路上皮细胞、红细胞、白细胞、硼酸盐结晶等。

（3）毒物检验　取呕吐物、胃内容物、剩余食物、尿液为检材。按姜黄试纸法和焰色反应法定性检出硼酸盐，按中和法定量检出硼酸盐百分含量，即可确诊为本病。

应与多聚乙醛、砷、铅、垃圾等中毒及非特异性肠炎相鉴别。

[治疗] 本病无特效解毒药。可用生理盐水反复冲洗眼睛；用大量温肥皂水冲洗染毒皮肤；用活性炭洗胃后投服盐类泻剂导泻；静脉注射 5% 葡萄糖液，并加大量维生素 C；酌情给予呋喃妥因或乌洛托品、强心剂、平喘剂；为防止感染，可给予抗生素或喹诺酮类药；为调整胃肠功能，可给予多酶素片、复合 B 族维生素；为缓解体内酸中毒，可在饮水中加少许碳酸氢化钠粉，任犬、猫自由饮服。重症珍贵犬、猫可用腹膜透析疗法。

18.5.13　除藻剂中毒

除藻剂（Algaecide）可用于灭水塔、游泳池、花园池塘、空闲鱼池、浴盆、饮水器中滋生的藻类。近年来，国内大都市、沿海和南方水系纵贯地区已引进国外除藻剂和国产除藻剂，用于水塔、楼顶水箱、公共泳池墙体、公园河塘、家用饮浴设备中藻类的清除。

[病因] 除藻剂中含有三嗪、二氧萘醌、敌草快、灭草隆等有毒物质，均可抑制动物体内硫醇酶活性和中枢神经系统功能。常因除藻剂使用浓度和用法不当，犬、猫误饮、舔食、泳嬉

而引发中毒或死亡。二氧萘醌和灭草隆的小鼠口服半数致死量约为每千克体重 1.5g。

[症状] 健康犬中毒后可见皮炎、沉郁、胃肠炎等症；重症犬可见黄疸、气喘、共济失调、反射降低、知觉减退、白蛋白尿、血红蛋白尿、血尿，终因心力衰竭、呼吸中枢麻痹而死。

[诊断] 根据犬有接触除藻剂的病史和临床症状，即可诊断本病。

[治疗] 以阻止毒物进一步吸收及对症治疗为原则。

（1）用大量清水冲洗皮肤，用生理盐水冲洗眼囊、口腔和鼻，催吐、洗胃、导泻。

（2）视病情给予强心剂、保肝剂、利尿剂、抗菌消炎剂以及补液等。

（3）中西医结合治疗　甘草、绿豆、防风、金银花，水煎服，有助于动物排泄毒物，口服生脉饮以增强体力。

18.5.14　清洁洗涤剂中毒

清洁洗涤剂（Cleaning detergent）即去污剂，主要含烃基、苯酚类物质，用以清洁各种日常用具、周围环境、机体表面、医疗器械污渍的化学物质，常以粉剂、液剂或块状（肥皂）形式出现在市场。

[病因] 应用高浓度清洁洗涤剂长时间洗浴犬、猫或因误饮，经皮吸收，误入眼内而发生中毒。市售清洁洗涤剂可分为阴离子型、阳离子型、非离子型、碱类或聚磷酸盐等四大类产品。通常不易引发中毒，犬、猫使用不当时可偶发中毒。

（1）阴离子型清洁洗涤剂中毒　本类洗涤剂包括肥皂、洗衣粉、香波、餐具和果菜清洗剂等，是以烷基苯磺酸钠或烷基葡萄苷、葡萄酰胺、天然脂肪醇为表面活性剂合成的洗涤剂。但本类洗涤剂毒性极微，通常不易中毒。

（2）阳离子型清洁洗涤剂中毒　本类洗涤剂包括二合一洗发液、头发柔顺剂、润发剂、新洁尔灭等。多为烃基或芳香基季铵盐，主要含有甲苄素氯铵、烷基二甲苄基氯化铵、氯化苄乙铵、西波林等。本类洗涤剂为组织软化剂和抗静电剂，毒性较阴离子型和非离子型洗涤剂大。摄入高浓度本类洗涤剂可腐蚀消化道，引发胃肠穿孔。过量摄入可损害机体中枢神经系统。

（3）非离子型清洁洗涤剂中毒　本类洗涤剂主要包括低泡沫洗衣剂和洗盘剂。其表面活性剂的主要成分为聚氧乙烯脂肪酸、聚氧乙烯失水山梨醇脂肪酸、聚乙烯丙烯化合物、多醚硫酸盐、苯酚衍生物等。

（4）碱类或聚磷酸盐清洁洗涤剂中毒　本类洗涤剂包括油污清洁剂、硬表面清洗剂、机械洗涤剂等。其主要成分为强碱和聚磷酸盐（水软化剂）。

[症状] 犬、猫皮肤潮红，发痒，疼痛，偶见丘疹、水疱、皮炎；出现结膜炎、角膜炎、口腔炎、咽喉炎，流涎、呼吸困难、恶心、呕吐、腹痛、腹泻，多见胃肠扩张；重症犬、猫可见抽搐、共济失调、精神极度沉郁、虚脱，低钙血症；少数犬可引发哮喘，多数犬、猫因呼吸麻痹而死。

[诊断] 犬、猫有接触清洁洗涤剂的病史和特征性临床症状即可确诊。应与酚类化合物中毒、腐蚀剂引起的中毒、涂料稀释剂引起的中毒、松节油引起的中毒相鉴别。

[治疗] 以阻止毒物进一步吸收及对症治疗为原则。

（1）将发病犬、猫移至温暖通风处，无需催吐洗胃，先投服牛乳或米汤稀释胃内容物，后投服藕粉或替普瑞酮，犬 25mg/次，每日 2～3 次；或达喜片，每次 1 片，每日 2 次。

（2）用生理盐水反复洗眼，用大量清水冲洗皮肤和被毛，用 1%醋酸液冲洗损伤皮肤，以清除沾污眼和体表的本类洗涤剂。

（3）误食强碱的犬、猫严禁催吐、洗胃。应立即投服 1‰～5‰ 醋酸溶液或酸果汁，或稀盐酸或柠檬酸，再投服牛乳或生鸡蛋汁，或淀粉糊，以保护消化道黏膜。

（4）视病情变化，给予强心、补钙、止血、升压、利尿、镇静、补液等药物。

（5）支持疗法　即静脉注射葡萄糖加三磷酸腺苷和维生素 C。

（6）中西医结合治疗　常配合应用绿豆、甘草、大黄，水煎服；也可试用复方甘草酸铵注射或将其加入 5％ 葡萄糖注射液内缓慢静脉滴注。

第十九章
犬猫损伤和外科感染

外科感染是动物有机体对致病微生物侵入并在其中生长繁殖所造成损伤的一种反应性病理过程。它是炎症的一个类型。外科感染与其他感染的不同点有：①主要是由外伤所引起；②外科感染均有明显的局部症状且常呈急性经过；③常由 2 种以上致病菌引起的混合感染；④损伤的组织或器官常发生化脓和坏死过程，治愈后局部常形成瘢痕。

19.1 创伤和挫伤

损伤（Injure）是由各种不同外界因素作用于机体，引起机体组织器官在解剖上的破坏或生理上的紊乱，并伴有不同程度的局部或全身反应。按损伤组织和器官的性质分为软组织损伤和硬组织损伤。根据皮肤及黏膜的完整性是否受到破坏，又将软组织损伤分为开放性损伤和非开放性损伤。导致损伤的病因包括机械性、物理性、化学性和生物性因素。

19.1.1 创伤

创伤（Trauma）是因锐性外力或强烈的钝性外力作用于机体组织或器官，使受伤部的皮肤或黏膜出现伤口及深在组织与外界相通的开放性损伤。

[分类]

（1）按伤后经过的时间分类

① 新鲜创：伤后的时间较短（12～24h 以内），创内尚有血液流出或存有血凝块，且创内各部组织的轮廓仍能识别，有的虽被严重污染，但未出现创伤感染症状。

② 陈旧创：伤后经过时间较长（24h 以上），创内各组织的轮廓不易识别，出现明显的创伤感染症状，有的排出脓汁或出现肉芽组织。

（2）按创伤有无感染分类

① 无菌创：通常是在无菌条件下所做的手术创。

② 污染创：创伤被细菌和异物污染，但进入创内的细菌仅与损伤组织发生机械性接触，并未侵入组织深部大量繁殖，也未呈现致病作用。

③ 感染创：进入创内的致病菌大量繁殖，对机体呈现致病作用，使伤部组织出现明显的感染症状或有脓汁流出，甚至引起机体的全身性反应。

（3）按致伤物的性状分类　不同的物体可导致组织器官发生不同种类的创伤。例如：

① 刺创：由尖锐细长物体（针、钢丝、铁钉等）刺入组织内发生的创伤，创口小，创道狭而长，常伴有深部组织的损伤，并发内出血或形成组织内血肿。刺入物有时折断，作为异物残留于创道内，再加上致伤物带入创道内污物，极易感染化脓或引起厌氧性感染，如破伤风等。发生于体腔部的刺创，易发生透创，如气胸等。

② 切创：由锐利的物体切割组织发生的创伤，创缘整齐，出血多。

③ 挫创：由强烈钝性外力的作用（如打击、冲撞、蹴踢等）所致的创伤。创口形不整，

挫灭破碎的组织多，出血量少，极易感染化脓。

④ 咬创：由动物牙咬所致的创伤，多见于犬。被咬部呈管状创，或组织被撕裂、缺损。创内有异物，污染严重，易继发化脓性感染、厌氧性感染或蜂窝织炎。

[临床症状] 皮肤或黏膜的创口裂开，显露皮下或黏膜下的深层组织。新鲜创常有血液流出或创内有血凝块，创围的被毛被血液和渗出物沾污；触诊局部，病畜疼痛敏感。陈旧创或化脓创的创面有脓汁附着，创口有渗出物和脓汁流出，脓汁多呈黄白色或灰白色，链球菌感染可呈淡红色，绿脓杆菌感染可呈黄绿色或灰绿色。

时间长的化脓创，其创面长出肉芽组织，被称为肉芽创。健康的肉芽组织呈红色，表面呈颗粒状、较坚实平整，并有一层黄白色脓汁附着；轻轻按压不易出血。长期受到刺激的肉芽创不易愈合，可成为经久不愈的溃疡灶。

严重的创伤，可因疼痛、大出血、器官功能障碍、大量毒素或致病菌进入血液而出现相应的全身症状。

[治疗]

（1）一般治疗原则　对严重损伤或出现毒素中毒症状的化脓创，先抗休克，待休克好转后再行清创术，但对大出血、胸壁透创或肠脱出的病例，则在积极进行手术治疗的同时实施抗休克治疗。对一般性创伤，在积极进行局部治疗的同时兼顾全身疗法，如使用抗生素预防化脓性感染、纠正水与电解质失衡等。其次，应消除影响创伤愈合的因素和加强饲养管理。

（2）创伤的局部治疗方法　在创伤局部诊疗过程中，不管是清洁创还是化脓创、肉芽创，都要始终实行无菌操作，处理过程中不对创伤组织造成损害，不遗留坏死组织、异物、创囊等，以促进创伤的愈合。

① 清洁创围：先用数层灭菌纱布块覆盖创面，防止异物落入创内。然后，用剪毛剪将创围被毛剪去，剪毛面积以距创缘周围10cm以上为宜。创围被毛若被血液或分泌物黏着，可用3％过氧化氢和10％苏打水将其洗去，再用70％酒精棉球反复擦拭紧靠创缘的皮肤，直至清洁干净为止。离创缘较远的皮肤用消毒液洗刷干净，但应防止洗刷液落入创内。创围的皮肤，用2％碘酊或7.5％碘伏以5min的间隔涂擦两次。

② 创面清洗法：揭去覆盖创面的纱布块，用生理盐水冲洗创面后，除去创面上的异物、血凝块或脓痂，然后，用生理盐水或防腐液（如0.05％新洁尔灭或洗必泰溶液、5％碘伏溶液等）反复清洗创伤，直至清洁为止。创腔较浅且无明显污物时，可用浸有药液的棉球轻轻清洗创面；创腔较深或存有污物时，可用洗创器吸取防腐液冲洗创腔，并随时除去附于创面的污物。对化脓创，反复用3％双氧水与0.1％高锰酸钾溶液交替清洗，以除去脓汁。清洗时应将冲洗管插至创底，自内向外冲洗创腔与创面，且应防止过度加压冲洗，以免损伤创内组织和扩大感染。最后，用灭菌纱布或棉球轻轻擦拭创面，以除去创内残存的液体和污物。

③ 清创术：用外科手术的方法将创内所有的失活组织切除，除去可见的异物、血凝块，消灭创囊、凹壁，扩大创口（或作辅助切口），保证排液通畅。

修整创缘与扩创：用外科剪除去破碎的创缘皮肤和皮下组织，形成平整的创缘以便于缝合。扩创时，沿创口的上角或下角切开组织，扩大创口，消灭创囊，充分暴露创底，除去内部异物和血凝块，以便于引流。对于创腔深、创底大和创道弯曲不便于从创口排液的创伤，可选择创底最低处且靠近体表的健康部位，做一至数个适当长度的辅助切口，以利于排液。

创伤部分切除术：除修整创缘和扩大创口外，还应分层切除创内所有破碎失活的组织，直至有鲜血流出。随时止血，随时除去异物和血凝块。对暴露的神经干和大血管应注意保护。清创后，用防腐液清洗创腔。

④ 创伤用药：创伤用药的目的在于防止创伤感染，加速炎性净化，促进肉芽组织和上皮的新生。药物的选择与应用取决于创伤的类型和愈合情况等。例如，新鲜创污染严重、外科处理不及时和因解剖特点不能施行彻底的外科处理时，早期应用广谱抗菌药，如喹诺酮类、头孢菌素类、磺胺类等；对发生感染的化脓创，应用抑菌活性强和促进炎性净化的药物，如魏氏流膏、广谱抗菌药流膏以及含有冰片、樟脑等活血化瘀类药膏；对肉芽创应使用刺激性小和促进肉芽组织与上皮生长的药物，如魏氏流膏、2％龙胆紫溶液等。

⑤ 创伤的缝合：根据创伤情况可分为初期缝合、延期缝合和肉芽创缝合。

初期缝合，是对受伤后数小时、经彻底外科处理的新鲜污染创施行的缝合。适合于初期缝合的条件是：创伤无严重污染，创缘及创壁完整，组织具有活力，创内无较大的出血和较大的血凝块，缝合时创缘不致因牵引而过分紧张，且不妨碍局部的血液循环等。临床实践中，对炎症反应轻、无感染风险的创伤，施行密闭缝合；对炎症反应明显的创伤，可做部分缝合，于创口下角留一排液口，便于创液的排出；若创伤感染风险大，应做延期缝合。

延期缝合，是对污染重、炎症反应明显、有发生感染风险的创伤施行的缝合。在清创后先用药物治疗3～5 d，确定病畜全身情况良好、无发热、创口分泌物很少、创面新鲜平整、创缘无肿胀与硬结、在张力不大的情况下可以对合创缘创壁时，即可进行缝合。

经缝合后创伤，如出现剧烈疼痛、肿胀显著、甚至体温升高时，说明已出现创伤感染，应及时部分或全部拆线，进行开放疗法，每天处理创伤。

肉芽创缝合，又称次期缝合，适合于肉芽创。创内无坏死组织，肉芽组织呈红色平整颗粒状，肉芽组织上被覆的少量脓汁内无厌氧菌；对肉芽创经适当的外科处理后，根据创伤的状况施行接近缝合或密闭缝合，以加速创伤愈合，减少疤痕形成。

⑥ 创伤引流法：当创腔深、创道长、创内有坏死组织或创底潴留渗出物等时，需要进行引流，使创内炎性渗出物流出创外。引流疗法以纱布条引流最为常用，多用于深在化脓感染创的炎性净化阶段。引流用的纱布条，根据创腔的大小和创道的长短，可做成不同的宽度和长度。导入创内的纱布条应舒展开，若形成圆球状则不起引流作用。纱布条浸以药液（如广谱抗菌药溶液、硫酸钠高渗溶液、魏氏流膏等），用镊子夹住两端，将一端疏松地导入创底，另一端游离于创口下角。引流物也是创伤内的异物，长时间使用能刺激组织细胞，妨碍创伤的愈合。因此，当炎性渗出物很少时，应停止使用引流物。

临床上除用纱布条作为引流物外，也常用胶管、塑料管做被动引流。

换引流物的时间，取决于炎性渗出的数量、病畜的全身反应和引流物是否起引流作用。当创伤炎性肿胀和炎性渗出物增加，体温升高、脉搏增数时常是引流受阻的标志，应及时取出引流物作创内检查，并换引流物。对于炎性渗出物排出通畅的创伤、已形成肉芽组织坚强防卫面的创伤、创内存有大血管和神经干的创伤以及关节囊和腱鞘的透创等，均不宜使用引流物。

⑦ 创伤的包扎：一般情况下，经外科处理后的新鲜创都要包扎；当创内有大量脓汁、厌氧性及腐败性感染以及炎性净化后出现良好肉芽组织的创伤，应疏松包扎或不包扎；每天处理创伤。创伤包扎不仅可保护创伤免于继发损伤和再次污染，且能保持创伤安静、湿润和温暖，有利于创伤愈合。创伤绷带包括3层，即从内向外由吸收层（灭菌纱布）、接受层（灭菌脱脂棉）和固定层（卷轴带、胶绷带等）组成。对创伤作外科处理用药后，根据创伤的解剖部位和创伤的大小，选择适当大小的创伤绷带做包扎。

创伤绷带每1～2d更换1次。当绷带已被浸湿、不能吸收炎性渗出物时，或脓汁流出受阻时，或需要处置创伤时，应及时更换绷带。每次更换绷带时均要处理创伤。

（3）全身性疗法　当受伤病畜出现体温升高、食欲减退、血液白细胞增数等全身症状时，则应施行全身性治疗，包括输液、输血或输血浆，应用抗生素、保肝剂、利尿剂和强心剂，调整酸碱平衡紊乱等。污染严重、创腔深或创道长的创伤，注射破伤风抗毒素。

（4）加强饲养管理　增加营养和保证饲料营养成分齐全，对促进创伤愈合有明显作用。例如，维生素 A 缺乏时，上皮细胞的再生迟缓；维生素 B 族缺乏时，神经纤维的再生障碍；维生素 C 缺乏时，细胞间质和胶原纤维的形成障碍，毛细血管的脆性增加；维生素 K 缺乏时，凝血酶原的活性降低，使血液凝固缓慢。

19.1.2　挫伤

挫伤（Contusion）是机体在钝性外力直接作用下引起组织的非开放性损伤，如棍棒打击、车辆冲撞、车辗砸压、自高处坠落于硬地面等都易发生挫伤。其受伤的组织可能是皮肤、皮下组织、筋膜、肌肉、肌腱、腱鞘、骨膜、关节、胸腹腔的内脏器官等。

［症状］局部被毛杂乱，皮肤瘀血变色，皮肤、皮下深层组织炎性水肿，呈坚实感，有弹性。有的皮肤表面有血液和组织液溢出。疼痛明显，触诊非常敏感。深部组织可发生炎症、变性或坏死。依据受伤部位和损伤深度，出现不同的机能障碍。例如，关节、肌肉的损伤，出现运动障碍；脊柱部损伤，可出现运动障碍或瘫痪；头部损伤，可出现意识障碍等。

［治疗］治疗原则：制止溢血和渗出，促进炎性产物的吸收，镇痛消炎，预防感染，促进组织修复。

（1）受到强大外力的挫伤，要注意全身状态的变化，及时处理深部组织或内脏的损伤。

（2）冷疗和热疗　初期实施冷疗，减轻急性炎症，缓解疼痛。热痛肿胀特别重时给予冰袋冷敷。2d 后可改用温热疗法、中波与超短波疗法、红外线疗法等，以促进机能恢复。

（3）刺激疗法　急性炎症的初期，可敷用复方醋酸铅散；3d 后可用 3% 樟脑或冰片酒精、或 5% 鱼石脂软膏、活血化瘀类中药膏（如红花油、跌打膏）等，促进血液循环和炎性产物吸收。

（4）预防或治疗感染　对大面积的严重挫伤，可用抗生素预防感染。对皮肤感染或坏死的病例，应用抗生素并做局部清创处理。

19.1.3　血肿

血肿（Hematoma）是由于各种外力作用于组织并导致血管破裂，溢出的血液分离周围组织形成充满血液的腔洞。常见于软组织的非开放性损伤，但骨折、刺创、火器创也可形成血肿。肿胀见于皮下、筋膜下、肌间、骨膜下和浆膜下等。犬、猫的耳郭易发生血肿。

血肿形成的速度较快，其大小取决于受伤血管的种类、粗细和周围组织的性状，一般均呈局限性肿胀，且能自然止血。较大的动脉破裂时，血液沿筋膜下或肌间浸润，形成弥漫性血肿。较小的血肿，由于血液凝固而缩小，其血清部分被组织吸收，凝血块在蛋白分解酶的作用下软化、溶解和被组织逐渐吸收。未能吸收的部分，由于周围肉芽组织的新生，使血肿腔结缔组织化。

［症状］受伤后皮肤无创口，局部肿胀迅速增大，呈明显的波动感或饱满有弹性。穿刺时，可排出血液，但为血凝块时无血液排出。4~5d 后肿胀周围坚实，并有捻发音，中央部有波动。时间长的或大的血肿，有时可见体温升高等全身症状。继发细菌感染的，可形成脓肿。

［治疗］治疗的重点是制止溢血或出血、防止感染和排出积血。初期，装压迫绷带，全身注射止血药。经 4~5d 后，可穿刺或切开血肿，排出积血或凝血块及挫灭组织，如发现继续出血，可行结扎止血，清理创腔后依据情况进行缝合或施行开放疗法。

19.1.4　淋巴外渗

淋巴外渗（Lympho-extravasation）是指在钝性外力作用下导致淋巴管断裂，淋巴液积聚于组织内的一种非开放性损伤。常见于颌下、颈部、肩前、腹背部或股内侧等部位。

[症状]　在临床上，受伤后淋巴外渗发生缓慢，一般于伤后3～4d出现明显肿胀并逐渐增大，有明显的界限和波动感，皮肤不紧张，炎症反应轻微。穿刺液为橙黄色稍透明的液体（状似血清），或其内混有少量血液。时间较久的，析出纤维素块，囊壁有结缔组织增生，触诊呈坚实感。

[治疗]　首先使患部安静，有利于淋巴管断端闭塞。较小的淋巴外渗不必切开，于波动明显部位用注射器抽出淋巴液，然后注入95%酒精或酒精福尔马林液（95%酒精100mL，福尔马林1mL），停留片刻后再将其抽出，以期淋巴液凝固堵塞淋巴管断端。应用一次无效时，可行第二次注入。

较大的淋巴外渗，可行局部切开，排出淋巴液及纤维素，用酒精福尔马林液冲洗，并将浸有上述药液的纱布填塞于腔内，作假缝合。待几小时后，淋巴管完全闭塞，可按新鲜创治疗。

长时间冷敷能使皮肤发生坏死；温热、刺激剂和按摩疗法可促进淋巴液流出和破坏已形成的淋巴栓塞，临床上都不宜应用。

19.2　物理化学损伤

19.2.1　烧伤

烧伤（Burn）是由于高温（火焰、热液、干热、热蒸气等）作用于组织且热量超过组织细胞所能耐受的能力，使细胞内蛋白质发生变性而引起的热损伤（由热液所引起的烧伤，又称为烫伤）。70℃作用1s、或50℃作用3min、或42℃作用6h可引起皮肤全层的坏死。

温度高于58℃可发生液化坏死，高于65℃则发生凝固性坏死。在液化的初期，组织结构看似正常，一段时间后，由于细胞酶的消化作用，核仁和细胞解体，坏死组织液化。凝固性坏死时，由于热损伤使细胞内的蛋白质凝固，细胞内蛋白质（包括酶类）失去功能。

[分类与症状]　临床上，依据烧伤的深度（局部组织被损伤的深度）可将烧伤分为三种：

（1）Ⅰ度烧伤　皮肤表皮层被损伤。伤部被毛烧焦，留有短毛，动脉性充血，毛细血管扩张，有轻微的局限性热、肿、痛，呈浆液性炎症变化。全身反应轻微或无全身症状。一般7d左右可自行愈合，不留疤痕。

（2）Ⅱ度烧伤　皮肤表皮层及真皮层的一部分（即浅Ⅱ度烧伤）或大部分（即深Ⅱ度烧伤）被烧伤。伤部被毛烧光或被毛烧焦，留有短毛，拔毛时能连表皮一起拔下（浅Ⅱ度烧伤）或只有被毛易拔掉（深Ⅱ度烧伤）。伤部大量血浆外渗，积聚在表皮与真皮之间，呈明显的疼痛性水肿并向下沉积。浅Ⅱ度者，一般经2～3周愈合，不留疤痕。深Ⅱ度者，痂皮脱落后，伤面残留有散在的未烧坏的皮岛，通过它们的生长，经3～5周创面可愈合，常遗留轻度的疤痕。深Ⅱ度伤面，常因继发感染而变成Ⅲ度伤面。

（3）Ⅲ度烧伤　是皮肤全层或深层组织（筋膜、肌肉和骨）被烧伤。组织蛋白凝固，血管栓塞，形成焦痂，呈深褐色干性坏死。伤面温度下降，疼痛反应不明显或缺失。1～2周后，坏死组织开始溃烂、脱落，露出红色的创面，易感染化脓。愈合后遗留疤痕。

临床上，依据烧伤深度和面积来判断烧伤程度。轻度烧伤，Ⅰ度和Ⅱ度烧伤面积在10%以内，Ⅲ度烧伤面积在2%以内；中度烧伤，Ⅰ度和Ⅱ度烧伤面积在11%～20%，Ⅲ度烧伤面积在4%以内；重度烧伤，Ⅰ度和Ⅱ度烧伤面积在21%～50%，Ⅲ度烧伤面积在6%以内。

[治疗] 对火燃烧伤，首先要离开火场，使其安静，防止乱跑和啃咬，迅速灭火。应用镇静镇痛药，如氯丙嗪、氯胺酮、舒泰、布托啡诺、曲马多、芬太尼等。

中度以上的烧伤易发生休克。伤后易发生疼痛性休克；因大量血浆渗出导致血容量减少，易发生低血容量性休克；伤后14d左右，吸收大量组织分解产物，特别是在发生细菌感染的情况下机体吸收大量毒素，易发生中毒性休克或败血症，需要积极防治。补充血容量（输注电解质溶液、右旋糖酐或血浆代用品等）、强心（如应用匹莫苯丹或地高辛等）和纠正电解质与酸碱平衡紊乱。

初期，应用非甾体类抗炎止痛药，如美洛昔康、替泊沙林或布洛芬等，同时应用雷尼替丁或奥美拉唑等药物。Ⅱ度以上的烧伤，应用广谱抗菌药，如恩诺沙星、阿莫西林或头孢噻呋等。

局部治疗：首先剪除烧伤周围的被毛，用温水洗去沾污的泥土，再用0.05%洗必泰或新洁尔灭溶液或5%碘伏溶液洗涤伤部和周围皮肤。眼部宜用2%～3%硼酸溶液冲洗。Ⅰ度烧伤伤面经清洗后，不必用药，保持干燥，即可自行痊愈。Ⅱ度烧伤伤面可用5%高锰酸钾溶液连续涂布3～4次，使伤面形成痂皮，也可用5%鞣酸或3%龙胆紫溶液等涂布，然后应用紫草膏、烧伤膏八号、大黄地榆膏等油类药剂纱布覆盖伤面，隔1～2d换药一次，如无感染可持续应用，直至治愈。用药后，一般行开放疗法或疏松包扎。Ⅲ度烧伤的焦痂，可采用自然脱痂、油剂软化脱痂和手术切痂的方法治疗。焦痂除去后，用0.1%洗必泰或新洁尔灭溶液等清洗，干燥后涂布上述油膏；待肉芽长出后或除痂清创后实施移位皮瓣覆盖术或皮肤移植术。

19.2.2　化学性烧伤

化学性烧伤（Chemical born）又称为化学性损伤，是由于具有烧灼作用的化学物质（如强酸、强碱和磷等）直接作用于机体组织而发生的损伤。

[症状]

（1）酸类烧伤　常由硫酸、硝酸和盐酸等引起。酸类引起蛋白凝固，形成厚痂，呈致密的干性坏死，常局限于皮肤层。硝酸烧伤，患部呈黄色；硫酸烧伤，呈黑色或棕褐色；盐酸或碳酸烧伤，呈白色或灰黄色。接触时间长的，可损伤至深部组织。

（2）碱类烧伤　常由生石灰、苛性钠或苛性钾引起。碱类对组织破坏力及渗透性强，能烧伤深部组织，除立即作用外还能皂化脂肪组织，吸出细胞内水分，溶解组织蛋白，形成碱性蛋白化合物。

（3）磷烧伤　磷有自燃能力，发出白色烟雾，有火柴燃烧味。在氧化时，形成五氧化二磷并释放出热能，对皮肤有腐蚀和烧灼作用。五氧化二磷吸收组织中的水分，形成磷酸酐，遇水形成磷酸，溶于水和脂肪中；大量磷吸收进入血液循环时，引起磷中毒。

[治疗] 酸类或碱类烧伤时，立即用大量清水冲洗，然后，用5%碳酸氢钠溶液或6%醋酸溶液冲洗中和。若被生石灰烧伤，在冲洗前必须清除伤部的干石灰，以免因冲洗产生热量而加重烧伤的程度。

磷烧伤后，患部沾染的磷微粒，在暗室或夜间发绿色荧光，可用镊子除去。也可用1%硫酸铜溶液涂于患部，磷即变为黑色的磷化铜，此时再用镊子仔细除去。局部冲洗后再用5%碳酸氢钠溶液湿敷，包扎1～2h，以中和磷酸。

最后，按前述"烧伤的治疗方法"处理病畜。

19.2.3 冻伤

冻伤（Frostbite）是低温作用下引起的组织损伤。冻伤的组织发生原发性冻融性损伤和继发性血液循环障碍。常见于耳、尾、阴囊和四肢末端。

[分类及症状] 根据损伤的范围、程度和临床表现，将冻伤分为三度。

（1）Ⅰ度冻伤　皮肤及皮下组织发生疼痛性水肿。症状轻微，数日后局部反应消失。

（2）Ⅱ度冻伤　皮肤和皮下组织呈弥漫性水肿，并扩延到周围组织，有时在患部出现水泡，水泡自溃后形成难愈合的溃疡。

（3）Ⅲ度冻伤　血液循环障碍引起不同深度的组织干性坏死。患部冷厥而缺乏感觉，皮肤先发生坏死，有的皮肤与皮下或达骨部的组织均发生坏死。常因静脉血栓形成、周围组织水肿以及继发感染而出现湿性坏疽。

[治疗] 消除寒冷作用，使冻伤组织复温，恢复组织内的血液和淋巴循环，并预防感染。对刚离开冻源的病畜，应做复温治疗。开始用 $18\sim20℃$ 的水进行温水浴，在 $25min$ 内不断向其中加热水，使水温逐渐达到 $38℃$。当冻伤的组织变软和组织血液循环开始恢复时，即达到复温效果。在不便于温水浴复温的部位，可用热敷复温，其水温为 $38\sim40℃$。复温后用 75% 酒精或 3% 樟脑酒精涂擦，最后用保暖绷带包扎。

对已脱离冻源较久的冻伤，可用低浓度温防腐液（如 0.5% 高锰酸钾溶液、0.05% 洗必泰或新洁尔灭溶液等）清洗患部，然后用 75% 酒精或 3% 樟脑酒精涂擦患部，最后用保暖绷带包扎。Ⅰ度冻伤，经过几天的治疗可逐渐自愈。Ⅱ度冻伤，为了减少血管内凝集与栓塞，改善微循环，可静脉内注射低分子右旋糖酐和肝素。可用 $3\%\sim5\%$ 龙胆紫溶液或 7.5% 碘伏溶液或 2% 碘酊涂擦露出的皮肤乳头层，用保暖绷带包扎或行开放疗法。Ⅲ度冻伤，对已发生湿性坏疽的，可行坏死组织切开术或切除术。面积较大的Ⅱ度以上冻伤，需早期应用抗菌药，防治细菌感染。

19.2.4 蜂蜇伤

蜂蜇伤（Bee stings）由蜜蜂、黄蜂、大黄蜂和土蜂等蜇伤引起。雌蜂的尾部有毒腺和蜇针。毒腺分泌的蜂毒含有蚁酸、乙酰胆碱、组织胺、5-羟色胺、透明质酸酶、磷酸酶 A 等。雌蜜蜂的毒刺上有逆钩，刺入体内后其部分残留于伤口内。黑尾蜂与金环胡蜂蜇伤时其毒刺有留在皮内的可能性。黄蜂，俗称马蜂，其毒刺不留于伤口内，但黄蜂较蜜蜂蜇伤严重。雄蜂的毒腺和蜇针对机体无明显损害作用。

蜜蜂的毒液呈酸性，可用碱性药物破坏毒素，如肥皂水、碳酸氢钠溶液（苏打水）等；黄蜂毒液呈碱性，剧毒，可用食醋、稀盐酸等酸性液体中和破坏。

[症状] 皮肤被刺伤后立即会有灼痒和刺痛感，动物表现不安，抓挠患部。局部红肿，发生风团或水疱，被蜇伤处的中央有一瘀点，数小时后自行消退，无全身症状。但如有多处被蜇伤，可产生大面积的水肿，有剧痛。如眼周围被蜇伤，眼睑高度浮肿。口唇被蜇，口腔可出现明显的肿胀或伴发全身性风团。严重者，除有局部症状外还出现不同程度的全身症状，如畏寒、发热、晕厥、呕吐、烦躁不安、抽搐、呼吸困难与肺水肿、心率增快与节律不齐、血压下降、虚脱、昏迷或休克，可于数小时内死亡或经数日后死去。有的可发生血红蛋白尿，出现急性肾功能衰竭；有的可发生哮喘或过敏性休克。

[治疗] 蜜蜂蜇伤，重症的不多，主要是创面处理（用弱碱性溶液如 3% 碳酸氢钠溶液、肥皂水、淡石灰水等外敷）与抗过敏（如西替利嗪、扑尔敏、异丙嗪等），并用针把毒刺挑出；

但多处蜇伤时仍要预防休克与器官衰竭。

黄蜂毒素剧毒，在做创面处理时可选用食醋、稀盐酸等酸性液体敷患处，或用酸性药品如维生素C、氨基酸等局部封闭，以减轻局部症状。只被蜂蜇伤几处，一般症状不明显，把毒刺挑出后应用抗过敏药和止痛药。若被多个黄蜂蜇伤，易出现重度溶血、肝肾损害至急性衰竭、过敏性休克，需抗过敏、抗休克、对抗溶血、血液净化治疗以及多器官功能衰竭的支持治疗。如果病畜在休克前期，抢救成功率较大，休克期越长，治疗器官功能衰竭越困难。

对多处蜇伤且严重肿胀的病例，可切开患部排毒、排液。

19.2.5 毒蛇咬伤

毒蛇咬伤（Venomous snake bites）后，毒蛇毒腺分泌的毒液经毒牙注入被咬动物体内，导致局部组织炎性肿胀、变性坏死以及呼吸困难、心力衰竭、昏迷或死亡等全身症状。蛇毒是复杂的蛋白质化合物，包括神经毒、血液毒以及神经毒与血液毒三种。神经毒主要干扰乙酰胆碱的合成与分泌，导致骨骼肌麻痹；血液毒主要是一些酶类，可直接损伤心脏，导致心肌坏死和心衰，并导致红细胞溶解、毛细血管扩张和渗透性增强，血压下降；酶消化破坏机体组织成分，导致多器官功能障碍。

[症状] 仅分泌神经毒的毒蛇（如金环蛇、银环蛇等）咬伤后，局部症状不明显，但眼镜蛇和眼镜王蛇分泌神经毒与血液毒，咬伤后出现局部组织肿胀、坏死和溃烂。神经毒导致的全身症状包括流涎、呕吐、牙关紧闭、吞咽困难、呼吸困难、四肢无力、肌肉震颤或痉挛等，严重的，出现瘫痪、心衰、呼吸肌麻痹或死亡。

分泌血液毒的毒蛇（如蝮蛇、竹叶青蛇、五步蛇等）咬伤后，局部红肿、热痛明显，逐渐出现组织的坏死与溃烂，并出现全身症状，如呕吐、腹泻、呼吸困难、心律不齐、皮肤与黏膜出血、少尿或无尿等，严重的，可发生休克、多器官衰竭和死亡。

[治疗] 被毒蛇咬伤后要镇静，尽可能减少活动，减少血液循环；及早进行处理，在第一时间紧急施救。尽早注射抗蛇毒血清以中和毒素，对同种毒蛇咬伤效果较好。

（1）血清治疗　抗蛇毒血清对毒蛇咬伤有一定的疗效，单价血清疗效可高达90%，但多价血清疗效仅为50%左右。目前已试用成功的血清有抗蝮蛇毒血清、抗眼镜蛇毒血清、抗五步蛇毒血清和抗银环蛇毒血清等。使用抗蛇毒血清之前应先作皮肤过敏试验，以防注射后发生过敏反应。

（2）早期结扎　被毒蛇咬伤后，即刻用止血带、柔软的绳子和布带等在伤口上方超过1个关节处做结扎，结扎松紧度以能阻断淋巴液和静脉血的回流但不妨碍动脉血流为宜。结扎后即可用清水、冷开水、肥皂水等冲洗伤口，以洗去周围黏附的毒液。每隔15～20min放松1～2min，以免肢体因缺血而坏死。在应用特效的蛇药30min后，可解除结扎。

（3）扩创排毒　常规消毒后，沿蛇牙痕纵向切开，深达皮下，或作十字形切口，如有蛇毒牙遗留应取出，同时以0.1%高锰酸钾溶液反复多次冲洗伤口，以破坏伤口处的蛇毒和促进局部排毒，减轻中毒。但对伤口流血不止且有全身出血现象的，不宜扩创，以免出血过多。局部切开后由近心端向远端挤压以排出毒液。

（4）封闭疗法　咬伤后及早用普鲁卡因地塞米松溶液在伤口周围与患肢肿胀上方3～5cm处做皮下深部环形封闭。

胰蛋白酶能直接破坏蛇毒，对多种毒蛇咬伤有效。方法是：先做肢体上端结扎和环形封闭。然后在0.5%普鲁卡因溶液5～20mL中加入胰蛋白酶2000～6000U，将其在牙痕中心及周围做注射，深达肌肉层，根据病情，12～24h后重复注射1次。咬伤4h以上者，已吸收至全身，用此方封闭无效。肌肉麻痹者，用新斯的明。病灶内可注射 0.5% 高锰酸钾溶液以氧化毒素。

(5) 中草药疗法　局部敷用和口服抗蛇毒中草药，有一定的疗效。局部外敷药，一类是引起发疱的草药，如生南星、野芋、鹅不食草等，引发局部充血、发疱，借以拔出毒素，对创口已溃烂者不宜使用；另一类是清热解毒的草药，如半边莲、马齿苋、八角莲、蒲公英等，适用于肿胀较重者。或用蛇药片捣烂水调后外敷。对已有水疱或血疱者，可切开引流，并用高锰酸钾溶液湿敷。口服的蛇药片，如南通蛇药片，伤后立即服用，每隔 6h 服 1 次，持续到中毒症状明显减轻为止。

19.3　损伤并发症

19.3.1　溃疡

皮肤或黏膜上久不愈合的病理性肉芽创称为溃疡（Ulcer）。溃疡与一般创口不同之处是愈合迟缓，上皮和瘢痕组织形成不良。溃疡是混杂由细胞分解物、细菌或脓样腐败性分泌物的坏死病灶，常有慢性感染。

[病因]

(1) 局部微循环障碍，如血液循环、淋巴循环和物质代谢的紊乱，微循环导致局部毛细血管血液、氧气交换受阻，使得局部组织缺血、缺氧，机体代谢废物堆积。如各种原因导致静脉的回流阻力增大，毛细血管扩张，毛细血管内皮细胞间隙增大，导致血红细胞和蛋白质外渗至皮内，形成渗出性血管周纤维蛋白屏障，从而阻碍末梢微循环障碍。

(2) 某些传染病、外科感染和炎症的刺激。细菌中以革兰氏阴性菌为主，感染后会影响创面局部的微环境，消耗局部组织的氧气、营养成分，分泌各种毒素及坏死因子，引起局部组织缺血、缺氧、坏死，对创面再新生肉芽组织形成了巨大的障碍。

(3) 由于中枢神经系统和外周神经的损伤或疾病所引起的神经营养紊乱，如烧伤。

(4) 维生素缺乏和内分泌的紊乱，伴有机体抵抗力降低和组织再生能力降低的机体衰竭、严重消瘦及糖尿病等。

(5) 异物、机械性损伤、分泌物及排泄物的刺激。

(6) 防腐消毒药的选择和使用不当。

(7) 急性和慢性中毒及某些肿瘤等。

溃疡与正常愈合过程伤口的主要不同点是创口的营养状态。如果局部神经营养紊乱和血液循环、物质代谢受到破坏，降低了局部组织的抵抗力和再生能力，此时任何创口都可变成溃疡，反之，如果对溃疡消除病因进行合理治疗，溃疡即可因迅速地生长出肉芽组织和上皮组织而治愈。

[治疗]　兽医临床常见的溃疡种类多种多样，可以发生在各种器官和组织，如皮肤溃疡、口腔溃疡、角膜溃疡、胃溃疡、十二指肠溃疡等。不同的溃疡发生机制各有不同，病因病理复杂。本节主要就一般皮肤溃疡治疗进行介绍。

(1) 单纯性溃疡　溃疡表面被覆蔷薇红色、颗粒均匀的健康肉芽。肉芽表面覆有少量黏稠、黄白色的脓性分泌物，干涸后则形成痂皮。溃疡周围皮肤及皮下组织肿胀，缺乏疼痛感。

溃疡周围的上皮形成比较缓慢，新形成的幼嫩上皮呈淡红色或淡紫色。上皮有时也在溃疡面的不同部位上增殖而形成上皮突起，然后与边缘上皮带汇合。与此同时，肉芽组织则逐渐成熟并形成瘢痕而治愈。当溃疡内的肉芽组织和上皮组织的再生能力恢复时，任何溃疡都能变成单纯性溃疡。

治疗的原则是保护肉芽，防止其损伤，促进其正常发育和上皮形成。因此，在处理溃疡面时必须细致，防止粗暴。禁止使用对细胞有强烈破坏作用的防腐剂。为了加速上皮的形成，可使用加 2%～4% 水杨酸的锌软膏、鱼肝油软膏等。

（2）炎症性溃疡　临床上较常见的溃疡类型，由于各种原因引起的创面长期受到机械性、理化性物质的刺激及生理性分泌物和排泄物的作用，以及脓汁和腐败性液体潴留的结果。溃疡呈明显的炎性浸润。肉芽组织呈鲜红色，有时因脂肪变性而呈微黄色。表面被覆大量脓性分泌物，周围肿胀，触诊疼痛。

治疗时应去除病因，局部禁止使用有刺激性的防腐剂。如有脓汁潴留时，应切开创囊排净脓汁。溃疡周围可用青霉素盐酸普鲁卡因溶液封闭。为了防止从溃疡面吸收毒素，亦可用浸有 20% 硫酸镁或硫酸钠溶液的纱布覆于创面。

（3）坏疽性溃疡　见于冻伤、湿性坏疽及不正确的烧烙之后。组织的进行性坏死和很快形成溃疡是坏疽性溃疡的特征。溃疡表面被覆软化污秽的组织分解物，并有腐败性液体浸润。常伴发明显的全身症状。

治疗采取全身治疗和局部治疗相结合。全身治疗的目的在于防止中毒和败血症的发生。局部治疗在于早期剪除坏死组织，促进肉芽生长。

（4）水肿性溃疡　常发生于心脏衰弱的患病动物及局部静脉血液循环被破坏的部位。肉芽苍白、脆弱，呈淡灰白色，且有明显的水肿。溃疡周围组织水肿，无上皮形成。

治疗主要应消除病因，局部可涂鱼肝油、植物油或包扎血液绷带、鱼肝油绷带等。禁止使用刺激性较强的防腐剂。应用强心剂调节心脏机能活动，并改善患病动物的饲养管理。

（5）蕈状溃疡　常发生于四肢末端有活动肌腱通过部位的创伤。其特征是局部出现高出皮肤表面、大小不同、凹凸不平的蕈状突起，其外形恰如散布的真菌，故称蕈状溃疡。肉芽常呈紫红色，被覆少量脓性分泌物且容易出血。上皮生长缓慢，周围组织呈炎性浸润。

治疗时，如赘生的蕈状肉芽组织超出皮肤表面很高，可剪除或切除，亦可充分搔刮后进行烧烙止血。亦可用硝酸银棒、苛性钾、苛性钠、20% 硝酸银溶液烧灼腐蚀。有人使用盐酸普鲁卡因溶液在溃疡周围封闭，配合紫外线局部照射取得了较好的治疗效果。近年来，有人使用 CO_2 激光聚焦烧灼和气化赘生的肉芽取得了较为满意的治疗效果。

（6）褥疮及褥疮性溃疡　褥疮是局部受到长时间的压迫后所引起的因血液循环障碍而发生的皮肤坏疽。常见于机体的突出部位。褥疮后坏死的皮肤即暴露在空气中，水分被蒸发，腐败细菌不易大量繁殖，最后变得干涸皱缩，呈棕黑色。坏死区与健康组织之间因炎性反应带而出现明显的界限。由于皮下组织的化脓性溶解遂沿褥疮的边缘出现肉芽组织。坏死的组织逐渐剥离，最后呈现褥疮性溃疡。表面被覆少量黏稠黄白色的脓汁。上皮组织和瘢痕的形成都很缓慢。

在发生疾病状态下的动物应尽量预防褥疮的发生。已形成褥疮时，可每日涂擦 3%～5% 龙胆紫酒精或 3% 煌绿溶液。夏天多晒太阳，应用紫外线和红外线照射可大大缩短治愈的时间。

（7）神经营养性溃疡　溃疡愈合非常缓慢，可拖延一年至数年。肉芽苍白或发绀，见不到颗粒。溃疡周围轻度肿胀，无疼痛的感觉，不见上皮形成。条件允许时可进行溃疡切除术，术后按新鲜手术创处理。亦可使用盐酸普鲁卡因周围封闭，配合使用组织疗法或自家血液疗法。

（8）胼胝性溃疡　不合理使用能引起肉芽组织和上皮组织坏死的药品、创伤引流以及患部

经常受到摩擦和活动而缺乏必要的安静，均能引起胼胝性溃疡的发生。其特征是肉芽组织血管微细、苍白、平滑、无颗粒，并过早地变为厚而致密的纤维性瘢痕组织。不见上皮组织的形成。条件许可时，切除胼胝，以后按新鲜手术创处理。亦可对溃疡面进行搔刮，涂松节油并配合使用组织疗法。

19.3.2　窦道和瘘管

窦道（Sinus）和瘘管（Fistula）都是狭窄不易愈合的病理管道，其表面被覆上皮或肉芽组织。其不同之处是前者可发生于机体的任何部位，借助于管道使深在组织（结缔组织、骨或肌肉组织等）的脓窦与体表相通，其管道一般呈盲管状。而后者可借助于管道使体腔与体表相通或使空腔器官互相交通，其管道是两边开口。临床进行窦道和瘘管的鉴别诊断时，主要是采用探查、局部造影及拍摄 X 线片等手段。

（1）窦道　窦道常为后天性的，见于臀部、鬐甲部、颈部、股部、胫部、肩胛前臂部和乳腺等。

[病因]　引起窦道的病因有异物和化脓坏死性炎症。常随致伤物体进入体内或手术时遗忘于创内，如砂石、木屑、金属丝、棉球或纱布等。发生感染后形成深部脓汁，不能顺利排出，大量脓汁潴留的脓窦或长期不正确使用引流等都容易形成窦道。

[症状]　从体表的窦道口不断地排出脓汁。当窦道口过小，位置又高，脓汁大量潴留于窦道底部时，常于自动或他动运动时，因肌肉的压迫而使脓汁的排出量增加。窦道口下方的被毛和皮肤上常附有干涸的脓痂。由于脓汁的长期浸渍而形成皮炎，被毛脱落。窦道内脓汁的性状和数量等因致病菌的种类和坏死组织的情况不同而异。

当深部存在脓窦且有较多的坏死组织，并处于急性炎症过程时，脓汁量大而较为稀薄，并常混有组织碎块和血液。病程拖长，窦道壁已形成瘢痕，且窦道深部坏死组织很少时，则脓汁少而黏稠。

窦道壁的构造、方向和长度因病程的长短和致病因素的不同而有差异。新发生的窦道，管壁肉芽组织未形成瘢痕，管口常有肉芽组织赘生。陈旧的窦道因肉芽组织瘢痕化而变得狭窄而平滑。窦道在急性炎症期，局部炎症症状明显。当化脓坏死过程严重，窦道深部有大量脓汁潴留时，可出现明显的全身症状。陈旧性窦道一般全身症状不明显。

[诊断]　除对窦道口的状态、排脓的特点及脓汁的性状进行细致检查外，还要对窦道的方向、深度、有无异物等进行探诊。探诊时，可用灭菌金属探针、硬质胶管，有时可用消毒过的手指进行。探诊时必须小心细致，如发现异物时，应进一步确定其存在部位、与周围组织的关系以及异物的性质、大小和形状等。探诊时必须确实保定，防止患病动物骚动。要严防感染的扩散和人为的窦道发生。必要时亦可进行 X 线诊断。

[治疗]　窦道治疗主要消除病因和病理性管壁，通畅引流有利于愈合。

① 对疖、脓肿、蜂窝织炎自溃或切开后形成的窦道，可灌注 10% 碘仿醚、3% 过氧化氢溶液以减少脓汁的分泌和促进组织再生。

② 当窦道内有异物时，可刮开窦道引流或手术切除。

③ 当窦道口过小管道弯曲，可扩大窦道口，导入引流物以利于脓汁的排出。

④ 窦道管壁有不良肉芽或形成疤痕组织，用腐蚀剂腐蚀或用锐器刮净或手术切除。

⑤ 窦道内无异物或坏死组织块，脓汁较少且窦道壁肉芽生长良好时，可填塞铋碘蜡泥软膏（次硝酸铋 10g、碘仿 20mL、石蜡 20g，混匀制成软膏）。

（2）瘘管　先天性瘘是由于胚胎期间畸形发育的结果，如脐瘘、膀胱瘘及直肠-阴道瘘等。

此时瘘管壁上常被覆上皮组织。后天性瘘较为多见，是由于腺体器官及空腔器官的创伤或手术之后发生的。在动物常见的有胃瘘、肠瘘、食道瘘、颊瘘、腮腺瘘及乳腺瘘等。可分为以下两种：

① 排泄性瘘：其特征是经过瘘的管道向外排泄空腔器官的内容物（尿、饲料、食糜及粪等）。除创伤外，也见于食道切开、尿道切开、肠管切开等手术化脓感染之后。

② 分泌性瘘：其特征是经过瘘的管道分泌腺体器官的分泌物（唾液、乳汁等）。常见于腮腺部及乳房创伤之后。当动物采食或挤乳时，有大量唾液和乳汁呈滴状或线状从瘘管射出时，是腮腺瘘和乳腺瘘的特征。

[治疗]

① 对胃瘘、肠瘘、食道瘘等排泄性瘘管必须采用手术疗法。其要领是用纱布堵塞瘘管口，扩大切开创口，剥离粘连的周围组织，找出通向空腔器官的内口，除去填塞物后，检查内口状态，根据情况对内口进行修整手术，部分切除或全部切除，密闭缝合，手术中一定尽可能防止污染新创面，争取一期愈合。

② 对腮腺瘘等分泌瘘，可向管内灌注 20％碘酊或 10％硝酸银溶液等，或先向瘘内滴注甘油数滴，然后撒布高锰酸钾粉少许，用棉球轻轻按摩，用其烧灼作用以破坏瘘的管壁。一次不愈合者可重复应用。上述方法无效时，对腮腺瘘先向管内用注射器在高压下灌注融化的石蜡，后装着胶绷带。亦可以注入 5％～10％的甲醛溶液或 20％硝酸银溶液 15～20mL，数日后当腮腺已经发生坏死时，进行腮腺摘除术。

19.3.3 坏死与坏疽

坏死（Necrosis）是指生物体局部组织或细胞失去活性。坏疽（Gangrene）是指组织坏死后受到外界环境影响和不同程度的腐败菌感染而产生的形态学变化。

[病因]

（1）外伤　严重的组织挫灭、局部的动脉损伤等。

（2）持续性的压迫　如褥疮、绷带的压迫、嵌闭性疝等。

（3）物理化学性因素　见于烧伤、冻伤、腐蚀性药品及电击、放射线、超声波等引起的损伤。

（4）细菌及毒物性因素　多见于坏死杆菌感染、毒蛇咬伤等。

（5）其他因素　血管病变引起的栓塞、中毒及神经机能障碍等。

[症状]

（1）凝固性坏死　坏死部组织发生凝固、硬化，表面覆盖一层灰白至黄色的蛋白凝固物。见于肌肉的蜡样变性等。

（2）液化性坏死　坏死部肿胀、软化，随后发生溶解。多见于烧伤、化脓灶等。

（3）干性坏疽　多见于机械性局部压迫、药品腐蚀等。坏死组织初期表现苍白，水分渐渐失去后，颜色变成褐色至暗黑色，表面干裂，呈皮革样外观。

（4）湿性坏疽　多见于坏死部腐败菌的感染。初期局部组织脱毛、浮肿、暗紫色或黯黑色，表面湿润，覆盖有恶臭的分泌物。

[治疗]　首先要除去病因，局部进行剪毛、清洗、消毒，防止湿性坏疽进一步恶化。使用蛋白分解酶除去坏死组织，等待生出健康的肉芽。还可用硝酸银或烧烙阻止坏死恶化，或者用外科手术摘除坏死组织。对湿性坏疽应切除其患部，应用抗菌疗法。

19.4　休克

休克（Shock）不是一种独立的疾病，而是神经、内分泌、循环、代谢等发生严重障碍时在临床上表现出的症候群，是以循环血液量锐减、组织灌注不良和微循环障碍为特征的一种多器官损害综合征。在兽医外科临床上，休克多见于重剧的外伤和伴有神经丛或大神经干受到异常刺激、大出血、剧烈疼痛和严重感染等，病畜可发生低血容量性休克、疼痛性休克、中毒性休克、心源性休克等。

[症状]　在休克的初期，表现兴奋不安，脉搏和呼吸加快，皮温降低，黏膜发绀，无意识地排尿、排粪。随后，动物出现沉郁，饮食欲废绝，对痛觉、视觉、听觉的刺激反应微弱或无反应，脉搏弱，呼吸浅表、不规则，肌肉张力极度下降，黏膜苍白，四肢厥冷，瞳孔散大，血压下降，体温低，呆立不动，行走如醉，尿量减少或无尿，此时如不抢救，易发生死亡。微循环障碍，指压迫齿龈或舌边缘，血流充盈时间大于1s，这种办法只作为测定微循环的大致状态。

[治疗]

（1）消除病因　如止血、处理感染灶、增强心功能和抗过敏等。

（2）补充血容量　依据体液丢失情况选择补液类型，如全血、血浆、右旋糖酐、复方氯化钠溶液、生理盐水等。补充血容量的指标是血容量和体内电解质失衡得到改善，表现为病情好转，末梢皮温由冷变温，齿龈由紫色变为红色，口腔湿润而有光泽，血压恢复正常，中心静脉压降低，心率减慢，排尿量逐渐增多等。

（3）改善心功能　当输液体后病畜情况没有好转，应考虑心血管功能异常。例如，若中心静脉压高、血压低，为心功能不全，采用提高心肌收缩力的药物（如异丙肾上腺素、多巴胺、地高辛、匹莫苯丹、洋地黄等）；大剂量皮质类固醇，能促进心肌收缩，降低外周血管阻力，改善微循环的作用，且有防治中毒性休克的作用。

若中心静脉压高，血压正常，心率正常，常是容量血管（小静脉）过度收缩，用α受体阻断药，如氯丙嗪，可解除小动脉和小静脉的收缩，纠正微循环障碍，改善组织缺氧，适用于中毒性休克、出血性休克。使用血管扩张剂，要同时进行血容量的补充。

（4）调节代谢障碍　休克发展到一定阶段，常发生酸中毒。根据血气指标和电解质指标的变化，纠正代谢性酸中毒和电解质平衡紊乱。休克尚未解除的患畜，少尿或无尿，多数血钾偏高，不要盲目补钾；低血钾时，病畜肌无力、心动过速、肠管蠕动弛缓。

外伤病畜常有感染，需应用广谱抗生素。如果同时应用皮质激素，应加大抗生素用量。

19.5　全身化脓性感染——败血症

机体从败血病灶吸收致病菌及其活动和组织分解产物所引起的全身化脓性感染的病理过程称为败血症（Sepsis）。由于致病菌和毒素的作用使有机体神经系统、实质脏器和组织均发生一系列的机能障碍和形态方面的变化。

[病因]　金黄色葡萄球菌、溶血性链球菌、大肠杆菌、厌气性链球菌和坏死杆菌是引起败血症的主要致病菌。机体过劳、衰竭、维生素不足或缺乏症及某些慢性传染病均为易发败血症

的因素。败血症一般是开放性损伤、局部炎症过程及手术后的严重并发症。

[病理发生] 当体内有感染病灶时，即构成发生败血症的基础。但并非所有感染病灶者都发生败血症。这既决定于患病动物的防卫机能，又决定于致病菌的感染力。败血病灶内存有大量坏死组织和不良的血液供应是致病菌大量生长繁殖的有利条件。此时各种有毒物质和致病菌可随着血流及淋巴流入体内，因其量大毒力强，使心血管系统、神经系统、实质器官均发生一系列的机能障碍和营养失调。在败血症的发生上，机体的防卫机能具有重要的意义。但是当机体内存在的败血病灶成为致病菌和毒素的贮存和制造场所时，即使机体有良好的抗感染能力，也很难阻止败血症的发生。在败血症的发生上如致病菌的致病力占首要地位，则发生转移性败血症；如果是毒素的致病力占首要地位，则发生非转移性败血症。

[分类] 败血症的分类：根据引起败血症的原因，可分为创伤性、炎症性和术后败血症；根据临床症状和病理解剖学的特点，分为脓毒病（Sepsis）、败血病（Septicomia）和脓毒血病（Septicopyemia）；根据临床上有无化脓的转移，分为有转移的全身性化脓性感染和无转移的全身性化脓性感染。

[症状] 有转移的全身性化脓性感染：致病菌通过栓子或被感染的血栓进入血行后被带到各种不同器官和组织并在其中形成粟粒大到成人拳大的转移性脓肿。主要是由致病菌所引起，因此也称细菌型败血症，常见于犬。败血病灶有明显的感染症状。动物体温升高，呈弛张热或间歇热，患病动物每次体温升高都可能是和致病菌或毒素进入血行有关。当败血病灶有热源性物质不断地被机体吸收时，则出现稽留热。动物精神萎靡、食欲废绝、嗜饮水、常因身体虚弱而趴卧不起。当内脏发生转移性脓肿时，由被侵害脏器的功能不同而出现不同的临床症状。

无转移的全身性化脓性感染：主要致病因素是各种毒素（致病菌分泌的内外毒素、坏死组织分解的有毒产物等）。动物常趴卧，不愿站立或起立困难，运步时步态不稳。体温明显升高，可达 40℃ 以上，常呈短的间歇即出现高热稽留，在死前不久体温开始下降。患病动物食欲废绝，呼吸困难。结合膜黄染、有时有出血点，脉弱而快。有时出现中毒性腹泻和癫痫症状，尿量少、含蛋白。

[诊断] 一般并不困难。须与急性炎症过程时发生的中毒相区别。

[治疗] 必须早期采取局部及全身的综合性治疗。

（1）局部治疗　须从治疗败血病灶着手，以消除传染和中毒的来源。为此要消除创囊和脓窦，摘除异物，排净脓汁，除去创内所有的坏死组织。用刺激性较小的防腐消毒剂冲洗败血病灶，然后按化脓创处理，创围行普鲁卡因封闭。

（2）全身治疗　早期合理应用抗生素疗法、碳酸氢钠疗法、葡萄糖疗法、大量供水和补给维生素、进行补液或输血。加强患病动物的营养和护理。

（3）对症治疗　当心脏衰弱时，可应用苯甲酸钠咖啡因和其他强心剂；肾机能扰乱时，可应用乌洛托品；败血性腹泻时，静脉内注射氯化钙；为防治转移性肺脓肿，可静脉注射樟脑酒精糖溶液。

19.6 局部感染

19.6.1 概述

（1）外科感染的概念　外科感染是有机体与侵入体内的致病微生物相互作用所产生的局部和全身反应，或者说是有机体对致病微生物的侵入、生长和繁殖造成损害的一种反应性病理过程。

（2）外科感染的特点　绝大部分的外科感染由外伤引起，即致病菌通过皮肤或黏膜面的伤口侵入体内，在局部或通过血液循环带至其他组织或器官内引起感染，又称外源性感染。

常由多种病原菌引起的混合感染，主要是葡萄球菌、链球菌、大肠杆菌、绿脓杆菌等。如外科感染由一种病原菌所引起，则称为单一感染。

外科感染一般均有明显的局部症状，即红、肿、热、痛、机能障碍的炎性症状。

损伤的组织或器官常发生化脓和坏死过程。

外伤治疗后，局部常形成瘢痕组织，即留下伤疤。

（3）外科感染发生发展的基本因素　在外科感染的发生发展过程中，存在着两种相互制约的因素：有机体的防卫机能和促使外科感染发生发展的基本因素。

① 有机体的防卫机能：皮肤、黏膜及淋巴结的屏障作用，血管及血脑的屏障作用，体液中的杀菌因素，吞噬细胞的吞噬作用，炎症反应和肉芽组织，透明质酸。

② 促使外科感染发生发展的基本因素

a.致病微生物：致病菌是外科感染发生发展过程中的重要因素，主要取决于细菌的数量和毒力。

b.局部环境条件：皮肤黏膜破损有利于致病菌侵入，局部组织缺血缺氧、创内存在异物、坏死组织和淋巴液等有利于致病菌的生长繁殖。

（4）外科感染的病程演变

① 局限化、吸收或形成脓肿：当机体抵抗力占优势或通过合理的治疗，可使感染病灶局限化，即消散吸收或形成脓肿。

② 转为慢性感染：当机体抵抗力与致病菌的致病力处于相持状态，感染病灶局限化，转为溃疡、窦道或瘘管，长期不能愈合。

③ 感染扩散：当致病菌的致病力大于机体抵抗力的情况下，感染可迅速向四周扩散，并经淋巴或血液循环引起严重的全身感染。

（5）外科感染诊断

① 局部症状：红、肿、热、痛和机能障碍。因随感染病灶深浅不同并不都很典型。

② 全身症状：主要是体温升高，心跳、呼吸加快，精神沉郁，食欲减退或废绝等。感染更严重的可继发感染性休克，甚至发展为败血症。

③ 实验室检查：通常白细胞总数增加和核左移。但革兰氏阴性杆菌感染时，白细胞总数增加不明显，甚至有所减少。

④ 特殊检查：对组织深部的脓肿或体腔内脓肿，采用 X 射线、B 超或 CT 检查具有较好的诊断作用。怀疑全身感染时，做血液细菌培养有助于作出诊断。

（6）治疗措施

① 局部治疗：目的在于使化脓感染局限化，促使脓汁顺利排出，减少组织坏死和毒素吸收，减轻疼痛，改善血液循环，促进再生修复过程。

a.休息和患部制动：对患部包扎或固定，使患部保持安静，以防止感染扩散，减轻疼痛刺激，有助于恢复神经的营养调节功能。

b.外部用药：有抗菌消炎、改善循环、加速感染灶局限化、促进肉芽组织生长的作用。如对感染创使用 0.1％新洁尔灭溶液冲洗，对未成熟的小脓肿使用鱼石脂软膏涂擦，对肉芽创使用鱼肝油包扎。

c.物理疗法：有改善局部循环、增强组织抵抗力、促进炎症消散吸收或使感染灶局限化的作用。如患部热敷或湿热敷、红外线灯或周林频谱仪照射等。

d. 手术治疗：指手术排脓或切除感染病灶。对出现波动的化脓灶，采取手术切开脓肿，确保引流通畅，可迅速减轻局部和全身症状。对较小的局限化感染灶，可将其全部切除，使之转变为无菌手术创并取第一期愈合。

② 全身治疗：目的在于提高有机体的防卫机能，保护器官和组织不被致病菌、毒素及分解产物所毒害。

a. 抗菌药物：主要选用青霉素类、大环内酯类、头孢菌素类、氨基糖苷类和喹诺酮类。

b. 支持治疗：主要预防和纠正水、电解质平衡紊乱及酸碱平衡紊乱，补充葡萄糖以增强肝脏解毒机能和改善循环，补充大量维生素以提高机体抗病能力。

c. 对症疗法：根据患病动物的具体情况进行必要的对症疗法。

19.6.2 脓肿

任何组织或器官内形成外有脓肿膜包裹、内有脓汁蓄积的局限性脓腔，称为脓肿（Apostasis）。在生理的体腔内（胸膜腔、喉囊、关节腔、鼻窦、子宫）有脓汁贮留时称蓄脓，如胸膜腔蓄脓、子宫蓄脓、关节蓄脓等。

[病因] 引起本病的主要致病菌是葡萄球菌，其次是化脓性链球菌、大肠杆菌、绿脓杆菌和腐败杆菌。此外，刺激性强的化学药品，如硫喷妥钠、氯化钙、高渗盐水等误注或漏出静脉外而发生非细菌性化脓性炎症，也可造成脓肿。借助血液循环或淋巴循环使远离的化脓灶转移并在新的组织或器官内形成新的脓肿者称为转移性脓肿，常继发于蜂窝织炎及化脓性淋巴管炎。

[病理特征] 化脓感染初期，局部因血管扩张，血管壁的渗透性增高，白细胞特别是分叶核白细胞大量渗出到血管外，发生以分叶核白细胞为主的炎性细胞浸润。因局部受到强烈刺激，血液循环及新陈代谢均发生严重紊乱，患部组织细胞坏死，在酶的作用下，脓性组织溶解，并在病灶周围因炎症反应而形成脓肿膜，随着脓肿膜的形成，脓肿即成熟。

[分类] 按脓肿发生的部位，可分为浅在性脓肿及深在性脓肿 2 种。

[症状] 浅在性脓肿发生于皮肤、皮下结缔组织、筋膜下及表层肌肉组织中，经过急剧。初期，局部肿胀无明显界限且稍高出皮肤表面，触诊局部坚实，热痛明显。以后中心逐渐软化并出现波动，波动越来越明显，此时如不进行及时切开常会自溃排脓。

深在性脓肿发生在深层肌肉、肌间、骨膜下、腹膜下及内脏器官中。因其部位深，局部肿胀增温的症状不明显。但常可以见到局部皮肤及皮下组织的炎性水肿，触诊疼痛，常留有指压痕。较大的深在性脓肿有时自溃，发生弥漫性蜂窝织炎或败血症。内脏器官脓肿常是转移性脓肿或败血症的一个结果。根据脓肿发生器官功能的不同而出现不同的临床症状。无论是浅在性脓肿还是深在性脓肿，其腔内贮留的脓汁较多，如未及时切开排脓或脓肿自溃后脓汁外流，动物会出现体温升高、食欲不振等全身症状。如脓肿切开充分排脓，其体温可迅速恢复正常。

[诊断] 浅在性脓肿一般容易诊断，困难时可作穿刺诊断。对某些深在性脓肿，诊断困难，常须作穿刺确诊。确诊困难者，必要时亦可进行穿刺诊断。临床上应与血肿、血清肿、疝及某些挫伤等鉴别诊断。

浅在性脓肿局部症状明显，当出现波动后应用粗针头穿刺即可确诊。深在性脓肿的诊断有一定困难，可采用穿刺诊断或 B 超检查进行确诊。动物出现全身症状而常规治疗无效时，应当寻找病灶部位。

[治疗] 消炎、止痛及炎症产物的消散吸收：处于急性炎性细胞浸润初期的脓肿，局部可

涂消炎止痛软膏，如樟脑软膏、鱼石脂软膏、用醋调制的复方醋酸铅散等。亦可使用冷疗法。当炎性渗出停止后，局部可用温热疗法、超短波疗法、微波疗法、He-Ne 激光照射，促进其炎性产物消散吸收，同时应配合全身抗生素或磺胺类药物治疗。

如脓肿有波动，可行脓肿切开术，以排除脓汁、减轻压力，防止毒素扩散吸收。脓肿切开时，创口要有足够的长度并应在脓肿的最低部切开，以利于脓汁的顺利排出。脓肿腔用灭菌生理盐水或消毒溶液如 0.1％或 3％过氧化氢溶液充分冲洗后，安置引流管或纱布条进行引流。

对于有完整脓肿膜的小脓肿，特别是关节的小脓肿，可用较粗的针头抽净脓汁后，用生理盐水反复冲洗其脓腔，待抽出的生理盐水已清净后再注入青霉素溶液。对于表在性小的脓肿，可采用脓肿摘除术，但须注意勿切破脓肿膜而使新鲜手术创被脓汁污染。

19.6.3　蜂窝织炎

疏松结缔组织发生急性弥漫性化脓性炎症称为蜂窝织炎（Phlegmon），常发生于皮下、黏膜下、肌肉、气管及食道周围的蜂窝组织内，以浆液性、化脓性和腐败性渗出液并伴有明显的全身症状为特征。

[病因] 引起蜂窝织炎的致病菌主要是葡萄球菌和链球菌，也有少数与腐败菌混合感染。小动物一般是通过皮肤小创口，尤其是咬伤引起的原发性感染，也可继发于邻近组织或器官化脓性感染直接扩散或通过血循和淋巴循环的转移感染。局部误注或漏注刺激性药物（如硫喷妥钠、氯化钙等）和变质疫苗，也可引起蜂窝织炎。

[病理特征] 病初患部首先发生急性浆液性渗出，其渗出液透明，后逐渐变混浊而形成化脓性浸润，形成化脓灶，并向周围扩散成为蜂窝织炎性脓肿，但脓肿膜不完整，易破溃。

[分类] 蜂窝织炎的分类：按发生部位的深浅，可分为浅在性（皮下、黏膜下）和深在性（筋膜下、肌间、软骨周围及腹膜下）蜂窝织炎 2 种；按渗出液性质和组织病理学变化，可分为浆液性、化脓性、厌气性和腐败性蜂窝织炎；按发生的解剖部位，可分为关节周围蜂窝织炎、食道周围蜂窝织炎、直肠周围蜂窝织炎等。

[症状] 皮下和筋膜下蜂窝织炎常见于四肢。病初局部出现无明显界限的弥漫性渐进性肿胀。触诊热痛明显、皮肤紧张、无可动性，肿胀初呈捏粉状，有指压痕，后变坚实。病畜体温升高，食欲减退，精神沉郁。渗出液初为浆液性，后变为化脓性浸润。随着局部坏死组织的化脓性溶解，触诊柔软、有波动。经过良好者，化脓过程局限化，形成蜂窝织炎性脓肿，脓汁排出后动物局部和全身症状均减轻。严重者，感染可向周围蔓延而使病情加剧。

肌间蜂窝织炎：感染沿肌间和肌群间的大动脉及大神经干的径路蔓延。首先是患部出现炎性水肿，继而形成化脓性浸润和化脓灶。患部肌肉肿大、肥厚、坚实、界限不清，机能障碍明显。触诊局部紧张，主动或他动运动疼痛剧烈。动物体温升高，无力，食欲减退，精神沉郁。脓肿切开流出灰色血样脓汁。

静脉周围漏注强刺激剂时，局部很快出现弥漫性肿胀。皮肤紧张，无可动性，有明显的热痛反应，一般无全身症状。初期为浆液性渗出，如感染化脓则于注射后的 3～4d 出现化脓性浸润，继而成为化脓灶，破溃后流出微黄白色较稀薄的脓汁，可继发化脓性血栓性静脉炎。

如治疗不及时或延误治疗，可转为慢性过程。此时皮肤及皮下组织肥厚，弹力消失而成为慢性畸形性弥漫性肥厚，称此为"象皮病"。

[治疗]

（1）抑制炎症发展、促进炎症产物消散吸收　蜂窝织炎初期（24～48h），局部厚层涂布用醋调制的复方醋酸铅散；用 10％酒精鱼石脂溶液作患部冷敷；患部周围封闭普鲁卡因等。

病后 3～4d，当局部炎性渗出已基本平息，局部可使用药液温敷、He-Ne 激光照射、超短波及微波电疗法等。

（2）手术切开　冷敷后局部肿胀未见减轻并有继续发展的趋势，动物全身症状恶化，此时为了防止局部组织坏死，减轻组织内压，排出炎性渗出物，应立即进行手术切开。切口要有足够的长度和深度，创口止血后局部可填塞中性盐类高渗溶液（常用的是 10% 硫酸镁或硫酸钠溶液）浸湿的纱布，利用渗透压的不同，促进炎性渗出液的排出。此外，局部已形成蜂窝织炎性脓肿时，亦应及时切开，其创口按化脓创处理。

（3）"象皮病"的治疗　主要着眼点应放在早期改善局部血液循环和淋巴循环，促进炎症产物的消散吸收。为此，局部可用 CO_2 激光扩焦照射、中波透热、短波透热、超短波电场及微波电疗法等。

（4）全身治疗　早期应用抗生素疗法、磺胺疗法、碳酸氢钠疗法及输液疗法等。根据动物的全身症状，对症治疗。

19.6.4　厌氧性感染

［病因］厌氧性感染（Anaerobic infection）多由厌氧性致病菌感染所致，主要有产气荚膜梭菌、恶性水肿梭菌、溶组织梭菌和水肿梭菌，也常与化脓性细菌混合感染。

［症状］在伤后 1～3d 内发病。突然发生剧烈疼痛，体温升高，脉搏加快，脉弱。肿胀迅速蔓延，渗出物内含有气泡，出现捻发音。

（1）气性脓肿　脓肿内有红褐色脓样渗出物，并含有气体，叩诊呈鼓音。

（2）气性坏疽　肿胀迅速扩大，疼痛剧烈。创内有带泡沫的红色液体，具有恶臭味，受伤部皮下有捻发音。创面高度水肿。呈黄绿色，肌肉似煮肉样，后变为黑褐色。

（3）恶性水肿　创围大面积水肿，皮下出现捻发音，产气较多，创内流出红棕色液体，其中含有少量气体，有恶臭味。晚期出现严重毒血症、溶血性贫血和脱水。

［治疗］

（1）及时清创，清除创内异物和细菌　结合应用大量抗生素效果更好。防止对伤口过早缝合，避免人为地造成厌氧条件。

（2）药物疗法　洗创可用 3% 过氧化氢溶液、0.25%～1% 高锰酸钾溶液、氯胺溶液、高渗溶液等。引流用 0.1% 依沙吖啶溶液、3% 过氧化氢溶液。创内撒布碘仿磺胺粉（1:9）、抗生素粉或磺胺类药剂。

（3）全身疗法　大剂量应用青霉素和四环素多次输液。为防酸中毒，可选用 5% 碳酸氢钠溶液。强心时，用安钠咖、氧化樟脑（强尔心）等。

19.6.5　腐败性感染

［病因］腐败性感染（Putrid infection）多由变形杆菌、腐败梭菌等与化脓性细菌混合感染。

［症状］创围呈现炎性水肿，创内流出淡绿色或淡黄褐色、黏稠样、有恶臭味的物质，常产生气泡。创内肉芽组织呈蓝紫色，不平整、易出血。全身症状明显。

［治疗］及时扩创，清除异物和坏死组织。引流通畅，控制或消除创伤感染，行开放疗法。具体方法参照厌氧性感染的治疗。

19.6.6　疖及疖病

疖（Furuncle and furunculosis）是毛囊、皮脂腺及其周围皮肤和皮下蜂窝组织内发生的局部化脓性炎症过程。多数疖同时散在出现或者反复发生而经久不愈，称为疖病。

[**病因**] 疖与疖病的病因主要是皮肤不洁、局部摩擦损害皮肤、外寄生虫侵害等。

[**症状**] 疖出现时，局部有小而较硬的结节，逐渐成片出现，可能有小脓疱；此后，患病部周围出现肿、痛症状，触诊时动物敏感；局部化脓可以向周围或者深部组织蔓延，形成小脓肿，破溃后出现小溃疡面，痂皮出现后，逐渐形成小的瘢痕。一般情况下，全身症状不明显。只有当疖病失去控制时，才可能出现脓皮病、化脓性血栓性静脉炎，甚至败血症。主要的致病微生物是中间型葡萄球菌，表皮葡萄球菌、金黄色葡萄球菌、大肠杆菌等也是发生率较高的致病菌。在一定条件下，疖病也可以继发皮肤真菌的感染。

[**诊断**] 诊断的主要目的是确定致病菌的种类和得到药敏试验结果。

[**治疗**] 治疗方法是局部用药配合全身治疗。局部治疗时首先做局部清洁和消毒，然后每日涂擦高锰酸钾、鱼石脂软膏、敏感抗生素软膏、碘软膏等；如果局部化脓，则切开排脓，并用双氧水等处理患部。全身治疗可以根据药敏试验结果选择合适的抗生素，口服或者注射给药。也可用抗菌香波洗澡，每周 2 次。

19.6.7　痈

痈（carbuncle）是由致病菌（多为葡萄球菌和链球菌）同时侵入多个相邻的毛囊、皮脂腺或汗腺所引起的急性化脓性感染。实际上是疖和疖病的扩大。

（1）疖与痈的比较　疖与痈相比，前者发生于单个毛囊及其皮脂腺，后者发生于多个相邻的毛囊及其皮脂腺或汗腺；前者是皮肤表面温热而疼痛的小结节或小脓肿，后者是皮肤较大面积有剧烈疼痛的化脓性炎性浸润或破溃后形成的脓腔；前者一般无全身症状，后者常有体温升高等一系列全身症状。

（2）疖与痈的治疗　疖与痈的治疗方法基本相同：对局部炎症性结节涂擦鱼石脂软膏或2％碘酊，病灶周围行青霉素普鲁卡因封闭，脓肿成熟后手术切开，配合全身使用抗生素等。

第二十章

犬猫运动系统疾病

20.1 骨骼、肌肉、腱等疾病

20.1.1 骨折

骨折（Fracture）是指在外力作用下使骨的连续性和完整性发生完全中断，部分中断称为骨裂。骨折或骨裂是小动物临床最常见的骨骼疾病之一，以交通事故为主，也有发生于高处坠落等。临床上常以机能障碍、变形、出血、肿胀、疼痛为特征。

[病因]

（1）外伤性骨折　机动车交通事故是最常见的病因，据统计，在所有的骨折中，75%～80%是由车祸所致。另见于打击、坠落等。偶尔间接暴力通过骨骼或肌肉传导到远处发生骨折，如股骨颈骨折、胫骨结节撕脱、股骨髁骨折等。多见于奔跑、跳跃、急停、急转、失足踏空等。

（2）病理性骨折　动物发生骨质疾病时发生的骨折，如骨营养不良、骨髓炎、软骨病、佝偻病、骨肿瘤等疾病时在较小外力作用下易发生骨折。

[类型]

（1）根据骨折处皮肤、黏膜是否完整，分开放性骨折和闭合性骨折。

（2）根据骨折损伤程度，分全骨折和不全骨折。前者指骨全断裂，一般伴有明显的骨错位。骨折断离有多个骨片，称粉碎性骨折；后者指骨部分断裂，骨的完整性和连续性仅部分中断，称为骨裂。

（3）根据骨折部位，分骨干骨折、骨骺骨折、干骺骨折、髁骨折等。

（4）根据骨折病因，分外伤性骨折和病理性骨折。

[症状]

（1）骨折的特有症状

① 肢体变形：骨折两端因受伤时的外力、肌肉牵拉力和肢体重力的影响，造成骨折端移位，使受伤体部形状改变，如肢体成角、弯曲、旋转、延长或缩短等。

② 异常活动：四肢长骨全骨折后，其骨折点出现异常的屈曲、旋转等活动。

③ 骨摩擦音：骨折两断端互相触碰或移动时，可听到骨摩擦音或感到骨擦感。

（2）骨折的其他症状

① 出血与肿胀：骨折时骨膜、骨髓及周围软组织的血管破裂出血，经创口流出（开放性骨折）或在骨折部位发生血肿（闭合性骨折），以及软组织水肿，造成局部明显肿胀。

② 疼痛：骨折时骨膜、神经受损，动物不安或痛叫，局部触诊敏感、压痛及顽抗。

③ 机能障碍：骨折后由于构成肢体支架的骨骼断裂和疼痛，使肢体出现部分或全部功能障碍，如四肢骨折引起跛行，椎体骨折可引起瘫痪，颅骨骨折可引起意识障碍，颌骨骨折引起

咀嚼障碍等。

④ 全身症状：轻度骨折一般全身症状不明显。严重的骨折如伴有内出血或内脏损伤，可发生失血性休克，或休克的一系列症状。小动物闭合性骨折一般 2～3d 后，因组织破坏后分解产物和血肿分解产物的吸收，引起体温轻度升高。但如果发生开放性骨折继发感染，则可出现局部疼痛加剧、体温升高、食欲减退等症状。

[诊断] 根据病史调查和临床症状一般不难诊断，但确诊需进行 X 射线检查。X 射线检查不仅可确定骨折类型及程度，而且还能指导整复、监测愈合情况。

[急救] 骨折发生后应首先限制动物活动，维持呼吸畅通和血循环容量。对开放性骨折出现大出血时，应在骨折部上端用止血带，或创口填塞纱布，控制出血，防止休克。检查发现有威胁生命的组织器官损伤，如膈疝、胸壁透创、头或脊柱骨折等，应采取相应的抢救措施。包扎骨折部创口，减少污染，临时夹板固定，再送医院诊治。

[治疗]

（1）闭合性整复与外固定　骨骺骨折、肘、膝关节以下的骨折经手整复易复位者，可施加一定的外固定材料进行固定。闭合性整复应尽早实施，一般不晚于骨折 24h，以免血肿及水肿过大影响整复。整复前动物应全身麻醉或局部麻醉配合镇痛或镇静，确保肌肉松弛和减少疼痛。整复时，术者手持近侧骨折段，助手纵轴牵引远侧段，保持一定的对抗牵引力，使骨断端对合复位，有条件者，可在 X 射线透视监视下进行整复。整复完成后立即进行外固定。常用夹板、罗伯特·琼斯绷带、石膏绷带、金属支架等。固定部位剪毛、衬垫棉花。固定范围一般应包括骨折部上、下两个关节。

（2）开放性整复与固定　包括开放性骨折和某些复杂的闭合性骨折，如粉碎性骨折、嵌入骨折等。该方法能使骨断端达到解剖对位，促进愈合。根据骨折性质和不同骨折部位，常选用髓内针、骨螺钉、接骨板、金属丝等材料进行内固定。为加强固定，在内固定之后，配合外固定。新鲜开放性骨折或新鲜闭合性骨折作开放性处理时，应彻底清除创内凝血块、碎骨片。骨折断端缺损大，应作自体骨移植（多取自肱骨或髂骨结节网质骨或网质皮质骨），以填充缺陷，加速愈合。对陈旧开放性骨折，应按感染创处理，清除坏死组织和死骨片，安置外固定器或用石膏绷带固定，保留创口开放，便于术后清洗。

[术后护理]

（1）全身应用抗生素预防或控制感染。

（2）适当应用消炎止痛药，加强营养，饮食中补充维生素 A、维生素 D、鱼肝油及钙剂等。

（3）限制动物活动，保持内、外固定材料牢固固定。

（4）医嘱主人适当对患肢进行功能恢复锻炼，防止肌肉萎缩、关节僵硬及骨质疏松等。

（5）外固定时，术后及时观察，固定远端如有肿胀、变凉，应解除绷带，重新包扎固定。

（6）定期进行 X 射线检查，掌握骨折愈合情况，适时拆除内、外固定材料。

20.1.2　骨髓炎

骨髓炎（osteomyelitis）是骨组织（包括骨髓、皮质骨、骨膜）炎症的总称。按病情发展可分为急性和慢性两类。骨髓炎由细菌、真菌和病毒感染引起，临床上以细菌感染多见，常见病原有葡萄球菌、链球菌、大肠杆菌、巴氏杆菌、犬布鲁氏菌等。厌氧菌被认为是骨髓炎的主要病原，2/3 以上的细菌性骨炎均由它引起。但是最近的事实证明，一些犬类骨髓疾病可能是由病毒引发的。发现犬瘟热病毒的 RNA 序列与发生骨髓端疾病（肥大型骨病变）的犬的成骨细胞的 RNA 同源。同时也有证据显示全骨炎与感染病毒有关。引起骨髓炎的其他因素还包括寄生虫、异物和金属性移植物的腐蚀等。

[病因] 感染性骨髓炎可分为以下两类：

血源性感染：常因机体其他部位病原菌通过血液循环转移到骨组织后引起感染。如蜂窝织炎、脓肿、败血症等，病原菌由血液循环进入骨髓内而发生骨髓炎。

创伤性感染：大多发生于骨损伤后，病原菌经骨的咬创、深刺创、枪伤和开放性骨折、骨矫形手术等感染骨组织，或因骨折治疗采用内固定等。

[症状] 骨髓炎的症状因病期不同而表现各异。骨受到感染后的最初反应为发生炎性反应，该区域的软组织增温、变红、肿胀以及有疼痛感。动物表现为发热，沉郁，部分或者完全厌食。发生于四肢的骨髓炎常呈现重度跛行。局部淋巴结肿大，触诊疼痛。病原菌侵入髓内后，可形成局限性髓内脓肿，也可能发展成弥漫性骨髓蜂窝织炎。经过一段时间脓肿成熟，局部出现波动，脓肿自溃或切开排脓后，形成化脓性瘘道，临床可见到浓稠的脓液大量排出，此时全身症状缓解。用探针探查可感到粗糙的骨质面，脓汁中常混有碎骨屑或渣。

急性骨髓炎和由于手术原因引起的炎性反应的鉴别诊断比较困难。如果出现术后 48h 高温还没有消退或者核左移增加的症状，可能表明已经存在感染，而不仅仅是手术所引起的损伤。然而，如果未看到这两种症状也不能排除受到感染。患有慢性骨髓炎的动物通常会出现液体外渗和/或跛行，但是通常并不出现发热、厌食和其他全身性临床症状。也就是说，通常看不到或者只看到轻微的血液异常现象。

[诊断] 骨髓炎根据病史和临床症状可初步确诊，也可结合病原分离培养和 X 射线检查。细针穿刺骨髓炎灶区深部抽吸样本，或收集施行手术时的骨组织进行微生物培养（注：不要收集渗出液进行培养。）是确诊骨髓炎的有效实验，同时对于检测病原菌对抗生素的耐药性也是必不可少的。在疑似患有真菌性骨髓炎的病例中，可以通过真菌培养、血清学检查、抗体效价测试和细胞学检查或者活体组织学检查来确诊。

X 光检查：由于病程不同、感染部位不同以及传染性微生物的致病力不同，X 光片的表现也各有不同。在发生急性骨髓炎时，首先出现软组织肿大，并且在感染后 24h 即可发现。早期 X 光片上能反映出的骨的变化包括骨膜有阴影，这是由于在垂直于骨长轴的薄层处形成新骨引起的。两周后，患部骨质出现蚕食样破坏区或斑片样局灶性空洞，骨膜呈现不规则骨化，慢性病灶可见患部周围骨质致密。可能会出现坏死的骨片，坏死骨骨质密度增高，呈斑点状、条状或不规则状，其周围围绕低密度骨质破坏区，坏死区周围常伴骨质硬化。

[治疗] 保持患病犬猫安静，及早控制炎症发展，当感染部位出现炎性征兆同时未出现坏死骨片、坏死组织或者未有分泌物渗出时，可以采用药物治疗，同时结合热敷法。患急性骨髓炎的动物，应在发病初期立即进行抗生素治疗，应当给予广谱抗生素，可给予能同时对抗需氧菌和厌氧菌的抗生素（如克林霉素和恩诺沙星）。具体的抗生素治疗可通过细菌培养和药敏试验来确定。对于慢性骨髓炎的患病动物，若要给予抗生素治疗，则应用手术进程中收集到的微生物进行培养和药敏试验。急性骨髓炎的患病动物，至少应给予 4 周的抗生素治疗。此外，如果患病动物是由于术后感染而引发骨髓炎，需要观察固定装置和骨的牢固程度。慢性骨髓炎的患病动物抗生素治疗的时间至少要长达 6 周。

如果出现坏死骨或者渗出包（渗出液形成的包），那么就需要引流，同时刮除坏死组织。泛微黄色并且没有软组织附着的骨为坏死骨，去除它们，以自体松质骨移植物取而代之并进行固定。骨折部位必须要固定好，要在进行细菌培养和药敏试验的基础上合理地给予抗生素治疗。慢性骨髓炎的治疗主要是维持或者说是提供骨折部位的稳定性，移除不牢固的固定装置、坏死骨和缺乏骨样功能的松质骨移植物，同时需要给予足够的抗生素治疗。装有抗生素的聚丙烯甲酯的缓释珠链可以考虑用于治疗慢性炎症，还可结合 VSD 封闭负压引流装置，效果更好。

20.1.3　全骨炎

全骨炎（Panostitis）为一种自发性、自限性疾病。以长骨骨干和干骺端髓腔脂肪过多、骨膜下新骨形成为特征。本病好发于年轻大型或巨型品种犬，如德国牧羊犬（最常见）、圣伯纳犬、拉布拉多猎犬、大丹犬等。一般 5～12 月龄多发，公犬较母犬多见。临床特征为游走性跛行、局部骨质增生和有压痛。

［病因］病因不明，可能与遗传因素有关。发生于幼年大型犬的自限性疾病，可能持续到 18 个月。以 5～12 月龄的公犬易感。骨内膜、骨膜的环境改变和血管充血或骨髓内的压力增加会引起疼痛。德国牧羊犬最易发生本病。

［症状］未成年犬常见跛行，以雄性多发，但一般在 5 岁以后症状才发作。短暂的跛行持续 2～3 周，间隔持续 2～9 个月，跛行的严重程度不同，会涉及一或多个骨骼，呈持续性或间歇性。其他症状包括食欲减退、嗜睡、发热、体重下降。

临床常见疼痛，深部触摸患病骨会引起疼痛，常在 18～20 月龄时疼痛自愈，严重患病犬可见轻微的精神沉郁、食欲不振和体重下降。

［诊断］X 射线检查早期可见的异常为骨髓内密度增高，开始时病灶散在，且边界不清晰，随病情发展，损伤部位链接。有多个致密的病灶融合在髓腔内。后期，即数周后髓腔内致密区域渐渐消退。X 射线征象与跛行和压痛程度无相关性。

［治疗］治疗包括支持疗法和消炎镇痛。动物限制活动。推荐使用阿司匹林，按每千克体重 10～20mg，口服，3 次/d。一般能自愈。

20.1.4　肥大性骨营养不良

肥大性骨营养不良（Hypertrophic Osteodystrophy）是一种长骨干骺区炎症、出血、坏死性疾病，又称干骺端骨病（Metaphyseal osteopathy）。常见于生长快的大型或巨型幼年犬（2～8 月龄），如爱尔兰赛特犬、德国牧羊犬、大丹犬等。临床特征为长骨远端肿胀、温热和疼痛。

［病因］病因不详。曾认为干骺端骨病与维生素 C 缺乏、营养过度及铜缺乏有关，但一直未能得到支持。也作过细菌培养试验，未获得成功。不过，从该病骨细胞检测到犬瘟热 RNA 病毒的事实证明，本病可能与犬瘟热病毒感染有关。其他一些现象也证明这一点，即患病者伴有或患过呼吸或消化道征候；有两病犬发现其齿釉质发育异常（为犬瘟热后遗症）；用患本病犬血接种，7 只犬中有 3 只感染犬瘟热；幼犬接种活犬瘟热病毒疫苗 10～14d 后，产生典型的骨病变。然而，肉眼、放射学和组织学检查临床上的犬瘟热犬干骺端硬化病变与肥大性骨营养不良却不一样。目前，犬瘟热、肥大性骨营养不良和其他肥大性骨病（颅下颌骨病和内生骨疣）之间的关系仍不明。

［症状］主要临床症状为双侧对称性干骺端肿大、疼痛和跛行，见于 2～8 个月大型犬。跛行轻度到不能负重不等。两肢可对称性发病。最常侵害部位是桡骨和尺骨远端。长骨远端骨骺肿大，触诊增温、疼痛。伴有不同程度的体温升高、沉郁、厌食及体重减轻。

［诊断］X 射线检查可作出确诊。早期，X 射线显示平行生长板穿过干骺端，生长板不规则、增宽，其周围软组织肿胀；以后，干骺端肿大，骨外膜不规则新骨形成，但并非所有病犬都发生这种变化。如果疾病不再发展，患部则会修复和重建。

［治疗］多采用对症治疗，如疼痛明显，应用解热镇痛药（如阿司匹林）；严重衰竭犬，须

施全身支持疗法。加强护理，限制活动，及时调整日粮的平衡，防止营养过剩或不良。

20.1.5　肥大性骨病

肥大性骨病（Hypertrophic osteopathy）是一种长骨广泛性的骨膜增生性疾病，多见于成年犬，猫罕见。临床以四肢远端对称性硬性肿胀和跛行为特征。

[病因]　病因和发病机制不详。可能与胸腔或腹腔肿瘤以及感染引起的外周骨膜血管化有关。

[症状]　成年动物长骨广泛性疼痛、四肢突然或逐渐发生跛行、关节僵硬，并伴有胸腔或腹腔肿瘤性疾病的临床症状。开始局部增温，用力触压疼痛，有动脉搏动感；以后疼痛不明显，但行走强直，呈高跷步态。有些病犬伴有咳嗽、轻度呼吸困难症状。

[诊断]　根据临床症状和X射线检查可以确诊。可见沿长骨对称性、广泛性新骨增生。临床见双侧对称性跛行、骨肿胀、肢体远端增温。

[治疗]　首先治疗原发病。成功切除肺部病变后，疼痛、软组织肿胀和跛行等症状可在1～2周内解除，其骨病变也将逐步减退（几个月）；施迷走神经切除术，阻碍胆碱酯酶的传出冲动和神经传入冲动，对治疗本病有一定价值。药物治疗使用抗炎镇痛药物如阿司匹林等。

20.1.6　咀嚼肌炎

咀嚼肌炎（Masticatory muscle myositis）又称萎缩性肌炎或嗜酸性肌炎，是一种侵害咀嚼肌特别是颞肌和咬肌的急性或慢性炎症性肌病，其特征为双侧咀嚼肌萎缩及血液中嗜酸性粒细胞增多。一般大型犬种易患此病，无年龄和性别的差异。

[病因]　病因尚不明确。有研究认为是免疫介导性原因，在这些肌群中可测出抗2M型纤维的自身抗体，2M型纤维只出现在食肉动物和非人灵长类动物的咀嚼肌中；也有研究认为该病与一种名为柯萨奇的病毒有关，该病毒对肌肉亲和力较强，可以继发咀嚼肌局限性感染。

[症状]　临床上有急性和慢性之分，急性咀嚼肌炎表现动物咀嚼肌肿胀且伴有疼痛，一般为对称性发生，有时为单侧性发生。除此之外还有张口困难、流涎、第三眼睑突出、巩膜充血、眼球突出等症状，可能出现扁桃体和下颌淋巴结肿大。慢性咀嚼肌炎主要表现咀嚼肌进行性挛缩或萎缩、咀嚼肌纤维化、眼球下陷等症状。

[诊断]　根据临床症状，可进行初步诊断。血常规检查可见嗜酸性粒细胞增多。进行肌肉活检，取颞肌，镜下可见肌纤维、萎缩、呈纤维化。也可通过MRI进行辅助诊断，综合进行确诊。应与三叉神经病、多肌炎、下颌关节病相鉴别。

[治疗]　泼尼松每千克体重1～2mg，口服，每日2次，连用3～4周，逐渐减量，以后给予维持剂量，若停药可能导致复发。也可给予硫唑嘌呤每千克体重2mg，口服，每日3次。张口困难，不能进食的病例，从静脉补充营养物质。

20.1.7　疲劳性肌病

疲劳性肌病（Exertional myopathy）是由于肌肉剧烈活动所致的肌肉损伤的综合征。本病又叫疲劳性横纹肌溶解、周一晨病（Monday morning disease），以肌肉疼痛、肿胀和肌红蛋白尿为特征，故又称为氮尿症或瘫痪性肌红蛋白尿。多发生于赛犬和工作犬。

[病因]　由工作过频、过劳、活动剧烈、缺乏适应性、过度兴奋及热应激等因素引起的急性肌肉缺血，也有报道称该病可继发于长期癫痫。认为是局部肌肉的缺血及乳酸中毒，从而引起的肌细胞壁溶解，肌红蛋白释放。显微镜下病变以不同严重程度的急性至亚急性肌纤维坏死为特征，发生于多种骨骼肌及心肌，继而导致肾病。

[症状]　症状较轻者，一般在比赛或工作后24～72h内，出现全身性肌肉肿胀，疼痛。

症状严重者，可出现肌肉肿痛，尤其是背部和后肢肌肉更为严重。僵硬、强拘，后肢表现更为严重。患宠表现出呼吸加深加快，表情极度痛苦，急性虚脱等症状。严重者出现肌红蛋白尿，导致肾病，急性肾衰，48h 内可致死亡。

[诊断] 根据患宠的相关性信息、病史和临床症状可初步诊断。患宠运动中或运动后短时间内尿中会含有肌红蛋白。通过实验室检查，可根据肌肉和肾脏损伤的程度，血清钾和血清磷含量可能升高，肌酶呈现升高等综合分析。组织病理显示多灶性出血和肌坏死。

[治疗] 静脉输入等渗生理盐水或 5% 葡萄糖盐水，可促进肾脏排除肌红蛋白，预防急性肾衰和休克。同时根据血气分析结果给予碳酸氢盐，中和肌肉酸中毒，防止肌红蛋白在肾小管沉积。可以适当用微温的水浴给身体降温，使肌肉充分休息，按摩肌肉。也可配合使用肌松剂，如地西泮（安定）每千克体重 0.5mg，静脉注射，能起到一定的舒缓效果。在该病的治疗过程中还需要监测患宠的肾功能指标和尿量。疾病的预后取决于治疗时病情的严重程度。

20.1.8 风湿病

风湿病是常有反复发作的急性或慢性非化脓性炎症，病理特征是胶原结缔组织发生纤维蛋白变性以及骨骼肌、心肌和关节囊中的结缔组织发生非化脓性局限性炎症。临床上主要表现为发热、肌肉痛、僵直和关节痛。

[病因] "风寒湿三气杂至，合而为痹"，中医所称的痹证就是风湿病，是指由风寒湿热等外邪侵入机体导致经络闭阻、气血运行不畅，从而引起的以关节、肌肉、筋骨疼痛、肿胀、麻木，关节屈伸不利甚至僵硬、畸形等为主要特征的病症。

西医所指风湿病是由抗原-抗体反应而导致的变态反应性炎症，与 A 型溶血性链球菌的感染密切相关，从病例的鼻咽部拭子中可分离出。也可由其他抗原如细菌蛋白质、异种血清、经肠道吸收的蛋白质及某些半抗原物质引起。风湿病的特征是胶原纤维发生纤维素样变性，骨骼肌、心肌、关节囊中的结缔组织出现非化脓性局限性炎症，反复发作，为急性或慢性的非化脓性的炎症，常常对称性侵害肌肉、关节，偶尔发生于心脏或蹄。

[症状] 风湿病主要有肌肉风湿、关节风湿。肌肉风湿多发生于颈部、背腰部肌肉群，肌肉紧张、僵硬、弹性降低，轻轻触摸患部病犬敏感紧张、有温热感，肌肉表面坚硬、不平滑，有的患犬因疼痛发出较大呻吟声，精神高度紧张，不让人靠近。由于患部肌肉疼痛，运动不协调，跛行明显，跛行能随运动量增加和时间延长症状减轻。关节风湿病常在肘部、腕部、膝部等大关节表现出关节疼痛，背腰弓起、凹腰反射减弱或消失、步态强拘、运步时后肢常以蹄尖拖地前进，转弯不灵活，一肢或数肢不同程度跛行或后肢无力前肢用力拖着前行等机能障碍，重者喜卧，卧地后起立困难。风湿病具有游走性和复发性，时而一个部位好转，另一部位又发病。

急性风湿性肌肉炎时，出现明显全身症状，如精神沉郁、食欲下降、体温升高、心跳加快、血沉稍快、白细胞稍增。急性肌肉风湿病的病程较短，一般经数日或 1～2 周即可好转，但易复发。当急性风湿病转为慢性时，全身症状不明显。病肌弹性降低、僵硬、萎缩，跛行程度虽能减轻，运步仍出现强拘。

[诊断] 风湿病尚无特异性的诊断方法，例如抗 O 抗原测定、抗核抗体检测（ANA）只能用来参考。因此，兽医临床主要靠病史和临床症状，如出现肌肉关节疼痛、僵直、运动失调、步态强拘不灵活，随运动量增加症状有减轻的现象，即可初步确诊。

[治疗] 加强宠物的防寒保暖，每日进行适宜的运动。治疗原则是消除病因、解热镇痛、消炎及免疫抑制、祛风除湿和加强饲养管理。

（1）抗生素　控制链球菌感染，首选青霉素。

（2）非甾体抗炎药（NSAIDs）　主要作用为解热、消炎、镇痛，是治疗急性风湿热及风湿性关节炎的有效药物。

（3）糖皮质激素　抗炎和免疫抑制作用，能较强和较快地消除炎症及炎症反应带来的各种症状。首选泼尼松龙。

（4）慢作用抗风湿药　羟氯喹、来氟米特等。

（5）其他方法　针灸、温热疗法、超短波电磁场疗法、中波透热疗法、激光疗法、局部涂擦刺激剂如红花油等均对风湿病有效。

20.1.9　肌腱断裂

肌腱断裂是指腱的连续性被破坏而发生分离。不全断裂时，在断裂处的疏松结缔组织内呈浆液性水肿，腱间有小的溢血，腱纤维肿大呈发暗的灰红色，由断裂的腱纤维回缩形成的缺损处常常有凝血块填于其中。完全断裂时，腱纤维完全离断、断端很不整齐，断裂处有血管和淋巴管同时断裂，断端被血液浸润，结缔组织水肿。断裂的腱之间，以血凝块填充作支架，经过结缔组织增殖，逐步机化。腱断端周围由于炎症关系，常和周围的组织粘连在一起。

腱断裂主要发生在屈腱和跟腱，部位不同发生原因不同，表现出不同的临床症状。

（1）跟腱断裂　主要发生于成年工作犬和赛犬，在猫也有发生的报道，跳起落地时后肢着地发生，可能是双侧性。表现跗部过度屈曲，由于不能伸展跗关节而导致膝关节过度伸展，跗部过度屈曲的程度取决于跟腱的撕裂程度。行走时跖骨着地，跖浅屈肌腱移位出现轻度慢性的负重跛行，伴有跗关节轻微过度屈曲，但完全断裂不同，跟结节周围组织肿胀。根据症状和站立位 X 射线有助于诊断。

（2）前十字韧带断裂　正常情况下限制胫骨向前移动及向内转动，对减弱或变性的韧带过度创伤是前十字韧带断裂的最常见原因，直腿犬如罗特韦尔犬、杜宾犬易发。

临床常见急性后肢跛行，断裂后 72h 内明显，膝关节触诊时引发疼痛，关节积液程度不一，慢性断裂的动物表现出继发性关节炎的症状，如膝关节肿胀，触诊疼痛，关节活动室疼痛并发出叫声。

临床检查诊断的依据是诱发前拉运动，即一只手从股骨远端后侧握住股骨，拇指放在股骨髁外侧，其他指放在髌骨上。另一只手从胫骨近端握住胫骨，拇指放在腓骨头处，其他手指放在胫骨脊上；胫骨向前移动增加表明前十字韧带断裂，部分撕裂时表现为屈曲时关节松弛。另一种临床检查方法是腓肠肌紧张试验，屈曲跗关节，同时抬高股骨与胫骨呈 90°角（胫骨压缩），胫骨向前移动表明前十字韧带损伤试验阳性。

慢性病例损伤后 4～6 周 X 射线为变性关节病变且发展迅速，病骨周围骨赘形成，胫骨远端出现骨赘，胫骨相对于股骨向前半脱位。

小型犬猫在限制运动 2～4 周的关节纤维化会使临床症状缓解。大型犬猫建议外科手术。小型犬猫应用关节囊外缝合术，用不可吸收或可吸收的缝线，环绕外侧籽骨并通过胫骨脊拉紧缝线。大型犬推荐关节囊外缝合术，包括用双股单丝尼龙线，外侧或内侧缝合。

（3）后十字韧带断裂　后十字韧带的作用是限制胫骨后运动即后拉，单纯的断裂极少发生，在严重病例常与前十字韧带和半月板损伤同时发生。

临床表现急性的后肢跛行，有轻微的膝关节疼痛和积液。诊断主要出现后拉征象，X 线显示胫骨后韧带附着点撕裂，伴有关节积液，触诊和运动表现疼痛。

单纯发生通过笼养休息和限制活动后通常症状自行消失，如果跛行时间在一个月以上，关节外稳定技术可能有效。

（4）侧韧带断裂　关节创伤和过度负重会诱发侧韧带断裂，主要发生在膝关节、肘关节、跗关节、腕关节等。临床表现一肢或多肢跛行，患病关节触诊疼痛，关节周围软组织肿胀，侧韧带损伤后松弛。诊断根据触诊时向内侧或外侧施加压力可见关节松弛，有的出现关节积液。负重下 X 线显示关节间隙增大或不对称，在韧带起止点可见到骨膜撕裂线骨折等。

不全断裂病例采用石膏绷带或夹板绷带固定，限制患病部位活动，防止发生完全断裂。如有外伤，在创伤处理时直接进行腱腱缝合再固定。非开放性全断裂，使患病动物取腱断裂端相互接近姿势，进行石膏绷带固定后，让其自然愈合。开放性全断裂，用皮外和皮内两种方法对断腱进行缝合。皮外缝合应在充分剃毛消毒的基础上，使用粗的缝线从腱的侧面穿线，进针部位距离断端 3～4cm 做单扣绊或双扣绊将两断端拉近打结固定，使断端尽量靠近，然后包扎石膏绷带。皮内缝合采用双交叉扣绊缝合后再缝合皮肤，包扎石膏绷带。

20.1.10　腱炎

由于某种原因使腱的收缩超过其生理范围而引起腱炎，如滑倒或运动时损伤。临床发生急性无菌性腱炎时，皮下结缔组织呈血液浆液性浸润，腱内结缔组织中的小血管和淋巴管断裂，腱内有溢血和淋巴液外渗，腱可明显增粗，腱纤维失去原有光泽而变成红灰色，腱纤维也可能有不同程度的断裂。临床表现突然发生跛行，患病部位增温、肿胀、疼痛。

腱组织损伤面积较大，局部新生的结缔组织广泛增生，代替了原来的腱组织，腱变得坚硬、肥厚，丧失了固有的弹性，临床上称慢性纤维性腱炎。最后由于结缔组织瘢痕收缩，腱变短缩，甚至软骨化或骨化，所谓骨化性腱炎。腱开放性损伤发生感染时，可引起化脓性腱炎。化脓性过程常常表现为炎性渗出和白细胞浸润，最后可引起腱组织坏死。

盘尾丝虫在腱寄生时引起寄生性腱炎，虫体被血流带到束间结缔组织内，引起慢性炎症。在寄生虫侵袭的部位呈微黄红色胶冻状，局部明显充血，血管也变厚，腱体增粗。慢性病灶可有钙沉着。

急性腱炎首先进行冷敷，或配合普鲁卡因青霉素封闭。在急性炎症减轻后采用热敷。可以配合物理疗法如激光、超声波、红外线等，也可配合局部涂擦刺激性药物，如鱼石脂等。

20.1.11　腱鞘炎

（1）急性浆液性腱鞘炎　腱鞘明显增大，充满黏稠的、混浊的浆液性腱鞘液，其中含有血源性细胞及脱落的滑膜内皮细胞，滑膜绒毛充血，并有小的滋血。有的皮下肿胀达鸡蛋大小，有的呈条索状肿胀，温热疼痛，有波动感。有时腱鞘周围出现水肿，患病皮肤肥厚，在与腱鞘粘连时，患肢机能障碍。

（2）纤维素性腱鞘炎　渗出物含有纤维素凝块，患部除有波动外，触诊可听到捻发音，患部温热疼痛和机能障碍比浆液性腱鞘炎更加严重。呈慢性经过常发展为腱鞘积水。

（3）化脓性腱鞘炎　腱鞘被微生物感染，引起化脓性过程时，膜鞘壁嗜中性粒细胞浸润，腱鞘壁的炎症症候剧烈，肿胀明显，腱鞘壁的滑膜呈微红黄色，腱鞘内充满脓性分泌物，脓汁中有时混有纤维蛋白块。

（4）慢性浆液性腱鞘炎　腱鞘壁由于滑膜下结缔组织增生而增厚，滑膜的绒毛也增多，腱鞘内含有大量浆液性透明微黄色腱鞘液，其中混有黏液，有时在其中有纤维蛋白小块或绒毛脱离形成的游离小体，小体呈微黄色，具光泽。在慢性腱鞘炎病程中，有时由于增生的绒毛和纤维蛋白使腱鞘与腱粘连，此时腱的活动受到限制，有的在腱鞘组织中钙盐沉着，腱鞘变得很硬，影响腱的功能。

腱鞘炎的治疗主要是消除病因，制止渗出，促进吸收，排出积液，防止感染和粘连。急性炎症期，病初1～2d内应冷敷，用硫酸镁或硫酸钠饱和溶液，同时包扎压迫绷带以减少渗出。也可用局部注射皮质类固醇药物后，用石膏绷带固定，保持动物安静休息。

急性期后采用温热疗法，局部涂擦复方醋酸铅散用醋调温敷。如腱鞘内渗出液过多，可采取穿刺，同时注入盐酸普鲁卡因青霉素，注射后缓慢运动10～15min，同时配合热敷2～3d。如没有愈合，可间隔3d再穿刺1～2次，并包扎压迫绷带。

慢性期的腱鞘炎应用热敷疗法配合按摩、透热疗法、石蜡疗法等，或用醋酸氢化可的松加入青霉素直接注入腱鞘内，每隔3～5d注射一次，连用2～4次，配合红外线、TDP疗法。

当腱鞘内纤维素凝块过多不易吸收，可采取手术切开排出，切开排出后注入普鲁卡因青霉素，缝合后压迫包扎绷带3周。注意防止局部感染。

化脓性腱鞘炎必须穿刺排脓，用盐酸普鲁卡因青霉素溶液冲洗，根据病情及时手术，效果良好。

20.2 关节疾病

20.2.1 退行性关节病

退行性关节病（Degenerative Joint Disease，DJD）是慢性、进行性、最低程度的炎性关节病，可导致关节软骨损坏与变性性和增生性病变。犬在临床上最常见的关节病就是DJD，多数老年猫均可发生本病。肉眼观察关节软骨破坏、软骨下骨硬化、关节腔狭小及关节缘及其周围软组织形成骨赘等。犬多发生于髋关节、膝关节、肩关节、肘关节及胸椎间关节和颞颌节。临床上以疼痛、姿势改变、患肢活动受限、关节内有渗出液和局部炎症等为特征。

[病因] 原发性和继发性2种。

（1）原发性DJD 病因不详，可能因动物关节常年应力不均而发生软骨退行性变，并随年龄增长，这种退行性变化逐步加重。犬猫病理剖检发现有20%患膝关节DJD，但无临床及X线检查的症状。原发性DJD是一种常见病，常累及老年大、小型犬肩关节。原发性DJD多发生于10岁以上的老年犬猫。

（2）继发性DJD 临床上最常见。任何异常的力作用于正常关节，或正常的力作用于异常关节均可继发关节退行性变。这些病理性力的最终结果是加速软骨的丧失。如骨软骨病、髋关节发育异常、髌骨脱位均可使关节不稳、关节面不平整、关节软骨受力不均，而发生软骨磨损；关节扭伤、创伤可使关节软骨受到直接损伤及炎性侵蚀。

[症状] DJD通常发病隐蔽，没有全身症状。早期，常见的症状是动物无明显的关节不灵活和跛行，但不愿执行某项任务或演习。以后，在持续的活动或短暂的过度运动后出现跛行和关节僵硬，天气寒冷症状加重。患病程度轻时，在运动后，跛行症状在休息后消失。后期，因纤维化和疼痛引起关节功能丧失，导致犬运动耐受力减低和持续跛行，严重者发生肌肉萎缩，患病动物可涉及单个关节或多个关节。

[诊断] 根据病史、临床症状、X射线检查和关节穿刺进行诊断。X射线检查见关节积液、软骨下骨硬化、软骨下包囊形成、关节间隙变窄，关节面不平滑，关节周围骨赘形成。X线检查另一特征是关节脱位，尤其膝关节继发不全脱位或关节不稳定。滑液增多（比正常多10～20倍），黏稠度降低，变色，白细胞总数低于5×10^9个/L，其中多数为淋巴细胞。

[治疗] 治疗原则：足够时间休息；患肢避免过度活动；动物肥胖，应减重；给予适当的

运动，维持肌肉张力和关节的灵活性；镇痛消炎药和手术，缓解疼痛，矫正畸形、应激或不稳定性，恢复活动。

　　疼痛较重时可服用非甾醇类消炎止痛药，但长期服用易引起胃损伤。肠溶型阿司匹林对胃毒副作用较轻，犬剂量为每千克体重 10～20mg/d，2～3 次/d，口服。猫为每千克体重 15mg，每隔 1 天口服。保泰松曾广泛用于治疗犬慢性 DJD，最初 48h 其剂量为每千克体重 400mg/d，分 3 次口服，以后酌减，日剂量不宜超过 800mg。卡洛芬（carprofen）为最新非甾醇类药，其消炎止痛作用比阿司匹林、保泰松强，也较其他非甾醇类消炎止痛药安全。推荐剂量为每千克体重每 12h 口服 2.2mg。药物治疗能使动物减轻症状，但不能终止关节变性过程。每天慢走或游泳可使肌肉保持松弛，促进关节润滑和营养吸收。

　　软骨保护剂的化学成分与组成关节软骨的黏多糖类似，可以通过基质生成或减缓基质降解来保护 DJD 的关节软骨。推荐口服盐酸氨基葡萄糖酶、硫酸软骨素和抗坏血酸药，或单独使用硫酸软骨素或氨基葡萄糖。这类药物在发生 DJD 之前使用效果更佳。

　　肩、跗关节骨软骨病、髌骨脱位、肘关节、髋关节发育异常所致的退行性关节病，也可实行手术治疗。

20.2.2　关节脱位

　　关节脱位（Joint Luxation）又称关节脱臼，指两个关节面完全分离。发生原因主要是车祸或意外创伤，也可由关节发育不良、关节炎、关节囊损伤等因素继发。关节完全失去正常对合，称全脱位，反之称不全脱位。犬猫最常发生髋关节、髌骨脱位，肘关节、肩关节、腕关节、跗关节和下颌关节也有发生。

　　[症状]

　　（1）关节变形　改变原来解剖学上的隆起与凹陷。

　　（2）异常固定　因关节错位，加之肌肉和韧带异常牵引，使关节固定在非正常位置。

　　（3）关节肿胀　严重外伤时，周围软组织受损，关节出血、炎症、疼痛及肿胀。

　　（4）肢势改变　脱位关节下方肢势改变，如内收、外展、屈曲或伸展等。

　　（5）机能障碍　由于关节异常变位、疼痛，运动时患肢出现跛行。但是，关节不全脱位其症状不典型。

　　[诊断]关节全脱位者，根据临床症状和 X 射线检查可作出诊断，但不全脱位则诊断较困难。后者最好通过拍摄不同状态（如负重、刺激负重或屈伸关节）X 射线片加以诊断。

　　（1）犬髋关节脱位　中年或老年犬常发生膝关节前十字韧带断裂，尤其体过重、少活动、室内饲养犬更易发。作过节育手术的母犬发病率最高。猫本病少见。多因髋关节发育异常所致，也见于外伤性髋关节脱位。圆韧带和关节囊损伤，以前上方脱位多见，患肢变短、外展或内旋。虽然前十字韧带断裂常突然发生，但一般均有进行性退变过程。往往一年内对侧肢韧带也发生断裂。可通过抽屉试验（drawer test）诊断。膝关节韧带逐步紧张（抽屉试验证明）是犬浆细胞-淋巴细胞性膝关节炎的一个特征。因前十字韧带断裂最终导致 DJD 和内侧半月板损伤。这种退行性变严重程度与动物的体重和活动性成比例。

　　（2）髌骨脱位　常见髌内方脱位，出现弓形腿，膝关节不能伸展。本病主要见于小型品种犬，多为先天性。临床检查易诊断。大型品种犬也可发生髌内方脱位，但同时并发膝关节前十字韧带断裂。主要出现间隙性或慢性跛行，动物主人通常描述为单腿跳步态，走几步后暂时性恢复。一般需要外科手术治疗。

　　（3）肘关节脱位　多因外伤所致，常发生外方脱位。肘关节不全脱位与该关节 3 个主要疾病（肘突未愈合、内侧冠状突病和肱骨内髁骨软骨病）有关。因这些疾病可引起尺骨滑车切迹发育异常。某些犬种如拉布拉多猎犬、英国牧羊犬，长须牧羊犬等，年老或肥胖时，腕关节因渐行性退变或支持韧带软弱也偶发生不全脱位或全脱位。

（4）颞下颌关节脱位 猫常因骨折发生，但犬为非创伤性；有两种类型：一种咀嚼时下颌异常咬合，嘴不能张开；另一种（常见）颌骨过度伸张，嘴张开被锁住，持续数秒或只有徒手整复才能将其解除。X射线检查可区别颞下颌关节脱位类型和关节骨折。

[治疗] 有保守和手术治疗2种，其治疗原则是整复、固定和功能锻炼等。为减少肌肉、韧带的张力和疼痛，整复时应全身麻醉。

（1）保守疗法 不全脱位或轻度全脱位，应尽早保守治疗，即闭合性整复与固定。一般将动物侧卧保定，患肢在上，采用牵拉、按压、内旋、外展、伸屈等方法，使关节复位。如复位正确，手有触觉或听到一种音响。整复后，为防止再发，应立即进行外固定。常选择夹板绷带、可塑型绷带（包括石膏绷带）、托马斯支架、罗伯特·琼斯绷带和外固定器等。

（2）手术疗法 中度或严重的关节全脱位和慢性不全脱位，多采用手术疗法，即开放性整复与固定。小动物常因肥胖、体重和活泼，保守疗法无效时，也可施开放性整复与固定。根据不同的关节脱位，使用不同的手术径路。通过牵引、旋转患肢，伸展和按压关节或用杠杆作用，使关节复位。根据脱位性质，选择髓内针、钢针和钢丝等进行内固定，有的韧带断裂，如可能，应将其缝合固定。常配合外固定以加强内固定。

20.2.3 创伤性关节疾病

犬猫关节创伤一般由外伤引起，常伴发邻近骨骼、关节软骨和支持关节的软组织的损伤。在犬猫常见的关节疾病，包括关节扭伤和关节挫伤以及关节透创。

关节扭伤（Distortion of articulations）是指关节在突然受到间接的机械外力作用下，超越了关节生理活动范围，瞬间的过度伸展、屈曲或扭转而使关节损伤。

关节挫伤（Joint bruise）主要是钝性物体的冲撞、打击、跌倒、重物压轧关节部位等原因，不仅使关节受伤，也使关节周围的组织损伤，如皮肤擦伤、皮下组织挫灭和溢血等，其炎症比关节扭伤更剧烈，波及范围更大，局部肿胀、疼痛、跛行更急剧。

[病因] 主要发生在急转、急停、跌倒、失足登空而急速拔腿、跳跃障碍、不合理的保定等致使关节超过生理范围的损伤。也有因用力过猛、暴力、姿势不正等使关节扭伤。

[症状]

（1）关节扭伤 病初患病关节触诊或他动试验时疼痛明显，关节囊肿胀，局部增温，有波动。关节腔穿刺正常或穿出积血、过量的渗出液、软骨碎片等。转为慢性后，疼痛、肿胀、增温有所好转，但关节囊结缔组织增生和骨质增生，关节强硬。扭伤关节不同，其临床表现也不同，肘关节或关节以上的关节扭伤以混合跛为主，膝、指（趾）关节扭伤以支跛为主。

（2）关节挫伤 不仅关节受伤，关节周围组织也发生不同程度的损伤，其症状比关节扭伤更明显，波及范围更大，局部肿胀、疼痛、跛行更严重。

（3）关节透创 创口流出黏稠透明、淡黄色关节液，有时混有血液或有纤维素形成的絮状物。病初一般无明显跛行，严重挫伤时跛行明显，跛行常为悬跛和混合跛；如伤后关节囊伤口长期不闭合，滑液流出不止，抗感染能力下降，则会出现感染症状，发生化脓性关节炎或腐败性关节炎。

[诊断] 根据病史和症状可以做出初步诊断。可以通过向关节内注射带色消毒液来确诊关节囊透创。也可以进行关节囊充气造影X线检查来确诊关节内有无金属异物和骨骼的损伤。

[治疗] 关节扭伤和挫伤的治疗原则为控制炎症、促进吸收、镇痛消炎、恢复关节机能。病初 1~2d 可进行冷敷，同时限制宠物活动，2d 后改用温热疗法以促进渗出液的吸收，同时使用普鲁卡因青霉素局部封闭，可的松青霉素关节腔注射。

疼痛严重者可以使用镇痛药、刺激性药物局部涂擦。皮肤擦伤时，不能使用冷敷或热敷进行治疗，可按一般创伤对其进行处理。

关节透创的治疗原则是防止感染，增强抗病力，及时合理地处理伤口，力争在关节腔未出现感染之前闭合关节囊伤口。及时清理创内异物、血凝块，切除挫灭组织，消除创囊，用 0.25% 普鲁卡因青霉素药液或 0.1% 新洁尔灭溶液冲洗关节腔。

20.2.4　髋关节发育异常

髋关节发育异常（Hip dysplasia）是一种髋关节发育或生长异常的疾病。特征为关节周围软组织不同程度的松弛、关节不稳（不全脱位）、股骨头和髋臼变形和退行性关节病。本病多发生于大型和快速生长的幼年犬，如德国牧羊犬、金毛寻回犬、拉布拉多犬、纽芬兰犬、圣伯纳犬等。发病率高（如圣伯纳犬发病率为 47.4%，德国牧羊犬达 50%），危害大。报道纯种猫也可发生本病。

[病因] 确切病因不详。目前认为本病是多因子或基因遗传性疾病，表明动物体内存在许多基因缺陷，当受到环境和营养因素影响时就改变了基因的表现型。是否存在内源性或外源性因素还有争议。所有这类病犬在出生时髋关节发育正常。但随后关节软组织就发生进行性病变，继而骨组织也发生病理变化。

[症状] 最初多在 5~12 月龄出现活动减少和不同程度的关节疼痛症状。以后行走一后肢或两后肢跛行，步幅异常，弓背或后躯左右摇摆，跑步两后肢合拢，即所谓"兔跳"步态。起立、卧下或爬楼梯困难。触摸关节疼痛明显。大腿肌肉萎缩，被毛粗乱。病情严重者食欲减退，精神不振。动物成年后，会再表现为髋关节疼痛的症状。发生进行性退行性关节病后会导致起立困难、运动后跛行、骨盆肌肉组织萎缩和/或后躯摇摆步态。动物在增加活动过程中或之后出现突然的跛行。

[诊断] 根据临床症状可初步诊断，但最后确诊仍需 X 线摄影。X 线摄影可诊断出髋关节骨性增生、髋臼变浅、股骨头不全脱位等异常变化。关节肿胀、磨损，股骨头圆韧带断裂；关节软骨破溃、软骨下骨象牙质变；关节周围骨赘形成，韧带附着点骨质增生等。

测量关节松弛有助于早期诊断，后期主要借助 X 射线检查。一种关节分离指数（distraction index，DI）法（测量髋关节被动松弛）可定量测定关节松弛状况。这种方法克服主观打分的片面性，其敏感性、预测性均优于主观打分法，对品种选育和疾病诊断有意义。

标准的 X 射线检查方法是动物行仰卧位，两后肢向后拉直、放平，并向内旋转，两髌骨朝上。X 射线球管对准股中部拍摄。根据髋臼缘钝锐、臼窝深浅、股骨头脱位程度和骨赘形成等，判断髋关节构型及发育异常的严重程度。并根据 7 个等级（优秀、良好、合格、可疑、轻度、中度和严重）打分。前 3 种用于品种选育，后 3 种用于本病的诊断。一般来说，病程长，髋臼变浅和不全脱位程度越重，并渐而继发退行性关节病和全脱位。

[治疗] 本病主要是保守疗法。关节不稳定、锻炼或强烈运动后才有急性跛行的幼年犬，早期可采用强制性休息，将犬关在小笼内让其蹲着，两后肢屈曲外展，以减少髋关节压力和磨损，防止不全脱臼进一步发展。疼痛明显、轻微的退行性变者，除休息和应用镇痛剂，可用阿司匹林、保泰松等镇痛消炎药减轻疼痛（保泰松不能用于猫）。布洛芬和其他非类固醇类抗炎药物（NSAIDs）等可致小动物胃溃疡或穿孔的药，不能使用。肥胖动物，应控制饮食，改变

营养成分，减轻体重，有助关节的恢复。

难以治愈的动物，可进行手术治疗。手术是在全身麻醉下，进行矫正骨畸形和关节的吻合。这类手术有骨盆切开术、髋臼固定术、股骨内翻切开术等，另一种是全部切除或置换髋关节。这些手术比较复杂，术后能否恢复功能值得研究。

20.2.5 肘关节发育异常

肘关节发育异常（Elbow dysplasia）是指肘关节骨关节病，涉及尺骨内侧喙突病、肘突未联合和肱骨内侧髁骨软骨病等 3 种病。遗传和快速生长是重要病因。本病常见于罗威那犬、拉布拉多猎犬、伯恩山犬等大型品种犬。

尺骨内侧喙突病是喙突软骨样、龟裂或骨化龟裂、分离。临床表现跛行、异常步态（如果是两侧性）、肘关节被动屈曲和伸展表现轻度到中度的抵抗。关节"喀嚓"声不常见。慢性病例关节囊增厚，关节积液，肌萎缩。跛行和步幅异常以前肢伸展、爪过度旋转为特征。肘关节外展或内收。严重者，坐下或卧地，不愿行走。根据年龄、品种、临床症状及 X 射线诊断。X 射线征候包括关节不对称、继发新骨增生及进行性 DJD 等。过去常用手术除去异常的软骨。但研究表明，病初药物治疗比手术治疗好，9 月龄后两者则无差异。因此，控制体重、配合药物治疗和适宜的活动是治疗本病的良好选择。

肘突未联合主要由于尺骨肘突存在分离的骨化中心（德国牧羊犬和其他个别犬有这样的分离骨化中心），使其骨化不全，肘突生长部裂开，进而发生肘突与尺骨分离。临床可见一或两前肢不同程度的跛行或肢势改变。肘关节和前爪外斜。伸屈肘关节和触摸鹰嘴窝，关节"喀嚓"声和疼痛明显。X 射线检查揭示在肘突与尺骨间有一透 X 线带。切除松脱的肘突可减少慢性刺激，减轻跛行。但手术并不能改变关节不稳定和关节面不对称。用尺骨切开术，可改变滑车的关节不对称性，也便于未联合肘突的融合。

肱骨内侧髁骨软骨病是肱骨内侧髁软骨异常增厚、龟裂，进而与软骨下骨分离，形成软骨瓣或游离软骨片。可能由于内侧髁受到滑车软骨过多的压力之故。这种压力干扰正常软骨骨化、深层的软骨细胞过度应激。关节前后位 X 射线检查可以观察肱骨髁的缺损和软骨瓣。治疗包括切除分离的软骨瓣和清创缺损部。预后取决于病损大小、尺骨滑车迹异常发育和其他部位疾病的程度。

20.2.6 椎间盘突出

椎间盘突出（Slipped dise）是指因椎间盘变性、纤维环破坏、髓核向背侧突出而压迫脊髓引起的运动障碍为主要特征的脊柱疾病。多见于老龄的大型犬，特别是德国牧羊犬、拉布拉多犬、杜宾犬，也偶见于小型犬。由于其引起椎间盘背侧面圆形屋顶状膨出进入椎管，造成脊髓慢进性压迫症状，临床上以疼痛、共济失调、麻木、运动障碍和感觉麻痹为特征。主要原因是犬衰老过程中的椎间盘纤维样变性。

[症状] 临床症状由原发性脊髓压迫引起，腰椎发生突出最常见，两后肢出现上运动神经元（UMN）症状而两前肢正常，即膀胱膨胀，但不容易被挤压出尿液，不能自主地控制排尿。随时间推移，由于逼尿肌收缩，UMN 膀胱可能会出现反射收缩和部分排空，这种自主排空发生在没有控制或知觉的时候。病初出现疼痛明显、呻吟、不愿挪步或行走困难。严重者，在剧烈疼痛后出现两后肢运动障碍、感觉消失，但两前肢正常。病犬尿失禁，肛门反射迟钝。

颈部椎间盘突出，可见于杜宾犬，出现摇摆综合征，可累及前肢和后肢，后肢的神经症状更严重，当神经根受压时表现颈部疼痛。开始为病犬颈部、前肢过度敏感，颈部肌肉疼痛性痉挛，鼻尖抵地，腰背弓起，头颈不能伸展和抬起，行走小心，耳竖起，触诊患部可引起剧痛或肌肉极度紧张。重者，颈部、前肢麻木，共济失调或四肢瘫痪。

[诊断] 根据病史、症状等可初步诊断。X线脊髓造影或CT检查、MRI检查有助于确定病变程度和发病部位。

[治疗] 保守疗法可采用强制休息、限制活动、镇痛消炎等方法。皮质类固醇药物治疗可以使神经功能短时间内得到改善，如口服泼尼松0.2mg/kg，但并不能根治，推荐用手术疗法进行根治。

20.2.7　感染性炎性关节炎

感染性炎性关节炎（Infectious inflammatory arthritis）是指关节滑膜和滑液受到病原微生物感染而发病。由于病原、病原毒力、组织损伤的程度及不同，关节的感染程度也不同。一般引起关节滑膜炎症，或化脓，病情发展可累及关节囊纤维层及韧带、软骨和骨骺端，甚至引起全身脓毒血症。临床特征为关节肿胀、增温、疼痛和跛行。全身症状包括发热、不适及厌食、白细胞增多、血沉升高、急性期反应物水平增加、血纤维蛋白原过多、淋巴腺病等。本病主要发生于犬，猫少见。

（1）细菌性关节炎　细菌性关节炎（Bacterial arthritis）可由血液传播细菌感染，或手术、异物刺穿或创伤直接感染引起。多关节感染通常说明脓毒性多关节继发于菌血症，最常见于新生仔猫，因母猫将脐带断开靠近腹壁而导致的脐静脉炎引起。在犬和猫多发于细菌局部感染如关节透创、关节手术、关节穿刺等，病原菌直接感染关节或关节周围组织化脓性炎症的蔓延，犬多由葡萄球菌、链球菌、大肠杆菌等感染引起。猫最常见的是巴斯德菌感染。

[症状] 患病动物出现全身不适、发热、精神沉郁。患病关节疼痛剧烈，触诊时尤为明显，可能发现关节肿胀，充满关节液。关节周围软组织发炎和水肿，继发性的感染性炎性关节炎通常涉及一个或多个近端大关节，而免疫介导的关节炎常涉及远端的小关节。

[诊断] 确诊细菌性关节炎必须采集关节液进行细胞学和细菌检查。关节液呈黄色、混浊或呈血色，含有大量嗜中性白细胞。早期X射线显示滑膜增厚、关节囊膨胀，因关节积液关节腔稍变宽；后期，X射线检查常见邻近关节腔周围骨膜增生。由于软组织炎症、肿胀、关节软骨破坏，关节腔变小。并发症包括骨髓炎、纤维性或骨性强直和继发关节病。

[治疗] 治疗目的是迅速消除细菌感染，同时消除全身的感染源。关节液需要进行需氧和厌氧培养，根据药敏试验结果选用高敏抗菌药物。如发生化脓性关节炎，可以先行抗菌药物治疗，3d内效果不明显时，可以进行手术治疗。清创和灌洗后，抗菌药物治疗至少持续6周，推荐笼养，促进关节软骨愈合。

（2）螺旋体性关节炎　螺旋体性关节炎（Spirochetal arthritis）又称莱姆病（lyme disease），为人兽共患病。其病原为伯氏疏螺旋体（spirochetal Borrelia burgdorferi），详见有关章节。疏螺旋体在局部皮肤潜伏期为2～5个月，并可复制。此后，发生全身性感染，滑膜、心脏和中枢神经系统均有病原体。犬关节为好发部位。感染后50～90d（平均66d），几乎在蜱叮咬最近的肢体发生一个或几个暂时性急性关节炎（有时严重）。犬这种急性关节炎血清转化（产生抗体）最快，血清转化后（90d后），动物一般无症状，或仅出现轻度临床症状。关节滑液量及细胞成分增加，后者主要为非退变嗜中性白细胞。从患病关节皮肤作聚合酶链反应（PCR）最易分辨微生物。

本病主要与蜱叮咬引起的关节炎性皮疹（即犬埃立克体病）和免疫介导性关节炎区别诊断。免疫介导性关节炎发病率高，一般为多个关节发病，最常见于纯种犬。在流行和非流行区，伯氏螺旋体病或埃立克体病流行率相等。如犬处在疫区，测定其抗体滴度是有用的，可确定其疫区是否是蜱致病高发区。埃立克体关节炎通常伴有血小板减少。当怀疑其关节炎是蜱感染性还是免疫介导性时，首先用四环素或强力霉素治疗，至少5d，但要谨慎，然后再选用免疫抑制药治疗。如关节炎是由疏螺旋体或埃立克体所致，在用药48～96h后有效。

（3）立克次体关节炎　犬有两种立克次体病，即埃利希体病（Canine ehrlichiosis）和落基山斑疹热（Rocky Mountain Spotted Fever），偶尔导致非侵蚀性多关节炎。常呈亚临床性。严重者全身血管发炎，多关节炎常是这种血管炎的典型特征。犬埃利希体病有急性和慢性2期。急性期，犬常见发热、精神沉郁、淋巴腺病、各种血液学异常如血小板减少和非侵蚀性多关节炎，后者是急性期主要或次要特征。慢性期也可见关节炎，但并不是主要特征。准确的临床诊断取决于PCR技术检测。

落基山斑疹热更易表现各种临床症状，包括发热、淤点、淋巴结病、神经症状、面部和四肢水肿及肺炎，常见血象异常，包括血小板减少。血清学抗体检测进行确诊。

治疗方面应首先用四环素或强力霉素治疗几天，同时应用糖皮质激素联合用药，单纯抗菌药物治疗无法消除发热、跛行和关节肿胀。

（4）病毒性关节炎　病毒性关节炎（Viral arthritis）主要由杯状病毒自然感染或杯状病毒弱毒疫苗引起，是6～12周龄幼猫的暂时性多关节炎。临床症状表现跛行、发热、关节肿胀，通常在2～3d后自动消失。一些幼猫则继续发展为明显的杯状病毒感染，出现舌和腭水疱和溃疡以及上呼吸道症状。关节液分析显示有多核细胞增加，主要是小单核细胞和中性粒细胞。

（5）真菌性关节炎　犬猫真菌性关节炎（Fungal arthritis）不常见，可能因真菌性骨髓炎蔓延引起，或作为一种原发性肉芽肿性滑膜炎而存在，前者更多见。粗球孢子菌、皮炎芽生菌、荚膜组织胞浆菌及新型隐球菌等为最常见病原性真菌。

（6）原虫性关节炎　原虫性关节炎（Protozoal arthritis）是人和某些品种动物感染杜氏利什曼原虫（Lishmania donovani）复合体而发生内脏利什曼病（Visceral leishmaniasis），为一种慢性全身性巨噬细胞增生-浸润性疾病。该原虫由各种吸血白蛉传播。在地中海和亚洲部分国家，犬是这种原虫的主要宿主。多数感染的犬无症状或仅有轻度的皮肤病。较严重病犬则表现发热、疟疾、失重、淋巴腺病、肝脾肿大、贫血、肾病、肠炎、皮肤病和多发性关节炎等症状。除多关节炎，X射线检查还显示轻度到严重的骨膜增生和破坏。滑膜浸润大量的充满利什曼小体的巨噬细胞。用有机锑剂和别嘌醇治疗数月，并配合应用（或不用）左旋咪唑（免疫增强剂）。

20.2.8　犬类风湿性关节炎

犬类风湿性关节炎（Rheumatoid arthritis）与人类相似，是可引起犬侵蚀性多关节炎和进行性关节破坏的罕见疾病，是一种疑似免疫原性关节炎，故称免疫介导性关节炎，属侵蚀型。本病并不常见，小型犬和玩具犬易发，常发生于8月龄至8岁。本病远端关节（腕关节、跗关节等）侵害较严重。临床上以游走性跛行和关节肿胀为特征。

［病因］确切病因及发病机制不详。新近研究表明，本病是由许多致病因素，如细菌感染和病毒感染等因素诱发在关节内形成类风湿因子免疫复合体，沉积于滑膜，产生炎症。免疫复合体被关节内吞噬细胞吞噬，导致滑膜细胞增殖、滑膜肥厚，形成一种血管化的肉芽组织。出现间质大量炎性细胞浸润，常见微血管的新生、软骨组织和骨骼组织的病变。

［症状］病初表现游走性跛行和关节周围软组织肿胀，并伴精神沉郁、发热及厌食。跛行时轻时重，反复发作。一般临床表现患肢无法负重行走，甚至瘫痪。体温升高、精神萎靡，触诊关节疼痛敏感，见关节积液。

肿胀常累及几个关节。数周或数月内，由于复发，关节软骨进一步遭到侵蚀，出现典型的X射线征象，即关节周围骨质疏松、软骨下清澈和肿胀。后期，关节腔狭小、边缘侵蚀、不全脱位及全脱位。

[诊断] 任何非传染性、侵蚀性多关节炎犬应怀疑是类风湿性关节炎。患病关节滑液稀薄、混浊，细胞增多，嗜中性的细胞比例高。滑液黏蛋白凝固差。触诊关节肿胀疼痛、皮温升高、关节内有积液。X线拍摄正侧位置及侧位位置，软组织肿胀、骨质疏松、关节围度增加，骨膜反应。CT可见骨关节关节面模糊、关节狭窄、积液、炎性表现。确诊需要进行类风湿因子试验。

[治疗] 治疗目的是控制疼痛，抗炎消肿，防止关节进一步损伤和改善关节功能。

非甾体抗炎药：有抗炎、止痛、解热的效果，是类风湿性关节炎治疗中最为常用的药物，如美洛昔康等。阿司匹林是临床上常用的药物，该药经济，消炎止痛效果好。每次每千克体重25mg，口服，3次/d，维持2周。症状减轻，其剂量减半，维持2周，以后每2周再减一半。如阿司匹林无效，可用皮质类固醇、环磷酰胺或硫唑嘌呤等免疫抑制剂。如强的松，开始按每千克体重2～4mg/d给药，口服，连用14d，随后按每千克体重1～2mg/d，连用5～7d。以后，症状减轻，剂量减半，长期服用。

糖皮质激素是机体内极为重要的一类调节分子，它对机体的发育、生长、代谢以及免疫功能等起着重要调节作用，是机体应激反应最重要的调节激素。常用药物有泼尼松、甲泼尼松、倍他米松、丙酸倍氯米松、得宝松、泼尼松龙、氢化可的松、地塞米松等。

运动功能康复训练是类风湿性关节炎患病动物关节功能得以恢复及维持的重要方法。在关节肿胀疼痛的急性发作期，需要限制关节活动。

20.2.9 猫慢性进行性多关节炎

猫慢性进行性多关节炎（Feline chronic progressive polyarthritis）主要发生于公猫，多在1.5～4.5岁发病。其发病机制并不很清楚，但可能与接触猫合胞体病毒（feline syncytia-forming virus，FeSFV）和与猫白血病病毒（FeLV）有关。所有病猫血清学和病毒学检验均阳性。

猫的临床表现是骨膜增殖性关节炎，主要发生于年轻猫，致畸形性侵蚀性关节炎主要发生于老年猫。以急性发热、关节肿胀、淋巴结病和关节周围皮肤及软组织水肿为特征。初期X线影像变化轻微，表现软组织肿胀和轻度骨膜增生，随时间推移，骨膜增殖加重，可见关节周围骨赘、软骨下骨囊肿、关节间隙塌陷、纤维变性和关节强直。初期关节显示为炎性，白细胞计数增加，特别是嗜中性白细胞，转为慢性后，淋巴细胞和浆细胞也增多。

治疗常用皮质类固醇和环磷酰胺免疫抑制剂。皮质类固醇可减轻其临床症状，但不能终止其病程。皮质类固醇和环磷酰胺联合应用，可使一半猫的病情得到缓解，但停止或不连续用药，常可复发或呈顽症，需要终生治疗。

20.2.10 自发性免疫介导性多关节炎

自发性免疫介导性多关节炎（Idiopathic immune-mediated poly-arthritis）为非侵蚀性炎性多发性关节炎，临床上最常见，尤其比赛的大型犬更多发。任何年龄犬均可发生，但1～6岁发病率高。本病猫少见。

[症状] 病犬周期性发热、关节僵硬、跛行及抗生素治疗无效，其中发热最明显。多数食欲减退，精神不振。一般多关节发病，全身性僵硬，如脊柱、尾及四肢等。远端小关节，如腕关节、跗关节常最严重。关节肿胀、增温，玩具犬常为全身严重的关节炎，由于不愿活动，则

难确定是关节本身的问题，还是精神沉郁所致。全身肌肉萎缩，颞肌和咬肌可呈不对称性萎缩。这种萎缩部分是因废用所致，但多数则由于肌肉和神经之原因。

[诊断] 根据临床症状、关节滑液分析和 X 射线检查进行诊断。关节液稀、混浊，黏蛋白试验一般正常，其细胞主要是中性白细胞，有核细胞增数（40000～370000 个/μL），非变性中性白细胞比例高（通常＞80％）。少数严重或经糖皮质激素治疗的病例，其白细胞总数低，嗜中性白细胞比例下降（30％～80％）。血、尿及滑液细菌、病毒、支原体、衣原体培养阴性。

[治疗] 开始用糖皮质激素治疗。单独用强的松，50％的病例病情可缓解。最初剂量为每千克体重 2～4mg/d，持续 2 周。然后其剂量减少至每千克体重 1～2mg/d，连用 2 周。如临床正常，滑液炎症消退，其剂量减少至每千克体重 1～2mg/2d，连用 2 周。如滑液细胞正常，用量逐步停止。对于持续有临床症状，或有滑液炎症者，除用强的松外，还可配合应用免疫抑制剂硫唑嘌呤，按 50mg/m^2 给药，1 次/d，连用 4～6 周。如症状好转，可隔天 1 次。本病预后良好，但停药后 30％～50％病犬再发。

第二十一章
犬猫皮肤病

在小动物临床诊疗工作中，在犬猫的疾病中，皮肤病占有较大的比例，由于病因复杂，种类繁多，受化验设备和临床经验等多方面因素的影响，使一定比例的临床兽医对犬猫皮肤病的认识不够深入，故临床上犬猫皮肤病不易根治。本章将介绍临床上主要犬猫皮肤病的诊治知识。

21.1 犬猫常见皮肤病的鉴别诊断

根据实际情况明确犬猫皮肤病的疾病类型是诊断和治疗的基础。从临床上分析，可以将犬猫的皮肤病发生原因归纳为以下几种类型：

（1）寄生虫性皮肤病　如蠕形螨病、疥螨病、耳螨感染、姬螯螨感染、跳蚤感染、虱感染、蜱感染等。

（2）细菌性皮肤病　毛囊炎、皮炎、脓皮病、皮下脓肿、疖病、蜂窝织炎等。

（3）真菌性皮肤病　犬小孢子菌、石膏状小孢子菌、念珠菌、马拉色菌等感染。

（4）病毒性皮肤病　犬瘟热病毒、犬乳头瘤病毒、猫杯状病毒等。

（5）物理化学性因素有关的皮肤病　创伤、化学腐蚀伤。

（6）食物过敏与药疹　食物过敏、蚤过敏性皮炎、蚊叮过敏。

（7）自体免疫性皮肤病　幼犬的脓皮病、天疱疮、红斑狼疮。

（8）代谢性和激素性皮肤病　脂溢性皮炎、维生素 A 反应性皮肤病、锌反应性皮肤病、甲状腺功能减退、肾上腺皮质功能亢进。

（9）与中毒性皮炎、遗传因素有关的皮肤病及皮肤肿瘤、猫的嗜酸性肉芽肿和其他病因引起的皮肤病　如利什曼病、埃利希体病。

本章仅对常见一般性皮肤病进行简要阐述。对真菌、细菌、病毒、寄生虫、内分泌和遗传及免疫性疾病的症状、诊断、治疗等内容见相关章节。

21.1.1 脱毛症

脱毛症（Alopecia）是指宠物局部或者全身出现正常或非正常脱落的症状。大部分是各种疾病过程的临床症状，部分是周期性毛囊发育过程中季节性脱毛。

[病因]　发生脱毛的病因很多，脱毛的状态不同原因可能不同，如季节性脱毛是由于毛囊发育过程中因光周期变化以及气候变化导致。对称性脱毛发生于各种内分泌疾病，如甲状腺功能减退、肾上腺皮质功能亢进、性激素不平衡等，局部脱毛发生于细菌、真菌、寄生虫感染；某些代谢性疾病也可发生，如糖尿病、肝脏疾病。同时也可由卫生条件差以及被毛护理不当引起。

[症状]　病因不同症状各异。对称性脱毛主要见于内分泌失调；真菌感染发生局部脱毛和皮屑增多；细菌感染伴有局部炎症；寄生虫感染伴发瘙痒等症状；被毛护理不良引起的脱毛主

要为被毛稀疏；外寄生虫感染、细菌性脓皮病则以红疹、脓疹等症状为主；真菌性皮肤病时皮肤皮屑、鳞屑较多，呈片状脱毛或断毛。

[诊断] 通过病史调查分析可能的致病原因，如初期症状、是否治疗、使用药物、卫生情况等。根据临床症状结合实验室检查。实验室检查常包括皮肤刮取样镜检、细菌或者真菌的培养与药敏试验、局部活组织检查、血清中激素的分析等。脱毛症的鉴别诊断思路见图21-1。

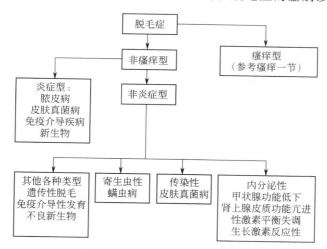

图 21-1　脱毛症的鉴别诊断思路

[治疗] 根据临床诊断结果确定治疗方法，参照有关章节内容。

21.1.2　瘙痒症

犬猫皮肤瘙痒症（Pruritus）是犬猫临床常见的自觉症状之一，是引起搔抓和摩擦的主要原因，严重影响动物的正常休息和睡眠。瘙痒和疼痛是由于表皮真皮交接部的游离神经末梢网受到刺激而发生。

[病因] 瘙痒症是一种症状而非一种疾病。外界多种物理因素、化学因素刺激以及机体内产生的某些化学介质都可引起瘙痒，许多炎症性皮肤病都伴发瘙痒，通常夜晚休息时症状加重，白天减轻。由于瘙痒引起动物搔抓引起皮肤损伤、破损、苔藓样变、色素沉着过度等继发性损害。

主要是某些特发性疾病（如脂溢性皮炎等）、外寄生虫、细菌、真菌感染引起皮肤的变态反应。过敏性疾病引起的皮肤瘙痒，主要有4种原因：

（1）跳蚤叮咬过敏　跳蚤唾液中有过敏原，引起易感犬猫出现过敏反应。

（2）粉尘过敏　某些犬对环境中的一些抗原有过敏反应，是一种遗传选择性疾病。比较常见的过敏原有屋粉尘、屋粉尘螨、霉菌等。但其他犬对这些抗原没有过敏反应。致病的粉尘可经呼吸、饮食或皮肤进入体内。

（3）食物过敏　这是犬对其食物中某种抗原成分所表现的一种过敏反应。据统计，该病发病率占皮肤病的1%，占过敏性疾病的10%，是仅次于跳蚤叮咬过敏和粉尘过敏的第三种过敏性疾病。

（4）接触性过敏　这是一种皮肤局部接触过敏原后引起的皮肤炎症，在临床上也较常见。值得提出的是，有时在犬猫皮肤上用药不当，药物也可以使涂药部位出现过敏性皮炎。

[诊断] 诊断时进行病史调查、视诊和实验室检查等，以区分真菌、细菌、变态反应原等病因，必要时做活组织检查。注意区别原发性和继发性瘙痒，如内分泌失调继发的细菌性脓皮

病或者脂溢性皮炎，导致皮肤的继发性瘙痒。瘙痒症的鉴别诊断思路见图 21-2。

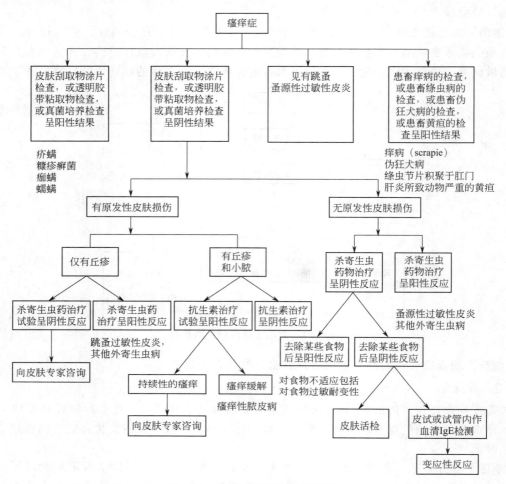

图 21-2　瘙痒症的鉴别诊断思路

[治疗] 当确诊为特发性疾病后，可以使用皮质类固醇或者非类固醇类等抗瘙痒药物，如阿司匹林、抗组胺药或者必需脂肪酸等。先用非类固醇类抗瘙痒药物治疗 1 个月，如果有临床治疗效果，则可以避免长期服用皮质类固醇类药物给患病动物带来的副作用。但是许多动物可能会终生需要服用以控制瘙痒。同时注意必须针对原发性疾病给药，可以消除瘙痒。

21.2　犬猫常见皮肤病

21.2.1　毛囊炎

毛囊炎（Folliculitis）是指犬皮肤毛囊及其周围皮脂腺的化脓性炎症，临床上犬、猫单纯性散发。

[病因] 由致病微生物如葡萄球菌、链球菌引起。也可继发于跳蚤和螨虫感染、过敏和免疫失调等疾病。

[症状] 主要特征是以毛干为中心，毛囊形成脓疱，损伤后形成结痂、色素沉着、红色边

界的"牛眼"样中心，并有清晰的边缘和脱毛。蠕形螨和内分泌失调也可引起毛囊炎。临床上散在性毛囊炎如不及时治疗，炎症扩散会造成疖、痈和脓皮病。单纯散在性毛囊炎在临床上十分常见。主要发生在口唇周围、背部、四肢内侧和腹下部。

[诊断] 正确的诊断是治疗的前提。刮取皮肤样品进行实验室药敏试验。同时排除致病因素，如真菌、蠕虫等。

[治疗] 根据诊断结果用药。可以采取皮肤消毒、杀螨虫和细菌、调节激素等治疗措施，一般疗效较好。首先应用抗菌药物如红霉素、林可霉素，对复发病例选用阿莫西林、氧氟沙星、头孢菌素等。同时结合每周使用抗菌香波洗澡两次，作为辅助治疗。对宠物主人说明病情和可能复发的情况，因潜在的疾病仍没有确定，监测药物反应，一旦动物出现新问题，及时复诊调整治疗方案。

21.2.2 脂溢性皮炎

脂溢性皮炎（seborrhea）又称脂溢性湿疹，是指表皮角质化和油脂产生过程发生变化而出现的病变，鳞屑生成增多，皮肤和毛发上有过多的油脂，常常继发感染，主要发生于犬。

[病因] 脂溢性皮炎主要有原发性和继发性，原发性脂溢性皮炎主要发生于具有家族史的上皮过度增生性的犬种，如可卡犬、德国牧羊犬、腊肠犬、沙皮犬、拉布拉多犬、贵妇犬等。

继发性脂溢性皮炎发生因素复杂，由潜在的全身性或皮肤疾病引起，如脓皮病、过敏性疾病、内分泌失调（甲状腺功能减退、肾上腺皮质功能紊乱、雌性激素和雄性激素失调等）、寄生虫病（疥螨、蠕形螨、耳螨等）、皮肤真菌感染、营养失调和免疫性皮肤病。

[症状] 皮脂溢出表现过多鳞屑并伴有皮脂，病灶周围黏附淡褐色凝块，脱皮屑的病灶发生弥漫性炎症，引发毛囊炎，局限性环状皮肤损害病灶脱毛、红斑、边缘表皮脱落以及色素过度沉着。发生的犬常常伴发耵聍耳炎，外耳道有黄色油状的薄膜或鳞片，外耳道或周围有干的附着鳞片或鳞屑，可能会发出腐败的气味。

[诊断] 根据犬的品种，确定可能的潜在原因，如伴有瘙痒表现着重检查过敏性、寄生虫性、脓皮病、真菌感染；伴有多尿、烦渴、多食检查肾上腺皮质功能，结合季节的变化和近期的营养状态进行综合诊断。

[治疗] 针对原发性疾病进行相应的治疗措施。抗皮脂溢出药物的局部治疗包括去除鳞皮屑、减少油腻，抑制气味，减轻瘙痒和炎症，保持皮肤表面使用保护性乳剂。

局部治疗以止痒、去脂、消炎和杀菌为治疗原则，使用2%酮康唑香波，每周2次，可以杀真菌和降低皮肤游离脂肪酸含量，糖皮质激素治疗使用氢化可的松或地塞米松膏剂，结合抗真菌制剂如克霉唑、益康唑、咪康唑等综合治疗，对糜烂和渗出性皮肤损伤可先用1:8000高锰酸钾溶液或3%硼酸溶液湿敷后，外用抗生素软膏，对结痂较厚者可用植物油及金霉素软膏外用，待软化后较易清除。

系统治疗结合维生素B族，瘙痒明显使用抗组胺药物，同时口服抗菌药物，如四环素、红霉素、罗红霉素、阿奇霉素等具有较好的疗效。严重者可以结合口服糖皮质激素药物。

21.2.3 犬脓皮病

犬脓皮病（Canine Pyoderma）是一种犬较为常见的皮肤病，也称为浅表性细菌性毛囊炎。根据病因分为原发性的和继发性的两种。德国牧羊犬、北京犬、大丹犬、腊肠犬、大麦町犬易患脓皮病。治疗的效果依赖于正确而及时的诊断和根据药敏试验指导用药。

[病因] 主要是在犬的皮肤毛囊和附近表皮发生浅表性细菌感染，如奇异变形杆菌、化脓性棒状杆菌、链球菌、表皮葡萄球菌、金黄色葡萄球菌和中间葡萄球菌等均可能导致犬发病。

常见的诱发因素包括：全身免疫缺陷（代谢性疾病），压迫、舔、刮伤、寄生虫等引起的皮肤或者毛囊的损伤、被毛梳理差、皮肤浸润、湿热等物理因素以及药物选择不当、剂量疗程不当等用药失误。

[症状] 犬脓皮病的病灶可以分为泛发型、多灶型或局灶型，常见的病变部位主要有眼眶周围、肚皮、颌下以及臀部和四肢内侧，幼犬的脓皮病主要出现在前后肢内侧的无毛处。可见皮肤上出现脓疱疹、小脓疱和脓性分泌物，多数病例为继发的，临床上表现为脓疱疹、皮肤皲裂、毛囊炎和干性脓皮病等症状。如果根据病损的深浅，可以分为表面、浅表性和深层三种类型：

（1）表面（上皮）脓皮病 急性湿性皮炎、皮褶脓皮病。

（2）浅表性脓皮病 脓疱疮（幼犬脓皮病）、皮肤黏膜脓皮病、浅表扩散性脓皮病和浅表性毛囊炎。

（3）深层脓皮病（扩散到真皮和皮下组织） 口鼻部毛囊炎和疖病、鼻和爪的脓皮病、全身性深层脓皮病、细菌性肉芽肿、压迫点脓皮病、化脓性毛囊炎和疖病。

病情呈进行性加重，如果不能得到有效的控制和治疗便会全身蔓延发病。由于犬的全身多毛，所以发病初期一般难以察觉，到后期病情加重时便会逐渐出现全身症状，发病部位厚大的结痂便会显现出来，并且病犬表现出程度不一的瘙痒症状。病变部位可见脱毛、皮肤红斑、皮屑、脓疱和丘疹等，在病变部位的中心可见明显的色素沉着。病变部位发生结痂后，扯动被毛或者撕下结痂，可致使被毛与结痂一同脱落，并见出血、液体渗出或是红斑。长毛犬发病后的脱毛情况更为严重，通常为大片脱落，并且其余部位的被毛显得无光泽、干燥且凌乱，还可见较多的皮屑。短毛犬发病后结痂与被毛常常粘连在一起，脱毛发生后会形成明显的无毛区域，或可见小撮毛竖立。

[诊断] 实验室诊断是治疗的基础，可以做皮肤的直接涂片、细菌培养和活组织检查。根据药敏试验结果指导临床用药。

[治疗] 治疗原则是去除病因，对症治疗。对于表面或浅表性感染，一般可局部用药，以杀菌、消炎、干燥、止痒、吸收分泌物及预防传染为原则。对于深部感染，可考虑全身使用抗生素。红霉素、林可霉素、克拉维酸钾阿莫西林甲氧啶（TMP）、头孢菌素、百多邦、甲硝唑、洛美沙星和恩诺沙星等药物可以用于治疗。对于反复发作的病例，要结合药敏试验结果进行用药。含有洗必肽或聚乙烯吡咯酮碘成分的浴液也可以用于辅助治疗。抗生素治疗最少要坚持 3~4 周。为防止该病的复发，抗生素治疗有时可持续 4~8 周。而对于复诊动物，在病灶消失后，仍须接受抗生素治疗 1 周。在脓皮病的治疗中，不推荐使用糖皮质激素。

21.2.4 过敏性皮炎

[病因]

（1）遗传性过敏性皮炎 某些易感品种动物对环境中的过敏原产生的Ⅰ型过敏反应。遗传性过敏性皮炎是动物受到遗传基因的影响而对外界过敏原表现相对敏感的结果。可能具有季节性，易发品种包括金毛犬、狮子犬、德国牧羊犬、大麦町犬、沙皮犬、西施犬、哈巴犬等。

（2）接触性过敏性皮炎 是犬猫的一种Ⅵ型过敏反应，发生过敏物质种类繁多，已经报道的包括地毯除臭剂、塑料和橡胶玩具、皮革、清洁剂、地板蜡、毛纺织地毯等。

（3）食物过敏性皮炎 由食物或食物添加剂产生的免疫介导反应。食物过敏并不常与饮食的改变相伴随出现。有些动物甚至食用可引起过敏的食物超过两年而不引发任何症状。可能引发犬过敏的食物原料包括牛肉、牛奶、禽产品、小麦、大豆、谷物、羊肉和鸡蛋等。

（4）药物过敏性皮炎　对局部用药、口服给药和注射给药后发生于皮肤和黏膜的过敏反应，药物的反应可发生在一次治疗以后，或数次或长时间治疗之后。

（5）蚤叮咬性过敏　蚤叮咬性过敏是机体对于跳蚤的唾液中几种蛋白所产生的立即或迟发的细胞免疫介导反应，从而引发瘙痒性皮炎。

[症状]

（1）遗传性过敏性皮炎　多发于年青成年犬（0.5～3岁），为周期性瘙痒。瘙痒表现频繁而剧烈，常影响部位有面、伸肌与屈肌皮肤表面、腋窝、耳郭和腹股沟等。自我损伤引起继发性皮肤病变，如脱毛、鳞屑、结痂、苔藓化等。

（2）接触性过敏性皮炎　在常接触地面、被毛稀少的部位易发，如腋下、腹股沟部、会阴部、阴囊、指（趾）间出现瘙痒性红斑或丘疹。主要表现是瘙痒，可能同时伴有红斑、水疱、丘疹及脓疱。对慢性发展发生皮肤增厚、高度色素沉着、苔藓样硬化，皮肤结成硬皮和角质化。

（3）食物过敏性皮炎　许多动物可能在发生症状前曾饲喂同样的食物很长时间，出现瘙痒丘疹性皮炎，伴有红斑，瘙痒常常全身发生，涉及部位也可局限于头、脚、腋窝、腹股沟部或耳部。对猫这些斑点的产生经常伴有损伤或溃疡，多数通常在头部和颈部。在犬可能出现胃肠道症状，如呕吐、腹泻、肛门瘙痒、呼吸道异常如打喷嚏、哮喘样症状以及行为异常和癫痫等神经症状。

（4）药物过敏性皮炎　临床症状表现差异很大，包括丘疹、红斑、脓疱、紫癜、荨麻疹、血管性水肿、脱毛、多形红斑、中毒性表皮坏死、鳞屑、溃疡、糜烂等，呈局灶性、多灶性和弥散性，伴有瘙痒。同时可能伴有发热、沉郁等。

（5）蚤叮咬性过敏性皮炎　犬的临床症状包括尾尖、背部、会阴、后肢或脐部出现丘疹、瘙痒性皮炎、浅表性脓皮病，有时出现外耳炎。猫的症状包括粟粒状皮疹、对称性脱毛或出血性水疱。

[诊断]　一般需要鉴别犬跳蚤叮咬性过敏、药物过敏、遗传性过敏性皮炎、外寄生虫、浅表毛囊炎、接触性皮炎和角质层疾病。

（1）犬遗传性过敏性皮炎的诊断　应建立在病史与临诊表现相统一的结果上，并且要排除其他可能引起瘙痒的原因。对于过敏性皮炎，继发感染可加重瘙痒症状，并增加本病的复发概率。因此，应注意可能的继发疾病，如外/中耳炎、浅表脓皮病、急性湿疹、角质层疾病、马拉色菌性皮炎、跳蚤叮咬过敏、四肢舔咬性皮炎、瘙痒性纤维结节。

（2）过敏性接触性皮炎的诊断　主要是根据病史、临诊症状、排除其他疾病、刺激试验、斑点试验、损伤的组织学检查。

（3）食物或药物过敏的诊断　当患病犬食用消除过敏性食物超过6周后，过敏得到改善，方可诊断为食物过敏。营养均衡的人类食物是理想的食物，因为不含其他添加剂。在此期间，应停止使用营养添加剂、抗生素、抗心丝虫药物与其他治疗。药物过敏常常与使用药物有关，在用药后几小时内突然发生。

[治疗]　治疗犬遗传性过敏性皮炎时，当无法避免接触过敏原时，脱敏并延缓过敏周期是治疗的主要选择。脱敏应建立在皮内试验或皮内过敏试验的基础上，这样可在60%～80%的犬中，有效地减少瘙痒感与对其他治疗的需求。若脱敏成功，可保持3～12个月。对症治疗包括使用抗组胺药物与必需脂肪酸，外用止痒药，隔天口服糖皮质激素，避免接触过敏原，并同时治疗继发疾病。

治疗过敏性接触性皮炎时，主要防止动物继续接触过敏物。糖皮质激素也可减轻症状，使用抗生素防止继发感染。治疗食物或药物过敏是通过辨认过敏原并将其清除出日常食物来改善动物的过敏情况，并寻找可替代的营养物质或添加剂。

21.2.5 湿疹

湿疹（Eczema）是表皮和乳头层由致敏物质所引起毛细血管扩张和渗透性增高的一种过敏性炎症反应，皮肤病患处出现瘙痒、红斑、脱屑、丘疹、苔藓化等多样皮疹的皮肤炎症，常反复发作。

[病因] 病因极为复杂，发病常常为内在因素和外在因素相互作用而引起的一种迟发型变态反应，如皮肤卫生差、动物生活环境潮湿、外界物质的刺激、营养失调以及动物机体的免疫能力下降等。

[症状] 湿疹的临床表现分急性和慢性两种。

（1）急性湿疹　发病迅速，主要特征是常在颈、背、腹部的毛根部、阴囊周围、趾间皮肤出现红斑、丘疹、水疱，集簇成片，边缘弥漫不清，常伴有糜烂、渗透液体和结痂等。因患部瘙痒，病犬烦躁不安，不停啃咬、抓挠、摩擦患部，擦破后皮肤露出溃烂面，表面有黄红色渗出物，干后形成结痂，病变逐渐扩大至全身。严重时可导致皮肤大面积坏死和脱落，有的病犬皮肤增厚，弹性消失，形成褶皱和皲裂。

（2）慢性湿疹　慢性湿疹可以从急性湿疹演变而来，也可是慢性过程，损害主要表现皮肤增厚、显著浸润、脱屑、色素沉着及苔藓化，边界较清，少数皮肤损伤可产生破裂，瘙痒，病程慢且容易复发。

[诊断] 主要查明其致病原因，通过病史调查、临床症状初步判断，结合皮肤刮取物分析及相关实验室检查等，一般可以确诊。

[治疗] 治疗目的主要是止痒、消炎、脱敏，加强营养，保持环境的洁净。

消除发病原因，治疗原发疾病。经常打扫犬舍、防水防潮、加强通风、定期给犬只洗浴，定期驱除体内外寄生虫，可用1%的伊维菌素，按0.05mL/kg皮下注射，1次/周，连用3~4周。避免犬只接触有毒物质，注意温度变化，避免日光曝晒，加强营养，补充矿物质和维生素，口服葡萄糖等。

局部治疗：在急性期伴有明显的渗液，先剪去患部周围的毛，用3%的硼酸水或1：8000高锰酸钾溶液清洗，皮损处出现红斑、丘疹、水疱时，给予炉甘石洗剂外擦；结合糖皮质激素治疗，如氢化可的松软膏、地塞米松软膏等制剂，同时加强抗感染治疗，使用抗菌药物或针对性使用抗真菌药物。系统治疗：对病例严重者，根据临床症状和治疗效果使用糖皮质激素口服。

21.2.6 疖及疖病

疖（Furuncle）是细菌通过毛干到达深部毛囊、皮脂腺及其周围皮肤和皮下蜂窝组织内发生的局部化脓性炎症的过程；当毛囊破溃，周围皮肤组织变红且发热时称为疖病（Furunculosis）。毛囊炎、疖病与蜂窝组织炎通常有一定的病理连续性，可以扩散或局限在一定的解剖部位。

[病因] 主要的致病微生物是中间型葡萄球菌，溶血葡萄球菌、表皮葡萄球菌、金黄色葡萄球菌、变性杆菌、假单胞菌、腐生大肠杆菌等也是发生率较高的致病菌。主要病因是皮肤不洁、局部摩擦损害皮肤、外寄生虫侵害等，也可以继发皮肤真菌、蠕虫的感染。继发于蠕形螨、真菌病、甲状腺机能减退、肾上腺皮质机能亢进、免疫缺陷性疾病、锌缺乏等。

[症状] 通常发生于腹部、四肢、鼻部，出现渗出与结痂并伴有剧烈的瘙痒。病灶通常以

毛囊为中心，后期出现溃疡、糜烂、疖病、脱毛、色素过度沉着等。当疖出现时，局部有小而较硬的结节，逐渐成片出现，可能有小脓疱；此后，病患部周围出现肿、痛症状，触诊时动物敏感；局部化脓可以向周围或者深部组织蔓延，形成小脓肿，破溃后出现小溃疡面，痂皮出现后，逐渐形成小的瘢痕。一般情况下，全身症状不明显。

[诊断] 通过病史和物理检查发现疾病，细胞学检查可以显示渗出物中的病原菌类型，进行细菌培养和药敏试验确定感染菌，并通过其他试验排除其他疾病的可能，如皮肤刮样可以排除蠕虫的可能，真菌培养可以排除皮肤真菌病，细胞学检查排除马拉色菌病，血清学检查排除内分泌功能紊乱等。

[治疗] 剪除病灶及周围被毛，局部和全身抗菌药物治疗，以药敏试验为基础，疗程在临床症状消失后 7d 内不应停药，一般疗程为 6～10 周。结合外用药物和药浴等措施。同时排除其他致病原因和潜在的病因，纠正所有的致病因素，说明可能复发的原因。

21.2.7　犬指（趾）间囊肿

指（趾）间囊肿（Interdigital cyst）指发生在犬指（趾）间的以肉芽肿为特征的多形性小结节。不是真正的"囊肿"，而是疖病，故又称指（趾）间脓皮病，或指（趾）间肉芽肿。

[病因] 病因较复杂。细菌感染多由金黄色葡萄球菌、链球菌、大肠杆菌等引起，有些犬种如沙皮犬、拉布拉多猎犬易诱发细菌性趾间疖病，因位于足趾间带、隆突的趾间带或两者上有短刚毛，毛发上的短柄在运动过程中易于向后进入毛囊。其他致病因素包括接触性过敏性皮炎、蠕形螨感染等。

[症状] 临床表现局部疼痛、行走困难、常舔咬患病部位。病初，指（趾）间囊肿局部表现为小丘疹，发病后期则呈结节状，呈紫红色，闪亮和波动。挤压可破溃，流出血样渗出物。可发生于一个或几个指（趾）间。异物的原因常为一个指（趾）间单个发生。外伤性的趾间疖病并且继发的、反复的细菌感染会造成趾间组织的严重肿胀，常伴有溃疡，也可能会出现深部溃疡性瘘管的趾间蜂窝织炎。

[诊断] 指（趾）间囊肿的诊断常依据临床症状。主要鉴别诊断包括创伤性损伤、异物、毛囊粉刺囊肿及肿瘤，但后者很少见。最有效的诊断试验包括蠕形螨的皮肤刮屑、印压涂片或细针抽取证实炎症浸润的存在。对异常或复发的病变应切除并进行组织病理学检查。单独病变需要手术探查以寻找和去除异物（如草芒）。掌或足底部毛囊包囊的确诊需要进行皮肤活组织检查。但是，当临床检查发现有骨痂样病变或明显由粉刺形成的瘘管时，则应怀疑这些动物患有该病。同时可见中度至广泛致密角化过度和上皮及毛囊漏斗棘层肥厚。含有角蛋白的毛囊囊肿较常见。通常情况下，病变因继发感染而并发细菌性指（趾）间囊肿而变得复杂。

[治疗] 对于异物性肉芽肿，首先用消毒液清洗后，用热水浸泡 3～4 次、15～20min/次，一般经 1～2 周治疗可康复。如此法效果不好，可将其手术摘除。再根据细菌分离培养和药敏试验，选择适宜抗生素全身治疗。

21.2.8　锌敏感性皮肤病

锌敏感性皮肤病发生于几个品种的犬，如西伯利亚爱斯基摩犬、阿拉斯加犬、斗牛犬。

[病因] 小肠内锌吸收的遗传性控制异常，或者是锌的代谢障碍，以及犬对锌的需要不能从商品犬粮中获得。高钙食物或高六磷酸肌醇食物，使锌产生相对不足。普通犬粮含锌不足；刺激、发情，以及影响吸收的胃肠道疾病可能使其沉淀。

锌是 70 多种金属酶的组成成分，这些金属酶影响碳水化合物、脂质、蛋白质及核酸代谢。锌必须连续补充，因为只有少量的容易利用的锌贮存在体内。锌对于维持正常表皮的完整性、味觉敏锐以及免疫的平衡都是必要的。

[临床症状] 在围绕着眼、口、耳和肘、跗关节的压力点的地方，发生部分脱毛，并伴有红斑硬化的菌斑。脚垫可能过度角质化和变硬。除了解皮屑和硬化外，这些犬可能有继发细菌感染或马拉色菌感染、淋巴腺疾病、沉郁和厌食。

[诊断] 多发的品种有西伯利亚爱斯基摩犬、阿拉斯加犬、斗牛犬。调查食物结构，进行临床检查和皮肤活组织检查。明显的表面和角化不全的角膜细胞增多症是暗示性的特征，表皮内脓疱性皮炎和化脓性毛囊炎表明有继发性感染。同时检测血液锌和毛发锌。

[治疗] 首先纠正不均衡的食物结构，并给予锌添加剂，如硫酸锌、蛋氨酸锌，每周1次，至少用4周，然后延长到维持时间。对局部治疗，使用热水全身浸泡，用抗皮脂溢的香波洗澡。

21.2.9　维生素A反应性皮肤病

维生素A反应性皮肤病（Vitamin A Responsive Dermotosis）是血浆维生素A水平在正常范围内的营养敏感性皮肤病，主要发生于可卡犬等个别品种犬。

维生素A是一种脂溶性维生素，它有多种功能，对机体生长、繁殖都不可缺少。对神经、内分泌、免疫系统都有调节作用。同时对上皮组织生长、增生和分化有着重要调节作用，能够维持皮肤和黏膜的正常功能和结构的完整性，这种功能与犬、猫皮肤病有很大的关联，如果维生素A供给不足时，上皮组织就会出现干燥、增生和过度角化，从而导致鳞状化及角化性皮肤病的发生。维生素A最丰富的来源是鱼肝油，但一般以胡萝卜素为维生素A来源，胡萝卜、甘薯等块根及植物的绿叶和青草中均含有丰富的胡萝卜素。胡萝卜素在肠道中吸收后，主要在肠壁细胞内转变为维生素A，此外，还可在肝脏内转变。

[症状] 多发于2～5岁的动物，患病动物表现为全身性鳞屑大量产生并逐渐恶化，伴有恶臭与瘙痒，被毛干枯，易于脱毛。可卡犬在胸侧与腹部出现毛囊内苔藓样过度角化层和结痂状红色斑。

[诊断与治疗] 多发品种是可卡犬，通过皮肤组织切片，可见明显的毛囊角质化。使用维生素A治疗，一般3～8周后见效，可以终身服用。

21.2.10　黑色棘皮症

黑色棘皮症（Acanthosis nigricans）又称为黑色素表皮增厚症，是多种病因导致皮肤中色素沉着和棘细胞层增厚的临床综合征。临床以苔藓样变、脱毛、油脂溢、怪味为特征。在宠物中主要见于犬，可发生于各年龄段的犬，但以老弱犬居多；在品种分布上，以大中型宠物犬为多，尤其是德国猎犬，地方原有土品种发病较少。

[病因] 病因不明，但多认为与遗传有关。其他因素包括过敏性皮炎、葡萄球菌病、马拉色菌病以及激素分泌紊乱，如甲状腺功能减退、肾上腺皮质功能亢进、性激素分泌异常。另外，局部摩擦也可能诱发该病。

[症状] 早期为对称性腋部色素沉着过度的产生，同时有炎症及瘙痒，后期通常发展为苔藓样变、脱毛、鳞皮屑、皮脂溢和臭味的产生，逐步发展到四肢、颈部、腹侧、胸部、耳郭、大腿内侧、会阴及肘部。

[诊断] 准确的病史调查对疾病诊断十分重要。皮肤刮样和皮肤真菌培养排除蠕形螨及真菌感染，同时内分泌功能检查寻找病因。皮肤活组织检查注意不规则表皮增生、细胞间水肿、黑变病发生于基底层及深部真皮层，表皮过度角化，可能伴有单核细胞和少量中性粒细胞的浸润。

[治疗] 首先消除潜在的致病因素和原发病。建议使用褪黑素结合皮脂类固醇激素联合治疗，并建议使用维生素E和抗菌药物控制苔藓样变化、瘙痒以及皮脂溢等。

第二十二章
犬猫眼病和耳病

22.1 眼病

22.1.1 睫毛生长异常

睫毛根据生长位置不同，存在 3 种异常。

双行睫：出现在睑板腺开口处（并非通常生长的位置）的睫毛。

倒睫：在正常位置长出但毛发生长方向朝角膜内卷的睫毛。

异位睫：生长在睑结膜上并穿透结膜，直接与角膜接触的睫毛（图 22-1）。

[病因] 通常为品种遗传性和家族遗传性基因表达。在出生前就已形成，但是直到发现有临床表现之前有一段时间。

[症状]

（1）扰乱泪膜的涂布与积累。

（2）引起三叉神经的刺激性反应。

（3）造成角膜的敏感性下降。

（4）大量黏脓性分泌物。

（5）可能会继发眼睑内翻、角膜溃疡等问题。

[诊断] 需要使用裂隙灯等放大设备对眼睑、结膜进行详细的检查。

[治疗]

（1）长而柔软的睫毛通常会引起泪液量增加，可以尝试定期拔除睫毛来缓解不适。

（2）短而硬的睫毛容易刺激角膜导致溃疡甚至穿孔，建议手术治疗。

治疗需要永久移除睫毛的根，目前的治疗技术尚无法有效地根除，都会伴有再生或者其他新的并发症。

典型双行睫电凝法和局部睑板腺切除法更为常用，但是冷冻疗法有更好的预后。这种睫毛根的破坏使用冷冻探针作用于睫毛根距睑缘 5～6mm 的部位。

应告知主人该处会出现暂时性色素退化的特征。异位睫则通过手术切除睑结膜以移除睫毛根部，注意术中应使用眼科显微镜检查清楚毛根是单独或者成簇，需保证没有残留。

22.1.2 眼睑内翻

眼睑内翻是指眼睑的边缘向眼球方向内卷的眼病。

[病因]

（1）直接病因　睑裂过短（松狮犬、沙皮犬），睑裂过长（圣伯纳犬、大丹犬），短吻犬猫眼部内眦内翻（京巴犬、巴哥犬、加菲猫），老年肌张力消失（老年可卡犬）。

（2）间接病因　物理刺激（异物、异生睫毛），病原体感染。

[症状]

(1) 睑缘消失不见。

(2) 睑缘附近较多黏液性分泌物浸润。

(3) 皮肤毛发向内接触角膜，引起三叉神经刺激。

(4) 其他并发症　角膜溃疡、角结膜炎等。

[诊断] 局部麻醉后眼睑依旧内翻可确诊。

(1) 如果是直接病因导致的眼睑内翻建议手术治疗，因年龄因素影响可能需要二次手术。

(2) 间接病因导致眼睑内翻必须检查清楚原发病因，需要配合抗生素、抗病毒或者其他手段同时诊治。

(3) 手术方案　眼睑内翻校正术。

① 临时固定法：每个眼睑放置 2～3 个垂直褥式缝合线缝合（图 22-2），或者皮钉固定（图 22-3），使得卷曲的组织向外翻转。

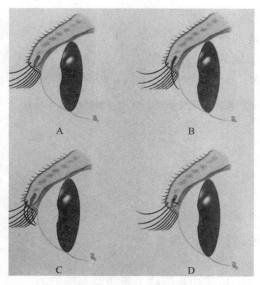

图 22-1　睫毛生长正常和异常示意图

A. 正常睫毛生长的位置；B. 双行睫；C. 倒睫；D. 异位睫

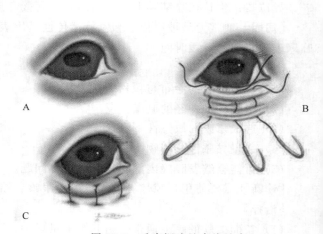

图 22-2　垂直褥式缝合线缝合

开始的进针点应距离睑缘 1～2mm，褥式缝合应有 10～20mm 组织包埋在缝线里。缝线应保留 4 周左右，其间一些患宠需要持续的纠正。

② Hotz-Celsus 切除术：在距离睑缘 1～2mm 处做一个月牙型皮肤切口，月牙内径长度取决于需要纠正部分，并使用 3-0 或者 5-0 缝合线进行结节缝合（图 22-4）。

手术注意要点：

① 需要为继发的眼睑痉挛留出足够的空间。

② 轻微的矫正不足，因为术后伤口收缩会导致眼睑更加翻转。

③ 皮肤切口应当平行于睑缘。

22.1.3　眼睑外翻

眼睑外翻是指睑缘离开眼球，向外翻转，睑结膜不同程度暴露在外，常伴有睑裂闭合不全（图 22-5）。大多数情况下只是影响下眼睑。

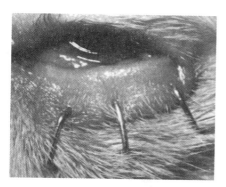

图 22-3　眼睑内翻皮钉固定

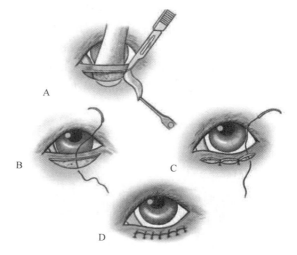

图 22-4　Hotz-Celsus 切除术

[病因]

（1）遗传性面部皮肤松弛而引起结构性眼睑外翻。常见品种有圣伯纳犬、可卡犬、寻回犬。

（2）瘢痕化眼睑外翻，外伤、内翻纠正过度等。

（3）老年性肌张力缺失或者面神经损伤。

（4）一些工作犬的生理性或运动后眼睑外翻被认为是一过性缺损。

[症状]　泪溢，角膜敏感度下降，慢性结膜炎，干眼症。

[诊断]　睑缘离开眼球并引起一系列眼部症状。

[治疗]　外科手术矫正。

（1）Wharton-JonesV-Y 眼睑矫正术　适用于瘢痕性眼睑外翻，可以纠正其形变而不会缩短眼睑长度。距离外翻 1～2mm 处标记一个等边三角形，其中一条边平行于睑缘，另外两条边做皮肤切口，分离并移除三角形皮瓣下方的瘢痕组织，V 形切口以 Y 形缝合，提升眼睑，使睑缘紧贴角膜（图 22-6）。

图 22-5　眼睑外翻

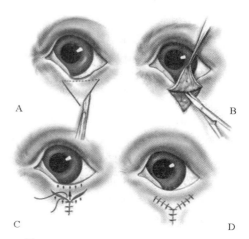

图 22-6　Wharton-JonesV-Y 眼睑矫正

（2）全层三角形楔形切除术　内眦或外眦睑缘处做一个三角形皮肤切口，宽度根据眼睑松弛程度决定，分离并切除皮下组织，结节缝合皮肤伤口（图22-7）。

（3）改良式 Khunt Szymanowski（KS）　此方法固定外眦的同时也缩短了眼睑，适用于明显伴有眼睑外翻。将眼睑处皮肤和肌肉切除一三角形皮瓣，在下眼睑切除一个三角形的睑板结膜瓣以缩短下眼睑，将皮瓣前拉到侧边面部的创口，并切除多余的皮肤（图22-8）。

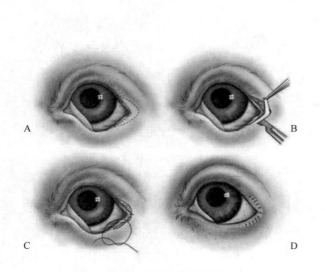

图 22-7　全层三角形楔形切除术

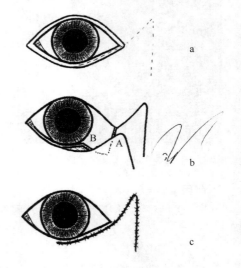

图 22-8　改良式（KS）

22.1.4　睑腺炎

睑腺炎是眼睑腺体的急性、痛性、化脓性、结节性炎症病变。

[病因] 多数睑腺炎为细菌感染。外伤、病原体（细菌、真菌、寄生虫）感染和免疫功能低下等。

[症状]

（1）单侧或双侧眼睑红肿。

（2）较多黏脓性分泌物浸润。

（3）疼痛。

（4）其他并发症　第三眼睑上抬、眼睑内翻、葡萄膜炎、角膜溃疡等。

（5）内眦毛发脱落或者皮肤湿疹。

[诊断] 睑板腺开口扩张，有时会有白色分泌物。

[治疗]

（1）治疗病原体感染的原发病因，阻止进一步恶化。

（2）糖皮质激素治疗炎症，买好头套防止过度抓挠。

（3）冷热交替敷眼睑，帮助睑板腺分泌物排出。

（4）手术排出局部炎症渗出。

（5）使用激素类眼药必须经过专业眼科医生同意，病毒性感染和角膜溃疡时严禁使用。

22.1.5　眼睑炎

眼睑炎是指侵犯眼睑组织的一些炎症疾病，原发病因经常被继发并发症所掩盖。炎症可能是局灶性或者弥漫性，但因为眼睑是高度血管化的，通常有明显的充血和水肿（图22-9）。

图 22-9　眼睑炎

［病因］

（1）寄生虫感染　蠕形螨、疥螨等。

（2）细菌感染　葡萄球菌、链球菌等。

（3）真菌感染　小孢子菌或毛癣菌等。

（4）免疫介导性　季节性过敏、接触过敏、食欲过敏、疫苗或药物过敏等。

［症状］

（1）单侧或双侧眼睑充血和水肿。

（2）较多黏脓性分泌物浸润。

（3）疼痛。

（4）其他并发症　第三眼睑上抬、眼睑内翻、葡萄膜炎、角膜溃疡等。

（5）内眦毛发脱落或者皮肤湿疹。

［诊断］睑板腺开口扩张，有时会有白色分泌物。需要综合判断原发病因，可进一步实验室检测。

［治疗］

（1）治疗病原体感染的原发病因，阻止进一步恶化。

（2）激素治疗炎症，买好头套防止过度抓挠。

（3）冷热交替敷眼睑，帮助睑板腺分泌物排出。

（4）使用激素类眼药必须经过专业眼科医生同意，病毒性感染和角膜溃疡时严禁使用。

22.1.6　第三眼睑腺脱出

第三眼睑腺脱出俗称樱桃眼，指的是第三眼睑腺脱离第三眼睑，向外突出。

［病因］

（1）直接病因　长期炎症腺体增生，肿瘤等。

（2）间接病因　物理刺激（异物、异生睫毛），病原体感染。

［症状］

（1）单侧或双侧内眦有一块肉突出来。

（2）较多黏液性分泌物浸润。

（3）疼痛。

（4）其他并发症　角膜溃疡、第三眼睑上抬等。

（5）时间长会降低角膜刺激敏感度。

［治疗］如果是肿瘤导致的建议手术切除治疗，但是切除第三眼睑腺是最后不得已的选择。因为第三眼睑腺分泌泪液占30%，所以切除后发生干眼症的概率非常高。

间接病因导致眼睑内翻必须检查清楚原发病因，需要配合抗生素、抗病毒治疗，进行第三眼睑腺包埋术使之复位。

手术要点（图 22-10）：

（1）第三眼睑睑结膜侧进针。

（2）首尾留 1～2mm 空隙允许腺体

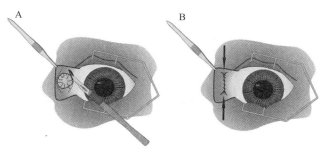

图 22-10　第三眼睑腺包埋

分泌物流出。

（3）中间连续缝合即可。

（4）注意不要伤害到腺体，对软组织尽量温柔。

（5）最后线结留在第三眼睑睑结膜侧。

22.1.7 眼吸吮线虫病

眼吸吮线虫病又叫眼线虫病，是由旋尾目、吸吮科、吸吮属的丽嫩吸吮线虫、加利福尼亚吸吮线虫等寄生虫寄生在犬猫等动物眼部的眼结膜囊及泪管内，引起眼部机械性损伤导致结膜炎和角膜炎。丽嫩吸吮线虫多发生于亚洲地区，在我国多个地区都有出现，又名东方眼线虫，本文中描述的病原是丽嫩吸吮线虫。该病通过中间宿主蝇来传播，其流行规律与虫体发育周期和中间宿主的活动情况相关，具有一定的季节性和地域性，而且与生活习惯也相关。夏季和秋季高热湿润的环境更适合虫体发育。该病偶感染人，也是人兽共患寄生虫病。

[病原] 丽嫩吸吮线虫成虫细长，在眼结膜囊时呈淡红色，半透明，离开寄主后为乳白色。体表角皮除头、尾端外均具有细微横纹，横纹边缘锐利，呈锯齿状，头端钝圆，有角质口囊。雌虫较雄虫大，长度为 6.2～20.0mm，雄虫长度为 4.5～15.0mm。

果蝇为丽嫩吸吮线虫的中间宿主。吸吮线虫雄虫在终末宿主的第三眼睑内产生具有鞘膜的幼虫，幼虫被果蝇吞食，在体内经 2 次蜕皮发育成感染性 3 期幼虫，并移行到蝇的口器内。当蝇舔吮终末宿主眼部时，3 期幼虫就会侵入其结膜囊内，再经过 2 次蜕皮发育成成虫。从感染到成虫产卵需要 35d 左右，其中发育到 12d 时，雌虫尾端弯曲，外形整齐。成虫最长寿命可达 2 年半以上。

[症状] 该病可出现在单眼或者双眼，患畜因为虫体的机械性刺激会出现泪溢，分泌物增多，结膜充血水肿，有淋巴滤泡，眼睑肿胀，眼部不适，动物频繁摩擦眼睛等，呈结膜炎症状。严重者会因为自我损伤或虫体的机械性损伤引起角膜溃疡、角膜穿孔，甚至失明。

[诊断] 在眼内发现虫体即可诊断。当虫体较多时，偶尔可见虫体爬至眼球表面。或者使用丙美卡因局部麻醉后，用棉签翻开第三眼睑，可见寄生于结膜囊内的虫体。

[治疗] 该病的治疗原则是局部物理去除虫体，全身性使用驱线虫药物，对病因进行分析，应进行对因治疗。眼部局部使用丙美卡因浸润麻醉，待虫体麻痹时翻开第三眼睑，用眼科镊取出虫体。全身使用左旋咪唑或伊维菌素可有效地全身性驱虫，此外，使用 10% 吡虫啉和 2.5% 莫西霉素的复方制剂（爱沃克）也能对吸吮线虫犬实现驱虫。对引起结膜炎的动物需要使用局部的抗生素和消炎药。

22.1.8 结膜炎

结膜炎是指结膜出现的炎症反应，临床特征是结膜充血、水肿、分泌物增多，白细胞浸润和有淋巴滤泡。结膜炎是临床上常见的眼科疾病之一。任何年龄、品种、性别的动物都可能出现。当发现结膜充血、水肿时，需要排除眼部其他病因（例如青光眼、葡萄膜炎）导致的结膜红肿后才能考虑为结膜炎。

[病因] 现在已根据持续时间、分泌物性质、症状和病因对结膜炎进行了分类。对病因进行分析，应进行对因治疗。根据持续时间或症状进行分类是进行病因诊断的其中一步。全身性疾病如犬瘟热、猫疱疹病毒病、衣原体病等也可能引起结膜炎，必须考虑这些情况。

（1）细菌性结膜炎　在大多数情况下，犬的细菌性结膜炎继发于眼睑异常或干眼症。细菌性结膜炎通常是由葡萄球菌属引起的，其他革兰氏阳性菌也可引起。但是在正常结膜菌群中也可以发现该菌群，说明导致细菌性结膜炎的菌群是眼部正常菌群过度繁殖。对细菌性结膜炎犬的结膜刮片进行细胞学检查有助于诊断。急性感染中的细胞学可见大量嗜中性粒细胞、少量的单核细胞、大量细菌，并伴有退化的上皮细胞。在慢性疾病中，嗜中性粒细胞仍然是主要的细胞类型，但单核细胞数量更多。此外，可以观察到退化或者角质化的上皮细胞。全面的眼科检查、合适的辅助检查（例如细胞学检查、药敏试验）和适当的治疗（使用广谱的抗生素）可出现快速明显的治疗效果。对局部抗生素治疗无效或仅对局部抗生素治疗短期有效的结膜炎不可能是细菌引起的。应进行眼睑、眼睑边缘和鼻泪管系统的检查，测量泪液量和眼压，进行荧光素染色等查找其他病因。慢性细菌性结膜炎通常与眼睑异常或耳朵和皮肤感染有关；它是全身性炎性疾病的其中一部分，包括全身性皮脂溢、脓皮病和严重的牙周疾病。通常，随着这些其他疾病的控制，结膜的症状也会改善。

在猫、鸟和小型反刍动物中衣原体能引起明显的结膜炎。衣原体可以感染，特别是来源于鸟的衣原体。衣原体引起的结膜炎刚开始可能是单眼的，但通常在初次感染后7d内另一只眼出现症状。通常在初次接触病原时伴有轻度的鼻炎、发热和下颌下淋巴结肿大与眼部症状，但这些症状通常比结膜的症状更快地恢复，而结膜症状会持续较久。结膜水肿是该病的主要症状。如果不加以治疗，疾病可能会持续数月，并且可能会发展为长期携带的状态。衣原体导致的结膜炎可通过其临床症状、接触史、结膜刮片中发现上皮细胞胞浆内出现包涵体和PCR来诊断。

以前曾经认为支原体是猫结膜炎的主要病因。但是，大约90%的正常猫会携带这种细菌，因此它们作为猫结膜炎的病因还有争议。患病的眼睛存在支原体只代表菌群过度生长。

（2）病毒性结膜炎　不同品种的动物均可能会因为病毒感染引起结膜炎。猫结膜炎的最常见原因是疱疹病毒。猫疱疹病毒在大多数被感染的猫中都存在终身携带状态。在猫中至少80%会在三叉神经节内潜伏。应激可能会导致病毒再次活化。初次接触病毒后，病毒会在上皮细胞内出现快速复制并伴有细胞溶解。严重感染时还会在角膜上发现树突状角膜溃疡。结膜的固有层和角膜基质的暴露还会导致组织发生粘连。猫疱疹病毒主要通过病毒复制导致细胞溶解和炎症细胞介导的免疫病理过程引起损伤。首次感染疱疹病毒的猫会大量排毒，因此病毒检测（PCR）相对容易。但是，在慢性感染中病毒潜伏以及某些动物的亚临床脱落使得病毒检测变得困难。

犬病毒性结膜炎的主要病原是犬瘟热病毒，犬腺病毒和犬疱疹病毒也会引起轻度结膜炎。对于犬瘟热病毒，结膜炎通常在早期出现，症状为严重的结膜充血和浆液性分泌物，并伴有扁桃体炎、咽炎、发热、厌食和淋巴细胞减少。在结膜刮片中很难发现上皮细胞中的包涵体，但是可以通过IFA检测病毒抗原，或通过PCR检测DNA病毒。在犬瘟热的晚期，会出现干燥性角膜结膜炎，并导致双眼慢性结膜炎、角膜混浊甚至出现斑痕，并且常继发细菌感染（例如金黄色葡萄球菌）。犬Ⅰ型腺病毒（传染性犬肝炎）和Ⅱ型腺病毒（传染性气管支气管炎）都可引起犬的结膜炎。年龄、疫苗接种史、最近的接触和环境以及全身性症状有助于鉴别腺病毒或犬瘟热病毒感染。

（3）真菌性结膜炎　真菌性结膜炎较罕见，而且通常是慢性的。分泌物的黏稠度相对较高，并会在眼睑边缘周围形成硬皮。该病通常对抗生素或抗生素类固醇治疗效果很小或没有效果。可以通过真菌培养和细胞学进行诊断。当出现该病时，应考虑局部或全身存在免疫缺陷的情况。

（4）寄生性结膜炎　犬猫的寄生虫性结膜炎通常是由丽嫩吸吮线虫感染导致的，上文已详细描述了该病。此外眼睑周围发生寄生虫感染也会引起结膜炎，应仔细检查眼睑是否出现异常。

（5）免疫介导性结膜炎　由于结膜直接接触环境并且含有淋巴样组织，所以可以出现免疫反应。免疫介导性结膜炎中，最具代表性的就是过敏性结膜炎。过敏性结膜炎可能是由于结膜直接接触、吸入或食入抗原而发生的，并且可能出现更为广泛的特异性或过敏反应症状。该免疫反应是由许多不同种类的抗原引起的，并且可以在所有物种中发生。主要的临床症状为眼周红斑和结膜充血、浆液至黏液性分泌物、结膜水肿以及皮肤、爪、鼻腔、耳朵或咽部出现炎症反应。可通过结膜细胞学对过敏性结膜炎进行诊断。并不总能发现嗜酸性粒细胞，但经常可见淋巴细胞和浆细胞。抗原引发炎症后，可能会引发继发性细菌性结膜炎。药物的过敏（如新霉素或氨基糖苷类）也可能会发生过敏性结膜炎。

（6）干性角膜结膜炎　干性角膜结膜炎是指泪液水样层病理性减少引起的 Schirmer 测试结果为 15mm/min 以下，同时伴有眼表病理改变的疾病。多种原因都引起干性角膜结膜炎，自体免疫是造成犬干性角膜结膜炎最常见的原因。除此之外，其他导致干眼症的原因还有外伤、手术切除第三眼睑、犬瘟热感染、神经学异常、放疗和糖尿病，药物如磺胺类和阿托品等也会引起干性角膜结膜炎。初期症状是角膜和结膜的炎症，但随着疾病发展，结膜出现重度充血，角膜出现新生血管、斑痕和黑色素沉着，并且长期出现脓性分泌物。严重的干性角膜结膜炎还会出现失明。

［症状］结膜炎的临床特征是结膜充血、水肿、分泌物增多、白细胞浸润和有淋巴滤泡。结膜充血是结膜炎最典型的临床症状。在临床上，需要将结膜充血和巩膜充血相区分，后者是眼内疾病的一个标准。结膜充血为弥漫性，多会影响到睑结膜或整个结膜。结膜充血常常会伴有结膜水肿。严重的结膜水肿会导致球结膜遮盖角膜，并且会超过眼睑边缘。眼部分泌物最初常常呈浆液性，后期随着疾病加重逐渐变为脓性。除此之外，结膜炎还会引起眼部不适，根据不同病因可表现出不同程度的疼痛，严重还会出现眼睑痉挛。长期慢性地刺激结膜，结膜表面可能会出现不同数量的淋巴滤泡。

［诊断］多种眼部相关的疾病可引起继发性结膜炎，需要进行详细的眼部检查确定原发病。包括 Schirmer 测试确定是否有干性角膜结膜炎，荧光素染色检查角膜是否有溃疡，眼压测量发现眼压是否有异常，裂隙灯仔细检查眼睑、角膜和眼内等是否有异常，观察是否有房水闪辉，眼底检查等排除其他眼部疾病。结膜炎也可能由全身性疾病导致，如犬瘟热、猫疱疹病毒病、过敏等，也需要进行全身性检查去排除。

细菌培养不是确定结膜炎病因的首选诊断方法。在小动物中原发细菌引起结膜炎很少见，而且大多数细菌（衣原体、支原体等）需要特殊的收集和培养条件。因此，很少进行细菌培养，通常是在使用抗生素治疗失败后才进行细菌培养。实际上，培养结果通常是正常菌群中存在的某种细菌或常见病原体。结膜炎未能对抗生素作出反应通常是由于错误的诊断和无法确定病因而导致的结果，而不是抗生素的选择不正确。结膜炎的许多原因都会导致正常菌群的细菌异常增殖或常见病原体生长，因此，不应把分离出的细菌当作结膜炎的病因。

与细菌培养不同，刮片和活检通常对于确定结膜炎的病因和是否为慢性以及指导治疗非常有用。刮片对于确定结膜肿块是否存在恶性指标（如鳞状细胞癌）尤其有用。刮片可检查细胞和细菌的变化以及包涵体。

局部麻醉即可获得小块结膜组织进行活检。隔 5min 局部使用两次局麻药后，应用粘有丙美卡因的棉签轻轻地涂在采样表面。然后用细的镊子将结膜提起，用小剪刀将其切除。减少操作样本以避免人为改变其组织形态。

［治疗］在治疗前，应该进行全面的检查确定病因，在治疗非结膜的疾病后（例如，纠正眼睑缺损），同时进行结膜炎的治疗。

对于眼部有分泌物的动物，清洁眼睛是很重要的。清除的眼分泌物对于防止睑缘炎、眼周皮炎、眼睑或结膜粘连，以及提高舒适度和改善眼药物的渗透性是很重要的。因此，在许多结膜疾病的早期治疗中，使用的清洁、冲洗和热敷眼睑都是有用的辅助治疗手段。但是，清除分泌物并不能替代治疗病因的方法。

局部使用抗生素仅适用于治疗原发性细菌性结膜炎，或者为了限制正常结膜菌群的过度增殖。应选用广谱抗生素或抗生素联合用药。药物选择时考虑其是否在泪膜中起作用，而不必考虑是否能穿透上皮的屏障。

皮质类固醇通常与抗生素一起用于治疗结膜炎。但是，使用皮质类固醇有时是不合理的。通常，在治疗完非结膜疾病后将其用于非感染性疾病。在大多数猫的结膜炎中禁用皮质类固醇，因为大多数疾病（如猫疱疹病毒病）具有传染性。皮质类固醇不应作为结膜炎治疗的常规用药。

甘酸钠、奥洛他定、洛多酰胺和其他肥大细胞稳定剂已被局部用于治疗过敏性和嗜酸性结膜炎。但是，有关这些药物功效的报道不尽相同，并且缺乏对其在动物中的安全性或功效的对照研究。

22.1.9 角膜炎

角膜炎是指角膜的炎症反应。根据其临床症状，可将角膜炎大致分为溃疡性角膜炎、非溃疡性角膜炎。非溃疡性角膜炎又包括色素性角膜炎、慢性浅表性角膜炎和浅层点状角膜炎。不同类型的角膜炎的临床症状、诊断和治疗都是不同的。

（1）溃疡性角膜炎　溃疡性角膜炎即角膜溃疡，任何角膜上皮的缺失都可称为角膜溃疡。角膜溃疡在临床上比较常见。可根据角膜溃疡的深度和根本原因进行分类。确定溃疡的类型和导致溃疡的原因对于治疗角膜溃疡来说至关重要。

根据角膜溃疡的深度分类：包括浅表性角膜溃疡、基质性角膜溃疡、后弹力层膨出和角膜穿孔等。

① 浅表性角膜溃疡：可分为单纯性角膜溃疡、进行性角膜溃疡和复杂性角膜溃疡。成功治疗角膜溃疡需要确定并去除溃疡的诱发原因，确定溃疡的严重程度，并选择合适的治疗方法。需要彻底的眼科检查确定病因或诱导因素。应仔细检查眼睛的睫毛、眼睑结构和功能，以及泪膜是否正常（例如 Schirmer 泪液测试，测定泪液破裂时间）。在进行合适治疗后，溃疡可在 2～6d 内治愈；若未康复，则应重新评估是否存在未发现的病因或诱导因素。单纯性角膜溃疡通常迅速愈合，疤痕形成少。

② 自发性慢性角膜上皮缺损（Spontaneous chronic corneal epithelial defects，SCCEDs）：是指慢性的角膜上皮溃疡而无基质层缺损，并且无法通过正常的愈合过程恢复。有各种术语来描述该疾病，包括惰性角膜溃疡、复发性上皮糜烂、难治性角膜溃疡、拳狮犬溃疡等。SCCEDs 的病理生理过程尚未完全清楚。在发生 SCCEDs 时，角膜基质层表面形成一层无细胞结构的玻璃膜，而原本的上皮基底膜消失，溃疡周围的角膜上皮层于基质层分离，并发生不规则增殖。因此荧光染色在附着力差的角膜上皮下方扩散，可见荧光染色范围与肉眼可见溃疡范围不一致。用棉签轻触角膜，可掀起此处的角膜上皮。患 SCCEDs 的犬最开始时很可能只是由浅表角膜创伤导致的，但如果不进行适当的治疗，病程可能会持续数月。患 SCCEDs 的平均年龄为 8 岁。对于 1～2 周内未治愈的浅表角膜溃疡应考虑 SCCEDs。在对年轻犬进行 SCCEDs 诊断之前，应仔细地检查，排除导致伤口愈合延迟的其他原因。猫也有相同症状的疾病，但其被认为与犬 SCCEDs 不完全相同。

③ 基质性角膜溃疡：是指角膜炎延伸至角膜基质层，并且通常涉及继发性细菌感染，引起基质层破坏（图 22-11）。还有一小部分是由于外伤导致的基质层损伤。复杂的深部溃疡可能会由于角膜瘢痕形成或发生角膜穿孔时引起的前粘连而导致视力受损。基质层的溃疡可分为进行性和非进行性。非进行性的深部溃疡可以进行保守治疗，建议根据细菌培养和药敏试验的结果进行抗生素治疗。在深层角膜溃疡中（溃疡深度大于角膜厚度的 50%），需要进行手术干预。进行性的深层角膜溃疡可能会对视力和眼球造成损害，因此必须进行激进的治疗。应根据细胞学培养和药敏试验结果选择抗生素。如果存在快速的基质层丢失或溶解时，则需要加强局部抗生素治疗，并且在培养结果和药敏试验未出来前经验性使用广谱抗生素。在进行性溃疡性角膜炎的病例中，也建议使用局部胶原蛋白抑制剂。

④ 后弹力层膨出和角膜穿孔：后弹力层膨出是一种深层的角膜溃疡，其中角膜上皮和基质层被完全破坏，仅留下后弹力层和角膜内皮（图 22-12）。后弹力层是坚韧而有弹性的膜，但厚度仅为 $3 \sim 12\mu m$，因此很容易破裂。一旦最后的屏障被破坏，就会发生全层角膜病变、房水丢失、虹膜脱垂。后弹力层被破坏后可能会导致眼内炎，而且对保留眼球和视力的预后较差。后弹力层膨出和角膜穿孔可由深部角膜溃疡或创伤引起。建议对所有深度角膜溃疡均进行细菌培养、药敏试验以及结膜细胞学检查，以帮助选择抗生素。由于后弹力层膨出后容易穿孔，并且具有潜在感染和眼内炎的可能性，因此应尽快进行角膜修复手术。手术前应评估患眼后段的情况，有助于对视力预后的评估。在无法进行眼底检查的情况下，评估对侧瞳孔光反射和炫目反射会提供一些有关预后的信息。对侧瞳孔光反射和眩目反射阳性不能确保眼球后段是正常的。但是缺乏对侧瞳孔光反射和眩目反射，则预后不良，这时应考虑非角膜修复的其他方法，如眼球摘除。大多数后弹力层膨出可以通过结膜瓣成功治疗，但是大多数会形成较大的角膜瘢痕。角膜穿孔也可用结膜瓣和人工补片成功治疗。

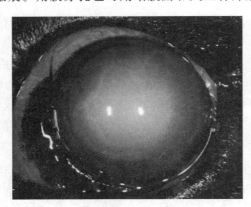 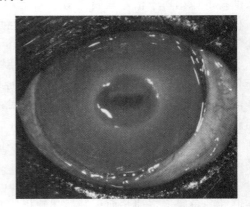

图 22-11　基质性角膜溃疡　　　　　图 22-12　后弹力层膨出和角膜穿孔

⑤ 角膜全层撕裂：犬猫大多数角膜撕裂都是由于外伤。必须在修复角膜之前确定眼部创伤的程度，如果角膜撕裂没有穿透，则没必要进行缝合。前房塌陷、虹膜脱垂、前房积血、前房积脓和明显的角膜水肿可能会阻止全面的眼科检查。对侧瞳孔光反射和炫目反射能提供眼后段的信息。如果可能，应检查晶状体前囊的完整性。如果晶状体囊破裂，可能会发生严重的晶状体诱导的葡萄膜炎和白内障。此时进行晶状体的超声乳化，同时植入人工晶状体和角膜修复能减少术后炎症反应，并有助于维持之后的视力。当发生虹膜嵌顿时，应将嵌顿的未坏死虹膜重新放置回前房中；脱垂时间超过 8h 的虹膜切除。

根据角膜溃疡的原因分类：溃疡性角膜炎的常见原因包括细菌感染、病毒感染、真菌感染以及化学灼伤。

① 细菌性角膜溃疡：完整健康的角膜能高度抵抗细菌感染。如果角膜的解剖和生理防御受到损害，则可能会发生细菌入侵。细菌性角膜溃疡是犬最常见的角膜感染类型。金黄色葡萄球菌、链球菌和铜绿假单胞菌是犬细菌性角膜溃疡最常见的病因。细菌性角膜溃疡的基本病理生理过程是：细菌黏附于受损的角膜表面；细菌侵入角膜上皮和下方的基质层；细菌繁殖；细菌合成加工外毒素、内毒素和蛋白酶；白细胞和炎性介质的进入，进一步损害组织。细菌性角膜溃疡的病情进展通常很快。角膜白细胞浸润和前葡萄膜炎是常见的临床表现。角膜溃疡的细菌感染的诊断基于角膜的细胞学检查和细菌培养。

② 病毒性角膜溃疡：犬疱疹病毒 1（CHV-1）感染可能会导致任何年龄段的犬溃疡性和非溃疡性角膜炎。CHV-1 感染可能会出现点状、树枝样或地理性角膜溃疡。CHV-1 角膜溃疡都是无基质层丢失的浅表性角膜溃疡，除非并发继发性细菌感染。CHV-1 引起的非溃疡性角膜炎较少见，表现为浅表的角膜有环形的新生血管，周围的角膜有白细胞浸润。对于猫来说，角膜溃疡是猫疱疹病毒（FHV-1）感染的第二大常见眼部症状。FHV-1 扩散到角膜上皮时会发生溃疡，除非继发细菌感染，通常溃疡会局限于角膜上皮。早期的角膜溃疡可能具有典型的树突状、分支状或地图样病变。患有 FHV-1 的幼猫可能会同时有角膜溃疡和结膜炎，从而增加了睑球粘连的风险，严重的可能导致失明。疱疹病毒的诊断可通过对角膜或结膜样品进行PCR 检测实现。

③ 真菌性角膜溃疡：在犬猫中很少见，可能有溃疡或无溃疡（图 22-13）。念珠菌相关的病变通常是凸起的，有黄白色或灰白色斑块或溃疡性病变。曲霉菌属感染通常是溃疡性的，角膜基质层出现广泛的炎症和溶解。长期局部使用皮质类固醇激素并具有典型的眼部症状可提示真菌感染，真菌培养和角膜组织病理学检查都具有诊断意义。由于混合细菌感染很常见，因此应在抗真菌治疗的同时进行局部广谱抗生素治疗。在很多情况下，需要进行结膜瓣和浅表角膜切除术，以去除感染的角膜，保护和促进角膜愈合。

④ 溶解性角膜溃疡：是指角膜基质层进行性缺损（图 22-14），使角膜溃疡变得复杂。在正常的角膜愈合过程中，会产生蛋白酶和胶原酶，这些酶有助于从角膜中去除失活的细胞和碎片。角膜上皮细胞、成纤维细胞、粒细胞和某些微生物会产生蛋白酶和胶原酶。在某些角膜溃疡中，这些酶导致角膜基质进行性破坏和快速溶解，表现为角膜基质呈凝胶状外观。急性溃疡性角膜炎伴有进行性融化需要剧烈的局部治疗。该溃疡的治疗原则是消除感染并减少胶原酶和其他蛋白酶对角膜的影响。

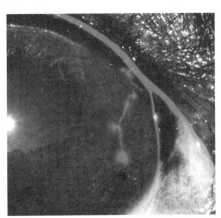

图 22-13　真菌性角膜炎

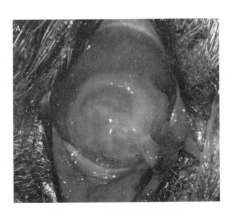

图 22-14　溶解性角膜溃疡

[病因] 角膜上皮的完整性是通过正常的眼睑闭合和上皮细胞的不断更新来实现的。当这个平衡被打破时，就会发生角膜溃疡。可将角膜溃疡的发病原因分为两类：角膜上皮过度缺损和角膜自我保护再生能力减退。角膜上皮过度损伤的原因包括眼睑内翻、睫毛异常、眼睑肿瘤、外伤、异物、感染等。类固醇类等药物、滴眼液的防腐剂等也能引起角膜上皮功能障碍。而角膜自我保护再生能力减退主要是干眼症、眼睑闭合不全、颜面神经麻痹等原因导致眼表环境恶化。

[症状] 当角膜出现溃疡时，角膜会随着疾病的程度和发展情况出现不同的症状，包括角膜水肿、角膜黑色素沉着、角膜有新生血管、角膜斑痕化和角膜溶解等。除了角膜外，角膜溃疡还会引发结膜充血水肿、分泌物增多、房水闪辉和眼睑痉挛。此外根据病因不同，还会出现对应的临床症状，如当异物引起角膜溃疡时可能看到残留在角膜的异物，当眼睑内翻导致角膜溃疡时可见内翻的眼睑，这时要鉴别是结构性的还是痉挛性的。

[诊断] 当发生角膜溃疡时，可进行荧光染色确定角膜溃疡。同时需要进行全面的眼科检查发现潜在的病因。应仔细评估眼睛的睫毛是否有异常，眼睑的结构和功能是否完整，以及泪膜是否有缺陷。当发生角膜溶解和深度角膜溃疡时，需要进行细胞学检查和微生物培养、药敏试验确定下一步用药。对特定病毒或细菌可进行 PCR 检查。

[治疗] 角膜溃疡的治疗方法包括内科治疗和手术治疗。对于单纯浅表的角膜溃疡，需要找到病因并对因治疗，除此之外只需内科治疗即可。对于深度角膜溃疡甚至角膜穿孔，或者是进行性基质性角膜溃疡、角膜溶解等基质层快速丢失的角膜溃疡，除了进行内科治疗的同时还要进行手术治疗。

（1）抗生素治疗　几乎所有角膜溃疡都需要使用抗生素治疗，即使原发性病因并不是感染。当发生角膜溃疡时，很容易出现继发性基质层感染，这会导致角膜溃疡急剧恶化。治疗单纯性浅表溃疡可使用局部抗生素，每天 3～4 次，以预防继发性细菌感染。当发生基质性角膜溃疡时，建议采样进行细胞学检查、细菌培养和药敏试验，根据结果选择抗生素治疗。角膜感染的病原体包括革兰氏阴性杆菌（如铜绿假单胞菌）和革兰氏阳性球菌（如葡萄球菌和链球菌属）。在未进行或已进行这些检查但结果未出的时候，可以经验性给予广谱抗生素。单独使用广谱抗菌药物如最近出现的氟喹诺酮类（例如，莫西沙星、加替沙星），或早期出现的氟喹诺酮类（例如，环丙沙星、氧氟沙星）联合氨基糖苷类（例如妥布霉素）一起使用，除此之外第一代头孢菌素（例如头孢唑林）和三联眼药膏也都是很好的经验性治疗的选择。如果存在快速的基质丢失或角膜溶解时，需要加强局部抗生素治疗，并且在培养结果未出来前使用广谱抗生素，每 1～2h 局部点眼一次。当发生角膜穿孔时，禁止使用眼药膏点眼，这会引起严重的前葡萄膜炎。此外，当出现真菌感染或病毒感染时，除了抗细菌的治疗外，需要针对病原选择抗真菌药物或抗病毒药物进行治疗。

（2）散瞳药　发生角膜溃疡时，角膜表面的感受神经受到刺激后可能会出现反射性葡萄膜炎，可出现缩瞳、房水闪辉、前房积脓、睫状体麻痹等症状。患畜因为疼痛而摩擦眼睛也是加重角膜溃疡的因素之一。局部使用散瞳药能充分散瞳并减轻痛苦。散瞳药禁用于患有青光眼或者继发青光眼的动物。

（3）镇痛、抗炎药　当发生角膜溃疡时，绝对禁止局部使用类固醇类药物，因为会加重感染、延迟角膜溃疡愈合、加速蛋白酶和胶原酶对角膜的破坏。非甾体类抗炎药也会延缓角膜溃疡的愈合，因此错误使用也会加重角膜溃疡甚至导致穿孔。对于伴有角膜溃疡的严重葡萄膜炎的动物，建议全身性使用抗炎药。

（4）胶原蛋白酶抑制剂　在患有角膜溃疡，特别是溶解性角膜溃疡的动物眼中，蛋白酶活性增加。使用胶原蛋白酶抑制剂治疗溃疡性角膜炎，能减缓基质性角膜溃疡的发展，加快上皮的愈合，并能最大程度地减少角膜瘢痕形成。常用的胶原蛋白酶抑制剂包括自体血清、乙酰半胱氨酸、EDTA、四环素类化合物。由于这些药物抑制胶原蛋白酶的机制不同，因此不同种类的蛋白酶抑制剂组合使用是有利的。

（5）对因治疗　对于已找到潜在病因的角膜溃疡，必须对病因进行治疗。例如，对干眼症患畜补充泪液量，对眼睑内翻的患畜进行手术纠正，对异位睫毛进行手术挖除。

（6）外科治疗　手术方法可分为移植手术和缝合手术。移植手术包括结膜移植手术、角膜移植手术和其他组织移植手术。手术需要根据动物的情况、医生的偏好、医院的设备进行选择。现在国内比较偏好的手术是带蒂结膜瓣移植术和角膜结膜移植术。

① 带蒂结膜瓣移植术（结膜瓣遮盖术）：进行结膜瓣手术，可将角巩膜干细胞直接提供给溃疡部位，其分化增殖可为基质再生提供所必需的成纤维细胞和上皮细胞（图 22-15）。此外，还会给予受损角膜机械性保护，提供局部组织血浆并带来抗胶原酶和促进生长因子，以及为全身给药到达角膜提供了一个路径。常用的结膜瓣是带蒂结膜瓣，该结膜瓣较其他结膜瓣来说，对视力影响较小，而且有丰富的血供。

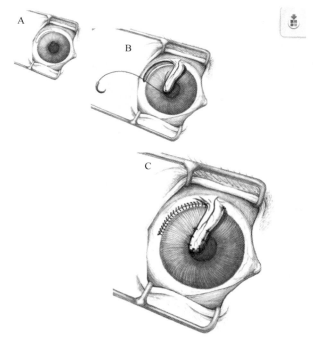

图 22-15　结膜瓣遮盖术

② 角膜结膜移植术：该手术是在溃疡边缘移植一条比溃疡宽度略大的长条角膜瓣膜，该瓣膜连接着结膜向溃疡处移行并覆盖溃疡，然后缝合瓣膜（图 22-16）。该手术的难度较大，但能保持角膜中央相对透明，对视力影响较小。该方法适用于溃疡在角膜中央，并且溃疡边缘保持健康的动物。

（7）自发性慢性角膜上皮缺损的治疗　该疾病的治疗方法是清除未附着的上皮和切开变性的角膜基质。传统的外科方法有点状角膜切开术、格状角膜切开术。比较点状角膜切开术和格状角膜切开术，后者治愈率更高，但更容易形成瘢痕，但两者都有角膜基质溶解和角膜穿孔的风险。金刚砂车针可在进行上皮层清创的同时切除角膜基质层，相对其他的方法来说更加简

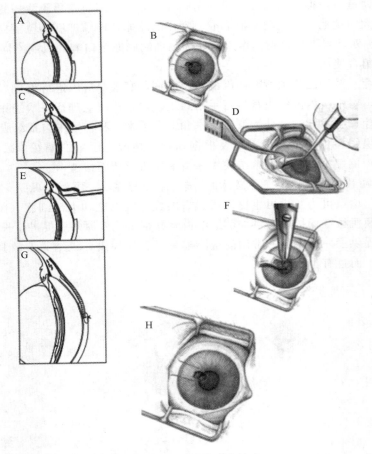

图 22-16　角膜结膜移植术

单、易操作，安全性更高。一般情况下，病程最长的会在 2 个月内痊愈。应该先用棉签充分清除未附着的角膜上皮，之后再进行角膜切开术或金刚砂车针。术后进行第三眼睑遮盖和佩戴角膜保护镜能缓解眼部疼痛，覆盖保护眼睛。

（2）非溃疡性角膜炎　如坏死性角膜炎、色素性角膜炎、慢性浅表性角膜炎和浅层点状角膜炎。

① 坏死性角膜炎：又名角膜腐骨，是猫的特征性疾病，在犬中也有报道。波斯猫、喜马拉雅猫等短吻品种容易发病。

［病因］通常是由于长期角膜刺激或角膜不愈合所引起的。常见与猫疱疹病毒感染、眼睑内翻、眼睑闭合不全等因素相关。猫复杂性角膜溃疡长期不愈合也可能发展为角膜腐骨。

［症状］病变位置一般出现在角膜的中央区域或近中央区域，呈琥珀色或棕色或黑色，有些病例角膜会出现新生血管和肉芽肿。动物还会表现出结膜充血水肿、轻微疼痛、泪溢和流浆液性至黏液性分泌物。除此之外，大多数严重病例会出现缩瞳、虹膜充血、房闪等葡萄膜炎症状。一些病例中，可发现诱导角膜长期刺激的病因，如眼睑内翻、兔眼等。

［诊断］裂隙灯下观察到典型的临床症状可以进行确诊。应仔细进行全面的眼科检查，排除任何潜在的病因，包括眼睑内翻、猫疱疹病毒感染、复杂性角膜溃疡和眼睑闭合不全等。对角膜进行荧光染色，检查溃疡的大小和是否有复杂性角膜溃疡。应在所有荧光染色和局部眼部

用药前采集样本，进行病原学检查。

[治疗] 角膜腐骨最基本的治疗方法是手术切除。但对于浅表的、无明显疼痛的角膜腐骨，可选择保守治疗。局部使用抗病毒药和角膜保护药治疗，直至病灶自然脱落。但病灶脱落可能需要数月，并且需要定期复查，观察病情有无发展。腐骨脱落时可能会引起角膜穿孔，尤其是深至基质层的腐骨。手术切除坏死的角膜，根据切除的角膜厚度确定是否进行结膜瓣移植术或角膜结膜移植术。当切除角膜厚度小于全角膜厚度 1/3 时，可以不需要结膜瓣移植术，可自行愈合。当切除角膜厚度大于全角膜厚度 1/2 时，建议进行结膜瓣移植术或角膜结膜移植术。

② 色素性角膜炎：犬的慢性角膜刺激会引起色素性角膜炎（图 22-17）。角膜色素沉着可能是角膜对慢性角膜炎的非特异性反应。一些短吻的品种更容易出现显著的角膜色素沉着。

[病因] 色素沉着经常与慢性角膜炎和角膜血管形成有关。色素性角膜炎通常是多因素疾病，最常见原因包括：双行睫、异位睫、鼻褶处倒睫、眼睑内翻、眼睑外翻、干眼症和短吻犬的睑裂过长引起长期角膜暴露导致的角膜慢性刺激。

[症状] 局灶性角膜色素沉着通常在这些犬的鼻侧角膜开始出现，之后以不同的速度在眼部表面上爬行。角膜色素沉着是由于角巩膜缘的黑色素细胞向角膜迁移，并且黑色素颗粒在角膜上皮细胞内沉积导致的。

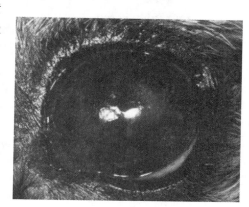

图 22-17 色素性角膜

[诊断] 裂隙灯下观察到典型的临床症状可以进行确诊。应仔细检查导致角膜长期慢性刺激的诱因。

[治疗] 治疗的目的是阻止进行性色素沉着并纠正诱发原因。矫正眼睑内翻或眼睑外翻，除去异常的睫毛，以及去除部分鼻褶皮肤通常可以防止色素沉着。在短吻的品种中，外科手术如去除内眦的异常皮肤、矫正眼睑内翻、进行外眦或内眦成形术等通常都能阻止疾病发展。由于干燥性角结膜炎是造成弥漫性色素性角膜炎的常见原因，因此应对这些犬进行泪液量评估。如果纠正了诱发因素，建议手术切除色素性角膜，但色素和角膜瘢痕的复发通常影响该治疗的成功。局部用环孢素，皮质类固醇和他克莫司常用于治疗色素性角膜炎。

③ 慢性浅表性角膜炎：又称为慢性浅层角膜炎、德国牧羊犬血管翳等，是指上皮下血管和肉芽组织浸润到角膜，并蔓延到基质层表层角膜（图 22-18）。慢性浅表性角膜炎是典型的血管、淋巴结、血浆细胞和黑色素从颞侧角巩膜缘开始到基质表层的角膜炎，可导致上皮下肉芽组织色素化（图 22-19）。该病常见于德国牧羊犬、有相关血统的杂种犬和灵缇犬。该病好发的年龄范围在 3～6 岁，最小可发生在 9 月龄，最大发生在 10 岁。一般年龄越小，病情越严重。

[病因] 慢性浅表性角膜炎的具体病因不明确。但目前的研究表明该病是具有遗传性的免疫介导性疾病。高原地区的发病率高或许是因为紫外线使角膜抗原性发生了改变。在该病中未发现存在细菌、衣原体和病毒的证据。

[症状] 随着病情的进展，慢性浅表性角膜炎会有不同的临床症状。在初期，先在耳侧后鼻侧角巩膜缘出现结膜充血，之后出现角膜新生血管，同时周围伴有白色或结晶状基质混浊。最终，角膜全范围出现新生血管、色素沉着，可导致动物失明。个别动物会涉及第三眼睑，出现增厚和色素沉着。

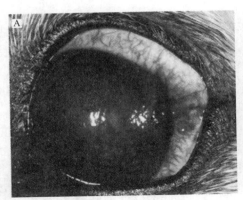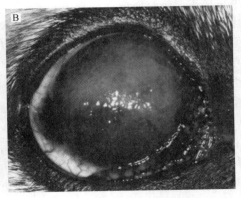

图 22-18　左图为轻微的慢性浅表性角膜炎，右图为严重的慢性浅表性角膜炎

[诊断] 可通过特征性临床表现进行诊断。需要与色素性角膜炎、干眼症、角膜溃疡的肉芽反应以及鳞状细胞癌相鉴别。

[治疗] 慢性浅表性角膜炎可以通过内科治疗和外科手术的方法进行控制，但无法治愈，需要终身治疗。初始治疗时通常需要局部使用皮质类固醇点眼，每天 3～4 次，持续 3～4 周，然后减少点眼频率。应对长期使用皮质类固醇的犬进行眼部感染或角膜溃疡的监测。除此之外，局部使用环孢素和吡美莫司也可以用于治疗该病。对于单纯地局部使用皮质类固醇或环孢素、吡美莫司效果不明显时，可联合用药。对于治疗效果不明显的病例，还可以采用结膜下注射皮质类固醇类药物、软 X 线照射、β 射线照射等。对于因角膜中央色素沉着而导致失明的严重病例，可能需要进行浅表角膜切除术，但有可能会复发，并可能需要再次进行角膜切开术。角膜切除术后应加强药物治疗，进行 β 射线照射或 X 射线软照射，以防止或延迟复发。

④ 浅层点状角膜炎：浅层点状角膜炎又称为浅表性点状角膜炎、浅在性点状角膜炎。在喜乐蒂牧羊犬和长毛腊肠犬中最常见，其他品种也有发现。

[病因] 该病的发病机制尚不清楚，但有人提出浅层点状角膜炎是免疫介导的或营养不良性角膜疾病。患病的腊肠犬的角膜活检报告显示为淋巴细胞性浆细胞性炎症。喜乐蒂牧羊犬的浅层点状角膜炎与喜乐蒂牧羊犬角膜营养不良的关系尚不清楚，但它们可能是相似的。

[症状] 临床上表现为多发性、点状或圆形、灰色上皮性的角膜混浊，可能会出现角膜溃疡。该病是双眼的，病变通常是对称的。当发生溃疡时，犬可能会表现出不适的症状（例如，泪溢和眼睑痉挛）。随着病情的发展，炎症病灶会出现结晶沉着和弥漫性角膜水肿、色素沉着和视力丧失。

[诊断] 可通过临床表现进行诊断。

[治疗] 主要是局部使用环孢素或皮质类固醇结合局部抗生素进行治疗。对治疗的临床反应通常很快。由于浅层点状角膜炎无法根治，必须长期控制病情。长期使用环孢菌素维持治疗可预防角膜溃疡复发。

22.1.10　白内障

白内障是指晶状体囊或晶状体发生混浊而使视力发生障碍的一种疾病（图 22-19）。犬、猫、兔均可发生。

[病因] 临床上白内障可分为先天性和后天性两类。先天性白内障因晶体及其囊膜先天发育不全所致，常与遗传有关。已知大部分犬白内障为遗传性，并通过基因检测查明部分品种犬的遗传方式。后天性则常因前色素层炎、视网膜炎、青光眼继发、角膜穿孔、晶状体囊破裂、

长期 X 射线照射、糖尿病、铊中毒、长期使用皮质类固醇药物等诱发。老年宠物因晶状体退行性变化以及机体新陈代谢下降、房水营养成分改变等均可导致出现白内障。

［症状］白内障发病时间不同，其临床症状表现均不一致。但目前眼科学界通常认为其发展分为四期：初期白内障、未成熟期白内障、成熟期白内障和过度成熟期白内障。

（1）初期和未成熟期白内障 晶体及其囊膜发生轻度病变。呈点状混浊或放射性条状混浊，或"Y"字样缝，晶体皮质吸收水分而膨胀，大部分晶状体皮质表现透明，强光照射下有明显眼底反射，不会出现视力下降或仅受到轻微影响，临床上主人难以发现。通常是兽医在体检时不经意间检出，检查时需用检眼镜或笔灯等眼科照明工具方能查出。

（2）成熟期白内障 此时晶状体整体呈现不透明混浊状态，皮质因为大量吸水而肿胀，几无任何清晰区域可见（图 22-20）。用强光灯照射不可见眼底，眼底反射消失。临床上则表现为单侧或双侧瞳孔中央部呈乳白色，视力明显减退，前房比正常浅，无法用检眼镜检查眼底，如果发生时间较长则往往伴有前色素层炎。随着视力的丧失，动物活动减少，行走谨慎，容易碰撞物体或跌倒。即使在熟悉环境内也碰撞物体。通常主人亦会于此时选择进行白内障手术。

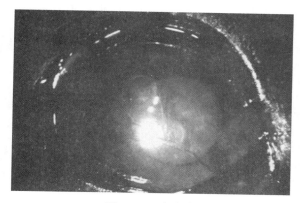

图 22-19 白内障

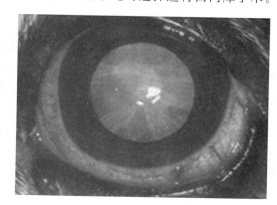

图 22-20 成熟期白内障

（3）过成熟期白内障 此期晶状体可能会出现囊袋破裂继而出现晶状体囊内物质渗出，晶体核体积缩小、囊膜往往出现皱缩，或皮质出现液化分解，晶体核下沉。患眼失明，前房加深，裂隙灯或者检眼镜检查晶状体前囊可见皱缩。此期亦会因为晶状体蛋白渗出而继发青光眼。此期白内障也可见悬韧带撕裂甚至断裂等情况，并出现晶体不全脱位或全脱位。

［治疗］药物治疗一般无效。如为核性白内障，可滴用散瞳剂，以改善视力。对于糖尿病性白内障，在水分快速吸收期和晶体蛋白变化之前，控制血糖，可减轻晶体混浊，但最终不能避免晶体全混浊，可试用吡诺克辛钠滴眼液。

白内障目前多采用手术疗法治疗。宠物临床常用的手术方式包括白内障晶状体囊外摘除术、晶体超声乳化术和白内障切开取出术等。在此重点介绍白内障晶状体囊外摘除术和晶体超声乳化术，其为治疗宠物白内障最常用手术。

（1）动物选择 术前应详细检查患眼，使用托吡卡胺或阿托品点眼并对比点眼前后瞳孔的变化，因瞳孔对光反射正常不能排除视网膜疾病。对光反射慢或不完全可能是视网膜变性（尤其是玩具犬和微型犬）的证候。使用散瞳药后，瞳孔散大不良或不全，常是前葡萄膜炎的指征。只要有前色素层炎症状，则须控制好前葡萄膜炎后再做白内障手术。眼底检查对手术的动物的选择相当重要，任何有视网膜变性或进行性视网膜萎缩者，须与主人充分沟通后才施行白内障手术，否则不应行晶状体摘除术。

检查眼球和视力、眼压，对决定能否手术也是很重要的一个步骤。一般来说，眼压低提示患有前色素层炎；眼压高则提示已经存在青光眼，不应简单施行白内障手术，可在眼科专科医师指导下行白内障青光眼二联术。

动物的视力丧失很多时候是因为白内障导致眼底接收光线的减少才导致视力下降、视力丧失的，但这并不是绝对的，视力丧失也有可能是因为视乳头或者视神经甚至脑部疾病等引起，所以需要全面而严格的眼科检查后才做出诊断。多数宠物眼科医生只有证实动物视力是因为单纯白内障导致时才予以手术治疗。一般来说，动物的白内障刚达到成熟期而未到过成熟期这个阶段是手术最佳时期，因为白内障在成熟期后会引起晶状体介导性葡萄膜炎，会对手术成功率造成很大的影响。

（2）术前用药　术前1～2d滴用1%阿托品溶液，每日1～2次，使瞳孔充分散大，有助白内障摘除，术前24h全身应用皮质类固醇，如泼尼松龙每千克体重2mg，静脉输注，可明显减少术后炎症的发生；术前或术中应用布洛芬每千克体重5mg，可镇痛消炎。也可以使用美洛昔康或者非罗考昔等药物，止痛效果更好。

（3）手术方法　动物全身麻醉，行仰卧保定，头向一侧倾斜45°，可用海绵垫垫高头部以便术者操作。

① 开睑：用开睑器撑开眼睑，切开外眼眦，充分暴露眼球，并在上直肌附着处和第三眼睑各做一根牵引线，有助固定和暴露眼球。

② 做一以角膜缘为蒂的结膜瓣，便于保护创口和防止感染机会。在眼球9时至3时位置、距角膜缘5～6mm切开结膜，分离至角膜缘，见到"蓝色带"即可。

③ 切开眼球壁：在角膜巩膜处或靠近角膜缘，无结膜瓣处，做半周（160°～180°）切口。先做一小的切口，用手术刀尖（或剪）与虹膜平行刺入。如能顺利进入前房，再扩大切口。然后，在切口两端各安置一根预置线。

④ 摘除晶体：用宽头有齿镊经前房伸至下角膜缘，紧贴晶体前囊膜，张开镊头将其夹住提起，并轻轻旋摆，撕断赤道处的囊膜，将晶体前囊膜大部分取出。再用晶体匙和晶体圈匙分别在6时和1时位压迫角膜下缘和切口上缘，使晶体皮质和核完整地脱出。

⑤ 冲洗前房：用灭菌生理盐水冲洗前房，除去残留的皮质。用虹膜恢复器整复虹膜。

⑥ 闭合创口：用6-0可吸收线结节缝合创口，针距1.5mm左右，缝线需包埋在结膜下。经一端切口注入灭菌空气或生理盐水，恢复前房。最后连续缝合结膜。

术后向术眼滴入醋酸可的松青霉素溶液（每毫升含可的松10mg、青霉素1000U）。佩戴眼绷带。以后每日于术眼滴入上述溶液3次，术后3～4d内肌内注射青霉素和链霉素各200万单位。

每日更换眼绷带。5～6d拆去结膜创口上的缝线。为了预防粘连，可滴入1%硫酸阿托品滴眼液。

而在最近几年，宠物市场上白内障超声乳化术已经慢慢普及，该手术用时短，效果好。对于仅因为白内障而引起视力下降的动物是目前最好的手术方式。

白内障超声乳化术：

手术方法：动物全身麻醉，建议用呼吸麻醉，使用软垫或者真空枕保定头部，仰卧保定。术眼应提前剃毛和散瞳。

消毒：使用0.05%聚维酮碘清洗结膜囊和角膜，然后用生理盐水冲洗，重复3次。

使用超声乳化仪调整好各种参数后，利用角膜穿刺刀、隧道刀在术眼11点位置透明角膜或角巩膜缘2mm处做一自闭切口，通过穿刺刀制造一密闭切口进入前房。向前房注入透明质酸钠等黏弹剂撑开瞳孔并维持前房深度。使用撕囊镊在晶状体囊袋中央部撕开一长度约3mm囊瓣，并根据习惯逆时针或顺时针撕开一约6.5mm直径圆形囊膜。撕开囊膜后更换超声乳化头进入前房并根据晶状体核硬度调整超声乳化仪参数。可使用挖槽、水平劈核法或垂直劈核法把混浊的晶状体核劈成4份或者更多份的小块，然后通过超声乳化把晶状体核吸出清除。当把晶状体核吸除干净后需要更换为注吸手柄吸除残留在囊袋周边部的晶状体皮质，这些皮质残留的多少会影响术后眼前房的干净程度。

根据术前测量的晶状体囊袋大小植入相应大小的人工晶状体。目前无论是人还是动物大多数都使用折叠式人工晶状体，植入人工晶状体可保证术后动物眼部视力可以恢复到最佳状态，但也有部分动物因为白内障发生时间过长导致晶状体囊袋皱缩无法植入，或者因为一些其他原因导致无法植入人工晶状体的，其术后视力会相对差一点，也更容易发生玻璃体脱离和视网膜脱离等并发症。对动物无晶体眼的术后监测需要更密切。

植入人工晶状体后，再次用注吸手柄吸除干净残留的黏弹剂并用8-0或9-0缝合线缝合切口。如使用角膜缘切口的，术后角膜可能会有部分白色瘢痕残留。

术后护理：术后每天需要监测眼压，有可能出现一过性高眼压，部分犬种可能会比其他犬种更容易出现青光眼和视网膜脱离。术后一月使用双氯芬酸钠、玻璃酸钠等药物滴眼，一天4～6次。全身及局部使用皮质类固醇消炎药类药物可使炎症发生概率大大减少，但糖尿病性白内障禁用。同时建议术后长时间使用抗生素以便减少细菌感染可能。

同时动物需要减少应激，控制咳嗽和耳部疾病，减少动物自身瘙痒或抓挠等因素造成眼部损伤。尤其是猫的白内障手术更需要严格监控。

22.1.11 青光眼

青光眼是由于眼房角阻塞、眼房液排出受阻等多种病因引起眼内压增高，进而损害视网膜和视神经乳头的一种症状（图22-21）。某些品种犬的发病率较高。

正常犬眼压为2.0～3.6kPa，同一犬两眼眼压差异不超过0.667kPa。影响眼压的因素很多，但眼压主要是靠房水量保持相对恒定，即房水的产生和排出保持动态平衡，不致眼压过高或过低。房水的产生有主动和被动两种，前者是由睫状突上皮及其复合酶系统产生，后者则通过滤过、超滤、渗透及扩散作用而产生。房水先进入

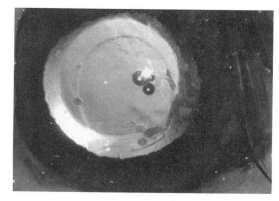

图22-21 青光眼

后房，经瞳孔进入前房，再经前房角的小梁网，最后进入巩膜间静脉丛，进入全身循环。若房水通道任何一部分受阻，均会导致眼压升高。

[分类与发病机制]

（1）原发性青光眼 多因眼房角结构发育不良或发育停止。引起房水排泄受阻、眼压升高。犬原发性青光眼与遗传有关，但其遗传类型多数不明，提示可能属多基因遗传，可受环境或多因子的影响。猫罕见，但波斯猫和暹罗猫较易发生；晶体增厚、虹膜与晶体相贴、瞳孔散大、内皮增生等均可使前房变浅、房角狭窄，妨碍房水排泄，也可引起眼压升高。多数原发性青光眼两眼发病，但不同时发生。且以闭角型青光眼多见。可突然发作，出现急性青光眼综合征，也可缓慢进行性发生。眼压增高达数年，其病情不知不觉加重。少数品种犬如比格犬开始

发生开角型青光眼，为单纯的隐性性状遗传，以后转为闭角型。

（2）继发性青光眼　多因眼球疾病如前色素层炎、瞳孔闭锁或阻塞、晶体前移位或后移位、眼肿瘤等，引起房角粘连、堵塞，改变房水循环，使眼压升高而导致青光眼。

（3）先天性青光眼　房角中胚层发育异常或残留胚胎组织、虹膜梳状韧带增宽，阻塞房水排出通道。犬出生时先天性青光眼罕见。

至于其发病原因除以上发生的机制外，嗜视神经毒素的中毒、维生素 A 缺乏、近亲繁殖等也可引起青光眼。此外，急性失血、性激素代谢紊乱和碘不足，可能与青光眼的发生有一定关系。

[症状]　本病可突然发生，也可逐渐形成。早期症状轻微，表现泪溢、轻度眼睑痉挛、结膜充血。瞳孔有反射，视力未受影响。眼轻微或无疼痛。眼压中度升高（4～5.2kPa），眼部触诊异常硬。视网膜及视神经乳头无损害。随着病情发展，眼内压增高。眼球增大，视力大为减弱，虹膜及晶状体向前突出，从侧面观察可见到角膜向前突出，眼前房变浅，瞳孔散大，失去光反射能力。滴入缩瞳剂（1％～2％毛果芸香碱溶液）时，瞳孔仍保持散大，或者收缩缓慢，但晶体没有变化。在暗室或阳光下常可见患眼眼底的绿色或淡青绿色反光。发病的最初角膜通常是透明的，但是发展到后期则出现角膜水肿，变成毛玻璃状，并比正常的角膜要凸出些。也有部分角膜在青光眼中后期出现哈布氏纹（图 22-22）。

晚期眼球显著增大突出，眼压明显升高（＞5.2kPa 或 IOP＞35），指压眼球坚硬（图 22-23）。瞳孔散大固定，光反射消失，恐吓反射消失。散瞳药不敏感，缩瞳药无效。角膜水肿、混浊，晶体悬韧带变性或断裂，引起晶体全脱位或不全脱位。检眼镜观察眼底可见视神经乳头萎缩、凹陷，视网膜变性或呈现大面积泛白，视力完全丧失。较晚期病例的视神经乳头呈苍白色。两眼失明时，动物会转向使用双耳倾听周围声音，运步谨慎，或乱冲乱窜，甚至撞墙或者因过于疼痛性格出现改变，攻击咬人。

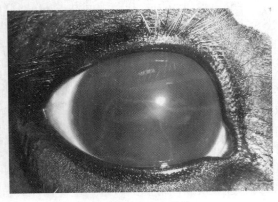

图 22-22　哈布氏纹

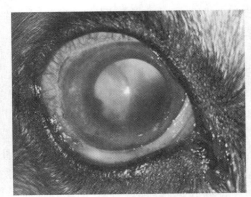

图 22-23　青光眼晚期

[治疗]　目前没有特效治疗方法，可采用下列措施。

（1）高渗疗法　可通过升高血液渗透压，以减少房水，降低眼压。可用 20％甘露醇每千克体重 1～2g，缓慢静脉滴注，30min 内输注完成，须同时限制动物饮水。也可用 50％甘油每千克体重 1～2g，口服。用药后 15～30min 产生降压作用，维持 4～6h。必要时 8h 后重复使用。但对于有严重心脏疾病和肾脏疾病的动物，禁止使用。

（2）应用碳酸酐酶抑制剂　这类药物可抑制房水的产生和促进房水的排泄，从而降低眼压。常用药为二氯磺胺、乙酰唑胺和甲醋唑胺。一般来说，用药后 1h 眼压开始下降，并可维持 8h。可任选其中一种，口服，每日 2 次，剂量为二氯磺胺每千克体重 10～30mg，乙酰唑胺每千克体重 2～4mg，甲醋唑胺每千克体重 2～4mg。

（3）应用缩瞳剂　可开放已闭塞的房角，改善房水循环，使眼压降低。可用 1%～2% 硝酸毛果芸香碱溶液滴眼，或与 1% 肾上腺素溶液混合滴眼。最初每小时 1 次，瞳孔缩小后减到每日 3～4 次。一般主张先用全身性降压药，再滴缩瞳剂，其缩瞳作用更好。

（4）β肾上腺素抑制剂　噻吗洛尔滴眼液一日两次，倍他洛尔滴眼液一日两次，布林佐胺滴眼液一日两次，犬早上使用效果更佳，拉坦前列素，一日两次，但在前葡萄膜炎未受控制时需慎用。而对于单侧眼先发病的，对侧眼也建议预防性地滴用倍他洛尔等β受体阻断剂，可以起到延缓发病的功效。

（5）手术治疗　用药 48h 后不能降低眼压，可考虑使用手术以便房水得以排泄。

① 虹膜嵌顿术：目的是把虹膜嵌入巩膜切口两侧，建立新的房水眼外引流途径，使房水流入球结膜下间隙，而减少眼压。

开睑和固定眼球：用开睑器撑开眼睑。做上直肌牵引线，使眼球下转。

做结膜瓣：在眼 12 点方位、距角膜缘 10mm 处，用弯钝头剪平行于角膜缘剪开球结膜，长 12～18mm。切除筋膜囊，并沿巩膜面分离至角膜缘。

切开角膜缘：用尖刀沿角膜缘垂直穿入，做一长 8～10mm 的切口。并沿其切口后界切除巩膜 1～2mm。以扩大其切口，有助房水的排出。

取出虹膜：当角膜缘和巩膜被切开后，房水可自行流出，虹膜亦会脱出切口处。如不脱出，可用钝头虹膜钩从切口进入钩住瞳孔背缘，轻轻拉出创外。

虹膜嵌顿：虹膜引出后，用有齿虹膜镊各夹持脱出的虹膜一侧，并将其提起，轻轻做放射状撕开，形成两股虹膜柱。然后，将每股虹膜柱翻转，使色素上皮朝上，分别铺平在切口缘两端。为防止虹膜断端退则前房，可用 6-0 铬制胶原缝线分别将其缝合在巩膜上。

清洗前房：如前房有血凝块和纤维素，可用平衡生理溶液冲洗或用止血钳取出。为减少血凝块和纤维素沉积，冲洗液中加入稀释过的肾上腺素溶液（1：11000）和肝素溶液（1～2U/mL）。

缝合结膜瓣：用 6-0 铬制胶原缝线连续闭合球结膜瓣。

术后：局部和全身应用抗生素，连用 1～2 周，防止感染和发生虹膜睫状体。如炎症严重，可配合使用皮质类固醇类药。局部交替滴用 10% 新福林和 2% 毛果芸香碱溶液，保持瞳孔活动，防止发生术后粘连。若因炎症导致瞳孔不能恢复正常状态，可滴 1% 阿托品溶液。

② 睫状体分离术：手术目的是将睫状体与巩膜突分离，在前房和结膜下腔构成一个通道。这个通道向前进入虹膜睫状体上腔，再经巩膜上的开口进入结膜下腔。房水从前房流入脉络膜上腔和经巩膜流入结膜下腔而使眼压降低。手术方法如下。

开睑和固定眼球：同虹膜嵌顿术。

做结膜瓣：在眼球 12 时方位，用钝头弯剪沿角膜缘后方切开球结膜，做一以结膜弯隆为蒂的 10mm×10mm 的结膜瓣。切除筋膜囊，暴露巩膜。

切除巩膜：距角膜缘后方 4～5mm，并平行于角膜缘切除一块 3mm×8mm 的巩膜。注意不要损伤睫状体。用针尖电烙止血。

剥离睫状体：用睫状体分离器自切口伸入前房，在睫状体与巩膜间进行分离。向内向外转动分离器，使通道扩大 8～10mm。

缝合结膜瓣：同虹膜嵌顿术。

术后护理：同虹膜嵌顿术。

经巩膜睫状体冷冻术和睫状体激光光凝术：巩膜睫状体冷冻术和睫状体激光光凝术都是需要有专业仪器，其中睫状体冷冻术需要有二氧化碳冷冻仪在巩膜缘 3～5mm 位置作 12～20 个冷冻点，每个冷冻点需要维持一段时间以便通过冷冻破坏在该位置的睫状体，让其不再产生房水。而睫状体激光光凝术也是一样，需要围绕患眼 360°进行激光光凝，但需要注意的是术眼 3 点和 9 点位置是睫状体和虹膜血管最为丰富的位置，该位置不建议进行激光光凝和冷冻。

除了虹膜嵌顿术和睫状体分离术，目前在小动物上应用较广的还有青光眼引流阀、青光眼引流钉等术式。

青光眼引流阀和青光眼引流钉植入术：手术目的是植入一个管道，在前房和结膜下腔形成一个房水流出通道。这个通道向前进入虹膜睫状体上腔，再经巩膜上的开口进入结膜下腔。房水从前房流入脉络膜上腔和经巩膜流入结膜下腔而使眼压降低。手术方法如下（图 22-24）。

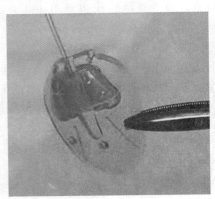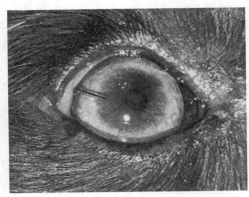

图 22-24　青光眼引流阀和青光眼引流钉植入术

开睑方式和眼球固定方式：在眼球 1 点到 3 点、4 点到 5 点、7 点到 9 点、10 点到 11 点选一个位置，作一深达角巩膜缘 10mm 的结膜囊袋，用眼科钝剪分离干净附着在结膜上的结缔组织。用丝裂霉素 C 处理结膜囊约 2min 后用生理盐水冲洗 5min，把准备好的引流阀取出并用 10-0 不可吸收缝线把引流阀固定于巩膜表面，固定好后，在角巩膜缘用隧道刀作一个 1/2 厚度约 1mm×2mm 的巩膜瓣，用穿刺刀或 1mL 针头平行穿刺进入角膜，然后用配制好的 TPA 溶液注入引流阀管道开口端，直到引流阀阀门端流出清亮液体，这是使引流阀初始化的必要步骤，也是青光眼引流阀植入术成功与否的关键步骤。初始化后，根据角膜大小剪除引流阀开口端管道，仅保留离角膜缘大约 2mm 的长度就足够，不能过短也不能过长，过短容易滑出或接触虹膜，过长则容易损伤角膜内皮。把引流阀开口端插入眼前房，然后用 8-0 或者 10-0 不吸收缝线缝合巩膜瓣并固定引流阀管端于巩膜上。再用 6-0 可吸收缝线缝合结膜囊袋。

术后护理与前面所述青光眼手术一样，需用各种眼药水维持眼压使眼压处于正常范围，为控制炎症可局部或全身应用皮质类固醇消炎药类滴眼液，止血止痛可以使用 TPA 和美洛昔康等药物。

紧急处理：在紧急情况下也可以行前房穿刺放出房水。方法：动物镇静或麻醉后，常规消毒眼球表面及球结膜使用 27～30G 的注射针头平行虹膜穿刺刺入前房，放出 0.2～0.5mL 房水（图 22-25）。穿刺后需要滴抗生素滴眼液以及玻璃酸钠滴眼液以减少眼内炎的可能，但穿刺次数和房水抽吸不宜过多，否则容易造成眼内细菌感染。前房穿刺后眼压会临时性下降，但一般维持低眼压状态不会超过 24h，除非青光眼的原发原因被解除，否则仍可能会持续出现高眼压。

姑息治疗：在主人无法承受外科手术或动物身体条件不适合手术时，可以考虑姑息治疗，以便减轻动物疼痛。镇静动物后向玻璃体区域注射庆大霉素25mg和地塞米松注射液1mg，通过注射庆大霉素破坏睫状体分泌房水的功能而实现降低眼内压的效果，但一般这种眼压降低的效果比较缓慢并且不太确定，有部分犬只可能需要注射1~2次才会完全破坏睫状体的房水分泌功能。

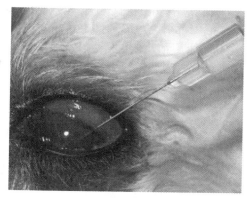

图 22-25　前房穿刺

22. 1. 12　鼻泪管阻塞

泪液不能经鼻腔排出而使其从睑缘溢出的，泪道阻塞是最常见的原因。

[**病因**] 可分为先天性和后天性两种。

（1）先天性　先天性泪点缺如、狭窄、移位或结膜皱褶覆盖泪点、泪小管或鼻泪管闭锁及眼睑异常即睑内翻，均可引起本病。

（2）后天性　常与结膜炎、泪道炎及外伤有关。上呼吸道感染、上颌牙科疾病可继发鼻泪道炎症。或泪道长期受慢性炎症刺激，泪道上皮细胞出现肿胀、组织增生、瘢痕形成，从而引起泪道狭窄或阻塞。另外，某些小型玩具犬，如迷你贵宾犬、西施犬等鼻梁处毛发也会刺激或阻塞泪道引起泪溢。

[**症状**] 临床上鼻泪管阻塞都以泪溢为特征。如为泪点先天性异常，则幼犬幼猫在断乳后几周或数月即出现泪溢，可单眼或双眼发生，有棕色或红褐色泪染痕迹，无任何疼痛症状；如为泪道炎症所致的阻塞，除眼内眦有泪溢，也表现疼痛、肿胀、炎性分泌物等。严重者，伴有化脓性结膜炎、眼睑脓肿等。

[**诊断**] 根据临床症状和病史可作出初步诊断。仔细寻找患眼内眦睑缘处泪点，尤其下泪点。若无异常，可进一步检查。

（1）荧光素染色试验　将动物头抬起，用1%荧光素溶液滴满结膜囊。然后将头放低，观察鼻孔，3~5min内明显可见黄色染液排出，则为鼻泪道通畅。但此法并不十分可靠，因有30%正常犬排入咽后部，故可能得出阴性结果。

（2）鼻泪管冲洗试验　宠物患眼滴入数滴局麻药后，将4~6号钝头圆针或用泪道导管经上泪点插入泪小管，缓慢注入生理盐水。如液体从下泪点、鼻腔排出或犬、猫有吞咽、逆呕或喷嚏等动作，证实鼻泪道通畅。

（3）鼻泪管造影　经泪点注入造影剂进行X线摄影，对证实鼻泪管有无阻塞很有价值。

[**治疗**] 根据病因，采用不同的治疗方法。

炎症早期，多用药物治疗。如泪道已形成器质性阻塞，需施行相应的手术疗法。下泪点缺如或泪点被结膜皱褶封闭，可采用泪点复通术。在压迫上、下泪小管汇合处远端，于上泪点用力注入生理盐水，迫使下睑缘接近眼内眦处隆起，即为下泪点位置。再用眼科镊提起隆起部组织，将其切除，即下泪点复通。术后患眼应用抗生素和皮质类固醇类眼药膏（水），连用7~10d，防止人造泪点瘢痕形成而阻塞。因炎症引起的泪点或泪小管狭窄或阻塞，可采用鼻泪道冲洗法，除去阻塞物质，配合抗生素、皮质类固醇治疗，预后良好。当泪囊或鼻泪管阻塞冲洗无效时，可施行泪道插管术，即从泪点插入一根尼龙线穿过泪道从鼻孔出来，再把管径适宜的聚乙烯管套在尼龙线上，由尼龙线将导管引出泪道除去尼龙线，其导管置留于泪道内。导管两末端分别固定在泪点和鼻孔周围组织。2～3周后，除去导管。如此法无效，可根据泪道阻塞程度，施行泪囊鼻腔造瘘术、结膜鼻腔造瘘术及结膜颊部造瘘术等。

如泪道阻塞是继发性的，则需增加局部或全身性抗生素进行治疗，如滴妥布霉素滴眼液、左氧氟沙星滴眼液或者口服拜有利、麻佛微素等。

22.1.13 视神经炎

视神经炎是一种十分严重的眼科疾病，常导致动物双眼突然失明。犬较猫更为多见。

[病因] 多数病例发病原因不明。但也有部分病因是损伤和感染，可见于眼球突出、球后脓肿或肿瘤等占位性疾病、犬瘟热病毒或猫传染性腹膜炎病毒感染、弓形体病、芽生菌病、隐球菌病等。尤其临床上常见的外伤性眼球脱出导致的视神经损伤、视神经撕脱、虹膜炎、脉络膜视网膜炎常可继发视神经炎。

[症状] 急性双眼失明是本病的典型特征。临床表现为双眼凝视、瞳孔散大、固定、丧失光反应。眼底检查有时可见视乳头充血、肿胀、边缘模糊不清，视乳头周围视网膜剥离。该病通常不累及眼的其他结构。如为眼球突出导致的视神经损伤，则在超声下可见到脱出眼球后下方视神经的损伤或撕脱性损伤症状。且伴有眼球脱出后的眼球充血、出血、水肿、损伤的症状。

[诊断] 因该病无明显特异性，所以须做细致的全身检查。尤其是其他脑神经和外周神经功能状态的检查有助于本病的诊断。脑脊液的病理学、细胞学和血清学的检验可能提供一些可辨别病因的依据。

[治疗] 迅速减轻或消除炎症，防止视神经变性和视力的不可逆性损害。口服泼尼松每千克体重1～3mg，每天2次，连用3周。配合应用复合维生素B和广谱抗生素。若在发病后2周内能采取治疗，视力恢复的可能性较大，常在给药后24～48h内视力得到改善。若3周后没有改善，则预后不良，给药应逐渐减少至完全停止。对于视网膜血管曲张狭窄或高血压的动物可配合给予血管扩张剂。

22.1.14 视网膜炎

视网膜炎通常是系统性感染性疾病的眼部表现，这些全身性疾病也能影响视力功能，通常视网膜炎发病比较隐蔽，除非损伤范围较大或者累及视神经，否则在日常情况下难以被察觉（图22-26）。

[病因]

（1）感染性　通常存在于患犬瘟热、全身真菌感染的犬或猫，猫弓形虫、结核杆菌、猫传染性腹膜炎等全身性疾病都可以导致视网膜出现萎缩退化。

（2）血管性　因为视网膜球后血管或者巩膜脉络膜血管炎导致的视网膜缺血或者视网膜下积血出血。

（3）遗传性　部分品种犬猫在青幼年时会陆续出现视网膜病变。

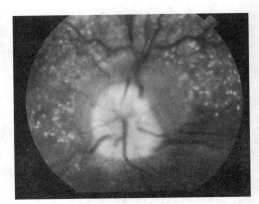

图22-26　视网膜炎

[临床症状] 视网膜通常表现出局部反射亢进，或者形成一边界清晰、中央部位模糊的圆形病灶，或者斑块。

[治疗] 目前无明显有效的治疗方案，仅能对有部分遗传倾向的动物品种进行基因筛查。而对于已经出现视网膜炎或者视网膜损伤的动物可短期给予全身糖皮质激素进行抗炎治疗，长

期则需提供维生素 A、叶黄素等可营养视网膜的辅助性药品。

22.1.15　前色素层炎

前色素层炎又称前葡萄膜炎。一般把虹膜、睫状体、巩膜等组织的炎症统称为前葡萄膜炎（图 22-27）。

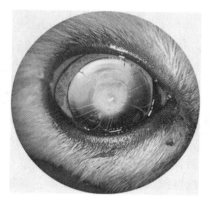

图 22-27　前色素层炎

[**病因**] 通常病因复杂。但大部分由内源性和外源性两种因素引起。

（1）内源性　病原体及有毒物质经血液循环穿透血房水屏障进入前色素层，诱发本病，前色素层炎是多种全身性疾病的重要症状。这些疾病包括犬钩端螺旋体病、链球菌病、犬传染性肝炎、猫传染性腹膜炎、犬瘟热、猫白血病、组织胞浆菌病、球孢子菌病、芽生菌病、隐球菌病、弓形虫病、犬埃利希氏体病、介导和迟发性过敏反应及自身免疫性疾病等。

（2）外源性　常见于眼外伤、眼穿透伤、眼手术或房水穿刺等。邻近组织炎症如角膜炎、结膜炎、异物、肿瘤或眼热损伤等也会波及前色素层。

[**症状**] 可单眼或双眼发生。按发病快慢亦可分为急性和慢性两种。急性前葡萄膜炎，临床症状一般表现为泪溢、眼睑痉挛、畏光、视力减退、角膜水肿、混浊和血管增生、球结膜水肿和充血等。因疼痛，睑裂变小。眼球凹陷，第三眼睑脱出。前房混浊，有纤维素性渗出物，呈半透明絮状，严重时前房积脓。虹膜充血、肿胀，炎性细胞浸润，呈暗褐色，纹理不清。慢性的，虹膜萎缩、变薄、呈透明样。瞳孔缩小，对光反应迟钝。更严重的，并发虹膜前、后粘连，青光眼和白内障等。

[**治疗**] 一旦发现本病，应立即使用散瞳药，防止虹膜粘连和恢复血管的通透性，减少渗出，解挛止痛等。常使用 1% 阿托品滴眼，开始每小时 1 次，以后可减少用药次数，维持瞳孔散大。与此同时，配合应用皮质类固醇类消炎药，如滴用醋酸氢化可的松眼药水，每 2～4h 滴眼 1 次。或球结膜下注射地塞米松 1～2mg，每日 1 次。此外，可结合应用非皮质类固醇消炎药，如一些前列腺素拮抗剂等。为促进渗出物的吸收和消炎，可外用热湿敷疗法，每日 2～4 次。

如能查明病因，按病因进行治疗。可大大缩短病程，对减少该病反复复发尤为重要。

22.1.16　眼球脱出

眼球脱出多因宠物打斗引起挫伤，或挤压眼眶、耳根部引起（图 22-28）。犬、猫均可发生，其中短头品种犬如北京犬、西施犬等因眼眶较大更易发生。

[**症状**] 眼球脱出轻度的，眼球外鼓于眼睑外不能自行缩回，严重的整个眼球脱出悬挂于

睑外，球结膜血管充血，挫伤引起的伴有局部淤血、血肿，有不同程度的损伤，出血。时间较长的可见突出的眼球发紫，有的眼球前房积血。伴有球结膜、角膜的损伤。

眼球脱出会出现以下严重病理变化，因涡静脉和睫状静脉被眼睑闭塞，引起静脉淤滞和充血性青光眼；严重的暴露性角膜炎和角膜坏死；引起虹膜炎、脉络膜视网膜炎、视网膜脱离、晶体脱位及视神经撕脱等。建议术前做眼部超声检查巩膜及视网膜等是否出现结构性异常再行眼球复位手术。

图 22-28　眼球脱出

[治疗] 轻度脱出的，经麻醉后，用含抗生素生理盐水冲洗，用湿纱布衬托按压复位。也可用 7 号不可吸收性缝合线水平纽扣状分别缝上下眼睑，然后以缝线牵引提拉上下眼睑。再以湿的灭菌纱布轻轻压迫眼球使其复位，眼睑施以假缝合。也可进行手术复位。宠物全身麻醉，从眼外眦至眶韧带做外眦切开术，以扩大睑裂，便于眼球复位。用湿的灭菌纱布轻轻压迫眼球，使其退回至眼眶内。随后做第三眼睑瓣遮盖术以保护角膜和加强眼睑缝合。然后上下眼睑对合做睑板固定术。做 4 针水平纽扣状缝合。缝线在最后搭接前应穿上乳胶管，以免缝线压迫睑缘造成切割伤。最后，闭合眼外眦切口，有眼球结膜或角膜创伤的，可适当加以处理。

术后全身应用广谱抗生素。眼睑内滴阿托品、皮质类固醇类和抗生素眼药膏和药水。眼睑缝合一般 7d 拆线，如肿胀明显或未减退的可延至 10～15d 拆线。术前眼内斜肌撕裂的术后常伴发斜视，这在术前要跟主人沟通好。多数犬、猫在术后 3～4 个月可相对恢复到正常的视轴，也有的见有角膜干燥和视神经萎缩等后遗症。伴有角膜损伤、角膜炎的可按病情配合治疗。如眼球脱出过久，眼内容物已挤出或内容物严重破坏，视神经撕脱或损伤严重无法恢复视力，脱出眼球创伤严重，因眼球炎导致眼球及眼位内已感染化脓的，不宜做手术复位，此时需行眼球摘除术。

22.1.17　眼球摘除术

眼球摘除术适用于严重穿孔、眼球脱出、眼内肿瘤、难以治疗的青光眼、眼内炎和全眼球炎等疾病。

眼球摘除术有经结膜眼球摘除和经眼睑眼球摘除两种，常用经结膜眼球摘除术。犬、猫全身麻醉，配合眼球周围浸润麻醉或球后麻醉。眼眶周围皮肤及眼睑剃毛、消毒，眼球表面及结膜穹窿用消毒溶液彻底冲洗干净。

用开睑器撑开上下眼睑。如小型玩具犬等睑裂较小等动物为扩大睑裂，可切开眼外眦 1～2cm。用组织钳夹持角膜缘在其外侧球结膜上做环形切口。用弯剪顺着巩膜面向眼球赤道分离筋膜囊，暴露 4 条直肌和上下斜肌的止端。用斜视勾勾起，在靠近巩膜缘将其剪断。向外牵引眼球，剪断眼退缩肌。接着用弯钳沿眼球壁滑向眼后部钳住视神经索，在眼后壁与止血钳间（远离眼后壁）将其剪断。这样，眼球即可被摘除。将眼球移去，在钳夹处结扎视神经束。眶内有出血，可结扎或压迫止血，眶内暂时填塞消毒纱布块或骨蜡等止血。

为防止术后眶内形成囊肿、瘘管，影响创缘愈合，需做第三眼睑和泪腺及眼睑缘切除术。先用镊子向外提起第三眼睑，将其包括第三睑腺全部切除。再剪除上下眼睑。彻底止血后，取出眶内纱布。

最后，闭合眼眶：第一层，上、下眼直肌和内、外直肌及其眶筋膜做对应缝合，也可先放置硅酮假眼减少眶内腔隙，再予缝合；第二层，上、下结膜和筋膜囊对应缝合；第三层，闭合上、下眼睑。

术后护理及治疗：开始因眶内出血、肿胀，切口及鼻孔可流出血清样液体，3～4d后则减少。局部温敷可减轻肿胀和疼痛。全身应用抗生素和皮质类固醇类药3～5d。术后7～10d拆除眼睑上的缝线。

22.1.18　晶状体脱位

晶状体脱位有全脱位和不全脱位（晶状体半脱位）两种。该病是由于悬韧带上的睫状小带先天性发育不全、松弛无力或因眼球严重钝性损伤，使悬韧带断裂（图22-29）。脉络膜，特别是睫状体肿胀时脱位发生较缓慢，在渗出物的压迫下同样发生睫状小带的破裂。此外，由于眼球的伸张，如巩膜葡萄肿、结膜水肿和巩膜肿瘤的压迫等也可引起机械性脱位。

本病所有品种犬均可发生，但更常见于梗类品种犬，如凯恩犬、曼彻斯特梗、迷你雪纳瑞梗和硬毛梗等。其可能与遗传缺陷有关。本病也可继发于青光眼（牛眼）。

[症状] 晶状体全后方脱位，脱入玻璃体内，眼房变深，无临床症状或伴发眼的炎症。

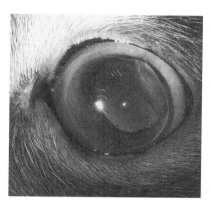

图 22-29　晶状体脱位

晶状体全前方脱位，脱入眼房，眼前房变浅，症状明显，常伴发青光眼、角膜炎及前色素层炎。

晶状体不全脱位时，可见瞳孔内晶状体赤道部呈半月形，大部分伴有虹膜震颤。

[治疗] 晶状体全前方脱位或不全脱位需施行晶状体摘除术。晶状体全后方脱位一般不需手术治疗。

22.1.19　玻璃体疾病

（1）玻璃体内出血　眼在外伤性因素下，挫伤、创伤时，玻璃体可继发性出血，血管、角膜色素层与视网膜的损伤也可引起。当这些组织发生炎症时，或出现新生物或动脉硬化时也可能发生。进入玻璃体内的血量由少量不多的出血到完全渗透到眼内的出血。同时眼前房也往往发生出血和积血。

[症状] 少的出血，当光线进入时，可见有不大的暗的浮游于玻璃状体内的混浊形式。来自视网膜的出血通常位于深处。由脉络膜睫状体引起出血，是在玻璃体的前层、晶状体的后面。

大多数情况下，大量的出血泛发地贯穿玻璃体，因此使眼底的检查无法进行。此时当散大瞳孔，应用斜映光照射时，有时可看见位于晶状体后面的血液，血液的色泽根据出血的时间，变动于红-黑-褐色之间，大的出血在光线照射时呈暗的黑色。

[预后] 根据原因、出血量的大小与出血的时间，预后有所不同，不大的出血可能在8～12d内吸收；较多的、泛发的出血可能需20～30d甚至更长才慢慢吸收。当大出血时，血液的部位可能局限于结缔组织内。

[治疗] 应先确定出血的基本原因，局部温敷，使用温热绷带、热水袋，用狄奥宁滴眼，结膜下注射3%～5%氯化钠，使用碘化钾、碘化钠滴眼。

（2）玻璃体脱出与移位　玻璃体由眼球经巩膜或角膜的贯通创而脱出称为玻璃体脱出。当无晶状体或晶状体移位时，发生玻璃体侵入前房内，叫作玻璃体移位。通常，脱出于创伤后立即发生，而移位则缓慢发生。

［症状］脱出发生时可见有或大或小的玻璃体经巩膜创伤或角膜创口脱出。当角膜创伤时，往往虹膜会一并脱出。当玻璃体移位进入眼前房内，常与角膜胶着、粘连，而使角膜出现混浊，脱出时视力消失，移位时它同样或大或小出现障碍。

［预后］玻璃体脱出恢复较为困难。

［治疗］在由于巩膜创伤引起玻璃体脱出时，易于发生眼球内的感染而发生化脓性全眼炎，必须及时使用抗生素等以控制感染。巩膜的创伤应及早使用 6-0 号可吸收线加以修补。

玻璃体移位时治疗无结果。

22.2　耳病

犬的耳朵由外耳、中耳和内耳三部分组成，既是听觉器官又是平衡器官。其中，外耳由耳郭（pinna）和外耳道（external auditory meatus）构成；中耳由鼓室（tympanic cavity）、鼓膜（tympanic membrane）和三块听小骨（auditory ossicles）及其所附属的肌肉韧带构成；中耳及咽鼓管（auditory tube）与咽相通；内耳由膜迷路（membranous labyrinth）组成，包裹在颞骨的岩部中。内耳兼具有听觉和平衡的功能，而外耳和中耳则是声波收集和传导的器官。

22.2.1　耳壳血肿

外耳（external ear）是漏斗形的软骨板。其作用是接收声波，并将声波经外耳道传至鼓膜，鼓膜位于外耳道的底部，构成内耳的侧壁；耳郭两面覆盖皮肤，皮肤与软骨膜紧密相贴，耳郭十分灵活，其活动可自主控制。耳郭的形状因品种而异，变化甚大。耳郭软骨（auricular cartilage）上有许多小孔，可供血管通过。覆盖耳郭内表面（凹面）的皮肤与软骨紧密相贴。耳郭软骨凭借一块环状软骨（annular cartilage）附着在颞骨的外耳突（external acoustic process）上。环状软骨较小，长约 2cm，管径在 5～10mm。

耳壳血肿是指在外部因素作用下耳壳血管破裂，血液及渗出液等液体积聚在耳郭皮肤与耳软骨之间形成的肿胀。

耳壳血肿多发生在耳郭内侧，偶尔也发生在外侧。犬、猫都有发生，而犬发生耳壳血肿的概率更大。而耳壳血肿对立耳的犬或猫影响较大些。

［病因］

（1）机械性因素　犬、猫等在玩耍或打斗时，容易造成血管破裂，从而形成耳壳血肿。

（2）病源性因素　因耳朵长时间未保持良好卫生条件，滋生疥癣、虱、耳螨等后，犬、猫因耳朵瘙痒导致犬、猫摇头晃耳、摩擦患耳而造成耳郭性和耳郭内血肿。

［症状］一般临床表现为耳郭出现肿块，用手碰触耳朵时会感到耳郭部位温度略高些。早期时按压会有波动感，后期严重时肿块会较硬，按压会出现疼痛。

患犬生命体征基本都正常，饮食、日常生活基本不会有变化。

立耳的犬特别容易发现，如马里奴阿犬、德牧犬；而垂耳犬，如史宾格犬、金毛犬等品种，因耳郭下垂，耳郭被毛覆盖，相对较难被发现。

［诊断］根据耳郭的现状变化、形成肿块，基本可以诊断为耳壳血肿。肿胀处充满血液、

细胞渗出液等液体。

[治疗] 治疗原则：消除病因，对症治疗，加强饲养管理。

（1）消除病因 在临床上，发现犬只患有耳壳血肿时，可通过观察耳道的卫生状况来确定病因。如是耳螨导致的血肿，要及时清洗耳道，包括内耳郭、耳道，清除耳朵内残留的分泌物和杂质，同时进行耳螨治疗；如是机械性病原，则进行人为隔离，防止再次与其他犬只或动物发生打斗。

（2）对症治疗 对耳壳血肿的治疗，可通过乳头管、软导尿管或静脉注射导管等软质管以手术引流的方式进行。可配合口服低剂量糖皮质激素抗炎进行同步治疗。血肿严重者则要采用手术的方法治疗（图22-30），但同时手术对立耳犬的影响特别大，很容易造成垂耳现象，影响动物美观性。

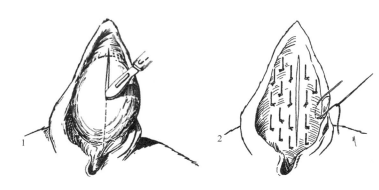

图 22-30 耳壳血肿手术方法

（3）加强饲养管理 在日常生活中，要加强主人的安全意识，提前防止犬只之间或与其他动物之间的打斗行为；要加强主人的卫生习惯，定期检查耳道及耳郭的卫生情况，并及时清洁，防止耳螨的滋生。

22.2.2 耳撕裂创

耳的撕裂创（laceration）是指在外力作用下，导致耳郭部分形成开创性的伤口。轻者受伤耳郭仅为一裂口，重者有组织缺损、甚至耳郭部分或完全断离。

主要有耳郭断裂、耳软骨撕裂、耳郭内外贯通等几种形式。犬只因常打斗、玩耍、兴奋性高，而常发生该病。

[病因]

（1）机械性 动物在兴奋状态下，由于受到锐器的作用，造成耳部的撕裂性伤口。犬只常见该病。

（2）其他 动物在玩耍或打斗过程中，由于受到牙齿的作用，造成耳部的撕裂性伤口。

[症状] 耳郭耳道撕裂伤是耳外伤的一种临床表现。耳郭外伤可单独发生，亦可伴发于邻近组织的外伤，以挫伤和撕裂伤多见。

[诊断] 撕裂创主要发生在耳郭或基部部位。通过肉眼极易判断。

[治疗] 如果是简单的撕裂创，且创口污染不严重，通常可以完全愈合，创口应在闭合前进行彻底清洗，清除杂物和异物。如果撕裂创口严重，或被严重污染，创口的一期愈合可能会不显现，被污染的创口处可设置引流管后闭合或保持开放性创口进行处理。

外伤后应早期清创缝合，尽量保留耳郭组织。

术后可用抗生素防治感染。如耳郭及软骨组织同时小面积缺损，可做边缘楔形切除再对位缝合；如耳郭大块缺损，软骨尚完整，可用耳后带蒂皮瓣或游离皮瓣修复。如耳郭完全断离，应及时将其浸泡于含有适量肝素的生理盐水中，尽早对位缝合。

术后如发现水肿或血泡，要及时切开排液。

22.2.3　外耳炎

外耳炎（external otitis）是耳郭、外耳道及其周围皮肤的上皮细胞的急性或慢性炎症。外耳道都有可能发生外耳炎，其特征多样，如红肿、水肿、皮脂或渗出物增加以及上皮组织脱皮，一般伴随疼痛和瘙痒。该病是犬、猫等小动物的常见病，多见于耳大下垂和长毛的犬种，确定病因是治疗的关键。

[病因] 外耳炎的病因主要有以下几类：

（1）原发因素　是直接导致耳炎的疾病，包括寄生虫（如疥螨、耳螨、蠕形螨等）、异物（凝结的耳蜡、药物）、肿瘤、超敏反应（如过敏性皮炎、接触性皮炎）、甲状腺功能减退症、自身免疫性疾病。

（2）次要因素　如细菌、真菌感染，使原发性因素更加复杂化。

（3）诱发因素　是导致犬、猫发生耳炎的因素，有先天因素（如耳郭、耳道先天性狭窄、多毛等）、环境因素（如游泳犬）、器械性因素（如外耳道的损伤等），外耳道细微环境的变化都可能会影响或改变机体原有的分泌物和微生物的平衡体系，从而导致感染。

常见致病菌为金黄色葡萄球菌、假单胞菌、绿脓杆菌和变形杆菌等。

耳部清洁、犬只游泳时外耳道进水、化脓性中耳炎长期脓液的刺激是其诱因。

[症状] 临床表现为动物不安、摇头频繁，抓耳等；耳痛、灼热或出现体温升高，可流出少量分泌物。检查亦有耳郭牵拉痛及耳部按压痛。外耳道皮肤出现红肿、外耳道壁上积聚分泌物，外耳道腔变窄。

[诊断] 及时了解特征描述和皮肤病史。病史可提示为急性、慢性或复发性外耳炎。急性发病主要由寄生虫或异物引起，慢性外耳炎则倾向于激素性、过敏性疾病或肿瘤。所以，完整的系统或皮肤检查非常必要，能为该疾病的诊断提供重要线索。

此外，也要检查耳外部，要注意红肿、水肿、结痂、鳞屑、溃疡等病变。对每一个病例除耳镜检查外（应检查耳道变化、皮肤病理变化、耳道分泌物数量和种类、寄生虫、异物、肿瘤及鼓膜变化等内容），还要进行皮肤碎屑、伍德灯检查、真菌培养等操作。

必要时，应在耳镜检查前，先从耳道内提取微生物进行无菌培养，以进行细菌培养、药敏试验等。

[治疗] 治疗的总体原则为：预防为主、清理耳道及耳郭、对症用药。

（1）对原发性引起的外耳炎，要及时清理耳道，清除异物（如毛发、草芒），并保持耳道干燥。耳部疼痛的动物，必要时可进行局部或全身麻醉，用具有抗菌作用的洗液冲洗耳道及耳郭。如鼓膜破裂，要采用温和的清洁剂来进行清洗，可用生理盐水、氯乙定磺琥辛酯钠或0.1%苯扎溴铵（新洁尔灭）反复冲洗耳道。

（2）药物治疗　应对外耳炎病因进行明确且有针对性的治疗。在治疗急性细菌性外耳炎时，可抗菌剂和皮脂激素联合使用，以增加治疗效果；对于大多数慢性外耳炎病例或疑似的中耳炎病例时，应考虑全身治疗。对于严重的遗传性过敏性皮炎或特发性脂溢性皮炎病例，可能需要全身性使用糖皮质类固醇激素治疗。

该病治疗时间因个体而异，直到痊愈。作为主人，应该知道保持耳朵清洁的重要性，保持耳道的干燥和良好的通风，防止水侵入耳道；剪掉耳道内部和外耳道周围的毛发，以提高通风、降低耳部潮湿度。

22.2.4 中耳炎、内耳炎

中耳炎（otitis media）是以鼓室积液及传导性耳聋为主要特征的中耳炎症。中耳积液可为浆液性漏出液或渗出液，也可称为黏液。中耳炎可分为急性和慢性两种。慢性中耳炎可因急性中耳炎未得到及时与恰当的治疗，或由急性中耳炎反复发作、迁延转化而来。

内耳炎也称"迷路炎"，是鼓室的一种炎症，即炎症损伤前庭蜗神经，可引起耳聋或平衡失调。内耳炎又分为局限性迷路炎（aircumscribed labyrinthitis）、浆液性迷路炎（serous labyrinthitis）和化脓性迷路炎。

中耳炎及内耳炎常同时或相继发生，大多数中耳炎和内耳炎都由严重的外耳炎所致。中耳、内耳结构图（图 22-31）。

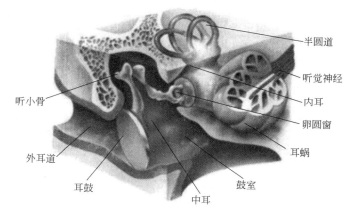

图 22-31 中耳、内耳结构图

[病因] 常见致病菌多为变形杆菌、绿脓杆菌、链球菌、假单胞菌、金黄色葡萄球菌等，其中，革兰氏阴性杆菌较多见，可有两种或以上细菌混合感染。

内耳炎可能的病因有：

（1）病毒感染 患病后血清测定，单纯疱疹、带状疱疹病毒效价都有显著提高。

（2）前庭蜗神经（第Ⅷ脑神经）遭受刺激 前庭神经遭受血管压迫或蛛网膜粘连，甚至因内耳道狭窄而引起神经缺氧变性，因激发神经放电而发病。

（3）病灶因素 可能存在自身免疫反应。

（4）糖尿病 糖尿病可引起前庭神经萎缩，导致反复眩晕发作。

[症状] 动物除出现摇头、转圈、在地面上蹭耳，共济失调等可见性症状外，还伴有下列症状，但需细心、谨慎检查：

（1）听力减退 主要为传导性聋、自听增强。头位前倾或偏向健侧时，因积液离开蜗窗，听力可暂时改善。积液黏稠时，听力可不因头位变动而改变。因对声音反应迟钝，工作犬或参赛犬常出现注意力不集中，会影响训练和作业进度。

（2）耳痛 起病时可有轻微耳痛，慢性患畜耳痛不明显。

（3）其他 还表现眩晕、呕吐、平衡失调等症状。其中，化脓性迷路炎为化脓菌侵入内耳，引起迷路弥漫性化脓病变。本病内耳终器全被破坏，其功能全部丧失。

[诊断] 患中耳炎或内耳炎的动物通常警觉性高、不发热、食欲良好。在动物患有呼吸系

统疾病、慢性耳部感染或耳异物时，同时表现出中耳炎或内耳炎典型症状，应及时检查动物耳道。若出现膨出、脱色或鼓膜破损时即可确诊为中耳炎。如果诊断出一侧患有临床型中耳炎或内耳炎时，应及时对另外一侧的耳部进行检查及治疗。

根据病史及临床表现，结合听力检查，诊断一般不难。

诊断方法有：听力检查、内镜检查或视频耳镜检查、影像学检查。如果定位合适，应用放射显影技术也可检查出鼓室内鼓泡和鼓室内流体的硬化性病变。

听力检查：体位影响听力，改变头位时，耳内有响声；或在站立位和坐位时听力下降，而在卧位时听力有提高。

内耳炎的主要症状是以前庭功能紊乱为主的以下症状，比如平衡失调、恶心、呕吐。尤其是眩晕，经常反复发作，有时可持续数分钟到几小时。常用的诊断方法有瘘管试验：当骨迷路由于病变坏死时，向一侧外耳道加、减压时，会影响迷路从而出现眩晕等症状。在进行瘘管试验时要注意以下几点：检查前禁止剧烈运动；检查结果为阴性，则并不能排除瘘管的存在。

[治疗] 在病程的早期开始时，对中耳炎或内耳炎的治疗最成功。清除中耳积液，控制感染，清除病灶，改善中耳通气引流及病因治疗为本病的治疗原则。

(1) 鼓膜穿刺抽液 在无菌操作下从鼓膜前下方刺入鼓室，抽吸积液。必要时可反复穿刺，也可抽积液后注入糖皮质激素类药物。但鼓膜穿刺因操作不当或操作过于频繁时，也可能会造成听力下降或永久性损伤。

(2) 鼓膜切开术 液体较黏稠时，鼓膜穿刺不能吸尽时，应作鼓膜切开术。用刀在鼓膜前下作放射状或弧形切口。注意勿伤及鼓室内壁黏膜，鼓膜切开后应将鼓室内积液全部吸尽。

抗生素或其他合成抗菌药。如头孢拉定（cephradine）0.5g，4 次/d；氧氟沙星（ofloxacin）0.1～0.2g，3～4 次/d；氨苄西林 50～150mg/(kg·d)，静注；或羟氨苄西林（amoxycillin）口服，0.15g，3～4 次/d。糖皮质激素类药物如地塞米松或泼尼松等口服，作短期辅助治疗。

当感染耳螨时，应适当配合全身性抗寄生虫剂进行治疗。外用杀螨剂可以滴注已清洁的外耳道。如果可以，可根据微生物培养及药敏试验结果，对细菌感染选用合适的抗菌药物进行治疗。如病例确诊为化脓性中耳炎或内耳炎时，可能需要通过切除鼓室囊骨的办法来加以治疗。

如果耳漏或出现外耳炎时，除了使用抗菌剂、驱虫剂外，也可使用碘液、双氧水等对外耳道进行清洁。如果存在角膜溃疡、耳血肿和并发感染，应在治疗的同时，佩戴伊丽莎白项圈，以避免动物进一步的自我伤害。

对于严重的、慢性的或无反应的病例，应告知主人即使感染得到解决，仍可能会出现持续的神经系统障碍和听力损伤。所以，畜主要加强卫生知识，提高对本病的认识，定期对动物进行耳朵健康检查。

22.2.5 犬耳整容成形术

从历史的发展看，最初对犬耳的整形手术是从医学角度开始的，原因是犬耳发生外伤，然后进行修补。现在对于犬耳的修整并不是单纯因为病理上的原因，主要是为了犬的美观，或者迎合主人的意愿。但是，从爱护动物的角度，有些国家，特别是欧洲国家，提倡禁止这类手术。对于这类手术的必要性，现在仍是兽医界争论的热点。

[适应证] 有些犬因耳郭软骨发育异常而引起耳下垂，称为"断耳"，如德国牧羊犬，影响了该犬的美观和品种的质量（图 22-32）。另外，个别犬只在后天的生活中因打斗或机械性造成犬耳损伤时，也不要做犬耳整容修正手术。

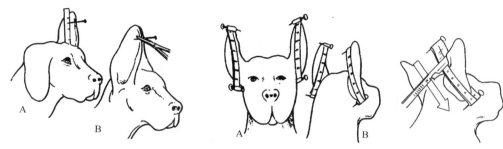

图 22-32 犬耳整容成形术

对于某些特定的品种的犬，如大丹犬、杜宾犬、雪纳瑞犬等，为了达到犬耳美观、大方标准的外貌要求，使犬耳直立，需要进行犬耳整容成形手术，也称为"竖耳手术"，但不是所有的犬都可做竖耳手术的。

[**手术方法**] 切耳标准：以内耳缘上 1/3 下界为始切点，向下延伸，与外耳缘平行至耳外廓基部处为欲切点。一般根据品种特点来确定修剪程度。德国牧羊犬断切占全耳的 1/3，拳狮犬占 1/4～1/3，杜宾犬占 1/4。

在两耳后缘耳屏和对耳屏软骨下方即耳支与头交界外皮肤各做一个标记。耳拉直，用塑料尺在耳郭内面测量，确定犬耳的切除线，并用标记笔标明。再在切除顶端做一个标记，将两耳对齐拉直，在另一耳相应位置做一个标记，要确保两耳预留长度相一致，右耳由耳基向耳尖沿切除线剪除耳郭，左耳由耳尖向耳基沿切除线剪除耳郭。切除耳郭：助手固定预切除耳郭的基部和上部。术者左手在切除线外侧向内顶托耳郭，防止剪除时剪刀头推移时致皮肤松弛。

注意：在切除耳基部耳郭时，务必要保留部分的基部耳郭，并能呈足够的喇叭形。否则，易致耳因失去基础支撑而不能竖立。

缝合耳郭方法 1：用 4 号丝线距耳尖 6～12mm 处作简单连续缝合，先从内侧皮肤进针，越过软骨缘，穿过外侧皮肤，再到内侧皮肤，如此反复缝合，针距约 8mm（图 22-33）。这样，抽紧缝线时外侧松弛的皮肤可遮盖软骨缘。缝合 7～8 针时，可改用全层连续缝合，有助于增加此处的缝合强度。但要向外拉皮肤，注意防止软骨因暴露在外，从而影响创口的愈合。

缝合耳郭方法 2：从耳基部开始，先结节缝合耳屏的皮肤切口（不包括软骨），其余创缘采用皮肤的简单连续缝合，当缝至耳尖时，缝线不打结（图 22-34）。用这种方法有助于促进创口的愈合，减少感染。

术后包扎与护理也非常重要，要注意以下几方面。

（1）手术后的耳必须安置支撑物、包扎耳绷带，限制耳的活动，促使耳竖立。支撑物可以用纱布卷、塑料管、塑料注射器筒以及金属支架等。

（2）手术结束后，可用纱布卷作支撑物。将纱布卷成锥形，椎体在下，椎尖在上。

（3）两耳基部作"8"字形固定，以确保两耳能直立，支撑物每 3d 更换一次，连续用 2 周。

（4）如果两周后，术耳不能直立，可按其下垂的相反方向，将耳卷曲固定，术后 7～10d 拆线。

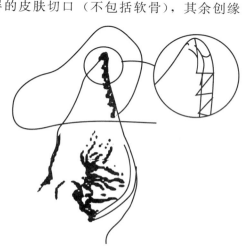

图 22-33　缝合耳郭方法 1

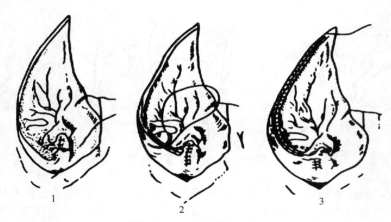

图 22-34　缝合耳郭方法 2

根据手术个体不同，具体病例的不同，整合各方面情况，结合实际操作，提出下面几条建议：

（1）高频电刀法适宜用于幼犬，切口断端出血少，手术后端处涂烫烧膏恢复很好，且修剪后的双耳很美观。但是烧烙法不适宜于成年犬，因其耳郭太厚，一次性不易切烙成功。

（2）用直斜连续缝合，目的在于迅速止血，并要在手术后第二天左右待切口结痂就拆线缝线，以防以后长成锯齿状耳。

（3）剪耳一定要按照"耳膜"进行手术，如剪得不合适，以后还可能变成垂耳，不但影响美观，还有碍于耳道卫生清洁。

（4）在伤口愈合期间，切记防止犬抓挠伤口部位，因易导致溃烂。

23.1 概述

23.1.1 肿瘤的分类与命名

机体的某些组织细胞因受某些致瘤因素的作用而发生基因突变，并在体内无限制地分裂增生形成异常细胞群，这种异常细胞群常在体内形成局部肿块，称为肿瘤。肿瘤组织既不同于正常组织，也有别于炎症再生或肥大时增生的组织。与正常的动物组织相比，肿瘤组织生长速度过快并与机体不协调，具有异常增生的能力，甚至当引起癌变的刺激停止后，其生长的趋势仍然可以持续，并且其分化程度极不成熟，无论是瘤组织细胞的形态结构或是功能代谢都具有独特性，与正常组织细胞截然不同。

（1）肿瘤的分类　肿瘤的种类繁多，根据肿瘤的生长特性及对患体的危害程度不同，可分为良性肿瘤和恶性肿瘤；根据肿瘤的组织来源不同，可分为上皮组织肿瘤、间叶组织肿瘤、神经组织肿瘤和其他类型肿瘤等。

（2）肿瘤的命名

① 良性肿瘤的命名：肿瘤的种类繁多，名称各异，必须有一个统一的命名和分类准则，动物肿瘤的命名和分类方法一直是沿用医学的准则。肿瘤命名的原则是根据肿瘤的组织来源和良、恶性质来命名，同时结合其发生部位和形态特点，也有少数肿瘤沿用习惯名称。

良性肿瘤的命名通常是在发生的组织的名称之后加上一个"瘤"（-oma）字。例如，起源于纤维组织的良性肿瘤称为纤维瘤（fibroma），起源于脂肪组织的良性肿瘤称为脂肪瘤（lipoma），起源于骨组织的良性肿瘤称为骨瘤（osteoma）等。个别良性肿瘤也有以肿瘤的形状命名的，如乳头状瘤（papilloma）。

② 恶性肿瘤的命名：恶性肿瘤的命名主要依其组织来源而异。

癌（carcinoma）：是恶性肿瘤中的一个大的家族。凡来自上皮组织兼有恶性肿瘤均称为"癌"。再根据其发生部位不同，在"癌"字前加上其组织或器官名称，如皮肤鳞状上皮癌、乳腺癌、胃癌、腺癌、肝癌或肠癌等。

肉瘤（sarcoma）：是恶性肿瘤中的另一大类。肉瘤起源于间叶组织（包括纤维组织、脂肪组织、肌肉、脉管、骨、软骨及造血组织等），例如起源于纤维组织的恶性瘤纤维肉瘤，起源于骨组织的恶性瘤骨肉瘤等。部分肉瘤也来自淋巴网状组织（包括造血组织），如淋巴肉瘤、浆细胞肉瘤等。

癌肉瘤（carcinosarcoma）：是在一个恶性肿瘤中，既有癌的成分，又有肉瘤的成分。例如子宫癌肉瘤就是子宫黏膜上皮形成的癌和子宫内膜结缔组织形成的肉瘤共同组成的。

母细胞瘤（blastoma）：是指由未成熟的胚胎组织或神经组织发生的一些恶性肿瘤，如成肾细胞瘤（肾母细胞瘤）、成髓细胞瘤（髓母细胞瘤）、成神经细胞瘤（神经母细胞瘤）等。

有些恶性肿瘤则不以上述原则命名，有些恶性肿瘤因其成分复杂或组织来源尚不明确，习惯上在肿瘤名称之前加"恶性"二字，如恶性畸胎瘤、恶性黑色素瘤等；有些恶性肿瘤以发现者命名，如劳斯肉瘤等；有些恶性肿瘤根据结合形态特点命名，如形成乳头状及囊状结构的腺癌，称为乳头状囊腺癌；此外，还有些恶性肿瘤采用习惯名称命名，如各种类型的白血病，因其来源于造血组织，血液中有大量异常白细胞出现，所以习惯上称之为白血病。

23.1.2　肿瘤的诊断方法

（1）一般检查方法

① 问诊：首先询问主人患犬猫的性别、年龄、品种、免疫、生活环境、饮食、精神状况、绝育、发情、胎次等情况，以及发病后主人所做的处理、接受过的治疗等情况。因为犬猫的部分肿瘤与性别和年龄关系较大，老年犬猫更易患肿瘤病，未绝育的母犬猫更易患乳腺肿瘤病。

② 视诊：观察动物的精神状态、病发位置的深浅以及病发部位的颜色、体积、大小、数目和形态等。这些情况与肿瘤的良恶性质密切相关。例如肿瘤的颜色给诊断提示意义，皮肤色素沉着提示黑色素瘤，血管瘤多呈红色或者暗红色。

③ 听诊：用听诊器听诊动物的心率和呼吸，评定动物的心肺功能，为后面选择治疗方案奠定基础。

④ 触诊：对患病动物发病部位进行触诊，观察动物有无疼痛反应；感知病发位置的深浅、大小、数目、轮廓、质地，有无根蒂和游走性，初步判断是否为肿瘤以及其良恶性。例如阴道检查和直肠检查是阴道肿瘤诊断的一种重要的临床检查方法；直肠癌通常需要直肠肛门检查、触诊膀胱初步检查是否有肿物；体表淋巴结检查对于肿瘤分期十分重要，肿瘤附近淋巴结肿大提示肿瘤的转移情况。初次诊疗应对肿瘤情况进行详细记录，对于诊断和监测肿瘤发展具有重要意义。

（2）血液学检查　血液常规检查评价患犬猫的整体机能状况，机体是否发生贫血、感染及其严重程度；白细胞增多可能提示白血病；在化疗之前要做血常规检查，指导化疗药的使用，化疗药会造成骨髓抑制，每次化疗前对患犬进行血常规检查，若各指标低于正常参考值应暂停化疗。

血清生化检查对肿瘤检查有重要指导意义。低血糖可能是由胰岛素瘤或肝细胞癌引起的，高血钙是一种副肿瘤综合征，虽然这些检查不能对肿瘤病进行确诊，但是能给我们重要的提示，引导进行进一步检查；血清生化检查还能评估肝脏、肾脏等重要脏器的功能，能更全面地反映动物的机体状况，为后续治疗药物选择和治疗方案提供依据。

（3）影像学诊断　普通X线平片检查是老年犬体检的项目之一，患有肿瘤的犬猫需要做全面的X线检查，了解肿瘤的转移情况，拍摄肺部平片两张，采用正侧位，如果有必要的话要求左右各拍一张。

B型超声成像技术是一种无组织损伤、无放射性危害的临床诊断方法，是兽医临床常用的疾病诊断技术。动物通常仰卧或侧卧。B超广泛地应用于各组织器官的检查，肿物在腹部时，首选的检查方式是超声检查，对体内肝、肾、脾和腹腔淋巴结的相关变化作出评估，但不能确定肿物的性质。超声检测可指引采集作细胞学或组织学检查的诊断性样品，引导穿刺活检，对穿刺物进行检查，为腹腔肿物作出判断。

计算机体层成像是将X线束透过机体断层扫描后的衰减系数，通过计算机处理重建图像的一种医学成像技术，能发现机体的微小病变，使动物临床诊断效果进一步扩大和提高。头颈部逐层横断面CT扫描，可清晰扫描鼻腔、副鼻窦、鼻咽、喉、气管等上呼吸道系统。胸部逐层横断面 CT 扫描，可清晰显示气管支气管树、肺叶、心脏、大血管、胸肌、支气管淋巴结等形态特征。腹部与骨盆部的逐层扫描，由肝脏前侧至耻骨联合止。

磁共振成像技术是一种新型的无创性兽医影像诊断技术。现在国内较大规模的动物医院都设有磁共振机。MRI 的密度分辨率高，可进行横、冠、矢状面和斜位等不同体位的检查，为医学和兽医学的发展做出了重要贡献。该系统技术可用于动物全身各系统的检查，尤其适用于中枢神经系统和软组织的检查。常用于脑血管病变、脑炎、脑膜炎、颅脑肿瘤、脊柱与脊髓病变以及胸腔和腹腔器官的病变。

（4）形态学检查

① 细胞学检查：细针吸取细胞学检查（fine needle aspiration cytology，FNAC）具有简便易行、对患犬猫造成的痛苦及损伤相对较小的优点，该方法快速且廉价，不需要特别的器械和装置，不需要很复杂的技术，采样方便，但对诊断治疗却有很大的价值，现已广泛应用于兽医临床。

② 活组织检查：活组织检查是一种迅速而准确的临床诊断方法，取肿瘤组织块、穿刺物、刮落的或者脱落的组织碎片在显微镜下进行鉴定。不适合细胞学检查或者细胞学检查不能做出诊断的病例可进行活组织检查，结果提示肿瘤的恶性程度、分化程度，包括肿瘤组织的浸润、坏死和临近组织的破坏程度和微小的转移灶。如果肿瘤界限完整，切除活组织可治愈尺寸较小、分化良好的良性肿瘤。

③ 组织病理学检查：组织病理学检查是将病变组织制成切片，用不同的方法进行染色，然后用显微镜进行观察，提高了肉眼分辨能力，加深对疾病和病变的认识，以便兽医师判断预后，后期给予充分的治疗。随着肿瘤诊断技术的不断改进以及新技术的不断涌现，对于肿瘤诊断的准确性已经显著提高，组织病理学已经成为疾病诊断中不可或缺的技术手段。

④ 免疫组织化学技术：免疫组织化学又称免疫细胞化学。它是用标记的特异性抗体（或抗原）对组织内抗原（或抗体）的分布进行组织和细胞原位检测技术。该方法特异性较强，敏感性高，并将形态、功能以及物质代谢紧密结合在一起，已成为肿瘤诊断病理学上非常重要的、不可或缺的诊断技术。IHC 检测方法很多，亲和素-生物复合物法（ABC 法）和过氧化物酶-抗过氧化物酶（PAP 法）是目前最广泛应用的方法。当前，免疫组织化学技术是实验室最常用的辅助诊断方法。

（5）分子诊断方法　随着细胞及分子生物学技术的快速发展，对肿瘤的发生及发展过程中分子机制的研究越来越深入，肿瘤分子标记技术得到迅猛发展。从基因层面上来诊断肿瘤更加科学和准确，也是十分具有挑战性的。寻找特异性肿瘤基因标记，及时发现病患肿瘤组织基因突变和表达异常，对于肿瘤的早期发现并预测肿瘤的易感性、能够在肿瘤发展前进行诊断和治疗有着重要的意义。

分析细胞遗传学技术是一种重要的分子生物学技术，它主要包括两种方法：荧光原位杂交和比较基因组杂交。其中荧光原位杂交不仅适用于新鲜肿瘤组织，还适用于石蜡组织。比较基因组杂交则是用不同的荧光染料对肿瘤细胞和淋巴细胞的 DNA 进行杂交来确定肿瘤细胞情况。

核酸分子杂交-基因探针技术也是一种常用的分子生物学技术，在犬等疾病诊断中也得到广泛应用。主要包括 DNA 基因酶切图谱分析、Southern 印迹及基因芯片技术、聚合酶链式反应（PCR）、RT-PCR 技术。PCR 技术是一种对特定的 DNA 片段在体外进行快速扩增的方法，在分子鉴定中起到重要作用。

流式细胞术是利用流式细胞仪对悬液中的单细胞或其他生物粒子，进行定量分析和分选的一种新技术。流式细胞术对肿瘤细胞的 DNA 倍体以及其生长分数进行测定有助于诊断肿瘤细胞性质、判定肿瘤的恶性程度以及其生物学行为；流式细胞术还可应用于单克隆抗体对淋巴细胞进行亚群分型，它在临床免疫学相关检测中起非常重要的作用，该技术有助于估计肿瘤的生物学行为，也可定量分析肿瘤相关基因，为预后判断提供依据等。

23.1.3 肿瘤的治疗方法

肿瘤的治疗方式有很多种，主要有手术治疗、化学治疗、放射治疗，现在新型治疗手段还有分子靶点药物的治疗、免疫疗法、中药和针灸的治疗。根据患病动物的不同情况，可以制定不同的治疗方案，通常需要不同的方式联合应用。之前外生殖器的手术切除是对传染性的性病细胞肿瘤进行治疗的主要方法，随后认识到配合化疗对90%以上的犬猫是有治愈作用的。随着技术的发展和灵活运用，治疗方法的联合应用为肿瘤的治愈提供了更多的可能。

（1）手术治疗　手术治疗适用于犬猫的实体瘤。对于犬猫的肿瘤治疗，目前最常用最有效的方法依旧是手术摘除。局部癌症的手术切除比其他任何治疗方式更有效，这种方式通常作为局部早期疾病的唯一治疗方法，特别是转移潜能较小的肿瘤。手术的用途包括以下几种：诊断（活组织检查），根治切除，姑息手术，肿瘤减积术，预防性手术以及各种辅助手术以增强和补充其他形式的治疗。根据肿瘤的不同情况，选择适合该患病犬猫的手术和辅助治疗是很重要的。

（2）化学治疗　化学疗法（Chemotherapy）是一种用化学药物杀死生长增殖力强的细胞的过程，干扰肿瘤细胞DNA的复制、转录、翻译过程，从而诱导细胞的凋亡，达到杀伤肿瘤的目的。化疗药物呈轻微毒性至中度毒性，用时要慎重选择。

① 根治性化疗：根治性化疗是指通过化疗达到完全治愈的效果的疗法。尤其对化疗药物敏感的肿瘤的治疗，例如：骨髓瘤、淋巴瘤或可传播的性病肿瘤（TVT）。

② 辅助性化疗：是指使用根治性化疗后的辅助治疗，尤其是对恶性肿瘤的治疗，防止肿瘤恶性细胞发生高度转移；作为根除隐匿性微转移的辅助治疗。

③ 姑息性化疗：是指针对晚期的恶性肿瘤，或是心肺功能不全、衰退等不能用手术切除，而采取姑息性化疗方案，是缓解症状、延长生命而进行的化疗。例如与移行细胞癌相关的尿血、尿频。即使患犬猫只有局部疾病，在决定是否开始化疗时，也必须考虑肿瘤的生物学行为。如果肿瘤可能转移，化疗可能是治疗计划的一部分，大多数患有淋巴瘤的犬猫在化疗开始后迅速缓解。

（3）放射治疗　放射疗法是用放射线杀灭肿瘤细胞的方法，其多用于对局限性的病灶进行治疗。可用于神经组织、软组织、圆形细胞肿瘤等。放射疗法对于癌症患畜是一种有效的治疗方式，正如人类癌症患者一样。乳房手术切除后可结合放射线治疗，经常用于根治性乳腺切除术，也是原发性较大肿瘤患犬、腋窝淋巴结阳性肿瘤患犬交替性的治疗方案。研究发现，乳腺切除后进行放射治疗，肿瘤局部控制和肿瘤特异性存活时间显著改善。

（4）其它疗法　肿瘤的治疗方式还包括免疫、冷冻、激素、光动力疗法、分子靶点药物、中药和针灸的治疗等方法。冷冻疗法对良性肿瘤有良好疗效，对较小肿瘤可直接用液氮使瘤体冻结，对较大的肿瘤则可先切除，再冻结肿瘤与健康组织的交界部。犬的乳腺肿瘤可采用激素疗法进行治疗，犬的乳腺肿瘤对雌激素也具有依赖性，研究发现犬的乳腺肿瘤与女性乳腺肿瘤相似，激素疗法对犬的乳腺肿瘤也有效。

23.2 皮肤肿瘤

小动物（以犬猫为主）皮肤肿瘤（Skin tumors）在临床上易被发现。皮肤与外界的直接接触、化学性因素、放射性因素、病毒性因素、激素和遗传性因素都是皮肤肿瘤发生的原因。由于皮肤肿瘤的多样性，一般临床上将皮肤肿瘤分以下几类：痣、良性肿瘤、轻度恶性肿瘤和恶性肿瘤。轻度恶性肿瘤在皮肤中呈局部性浸润，手术可以切除，术后常复发，但很少有转移的恶性肿瘤。

小动物的皮肤肿瘤一般呈结节状或丘疹状，有的病例可见局部或全身脱毛、红斑、色素沉着甚至皮肤溃疡。皮肤的肉芽肿、囊肿和脓肿易与皮肤肿瘤相混淆；临床上应鉴别良性与恶性皮肤肿瘤，但其准确性在某些病例中并不高，如有些恶性肿瘤早期诊断可感觉有包膜的肿块。因此，皮肤肿瘤确诊须通过组织病理学观察或细胞病理学诊断。

皮肤肿瘤的治疗应按照以下步骤进行。首先根据肿瘤的发生部位、大小、类别、动物的症状等确定治疗措施，然后选择治疗方法。对于老年犬，如确诊为良性肿瘤，而且肿瘤不大、未溃疡、不影响犬的机能，可暂时不采取治疗手段；对于影响动物正常机能或外观的良性肿瘤以及侵袭性强的肿瘤，通过手术摘除肿瘤是最佳的治疗手段；如不能断定肿瘤是良性还是恶性而又必须尽快手术者，除切除肿块，还应切除比其多出至少 1cm 范围的正常组织，血管结扎要彻底；对不能全切除的皮肤肿瘤，可采用冷冻疗法，或部分切除，并配合化疗、放疗等治疗措施。恶性肿瘤的主要治疗方法是化疗，也可用放射、激光、光化疗等，以便延长动物的生命。

23.2.1 乳头状瘤

皮肤乳头状瘤（papillomas）又称为疣，是常发生在犬皮肤上的良性肿瘤，猫较少发生。乳头状瘤属良性上皮瘤，是最常见的表皮组织肿瘤之一。某些病例是由乳多空病毒科的 DNA 病毒所引起，好发于青年犬。非传染性乳头状瘤为实体瘤，好发于老年犬，占皮肤肿瘤的 1％～2.5％，可能继发于鳞状上皮癌（SCC）。无性别差异。乳头状瘤有宽的基础、有蒂、表面呈菜花样突起，一旦瘤体长大易受损伤而破溃、出血。常发生在口腔、头部、眼睑、指（趾）部和生殖道等。乳头状瘤表面覆盖一层上皮细胞，其细胞不向真皮浸润。雪纳瑞犬、巴哥犬皮肤乳头状瘤呈现色素斑块。

[病因] 乳头状瘤由乳突状病毒科的小型双链 DNA 病毒感染引发，病原有宿主特异性，直接接触传染，污染物和昆虫可传播病毒。

[症状] 潜伏期 4～6 周，主要感染幼犬的口腔。瘤体发生在唇、颊、齿龈或舌下、咽等黏膜，初期在局部出现白色隆起，逐渐变为粗糙的呈灰白色小突起状或菜花状肿瘤，呈多发性。严重的病例，舌、口腔和咽部可被肿瘤覆盖，影响采食。当出现坏死或继发感染时，可引起口腔恶臭味、流涎。

[诊断] 根据临床症状及流行病学特点可诊断本病。

[治疗] 传染性乳头状瘤有自愈性，一般多为 4～21 周。若病程长有咀嚼障碍时，可进行手术切除，并烧烙创口，但在肿瘤生长阶段，可导致复发和刺激生长。在成熟期或消退期时切除。对于发病犬、猫进行隔离。

多数瘤在 1～2 个月后会自行消退，可不进行治疗。也可采用手术切除、冷冻疗法或电干燥疗法等治疗。切除几个瘤后可引起其他瘤的消退。应用身体肿瘤疫苗也可获不同程度的疗效。

23.2.2 良性非病毒性乳头状瘤

良性非病毒性乳头状瘤（Benign nonvirus papilloma）的形态学变化与病毒性乳头状瘤相似。青年犬的发生率比其他动物高。临床上以色素沉着、过度角化的丘疹和斑块为特征。虽然该瘤为良性，但影响外观，而且易继发细菌感染。

面积小的良性非病毒性乳头状瘤可施手术疗法，面积大的多采用非手术疗法，即局部使用角质蛋白溶解剂和润肤剂，对控制本病有一定疗效。

23.2.3 基底细胞瘤

基底细胞瘤（Basal cell tumors，BCTs），又称基底上皮癌，是发生于皮肤表皮或皮肤附件的复层鳞状上皮的最基底细胞层的肿瘤。多呈良性（但有丝分裂率高），缓慢生长，由皮肤而来的基底细胞癌表面多呈结节状或乳头状突起，底部则呈浸润性生长，与周围健康组织分界不清。由皮肤附件而来的基底细胞癌呈隆起结节样，肿瘤与周围组织分界清楚，切面有时见到大小不一的囊腔。基底细胞瘤的生长缓慢，可发生溃疡。镜下癌细胞的形态与原细胞的组织学特征很相似，不形成棘细胞与角化。此癌很少发生转移。基底细胞瘤约占猫皮肤肿瘤的20%，在犬皮肤肿瘤仅占5%～10%，平均发病年龄，犬为6岁，猫为10岁。可卡犬和贵妇犬更常发。

［症状及诊断］常见头部、颈部和肩部出现较小的呈圆顶状肿瘤或囊体，呈小结节状生长，无蒂，质地硬，灰色，中央缺毛，表皮反光。大的瘤体形成溃疡。一般只侵害皮肤，很少侵至筋膜层。个别瘤中含有黑色素，表面呈棕黑色，外观极似黑色素瘤。肿块易破溃，细胞淡染，高度分裂，变异细胞产生溶酶颗粒，故又称颗粒性基底细胞癌。细胞学检查（细针抽吸）呈非特异性上皮细胞，有些带有黑色素和炎症细胞，直接切除，预后良好。

［治疗］手术疗法应用激光刀切除瘤体，疼痛轻，不用局麻也可耐受。选择在离肿瘤1cm范围切除。手术不出血，不缝合，手术时间短，愈合创面不留疤痕。手术切除不适宜的可用冷冻和放射疗法。5-氟脲嘧啶和环磷酰胺等化疗对治疗基底细胞瘤有效。复发率低于10%，且很少转移。预后良好。肿瘤的溃疡面可用5-Fu软膏，每日涂2次。

23.2.4 鳞状上皮细胞癌

鳞状上皮细胞癌（Squamous cell carcinoma，SCC）发生于表皮的棘状层，常发生于6岁以上的犬，发病率5%，无品种和性别差异。是猫第二种常见的皮肤肿瘤，占猫肿瘤的15%，发生于6～9岁老年猫。浅（白）色犬猫常发。本病与长期在强烈的日光下暴晒引发光化性角化病有关，进而导致浸润性鳞状上皮细胞癌。某些化学性刺激，如甲基胆蒽和苯并芘可发生此种肿瘤。其他刺激如接触碳氢化合物，如石蜡、柏油等或机械性损伤、烧伤、冻伤、慢性炎症等也可诱发本病。

［症状与诊断］常单个发生。基底部宽，呈菜花样或火山口状。多发生于头部，尤其耳、唇、鼻及眼睑等部位；犬的爪和腹部，犬、猫的乳房等。常侵害骨骼，转移到区域淋巴结。肺脏转移一般已属晚期。组织学检查可见癌细胞呈圆形、核固缩，且有分裂、胞浆嗜酸性。有明显的细胞间隙。分化完好的癌细胞产生大量的角蛋白或"角化珠"，也称"上皮珠"。鳞状上皮细胞癌常被误认为慢性创伤而进行清创术或将其缝合。

［治疗］早期可做大范围的瘤体切除，施耳郭消融术或鼻切除术，切除后2～4年约有一半复发。可能需要长期控制。也可在早期采用放射疗法或做辅助疗法，防止再发。有轻度色素的犬涂擦对氨基苯甲酸，皮肤染色或将犬关在屋内以防阳光照射。

23.2.5 皮脂腺瘤

在犬皮脂腺瘤（Sebaceous adenoma）多属良性。猫多发生皮脂腺瘤，尤其老年犬、猫多发，犬发病的平均年龄为9岁，无性别和品种间差异，有些品种比较多发。肿瘤常生长在躯干的背部和侧面、腿部、头部和颈部，多为实体瘤。有些动物呈多发性，常被误认为疣，直径0.5～3cm，有时具有肉茎，表面少毛。色灰白至黑，很少形成溃疡。有时瘤组织中可能含有基底细胞，因而易被误认为基底细胞瘤。可分为以下 4 种。

（1）皮脂腺结增生（sebaceous hyperplasia）　最为常见，老龄迷你雪纳瑞犬、贵宾犬、可卡犬常发四肢/躯干/眼睑单灶性增生。公犬以头部单灶、疣状增生居多，切面呈黄色、分叶状，腺体大，其小叶完全成熟，环绕中央皮脂腺管周围。

（2）腺瘤（sebaceous adenoma）　不常发生，瘤体坚实、界限分明、可任意移动、常常无毛、有时形成溃疡，其分叶比皮脂腺增生少。

（3）皮脂腺上皮瘤（sebaceous epithelioma）　常发于头部和眼睑，呈单灶性。肉眼和组织学变化与基底细胞瘤相似，黑色素沉着明显，应与黑色素瘤区别开来。

（4）皮脂腺腺癌（sebaceous carcinoma）　具有侵袭性，界限不明显，常破溃，不常发生于头部。腺癌由分叶或细胞索构成。其细胞核浓染，核仁明显，胞浆嗜碱性，且有浸入附近组织的有丝分裂象。

[治疗与预后]　皮脂腺增生、腺瘤与上皮瘤皆属良性，全切除或冷冻疗法均可治愈。约20％皮脂腺腺癌会再发，需做大范围的切除。约 50％腺癌开始发现其直径为 2cm 或小于 2cm，以后可转移到局部淋巴结和肺。可疑者不能全切除，可行放射疗法。也可用 5-Fu 软膏涂擦局部。

23.2.6　良性纤维母细胞瘤

良性纤维母细胞瘤（Benign fibroblastic tumor）属于结缔组织肿瘤的一种，包括以下几种类型：

（1）胶原纤维痣　为局部皮肤发育缺陷，由胶原蛋白过度沉积形成。犬发生率高于猫，以中老年犬猫多见。常见于头、颈和四肢下部等。结节状隆起，表面呈乳头状，病变偶发生于皮下和脂肪组织中，可行手术切除。

（2）结节状皮肤纤维增生　临床上常见于 3～5 岁的德国牧羊犬，为常染色体异常造成的多发性胶原纤维痣，与囊肿性肾癌和多发性子宫平滑肌瘤有关。病变为结节状，主要发生在四肢、爪、头和躯干等部位，有时呈对称性分布。皮肤病变后，肾脏疾病还会持续 3～5 年。

（3）纤维瘤　本病主要是纤维母细胞的增生性变化所致。结节状或丘斑状散在分布，表面无被毛，质地坚实，有波动，可以手术切除。而纤维肉瘤则是恶性的肿瘤。

（4）软垂瘤　老年、大型犬发病率比小型犬高。病变为单个或数个不等，乳头状，有蒂。治疗方法包括手术、冷冻和电烫等，但复发率高。

23.2.7　黑色素瘤

皮肤黑色素瘤（Melanoma）多为良性。犬常发，发病率犬占皮肤肿瘤的 6％～8％，猫少见，占皮肤肿瘤的 2％。常见于 7～14 岁的公犬，尤其深色皮肤的犬种（与光敏性无关），如可卡犬、波士顿梗、苏格兰犬等品种犬更常发生。猫无品种和性别差异。

[症状与诊断]　大多数可以通过细针抽吸进行细胞学诊断，预后判断需要组织病理学检查。良性黑色素瘤按其起源可分表皮下和真皮黑色素瘤。前者最初为一黑色素斑块，渐而发展成硬实小结节；后者表面平滑、无毛、突起、周界明显和有色素沉着。恶性黑色素瘤一般瘤体较大，棕黑色到灰色，如肿块破溃，可浸润邻近组织。因细胞不能合成正常黑色素蛋白质使黑色素褪色，故需经特殊染色方可辨别。

黑色素瘤主要发生于直肠、阴囊、会阴部、口腔、眼或趾部。瘤体孤立或成串发生，呈黑色、灰黑色结节状隆起，大小不等，切开后流出墨汁样液体。当黑色素瘤恶性变化时，称为黑色素肉瘤，具有恶性肿瘤的特点，生长快、瘤体大小和形状不一。发生于体表的瘤体与皮下组织紧密粘连，不能移动，易形成溃疡，且易转移到肺、肝、脾和淋巴结，常导致贫血和恶病质。

[治疗与预后] 黑色素瘤可做大范围的切除，配合放射疗法。免疫疗法或化学疗法常用药物有氮烯咪胺、卡氮芥、卡铂等，可抑制细胞的生长。良性肿瘤手术切除预后良好，恶性肿瘤预后不良。

23.2.8 脂肪瘤和脂肪肉瘤

脂肪瘤（Lipoma）是家畜常见的间叶性皮肤肿瘤，是由脂肪细胞与成脂细胞组成的良性肿瘤。它与正常的脂肪组织的区别在于：瘤内有少量不均匀的间质（血管及结缔组织）而将其分隔成大小不等的小叶。当有多量的结缔组织时，称纤维脂肪瘤（Fibrolipoma）；当有多量毛细血管，并且生长活跃，如内皮细胞增多，形成小管腔或不形成管腔时，则称血管脂肪瘤。

常见于犬，成年母犬常单发。脂肪瘤占犬皮肤肿瘤的 5％～7％，猫占其皮肤肿瘤的 6％。犬发生在第三眼睑、胸、肩、肘关节内侧、腹、背、阴门和腹侧壁等处。在腹胁部的哑铃样脂肪瘤有时候可能一部分位于皮下，另一部分位于腹膜下，两个"头"通过肌的裂缝为一茎状物相连。

脂肪肉瘤（Liposarcoma）在宠物中也有发生，但不如脂肪瘤多见。和脂肪瘤一样，其来源也为脂肪组织。脂肪肉瘤无完整包膜，质地柔软，也可略坚硬，外形多呈结节样或分叶状，黄色或灰白色，瘤组织中常有出血与坏死。在镜下，脂肪肉瘤的瘤细胞有已分化与未分化两个类型。前者似脂肪细胞，但核大且有异型性；后者细胞呈多形态，有圆形、椭圆形与菱形，胞核异型性明显，胞浆内常有脂质空泡。脂肪肉瘤与浸润性脂肪瘤较少发生。没有年龄、品种及性别的差异。

[症状] 单纯的脂肪瘤生长慢、光滑、可移动、质地软、有包膜。常位于胸或腹侧壁皮下，无临床症状，较少见于大网膜、肠系膜以及肠壁等处。一般生长缓慢，大小不一，病初直径为 2cm，6 年后显著增大可至 40cm。质轻，有假性波动，容易扯碎，出血较少，呈球状、结节状或不规则的分叶状，周围有一层薄的纤维包膜，内有很多纤维素纵横形成许多间隔。常有较细的根蒂，移动性大，老的脂肪瘤变为脂肪囊肿，可钙化甚至骨化。如感染，则脂肪迅速坏死或腐败。镜检时除脂肪瘤有一纤维囊外，与正常脂肪组织难以区分。

[诊断] 无菌穿刺抽吸法。

[治疗] 对实体性的脂肪瘤，采用手术切除是比较恰当的。对胸内或腹内的脂肪瘤切除，只要在分离时勿伤及重要器官组织，严格遵守无菌操作及术后做好有效的抗感染和防止并发症，都能取得良好的治疗效果。

23.2.9 肥大细胞瘤

肥大细胞瘤（Mast cell tumor）对于犬最为常发，占皮肤肿瘤的 13％～20％。猫少发生。各种年龄的犬均可发生，多数为 8～10 岁，其发生率有明显的品种差异性。

肥大细胞瘤可发生于任何部位的皮肤和内脏器官，但后肢上部和会阴、包皮处最常见。肿瘤体积变化很大，可单个或成群分布。从生长缓慢、柔软、松弛的肿瘤至生长迅速、坚硬、多结节的团块状，有的可侵入皮肤引起溃疡。其切面通常呈黄褐色或绿色，也可由于出血而呈斑状。肥大细胞瘤无包膜，但是生长缓慢的肿瘤比生长迅速的肿瘤界限更清晰。在猫，肥大细胞瘤通常很小，直径通常小于 0.5cm，但是数量很多，散布于整个皮肤。

[诊断] 根据症状不能确诊。用针头吸取物和按压制片，进行瑞氏染色及细胞学检查。肥大细胞瘤无包膜，当真皮结缔组织被大量肥大细胞所侵袭，在这些肥大细胞之间，散在数量不

等的嗜酸性多形核粒细胞。在犬，肥大细胞的分化程度差别很大，肿瘤被分为三个级别，有丝分裂象很少见。分化不好的肿瘤含有紧密排列的细胞，这些细胞有大而不规则的核，胞浆稀少，有丝分裂象多。猫肥大细胞瘤有不同的形态。它们含有分化良好的、均匀而紧密排列的肥大细胞。

[治疗] 在犬，生长缓慢、分化良好的肥大细胞瘤进行手术切除，实施肿瘤组织和 3cm 以上的健康组织一起切除，切除后 80% 以上的患犬可痊愈。分化较差的肿瘤有明显的局部复发和转移至局部淋巴结的倾向，预后应谨慎。手术切除后，可结合放疗和化疗治疗。由于肿瘤经常发生扩散，因此，对猫肥大细胞瘤的预后应谨慎。

23.2.10　血管肿瘤

血管肿瘤（Vascular tumor）常见以下 3 种：

（1）皮肤血管周细胞瘤　主要见于中老年犬，多发生于四肢皮下组织。表面为灰白色或灰黄色，呈多叶性、橡皮样团块，质地硬实，与周围组织界限清楚。紧贴于皮肤，有可能侵害深部组织。虽然肿瘤生长速度不快，但可长得很大。可以手术切除，但切除不彻底，易复发。

（2）皮肤血管瘤　起源于血管内皮，位于真皮的结缔组织中，以犬为主。常见于背部和腹肋部皮下组织，椭圆形，直径 0.5～2.0cm，界限清楚，皮肤表面可能脱毛。可以手术切除。

（3）恶性血管内皮瘤　起源于血管内皮，生长快，侵袭性生长，与周围组织界限不清楚。肿体大，表面溃疡、出血、甚至坏死，质地脆。手术切除不彻底则复发。

23.3　消化系统肿瘤

犬猫的消化系统肿瘤以口腔为主，占犬猫恶性肿瘤的第 4 位，常见犬的恶性黑色素瘤和猫的鳞状细胞癌；胃和直肠主要发生腺瘤和腺癌，也可发生平滑肌瘤或平滑肌癌；消化道下段也时常发生；犬肝和胰腺原发性肿瘤并不少见。

23.3.1　口腔肿瘤

（1）口腔黑色素　犬恶性黑色素瘤发生率比猫高，其肿瘤起自齿龈或口唇黏膜，呈不规则团块状。质地脆，易溃烂，色素沉着。由于感染、出血，常有异味。因侵袭性生长而与周围组织界限不清楚。

手术切除后，多复发。虽然手术加放疗是常见的措施，但多数病犬在治疗后 6～12 个月内常死于肿瘤的转移。

（2）口腔纤维瘤、纤维肉瘤和齿龈瘤　发病率较高。生长速度不是很快，质地较硬，常出现溃疡并发生感染。齿龈瘤来自于牙齿周围的上皮，生长速度比较慢，外表光滑，粉红色，坚硬。

首选手术疗法，个别切除不彻底术后可能复发，但不转移；对于齿龈瘤，术后配合放疗，临床疗效佳。

（3）口腔鳞状细胞癌　多发生于老年犬或猫。犬主要发生于齿龈和上颚部，而猫以口唇、齿龈和舌头为主；犬猫该肿瘤也可发生在下颌内。瘤体质地坚硬，呈团块状，白色多见。一般均有溃疡，并且常引起下颌部的肿大与变形。猫口腔鳞状细胞癌也可发生在食道，引起食道阻塞、吞咽困难。

猫口腔鳞状细胞癌手术后大部分出现转移，临床常见转移至局部淋巴结或肺。多数术后 3 个月内死亡。术后可复发，或转移至同侧咽后、颈浅淋巴结甚至肺。虽然齿龈鳞状细胞癌转移并不多见，但患病部位会出现严重的溃疡与糜烂，故安乐死术是本病的重要选择。

23.3.2 胃肠道腺瘤与腺癌

胃肠道腺瘤与腺癌（Gastrointestinal adenoma and adenocarcinoma）临床上少见。犬胃肠道腺瘤（或息肉）一般以胃幽门、十二指肠和直肠的后段为主。其中发生于胃或十二指肠肿瘤的犬或猫，进食后数小时内出现呕吐。肿瘤发生在直肠后段时，排便困难，粪便混有血液。胃肠腺瘤一般不大，有蒂，较硬，肿瘤周围有小而细的乳头样结构。

犬胃肠道腺癌以胃和直肠为主，虽然临床症状与胃肠道腺瘤相似，但病变部位不同程度增厚。腺癌表面常溃疡。肠道出现较大的多结节状癌时，会发生不同程度肠阻塞。

钡餐造影、胃肠窥镜、腹腔窥镜或剖腹探查均可诊断。

胃肠道腺瘤手术一般易成功，预后良好，但局部复发并不少见。直肠息肉或直肠癌预后一般不良，术前应向其主人讲明。

23.3.3 胆管癌

胆管癌（Bile duct carcinoma）主要是肝原发性肿瘤。当临床上出现腹部膨大、疼痛、腹水和食欲下降时，肿瘤已发展到后期。此时，一些肝组织已经被肿瘤细胞所取代，也可见到肝实质中散在性、直径数厘米的结节状肿瘤。

由于本病有多发性的特点，故平时要注意其他器官有无肿瘤。无论肿瘤分化程度高（囊泡样结构），或分化程度低（侵袭性大，由小的不规则腺泡组成），到临床确诊时基本上均已发生肝内转移，因此本病一般预后不良。

23.3.4 肝脏肿瘤

肝脏肿瘤（Liver Tumor）指肝肿瘤和肝癌。本病主要发生于犬，猫发生率较低。由于本病在出现明显的临床症状时其肿块已长得比较大，故其预后一般不良。

临床症状主要有腹胀、食欲差、有时出现呕吐，且病情发展很快。腹腔触诊可发现肿块，直径达数厘米，形状不规则，多数病例伴发腹水。腹腔窥镜检查或剖腹探察可以确诊，超声检查、放射检查和血液生化检查对于本病的诊断也有意义。

虽然肝的肿瘤有良性与恶性之分，但因其肿瘤细胞分化良好，一般在组织学上难以区分其性质。有些病例因肿瘤被膜突然破裂、大出血而突然死亡；本病也可手术治疗，但如肿瘤已转移到邻近淋巴结或肺，其预后不良。

23.3.5 胰腺癌

胰腺癌（Pancreatic adenocarcinoma）在犬猫腹腔肿瘤中发生率较高。临床上以嗜睡、食欲不振为主，有时出现腹围增大。如肿瘤在十二指肠的入口处压迫胆管，会发生阻塞性黄疸。

本病触诊应注意与肠道病变的区别，因胰腺癌质地硬实，放射检查易诊断；腹腔镜检查可以发现胰腺的一部分组织被多结节的肿块所取代，并与周围组织以及大网膜粘连。肿瘤表面可能已坏死。

当诊断为胰腺癌时，其癌细胞基本上已转移至肝，甚或肾或脾，故本病预后不良。

23.4 泌尿生殖系统肿瘤

23.4.1 乳腺肿瘤

乳腺肿瘤（Mammary tumors）主要来源于雌性动物乳腺组织的分泌上皮、黏膜上皮，而间质上皮发生较少，母犬最为多见，占总肿瘤的 42%，是犬第 2 大肿瘤（仅次于皮肤肿瘤），猫乳腺肿瘤居第 3 位。临床常见良性混合性乳腺瘤、乳腺瘤和乳腺癌 3 种，其中犬乳腺瘤发病率最高，在国内外犬的肿瘤临床病例中，约 50% 为母犬乳腺瘤。母犬的发生率大约为 0.2%，犬大约 50% 的乳腺肿瘤是恶性。

猫乳腺是仅次于肝脏和皮肤的最易发生肿瘤的组织，发生率大约是人和犬的一半。猫 80%～90% 的乳腺肿瘤是恶性的。

在犬和猫没有明显的种间差异，有些研究认为猎犬、贵妇犬、狸犬等品种发病率高一些，吉娃娃犬、拳狮犬、格力犬和比格犬的发病率低，喜马拉雅猫的发病率是其他猫的 2 倍。

不同国家做犬、猫绝育的比例不同，可影响此统计。犬猫发病的大多年龄是 10～12 岁；猫发生本病的年龄范围在 9 月龄至 19 岁，犬的年龄范围是 2～17 岁。

[病因] 乳腺肿瘤与 OHE 之间的相关性提示乳腺组织受激素调控。长期使用合成黄体酮会导致乳腺上皮细胞增生，从而导致遗传信息改变，最终引起乳腺肿瘤（良性或恶性）。己烯雌酚和卵巢肿瘤有关，但和乳腺肿瘤无关。

[症状] 乳腺组织处出现肿物提示需要进行认真检查。尾侧的乳腺组织比头侧的乳腺组织更易发病。肿瘤可能是单个，也可能是多发性。这些多发性团块需逐一治疗。一般情况下，这些肿块都是无痛性，乳腺组织也可能会出现囊性病变，细胞学检查可能只会发现一些囊液，但这些病变不容忽视。

[诊断]

（1）病史　如果出现团块，或团块有生长的趋势，需确定动物的生殖情况和发情阶段。血液学检查，同时评估血涂片、生化检查、尿液分析和凝血象。

（2）体格检查　体格检查时需触诊团块大小、游离性状态、局部淋巴结是否肿大、溃疡和水肿等。这些检查和主人眼中的生长速度都是恶性程度的指征。

（3）细胞学　由于乳腺肿瘤的细胞形态不一，细针抽吸细胞学检查（FNA）不能用来鉴别其是否为良性腺瘤或恶性肿瘤。

（4）活组织检查　切开活组织检查比细胞学更有助于临床分期和制订手术计划。切除活组织检查可以一步完成诊断、治疗和预后。即使采取了切开活组织检查，手术后仍需由病理学家进行组织病理学检查，一些活组织检查良性的肿瘤经组织病理学检查证实为恶性肿瘤。

[治疗] 治疗原则：手术切除，加强饲养管理，药物疗法和营养支持疗法。

（1）手术治疗　肿瘤的重要特征是肿瘤大小、侵袭性或游离性。治疗手段为手术切除，同时应切除足够的边缘。没有临床试验能够证明根治手术比局部切除的预后更好，两种方式对患犬的存活时间无明显差异。

① 乳房肿瘤切除术：直径＜0.5cm 的结节可通过乳房肿瘤切除术完成。若为良性肿瘤，边缘切除不完整亦无大碍，但若为恶性肿瘤，需将边缘完全切除。若肿瘤侵袭到皮肤和腹壁，也应一起切除。对于恶性肿瘤，可同时切除 1～2cm 边缘和正常组织。

② 乳房切除术：位于乳腺中部的肿瘤、直径＞1cm、游离性差的病例均可采取乳房切除术。恶性肿瘤还要切除 1～2cm 的边缘。

③ 局部乳房切除术：如上文所述，手术过程中可将一些腺体（例如第 1、第 2、第 3 乳腺和第 4、第 5 乳腺同时切除）同时切除。总体而言，可将腹股沟淋巴结和第 4、5 乳区同时切除。只有腋淋巴结增大或细胞学检查证实已发生转移时，才需将腋淋巴结摘除。

④ 单侧乳房（1～5）切除术：同时完成多个乳房肿瘤切除术或乳房切除术。犬很少需要进行双侧乳房切除术（根治手术），也没有足够的皮肤来闭合创口。可以分期进行单侧乳房切

除术，这样可以保证每个手术都有足够的皮肤闭合创口。50％左右的乳腺肿瘤是良性的，因此，良性肿瘤最好不要施行"恶性肿瘤切除法"。如有需要，可稍后再进行手术。

⑤ 双侧乳房切除术（根治术）：这一方法耗时较长、花费较多，并且对存活时间没有影响。

（2）化疗　发生淋巴结或血管浸润的乳腺肿瘤病例很可能于术后复发/转移。然而，关于化疗对这类病例影响的数据很少。单一药物多柔比星、多柔比星和环磷酰胺、多柔比星和多西紫杉醇等方案已经用于动物恶性乳腺肿瘤的治疗。以多柔比星为基础的化疗方案对一些病例有一定的影响，但由于研究数量很少，很难确定这些化疗方案的有效性。局部复发时可再次进行手术切除，并切除足够的边缘。有转移的病例最好不要再进行化疗。

（3）放疗　放疗很少用于犬乳腺癌的治疗，但对复发且不适宜手术切除的病例、局部淋巴结转移病例有较好的治疗效果。在这些病例中，放疗是一种姑息治疗。

（4）激素疗法　使用抗雌激素药物（如三苯氧胺）治疗，可延迟肿瘤转移时间。犬乳腺肿瘤病例中没有类似的表现，三苯氧胺仅对小部分雌激素受体阳性乳腺肿瘤病例有一定帮助，并且可能会导致子宫蓄脓等副作用。因此，需要进行临床试验来评价该药的疗效。

23.4.2　肾脏肿瘤

犬猫原发性肾脏肿瘤较罕见，通常是单侧的，其他位置的肿瘤转移到肾脏通常是双侧和多灶性的，而且更常发生。原发性肾脏肿瘤大多是恶性的，大多数是上皮细胞来源的，在发现时已出现转移或局部侵犯严重。患病动物可能没有症状，当发现症状的时候可能已经迟了，只能姑息治疗。

［病因］

（1）肾细胞癌（Renal Cell Carcinoma）　上皮细胞来源的肿瘤，约占犬原发性肾脏肿瘤的一半以上，老年犬为主，罕见双侧，转移率高，很多病例在诊断时已出现转移。包括移形上皮细胞癌、腺癌等。

（2）肾胚细胞瘤（Nephroblastoma）　在胚胎形成期间肾脏不正常分化形成的先天性肿瘤，通常在幼龄期诊断出来。多能干细胞来源，混合性肿瘤，由胚基、上皮和间质组成，高度恶性，对局部侵犯性强，侵入与压迫肾脏实质，转移率高。

（3）肉瘤（Sarcoma）　间质细胞来源，可能出现血管肉瘤、纤维肉瘤、平滑肌肉瘤等。

（4）淋巴瘤（Lymphoma）　猫较多见，通常影响双侧肾脏，可能会扩散到中枢神经系统，肾脏淋巴瘤为猫淋巴瘤第二常见的类型，可能与消化道型淋巴瘤同时发生。

（5）多发性肾囊腺癌（Multifocal Renal Cystadenocarcinoma）　德国牧羊犬中家族遗传的肿瘤综合征，病犬出现双侧肾囊腺癌，皮肤有多发性结节纤维化，母犬会发生子宫肌瘤，其病发展缓慢。

［症状］患病动物可能没有明显的临床症状，或出现不特异的症状，如疲倦、食欲不振、体重减轻、多饮多尿，可能出现血尿、蛋白尿，或触诊到腹腔团块、触诊肾脏区域疼痛、肾脏增大或不规则；实验室检查可能会出现不同程度的氮质血症、碱性磷酸酶增高或低白蛋白血症、贫血或红细胞增多，可能出现蛋白尿，而血尿会在血管肉瘤或肾盂移形上皮细胞癌中出现；若有转移的出现，根据转移的情况出现不同的症状。

［诊断］通常根据影像学检查可发现肾脏出现肿块，但是需要做病理组织学检查才能确诊是否为原发性肾脏肿瘤。若是肾脏淋巴瘤，腹部B超可能会见到不规则的肾脏肿大，伴有低回声的被膜下增厚，此时可通过超声引导下细针抽吸，病料进行细胞学抹片然后Diff Quick染

色，细胞学观察可见大量淋巴母细胞。其他肾脏肿瘤则必须通过活检或肾脏摘除进行病理组织学检查确诊。所有肿瘤的病患都需要评估局部淋巴结是否有转移的可能性，腹部超声检查或CT检查观察淋巴结是否肿大，对附近淋巴结进行细针抽吸，细胞学检查是否有转移的肿瘤细胞；需要进行多体位胸部X光片拍摄，观察是否出现远端转移。

[治疗] 当发现肾脏肿块时，首先需通过细胞学或病理组织学检查确认是否为肿瘤，并且确认是淋巴瘤还是非淋巴瘤。确认为淋巴瘤时，进行淋巴瘤标准化化疗操作，切勿进行肾脏摘除手术，因为淋巴瘤通常是双侧的，就算看似非肿大的肾脏也可能已经被肿瘤细胞浸润，影响肾脏的功能。即使是单侧性肾脏淋巴瘤，化疗效果亦比手术效果好。对于非淋巴瘤的原发性肾脏肿瘤病例，需要对病患进行检查评估是否出现转移，若已出现转移则采用姑息疗法，若未出现转移，肿瘤只影响单侧肾脏的，考虑肾脏摘除术，但若已影响双侧肾脏，只能采用姑息疗法。

肾脏淋巴瘤病例建议使用CHOP化疗方案，包括环磷酰胺、多柔比星、长春新碱、泼尼松龙。CHOP化疗方案适用于任何解剖部位的大细胞性，中等分级和高分级的淋巴瘤病例。以CHOP为主的疗法有很多改良版，但是没有实际数据说明哪个效果比较好。

23.4.3 卵巢肿瘤

卵巢肿瘤在犬猫中少见，因为在很多地方都提倡子宫卵巢摘除术，所以此病发生率非常低。

[病因]

（1）性索基质肿瘤（Sex Cord Stromal Tumor） 颗粒细胞瘤（Granulosa Cell Tumor），在卵巢肿瘤中较常见，可产生雌激素、黄体酮，或者两者都产生，常见为单侧，但也可能双侧同时出现。转移率不是特别高，可能会转移到腰下淋巴结、胰腺、肺脏，或腹腔脏器内的转移。

（2）生殖细胞肿瘤（Germ Cell Tumor） 未分化胚细胞瘤（Dysgerminomas）、畸胎瘤（Teratomas）、畸胎癌（Teratocarcinomas），源于卵巢原始生殖细胞，大部分为单侧，常见对侧卵巢同时发生囊肿，以及子宫蓄脓和子宫内膜囊样增生等子宫异常。畸胎瘤有50%的转移率，可以发生远端脏器转移，但是更常见腹腔内器官转移。

（3）上皮肿瘤（Epithelial Tumor） 来源于卵巢的外侧表面，若是腺瘤则为良性，若是腺癌或未分化上皮癌则为恶性，可以出现转移，通常是从腹膜腔内至腹腔内淋巴结、网膜和肝脏，也可能产生恶性渗出液。

（4）其他 间质性肿瘤，血管肉瘤、血管瘤、平滑肌瘤。

[症状] 可能一开始无特异性表现，直到肿瘤长大到可触及或产生占位性病变的情况才发现。性索基质肿瘤可分泌多种性激素，动物可能会出现因雌激素过多而持续发情、脱毛、非再生性贫血的情况，或因黄体酮过多而导致子宫内膜囊性增生或子宫蓄脓的情况。

[诊断] 一般使用腹部超声可以发现卵巢位置出现肿块，但是不建议细针抽吸，因为可能存在种植转移的风险。在进行剖腹探查与子宫卵巢切除术之前应拍摄多体位胸腔X光片，评估是否存在远端胸腔转移的证据。

[治疗] 子宫卵巢摘除术是大部分卵巢肿瘤的首选治疗。在术中需注意评估是否存在腹腔内转移的证据，可能需要术中对可疑病灶进行细针抽吸采样或者活检采样。

23.4.4 子宫肿瘤

子宫肿瘤在犬猫中少见，因为在很多地方都提倡子宫卵巢摘除术，所以此病发生率非常低。

[病因] 犬较常见的是平滑肌瘤（Leiomyoma），一般生长缓慢，无侵袭性且不会转移；而猫子宫腺癌（Adenocarcinoma）则相对较多见。

[症状] 可能没有任何症状，在检查时偶然发现。或是子宫肿瘤大到引起腹部膨大或形成明显占位性病变，也可能引起发情异常、阴道分泌物、子宫蓄脓、多饮多尿、呕吐、便秘等症状。

[诊断] 腹部超声检查可以发现子宫出现的肿块，但在术前需要拍摄多体位胸腔X光片，评估是否存在远端胸腔转移的证据，完整切除子宫卵巢后进行病理组织学检查才可以确诊。

[治疗] 子宫卵巢摘除术是子宫肿瘤的首选治疗。在术中需注意评估是否存在腹腔内转移的证据，可能需要术中对可疑病灶进行细针抽吸采样或者活检采样。

23.4.5 阴茎肿瘤

阴茎肿瘤最常见的是传染性性病肿瘤（Transmissible Venereal Tumor，TVT），第二常见的是鳞状上皮细胞癌（Squamous Cell Carcinoma，SCC），有时可能存在于患犬的包皮，可能引起患犬血尿、痛性尿淋漓，甚至排尿困难。

[病因] 常见的是传染性性病肿瘤，其次是鳞状上皮细胞癌，其他罕见的亦可出现乳头状瘤、黑色素瘤、血管瘤、纤维肉瘤等。源自阴茎骨的肿瘤可能有骨化纤维瘤、骨肉瘤、多叶骨软骨肉瘤。

TVT通常经由交配传播，常见于患犬生殖道，但也可通过舔舐、啃咬和闻嗅被肿瘤影响的部位而传播。全球皆有出现，没有品种、年龄及性别的偏向性。

[症状] 在患犬的阴茎可见明显的肿块，可能引起患犬出现痛性尿淋漓、血尿，甚至排尿困难的情况。患有TVT的病患在阴茎或者包皮出现菜花样、容易剥落且易出血的肿块，某些病例可能在鼻部、口腔黏膜出现病灶。可能出现局部淋巴结的转移。

[诊断] 对于局部肿块，可以先进行细针抽吸或者压片，对病料进行Diff Quick染色、细胞学检查，判断是否为传染性性病肿瘤。TVT细胞学可见大量圆形细胞，细胞核呈圆形，染色质粗糙，单个或多个明显的核仁，少量至中量嗜碱性细胞质，细胞质中有明显的多个小空泡，这是TVT的细胞学典型表现，有时候可见有丝分裂相较多。

[治疗] 阴茎肿瘤的治疗取决于肿瘤的种类以及是否转移。对于TVT，化疗反应良好，长春新碱 $0.5\sim0.7\text{mg/m}^2$ 静脉注射，每周1次，共计3~6次，绝大部分病例反应良好；对于其他的肿瘤可能考虑手术进行部分或完全的阴茎切除并进行尿道造口术。

23.4.6 睾丸肿瘤

睾丸肿瘤（Testicular Neoplasia）是未去势公犬常见的生殖系统肿瘤，常见于老年犬，猫较少出现。犬常见的有支持细胞瘤、间质细胞瘤和精原细胞瘤。大多数睾丸肿瘤很少发生转移。

[病因]

(1) 间质细胞瘤（Interstitial Cell Tumor） 来源于生精小管之间的Leydig细胞，与睾酮分泌过度、前列腺疾病和肛周腺瘤有关。

(2) 精原细胞瘤（Seminoma） 来源于生精小管的生殖上皮细胞。

(3) 支持细胞瘤（Sertoli cell Tumor） 来源于生精小管的支持细胞，产生过量雌激素使得公犬雌性化和骨髓抑制。

[症状] 大部分睾丸肿瘤病例可能没有症状，可能因肿瘤形成占位性病变而被发现，或是因为支持细胞瘤产生过多的雌激素而使得公犬雌性化，出现对称性脱毛、溢乳、乳房肿胀、骨

髓抑制，严重的可能出现全血细胞减少症。隐睾在腹股沟的精原细胞瘤和支持细胞瘤的发病率是腹腔内的两倍。

[诊断] 隐睾病例可能在腹股沟或腹腔后侧出现团块，阴囊内睾丸可能出现明显增大。在治疗之前总是需要完成完整的肿瘤分期，评估局部淋巴结是否受到影响，是否出现远端转移，而且患犬通常年纪都比较大，需要评估血液学、血清生化学、尿液分析、腹部超声、胸腔X光片等。

[治疗] 通常采用双侧睾丸合并阴囊切除术以治疗睾丸肿瘤，若肿瘤于腹腔内或腹股沟内，术中必须对腹腔内器官进行评估，是否存在局部淋巴结或脏器的转移提示。

23.4.7 膀胱肿瘤

膀胱肿瘤中最常见的是移形上皮细胞癌（Transisional Cell Carcinoma，TCC），常发生在膀胱三角区，影响输尿管出口处，导致部分或完全的膀胱阻塞。猫膀胱肿瘤较罕见，主要也是移形上皮细胞癌。较罕见的可能会有淋巴瘤、鳞状上皮细胞癌、横纹肌瘤、其他间质细胞来源肿瘤等。

[病因] 犬患有膀胱肿瘤的病因为多因性，危险因子包括肥胖、接触到除草化学剂、早期除蚤产品等。过重的母犬患 TCC 的风险是没有接触杀虫剂且体重正常的公犬的 28 倍。

[症状] 患有膀胱肿瘤的犬可能会出现尿频、血尿、排尿困难、细菌尿等症状，触诊可能会摸到膀胱壁增厚的情况。

[诊断] 腹部B超检查可以看到膀胱壁有团块，特别是在膀胱三角区，甚至可能看到因为 TCC 部分或完全堵塞输尿管出口而导致输尿管远端扩张。尿沉渣可能会见到脱落的肿瘤细胞。避免经皮肤细针抽吸或活检采样，可能会有种植转移的风险。可进行膀胱切开术或膀胱镜或创伤性导尿法获取病理组织学样本，但进行膀胱切开术中要避免肿瘤细胞污染腹腔，采样后缝合膀胱前一定要更换所有器械。

[治疗] 膀胱肿瘤若是 TCC 时，手术适应证包括：当需要获取病料样本进行病理组织学检查时；病灶远离膀胱三角区时，可以尝试移除 TCC；维持或恢复尿液的流动，可能需要减瘤手术。进行手术一定要避免肿瘤细胞的种植转移。很少 TCC 的病例通过手术能治愈，所以全身性药物治疗是目前的主流，包括使用环氧化酶抑制剂（非选择性 COX 抑制剂和 COX-2 抑制剂）、化学疗法、合并使用。常用的治疗方法有两种，单独使用吡罗昔康，0.3mg/kg 每天口服一次，经济实用且患犬有良好的生活品质，但需注意是否出现消化道毒性，如溃疡的发生，若发现患犬出现食欲不振、呕吐、甚至黑粪，必须停药，给予支持疗法至不良反应缓解；另外，可能会合并使用米托蒽醌与环氧化酶抑制剂。

23.5 其他器官和组织肿瘤

23.5.1 肺癌

犬肺癌（Lung cancer）有柱状细胞或支气管源性癌、立方状细胞或细支气管肺泡源性癌。猫的多数肺癌是柱状细胞类型。

原发性肺癌一般是单个发生，发生率低于转移性肺肿瘤。后者可在肺广泛性转移，患病动物出现咳嗽、发绀、厌食和体重减轻等症状。X射线检查可见肺出现数量不等的不透明团块。

肺癌易转移，预后慎重。

肺肿瘤（Pulmonary neoplasia）：肺部可发生原发性肺肿瘤、转移性肿瘤和多中心型肿瘤。大多数原发性肺肿瘤都是恶性，以癌为主，包括腺癌、支气管肺泡癌和鳞状细胞癌。很少见肉瘤和良性肿瘤，以及身体其他部位的恶性肿瘤转移至肺。肺部血流量低并且毛细血管网丰富，肿瘤细胞可经血流进入肺部。肿瘤细胞也可经淋巴途径或局部侵袭转移至肺。

[症状] 肿瘤通常发生于老龄犬。临床表现通常为慢性，发展缓慢，但是也可出现极急性气胸或出血。呼吸困难和运动不耐受。肿块可压迫气道，引起咳嗽，影响换气。肿瘤侵蚀血管可引起肺出血。除了呼吸抑制以外，还可能突发失血，导致急性低血容量和贫血肿瘤，可继发水肿、非败血性炎症或细菌感染。侵蚀气道可导致气胸。任何病症几乎都会导致胸腔积液。

犬猫肺肿瘤的非特异性症状包括体重减轻、厌食、沉郁和发热，可能出现胃肠道症状。特殊情况下，猫可能表现出呕吐和反流，某些动物发生继发于胸部肿瘤的肥大性骨病，临床表现通常为跛行。某些患有肺部肿瘤的动物不表现任何临床症状，死后尸检或胸部 X 线检查时才偶然发现肿瘤。肺呼吸音可能正常、降低或增加。有气胸或胸水时整个肺野呼吸音降低。发生实变的局部呼吸音可能降低或升高。当出现渗出、炎症和气道梗阻时，肺呼吸音升高并伴有捻发音和喘鸣音。

[诊断]

（1）肺脏活检细胞学检查或组织学检查。出现恶性特质即可诊断为肿瘤。

（2）通常进行胸部摄片，根据其结果可怀疑肿瘤。X 射线检查还可确定病变的部位，有助于选择采样方法。高质量 X 射线片要包括左侧位和右侧位投照。肿瘤边缘通常清晰，但是由于炎症和水肿使其不易区分，空腔形成明显。猫原发性肺肿瘤通常为多中心或弥散性，X 射线征象可能提示水肿或肺炎。转移性或多中心型疾病可导致肺部弥散性网状间质型或结节间质型病变。出血、水肿、炎症、感染和气道阻塞可导致肺泡型和肺实变。

[治疗] 单独的肺肿瘤可通过手术切除。为保证完全切除，通常应切除病变的整个肺叶。淋巴结和眼观异常的肺叶均采样进行组织学检查。

对于患大面积肿瘤的动物，即使转移性病灶出现在整个肺部，切除后呼吸道症状也会减轻。如果不能通过手术切除肿瘤，可尝试进行化疗。对于原发性肺肿瘤，没有一致有效的治疗方案。

对肺部的转移性肿瘤进行化疗。对于大多数动物，最初的给药方案根据原发性肿瘤预期的敏感性来确定。但是，与原发肿瘤不同，特定的药物对转移性肿瘤的效果并不一致。

无论是否存在肺部转移，都要对多中心型肿瘤进行标准程序的化疗。

良性肿瘤的预后非常好，但是极少见。恶性肿瘤的预后与许多因素有关，包括肿瘤病史、是否有局部淋巴结病变、是否出现临床症状等。手术切除后的存活时间可能为数年。

23.5.2　犬淋巴细胞白血病

犬的淋巴细胞白血病（Canine lymphocytic leulcemi）发病率较高，属于渐进性、致命性疾病。起源于淋巴器官或骨髓，是以造血组织（包括骨髓、淋巴组织、网状内皮系统）的系统性、自主性增生为特征的恶性肿瘤；在外周血常见异常增生的白细胞。根据血象，可分为白血性、亚白血性和无白血性白血病 3 种。

白血性白血病是由于造血组织的肉瘤性增生，使增生的未成熟型白细胞大量进入血循环，造成血液白细胞总数异常增多。同时，红细胞减少；亚白血性白血病仅有少量的未成熟白细胞进入血液，白细胞总数并不增多，有时还稍减少；无白血性白血病时，白细胞总数未见异常，也无未成熟的白细胞。

诊断白血病时，需将 V 期淋巴瘤 （LSA） 和慢性淋巴细胞白血病 （CLL） 区分开来 （表 23-1）。犬白血病的病因尚不清楚；目前未发现反转录病毒，也未发现基因突变。

表 23-1　V 期 LSA 和 CLL 的比较

体格检查	V 期 LSA	CLL
临床症状	持续时间中等,进行性发展	亚临床至逐渐恶化
淋巴结	中度至严重增大	轻微增大
脾脏	轻度至中度增大	轻度至中度增大
贫血	轻度至中度	轻度至中度
白细胞计数	正常或增加	通常增加
淋巴细胞计数	正常或增加	增加
淋巴细胞形态	正常至中度改变,很少出现	正常至轻微改变
骨髓	轻度至中度非典型淋巴细胞浸润	正常至轻度非典型淋巴细胞浸润
其他器官	常浸润	很少浸润
副肿瘤综合征	可能会出现	很少出现

［病因］
（1）这种淋巴细胞瘤起源于并且主要涉及骨髓。

（2）瘤细胞通常是淋巴母细胞，犬是 B 细胞。

（3）在幼年、成年和中年犬猫中是急性进行性疾病。

［症状］任何一种白血病的临床症状都变幻莫测，而急性白血病的症状更严重。常见的临床症状包括嗜睡、厌食、体重减轻、贫血、出血素质和 PU/PD。早期的临床症状是无痛性外周淋巴增生性病变，一般先发生在颈、喉部的淋巴结。此后，患病犬出现厌食、不爱活动、体重减轻、体质下降、贫血等症状。多数病犬腹泻，可视黏膜苍白或黄染。血检白细胞明显增多，但主要是幼稚型白细胞，红细胞减少。值得注意的是，一部分（约 20％）的病犬出现血钙增高症。如未及时治疗，可加快病犬的死亡。

（1）萎靡、厌食、消瘦。

（2）出血，可能是由血小板减少症、凝血障碍或高黏血症引起的；或不出血。

（3）非特征性症状，包括呕吐、多尿、烦渴和转移性跛行。

（4）如果侵入脑，会出现中枢神经系统症状。

（5）生理检查。

① 黏膜苍白：贫血（常为非再生）。

② 脾肿大，可能肝肿。

③ 可能有淋巴结病，通常比淋巴瘤更轻微。

④ 发热：继发于感染或附肿瘤性细胞因子生成。

［诊断］急性淋巴细胞白血病（Acute lymphoblasti leukaemia，ALL）无年龄和性别倾向。最常见于大型犬（例如德国牧羊犬、罗威纳犬）。临床症状呈急性发作，确诊前症状常持续两周左右。典型症状包括嗜睡、厌食、PU/PD 和轮换性跛行。若骨髓和循环血液中出现大量淋巴母细胞即建立诊断，最常见的血液学异常为贫血和血小板减少症。流式细胞分析能确定淋巴母细胞的起源，ALL 患犬常出现脾脏增大和轻微淋巴结病变。慢性淋巴细胞白血病老年犬（平均发病年龄为 10.5 岁）比年轻犬易发病，无明显性别倾向。该病病程较长，可持续数年。

患犬可能无明显临床症状，常通过常规检查被诊断出来，常见轻度贫血。体格检查可能会发现脾脏增大，也可能有轻度淋巴结病变。

常通过白细胞计数升高和淋巴细胞增多来做出诊断，骨髓抽吸能确诊该病。大约70%的患犬为T细胞来源的CLL（CD^{3+}），这些细胞大部分为很大的含有颗粒的淋巴细胞（LGL）。

（1）血液学检查　同时评估血涂片、生化检查、尿液分析和凝血象。

（2）X线检查　胸腔和腹腔。

（3）腹部超声。

（4）流式细胞分析。

（5）骨髓抽吸/活组织检查　白细胞计数较高的动物可采取骨髓抽吸检查，而白细胞计数较低的动物可进行针芯活检。骨髓穿刺的理想位置为肱骨和髂骨翼。

鉴别诊断：

（1）急性骨髓增生病。

（2）慢性淋巴细胞白血病　包括小的、分化良好的淋巴细胞。

（3）慢性抗原刺激　导致淋巴细胞增多（如犬慢性埃利希氏体病）。

（4）可排除白血病动物各类血细胞减少症的其他病因。

［治疗］治疗原则：化学治疗，加强饲养管理，营养支持疗法。

一般情况下预后不良。低剂量的化疗可以减轻病犬的临床症状。一般按照诱导期和维持期用药，联合使用环磷酰胺、长春新碱、去氢化可的松，建议添加天门冬酰胺酶和阿霉素，可以提高疗效。

对于已充分分化的淋巴细胞白血病，以每千克体重0.2mg的剂量口服苯丁酸氮芥7～10d，之后将剂量减少至每千克体重0.1mg，可以缓和病情。本病的平均存活时间为6个月。

23.5.3　淋巴瘤样肉芽肿病

淋巴瘤样肉芽肿病（LYMPHOMATOID GRANULOMATOSIS）以血管周围或血管内发生多形淋巴网状内皮细胞和类浆细胞浸润为特征，伴有嗜酸性粒细胞、中性粒细胞、淋巴细胞和浆细胞浸润。

［症状］年轻犬和老年犬都可患病。

［诊断］患有淋巴瘤样肉芽肿病的动物其胸部X线片显示间质不透光性增强，通常相互融合形成不同大小的结节。

对气管冲洗液和其他肺脏样本进行细胞学检查，显示为非特异性混合型炎症反应，通常含有淋巴细胞、浆细胞、嗜酸性粒细胞和肥大细胞。其X线检查和细胞学检查结果与患有嗜酸性肺肉芽肿病、转移性或多中心型肿瘤、真菌感染，或非典型性真菌或细菌感染的病例相似。进行心丝虫检测、真菌效价测定和肺脏样本的细菌培养以排除其他可能的病因。淋巴瘤样肉芽肿病的确诊须实施开胸术获取组织样本，根据活组织检查结果来确定。样本显示血管周围及血管发生非典型性淋巴网状细胞浸润，伴有嗜酸性粒细胞、淋巴细胞和浆细胞浸润。

［治疗］采用治疗淋巴瘤的方案进行联合化疗。每1～2周拍摄胸部X线片，以监测病灶的消退。预后未见报道。

23.5.4　淋巴肉瘤

淋巴肉瘤（lymphosarcoma）是多类型的肿瘤，犬猫等小动物均有发生。临床上以多中心型、消化型和胸腺型淋巴肉瘤为主。

猫的淋巴肉瘤以消化型和胸腺型多见。消化型淋巴肉瘤的症状包括严重的腹泻和下痢、厌食和呕吐、贫血；触诊腹腔可以摸到增粗的肠管（有肠道肿瘤），肠系膜淋巴结增大。

犬的淋巴肉瘤类型多。其中多中心型病例主要症状是外周淋巴结和扁桃体肿大、质硬，肝和脾肿大；严重者淋巴结可能坏死甚至部分液化。有的在肝、脾、心和肺等器官出现结节状肿瘤。主要发生于 4 岁以上的犬。

胸腺型淋巴肉瘤主要出现在幼龄动物和 3 岁以下动物，常无先兆表现就死亡；有的死亡前仅表现短时厌食和呼吸抑制症状。

胸腺型病例在 X 射线片中，可见胸廓前半部有 1 个明显的肿块。淋巴结涂片和活组织检查，可鉴别肿瘤的类型。感染时，白细胞总数则增加。

猫淋巴肉瘤由反转录 RNA 病毒引起。用荧光素标记的兔抗猫白血病病毒血清处理猫的外周血液涂片或骨髓涂片，会出现明亮的绿色荧光，对本病的诊断有意义。

药物治疗包括给予泼尼松龙（可以改善症状，使淋巴结肿瘤消退，但不能降低死亡率）、环磷酰胺、长春新碱、左旋苯丙氨酸氮芥、胞嘧啶阿拉伯糖苷和天冬酰胺酶等。但从总体上看，临床确诊后，患病动物一般仅能活几十天，可施安乐死术。

23.5.5　骨肉瘤

骨肉瘤（Osteosarcoma）是一种类骨质瘤或新生骨瘤，也可是 2 种并存的癌。骨肉瘤起源于成骨细胞，其细胞形态多样。骨肉瘤的发生以老年犬为主，猫也有一定的发生率。骨肉瘤的发病部位在长骨的骨骺端，大型和巨型犬发病率高于小型犬。

发病犬跛行，不愿走动，患病部位的骨骼肿胀、疼痛。临床上主要发病部位为肋骨、桡骨端和胫骨近端；四肢骨肉瘤的患病动物中 90％ 以上都出现肺转移。因骨变形、变细，易发生骨折。骨肉瘤一般有骨膜，易出血和坏死。X 射线检查可见患部骨溶骨和骨硬化。应与结核或放线菌引起的骨病变相区别。

截肢治疗后多数病犬发生肿瘤肺的转移；放疗和化疗后，其症状缓解，但其瘤体不会消失。本病预后不良。

23.6　观赏鸟肿瘤

观赏鸟的肿瘤发生率高。肾腺癌是鹦鹉雄鸟死亡的主要原因，造成幼年雄鸟跛行、体重减轻，触诊腹部可以发现肿块；雌鸟主要发生卵巢肿瘤，性腺肿瘤也有一定发病率。纤维肉瘤主要出现在鸟的翅膀、腿部和面部。淋巴肉瘤和禽白血病样综合征也有发生。金丝雀的脾肿大值得注意，并且应与弓形虫病相鉴别。

保守疗法有一定的效果。很多肿瘤可采用手术治疗，但也常用安乐死术。

虎皮鹦鹉的脂肪瘤与肿瘤、甲状腺功能减退、遗传以及肥胖有关，应予控制体重。

泄殖腔乳头状瘤在金刚鹦鹉群中可以传播，脱垂组织呈红斑状，病灶起源于泄殖腔内缘，可扩展至嘴及胃肠道上段。可用电烙疗法，但不能根除。

第二十四章

行为异常

动物的行为既是动物生存的手段，又是适应的工具。一切行为反应都是内在动机和外在刺激统一的结果。动物行为的特点及规律已归纳成系统理论，建立了动物行为学。动物的行为并非随机表现，行为的背后隐藏着动机或目的，行为是动物实现其动机的有效手段。所以，行为本身具备功能，其功能主要体现两个方面，既是动物在环境中的生存手段，又是适应环境变化的工具。只有了解正常行为，才能辨认异常行为。

动物的行为归纳为 8 种：反应性、采食、探求、随机活动（运动）、保养、社会、领地及休息行为等。

（1）反应性行为　是指动物在日常活动中对外界刺激或对其他动物所作出的反应，包括动物的姿势、姿态、反射及呼唤等。

（2）采食行为　包括物种的采食习性、采食规律及选择食物等。

（3）探求行为　动物通过探求活动来了解环境特征、食物的分布、天敌经常出没的地点等，动物与生存有关的许多后天经验也是在探求中获得的，如躲避天敌或受害的技能等。

（4）运动行为　指每天的随机活动及玩耍，有益于成年动物健康及幼小动物的生长发育。

（5）保养行为　是动物清洁体表的主要手段，也是维持体表舒适的有效途径，如整理羽毛、舔舐、挠痒等。有病个体通常不表现保养行为。

（6）社会行为　是群居动物常见的行为现象，其作用在于有效地辨认同种个体、家庭成员、信息传递以及维系社会结构的稳定。

（7）领地行为　领地是动物生存及繁衍后代所必需的空间，野生动物表现最为强烈，可为领地"誓死而战"。家养动物也有领地行为，只是表现强度相对弱些。

（8）休息行为　是动物新陈代谢的必需，也是生命现象，其规律与方式因物种而异。

如果上述维持行为中的任何一种行为被剥夺，动物就无法表现某一功能，无法满足机体或动机的需要，从而导致动物的行为异常，或生理应激，或健康问题，这些都有可能导致动物的痛苦，严重的会危害动物的生命。

囚禁或关养不能剥夺动物的动机，却能剥夺动物的行为。动物为缓解内在动机的压力，要么是行为异常，对动物有害；要么是行为规癖，无害也无益。关养犬、猫往往有破坏性异常行为。

家庭动物的种类很多，除猫、犬最为普遍之外，还有鸟、鱼、两栖类、爬行类及一些野生小动物等。国外对猫、犬的行为观察报道比较多，这里主要介绍犬猫的部分行为异常。

24.1 犬的攻击行为

24.1.1 优势性攻击行为

优势性攻击行为（Dominance Aggression）是指在包括被动或主动限制犬的行为的任何情

况下，犬对人一贯表现出异常的、不恰当的、前后不连贯的攻击（威胁、挑战或攻击）行为，或与此接近的行为。

[病因] 优势性攻击行为发生的原因不包括因为食物（食物有关的攻击）、玩具（占有性攻击）或空间（领地性）而引起的争斗；许多问题都源于对犬的社会结构、信号传播，以及与犬对外界反应的误解。这种形式的攻击行为在犬的行为诊断中最为常见，也是导致安乐死的主要诊断依据。性成熟的公犬（≥18个月）占绝大多数。还有一部分未经阉割的青年母犬（＜1岁）也表现出令人费解的优势性攻击行为。对这些母犬而言，卵巢子宫切除术或许能够促进优势性攻击的发展。

[临床症状]

（1）对人怒视　当对四肢、嘴、头进行保定，或压迫颈部、背部或荐部时表现出反抗；有力地斜立于人前，每当人们移动时都迅速地扑向人们；当手在犬的头部上方移动给它戴犬带、项圈、犬具时，它会采取抵制行为。

（2）这些犬会俯在人　尤其是正在玩耍的小孩的身上，或者将爪子放到人的肩上，试图将脑袋压到人脑袋上。

（3）犬或许也舔人的脸（主人称其为亲吻），但是它们不是以轻舔嘴角的温顺方式来做的。这些犬直接舔人的整个头部和脸区，不做与其他行为有关的身体动作。

（4）打扰犬的睡觉或从它身上跨过，都会引发犬的攻击行为，它们会选择躺在人必须经过的地方。

（5）当要求动物杜绝或改变这些行为时，这些犬经常会抱怨，喷鼻、打喷嚏、跺脚、"顶嘴"或"嘴里发出响声"（这种行为表现为犬将头转向人，然后又背向人，下巴砰砰地响；牙齿不一定非发出响声）。

（6）如果从口头上或身体上对其加以纠正或进行训练（纠正方法包括凝视），会增强这些犬的攻击性。行为一旦开始，会变得更明显。

[诊断]

（1）训练行为　包括优势性下伏和打滚。为预防和治疗这些攻击性行为的训练，通常却会引起这些行为或使其更加恶化，出现优势性攻击行为的症状，应当加以避免。

（2）优势性攻击行为　一般与其对社会处境的忧虑相关。并非所有对犬有影响的人都成为其攻击目标。由于行为和环境可预言性的下降加重了忧虑，或许会有无攻击期（环境一致）。这可能会使主人认为攻击行为的暴发是零星的、不可预见的，但通常并非如此。

[治疗]

（1）尽量避免所有已知的与犬不恰当反应相关的状况。回避可以使人安全，也不会加剧不合适行为。犬每一次成功地对人实施威胁，都会使它的不适当行为得到加强。

（2）行为调整　是既主动又被动的。设计被动行为调整是为了加强犬的温顺行为。

动物必须安静地坐着，等待着与人之间发生的各种形式的相互影响（例如，得到食物、出去散步、走进门口、钻进汽车、玩耍和爱抚等）。若犬吠、行走或没有躺着或坐着时，不要进行此类活动。若犬抵抗，畜主不应使用强制手段，而是走开。最后，犬会因为非常想得到什么，而表现出一些降低姿态的温顺行为，比如坐或躺下。

设计主动行为调整来教犬坐、躺（若有些犬躺着会感觉舒适，反应减弱）、站立不动，按照主人的意图行事。这种行为调整是一个循序渐进的过程。开始在温和的无刺激性的环境中训练，渐渐地进入到更具刺激性的环境中。执行这些训练时，最好有熟悉训练计划的人帮忙，首先他们能犬的反应进行监控。驯犬的人必须做到要么继续训练，要么停止影响犬，因为忽视此建议的人都会成为牺牲品。

（3）雄性犬去势　睾丸激素的下降会降低犬的全面反应，促进行为的调整，早期去势效果更好，因为学习能解决任何行为问题。

（4）表现优势性攻击行为的青年母犬（6月龄），如果进行早期卵巢子宫切除术会使其更加恶化。最少经过一次发情周期后才可以切除卵巢，其他所有母犬都可以立即切除卵巢。

（5）遗传性优势性攻击行为，有些犬的品种具有攻击性行为遗传特性，不宜繁殖。

（6）头部颈圈在治疗中很有帮助，因为若犬向前猛扑，它会在犬的颈部背侧施加比较人道的压力。主人可以在犬全面开始攻击前打断其行为，解除其对抗状态。头部项圈还可以用来预防被犬咬伤，方法是向前拉皮带圈，使末端封住犬的嘴巴。尖形项圈、窒息项圈和电子休克项圈会导致行为恶化，使得犬更具危险性。

（7）肉体惩罚会加剧攻击性。谨慎的主人不会直接对动物发火。主人需要了解这些犬的异常行为，并非简单的行为异常，不能忽略这些行为。

（8）环境调整包括使用小型门、通道和板条箱来控制犬进入容易暴发冲突的地方。这些设施对减少犬与顽皮小孩的接触也是有效的。若来访者不愿意遵守被动行为调整的要求，应将犬安置在安全的地方（甚至关起来），以使犬的不当行为不会得到加强，行为调整训练也不会被破坏，来访者也得到保护。

（9）综合治疗方案中，药物治疗是极有帮助的。药物既能用于减弱与优势性攻击相关的忧虑反应，又能促成行为和环境调整的执行。要进行全面的体格检查，包括心音听诊、全血细胞记数和血清生化检验。因为大多数药物是抗抑郁药物，可以引起心律不齐、心动过速。因此，要保证做心电图检查。长期治疗需要每6～12个月重新监测一次，或通过临床症状加以证实。得到一个署名的、全面的、一致公认的报告，仔细列出副反应。

阿密曲替林，1～2mg/kg，PO，BID（即每12h服用1次），连服30d。3～5d内状态就会稳定，半衰期为8～12h。前10d剂量为1mg/kg，PO，BID，若病情没有好转则加大剂量。

氟苯氧丙胺，1mg/kg，PO，SID（即24h服用1次），连服60d。稳定状态获得较慢，其化合物为蛋白结合物，故应提醒主人不要期望在3～5周内出现疗效。6～8周后开始对疗效进行评价。

氯丙咪嗪，2mg/kg，PO，BID，连服60d；或1mg/kg，PO，BID，连服14d；然后2mg/kg，PO，连服14d；然后3mg/kg，PO，BID，连服28d。稳定状态获得较慢，故主人可能在3～5周内不会看到任何疗效。6～8周后开始对疗效进行评价。

［监护］

（1）对动物的行为改变进行监护。

（2）一旦行为得到改善且相对稳定，治疗至少要持续1个月的时间，然后逐渐地降低药量。若犬旧病复发或症状恶化，限定最小有效剂量。

（3）若主人因害怕旧病复发而不愿减少犬的用药量，他们就必须遵守严格的监控程序。

24.1.2　领地性攻击行为

领地性攻击行为（Territorial Aggression）是当另外一个个体靠近被某一只犬视为其领地的地方时，实际上并不存在来自这一个体的威胁，但这只犬在作为界限的移动物体（如汽车）或固定的区域（如庭）附近，不断地表现出攻击性行为，尽管靠近的一方试图调停、纠正，或者希望相互影响，但这只犬的攻击行为仍随着距离的减少而增强，这就是领地性攻击。这种攻击被包括在与异常社交感觉相关的攻击之列，这或许是一种焦虑症。

［临床症状与诊断］

（1）未去势的公犬比其他犬的巡逻次数更多，而未绝育的母犬或带着小狗的犬也大量地表现出领土划线现象。

（2）板条箱、犬舍、篱笆（有形或无形）、拴犬链、拴绳子和奔跑都能使这一行为的强度加重，使犬在进行攻击方面更加自信。

（3）领地性攻击行为可以直接针对人或其他动物。

（4）性成熟时，反应加强。恐惧性攻击行为可以与领地性攻击行为同时发生，两者在性成熟时都会加重。表现出与领域行为的不确定性相关的症状（例如肩部和骨盆部被毛竖立、耳朵后背），前进-倒退行为的犬，会同时表现出恐惧性和领土性两个行为。

（5）这种攻击可能伴有优势性攻击，但并非其症状之一。

［治疗与监护］

（1）去势或卵巢子宫切除术仅能调整动物有关巡逻和划界限的行为反应，并不能制止领地性行为。

（2）不能把这些犬隔绝在篱笆、通道或围栏中，因为这样将使其不确定性升级，提高了它们的反应。

（3）执行被动和主动行为调整计划（见前面优势性攻击的治疗）。对抗条件反射作用和降低敏感性作用，旨在教会犬不对诱发刺激产生反应，以及早日终止其行为。在没有主人和强化刺激时，可能会旧病复发。因此，治疗的目的就是对其加以控制。

（4）头部项圈的应用，有助于纠正和打断对以前正在表现出的行为的反应。牵着犬行走会加强其效果。

（5）如果犬对入侵者的第一反应是吠叫，使用犬吠项圈，是一个很有用处的辅助治疗措施。

（6）用来保卫、保护和放牧的品种，似乎占临床诊断中的绝大多数。在有领土争端的情况下，表现出品种特点的行为（例如，牧羊犬会咬入侵者的脚踝）。

（7）作为综合治疗中的一部分，药物疗法是非常有用的。既能降低与攻击行为有关的忧虑反应，又能促成行为和环境调整的实施。对攻击犬可以应用阿密曲替林。也有必要对受害动物使用阿密曲替林，或其他三环抗抑郁剂治疗（见后面的恐惧和忧虑）。

24.1.3 保护性攻击行为

保护性攻击行为（Protective Aggression）是指当在第三方靠近一个或几个个体时，尽管并不存在来自第三方的实际威胁，犬不断表现出的攻击行为。尽管被保护的一方试图调停、纠正或期望相互影响，但距离的缩短或能够表示兴奋，或威胁的语言，或身体的暗示都使攻击加强。保护性攻击行为和领地性攻击行为经常混在一个诊断之中。

［临床症状与诊断］

（1）大多数犬都渴望某种程度的互不相关的、先天的保护，只有在对攻击发生的前后联系的适当性进行评价之后，才能诊断为保护性攻击。

（2）表现出保护性攻击行为的犬可能非常敏感，它们只是将自己置于入侵者和被保护的物体之间。

（3）它们对情况进行估计和对此做出合理反应的程度，能够解释何时其行为是正常的，何时又变为异常了。

（4）动物的实际行为与在领地性攻击行为中所见到的行为相似。

[治疗与监护]

（1）实施被动和主动行为调整方案。对抗条件反射作用和降低敏感性作用，旨在教会犬不对诱发刺激产生反应，以及早日终止其行为。主人不在时，行为可能不会发生。治疗的目的是控制且鼓励犬按照主人对其合适行为的要求去做。

（2）头部项圈有助于纠正和打断对以前正在表现出的行为的反应。牵着犬走，以加强效果。也可在室内使用头部颈圈，以使主人教给犬知道客人并非威胁。

（3）如果犬对入侵者的第一反应是吠叫，犬吠项圈把香茅喷在犬身上，是一个很有用处的辅助治疗措施。

（4）用来保卫、保护和放牧的品种似乎占绝大多数。

（5）作为综合治疗的一部分，药物是非常有用的。药物既能降低与攻击行为有关的忧虑反应，又能促成行为和环境调整的实施。用药和前面纠正领地性攻击相同。

24.1.4 犬间攻击行为

犬间攻击行为（Interdog Aggression）是一贯的、凭意志的、先发制人的攻击，它与外界信号、危险环境或接收到的反应无关。通常并没有来自被攻击动物的威胁信号或相互影响。某种程度上，所涉及的攻击行为是正常行为。

[临床症状与诊断]

（1）所涉及的犬包括家养犬、社会组织所养犬和流浪犬（例如，街上的无名犬）。

（2）当只涉及非家养犬时，可能只出现对同一性别（通常为同性）、同样体型或同一形态（例如，毛发粗浓杂乱的）的犬的反应。

（3）当只涉及家养犬，其他犬被动地或主动地对其进行实际挑战，或对其摆出特定姿势时，或当其感觉到实际上并不存在的挑战时，它会做出反应。

[治疗与监护]

（1）必须将所有涉及的犬都进行隔离，避免出现难以制止的攻击性行为。这包括将犬饲养在不同的房间，并且要关闭房门。必须避免细微的恐吓。

（2）重点应放在改造整个社会环境和强化犬现存的结构。如果一只犬主动地挑衅其他犬，最能使其保持这一地位的方法是通过饲养、牵遛和首先注意到它来强迫它。维持地位的能力取决于身体性能、感觉性能和对社会影响的判断力或控制力。如果某只犬是最初的攻击者，则主人必须给予受害犬一定的地位，以使攻击者明白此犬有权待在那里。在此情况下，袒护攻击者是不恰当的。

（3）在某些情况下，最安全的选择是将受害犬置于同一间屋内，或监禁攻击者。一般情况下，监禁受害犬，即使是短期的，也是错误的。因为这种行为失常涉及对社会等级的控制和与之相关的忧虑，通过将受害犬移开来对其进行保护的做法，会使攻击者的行为更加恶化。

（4）制定被动和主动行为调整方案（见前面优势性攻击行为）。主人不在时，有攻击行为的犬可能会旧病复发。因此，当无人管理时，要将其分开。对某些攻击性较强的犬来说，治疗的目的是控制，而不是减少或消除其行为。

（5）头部项圈有助于主人纠正和打断动物对所表现出的行为的反应。可在室内使用头部项圈，以控制犬之间的打斗。有时，提高被攻击者地位的同时，只给攻击者戴上头部项圈可以被动地降低其地位。这仅在受害者既不逃跑，又不躲藏的情况下才有效。

（6）药物治疗 药物既能降低与攻击行为有关的忧虑反应，又能促成行为和环境调整的实施。可试用的药物包括阿密曲替林、氟苯氧丙胺、氯丙咪嗪。

24.1.5 掠夺性攻击行为

掠夺性攻击行为（Predatory Aggression）包括在与掠夺有关的环境下，或对包括婴儿、年幼的或生病的动物等受害者所持续表现出的悄悄攻击，或者与其后的掠夺性行为相一致的行为（例如凝视、流涎、蹑手蹑脚地接近、身体放低和尾巴抖动）。这些情况包括在有关品种的被掠食物（如猫和鸟），或在表现出不协调运动，或有突然睡眠周期的个体一贯显示出的悄悄的、毫无预兆的进攻，一般进攻包括至少一次猛咬和抖动。

[临床症状与诊断]

（1）若条件充足，诊断就无懈可击，然而，在解释时有些误差，并且人们也不知道是否会发生真正的攻击。

（2）对所涉及行为的不连续性分析说明了这一行为的不同形式，以及受害者的行为在决定即将发生的攻击形式中所起的作用，因为掠夺性攻击也用于描述对慢跑者与骑自行车的人的攻击。

（3）受害者必须排除对领土的关心，但是当掠夺性攻击涉及感觉灵敏的成年人时，在分类上可能就与真正的掠夺性攻击不同了。

（4）尽管幼龄动物所处的危险更大，所有形式的掠夺性，攻击行为都可以展现在婴儿和小动物面前。

（5）蹑手蹑脚，凝视，垂涎可能是能注意到的症状。

（6）突发的动作，预料不到的高音，就像婴儿睡眠突然醒来等相关的事情都能促使进攻。

（7）婴儿不断长大，看上去不再像犬的捕食物时，犬和孩子之间会在后来形成一个正常的关系（对于将要发生的这些事情，主人不得不认识到这点，并对其负责任）。

[治疗与监护] 犬会慢慢走近小动物，并对其攻击，同样它也会冒着危险这样对待在它面前的婴儿。大多数犬都不能不受限制地接近婴儿。每当有婴儿在时，既不能惩罚犬的掠夺性攻击行为，也不要让其走开。相反，锁门、板条箱和约束系统，可使犬看见小孩并分享某种水平的对犬有利的影响，而不使小孩处于危险之中。当犬和婴儿处在相同的环境中时，必须由一个大人管理处于危险中的婴儿，另一个大人管理犬或将犬约束起来。必须将无人看管的、熟睡的婴儿放在关紧门的、有婴儿监护器的房间内。

不要实施降低敏感性和对抗条件反射的方案，因为任何对其可靠性的怀疑都会使得它们更加危险。在其他家庭，有时可安全地将这些犬与较大的孩子放在一起。若主人希望继续保留犬，将犬按照前面推荐的方式介绍给婴儿，然后用头部项圈和犬链、阳性强化刺激等方法使犬按介绍的标准去做。当孩子会坐并开始给犬以人的感觉时，犬可能停止对孩子的反应。可以教幼儿命令犬坐下来吃食，但不应鼓励犬舔孩子的脸或偷他们的食物。

24.1.6 其他攻击行为

（1）变向性攻击行为 当动物对其原始目标展示的攻击行为受到阻挠或打断时，动物对第三方直接展示的一贯性攻击，攻击并非偶然，动物主动追击第三方。

不能单独诊断，可作为其他有问题的行为的标志；改向性攻击或许伴随优势攻击，但并非优势性攻击的一个症状；将变向攻击，给人造成意外咬伤，如试图将打架的犬分开。

治疗包括预测和避免；必须对主要问题做出准确诊断，变向攻击是对中断的一种反应。做出准确诊断后，做出主要的攻击诊断。

（2）食物有关的攻击行为　仅在宠物食品、骨头、生皮条、饼干、血液或人食物面前一贯展示的攻击行为（并没有折磨或饥饿存在）。

诊断用来强调食物不是占有品，而是与占有食品不同的东西。

尽管食物有关的攻击与优势性攻击相关，但基于为每种攻击所列的必要的充分的标准，它与优势性攻击在分类上是绝对不同的。当食物性攻击与优势性攻击同时发生时，食物性攻击的发展通常先于优势性攻击。

（3）占有性攻击行为　当其他个体接近或试图侵占攻击者所占有的，或已被攻击者控制了通道的非食物性物体和玩具时，动物直接向这些个体持续展示的攻击行为。

（4）疼痛性攻击行为　仅在疼痛或与疼痛有潜在联系（本身可能并不疼痛）的情况下所表现出来的持续性攻击行为，这种行为已超过其正常的疼痛反应。

（5）母性攻击行为　在母犬或幼犬不存在疼痛、挑战或危险时，母犬对幼犬或接近幼犬的个体所表现出的持续性攻击行为（威胁、挑战和争斗）。

24.2　犬的排泄异常

24.2.1　不定点排便

不定点排便（Incoplete Housebreaking）：这种异常包括一贯的、与年龄不符的、在不适地点或不适时间内的排泄，这与缺乏通向排泄地的通道和时机无关，也和其他行为疾病或任何身体或生理性疾病无关。

唯一能做出诊断的方法是彻底了解和检查实际行为。

［鉴别诊断］

（1）不接近排泄地点　包括在适当的时间，拒绝接近合适的排泄点。

本诊断中的内在因素是随着年龄和周围环境条件的不同而出现的某些变化，这些变化导致犬拒绝接近某个地方，否则这将是它排泄的地方。

（2）底土层偏爱　指一贯地在与一般感觉相联系的某一地方或某些地方排泄，避免或拒绝变换材料或改变条件。这对训练良好的犬来说是正常的情形；然而，在这种情况下，犬所喜爱的底土层，也是主人所喜欢的。只有存在主人和宠物的喜好发生冲突时才成为诊断依据。

［治疗与监护］当幼犬学会用报纸后，很难教会它到外面去排尿和排便。最好从一开始就教犬到外面去排泄，但可能与主人的计划不符。若训练幼犬在报纸或小盒子里排泄，那么将其放在同一个地方，最好靠近门。

按照以下方式进行卫生训练。当幼犬清醒时，每1～2h将其带到外面去排泄一次。或当幼犬清醒时，在饭后或玩耍后15～30min，以及在玩耍慢下来时，将其带到一个想要它去的地方排泄。小狗排泄完后才能玩。将犬装进板条箱，可以促进卫生的训练，因为这降低了在不合适地点排泄的次数，板条箱不是用来惩罚，也不是用来转移注意力的。它要足够大，犬在里面能够充分伸展身体，也能转身。对犬进行卫生训练时，惩罚几乎无用。

24.2.2　其他排泄异常

（1）忧虑　主要是分离性忧虑，当犬与主人没有或缺少接触时，犬所表示出的身体或行为的忧伤症状，只有主人确实不在时，才排泄；在开始的 15～30min 内，症状最为严重，任何引起忧虑的刺激都可导致排泄反应。

有必要对刺激因素加以辨别，在降低敏感性和抗条件反射作用基础上，针对引起焦虑的刺激因素的治疗是必需的，抗忧虑性药物有助于治疗。

（2）做记号行为　在发生的频率和（或）地点上与排尿和排便不一致，带有品种特征，有别于简单的排尿和排便。

在所有去势的犬中，大约 2/3 犬通过去势（如果是在青春期前）可预防或减少记号行为；子宫卵巢摘除术能减少母犬发情时的季节性记号行为，也去除了引发相应记号行为的刺激源。气味消除器在帮助犬改变反复记号的感觉方面很有用处。

（3）兴奋性排尿　当犬非常活跃，随之显示出身体或生理上的兴奋迹象时，才发生的排尿行为。

当动物既不坐也不躺下，或既不接近于坐也不接近于躺下时所发生的排尿行为，动物无任何被人了解的迹象，很难将其与顺从性排尿、不完全室内排尿或尿急加以分辨。

治疗的目的是不奖励与兴奋有关的行为，只有当这些犬将其膀胱排空后才去注意它们，惩罚会使其更加恶化。幼犬较年长的犬更多地表现这种行为，随着膀胱括约肌功能的增强，大多数幼犬会戒除这一行为，膀胱括约肌功能下降的犬，可辅助应用盐酸去甲麻黄碱（1～2mg/kg，PO，必要时）进行治疗。

24.3　犬的恐惧与忧虑

24.3.1　恐惧

恐惧（Fear）：这些行为常和行为的、生理的恐惧症状同时出现，表现出与自律神经系统的交感神经支有关的撤退、被动及躲避行为，没有任何攻击性行为。

恐惧和忧虑的症状相互交错。某些非特异症状，如躲避、晃动和发抖可能是二者共有的特征。二者的生理表现可能有细微的不同，但其神经化学物质却可能有很大不同。

［治疗与监护］治疗应针对已被证实的刺激因素。

在涉及发展中的恐惧、轻微恐惧或忧虑的情形下，抗条件反射作用与降低敏感性是有效的治疗方法，也需要进行早期干预。

在 5～14 周龄时，犬对新刺激的学习最敏感。倘若没有明显的恐惧或惊慌表现，应当使犬暴露在各种刺激之中，并且允许它们按自己的步调进行探索。绝不能用恐吓的方法来治疗恐惧。

作为综合治疗方案的一部分，药物治疗极为有效，见前文优势性攻击部分的药物总论。

24.3.2　非噪声恐怖症

非噪声恐怖症（Non-noise related Phobias）是一种一贯的、持续不变的、无级别之分的反应，表现为强烈的主动躲避、逃跑或者与自律神经系统交感神经支活动性有关的焦虑行为。若这种一贯的、持续不变的、突然的、严重的、无级别之分的反应，是针对不熟悉的物体或环境，这种病称为新恐怖症。犬从 14 周龄时就置于限定的、隔离的环境中，会增加患新恐怖症的危险。

［临床症状与诊断］与病态性恐惧反应相关的行为包括紧张，或者伴有对疼痛刺激，或社

会刺激敏感性降低的狂躁；反复暴露于刺激中，会导致一成不变的反应模式。尚不清楚恐惧变为病态恐怖的发展进程，与恐惧和恐怖症发展有关的模式涉及对实际行为发生频率、强度、条件等的评价。对已表现出恐惧或忧虑症状的动物来说，还不清楚与相关行为的发展有关的危险性。对恐怖反应的发展而言，似乎存在着很强的遗传成分。

[治疗与监护] 早期预防旨在促使犬对各种刺激做出正常反应。强烈建议应用抗条件反射作用和降低敏感性的方法进行早期治疗。药物治疗可能是治疗方案的本质部分。

24.3.3 噪声和闪电恐怖症

噪声和闪电恐怖症（Noise and Thunderstorm Related Phobias）是对噪声的一种突然的、严重的和无级别之分的极端反应，表现为强烈的、主动的躲避、逃跑或忧虑行为。

[临床症状与诊断] 行为包括紧张或对疼痛或环境刺激敏感性降低的狂躁；反复暴露于刺激之中，会导致一成不变的反应模式。对已表现出恐惧或忧虑症状的动物来说，还不清楚与相关行为的发展有关的危险性。若反应仅与闪电相关，则称为闪电恐怖症。许多患有闪电恐怖症的动物可能在症状上没有显著特点，但这种特殊的诊断依赖于与其他感觉系统（嗅觉、视觉）有关的相关提示，而不是仅仅依赖于听觉系统。

[治疗与监护] 治疗的目的在于当发生恐怖事件时保护动物，以及使犬的反应减轻。抗条件反射作用和降低敏感性，对治疗很早期的噪声恐怖症有效。可以商业化应用同样具有传达震动与大气效果的录音带，当犬放松时，按照逐渐增加噪声的水平播放。毫无例外，在治疗中药物治疗是最根本的。必须在刺激开始前和犬开始表现出任何痛苦症状前给药。短期治疗包括以下几种：安定 0.55～2.2mg/kg，PO，必要时，这种短效药物能够帮助犬减轻焦虑，并使犬对环境刺激不再那么敏感。长期或慢性治疗，需 3～5 周方才有效。

24.3.4 分离焦虑

分离焦虑（Separation Anxiety）只包括在主人离去或缺乏对主人的接近时，动物所表现出的身体或行为上的痛苦表现（持续的或强烈的破坏、排泄、吠叫或流涎）。

[临床症状与诊断] 在分开的前 15～20min 内，行为最严重，而当主人表现出离开的意图时，许多与焦虑有关的行为（自发的反应过强，运动增加，警惕性和搜索增加）就开始变得明显起来。尚不清楚表现出分离焦虑的动物所具有的其他焦虑行为，或经历自我伤残，病态恐怖或害怕的程度。尚无研究证明，分离焦虑更常见于主人对其关怀备至的动物。

重要的是排除与分离焦虑的一般症状相关的其他情形，不完全室内排泄，出牙，玩耍以及对真正惊慌的反应和特殊事件。

[治疗与监护] 重要的是保护动物不受自身的伤害以及保护环境不受犬的伤害。屏障（门、板条箱）可能会有所帮助。一定要谨慎，因为限制会使某些患病的犬更加恶化。

当治疗正在进行时，如果可能的话，让一个人来陪着犬。按照惯例，获得另外一个宠物并不能使这种情况得到改善，但失去一个动物伙伴会使症状恶化。抗条件反射作用与降低敏感性、可以用来改变犬对与主人开始离开的迹象有关（例如公文包、钥匙、吹风机）的反应，并使犬习惯于日益增加的更长时间的分离。

若吠叫是由分离焦虑引起的，犬吠项圈既不能治疗症状（犬无视项圈），又不能治疗疾病（吠叫是症状，不是病）。

药物治疗是本病综合治疗的一个部分。除非是刚刚开始显现疾病，否则，有效的治疗不可能没有药物的干预。可以试用的药物包括阿密曲替林、氟苯氧丙胺、珊特拉林和安定。

24.3.5　全身性忧虑症

全身性忧虑症（Generalized Anxiety）是指犬在没有任何刺激的情况下，持续表现为自发性的反应性增强，运动增加，对周围环境的警惕性与审视性增强的行为，这些行为超过了正常的社会活动范围。

当缺乏批判的思考或病史不全时，此病易被误诊。在这些情况下，病犬会伴随出现所有的症状，而在同样条件下，正常的或无症状犬的所有症状都将平息，这是最后的诊断手段。

［临床症状］高反应性与全身性忧虑有关。高反应性被定义为以持续的方式和超过动物年龄与刺激所允许的水平而出现的运动行为。对纠正、改向或限制行为不起反应。即使是休息时，也伴随有交感神经兴奋的症状（心率加快，呼吸次数增加，血管舒张）。反应性增高，但没有其他与甲状腺疾病有关的症状和实验室指标的显著变化。应用安非他明进行治疗后，犬的运动行为出现反常降低。大多数被主人称为高反应性的犬，实际是过分活跃。

［治疗与监护］早期发现异常行为十分重要。对可能与行为有关的刺激，进行抗条件反射作用和降低敏感性治疗非常有效。作为辅助治疗方法，药物治疗或许有效，它可以提高动物对引发焦虑反应的阈值，并使得行为调整更为有效。可使用阿密曲替林等药物进行治疗。

24.3.6　强制-强迫性失调

强制-强迫性失调（Obsessive compulsive disorder，OCD）是在超出正常范围内发生的，或以超出了达到其表面目的所需的频率或间隔的方式发生的，重复出现的行为，如运动行为、梳理行为、摄食行为和引起幻觉的行为。这些行为以妨碍动物在其社会环境中发挥正常功能的方式出现。

区分强迫症的关键是其相对的程度。行为是超量还是OCD的症状，只是一个程度限定的问题。仔细描述、记录行为症状及其持续的时间，可以为评价行为连续性发展的程度提供数据。

很好地了解病史、观察临床症状非常重要，因为在某些特殊形式下，与癫痫性惊厥行为相似。通过定义可知，某些癫痫或癫痫性惊厥行为是典型的，这就是OCD的诊断较常规诊断更为可取的原因之一。

治疗的目的是使犬在可能引发OCD的环境中学会放松。除非行为是刚刚开始，否则治疗的关键是应用药物。

24.3.7　记忆功能紊乱

记忆功能紊乱（Cognitive Dysfunction）是指随着年龄的老化，犬在相互影响、排泄或定向行为等方面所表现出的改变，这种改变并不是由器官系统的功能障碍引起的。

这是发生于人的随年龄变化而感觉改变疾病的一种潜在的动物模型，其行为可能与阿尔茨海默氏损伤有关（阿尔茨海默氏型老年痴呆）。

尚不清楚本病是否与随年龄变化而改变的多巴胺功能或微栓子活动有关，抑或是老年性发作的分离忧虑症的一种形式。

人的评价感觉功能紊乱的主要方法不适用于家养宠物。基于学习与导航能力的精确感觉试验应该对诊断提供帮助。

目前都是直接针对与成年发作的分离忧虑症相关的症状进行治疗。

24.3.8　破坏和自残行为

破坏行为：一种十分常见的现象，主要发生在主人不在家且离家时间过长（超过10h或

1d 以上）时。犬表现为啃咬地毯、毛毡垫、拖鞋、门及家具等。导致这种破坏性行为的原因目前尚不清楚。有人通过监控摄像发现，犬在预计主人即将下班到家时表现得最为焦急，似乎犬对时间有很强的预计性。一种解释是，有些犬无法忍受孤独，通过破坏物品的方式来表达它的焦虑之情。另一种解释是，犬缺乏环境刺激，犬感觉啃咬比长时间静卧更有趣，还有一种可能是犬无法忍受禁闭的现实。与攻击行为相比，破坏行为更不易矫正。建议给动物提供些玩具或供啃咬的东西，可有一定的预防效果。

自残表现为局部舔舐、舔舐部位红肿乃至引发不同程度的损伤。许多犬都有舔舐前爪的习惯，这会导致被舔舐部位充血、被毛褪色，极易导致皮炎。有时也有舔舐伤口的现象，易导致感染。建议应用抗忧虑药物和内啡肽拮抗剂，对于上述行为有治疗作用。

24.4 猫的异常行为

24.4.1 猫的排泄异常

猫的排泄异常（Feline Elimination Disorders）是猫最常见的行为异常，是不适当的或令人讨厌的排泄。到 3 月龄时，小猫就不再依赖于泌尿生殖反射而能自主排泄。没有受过小盒子里排泄训练的小猫，天生也会寻找松软的粒样物进行排泄。排泄姿势受所看到成年母猫的姿势和嗅觉刺激的影响。

排粪、排尿的姿势通常呈蹲姿，后肢外展，尾巴向后伸直。多数猫在排粪或排尿前会在砂中挖一小坑。有些猫会掩盖它们的粪和（或）尿，但不挖坑或不掩盖它们的粪尿，也属于猫正常排泄行为的范围。

[病因与临床症状]

（1）疾病状态下发生　如凡能够影响排粪和排尿的频率、紧急程度、数量及疼痛的疾病，均可引起不正常的排泄方式。这些疾病包括猫的下泌尿道疾病、肾脏疾病、代谢紊乱、解剖学异常，或矫形等情况。近来有数据表明，大多数疾病并不表现为排泄行为的异常，而大多数的排泄行为异常也不是由潜在的身体原因所引起的。也有与环境因素有关的不适当排泄，如对猫砂的喜恶。猫砂是用于排泄的物质，它与发生在排泄过程中的触觉有关。猫可能会在所提供的垫物中优先选择一种物质来排尿和（或）排粪。对垫物类型的厌恶，常与负面经历、惩罚或在便盒中遭遇恐惧有关，这常常发生在更换新垫物或便盒太脏时。

（2）对场地的喜恶　在交通繁忙的区域或地点，由于存在着出行困难，会使猫寻找另外的合适排泄地点。这将促使猫形成对排泄地点的喜好。在便盒附近曾经历过不愉快事情的猫，可能会避免走近当前便盒的所在地。

（3）排泄异常的群体原因　猫是一种社会性动物，受各种日常应急因素的影响，这也会影响其排泄方式。如未绝育动物比绝育动物更常出现标记行为，这包括喷洒和非喷洒性尿标记及粪便标记。标记行为更常发生于社会环境复杂的多猫家庭，非喷洒性尿标记，就是把尿排在水平的物体表面。这种行为常和一只猫与其他猫或与人的社会影响有关，是猫进行交往的一种正常形式。尿迹的大小各异，常见于门口、窗台、床和主人的衣物上。粪标记是猫进行社会交往的另一种方式，尤其见于猫的进出口或猫进行社会交往的地方。

（4）尿喷洒标记　公猫、母猫均能做尿喷洒标记。猫通常先嗅一下物体，然后再转过身以使后躯对准物体，最后冲着物体纵轴方向喷洒少量尿液。尿喷洒的一个特征就是在喷洒尿液的同时，翘起的尾巴出现典型的抖动。猫的这种交往方式与生殖状态及发生于社会冲交中的争斗或焦虑等密切相关。有正常尿喷洒的猫会使用便盒排粪、排尿。

[诊断] 获取与排泄有关的病史和行为史。确定排泄及其行为的模式，如不适当排泄的姿势、频率、表面及位置等。检查便盒的数目、位置和类型，所用垫物的型号，便盒的维护等。确定家庭中人和宠物的数量以及相互之间的关系。

做尿检、粪检，并考虑进行其他检查，以排除泌尿道或胃肠道等的器质性疾病。对猫进行物理检查，做血细胞记数和血清生化检验，确定其基础值，以检测潜在的肝脏和肾脏疾病，这些疾病可能会对症状表现或药物治疗产生影响。

[治疗]

（1）对症治疗。

（2）对行为异常进行治疗。环境疗法

① 用酶制剂清理粪便污染区，移走被粪便严重污染的地毯或家具。

② 提供多个便盒，经常变换猫砂（普遍受到欢迎的有凝块状的、精细的或硅石猫砂），不断改变便盒的位置和类型，改变垫物（猫砂）的深度。

③ 在有粪尿堆积时，应尽快将其清除。

④ 每周倾倒垫物并清理便盒1～2次。

⑤ 避免使用有气味的垫物，清扫粪便、衬垫，以及使用有罩的便盒（除非猫喜欢有罩的便盒）。

⑥ 在排泄地点使用一些阻碍物，如硬塑料、食物或水、植物和封锁物封闭排泄地点。

⑦ 通过正面强化如食物奖励、表扬等使猫学会正确地使用便盒。

⑧ 在起初的30min内，采取惊吓的方法（如号角、口哨、水枪等）以中断猫的不适当排泄。

⑨ 不能对猫实行有效监督时，应对其活动范围加以限制。

⑩ 每天至少给猫2次，每次5～10min的固定时间玩耍，并对其加以关注。

⑪ 如有必要，应花几周的时间来慢慢改变猫对垫物或便盒位置的偏爱。

⑫ 着手解决排泄行为异常的群体影响，试用行为纠正、减敏和抗条件反射等方法，如积极地将猫介绍给其他的猫或人引起忧虑等。

⑬ 对未去势的猫进行阉割，并为每只猫提供更多的垂直空间，减少家庭中养猫数量。

（3）药物治疗

① 很多排泄异常的疾病由潜在的对排泄环境或群体的忧虑所引起。

② 将用于治疗不适当排泄焦虑的药物与改善环境结合应用以控制疾病。

③ 当神经性炎症、应激或焦虑是其病因之一时，抗焦虑药在治疗猫的下泌尿道疾病中起着重要作用。

④ 包括标记行为在内的排泄异常，是对其社会遭遇的焦虑性反应。可能需要进行药物治疗以控制标记行为。有必要通过清扫或设置阻碍物等环境的变化，以及改变其对社会遭遇焦虑的行为纠正等方法来治疗排泄异常。

⑤ 若使用带有额外标签的抗焦虑药物，必须让主人在同意使用的通知上签字，并且要列举出药物的副作用。

⑥ 已经成功使用的药物包括阿米曲替林、安定、克罗米酚和甲地孕酮等。

[监护] 本病预后一般良好。在最初检查的2周内约定再次检查的时间，预后的好坏取决于疾病的持续时间、行为发生的频率和主人是否配合。

药物治疗的猫应每8～12个月做一次血液检查（老年动物每6个月一次），或者当猫生病

时做血液检查。在成功地进行治疗后，有些猫经 1～2 周即可停用药物。

24.4.2 猫的攻击行为

猫的攻击行为（Feline Aggression）：在最常见的猫的行为疾病中，攻击行为位列第二。攻击行为的相互影响非常微妙，常伴有怒视和特定身体姿势，或者是主动出击，动作包括嘶叫、咆哮、拍打、追逐和撕咬等。攻击行为受猫群体等级的影响。多数攻击行为是在 2～4 岁成年群体中，而当其结果关系到它群体中的地位时，这种攻击行为显得尤为重要。

[病因与临床症状]

（1）社会性缺少引起的攻击行为　猫的敏感期在 2～12 周龄，这时它们可向其他猫和人学到适当的交往方式。2～7 周龄是猫与人交往的最为重要的时期。若猫错过与群体交往的时期，就会有出现异常群体反应的危险。当这些猫受限制或被管教时，其攻击行为会迅速增强。

（2）玩耍性攻击　那些用瓶喂养而没有受到过母亲管教，或没能在与其他同时出生小猫的粗暴玩耍中受到影响和纠正的小猫，在玩耍较量中就无法抑制它们的撕咬和抓挠行为。如果人们用手做玩耍的目标并鼓励这种粗俗的玩耍，最后人们也可能成为猫不适当玩耍的目标。

（3）恐惧性攻击　凡这些猫受恐吓时会表现出很强的攻击行为。猫常摆出防卫姿势，而一旦受到刺激就会进行攻击。猫常表现为耳朵贴于脑后，龇牙，皱鼻，弓背，被毛竖立。

（4）疼痛性攻击　如果猫当时正在生病，或以前曾经病过，或曾经历过疼痛，那么在靠近或操纵它时就会表现出攻击性行为。猫会尽力逃脱或避免与疼痛有关的情况。

（5）猫间攻击　猫间攻击常见于未去势公猫间争夺配偶的争斗。在家庭中，猫间攻击与群体的发育成熟以及环境改变有关，而与性或交配行为无任何关系。通常一只猫是攻击者，其余的则是受害者。攻击者常常通过视觉和身体控制着一个或多个区域，而受害者则躲起来主动避免冲突。

（6）母性攻击行为　一只成年母猫会坚决保护其小猫和巢穴周围以免入侵者进入，尤其是在临产期。当其他猫或入侵者靠近时，母猫表现出的恐吓动作常常会将这些猫或入侵者吓跑，中断冲突。若对抗升级，母猫就会发起攻击。

（7）掠夺性攻击　猫可能天生就有追踪小动物的习性。与攻击有关的姿势包括低头，身体紧张，悄无声息地缓慢移动，或静止不动，尾巴颤动。即使一件毫不相关的事件，猫也会直接向小孩或成人（手、脚）进行掠夺性攻击。

（8）领土性攻击　猫会保护自己的一片区域，以防人或其他动物入侵。领地一般都有明显的边界，猫会不时地在边界巡逻并用粪、尿或其他有气味的东西作标记。

（9）变向攻击　当猫被高度激怒时，常发生变向攻击。如果引起刺激的对象很难攻击得到，此时若中途打断猫的反应，会使反应移向其他个体。在变向攻击后，猫会在很长时间内激动不安。这种攻击可能会直接朝向其他猫（最常见），或者是包括人在内的其他种群。

（10）维护性或与地位相关的攻击　猫的社会等级包括猫与人之间的相互影响。某些猫喜欢控制并爱出风头，当它们受到宠爱或被控制时，就表现出对人的攻击。猫可能挡住主人的路，表现出寻求关心的行为，如摩擦，或出现挑战行为，如怒视等。此外，摩擦与触击是标记行为。

（11）突发性攻击　与地位相关的攻击或变向性攻击不同，突发性攻击的对象是不可确认的，攻击对象与背景皆不一致。通常被认为是一种无缘无故的、迅速增强的攻击。

[诊断]

（1）病史调查　宠物的年龄及其来源，家庭中人及宠物的数量，行为发生的时间表，发生的频率及程度，咬伤次数，受害者身份，在家中，猫是如何与人及宠物相互影响的，玩耍的次数，所给予的关注，并发的标记或排泄问题。

（2）排除可能的疾病，如代谢疾病、内分泌疾病（甲状腺功能亢进）、神经性疾病、血管疾病（局部缺血）等。进行体格检查，做血细胞计数、血清生化检验等。

[治疗]

（1）环境治疗

① 学会分辨与攻击情况有关的姿势。在攻击行为刚刚开始的几秒钟，或发生后的 30～60s 内进行干预。用能够使猫感到吃惊的方法如号角、口哨或水枪等打断这种行为。逐渐地对幼猫的行为进行纠正，不要用手逗猫玩，若猫非常激动，停止与猫的玩耍。

② 每天留出时间跟猫玩，给猫关心，增加它积极活动的时间。不要靠近起反应的猫，一直等观察到出现梳理行为或进食行为为止。

③ 在有攻击性行为猫身上拴一个小铃铛，以提醒受害者。对猫的非反应性姿势给予奖赏。

④ 将猫隔离到其他房间。为攻击猫和受害猫提供中立区域，或为受害猫提供更好的地方或自由空间。若不能做到严格监督，则应将猫进行隔离。

⑤ 应用积极强化的方法，如食物奖励，使用猫行李箱、皮带等对情况进行控制的方法来逐渐对猫进行再教导（对猫或人）。

⑥ 剪短指甲或使用指甲套。

（2）药物治疗　药物治疗对在社会冲突中表现出忧虑或行为异常的猫很有帮助，这些药物能够对抗引起这种行为的潜在的生理性原因。已成功应用的药物有阿密曲替林、安定，一定要得到主人的同意，这些药物的副作用包括昏睡、呕吐、腹泻、心律不齐。

[监护]　在初诊后 2 周内安排进行复诊或电话交谈，对环境治疗和药物治疗的效果进行评估。攻击行为经治疗后一般预后良好。预后的好坏取决于攻击发生的严重程度及其频率，以及主人是否配合。每 8～12 个月（年老动物 6 个月）进行一次血检，或当动物生病时进行血检。在成功地进行治疗后，某些犬经 1～2 周即可停止用药。

24.4.3　猫的强迫症

强迫症（Obsessive Compulsive Disorders）指那些反复出现的、超过正常功能需要的一成不变的行为，这些行为干扰了正常的日常活动。许多行为是某种动物所特有的行为，但它被表现得比较夸张，持续的时间也长。这些行为非常复杂，应调查清楚疾病的原因或疾病在这些行为中起的作用。若猫处于忧虑状态，异常行为将加重。一般认为，强迫症的病因有多种，被人们引用最多的是大脑内神经药理学的活动异常。

[病因与临床症状]

（1）梳理　猫以理毛和舔舐方式对被毛进行过度梳理，会引起皮肤的损伤和破损。最常受影响的部位有欣部、下腹部和尾部。动物可能会以发出叫声、躲藏或运动来摆脱这种状态。

（2）异嗜　猫会吞咽、咀嚼或吮吸各种物品如羊毛、布料、皮革、塑料等。许多猫会主动去找这些物品并花费一天中的大量时间来完成这些动作。

（3）幻觉　许多猫会直视或追随想象中的物体，这些表现可能还伴随有类食肉动物的举动，其他猫会尖叫和追赶似乎出现的未知刺激物体。

[诊断]

（1）对猫的皮肤和神经情况进行评价。获取病史，行为发生时的年龄、行为持续的时间和频率、对包括每次发作的平均持续时间和强烈程度等典型事件的描述，行为方式上的任何变化，发作前后的有关情况。制止发作的方法，行为发作时的姿态，包括与宠物主人间相互作用及日常活动的 24h 时间表，具有类似行为的任何有关动物。

（2）做全血血细胞计数和血清生化检查，以确定是否有肝、肾的功能紊乱，这关系到猫的症状表现，或排除使用哪些药物。

［治疗］

（1）对任何潜在的疾病进行治疗。

（2）采用夸奖或食物奖励，或长时间轻轻抚摸的方式，对猫的正常活动加以奖赏。

（3）预见并打断猫的强迫性行为。

（4）给猫固定的玩耍和受关注的时间。

（5）找出诱发这些行为的因素，避免或减少接受这些刺激。

（6）药物治疗常常有一定的作用。

［监护］大多数猫需要药物治疗以延缓其生命。治疗后发作频率显著降低的，一般预后良好。每 8～12 个月（老年猫 6 个月）或在猫发病时做一次血液监测。

24.4.4 猫的其他行为异常

（1）寻求关心（Attention Seeking） 猫可能会恳求主人的爱护，与其玩耍，以及给予其食物。可以通过定时饲喂、照料，以及对猫不加理睬（走开，不予爱抚，不与猫交谈）等来减少寻求关心的行为。

各种相互影响的玩具和环境刺激有助于使猫致力于活动，而不是寻求关心。

增加另外一只猫可以降低其寻求关心的行为，因为它和另一只猫之间可以相互影响，从而替代了主人。

（2）抓 对猫而言，抓是正常行为，这既适合于它那锋利而无鞘的爪子，同时又提供了视觉和嗅觉的标记功能。

许多猫会对与家庭中有吸引力的物品类似的衣服、木制品或纸板作出反应，如用爪抓。应将不希望被猫抓的地方遮盖起来，当猫接近这些地方时应将其打断。若加强早期的持久的训练，猫可以形成在适当的地方撕抓和抓替代物品的习惯。

（3）破坏（Destruction） 这种行为可在玩耍、关注或忧虑等情况下发生。这种行为可以通过遵守固定活动时间表，为猫提供各种刺激性玩具，以及确定或改变忧虑方式等得到控制。如果家庭中有另一只猫，许多破坏行为可能会被转向它。

（4）叫（Vocalization） 过度的叫喊可能是寻求关注或忧虑行为的一部分。如果先对猫采取忽视的态度，然后再因为它的其他悦人行为而对其加以奖赏，很多猫会减少叫喊。

（5）过度活跃（overactivity） 许多猫会表现一阵过度活跃，这常常与玩耍有关，年轻精力充沛的猫能够从一阵有氧玩耍中获益，这种猫可以从年龄和大小相匹配的玩耍伙伴中获益。

第二十五章
鸟类疾病

25.1 消化器官疾病

25.1.1 嗉囊炎

嗉囊炎主要表现为嗉囊蠕动停滞，饲料长时间没有排出嗉囊，引起嗉囊的炎症。原因大致可分为病原性（如：病毒、细菌或霉菌等）及非病原性（如：紧迫性、生理性、环境或食物等）。

[病因]

（1）物理性　包括外伤（外力碰撞，动物间争斗等），动物饲喂过大或不适合的食物也会引起嗉囊炎。尖锐的物体如灌胃器饲喂过程引起嗉囊的损伤。

（2）化学性　包括刺激性物质，特别是酸性和碱性物质，刺激性药物进入嗉囊引起嗉囊损伤。其次，幼龄动物常常因为饲喂高温的食物引起嗉囊炎症。

（3）细菌性　引起嗉囊炎的细菌（如大肠杆菌、沙门氏菌等）多出现溃疡，化脓，严重的情况还会导致嗉囊穿孔，常发生细菌混合感染。

（4）病毒性　疱疹病毒，反转录病毒，多乳头瘤病毒，常常引起嗉囊的停滞。继发细菌感染后引起细菌性眼睛炎症。

（5）真菌性　眼睛疾病常常因为念珠菌、曲霉菌、芽生菌、组织胞浆菌、孢子丝菌、球孢菌等真菌感染引起的嗉囊炎。

（6）营养代谢性　维生素 A 缺乏或不均衡的饲料营养水平同样导致嗉囊炎的发生。

（7）异物性嗉囊炎　异食性的鸟类采食过大的物质堵塞或损伤嗉囊，引起嗉囊的炎症。

（8）其他　嗉囊炎常常继发于各种病因引发的胃肠炎或食道炎。饲养环境的不清洁使鸟类啄食了不洁的食物或是吃了难于消化的饲料停滞于嗉囊内，刺激黏膜发炎。发生应激反应和恐怖感后，促使免疫系统受干扰造成抵抗力下降。尤其忽然饲养环境调整或长期饥饿，再进食大量饲料，食物无法完全消化、吸收而堆积在嗉囊内造成。同时可继发细菌感染。长期口服抗生素引起菌群失衡后导致继发真菌感染。幼鸟嗉囊未排空即喂食易引起。

[症状]　主要表现食欲不振，精神沉郁，嗉囊中食物结团硬结，严重的则会造成食欲废绝、呕吐、精神差、下痢。抽出的嗉囊物质腐败、酸臭。动物嗉囊排空时间延长甚至停滞，嗉囊区域喂食六个小时后仍膨大（图 25-1）。严重者，两翅下垂。体质衰弱。进行性消瘦。病情进一步恶化，也可引起死亡。

滴虫感染：动物同样表现为嗉囊炎，嗉囊停滞，食欲废绝。通过剖检动物可见嗉囊壁出现白色的黏膜样物质。滴虫感染同样可以上行感染鼻窦，引起干酪样增生的鼻窦炎和下行引起内脏型的滴虫病。可以通过镜检发现滴虫进行诊断。同样可以在粪便检查中发现滴虫作为初步诊断。

图 25-1　鹦鹉嗉囊胀气及积食，排空时间延长

细菌性嗉囊炎：结膜表现为潮红，流泪。眼睛表面混浊。常常是因为细菌性结膜炎，主要为球菌。

病毒性嗉囊炎：动物眼睑红肿，水肿，动物羞明流泪。通过血清学检查，衣原体阳性。

真菌性嗉囊炎：动物精神沉郁，掉重，水样粪便，采食减少，嗉囊膨大，触摸嗉囊壁增厚。严重的感染并上行感染至食道、鼻窦，出现鼻窦周边的皮肤增厚。通过镜检和真菌培养发现大量的念珠菌可以确诊。

维生素 A 缺乏性嗉囊炎：与其他病因鉴别诊断后，初步考虑维生素 A 缺乏引起嗉囊黏膜增厚和角质化增生。

禽痘性嗉囊炎：病毒性感染。动物表现为眼睑、口腔黏膜出现水泡性物质，水泡破溃后转为溃疡。嗉囊炎可继发于痘病毒感染。疱疹病毒、衣原体、多乳头瘤病毒也可以引起嗉囊停滞。

[诊断] 根据临床症状进行诊断。病鸟精神差，不愿进食，嗉囊区域喂食六个小时后仍膨大，且可能因饲料在嗉囊内发酵导致嗉囊内胀气。触摸嗉囊在喂食几小时后未见缩小，一般可诊断此病。可使用无菌试纸采样做细菌培养，并做药敏度验，采取针对性治疗。对真菌性和细菌感染性，可通过病料分离培养来确诊。

[治疗] 治疗原则：消除病因，加强饲养管理，药物疗法和营养支持疗法。

发现发病动物及时隔离，防止呕吐的食物被其他动物叼食，饮食控制并补充电解质，等到嗉囊内的食物消化后再供饲。物理治疗：用 2% 的盐水灌服，随即用手轻揉嗉囊中硬块，使嗉囊中食物软化，反复数次，经灌盐水后如不见效，则必须将嗉囊开刀缝合，数日即愈。也可用酵母片和碳酸氢钠片，每次各 1 片，每天 2 次。抗菌治疗：首选广谱抗细菌感染药物是氧氟沙星嗉囊清溶液。其他抗病原体药物，按照病情进展情况和需要进行药物选择取舍。抗病毒治疗：广谱抗病毒活性药物主要是病毒唑、利巴韦林。对于导致嗉囊溃疡穿孔的情况，必要时进行外科手术治疗。

25.1.2　气囊炎

气囊炎多由上呼吸道感染引起，细菌与病毒感染可同时并发。气囊是禽类特有的器官，气囊的一端与肺的支气管相通，呼吸道的炎症可直接影响到气囊而形成气囊炎，表现为气囊混浊、囊壁增厚、呈云雾状。根据发病原因，有原发性和继发性之分。按其炎症性质可分为细菌性、病毒性、霉菌性气囊炎等。最常见是霉菌性气囊炎。

[病因] 常常继发于细菌性肺炎，常见的是肺炎链球菌、溶血性链球菌和葡萄球菌等多种化脓性球菌。病毒性病因包括疱疹病毒、痘病毒、禽流感引发的鼻窦炎下行引发气囊炎。念珠

菌属、酵母菌、曲霉菌、芽生菌、组织胞浆菌、孢子丝菌、球孢菌等真菌感染也可引起。另外环境中粉尘过大，也可导致粉尘在气囊中蓄积。

［症状］主要表现动物张口呼吸，呼吸加快加深。气囊破裂：气囊因外力导致破损。动物可见局部皮下出现气肿情况，经过人工排气，气肿重复发生。

细菌性气囊炎，大肠杆菌属可引起细菌性气囊炎的发生。

真菌性鼻窦炎，因原发或继发真菌增生堵塞气囊引起真菌性气囊炎。通过组织培养或内窥镜检查发现真菌得以确诊。

［诊断］根据临床症状进行诊断。对真菌性和细菌感染性，可通过病料分离培养来确诊。

［治疗］治疗原则：消除病因，加强饲养管理，药物疗法和营养支持疗法。

全身治疗采用足量抗生素控制感染，因多为球菌感染，以青霉素类、头孢菌素类为首选药物，药物治疗强调选择敏感抗生素，抗真菌药物足量、足疗程使用。

25.1.3　胃肠炎

胃肠炎这是鸟类最多发生的消化道病症，是胃肠道分泌、蠕动、吸收或排泄机能紊乱的炎症的总称。表现为精神萎靡、食欲下降甚至废绝、身躯无力、饮欲增加、粪便异常、体温升高，常卧不动。全身缩起，羽毛松乱。剖检死鸟，可见不同程度的肠炎。

［病因］多种因素可以引起胃肠炎，包括饲料因素、季节变化、气候突变、受寒、细菌、病毒、寄生虫感染等。最常见的原因是因采食不洁、腐烂或发霉变质的饲料和饮用脏水所致。患病的季节性比较明显，尤其在夏季天气热、多雨潮湿、饲料易变质等都可能会引起肠炎。

［症状］表现为精神不振、体温升高、食欲下降或废绝、下痢、排出的粪便黏稠带黄绿色黏液（图25-2）、体形消瘦、肛门四周和尾羽上常沾有粪便污秽，重症不久会死亡。发病初期的粪便常呈水样，肛门常被稀粪污染，严重时粪便呈黏液性或血性下痢。鸟类患单纯肠炎发病很急，病初精神沉郁、羽毛松乱、食欲大减或消失，烦渴和出现下痢，粪呈水样、黏液性或出现血痢。

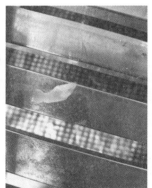

图25-2　太阳鹦鹉绿色粪便、异常粪便

病毒性胃肠炎：常并发或继发于全身性疾病，主要的疾病为腺胃扩张病，病原为博尔纳病毒。该病毒主要引起大脑神经和消化道神经的淋巴细胞浸润损伤。临床表现为精神差，沉郁，有呕吐的行为，粪便带有未消化的食物。动物消瘦，快速掉重，饥饿感明显。部分鸟类出现神经症状，出现不自主的甩头，视神经受损情况下，出现失明。可以通过临床症状、图像学检查、实验室检查进行确诊。

细菌性胃肠炎：动物表现为糊便或水样粪便。粪便中甚至带有黏膜，严重的情况下出现血便。主要的病原包括志贺氏菌、沙门氏菌、魏氏梭菌等条件性致病菌感染。

真菌性胃肠炎：是一种特殊类型的溃疡性口炎，其特征是口黏膜呈白色或灰色并略高于周围组织的斑点，病灶的周围潮红，表面覆有白色坚韧的被膜。常发生于长期或大剂量使用广谱抗生素病史的鸟类。

寄生虫性胃肠炎：临床表现为消瘦。粪便检查可见肠道寄生虫虫卵或成虫得以确诊。

异物性胃肠炎：动物表现精神沉郁，腹痛，粪便减少。严重的出现血便。通过腹腔影像学检查得以确诊。部分出现肿瘤性的异物肠炎。

直肠垂脱：动物常常因为急性胃肠炎、腹膜炎、腹压过大，导致直肠垂脱出体腔。垂脱后的直肠出现溃疡，出血，引起动物死亡。

泄殖腔溃疡：主要是由疱疹病毒引起的肛门周边黏膜出现乳头样的突起。动物交配，排泄过程中泄殖腔的黏膜损伤，出血，形成溃疡。

[诊断] 根据临床症状进行诊断。对真菌性胃肠炎和细菌感染性胃肠炎，可通过病料分离培养来确诊。

[治疗] 治疗原则：消除病因，加强饲养管理，药物疗法和营养支持疗法。

注意饲料和饮水的清洁，把病鸟移置温暖处，用清水洗去病鸟近肛门处粪便。可给予易消化的食物，并滴灌 25 ％葡萄糖水。同时，还应根据病情的轻重进行治疗，早期选择喹诺酮类抗生素进行治疗，后期根据药敏试验结果选择合适的抗菌药物。

25.1.4 肝炎

肝炎是肝脏炎症的统称。通常是指由多种致病因素，如病毒、细菌、寄生虫、化学毒物、药物、酒精、自身免疫因素等使肝脏细胞受到破坏，肝脏的功能受到损害，引起身体一系列不适症状，以及肝功能指标的异常。根据发病原因，有原发性和继发性之分。鸟类中以病毒性肝炎为主。

[病因] 营养代谢性因素包括肥胖，淀粉样物质沉积导致肝炎。细菌性因素如大肠杆菌、沙门氏菌、变形杆菌是肝炎的主要感染性细菌。病毒性因素包括疱疹病毒、腺病毒、反转录病毒、禽流感病毒、新城疫病毒，均可引起肝细胞损伤。血原虫、住白细胞原虫、隐孢子虫、组织滴虫、肝片吸虫等寄生虫均可以引起肝脏损伤，真菌感染和真菌毒素也可引起肝炎。

[症状] 动物表现为肝脏肿大，从腹腔可见明显肿大的肝脏，严重情况下出现腹水。动物因为肝脏肿大，腹水而疼痛不安，精神差，食欲废绝。粪便绿色。全身黏膜黄染，被毛粗乱。全身营养不良，蛋白水平低下。部分鸟类可见喙部和指甲变形。可以通过生化进行肝功检查。

[诊断] 根据临床症状进行诊断。对真菌性和细菌感染性，可通过病料分离培养来确诊。

[治疗] 治疗原则：消除病因，加强饲养管理，药物疗法和营养支持疗法。

首先排除病因和加强护理。日粮中提供充足的营养和干净的饮水。减少应激。日粮选择低铁性的饲料。细菌性肝炎，应选择有效的抗生素进行治疗，如口服或肌内注射青霉素、氨苄青霉素、羟苄青霉素、头孢氨苄、喹诺酮类药物等，避免使用对肝脏损伤严重的抗生素。真菌性可口服伊康曲唑，5～10mg/kg。同时给予护肝性药物，如水飞蓟素、葡醛内酯片等。当病重不能进食时，应进行静脉输注能量制剂维持疗法。

25.2 其他器官疾病

25.2.1 鼻窦炎

鼻窦炎多由上呼吸道感染引起，细菌与病毒感染可同时并发。一般呈局限性，有时波及眼眶等处，呈局灶性损伤。发病原因复杂。最常见的是霉菌性鼻窦炎。

［症状］主要表现为鼻孔扩张，鼻黏膜红肿，有干酪样物质分泌，眼球肿胀，扩张。动物出现鼻涕甚至脓性分泌物，摇头并因为疼痛用爪子挠头部导致眼眶周边的羽毛掉落，严重情况下，动物张口呼吸，口腔上有多量干酪样物质。

阻塞性鼻窦炎：动物的鼻窦肿瘤、炎性物质、异物、真菌堵塞鼻窦引起的鼻窦炎症。

细菌性鼻窦炎：多种细菌特别是化脓性细菌引起鼻窦炎，以脓性至干酪样物质堵塞鼻窦为主要特征。

坏死性鼻窦炎：因动物打架或外力引起鼻窦损伤，鼻窦出血，组织坏死。

真菌性鼻窦炎：因原发或继发霉菌增生堵塞鼻窦引起的真菌性鼻窦炎。透过培养发现真菌得以确诊。

禽痘性鼻窦炎：鼻窦是禽痘好发的区域。禽痘病毒增殖与鼻窦黏膜炎症导致出现水泡甚至溃疡，并引起鼻窦的增生性损伤。

［诊断］根据临床症状进行诊断。对真菌性和细菌感染性，可通过病料分离培养来确诊。

［治疗］治疗原则：消除病因，加强饲养管理，药物疗法和营养支持疗法。

全身治疗采用足量抗生素控制感染，因多为球菌感染，以青霉素类、头孢菌素类为首选药物，药物治疗强调选择敏感抗生素，足量、足疗程使用。改善鼻窦引流常用含 1％～3％F10 药物滴鼻，收缩鼻腔，改善引流。必要时，进行手术治疗，通过鼻内镜引导直达病灶，开放鼻窦口，清除病变，改善局部引流，进而恢复鼻窦正常的生理功能。

25.2.2　肺炎

肺炎，包括终末气道、肺泡腔及肺间质在内的肺实质炎症，病因以感染最为常见，还可由理化、免疫及药物引起。这些感染统称为肺部感染。按照区域分为小叶性肺炎、大叶性肺炎、间质性肺炎。根据发病原因，有原发性和继发性之分。

［病因］鸟类肺炎主要由多种病原感染引起，常见有多杀性巴氏杆菌、大肠杆菌、肺炎双球菌、肺炎杆菌、金黄色葡萄球菌、链球菌、铜绿假单胞菌等多种细菌，真菌常见曲霉菌、念珠菌等以及其他病原体的侵染都会引起肺炎。感冒后治疗不及时致使病情发展、恶化，随之体质下降、抗病力降低，引起细菌感染而发生肺炎。

［症状］动物表现精神萎靡、食欲下降或废绝，体温升高，呼吸急促、气喘，身体随呼吸颤抖。闭目无神或将头伸入翅下。羽毛松孔，不爱活动，怕冷、喜欢晒太阳，有时全身缩起呈球状。本病死亡率较高。剖检死鸟，肺脏淤血肿胀。

堵塞性肺炎，异物（包括真菌孢子、炎性分泌物、非自身物质）通过气管进入肺脏，引起动物呼吸困难，堵塞肺内支气管，动物咳嗽明显，张口呼吸，喉头红肿扩张。

细菌性肺炎，动物以表现出张口呼吸、呼吸加快为主。严重情况下可因通气不足、缺氧休克死亡。

真菌性肺炎，曲霉菌是鸟类易感的病原体。尤其是对 7～15 日龄的雏禽更易引起暴发，发病和死亡率均比较高。病禽垂头闭目，呆立呈嗜睡状。食量减少、渴欲增强、张口呼吸、呼吸加快为主，摇头甩鼻，后期有的腹泻。捕捉过程突然死亡，严重情况下可因通气不足、缺氧休克死亡。

病毒性肺炎：通常以张口呼吸、咳嗽为主。严重情况下可因通气不足、缺氧休克死亡。

［诊断］根据临床症状进行诊断。对真菌和细菌感染性，可通过样本采集、分离培养来确诊。

［治疗］治疗原则包括加强饲养管理、控制感染、药物疗法和营养支持疗法。

将鸟放在暖和避风处，做到防寒保温，室内温度保持在 22～25℃。加强饲养管理和清洁卫生，喂给鸟一些喜欢吃的活虫。

控制感染视感染的主要致病菌和严重程度或根据病原菌药敏结果选用抗菌药物。可以肌注或静脉滴注抗菌药物。常用的有青霉素 G、红霉素、氨基苷类、喹诺酮类、头孢菌素类等抗菌药物等。其次可以通过雾化疗法稀释气管内的分泌物，有利于排出支气管的分泌物，促进肺部气体交换。病情严重的鸟还要补充体液，可用滴管从口腔滴入葡萄糖水，每次 0.5mL，每天 2~3 次，滴喂 3~5d 如病情好转或不加重，就有治愈的希望。因此应早发现、及时治疗，才有治愈的可能。

25.2.3 心肌炎

心肌炎是指以心肌的局限性或弥漫性的炎性病变为主要表现的疾病。心肌炎临床表现多样，可从无症状至出现严重心律失常、急性心功能不全、心源性休克甚至死亡。根据发病原因，有原发性和继发性之分。按其炎症性质可分为慢性心肌炎、急性心肌炎等。鸟类的心肌炎常常难以诊断。

[病因] 关于鸟类心肌炎的报道较少，其发病因素以综合性因素为主。其中细菌性和病毒性病因为主，如感染链球菌、沙门氏菌、大肠杆菌、铜绿假单胞菌、变形杆菌等，病毒感染如禽流感、呼肠孤病毒感染等，营养代谢疾病主要见于维生素 E 和金属硒缺乏引起心肌苍白等病变，在禽类痛风经过中也可伴发心肌炎。

[症状] 心肌炎临床表现各异，主要取决于病变的广泛程度和严重程度，少数可完全无症状，可表现为全身水肿，无力，易疲劳。严重可表现严重心律失常、心动过缓，心力衰竭、心源性休克甚至突然死亡。慢性心肌炎动物，表现为全身乏力，不喜动，沉郁，驱赶后出现张口呼吸，喘气的临床表现。

心肌内膜炎：各种细菌如大肠杆菌、沙门氏菌感染可以引发。营养不良可以引发，心脏主动脉出现黄染，狭窄。

渗出性心肌炎：心包内多量的液体渗出浸润心肌，导致心动过缓，心脏负荷增大。

细菌性心肌炎：因细菌引发的败血症，引起心肌受损。

真菌性心肌炎：真菌毒素性引起心肌损伤。动物突然心力衰竭，休克死亡。

痛风性心肌炎：源自于肾脏代谢异常，尿酸盐沉积于心包、心肌。动物体况良好，捕捉应激过程常常出现突然死亡。

[诊断] 根据临床症状进行诊断。对细菌性和病毒感染性，可通过病料分离培养来确诊。

[治疗] 治疗原则：消除病因，加强饲养管理，药物疗法和营养支持疗法。

心肌炎的治疗通常为辅助支持疗法。饲养过程提供稳定的饲养条件，减少动物应激。对于伴有肺水肿的情况，可以使用利尿剂减轻肺水肿，减轻心脏负担。

25.2.4 痛风

痛风也称尿酸盐沉着症，是由于蛋白质代谢障碍，大量的尿酸盐沉积在关节、软骨组织周围、内脏和其他间质组织而引起的代谢病。临床上以关节肿大、跛行、机体衰弱和腹泻为特征。该病多发生于鸡、火鸡、水禽、鸽。

[病因]

饲喂过量富含蛋白质饲料，如肉骨粉、鱼粉、豆类等，以及含钙或草酸较高的菠菜、葛芭、开花的甘蓝等。

长期服用磺胺类药物、喂霉玉米引起的中毒、维生素 A 缺乏、鸡肾型传染性支气管炎、鸡白痢、球虫病和盲肠肝炎等疾病，均可引起肾功能障碍，导致本病的发生。

鸡群的饲养密度过大、鸡舍阴冷潮湿、饮水不足、通风不良、有害气体含量过高以及长途运输等因素也促使痛风发生。

[症状] 主要见于内脏型痛风和关节型痛风，以内脏型多见。

内脏型痛风病初无明显症状，随病程的进展表现精神不振，食欲下降，消瘦贫血，羽毛松乱，粪便稀薄、内含有大量白色尿酸盐、污染泄殖腔周围的羽毛，有时皮肤瘙痒而自啄羽毛。母鸡产蛋量下降或完全停止。剖检可见肾脏肿大、颜色变淡，表面有因尿酸盐沉积而形成的白色斑点。其他内脏器官组织（心、肝、脾、肠系膜、腹膜等）的表面有白色尿酸盐沉积，严重时形成一层白色薄膜。

关节型痛风较为少见，主要症状是脚趾和腿部关节肿胀、运动缓慢、跛行、站立困难。剖检可见关节表面和关节周围组织有白色尿酸盐沉着，有的关节面糜烂或坏死。

[防治]

合理搭配饲料中的蛋白质，特别是动物性蛋白质含量不可过多，同时保证饲料中维生素 A 和维生素 D 的需要量和合适的钙、磷比例。

避免长期使用磺胺类及庆大霉素、卡那霉素等影响肾功能的药物，同时注意鸡舍通风良好，保持一定的温度，饲养密度适当，家禽长途运输时饮水要充足。发生痛风后，应消除病因，减少动物性蛋白饲料，多喂青绿饲料可控制本病的继续发生。对发病家禽，目前尚无特效疗法。在饮水中加入 0.1%～0.2% 的碳酸氢钠，每天用几小时，连用几天，对加速尿酸盐的排出有较好的作用。

25.2.5　啄羽症

鸟自啄或互啄而引起体表某部位羽毛过度脱落的现象则属病态，称之为啄羽症或啄羽癖。导致产生啄羽症的原因很多，主要包括饲料中的必需氨基酸、食盐、无机盐（如硫、钙、磷、铁、锌等）、维生素（特别是 B 族维生素）的缺乏或不足，或笼内养鸟过多、密度大、日照光线过强、过热、虱等体外寄生虫的刺激等。

[症状] 啄羽症发生在鹦鹉及家禽身上比较多，在禽类的饲养过程中，经常见到啄羽的情况。禽类出现啄羽后，羽毛不正常的过度脱落是最常见的临床症状，特别多见于头部和背部的羽毛，严重者全身羽毛几乎被啄光。由于具体病因不同，除羽毛过度脱落外，还有相应的临床症状。如叶酸缺乏者，同时伴发贫血及羽毛颜色改变；泛酸不足时，常有皮炎，羽毛断碎不整；缺锌时，羽毛脆弱易断或卷曲；体外寄生虫引起者，羽毛污脏不洁，生长不良。

[病因]

饲料营养：饲料中缺乏含硫氨基酸、饲料的粗纤维过低、饲料中蛋白不足等。因缺乏含硫氨基酸而出现啄羽时，禽类会将啄下的羽毛吃掉。营养不良时禽类比平时好动，啄羽也就增加。

饲养管理：如鸡群密度过大、鸡舍内通风不良、光线过强、饮食位不足、断喙不当或没有断喙、舍内湿度过大或太干燥等。如舍内过于干燥时，皮肤会不舒服，从而自啄，继而发展为互相啄羽。

疾病原因：如慢性肠道疾病，导致营养吸收不良而出现啄羽；蛔虫、绦虫等体内寄生虫病发生后也会由于营养不良而出现啄羽；体外寄生虫如螨虫、羽虱等存在时，寄生虫会吸取鸡的血液，导致营养消耗，另外还有机械刺激导致鸡瘙痒难受，就会出现啄羽。病毒感染也会导致鹦鹉出现啄羽症。

生理性啄羽：从小鸡出生到成熟有多次脱羽，会有部分鸡啄食掉下的羽毛，以后可能就会发展为啄身上的羽毛。

[**诊断**] 当出现啄羽后，首先要找出原因，对因治疗。当原因不明时，可以向饲料中添加氨基酸、电解多维等。

对单一饲养的珍禽如鹦鹉，尤其是人工繁育长大的鹦鹉，当出现啄羽症时，检查有无体表寄生虫。

[**治疗**] 啄羽症发病原因较多，出现啄羽症应先分析原因，给予正确治疗。

改善饲养环境，增加饲养种类，添加饲养营养，如氨基酸、电解多维，增加笼舍、减轻鸟类的孤单感，群养鸟类避免饲养密度过大造成打斗导致啄羽症出现。对珍禽可采用带脖套或做鼻夹的形式控制出现啄羽现象，同时改善引起啄羽的原因。

25.2.6 卵黄性腹膜炎

卵黄性腹膜炎多发生于产蛋母禽，是由卵巢释放出的卵泡误入腹腔中所致的普通病。

[**病因**] 饲料中钙、磷及维生素 A、维生素 D、维生素 E 不足，蛋白质过多，使代谢发生障碍，卵巢、卵泡膜或输卵管伞损伤，致使卵黄落入腹腔中。当成熟卵泡即将向输卵管伞落入时，鸡突然受惊吓，卵泡往往误落入腹腔中。继发于鸡白痢病和大肠杆菌病等。卵泡、卵巢滤泡变形，卵黄呈绿色或灰绿色，卵泡破裂，形成腹膜炎。

[**症状**] 本病多为慢性经过，常常发生贫血、下痢以及进行性消瘦。病初母鸡不产蛋，随后精神不振、食欲不良、行动缓慢，腹部过度膨大而下垂，多数母鸡表现腹部拖地。当触诊腹部时，有疼痛感，有时有液体波动感。剖检可见腹腔内有很多卵黄、纤维素性渗出物，腹腔内脏器官覆盖一层黄色纤维素性渗出物，肠和器官粘连，有时有腹水。

[**诊断**] 根据临床特征和腹部触诊，不难获得正确诊断。进一步进行尸体剖检，即可确诊。

[**防治**] 本病无治疗意义。发现病鸡应及时淘汰。可根据病因制定预防措施。在产蛋期供给充足的钙、磷及维生素饲料，调整日粮的蛋白质，禁止驱赶和突然惊吓，及时防治鸡白痢病、大肠杆菌病等疾病。可用链霉素、氯霉素、庆大霉素、卡那霉素注射或拌料，亦可用氟哌酸、环苯沙星等添加入饲料中或饮水中饲喂。

25.2.7 丹顶鹤关节炎

丹顶鹤为三长动物，即腿长、颈长、喙长，此种鸟类易因腿部疾病导致死亡，在丹顶鹤的人工育幼的过程中此病的危害更大。

[**病因**]

(1) 维生素 B_1 缺乏症 维生素 B_1 缺乏会出现头颈后弯，即观星状，两腿不能站立，以跗关节着地，无目的地摇头鸣叫。

(2) 维生素 B_2 缺乏症，雏鹤出现行走困难，常以跗跖关节着地，腿部肌肉萎缩，脚趾向内弯曲。治疗采用肌内注射维生素 B_2，一般可痊愈。可在平日饲喂添加维生素 B_2 片，预防出现此病。

(3) 维生素 D 及钙缺乏症 缺钙是雏鸟出现佝偻病及骨软化病的重要原因，生长停滞，关节粗大，腿骨干较细，常以跗关节着地，有的站立呈现 K 形腿。雏鸟尽早出外笼照射阳光，或人工补给维生素 D_3 可预防此病，并在饲喂中增加活性钙。病情发展较快，缺钙严重可以肌内注射维丁钙。

(4) 其他原因 饲料中钙磷比例失调导致钙不能吸收，发育异常。蛋白质饲料过高导致生长过快、缺少光照、运动不足也是引起腿部疾病的重要原因。

(5) 幼鸟在孵化出壳或出壳正常但几天后出现脚趾畸形不能展开，原因分析：孵化机湿度不适，母鸟缺钙，出壳后地方过于狭小不能练习脚趾的抓握。

［症状］丹顶鹤腿部出现 X 形或 O 形腿表现，逐步发展为一条腿外撇不能站立，或出现跗关节肿大，甚至滑出关节导致腿部不能站立出现滑腱症。

［治疗］腿部疾病当出现腿部畸形时无良好的治疗方案，只能加强幼鸟的饲养管理预防出现。

（1）幼鸟出壳全身羽毛干燥后尽快放入较大的区域方便其行走，预防出现运动异常引起的脚趾畸形。

（2）对出现脚趾畸形的鸟可进行矫正，早期矫正有较好的效果。

（3）幼鸟出壳后除用面包虫引诱开始的第一周饲喂不限量面包虫，之后限制高蛋白饲料的喂给。并注意增加饲料中的粗纤维，预防生长过快导致钙在体内囤积不够引起骨折。

（4）幼鸟出壳后喂给维生素 B_2，预防维生素 B_2 缺乏引起腿部畸形。

（5）幼鸟出壳后给予钙、维生素 D，同时控制饲料的钙磷比例。

（6）除上述方法外仍未能控制，可采血监控血钙、血磷比例，如出现钙磷比例失调可紧急肌注果糖钙，在刚刚出现一条腿走路轻微外撇时有治疗效果。

（7）孵化多只幼鸟均出现腿部问题，可考虑提供母体营养的同时饲料增加钙含量。

25.2.8　猛禽脚垫炎

脚垫炎常发生于圈养的鸮形目中，病变往往与不良的饲养条件有关，如食物质量、栖息面不适当、栖息面卫生条件差、缺乏飞行活动及应激环境、脚部创伤后感染等。

［症状］根据病变程度分为 1～5 级（图 25-3）。

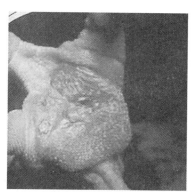
Ⅰ级：早期创伤，创面光滑，轻微肿胀

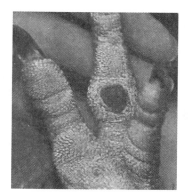
Ⅱ级：皮下组织感染，创缘肿胀

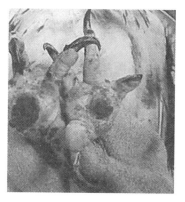
Ⅲ级：发热、肿胀，深部组织未感染

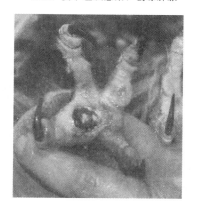
Ⅴ级为最严重级别，失去运动能力；
Ⅳ级为肌腱及骨组织已被感染

图 25-3　病变程度分级

[治疗] 采集病变区域拭子做细菌培养，进行药敏试验，选取敏感药物，经清理创口坏死组织后应用马应龙痔疮膏混合抗生素软膏涂抹于足趾病变部位，口服抗生素，通过药敏试验结果选用抗生素。创面减压护理：制作适宜创口的棉垫用绷带固定于足趾，起到减压的作用，隔天清洗一次创口，并更换敷料。对饲养栖息面可通过铺沙保持干燥，提供鹅卵石锻炼足趾抓握能力，提供适宜的栖架，大小可根据动物种类设定。某些栖架材料会因长期使用后出现表面过滑，可使用材质较硬的假草皮包裹。

25.2.9 眼疾

眼疾以眼睛组织结构出现异常表现为特征，包括眼睛黏膜潮红，玻璃体混浊或出现乳白色物质。根据发病原因，有原发性和继发性之分。

[病因]

（1）物理性 包括外伤（外力碰撞，动物间争斗等）等。

（2）化学性 包括刺激性物质，特别是酸性和碱性物质，刺激性药物进入触碰到眼睛。

（3）细菌性 引起眼睛疾病的细菌多出现溃疡或化脓，常发生细菌混合感染。

（4）病毒性 禽痘常常引起鸟类眼睛周边出现水泡样物质。继发细菌感染后引起细菌性眼睛炎症。

（5）真菌性 眼睛疾病常常因为曲霉菌、芽生菌、组织胞浆菌、孢子丝菌、球孢菌等真菌感染引起的鼻窦炎而继发。

（6）营养代谢性 主要是维生素 A 缺乏引发的干眼病为主。

（7）其他 邻近器官的炎症，如脑膜炎，脑水肿压迫神经导致的失明等。

[症状] 一般临床表现眼睛周边区域出现异常，表现为眼眶肿胀，眼睛黏膜潮红，动物羞明流泪，不能视物或不能定位物品。同时可出现眼睛发干，眼球磨砂状。或者眼球内部出现乳白色物质。动物可能因抓挠眼睛导致眼眶周边羽毛掉落。

角膜炎：角膜表现为角质化，角膜混浊，无光泽。常常是因为细菌病毒感染、维生素 A 缺乏以及不均衡的营养引起的。

结膜炎：结膜表现为潮红，流泪。眼睛表面混浊。常常是因为细菌性结膜炎，主要为球菌。

衣原体性结膜炎：动物眼睑红肿，水肿，动物羞明流泪。通过血清学检查，衣原体阳性。

葡萄膜炎：常常通过外伤，败血症或感染性疾病（呼肠孤病毒感染、西尼罗河病毒感染等），眼球房压过高引起。表现为羞明流泪，眼球痉挛，前房积脓等。

白内障，动物眼睛内出现乳白色物质，常常发生在老龄动物上。

禽痘，病毒性感染。动物表现为周边出现水泡性物质，水泡破溃后转为溃疡。动物常常因为眼睑内溃疡形成干酪样物质，引起眼睛的炎症反应。通过细胞学和血清学检查可以确诊。

视网膜炎症，主要是因为动物间打架或外力损伤引起的视网膜脱落或继发于脑炎的神经性损伤。动物表现为失明，眼睛病变不明显。通过 B 超检查可见视网膜脱落。

[诊断] 根据临床症状进行诊断。对真菌性和细菌感染性，可通过病料分离培养来确诊。

[治疗] 治疗原则：消除病因，加强饲养管理，药物疗法和营养支持疗法。

首先排除病因和加强护理。应给予清洁的饮水，补充足够维生素 A。饲喂富有营养的食物，减少对患部口腔黏膜的刺激。

细菌性感染，应选择有效的抗生素进行治疗，如口服或肌内注射青霉素、氨苄青霉素、羟苄青霉素、头孢氨苄、喹诺酮类药物等。局部病灶可用抗生素软膏或滴剂涂抹眼睛，每 4～6h

一次；伊康曲唑，5~10mg/kg，一日一次。病重不能进食时，应进行皮下或静脉输注葡萄糖、复方氨基酸等制剂维持治疗。

25.3 传染性疾病

25.3.1 禽流感

禽流行性感冒，简称禽流感（Avian Influenza，AI），是由正黏病毒科A型流感病毒属的禽流感病毒（Avian Influenza virus，AIV）引起家禽、观赏鸟类和野生鸟类甚至哺乳动物从呼吸系统到严重全身败血症等多种疾病的综合征。

[流行病学] AIV属于正黏病毒科A型流感病毒属，根据其表面糖蛋白血凝素（Hemag-glutinin，HA）和神经氨酸酶（Neuraminidase，NA）抗原性的不同，可以划分为18种HA亚型（H1~H18）和11种NA亚型（N1~N11）。根据AIV对实验感染鸡致病力的不同，可将其划分为两大类，即高致病性AIV（Highly pathogenic avian influenza virus，HPAIV）和低致病性AIV（Low pathogenic avian influenza virus，LPAIV）。其中，部分H5和H7亚型毒株可引起高致病性禽流感，以传播快速、高发病率和高死亡率为特征，对鸡和火鸡危害最为严重，常导致感染鸡群死亡率100%，给养禽业带来巨大的经济损失。

禽流感被国际兽医局（IOE）列为A类传染病，我国将禽流感列为一类疫病。以鸡尤其是火鸡最易感，鸭、其他鸟类及水禽常带病毒，也可感染人，高致病毒株可致人死亡，还可以感染猪和马。候鸟、野鸟迁徙，国际交往的观赏鸟常可携带和传播该病毒，是该病毒的传播源之一。这些动物通过呼吸道、眼结膜和粪便排出病毒，以气溶胶形式或污染饲料、饮水、设备、笼具、工具以及人员等间接接触传播病毒，主要通过消化道传播，也可通过呼吸道、眼结膜、受损的皮肤、垂直传播等感染。一年四季均可发生，但以寒冷季节或气温忽冷忽热时多发。

[症状] 高致病性禽流感的潜伏期短则几小时，长则几天，最长可达21天，发病急剧，发病率和死亡率高，可达80%以上。突然暴发，无明显症状突然死亡，病程长者表现体温升高，精神沉郁，食欲废绝，呼吸困难，咳嗽，冠髯暗红或发绀，结膜发炎，头面部肿胀，眼鼻有黏液性、浆液性或脓性分泌物。粪便呈灰白色或黄绿色，稀软。有时表现腿部和趾部出血。发病后期表现有时伴有神经症状，类似新城疫。

病理剖检变化明显，头部肿胀，皮下呈胶冻样水肿，腿趾部出血，眼结膜和鼻黏膜充血出血，气管黏膜出血明显，腺胃、肠道、泄殖腔黏膜出血性炎症，心外膜出血。

低致病性禽流感主要表现为呼吸困难、咳嗽、流鼻涕、明显的湿性啰音。粪便呈黄白色或绿色黏液样稀粪。轻度感染时仅表现为轻度的呼吸困难。病理剖检主要发生纤维素性腹膜炎。

[诊断] 目前检测禽流感的方法较多，其中红细胞凝集抑制试验（HI）和琼脂扩散试验（AGP）具有较高的敏感性和特异性，适用于大量样品的血清学调查，被世界动物卫生组织和我国兽医部门定为禽流感法定标准化检测方法，在禽流感亚型鉴定和抗体检测等方面已广泛应用。

有条件和允许的部门可以通过PCR检测病毒的RNA并测序以及病毒的分离鉴定。

[防控] 禽流感的预防必须采取综合性的防治措施，主要包括消灭传染源、切断传播途径和做好免疫接种工作。

目前我国对高致病性禽流感实行强制免疫，无论是规模化养殖和散养的家禽，还是观赏禽类均统一接种禽流感（H5＋H7）三价疫苗，按照疫苗使用要求开展免疫注射，可达到较好的免疫保护。对低致病性禽流感疫苗也同样必须使用疫苗进行预防保护。

25.3.2　新城疫

新城疫（Newcastle Disease，ND）又称亚洲鸡瘟，俗称鸡瘟，是由新城疫病毒引起的鸡、火鸡、鸽子、鹌鹑、鸵鸟等各种禽类的一种高度接触性烈性传染病，常呈败血症经过，主要特征是呼吸困难、下痢、神经机能紊乱以及浆膜和黏膜显著出血。OIE 将本病列为必须报告的疫病。

[流行病学]易感动物包括鸡、野鸡、火鸡、珍珠鸡，其中以鸡最易感，主要是幼雏和中雏易感性最高，两年以上的鸡易感性较低，鸭、鹅对本病有抵抗力。但近年来我国一些地区出现对鹅有致病力的新城疫病毒，鹌鹑和鸽子也有自然感染而暴发新城疫，并可造成大批死亡。

病禽以及在流行间歇期的带毒鸡是该病的主要传染源，受感染的鸡在出现症状前，其口、鼻分泌物和粪便中已能排出病毒，而痊愈鸡多数在症状消失后 5～7d 就停止排毒。

本病的传播途径是呼吸道和消化道，也可经眼结膜、受伤的皮肤和泄殖腔黏膜感染，一年四季均可发生，但以春秋发病较多，发病率和死亡率可高达 90% 以上。

[症状及病理变化]自然感染潜伏期一般为 3～5d，根据临诊发病特点将该病分为最急性、急性、亚急性或慢性三型。

（1）最急性型：突然发病，无特征临诊症状而迅速死亡。多在流行初期，雏鸡多见。

（2）急性型：病初体温升高达 43～44℃，食欲减退或废绝，精神萎靡，垂头缩颈，翅膀下垂，眼半开半闭，似昏睡状，鸡冠及肉髯逐渐变为暗红色或暗紫色。产蛋母鸡产蛋量急剧下降，软壳蛋增多，甚至产蛋停止。随着病程的发展，出现比较典型的症状，如病鸡呼吸困难、咳嗽、有黏液性鼻液，常表现为伸头、张口呼吸，并发出"咯咯"的喘鸣声或尖叫声。嗉囊积液，倒提时常有大量酸臭液体从口内流出。粪便稀薄，呈黄绿色或黄白色，有时混有少量血液。部分病鸡出现明显的神经症状，如翅、腿麻痹等。最后体温下降，不久在昏迷中死亡。

（3）亚急性或慢性：初期临诊症状与急性相似，不久后逐渐减轻，但同时出现神经症状，患鸡头颈向后或向一侧扭转，翅膀麻痹，跛行或站立不稳，运动失调，常伏地旋转，反复发作，瘫痪或半瘫痪，一般经 10～20d 死亡。

个别患鸡可以康复，部分不死病鸡遗留有特殊的神经症状，表现头颈歪斜或腿翅麻痹。有的鸡状似健康，但若受到惊扰或抢食时，突然后仰倒地，全身抽搐伏地旋转，数分钟后又恢复正常。鹅感染新城疫病毒后表现精神不振，食欲减退并有下痢，排出带血色或绿色粪便。

该病的主要病变是全身黏膜和浆膜出血，淋巴组织肿胀、出血和坏死，尤其以消化道和呼吸道最为明显。嗉囊内充满黄色酸臭液体及气体。腺胃黏膜水肿，其乳头或乳头间有出血点，或有溃疡和坏死，此为特征性病理变化。腺胃和肌胃交界处出血明显，肌胃角质层下也常见有出血点。肠外观可见紫红色枣核样肿大的肠淋巴滤泡，小肠黏膜出血、有局灶性纤维素性坏死性病变，有的形成伪膜，伪膜脱落后即成溃疡。盲肠扁桃体肿大、出血、坏死，坏死灶呈岛屿状隆起于黏膜表面，直肠黏膜出血明显。心外膜和心冠脂肪有针尖大的出血点。产蛋母鸡卵泡和输卵管显著充血，卵泡膜极易破裂以致卵黄流入腹腔引起卵黄性腹膜炎。腹膜充血或出血。肝、脾、肾无特殊病变。脑膜充血或出血，脑实质无眼观变化，仅在组织学检查时，见有明显的非化脓性脑炎病变。

[诊断]病毒分离和鉴定是诊断新城疫最可靠的方法。常用鸡胚接种、血凝试验和血凝抑制试验、中和试验及荧光抗体试验等。

病毒分离和鉴定：取病鸡脑、肺、脾含毒量高的组织器官，经除菌处理后，通过尿囊腔接种 9～11 日龄 SPF 鸡胚，取 24h 后死亡的鸡胚的尿囊液进行血凝试验（HA）和血凝抑制试验（HI），进行病毒鉴定。

血清学诊断：常用的方法有 HA 和 HI、病毒中和试验、ELISA、免疫组化、荧光抗体等。临诊上该病易与禽流感和禽霍乱相混淆，应注意区别。禽流感病禽呼吸困难和神经症状不如新城疫明显，嗉囊没有大量积液，常见皮下水肿和黄色胶样浸润，黏膜、浆膜和脂肪出血比新城疫广泛而明显，且禽流感肌肉和脚爪部鳞片出血明显，通过 HA 和 HI 可作出诊断。禽霍乱，鸡、鸭、鹅均可发病，但无神经症状，肝脏有灰白色的坏死点，心血涂片或肝触片，染色镜检可见两极浓染的巴氏杆菌。

[防控] 目前尚无有效的治疗方法，预防该病仍是禽病防疫工作的重点。

（1）采取严格的生物安全措施：高度警惕病原侵入鸡群，防止一切带毒动物（特别是鸟类）和污染物品进入鸡群，进入鸡场的人员和车辆必须消毒；饲料来源要安全；不从疫区购进种蛋和鸡苗；新购进的鸡必须接种新城疫疫苗，并隔离观察 2 周以上，证明健康方可混群。

（2）做好预防接种工作：按照科学的免疫程序，定期预防接种是防制本病的关键。正确选择疫苗，新城疫疫苗分为活疫苗和灭活疫苗两大类。活疫苗接种后疫苗在体内繁殖，刺激机体产生体液免疫、细胞免疫和局部黏膜免疫。灭活疫苗接种后无病毒增殖，靠注射入体内的抗原刺激产生体液免疫，对细胞免疫和局部黏膜免疫无大作用。

25.3.3　马立克氏病

马立克氏病（Marek's disease，MD）是由疱疹病毒引起的禽类最常见的一种淋巴组织增生性疾病，以外周神经、性腺、虹膜、各种内脏器官、肌肉和皮肤单核细胞性浸润和形成肿瘤为特征。该病常引起急性死亡、消瘦或肢体麻痹，传染力极强，在经济上造成巨大损失。

[流行病学] 鸡是最重要的自然宿主，本病最易发生在 2～5 月龄的鸡。年龄大的鸡发生感染，病毒可在体内复制，并随脱落的羽囊皮屑排出体外，但大多不发病。病鸡和带毒鸡是主要传染源。MD 主要通过直接或间接接触传染，其传播途径主要是经带毒的尘埃通过呼吸道感染，并可长距离传播。目前尚无垂直传播的报道。动物园内发生流行少见，可感染孔雀、锦鸡、乌骨鸡等。

[症状及病理变化] 该病是一种肿瘤性疾病，潜伏期较长。多数以 8～9 周龄发病严重，种鸡和产蛋鸡常在 16～20 周龄出现临诊症状，少数情况下，直至 24～30 周龄发病。根据症状和病变的部位，分为 4 种类型。

神经型：当坐骨神经受到侵害时，最早看到的症状为步态不稳，甚至完全麻痹，不能行走，蹲伏地上，或一腿伸向前方，另一腿伸向后方，呈"大劈叉"的特征性姿势。翅膀神经受到侵害时，病侧翅下垂。控制颈肌的神经受到侵害可导致头下垂或头颈歪斜。迷走神经受到侵害可引起嗉囊扩张或喘息。

内脏型：多呈急性暴发，其特征是一种或多种内脏器官及性腺产生肿瘤。病鸡起初无明显症状，呈进行性消瘦，冠髯萎缩、颜色变淡、无光泽，羽毛脏乱，后期精神委顿，极度消瘦，最后衰竭死亡。

眼型：出现于单眼或双眼，视力减退或消失。表现为虹膜褪色，呈同心环状或斑点状以至弥漫的灰白色，俗称"鱼眼"。瞳孔边缘不整齐，呈锯齿状，而且瞳孔逐渐缩小，病眼视力丧失。

皮肤型：肿瘤大多发生于翅膀、颈部、背部、尾部上方及大腿皮肤，表现为羽毛囊肿大，并以羽毛囊为中心，在皮肤上形成淡白色小结节或瘤状物。

神经型以外周神经病变为主，坐骨神经丛、腹腔神经丛、前肠系膜神经丛、臂神经丛和内脏大神经最常见。受害神经横纹消失，变为灰白色或黄白色，有时呈水肿样外观，局部弥漫性增粗可达正常的2倍以上。病变常为单侧性，将两侧神经对比有助于诊断。内脏器官最常被侵害的卵巢，其次为肾、脾、肝、心、肺、胰、肠系膜、腺胃和肠道。肌肉和皮肤也可受害。在上述器官和组织中可见大小不等的肿瘤块，灰白色，质地坚硬而致密，有时肿瘤呈弥漫性，使整个器官变得很大。

[诊断] 根据疾病特异的流行病学、临诊症状、病理学和肿瘤标记作出诊断，而血清学和病毒学方法主要用于鸡群感染情况的监测。

[防控] 疫苗接种是防制本病的关键，以防止出雏室和育雏室早期感染为中心的综合性防治措施对提高免疫效果和减少损失亦起重要作用。用于制造疫苗的病毒有3种：人工致弱的1型MDV（如CV1988）、自然不致瘤的2型MDV（如SBI、Z4）和3型MDV（HVT）（如FC126）。多价疫苗主要由2型和3型或1型和3型病毒组成。

25.3.4　禽霍乱

禽霍乱又称禽巴氏杆菌病、禽出血性败血症，或简称禽出败。该病是由多杀性巴氏杆菌引起鸡、鸭、鹅等禽类的一种传染病。常呈现败血性症状，发病率和死亡率很高，但也常出现慢性或良性经过。

[流行病学] 本病可以感染多种禽类，鸡、鸭、鹅、鸽、火鸡均可发病，多种野禽也能感染。在鸡多见育成鸡、成年产蛋鸡多发，鸡只营养状况良好、高产鸡易发。病鸡、康复鸡或健康带菌鸡是该病主要传染来源，尤其是慢性病鸡留在鸡群中，往往是该病复发或新鸡群暴发该病的传染来源。该病主要通过被污染的饮水、饲料经消化道感染发病。病鸡的排泄物、分泌物带有大量细菌，随意宰杀病鸡，乱扔乱抛废弃物可造成该病的蔓延。在潮湿、多雨、气温高的季节多发。鸡群发病有较高的致死率。常发地区该病流行缓慢。

[症状及病理变化] 根据病程长短，一般分为3种类型。

（1）最急性型：多见于流行初期。个别禽只，尤其是高产禽和营养状况良好的禽常无明显症状，突然倒地，双翼扑动几下就死亡。该型常看不到明显病理变化，有时只能看见心外膜有少量出血点，肝脏表面有数个针尖大小的灰黄色或灰白色的坏死点。

（2）急性型：大多数病例为急性经过，主要表现呼吸困难，鼻和口中流出混有泡沫的黏液，冠髯发绀呈黑紫色。常有剧烈腹泻。肉髯水肿。病理剖检变化是皮下组织、腹部脂肪和肠系膜常见大小不等出血点。心包变厚，心包积有淡黄色液体；心外膜、心冠脂肪有出血点。肝脏病变具有特征性，表现为肿大、质脆，呈棕红色或棕黄色或紫红色，表面广泛分布针尖大小、灰白色或灰黄色、边缘整齐、大小一致的坏死点。肠道尤其是十二指肠黏膜红肿，呈暗红色，有弥漫性出血或溃疡，肠内容物含有血液，病死鸭可见肠道淋巴结环状出血。

（3）慢性型：多发于流行后期或由急性病例转来。病鸡冠和肉髯肿胀、苍白，随后干酪样化，甚至坏死脱落；关节肿胀、跛行，以及慢性肺炎和胃肠炎症状。病程可达1个月以上，生长发育和产蛋长期不能恢复。病理解剖变化常因侵害的器官不同而有差异，一般可见鼻腔、气管、支气管有多量黏性分泌物，肺质地变硬；肉髯肿大，内有干酪样渗出物；关节肿大、变形，有炎性渗出物和干酪样坏死；产蛋母鸡还可见到卵巢出血，卵黄破裂，腹腔内脏表面上附有卵黄样物质。

[诊断] 该病诊断根据流行特点、病鸡死亡快、急性病例典型的病理变化可作初步诊断。

有条件的地方可取病死鸡心血、肝、脾制作涂片或触片，瑞氏染色，在显微镜下观察，可见数量较多、形态一致、呈两极着色的杆菌，即可做出确切诊断。

[防控] 平时的预防措施主要应包括加强饲养管理，注意通风换气和防暑防寒，避免过度拥挤，减少或消除降低机体抗病能力的因素，并定期进行消毒，杀灭环境中可能存在的病原体。坚持全进全出饲养制度。发生该病时，应立即隔离患病禽并严格消毒其污染的场所，在严格隔离的条件下可进行治疗，常用的治疗药物有青霉素和磺胺类等多种抗菌药物。

25.3.5　禽结核病

禽结核病是由禽结核分枝杆菌引起的主要发生于禽的一种慢性传染病，也可发生于人、牛和猪。该病的特征是在多种组织和器官形成结核结节、干酪样坏死或钙化结节。

[流行病学] 该病主要危害鸡和火鸡，成年鸡多发，其他家禽和多种野禽也可感染。但禽结核杆菌也可感染牛、猪和人。患病禽尤其是开放型病禽是该病的主要传染源，其呼吸道分泌物、粪尿和生殖道分泌物等均可带菌，污染饲料、食物、饮水、空气和环境而散播传染。该病主要经消化道、呼吸道感染，病菌随咳嗽、喷嚏排出体外，存在于空气飞沫中，健康的人或禽吸入后即可感染。饲养管理不良与该病的传播有密切关系，禽舍通风不良、拥挤、潮湿、光照不足，禽缺乏运动等，最易患病。

[症状及病理变化] 临诊表现贫血、消瘦、鸡冠萎缩、跛行以及产蛋减少或停止。病程持续2~3个月，有时可达1年。病禽因衰竭或因肝变性而突然死亡。

禽结核病理变化多发生在肠道、肝、脾、骨骼和关节。肠道发生溃疡，可在任何肠段见到。肝、脾肿大，切面具有大小不一的结节状干酪样病灶，关节肿大，内含干酪样物质。

[诊断] 根据鸡临诊表现贫血、消瘦、鸡冠萎缩、跛行以及产蛋减少和肝、脾肿大、有结节状干酪样病灶等特征，可初步诊断。确诊可进行如下实验室诊断：

血清学诊断目前应用极少。细菌学诊断：本法对开放性结核病有诊断意义。主要采取患病禽病灶、痰、粪尿、乳及其他分泌物，做细菌抹片、分离培养和动物接种试验。

结核菌素试验是目前诊断结核病最常用、最有诊断意义的方法，主要包括提纯结核菌素（PPD）和老结核菌素（OT）诊断方法。诊断鸡结核病用禽分枝杆菌提纯菌素，以0.1mL（2500U）注射于鸡的肉垂内，24h、48h判定，如注射部位出现增厚、发热、呈弥漫性水肿者为阳性。

[防控] 禽结核和其他动物结核一样，主要采取综合性防疫措施。防止疾病传入，净化污染群，培育健康群。该病一般不进行治疗，而是采取加强检疫、隔离、淘汰、防止疾病传入、净化污染群等综合性防疫措施。禽结核分枝杆菌可感染人引起发病，因此与禽密切接触的人群应注意防护。

25.3.6　禽痘

禽痘（avian pox）是由禽痘病毒引起的一种急性、接触性传染病，其特征是在家禽无毛或少毛的皮肤上发生痘疹（皮肤型）或在禽口腔、咽喉部黏膜形成纤维素性坏死性假膜（白喉型）。患病禽增重缓慢、消瘦；产蛋禽产蛋率暂时下降等。

[流行病学] 病鸡脱落和破散的痘痂是散布该病毒的主要形式。主要通过伤口感染，体外寄生虫是传播该病的媒介。如库蚊、伊蚊和按蚊等能传播此病，带毒时间为10~30d。

在家禽中鸡最易感，其次是火鸡、鸽、鹌鹑，各种野禽都易感；各种年龄、性别和品种的禽都可感染，但以雏禽最常发病，且死亡率较高。鸡群密度过大，通风不良、阴暗潮湿、营养不良、维生素缺乏及饲养管理差等，都可促使该病的发生和加重病情。

该病一年四季均可发生，但发病季节主要是夏季和秋季，此时发病的绝大多数为皮肤型。

冬季发病的较少。鸡痘的发病率、死亡率与病毒的毒力强弱、感染的类型、禽的年龄、饲养管理的水平及预防措施有着密切的关系。

[症状]

禽痘的潜伏期为4～8d，通常分为皮肤型、黏膜型、混合型。

皮肤型：以头部皮肤多发，主要在无毛或少毛处，特别在鸡冠、肉髯、眼睑和喙角、翼下、脚趾等处呈现灰白色麸皮样结节，后迅速增大突起形成灰黄色绿豆般大或更大的结节，质地坚硬，表面干燥，内含黄色油脂样物，结节溃烂，表面被覆褐色痂，有时结节互相融合形成大块痂皮。发病约20d，痂皮脱落痊愈。该病一般为良性经过，无明显的全身症状。

黏膜型：也称白喉型，病鸟起初流鼻液，有的流泪，2～3d后在口腔和咽喉黏膜上出现灰黄白色干酪样的假膜，如用镊子撕去，则露出红色的溃疡灶，全身症状明显，采食与呼吸发生障碍。

混合型：是皮肤型和黏膜型同时发生的结果，病情严重，死亡率最高。

① 火鸡痘：主要在肉垂、头瘤出现细小黄色疹块，质软易剥离，患鸡增重缓慢、消瘦；产蛋率、受精率下降，有的因眼结膜炎症造成失明觅不到食而饿死。病程2～3周，严重者为6～8周。

② 鸽痘：多发生于1月龄以上的幼鸽，未出窝的幼鸽也可患病。皮肤型多发生在喙角、眼睑、腿或趾部及翅内侧皮肤；黏膜型较少发生，症状与鸡相同，严重的可失明；混合型痘病鸽大多死亡。

病理剖检主要在口腔、咽喉和气管黏膜上生成黄白色干酪样的假膜，肠黏膜可能有小点状出血，肝、肾和脾常肿大，心肌有时呈实质变性。病变部位的上皮细胞内胞浆中形成包涵体。火鸡痘与鸡痘的病变基本相似，因增重受阻，造成的损失比因病死亡者还大。

[诊断] 根据流行病学、临床症状和病理变化可进行初步诊断。确诊可取病料接种鸡胚绒毛尿囊膜分离鉴定病毒，或取口腔、气管黏膜表面的假膜制成悬浮液，通过划破禽冠或肉髯，皮下注射等途径接种同种易感禽，若接种后5～7d内出现典型的皮肤痘疹可确诊。也可采用琼脂扩散试验、血凝抑制试验、中和试验等方法诊断。

[防控] 该病以预防为主，目前对该病无特效治疗药。一旦家禽发生禽痘，应及时将病禽与健康禽隔离，重症者要淘汰，死禽要深埋或焚烧。禽舍和运动场以及各种用具应严格消毒，对未发病的家禽要紧急接种。加强禽群卫生消毒、合理饲养管理、消灭蚊蝇等吸血昆虫、减少环境应激因素等一般性预防措施。目前，国内主要有鸡胚或细胞源弱毒苗、鸡痘鹌鹑化弱毒苗及鸽痘源鸡痘苗等，接种方法为使用鸡痘刺种针或无菌钢笔尖蘸取稀释的疫苗，于鸡翅内侧无血管皮下刺种。

25.3.7　禽衣原体病

禽衣原体病是由鹦鹉热衣原体感染引起的多种禽类和人的一种接触性传染病，以呼吸器官损伤为特征。禽衣原体病又名鹦鹉热、鸟疫，是由鹦鹉衣原体引起的一种急性或慢性传染病。该病主要以呼吸道和消化道病变为特征，不仅会感染家禽和鸟类，也会危害人类的健康，给公共卫生带来严重危害。

[流行病学] 衣原体是介于立克次体和病毒之间的一种病原微生物，以原生小体和网状体两种独特形态存在。原生小体是一种小的、致密的球形体，不运动，无鞭毛和纤毛，是衣原体的感染形态。衣原体病主要通过空气传播，呼吸道可能是最常见的传播途径。其次是经口感染。吸血昆虫也可传播该病。该病一年四季均可发生，以秋冬和春季发病最多。饲养管理不

善、营养不良、阴雨连绵、气温突变、禽舍潮湿、通风不良等应激因素，均能增加该病的发生率和死亡率。该病是一种世界性疾病，流行范围很广，已发生于亚洲、欧洲、美洲、大洋洲等60多个国家和地区，感染禽类近140种。

[症状] 病鸟抵抗力低，易继发其他疾病，感染鸟类死亡剖检见肝脏肿大甚至坏死，脾脏肿大，如为疫区可考虑衣原体感染。

[诊断] 可采血做衣原体抗体试剂盒进行检测，对抗体检测阳性鸟类即视为感染鸟类。

[防治] 该病尚无有效疫苗，预防应加强管理，建立并严格执行防疫制度。经常清扫环境，鸡舍和设备在使用之前进行彻底清洁和消毒，严格禁止野鸟和野生动物进入鸡舍。发现病禽立即淘汰，并销毁被污染的饲料，禽舍用2％甲醛溶液、2％漂白粉或0.1％新洁尔灭喷雾消毒。清扫时应避免尘土飞扬，以防止工作人员感染。

引进新品种或每年从国外补充种禽的场家，尤其是从国外引进观赏珍禽时，应严格执行国家的动物卫生检疫制度，隔离饲养，周密观察。四环素、土霉素、金霉素对该病都有很好的治疗效果，剂量为每100kg饲料中加20～30g。红霉素每100kg饲料中加5～10g或1L水中加0.1～0.2g，连用3～5d，效果明显。

对鹦鹉类珍贵禽类，发现阳性鸟即进行隔离，预防传染其他鸟类，此病对鸟的抵抗力及繁殖力影响非常大，对繁殖鸟类应设定红区（感染区）、黄区（不确定区）、绿区（健康区），人员进入红区及黄区后禁止进入绿区，对鹦鹉类珍贵禽类确诊为衣原体病可使用多西环素肌内注射。

25.3.8 鹦鹉热衣原体感染

鹦鹉热衣原体（Chlamydia psittaci，Cps）属于衣原体科，嗜性衣原体属，是一种专性细胞内微生物，感染包括人类在内的多种动物。已知的宿主范围包括15种哺乳动物和190种鸟类，其中鸟类中有57种属鹦鹉科。

[症状] 主要以心包炎、结膜炎、鼻窦炎、气囊炎为主要特征，患病动物萎靡不振、不采食、羽毛蓬松凌乱、眼鼻流脓性分泌物、腹泻、死前消瘦、脱水。感染鸽子后，病鸽精神沉郁，腹泻，厌食，结膜炎眼肿，鼻炎，呼吸困难伴呼吸啰音。

雏鸭感染后，眼鼻流脓性分泌物，绿色稀便，肌肉震颤，运动失调，常惊厥中死亡。死亡率很高，成年鸭多为隐性感染。Cps感染鹦鹉后，多数出现精神状态差，排水分较多的绿色粪便或稀糊便；部分见闭眼，眼睛分泌液多，羽毛蓬松，无光泽；幼鸟见有不排空现象，病程长引起营养衰竭，而后死亡。感染后的动物有的还能呈隐性感染状态，衣原体感染常伴有炎症性鼻窦炎和气囊炎。部分剖检结果显示：心脏充血，心包积液，心脏外膜有米黄色炎性渗出物；肝脏肿大，钝圆，出血；肺脏出血严重，各支气管充满血液；脾脏坏死，肿胀，出血。对组织进行细胞学检查，肝脏、脾脏、气囊触片，经diff-quick染色见巨噬细胞胞浆有大量嗜碱性颗粒。病理学检查，见肝脏组织中坏死区域主要为中性粒细胞浸润，并有如罂粟种子大小紫蓝色均匀的颗粒。初诊为鹦鹉热衣原体感染。

衣原体感染鸟群的流行形式有很大的不同，有些鸟感染后带毒不暴发，死亡率低，有些鸟一经感染，死亡率很高。例如，圈养的长尾小鹦鹉的疫鸟群中常呈地方性流行，幼龄鸟发病率高，成鸟发病率低，但死亡率都不高，一般不超过20％。相反，当传染到健康鸟群时，各种年龄的鸟死亡率都很高，几天至几周死亡死亡率可以达到90％。若不采取相关的治疗措施，鸟群在感染后2～3周的死亡率将达到高峰。

[诊断] 明确的诊断是基于积极培养或PCR检测细菌的鉴定。

[治疗] 主要以口服多西环素或土霉素进行治疗，并对治疗后的病鸟及其后代进行定期监测，以净化种群。

25.3.9　体外寄生虫

体外寄生虫是指动物身体外面的节肢动物，这些节肢动物或吸血，或取宿主体上的有机物质为营养，主要有蜱、螨、臭虫、吸虱、啮虱和跳蚤，多种有翅或无翅的双翅目昆虫。它们不但直接吸吮宿主的体液，而且也能传染疾病。

[病因] 感染寄生虫的鸟类或周围环境带寄生虫导致鸟类感染。

螨虫：北方羽螨，是笼养蛋鸡、种鸡、火鸡和雉鸡最重要的螨虫。北方羽螨吸食血液引起贫血、瘙痒、刺激以及产蛋减少，严重影响动物的健康和生产。

鸡螨-鸡皮刺螨：也称为红螨，在火鸡种鸡舍和育成舍偶尔会成为问题。这类寄生虫肉眼可见。可经过野鸟或啮齿动物传播给禽类。此螨虫在夜间爬到禽类身上吸食血液，白天藏于缝隙中。

恙螨：鲜红色，长度不足1mm，自由活动的禽类可能暴露于恙螨，但舍内饲养动物不易感染。恙螨吸食所有动物血液，在潮湿地常见，一般在森林和草地的过渡地带、沼泽边缘、葡萄园等。幼虫不吸食动物血液，取而代之的是给动物宿主注射一种酶，该酶引起刺激和肿胀。

虱，羽虱：是生活时间较长的蛋鸡和种鸡的体外寄生虫，以干皮肤和羽毛为食物，在宿主体完成生活史。羽虱进食习性实际上使禽类宿主对羽虱感到不适，引起刺激，导致食欲下降并使疾病易感性加强。

跳蚤：少见于禽舍，但发生时，更常见于种鸡和育成鸡舍。

[诊断] 病鸟因瘙痒经常啄羽毛导致羽毛不规整，或因感染时间较长，导致病鸟羽毛不光滑、营养不良、贫血等症状，均可做体表检查，发现寄生虫即可诊断此病。如肉眼不可见可采病变处进行显微镜检查。

[治疗]（1）改善周围环境，对笼舍及使用用品进行火焰消毒，杀灭虫卵，预防二次感染。如无法进行火焰消毒可对器具进行开水浸泡消毒。

（2）针对体外寄生虫的类型给予喷洒驱虫药物，对常见的蜱及羽虱可外用犬打50或福来恩喷剂，对翅膀根部无毛区一侧喷一次，一周左右重复，可起到很好的治疗效果。

（3）对新引进鸟类要首先检查体表寄生虫，预防传染已有鸟类。如新引进鸟类已带有寄生虫应先给予驱虫药物，隔离饲养，确定安全后方可合笼饲养。

（4）对感染的鸟类如出现营养不良，同时加强营养。

（5）对雉鸡类在饲养场应提供大的砂池给鸟类洗澡，可以预防体表寄生虫。对鹦鹉及水鸟提供水源洗澡，预防体表寄生虫。

第二十六章
爬行类动物疾病

26.1 白眼病

白眼病是巴西龟最常见的疾病，也是非常高发的疾病，白眼病典型的症状就是眼睛上蒙了一层白白的雾，严重时会导致眼部肿胀无法睁开。

[病因] 由于水质环境的恶化，龟的眼部受到细菌侵蚀引起。

[症状] 初期病龟眼睛如同被白膜覆盖，后期严重后病龟眼部发生肿胀，甚至无法睁开。

[治疗]

（1）外用氧氟沙星眼药水，每天滴于患处 1～2 次。

（2）青霉素注射，每千克体重 4 万～5 万单位，每天 1 次，连用 2～3d。

（3）若为群发性，可用青霉素（50 万～100 万国际单位/L）溶于水中，浸泡龟体 30～60min，每天数次，直至痊愈。对病症轻（眼尚能睁开）的龟，可用呋喃西林或呋喃唑酮溶液浸泡，溶液浓度为 30mg/L，浸泡 40min，连续 3～5d。

（4）对于病症严重（眼无法睁开）的龟，首先将眼内白色物及坏死表皮清除，然后将病龟浸入有维生素 B 族、土霉素药液的溶液中，每 500g 水中放 0.5 片土霉素、2 片维生素 B 族。若治疗绿毛龟，应用呋喃唑酮涂抹眼部，不能全身浸泡。

[预防] 白眼病较多发生在春秋季节和冬末季节，因此要加强龟类越冬前和越冬后饲养管理。从饮食和环境等多方面着手，防止白眼病的入侵和伤害。同时饮食当中适量增加营养，加强抵抗力。通过环境的管理，防止细菌的滋生和细菌的危害。

定期对饲养箱及笼舍进行消毒清洗。通常使用稀释后的消毒水浸泡饲养箱 30min，将饲养箱的四壁都清洁干净。同时还可以使用青霉素或高锰酸钾溶液浸泡龟和饲养箱，这样也可以达到有效的预防作用。

26.2 口腔炎

口腔炎在蟒类中属高发的一种疾病。

[病因] 在开春的时候很容易由于细菌的侵入而引起。另外凶猛的蟒类也容易引起口腔炎，食物对于蟒本身来说个体差异不适合也能引起。人为的填食有时候也会引起口腔炎。

[症状] 多为口腔内有红肿，细看有的可能出现腐烂、断齿等现象。嘴角处有黏液流出，时常张嘴，严重的会有拒食现象。

[治疗] 目前治疗口腔炎的药物及方法很多，先用干净的水喷射蛇口让口里的黏液流尽，用稀释后的双氧水（1∶1、1∶3 都可以）和消毒棉棍将蟒内口腔黏液及杂物清理干净，然后

可用稀释后的庆大霉素（2%～4%，视情况而定）涂抹在口腔内壁一天 2 次，早一次晚一次，注意观察。一般情况 4～7d 可痊愈。痊愈后 2～3d 用一次药。

26.3 皮肤病

水龟类常见的皮肤病有腐皮病、水霉菌病、钟形虫病（又归类于寄生虫病范畴）、疥疮病等。水龟类宠物龟同时会有生理性蜕皮行为，这是生长所必需的。生理性蜕皮和病理性反应的区分及治疗如下：

蜕皮：宠物水龟正常生长过程中生成新表皮，脱掉旧表皮的行为。

腐皮病：宠物水龟皮肤由于水质不良被嗜水气单胞菌、假单胞菌、无色杆菌等致病菌侵入导致的皮肤溃烂病。

水霉菌病：宠物水龟由于各种原因导致的皮肤损伤后被水体中的水霉、绵霉、丝霉等感染寄生导致的疾病。

钟形虫病：宠物龟皮肤背甲等被钟形虫、单缩虫、聚缩虫、累枝虫等纤毛虫的一种或者几种寄生导致的疾病，又叫纤毛虫病。

疥疮病：宠物龟由于嗜水气单胞菌亚种感染导致的病龟的颈、四肢有一或数个黄豆大小的白色疥疮。

[症状]

蜕皮：分为两种，一种是皮肤块状脱落形式，常见于巴西龟等，肉眼可见，似白色半透明的纱，有原皮肤的纹理，有覆盖在皮肤上，有卷成团挂在新皮肤上，有在水中漂；另外一种是蜡状形式，常见于草龟等，肉眼可见水面上漂浮着一点点的蜡状物质。

腐皮病：皮肤泛白、溃烂、溃疡甚至渗出血水、组织坏死、边缘肿胀。严重的腐皮病能导致病龟死亡。

水霉菌病：病龟体表局部发白，摸上去有黏稠的感觉，接着病龟身上开始长出大量的白色棉絮状的菌丝。初病时病龟食欲减退，游动迟缓，严重时病龟消瘦，菌丝着生处的皮肤溃烂。

钟形虫病：龟体表肉眼可见四肢、背甲、颈部、头部等部位有一簇簇的絮状物，呈黄色或者土黄色，在水中不像水霉菌那样柔软飘逸，有点硬。少量寄生时，对龟没有明显的影响，但是钟形虫的虫柄会深入龟的背甲、皮肤内部，造成自身损伤，盾片脱落，极容易继发其他疾病，大量寄生时，龟全身遍布黄白色絮状物，刮取絮状物镜检可见大量的单缩虫、聚缩虫和累枝虫等。

镜下的钟形虫形态，成簇寄生，单个虫体如一个倒扣的钟。

在一般情况下，如果钟形虫侵蚀不严重，病龟不出现腹甲侵蚀的症状时，钟形虫的症状和水霉菌病的症状是极其相似的，表 26-1 进行具体区别。

表 26-1　钟形虫病与水霉菌病的区别

病原	钟形虫/纤毛虫病	水霉菌病
本质	纤毛虫，所以镜检可以明显区别出虫体	水霉菌
外观	黄色絮状物，发病早期中期表现为分簇聚集	白色絮状物，散在或者均匀分布
	纤毛虫与养殖水体颜色一致，清水中原色不变易撕下	水霉入清水后呈白毛状

病原	钟形虫/纤毛虫病	水霉菌病
长度	在水中不像水霉菌那样柔软飘逸，有点硬翘 纤毛虫菌丝 1cm 以上，粗大粗糙	洗清表面污物，且因分支多，不容易撕掉，如棉花 水霉不超过 1cm，较柔软

疥疮病：病龟患病部位不像腐皮病那样皮肤溃烂泛白，也不像水霉菌病或者钟形虫病那样生长白色或者黄色的絮状物，而是生有较硬的乳白色痘状物。一般发病部位在龟的颈、四肢，一或数个，黄豆大小，用消毒针头挑破后可见内有豆腐渣样内容物。

26.4　应激性胃肠炎

龟类动物比较胆小，环境或食物的改变都能够成为对其的应激因素，造成动物拒食或排便异常等。

[**病因**] 多为环境改变、气候变化或饲料变化引起。

[**症状**] 病龟排稀便、透明不成形粪便，或胶冻样粪便。

[**治疗**] 应激性肠炎，治疗原则为杀灭肠道有害菌、建立肠道有益菌，使用缓解应激类药物，静养，减少应激等。

（1）消灭肠道有害菌　口服给药——杨树花或地锦草口服液。杨树花或地锦草口服液为纯中药制剂，对于肠道感染有一定的效果。采取药浴配合干养口渴方法，促进龟喝药，配比是 1mL 药液加入 1L 的水。

（2）建立肠道有益菌　口服给药——活力多液态益生菌。与杨树花或地锦草口服液至少间隔 6h 后再口服益生菌。因为这样能够尽量减少益生菌的过量消耗，同时能够让益生菌有时间发挥修复肠道的作用。

（3）缓解应激类药物　口服给药——药毒康、黄芪抑菌调理粉、补液盐药浴。药毒康和黄芪抑菌调理粉中的某些中药成分能够缓解龟的应激反应，补液盐是为了提供少量营养支持的。采取药浴配合干养口渴方法，促进龟少量饮用。

[**预防**] 夏季天气变化引起的应激性肠胃疾病排出白便，需要早发现早干预，否则气温高肠道致病菌会迅速大量繁殖，导致病情加重。龟病防重于治疗，注意日常中提高龟的抗病力，关注天气预报，及早做好预防工作。

26.5　肝病

龟类的肝病通常可以分成三种：脂肪肝病（因肥胖引起），药毒性肝病（药物使用不当引起），病毒性肝病（病毒引起直接或间接的肝病）。

（1）乌龟病毒性肝病　这是由肝脏因为病毒直接感染，或者由于龟类其他疾病间接感染引起的。在这期间患龟会出现行动迟缓、少食、拒食、消瘦等症状。病毒性肝病的预防，主要是在饮食、卫生这两个方面进行预防。定期进行龟身体的健康检查，并且注意食物和环境的卫生。定期做好用品和住所的打扫及消毒。温度也要保持稳定，避免一冷一热。食物需要保持新鲜，无毒。如果出现患龟需要进行隔离，避免传染。治疗的方式主要是进行药物治疗，需要针对性进行专业的治疗。

（2）乌龟药毒性肝病　是使用食物或药物不当造成的，主要是食用了对肝脏有害的物质、药物服用过多、药物使用不正确导致的。在患药毒性肝病期间，患龟会出现行动失常，比如在水中不断打转的现象。还会出现少食，拒食，停食等现象。是由于吃药吃出来的疾病，其实很好预防，只要对药物有详细的了解，避免出现药物使用的误区就好。但是往往现在一直存在着这种误区，而这种误区主要是对肝脏功能程度的误区。对于药物的代谢，其实除了肝脏以外，还有肾脏。所以并不是所有药物都通过肝脏代谢掉，肝脏有自己的承受能力。其实使用一些肾脏代谢的药物，可缓解肝脏的负担。

药物在使用时，根据药物说明来确定，保证药物的使用效果。一般是吃三天药，停药一天。每次的药量也要保持适当。在喂药期间也要进行密切关注，出现问题尽早发现，及时停药。

（3）乌龟脂肪肝病　由于长期食用大量的高脂肪、高蛋白、高胆固醇等食物，导致肝脏负担过大引起，也就是肥胖病。其实不仅仅是龟类有，人和其他动物也有可能有。这种病症其实非常明显，主要是四肢肿胖，出现四肢失调，行动迟缓，在水面漂浮并且出现停食。这种主要是过于肥胖导致，不要喂食过好。平时适当投喂鱼肉、猪肉等蛋白质食物，过多的这类食物会导致肝脏负担。平时保证食物的多样化，并且定期进行瓜果蔬菜等的投喂。而且每次不要吃得太多，有七成饱就够了。还需要大量的运动，这可以通过加大龟的活动区域和加深水的深度来达成。

26.6　肺炎

肺炎常发于爬行类动物，初期表现为口鼻有泡沫等，严重后出现口中有大量黏液或痰液，重者致死。

[病因] 爬行类动物肺部构造简单，为海绵状囊状结构，左右两侧各有一肺，每个肺部都和气管及下端气囊有一个开口，呈圆筒状。发生肺部感染后，极易扩散至全肺，炎性物质聚集于肺内，无法排出体外，肺部无法吸收炎性物质，重者形成肺气肿死亡。

[症状] 感染初期多无明显症状，待出现食欲减退，精神沉郁，并口中出现痰液后，方可确诊。

[治疗] 爬行动物无法静脉给药，只能通过肌内给药及物化进行治疗。

（1）肌内注射　头孢类三代药物为主，例如头孢呋辛钠、头孢噻肟等，通常 q24h 或 q48h。

（2）雾化　雾化采用硫酸庆大霉素、爱全乐或沐舒坦。

（3）吸痰　及时帮助动物清除气管内的痰液，避免阻塞呼吸。

26.7　腿肿

爬行动物肿腿很常见，有肿双前肢的，有肿双后肢的，有肿一侧单肢的，有感染性肿腿、内脏性（消化道、泌尿道等）肿腿、外伤性肿腿（例如扭伤）等，且上行感染导致的肿腿非常多见。在治疗之前需要判断出属于哪一类型的肿腿，再根据病因和症状采取相应的措施。

[病因] 外伤。群间打架或异物刮伤后，未及时发现并进行消毒清创，伤口感染上行。

［症状］部分病例可见四肢末端有外伤，部分病例外伤已愈合，有些前臂肿胀，部分肿胀会上行至肩部。肿胀所在四肢常表现无力。按压肿肢，触感紧张无波动感。

［特殊检查］穿刺检查，通常会发现浅层抽取不到脓液，深部可抽取出含血浅红白色脓液，多数可镜检到大量炎性细胞及细菌。

［治疗］

（1）全身性消炎　头孢类二代或三代药物，q24h 或 q48h。

（2）切开引流排脓　准备好 2％聚维酮碘溶液、生理盐水、利多卡因注射液和肾上腺素注射液、庆大霉素注射液、剪好大小合适的纱布条、棉签、手术器械等。

（3）在穿刺检查伤口处切开皮肤，出血但无白色脓出现，切开肌肉层出现大量血液和脓液混合物，挤压周围皮肤，挤出脓液，冲洗喷射点暴露瘘管，清除瘘管，生理盐水冲洗后上止血纱布条，控制住出血后用生理盐水冲洗干净创腔，并在切口处放置纱布引流条。

（4）护理　加温控温在 25～26℃，高湿度 70％～90％干养，切开引流手术一周内水盘给水，每天换消毒干净的引流条。一周后每日泡水半小时，引水喂食，其他时候高湿度干养。伤口每天消毒，外用抗生素软膏。

26.8　寄生虫感染

蛇的寄生虫较多，是养蛇比较常见的一个问题。

［病因］体内寄生虫病的来源包括食物以及环境。因为野生蛇在野外捕获食物，而这些食物本身带有寄生虫的可能性就比较高。所以进食这些食物后蛇患有寄生虫病的可能性会很大，同时野外环境中的寄生虫也会通过皮肤或者泄殖腔进入体内。人工饲养环境下，食鼠蛇摄入寄生虫及其虫卵的可能性相对较小，而以鱼、蛙、壁虎等为主要食物的蛇则很容易摄入。

［症状］患体内寄生虫病的蛇，最明显的表现就是即使是正常喂食，蛇依旧长得很瘦，而且可能会越来越瘦。

［预防］体内寄生虫的预防要从其来源入手，主要有以下几点：

（1）处理好食物　食鼠蛇的预防要相对简单，在购买幼鼠时要选择相对可靠的商家，如果可以接受死食的个体则更为简单，冻乳鼠是最好的选择。食鱼、蛙的个体，可以把要投喂的鱼、蛙冻在冰箱里，这样可以很好地杀死鱼、蛙体内的寄生虫以及寄生虫卵。

（2）垫材处理　选取报纸等不易滋生寄生虫的垫材，如果非要选取木屑、水苔等作为垫材的话，购买安全系数较高的种类，水苔可以通过高温处理来杀灭寄生虫。

（3）另外在饲养过程中，要注意清理垃圾，及时把蛇的排泄物清除，木屑等垫材使用一段时间后也要注意适当地更换。

［治疗］对于患体内寄生虫病的个体，可以选用的药物有：肠虫清、左旋咪唑、吡喹酮等。不过应注意用量，不要用量过大，易造成不良反应。食鱼、蛙的个体一个季度驱虫一次，食鼠蛇一年一到两次，一般用药之后第一次排泄就会有虫卵或虫体排出，如果有虫的话，一周后需再驱一次。

参考文献

[1] 陈溥言. 兽医传染病学(第5版)[M]. 北京：中国农业出版社，2010.

[2] 邓干臻. 兽医临床诊断学[M]. 北京：中国农业出版社，2009.

[3] 董轶. 小动物眼科学[M]. 北京：中国农业出版社，2013.

[4] 甘孟侯. 中国禽病学[M]. 北京：中国农业出版社，1997.

[5] 高得仪. 犬猫疾病学[M]. 2版. 北京：中国农业大学出版社，2001.

[6] 高利，范宏刚，李金龙. 小动物疾病学[M]. 北京：科学出版社，2016.

[7] 郭定宗. 兽医实验室诊断指南[M]. 北京：中国农业出版社，2012.

[8] 韩博. 犬猫疾病学[M]. 3版. 北京：中国农业出版社，2011.

[9] 贺东生，罗满林. 小动物传染病学[M]. 北京：中国农业科学技术出版社，2009.

[10] 何英，叶俊华. 宠物医生手册[M]. 2版. 沈阳：辽宁科学技术出版社，2016.

[11] 侯加法. 小动物疾病学[M]. 2版. 北京：中国农业出版社，2016.

[12] 侯加法. 小动物外科学[M]. 北京：中国农业出版社，2000.

[13] 华修国. 犬猫疾病防治[M]. 上海：上海交通大学出版社，1994.

[14] 黄利权. 宠物医生实用新技术[M]. 北京：中国农业科学技术出版，2006.

[15] 黄群山，杨世华. 小动物产科学[M]. 北京：科学出版社，2017.

[16] 孔繁瑶. 家畜寄生虫学[M]. 北京：中国农业大学出版社，2010.

[17] 李国清. 兽医寄生虫学[M]. 北京：中国农业大学出版社，2015.

[18] 李毓义，杨宜林. 动物普通病学[M]. 长春：吉林科学技术出版社，1994.

[19] 梁宏德，阎志民，程相朝等. 动物病理学[M]. 北京：中国科学技术出版社，2001.

[20] 林德贵. 动物医院临床技术[M]. 北京：中国农业大学出版社，2004.

[21] 林德贵. 兽医外科手术学[M]. 北京：中国农业出版社，2004.

[22] 刘海. 动物常用药物及科学配伍手册[M]. 北京：中国农业出版社，2008.

[23] 刘宗平. 兽医临床症状鉴别诊断学[M]. 北京：中国农业出版社，2008.

[24] 陆承平. 动物保护概论[M]. 3版. 北京：高等教育出版社，2009.

[25] 沈永恕. 兽医临床诊疗技术[M]. 北京：中国农业大学出版社，2006.

[26] Rhea V Morgan. 小动物临床手册[M]. 施振声，张海泉主译. 北京：中国农业出版社，2004.

[27] 宋铭忻，张龙现. 兽医寄生虫学[M]. 北京：科学出版社，2009.

[28] Y. M. Saif. 禽病学[M]. 12版. 苏敬良，高福，索勋主译. 北京：中国农业出版社，2012.

[29] 孙明琴，王传峰. 小动物疾病防治[M]. 北京：中国农业出版社，2007.

[30] 唐兆新. 兽医临床治疗学[M]. 北京：中国农业出版社，2002.

[31] 唐兆新. 兽医内科学实验教程[M]. 2版. 北京：中国农业大学出版社，2020.

[32] 王洪斌. 现代兽医麻醉学[M]. 北京：中国农业出版社，2010.

[33] 王洪斌. 兽医外科学[M]. 5版. 北京：中国农业出版社，2012.

[34] 王建华. 兽医内科学[M]. 4版. 北京：中国农业出版社，2010.

[35] 王力光，董君艳. 新编犬病临床指南[M]. 长春：吉林科学技术出版社，2000.

[36] 王小龙. 兽医内科学[M]. 北京：中国农业大学出版社，2004.

[37] 王宗元，曹光辛. 动物矿物质营养代谢与疾病[M]. 上海：上海科学技术出版社，1995.

[38] 夏兆飞主译. 兽医临床实验室检验手册[M]. 5版. 北京：中国农业大学出版社，2010.

[39] 夏兆飞，张海彬，袁占奎主译. 小动物内科学[M]. 北京：中国农业大学出版社，2012.

[40] 辛朝安. 禽病学[M]. 2版. 北京：中国农业大学出版社，2003.

[41] 熊云龙，王哲. 动物营养代谢病[M]. 长春：吉林科学技术出版社，1995.

[42] 徐世文，唐兆新. 兽医内科学[M]. 北京：科学出版社，2010.

[43] 张海彬主译. 小动物外科学[M]. 北京：中国农业出版社，2008.

[44] 张柳良. 动物园动物疾病防治学[M]. 北京：中国农业出版社，1994.

［45］张幼成. 动物园兽医工作指南［M］. 北京：中国农业出版社，2016.

［46］张幼成. 兽医外科学［M］. 南京：江苏科学技术出版社，1983.

［47］赵德明. 兽医病理学［M］. 北京：中国农业大学出版社，2012.

［48］赵兴绪. 兽医产科学［M］. 北京：中国农业出版，2002.

［49］赵玉军. 小动物急教学［M］. 哈尔滨：哈尔滨工程大学出版社，1996.

［50］赵远良，岳城，丑武江，等. 犬病鉴别诊断与防治［M］. 北京：金盾出版社，2008.

［51］周本江，郑葵阳. 医学寄生虫学［M］. 北京：科学出版社，2012.

［52］周桂兰，高得仪. 犬猫疾病实验室检验与诊断手册［M］. 北京：中国农业出版社，2010.

［53］Alex Gough，Kate Murphy. Differential diagnosis in small animal medicine. 2ed. Wiley-Blackwell，2015.

［54］Anna R Gelzer，Marc S Kraus，Mark A Oyama. Rapid review of ECG interpretation in small animal practice. CRC press，2020.

［55］Anne M，Zajac Gary A. Conboy. Veterinary clinical parasitology. London：Blackwell Publishing，2006.

［56］Bruyette David. Clinical small animal internal medicine. Wiley Blackwell，2020.

［57］Carlos Torrente Artero. Small animal emergency care. Quick reference guide. Servet，2017.

［58］Carloyn A Sink，Bernard F. Feldman. Laboratory urinalysis and hematology for the small animal practitioner. Teton NewMedia，CRC Press，2004.

［59］Carmel T. Mooney，Mark E. Peterson. BSAVA manual of canine and feline endocrinology. 3 ed. BSAVA，2004.

［60］Christopher Norkus. Veterinary technician's manual for small animal emergency and critical care. Wiley-Blackwell，2012.

［61］Daniel Mills，Maya Braem Dube，Helen Zulch. Stress and pheromonatherapy in small animal Clinical Behaviour. Wiley-Blackwell，2012.

［62］David L Panciera，Anthony P Carr. Endocrinology for the small animal practitioner. Teton New Media，CRC Press，2005.

［63］Davis Harold，Creedon，Jamie M. Burkitt. Advanced monitoring and procedures for small animal emergency and critical care. Wiley-Blackwell，2012.

［64］Dawn Merton Boothe. Small animal clinical pharmacology and therapeutics. 2ed. Saunders，2011.

［65］Deborah Silverstein，Kate Hopper. Small animal critical care medicine. 2ed. Saunders，2014.

［66］Don A Samuelson，Dennis E Brooks. Small animal ophthalmology. Thieme/Manson，2011.

［67］Drobatz Kenneth J，Hopper Kate，Rozanski Elizabeth A，et al. Textbook of small animal emergency medicine. Wiley-Blackwell，2019.

［68］Elisa M Mazzaferro. Small animal fluid therapy，acid-base and electrolyte disorders：A color handbook. Manson Publishing Ltd，CRC Press，2013.

［69］Eric Monnet. Small animal soft tissue surgery. Wiley-Blackwell，2013.

［70］Erik Wisner，Allison Zwingenberger. Atlas of small animal CT and MRI. Wiley-Blackwell，2015.

［71］Friend M，Franson J C. Field Manual of wildlife diseases：General field procedures and disease of birds. US：US Geological Survey，1999.

［72］Gough，Alex，Murphy，Kate，Kate Murphy. Differential diagnosis in small animal medicine. 2ed. Wiley Blackwell，2016.

［73］Gregory R Lisciandro. Focused ultrasound techniques for the small animal practitioner. Wiley-Blackwell，2013.

［74］Grimm Kurt A，Tranquilli William J，Lamont Leigh A. Essentials of small animal anesthesia and analgesia. 2ed. Wiley-Blackwell，2011.

［75］Groom M J，Meffe G K，Carroll C R. Principles of conservation biology. 3ed. Sunderland：Sinauer Associates，2006.

［76］Jill E Maddison，Holger A Volk，David B Church. Clinical reasoning in small animal practice. Wiley-Blackwell，2015.

［77］Jocelyn Mott，Jo Ann. Morrison. Blackwell's five-minute veterinary consult clinical companion：small animal gastrointestinal diseases. Wiley-Blackwell，2019.

［78］John S Mattoon，Dana Neelis. Small animal imaging：Self-assessment review. CRC Press，2018.

［79］Johnson Amy. Small animal pathology for veterinary technicians. Wiley Blackwell，2014.

［80］Joseph Harari. Small animal surgery secrets. 2ed. Hanley & Belfus. 2003.

［81］Joyce E Obradovich. Small animal clinical oncology. CRC Press，2017.

［82］Judith Joyce. Notes on small animal dermatology，Wiley-Blackwell，2010.

［83］Karen A Moriello，Alison Diesel. Small animal dermatology. CRC Press，2013.

［84］Karen L Rosenthal，Neil A Forbes，Fredric L Frye，et al. Rapid review of small exotic animal medicine & husbandry. Manson Publishing，2008.

［85］Keith A Hnilica，Adam P Patterson. Small animal dermatology[4ed.]. Saunders，2017.

［86］Kit Sturgess. Pocket handbook of small animal medicine. Manson Pub，2012.

［87］Kommedal Ann Therese，Polak，Katherine. Field manual for small animal medicine. Wiley Blackwell，2018.

［88］Lawrence P Tilley，Naomi L Burtnick. ECG for the Small Animal Practitioner. CRC Press，2009.

［89］Lesley J Smith. Questions and answers in small animal anesthesia. Wiley-Blackwell. 2016.

［90］Louis N Gotthelf. Small animal ear diseases：An illustrated guide. 2ed. Saunders，2005.

［91］Macintire Douglass K. Manual of small animal emergency and critical care medicine. 2ed. Wiley-Blackwell，2012.

［92］Marjorie Chandler. Small animal gastroenterology. Elsevier，2011.

［93］Mark A Oyama，Marc S Kraus，Anna R Gelzer. Rapid review of ECG interpretation in small animal practice. CRC Press，2013.

［94］Mark G Papich. Saunders handbook of veterinary drugs. 4ed. Elsevier，Saunders Ltd，2016.

［95］Mark S Thompson. Small animal medical differential diagnosis：A Book of Lists. Saunders，2017.

［96］Merrill，Linda Lee. Small animal internal medicine for veterinary technicians and nurses. John Wiley & Sons，2012.

［97］Michael D Lorenz，T Mark Neer，Paul DeMars. Small animal medical diagnosis. 3ed. Wiley Blackwell，2009.

［98］Michael D Willard. Small animal clinical diagnosis by laboratory methods. 5ed. Saunders，2011.

［99］Michael E Peterson，Patricia A. Talcott. Small animal toxicology. 2ed. Saunders，2005.

［100］Michael Schaer. Clinical signs in small animal medicine，Second Edition. 2ed. CRC Press，2017.

［101］Mike Martin. Small animal ECGs：An introductory guide. 2ed. Wiley-Blackwell，2007.

［102］Morrison Jo Ann，Mott Jocelyn. Blackwell's five-minute veterinary consult clinical companion. Small animal gastrointestinal diseases. Wiley-Blackwell，2019.

［103］Norkus Christopher L. Veterinary technician's manual for small animal emergency and critical care. 2ed. Wiley，2019.

［104］Patrick R Gavin，Rodney S Bagley. Practical small animal MRI. Wiley Blackwell，2009.

［105］Peter Hill，Sheena Warman，Geoff Shawcross. 100 top consultations in small animal general practice. Wiley-Blackwell，2011.

［106］Primack R B，Ma K P. A primer of conservation biology. 4ed. Beijing：High Education Publishing House2009.

［107］Morgan R. Handbook of small animal practice. 5ed. Saunders Elsevier，2008.

［108］Reto Neiger. Urinary stones in small animal medicine：A colour handbook. Manson Publishing Ltd，CRC Press，2009.

［109］Rhea Volk Morgan. Handbook of small animal practice. 5ed. Saunders Elsevier，2008.

［110］Rozanski Elizabeth A，Rush John. Small animal emergency and critical care medicine. Manson Pub，2012.

［111］Sink C A ，Weinstein N M. Practical veterinary urinalysis. Wiley-Blackwell，2012.

［112］Stephen J Ettinger，Edward C Feldman. Textbook of veterinary internal medicine. 5ed. W. B. Saunders，2000.

［113］Steven M Fox. Chronic pain in small animal medicine. Thieme/Manson，2010.

［114］Susan M North，Tania A Banks. Small animal oncology：An introduction. Saunders，2009.

［115］Theresa Welch Fossum. Small animal surgery. 5ed. Philadelphia：Elsevier，Inc. 2019.

［116］Wendy A Ware，Luca Ferasin. Small animal cardiopulmonary medicine. Manson/Veterinary Press，2012.

［117］Wendy Ware. Cardiovascular disease in small animal medicine. Manson Publishing Ltd，2011.

［118］William R Fenner. Quick reference to veterinary medicine. 3ed. Blackwell，2000.